中国科学院科学出版基金资助出版

数量性状遗传分析

袁志发　常智杰　郭满才　孙世铎　著

科学出版社

北京

内 容 简 介

本书的主要内容由两部分组成。一部分是基于经典遗传学的数量遗传学。首先，在多基因遗传体系假说下，讲述了数量性状多基因间的有关加性、显性和上位效应内含的遗传统计学模型；定义了基因在群体中的平均效应和个体的育种值，探讨了基因型值和育种值间的关系；讲述了品系间杂交有关近交群体的伯明翰学派的遗传分析特点，阐明了远交群体的北美学派的遗传分析方法；论述了遗传力、重复力和相关的定义、估计方法和假设检验；讲述了单性状选择及综合选择指数的有关概念、分析和发展；论述了作者提出的组合性状和组合性状对的遗传分析和应用；讲解了交配效应和配合力分析。在主基因-多基因遗传体系之下，简介了它的分离分析的理论和方法，并探讨它的综合选择指数的分析方法。第二部分是在数量性状的分子遗传学研究上，简述了QTL定位、分子标记辅助选择和基因组功能分析。在有关多性状选择基因组功能分析中，利用通径分析及其决策分析给出了各因子的直接作用、间接作用和总作用，并对各因子在选择和功能上的主次作用进行了判断。

本书适合遗传育种工作者、应用数学工作者，以及有关专业的研究生教师作为参考书或教材。

图书在版编目（CIP）数据

数量性状遗传分析／袁志发等著. —北京：科学出版社，2015.8
ISBN 978-7-03-045582-6
I.①数… II.①袁… III. ①数量性状–遗传分析 IV.①Q348
中国版本图书馆 CIP 数据核字(2015)第 206143 号

责任编辑：王 静 王丽平 李 悦／责任校对：邹慧卿
责任印制：徐晓晨／封面设计：北京铭轩堂广告设计公司

科学出版社 出版
北京东黄城根北街16号
邮政编码：100717
http://www.sciencep.com
北京厚诚则铭印刷科技有限公司 印刷
科学出版社发行 各地新华书店经销
*
2015 年 8 月第 一 版 开本：787 × 1092
2019 年 1 月第四次印刷 印张：27
字数：670 000
定价：148.00 元
(如有印装质量问题，我社负责调换)

前　言

数量遗传学是研究数量性状遗传规律并服务于动植物育种的一门学科。对数量性状进行遗传操纵的理论和方法既是数量遗传学的中心内容，也是数量遗传学应用于育种实践的桥梁和手段。因而，任一遗传学分支服务于育种的研究均可纳入数量遗传学的理论体系，可见数量性状遗传分析内涵的丰富和发展潜力。

接触和学习数量遗传学是源于我的一个朴素的想法：农学院的数学从主流上应走与农业科学相结合的道路。因而，除自学遗传学等基础生物学之外，吴仲贤教授的《统计遗传学》和马育华教授的《植物育种的数量遗传学基础》几十年来始终伴随着我，其浓厚的育种机理和透彻的数理分析使我如临教诲。“文化大革命”后重招研究生起，我为研究生讲授“生物数学”、“试验设计与分析”、“数量遗传学”和“群体遗传学”课程，并协助赵洪章院士和邱怀教授指导研究生，使我受益匪浅。1992 年，我被评为国家动物遗传育种与繁殖博士生导师，开始了以数量遗传学和群体遗传学为主要选题的研究生培养工作。1981~2014 年，我和我的研究生发表了 40 余篇数量性状遗传分析的论文，提出了通径分析的决策分析、组合性状和组合性状对遗传分析、小麦生态型及其演变的统计分析方法和 KEGG 通路的通径分析等，结合数量遗传学的发展，写成了本书。全书共 7 章，前 3 章叙述数量遗传学的研究基础，近交群体和随机交配群体的遗传分析，重复力和遗传力等相关概念、估计和检验；第 4 章讲述单性状选择、多性状选择和组合性状与组合性状对分析；第 5 章介绍主基因-多基因混合遗传体系下的单分离世代和多世代联合的分离分析及综合选择指数；第 6 章叙述交配效应与配合力分析；第 7 章讲述数量性状遗传与分子遗传学，主要内容包括 QTL 定位、DNA 标记辅助选择的标记值选择和指数选择、KEGG 通路的通径分析和决策分析。

本书编写由袁志发和常智杰负责，并在杜俊莉博士、解小莉博士、刘建军副教授、曲高平硕士和马砦伟硕士的协助下完成。

在几十年的学习和研究中，周静芋教授是我最尊重的合作者。常智杰教授、郭满才教授、孙世铎教授、翟永功教授、贾青教授、雷雪芹教授、徐廷生教授、陈玉林教授、张恩平教授、秦豪荣教授、吉俊玲教授、王春平教授、郑惠玲副教授、宋世德副教授、解小莉副教授、刘璐副教授、刘建军副教授、杜俊莉博士、邵建成、王丽波、董晓萌、陈小蕾、曲高平、罗凤娟、马砦伟等，我们既是师生，又是良友。本书是我们共同学习、研究和写作的成果。

我于 1962 年毕业于兰州大学数学力学系，对于遗传学领域是后学，本书如有不足之处，恳请读者批评指正，以便日后修改。

感谢中国科学院出版基金、校长孙其信和理学院对本书的支持。

袁志发

2014 年 6 月于西北农林科技大学

目　　录

第 1 章　数量性状遗传研究基础

遗传学中把生物个体所表现出来的有关形态、生理等方面的特征称为性状(trait). 性状是由基因控制的, 有表现型(phenotype)和基因型(genotype)之分. 表现型是基因型和环境共同作用的结果, 是可以观察到的; 基因型是由双亲配子所携带的基因结合而成的, 现实中是观察不到的.

生物性状主要有两种不同的表现形式, 即质量性状(qualitative trait)和数量性状(quantitative trait). 例如, 花的颜色、牛角的有无、鸡冠的形状皆为质量性状. 数量性状的表现型值(phenotype value)可用一定的物理单位来测量, 如小麦的株高、千粒重、家畜的体尺、泌乳量等.

在动植物品种改良中, 涉及的目标性状有产量及产量因素性状、品质性状、逆境胁迫下的适应性状、抗病抗虫的抗性性状和加工性状等. 改良目标性状中大多数为数量性状, 少数为质量性状. 人们渴望了解和掌握各种性状的遗传变异机制, 尤其是数量性状的遗传变异机制, 以便有效地提高品种改良的效率.

生物性状由孟德尔基因来控制, 这是由试验资料和有关生物学成果抽象出来的一种假说或理论, 只有把基因定位在特定的染色体上才能有掌控它的可能. 对于质量性状的基因定位, 摩尔根已经实现; 人们认为数量性状由多基因控制. 1988 年才第一次实现了数量性状位点(quantitative trait loci, QTL)在染色体上的定位, 使人为控制数量性状基因成为可能.

研究数量性状遗传变异规律的学科称为数量遗传学(quantitative genetics), 也称为生统遗传学(biometrical genetics)或统计遗传学(statistical genetics), 前者突出了研究对象, 后者突出了研究方法, 其实质是一样的. 20 世纪 40~80 年代, 数量遗传学的遗传体系假设为微效多基因, 遗传模型为正态线性模型, 由此展开了数量性状的遗传分析和在动植物育种中的应用. 这个时期的数量遗传学称为经典数量遗传学或传统数量遗传学(classical quantitative genetics). 20 世纪 70 年代后期~2003 年, 数量性状的遗传体系发展为主基因-多基因混合遗传体系(mixed major gene and polygene inheritance), 其遗传模型扩展为有限混合正态分布. 20 世纪 90 年代后, 随着 QTL 定位和 DNA 标记辅助选择等研究的深入, 形成了现代数量遗传学(modern quantitative genetics), 又称为分子数量遗传学(molecular quantitative genetics). 数量遗传学是遗传学各分支服务于动植物育种的一门理论学科, 而且任一遗传分支要服务于育种都要通过它, 因而没有“传统”与“现代”之分, 仅有传承和深化的发展关系, 把二者统称为数量遗传学更符合学科发展规律. 数量遗传学的研究基础是经典遗传学、分子遗传学、群体遗传学和统计学, 本章予以简述.

1.1　遗传学基础及其发展

1.1.1　质量性状遗传与经典遗传学的发展

创立质量性状遗传基因理论的是孟德尔(Mendel, 1822~1884), 完善它的是摩尔根(Morgan, 1866~1945)学派. 孟德尔和摩尔根的遗传学称为经典遗传学.

孟德尔是当时奥地利古老的布龙(Brünn)城的修道士, 这个地方现在是捷克斯洛伐克的布尔诺(Bron)城, 孟德尔以豌豆为材料进行了 8 年(1856~1864)杂交试验. 他把植株所表现的质量性状区分为各个单位(单位性状)作为研究对象, 如花色、种子性状、子叶颜色等, 并把同一单位性状的相对差异称为相对性状. 相对性状杂交中, F_1代能表现出来的性状称为显性性状, 否则称为隐性性状. 然后用F_1代自交观察各单位性状的表现及比例, 由此提出用以解释试验结果的遗传理论. 孟德尔对 7 对相对性状的世代材料进行了详细记录(表 1. 1. 1), F_2代显性性状与隐性性状的比例约为 3：1.

表 1.1.1　豌豆 7 对相对性状杂交试验结果

性状	杂交组合		F_1代的表现	F_2代的表现(株数)		
				显性性状	隐性性状	比例
花色	红花	白花	红花	705(红花)	224(白色)	3.15：1
种子性状	圆粒	皱粒	圆粒	5474(圆粒)	1850(皱粒)	2.96：1
子叶颜色	黄色	绿色	黄色	6022(黄色)	2001(绿色)	3.01：1
豆荚形状	饱满	不饱满	饱满	822(饱满)	299(不饱满)	2.95：1
未熟豆颜色	绿色	黄色	绿色	428(绿色)	152(黄色)	2.82：1
花着生位置	腋生	顶生	腋生	651(腋生)	207(顶生)	3.14：1
植株高度	高	矮	高	787(高)	277(矮)	2.84：1

孟德尔关于豌豆杂交试验的科学假设包括: ①花色的决定因子(今称基因)有两种形式(等位基因)A和a, 分别决定红花和白花; ②每个植株有两个这样的基因, 从亲本中各得一个, 这样便可有三种可能的基因型AA、Aa和aa; ③配子(卵细胞和花粉, 或动物的卵子和精子)只含一个基因, 是由亲本植株的两个基因中随机选取的; ④卵细胞和花粉不管带什么基因, 均随机结合而产生下一代植株. 这个理论的实质是形成配子时等位基因的分离, 然后异性配子随机结合而形成下一代的基因型. 这个理论归纳为孟德尔遗传第一定律, 即分离定律; 一对基因在杂合情况下并不互相影响和沾染, 在形成配子时按原样分离到不同的配子中. 这个定律说明, 在世代传递中, 连续的是基因而不是基因型. 孟德尔遗传理论对花色试验的解释如图 1.1.1 所示.

据图 1.1.1, 按孟德尔假设, F_2花色的理论比例应为 3：1. 据表 1.1.1 资料, 可对其进行皮尔逊χ^2符合性检验, 其无效假设为H_0: 符合孟德尔比例 3：1.

$$\chi^2=\sum_{i=1}^{2}\frac{(O_i-E_i)^2}{E_i}\sim\chi^2(1)\quad(\text{自由度为 1,需进行连续性校正})$$

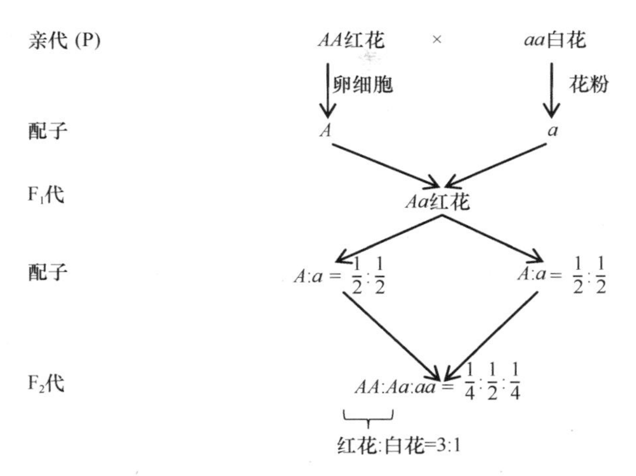

图 1.1.1　孟德尔关于花色试验的解释

其中，O_1和O_2分别为F_2代显隐性观察株数(O_1=705，O_2=224)；E_1、E_2分别为显隐性理论次数，$E_1 = 0.75n, E_2 = 0.25n$，n为F_2代观察总株数(929)；χ^2的自由度f =组数−1 −独立参数个数. 本例组数为 2，孟德尔比例不用估计，故$f = 1$，需进行连续性校正

$$\chi^2 = \frac{(|705-929\times 0.75|-0.5)^2}{929\times 0.75} + \frac{(|224-929\times 0.25|-0.5)^2}{929\times 0.25} = 0.345 < \chi^2_{0.05}(1) = 3.841$$

表明花色F_2代的遗传符合孟德尔遗传定律.

通过交配结果F_1和F_2如何验证孟德尔基因的分离定律呢？孟德尔用隐性回交$(aa\times F_1)$的测交和用F_2自交产生F_3的方法来验证. 下面仅叙述测交法：通过$aa\times F_1$的结果$\frac{1}{2}Aa+\frac{1}{2}aa$可预期红花：白花= 1：1. 据回交资料用$\chi^2$检验可验证分离定律的正确性.

孟德尔关于一对基因的分离定律，实质上描述了杂交中由亲本基因型分离形成两性配子多项式(以配子频率为系数的配子式)相乘而形成下一代基因型多项式(以基因型频率为系数的基因型式)的数学遗传过程. 例如，$Aa\times Aa$，各自的配子多项式均为$\frac{1}{2}A+\frac{1}{2}a$，故$F_2$代的基因型多项式为

$$\left(\frac{1}{2}A+\frac{1}{2}a\right)♂\times\left(\frac{1}{2}A+\frac{1}{2}a\right)♀ = \left(\frac{1}{2}A+\frac{1}{2}a\right)^2 = \frac{1}{4}AA+\frac{1}{2}Aa+\frac{1}{4}aa$$

即Aa的配子分离为$A：a = 1：1$，配子多项式为$\frac{1}{2}A+\frac{1}{2}a$. F_2代$AA：Aa：aa = 1：2：1$，当A对a为完全显性时，表型$(AA+Aa)：aa = 3：1$.

孟德尔对两种不同的相对性状植株杂交时所发生的情况也进行了研究. 他在确定了圆粒对皱粒是显性且黄色种子对绿色种子是显性后，让圆形黄色种子与皱粒绿色的纯合品种杂交，所得F_1代种子全是圆粒黄色. 然后让F_1代植株自交得到F_2代种子，并让F_1代种子与皱粒绿色种子回交. 这两种试验结果列于表 1.1.2 中.

在表 1.1.2 中，F_2代的比例为 3：1，回交试验中为 1：1，和预期的一样，而且两个性状彼此独立，并无互相变化和沾染的迹象. 由此可以断定，决定这两个性状的基因在配子形成时是独立分离的. 把决定圆粒和皱粒种子的基因分别写成A和a，决定黄色和绿色种子的基因写成B和b，则圆粒黄色种子的基因型为$AABB$，皱粒绿色种子为$aabb$.

表 1.1.2 孟德尔关于豌豆种子形状和颜色共同分离的数据

		黄色	绿色	共计
F_2代	圆粒	315	108	423
	皱粒	101	32	133
	共计	416	140	556
回交	圆粒	55	51	106
	皱粒	49	52	101
	共计	104	103	207

$AABB \times aabb$产生F_1代, 基因型为$AaBb$. $AaBb$自交时将产生 4 种配子: AB、Ab、aB、ab. 这样, 表 1.1.2 的结果可作如下解释: 假定配子得到决定种子形状的两个基因中的一个和决定种子颜色的两个基因中的一个是随机和彼此独立的, 则AB、Ab、aB、$ab=1:1:1:1$. 因此, 表 1.1.2 中F_2代遗传过程可解释为图 1.1.2, 即圆粒∶皱粒和黄色∶绿色均为 3∶1, 而两对性状的表型比例为 9∶3∶3∶1.

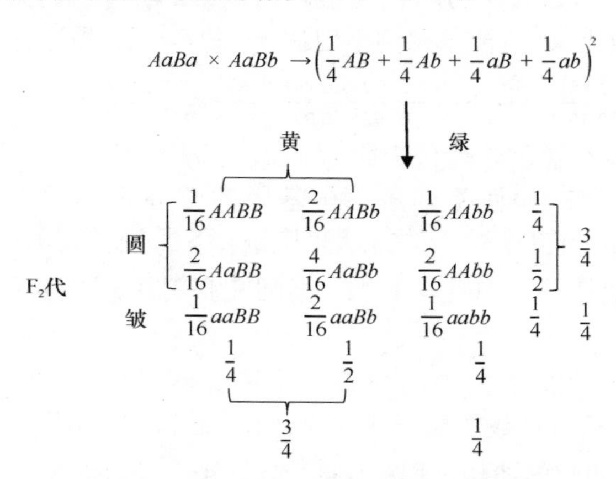

图 1.1.2 孟德尔关于两对相对性状的解释

关于回交的解释如图 1.1.3 所示, 圆粒∶皱粒和黄色∶绿色均为 1∶1.

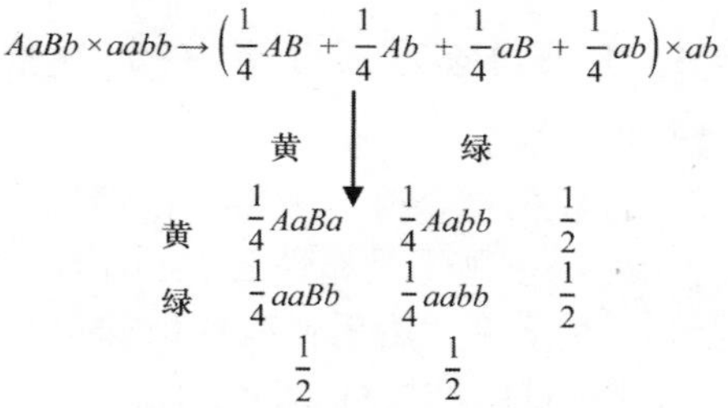

$$AaBb \times aabb \rightarrow \left(\frac{1}{4}AB + \frac{1}{4}Ab + \frac{1}{4}aB + \frac{1}{4}ab\right) \times ab$$

	黄	绿	
黄	$\frac{1}{4}AaBa$	$\frac{1}{4}Aabb$	$\frac{1}{2}$
绿	$\frac{1}{4}aaBb$	$\frac{1}{4}aabb$	$\frac{1}{2}$
	$\frac{1}{2}$	$\frac{1}{2}$	

图 1.1.3 孟德尔关于表 1.1.2 中回交的解释

上述理论归纳为孟德尔第二遗传定律, 又称为多对基因的独立分配或自由结合定律: 当两对或多对基因处于杂合状态时, 它们在配子中的分离是彼此独立的.

孟德尔将其研究写成《植物的杂交试验》论文, 于 1865 年 2 月 8 日在 Brünn 自然科学学会上宣读，并于 1866 年刊登在 Brünn 博物学会会刊上. 他的论文默默无闻地被尘封了 34 年，直到 1900 年，荷兰的德弗里斯(De Vrier, 1848~1935)、奥地利的切尔迈克(Tschermark, 1871~1962)和法国的柯伦斯(Correns, 1864~1933)在各自的研究中重新发现了孟德尔理论. 从此，在孟德尔理论的基础上，经典遗传学得到了迅速发展.

在孟德尔开创的经典遗传学中，摩尔根是成就最大的人，是经典遗传学的旗帜，摩尔根学派是经典遗传学的主流学派. 下面叙述摩尔根的主要贡献.

基因原是用以说明育种试验结果的假设结构. 人们自然会以为基因是一种物质，这种物质应存在于细胞中的某个位置. 孟德尔理论于 1900 年被重新发现前，人们已经发现每种二倍体生物的每个细胞都有相同数目的染色体，并且成对存在. 例如，不分种族、性别的人，每个细胞的染色体都是 23 对(46 条)；凡是水稻，不管籼、粳、糯，每个细胞都有 12 对(24 条)染色体；凡是玉米，每个细胞都有 10 对(20 条)染色体；凡是豌豆，每个细胞都有 7 对(14 条)染色体；凡是猪，每个细胞都有 19 对(38 条)染色体 …… 性别是真核生物的共同特征，对于真核生物，细胞里的n对染色体中有$n-1$对常染色体，每对内两条染色体完全一样，称为同源染色体，不属于同一对的染色体称为非同源染色体；剩下的一对为性染色体，两条性染色体虽然同源，但大小、形态和特性未必一样. 如男性的两条性染色体，一条为 X 染色体，另一条为 Y 染色体；而女性的两条性染色体均为 X 染色体. 多细胞生物的生长主要是通过细胞数目的增加和细胞体积的增大而实现的. 在这个过程中的细胞分裂称为有丝分裂或体细胞分裂. 这种分裂是把细胞核内每条染色体准确复制而形成的两个子细胞. 减数分裂又称为成熟分裂，是在性细胞成熟时发生的一种特殊的有丝分裂，其结果是形成配子. 在减数分裂中，每个母细胞分裂成 4 个子细胞，但染色体只复制一次，因此每个子细胞(配子)中只含各同源染色体中的一条，这样的子细胞称为单倍体. 如男性产生的精子有两种，一种是 22 条常染色体加 X 染色体，另一种是 22 条常染色体加 Y 染色体，两种精子数目相等；女性只产生一种卵子，就是 22 条常染色体加 X 染色体. 如果卵子和精子有机会结合为一个合子(受精卵)时，它就具有 22 对常染色体和一对性染色体(共 46 条)，然后经过多次有丝分裂发育成一个胎儿. 如果合子中的精子是 22 条常染色体加 X 染色体，则胎儿为女性；若合子中的精子是 22 条常染色体加 Y 染色体，则胎儿为男性.

1902 年，美国学者 Sutton(1877~1916)等发现孟德尔遗传定律与性细胞的减数分裂和受精形成合子的行为是一致的，并提出了细胞的染色体可能是基因的载体学说(摩尔根,《基因论》, 2007).

这个学说引起了广泛重视，并引发了一系列猜想，基因就是染色体？一条染色体就是一个基因？这是不可能的，因为生物的性状很多，基因很多，而染色体是有限的. 进一步的思考是，一条染色体上载有许多基因，一个特定的基因位于特定的染色体上. 这个问题的解决和遗传学家摩尔根的研究联系在一起.

1910 年，摩尔根在哥伦比亚大学的试验发现一种奇特的果蝇，它眼睛的颜色不是野生型的红色而是白色，经过缜密思考和试验，他发现决定眼色的基因与决定性别的基因是连锁遗传的，于是第一次把一个特定的果蝇白眼基因和一条特定的染色体(雄性性染色体)联系起来，并于 1912 年提出了基因的连锁与交换定律(经典遗传学第三定律)，完善了经典遗传学的理论体系，导致细胞遗传学诞生. 同源染色体上的两个基因的重组率

r的相对恒定，说明同源染色体上各基因的位置相对稳定．摩尔根于 1911 年指出，重组率的大小反映了基因位点在染色体上距离的远近．根据摩尔根的设想，由重组率确定同一染色体上不同基因的相对位置和排列顺序的过程称为基因定位(gene mapping)．由此绘出的线性示意图(chromosome map)称为基因连锁图(linkage map)或遗传图(genetic map)．两个基因在染色体上的距离称为图距(map distance)．若重组率$c = m\%$，则称它们之间的图距为m cM(厘摩)，即将重组率“1%”定义为图距单位(map unit)．将图距单位称为“厘摩”(centimorgan, cM)，这是为了纪念摩尔根．1913 年，Sturtevant 通过连锁分析，成功地在果蝇的 X 染色体上定位了 5 个基因，确定了遗传学的染色体理论和遗传作图的基本原理．果蝇有 4 对染色体，摩尔根小组花费了巨大的精力，测定了果蝇许多基因之间的连锁强度，形成了 4 个连锁群，并在他于 1926 年出版的巨著《基因论》第一章的“基因的直线排列”一节中绘出了 4 个连锁群的遗传图．

《基因论》是经典遗传学最权威的著作．在《基因论》中，摩尔根证实了孟德尔的遗传学理论，即生物的性状是由基因决定的；基因是长期稳定的、颗粒性的，可以区分为一个单位；证明了基因存在于染色体上；发现了基因的连锁与交换定律，位于同一对染色体上的许多基因存在不同程度的连锁，这些基因呈线性排列，其相对位置由相邻基因间的重组率($0 \leqslant r < 0.5$)决定，形成了一个连锁群(linkage group)．连锁群的数目等于单倍体染色体数目(n)；重组发生的原因是同源染色体间发生了局部交换的结果．《基因论》给出了关于生物性状遗传的一幅清晰而直观的经典基因理论的物理模型．

摩尔根的理论使孟德尔的两个遗传定律的机理明朗起来，这就是他所研究的豌豆 7 对相对性状分别位于豌豆仅有的 7 对染色体上，不连锁，故配子会独立分离和重组($r = 0.5$)，其实质是独立遗传而不是连锁遗传．《基因论》虽然完善了经典遗传学的理论体系，但也提出了遗传学中未曾解决的一些核心问题．例如，未曾回答基因是什么物质，基因的结构是什么样的等．但摩尔根在《基因论》的最后一章指出：“我们仍然很难放弃这个可爱的假设，就是基因之所以稳定，是因为它代表着一个有机的化学实体”，并认为“至少它不失为一个良好的试用假说”．

综上所述，质量性状遗传研究的数学模型运用与它在杂交后代的表现特点有关．

质量性状在杂交后代中的表现包括：①对环境不敏感，个体间有明显的归属类型．F_1代仅有一种类型的个体．分离世代有多种类型个体，呈离散变异，可用计数方法估计各种类型的比例．如表 1.1.1 所示F_2代的 7 对相对性状均为两种类型个体，其比例均约 3∶1；②在遗传上可假定它受少数主基因控制，遵从孟德尔的分离和自由组合遗传定律及摩尔根的连锁交换遗传定律；③从遗传的数学模型上讲，可用离散型随机变量描述基因分布和基因型分布；④在遗传学研究中，遗传标记主要应用于连锁分析、基因定位、遗传作图及基因转移等．遗传标记可以明确标示遗传多态性的特征．在经典遗传学中，遗传多态性是指等位基因的变异．在摩尔根的研究中，果蝇白眼遗传标记的发现导致了连锁交换定律的产生，并实现了质量性状的基因定位、遗传作图等．

1.1.2　数量性状遗传与数量遗传学的发展

孟德尔关于质量性状遗传学的论文《植物杂交试验》虽然于 1866 年发表，但并未被人们所认知. 1859 年达尔文(Darwin, 1809~1882)的生物进化论巨著《物种起源》出版后, 引起了科学界的巨大反响. 高尔登(Galton, 1822~1911)为了解决生物进化中的数量分析问题, 研究了人群中双亲与其子女身高的关系等, 并分别于 1886 年、1889 年用相关和回归表达这种关系, 把统计方法引入数量性状研究. 由于没有科学的遗传机理, 无法阐明相关和回归中的基因内涵, 导致生物统计学的产生和发展.

1900 年, 孟德尔遗传定律(遗传因子假说)被重新发现, 其遗传因子和统计学相结合的研究方法给人们以启示, 促进了数量性状遗传的研究. 1909 年, 约翰森(Johannsen)据其菜豆遗传实验提出了纯系假说, 并提出了基因型和表现型的概念, 认为表现型是基因型与环境相互作用的结果, 把数量性状的表现型变异区分为可遗传的变异和不可遗传的变异, 阐明了表现型、基因型和环境效应三者间的关系, 为数量性状遗传所表现出的连续性变异研究和建立数学模型提供了依据.

1. 微效多基因假说

1909 年, 尼尔森-埃尔(Nilsson-Ehle)根据小麦粒色的遗传研究提出了数量性状遗传的多基因假说(multiple-factor hypothesis), 认为数量性状的遗传效应是许多彼此独立的遗传因子共同作用并累加的结果, 而每个遗传因子的效应甚微且相等, 但其遗传机理仍为孟德尔式遗传, 后人称其为微效多基因假说或多基因假说(polygene hypothesis), 用数量性状的微效基因(minor gene)区分质量性状中的主基因(major gene). 这一假说于 1913 年被 Emerson 和 East 的玉米穗长研究所证实, 又被 East 于 1916 年的烟草花冠长度遗传试验所证实. Nilsson-Ehle 等的遗传试验均为两纯系杂交试验, 其世代资料的表现均相似. 下面以 East 的玉米穗长资料为例, 说明微效多基因假说的内容及其分析方法. East 的资料如表 1.1.3 和图 1.1.4 所示. 其中P_2为短穗亲本, P_1为长穗亲本.

由表 1.1.3 和图 1.1.4 可以看出, 数量性状在亲代和其杂交后代群体中的表现和质量性状是不同的, 因而其遗传研究方法应不同于质量性状遗传研究的经典遗传学方法. 这些不同之处包括: ①对环境敏感, 在不分离群体(双亲和F_1)和分离群体(F_2)中, 个体间无明显的归属类型, 均呈连续变异, 因而无法用离散型随机变量(如二项式分布)来描述其遗传规律, 只能用连续型随机变量来研究它的遗传; ②从统计分析的角度看, 各群体的均值和方差有以下表现, $\bar{\mathrm{F}}_1$和$\bar{\mathrm{F}}_2$均接近双亲均值的平均, 即接近$\frac{1}{2}(\bar{\mathrm{P}}_1+\bar{\mathrm{P}}_2)$; 不分离群体的方差$S^2_{\mathrm{P}_1}$、$S^2_{\mathrm{P}_2}$和$S^2_{\mathrm{F}_1}$基本上同质; 分离群体的方差$S^2_{\mathrm{F}_2}$大于不分离群体的方差.

表 1.1.3　玉米穗长的遗传　(单位: cm)

世代	长度																	n	$\bar{x}$	s	s^2
	5	6	7	8	9	10	11	12	13	14	15	16	17	18	19	20	21				
P_2	4	21	24	8														57	6.632	0.816	0.656
P_1									3	11	12	15	26	15	10	7	2	101	16.802	1.887	3.561
F_1					1	12	12	14	17	9	4							69	12.116	1.519	2.307
F_2			1	10	19	26	47	73	68	68	39	25	15	9	1			401	12.888	2.252	5.072

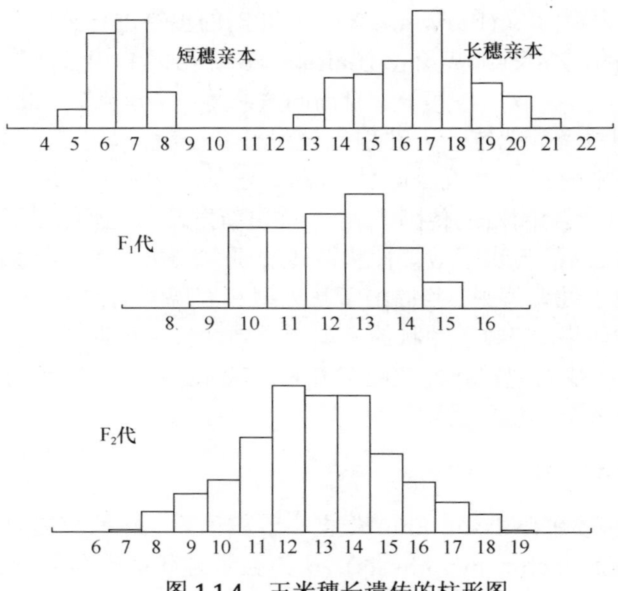

图 1.1.4　玉米穗长遗传的柱形图

Nilsson-Ehle 在小麦子粒颜色的试验中发现了与表 1.1.3 数据相同的特点：红色子粒与白色子粒杂交中，F_1代子粒颜色为红与白的中间类型，不能区别显隐性；F_2代子粒颜色表现出由红到白的不同程度的类型. 据此他提出数量性状由许多彼此独立的基因作用的结果，每个基因对性状表现的效果较微，但其遗传方式仍然服从孟德尔遗传规律，而且假定：①各基因的效应相等；②各等位基因的表现为不完全显性或无显性，并表现为增效和减效作用；③各基因的作用是累加性的. 这就是数量性状的微效多基因假说或多基因假说.

下面介绍 Nilsson-Ehle 据其假说对小麦子粒颜色试验进行的遗传分析. 假定由m对基因(R_i, r_i)决定，红粒亲本P_1的基因型为$R_1R_1R_2R_2\cdots R_mR_m$，白粒亲本$P_2$的基因型为$r_1r_1r_2r_2\cdots r_mr_m$. F_1代子粒表现为红与白的中间色，基因型为$R_1r_1R_2r_2\cdots R_mr_m$. F_2代中有4^m个基因型. 假定所有的(R_i, r_i)均等效为(R, r)，即基因型中多一个R就会使子粒更红一些，这样F_2代的基因型就会按R的个数k=0, 1, 2, ⋯, $2m$分为由白色开始的红色程度不同$(2m+1)$种类型，当$k=2m$时最红. F_1的基因型为$RrRr\cdots Rr$，配子式仍为$\left(\frac{1}{2}R+\frac{1}{2}r\right)$，$F_2$代基因型为$\left(\frac{1}{2}R+\frac{1}{2}r\right)^{2m}$. F_2代中，基因型中有k个R的概率为

$$P(k)=C_{2m}^{k}\left(\frac{1}{2}\right)^{k}\left(\frac{1}{2}\right)^{2m-k}=\frac{1}{4^m}C_{2m}^{k}\quad k=0,1,2,\cdots,2m \tag{1.1.1}$$

即k服从二项分布$\left(\frac{1}{2}+\frac{1}{2}\right)^{2m}$，其均值和方差分别为

$$\begin{cases}\mu_k=\sum_{k=0}^{2m}\frac{1}{4^m}C_{2m}^{k}=m\\ \sigma_k^2=\sum_{k=0}^{2m}\frac{(k-m)^2}{4^m}C_{2m}^{k}=\frac{m}{2}\end{cases} \tag{1.1.2}$$

在上述假定下，P_1、P_2和F_1的基因型值(R和r的累加值)分别为各世代的均值

$$\overline{P}_1 = 2mR \qquad \overline{P}_2 = 2mr \qquad \overline{F}_1 = m(R + r) \tag{1.1.3}$$

$$d = \frac{1}{2m}(\overline{P}_1 - \overline{P}_2) = R - r \tag{1.1.4}$$

则有k个R的基因型值为$2mr + kd$, F_2代基因型值的平均值和遗传方差分别为

$$\begin{cases} \mu_{F_2} = \sum_{k=0}^{2m} \frac{(2mr + kd)}{4^m} C_{2m}^k = 2mr + \mu_k d = m(R + r) \\ \sigma_{F_2 g}^2 = \sum_{k=0}^{2m} \frac{(2mr + kd - 2mr - \mu_k d)^2}{4^m} C_{2m}^k = \frac{m}{2} d^2 = \frac{m}{2}(R - r)^2 \end{cases} \tag{1.1.5}$$

式(1.1.5)表明，在微效多基因假说之下F_2的基因型值服从以中亲值$\frac{1}{2}(\overline{P}_1 + \overline{P}_2) = m(R + r)$为中心的对称的二项分布. 这个结果较好地解释了表1.1.3中F_2代的表现: $\bar{F}_1$和$\bar{F}_2$约等于$\frac{1}{2}(\overline{P}_1 + \overline{P}_2)$; 由于$P_1$、$P_2$和$F_1$均为只含一个基因型的群体，故它们的方差均由环境影响引起，为环境方差σ_e^2，而F_2代中除了环境方差σ_e^2之外还有遗传方差$\sigma_{F_2 g}^2 = \frac{m}{2}(R - r)^2$，故$F_2$代的表型资料方差大于各不分离世代的方差.

多基因假说产生于两个纯系的杂交试验分析. 在杂交后代群体中，个体的数量性状表现型测定值P称为表现型值. P中由基因型决定的值G(不能直接观测)称为基因型值. 根据约翰森纯系学说，表现型是基因型和环境共同作用的结果. 即P中除G外还有环境的直接作用E和基因型和环境互作效应$G \times E$. 将P、G和E作为描述杂交各世代群体中数量性状的总体连续型变量，就得到约翰森意义下的数量性状遗传的数学模型

$$P = G + E + G \times E \tag{1.1.6}$$

$G \times E$对育种很重要，应另行分析. 为了分析简便，假定$G \times E = 0$，并假定P和G的平均值(期望值)均等于μ, E的期望值为零，且G和E独立，还可令$G = \mu + g$, g的期望值为零，则式(1.1.6)可写成

$$P = G + E \text{ 或 } P = \mu + g + e \tag{1.1.7}$$

其中，P的方差σ_P^2称为表型方差，G或基因型效应g的方差σ_g^2称为遗传方差，环境效应E或e的方差σ_e^2称为环境方差，则有

$$\sigma_P^2 = \sigma_g^2 + \sigma_e^2 \tag{1.1.8}$$

正态分布$N(\mu, \sigma^2)$产生于测量误差的研究. 测量对象的真值和实测值分别为μ和x, ε是测量的随机误差，即$x = \mu + \varepsilon$. ε时大时小，时正时负. 偏离μ大时出现的机会小，偏离μ小时出现的机会大，正误差与负误差出现的机会是相等的，这就形成了中间高两边低左右对称的正态曲线. 多基因假说下的F_2代小麦子粒颜色基因型是以$m(R + r)$为中心的对称的二项分布，因而可认为在环境作用下按中心极限定理F_2代的表现型及基因型值服从正态分布. 这样在式(1.1.7)、式(1.1.8)中，一般假定

$$P \sim N(\mu, \sigma_P^2) \qquad G \sim N(\mu, \sigma_g^2) \qquad g \sim N(0, \sigma_g^2) \qquad E \text{ 或 } e \sim N(0, \sigma_e^2) \tag{1.1.9}$$

这就形成了以正态分布为中心的数量性状多基因模型式(1.1.7)~式(1.1.9)的遗传统计分析方法. 事实上，模型表明: 它是数量性状多基因整体的群体遗传学，μ、σ_g^2 和 σ_e^2的相对重要性为其群体遗传特征.

数量性状的多基因遗传模型(式(1.1.7)~式(1.1.9))的前提假设还有以下几点：①两个亲本完全纯合；②二倍体遗传，无复等位基因；③无细胞质效应，无母体效应；④无突变、无迁移、无选择的理想群体；⑤决定数量性状的各基因座的效应相等；⑥基因间无连锁；⑦无上位作用. 其中⑤和⑥可认为在大多数情况下的假定.

1918 年，费歇尔(Fisher)发表了数量性状遗传研究的里程碑式论文《根据孟德尔遗传假说的亲属间相关研究》，根据多因子试验对多基因假说进行了基因型分解，提出了加性-显性数量性状遗传模型($P = m + d + h + e$)，将基因型值分解为各基因的加性效应(d)及位点内的互作效应(显性效应h)，并将遗传方差分解为相应的分量($\sigma_g^2 = \sigma_d^2 + \sigma_h^2$)，用它研究亲属间的相关和选择的遗传理论，从理论上论证了多基因假说的合理性，认为"如果遗传的决定因素是孟德尔式遗传，就必须接受统计学的结论"，把数量性状的研究纳入孟德尔遗传理论与统计学相结合的轨道，并于 1925 年出版了《供研究人员用的统计方法》，为数量性状的遗传分析提供了基本的统计方法.

1921 年，Castle-Wright 据式(1.1.1)~式(1.1.5)给出了估计决定数量性状基因对数m的统计方法，即在式(1.1.4)和式(1.1.5)中，令$\sigma_{F_2g}^2 = \frac{m}{2}d^2 = \sigma_{F_2P}^2 - \sigma_e^2$，而$\sigma_e^2$可由不分离世代进行估计

$$\hat{\sigma}_e^2 = \frac{1}{4}S_{P_1}^2 + \frac{1}{2}S_{F_1}^2 + \frac{1}{4}S_{P_2}^2 \tag{1.1.10}$$

这样就把m和d的估计变为解如下代数方程

$$\begin{cases} 2md = \overline{P}_1 - \overline{P}_2 \\ \frac{m}{2}d^2 = S_{F_2}^2 - \hat{\sigma}_e^2 \end{cases} \tag{1.1.11}$$

对于表 1.1.3 的数据，$\hat{\sigma}_e^2$的估计为

$$\hat{\sigma}_e^2 = \frac{1}{4} \times 3.561 + \frac{1}{2} \times 2.307 + \frac{1}{4} \times 0.656 = 2.21$$

由于$\overline{P}_1 - \overline{P}_2 = 10.17, S_{F_2}^2 = 5.072, 2md = 10.17, \frac{m}{2}d^2 = 2.862$，解得$m$=4.5, d=1.13，即决定玉米穗长的基因对数为 4~5 对，每一个增效基因R可使玉米穗长在$\overline{P}_2$基础上增加 1.13cm.

1923 年, Sax 在其菜豆试验中发现了菜豆种子平均重量与菜豆的颜色是连锁遗传的，提出了在育种选择中对复杂性状进行标记辅助选择(marker assisted selsction, MAS)的设想. 1924~1927 年，Haldane 连续发表论文*Mathematical Theory of Natural and Artificial Selection* Ⅰ~Ⅴ，用数学方法说明数量性状在自然和人工选择下的遗传改变. 1921 年，莱特(Wright)在其著作*Systems of Mating*中概括了群体的交配制度，提出了近交系数，将不同交配制度的群体用近交系数联系起来；提出了通径系数，用以研究不同交配制度的遗传效果. Smith(1936)和 Hazel(1943)提出了选择指数的概念，用以进行多性状的综合人工选择. Lush(1937)在其著作*Animal Breeding*中提出了广义遗传力、狭义遗传力和重复力的概念，用以研究选择效率和遗传进展. 在杂种优势中，Sprague 和 Tatum(1942)提出了亲本配合力概念. 1948 年，Malecot 提出了血缘系数的概念，用以度量双亲间的亲缘程度及其子代个体的近交程度，从而给出了亲属间协方差的通式，给随机交配群体的遗传分析带来了方便. 这些多方面的思想活跃的研究为经典数量遗传学的建立奠定了基础. 20 世纪 40 年代末~80 年代中期，经典数量遗传学得以建立、发展和繁

荣, 使数量性状的表型特征在孟德尔遗传规律和统计学的基础上得到了较全面的分析, 并指导应用于动植物育种. 这一时期, 出版了许多数量遗传学和群体遗传学的代表作. Mather 于 1949 年出版了《生统遗传学》, 该书在 Jinks 的参与下出版了第二版(1971)和第三版(1982). Lerner 于 1950 年出版了《群体遗传学与动物改良》. Li 于 1955 年出版了《群体遗传学》. Kempthorne 于 1957 年出版了《遗传统计学》. Falconer 于 1960 年出版了《数量遗传学》, 并相继修订出版了第二版(1981)、第三版(1989)、第四版(1996)(增加了分子标记等内容)等. 这些书的出版标志着经典数量遗传学已形成了相对完整的体系. 在此期间, 形成了各有特点且存在较大差异的两个学派. 以 Kempthorne 等为代表的北美(Iowa-North Carolina-Edingburg)学派侧重研究随机交配群体的遗传变异, 从遗传方差的分析来检测遗传模型及各种基因效应的相对重要性, 并不考虑基因效应值的估计. 北美学派的研究紧密结合动植物育种, 在玉米的杂交优势利用上有突出贡献. 以 Mather 和 Jinks 为代表的伯明翰(Birmingham)学派侧重研究纯系亲本间杂种后代的遗传变异, 以世代平均数的分析来检测遗传模型和基因效应. 两个学派在分析遗传变异的着眼点和方法方面的差异是明显的, 一个侧重近交群体分析, 一个侧重随机交配群体分析. 这个争论表现在 1976 年在爱荷华州大学召开的第一届国际数量遗传学大会和 1978 年在剑桥大学召开的生统遗传学大会上, 分歧和争论促进了各自的研究, 并吸取了对方的思路, 如北美学派的 Cockerham 考虑了亲本近交程度的影响, 将近交杂种群体与随机交配群体亲属间协方差的表达式由近交系数相联系而归为一体, 而伯明翰学派的代表人物 Mather 和 Jinks 所著《生统遗传学》第三版中增加了随机交配群体数量性状遗传分析的内容. 两派争论趋于统一表现在 1987 年在北卡罗来纳州立大学召开的第二届国际数量遗传学大会上, 而且关于遗传与环境的互作是两派共同感兴趣的研究问题. 这时数量遗传研究的重点在于统计方法的深入和遗传交配设计, 以检测数量性状的遗传模型及其效应; 动植物育种群体的遗传变异和选择进展的综合选择; 杂种优势及亲本间配合力的理论和技术; 基因型与环境的互作效应的估计和应用等. 这些争论、交流和合作完善了建立在微效多基因假说之上的传统数量遗传学的理论体系和方法.

2. 主基因-多基因混合遗传假说

20 世纪 70 年代末, 有学者发现在一些杂交试验分离世代的数量性状表现不符合微效多基因假说. 此类数量性状界于离散变异和连续变异之间, 控制它的基因有多有少, 每对等位基因的效应有大有小, 其表现受环境影响. 效应大的基因可以在一般试验设计下通过适当的方法和手段检测出来, 人们称其为主基因, 否则称为微效基因或多基因. 这种受环境影响的主基因比经典遗传学中绝对化的主基因更符合实际. 例如, 在畜禽数量性状上发现的主基因有 Nerat 和 Ricard 于 1974 年发现的鸡体重的矮小基因、Smith 和 Bampton 于 1977 年发现的猪瘦肉率的氟烷敏感基因、Rollins 等于 1972 年发现的牛瘦肉率中的双肌基因等(见 Mackay 于 1989 年的综述). 在植物遗传试验中, 人们发现水稻株高在F_2代受一对主基因控制但又受环境影响使分布不集中而呈连续变异. 人们还发现某些作物从播种到开花日数的分布因播期而异, 在春播时有主基因存在, 而在夏播时仅表现为微效多基因控制. 盖钧益等认为: “一个数量性状的遗传体系可能由主基因组成, 也可由多基因组成, 还可能同时并存主基因和多基因, 即由主基因和多基因组成. 后者可以看作数量性状的普遍情况，而前两者可看作后者的特殊情况. 后者称为主基因和多基因混合遗传(mixed majorgene and polygene inheritance)，或主基因-多基因混合遗传(majorgene-polygene mixed inheritance)、主基因-微效基因混合遗传(major-minor gene mixed inheritance)”(盖钧益等, 2003). 这是自微效多基因假说以来，人们关于数量性状遗传机制研究的总结和发展.

主基因-多基因混合遗传假说是对数量性状中多基因效应均相等的突破. 多基因中某些主基因位点比其他微效基因的效应大，致使这些主基因型值在环境影响下与微效基因效应相重叠而形成了分离世代表型值呈偏态或多峰连续型分布. 具体试验实例如图 1.1.5 所示.

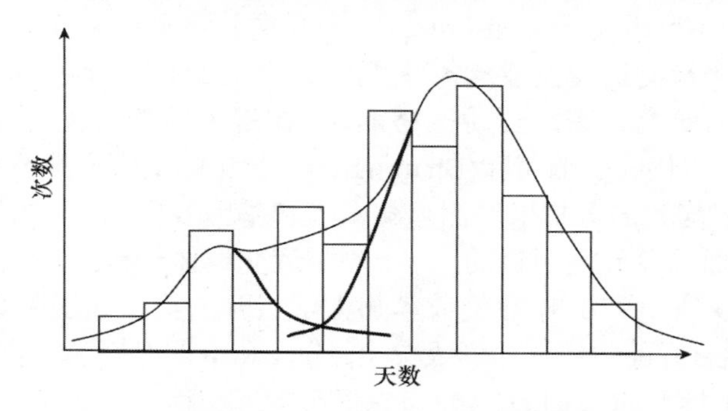

图 1.1.5　大豆组合宜兴骨绿豆×上海红芒早F_2开花期的分布(盖钧益等, 2003)

主基因-多基因混合遗传的数学模型应在多基因遗传模型$P=\mu+g+e$的基础上将主基因效应加入其中，即

$$P=\mu+g+e=m+t+c+e \tag{1.1.12}$$

即将$\mu+g$分解为$m+t+c$，其中m为主基因型的中亲值，t为相对于m的主基因效应，c为多基因效应，e为环境效应，并假定t、c和e相互独立. 主基因效应是多个峰值间的固定效应，主基因遗传方差为$\sigma_{mg}^2, c\sim N\left(\mu,\sigma_{pg}^2\right), \sigma_{pg}^2$为多基因遗传方差；$e\sim N(\mu,\sigma_e^2), \sigma_e^2$为环境方差，且表型方差$\sigma_P^2$为

$$\sigma_P^2=\sigma_{mg}^2+\sigma_{pg}^2+\sigma_e^2 \tag{1.1.13}$$

人们用有限混合正态分布描述主基因-多基因混合遗传假说之下的数量性状表现型值P的分布，其概率密度函数为

$$\begin{aligned} f(x)&=a_1f_1(x;\mu_1;\sigma_1^2)+a_2f_2(x;\mu_2;\sigma_2^2)+\cdots+a_kf_k(x;\mu_k;\sigma_k^2)\\ &=\sum_{t=1}^{k}a_tf_t(x;\mu_t;\sigma_t^2)\end{aligned} \tag{1.1.14}$$

其中，k为根据主基因显性程度所形成的表现型个数；$f_t(x;\mu_t;\sigma_t^2)$为第t个表型成分分布$N(\mu_t,\sigma_t^2)$的概率密度函数；a_t为所研究分离世代中第t个表现型成分的频率，显然有$a_1+a_2+\cdots+a_t=1$. 一般可假定各成分分布的方差σ_t^2均等于σ^2. 当$k=1$时，表示无主基因型，$f(x)$为多基因假说时的表现型值P分布$N(\mu,\sigma_P^2)$的概率密度函数.

据多元正态分布理论，式(1.1.14)所表示的表现型值 P的分布为一元正态分布

$$P\sim N\left(\sum_{t=1}^{k}a_t\mu_t\,,\boldsymbol{a}^{\mathrm{T}}\boldsymbol{\Sigma}\boldsymbol{a}\right) \tag{1.1.15}$$

其中，$\boldsymbol{a} = (a_1, a_2, \cdots, a_k)^{\mathrm{T}}$；$\boldsymbol{\Sigma}$为$k$个成分分布正态变量组成的列向量所服从的$k$维多元正态分布的协方差阵. 据式(1.1.12)及其假定有

$$\sigma_P^2 = \sigma_{mg}^2 + \sigma_{pg}^2 + \sigma_e^2 = \boldsymbol{a}^{\mathrm{T}}\boldsymbol{\Sigma}\boldsymbol{a} \tag{1.1.16}$$

在多基因假说下的数量性状遗传模型式(1.1.7)中有 7 个前提假定. 主基因-多基因假说修正了假定⑤，使遗传分析更符合实际情况；其他前提假定只要在试验中审慎设计是可以满足的，如假定③可以通过正反交测试来验证. 当然，对于非二倍体遗传效应应另行考虑.

主基因-多基因混合遗传假说与微效多基因假说相比，除了后者是前者的特例之外有两点发展。

(1)多基因假说之下的遗传模型$P = G + E = \mu + g + e$中，仅涉及P、G和E的关系，只能把决定数量性状的多基因作为一个整体来分析，无法了解多基因中个别位点的基因效应，完全由P的统计分析来判断基因型的表现，在传统育种中只能进行表型选择；主基因-多基因混合遗传假说之下的遗传模型为$P = m + t + c + e$，能分析出主基因效应t及其遗传方差σ_{mg}^2，也能分析出多基因效应c及其遗传方差σ_{pg}^2. 同时，增加了对数量性状中主基因的了解，使传统的表型选择增加了主基因的信息，选择效率提高了.

(2)多基因假说之下，$P{\sim}N(\mu, \sigma_P^2)$，其统计分析是以正态分布为中心的. 主基因-多基因混合遗传假说之下，$P{\sim}N\left(\sum_{t=1}^{k} a_t \mu_t, \boldsymbol{a}^{\mathrm{T}}\boldsymbol{\Sigma}\boldsymbol{a}\right)$，是以有限混合正态分布为中心展开的. 利用有限混合正态分布最大似然估计的 EM(expectation and maximization)等算法，可以估计a_t、μ_t和σ_t等参数，进而可估计σ_{mg}^2等. 可见数量性状遗传模型的发展总是伴随着统计学的发展而实现的.

有限混合分布(finite mixture distribution)或混合模型(mixture model)在现代统计学发展过程中作为一类模型得到了广泛的研究和应用. 混合分布模型的分离是一个十分困难的问题，19 世纪 90 年代~20 世纪 70 年代，由于计算机运行速度和容量的限制，人们研究的方法都不能保证精度和方便的应用. 随着高运行速度和大容量计算机的出现，对混合分布的研究转向分布参数的极大似然估计. 极大似然估计最初由德国数学家高斯(Gauss)于 1821 年提出，但未得到重视. Fisher 于 1922 年再度提出极大似然估计思想并探讨了它的性质，极大似然估计才得到了广泛的研究和应用. 1948 年, Rao 研究了含有两个等方差组分的混合正态分布的极大似然估计, 1966 年和 1969 年, Hasselblad 研究了具有k个同方差组分的混合正态分布的极大似然估计. 1977 年，Dempster 等提出了混合分布极大似然估计的 EM 算法，使似然解的收敛性质有了理论基础，才使似然方法用于混合分布模型的拟合得到了广泛应用.

在数量性状的主基因-多基因混合遗传分析中，Elston 和 Stewart 分别于 1971 年和 1973 年在人类遗传学中建立了“一对主基因和多基因”模型的复合分离分析(complex segregation analysis, CSA)，CSA 实际上是对混合分布在不同假设下的似然比检验. 1974 年, Morton 和 Maclean 进一步发展了这一模型，并称其为混合模型. 1984 年, Elston 将这一模型推广到两个主基因位点的假设检验，并被 Knott 等于 1991 年用于动物育种. 1994 年，Loisel 等给出了 F_2 代中检测主基因存在性的似然比统计量的性质，1995 年姜长鉴等

把其结果用于大麦矮秆基因的鉴别. 盖钧镒等在总结前人关于主基因-多基因混合遗传模型检验方法的基础上, 进一步研究并提出了"植物数量性状遗传体系主基因-多基因混合遗传模型分离分析法", 这个成果反映在著作《植物数量性状遗传体系》(盖钧镒等, 2003)中, 其理论和方法得到了广泛应用.

1.1.3　DNA 标记与现代数量遗传学

建立在微效多基因假说并进而统一在主基因-多基因混合遗传假说之上的数量遗传学, 虽然认为数量性状由孟德尔基因所决定, 但遗传分析只能接受统计学的分析结果, 并不能把数量基因与染色体上的遗传物质联系起来, 即未曾实现对数量性状位点的检测和定位. 其原因主要是人们已经发现的形态学、细胞学和同工酶标记数量及统计方法的限制, 不能从整个基因组进行基因搜索与定位. 鉴于数量性状多基因机制, 人们期待着具有丰富多态性的能覆盖整个基因组的新的遗传标记及其定位的统计分析方法的产生.

1953 年, 沃森(Watson)和克里克(Crick)提出了 DNA 的双螺旋结构模型, 阐明了它是遗传信息的携带者, 从而开创了分子遗传学的新纪元. 分子遗传学给出了一幅生物性状遗传的分子机理蓝图: DNA 分子是所有生命机体发育和繁殖的蓝本. 一切生命活动主要是蛋白质的功能, 蛋白质是由基因编码的, 即由 20 种氨基酸以肽键连接而成, 核酸都由 4 种核苷酸以磷酸链构成, 其遗传密码在整个生物界基本一致. 由此, 千姿百态的生命界基本上由 DNA 通过遗传密码而统一了起来.

分子遗传学发展了经典遗传学的基因概念, 除了保留基因(一段具有特定功能的 DNA 序列)仍是一个功能单位外, 再不是一个重组和突变的最小单位. 分子遗传学中的最小重组子和突变子只是一个核苷酸对. 核苷酸的随机突变使 DNA 具有极其丰富的多态性, 使其直接作为遗传标记成为可能. 1980 年, 人类遗传学家 Botstein 等首先提出了 DNA 限制性片段长度多态性(RFLP)可以作为遗传标记的思想. 1985 年, DNA 聚合酶链式反应(PCR)技术的诞生, 使直接体外扩增 DNA 用以检测其多态性成为可能. 1990 年, Williams 和 Welsh 等两个研究小组应用 PCR 技术同时发现了随机扩增多态性(RAPD)分子标记, 随后基于 PCR 技术的新型分子标记便不断涌现. 由此, 人们在一定程度上从整个基因组上搜索定位数量基因成为现实, 开创了利用分子标记检测数量性状位点并进行分子标记辅助选择和数量基因操纵的新局面. 自 1988 年 Paterson 等发表了第一篇应用连锁图在番茄中定位 QTL 的论文起, 形成了研究 QTL 热, 每年发表的有关 QTL 研究的论文呈指数级增长, 使数量遗传学进入了基因组时代, 发展为现代数量遗传学或分子数量遗传学, 达到在分子水平上可能破译控制数量性状基因的物质基础, 并增加了在基因水平操控动植物品种改良的可能性.

1.1.4　数量遗传学在我国的发展

老一代科学家通过讲学、翻译著作、著书立说和培养研究生的方式, 使数量遗传学在我国经过了半个多世纪的传播、研究和发展. 首先, 由 Falconer 所著的《数量遗传学导论》(第一版)于 1960 年出版后, 杨纪珂和汪安琦翻译了它,于 1965 年通过科学出版社出版; Mather 和 Jinks 所著的《生统遗传学》第二版(1971)的简缩版《生统遗传学导论》(1974), 由冯午、庄巧生和莫惠栋翻译, 于 1981 年由农业出版社出版, 这两本著作代表了北美学派和伯明翰学派关于数量遗传学的权威论述, 对数量遗传学在我国的传播具有奠基性作用. 数量遗传学真正广泛的传播和研究, 是我国老一代科学家著作的出版. 在动物数量遗传学方面的代表作是吴仲贤(1979)的《统计遗传学》, 在植物方面的代表作是马育华(1982)的《植物育种的数量遗传学基础》. 在数量遗传基础研究方面, 刘来福(1979)提出了遗传方差最大主成分性状; 刘垂玗(1982)提出了表现型方差最大主成分性状, 杨德和戴君惕(1983)的典范性状, 莫惠栋(1989, 1993, 1995)的胚乳性状模型和质量-数量性状遗传模型的分析方法等. 朱军(1997)的专著为《遗传模型分析方法》, 盖钧镒等(2003)的专著为《植物数量性状遗传体系》. 在数量遗传学方面的著作还有: 刘来福等(1984)的《作物数量遗传》、高之仁(1986)的《数量遗传学》、盛志廉和吴常信(1995)的《数量遗传学》、裴新澍(1987)的《数理遗传与育种》、Bulmer 著由兰斌和袁志发(1991)翻译出版的《数量遗传学的数学理论》、郭平仲(1987, 1993)的《数量遗传分析》、徐云碧和朱立煌(1994)的《分子数量遗传学》、盛志廉和陈瑶生(1999)的《数量遗传学》、Falconer 等著由储明星(2000)翻译出版的《数量遗传学导论》第四版、翟虎渠(2001)的《应用数量遗传学》、方宣钧等(2002)的《作物 DNA 标记辅助育种》、孔繁玲(2006)的《植物数量遗传学》等. 另外, 袁志发、常智杰等于 1987~1989 年提出组合性状和组合性状对分析理论; 袁志发等(2000, 2001, 2013)提出了通径分析的决策系数概念及分析方法, 并把它应用于多性状综合选择及基因组功能的通路分析等. 目前, 数量遗传学的系统理论和方法, 对遗传育种的研究生和实际育种工作者来讲还不够, 甚至在研究生教育中受到忽视. 因此, 应大力传播数量遗传学, 使数量遗传学的理论和方法真正服务于育种实践, 并取得进一步的实效.

1.2　群体遗传学基础及其发展

蛋白质的合成、基因复制、发育以及染色体的研究, 所涉及的都是生物体细胞内发生的过程, 而一个物种在自然界的进化或动植物品种的人为改良涉及的都是基因在群体中随世代而改变的过程. 群体遗传学(population genetics)是自 1908 年以来为研究孟德尔群体(Mendelian population)遗传结构变化(进化)而发展起来的一门理论遗传学分支. 1955年, 杜布赞斯基(Dobzhansky)定义: 一个孟德尔群体是一群能够相互繁殖的个体, 它们享有一个共同的基因库(gene pool). 在有性繁殖的生物中, 一个物种就是一个最大的孟德尔群体. 数量遗传学是研究数量性状遗传结构在孟德尔群体中变化规律并服务于育种的一门学科. 因而, 群体遗传学是数量遗传学的基础之一, 本节对其进行简述.

1.2.1　孟德尔群体遗传结构的数学模型

群体遗传学研究的是群体成员某一性状的遗传结构在各种因素作用下的世代变化规律. 按决定性状基因的情况可分为一对等位基因群体、复等位基因群体、两对或多对基因群体等. 群体遗传结构是通过基因型、配子和基因的离散型频率分布来表达的, 属于统计学模型. 下面叙述几个常见的二倍体群体遗传结构模型例子.

【例 1.2.1】　一对等位基因理想群体的遗传结构模型。

设性状由一对等位基因(A,a)决定. 基因型为AA、Aa和aa, 相应的基因型频率分别为p_2、p_1和p_0, 基因型分布简记为$(AA,Aa,aa)=(p_2,p_1,p_0)$, 其中$p_2+p_1+p_0=1$. 由基因型分布可知, 配子可携带的基因分布或基因库分布为$(A,a)=(p,q)$, 基因频率p和q由基因型频率唯一确定. 基因频率等于该基因的纯合基因型频率加上与该基因有关的杂合基因型频率的一半, 即$p=p_2+\frac{1}{2}p_1, q=p_0+\frac{1}{2}p_1$, 且$p+q=1$. 即一对等位基因理想群体(无突变、无迁移和无选择)的遗传结构为

$$\begin{cases}(AA,Aa,aa)=(p_2,p_1,p_0)\\(A,a)=(p,q)\end{cases}\tag{1.2.1}$$

一般来讲, 不同群体在同一位点有不同的基因型分布, 但可能产生相同的基因分布. 例如

$$\begin{cases}(AA,Aa,aa)=(0.4,0.4,0.2)\\(A,a)=(0.6,0.4)\end{cases}\qquad\begin{cases}(AA,Aa,aa)=(0.3,0.6,0.1)\\(A,a)=(0.6,0.4)\end{cases}$$

【例 1.2.2】　两对等位基因理想群体的遗传结构模型。

性状由两对等位基因$(A,a)=(p,q)$和$(B,b)=(u,v)$决定, 群体中有 9 种基因型(不分正反交), 其基因型矩阵$\boldsymbol{G}$和基因型频率矩阵$\boldsymbol{Z}$分别为

$$\boldsymbol{G}=\begin{bmatrix}AABB & AABb & AAbb\\AaBB & AaBb & Aabb\\aaBB & aaBb & aabb\end{bmatrix}\begin{matrix}AA\\Aa\\aa\end{matrix}\quad\begin{matrix}BB & Bb & bb\end{matrix}\qquad \boldsymbol{Z}=\begin{bmatrix}Z_{11} & Z_{12} & Z_{13}\\Z_{21} & Z_{22} & Z_{23}\\Z_{31} & Z_{32} & Z_{33}\end{bmatrix}\begin{matrix}Z_{1.}\\Z_{2.}\\Z_{3.}\end{matrix}\quad\begin{matrix}Z_{\cdot 1} & Z_{\cdot 2} & Z_{\cdot 3} & 1\end{matrix}\tag{1.2.2}$$

在$\boldsymbol{G}$中, 第 1~3 行分别为AA、Aa和aa行; 第 1~3 列分别为BB、Bb和bb列. $\boldsymbol{G}$中各基因型的频率分别用$\boldsymbol{Z}$中相同位置上的频率Z_{ij}表示; 显然有$\sum\sum Z_{ij}=1$. Z 中各行之和$Z_{1\cdot}$、$Z_{2\cdot}$和$Z_{3\cdot}$ 分别为AA、Aa和aa的频率; 各列之和$Z_{\cdot 1}$、$Z_{\cdot 2}$、$Z_{\cdot 3}$分别为BB、Bb和bb的频率.

两对基因群体有四种配子, 其分布为

$$(AB,Ab,aB,ab)=(g_{11},g_{13},g_{31},g_{33})\tag{1.2.3}$$

它可表示为如下矩阵形式

$$\boldsymbol{r}=\begin{bmatrix}AB & Ab\\aB & ab\end{bmatrix}\begin{matrix}A\\a\end{matrix}\quad\begin{matrix}B & b\end{matrix}\qquad \boldsymbol{g}=\begin{bmatrix}g_{11} & g_{13}\\g_{31} & g_{33}\end{bmatrix}\begin{matrix}g_{1\cdot}\\g_{3\cdot}\end{matrix}\quad\begin{matrix}g_{\cdot 1} & g_{\cdot 3} & 1\end{matrix}\tag{1.2.4}$$

在矩阵$\boldsymbol{r}$中, 第一行和第二行分别为A和a行; 第一列和第二列分别为B和b列. 矩阵$\boldsymbol{g}$中, 第一行和第二行之和分别为$g_{1\cdot}$和$g_{3\cdot}$, 为A和a的频率p和q; 第一列和第二列之和分别为$g_{\cdot 1}$和$g_{\cdot 3}$, 它们是B和b的频率u和v. 其中, 配子频率g_{ij}由各基因型含有的配子情况由基因频率唯一决定

$$\begin{cases}g_{11}=Z_{11}+\frac{1}{2}(Z_{12}+Z_{21})+\frac{1}{4}Z_{22}\\g_{13}=Z_{13}+\frac{1}{2}(Z_{12}+Z_{23})+\frac{1}{4}Z_{22}\\g_{31}=Z_{31}+\frac{1}{2}(Z_{21}+Z_{32})+\frac{1}{4}Z_{22}\\g_{33}=Z_{33}+\frac{1}{2}(Z_{23}+Z_{32})+\frac{1}{4}Z_{22}\end{cases}\tag{1.2.5}$$

由上述可知，在多对基因群体中，首先由基因型频率统计出配子频率，再由配子频率计算出各基因的频率. 这就是说，多对基因群体的详细的遗传结构由基因型分布、配子分布和基因分布组成.

例如，两对基因群体的基因型频率为

$$\boldsymbol{Z}=\begin{bmatrix}0.25 & 0.16 & 0.14\\ 0.02 & 0.24 & 0.04\\ 0.12 & 0.02 & 0.01\end{bmatrix}\begin{matrix}0.55\\0.30\\0.15\end{matrix}$$
$$\quad\;\; \begin{matrix}0.39 & 0.42 & 0.19 & 1.00\end{matrix}$$

据式(1.2.2)~式(1.2.5)，配子分布为

$$(AB, Ab, aB, ab)=(g_{11}, g_{13}, g_{31}, g_{33})=(0.40, 0.30, 0.20, 0.10)$$

基因分布为

$$(A, a)=(p, q)=(g_{11}+g_{13}, g_{31}+g_{33})=(0.70, 0.30)$$
$$(B, b)=(u, v)=(g_{11}+g_{31}, g_{13}+g_{33})=(0.60, 0.40)$$

1.2.2 随机交配下理想大孟德尔群体的平衡

1924 年，Haldane 在其著作《自然和人工选择的数学理论》中表明，在生物进化的自然选择或在品种改良的人工选择中，有利基因频率的增加或不利基因频率的减少是关键. 要描述群体遗传结构在交配系统、选择、迁移、突变等因素作用下的改变，必须有一个使群体遗传结构不随世代变化的参考系，这就是在随机交配下的平衡理想大孟德尔群体(无突变、无迁徙、无选择群体). 大孟德尔群体在无返置抽样下不影响其遗传结构.

所谓随机交配，指在群体中任一个体都有同样的机会与其他异性个体的交配；所谓配子的随机结合，是指群体配子库中任一配子都有同样的机会与其他异性配子结合成合子的配子结合. 随机交配仅决定于交配的频率，配子随机结合仅决定配子的结合频率. 在理想的大孟德尔群体中，随机交配和配子的随机结合是等价的. 显然，随机交配和配子的随机结合是理论上的，它要求每一配偶、每一配子对下一代有相同的贡献，这在现实中是不存在的，却有利于模型或理论上的推导.

随机交配或配子的随机结合是群体遗传学的一个重要原则，它表明在一代代传递中连续的不是基因型而是基因. 下述哈迪-温伯格(Hardy-Weinberg)平衡定律为群体遗传学提供了基石.

哈迪-温伯格平衡定律(1908)：在随机交配的理想大孟德尔群体中，其遗传结构为

$$\begin{cases}(AA, Aa, aa)=(p^2, 2pq, q^2)\\ (A, a)=(p, q)\end{cases} \tag{1.2.6}$$

且在各世代中是恒定的，即群体处于平衡状态.

证明该定律的方法有两种：配偶的随机交配法和配子随机结合法，分别列于表 1.2.1 ($p_2=p^2, p_1=2pq, p_0=q^2$)和表 1.2.2 中. 表中运用了概率论中独立事件的乘法原理：$P(AB)=P(A)P(B)$. 前一种方法在不分正反交的情况下包括 6 种交配类型(家系)，便于了解亲子、同胞等亲属关系，后一种方法则便于理论推导. 在表 1.2.1 中，$p=p_2+\frac{1}{2}p_1=p^2+pq=p, q=p_0+\frac{1}{2}p_1=q^2+pq=q$.

在随机交配的理想大孟德尔群体中，两性配子多项式均为$pA+qa$，则两性配子随机交配结合成下一代基因型的数学形式可简化为

$$(pA+qa)♂\times(pA+qa)♀=(pA+qa)^2=p^2AA+2pqAa+q^2aa \quad (1.2.7)$$

其中，配子结合成 4 种基因型AA、Aa或aA(正、反交，合并为Aa)和aa. 各基因型的频率为配子的结合频率，等于各配子中基因频率的乘积，如AA的频率为p^2, Aa或aA的频率为$2pq$.

表 1.2.1　一对等位基因理想大孟德尔群体的随机交配后代

交配类型	交配频率	家系子代基因型频率			子代基因型频率			基因频率	
		AA	Aa	aa	AA	Aa	aa	A	a
$AA\times AA$	p_2^2	1	0	0	p_2^2	0	0		
$AA\times Aa$(正、反)	$2p_2p_1$	$\frac{1}{2}$	$\frac{1}{2}$	0	p_2p_1	p_2p_1	0		
$AA\times aa$(正、反)	$2p_2p_0$	0	1	0	0	$2p_2p_0$	0		
$Aa\times Aa$	p_1^2	$\frac{1}{4}$	$\frac{1}{2}$	$\frac{1}{4}$	$\frac{1}{4}p_1^2$	$\frac{1}{2}p_1^2$	$\frac{1}{4}p_1^2$		
$Aa\times aa$(正、反)	$2p_1p_0$	0	$\frac{1}{2}$	$\frac{1}{2}$	0	p_1p_0	p_1p_0		
$aa\times aa$	p_0^2	0	0	1	0	0	p_0^2		
列和	1				p^2	$2pq$	q^2	p	q

表 1.2.2　一对等位基因理想大孟德尔群体的配子随机结合后代

两性配子及频率	$A(p)$	$a(q)$	行和
$A(p)$	$AA(p^2)$	$Aa(pq)$	p
$a(q)$	$aA(pq)$	$aa(q^2)$	q
列和	p	q	1

温德华斯-瑞米克(Wentworth-Remick)定理：如果理想大孟德尔群体的遗传结果为

$$\begin{cases}(AA,Aa,aa)=(p_2,p_1,p_0)\\(A,a)=\left(p_2+\frac{1}{2}p_1,p_0+\frac{1}{2}p_1\right)=(p,q)\end{cases} \quad (1.2.8)$$

若$p_2\neq p^2$，即群体是不平衡的，则经过一代随机交配就达到平衡. 该定理于 1916 年被提出，称为平衡的建立定理. 该定理易用表 1.2.2 或式(1.2.7)证明.

Hardy-Weinberg 定理可以推广到复等位基因群体、伴性基因群体、多对基因群体、同源多倍体群体、自交不育群体等. 一般来讲，除了自交不育和完全交换的同源多倍体的平衡群体外，凡 Hardy-Weinberg 定理意义下的平衡群体，均有如下特点：配子频率等于所含基因频率之积，两性配子结合的基因型频率等于两性配子频率之积，即在统计学意义上，基因间相互独立，配子间相互独立.

如果群体不平衡，在逐代随机交配下是会平衡的，但对于遗传方式不同的性状来讲，达到平衡所需要的代数是不同的。

(1)对于不平衡的一对基因和复等位基因群体，经过一代随机交配就可达到平衡.

(2)对于不平衡的伴性基因群体，逐代进行随机交配，会振荡式地逐代趋于平衡.

(3)对于不平衡的同源多倍体和自交不育群体，会随着随机交配的代数增加而趋于平衡.

(4)对于不平衡的多对基因群体, 无论存在连锁与否, 均会在逐代随机交配下趋于平衡.

平衡的理想大孟德尔群体, 是在其基因库条件下的遗传多样性最大的群体. 由于平衡群体的遗传结构世代不变, 故无任何遗传效应的改变. 这种遗传效应的恒定性在数量性状上表现为群体的均值、遗传方差和亲属相关性在世代间是不变的. 因而, 平衡群体可作为在自然或人为因素下使群体遗传结构发生变化的参照体.

育种家并不期望平衡存在, 而是期望群体的遗传结构朝着他们所需要的目标改变. 育种家在改变群体遗传结构时, 从理论和实践上采用了两种有效的手段: ①在育种目标之下能够决定个体的留下和淘汰, 让留下的个体繁殖更多后代, 这就是选择; ②能够决定留下的个体将怎样相互交配, 有利于目标基因型频率的提高, 方便人工选择.

1.2.3　群体在非随机交配下的遗传效应

据 Wright 研究, 交配系统分为随机交配和非随机交配. 非随机交配系统在理论上有四种类型: 第一类称为遗传同型交配, 指亲系较近的个体间交配. 广义上讲, 这类交配属于近亲繁殖类型, 自花授粉或自体受精是这种类型的极端例子. 第二类为表型同型交配, 指在群体内形态上相似的个体间的交配. 第三类为遗传非同型交配(远交), 指在遗传上相异的个体间的交配, 即在不同品系、品种间的杂交, 是育种上经常采用的方法. 第四类为表型非同型交配, 指在群体形态相异的个体间的交配. 在育种中常采用它形成一个取长补短的更具有优良个体的群体.

1. 平衡群体的一般定理

根据数量性状特点, 可相对认为a为零效基因, A为在a基础上表现增效或减效的活动基因的效应单位. 对A、a分别赋值 1、0, 据效应可加性假设, 基因型AA、Aa和aa的效应分别为 2、1 和 0. 这样, 可以用统计方法来研究群体在非随机交配下的各种遗传效应变化, 即基因型分布、基因分布、群体均值、遗传方差、亲属间的相关性、群体内的配子相关性和配偶相关等的变化规律.

Wright 所提出的交配类型, 是在一定的约束下由配偶所形成的家系来定义的. 理想大孟德尔群体在各种交配制度下都会达到平衡, 这就形成了平衡群体的一般定理: 对于任何理想大孟德尔平衡群体, 有

$$\begin{cases}(AA, Aa, aa) = (p_2, p_1, p_0) \\ (A, a) = \left(p_2 + \frac{1}{2}p_1, p_0 + \frac{1}{2}p_1\right) = (p, q)\end{cases} \tag{1.2.9}$$

假定正反交比例相等($u_{ij} = u_{ji}$), 配偶间交配频率的联合分布如表 1.2.3 所示, 则必有

$$u_{11} = 4u_{20} = 4u_{02} = 2(u_{20} + u_{02}) \tag{1.2.10}$$

所谓平衡, 是指同一基因型的频率应亲、子代相等. 对基因型AA而言

亲代: $$p_2 = u_{22} + u_{21} + u_{20}$$

子代: $$p_2 = u_{22} + u_{21} + \frac{1}{4}u_{11}$$

故$u_{11} = 4u_{20} = 4u_{02} = 2(u_{20} + u_{02})$.

表 1.2.3　一般平衡群体的交配频率

配偶		Y			行和
		$AA(2)$	$Aa(1)$	$aa(0)$	
X	$AA(2)$	u_{22}	u_{21}	u_{20}	p_2
	$Aa(1)$	u_{12}	u_{11}	u_{10}	p_1
	$aa(0)$	u_{02}	u_{01}	u_{00}	p_0
列和		p_2	p_1	p_0	1

表 1.2.3 给出了配偶间的联合分布，由此可以计算配偶相关系数m. 配偶的均值、方差及配偶间的协方差为

$$\mu_X = \mu_Y = 2p_2 + p_1 = 2p \qquad \sigma_X^2 = \sigma_Y^2 = 4p_2 + p_1 - (2p)^2 = 4pq - p_1$$

$$\mathrm{Cov(X,Y)} = 4u_{22} + 4u_{21} + u_{11} - \mu_X\mu_Y = 4(u_{22} + u_{21} + u_{20}) - 4p^2 = 4pq - 2p_1$$

故

$$m = \frac{\mathrm{Cov(X,Y)}}{\sigma_X\sigma_Y} = \frac{4pq-2p_1}{4pq-p_1} \tag{1.2.11}$$

由表 1.2.4 可计算出相应的配子均值、方差、协方差及配子相关系数 F

$$\mu_X = \mu_Y = p \qquad \sigma_X^2 = \sigma_Y^2 = pq$$

$$\mathrm{Cov(X,Y)} = p_2 - \mu_X\mu_Y = p_2 - p^2 = pq - \frac{1}{2}p_1 \tag{1.2.12}$$

$$F = \frac{\mathrm{Cov(X,Y)}}{\sigma_X\sigma_Y} = \frac{pq-\frac{1}{2}p_1}{pq}$$

比较m和F得

$$F = \frac{m}{2-m} \qquad m = \frac{2F}{1+F} \tag{1.2.13}$$

显然，$m \geqslant F$，对于 Hardy-Weinberg 平衡群体，$p_2 = p^2, p_1 = 2pq, p_0 = q^2$，则有$m = 0, F = 0$.

表 1.2.4　一般平衡群体的配子相关

配子		Y		行和
		$A(1)$	$a(0)$	
X	$A(1)$	$AA(p_2)$	$Aa(p_1/2)$	p
	$a(0)$	$aA(p_1/2)$	$aa(p_0)$	q
列和		p	q	1

2. 近亲繁殖的 Wright 平衡群体

1921 年, Wright 提出了近亲繁殖的平衡群体定理. 由于近亲间有共同的祖先血统,故近亲交配会使子代增加从其双亲遗传相同基因的机会，即增加了子代纯合体中两个等位基因均是上代某个祖先的同一个基因复制品(后裔同样)的概率. 这个概率在近亲繁殖平衡群体中的平均值为配子的相关系数$F(0<F\leqslant 1)$，它反映了群体的近交程度，称为群体的平均近交系数. F的存在导致平衡群体相对于 Hardy-Weinberg 平衡群体的纯合体等量增加$(\varepsilon > 0)$而杂合体等量减少的遗传效应，其配子结合的统计学模型如表 1.2.5 所示.

表 1.2.5　近亲繁殖平衡群体的配子相关

配子		Y: $A(1)$	Y: $a(0)$	行和
X	$A(1)$	$AA(p^2+\varepsilon)$	$Aa(pq-\varepsilon)$	p
	$a(0)$	$aA(pq-\varepsilon)$	$aa(q^2+\varepsilon)$	q
列和		p	q	1

由表通过两性配子X、Y的赋值可计算出它们的均值、方差、协方差和相关系数F

$$\begin{gathered}\mu_{\mathrm{X}}=\mu_{\mathrm{Y}}=p \qquad \sigma_{\mathrm{X}}^2=\sigma_{\mathrm{Y}}^2=pq \\ \operatorname{Cov}(\mathrm{X},\mathrm{Y})=p^2+\varepsilon-\mu_{\mathrm{X}}\mu_{\mathrm{Y}}=\varepsilon \\ F=\frac{\operatorname{Cov}(\mathrm{X},\mathrm{Y})}{\sigma_{\mathrm{X}}\sigma_{\mathrm{Y}}}=\frac{\varepsilon}{pq} \qquad \varepsilon=Fpq\end{gathered} \tag{1.2.14}$$

由式(1.2.14)和表 1.2.5 可得到 Wright 的近亲繁殖平衡定理

$$(AA,Aa,aa)=(p^2+Fpq,2pq(1-F),q^2+Fpq) \tag{1.2.15}$$

对于理想大孟德尔群体, Hardy-Weinberg 平衡群体($F=0,m=0$)的配偶间、配子间均相互独立. 对于Wright近亲繁殖平衡群体, 其配子间随机结合后代仍为式(1.2.15), 在这种情况下称F为近交系数; 当$F=1$时, $m=1$, 此时群体固定, 即$(AA,Aa,aa)=(p,0,q)$, 故近交有引导群体朝固定方向变化的效应. F是衡量群体的固定程度, 称为固定指数; $(1-F)$反映了群体随机交配的程度或比例.

配子相关系数F, 把所有近交的和非近交的平衡群体统一为式(1.2.15)的形式, 但只有在近交平衡中称为近交系数, 否则只能称为配子相关系数. 对于后一种情况, 随机交配会使群体变为 Hardy-Weinberg 平衡群体, 使配子相关系数变为 0.

常见的近亲繁殖平衡群体有遗传同型交配下的各世代及同胞交配的各世代. 下面重点介绍遗传同型交配下的近交效应.

1)遗传同型交配的遗传效应

理想大孟德尔群体在遗传同型交配下仅有三种交配类型, 即$AA\times AA$、$Aa\times Aa$和$aa\times aa$. 假定初始(世代$t=0$)群体为

$$\begin{cases}(AA,Aa,aa)=(p^2,2pq,q^2)\\(A,a)=(p,q)\end{cases} \tag{1.2.16}$$

t代的遗传结构为

$$\begin{cases}(AA,Aa,aa)=(p_2,p_1,p_0)\\(A,a)=\left(p_2+\frac{1}{2}p_1,p_0+\frac{1}{2}p_1\right)=(p,q)\end{cases} \tag{1.2.17}$$

则子代($t+1$ 代)的遗传结构如表 1.2.6 所示.

对表 1.2.6 进行分析可知, 遗传同型交配有如下几点遗传效应.

(1)遗传结构的变化.

①亲、子代基因频率不变

亲代: $$(A,a)=\left(p_2+\frac{1}{2}p_1,p_0+\frac{1}{2}p_1\right)=(p,q)$$

子代: $$(A,a)=\left(p_2+\frac{1}{4}p_1+\frac{1}{2}\times\frac{1}{2}p_1,p_0+\frac{1}{4}p_1+\frac{1}{2}\times\frac{1}{2}p_1\right)=(p,q)$$

②杂合体Aa的频率逐代减半, 纯合体AA和aa等量增加

表 1.2.6　遗传同型交配下的亲子代

家系	频率	家系子代分析					子代		
		2	1	0	家系平均	家系方差	2	1	0
		AA	Aa	aa			AA	Aa	aa
$AA\times AA$	p_2	1	0	0	2	0	p_2	0	0
$Aa\times Aa$	p_1	$\frac{1}{4}$	$\frac{1}{2}$	$\frac{1}{4}$	1	$\frac{1}{2}$	$\frac{1}{4}p_1$	$\frac{1}{2}p_1$	$\frac{1}{4}p_1$
$aa\times aa$	p_0	0	0	1	0	0	0	0	p_0
列和	1						$p_2+\frac{1}{4}p_1$	$\frac{1}{2}p_1$	$p_0+\frac{1}{4}p_1$

亲代:
$$(AA, Aa, aa)=(p_2, p_1, p_0)$$
子代:
$$(AA, Aa, aa)=\left(p_2+\frac{1}{4}p_1, \frac{1}{2}p_1, p_0+\frac{1}{4}p_1\right)$$
故当世代$t\to+\infty$时，群体趋于固定，即$(AA, Aa, aa)=(p, 0, q)$.

(2)导致群体逐代趋于固定的原因是近交逐代强化，即近交系数F(配子相关系数)逐代变大. 当世代$t\to+\infty$时，$F\to 1, m\to 1$. 近交系数F可据表 1.2.7 计算.

$$\mu_{\mathrm{X}}=\mu_{\mathrm{Y}}=p \qquad \sigma_{\mathrm{X}}^2=\sigma_{\mathrm{Y}}^2=pq$$
$$\mathrm{Cov(X,Y)}=p_2+\frac{1}{4}p_1-p^2=pq-\frac{1}{4}p_1 \tag{1.2.18}$$
$$F=\frac{\mathrm{Cov(X,Y)}}{\sigma_{\mathrm{X}}\sigma_{\mathrm{Y}}}=\frac{pq-\frac{1}{4}p_1}{pq} \qquad t=0,1,2,\cdots$$

表 1.2.7　子代群体中的配子相关

配子		Y		行和
		$A(1)$	$a(0)$	
X	$A(1)$	$AA\left(p_2+\frac{1}{4}p_1\right)$	$Aa\left(\frac{1}{4}p_1\right)$	p
	$a(0)$	$aA\left(\frac{1}{4}p_1\right)$	$aa\left(p_0+\frac{1}{4}p_1\right)$	q
列和		p	q	1

即由t代Aa的频率p_1可计算$t+1$代的近交系数F_{t+1}. 当$t=0$时，$p_1=2pq$，则$F_1=\frac{1}{2}$. 计算表明，遗传同型交配的任一世代为 Wright 平衡群体
$$(AA, Aa, aa)=(p^2+F_{t+1}pq, 2pq(1-F_{t+1}), q^2+F_{t+1}pq) \tag{1.2.19}$$
其中，$t=0,1,2,\cdots$; $F_0=0$. 由于p_1逐代减半，故$t\to+\infty$时，$F\to 1, m=\frac{2F}{1+F}\to 1$，群体固定.

(3)群体均值和遗传方差的变化.

①亲代均值μ_{P}、子代均值μ_O不变.

亲代基因型值分布为$(2,1,0)=(p_2, p_1, p_0)$，均值$\mu_{\mathrm{P}}=2p_2+p_1=2p$. 子代基因型值分布为$(2,1,0)=\left(p_2+\frac{1}{4}p_1, \frac{1}{2}p_1, p_0+\frac{1}{4}p_1\right)$，均值$\mu_{\mathrm{O}}=2\left(p_2+\frac{1}{4}p_1\right)+\frac{1}{2}p_1=2p$，故$\mu_{\mathrm{P}}=\mu_{\mathrm{O}}$.

上述分析中，下标“P”和“O”分别代表亲代和子代.

②子代遗传方差$\sigma_{g\mathrm{O}}^2$较亲代遗传方差$\sigma_{g\mathrm{P}}^2$增加了$\frac{1}{2}p_1$.

由亲、子代基因型值分布可得

$$\begin{cases}\sigma_{g\mathrm{P}}^2 = 4p_2 + p_1 - (2p)^2 = 4\left(p_2 + \frac{1}{2}p_1\right) - 4p^2 - p_1 = 4pq - p_1 \\ \sigma_{go}^2 = 4\left(p_2 + \frac{1}{2}p_1\right) + \frac{1}{2}p_1 - (2p)^2 = 4pq - \frac{1}{2}p_1\end{cases} \tag{1.2.20}$$

子代遗传方差由家系内方差(各家系方差的平均)$\sigma_{g\mathrm{OW}}^2$和家系间方差(家系平均数的方差)$\sigma_{g\mathrm{O}B}^2$组成. 在表 1.2.6 中, 家系方差的分布为$\left(0,\frac{1}{2},0\right) = (p_2,p_1,p_0)$, 故其平均为$\sigma_{g\mathrm{OW}}^2 = \frac{1}{2}p_1$; 家系平均数的分布为$(2,1,0) = (p_2,p_1,p_0)$, 故其方差为$\sigma_{g\mathrm{O}B}^2 = 4pq - p_1 = \sigma_{g\mathrm{P}}^2$. 因而有

$$\sigma_{g\mathrm{OW}}^2 = \frac{1}{2}p_1 \qquad \sigma_{g\mathrm{O}B}^2 = 4pq - p_1 \qquad \sigma_{g\mathrm{O}}^2 = \sigma_{g\mathrm{OW}}^2 + \sigma_{g\mathrm{O}B}^2 \tag{1.2.21}$$

由于p_1在逐代减半, 故$\sigma_{g\mathrm{OW}}^2$随世代而减少, 而$\sigma_{g\mathrm{O}B}^2$随世代而增加. 当$t \to +\infty$时, $\sigma_{g\mathrm{OW}}^2 \to 0, \sigma_{g\mathrm{O}B}^2 \to 4pq, \sigma_{g\mathrm{O}}^2 \to 4pq, \sigma_{g\mathrm{P}}^2 \to 4pq$. 表明遗传同型交配因近交使群体中的纯合度增加, 导致家系内遗传方差可降至零, 因固定而使家系间方差增大. 如果在向AA或aa选择, 又可使总遗传方差降低, 甚至降到零.

(4)亲子相关系数r_{PO}和全同胞相关系数r_{FS}逐代增加. 当$t \to +\infty$时, $r_{\mathrm{PO}} \to 1, r_{\mathrm{FS}} \to 1$. 表明在遗传同型交配之下, 增加了子代与其亲代彼此相似的能力, 即增加了“传势”(prepotency), 使育种者更有把握预测交配的结果. 这种结果的重要原因是纯和度起作用, 因为它只能产生一类配子, 故传势是高的.

亲属间的相关是通过二维离散型随机变量联合分布来计算的(表 1.2.8).

表 1.2.8　二维离散型随机变量联合分布

X \ Y	Y_1	Y_2	…	Y_m	行和
X_1	p_{11}	p_{12}	…	p_{1m}	$p_{1\cdot}$
X_2	p_{21}	p_{22}	…	p_{2m}	$p_{2\cdot}$
⋮	⋮	⋮	⋮	⋮	⋮
X_k	p_{k1}	p_{k2}	…	p_{km}	$p_{k\cdot}$
列和	$p_{\cdot 1}$	$p_{\cdot 2}$	…	$p_{\cdot m}$	1

均值为

$$\mu_{\mathrm{X}} = \sum_{i=1}^{k} x_i p_{i\cdot} \qquad \mu_{\mathrm{Y}} = \sum_{j=1}^{k} y_j p_{\cdot j}$$

方差为

$$\sigma_{\mathrm{X}}^2 = \sum_{i=1}^{k} x_i^2 p_{i\cdot} - \mu_{\mathrm{X}}^2 \qquad \sigma_{\mathrm{Y}}^2 = \sum_{j=1}^{k} y_j^2 p_{\cdot j} - \mu_{\mathrm{Y}}^2 \tag{1.2.22}$$

协方差为

$$\mathrm{Cov}(\mathrm{X},\mathrm{Y}) = \sum_{i=1}^{k}\sum_{j=1}^{k} x_i y_j p_{ij} - \mu_{\mathrm{X}}\mu_{\mathrm{Y}}$$

相关系数为

$$r_{\mathrm{XY}} = \frac{\mathrm{Cov}(\mathrm{X},\mathrm{Y})}{\sigma_{\mathrm{X}}\sigma_{\mathrm{Y}}}$$

由表 1.2.6 可得一亲、子代基因型值的联合分布(表 1.2.9).

表 1.2.9 遗传同型交配下亲、子代基因型值的联合分布

P \ O	2(*AA*)	2(*Aa*)	0(*aa*)	行和
2(*AA*)	p_2	0	0	p_2
1(*Aa*)	$\frac{1}{4}p_1$	$\frac{1}{2}p_1$	$\frac{1}{4}p_1$	p_1
0(*aa*)	0	0	p_0	p_0
列和	$p_2+\frac{1}{4}p_1$	$\frac{1}{2}p_1$	$p_0+\frac{1}{4}p_1$	1

由前述知, $\mu_{\mathrm{P}}=\mu_{\mathrm{O}}=2p,\sigma_{g\mathrm{P}}^2=4pq-p_1,\sigma_{g\mathrm{O}}^2=4pq-\frac{1}{2}p_1$, 则亲子协方差为

$$\mathrm{Cov}(\mathrm{P},\mathrm{O})=4p_2+2\times\frac{1}{4}p_1+\frac{1}{2}p_1-\mu_{\mathrm{P}}\mu_{\mathrm{O}}=4pq-p_1=\sigma_{g\mathrm{P}}^2 \tag{1.2.23}$$

亲子相关系数为

$$r_{\mathrm{PO}}=\frac{\mathrm{Cov}(\mathrm{P},O)}{\sigma_{\mathrm{P}}\sigma_{\mathrm{O}}}=\frac{\sigma_{g\mathrm{P}}^2}{\sigma_{g\mathrm{P}}\sigma_{g\mathrm{O}}}=\frac{\sigma_{g\mathrm{P}}}{\sigma_{g\mathrm{O}}}=\sqrt{\frac{4pq-p_1}{4pq-\frac{1}{2}p_1}} \tag{1.2.24}$$

由表 1.2.6 可得子代群体中同胞对子间的基因型值联合分布表 1.2.10. 表 1.2.6 中三个家系的子代为全同胞. 家系$AA\times AA$只能产生AA与AA的同胞对子, 其频率为p_2; 家系$Aa\times Aa$的频率为p_1, 能产生$p_1\left(\frac{1}{4}AA,\frac{1}{2}Aa,\frac{1}{4}aa\right)^2$中$AA$与$AA$、$AA$与$Aa$等 9 种同胞对子, 其频率为上述展开式中 9 种配对的系数; 家系$aa\times aa$仅产生aa与aa的同胞对, 频率为p_0. 将这些同胞对及其频率整理即得表 1.2.10.

表 1.2.10 遗传同型交配下子代同胞对间基因型值的联合分布

同胞对子	2(*AA*)	1(*Aa*)	0(*aa*)	行和
2(*AA*)	$p_2+\frac{1}{16}p_1$	$\frac{1}{8}p_1$	$\frac{1}{16}p_1$	$p_2+\frac{1}{4}p_1$
1(*Aa*)	$\frac{1}{8}p_1$	$\frac{1}{4}p_1$	$\frac{1}{8}p_1$	$\frac{1}{2}p_1$
0(*aa*)	$\frac{1}{16}p_1$	$\frac{1}{8}p_1$	$p_0+\frac{1}{16}p_1$	$p_0+\frac{1}{4}p_1$
列和	$p_2+\frac{1}{4}p_1$	$\frac{1}{2}p_1$	$p_0+\frac{1}{4}p_1$	1

表 1.2.10 中, 两个边沿分布的均值和方差分别为$\mu_{\mathrm{O}}=2p,\sigma_{g\mathrm{O}}^2=4pq-\frac{1}{2}p_1$; 同胞对子间的协方差为

$$\begin{aligned}\mathrm{CovFS}&=4\left(p_2+\frac{1}{16}p_1\right)+2\times2\times\frac{1}{8}p_1+\frac{1}{4}p_1-(2p)^2\\&=4p_2+p_1-4p^2\\&=4pq-p_1=\sigma_{g\mathrm{P}}^2\end{aligned} \tag{1.2.25}$$

同胞对子间的相关系数为

$$r_{\mathrm{FS}}=\frac{\mathrm{CovFS}}{\sigma_{g\mathrm{O}}^2}=\frac{4pq-p_1}{4pq-\frac{1}{2}p_1}=r_{\mathrm{PO}}^2 \tag{1.2.26}$$

由式(1.2.24)和式(1.2.26)可知, 当$t\to+\infty$时, $r_{\mathrm{PO}}\to1,r_{\mathrm{FS}}\to1$.

设初始$(t=0)$群体的遗传结构式(1.2.16)中$p_2=p^2, p_1=2pq, p_0=q^2$，则在遗传同型交配下的遗传效应可归结为表 1.2.11.

表 1.2.11　$(AA, Aa, aa)=(p^2, 2pq, q^2)$在遗传同型交配下的遗传效应

世代 t	基因型值分布			遗传方差σ_g^2			相关		
	$2(AA)$	$1(Aa)$	$0(aa)$	σ_{gW}^2	σ_{gB}^2	σ_g^2	r_{PO}	r_{FS}	F
0	p^2	$2pq$	q^2	pq	pq	$2pq\sigma_0^2$	$\frac{1}{2}$	$\frac{1}{2}$	0
1	$p^2+\frac{1}{2}pq$	pq	$q^2+\frac{1}{2}pq$	pq	$2pq\sigma_0^2$	$\left(1+\frac{1}{2}\right)\sigma_0^2$	$\sqrt{\frac{2}{3}}$	$\frac{2}{3}$	$\frac{1}{2}$
2	$p^2+\left(\frac{1}{2}+\frac{1}{4}\right)pq$	$\frac{1}{2}pq$	$q^2+\left(\frac{1}{2}+\frac{1}{4}\right)pq$	$\frac{1}{2}pq$	$\left(1+\frac{1}{2}\right)\sigma_0^2$	$\left(1+\frac{1}{2}+\frac{1}{4}\right)\sigma_0^2$	$\frac{6}{7}$	$\frac{6}{7}$	$\frac{3}{4}$
⋮	⋮	⋮	⋮	⋮	⋮	⋮	⋮	⋮	⋮
n	$p^2+pq\sum_{k=1}^{n}\frac{1}{2^k}$	$\frac{1}{2^{n-1}}pq$	$q^2+pq\sum_{k=1}^{n}\frac{1}{2^k}$	$\frac{1}{2^{n-1}}pq$	$\sigma_0^2\sum_{k=0}^{n-1}\frac{1}{2^k}$	$\sigma_0^2\sum_{k=0}^{n}\frac{1}{2^k}$	$\sqrt{\frac{2^{n+1}-2}{2^{n+1}-1}}$	$\frac{2^{n+1}-2}{2^{n+1}-1}$	$\frac{2^n-1}{2^n}$
⋮	⋮	⋮	⋮	⋮	⋮	⋮	⋮	⋮	⋮
∞	p	0	q	0	$2\sigma_0^2=4pq$	$2\sigma_0^2=4pq$	1	1	1

(5)遗传同型交配对多对基因群体的纯合作用.

若性状由m对基因(A_i, a_i)决定，则可能的基因型有4^m个，纯合基因型有2^m. 设F_1代为$A_1A_1A_2A_2\cdots A_mA_m\times a_1a_1a_2a_2\cdots a_ma_m$，再自交$n$代得$F_{n+1}$代，则群体中有$k$对纯合的基因型概率为

$$P(k\text{对纯合})=\frac{1}{2^{mn}}C_m^k(2^n-1)^k \tag{1.2.27}$$

而有m对纯和的基因型的概率为

$$M_{mn}=P(m\text{对纯合})=\left(\frac{2^n-1}{2^n}\right)^m \tag{1.2.28}$$

M_{mn}为m的减函数，n的增函数，反映了自交的纯合作用. 若$m=10$，则F_{n+1}代中有4^{10}个基因型，有$2^{10}=1024$个纯合基因型. m对纯合基因仅占所有基因型的 1/1024，要选出优良的纯和基因型很困难. 但在F_6代，$M_{mn}=\left(\frac{2^5-1}{2^5}\right)^{10}=72.8\%$，就比较好选择.

2)同胞交配的遗传效应

对于异交生物，最强的近亲繁殖是同胞交配，通常称为兄弟姐妹交配或横交. 对于一对等位基因$(A,a)=(p,q)$的群体有 6 种交配类型(家系). 设在t世代中，$AA\times AA$和$aa\times aa$、$AA\times aa$、$AA\times Aa$和$aa\times Aa$、$Aa\times Aa$的交配频率分别为w_t、x_t、y_t和z_t. 利用世代间各交配类型的转移概率方法，可得$n+1$代Aa的频率为

$$p_{1(t+1)}=\left(0,1,\frac{1}{2},\frac{1}{2}\right)(w_t,x_t,y_t,z_t)^{\mathrm{T}} \tag{1.2.29}$$

而$t+1$代中AA和aa的频率为

$$p_{2(t+1)}=p_{0(t+1)}=\frac{1}{2}\left(1-p_{1(t+1)}\right) \tag{1.2.30}$$

对于初始群体为Aa来讲，$w_0=x_0=y_0=0$，$z_0=1$，则有表 1.2.12 所示的世代结果(表中“S”表示同胞交配世代).

表 1.2.12 始于Aa的同胞交配的结果(除$t=0$外，t对应S_{t+1})

世代t	0	1	2	3	4	5	…	∞
AA	0	$\frac{1}{4}$	$\frac{2}{8}$	$\frac{5}{16}$	$\frac{11}{32}$	$\frac{24}{64}$	…	$\frac{1}{2}$
Aa	1	$\frac{1}{2}$	$\frac{2}{4}$	$\frac{3}{8}$	$\frac{5}{16}$	$\frac{8}{32}$	…	0
aa	0	$\frac{1}{4}$	$\frac{2}{8}$	$\frac{5}{16}$	$\frac{11}{32}$	$\frac{24}{64}$	…	$\frac{1}{2}$
F_t	0	$\frac{1}{4}$	$\frac{3}{8}$	$\frac{8}{16}$	$\frac{19}{32}$	$\frac{43}{64}$	…	1

注：近交系数世代间的关系$F_t=\frac{1}{4}+\frac{1}{2}F_{t-1}+\frac{1}{4}F_{t-2}$

由表 1.2.12 知，同胞交配和遗传同型交配有同样的遗传效应，即近交的存在使群体逐代纯和. 当世代$t\to+\infty$时，$r_{\mathrm{PO}}\to1, r_{\mathrm{FS}}\to1, F\to1, m\to1$，并维持了基因分布的恒定性. 在杂合体逐代减少的速度上，遗传同型交配更快一些.

3. 表型同型交配的遗传效应

假定A对a为显性，若n代群体为$(AA,Aa,aa)=(r,2s,t)=(p_{2n},p_{1n},p_{0n})$，则基因型的显性比例为$1-t$. 表型同型交配有显性间和隐性间两类交配，有 4 种具体的交配，结果如表 1.2.13 所示.

表 1.2.13 表型同型交配

交配类型	交配频率	子代		
		AA	Aa	aa
$AA\times AA$	$r^2/(1-t)$	$r^2/(1-t)$	0	0
$AA\times Aa$	$4rs/(1-t)$	$2rs/(1-t)$	$2rs/(1-t)$	0
$Aa\times Aa$	$4s^2/(1-t)$	$s^2/(1-t)$	$2s^2/(1-t)$	$s^2/(1-t)$
$aa\times aa$	t^2/t	0	0	t
列和	1	$(r+s)^2/(1-t)$	$2s(r+s)/(1-t)$	$s^2/(1-t)+t$

表 1.2.13 表明，亲代基因库为$(A,a)=(r+s,s+t)=(p,q)$，则由亲子关系可得

$$p_{1(n+1)}=\frac{2s(r+s)}{1-t}=\frac{4s(r+s)}{2(r+s)+2s}=\frac{2pp_{1n}}{2p+p_{1n}}$$

若 0 世代$(AA,Aa,aa)=(p_{20},p_{10},p_{00})$，则经世代间递推得

$$p_{1n}=\frac{2pp_{10}}{2p+np_{10}} \tag{1.2.31}$$

若$p_{10}=1$，则$p=\frac{1}{2}$时，$p_{1n}=\frac{1}{1+n}$，配子相关系数$F_n=\frac{n-1}{n+1}$；若初始群体为

$$(AA,Aa,aa)=(p^2,2pq,q^2)$$

则$p_{1n}=\frac{2pq}{1+nq}, F_n=\frac{nq}{1+nq}$，因而$n$代可表示为 Wright 平衡群体形式

$$(AA,Aa,aa)=(p^2+F_npq,2pq(1-F_n),q^2+F_npq) \tag{1.2.32}$$

由上述可知，表型同型交配与遗传同型交配、同胞交配的性质在宏观上类同. 如世代间基因频率不变、群体均值不变、杂合体减少而纯合体增加等，且$t\to+\infty$时，

$r_{\mathrm{PO}} \to 1, r_{\mathrm{FS}} \to 1, m \to 1$. 但是$F_t$仅为配子间的相关系数而不是近交系数, 即在表 1.2.13 中任一世代t, 经随机交配后变为 Hardy-Weinberg 平衡群体$(AA, Aa, aa) = \left(\frac{1}{4}, \frac{1}{2}, \frac{1}{4}\right)$或$(AA, Aa, aa) = (p^2, 2pq, q^2)$, 使$F = 0, r_{\mathrm{PO}} = r_{\mathrm{FS}} = \frac{1}{2}$.

4. 表型非同型交配的遗传效应

表型非同型交配仅有两种交配类型: $AA \times aa$和$Aa \times aa$. 经过一代表型非同型交配, 后续世代仅存一种交配$Aa \times aa$. 因而无论群体初始结构如何, 在表型非同型交配之下从第 2 代均为$(AA, Aa, aa) = \left(0, \frac{1}{2}, \frac{1}{2}\right)$, 排斥了显性纯合体的存在, 有利于隐性纯合体, 使基因库变为$(A, a) = \left(\frac{1}{4}, \frac{3}{4}\right)$. 在表型非同型交配下, 平衡群体$(AA, Aa, aa) = \left(0, \frac{1}{2}, \frac{1}{2}\right)$可表示成 Weight 平衡群体形式

$$(AA, Aa, aa) = \left(\frac{1}{16} + \frac{3}{16}F, \frac{3}{8}(1-F), \frac{9}{16} + \frac{3}{16}F\right) \tag{1.2.33}$$

其中, $F = -\frac{1}{3}$. 显然, 它是一种远离 Hardy-Weinberg 平衡和 Wright 平衡的远交平衡, 经过一代随机交配变为 Hardy-Weinberg 平衡$(AA, Aa, aa) = \left(\frac{1}{16}, \frac{3}{8}, \frac{9}{16}\right)$, 且$F = 0, r_{\mathrm{PO}} = r_{\mathrm{FS}} = \frac{1}{2}$.

5. 遗传非同型交配的遗传效应

遗传非同型交配有$AA \times Aa$、$AA \times aa$和$Aa \times aa$三种交配类型, 交配结果均产生Aa而使纯合体减少. 逐代交配的结果将使群体最终为$(AA, Aa, aa) = (0, 1, 0)$, 完全排除了纯合体在群体中的存在. 这是远离 Hardy-Weinberg 平衡和 Wright 近交平衡的远交平衡, 可以表示为 Wright 平衡形式

$$(AA, Aa, aa) = \left(\frac{1}{4} + \frac{1}{4}F, \ \frac{1}{2}(1-F), \frac{1}{4} + \frac{1}{4}F\right) \tag{1.2.34}$$

其中, 基因分布为$(A, a) = \left(\frac{1}{2}, \frac{1}{2}\right)$, 配子相关系数$F = -1$, 是一种典型的远交平衡. 如果进行一代随机交配, 则变为 Hardy-Weinberg 平衡, 即$(AA, Aa, aa) = \left(\frac{1}{4}, \frac{1}{2}, \frac{1}{4}\right), F = 0, r_{\mathrm{PO}} = r_{\mathrm{FS}} = \frac{1}{2}$.

6. 回交的遗传效应

由$AA \times aa$得F_1代Aa开始, 用AA作为轮回亲本进行逐代回交: B_1为$AA \times Aa$, B_2为$AA \times \mathrm{B}_1$, $\cdots$. 它们的基因型分布、基因分布、均值、遗传方差等如表 1.2.14 所示.

表 1.2.14 表明, 回交仅有两种交配类型: $AA \times AA$和$AA \times Aa$. 这种交配使轮回亲本类基因型AA逐代增加, Aa逐代减半, 把aa完全排除在群体外, 既改变了基因型分布, 又改变了基因分布. 导致均值(μ)和亲属相关($r_{\mathrm{PO}}, r_{\mathrm{FS}}$)逐代增加, 而使组内方差($\sigma_{gW}^2$)、组间方差($\sigma_{gB}^2$)和总方差($\sigma_g^2$)逐代下降. 当$n \to +\infty$时, $\mu \to 2, r_{\mathrm{PO}} \to \sqrt{\frac{1}{2}}, r_{\mathrm{FS}} \to \frac{1}{2}, \sigma_{gW}^2 \to 0, \sigma_{gB}^2 \to 0, \sigma_g^2 \to 0$, 而$(AA, Aa, aa) = (1, 0, 0), (A, a) = (1, 0)$. 回交的这种特点使其任一世代远离了 Hardy-Weinberg 平衡, 是一种从远交逐代向AA固定的近亲平衡. B_n的基因

表 1.2.14 回交的遗传效应

世代	回交方式	基因型值分布		基因分布		均值	遗传方差			相关		
		$AA(2)$	$Aa(1)$	A	a	μ	σ_{gW}^2	σ_{gB}^2	σ_g^2	r_{PO}	r_{FS}	F
B_1	$AA\times Aa$	$\frac{1}{2}$	$\frac{1}{2}$	$\frac{3}{4}$	$\frac{1}{4}$	$\frac{3}{2}$	$\frac{1}{4}$	0	$\frac{1}{4}$	0	0	$-\frac{1}{3}$
B_2	$AA\times B_1$	$\frac{3}{4}$	$\frac{1}{4}$	$\frac{7}{8}$	$\frac{1}{8}$	$\frac{7}{4}$	$\frac{1}{8}$	$\frac{1}{16}$	$\frac{3}{16}$	$\sqrt{\frac{1}{3}}$	$\frac{1}{3}$	$-\frac{1}{7}$
⋮	⋮	⋮	⋮	⋮	⋮	⋮	⋮	⋮	⋮	⋮	⋮	⋮
B_n	$AA\times B_{n-1}$	$\frac{2^n-1}{2^n}$	$\frac{1}{2^n}$	$\frac{2^{n+1}-1}{2^{n+1}}$	$\frac{1}{2^{n+1}}$	$\frac{2^{n+1}-1}{2^{n+1}}$	$\frac{1}{2^{n+1}}$	$\frac{2^{n-1}-1}{4^n}$	$\frac{2^n-1}{4^n}$	$\sqrt{\frac{2^{n-1}-1}{2^n-1}}$	$\frac{2^{n-1}-1}{2^n-1}$	$-\frac{1}{2^{n+1}-1}$
⋮	⋮	⋮	⋮	⋮	⋮	⋮	⋮	⋮	⋮	⋮	⋮	⋮
B_∞	⋮	1	0	1	0	2	0	0	0	$\sqrt{\frac{1}{2}}$	$\frac{1}{2}$	0

分布为$(A,a)=(p_n,q_n)=\left(\frac{2^{n+1}-1}{2^{n+1}},\frac{1}{2^{n+1}}\right)$，其基因型分布可表示为类似 Wright 平衡形式

$$(AA,Aa,aa)=\left(\frac{2^n-1}{2^n},\frac{1}{2^n},0\right)=(p_n^2+F_np_nq_n,2p_nq_n(1-F_n),q_n^2+F_np_nq_n) \quad (1.2.35)$$

其中，配子相关系数$F_n=-\frac{1}{2^{n+1}-1}$.

对于非随机交配的遗传效应可以归纳以下几点.

(1)遗传同型交配、同胞交配和表型同型交配的遗传效应类似，均可以保持基因分布不变，可使群体中杂合体逐代减少，最终达到各纯合基因型的固定. 各世代中均存在正的配子相关、配偶相关、亲子相关和同胞相关，最终$F\to 1, m\to 1, r_{\mathrm{PO}}\to 1, r_{\mathrm{FS}}\to 1$. 值得注意的是，遗传同型交配和同胞交配大群体，均为近交平衡，F称为近交系数，其任一代经过随机交配是不变的；表型同型交配大群体为非近交平衡，其任一代经随机交配变为 Hardy-Weinberg 平衡，$F=0, r_{\mathrm{PO}}=r_{\mathrm{FS}}=\frac{1}{2}$.

(2)表型非同型交配、遗传非同型交配和回交既改变了基因分布，又改变了基因型分布. 回交可使杂合体逐代减半，但排斥了非轮回亲本纯合基因型的存在；表型非同型交配排斥了显性基因型AA的存在，保留了Aa和aa；遗传非同型交配对AA和aa是排斥的，最终仅保留了Aa. 这是因为交配中存在负的配子相关系数F. 不同交配的特点在不同情况下都有其现实意义. 要想使群体纯合化，可选用遗传同型交配或回交等；要想保留隐性突变体aa，可采用表型非同型交配；要想保持群体的变异性，可采用遗传非同型交配等.

7. 回交对多基因群体的纯合作用及排除不良基因作用

1)纯合化作用

如果F_1代为$A_1A_1A_2A_2\cdots A_mA_m\times a_1a_1a_2a_2\cdots a_ma_m$，用$A_1A_1A_2A_2\cdots A_mA_m$作为轮回亲本，则$B_n$中$A_1A_1A_2A_2\cdots A_mA_m$的概率为

$$M_{mn}=\left(\frac{2^n-1}{2^n}\right)^m \quad (1.2.36)$$

当$n\to+\infty$时，$M_{mn}\to 1$. 回交对于群体的纯合化作用是自交不能比的，因为B_n中仅有一种纯合基因型. 如$m=10$时，B_5代中有$A_1A_1A_2A_2\cdots A_mA_m$的概率已达$M_{mn}=72.8\%$，而$\mathrm{F}_6$中共有 1024 个纯合基因型，其概率才为 72.8%.

2)排除不良基因作用

在回交育种过程中，如果发现亲本乙(非轮回亲本)具有优良等位基因A(如抗病基因)，亲本甲(轮回亲本)具有优势基因B，并将二者杂交，即$AAbb \times aaBB$，得F_1代$AaBb$. 若A与不良基因b连锁，即$AaBb$的配子比例为

$$AB:Ab:aB:ab = \frac{c}{2}:\frac{1-c}{2}:\frac{1-c}{2}:\frac{c}{2}$$

其中，$0 < c < \frac{1}{2}$为重组率. 在这种情况下，为了排除不良基因，可用$aaBB$逐代回交F_1代，且向A选择，这就增加了AB重组且排除b的机会，这种排除b的概率为$1-(1-c)^{n+1}$. 在同样的条件下，对F_1代自交且向A选择，获得AB重组排除b的概率在各世代均为c，比回交慢得多. 例如，当$c = 0.2$时，回交 5 次，AB重组且排除b的概率为 0.74，而自交仅为 0.2.

1.2.4　改变群体基因频率的因素

群体中基因频率的改变会引起遗传效应的变化，除了一些非随机交配系统外，引起群体基因频率变化的因素还有两类：一类是大孟德尔群体中发生了基因突变、迁移和选择，它们引起基因频率改变的大小和方向是可以预测的，故称为系统性因素；另一类是离散性因素，它引起的基因频率的大小是可以估计的，但是变化的方向是随机而不可预测的. 这种基因频率的改变只能发生在有限的小群体中，群体遗传学中称为基因频率的随机漂变，下面举例说明.

1. 突变

经典遗传学的基因突变指基因等位状态的改变，有非频发突变、频发突变和回复突变等. 非频发突变指群体基因位点中某一基因变为另一个等位基因且不再发生突变，研究的问题是这个突变基因在传代中的命运，需用随机性数学模型来描述，这里不作介绍. 频发突变和回复突变可以用确定性数学模型来描述，下面仅以频发突变为例说明.

如果群体的初始基因库为$(A,a) = (p_0, q_0)$, A以每代固定的突变率u变为a，这种突变称为频发突变. 设n代a的频率为q_n，则$n+1$代a的频率为$q_{n+1} = q_n + up_n = q_n + u(1-q_n)$, a频率的改变量为$\Delta q = q_{n+1} - q_n = u(1-q_n)$，则近似有

$$\frac{\mathrm{dq}}{\mathrm{dt}} = u(1-q) \qquad q|_{t=0} = q_0 \tag{1.2.37}$$

其解为

$$q_n = 1-(1-q_0)\mathrm{e}^{-un} \tag{1.2.38}$$

它表明在A频发地以突变率u变为a时，a的频率逐代增加. 当$n \to +\infty$时，$q_n \to 1$，即群体中A消失了，仅有aa个体.

2. 选择

在生物进化和育种中，改变群体基因频率的主要因素是选择. 在群体中，各类个体对于环境的适应或对于育种目标的要求有所差异，导致各类型个体对下一代的贡献不同. 人们用适应度 w 或选择系数$s(w = 1-s)$建立了世代不重叠的确定性的选择数学模型，

例如，表 1.2.15 所示的对aa部分淘汰的选择模型.

表 1.2.15 对aa部分淘汰的选择模型

世代		AA	Aa	aa	A	a
	选择前	p_{n-1}^2	$2p_{n-1}q_{n-1}$	q_{n-1}^2	p_{n-1}	q_{n-1}
$n-1$	适应度	1	1	$1-s$		
	选择后	p_{n-1}^2	$2p_{n-1}q_{n-1}$	$(1-s)q_{n-1}^2$	p_n	q_n
n	选择前	p_n^2	$2p_nq_n$	q_n^2	p_n	q_n

显然，经过$n-1$代选择，群体变为

$$(AA,Aa,aa)=[p_{n-1}^2,2p_{n-1}q_{n-1},(1-s)q_{n-1}^2]/\overline{w}$$

其中，$\overline{w}=p_{n-1}^2+2p_{n-1}q_{n-1}+(1-s)q_{n-1}^2=1-sq_{n-1}^2$，称为平均适应度. 由于对$aa$的部分淘汰，频率在$n$代变为

$$q_n=[(1-s)q_{n-1}^2+p_{n-1}q_{n-1}]/\overline{w}$$

两代间a的频率改变为

$$\Delta q=q_n-q_{n-1}=-sq_{n-1}^2(1-q_{n-1})/(1-sq_{n-1}^2) \tag{1.2.39}$$

近似地有

$$\frac{\mathrm{d}q}{\mathrm{d}t}=-sq^2(1-q)/(1-sq^2),q|_{t=0}=q_0 \tag{1.2.40}$$

当对a完全淘汰(s=1)时，据式(1.2.39)有

$$\Delta q=-q_{n-1}^2/(1+q_{n-1})=-q_{n-1}q_n=-q^2$$

则

$$\frac{\mathrm{d}q}{\mathrm{d}t}=-q^2 \quad q|_{t=0}=q_0 \tag{1.2.41}$$

$$n=\int_0^n\mathrm{d}t=-\int_{q_0}^{q_n}\frac{1}{q^2}\mathrm{d}q=\frac{q_0-q_n}{q_0q_n} \tag{1.2.42}$$

显然，式(1.2.42)给出了n、q_n、q_0的关系，知道其中两个就可求出第 3 个量的值. 例如，当q_0由 0.002 下降到 0.001 时，需要 500 代.

3. 基因迁移

在育种中常采用引种(迁移)来改变原种群的基因库. 设需要引种群体的基因库为$(A,a)=(p_0,q_0)$(承受群体)，被引种群体的基因库为$(A,a)=(p_m,q_m)$. 承受群体和移民群体每代均按$(1-m):m$的比例组成混合群体，则混合群体中基因a的频率为$q_1=(1-m)q_0+mq_m=q_0+m(q_m-q_0)$，较承受群体$a$的频率改变量$\Delta q=q_1-q_0=m(q_m-q_0)$，近似地有

$$\frac{\mathrm{d}q}{\mathrm{d}t}=m(q_m-q) \qquad q|_{t=0}=q_0 \tag{1.2.43}$$

解之得

$$q_n=q_m+(q_0-q_m)\mathrm{e}^{-mn} \tag{1.2.44}$$

显然，当世代$n\to+\infty$时，$q_n\to q_m$，即混合群体完全变为迁入者的群体，且

$$\frac{q_n-q_m}{q_0-q_m}=\mathrm{e}^{-mn}\approx(1-m)^n \tag{1.2.45}$$

表示经过n代比例不变的迁移，原承受群体中基因a在混合群体中所占的比例.

例如，野生高粱群体(土著)的落粒基因sh的频率为$0.95(q_0)$，普通高粱群体(移民)中sh的频率为$0.05(q_m)$. 由于普通高粱落粒的迁入，使野生高粱群体成了混合群体. 经过 40 代，混合群体中sh的频率为由 0.95 下降到 0.75，则

$$\mathrm{e}^{-40m}\approx(1-m)^{40}=\frac{0.75-0.05}{0.95-0.05}=0.778$$

$$m=-\frac{1}{40}\ln 0.778=0.0063$$

结果表明，普通高粱的落粒平均每代以 0.0063 的比例与野生高粱形成混合群体. 40 代后，混合群体中的sh基因 77.8%来自野生高粱, 22.2%来自普通高粱.

4. 遗传漂变

通过一个极端例子来说明遗传漂变. 我国南方某种鸡，其羽毛有翻卷和正常之分，由一对等位基因(F,f)控制，F对f为显性. FF和Ff个体表现为翻卷羽, ff个体表现为正常羽. 如果每代留雌、雄两个个体作为种鸡，其传代的可能性如表 1.2.16 所示.

表 1.2.16　雌、雄两个种鸡的留种方式与传代

亲代	子代			留种方式	子二代			F	f	后果
	FF	Ff	ff		FF	Ff	ff			
$Ff\times ff$	0	$\frac{1}{2}$	$\frac{1}{2}$	$Ff\times ff$	0	$\frac{1}{2}$	$\frac{1}{2}$	$\frac{1}{4}$	$\frac{3}{4}$	不变
				$ff\times Ff$	0	$\frac{1}{2}$	$\frac{1}{2}$	$\frac{1}{4}$	$\frac{3}{4}$	不变
				$Ff\times Ff$	$\frac{1}{4}$	$\frac{1}{2}$	$\frac{1}{4}$	$\frac{1}{2}$	$\frac{1}{2}$	变化
				$ff\times ff$	0	0	1	0	1	F丢失

由表 1.2.16 可以看出，留种方式(抽样)不同导致基因库随机变化，甚至导致基因F丢失. 群体遗传学研究指出，小群体中的遗传漂变是由抽样误差引起的，也是小群体中的一个近交过程.

下面用配子相关系数F把各种交配制度引起的平衡统一起来.

(1)当$F=0$时，为 Hardy-Weinberg 平衡群体.

(2)当$0<F\leqslant1$时，为 Wright 形式平衡群体. 其中近亲繁殖平衡群体时称 F为近交系数，且随机交配时仍为Wright平衡；在非近交平衡群体中，F只能称为配子相关系数，且随机交配时变为 Hardy-Weinberg 平衡群体.

(3)当$-1\leqslant F<0$时，为 Wright 形式平衡，属于远交类型，如遗传非同型、表型非同型等. 这类群体经随机交配变为 Hardy-Weinberg 平衡. 值得注意的是，用AA轮回回交Aa，是从远交到 AA 固定的近亲平衡.

上述情况可参阅《群体遗传学、进化与熵》(袁志发, 2011).

1.3　统计学基础

1918 年, Fisher 发表了数量遗传学史上里程碑式的论文《根据孟德尔遗传假说的亲属间相关研究》，文中指出：数量性状遗传分析“如果遗传的决定因素是孟德尔式基因

的话, 那么必须接受统计学的结论”, 把数量性状的遗传研究纳入经典遗传学和统计学相结合的道路. 目前, 数量遗传学理论体系基本是建立在正态线性模型基础之上的, 而且贯穿所有数量性状遗传分析. 本节简述其应用基础.

1.3.1　正态分布及其参数估计

1. 一元正态分布

设数量性状X(表型值)的概率密度函数为

$$f(x)=\frac{1}{\sqrt{2\pi}\sigma_x}\mathrm{e}^{-\frac{(x-\mu_x)^2}{2\sigma_x^2}}\qquad -\infty<x<+\infty \tag{1.3.1}$$

则称X服从均值为μ_x表型方差为σ_x^2的正态分布, 记为$X\sim N(\mu_x,\sigma_x^2)$. 其中, μ_x为X的期望值(平均值), 为X的分布中心; σ_x^2为X的表型方差, 反映了各观测值偏离μ_x的离散程度的平均值. 若用E和V分别表示X的期望算子和方差算子, 则有

$$\mu_x=E(X)=\int_{-\infty}^{+\infty}xf(x)\,\mathrm{d}x\qquad \sigma_x^2=\mathrm{V}(X)=E(x-\mu_x)^2=\int_{-\infty}^{+\infty}(x-\mu_x)^2f(x)\,\mathrm{d}x \tag{1.3.2}$$

其中, μ_x和σ_x^2称为X的数字特征或分布参数, 二者是相互独立的.

若对X进行标准化变换, 即$u=\frac{x-\mu}{\sigma_x}$, 则u服从均值为0、方差为1的标准正态分布, 即$u\sim N(0,1)$.

正态分布$N(\mu_x,\sigma_x)$的观察值在区间$(\mu_x-\sigma_x,\mu_x+\sigma_x)$、$(\mu_x-2\sigma_x,\mu_x+2\sigma_x)$和$(\mu_x-3\sigma_x,\mu_x+3\sigma_x)$中的概率分别为68.3%、95.4%和99.7%, 因而$3\sigma_x$称为极限误差. 如果发现观察值在$(\mu_x-3\sigma_x,\mu_x+3\sigma_x)$之外, 则必须慎重辨其真伪, 予以处理(如果为错误数据, 必须删除), 使其不影响数据分析的精确度.

2. 多元正态分布

设某品种小麦的产量(x_1)、每亩穗数(x_2)、每穗粒数(x_3)和千粒重(x_4)均服从正态分布

$$x_i\sim N(\mu_i,\sigma_i)\quad i=1,2,3,4$$

那么四个性状所组成的四维列向量$\boldsymbol{X}=(x_1,x_2,x_3,x_4)^{\mathrm{T}}$就服从四元正态分布.

一般地, 对于每一个分量都服从正态分布的m维随机列向量

$$\boldsymbol{X}=(x_1,x_2,\cdots,x_m)^{\mathrm{T}} \tag{1.3.3}$$

具有和一元正态分布相似的概率密度函数

$$f(x)=(2\pi)^{-\frac{m}{2}}|\boldsymbol{\Sigma}|^{-\frac{1}{2}}\exp\left[-\frac{1}{2}(\boldsymbol{x}-\boldsymbol{\mu})^{\mathrm{T}}\boldsymbol{\Sigma}^{-1}(\boldsymbol{x}-\boldsymbol{\mu})\right] \tag{1.3.4}$$

$$\boldsymbol{X}=(x_1,x_2,\cdots,x_m)^{\mathrm{T}}\quad -\infty<x_i<+\infty\quad i=1,2,\cdots,m$$

$$\boldsymbol{\mu}=(\mu_1,\mu_2,\cdots,\mu_m)^{\mathrm{T}}$$

$$\boldsymbol{\Sigma}=\begin{bmatrix}\sigma_1^2 & \sigma_{12} & \cdots & \sigma_{1m}\\ \sigma_{21} & \sigma_2^2 & \cdots & \sigma_{2m}\\ \vdots & \vdots & & \vdots\\ \sigma_{m1} & \sigma_{m2} & \cdots & \sigma_m^2\end{bmatrix}\qquad |\boldsymbol{\Sigma}|>0$$

这时称$\boldsymbol{X}$服从m元正态分布, 记为$\boldsymbol{X}\sim N_m(\boldsymbol{\mu},\boldsymbol{\Sigma})$. 其中$E(\boldsymbol{X})=\boldsymbol{\mu}$为多元正态分布的均值向量, σ_{ij}为x_i和x_j的协方差, $\sigma_{ij}=\sigma_{ji}$. 由于$\boldsymbol{\Sigma}$为实对称正定阵, 其逆阵一定存在, 且$\boldsymbol{\Sigma}$的特征根均为正值.

多元正态分布有多个优良性质，在多个数量性状遗传分析中有广泛的应用.

(1)若$\boldsymbol{X} \sim N_m(\boldsymbol{\mu}, \boldsymbol{\Sigma})$，则$\boldsymbol{X}$中任一$k$维($k \leqslant m$)子向量均服从$k$维正态分布.

(2)$\boldsymbol{X}$中各分量的线性组合$Y = \sum_{i=1}^{m} a_i x_i$服从一元正态分布$N(\sum_{i=1}^{m} a_i \mu_i, \boldsymbol{a}^{\mathrm{T}} \boldsymbol{\Sigma} \boldsymbol{a})$，其中$\boldsymbol{a} = (a_1, a_2, \cdots, a_m)^{\mathrm{T}}$.

(3)若$\boldsymbol{X} \sim N_m(\boldsymbol{\mu}, \boldsymbol{\Sigma})$，则对各分量作标准变换 $u_i = \frac{x_i - \mu_i}{\sigma_i}$，则$\boldsymbol{u} = (u_1, u_2, \cdots, u_m)^{\mathrm{T}} \sim N_m(0, \boldsymbol{\rho})$，其中$\boldsymbol{\rho}$为各$x_i$间的相关阵

$$\boldsymbol{\rho} = \begin{bmatrix} 1 & \rho_{12} & \cdots & \rho_{1m} \\ \rho_{21} & 1 & \cdots & \rho_{2m} \\ \vdots & \vdots & & \vdots \\ \rho_{m1} & \rho_{m2} & \cdots & 1 \end{bmatrix} \tag{1.3.5}$$

其中，$\rho_{ij} = \sigma_{ij}/\sigma_i \sigma_j$为$x_i$和$x_j$的相关系数.

(4)若$\boldsymbol{X} \sim N_m(\boldsymbol{\mu}, \boldsymbol{\Sigma})$，将$\boldsymbol{X}$分为两个子向量$\boldsymbol{Y}_1$和$\boldsymbol{Y}_2$，即$\boldsymbol{X} = \begin{pmatrix} \boldsymbol{Y}_1 \\ \boldsymbol{Y}_2 \end{pmatrix}$，这时

$$\boldsymbol{\Sigma} = \begin{bmatrix} \Sigma_{11} & \Sigma_{12} \\ \Sigma_{21} & \Sigma_{22} \end{bmatrix}$$

其中，$V(\boldsymbol{Y}_1) = \Sigma_{11}, V(\boldsymbol{Y}_2) = \Sigma_{22}, \mathrm{Cov}(\boldsymbol{Y}_1, \boldsymbol{Y}_2) = \Sigma_{12}$，则$\boldsymbol{Y}_1$和$\boldsymbol{Y}_2$相互独立的充要条件为$\boldsymbol{\Sigma}_{12} = 0$.

多元正态分布的其他性质在此不再赘述.

3. 多元正态分布$N_m(\mu, \boldsymbol{\Sigma})$的参数估计

设从$N_m(\boldsymbol{\mu}, \boldsymbol{\Sigma})$抽取容量为$n$的简单随机样本为

$$\boldsymbol{X} = \left(\boldsymbol{X}_{(1)}, \boldsymbol{X}_{(2)}, \cdots, \boldsymbol{X}_{(n)}\right) = \begin{bmatrix} x_{11} & x_{12} & \cdots & x_{1n} \\ x_{21} & x_{22} & \cdots & x_{2n} \\ \vdots & \vdots & & \vdots \\ x_{m1} & x_{m2} & \cdots & x_{mn} \end{bmatrix} \tag{1.3.6}$$

则样本均值为

$$\overline{\boldsymbol{X}} = \frac{1}{n} \begin{bmatrix} x_{11} + x_{12} + \cdots + x_{1n} \\ x_{21} + x_{22} + \cdots + x_{2n} \\ \vdots \\ x_{m1} + x_{m2} + \cdots + x_{mn} \end{bmatrix} = \begin{bmatrix} \overline{\boldsymbol{x}}_1 \\ \overline{\boldsymbol{x}}_2 \\ \vdots \\ \overline{\boldsymbol{x}}_m \end{bmatrix} \tag{1.3.7}$$

样本的离差阵为

$$\boldsymbol{L} = \sum_{j=1}^{n} \left(\boldsymbol{X}_{(j)} - \overline{\boldsymbol{X}}\right)\left(\boldsymbol{X}_{(j)} - \overline{\boldsymbol{X}}\right)^{\mathrm{T}} = \begin{bmatrix} l_{11} & l_{12} & \cdots & l_{1m} \\ l_{21} & l_{22} & \cdots & l_{2m} \\ \vdots & \vdots & & \vdots \\ l_{m1} & l_{m2} & \cdots & l_{mm} \end{bmatrix} \tag{1.3.8}$$

$$\begin{cases} l_{kk} = \sum_{j=1}^{n} \left(x_{kj} - \bar{x}_k\right)^2 = \sum_{j=1}^{n} x_{kj}^2 - \dfrac{1}{n} \left(\sum_{j=1}^{n} x_{kj}\right)^2 \\ l_{kt} = \sum_{j=1}^{n} \left(x_{kj} - \bar{x}_k\right)\left(x_{tj} - \bar{x}_t\right) = \sum_{j=1}^{n} x_{kj} x_{tj} - \dfrac{1}{n} \left(\sum_{j=1}^{n} x_{kj}\right)\left(\sum_{j=1}^{n} x_{tj}\right) \end{cases} \tag{1.3.9}$$

样本的协方差阵为

$$\boldsymbol{S} = \frac{1}{n-1} \boldsymbol{L} \tag{1.3.10}$$

样本的相关阵为

$$\boldsymbol{R}=\begin{bmatrix}1 & r_{12} & \cdots & r_{1m}\\ r_{21} & 1 & \cdots & r_{2m}\\ \vdots & \vdots & & \vdots\\ r_{m1} & r_{m2} & \cdots & 1\end{bmatrix} \tag{1.3.11}$$

其中，$r_{ij}=l_{ij}/\sqrt{l_{ii}l_{jj}}$为$x_i$和$x_j$的样本相关系数.

可以证明，当$n>m$时，通过式(1.3.6)对$N_m(\boldsymbol{\mu},\boldsymbol{\Sigma})$中$\boldsymbol{\mu}$和$\boldsymbol{\Sigma}$的估计有以下几个结论.

(1)$\boldsymbol{\mu}$和$\boldsymbol{\Sigma}$的极大似然估计(ML 估计)为$\hat{\boldsymbol{\mu}}=\overline{\boldsymbol{X}},\hat{\boldsymbol{\Sigma}}=\frac{1}{n}\boldsymbol{L}$.

(2)$\overline{\boldsymbol{X}}$是$\boldsymbol{\mu}$的最佳线性无偏估计，即 BLUE 估计.

(3)$\frac{1}{n}\boldsymbol{L}$是$\boldsymbol{\Sigma}$的一致估计，但不是无偏估计，这时$E\left(\frac{1}{n}\boldsymbol{L}\right)=\frac{n-1}{n}\boldsymbol{\Sigma}$.

(4)$\boldsymbol{S}=\frac{1}{n-1}\boldsymbol{L}$是$\boldsymbol{\Sigma}$的方差一致最小无偏估计(UMVU 估计，BLUE 估计是其中的线性估计)，即$\hat{\boldsymbol{\Sigma}}=\boldsymbol{S}=\frac{1}{n-1}\boldsymbol{L}$.

(5)$\boldsymbol{R}$是$\boldsymbol{\rho}$的最大似然估计，即$\hat{\boldsymbol{\rho}}=\boldsymbol{R}$.

【例 1.3.1】　测定 13 块中籼南京 11 号高产田的每亩穗数(x_1，单位：万)、每穗实粒数(x_2)和每亩稻谷产量(x_3，单位: 0.5kg)，结果如表 1.3.1 所示. 设$\boldsymbol{X}=(x_1,x_2,x_3)^{\mathrm{T}}\sim N_3(\boldsymbol{\mu},\boldsymbol{\Sigma}_{\mathrm{P}})$，试求$\boldsymbol{\mu}$和$\boldsymbol{\Sigma}_{\mathrm{P}}$的 UMVU 估计与$\boldsymbol{\rho}$的极大似然估计.

表 1.3.1　13 块中籼南京 11 号高产田的相关数据

x_1	26.7	31.3	30.4	33.9	34.6	33.8	30.4	27.0	33.3	30.4	31.5	33.1	34.0
x_2	73.4	59.0	65.9	58.2	64.6	64.6	62.1	71.4	64.5	64.1	61.1	56.0	59.8
x_3	1008	595	1051	1022	1097	1103	992	945	1074	1029	1004	995	1045

解：经计算得 9 个一级数据

$$\boldsymbol{\Sigma}x_1=410.4\qquad \boldsymbol{\Sigma}x_2=824.7\qquad \boldsymbol{\Sigma}x_3=13324$$
$$\boldsymbol{\Sigma}x_1^2=13035.62\qquad \boldsymbol{\Sigma}x_2^2=52613.61\qquad \boldsymbol{\Sigma}x_3^2=13684320$$
$$\boldsymbol{\Sigma}x_1x_2=25925.04\qquad \boldsymbol{\Sigma}x_1x_3=421572.2\qquad \boldsymbol{\Sigma}x_2x_3=845293$$

再由一级数据算出 9 个二级数据

$$\bar{x}_1=\frac{1}{13}(\boldsymbol{\Sigma}x_1)=31.5692\qquad l_{11}=\boldsymbol{\Sigma}x_1^2-\frac{1}{13}(\boldsymbol{\Sigma}x_1)^2=79.6077$$
$$l_{12}=\boldsymbol{\Sigma}x_1x_2-\frac{1}{13}(\boldsymbol{\Sigma}x_1)(\boldsymbol{\Sigma}x_2)=-110.1046$$
$$l_{13}=\boldsymbol{\Sigma}x_1x_3-\frac{1}{13}(\boldsymbol{\Sigma}x_1)(\boldsymbol{\Sigma}x_2)=943.7692$$
$$\bar{x}_2=\frac{1}{13}(\boldsymbol{\Sigma}x_2)=63.4385\qquad l_{22}=\boldsymbol{\Sigma}x_2^2-\frac{1}{13}(\boldsymbol{\Sigma}x_2)^2=295.9108$$
$$l_{23}=\boldsymbol{\Sigma}x_2x_3-\frac{1}{13}(\boldsymbol{\Sigma}x_2)(\boldsymbol{\Sigma}x_3)=38.9385$$
$$\bar{x}_3=\frac{1}{13}(\boldsymbol{\Sigma}x_3)=1024.9231\qquad l_{33}=\boldsymbol{\Sigma}x_3^2-\frac{1}{13}(\boldsymbol{\Sigma}x_3)^2=28244.9231$$

故$\boldsymbol{\mu}$和$\boldsymbol{\Sigma}$的估计分别为

$$\overline{\boldsymbol{X}}=(31.5692,63.4385,1024.9231)^{\mathrm{T}}$$

$$\boldsymbol{L}=\begin{bmatrix}79.6077 & -110.1046 & 943.7692\\ -110.1046 & 295.9108 & 38.9385\\ 943.7692 & 38.9385 & 28244.9231\end{bmatrix}$$

$$\boldsymbol{S}=\frac{1}{n-1}\boldsymbol{L}=\frac{1}{12}\boldsymbol{L}=\begin{bmatrix}6.6340 & -9.1754 & 78.6474\\ -9.1754 & 24.6592 & 3.2449\\ 78.6474 & 3.2449 & 2353.7436\end{bmatrix}$$

计算r_{ij}，得$\boldsymbol{\rho}$的极大似然估计$\boldsymbol{R}$为

$$\boldsymbol{R}=\begin{bmatrix}1 & -0.7174 & 0.6294\\ -0.7174 & 1 & 0.0135\\ 0.6294 & 0.0135 & 1\end{bmatrix}$$

1.3.2　有限混合正态分布及其参数估计

有限混合分布(finite mixture distribution)或混合模型(mixture model)自 19 世纪被提出后，人们试图用矩法、图形技术对其进行分离. 随着电子计算机的出现和发展，对混合正态分布研究的注意力转向分布参数的最大似然估计上. 1977 年, Dempster 等提出了极大似然估计的 EM(expectation and maximization)算法并得以发展，混合分布似然解的收敛性质有了理论基础，尽管它还存在似然解的唯一性等理论难题，但还是得到了广泛应用.

1. 数量性状表型值的有限混合正态分布

假定数量性状在某分离世代的表型值X为一个随机变量，其概率密度函数为

$$f(x)=a_1f_1(x)+a_2f_2(x)+\cdots+a_kf_k(x) \tag{1.3.12}$$

其中，$a_t>0, a_1+a_2+\cdots+a_k=1, f_t(x)$为混合分布中第$t$个成分分布(component distribution)$N(\mu_t,\sigma_t^2)$的密度函数，a_t为其权重，$t=1,2,\cdots,k$，则称X所服从的分布为一个有限混合正态分布. 设混合分布密度函数的参数向量为

$$\boldsymbol{\Phi}_k=(a_1,a_2,\cdots,a_k,\mu_1,\mu_2,\cdots,\mu_k,\sigma_1^2,\sigma_2^2,\cdots,\sigma_k^2)^{\mathrm{T}} \tag{1.3.13}$$

则式(1.3.12)的参数形式为

$$f(x_i|\boldsymbol{\Phi}_k)=\sum_{t=1}^{k}a_tf_t(x_i,\mu_t,\sigma_t^2)=\sum_{t=1}^{k}a_t\frac{1}{\sqrt{2\pi}\sigma_t}\mathrm{e}^{-\frac{(x_i-\mu_t)^2}{2\sigma_t^2}} \tag{1.3.14}$$

2. 有限混合正态分布参数的极大似然估计

从所研究的数量性状群体中抽取容量为n的简单随机样本$x_1,x_2,\cdots,x_n$，则样本的似然函数为

$$L(\boldsymbol{\Phi}_k)=\prod_{i=1}^{n}f(x_i|\boldsymbol{\Phi}_k)=\prod_{i=1}^{n}\sum_{t=1}^{k}a_tf_t(x_i,\mu_t,\sigma_t^2) \tag{1.3.15}$$

相应的对数似然函数为

$$l(\boldsymbol{\Phi}_k)=\ln L(\boldsymbol{\Phi}_k)=\sum_{i=1}^{n}\ln\left[\sum_{t=1}^{k}a_tf_t(x_i,\mu_t,\sigma_t^2)\right] \tag{1.3.16}$$

用极大似然法估计的参数为$\widehat{\boldsymbol{\Phi}}_k=(\hat{a}_1,\hat{a}_2,\cdots,\hat{a}_m)^{\mathrm{T}}$，称为极大似然估计，它满足$L(\widehat{\boldsymbol{\Phi}}_k)=\max$ 或 $l(\widehat{\boldsymbol{\Phi}}_k)=\max$. 一般来讲，极大似然估计方法是对$l(\widehat{\boldsymbol{\Phi}}_k)$关于各分量求偏导等于零形成方程组然后求解实现的，是较为困难的.

3. 有限混合正态分布参数极大似然估计的 EM 算法

EM 算法分 E(期望)步和 M(极大化)步两个步骤进行迭代运算.

1)E 步骤

给定参数向量初值

$$\boldsymbol{\Phi}_k^{(0)} = \left(a_1^{(0)}, a_2^{(0)}, \cdots, a_k^{(0)}, \mu_1^{(0)}, \mu_2^{(0)}, \cdots, \mu_k^{(0)}, \sigma_1^{2(0)}, \sigma_2^{2(0)}, \cdots, \sigma_k^{2(0)}\right)^{\mathrm{T}} \tag{1.3.17}$$

则在初值条件下样本$x_1, x_2, \cdots, x_n$中$x_i \in N\left(\mu_j^{(0)}, \sigma_j^{2(0)}\right)$的后验概率为

$$w_{ij}^{(0)} = \frac{a_j^{(0)} f_j\left(x_i, \mu_j^{(0)}, \sigma_j^{2(0)}\right)}{\sum_{t=1}^{k} a_t^{(0)} f_t\left(x_i, \mu_t^{(0)}, \sigma_t^{2(0)}\right)} \tag{1.3.18}$$

这就实现了在初值$\boldsymbol{\Phi}_k^{(0)}$条件下用$w_{ij}^{(0)}$把样本分配给$k$个成分分布的分离算法(表 1.3.2).

表 1.3.2　分离算法

样本 / 成分	x_1	x_2	$\cdots$	x_n	行和	
1	$w_{11}^{(0)}$	$w_{21}^{(0)}$	$\cdots$	$w_{n1}^{(0)}$	$na_1^{(0)}$	na_1
2	$w_{12}^{(0)}$	$w_{22}^{(0)}$	$\cdots$	$w_{n2}^{(0)}$	$na_2^{(0)}$	na_2
$\vdots$	$\vdots$	$\vdots$		$\vdots$	$\vdots$	$\vdots$
k	$w_{1k}^{(0)}$	$w_{2k}^{(0)}$	$\cdots$	$w_{nk}^{(0)}$	$na_k^{(0)}$	na_k
列和	1	1	$\cdots$	1	n	n

显然有

$$\sum_{j=1}^{k} w_{ij}^{(0)} = 1 \qquad \sum_{i=1}^{n}\sum_{j=1}^{k} w_{ij}^{(0)} = n \tag{1.3.19}$$

对任一组$a_1 + a_2 + \cdots + a_k = 1\left(a_j > 0\right)$，可令

$$a_j = \frac{1}{n}\sum_{i=1}^{n} w_{ij}^{(0)} \tag{1.3.20}$$

同时满足$\sum_{i=1}^{n}\sum_{j=1}^{k} w_{ij}^{(0)} = n$,其中包括$a_j^{(0)} = \frac{1}{n}\sum_{i=1}^{n} w_{ij}^{(0)}$.

对于上述基于$w_{ij}^{(0)}$的分离法，可用期望算法得到各成分分布的参数，形式上可表示为

$$\begin{cases} a_j^{(1)} = \dfrac{1}{n}\displaystyle\sum_{i=1}^{n} w_{ij}^{(0)} \\ \mu_j^{(1)} = \dfrac{1}{na_j^{(0)}}\displaystyle\sum_{i=1}^{n} w_{ij}^{(0)} x_i \\ \sigma_j^{2(1)} = \dfrac{1}{na_j^{(0)}}\displaystyle\sum_{i=1}^{n} w_{ij}^{(0)}\left(x_i - \mu_j^{(0)}\right)^2 \\ \sigma^{2(1)} = \dfrac{1}{n}\displaystyle\sum_{i=1}^{n}\sum_{j=1}^{k} w_{ij}^{(0)}\left(x_i - \mu_j^{(0)}\right)^2, \ \sigma_j^2 = \sigma^2 \end{cases} \tag{1.3.21}$$

由$a_j^{(1)}$、$\mu_j^{(1)}$和$\sigma_j^{2(1)}$构成$\boldsymbol{\Phi}_k^{(1)}$. 显然，$\boldsymbol{\Phi}_k^{(1)}$只是在已知$\boldsymbol{\Phi}_k^{(0)}$时的一个估计，并不表明$\boldsymbol{\Phi}_k^{(1)}$是混合分布的极大似然估计. 因为$w_{ij}^{(0)}$仅是样本在$\boldsymbol{\Phi}_k^{(0)}$条件下的第一次分离，$\boldsymbol{\Phi}_k^{(1)}$是第一次分离的期望结果. 在$w_{ij}^{(0)}$之下，对数似然函数的期望值为

$$E\left[l\left(\boldsymbol{\Phi}_k|x,\boldsymbol{\Phi}_k^{(0)}\right)\right]=\sum_{i=1}^{n}\ln\sum_{j=1}^{k}w_{ij}^{(0)}a_jf_j\left(x_i,\mu_j,\sigma_j^2\right) \tag{1.3.22}$$

$\boldsymbol{\Phi}_k^{(1)}$是否是$l(\boldsymbol{\Phi}_k)$的极大值，是需要证明的，这便是下面的 M 步骤.

2)M 步骤

在$a_j=\frac{1}{n}\sum\limits_{i=1}^{n}w_{ij}^{(0)}$的条件下，什么样的$\mu_j$和$\sigma_j^2$才能使$l(\boldsymbol{\Phi}_k)$最大呢？这个条件必须在$l(\boldsymbol{\Phi}_k)$关于$\mu_j$和$\sigma_j^2$的极大化中寻找

$$\begin{aligned}\frac{\partial l(\boldsymbol{\Phi}_k)}{\partial\mu_j}&=\sum_{i=1}^{n}\frac{\partial\ln\left[\sum_{j=1}^{k}a_jf_j\left(x_i,\mu_j,\sigma_j^2\right)\right]}{\partial\mu_j}=\sum_{i=1}^{n}\frac{1}{\sum_{t=1}^{k}a_tf_t(x_i,\mu_t,\sigma_t^2)}\frac{\partial a_jf_j\left(x_i,\mu_j,\sigma_j^2\right)}{\partial\mu_j}\\&=\sum_{i=1}^{n}\frac{a_jf_j\left(x_i,\mu_j,\sigma_j^2\right)}{\sum_{t=1}^{k}a_tf_t(x_i,\mu_t,\sigma_t^2)}\frac{\partial\ln f_j\left(x_i,\mu_j,\sigma_j^2\right)}{\partial\mu_j}=\sum_{i=1}^{n}w_{ij}\frac{\partial\ln f_j\left(x_i,\mu_j,\sigma_j^2\right)}{\partial\mu_j}=0\end{aligned}$$

同理可得

$$\frac{\partial l(\boldsymbol{\Phi}_k)}{\partial\sigma_j^2}=\sum_{i=1}^{n}w_{ij}\frac{\partial\ln f_j\left(x_i,\mu_j,\sigma_j^2\right)}{\partial\sigma_j^2}=0$$

其中，$j=1,2,\cdots,k,w_{ij}$为$x_i\in N\left(\mu_j,\sigma_j^2\right)$的后验概率，而

$$f_j\left(x_i,\mu_j,\sigma_j^2\right)=\frac{1}{\sqrt{2\pi}\sigma_j}\mathrm{e}^{-\frac{\left(x_i-\mu_j\right)^2}{2\sigma_j^2}}$$

$$\frac{\partial\ln f_j\left(x_i,\mu_j,\sigma_j^2\right)}{\partial\mu_j}=\frac{x_i-\mu_j}{\sigma_j^2}$$

$$\frac{\partial\ln f_j\left(x_i,\mu_j,\sigma_j^2\right)}{\partial\sigma_j^2}=-\frac{1}{2\sigma_j^2}+\frac{\left(x_i-\mu_j\right)^2}{2\sigma_j^4}$$

因而，在$w_{ij}=\frac{a_jf_j\left(x_i,\mu_j,\sigma_j^2\right)}{\sum_{t=1}^{k}a_tf_t\left(x_i,\mu_t,\sigma_t^2\right)}$的条件下，使$l(\boldsymbol{\Phi}_k)$最大的$\mu_j$和$\sigma_j^2$满足

$$\sum_{i=1}^{n}w_{ij}\frac{x_i-\mu_j}{\sigma_j^2}=0\qquad\sum_{i=1}^{n}w_{ij}\left[-\frac{1}{2\sigma_j^2}+\frac{\left(x_i-\mu_j\right)^2}{2\sigma_j^4}\right]=0 \tag{1.3.23}$$

解之得在w_{ij}条件下的μ_j和σ_j^2

$$\mu_j=\frac{1}{na_j}\sum_{i=1}^{n}w_{ij}x_i\qquad\sigma_j^2=\frac{1}{na_j}\sum_{i=1}^{n}w_{ij}\left(x_i-\mu_j\right)^2\qquad a_j=\frac{1}{n}\sum_{i=1}^{n}w_{ij} \tag{1.3.24}$$

比较式(1.3.21)和式(1.3.24)知，式(1.3.21)中$a_j^{(1)}$是在$\mathrm{w}_{ij}^{(0)}$条件下 E 步的结果，而$\sigma_j^{(1)}$和$\sigma_j^{2(1)}$是在$\mathrm{w}_{ij}^{(0)}$条件下使$l\left(\boldsymbol{\Phi}_k^{(0)}\right)$极大化的 M 步骤的结果. 因而，式(1.3.21)是在$a_j^{(0)}$、$\sigma_j^{(0)}$和$\sigma_j^{2(0)}$已知条件下的第一轮 EM 迭代结果. 一般来讲，由m轮 EM 迭代结果$a_j^{(m)}$、$\mu_j^{(m)}$和$\sigma_j^{2(m)}$可得出$m+1$轮 EM 迭代结果

$$\begin{cases} a_j^{(m+1)} = \dfrac{1}{n}\sum_{i=1}^{n} w_{ij}^{(m)} \\ \mu_j^{(m+1)} = \dfrac{1}{na_j^{(m)}}\sum_{i=1}^{n} w_{ij}^{(m)} x_i \\ \sigma_j^{2(m+1)} = \dfrac{1}{na_j^{(m)}}\sum_{i=1}^{n} w_{ij}^{(m)}\left(x_i - \mu_j^{(m)}\right)^2 \\ \sigma^{2(m+1)} = \dfrac{1}{n}\sum_{i=1}^{n}\sum_{j=1}^{k} w_{ij}^{(m)}\left(x_i - \mu_j^{(m)}\right)^2 \end{cases} \quad m = 0, 1, 2, \cdots \tag{1.3.25}$$

在混合模型参数极大似然估计的 EM 迭代算法中，似然函数是单调递增的，即 $l\left(\boldsymbol{\Phi}_k^{(m+1)}\right) \geqslant l\left(\boldsymbol{\Phi}_k^{(m)}\right)$，表明 EM 迭代过程中总能得到一个$l(\boldsymbol{\Phi}_k)$的极大值点. 一般在给定准确度$\varepsilon$之下，当$\left|l\left(\boldsymbol{\Phi}_m^{(m+1)}\right) - l\left(\boldsymbol{\Phi}_k^{(m)}\right)\right| \leqslant \varepsilon$时停止迭代，就得到极大似然估计$\widehat{\boldsymbol{\Phi}}_k$.

上述用有限混合正态分布式(1.3.14)对随机样本$x_1, x_2, \cdots, x_n$进行拟合是对$k = 1, 2, \cdots$分别进行的. 对于一个具体的k，当μ_j不等且σ_j^2不等的情况下，有$(3k-1)$个独立参数；当μ_j不等而σ_j^2均等于σ^2的情况下，有$2k$个独立参数. 式(1.3.14)中独立参数的个数用$N(k)$表示. 对于一个具体的k，EM 算法都可以给出$\widehat{\boldsymbol{\Phi}}_k$，而且给出相应的对数似然函数值$l(\widehat{\boldsymbol{\Phi}}_k)$，哪一个$k$好呢?

1977 年, Akaike 根据最大熵原理(principle of entropy maximization)得出了极大似然函数与熵之间的关系. 根据这个关系，有限混合正态分布参数的极大似然估计中，确定k的最佳方案应使AIC(Akaike's information criterion)准则值

$$\mathrm{AIC} = -2l(\widehat{\boldsymbol{\Phi}}_k) + 2\mathrm{N}(k) = \min \qquad k = 1, 2, \cdots \tag{1.3.26}$$

极大似然估计法的另一个优点是对参数模型能给出一种统一的似然比检验(likelihood-ratio test, LRT)，并且似然比统计量在一般条件下有统一的渐近分布. 假定参数模型H_1是模型H_2的特例，二者相差f个独立的限制条件或f个独立的可估参数，则似然比统计量λ渐近服从自由度为f的χ^2分布，即

$$\lambda = 2\left[l(\hat{\theta}_2) - l(\hat{\theta}_1)\right] \sim \chi^2(f) \tag{1.3.27}$$

其中，$l(\hat{\theta}_2)$和$l(\hat{\theta}_1)$分别是模型H_2和H_1的极大似然估计的对数似然函数值.

【例 1.3.2】 骨绿豆×上海红芒早的F_2代开花期资料如表 1.3.3 所示.

表 1.3.3 开花期资料

样本单元	1~9	10~19	20~23	24~33	34~38	39~41	42~48	49~54	55~74	75~96	97~158
开花期/天	26~30	31	32	33	34	35	36	37	38	39	40~47

样本容量$n = 158$，资料的柱形图如图 1.1.5 所示. 试作为一般统计资料进行有限混合正态分布的分离分析. 设模型为

$$f(x) = a_1 f_1(x, \mu_1, \sigma^2) + a_2 f_2(x, \mu_2, \sigma^2) + \cdots + a_k f_k(x, \mu_k, \sigma^2)$$

据式(1.3.25)的 EM 迭代算法，结果如表 1.3.4 所示.

据确定k的AIC最小原则，$k=2$，即资料应是两个同方差的正态分布的混合．$k=2$时分布参数的极大似然估计如表 1.3.4 和表 1.3.5 所示．

表 1.3.4　例 1.3.2 资料 EM 迭代结果

k	1	2	3	4	5
N(k)	2	4	6	8	10
$l(\widehat{\boldsymbol{\Phi}}_k)$	−451.62	−433.61	−433.53	−432.06	−431.46
AIC	907.25	875.23	879.01	880.13	882.93

表 1.3.5　$k=2$时分布参数的极大似然估计(括号内为标准差)

成分 j	a_j	μ_j	σ^2
1	0.74(0.04)	39.84(0.24)	5.35(0.69)
2	0.26(0.04)	31.80(0.44)	5.35(0.69)

在有限混合正态分布模型中，成分数小者是成分数大者的特例．令$l(k)$为成分数为k的对数似然函数值，则有

$$\lambda=2[l(k)-l(k-1)]\sim\chi^2(2)$$

而$\chi^2_{0.05}(2)=5.991$．由表 1.3.4 有

$$\lambda_1=2[l(4)-l(3)]=2\times(-432.06+433.53)=2.94$$
$$\lambda_2=2[l(3)-l(2)]=2\times(-433.53+433.61)=0.16$$
$$\lambda_3=2[l(2)-l(1)]=2\times(-433.61+451.62)=36.02$$

上述似然比值表明，在$\alpha=0.05$水平上，$k=3$与$k=4$所示模型间无显著差异；$k=3$与$k=2$所示模型间无显著差异；$k=2$与$k=1$所示模型间有显著差异．综合可知，$k=2$是 AIC 最小的优良推断，故例 1.3.2 资料应该是两个方差同质的正态分布的混合，其密度函数为

$$f(x)=0.74f_1(x)+0.26f_2(x)$$

其中，$f_1(x)$和$f_2(x)$分别是$N(39.84,5.35)$和$N(31.80,5.35)$的概率密度函数．

4. 参数估计值标准差的估计

对分离世代的数量性状，仅取一个随机样本$x_1,x_2,\cdots,x_n$，进行有限混合正态分布的极大似然估计，参数估计值标准差的估计方法可用信息阵法、Jackknife 法(刀切法)和 Bootstrap 抽样(自展)法．

1)信息阵法

对于大样本，极大似然估计的方差可以通过信息阵法求出．假设式(1.3.16)所示的有限混合正态分布的对数似然函数$l(\boldsymbol{\Phi}_k)$有m个待估参数$\theta_1,\theta_2,\cdots,\theta_m$，其信息矩阵$\boldsymbol{I}(\boldsymbol{\Phi}_k)$为

$$E[\boldsymbol{I}(\boldsymbol{\Phi}_k)]=\begin{bmatrix}-\dfrac{\partial^2 l(\boldsymbol{\Phi}_k)}{\partial\theta_1^2} & -\dfrac{\partial^2 l(\boldsymbol{\Phi}_k)}{\partial\theta_1\partial\theta_2} & \cdots & -\dfrac{\partial^2 l(\boldsymbol{\Phi}_k)}{\partial\theta_1\partial\theta_m}\\ -\dfrac{\partial^2 l(\boldsymbol{\Phi}_k)}{\partial\theta_2\partial\theta_1} & -\dfrac{\partial^2 l(\boldsymbol{\Phi}_k)}{\partial\theta_2^2} & \cdots & -\dfrac{\partial^2 l(\boldsymbol{\Phi}_k)}{\partial\theta_2\partial\theta_m}\\ \vdots & \vdots & & \vdots\\ -\dfrac{\partial^2 l(\boldsymbol{\Phi}_k)}{\partial\theta_m\partial\theta_1} & -\dfrac{\partial^2 l(\boldsymbol{\Phi}_k)}{\partial\theta_m\partial\theta_2} & \cdots & -\dfrac{\partial^2 l(\boldsymbol{\Phi}_k)}{\partial\theta_m^2}\end{bmatrix}=\left[-\dfrac{\partial^2 l(\boldsymbol{\Phi}_k)}{\partial\theta_i\partial\theta_j}\right]_{m\times m}\tag{1.3.28}$$

$\boldsymbol{\Phi}_k$的极大似然估计为$\widehat{\boldsymbol{\Phi}}_k$，则$E\left[\boldsymbol{I}(\widehat{\boldsymbol{\Phi}}_k)\right]$的逆矩阵给出了大样本情况下$\widehat{\boldsymbol{\Phi}}_k$的协方差阵

$$\{E[\boldsymbol{I}(\widehat{\boldsymbol{\Phi}}_k)]\}^{-1}=\begin{bmatrix}\hat{\sigma}_1^2 & \hat{\sigma}_{12} & \cdots & \hat{\sigma}_{1m}\\ \hat{\sigma}_{21} & \hat{\sigma}_2^2 & \cdots & \hat{\sigma}_{2m}\\ \vdots & \vdots & & \vdots\\ \hat{\sigma}_{m1} & \hat{\sigma}_{m2} & \cdots & \hat{\sigma}_m^2\end{bmatrix} \tag{1.3.29}$$

其中，$\hat{\sigma}_i^2$为$\hat{\theta}_i$的方差估计，$\hat{\sigma}_{ij}$为$\hat{\theta}_i$和$\hat{\theta}_j$的协方差估计. 对于大样本，极大似然估计$\widehat{\boldsymbol{\Phi}}_k$是无偏的，具有方差$\{E[\boldsymbol{I}(\widehat{\boldsymbol{\Phi}}_k)]\}^{-1}$，且当$n\to\infty$时，$\widehat{\boldsymbol{\Phi}}_k \sim N\left(\boldsymbol{\Phi}_k, \{E[\boldsymbol{I}(\widehat{\boldsymbol{\Phi}}_k)]\}^{-1}\right)$.

2)刀切法

由随机样本$x_1,x_2,\cdots,x_n$给出的极大似然估计为$\widehat{\boldsymbol{\Phi}}_k$, $\hat{\theta}_t$为其中的一个独立参数估计. 在$x_1,x_2,\cdots,x_n$中去掉x_i所估计的θ_t为$\hat{\theta}_{-i}$，这时的刀切虚拟值为$\bar{\theta}_i=n\hat{\theta}_t-(n-1)\hat{\theta}_{-i}, i=1,2,\cdots,n$. $\bar{\theta}_i$的平均值和标准差分别为

$$\bar{\theta}_j=\frac{1}{n}\sum_{i=1}^{n}\bar{\theta}_i \qquad S=\sqrt{\frac{1}{n-1}\sum_{i=1}^{n}\left(\bar{\theta}_i-\bar{\theta}_j\right)^2} \tag{1.3.30}$$

则参数估计$\hat{\theta}_t$的标准差可用参数θ_t的刀切估计值$\bar{\theta}_j$的标准差估计

$$S_{\hat{\theta}_t}=\sqrt{\frac{n-1}{n}\sum_{i=1}^{n}\left(\bar{\theta}_i-\bar{\theta}_j\right)^2} \tag{1.3.31}$$

3)自展法

从已知简单随机样本中进行 Bootstrap 抽样，即从$x_1,x_2,\cdots,x_n$中等概率独立抽取容量为n的样本，可能某一x_i被抽到一次或多次，也可能未被抽到. Bootstrap 抽样若产生了B个容量为n的样本，若第b个样本对待估参数θ给出的极大似然估计为$\hat{\theta}_b$，则由原样本得到的极大似然估计$\hat{\theta}$的自展法标准差为

$$S_{\hat{\theta}}=\sqrt{\frac{1}{B-1}\sum_{b=1}^{B}(\bar{\theta}_b-\bar{\theta})^2} \tag{1.3.32}$$

其中，$\bar{\theta}=\frac{1}{B}\sum_{b=1}^{B}\bar{\theta}_b$. 表 1.3.5 中的各参数估计值的标准差是由自展法给出的.

在数量遗传分析中，有限混合正态分布分析的样本除了一个简单随机样本$x_1,x_2,\cdots,x_n$外，可能还有各成分分布的样本等，丰富了似然函数的信息.

1.3.3 线性统计模型基础

假设对数量性状$\boldsymbol{Y}$进行了n次观测，得到$\boldsymbol{Y}=(Y_1,Y_2,\cdots,Y_n)^{\mathrm{T}}$，如果能表示为

$$\begin{cases}\boldsymbol{Y}=\boldsymbol{X\beta}+\boldsymbol{\varepsilon}\\ E(\boldsymbol{\varepsilon})=0\end{cases} \tag{1.3.33}$$

则对参数$\boldsymbol{\beta}$而言，式(1.3.33)称为一个线性统计模型(linear model)，其中

$$\boldsymbol{X}=\begin{bmatrix}x_{11} & x_{12} & \cdots & x_{1p}\\ x_{21} & x_{22} & \cdots & x_{2p}\\ \vdots & \vdots & & \vdots\\ x_{n1} & x_{n2} & \cdots & x_{np}\end{bmatrix} \qquad \boldsymbol{\beta}=\begin{bmatrix}\beta_1\\ \beta_2\\ \vdots\\ \beta_p\end{bmatrix} \qquad \boldsymbol{\varepsilon}=\begin{bmatrix}\varepsilon_1\\ \varepsilon_2\\ \vdots\\ \varepsilon_n\end{bmatrix}$$

式(1.3.33)表明，影响$\boldsymbol{Y}$的因素为$\boldsymbol{X}$和$\boldsymbol{\varepsilon}$, $\boldsymbol{X}$常被称为设计矩阵(design matrix)，是由自变量$x_1, x_2, \cdots, x_p$的n次观察数据或人为设计给出的数据构成的，x_{ij}属非随机的一般数据；$\boldsymbol{Y}$是结果，属随机向量；$\boldsymbol{\varepsilon}$属随机误差向量；$\boldsymbol{\beta}$为未知参数向量. 式(1.3.33)的概率性质取决于随机向量$\boldsymbol{\varepsilon}$的概率性质. 据随机误差含义，自然有$E(\boldsymbol{\varepsilon})=0$，在这种情况下，有$E(\boldsymbol{Y})=\boldsymbol{X\beta}$. 对于$\boldsymbol{\varepsilon}$的其他假定，则视问题需要而定. 对于随机向量$\boldsymbol{\varepsilon}$，除了期望之外，就是它的协方差阵$V(\boldsymbol{\varepsilon})=\boldsymbol{\Sigma}>0$和分布. 若$y_1, y_2, \cdots, y_n$是相互独立的同分布，则有$\boldsymbol{\Sigma}=\sigma^2\boldsymbol{I}_n$, $\boldsymbol{I}_n$为n阶单位阵，σ^2(是式(1.3.33)的参数)未知. 假定$\boldsymbol{\varepsilon}\sim N(0,\sigma^2\boldsymbol{I}_n)$, σ^2未知且有限，则$y\sim N(\boldsymbol{X\beta},\sigma^2\boldsymbol{I}_n)$，此时称式(1.3.33)为正态线性模型.

数量性状遗传分析中常用的线性回归和方差分析模型都可以统一在线性统计模型中. 下面讲述有关多元线性回归和方差分析模型的参数估计及检验问题.

1. 多元线性回归模型分析

设随机变量$\boldsymbol{Y}\sim N(\mu_y,\sigma_y^2)$, $x_1, x_2, \cdots, x_p$为一般非随机变量. 通过实验观察给出随机样本$(x_{i1}, x_{i2}, \cdots, x_{ip}, Y_i)$, $i=1,2,\cdots,n$. 样本容量$n>p+1$，若$\boldsymbol{Y}$在$(x_1, x_2, \cdots, x_p)$处的条件期望值有如下线性关系

$$y=E\left(\boldsymbol{Y}|_{(x_1,x_2,\cdots,x_p)}\right)=\beta_0+\beta_1x_1+\beta_2x_2+\cdots+\beta_px_p \tag{1.3.34}$$

则称$y=\beta_0+\beta_1x_1+\beta_2x_2+\cdots+\beta_px_p$为$\boldsymbol{Y}$关于$x_1, x_2, \cdots, x_p$的一般多元线性回归方程；$\beta_0$称为回归截距；$\beta_j(j=1,2,\cdots,p)$称为$\boldsymbol{Y}$关于$x_j$的偏回归系数. 在第$i$个观察点的多元线性回归模型为

$$Y_i=y_i+\varepsilon_i=\beta_0+\beta_1x_{i1}+\beta_2x_{i2}+\cdots+\beta_px_{ip}+\varepsilon_i \qquad i=1,2,\cdots,n \tag{1.3.35}$$

其中，y_i为Y_i在$(x_{i1}, x_{i2}, \cdots, x_{ip})$的回归值；$\varepsilon_i$为$Y_i$和$y_i$间的随机误差，是各$x_{ij}$所不能控制的$Y_i$的部分，$\varepsilon_i$间相互独立且均服从$N(0,\sigma^2)$，而在$(x_{i1}, x_{i2}, \cdots, x_{ip})$处有$Y_i\sim N(y_i,\sigma^2)$. 令

$$\boldsymbol{Y}=\begin{bmatrix}\boldsymbol{Y}_1\\ \boldsymbol{Y}_2\\ \vdots\\ \boldsymbol{Y}_n\end{bmatrix}\quad \boldsymbol{\beta}=\begin{bmatrix}\beta_1\\ \beta_2\\ \vdots\\ \beta_p\end{bmatrix}\quad \boldsymbol{\varepsilon}=\begin{bmatrix}\varepsilon_1\\ \varepsilon_2\\ \vdots\\ \varepsilon_n\end{bmatrix}\quad \boldsymbol{X}=\begin{bmatrix}x_{11} & x_{12} & \cdots & x_{1p}\\ x_{21} & x_{22} & \cdots & x_{2p}\\ \vdots & \vdots & & \vdots\\ x_{n1} & x_{n2} & \cdots & x_{np}\end{bmatrix}$$

则多元线性回归式(1.3.35)可表示成矩阵形式

$$\boldsymbol{Y}=\boldsymbol{X\beta}+\boldsymbol{\varepsilon} \qquad \boldsymbol{\varepsilon}\sim N_n(0,\sigma^2\boldsymbol{I}_n) \tag{1.3.36}$$

显然，式(1.3.35)为正态线性模型，$\boldsymbol{Y}$在$\boldsymbol{X}$处有$\boldsymbol{Y}\sim N_n(\boldsymbol{X\beta},\sigma^2\boldsymbol{I}_n)$, $\boldsymbol{\beta}$为回归参数向量；$\boldsymbol{X}$是设计矩阵. 回归分析的目的在于估计$\boldsymbol{\beta}$和σ^2，并给出必要的统计检验，以正确解释$\boldsymbol{Y}$与$\boldsymbol{X}$间的关系.

1) $\boldsymbol{\beta}$的最小二乘(LS)估计

设$\boldsymbol{\beta}$的最小二乘估计为$\hat{\boldsymbol{\beta}}=\boldsymbol{b}=(b_0,b_1,b_2,\cdots,b_p)^{\mathrm{T}}$，则一般多元线性回归方程式(1.3.35)的估计为

$$\begin{cases}\hat{y}=b_0+b_1x_1+b_2x_2+\cdots+b_px_p\\ b_0=\bar{y}-b_1\bar{x}_1-b_2\bar{x}_2-\cdots-b_p\bar{x}_p\end{cases} \tag{1.3.37}$$

在$(x_{i1}, x_{i2}, \cdots, x_{ip})$处$\varepsilon_i$的估计为$\hat{\varepsilon}_i=Y_i-\hat{y}_i$. 最小二乘估计的思想是使所有$\hat{\varepsilon}_i$的平方和$Q_e$最小，即

$$Q_e=\sum_{i=1}^{n}\hat{\varepsilon}_i^2=\sum_{i=1}^{n}(Y_i-\hat{y}_i)^2$$
$$=\sum_{i=1}^{n}\left[Y_i-\left(b_0+b_1x_{1i}+b_2x_{2i}+\cdots+b_px_{pi}\right)\right]^2=\min \tag{1.3.38}$$

即满足式(1.3.38)的正则方程组为$\frac{\partial Q_e}{\partial b_j}=0, j=1,2,\cdots,p$. 据式(1.3.6)的离差阵式(1.3.8)的算法, 样本$\left(x_{i1},x_{i2},\cdots,x_{ip},Y_i\right)$的离差阵为

$$\boldsymbol{L}=\begin{bmatrix} l_{11} & l_{12} & \cdots & l_{1p} & l_{1y} \\ l_{21} & l_{22} & \cdots & l_{2p} & l_{2y} \\ \vdots & \vdots & & \vdots & \vdots \\ l_{p1} & l_{p2} & \ldots & l_{pp} & l_{py} \\ l_{y1} & l_{y2} & \cdots & l_{yp} & l_{yy} \end{bmatrix}=\begin{bmatrix} \boldsymbol{L}_{xx} & \boldsymbol{L}_{xy} \\ \boldsymbol{L}_{yx} & \boldsymbol{L}_{yy} \end{bmatrix} \tag{1.3.39}$$

则式(1.3.38)的正则方程组为

$$\boldsymbol{L}_{xx}\left(b_1,b_2,\cdots,b_p\right)^{\mathrm{T}}=\boldsymbol{L}_{xy} \qquad |\boldsymbol{L}_{xx}|\neq 0 \tag{1.3.40}$$

则$\boldsymbol{\beta}$的最小二乘估计及估计分布有如下结果

$$\begin{cases} b_0=\bar{y}-b_1\bar{x}_1-b_2\bar{x}_2-\cdots-b_p\bar{x}_p\sim N\left[\beta_0,\left(\frac{1}{n}+\overline{\boldsymbol{X}}^T\boldsymbol{L}_{xx}^{-1}\overline{\boldsymbol{X}}\right)\sigma^2\right] \\ \left(b_1,b_2,\cdots,b_p\right)^{\mathrm{T}}=\boldsymbol{L}_{xx}^{-1}\boldsymbol{L}_{xy}\sim N_p\left[\left(\beta_1,\beta_2,\cdots,\beta_p\right)^{\mathrm{T}},\sigma^2\boldsymbol{L}_{xx}^{-1}\right] \\ b_j\sim N\left(\beta_j,c_{jj}\sigma^2\right) \end{cases} \tag{1.3.41}$$

其中, $\overline{\boldsymbol{X}}=\left(\bar{x}_1,\bar{x}_2,\cdots,\bar{x}_p\right)^{\mathrm{T}}$, $\boldsymbol{L}_{xx}^{-1}$为$\boldsymbol{L}_{xx}$的逆矩阵

$$\boldsymbol{L}_{xx}^{-1}=\begin{bmatrix} c_{11} & c_{12} & \cdots & c_{1p} \\ c_{21} & c_{22} & \cdots & c_{2p} \\ \vdots & \vdots & & \vdots \\ c_{p1} & c_{p2} & \ldots & c_{pp} \end{bmatrix} \tag{1.3.42}$$

而且$\boldsymbol{b}$为$\boldsymbol{\beta}$的最佳线性无偏估计, 也是方差一致最小无偏估计.

2)σ^2的估计

由于$\hat{\varepsilon}_i=Y_i-\hat{y}_i$相互独立且$Q_e=\sum_{i=1}^{n}\hat{\varepsilon}_i^2$, 而$\varepsilon_i\sim N(0,\sigma^2)$, 故$\sigma^2$的无偏估计为

$$\hat{\sigma}^2=\frac{Q_e}{n-p-1} \tag{1.3.43}$$

即Q_e的自由度$f_e=n-p-1$(事实上, $\hat{\varepsilon}_i$受$p+1$个约束).

3)平方和分解与模型的有效性检验

对于每个观察点$\left(x_{i1},x_{i2},\cdots,x_{ip},Y_i\right)$的$Y_i$与回归值$\hat{y}_i$及残差估计$\hat{\varepsilon}_i$间有$Y_i=\hat{y}_i+\hat{\varepsilon}_i$, 其中$\hat{y}_i$为$\left(x_{i1},x_{i2},\cdots,x_{ip}\right)$控制的$Y_i$的部分, $\hat{\varepsilon}_i$是各x不能控制的Y_i的随机部分, 它们的变异总量分别为

$$l_{yy}=\sum_{i=1}^{n}(Y_i-\bar{y})^2 \qquad U=\sum_{i=1}^{n}(\hat{y}_i-\bar{y})^2 \qquad Q_e=\sum_{i=1}^{n}(Y_i-\hat{y}_i)^2 \tag{1.3.44}$$

它们分别称为y的总平方和、回归平方和及剩余(残差)平方和, 其自由度分别为$f_y=n-1$(受$\bar{y}$约束)、$f_u=p$(受$b_1,b_2,\cdots,b_p$约束)和$f_e=n-p-1$. 它们之间有如下关系

$$l_{yy}=U+Q_e \qquad f_y=f_u+f_e \tag{1.3.45}$$

且U和Q_e相互独立，在$H_0:\beta = 0$之下分别服从

$$\frac{U}{\sigma^2} \sim \chi^2(p) \qquad \frac{Q_e}{\sigma^2} \sim \chi^2(n-p-1) \tag{1.3.46}$$

因而，回归模型式(1.3.35)无效假设$H_0:\beta_1 = \beta_2 = \cdots = \beta_p = 0$的检验为

$$F = \frac{U/p}{Q_e/(n-p-1)} \sim F(p, n-p-1) \tag{1.3.47}$$

实际上，由$l_{yy} = U + Q_e$可以定义回归模型的拟合优度

$$R^2 = U/l_{yy} = 1 - Q_e/l_{yy} \qquad Q_e = l_{yy}(1-R^2) \tag{1.3.48}$$

R^2称为$(x_1, x_2, \cdots, x_p)$对y的多元决定系数(coefficient of multiple determination)，即U决定了l_{yy}的百分比. 事实上R为观察值$Y_1, Y_2, \cdots, Y_n$与回归预报值$\hat{y}_1, \hat{y}_2, \cdots, \hat{y}_n$的复相关系数

$$R^2 = r_{Y\hat{y}}^2 = \frac{[\sum(Y_i-\bar{y})(\hat{y}_i-\bar{y})]^2}{\sum(Y_i-\bar{y})^2\sum(\hat{y}_i-\bar{y})^2} = \frac{[\sum(\hat{y}_i-\bar{y})^2]^2}{\sum(Y_i-\bar{y})^2\sum(\hat{y}_i-\bar{y})^2} = \frac{U}{l_{yy}} \tag{1.3.49}$$

由式(1.3.48)可以看出，当$R = 1$时，$Q_e = 0$，即$x_1, x_2, \cdots, x_p$完全决定了$\boldsymbol{Y}$的变异；当$R = 0$时，$Q_e = l_{yy}$，即$x_1, x_2, \cdots, x_p$对$\boldsymbol{Y}$无决定作用；一般地，$0 < R < 1$，表示$x_1, x_2, \cdots, x_p$对$\boldsymbol{Y}$有部分决定作用. 在这种情况下，式(1.3.47)的F检验可写成

$$F = \frac{R^2/p}{(1-R^2)/(n-p-1)} \sim F(p, n-p-1) \tag{1.3.50}$$

对于显著水平α, $F_\alpha(p, n-p-1)$和R_α相互唯一决定，可据自由度$f_e = n-p-1$和变量个数$(p+1)$查相关系数显著性临界值表得R_α，若$R_\alpha > R$，则回归显著，可替代F检验. 然而，自变量$\boldsymbol{X}$的数目p越多，R越大，但未必每一个自变量对$\boldsymbol{Y}$都有显著作用，反而减小了自由度f_e，降低了预测精确度. 因此，人们修正的决定系数为

$$R_a^2 = 1 - \frac{Q_e/(n-p-1)}{l_{yy}/(n-1)} \tag{1.3.51}$$

来刻画$x_1, x_2, \cdots, x_p$对$\boldsymbol{Y}$的决定作用. 显然，当$p > 1$时，$R_a^2 > R^2$.

人们建立回归模型式(1.3.35)时，期望将所有对$\boldsymbol{Y}$有影响的自变量$\boldsymbol{X}$都纳入模型之中，然而未必每一个自变量$\boldsymbol{X}$对$\boldsymbol{Y}$的影响都比随机误差大，因而有必要对$x_j(j = 1, 2, \cdots, p)$对$\boldsymbol{Y}$的影响作假设检验，其无效假设为$H_{0j}:\beta_j = 0$. 据式(1.3.41)可通过t检验或F检验来进行

$$\begin{cases} t_j = \dfrac{b_j}{\sqrt{c_{jj}\hat{\sigma}^2}} = \dfrac{b_j}{\sqrt{c_{jj}Q_e/(n-p-1)}} \sim t(n-p-1) \\ F = \dfrac{U_j}{Q_e/(n-p-1)} \sim F(1, n-p-1) \end{cases} \tag{1.3.52}$$

其中，$U_j = \frac{b_j}{c_{jj}}$称为x_j对$\boldsymbol{Y}$的方差贡献. 当H_{0j}被接受时，可在模型中剔除x_j. 一般可采用逐步回归方法，使回归方程中的自变量都达到一定水平的显著.

2. 通径分析及其决策分析

多元回归模型式(1.3.35)及其分析主要用于预测和控制. 要分析各自变量x对$\boldsymbol{Y}$的相对重要性及主次，就必须先克服$\boldsymbol{Y}$及各自变量x在量纲上的不同. 为此，对观察点$(x_{i1}, x_{i2}, \cdots, x_{ip}, Y_i)(i = 1, 2, \cdots, n)$中各变量进行标准化

$$\frac{Y_i-\bar{y}}{S_y} \qquad \frac{x_{ij}-\bar{x}_j}{S_j} \quad i = 1, 2, \cdots, n \quad j = 1, 2, \cdots, p$$

其中，$S_y=\sqrt{\frac{l_{yy}}{n-1}},S_j=\sqrt{\frac{l_{jj}}{n-1}}$，则式(1.3.37)所表示的一般多元线性回归方程变为标准化多元线性回归方程

$$\frac{\hat{y}_i-\bar{y}}{S_y}=b_1^*\left(\frac{x_1-\bar{x}_1}{S_1}\right)+b_2^*\left(\frac{x_2-\bar{x}_2}{S_2}\right)+\cdots+b_p^*\left(\frac{x_p-\bar{x}_p}{S_p}\right) \tag{1.3.53}$$

其中，$b_j^*=\frac{S_j}{S_y}b_j, j=1,2,\cdots,p$, b_j^*对应的模型参数为β_j^*, b_j^*为β_j^*的最小二乘估计.

设$\boldsymbol{b}^*=\left(b_1^*,b_2^*,\cdots,b_p^*\right)^{\mathrm{T}}$，则$\boldsymbol{b}^*$的最小二乘方程组及解为

$$\boldsymbol{R}_{XX}\boldsymbol{b}^*=\boldsymbol{R}_{XY} \qquad \boldsymbol{b}^*=\boldsymbol{R}_{XX}^{-1}\boldsymbol{R}_{XY} \tag{1.3.54}$$

其中，$\boldsymbol{R}_{XX}$为$x_1,x_2,\cdots,x_p$的相关阵，$\boldsymbol{R}_{XX}^{-1}=(c_{kt}^*)_{p\times p}$, $\boldsymbol{R}_{XY}$为$x_1,x_2,\cdots,x_p$与$\boldsymbol{Y}$的相关阵. $\boldsymbol{R}_{XX}\boldsymbol{b}^*=\boldsymbol{R}_{XY}$的具体形式为

$$\begin{bmatrix}1 & r_{12} & \cdots & r_{1p}\\ r_{21} & 1 & \cdots & r_{2p}\\ \vdots & \vdots & & \vdots\\ r_{p1} & r_{p2} & \cdots & 1\end{bmatrix}\begin{bmatrix}b_1^*\\ b_2^*\\ \vdots\\ b_p^*\end{bmatrix}=\begin{bmatrix}r_{1y}\\ r_{2y}\\ \vdots\\ r_{py}\end{bmatrix} \text{或} \begin{cases}b_1^*+r_{12}b_2^*+\cdots+r_{1p}b_p^*=r_{1y}\\ r_{21}b_1^*+b_2^*+\cdots+r_{2p}b_p^*=r_{2y}\\ \qquad\vdots\\ r_{p1}b_1^*+r_{p2}b_2^*+\cdots+b_p^*=r_{py}\end{cases} \tag{1.3.55}$$

$\boldsymbol{b}^*$的统计性质为

$$\begin{cases}\boldsymbol{b}^*=\left(b_1^*,b_2^*,\cdots,b_p^*\right)^{\mathrm{T}}\sim N\left[\left(\beta_1^*,\beta_2^*,\cdots,\beta_p^*\right)^{\mathrm{T}},\sigma^2\boldsymbol{R}_{XX}^{-1}\right]\\ b_j^*\sim N\left(\beta_j^*,c_{jj}\sigma^2\right) \quad j=1,2,\cdots,p\end{cases} \tag{1.3.56}$$

其中，σ^2为标准化多元线性回归模型中的随机误差方差.

在标准化多元线性回归分析中，观察值$\boldsymbol{Y}$的总变差l_{yy}、各x能控制的$\boldsymbol{Y}$的变差U和各x不能控制的$\boldsymbol{Y}$的变异Q_e均因标准化而变为l_{yy}^*、U^*和Q_e^*，而且有

$$l_{yy}^*=1,\ U^*=R^2,\ Q_e^*=1-R^2 \tag{1.3.57}$$

但它们的自由度是不变的，分别为$n-1$、p和$n-p-1$. 回归方程的检验和各自变量的检验分别为

$$\begin{cases}F=\frac{R^2/p}{(1-R^2)/(n-p-1)}\sim F(p,n-p-1)\\ t_j=b_j^*\Big/\sqrt{\frac{c_{jj}^*(1-R^2)}{n-p-1}}=b_j^*\Big/\sqrt{c_{jj}^*\hat{\sigma}^2}\sim t(n-p-1)\\ \hat{\sigma}^2=\frac{1-R^2}{n-p-1}\end{cases} \tag{1.3.58}$$

1921 年，Wright 提出了通径系数(path coefficient)方法，得到了亲属相关的一系列结果. 标准化多元线性回归分析因 Wright 的创新而在数量遗传学中称为通径分析.

通径分析的贡献有以下两点.

1)用式(1.3.55)第j个方程表达x_j与y的相关系数r_{jy}的剖分机理:

$$r_{j1}b_1^*+r_{j2}b_2^*+\cdots+r_{jp}b_p^*=r_{jy} \quad j=1,2,\cdots,p \tag{1.3.59}$$

这个分解可直观地表示为图 1.3.1 的通径图.

对应于图 1.3.1，只允许有两种路:①直接路$x_j\overset{b_j^*}{\rightarrow}y$称为通径，表明$x_j$对$y$的直接作用大小为$b_j^*$, b_j^*称为通径系数；②x_j与$x_k(k\neq j)$和y组成的通径链$x_j\overset{r_{jk}}{\leftrightarrow}x_k\overset{b_k^*}{\rightarrow}y$，其特点是$x_j$与$x_k$只形成一个相关路(不允许有第二个相关路)，而且$x_j$通过$x_k$间接指向$y$. 该通径链的

路径系数等于两节路径系数之积$r_{jk}b_k^*$，表示x_j通过x_k的相关对y的间接作用. 显然式(1.3.59)的左端表示一个直接作用和$(p-1)$个间接作用，它们之和是x_j对y的总作用r_{jy}. 这样的分析可用到式(1.3.55)的每一个方程. 这些分析可以列成通径分析表.

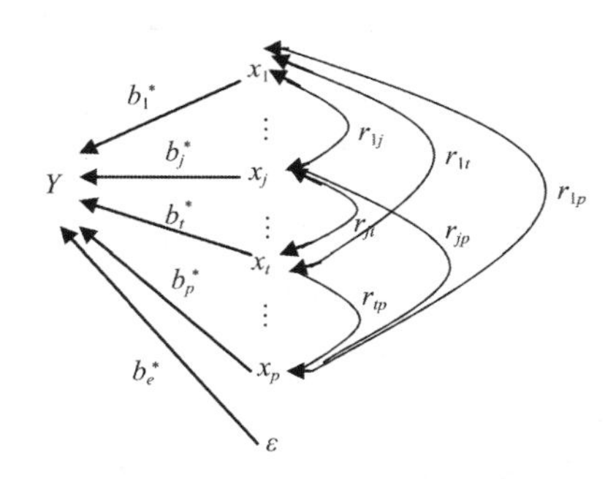

图 1.3.1　式(1.3.55)的通径图

2)实现了自变量对因变量决定系数R^2的剖分

多元线性回归分析中，可以直接由正则方程组$\boldsymbol{L}_{xx}\boldsymbol{b}=\boldsymbol{L}_{xy}$写出回归平方和的表示式$U=\boldsymbol{b}^{\mathrm{T}}\boldsymbol{L}_{xy}$. 在标准化多元线性回归分析中，$U=R^2$，而其正则方程组为$\boldsymbol{R}_{XX}\boldsymbol{b}^*=\boldsymbol{R}_{XY}$，故有

$$\begin{aligned}R^2&=\sum_{j=1}^{p}b_j^*r_{jy}=\sum_{j=1}^{p}b_j^*\left(\sum_{k=1}^{p}r_{jk}b_k^*\right)\\&=\sum_{j=1}^{p}b_j^{*2}+\sum_{\substack{j=1\\k\neq j}}2b_j^*r_{jk}b_k^*=\sum_{j=1}^{p}R_j^2+\sum_{\substack{j=1\\k\neq j}}R_{jk}\end{aligned}\tag{1.3.60}$$

其中，$R_j^2=b_j^{*2}$为x_j对y的直接决定系数，$R_{jk}=2b_j^*r_{jk}b_k^*=R_{kj}$是$x_j\overset{r_{jk}}{\leftrightarrow}x_k$对$y$的相关决定系数. 显然，$\hat{\varepsilon}$对$y$的直接决定系数为$b_e^{*2}=1-R^2$.

袁志发等(2000, 2001, 2013)认为，r_{jy}和R^2的剖分并未给出各x对y决定作用大小的排序，除非各x间相互独立. 因此，提出了通径分析的决策分析方法，下面进行详细介绍.

(1)x_j对y的综合决定能力——决策系数$R_{(j)}$.

$R_{(j)}$是x_j对y的直接决定系数R_j^2与和x_j有关的相关决定系数之和，即

$$R_{(j)}=R_j^2+\sum_{k\neq j}R_{jk}=b_j^{*2}+\sum_{k\neq j}2b_j^*r_{jk}b_k^*=2b_j^*r_{jy}-b_j^{*2}\tag{1.3.61}$$

该式由式(1.3.59)乘以$2b_j^*$而得.

(2)$R_{(j)}$的显著性检验.

由于$b_j^*\sim N\left(\beta_j^*,c_{jj}^*\sigma^2\right)$，将$R_{(j)}$关于$b_j^*$在$\beta_j^*$处泰勒展开为

$$R_{(j)}=2\beta_j^*r_{jy}-\beta_j^{*2}+2\left(r_{jy}-\beta_j^*\right)\left(b_j^*-\beta_j^*\right)-\left(b_j^*-\beta_j^*\right)^2\tag{1.3.62}$$

舍去$\left(b_j^*-\beta_j^*\right)^2$项，近似有

$$V\left[R_{(j)}\right]=4\left(r_{jy}-\beta_j^*\right)^2\sigma_{\beta_j^*}^2=4\left(r_{jy}-\beta_j^*\right)^2c_{jj}^*\sigma^2\tag{1.3.63}$$

由于$\hat{\beta}_j^* = b_j^*, \hat{\sigma}^2 = (1-R^2)/(n-p-1)$，故$R_{(j)}$的标准差估计为

$$S_{R_{(j)}} = 2\left|r_{jy} - b_j^*\right|\sqrt{c_{jj}^*(1-R^2)/(n-p-1)} \quad (1.3.64)$$

因而对于无效假设$H_0: E\left[R_{(j)}\right] = 0$，可近似用下列$t$检验

$$t_j = \frac{\left|R_{(j)}\right|}{2\left|r_{jy} - b_j^*\right|\sqrt{\frac{c_{jj}^*(1-R^2)}{n-p-1}}} \sim t(n-p-1) \quad (1.3.65)$$

$R_{(j)}$可正可负，将$R_{(j)}$由正到负按从大到小顺序排序，反映了x_j对y的综合决定能力的排序. $R_{(j)}$最大者，未必b_j^*最大，但它与其他x的相关决定系数很突出，形成了以x_j为主的对y综合决定能力最强的相关结构. 这样的x_j称为决定变异的主要决策因素；$R_{(k)}$最小且为负值，则称x_k为对y的变异决定的限制性因素，尽管$R_{(k)}$中的b_k^*可能最大.

【例1.3.3】 关于小麦产量y与其构成因素x_1(百粒重)、x_2(每株穗数)、x_3(每穗粒数)和x_4(每穗粒重)的通径分析(袁志发, 1981).

从试验数据估计的遗传相关系数如表 1.3.6 所示.

表 1.3.6　遗传相关系数表

	x_1	x_2	x_3	x_4	y
x_1	1	0.274	−0.706	0.525	0.050
x_2		1	−0.300	0.474	0.477
x_3			1	−0.665	0.256
x_4				1	0.440

试验为随机区组设计，参试品种有 10 个，重复 3 次，误差自由度为 18. 相关系数显著临界值为$r_{0.05} = 0.444, r_{0.01} = 0.561$.$r_{jy}$中只有$r_{2y}$显著. 这个结果不能说明$x_1$、$x_2$、$x_3$、$x_4$对$y$影响不显著. 通径分析的正则方程组及解为

$$\begin{cases} b_1^* + 0.274b_2^* - 0.706b_3^* + 0.525b_4^* = 0.050 \\ 0.274b_1^* + b_2^* - 0.300b_3^* + 0.474b_4^* = 0.477 \\ -0.706b_1^* - 0.300b_2^* + b_3^* - 0.665b_4^* = 0.256 \\ 0.525b_1^* + 0.474b_2^* - 0.655b_3^* + b_4^* = 0.440 \end{cases}$$

$$b_1^* = 0.321,\ b_2^* = 0.313,\ b_3^* = 1.180,\ b_4^* = 0.908$$

$$\begin{bmatrix} 1 & r_{12} & \cdots & r_{1p} \\ r_{21} & 1 & \cdots & r_{2p} \\ \vdots & \vdots & & \vdots \\ r_{p1} & r_{p2} & \cdots & 1 \end{bmatrix}^{-1} = \begin{bmatrix} 2.0224 & -0.0910 & 1.2964 & -0.1565 \\ -0.0910 & 1.2964 & -0.0935 & -0.6280 \\ 1.2964 & -0.0935 & 2.6249 & 1.1093 \\ -0.1565 & -0.6280 & 1.1093 & 2.1175 \end{bmatrix} = (c_{kt}^*)_{4\times4}$$

(1)回归方程检验. 据$f_e = 18$，变量个数为 5，查相关系数显著临界表得$R_{0.05} = 0.628, R_{0.01} = 0.710$，而

$$R^2 = \sum r_{jy}b_j^* = 0.867 \qquad R = 0.9311$$

故回归是极显著的.

(2)对b_j^*的显著性检验. 据式(1.3.58)计算的t_j为

$$t_1 = 2.6259* \qquad t_2 = 3.2003** \qquad t_3 = 8.4730** \qquad t_4 = 7.2591**$$

其中，显著临界值为$t_{0.05}=2.101, t_{0.01}=2.878$.

(3)R^2的剖分结果为

$$R_j^2=b_j^{*2}\quad R_1^2=0.103\qquad R_2^2=0.098\qquad R_3^2=1.392\qquad R_4^2=0.824$$

$$R_{jk}=2b_j^*r_{jk}b_k^*\quad R_{12}=0.055\qquad R_{13}=-0.535\qquad R_{14}=0.306$$

$$R_{23}=-0.222\qquad R_{24}=0.269\qquad R_{34}=-1.425$$

(4)决策系数$R_{(j)}$的计算结果及显著性检验.

据$R_{jk}=R_{kj}$，由式(1.3.61)计算的$R_{(j)}$为

$$R_{(1)}=-0.071\qquad R_{(2)}=0.200\qquad R_{(3)}=-0.790\qquad R_{(4)}=-0.026$$

据式(1.3.65)计算的t值分别为

$$t_1=1.076\qquad t_2=6.231^{**}\qquad t_3=3.068^{**}\qquad t_4=0.222$$

其中，$f_e=18, c_{jj}^*$由$\boldsymbol{R}_{XX}^{-1}=(c_{kt}^*)_{4\times4}$中查，$\hat{\sigma}^2=(1-R^2)/18=0.00739$，显著临界值$t_{0.05}(18)=2.101, t_{0.01}(18)=2.878$.

(5)通径分析及决策分析如表 1.3.7 所示.

(6)x对y作用大小的排序. 各x对y的排序有 3 种: 直接作用排序$b_3^*>b_4^*>b_1^*>b_2^*$，总作用排序$r_{2y}>r_{4y}>r_{3y}>r_{1y}$和决策系数排序$R_{(2)}>R_{(4)}>R_{(1)}>R_{(3)}$.

三种排序中，后两种较为相似，直接作用排序则与它们大相径庭. 哪一种合理呢？分析如下.

表 1.3.7　通径分析与决策分析表

通径	直接作用b_j^*	x_j通过x_k对y的间接作用	$r_{jy}b_k^*$	x_j对y的总作用	$R_{(j)}$
x_1对y	0.321	$x_1\leftrightarrow x_2\rightarrow y$	0.086	0.050	−0.071
		$x_1\leftrightarrow x_3\rightarrow y$	−0.833		
		$x_1\leftrightarrow x_4\rightarrow y$	0.477		
x_2对y	0.313	$x_2\leftrightarrow x_1\rightarrow y$	0.088	0.477	0.200
		$x_2\leftrightarrow x_3\rightarrow y$	−0.354		
		$x_2\leftrightarrow x_4\rightarrow y$	0.430		
x_3对y	1.180	$x_3\leftrightarrow x_1\rightarrow y$	−0.227	0.256	−0.790
		$x_3\leftrightarrow x_2\rightarrow y$	−0.094		
		$x_3\leftrightarrow x_4\rightarrow y$	−0.604		
x_4对y	0.908	$x_4\leftrightarrow x_1\rightarrow y$	0.169	0.440	−0.026
		$x_4\leftrightarrow x_2\rightarrow y$	0.148		
		$x_4\leftrightarrow x_3\rightarrow y$	−0.785		
ε对y	0.365			0.365	0.133

注：$b_e^*=\sqrt{1-R^2}=\sqrt{1-0.867}=0.365$

(1)直接作用排序是不合理的: b_j^*为回归方程关于x_j的偏导数，与其他x无关，因而它未考虑x_j通过其他x对因变量的间接作用.

(2)总作用r_{jy}排序比b_j^*排序合理，但也有忽略之处: r_{jy}是x_j的直接作用和x_j通过其他x的间接作用之和. 但x_j与其他x的相关大小和方向会使r_{jy}缩小或放大，是不客观的.

(3)决策系数$R_{(j)}$是合理的: 首先，$R_{(j)}$刻画了x_j对因变量的综合决定能力；其次，$R_{(j)}$充分考虑了x_j对y的直接作用b_j^*、总作用r_{jy}和x_j通过其他$x_t(t\neq j)$对y的间接作用$\sum_{t\neq j}r_{jt}b_t^*$，即

$$R_{(j)}=2b_j^*r_{jy}-b_j^{*2}=b_j^*r_{jy}+b_j^*\sum_{t\neq j}r_{jt}b_t^* \tag{1.3.66}$$

即$R_{(j)}$不但可分解为x_j对y的直接决定系数b_j^{*2}和相关决定系数之和$\sum_{t\neq j} R_{jt}$，也可分解为$b_j^* r_{jy}$(直×总)与$b_j^* \sum_{t\neq j} r_{jt} b_t^*$(直× 间)之和，“间”为其他$x$对$x_j$的调控作用.

对于例 1.3.3, $R_{(2)} > R_{(4)} > R_{(1)} > R_{(3)}$是合理的，它能使表 1.3.7 的分析得到合理的解释：$R_{(2)} > 0, x_2$为y的主要决策变量. 尽管x_2的直接作用($b_2^* = 0.313$)最小，但x_2通过x_1和x_4对y的间接作用(0.088 和 0.430)协助x_2对y起增进作用，而x_2通过 x_3对 y 的间接作用(−0.354)带来的损失较x_3对其他x的损失最小，从而使$r_{2y} = 0.477$最大；$R_{(3)} < 0$排序最后，为主要限制性变量(其直接作用$b_3^* = 1.180$最大)，由于它通过其他x对y的间接作用均为负，从而使$r_{3y} = 0.256$，仅处于r_{jy}排序中的倒数第二位. 因而，要提高产量y，必须提高x_2，基本保持x_4和x_1，限制x_3变大才行(对x_3进行负向选择). 由上述分析可以看出$R_{(j)}$对y的决策作用，即在各性状中依靠谁、限制谁、保持谁的识别作用.

在数量性状的选择理论中，多元线性回归(包括直线回归)是主要的统计方法，如单性状的直接选择和间接选择、多性状的综合选择指数、主成分等，从实质上讲都可纳入线性回归方法之中，均可以进行通径分析及其决策分析.

3. 方差分析模型分析

Fisher(1890~1962)是近代推断统计的代表，其统计学研究始终和农业科学、生物学和遗传学联系. 他于 20 世纪 20~40 年代初创立了试验设计及其方差分析，1935 年出版了《试验设计》. 方差(variance)和方差分析(analysis of variance)两词均为 Fisher 首创.

试验设计与分析，从理论和过程上讲分为三部分：处理设计、环境设计和推断的方差分析模型. 下面进行介绍.

1)处理设计

试验目的是考察由一个或多个因素所形成的处理对试验指标随机变量$\boldsymbol{X}$(一维或多维)的影响. 试验因素通常用大写字母A、B、C等表示. 单因素试验设计仅涉及一个因素A，在试验中可设计a个水平或处理$A_1, A_2, \cdots, A_a$. 两因素试验中，要考察两个因素A和B, A设计为a个水平$A_1, A_2, \cdots, A_a$, B设计为b个水平$B_1, B_2, \cdots, B_b$，则不同的处理A_iB_j共有ab个. 其他多因素试验的处理设计可类似进行.

在数量遗传研究中，处理设计为交配系统的设计，简称遗传设计. 例如，仅将遗传型(品种)作为单因素的遗传设计称为单因素遗传设计. 把两个纯和亲本P_1和P_2进行杂交得F_1, F_1自交得F_2, $\mathrm{P}_1 \times \mathrm{F}_1$得回交$\mathrm{B}_1$等，称为双亲杂交类型遗传设计. m个雄性亲本每一个均与f个雌性亲本的交配称为双因素巢式设计等.

2)环境设计

遗传设计通过交配所得的后代必须播种或饲养于一个或多个试验单元上，取得处理的观察值，而观察值中除了处理的影响之外，还受随机误差ε的影响，不同试验单元上的随机误差是相互对立的. 要将所有处理安排在试验单元上并有效地控制随机误差，避免系统误差，使试验统计分析结果具有准确性和精确性，就必须进行设计，这种设计称为环境设计.

Fisher 创立了环境设计的三原则：处理的随机排列、设置重复和局部控制. 处理在试验单元上的随机排列是统计上无偏估计的基础；设置重复是为了控制随机误差. 试验的所有处理均重复安排在r个试验单元上进行试验，则所需总试验单元称为试验空间. 例如，双因素试验中如果有ab个处理，每个处理要在r个试验单元上实施，则试验空间由abr个试验单元组成. 每个处理仅用一个试验单元来实施，称为无重复；若每个处理用$r(r>1)$个试验单元来实施，则称为r次重复. 没有重复时指标的标准差为σ，重复r次指标平均值的标准差为$\sigma/\sqrt{r}$，可见重复控制了随机误差的大小. 另一个环境设计原则是局部控制(设置区组)，目的是消除系统误差，以保证试验分析结果的准确性.

在 Fisher 环境设计三原则之下，环境设计分为完全随机试验(试验空间中每一个试验单元条件一致)、完全随机区组试验(设置r个区组，每个区组中的单元数等于处理数，把处理随机安排在每一区组中，区组内为随机误差，区组间有系统误差)等.

处理设计和环境设计结合，形成单因素完全随机试验、单因素完全随机区组试验、系统(巢式)设计试验等.

按照试验设计原理设计的等重复试验，在不缺区的情况下，其资料称为均衡数据(balanced data)，否则称为不均衡数据(unbalanced data).

3)单因素完全随机区组试验的方差分析

数量性状遗传研究中，遗传交配设计及其方差分析至关重要，因为它可以利用其中的亲属关系(如亲子关系、同胞关系等)估计遗传方差、环境方差、相关等，进而分析数量性状的基因作用、比较不同的选择和育种方案对选择响应的预测作用等. 下面以单因素完全随机区组试验分析为例说明方差分析的步骤和方法.

设考查的因素为A，参试处理为a个：$A_1,A_2,\cdots,A_a$. 试验中设置区组因素B，有$B_1,B_2,\cdots,B_r$个区组(r次重复)，每个区组有a个试验单元，随机安排$A_1,A_2,\cdots,A_a$. 设A_i在B_j的观察值为

$$\begin{cases} y_{ij}=\mu+\alpha_i+\theta_j+\varepsilon_{ij} \quad i=1,2,\cdots,a \quad j=1,2,\cdots,r \\ \varepsilon_{ij}\text{相互独立且均服从}N(0,\sigma_e^2) \end{cases} \tag{1.3.67}$$

其中，ε_{ij}为随机误差，μ为群体均值，α_i为A_i的主效应，θ_j为B_j的主效应，式(1.3.67)为试验的方差分析模型. 式(1.3.67)可表示为矩阵形式的正态线性模型

$$\boldsymbol{Y}=\boldsymbol{X\beta}+\boldsymbol{\varepsilon},\ \boldsymbol{\varepsilon}\sim N_{ar}(0,\sigma_e^2\boldsymbol{I}_{ar}) \qquad \boldsymbol{Y}\sim N_{ar}(\boldsymbol{X\beta},\sigma_e^2\boldsymbol{I}_{ar}) \tag{1.3.68}$$

其中，$\boldsymbol{Y}$为$ar\times 1$独立观察值正态分布向量；$\boldsymbol{X}$为$(ar)\times(1+a+r)$的常数矩阵(设计矩阵)；$\boldsymbol{\beta}$为$(1+a+r)\times 1$的方差分析模型参数向量(包括μ、a个α_i和r个θ_j)，即回归参数向量；$\boldsymbol{\varepsilon}$为$(ar)\times 1$的独立正态随机向量. 例如，$a=3,r=2$时，式(1.3.68)为

$$\begin{bmatrix} y_{11}\\ y_{12}\\ y_{21}\\ y_{22}\\ y_{31}\\ y_{32} \end{bmatrix}=\begin{bmatrix} 1&1&0&0&1&0\\ 1&1&0&0&0&1\\ 1&0&1&0&1&0\\ 1&0&1&0&0&1\\ 1&0&0&1&1&0\\ 1&0&0&1&0&1 \end{bmatrix}\begin{bmatrix} \mu\\ \alpha_1\\ \alpha_2\\ \alpha_3\\ \theta_1\\ \theta_2 \end{bmatrix}+\begin{bmatrix} \varepsilon_{11}\\ \varepsilon_{12}\\ \varepsilon_{21}\\ \varepsilon_{22}\\ \varepsilon_{31}\\ \varepsilon_{32} \end{bmatrix}$$

对于平衡数据的方差分析线性模型式(1.3.67)或式(1.3.68)来讲，$\boldsymbol{X}$的第2~$(a+1)$列之和与$(a+2)$~$(1+a+r)$列之和均等于第 1 列之和，因而$\boldsymbol{X}$的秩$\mathrm{rank}(\boldsymbol{X})=(1+a+r)-2=a+r-1$，是不满秩的. 当$a=3,r=2$时，第2~4列之和与第5~6列之和均等于

第 1 列之和, $\text{rank}(\boldsymbol{X}) = 4$.

(1)参数估计. 设$\boldsymbol{\beta}$的最小二乘估计为$\boldsymbol{b}$, $\boldsymbol{Y}$的估计为$\widehat{\boldsymbol{Y}} = \boldsymbol{Xb}$, $\boldsymbol{\varepsilon}$的估计为$\boldsymbol{Y} - \boldsymbol{Xb}$, 则$\boldsymbol{b}$应满足

$$Q_e = (\boldsymbol{Y} - \boldsymbol{Xb})^{\mathrm{T}}(\boldsymbol{Y} - \boldsymbol{Xb}) = \boldsymbol{Y}^{\mathrm{T}}\boldsymbol{Y} - 2\boldsymbol{b}^{\mathrm{T}}(\boldsymbol{X}^{\mathrm{T}}\boldsymbol{Y}) + \boldsymbol{b}^{\mathrm{T}}(\boldsymbol{X}^{\mathrm{T}}\boldsymbol{X})\boldsymbol{b} = \min$$

对Q_e关于$\boldsymbol{b}$求导, 得估计$\boldsymbol{b}$的正则方程组

$$\boldsymbol{X}^{\mathrm{T}}\boldsymbol{X}\boldsymbol{b} = \boldsymbol{X}^{\mathrm{T}}\boldsymbol{Y} \tag{1.3.69}$$

然而, 易证$\boldsymbol{X}^{\mathrm{T}}\boldsymbol{X}$的第$2 \sim (a+1)$列之和、第$(a+2) \sim (1+a+r)$列之和等于第一列之和, 其秩和$\boldsymbol{X}$相等, 是不满秩的, $\boldsymbol{b}$不存在唯一解, 即$\boldsymbol{\beta}$是不可估计的(inestimable).

尽管模型中的参数是不可估计的, 但试验的目的是检验α_i间或θ_j间是否存在显著差异. 因而, 虽不可能对单项参数作统计推断, 但如果能够找到一些刻画参数的线性函数, 便可对参数进行有效的线性推断.

参数的线性函数可表示为$\boldsymbol{C}^{\mathrm{T}}\boldsymbol{\beta}$, $\boldsymbol{C}$为常数列向量. $\boldsymbol{C}^{\mathrm{T}}\boldsymbol{\beta}$是可估函数的充要条件是存在常数向量$\boldsymbol{a}$使

$$\boldsymbol{C}^{\mathrm{T}}\boldsymbol{\beta} = E(\boldsymbol{a}^{\mathrm{T}}\boldsymbol{Y}) = \boldsymbol{a}^{\mathrm{T}}\boldsymbol{X}\boldsymbol{\beta} \qquad \boldsymbol{C}^{\mathrm{T}} = \boldsymbol{a}^{\mathrm{T}}\boldsymbol{X} \tag{1.3.70}$$

可以证明, 对于$\boldsymbol{X}^{\mathrm{T}}\boldsymbol{X}\boldsymbol{b} = \boldsymbol{X}^{\mathrm{T}}\boldsymbol{Y}$(式(1.3.69))任一非零解$\boldsymbol{b}$, $\boldsymbol{C}^{\mathrm{T}}\boldsymbol{b}$是唯一的, 而且$\boldsymbol{C}^{\mathrm{T}}\boldsymbol{b}$是$\boldsymbol{C}^{\mathrm{T}}\boldsymbol{\beta}$的最佳线性无偏估计(Gauss-Markov 定理). 据可估函数$\boldsymbol{C}^{\mathrm{T}}\boldsymbol{\beta}$的充要条件$\boldsymbol{C}^{\mathrm{T}} = \boldsymbol{a}^{\mathrm{T}}\boldsymbol{X}$可知, $\boldsymbol{X\beta}$或$\boldsymbol{X}^{\mathrm{T}}\boldsymbol{X\beta}$的每一列都是可估计的线性函数. 设计矩阵$\boldsymbol{X}$或式(1.3.69)所示正则方程系数矩阵$\boldsymbol{X}^{\mathrm{T}}\boldsymbol{X}$之所以不满秩, 是因为它的列间存在线性关系. 因此, 必须用μ来约束$a_1, a_2, \cdots, a_a$和$\theta_1, \theta_2, \cdots, \theta_r$

$$\begin{cases} \mu = \dfrac{1}{a}[(\mu + a_1) + (\mu + a_2) + \cdots + (\mu + a_a)] \\ \mu = \dfrac{1}{r}[(\mu + \theta_1) + (\mu + \theta_2) + \cdots + (\mu + \theta_r)] \end{cases} \tag{1.3.71}$$

这样就得到和约束条件(Harvey 线性约束)

$$a_1 + a_2 + \cdots + a_a = 0, \quad \theta_1 + \theta_2 + \cdots + \theta_r = 0 \tag{1.3.72}$$

用矩阵表示其估计式为

$$\begin{bmatrix} 0 & 1 & 1 & \cdots & 1 & 0 & 0 & \cdots & 0 \\ 0 & 0 & 0 & \cdots & 0 & 1 & 1 & \cdots & 1 \end{bmatrix} \boldsymbol{b} = \begin{bmatrix} 0 \\ 0 \end{bmatrix} \text{或} \boldsymbol{Hb} = 0 \tag{1.3.73}$$

将约束条件并入式(1.3.69)可得

$$\begin{bmatrix} \boldsymbol{X}^{\mathrm{T}}\boldsymbol{X} \\ \boldsymbol{H} \end{bmatrix} \boldsymbol{b} = \begin{bmatrix} \boldsymbol{X}^{\mathrm{T}}\boldsymbol{Y} \\ 0 \end{bmatrix} \tag{1.3.74}$$

这个方程组有唯一解$\boldsymbol{b}$, 它是在式(1.3.73)之下$\boldsymbol{\beta}$的最佳线性无偏估计. 为实现估计和后面的分析, 先列出单因素完全随机区组试验的资料符号表 1.3.8.

满足 Harvey 线性约束的最小二乘正则式(1.3.74)的估计为

$$\begin{cases} \hat{\mu} = \bar{y}_{\cdot\cdot} \qquad \hat{\alpha}_i = \bar{y}_{i\cdot} - \bar{y}_{\cdot\cdot} \qquad \hat{\theta}_j = \bar{y}_{\cdot j} - \bar{y}_{\cdot\cdot} \\ \hat{\varepsilon}_{ij} = y_{ij} - \bar{y}_{i\cdot} - \bar{y}_{\cdot j} + \bar{y}_{\cdot\cdot} \quad i = 1, 2, \cdots, a \quad j = 1, 2, \cdots, r \end{cases} \tag{1.3.75}$$

表 1.3.8 中, $T_{\cdot j}$和$\bar{y}_{\cdot j}$分别是B_j的和与平均值, $T_{i\cdot}$和$\bar{y}_{i\cdot}$为 A_i的和与平均值, $T_{\cdot\cdot}$和$\bar{y}_{\cdot\cdot}$为处理的总和与总平均值, $\sum_i \sum_j y_{ij}^2$为所有观察值的平方和.

(2)方差分析模型中的抽样假设.

在式(1.3.68)中, 除μ为常数外, 对 A 和 B 有如下假设.

表 1.3.8　单因素完全随机区组试验资料符号表

区组 B / 因素 A	B_1	B_2	…	B_r	行和$T_{i\cdot}$	行平均$\bar{y}_{i\cdot}$	$\sum_j y_{ij}^2$
A_1	y_{11}	y_{12}	…	y_{1r}	$T_{1\cdot}$	$\bar{y}_{1\cdot}$	$\sum y_{1j}^2$
A_2	y_{21}	y_{22}	…	y_{2r}	$T_{2\cdot}$	$\bar{y}_{2\cdot}$	$\sum y_{2j}^2$
⋮	⋮	⋮		⋮	⋮	⋮	⋮
A_a	y_{a1}	y_{a2}	…	y_{ar}	$T_{a\cdot}$	$\bar{y}_{a\cdot}$	$\sum y_{aj}^2$
列和$T_{\cdot j}$	$T_{\cdot 1}$	$T_{\cdot 2}$	…	$T_{\cdot r}$	$T_{\cdot\cdot}$		$\sum_i\sum_j y_{ij}^2$
列平均$\bar{y}_{\cdot j}$	$\bar{y}_{\cdot 1}$	$\bar{y}_{\cdot 2}$	…	$\bar{y}_{\cdot r}$		$\bar{y}_{\cdot\cdot}$	

① 若$A_1,A_2,\cdots,A_a$就是A因素的总体，则其效应$a_1,a_2,\cdots,a_a$为常数，其方差为$K_A^2=\sum a_i^2/(a-1)$，自由度$f_A=a-1$，则因素A称为固定因素；若$A_1,A_2,\cdots,A_a$仅作为A的一个随机样本参试，则$a_1,a_2,\cdots,a_a$为随机变量，而且a_i间相互独立且均服从$N(0,\sigma_A^2)$，则称A为随机因素.

②若B为固定因素，则$\theta_1,\theta_2,\cdots,\theta_r$为常数，方差为$K_B^2=\sum\theta_j^2/(r-1)$，自由度为$f_B=r-1$；若$B$为随机因素，则$\theta_j$为随机变量，且相互独立均服从$N(0,\sigma_B^2)$.

在上述抽样假设下，方差分析模型有三种：

(i)若A和B均为固定因素，则称为固定模型(fixed model)；

(ii)若A和B均为随机因素，则称为随机模型(random model)；

(iii) 若A和B之一为固定因素，则称为混合模型(mixed model).

不同的方差分析模型应在式(1.3.67)的基础上加上相应的约束条件，如固定模型为

$$\begin{cases}y_{ij}=\mu+\alpha_i+\theta_j+\varepsilon_{ij}\\ \sum\limits_{i=1}^{a}a_i=0\\ \sum\limits_{j=1}^{r}\theta_j=0\\ \varepsilon_{ij}\text{相互独立且均服从}N(0,\sigma_e^2)\end{cases}\tag{1.3.76}$$

(3)方差分析. 对于不同方差分析模型，统计推断不尽相同.

①固定模型的方差分析. 对于固定因素 A，先检验无效假设$\mathrm{H_0}{:}\,a_1=a_2=\cdots=a_a=0$，它等价于$\mathrm{H_0}{:}\,K_A^2=0$. 如果$\mathrm{H_0}$被接受，则认为$A_1,A_2,\cdots,A_a$间是无显著差异的，否则需进一步检验无效假设$\mathrm{H_0}{:}\,a_i=a_k$(多重比较).

②随机因素的方差分析. 对于随机因素A，先检验无效假设$\mathrm{H_0}{:}\,\sigma_A^2=0$，若接受$\mathrm{H_0}$，则认为$A$由同质个体组成，否则需估计$\mu$和$\sigma_A^2$，不必进行多重比较.

对$\mathrm{H_0}{:}\,K_A^2=0$或$\mathrm{H_0}{:}\,\sigma_A^2=0$等的检验，称为对模型的有效性检验. 这种检验是通过总平方和按变异原因分解来实现的. 对于表 1.3.8 数据，总平方和SS_T、因素A的平方和SS_A、因素B的平方和SS_B和误差平方和SS_e分别为

$$\begin{cases} SS_T=\sum_{i=1}^{a}\sum_{j=1}^{r}(y_{ij}-\bar{y}_{..})^2=\sum_{i=1}^{a}\sum_{j=1}^{r}y_{ij}^2-\frac{1}{ar}T_{..}^2 \\ SS_A=\sum_{i=1}^{a}\sum_{j=1}^{r}\hat{\alpha}_i^2=r\sum_{i=1}^{a}\sum_{j=1}^{r}(\bar{y}_{i\cdot}-\bar{y}_{..})^2=\frac{1}{r}\sum_{i=1}^{a}T_{i\cdot}^2-\frac{1}{ar}T_{..}^2 \\ SS_B=\sum_{i=1}^{a}\sum_{j=1}^{r}\hat{\theta}_j^2=\sum_{i=1}^{a}\sum_{j=1}^{r}(\bar{y}_{\cdot j}-\bar{y}_{..})^2=\frac{1}{a}\sum_{i=1}^{a}T_{\cdot j}^2-\frac{1}{ar}T_{..}^2 \\ SS_e=\sum_{i=1}^{a}\sum_{j=1}^{r}\hat{\varepsilon}_{ij}^2=\sum_{i=1}^{a}\sum_{j=1}^{r}(y_{ij}-\bar{y}_{i\cdot}-\bar{y}_{\cdot j}+\bar{y}_{..})^2 \\ \quad=\sum_{i=1}^{a}\sum_{j=1}^{r}y_{ij}^2-\frac{1}{r}\sum_{i=1}^{a}T_{i\cdot}^2-\frac{1}{a}\sum_{i=1}^{a}T_{\cdot j}^2+\frac{1}{ar}T_{..}^2 \end{cases} \tag{1.3.77}$$

各平方和的自由度分别为

$$f_T=ar-1 \qquad f_A=a-1 \qquad f_B=r-1 \qquad f_e=(a-1)(r-1) \tag{1.3.78}$$

而且满足

$$\begin{cases} SS_T=SS_A+SS_B+SS_e \\ f_T=f_A+f_B+f_e \end{cases} \tag{1.3.79}$$

平方和SS_A、SS_B和SS_e分别除以相应的自由度得各均方MS_A、MS_B和MS_e. 在$H_0: K_A^2=0$、$H_0: K_B^2=0$或$H_0: \sigma_A^2=0$、$H_0: \sigma_B^2=0$等成立时，可证SS_A、SS_B和SS_e相互独立且有

$$\frac{SS_A}{\sigma_e^2}\sim\chi^2(a-1) \qquad \frac{SS_B}{\sigma_e^2}\sim\chi^2(r-1) \qquad \frac{SS_e}{\sigma_e^2}\sim\chi^2[(a-1)(r-1)] \tag{1.3.80}$$

并由此得到单因素完全随机区组试验的方差分析模式表 1.3.9.

表 1.3.9　单因素完全随机区组试验的方差分析表

变异来源	自由度	SS	MS	期望均方			
				固定模型	随机模型	A固定B随机	A随机B固定
区组间(B)	$r-1$	SS_B	MS_B	$\sigma_e^2+aK_B^2$	$\sigma_e^2+a\sigma_B^2$	$\sigma_e^2+a\sigma_B^2$	$\sigma_e^2+aK_B^2$
处理间(A)	$a-1$	SS_A	MS_A	$\sigma_e^2+rK_A^2$	$\sigma_e^2+r\sigma_A^2$	$\sigma_e^2+rK_A^2$	$\sigma_e^2+r\sigma_A^2$
误差(e)	$(a-1)(r-1)$	SS_e	MS_e	σ_e^2	σ_e^2	σ_e^2	σ_e^2
总变异	$ar-1$	SS_T					

由表 1.3.9 知，在$H_0: K_A^2=0$或$H_0: \sigma_A^2=0$及$H_0: K_B^2=0$或$H_0: \sigma_B^2=0$之下的检验量分别为

$$\begin{cases} F_A=\frac{MS_A}{MS_e}\sim F[a-1,(a-1)(r-1)] \\ F_B=\frac{MS_B}{MS_e}\sim F[r-1,(a-1)(r-1)] \end{cases} \tag{1.3.81}$$

若A随机，在F_A显著时，由 EMS 知，σ_e^2和σ_A^2的估计分别为

$$\hat{\sigma}_e^2=MS_e \qquad \hat{\sigma}_A^2=\frac{1}{r}(MS_A-MS_e) \tag{1.3.82}$$

关于多重比较及有关其他类型处理的方差分析可参阅《试验设计与分析》(袁志发

和周静芋, 2000; 袁志发和贠海燕, 2007).

【例 1.3.4】　为研究某区域大麦品种经济性状的数量遗传规律, 随机抽取 8 个品种, 完全随机区组设计, 重复 4 次. 设该区大麦每株穗数$y \sim N(\mu, \sigma_P^2)$, 试进行方差分析, 估计表型、遗传和环境方差, 并简单分析.

经估计$\hat{\mu} = \bar{x}_{..} = 42.51$(穗/株), 方差分析如表 1.3.10 所示.

表 1.3.10　8 个大麦品种每株穗数的方差分析

变异来源	自由度	SS	MS	F	F_α	EMS
区组间(B)	3	109.22	36.41	2.64	$F_{0.05}(3,21) = 3.07$	$\sigma_e^2 + a\sigma_R^2$
处理间(A)	7	1023.99	146.28	10.60	$F_{0.01}(7,21) = 3.65$	$\sigma_e^2 + r\sigma_g^2$
误差(e)	21	289.75	13.80			σ_e^2
总变异	31	1422.96				

表 1.3.10 表明, 区组不显著, 品种间极显著, 据期望均方估计环境方差σ_e^2、遗传方差σ_g^2、表型方差σ_P^2分别为

$$\hat{\sigma}_e^2 = \mathrm{MS}_e = 13.80$$
$$\hat{\sigma}_g^2 = \frac{1}{r}(\mathrm{MS}_A - \mathrm{MS}_e) = \frac{1}{4}(146.28 - 13.80) = 33.12$$
$$\hat{\sigma}_P^2 = \hat{\sigma}_g^2 + \hat{\sigma}_e^2 = 46.92$$

以小区为单位的广义遗传力为

$$\hat{h}_B^2 = \frac{\hat{\sigma}_g^2}{\hat{\sigma}_P^2} = \frac{33.12}{46.92} = 70.6\%$$

遗传变异系数为

$$\mathrm{GCV} = \frac{\hat{\sigma}_g}{\bar{x}_{..}} = \frac{5.75}{42.51} = 13.54\%$$

分析结果表明, 该区域大麦品种每株穗数的遗传力较高, 变异系数较大, 在品种改良上有较大潜力.

h_B^2反映了遗传和环境对性状影响的相对重要性, 它是品种间不同观察值y_{ij}和y_{it}间的组内相关系数, $y_{ij} = \mu + \alpha_i + \theta_j + \varepsilon_{ij}$, $y_{it} = \mu + \alpha_i + \theta_t + \varepsilon_{it}$, 则有

$$V(y_{ij}) = V(y_{it}) = \sigma_P^2 = \sigma_g^2 + \sigma_e^2 \qquad \mathrm{Cov}(y_{ij}, y_{it}) = \mathrm{Cov}(\alpha_i, \alpha_i) = \sigma_g^2$$

故组内相关系数为

$$t = \rho_{y_{ij}y_{it}} = \frac{\mathrm{Cov}(y_{ij}, y_{it})}{\sqrt{V(y_{ij})V(y_{it})}} = \frac{\sigma_g^2}{\sigma_g^2 + \sigma_e^2} = h_B^2 \tag{1.3.83}$$

因此, 利用遗传设计试验的方差分析方法估计h_B^2的方法, 也称为组内相关法.

第 2 章　近交与随机交配群体的遗传分析

在经典数量遗传学发展中，以 Mather 和 Jinks 为代表的伯明翰学派着重研究纯系亲本间杂交后代的遗传变异，以世代平均数的分析来检测遗传模型和基因效应. 以 Kempthorne 等为代表的北美学派则着重研究随机交配群体的遗传变异，从遗传方差的分析来检测遗传模型及各种基因效应的相对重要性. 两个学派各自发展了一套遗传交配设计检测遗传模型的方法，并相互吸收另一方的思想，两个学派的理论相结合形成了经典数量遗传学的理论体系. 因而数量遗传的信息，在近交群体来自品系间杂交，在随机交配群体来自亲属间的相关测定. 本章介绍近交、随机交配群体的遗传变异分析.

2.1　基因型与环境

2.1.1　表现型值与基因型值

经典数量遗传学是微效多基因假说与统计学相结合而发展起来的理论遗传学. 如第 1 章所述，孟德尔在其遗传因子假说之下，在他的豌豆杂交试验中给出了后代基因型及其比例，提出并验证了经典遗传学中的分离定律和自由组合定律；在数量性状研究中，约翰森于 1903 年据其菜豆遗传试验提出了纯系学说，区分了表现型值(phenotypic value)和基因型值(genotypic value)，并认为表现型是基因型和环境共同作用的结果. 通过他的试验认为：表现型值是个体性状的实际观测值，而基因型值是在同一环境下一大群基因型相同个体观察值的平均值. 如果用P和G分别表示表现型值和基因型值，则二者在同一环境下的差异为环境离差 E，由此给出了约翰森意义下的微效多基因数量性状遗传数学模型

$$P = G + E \tag{2.1.1}$$

环境离差 E 表示在同一环境条件下生育的具有同样基因型个体间的差异，没有系统误差的影响. 环境离差 E 既反映了试验条件的随机影响，又反映了个体发育中的随机变异，即 E 反映了同一大环境下具有同样基因型个体间内、外的随机变异. 无论 E 的来源如何，均可看作期望值为零的随机误差. 在最简单的情况下，E 的分布对所有基因型都是相同的，即结合多基因假说，可认为或假定$E \sim N(0, \sigma_e^2)$，σ_e^2称为环境方差.

如果群体中各基因型的分布频率不一样，则 G 为随机变量，随基因型频率分布变化而变化.

G 和 E 的关系有以下两种.

1) G 和 E 相互独立

如果$E \sim N(0, \sigma_e^2)$对所有基因型都相同的情况下，则 G 和 E 互不相关，是相互独立的，这时式(2.1.1)变为

$$\begin{cases} P = G + E \\ P \sim N(\mu, \sigma_P^2), G \sim N(\mu, \sigma_g^2), E \sim N(0, \sigma_e^2) \\ \sigma_P^2 = \sigma_g^2 + \sigma_e^2 \end{cases} \tag{2.1.2}$$

其中，σ_P^2、σ_g^2分别称为表型方差和遗传方差. 式(2.1.2)可写成

$$\begin{cases} P = \mu + g + e \\ P \sim N(\mu, \sigma_P^2),\ g \sim N(0, \sigma_g^2),\ e \sim N(0, \sigma_e^2) \\ \sigma_P^2 = \sigma_g^2 + \sigma_e^2 \end{cases} \tag{2.1.3}$$

其中，g为遗传型效应，即$G = \mu + g$.

2) G 和 E 不独立

如果 E 的分布因基因型而不同，则 G 和 E 不独立. 如 Lerner(1954, 1958)经试验认为，来自正常随机交配种的近交品系，其环境方差增大，因为纯合体对环境的缓冲作用低于杂合体，即近交系在一些情况下比它们的 F_1 代具有较高的方差. 在这种情况下，式(2.1.1)变为

$$\begin{cases} P = \mu + g + e \\ P \sim N(\mu, \sigma_P^2), g \sim N(0, \sigma_g^2), e \sim N(0, \sigma_e^2) \\ \sigma_P^2 = \sigma_g^2 + \sigma_e^2 + 2\mathrm{Cov}(g, e) \end{cases} \tag{2.1.4}$$

作为 G 和 E 决定 P 的二因子完全线性分解式为

$$P = G + E + G \times E \quad 或 \quad P = \mu + g + e + g \times e \tag{2.1.5}$$

其中，$g \times e$称为基因型-环境互作，服从$N(0, \sigma_{g\times e}^2)$.

假设一个数量性状群体中有m个基因型$G_1, G_2, \cdots, G_m$，处于k个不同的环境$E_1, E_2, \cdots, E_k$.各基因型在不同环境中的表现值为$P_{ij}, i = 1, 2, \cdots, m, j = 1, 2, \cdots, k$. 令

$$\bar{P}_{i\cdot} = \frac{1}{k}\sum_j P_{ij} \qquad \bar{P}_{\cdot j} = \frac{1}{m}\sum_i P_{ij} \qquad \bar{P}_{\cdot\cdot} = \frac{1}{mk}\sum_i\sum_j P_{ij} \tag{2.1.6}$$

则$P_{ij} = \mu + g_i + e_j + (g \times e)_{ij}$中各参数的估计为

$$\begin{cases} \hat{\mu} = \bar{P}_{\cdot\cdot} \qquad \hat{g}_i = \bar{P}_{i\cdot} - \bar{P}_{\cdot\cdot} \qquad \hat{e}_j = \bar{P}_{\cdot j} - \bar{P}_{\cdot\cdot} \\ (g \hat{\times} e)_{ij} = P_{ij} - \bar{P}_{i\cdot} - \bar{P}_{\cdot j} + \bar{P}_{\cdot\cdot} \end{cases} \tag{2.1.7}$$

这时P_{ij}可表示为

$$\begin{aligned} P_{ij} &= \hat{\mu} + \hat{g}_i + \hat{e}_j + (g \hat{\times} e)_{ij} \\ &= \bar{P}_{\cdot\cdot} + (\bar{P}_{i\cdot} - \bar{P}_{\cdot\cdot}) + (\bar{P}_{\cdot j} - \bar{P}_{\cdot\cdot}) + (P_{ij} - \bar{P}_{i\cdot} - \bar{P}_{\cdot j} + \bar{P}_{\cdot\cdot}) \end{aligned} \tag{2.1.8}$$

2.1.2　基因型与环境互作的方差分析

式(2.1.5)及其参数估计式(2.1.7)体现了 Fisher 的试验设计及其方差分析思想. 用它可建立$P = G + E$中估计$g \times e$的方差分析模型. 例如，可用多个品种的多年多地试验的方差分析模型来估计基因型和环境互作. 设数量性状x在第i个品种第j个地点第k个年份

的第l个区组的观察值的方差分析模型为

$$x_{ijkl} = \mu + v_i + u_j + w_k + (vu)_{ij} + (vw)_{ik} + (uw)_{jk} + (vuw)_{ijk} + \varepsilon_{ijkl} \quad (2.1.9)$$

其中，品种主效应为$v_i, i = 1, 2, \cdots, v$；地点主效应为$u_j, j = 1, 2, \cdots, u$；年份主效应为$w_k, k = 1, 2, \cdots, w$；vu、vw、uw表示一阶互作，vuw表示二阶互作，通常假定v、u、w均为随机的，其方差分析模型如表 2.1.1 所示.

表 2.1.1 品种、年份和地点互作方差分析模型(地点内设区组，r次重复)

变异来源	自由度	期望均方
品种	$v-1$	$\sigma_e^2 + r\sigma_{v\times u\times w}^2 + rw\sigma_{v\times u}^2 + ru\sigma_{v\times w}^2 + uwr\sigma_v^2$
地点	$u-1$	$\sigma_e^2 + r\sigma_{v\times u\times w}^2 + rv\sigma_{u\times w}^2 + rw\sigma_{v\times u}^2 + vwr\sigma_u^2$
年份	$w-1$	$\sigma_e^2 + r\sigma_{v\times u\times w}^2 + rv\sigma_{u\times w}^2 + ru\sigma_{v\times w}^2 + uvr\sigma_w^2$
品种×地点	$(v-1)(u-1)$	$\sigma_e^2 + r\sigma_{v\times u\times w}^2 + rw\sigma_{v\times u}^2$
品种×年份	$(v-1)(w-1)$	$\sigma_e^2 + r\sigma_{v\times u\times w}^2 + ru\sigma_{v\times w}^2$
地点×年份	$(u-1)(w-1)$	$\sigma_e^2 + r\sigma_{v\times u\times w}^2 + rv\sigma_{u\times w}^2$
品种×地点×年份	$(v-1)(u-1)(w-1)$	$\sigma_e^2 + r\sigma_{v\times u\times w}^2$
随机误差	$vuw(r-1)$	σ_e^2

表 2.1.2 列出了 4 个试验中基因型和基因型×环境的方差估计.

表 2.1.2 基因型和环境互作方差估计

	棉花(1)衣分产量	烟草(2)产量	绵羊(3)羊毛产量	大麦(4)产量
σ_v^2	0.028	40719	1.701	15.02
$\sigma_{v\times u}^2$	0.002	100	0.045	0.02
$\sigma_{v\times w}^2$	0.001	1990	0	3.99*
$\sigma_{v\times u\times w}^2$	0.016*	7002*	0.074	15.97*
σ_e^2	0.063	20913	0.829	42.78

注: * 0.05 水平上的显著

(1)北卡罗来纳州的 9 个地方 3 年 15 个品种(Miller, et al., 1959)

(2)5 个地方 3 年 7 个品种(Jones, et al., 1960)

(3)澳大利亚 3 个地方 4 年 5 个品种的美利奴羊(Dunlop, 1962)

(4)明尼苏达州 9 个地方 4 年 6 个品种(Rasmusson 和 Lambert, 1961)

利用多年、多地、多品种试验，还可分析品种的稳产性和丰产性等. 有关方差分析内容可参阅《试验设计与分析》(袁志发和周静芋, 2000; 袁志发和贠海燕, 2007)及有关著作.

在后面的章节中，如不特殊说明，则认为G与E相互独立.

2.2 基因型值分解、基因的平均效应和育种值

2.2.1 基因型值的分解

按照微效多基因假说，数量性状由k对等位基因(A_i, a_i)决定，不分正反交，有3^k种基因型. 因而，基因型值G是基因型r的函数，即$G = G(r)$. 1918 年，Fisher 按照多因素试验

变异来源的析因思想，把G分解为基因型r中各基因的主效应之和(加性效应，$[d]$)与各位点(A_i, a_i)内基因互作效应之和(显性效应，$[h]$)的线性可加式，给出了数量性状遗传的加性-显性模型. 1952 年，他又在加性-显性模型的基础上加了各位点间互作效应之和(上位效应，$[i]$)，给出了加性-显性-上位性模型. 这些模型对数量性状在微效多基因假说之下的遗传进行了完美的统计学刻画，更符合动植物育种的实践，下面进行介绍.

1. 一对等位基因群体基因型值的分解

设数量性状x由一对等位基因(A, a)决定，则在二倍体群体中，可能的基因型r有AA、Aa和aa三种. 若A、a分别为增效、减效基因，则在各纯合基因型值平均值(中值)

$$m = \frac{1}{2}[G(AA) + G(aa)] \tag{2.2.1}$$

为参照体之下，三种基因型值可表示为图 2.2.1，图中x尺度为绝对尺度，$(x - m)$尺度为相对尺度.

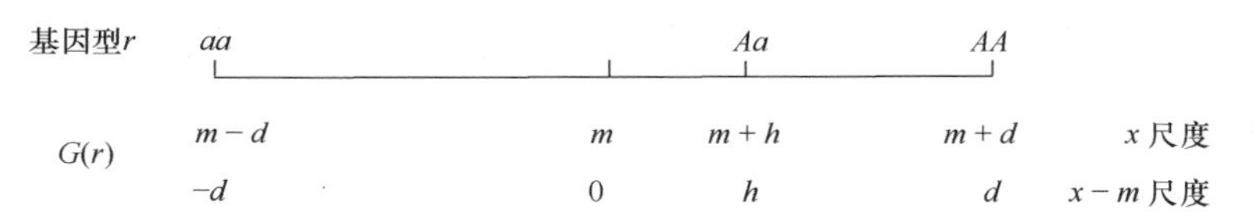

图 2.2.1　一对等位基因的基因型值分解

基因型值$G(r)$分解的理论基础是：基因型r是由双亲配子随机结合而成的. 基于此，一对等位基因(A, a)群体的双亲配子只有两种，一种携带基因A，另一种携带基因a. 在m基础上，两种配子的主效应分别为$d/2$和$-d/2$，则在线性可加的原则下，$G(AA) = d$，$G(aa) = -d$. 对于Aa，除了各基因的主效应之外，还存在位点内互作效应(显性效应，h)，即$G(Aa) = h, h$可正可负. 这样就得到图 2.2.1 中各基因型值的分解通式

$$G = m + d + h \tag{2.2.2}$$

这种分解是基于各基因型中所携带基因的主效应及位点内互作效应(纯合基因型AA、aa无位点内互作，只有杂合基因型Aa才有位点内互作)按线性可加模型进行的，而且分解是完全的或正交的，即d和h相互独立.

对于群体中任一个体表现型值 P 的通式为$P = G + e, e$为环境效应. 如果G、e相互独立，则相应的加性-显性模型为

$$P = m + d + h + e \qquad \sigma_P^2 = \sigma_d^2 + \sigma_h^2 + \sigma_e^2 \tag{2.2.3}$$

其中，m为常数，$d \sim N(0, \sigma_d^2), h \sim N(0, \sigma_h^2), e \sim N(0, \sigma_e^2)$. σ_d^2和σ_h^2分别为加性、显性遗传方差. 比较式(2.1.3)和式(2.2.3)，有两点值得注意：①$\mu + g = m + d + h$; ②$\sigma_g^2 = \sigma_d^2 + \sigma_h^2$(实现遗传方差$\sigma_g^2$的分解). 其中，$\sigma_d^2$属累加效应引起的，可传给后代，而$\sigma_h^2$是不能传代的，因为$Aa$在传代中是要分离的. 总的原则是：世代间连续的是基因，而不是基因型.

2. 两对等位基因群体基因型值的分解

设数量性状x由两对等位基因(A_1, a_1)和(A_2, a_2)决定，则在二倍体群体中x的可能基

因型r有 9 种, 分为三类:

(1) $A_1A_1A_2A_2$　$A_1A_1a_2a_2$　$a_1a_1A_2A_2$　$a_1a_1a_2a_2$

(2) $A_1A_1A_2a_2$　$a_1a_1A_2a_2$　$A_1a_1A_2A_2$　$A_1a_1a_2a_2$

(3) $A_1a_1A_2a_2$

在各纯合基因型值平均值(中值)

$$m = \frac{1}{4}[G(A_1A_1A_2A_2) + G(A_1A_1a_2a_2) + G(a_1a_1A_2A_2) + G(a_1a_1a_2a_2)] \tag{2.2.4}$$

基础上, 若位点(A_1, a_1)各基因型A_1A_1、A_1a_1和a_1a_1在m基础上对两对基因群体基因型的贡献分别为d_1、h_1和$-d_1$, 同理A_2A_2、A_2a_2和a_2a_2的贡献分别为d_2、h_2和$-d_2$, 其中d、h分别表示加性和显性, 则上述 9 种基因型值在线性可加模式之下, 不但与各位点上的加性、显性有关, 而且与两个位点间的互作有关, 即各基因型值除了各有关位点的d、h贡献外, 还应加上位点间的互作.

定义2.2.1　两个位点纯合型间的互作称为加性×加性互作, 记为dd; 一个位点的纯合型与另一个位点的杂合型间的互作称为加性×显性互作, 记为dh; 两个位点的杂合型间的互作称为显性×显性互作, 记为hh. 三种位点间的互作均为上位性互作$[i]$的组分, 且$[i] = dd + dh + hh$.

据上述定义, 上述 9 种基因型值均可以按可加性模型予以分解. 例如

$$G(A_1A_1A_2A_2) = m + (d_1 + d_2) + dd_{12}$$
$$G(A_1A_1A_2a_2) = m + d_1 + h_2 + dh_{12}$$
$$G(a_1a_1A_2a_2) = m - d_1 + h_2 - dh_{12}$$
$$G(A_1a_1a_2a_2) = m + h_1 - d_2 - dh_{21}$$
$$G(A_1a_1A_2a_2) = m + (h_1 + h_2) + hh_{12}$$

其中, $dd_{ij} = d_id_j$和$hh_{ij} = h_ih_j$, 要求$i < j$; 而dh_{ij}要求$i \neq j$, 前面为d_i, 后面为h_j. 可见, 各基因型值中除m外, 两个位点加性效应之和可记为$[d]$, 显性效应之和记为$[h]$, 各上位性效应不分正负号可记为$[dd]$、$[dh]$和$[hh]$, 则两个位点群体的基因型值分解通式可表示为

$$G = m + [d] + [h] + [dd] + [dh] + [hh] = m + [d] + [h] + [i] \tag{2.2.5}$$

这种分解方法可推广到多对基因决定的数量性状基因型值的完全的或正交的分解通式

$$\begin{aligned} G &= m + [d] + [h] + [dd] + [dh] + [hh] + [ddd] + [ddh] + \cdots \\ &= m + [d] + [h] + [i] \end{aligned} \tag{2.2.6}$$

这样就得到数量性状的加性-显性-上位模型

$$P = m + [d] + [h] + [i] + e \tag{2.2.7}$$

其中, e为环境效应, $[d] \sim N(0, \sigma_d^2), [h] \sim N(0, \sigma_h^2), [i] \sim N(0, \sigma_i^2), \sigma_i^2$称为上位性遗传方差. 若$G$和$e$相互独立, 则

$$\sigma_P^2 = \sigma_d^2 + \sigma_h^2 + \sigma_i^2 + \sigma_e^2 \qquad \sigma_i^2 = \sigma_{dd}^2 + \sigma_{dh}^2 + \sigma_{hh}^2 + \cdots \tag{2.2.8}$$

2.2.2　平衡群体中基因的效应

假定环境条件是恒定的, 且基因型值与环境相互独立, 得到数量性状的加性遗传模型、加性-显性遗传模型和加性-显性-上位遗传模型. 如何用遗传模型在育种意义之下探

索数量性状群体的世代传递规律呢？首先，一个个体的基因型是不能传递的，只有基因是世代传递的. 因而，数量性状在世代传递中必须有一个以个体基因型中基因为依据的数量指标传递给它的后代，这个指标就是个体的“育种值”. 品种的改良会使原来的群体平均水平提高，而个体的育种值表现是通过它与其所在群体中随机抽取的个体进行交配所产生的子代平均来体现的，因而个体的育种值是与其基因型有关的一个群体概念. 为了建立育种值的概念，必须了解一个基因在群体中的有关效应. 为了体现品种改良，通过随机交配平衡群体(群体平均世代不变)的加性-显性遗传模型分析来叙述基因在群体中的有关效应.

1. 基因的平均效应

假设群体为一个位点的 Hardy-Weinberg 平衡群体

$$(AA, Aa, aa) = (p^2, 2pq, q^2) \qquad (A, a) = (p, q) \tag{2.2.9}$$

据加性-显性遗传模型，在绝对x尺度上，基因型值的分布及均值为

$$\begin{cases}(m+d, m+h, m-d) = (p^2, 2pq, q^2) \\ \mu = m + (p-q)d + 2pqh = m + v\end{cases} \tag{2.2.10}$$

在$(x-m)$尺度上有

$$\begin{cases}(d, h, -d) = (p^2, 2pq, q^2) \\ \mu_{x-m} = (p-q)d + 2pqh = v\end{cases} \tag{2.2.11}$$

下面将在$(x-m)$尺度上研究有关基因的平均效应.

(1) 基因A的平均效应α_1. 平衡群体配子库所携带的基因库为$pA+qa$，让携带A的配子与它们随机结合产生基因A的群体$pAA+qAa$，其平均值为$\mu_A = pd + qh$，则基因A在平衡群体中的平均效应定义为

$$\alpha_1 = \mu_A - v = q[d + (q-p)h] \tag{2.2.12}$$

(2) 基因a的平均效应α_2. 让携带a的配子与$pA+qa$随机结合产生了基因a的群体$pAa+qaa$，其平均值为$\mu_a = ph - qd$，则基因a在平衡群体中的平均效应定义为

$$\alpha_2 = \mu_a - v = -p[d + (q-p)h] \tag{2.2.13}$$

2. 基因替代的平均效应

在群体$(AA, Aa, aa) = (p^2, 2pq, q^2)$中的每一个基因型中，随机地用$A$替代一个$a$，这种替代能引起基因型变化的有两种情况：$Aa$用$A$替代$a$变为$AA$，基因型值的变化为$d-h$; aa用A随机替代一个 a 变为Aa，基因型值的变化为$h-(-d) = d+h$. 发生替代的Aa和aa中，a被替代的比例为

$$2pq : 2q^2 = \frac{2pq}{2pq+2q^2} : \frac{2q^2}{2pq+2q^2} = p : q \tag{2.2.14}$$

因而用A随机替代基因型中一个a引起的基因型值变化的分布及其平均值为

$$\begin{cases}(d-h, d+h) = (p, q) \\ \alpha = p(d-h) + q(d+h) = d + (q-p)h\end{cases} \tag{2.2.15}$$

α称为基因A随机替代a的平均效应. 比较α_1、α_2和α有

$$\alpha = \alpha_1 - \alpha_2 \qquad \alpha_1 = q\alpha \qquad \alpha_2 = -p\alpha \tag{2.2.16}$$

2.2.3　平衡群体中个体的育种值和育种效应

平衡群体$(AA, Aa, aa) = (p^2, 2pq, q^2)$中个体育种值用$A$表示. A的定义有两种, 一种是实用的, 一种是理论的.

在实践中, 人们只知道个体繁育后代的平均值和群体的平均值, 而无法度量个体基因型中各个基因的平均效应, 因而用绝对尺度定义的实用育种值为

$$\begin{aligned} A &= \text{个体育种效应} + \text{群体平均值} \\ &= 2(\text{子代平均值} - \text{群体平均值}) + \text{群体平均值} \end{aligned} \tag{2.2.17}$$

育种值效应用个体后代的平均值与群体平均值之差的两倍来表示, 这是因为个体作为亲本仅提供了一半基因, 另一半基因来自与它交配的配偶所属的群体.

理论上, 如果一个数量性状由k对等位基因(A_i, a_i)决定, 个体基因型在每一个位点上有两个基因, 其平均效应分别为α_{i1}和α_{i2}, 则个体的育种效应在绝对尺度和相对尺度的表示分别为

$$A - \mu = \sum_{i=1}^{k}(\alpha_{i1} + \alpha_{i2}) \qquad A - v = \sum_{i=1}^{k}(\alpha_{i1} + \alpha_{i2}) \tag{2.2.18}$$

个体育种值和育种效应是个体和它的配偶所属群体的一种特性. 如果一个个体没有指定它要交配的群体, 就不能谈及它的育种值和育种效应.

由于基因的效应和个体的育种值是由平衡群体定义的, 因而对平衡群体式(2.2.9)来讲, 在绝对尺度上各个体育种值的平均值$\bar{A}$等于μ, 在相对尺度上$\bar{A}$等于v. 事实上, 在绝对尺度上, AA、Aa和aa的育种值分别为

$$\mu + 2\alpha_1 = \mu + 2q\alpha \qquad \mu + \alpha_1 + \alpha_2 = \mu + (q-p)\alpha \qquad \mu + 2\alpha_2 = \mu - 2p\alpha$$

其频率分别为p^2、$2pq$和q^2, 故

$$\bar{A} = p^2 \times (\mu + 2q\alpha) + 2pq \times [\mu + (q-p)\alpha] + q^2 \times (\mu - 2p\alpha) = \mu$$

说明育种效应的平均值为零.

育种值表示从亲本传递到后代的值, 但后代遗传每一个亲本的两个等位基因不同, 使相同亲本的不同后代育种值有所不同. 但由统计理论可知: 任何个体育种值的期望值是双亲育种值的平均值, 即

$$E(A_{\mathrm{o}}) = \frac{1}{2}[E(A_{\mathrm{m}}) + E(A_{\mathrm{f}})]$$

其中, 下标o、m、f分别代表后代、雄性亲本和雌性亲本.

育种值的实用和理论两种定义是不等的, 其区别将在后面讲述, 后面讲述的内容中所涉及的育种值概念均是理论意义上的育种值.

2.2.4　育种值和基因型值的关系

数量性状的基因型值G不能完全传给后代, 而育种值A能传给后代, 育种值A是用基因的平均效应定义的, 基因平均效应是以基因型的加性效应d、显性效应h及基因频率为权重累加值来定义的. 因而, A仅为基因型值G中的基因累加效应部分, 而不包括G

中的非累加效应或剩余效应$(G-A)$. 下面在相对尺度下研究平衡群体$(AA,Aa,aa)=(p^2,2pq,q^2)$中剩余效应的具体内涵, 进而表述基因型值与育种值的关系. 具体情况如表 2.2.1 所示.

表 2.2.1　基因型值、育种值和显性偏差

基因型	AA	Aa	aa	平均值
基因型频率	p^2	$2pq$	q^2	
有利基因个数x	2	1	0	$2p$
基因型值$y(G)$	d	h	$-d$	$v=(p-q)d+2pqh$
基因型效应$(y-v)$	$2q(\alpha-qh)$	$(q-p)\alpha+2pqh$	$-2p(\alpha+ph)$	0
育种值$A=\hat{y}$	$v+2q\alpha$	$v+(q-p)\alpha$	$v-2p\alpha$	v
育种效应$(A-v)=\hat{y}-v$	$2q\alpha$	$(q-p)\alpha$	$-2p\alpha$	0
显性偏差$D=y-A=y-\hat{y}$	$-2q^2h$	$2pqh$	$-2p^2h$	0

表 2.2.1 从逻辑上论述了数量性状遗传模型有关育种分析的几个问题.

(1)在加性-显性模型下, 仅有育种值可以传代, 因而必须把模型改变成以育种值和非育种值为组分的形式. 由表可看出

$$y(\text{基因型值}G)=A+D \tag{2.2.19}$$

为此, 必须证明以下两个问题.

①育种效应$(A-v)$与D相互独立. 由表 2.2.1 可知, 二者均值均为0, 故有

$$\mathrm{Cov}(A-v,D)=p^2(2q\alpha)(-2q^2h)+2pq(q-p)\alpha(2pqh)+q^2(-2p\alpha)(-2p^2h)=0$$

即二者相互独立.

②y关于有利基因个数x的回归$\hat{y}=A$.由表 2.2.1 知

$$\bar{x}=2p \qquad \bar{y}=v=(p-q)d+2pqh$$

$$\sigma_x^2=2^2\times p^2+2pq-\bar{x}^2=2pq$$

$$\sigma_y^2=\sigma_{y-v}^2=\sigma_g^2=p^2[2q(\alpha-qh)]^2+2pq[(q-p)\alpha+2pqh]^2+q^2[-2p(\alpha+ph)]^2$$

由于上式三个括号内均为各基因型的育种效应与显性偏差之和, 并由①知二者相互独立, 故

$$\begin{aligned}\sigma_y^2=\sigma_g^2&=\{p^2(2q\alpha)^2+2pq[(q-p)\alpha]^2+q^2(-2p\alpha)^2\}\\&\quad+[p^2(-2q^2h)^2+2pq(2pqh)^2+q^2(-2p^2h)^2]\\&=2pq\alpha^2+(2pqh)^2=\sigma_A^2+\sigma_h^2=\sigma_d^2+\sigma_h^2\end{aligned} \tag{2.2.20}$$

其中, $\sigma_d^2=2pq\alpha^2$为育种值方差, $\sigma_h^2=(2pqh)^2$为显性离差方差.又

$$\mathrm{Cov}(x,y)=2dp^2+2pqh-\bar{x}\bar{y}=2dp^2+2pqh-2pv=2pq\alpha \tag{2.2.21}$$

若$\hat{y}=b_0+bx$, 则由直线回归方程的参数估计有

$$b=\frac{\mathrm{Cov}(x,y)}{\sigma_x^2}=\frac{2pq\alpha}{2pq}=\alpha \qquad b_0=\bar{y}-b\bar{x}=v-2p\alpha$$

则

$$\hat{y}=b_0+bx=v+\alpha(x-2p) \tag{2.2.22}$$

即$\hat{y}=A$. 事实上

$$\hat{y}|_{AA}=\hat{y}|_{x=2}=v+2q\alpha,\ \hat{y}|_{Aa}=\hat{y}|_{x=1}=v+(q-p)\alpha,\ \hat{y}|_{aa}=\hat{y}|_{x=0}=v-2p\alpha$$

由①、②可知$G=A+D$，且A、D相互独立．因而加性-显性模型可改写为

$$P=G+e=m+d+h+e=A+D+e \tag{2.2.23}$$

关于式(2.2.20)的$\sigma_g^2=\sigma_d^2+\sigma_h^2$推导比较烦琐，按直线回归则较简单.据直线回归的最小二乘估计正则方程组期望值

$$b\sigma_x^2=\mathrm{Cov}(x,y)$$

则回归方差(回归平方和的期望)为

$$\sigma_{\hat{y}}^2=\sigma_A^2=\sigma_d^2=b\mathrm{Cov}(x,y)=\alpha(2pq\alpha)=2pq\alpha^2 \tag{2.2.24}$$

而回归剩余方差期望值为

$$\sigma_e^2=\sigma_y^2-\sigma_{\hat{y}}^2=\sigma_g^2-\sigma_d^2=\sigma_h^2 \tag{2.2.25}$$

式(2.2.23)可以推广到加性-显性-上位模型

$$\begin{aligned}P&=G+e=m+[d]+[h]+[i]+e\\&=A+D+I+e\end{aligned} \tag{2.2.26}$$

其中，I为上位偏差，且可证明A、D、I相互独立，而且仅有A(累加性效应)才能传给下一代，而非累加性效应D和I是不能传代的．进一步，令$R=D+I+e$为剩余效应，则

$$P=A+R \tag{2.2.27}$$

R是不能传代的.

(2)育种值两种定义的区别．两种定义不等同，这是因为理论定义中仅包含基因的累加性效应，而实用定义中仅用个体子代平均值和群体平均值来定义的，不能排除非累加性效应D和I.

2.3　近交群体数量性状的世代均数分析

双亲本杂交类型遗传设计是 Mather 于 1949 年提出的，它一般采用两个纯合体亲本P_1和P_2进行杂交，得杂种一代F_1，然后连续自交得F_2、F_3、F_4等后代．具有不同性别的物种可以连续进行同胞交配，以获得连续世代．例如，F_1代的个体均为全同胞，F_1代个体间随机交配产生S_2代(和F_2具有同样的遗传结构)，S_2代个体间随机交配(在遗传上等于全同胞交配)得S_3代，S_3代的全同胞间随机交配得S_4代等．回交B_1源自$F_1\times P_1$，回交B_2源自$F_1\times P_2$．这些回交世代可进行自交或与亲本再次回交(如$B_1\times P_1$等)．将F_2回交可得$F_2\times P_1$、$F_2\times P_2$和$F_2\times F_1$等．这类试验的目的是从不同世代的平均数和方差探讨这些世代遵循什么样的遗传模型等，这些内容构成了近交群体数量性状的世代均数分析和方差分析，体现了伯明翰学派对数量性状遗传研究的特点，即数量性状遗传的信息在近交群体来自品系间杂交.

2.3.1　世代平均数的遗传组成(期望组分)

双亲本杂交产生了各种世代：P_1,P_2；F_1,F_2，…；B_1,B_2，…；S_1,S_2，…，在加性-显性-上位模型中，各世代均数的期望值是多少呢？下面进行推导.

1. 集中式杂交

设数量性状由常染色体上的N对等位基因(A_i,a_i)决定，$i=1,2,\cdots,N$，无连锁. 大亲P_1和小亲P_2的基因型分别为$A_1A_1A_2A_2\cdots A_NA_N$和$a_1a_1a_2a_2\cdots a_Na_N$，则称$P_1\times P_2$为集中式杂交. 在无连锁假定下，位点间相互独立，在任一世代中，位点(A_i,a_i)中的基因型分布均为$(a_ia_i,A_ia_i,A_iA_i)=(p_0,p_1,p_2)$；令$Z_i$为各基因型中$A_i$的个数，则$Z_i=0,1,2$，其概率分别为$p_0$、$p_1$和$p_2,i=1,2,\cdots,N$. 在这种情况下，任一世代中个体的基因型可以用向量$\boldsymbol{Z}=(Z_1,Z_2,\cdots,Z_N)$表示，则其基因型值为$G(\boldsymbol{Z})$.

在基因型完全的分离世代中，有2^N个纯合基因型，其基因型值的平均值为m(中值). 如何在加性-显性-上位模型之下用Z_i、d_i、h_i等表示$G(\boldsymbol{Z})$呢？当 N=2 时，其基因型值分解如表 2.3.1 所示.

表 2.3.1　两对基因群体的基因型值分解

	A_1A_1	A_1a_1	a_1a_1
A_2A_2	$d_1+d_2+dd_{12}$	$h_1+d_2+dh_{21}$	$-d_1+d_2-dd_{12}$
A_2a_2	$d_1+h_2+dh_{12}$	$h_1+h_2+hh_{12}$	$-d_1+h_2-dh_{12}$
a_2a_2	$d_1-d_2-dd_{12}$	$h_1-d_2-dh_{21}$	$-d_1-d_2+dd_{12}$

在表 2.3.1 中，$dd_{ij}=d_id_j,hh_{ij}=h_ih_j$，要求下标$i<j$; $dh_{ij}=d_ih_j$，要求$i\neq j$，既有dh_{12}，亦有dh_{21}. 这种要求和Z_i结合起来可以实现对d_i、h_i等的表示.

(1) 在位点(A_i,a_i)上，d_i、h_i和$-d_i$可表示为

$$(Z_i-1)d_i=\begin{cases}d_i,\ Z_i=2\\0,\ Z_i=1\\-d_i,\ Z_i=0\end{cases}\qquad Z_i(2-Z_i)h_i=\begin{cases}0,\ Z_i=2\\h_i,\ Z_i=1\\0,\ Z_i=0\end{cases}$$

(2) 由于无连锁，(A_i,a_i)和(A_j,a_j)相互独立, 故在$i<j$时，dd_{ij}、hh_{ij}和dh_{ij}由上述结果可表示为

$$\begin{cases}dd_{ij}=d_id_j=(Z_i-1)(Z_j-1)dd_{ij},\ i<j\\hh_{ij}=h_ih_j=Z_i(2-Z_i)Z_j(2-Z_j)hh_{ij},\ i<j\\dh_{ij}=d_ih_j=(Z_i-1)Z_j(2-Z_j)dh_{ij},\ i\neq j\end{cases}$$

将上述结果推广到N个位点，则

$$\begin{aligned}G(\boldsymbol{Z})=m&+\sum_{i=1}^{N}(Z_i-1)d_i+\sum_{i=1}^{N}Z_i(2-Z_i)h_i+\sum_{i<j}(Z_i-1)(Z_j-1)dd_{ij}\\&+\sum_{i\neq j}(Z_i-1)Z_j(2-Z_j)dh_{ij}+\sum_{i<j}Z_i(2-Z_i)Z_j(2-Z_j)hh_{ij}\\&+\sum_{i<j<k}(Z_i-1)(Z_j-1)(Z_k-1)ddd_{ijk}+\cdots\end{aligned}\tag{2.3.1}$$

由式(2.3.1)可求得各世代基因型值的期望值$E[G(\boldsymbol{Z})]$. 由于$Z_i=0,1,2$的概率分别为p_0、p_1和p_2，因而式(2.3.1)中各基因效应系数有如下期望值.

①d_i的系数期望值. (Z_i-1)的取值为-1、0 和 1，概率分别为p_0、p_1和p_2，故$E(Z_i-1)=p_2-p_0$.

②h_i的系数期望值. $Z_i(2-Z_i)$的取值为0、1和0，概率分别为p_0、p_1和p_2，故$E[Z_i(2-Z_i)]=p_1$.

③dd_{ij}、dh_{ij}、hh_{ij}和ddd_{ijk}的系数期望值. 由于各等位基因间相互独立, 故有

$$E[(Z_i-1)(Z_j-1)]=E(Z_i-1)\cdot E(Z_j-1)=(p_2-p_0)^2$$
$$E[(Z_i-1)Z_j(2-Z_j)]=E(Z_i-1)\cdot E[Z_j(2-Z_j)]=p_1(p_2-p_0)$$
$$E[Z_i(2-Z_i)Z_j(2-Z_j)]=E[Z_i(2-Z_i)]\cdot E[Z_j(2-Z_j)]=p_1^2$$
$$E[(Z_i-1)(Z_j-1)(Z_k-1)]=E(Z_i-1)\cdot E(Z_j-1)\cdot E(Z_k-1)=(p_2-p_0)^3$$

故各世代均数的期望值为

$$E[G(\boldsymbol{Z})]=m+(p_2-p_0)[d]+p_1[h]+(p_2-p_0)^2[dd]+p_1(p_2-p_0)[dh]+p_1^2[hh]+(p_2-p_0)^3[ddd]+\cdots \quad (2.3.2)$$

由于基因型中各位点A_iA_i、A_ia_i和a_ia_i的频率均为p_2、p_1和p_0, 故N对等位基因决定的数量性状在各世代中均可简化为$(AA,Aa,aa)=(p_2,p_1,p_0)$, 即据式(2.3.2), 只要知道p_2、p_1和p_0就可求出各世代平均数$\bar{P}$的期望值$E(\bar{P})=E[G(\boldsymbol{Z})]$. 双亲本杂交各世代的均值(期望组分)如表 2.3.2 所示.

表 2.3.2 两个纯合亲本杂交后代均数的期望组分

世代	群体(AA,Aa,aa)			$E(P)=E(G)$组分					
	p_2	p_1	p_0	m	$[d]$	$[h]$	$[dd]$	$[dh]$	$[hh]$
P_1	1	0	0	1	1	0	1	0	0
P_2	0	0	1	1	−1	0	1	0	0
F_1	0	1	0	1	0	1	0	0	1
F_2、S_2、S_3	$\frac{1}{4}$	$\frac{1}{2}$	$\frac{1}{4}$	1	0	$\frac{1}{2}$	0	0	$\frac{1}{4}$
F_3	$\frac{3}{8}$	$\frac{1}{4}$	$\frac{3}{8}$	1	0	$\frac{1}{4}$	0	0	$\frac{1}{16}$
F_4	$\frac{7}{16}$	$\frac{1}{8}$	$\frac{7}{16}$	1	0	$\frac{1}{8}$	0	0	$\frac{1}{64}$
⋮	⋮	⋮	⋮	⋮	⋮	⋮	⋮	⋮	⋮
F_n	$\frac{2^n-1}{2^n}$	$\frac{1}{2^{n-1}}$	$\frac{2^n-1}{2^n}$	1	0	$\frac{1}{2^{n-1}}$	0	0	$\frac{1}{4^{n-1}}$
$B_1(P_1\times F_1)$	$\frac{1}{2}$	$\frac{1}{2}$	0	1	$\frac{1}{2}$	$\frac{1}{2}$	$\frac{1}{4}$	$\frac{1}{4}$	$\frac{1}{4}$
$B_2(P_2\times F_1)$	0	$\frac{1}{2}$	$\frac{1}{2}$	1	$-\frac{1}{2}$	$\frac{1}{2}$	$\frac{1}{4}$	$-\frac{1}{4}$	$\frac{1}{4}$
S_4	$\frac{5}{16}$	$\frac{3}{8}$	$\frac{5}{16}$	1	0	$\frac{3}{8}$	0	0	$\frac{9}{64}$
S_5	$\frac{11}{32}$	$\frac{5}{16}$	$\frac{11}{32}$	1	0	$\frac{5}{16}$	0	0	$\frac{25}{256}$
$B_1\otimes$	$\frac{5}{8}$	$\frac{1}{4}$	$\frac{1}{8}$	1	$\frac{1}{2}$	$\frac{1}{4}$	$\frac{1}{4}$	$\frac{1}{8}$	$\frac{1}{16}$
$B_2\otimes$	$\frac{1}{8}$	$\frac{1}{4}$	$\frac{5}{8}$	1	$-\frac{1}{2}$	$\frac{1}{4}$	$\frac{1}{4}$	$-\frac{1}{8}$	$\frac{1}{16}$
$F_2\times P_1$	$\frac{1}{2}$	$\frac{1}{2}$	0	1	$\frac{1}{2}$	$\frac{1}{2}$	$\frac{1}{4}$	$\frac{1}{4}$	$\frac{1}{4}$
$F_2\times P_2$	0	$\frac{1}{2}$	$\frac{1}{2}$	1	$-\frac{1}{2}$	$\frac{1}{2}$	$\frac{1}{4}$	$-\frac{1}{4}$	$\frac{1}{4}$
$F_2\times F_1$	$\frac{1}{4}$	$\frac{1}{2}$	$\frac{1}{4}$	1	0	$\frac{1}{2}$	0	0	$\frac{1}{4}$

2. 分散式杂交

两个纯合亲本间杂交, 亲本间等位基因的分布一般可大致分为 3 种, 以 4 对等位基

因为例说明:

①$A_1A_1A_2A_2A_3A_3A_4A_4$和$a_1a_1a_2a_2a_3a_3a_4a_4$

②$A_1A_1a_2a_2A_3A_3A_4A_4$和$a_1a_1A_2A_2a_3a_3a_4a_4$

③$A_1A_1a_2a_2A_3A_3a_4a_4$和$a_1a_1A_2A_2a_3a_3A_4A_4$

其中, ①为集中式杂交, ②为部分分散式杂交, ③为分散式杂交.

值得强调的是, 作为两个纯合亲本的杂交, 无论集中式杂交、部分分散式杂交还是分散式杂交, 在无连锁条件下的世代群体均值遗传组成都可用式(2.3.2)或表 2.3.2 表示, 原因是$[d]=\sum_i d_i$, $[h]=\sum_i h_i$, $[dd]=\sum_{i<j} dd_{ij}$, ⋯, 它们都是代数和, 包含各种正负效应值.

例如

$$E[G(a_1a_1a_2a_2)]=m+(-d_1-d_2)+dd_{12}=m-[d]+[dd]$$

其中, $[d]$为(d_1+d_2), $[dd]$为dd_{12}.

又如

$$E[G(A_1A_1a_2a_2)]=m+d_1-d_2-dd_{12}=m+[d]-[dd]$$

其中, $[d]$为d_1-d_2, $[dd]$为dd_{12}.

2.3.2　遗传参数估计与遗传模型检验

表 2.3.2 列出了两个纯合亲本各世代均数在加性-显性-上位模型下的理论组分, 如果在一致环境下取得了不分离世代和若干分离世代随机样本, 得到世代的均值$\bar{X}$和方差S_x^2, 就可以进行世代均数分析.

世代均数分析的目的是检验各世代的遗传模型是否符合加性-显性模型或加性-显性-上位模型等, 并估计相应的遗传学参数m、$[d]$等. 如果符合一定的遗传模型, 则可按它进行遗传分析, 并预期各世代的遗传表现.

1. 遗传参数$[d]$等的初步估计

有了多世代样本资料的均值和方差, 为了方便确定遗传模型, Hyman 和 Mather 用如下 6 个世代对 6 个参数进行了初步估计

$$\begin{cases}\overline{\mathrm{P}}_1=m+[d]+[dd]\\ \overline{\mathrm{P}}_2=m-[d]+[dd]\\ \overline{\mathrm{F}}_1=m+[h]+[hh]\\ \overline{\mathrm{F}}_2=m+\frac{1}{2}[h]+\frac{1}{4}[hh]\\ \overline{\mathrm{B}}_1=m+\frac{1}{2}[d]+\frac{1}{2}[h]+\frac{1}{4}[dd]+\frac{1}{4}[dh]+\frac{1}{4}[hh]\\ \overline{\mathrm{B}}_2=m-\frac{1}{2}[d]+\frac{1}{2}[h]+\frac{1}{4}[dd]-\frac{1}{4}[dh]+\frac{1}{4}[hh]\end{cases}\tag{2.3.3}$$

解之得

$$
\begin{cases}
\hat{m} = \frac{1}{2}\overline{\mathrm{P}}_1 + \frac{1}{2}\overline{\mathrm{P}}_2 + 4\overline{\mathrm{F}}_2 - 2\overline{\mathrm{B}}_1 - 2\overline{\mathrm{B}}_2 \\
[\hat{d}] = \frac{1}{2}\overline{\mathrm{P}}_1 - \frac{1}{2}\overline{\mathrm{P}}_2 \\
[\hat{h}] = -\frac{3}{2}\overline{\mathrm{P}}_1 - \frac{3}{2}\overline{\mathrm{P}}_2 - \overline{\mathrm{F}}_1 - 8\overline{\mathrm{F}}_2 + 6\overline{\mathrm{B}}_1 + 6\overline{\mathrm{B}}_2 \\
[\widehat{dd}] = -4\overline{\mathrm{F}}_2 + 2\overline{\mathrm{B}}_1 + 2\overline{\mathrm{B}}_2 \\
[\widehat{dh}] = -\overline{\mathrm{P}}_1 + \overline{\mathrm{P}}_2 + 2\overline{\mathrm{B}}_1 - 2\overline{\mathrm{B}}_2 \\
[\widehat{hh}] = \overline{\mathrm{P}}_1 + \overline{\mathrm{P}}_2 + 2\overline{\mathrm{F}}_1 - 4\overline{\mathrm{F}}_2 - 4\overline{\mathrm{B}}_1 - 4\overline{\mathrm{B}}_2
\end{cases}
\tag{2.3.4}
$$

各参数估计的方差为

$$
\begin{cases}
S_{\hat{m}}^2 = \frac{1}{4}S_{\overline{\mathrm{P}}_1}^2 + \frac{1}{4}S_{\overline{\mathrm{P}}_2}^2 + 16S_{\overline{\mathrm{F}}_2}^2 + 4S_{\overline{\mathrm{B}}_1}^2 + 4S_{\overline{\mathrm{B}}_2}^2 \\
S_{[\hat{d}]}^2 = \frac{1}{4}S_{\overline{\mathrm{P}}_1}^2 + \frac{1}{4}S_{\overline{\mathrm{P}}_2}^2 \\
S_{[\hat{h}]}^2 = \frac{9}{4}S_{\overline{\mathrm{P}}_1}^2 + \frac{9}{4}S_{\overline{\mathrm{P}}_2}^2 + S_{\overline{\mathrm{F}}_1}^2 + 64S_{\overline{\mathrm{F}}_2}^2 + 36S_{\overline{\mathrm{B}}_1}^2 + 36S_{\overline{\mathrm{B}}_2}^2 \\
S_{[\widehat{dd}]}^2 = 16S_{\overline{\mathrm{F}}_2}^2 + 4S_{\overline{\mathrm{B}}_1}^2 + 4S_{\overline{\mathrm{B}}_2}^2 \\
S_{[\widehat{dh}]}^2 = S_{\overline{\mathrm{P}}_1}^2 + S_{\overline{\mathrm{P}}_2}^2 + 4S_{\overline{\mathrm{B}}_1}^2 + 4S_{\overline{\mathrm{B}}_2}^2 \\
S_{[\widehat{hh}]}^2 = S_{\overline{\mathrm{P}}_1}^2 + S_{\overline{\mathrm{P}}_2}^2 + 4S_{\overline{\mathrm{F}}_1}^2 + 16S_{\overline{\mathrm{F}}_2}^2 + 16S_{\overline{\mathrm{B}}_1}^2 + 16S_{\overline{\mathrm{B}}_2}^2
\end{cases}
\tag{2.3.5}
$$

由于各世代表型假定为正态分布，如果同时符合加性-显性-上位模型，则各参数估计值的期望值等于该参数，即$E([\hat{\cdot}]) = [\cdot]$，因而检验无效假设$\mathrm{H}_0$: $[\cdot] = 0$的检验统计量为

$$
t_{[\hat{\cdot}]} = \frac{[\hat{\cdot}]}{S_{[\hat{\cdot}]}} \sim t(f) \tag{2.3.6}
$$

其中，自由度f等于$S_{[\hat{\cdot}]}{}^2$中的各世代样本容量之和减去世代数，一般来讲$f > 30$，因而当$|t_{[\hat{\cdot}]}| \leqslant 1.96$时，就可以接受$\mathrm{H}_0$: $[\cdot] = 0$，模型中就没有$[\cdot]$，否则就接受H_A: $[\cdot] \neq 0$，遗传模型中应有组分$[\cdot]$.

【例 2.3.1】　表 2.3.3 是 Mather 和 Jinks 于 1977 年提供的资料，利用式(2.3.4)和式(2.3.5)估计和检验的结果为

$$
\hat{m} \pm S_{\hat{m}} = 104.18 \pm 3.58 \qquad [\hat{d}] \pm S_{[\hat{d}]} = 8.92 \pm 0.78
$$

$$
[\hat{h}] \pm S_{[\hat{h}]} = 16.93 \pm 8.80 \qquad [\widehat{dd}] \pm S_{[\widehat{dd}]} = 3.20 \pm 3.50
$$

$$
[\widehat{dh}] \pm S_{[\widehat{dh}]} = -4.19 \pm 2.60 \qquad [\widehat{hh}] \pm S_{[\widehat{hh}]} = -3.14 \pm 5.64
$$

$$
t_{\hat{m}} = 29.10 \qquad t_{[\hat{d}]} = 11.44 \qquad t_{[\hat{h}]} = 1.92
$$

$$
t_{[\widehat{dd}]} = 0.91 \qquad t_{[\widehat{dh}]} = -1.61 \qquad t_{[\widehat{hh}]} = -0.56
$$

结果表明，基本上只有$[d]$和$[h]$比较显著，上位性效应在位点上均不显著，即应按加性-显性模型来进行模型检验和参数估计.

表 2.3.3　两个烟草品种杂交的平均高度　(单位：cm)

世代i	植株数n	平均值$\bar{x}_i$	均值方差$S_{\bar{x}_i}^2$	世代均数组分						$I_i=\frac{1}{S_{\bar{x}_i}^2}$
				m	$[d]$	$[h]$	$[dd]$	$[dh]$	$[hh]$	
$P_1(1)$	20	116.30	1.0034	1	1	0	1	0	0	0.9966
$P_2(2)$	20	98.45	1.4525	1	−1	0	1	0	0	0.6885
$F_1(3)$	60	117.68	0.9699	1	0	1	0	0	1	1.0310
$F_2(4)$	160	111.78	0.4916	1	0	$\frac{1}{2}$	0	0	$\frac{1}{4}$	2.0342
$B_1(5)$	120	116.00	0.4888	1	$\frac{1}{2}$	$\frac{1}{2}$	$\frac{1}{4}$	$\frac{1}{4}$	$\frac{1}{4}$	2.0458
$B_2(6)$	120	109.16	0.6135	1	$-\frac{1}{2}$	$\frac{1}{2}$	$\frac{1}{4}$	$-\frac{1}{4}$	$\frac{1}{4}$	1.6300

2. 加性-显性模型参数估计的单尺度检验法

表 2.3.2 列出了两个纯合亲本杂交各世代中m、$[d]$和$[h]$等组分，可经过简单计算发现不同世代平均数之间的相互关系，例如

$$\bar{F}_2=m+\frac{1}{2}[h]=\frac{1}{4}\bar{P}_1+\frac{1}{4}\bar{P}_2+\frac{1}{2}\bar{F}_1$$
$$\bar{F}_3=m+\frac{1}{4}[h]=\frac{1}{4}\bar{P}_1+\frac{1}{4}\bar{P}_2+\frac{1}{2}\bar{F}_2$$
$$\bar{B}_1=m+\frac{1}{2}[d]+\frac{1}{2}[h]=\frac{1}{2}\bar{P}_1+\frac{1}{2}\bar{F}_1$$
$$\bar{B}_2=m-\frac{1}{2}[d]+\frac{1}{2}[h]=\frac{1}{2}\bar{P}_2+\frac{1}{2}\bar{F}_1$$
$$\bar{S}_2=\bar{F}_2=\frac{1}{4}\bar{P}_1+\frac{1}{4}\bar{P}_2+\frac{1}{2}\bar{F}_1$$

根据这些在加性-显性模型前提下的世代均数关系，就可以检验模型是否合适.

1949 年，Mather 根据上述思想提出了加性-显性模型的单尺度检验，这种检验必须依据三个分离世代定义单尺度检验，对于表 2.3.3 资料的三个尺度分别为 A、B、C 三个尺度

$$\begin{cases}A=-\bar{P}_1-\bar{F}_1+2\bar{B}_1\\S_A^2=S_{\bar{P}_1}^2+S_{\bar{F}_1}^2+4S_{\bar{B}_1}^2\end{cases}\tag{2.3.7}$$

$$\begin{cases}B=-\bar{P}_2-\bar{F}_1+2\bar{B}_2\\S_B^2=S_{\bar{P}_2}^2+S_{\bar{F}_1}^2+4S_{\bar{B}_2}^2\end{cases}\tag{2.3.8}$$

$$\begin{cases}C=-\bar{P}_1-\bar{P}_2-2\bar{F}_1+4\bar{F}_2\\S_C^2=S_{\bar{P}_1}^2+S_{\bar{P}_2}^2+4S_{\bar{F}_1}^2+16S_{\bar{F}_2}^2\end{cases}\tag{2.3.9}$$

显然，在加性-显性模型成立时，$E(A)=E(B)=E(C)=0$，且 A、B、C 均服从正态分布，检验 A、B、C 与零有无显著差异的检验统计量分别为

$$\begin{cases}t_A=\frac{A}{S_A}\sim t\left(n_{P_1}+n_{F_1}+n_{B_1}-3\right)\\t_B=\frac{B}{S_B}\sim t\left(n_{P_2}+n_{F_1}+n_{B_2}-3\right)\\t_C=\frac{C}{S_C}\sim t\left(n_{P_1}+n_{P_2}+n_{F_1}+n_{F_2}-4\right)\end{cases}\tag{2.3.10}$$

其中，n_{B_1}为B_1世代的样本容量，n_{P_1}和n_{P_2}等类同. 由于三个尺度所含世代多，自由度相当大，故当$|t|\leqslant 1.96$时，接受尺度与零无显著差异. 如果三个尺度均与零无显著差异，则

表明表 2.3.3 的遗传试验是符合加性-显性模型的. 表 2.3.3 资料的单尺度检验结果如表 2.3.4 所示.

表 2.3.4　烟草平均高度的单尺度检验

尺度	均值±标准差	t	自由度	P
A	−1.98±1.99	−0.995	197	>0.05
B	2.20±2.21	0.955	197	>0.05
C	−2.99±3.27	−0.914	256	>0.05

结果表明, A、B、C 均与零无显著差异, 加性-显性模型是适合的.

一般来讲, 对同一环境下的类似于表 2.3.3 资料的单尺度检验, 若有一个尺度检验显著, 则加性-显性模型在原资料上是不成立的. Mather 提出了两种解决方案. 其一是按加性-显性-上位模型进行检验; 其二是对原始数据进行对数、开方等变换, 然后进行加性-显性模型检验, 如果符合, 则说明基因的加性-显性效应是不可加的, 而是乘积性的或者方幂性的等. 如果在各种数据变换下仍不符合加性-显性模型, 则必须对原资料进行加性-显性-上位模型检验.

3. 加性-显性-上位模型的联合尺度检验法

单尺度检验虽然适用于各分离世代, 但m、$[d]$、$[h]$三个参数的估计不可能在同一精度下进行. 如用表 2.3.3 的资料在加性-显性模型下还可作出如下参数及方差估计

$$\begin{cases}\hat{m}=\frac{1}{2}(\overline{\mathrm{P}}_1+\overline{\mathrm{P}}_2)\\[\hat{d}]=\frac{1}{2}(\overline{\mathrm{P}}_1-\overline{\mathrm{P}}_2)\\[\hat{h}]=-\frac{1}{2}(\overline{\mathrm{P}}_1+\overline{\mathrm{P}}_2)+\overline{\mathrm{F}}_1\end{cases}\qquad\begin{cases}S_{\hat{m}}^2=\frac{1}{4}\left(S_{\overline{\mathrm{P}}_1}^2+S_{\overline{\mathrm{P}}_2}^2\right)\\S_{[\hat{d}]}^2=S_{\hat{m}}^2=\frac{1}{4}\left(S_{\overline{\mathrm{P}}_1}^2+S_{\overline{\mathrm{P}}_2}^2\right)\\S_{[\hat{h}]}^2=\frac{1}{4}\left(S_{\overline{\mathrm{P}}_1}^2+S_{\overline{\mathrm{P}}_2}^2\right)+S_{\overline{\mathrm{F}}_1}^2\end{cases}\tag{2.3.11}$$

显然, 表 2.3.3 中 6 个世代, 它仅用了 3 个世代, 浪费了 3 个世代的信息. 单尺度检验没有把参数估计和模型检验合并在一个统一方法中进行. 为此, Cavalli 于 1952 年提出了联合尺度检验法, 把所有不分离世代和分离世代资料联合起来用于参数估计和模型检验, 以提高分析的精确度. 联合尺度法集参数估计和模型检验于一身, 其实质是多个因变量的加权回归分析, 下面进行介绍.

设表 2.3.3 的资料中有 t个世代的均数$\bar{x}_i$和均数方差$S_{\bar{x}_i}^2$, $i=1,2,\cdots,t$. 这些世代相互独立, 故其均值向量$\overline{\boldsymbol{X}}$、均值协方差阵 $\boldsymbol{V}$和环境随机误差向量$\boldsymbol{\varepsilon}$分别为

$$\overline{\boldsymbol{X}}=\begin{bmatrix}\bar{x}_1\\\bar{x}_2\\\vdots\\\bar{x}_t\end{bmatrix}\qquad\boldsymbol{V}=\begin{bmatrix}S_{\bar{x}_1}^2 & & & 0\\ & S_{\bar{x}_2}^2 & & \\ & & \ddots & \\ 0 & & & S_{\bar{x}_t}^2\end{bmatrix}\qquad\boldsymbol{\varepsilon}=\begin{bmatrix}\varepsilon_1\\\varepsilon_2\\\vdots\\\varepsilon_t\end{bmatrix}\tag{2.3.12}$$

$\boldsymbol{M}=(m,[d],[h],[dd],[dh],[hh])^{\mathrm{T}}$为待估参数向量, $\boldsymbol{G}$为$t\times 6$的常数矩阵, 由各世代中m、$[d]$等的系数组成 $\boldsymbol{G}$的各列, 为表 2.3.2 最后一栏. 这样用$\overline{\boldsymbol{X}}$估计 $\boldsymbol{M}$的问题可用线性模型表示为

$$\overline{\boldsymbol{X}}=\boldsymbol{GM}+\boldsymbol{\varepsilon}\qquad\boldsymbol{\varepsilon}\sim N_t(0,\sigma^2\boldsymbol{I}_t)\tag{2.3.13}$$

其中, 对各世代有$\overline{\boldsymbol{X}}\sim N_t(\boldsymbol{GM},\sigma^2\boldsymbol{I}_t)$, $\boldsymbol{I}_t$为t阶单位阵. $S_{\bar{x}_i}^2$的期望值$E\left(S_{\bar{x}_i}^2\right)=\sigma_{\bar{x}_i}^2$.

由于各$\bar{x}_i$的方差不同质，故对式(2.3.13)不能用一般的最小二乘法估计$\boldsymbol{M}$. 如果对各世代进行标准化$[\bar{x}_i - E(\bar{x}_i)]/\sigma_{\bar{x}_i}$，则可按最小二乘法估计$\boldsymbol{M}$，其估计值为$\widehat{\boldsymbol{M}} = \left(\widehat{m}, [\widehat{d}], \cdots, [\widehat{hh}]\right)^{\mathrm{T}}$. 令$\bar{x}_i$的权重$I_i$为$1/S_{\bar{x}_i}^2$，对$\overline{\boldsymbol{X}}$的预测为$\widehat{\overline{\boldsymbol{X}}} = (\hat{\bar{x}}_1, \hat{\bar{x}}_2, \cdots, \hat{\bar{x}}_t)^{\mathrm{T}}$，则$\widehat{\boldsymbol{M}}$应使加权剩余平方和$Q_e$最小，即

$$Q_e = \sum_{i=1}^{t} I_i[\bar{x}_i - \hat{\bar{x}}_i]^2 = \left(\overline{\boldsymbol{X}} - \boldsymbol{G}\widehat{\boldsymbol{M}}\right)^{\mathrm{T}} \boldsymbol{V}^{-1} \left(\overline{\boldsymbol{X}} - \boldsymbol{G}\widehat{\boldsymbol{M}}\right) = \min \tag{2.3.14}$$

则这种加权最小二乘估计的正则方程组$\frac{\mathrm{d}Q_e}{\mathrm{d}\widehat{\boldsymbol{M}}} = 0$及解$\widehat{\boldsymbol{M}}$分别为

$$\boldsymbol{J}\widehat{\boldsymbol{M}} = \boldsymbol{S} \qquad \widehat{\boldsymbol{M}} = \boldsymbol{J}^{-1}\boldsymbol{S} \tag{2.3.15}$$

其中

$$\boldsymbol{J} = \boldsymbol{G}^{\mathrm{T}}\boldsymbol{V}^{-1}\boldsymbol{G} \qquad \boldsymbol{S} = \boldsymbol{G}^{\mathrm{T}}\boldsymbol{V}^{-1}\overline{\boldsymbol{X}} \tag{2.3.16}$$

模型的符合性检验为

$$\begin{aligned}\chi^2 &= \left(\overline{\boldsymbol{X}} - \boldsymbol{G}\widehat{\boldsymbol{M}}\right)^{\mathrm{T}} \boldsymbol{V}^{-1} \left(\overline{\boldsymbol{X}} - \boldsymbol{G}\widehat{\boldsymbol{M}}\right) = \left(\overline{\boldsymbol{X}} - \widehat{\overline{\boldsymbol{X}}}\right)^{\mathrm{T}} \boldsymbol{V}^{-1} \left(\overline{\boldsymbol{X}} - \widehat{\overline{\boldsymbol{X}}}\right) \\ &= \sum_{i=1}^{t} I_i(\bar{x}_i - \hat{\bar{x}}_i)^2 = Q_e \sim \chi^2(t-6)\end{aligned} \tag{2.3.17}$$

若$\chi^2 \leqslant \chi_\alpha^2(t-6)$，则模型在水平$\alpha$上是适合的，否则否定该模型. 如果$\boldsymbol{M}$中有$k$个独立参数，则$\chi^2$的自由度$f = t - k$. 如果$\boldsymbol{M}$中有$m$和$[d]$, $k = 2$，则为加性模型；如果$\boldsymbol{M}$中有m、$[d]$和$[h]$, $k = 3$，则为加性-显性模型；$4 \leqslant k \leqslant 6$时，则为加性-显性-上位模型.

关于联合尺度检验法中的协方差阵$\widehat{\boldsymbol{M}}$及加权回归作如下五点说明.

(1) 式(2.3.13)中，$\overline{\boldsymbol{X}} = \boldsymbol{G}\boldsymbol{M} + \boldsymbol{\varepsilon}$，要求$\boldsymbol{\varepsilon} \sim N_t(0, \sigma^2\boldsymbol{I}_t)$和$\overline{\boldsymbol{X}} \sim N_t(\boldsymbol{G}\boldsymbol{M}, \sigma^2\boldsymbol{I}_t)$是不现实的. 因为$\bar{x}_i$的方差不齐，各世代中参数$[d]$、$[h]$等的权重不同. 鉴于此，加权最小二乘法模型(2.3.13)应改为加权回归

$$\boldsymbol{V}^{-\frac{1}{2}}\overline{\boldsymbol{X}} = \boldsymbol{V}^{-\frac{1}{2}}\boldsymbol{G}\boldsymbol{M} + \boldsymbol{V}^{-\frac{1}{2}}\boldsymbol{\varepsilon} \tag{2.3.18}$$

则在$\mathrm{Cov}(\overline{\boldsymbol{X}}, \overline{\boldsymbol{X}}) = \boldsymbol{V}$和$\mathrm{Cov}(\boldsymbol{\varepsilon}, \boldsymbol{\varepsilon}) = \sigma^2\boldsymbol{I}_t$的情况下，$\boldsymbol{V}^{-\frac{1}{2}}\overline{\boldsymbol{X}}$和$\boldsymbol{V}^{-\frac{1}{2}}\boldsymbol{\varepsilon}$的方差分别为

$$\begin{cases}\mathrm{Cov}\left(\boldsymbol{V}^{-\frac{1}{2}}\overline{\boldsymbol{X}}, \boldsymbol{V}^{-\frac{1}{2}}\overline{\boldsymbol{X}}\right) = \boldsymbol{V}^{-\frac{1}{2}}\mathrm{Cov}(\overline{\boldsymbol{X}}, \overline{\boldsymbol{X}})\boldsymbol{V}^{-\frac{1}{2}} = \boldsymbol{I}_t \\ \mathrm{Cov}\left(\boldsymbol{V}^{-\frac{1}{2}}\boldsymbol{\varepsilon}, \boldsymbol{V}^{-\frac{1}{2}}\boldsymbol{\varepsilon}\right) = \boldsymbol{V}^{-\frac{1}{2}}\mathrm{Cov}(\boldsymbol{\varepsilon}, \boldsymbol{\varepsilon})\boldsymbol{V}^{-\frac{1}{2}} = \sigma^2\boldsymbol{V}^{-1}\end{cases} \tag{2.3.19}$$

式(2.3.18)可按一般最小二乘法进行参数估计，其结果可和加权最小二乘法保持一致.

(2) 设$\boldsymbol{M}$的估计仍为$\widehat{\boldsymbol{M}}$=$\boldsymbol{J}^{-1}\boldsymbol{S}$，则

$$\boldsymbol{V}^{-\frac{1}{2}}\overline{\boldsymbol{X}} = \boldsymbol{V}^{-\frac{1}{2}}\boldsymbol{G}\widehat{\boldsymbol{M}} + \boldsymbol{V}^{-\frac{1}{2}}\hat{\boldsymbol{\varepsilon}} \tag{2.3.20}$$

两边求方差

$$\boldsymbol{I}_t = \mathrm{Cov}\left(\boldsymbol{V}^{-\frac{1}{2}}\boldsymbol{G}\widehat{\boldsymbol{M}}, \boldsymbol{V}^{-\frac{1}{2}}\boldsymbol{G}\widehat{\boldsymbol{M}}\right) + \mathrm{Cov}\left(\boldsymbol{V}^{-\frac{1}{2}}\hat{\boldsymbol{\varepsilon}}, \boldsymbol{V}^{-\frac{1}{2}}\hat{\boldsymbol{\varepsilon}}\right)$$

$$\mathrm{Cov}\left(\boldsymbol{V}^{-\frac{1}{2}}\hat{\boldsymbol{\varepsilon}}, \boldsymbol{V}^{-\frac{1}{2}}\hat{\boldsymbol{\varepsilon}}\right) = \boldsymbol{V}^{-\frac{1}{2}}\mathrm{Cov}(\hat{\boldsymbol{\varepsilon}}, \hat{\boldsymbol{\varepsilon}})\boldsymbol{V}^{-\frac{1}{2}} = \hat{\sigma}^2\boldsymbol{V}^{-1}$$

$$\mathrm{Cov}\left(\boldsymbol{V}^{-\frac{1}{2}}\boldsymbol{G}\widehat{\boldsymbol{M}}, \boldsymbol{V}^{-\frac{1}{2}}\boldsymbol{G}\widehat{\boldsymbol{M}}\right) = \boldsymbol{V}^{-\frac{1}{2}}\boldsymbol{G}\mathrm{Cov}\left(\widehat{\boldsymbol{M}}, \widehat{\boldsymbol{M}}\right)\boldsymbol{G}^{\mathrm{T}}\boldsymbol{V}^{-\frac{1}{2}} = \boldsymbol{I}_t - \hat{\sigma}^2\boldsymbol{V}^{-1} = \hat{\sigma}_e^2\boldsymbol{I}_t$$

则上式左乘$\boldsymbol{G}^{\mathrm{T}}\boldsymbol{V}^{-\frac{1}{2}}$和右乘$\boldsymbol{V}^{-\frac{1}{2}}\boldsymbol{G}$可得($\boldsymbol{J} = \boldsymbol{G}^{\mathrm{T}}\boldsymbol{V}^{-1}\boldsymbol{G}$)

$$\mathrm{Cov}\left(\widehat{\boldsymbol{M}}, \widehat{\boldsymbol{M}}\right) = \boldsymbol{J}^{-1}\hat{\sigma}_e^2 \tag{2.3.21}$$

即在假定$\boldsymbol{I}_t - \sigma^2\boldsymbol{V}^{-1} = \sigma_e^2\boldsymbol{I}_t$之下有

$$\widehat{\boldsymbol{M}} \sim N_k(\boldsymbol{M}, \sigma_e^2\boldsymbol{J}^{-1}) \tag{2.3.22}$$

(3) 平方和分解与σ_e^2的估计.

加权剩余平方和$Q_e=\sum_{i=1}^{t} I_i[\bar{x}_i-\hat{\bar{x}}_i]^2$有一个重要性质

$$\sum_i I_i\bar{x}_i=\sum_i I_i\hat{\bar{x}}_i=T_I \tag{2.3.23}$$

即$\bar{x}_i$与预报值$\hat{\bar{x}}_i$的加权和T_I相等. 其证明很简单, 即$\frac{\mathrm{d}Q_e}{\mathrm{d}\hat{\bar{X}}}=0$, 因为$\widehat{\boldsymbol{M}}$使$Q_e$最小等价于$\boldsymbol{G}\widehat{\boldsymbol{M}}=\hat{\bar{\boldsymbol{X}}}$使$Q_e$最小.

下面介绍平方和分解

$$\begin{aligned} Q_e&=\left(\bar{\boldsymbol{X}}-\hat{\bar{\boldsymbol{X}}}\right)^{\mathrm{T}}\boldsymbol{V}^{-1}\left(\bar{\boldsymbol{X}}-\hat{\bar{\boldsymbol{X}}}\right)=\bar{\boldsymbol{X}}^{\mathrm{T}}\boldsymbol{V}^{-1}\bar{\boldsymbol{X}}-\left(2\hat{\bar{\boldsymbol{X}}}^{\mathrm{T}}\boldsymbol{V}^{-1}\bar{\boldsymbol{X}}-\hat{\bar{\boldsymbol{X}}}^{\mathrm{T}}\boldsymbol{V}^{-1}\hat{\bar{\boldsymbol{X}}}\right)\\ &=\bar{\boldsymbol{X}}^{\mathrm{T}}\boldsymbol{V}^{-1}\bar{\boldsymbol{X}}-\hat{\bar{\boldsymbol{X}}}^{\mathrm{T}}\boldsymbol{V}^{-1}\left(2\bar{\boldsymbol{X}}-\hat{\bar{\boldsymbol{X}}}\right)=\mathrm{SS}_{\bar{x}}-\mathrm{SS}_U \end{aligned}\tag{2.3.24}$$

其中, $Q_e=\sum_{i=1}^{t} I_i(\bar{x}_i-\hat{\bar{x}}_i)^2$为真正的加权平方和, 而$\mathrm{SS}_{\bar{x}}$为未校正的$\bar{\boldsymbol{X}}$的加权平方和, SS_U为未校正的回归平方和

$$\begin{aligned} \mathrm{SS}_{\bar{x}}&=\bar{\boldsymbol{X}}^{\mathrm{T}}\boldsymbol{V}^{-1}\bar{\boldsymbol{X}}=\sum_i^t I_i\bar{x}_i^2\\ \mathrm{SS}_U&=\hat{\bar{\boldsymbol{X}}}^{\mathrm{T}}\boldsymbol{V}^{-1}\left(2\bar{\boldsymbol{X}}-\hat{\bar{\boldsymbol{X}}}\right)=\sum_i^t I_i\hat{\bar{x}}_i\,(2\bar{x}_i-\hat{\bar{x}}_i)\\ &=2\textstyle\sum_i^t I_i\bar{x}_i\hat{\bar{x}}_i-\sum_i^t I_i\hat{\bar{x}}_i^2 \end{aligned}\tag{2.3.25}$$

令

$$I=\textstyle\sum_{i=1}^t I_i\,,\ T_I=\sum_{i=1}^t I_i\bar{x}_i\,,\ \bar{x}_I=T_I/I \tag{2.3.26}$$

分别为总权、$\bar{x}$的加权总和及加权平均数, 则校正的加权$\mathrm{SS}_{\bar{x}}$和SS_u分别为

$$\begin{cases} \mathrm{SS}_{\bar{x}_I}=\sum_{i=1}^t I_i(\bar{x}_i-\bar{x}_\mathrm{I})^2=\sum_{i=1}^t I_i\bar{x}_i^2-C,\ f_T=I-1\\ \mathrm{SS}_{U_\mathrm{I}}=2\sum_{i=1}^t I_i\bar{x}_i\hat{\bar{x}}_i-\sum_{i=1}^t I_i\hat{\bar{x}}_i^2-C\,,\ f_U=k\\ Q_e=\sum_{i=1}^t I_i[\bar{x}_i-\hat{\bar{x}}_i]^2,\ f_e=I-k-1\\ C=T_I^2/I\ (\text{校正值}) \end{cases}\tag{2.3.27}$$

显然, $\mathrm{SS}_{\bar{x}_\mathrm{I}}=\mathrm{SS}_{U_\mathrm{I}}+Q_e, f_T=f_U+f_e$.

在式(2.3.18)~式(2.3.27)的推导中, 作者有以下观点.

①关于$\boldsymbol{M}$的分布. 作者认为$\widehat{\boldsymbol{M}}\sim N_k(\boldsymbol{M},\sigma_e^2\boldsymbol{J}^{-1})$, 并进行了推导. 而 Mather 在 1982 年出版的《生统遗传学导论》中认为$\widehat{\boldsymbol{M}}\sim N_k(\boldsymbol{M},\boldsymbol{J}^{-1})$是不对的.

②Bulmer 于 1980 年出版的著作《数量遗传学的数学理论》及国内一些书中均认为$\mathrm{SS}_U=\widehat{\boldsymbol{M}}^{\mathrm{T}}\boldsymbol{G}^{\mathrm{T}}\boldsymbol{V}^{-1}\bar{\boldsymbol{X}}=\hat{\bar{\boldsymbol{X}}}^{\mathrm{T}}\boldsymbol{V}^{-1}\bar{\boldsymbol{X}}$. 这是不对的, 他们误认为$\bar{\boldsymbol{X}}^{\mathrm{T}}\boldsymbol{V}^{-1}\hat{\bar{\boldsymbol{X}}}$和$\hat{\bar{\boldsymbol{X}}}^{\mathrm{T}}\boldsymbol{V}^{-1}\hat{\bar{\boldsymbol{X}}}$相等. 在这种情况下, $\mathrm{SS}_{\bar{x}_\mathrm{I}}\neq\mathrm{SS}_{U_\mathrm{I}}+Q_e$.

③在加权回归中, 各$\bar{x}_i$的权重不等, 故自由度应以权重为准来分配, 即$f_T=I-$

$1, f_U = k, f_e = I - k - 1$.

由此可见，σ_e^2可从Q_e的均方中得到估计，即

$$\hat{\sigma}_e^2 = Q_e/(I - k - 1) \tag{2.3.28}$$

(4) 联合尺度的回归检验.

①F检验

回归方程检验的无效假设H_0: $\boldsymbol{M} = 0$，其检验为

$$F = \frac{SS_{U_I}/k}{Q_e/(I - k - 1)} \sim F(k, I - k - 1) \tag{2.3.29}$$

②决定系数

$$R_k^2 = \frac{SS_{U_I}}{SS_{\bar{x}_I}} \qquad R_k = \sqrt{SS_{U_I}/SS_{\bar{x}_I}} \tag{2.3.30}$$

其中，根据变量个数$(k+1)$和$f_e = I - k - 1$查相关系数显著性临界值表得R_α，若$R \leqslant R_\alpha$，则接受H_0，否则回归显著.

(5) m、$[d]$等对$\bar{x}$的决定作用.

从理论上讲，联合尺度检验法既可进行式(2.3.17)的符合性χ^2检验，又可进行式(2.3.29)和式(2.3.30)的回归检验，而R_k^2更有意义. 其意义如下.

①$k = 2, \boldsymbol{M} = (m, [d])^{\mathrm{T}}$为加性模型

$$R_2^2 = R_{[d]}^2 \tag{2.3.31}$$

为加性效应$[d]$对$\bar{x}$的决定作用.

②$k = 3, \boldsymbol{M} = (m, [d], [h])^{\mathrm{T}}$为加性-显性模型

$$R_3^2 = R_{[d,h]}^2 \tag{2.3.32}$$

为$[d]$和$[h]$对$\bar{x}$的总决定作用. 由于$[d]$与$[h]$相互独立，故$[h]$对$\bar{x}$的决定作用为

$$R_h^2 = R_{[d,h]}^2 - R_{[d]}^2 = R_3^2 - R_2^2 \tag{2.3.33}$$

③$k = 4, \boldsymbol{M} = (m, [d], [h], [dd])^{\mathrm{T}}$为加性-显性-上位模型

$$R_4^2 = R_{[d,h,dd]}^2 \tag{2.3.34}$$

为$[d]$、$[h]$和$[dd]$对$\bar{x}$的总决定作用，而$[dd]$对$\bar{x}$的决定作用为

$$R_{[dd]}^2 = R_{[d,h,dd]}^2 - R_{[d,h]}^2 = R_4^2 - R_3^2 \tag{2.3.35}$$

如果$k = 4$模型仍不符合，可仿照上述方法以$R_5^2 = R_{[d,h,dd,dh]}^2$估计$R_{[dh]}^2 = R_5^2 - R_4^2$，进一步还可以$R_6^2 = R_{[d,h,dd,dh,hh]}^2$估计$R_{[hh]}^2 = R_6^2 - R_5^2$.

【例 2.3.2】　表 2.3.3 中 6 个世代均数的联合尺度分析及回归分析.

表 2.3.3 据联合尺度分析$\hat{\boldsymbol{M}}$、$\bar{\boldsymbol{X}}$等分别为

$$\hat{\boldsymbol{M}} = \begin{bmatrix} \hat{m} \\ [\hat{d}] \\ [\hat{h}] \end{bmatrix}, \boldsymbol{V} = \begin{bmatrix} S_{\bar{P}_1}^2 & & & & & 0 \\ & S_{\bar{P}_2}^2 & & & & \\ & & S_{\bar{F}_1}^2 & & & \\ & & & S_{\bar{F}_2}^2 & & \\ & & & & S_{\bar{B}_1}^2 & \\ 0 & & & & & S_{\bar{B}_2}^2 \end{bmatrix}, \boldsymbol{G} = \begin{bmatrix} 1 & 1 & 0 \\ 1 & -1 & 0 \\ 1 & 0 & 1 \\ 1 & 0 & \frac{1}{2} \\ 1 & \frac{1}{2} & \frac{1}{2} \\ 1 & -\frac{1}{2} & \frac{1}{2} \end{bmatrix}$$

(1) $k=2,\hat{\boldsymbol{M}}=\left(\hat{m},[\hat{d}]\right)^{\mathrm{T}}$的加性模型分析

$$\boldsymbol{G}^{\mathrm{T}}=\begin{bmatrix}1 & 1 & 1 & 1 & 1 & 1\\ 1 & -1 & 0 & 0 & \frac{1}{2} & \frac{1}{2}\end{bmatrix}$$

①联合尺度分析. 正则方程组$\boldsymbol{J}\hat{\boldsymbol{M}}=\boldsymbol{S}$为

$$\begin{bmatrix}8.4261 & 0.5161\\ 0.5161 & 2.6040\end{bmatrix}\begin{bmatrix}\hat{m}\\ [\hat{d}]\end{bmatrix}=\begin{bmatrix}947.6435\\ 77.8192\end{bmatrix}$$

$$\boldsymbol{J}^{-1}=\begin{bmatrix}c_{11} & c_{12}\\ c_{21} & c_{22}\end{bmatrix}=\begin{bmatrix}0.1201 & -0.0238\\ -0.0238 & 0.3887\end{bmatrix}$$

$$\hat{\boldsymbol{M}}=\left(\hat{m},[\hat{d}]\right)^{\mathrm{T}}=(111.9942,7.6894)^{\mathrm{T}}$$

$$\hat{\bar{\boldsymbol{X}}}=(119.6836,104.3049,111.9942,111.9942,115.8389,108.1495)^{\mathrm{T}}$$

$$\bar{\boldsymbol{X}}-\hat{\bar{\boldsymbol{X}}}=(-3.3836,-5.8549,5.6858,-0.2142,0.1611,1.0105)^{\mathrm{T}}$$

$$\chi^2=\sum_{i=1}^{6}\mathrm{I}_i(\bar{x}_i-\hat{\bar{x}}_i)^2=70.1522>\chi^2_{0.01}(4)=13.277$$

表明$k=2$的加性模型不适合.

②加权回归分析.

总权重 $$I=\sum_{i=1}^{6}I_i=8.4261$$

加权总和 $$T_I=\sum_{i=1}^{6}I_i\bar{x}_i=947.6435$$

加权总平均 $$\bar{x}_{\mathrm{I}}=T_I/I=112.4652$$

校正值 $$T_I^2/I=106576.8845$$

$$\begin{cases}\mathrm{SS}_{\bar{x}_I}=\sum_{i=1}^{6}I_i\bar{x}_i^2-T_I^2/I=222.2507,\ f_i=I-1=7\\ \mathrm{SS}_{U_I}=2\sum_{i=1}^{6}I_i\bar{x}_i\hat{\bar{x}}_i-\sum_{i=1}^{6}I_i\hat{\bar{x}}_i^2-T_I^2/I=152.0977,\ f_u=k=2\\ Q_e=\sum_{i=1}^{6}I_i(\bar{x}_i-\hat{\bar{x}}_i)^2=70.1522,\ f_e=I-i-1=5\\ R_2^2=\mathrm{SS}_{u_I}/\mathrm{SS}_{\bar{x}_I}=0.6844=R^2_{[d]},\ R_2=0.8272\end{cases}$$

变量有$\bar{x}$、m和$[d]$共三个，据$f_e=5$查相关系数显著性临界值表，临界值为$R_{0.05}=0.863$. $F=\frac{\mathrm{SS}_{U_I}/2}{Q_e/5}=5.420, F_{0.10}(2,5)=3.78, F_{0.05}(2,5)=5.79$，即检验在$\alpha=0.10$上是显著的.

(2) $k=3,\hat{\boldsymbol{M}}=\left(\hat{m},[\hat{d}],[\hat{h}]\right)^{\mathrm{T}}$的加性–显性模型分析.

① 联合尺度分析. 正则方程组$\boldsymbol{J}\hat{\boldsymbol{M}}=\boldsymbol{S}$为

$$\begin{bmatrix}8.4261 & 0.5161 & 3.8860\\0.5161 & 2.6040 & 0.1040\\3.8860 & 0.1040 & 2.4585\end{bmatrix}\begin{bmatrix}\widehat{m}\\ [\hat{d}]\\ [\hat{h}]\end{bmatrix}=\begin{bmatrix}947.6435\\77.8192\\442.6450\end{bmatrix}$$

$$\boldsymbol{J}^{-1}=\begin{bmatrix}c_{11} & c_{12} & c_{13}\\c_{21} & c_{22} & c_{23}\\c_{31} & c_{32} & c_{33}\end{bmatrix}=\begin{bmatrix}0.4472 & -0.0605 & -0.7043\\-0.0605 & 0.3929 & 0.0790\\-0.7043 & 0.0790 & 1.5166\end{bmatrix}$$

$$\widehat{\boldsymbol{M}}=\begin{bmatrix}\widehat{m}\\ [\hat{d}]\\ [\hat{h}]\end{bmatrix}=\boldsymbol{J}^{-1}\boldsymbol{S}=\begin{bmatrix}107.3229\\8.2135\\10.0593\end{bmatrix}$$

$$\widehat{\overline{\boldsymbol{X}}}=\begin{bmatrix}\overline{\mathrm{P}}_1\\\overline{\mathrm{P}}_2\\\overline{\mathrm{F}}_1\\\overline{\mathrm{F}}_2\\\overline{\mathrm{B}}_1\\\overline{\mathrm{B}}_2\end{bmatrix}=\boldsymbol{G}\widehat{\boldsymbol{M}}=\begin{bmatrix}115.5364\\99.1093\\117.3822\\112.3525\\116.4593\\108.2458\end{bmatrix}\qquad \overline{\boldsymbol{X}}-\widehat{\overline{\boldsymbol{X}}}=\begin{bmatrix}0.7636\\-0.6593\\0.2978\\-0.5725\\-0.4593\\0.9142\end{bmatrix}$$

$$\begin{aligned}\chi^2&=I_1\times(0.7636)^2+I_2\times(-0.6593)^2+I_3\times(0.2978)^2+I_4\times(-0.5725)^2\\&\quad+I_5\times(-0.4593)^2+I_6\times(-0.9142)^2\\&=0.9966\times0.7636^2+0.6885\times(-0.6593)^2+1.031\times0.2978^2+2.0342\\&\quad\times(-0.5725)^2+2.0458\times(-0.4593)^2+1.63\times(-0.9142)^2\\&=3.4326<\chi^2_{0.05}(3)=7.815\end{aligned}$$

表明表 2.3.3 所示的遗传试验资料符合加性-显性模型.

②加权回归分析. I、T_I、$\bar{x}_I$、$C=T_I^2/I$ 和$\mathrm{SS}_{\bar{x}_I}$和$k=2$是一样的. 由于

$$\mathrm{SS}_{\bar{x}_I}=\mathrm{SS}_{U_I}+Q_e$$

而$Q_e=\chi^2$, 故

$$\mathrm{SS}_{U_I}=\mathrm{SS}_{\bar{x}_I}-Q_e=222.2507-3.4326=218.8181,\ f_U=k=3$$

$Q_e=3.4326$, $f_e=\mathrm{I}-k-1=4$, 故

$$R_3^2=R_{[d,h]}^2=\mathrm{SS}_{U_I}/\mathrm{SS}_{\bar{x}_I}=218.8181/222.2507=0.9846,\ R_3=0.9922$$

$$R_h^2=R_3^2-R_2^2=0.3002$$

据变量$\bar{x}$、m、$[d]$和$[h]$可知, $f_e=4$, 查相关系数显著临界值表, $R_{0.01}=0.962$, 表明回归是极显著的.

据上述分析, 表 2.3.3 资料极显著地服从加性-显性模型. 加性效应$[d]$决定了$\bar{x}$总变异的 68.4%, 显性效应$[h]$决定了 30.1%, $[d]$和$[h]$共同决定了$\bar{x}$总变异的 98.5%, 剩余效应决定 1.5%, 没有理由认为它是上位效应决定的.

据式(2.3.28), σ_e^2的估计为

$$\hat{\sigma}_e^2=\frac{3.4326}{4}=0.8582\qquad \hat{\sigma}_e=0.9264$$

据式(2.3.22)及$\boldsymbol{J}^{-1}$有

$$\widehat{m}\pm S_{\widehat{m}}=\widehat{m}\pm\sqrt{c_{11}}\hat{\sigma}_e=107.3229\pm0.6113$$

$$[\hat{d}]\pm S_{[\hat{d}]}=[\hat{d}]\pm\sqrt{c_{22}}\hat{\sigma}_e=8.2135\pm0.5730$$

$$[\hat{h}]\pm S_{[\hat{h}]}=[\hat{h}]\pm\sqrt{c_{33}}\hat{\sigma}_e=10.0593\pm1.1257$$

下面再举几个例子，仅说明在联合尺度检验中的一些情况.

【例 2.3.3】 表 2.3.5 所示为丹麦×红茄莲的番茄果实重量(Power, 1951)的加性-显性模型联合尺度检验结果.

例 2.3.3 说明以下两点.

①表 2.3.5 资料若按原观察数据分析时，加性-显性模型是不符合的，说明有明显的上位效应；按照$y = \lg x$分析时，符合加性-显性模型. 说明上位效应可以通过适当的数据变换予以消除.

②微效多基因假说认为数量性状是基因效应累加的结果，两个纯合亲本杂交后代群体均值的组成式(2.3.2)体现了这一假说. 在统计上假定各世代均值服从正态分布. 正态分布的期望值和方差是相互独立的. 表 2.3.5 中明显表现出世代均值大者方差大，是相关的. 因而将这种情况下的基因效应在均值中的表现形式解释为乘积式或乘幂式是自然的，因为在对数数据变换下的效应变为累加式.

表 2.3.5　两个番茄品种杂交后代的果实重量

世代	原始数据		对数变换数据$y = \lg x$	
	$\bar{x}$	$S_{\bar{x}}$	$\bar{y}$	$S_{\bar{y}}$
P_1	10.36	0.571	0.9769	0.02661
P_2	0.45	0.017	−0.3643	0.01836
F_1	2.33	0.130	0.3346	0.02673
F_2	2.12	0.105	0.2726	0.01465
B_1	4.82	0.253	0.6357	0.01706
B_2	0.97	0.045	−0.0512	0.01467
加性-显性联合尺度检验	$\chi^2 = 96.59 > \chi^2_{0.05}(3) = 7.815$		$\chi^2 = 5.66 < \chi^2_{0.05}(3) = 7.815$	

【例 2.3.4】 表 2.3.6 为 Virk 1975 年提供的遗传试验资料.

表 2.3.6　黄花烟草品种 72×22 栽培第六周的植株高度　(单位：cm)

世代	$\bar{x} \pm S_{\bar{x}}$
P_1	80.40 ± 1.936
P_2	65.47 ± 1.726
F_1	85.99 ± 1.231
F_2	84.03 ± 0.856
B_1	84.18 ± 1.160
B_2	73.88 ± 1.105
按$G = m + d + h$联合尺度分析	$\chi^2 = 24.18 > \chi^2_{0.05}(3) = 7.815$

表 2.3.6 中加性-显性模型下的联合尺度检验表明，应否定加性-显性模型，即有上位性. 将其原始数据进行对数、平方根等转换，仍不能消除上位性，故只能按加性-显性-上位模型进行分析. 然而上位模型有 6 个参数，进行χ^2检验已无自由度，只能对其 6 个参数及其标准差按式(2.3.4)~式(2.3.6)检验它们与零有无显著差异，如果存在无显著差异者，则可以减小参数为χ^2检验争取自由度，表 2.3.7 是 6 个参数与零有无显著差异的检验结果.

表 2.3.7　据式(2.3.4)~式(2.3.6)估计的参数及检验

组分	估计值	标准差	t	显著性
m	92.93	4.76	19.52	**
$[d]$	7.46	1.30	5.74	**
$[h]$	−28.64	12.21	−2.35	*
$[dd]$	−19.99	4.64	−4.34	**
$[dh]$	5.68	4.03	1.41	
$[hh]$	21.17	7.91	2.74	**

表 2.3.7 表明, 表 2.3.6 资料基因型值中没有组分$[dh]$. 这样用 6 个世代均数估计 5 个遗传参数m、$[d]$、$[h]$、$[dd]$和$[hh]$, 为χ^2检验争取了一个自由度. 这时正则方程组$\boldsymbol{J\widehat{M}} = \boldsymbol{S}$中, $\boldsymbol{\widehat{M}} = \left(\widehat{m}, [\hat{d}], [\hat{h}], [\widehat{dd}], [\widehat{hh}]\right)^{\mathrm{T}}$, 相应的$\boldsymbol{\bar{X}}$和$\boldsymbol{V}$与例 2.3.3 类同, 而矩阵 $\boldsymbol{G}$(无$[dh]$列)为

$$\boldsymbol{G} = \begin{bmatrix} 1 & 1 & 0 & 1 & 0 \\ 1 & -1 & 0 & 1 & 0 \\ 1 & 0 & 1 & 0 & 1 \\ 1 & 0 & \frac{1}{2} & 0 & \frac{1}{4} \\ 1 & \frac{1}{2} & \frac{1}{2} & \frac{1}{4} & \frac{1}{4} \\ 1 & -\frac{1}{2} & \frac{1}{2} & \frac{1}{4} & \frac{1}{4} \end{bmatrix}$$

联合尺度分析和回归分析, 其符合性检验为

$$\chi^2 = 1.99 < \chi^2_{0.05}(1) = 3.84$$

表明表 2.3.6 的资料符合没有$[dh]$的加性-显性-上位模型.

如果已分析确定一组试验世代资料符合某种遗传模型, 如加性-显性模型等, 则可根据此模型预测表 2.3.2 各有关世代的均值, 如预测$\bar{\mathrm{F}}_5$、$\bar{\mathrm{F}}_6$、$\bar{\mathrm{B}}_2 \otimes$等.

2.4　近交群体数量性状的世代方差分析

数量性状的遗传模型通过基因型值分解实现了多基因假说与统计学的完美结合, 把基因型值与各位点的加性效应、显性效应及位点间的上位效应联系在一起, 使人们能分析到一个基因在群体中的平均效应和平均替代效应, 由此建立了育种值概念, 才能分析到群体中有利基因的增加所引起的群体改良效果, 并认识到基因在世代传递过程中只有基因累加效应的育种值才能传代, 而显性离差 D 和上位离差 I 是不能传代的, 使多基因假说的遗传分析更贴近育种实践. 基因的世代传递是一个随机过程, 本节在上述思想指导下分析近交群体中世代方差的组分剖分.

2.4.1　不分离世代的方差

纯合亲本P_1、P_2和F_1的变异是环境方差, 是完全不能遗传的. 从理论上讲, $V(\mathrm{P}_1) = V(\mathrm{P}_2) = V(\mathrm{F}_1) = \sigma_e^2$, 是各分离世代表型方差的环境方差组分, 记为$E$. 如果

P_1、P_2和F_1由样本估计的无偏方差分别为$S_{P_1}^2$、$S_{P_2}^2$、$S_{F_1}^2$，如何利用它们估计E呢？事实上，只要$a_i > 0, a_1 + a_2 + a_3 = 1$，则

$$\hat{E} = a_1 S_{P_1}^2 + a_2 S_{P_2}^2 + a_3 S_{F_1}^2 \tag{2.4.1}$$

均是$E = \sigma_e^2$的无偏估计. 在实际分析中常用

$$\hat{E} = \frac{1}{4} S_{P_1}^2 + \frac{1}{4} S_{P_2}^2 + \frac{1}{2} S_{F_1}^2 \tag{2.4.2}$$

作为σ_e^2或E的无偏估计.

2.4.2 分离世代集团混种(混养)的方差剖分

表 2.3.2 列出了双亲本杂交的一些世代，把每一个世代的所有个体播种或饲养在同一环境条件下，具有相同的环境方差σ_e^2(组分E)，这种播种(或饲养)方式称为集团混种(或集团混养). 下面在无突变、无连锁、无基因型与环境互作的条件下，讨论加性-显性模型下各世代方差组分的剖分.

假定数量性状由N对等位基因(A_i, a_i)决定，各个位点上的基因型为$a_i a_i$、$A_i a_i$和$A_i A_i$，令$Z_i = 0$、1 和 2分别表示这些基因型中A_i的个数，且其频率分别为p_0、p_1和p_2，则该数量性状在加性-显性模型下的基因型值分解式为

$$G(\boldsymbol{Z}) = m + \sum_{i=1}^{N} (Z_i - 1) d_i + \sum_{i=1}^{N} Z_i (2 - Z_i) h_i \tag{2.4.3}$$

由 2.3 节知，$Z_i - 1$和$Z_i(2 - Z_i)$的分布分别为

$$(-1, 0, 1) = (p_0, p_1, p_2) \qquad (0, 1, 0) = (p_0, p_1, p_2)$$

则它们的方差和协方差分别为

$$\begin{cases} V_{(Z_i-1)} = (1 - p_1) - (p_2 - p_0)^2 \\ V_{(Z_i(2-Z_i))} = p_1(1 - p_1) \\ \mathrm{Cov}[(Z_i - 1), Z_i(2 - Z_i)] = -p_1(p_2 - p_0) \end{cases} \tag{2.4.4}$$

群体的总遗传方差为

$$\begin{aligned} \sigma_g^2 &= V[G(\boldsymbol{Z})] \\ &= [(1 - p_1) - (p_2 - p_0)^2] \sum_{i=1}^{N} d_i^2 + p_1(1 - p_1) \sum_{i=1}^{N} h_i^2 - 2\, p_1(p_2 - p_0) \sum_{i=1}^{N} d_i\, h_i \\ &= [(1 - p_1) - (p_2 - p_0)^2] D + p_1(1 - p_1) H - 2\, p_1(p_2 - p_0) F \end{aligned} \tag{2.4.5}$$

其中，$D = \sum_{i=1}^{N} d_i^2$ 是可固定的可遗传的遗传方差组分；$H = \sum_{i=1}^{N} h_i^2$ 是不可固定的可遗传的遗传方差组分；$F = \sum_{i=1}^{N} d_i\, h_i$，$h_i$可正可负，$F$是以$d_i$为权重的$h_i$的总和. 若$F > 0$，则表示群体中从大亲$P_1$遗传来的基因有更多部分显性，否则是相反的. D 称为加性方差分量，H称为显性方差分量，F是大亲、小亲部分显性的指示分量.

对于两个纯合亲本杂交的各世代，如表 2.3.2 所示可简化为一对等位基因(A, a)来表示. 若世代的基因型分布为$(AA, Aa, aa) = (p_2, p_1, p_0)$，则据式(2.4.5)可以写出表 2.3.2 中任一世代的遗传总方差σ_g^2的各组分，具体如表 2.4.1 所示.

表 2.4.1　两个纯合亲本杂交后代(集团混种)的方差组分

世代	群体(AA, Aa, aa)			表现型方差σ_P^2的组分			
	p_2	p_1	p_0	D	H	F	E
P_1	1	0	0	0	0	0	1
P_2	0	0	1	0	0	0	1
F_1	0	1	0	0	0	0	1
F_2	$\frac{1}{4}$	$\frac{1}{2}$	$\frac{1}{4}$	$\frac{1}{2}$	$\frac{1}{4}$	0	1
F_3	$\frac{3}{8}$	$\frac{1}{4}$	$\frac{3}{8}$	$\frac{3}{4}$	$\frac{3}{16}$	0	1
F_4	$\frac{7}{16}$	$\frac{1}{8}$	$\frac{7}{16}$	$\frac{7}{8}$	$\frac{7}{64}$	0	1
F_n	$\frac{2^n-1}{2^n}$	$\frac{1}{2^{n-1}}$	$\frac{2^n-1}{2^n}$	$\frac{2^n-1}{2^{n-1}}$	$\frac{2^n-1}{4^{n-1}}$	0	1
B_1	$\frac{1}{2}$	$\frac{1}{2}$	0	$\frac{1}{4}$	$\frac{1}{4}$	$-\frac{1}{2}$	1
B_2	0	$\frac{1}{2}$	$\frac{1}{2}$	$\frac{1}{4}$	$\frac{1}{4}$	$\frac{1}{2}$	1
$S_2 = S_3$	$\frac{1}{4}$	$\frac{1}{2}$	$\frac{1}{4}$	$\frac{1}{2}$	$\frac{1}{4}$	0	1
S_4	$\frac{5}{16}$	$\frac{3}{8}$	$\frac{5}{16}$	$\frac{5}{8}$	$\frac{15}{64}$	0	1
S_5	$\frac{11}{32}$	$\frac{5}{16}$	$\frac{11}{32}$	$\frac{11}{16}$	$\frac{55}{256}$	0	1
$B_1\otimes$	$\frac{5}{8}$	$\frac{1}{4}$	$\frac{1}{8}$	$\frac{1}{2}$	$\frac{3}{16}$	$-\frac{1}{4}$	1
B_2	$\frac{1}{8}$	$\frac{1}{4}$	$\frac{5}{8}$	$\frac{1}{2}$	$\frac{3}{16}$	$\frac{1}{4}$	1

2.4.3　F_1代连续自交的分支交配系统方差的逐级分解

表 2.4.2 用树图表示了F_1代连续自交的分支交配系统：F_2代的亲本为F_1代，由F_1代自交($Aa \times Aa$)的一个家系组成；F_3代由$AA \times AA$、$Aa \times Aa$和$aa \times aa$三个家系组成(表中用①、②、③表示)；F_4代的亲本为F_3代，祖亲为F_2. F_4有三个家系群(表中用Ⅰ、Ⅱ、Ⅲ表示). Ⅰ中有一个家系$AA \times AA$，Ⅲ中有一个家系$aa \times aa$，Ⅱ中有三个家系……

分支交配系统分离世代的总遗传方差按分支可分解为家系群间、群内家系间、家系内等层次.

表 2.4.2　自交各世代形成过程的分支交配系统

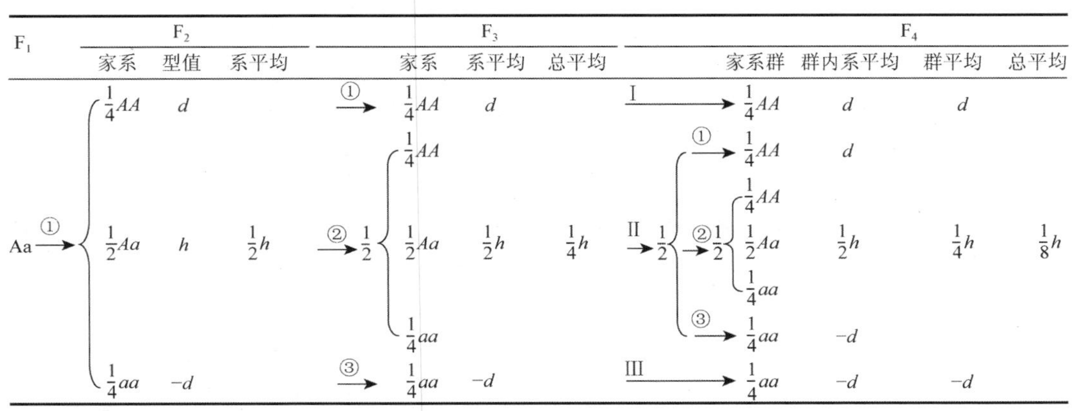

1. F_2的方差

由表 2.4.2 可以看出，F_2只有一个家系，家系中每个个体均由F_1自交$(Aa \times Aa)$经过配子分离重组而形成，这样形成的遗传变异称为一级方差. 因而F_2的遗传方差只能写成$\sigma^2_{1F_2g}$，而不能写成$\sigma^2_{F_2g}$.F_2的遗传方差是其仅有的一个家系内的方差. 家系中基因型值的分布为$(d, h, -d) = \left(\frac{1}{4}, \frac{1}{2}, \frac{1}{4}\right)$，平均值为$h/2$，故

$$\sigma^2_{1F_2g} = \frac{1}{4}\left(d - \frac{1}{2}h\right)^2 + \frac{1}{2}\left(h - \frac{1}{2}h\right)^2 + \frac{1}{4}\left(-d - \frac{1}{2}h\right)^2 = \frac{1}{2}d^2 + \frac{1}{4}h^2$$

将F_2种植或饲养于一个环境中，其环境方差分量为E. 将结果推广到多基因系统，则F_2代遗传方差及表型方差为

$$\begin{cases} \sigma^2_{1F_2g} = \frac{1}{2}D + \frac{1}{4}H \\ \sigma^2_{1F_2P} = \frac{1}{2}D + \frac{1}{4}H + E \end{cases} \tag{2.4.6}$$

2. F_3的方差

F_3有两个级别的方差和一个一级协方差.

1) F_3的一级方差和二级方差

由表 2.4.2 可以看出，F_3有三个家系，每一个家系均来自F_2中一个个体的自交. 因而家系平均数的方差为一级方差；其次各个家系可能有变异，因而各家系方差的平均为二级方差，这就是说$\sigma^2_{F_3g}$由$\sigma^2_{1F_3g}$和$\sigma^2_{2F_3g}$组成. 家系均数的分布为$\left(d, \frac{1}{2}h, -d\right) = \left(\frac{1}{4}, \frac{1}{2}, \frac{1}{4}\right)$，总平均为$\frac{1}{4}h$. 故

$$\sigma^2_{1F_3g} = \frac{1}{4}\left(d - \frac{1}{4}h\right)^2 + \frac{1}{2}\left(\frac{1}{2}h - \frac{1}{4}h\right)^2 + \frac{1}{4}\left(-d - \frac{1}{4}h\right)^2 = \frac{1}{2}d^2 + \frac{1}{16}h^2$$

家系①和③中只有一个基因型，方差为 0；家系②的方差为$\sigma^2_{1F_2g}$，频率为$\frac{1}{2}$，故

$$\sigma^2_{2F_3g} = \frac{1}{4} \times 0 + \frac{1}{2} \times \sigma^2_{1F_2g} + \frac{1}{4} \times 0 = \frac{1}{4}d^2 + \frac{1}{8}h^2$$

将其推广到多基因系统为

$$\sigma^2_{1F_3g} = \frac{1}{2}D + \frac{1}{16}H \qquad \sigma^2_{2F_3g} = \frac{1}{4}D + \frac{1}{8}H \tag{2.4.7}$$

二者相加为F_3的总遗传方差$\sigma^2_{F_3g} = \frac{3}{4}D + \frac{3}{16}H$，如果$F_3$各家系种植或饲养于一个环境中，环境方差组分为 E，则$\sigma^2_{F_3P} = \frac{3}{4}D + \frac{3}{16}H + E$.

如果每个家系播种或饲养于一个试验单元，每个试验单元抽取n个个体估计平均数，各试验单元内的环境方差均为E，试验单元间的区组环境方差为E_b，则一级表型方差不但受到E_b的影响，而且受到均数抽样误差$\frac{1}{n}\sigma^2_{2F_3g} = \frac{1}{n}\left(\frac{1}{4}D + \frac{1}{8}H + E\right)$的影响，即

$$\sigma^2_{1F_3P} = \sigma^2_{1F_3g} + E_b + \frac{1}{n}\left(\frac{1}{4}D + \frac{1}{8}H + E\right) \tag{2.4.8}$$

2) F_3的一级亲子协方差

F_2代个体与其相应的F_3子代家系平均间有一个一级协方差$W_{1F_{23}}$. 由表 2.4.2 可知，F_2代为$\frac{1}{4}AA + \frac{1}{2}Aa + \frac{1}{4}aa$，基因型值分别为$d$、$h$ 和 $-d$，平均数为$\frac{h}{2}$；相应的F_3子代家系

平均数分别为d、$\frac{h}{2}$和$-d$，总平均数为$\frac{h}{4}$，故一级亲子协方差为

$$\begin{aligned}W_{1\mathrm{F}_{23}} &= \mathrm{Cov}_{1\mathrm{F}_{23}} = \frac{1}{4}d\times d+\frac{1}{2}h\times\frac{h}{2}+\frac{1}{4}(-d)\times(-d)-\frac{h}{2}\times\frac{h}{4} \\ &= \frac{1}{2}d^2+\frac{1}{8}h^2\end{aligned}$$

推广到多基因系统为

$$W_{1\mathrm{F}_{23}} = \frac{1}{2}D+\frac{1}{8}H \tag{2.4.9}$$

在这个估计中，F_2和F_3独立种植或饲养，故不包括环境协方差组分.

3. F_4的方差

1) F_4的一级、二级和三级方差

由表 2.4.2 可以看出，F_4有三个家系群，每个家系群均来自F_3的一个家系中个体的自交，因为家系群平均数的方差为F_4的一级方差$\sigma^2_{1\mathrm{F}_4g}$，而家系群平均数的分布为$\left(d,\frac{1}{4}h,-d\right)=\left(\frac{1}{4},\frac{1}{2},\frac{1}{4}\right)$，总平均为$\frac{h}{8}$，故

$$\sigma^2_{1\mathrm{F}_4g}=\frac{1}{4}\left(d-\frac{h}{8}\right)^2+\frac{1}{2}\left(\frac{1}{4}h-\frac{h}{8}\right)^2+\frac{1}{4}\left(-d-\frac{h}{8}\right)^2=\frac{1}{2}d^2+\frac{1}{64}h^2$$

每个家系群内有家系平均数，因而家系群内家系平均数方差的平均为F_4的二级方差.家系群Ⅰ和Ⅲ中仅有一个基因型，因而家系平均数的方差为零；家系群Ⅱ的频率为$\frac{1}{2}$，有三个家系，家系平均数的分布为$\left(d,\frac{1}{2}h,-d\right)=\left(\frac{1}{4},\frac{1}{2},\frac{1}{4}\right)$，三个家系的平均数为$\frac{h}{4}$，故家系群下的二级方差为

$$\begin{aligned}\sigma^2_{2\mathrm{F}_4g} &= \frac{1}{4}\times 0+\frac{1}{2}\left[\frac{1}{4}\left(d-\frac{h}{4}\right)^2+\frac{1}{2}\left(\frac{1}{2}h-\frac{h}{4}\right)^2+\frac{1}{4}\left(-d-\frac{h}{4}\right)^2\right]+\frac{1}{4}\times 0 \\ &= \frac{1}{4}d^2+\frac{1}{32}h^2\end{aligned}$$

家系方差的平均指家系群内各家系方差的平均. 由表 2.4.2 可以看出，家系群Ⅰ和Ⅲ中仅有一个包含一个基因型的家系，故它们的家系方差均为 0；家系群Ⅱ中有三个家系，家系①和③的方差为 0，家系②的方差为F_2方差$\frac{1}{2}d^2+\frac{1}{4}h^2$.所有家系群内家系方差的平均称为三级方差，即

$$\sigma^2_{3\mathrm{F}_4g}=\frac{1}{8}d^2+\frac{1}{16}h^2$$

将其推广到多基因系统，有

$$\begin{cases}\text{家系群平均数的方差 } \sigma^2_{1\mathrm{F}_4g}=\frac{1}{2}D+\frac{1}{64}H \\ \text{家系群内家系平均数方差的平均 } \sigma^2_{2\mathrm{F}_4g}=\frac{1}{4}D+\frac{1}{32}H \\ \text{家系方差的平均 } \sigma^2_{3\mathrm{F}_4g}=\frac{1}{8}D+\frac{1}{16}H\end{cases} \tag{2.4.10}$$

表明F_4的总遗传方差$\sigma^2_{\mathrm{F}_4g}=\sigma^2_{1\mathrm{F}_4g}+\sigma^2_{2\mathrm{F}_4g}+\sigma^2_{3\mathrm{F}_4g}=\frac{7}{8}D+\frac{7}{64}H$.如果$\mathrm{F}_4$各家系群混种或混养在同一环境内，环境方差组分为$E$，则表型方差为$\sigma^2_{\mathrm{F}_4P}=\frac{7}{8}D+\frac{7}{64}H+E$.

如果将F_4中的每一个家系种植或饲养在一个试验单元，各试验单元的环境方差组分为E，则三级表型方差为

$$\sigma^2_{3F_4P} = \frac{1}{8}D + \frac{1}{16}H + E \quad (2.4.11)$$

如果每一个家系抽取n个个体估计平均数，试验单元间的区组环境方差组分为E_b，则二级表型方差组分为

$$\sigma^2_{2F_4P} = \frac{1}{4}D + \frac{1}{32}H + \frac{1}{n}\sigma^2_{3F_4P} + E_b \quad (2.4.12)$$

如果一个家系群内有n'个家系，则一级表型方差为

$$\sigma^2_{1F_4P} = \frac{1}{2}D + \frac{1}{64}H + \frac{1}{n'}\sigma^2_{2F_4P} \quad (2.4.13)$$

2) F_4的一级、二级亲子协方差

由于F_4的每一个家系群是由F_3家系自交形成的，因而F_3家系平均与F_4家系群平均间的协方差为一级协方差$W_{1F_{34}}$. 表 2.4.2 显示，F_3家系平均数分别为d、$\frac{h}{2}$和$-d$，总平均为$\frac{h}{4}$；F_4家系群平均数分别为d、$\frac{h}{4}$和$-d$，总平均数为$\frac{h}{8}$，二者平均数的频率均为$\frac{1}{4}$、$\frac{1}{2}$和$\frac{1}{4}$. 故

$$\begin{aligned} W_{1F_{34}} &= \frac{1}{4}d \times d + \frac{1}{2}\left(\frac{h}{2} \times \frac{h}{4}\right) + \frac{1}{4}(-d) \times (-d) - \frac{h}{4} \times \frac{h}{8} \\ &= \frac{1}{2}d^2 + \frac{1}{32}h^2 \end{aligned}$$

另外，表 2.4.2 显示，F_3每一家系中个体对应F_4每一家系群内的家系，因而F_3的个体与其对应的F_4家系群内各家系平均数间协方差的平均为F_3和F_4的二级协方差$W_{2F_{34}}$. 其中，F_3的家系①和③对应F_4家系群中的Ⅰ和Ⅲ，由于①和Ⅰ仅有AA，③和Ⅲ仅有aa，故其协方差为0. F_3家系②中三种个体的基因型值分布为$(d, h, -d) = \left(\frac{1}{4}, \frac{1}{2}, \frac{1}{4}\right)$，均值为$\frac{h}{2}$；与其对应的$F_4$的家系群Ⅱ中三个家系平均数分布为$\left(d, \frac{1}{2}h, -d\right) = \left(\frac{1}{4}, \frac{1}{2}, \frac{1}{4}\right)$，均值为$\frac{h}{4}$. 而②和Ⅱ的频率均为$\frac{1}{2}$，故

$$\begin{aligned} W_{2F_{34}} &= \frac{1}{2}\left[\frac{1}{4}d \times d + \frac{1}{2}\left(h \times \frac{h}{2}\right) + \frac{1}{4}(-d) \times (-d) - \frac{h}{2} \times \frac{h}{4}\right] \\ &= \frac{1}{4}d^2 + \frac{1}{16}h^2 \end{aligned}$$

将上述推广到多基因系统为

$$\begin{cases} W_{1F_{34}} = \frac{1}{2}D + \frac{1}{32}H \\ W_{2F_{34}} = \frac{1}{4}D + \frac{1}{16}H \end{cases} \quad (2.4.14)$$

4. F_n的方差

将F_2、F_3和F_4的方差逐级分解推广到连续自交的F_n，则F_n有$(n-1)$级方差. F_n的遗传方差的逐级分解结果如表 2.4.3 所示.

上述分解是按表 2.4.2 所示的由F_1代连续自交的分支交配系统特点来进行的：由F_2的三种基因型自交形成F_3的三个家系，由F_3三个家系成员自交形成F_4的家系群，由F_4的家系群成员自交形成F_5的三个更高一级的家系群，…. 在这个过程中，变化的是F_2代Aa之后的家系、家系群等，其频率均为$1/2$. 如果F_3中去掉家系①和③则得F_2. 因而F_3的二级方差是F_2遗传方差的一半. 同理，F_4的三级方差是F_3的二级方差的一半，…，F_n的$(n-1)$级方差是F_{n-1}的$(n-2)$级方差的一半，即

表 2.4.3　F_n遗传方差及其分级分解

世代 n	集团混种		按家系、家系群、…分级分解											
	$\sigma^2_{F_n g}$		$\sigma^2_{1F_n g}$		$\sigma^2_{2F_n g}$		$\sigma^2_{3F_n g}$		$\sigma^2_{4F_n g}$		…	$\sigma^2_{(n-1)F_n g}$	
	D	H	D	H	D	H	D	H	D	H		D	H
2	$\frac{1}{2}$	$\frac{1}{4}$	$\frac{1}{2}$	$\frac{1}{4}$	0	0	0	0	0	0	…	0	0
3	$\frac{3}{4}$	$\frac{3}{16}$	$\frac{1}{2}$	$\frac{1}{16}$	$\frac{1}{4}$	$\frac{1}{8}$	0	0	0	0	…	0	0
4	$\frac{7}{8}$	$\frac{7}{64}$	$\frac{1}{2}$	$\frac{1}{64}$	$\frac{1}{4}$	$\frac{1}{32}$	$\frac{1}{8}$	$\frac{1}{16}$	0	0	…	0	0
5	$\frac{15}{16}$	$\frac{15}{256}$	$\frac{1}{2}$	$\frac{1}{256}$	$\frac{1}{4}$	$\frac{1}{128}$	$\frac{1}{8}$	$\frac{1}{64}$	$\frac{1}{16}$	$\frac{1}{32}$	…	0	0
6	$\frac{31}{32}$	$\frac{31}{1024}$	$\frac{1}{2}$	$\frac{1}{1024}$	$\frac{1}{4}$	$\frac{1}{512}$	$\frac{1}{8}$	$\frac{1}{256}$	$\frac{1}{16}$	$\frac{1}{64}$	…	0	0
⋮	⋮	⋮	⋮	⋮	⋮	⋮	⋮	⋮	⋮	⋮	⋱	⋮	⋮
n	$\frac{2^{n-1}-1}{2^{n-1}}$	$\frac{2^{n-1}-1}{4^{n-1}}$	$\frac{1}{2}$	$\frac{1}{2^{2n-2}}$	$\frac{1}{4}$	$\frac{1}{2^{2n-3}}$	$\frac{1}{8}$	$\frac{1}{2^{2n-4}}$	$\frac{1}{16}$	$\frac{1}{2^{2n-5}}$	…	$\frac{1}{2^{n-1}}$	$\frac{1}{2^n}$

$$\sigma^2_{(n-1)F_n g} = \frac{1}{2}\sigma^2_{(n-2)F_{(n-1)}g}, \quad n = 3, 4, \cdots \tag{2.4.15}$$

因而只要知道$\sigma^2_{1F_n g}$就可知道$\sigma^2_{F_n g}$的各级方差. $\sigma^2_{1F_n g}$是F_n代三个家系群组平均数间的方差, 即$\sigma^2_{1F_n g} = \frac{1}{2}D + \frac{1}{4^{n-1}}H$. 有了上述结果, 易得$F_n$的第 j 级遗传方差为

$$\sigma^2_{jF_n g} = \left(\frac{1}{2}\right)^j D + \left(\frac{1}{2}\right)^{2n-j-1} H, \quad j = 1, 2, 3, \cdots, n-1 \tag{2.4.16}$$

F_n与F_{n-1}的亲子协方差有$(n-2)$级

$$W_{jF_{(n-1)n}} = \mathrm{Cov}jF_{(n-1)n} = \left(\frac{1}{2}\right)^j D + \left(\frac{1}{2}\right)^{2n-j-2} H, \quad j = 1, 2, \cdots, n-2 \tag{2.4.17}$$

比较式(2.4.16)和式(2.4.17), $\sigma^2_{jF_n g}$的 D 分量和$W_{jF_{(n-1)n}}$的 D 分量是相同的; 而 H 分量, 前者是后者的一半, 这是由F_n与F_{n-1}的第Ⅱ个家系群差异引起的.

2.4.4　S_3、S_4世代方差的分解

1) S_3的一级和二级方差

F_2是F_1自交所得的全同胞群体, 对F_2施行同胞交配产生S_3, 也称双亲后代第三代(bips). 如果不考虑连锁, 则S_3的基因型分布和F_2相同. 用一对等位基因(A, a)来表达, $S_3 = \frac{1}{4}AA + \frac{1}{2}Aa + \frac{1}{4}aa$. F_2有 6 种交配类型, 交配的家系平均数和家系内方差如表 2.4.4 所示. 表中给出了家系方差的平均, 为二级方差$\sigma^2_{2S_3 g} = \frac{1}{4}d^2 + \frac{3}{16}h^2$.$S_3$的一级方差为家系间的方差, 即

$$\begin{aligned}\sigma^2_{1S_3 g} &= \frac{1}{16}d^2 + \frac{1}{4}\left[\frac{1}{2}(d+h)\right]^2 + \frac{1}{8}h^2 + \frac{1}{4}\left(\frac{h}{2}\right)^2 + \frac{1}{4}\left[\frac{1}{2}(h-d)\right]^2 + \frac{1}{16}(-d)^2 - \left(\frac{h}{2}\right)^2 \\ &= \frac{1}{4}d^2 + \frac{1}{16}h^2\end{aligned}$$

推广到多基因系统, 则有

$$\sigma^2_{1S_3 g} = \frac{1}{4}D + \frac{1}{16}H \qquad \sigma^2_{2S_3 g} = \frac{1}{4}D + \frac{3}{16}H \tag{2.4.18}$$

总方差为

$$\sigma^2_{S_3g}=\sigma^2_{1S_3g}+\sigma^2_{2S_3g}=\frac{1}{2}D+\frac{1}{4}H$$

如果一个家系种植或饲养于同一环境中，环境方差组分为 E，则二级表型方差为

$$\sigma^2_{2S_3P}=\frac{1}{4}D+\frac{3}{16}H+E \tag{2.4.19}$$

若各家系环境间的区组间方差为E_b，每一家系抽取n个个体，则一级表型方差为

$$\sigma^2_{1S_3P}=\frac{1}{4}D+\frac{1}{16}H+E_b+\frac{1}{n}\sigma^2_{2S_3P} \tag{2.4.20}$$

表 2.4.4 S_3的家系平均数及家系内方差

交配类型	交配频率	家系	家系平均数	家系方差	亲本中值
$AA\times AA$	$\frac{1}{16}$	AA	d	0	d
$AA\times Aa$	$\frac{1}{4}$	$\frac{1}{2}AA+\frac{1}{2}Aa$	$\frac{1}{2}(d+h)$	$\frac{1}{4}(d-h)^2$	$\frac{1}{2}(d+h)$
$AA\times aa$	$\frac{1}{8}$	Aa	h	0	0
$Aa\times Aa$	$\frac{1}{4}$	$\frac{1}{4}AA+\frac{1}{2}Aa+\frac{1}{4}aa$	$\frac{1}{2}h$	$\frac{1}{2}d^2+\frac{1}{4}h^2$	h
$Aa\times aa$	$\frac{1}{4}$	$\frac{1}{2}Aa+\frac{1}{2}aa$	$\frac{1}{2}(h-d)$	$\frac{1}{4}(d+h)^2$	$\frac{1}{2}(h-d)$
$aa\times aa$	$\frac{1}{16}$	aa	$-d$	0	$-d$
平均			$\frac{1}{2}h$	$\frac{1}{4}d^2+\frac{3}{16}h^2$	$\frac{1}{2}h$

2) S_3的亲本中值与家系均值间的协方差$W_{1S_{23}}$

S_3有一个家系均值与亲本中值的协方差$W_{1S_{23}}$. 亲本中值可由表 2.4.4 中的交配类型计算，分别为d、$\frac{(d+h)}{2}$、0、h、$\frac{(h-d)}{2}$和$-d$. 家系平均数分别为d、$\frac{(d+h)}{2}$、h、$\frac{h}{2}$、$\frac{(h-d)}{2}$和$-d$. 它们的频率分别为$\frac{1}{16}$、$\frac{1}{4}$、$\frac{1}{8}$、$\frac{1}{4}$、$\frac{1}{4}$和$\frac{1}{16}$，二者的均值均为$\frac{h}{2}$. 因而

$$W_{1S_{23}}=\frac{1}{16}d^2+\frac{1}{4}\left(\frac{d+h}{2}\right)^2+\frac{1}{8}\times 0\times h+\frac{1}{4}\times\frac{h}{2}\times h+\frac{1}{4}\left(\frac{h-d}{2}\right)^2+\frac{1}{16}d^2-\left(\frac{h}{2}\right)^2=\frac{1}{4}d^2$$

在多基因系统为

$$W_{1S_{23}}=\frac{1}{4}D \tag{2.4.21}$$

与前述相比，可见同胞交S_3和F_3是不同的. 用F_3家系内随机交配得S_4, S_4有三级方差和二级亲子协方差

$$\begin{cases}\sigma^2_{S_4g}=\frac{5}{8}D+\frac{15}{64}H=\sigma^2_{1S_4g}+\sigma^2_{2S_4g}+\sigma^2_{3S_4g}\\ \sigma^2_{3S_4P}=\sigma^2_{3S_4g}+E=\frac{1}{4}D+\frac{11}{64}H+E\\ \sigma^2_{2S_4P}=\sigma^2_{2S_4g}+E_b+\frac{1}{n}\sigma^2_{3S_4P}=\frac{1}{8}D+\frac{5}{128}H+E_b+\frac{1}{n}\sigma^2_{3S_4P}\\ \sigma^2_{1S_4P}=\sigma^2_{1S_4g}+\frac{1}{n'}\sigma^2_{2S_4P}=\frac{1}{4}D+\frac{3}{128}H+\frac{1}{n'}\sigma^2_{2S_4P}\end{cases} \tag{2.4.22}$$

$$\begin{cases}W_{1S_{34}}=\frac{1}{4}D+\frac{1}{32}H\\ W_{2S_{34}}=\frac{1}{8}D+\frac{1}{32}H\end{cases} \tag{2.4.23}$$

其中，n、n'参考式(2.4.11)~式(2.4.13).

2.4.5　显性度

下面在加性-显性模型下讨论显性度的问题.

1. 一对等位基因群体的显性度

对于平衡群体$(AA, Aa, aa) = (p^2, 2pq, q^2)$，数量性状在$x-m$尺度上的均值$\nu = (p-q)d + 2pqh$，其中$(p-q)d$是纯合体对$\nu$的贡献，$2pqh$是杂合体对$\nu$的贡献，由此可看出不同显性情况下对$\nu$的表现. 对一对等位基因群体来讲，有以下分析

$$\frac{|h|}{d} = \begin{cases} 0, & \text{无显性} \\ <1, & \text{部分显性} \\ =1, & \text{完全显性} \\ >1, & \text{超显性} \end{cases} \tag{2.4.24}$$

显然，在无显性、部分显性和完全显性时，$-d \leqslant \nu \leqslant d$，而在超显性时，$\nu$在区间$[-d, d]$之外.

2. 多基因系统下的显性度

1) 平均显性度

若性状由 N 对等位基因决定且效应可加时，各位点的加性效应均等于d，各位点的显性效应均等于h，则在$x-m$尺度下的群体均值为

$$\nu = \sum_{i=1}^{N}(p-q)d_i - 2pq\sum_{i=1}^{N}h_i = N(p-q)d + 2Npqh \tag{2.4.25}$$

这时有

$$\frac{|h|}{d} = \begin{cases} 0, & \text{无平均显性} \\ <1, & \text{平均部分显性} \\ =1, & \text{平均完全显性} \\ >1, & \text{平均超显性} \end{cases} \tag{2.4.26}$$

在无平均显性、平均部分显性和平均完全显性时，群体平均$-Nd \leqslant \nu \leqslant Nd$，而在平均超显性情况下，$\nu$在$[-Nd, Nd]$之外. 在式(2.4.26)的情况下，$\sum h = [h] = Nh, \sum d = [d] = Nd$，而$[h]$和$[d]$的估计为

$$[\hat{h}] = \bar{\mathrm{F}}_1 - \frac{1}{2}(\bar{\mathrm{P}}_1 + \bar{\mathrm{P}}_2) \qquad [\hat{d}] = \frac{1}{2}(\bar{\mathrm{P}}_1 - \bar{\mathrm{P}}_2) \tag{2.4.27}$$

则平均显性度的估计为

$$\frac{|[\hat{h}]|}{[\hat{d}]} = \frac{\left|\bar{\mathrm{F}}_1 - \frac{1}{2}(\bar{\mathrm{P}}_1 + \bar{\mathrm{P}}_2)\right|}{\frac{1}{2}(\bar{\mathrm{P}}_1 - \bar{\mathrm{P}}_2)} \tag{2.4.28}$$

2) 势能比值

一般情况下，式(2.4.26)的前提条件并不能证实，因而

$$R_P = \frac{\overline{\mathrm{F}}_1 - \frac{1}{2}(\overline{\mathrm{P}}_1 + \overline{\mathrm{P}}_2)}{\frac{1}{2}(\overline{\mathrm{P}}_1 - \overline{\mathrm{P}}_2)} \tag{2.4.29}$$

称为势能比值(potential ratio, PR 或R_P). 势能比在一对等位基因情况下才是显性度的测度; 在多基因情况下, 仅用以测定两个亲本基因组的比较优势, 即使$R_P > 1$也不能说有平均超显性. R_P的取值范围为$(-\infty, +\infty)$. 例如, 表 2.3.3 中, $\overline{\mathrm{P}}_1 = 116.30\mathrm{cm}, \overline{\mathrm{P}}_2 = 98.45\mathrm{cm}, \overline{\mathrm{F}}_1 = 117.68\mathrm{cm}$, 则

$$R_P = \frac{117.68 - \frac{1}{2}(116.30 + 98.45)}{\frac{1}{2}(116.30 - 98.45)} = 1.1546$$

说明两个烟草品种杂交种具有很强的超中亲优势. 尽管$\overline{\mathrm{F}}_1 > \overline{\mathrm{P}}_1$, 但不能说明它有平均超显性.

3) 用方差组分 D和 H估计平均显性度

在一般情况下, 式(2.4.26)的前提假定并不能证实, 如何估计多基因系统下的平均显性度呢? 人们利用方差组分D、H实现了这种估计. 因为$D = \sum d_i^2$和$H = \sum h_i^2$不受d_i和h_i的正负影响. 如果d_i和h_i在各位点上均相等, 则

$$\sqrt{\frac{H}{D}} = \sqrt{\frac{\sum h^2}{\sum d^2}} = \sqrt{\frac{Nh^2}{Nd^2}} = \frac{h}{d} \tag{2.4.30}$$

可作为显性度的一个估计. 如果d_i和h_i均不等于一个常数, 则$\sqrt{\frac{H}{D}}$可作为平均显性度的估计, 即

$$\sqrt{\frac{H}{D}} = \begin{cases} 0, & \text{无平均显性} \\ < 1, & \text{平均部分显性} \\ = 1, & \text{平均完全显性} \\ > 1, & \text{平均超显性} \end{cases} \tag{2.4.31}$$

显然, 式(2.4.31)不受$[h]/[d]$的干扰.

D、H和F 可根据 P_1、P_2、F_1、F_2、B_1和B_2资料估计. 在加性-显性模型下, P_1、P_2和F_1的方差分别为$S^2_{\mathrm{P}_1}$、$S^2_{\mathrm{P}_2}$和$S^2_{\mathrm{F}_1}$, 其期望值均为 E, E的估计为(式(2.4.2))

$$\hat{E} = \frac{1}{4}S^2_{\mathrm{P}_1} + \frac{1}{2}S^2_{\mathrm{F}_1} + \frac{1}{4}S^2_{\mathrm{P}_2}$$

在F_2、B_1和B_2的方差中, $\hat{D}$、$\hat{H}$在其中的组分为

$$\begin{cases} S^2_{\mathrm{F}_2} = \frac{1}{2}\hat{D} + \frac{1}{4}\hat{H} + \hat{E} \\ S^2_{\mathrm{B}_1} = \frac{1}{4}\hat{D} + \frac{1}{4}\hat{H} - \frac{1}{2}\hat{F} + \hat{E} \\ S^2_{\mathrm{B}_2} = \frac{1}{4}\hat{D} + \frac{1}{4}\hat{H} + \frac{1}{2}\hat{F} + \hat{E} \end{cases}$$

解之得$\hat{E}$、$\hat{D}$、$\hat{H}$和$\hat{F}$, 连同它们的方差估计结果如下

$$\begin{cases} \hat{E} = \frac{1}{4}S^2_{\mathrm{P}_1} + \frac{1}{2}S^2_{\mathrm{F}_1} + \frac{1}{4}S^2_{\mathrm{P}_2} \\ S^2_{\hat{E}} = \frac{1}{16}\left(\frac{2S^4_{\mathrm{P}_1}}{n_{\mathrm{P}_1} - 1}\right) + \frac{1}{4}\left(\frac{2S^4_{\mathrm{F}_1}}{n_{\mathrm{F}_1} - 1}\right) + \frac{1}{16}\left(\frac{2S^4_{\mathrm{P}_2}}{n_{\mathrm{P}_2} - 1}\right) \end{cases} \tag{2.4.32}$$

$$\begin{cases} \hat{D} = 4S_{\mathrm{F}_2}^2 - 2S_{\mathrm{B}_1}^2 - 2S_{\mathrm{B}_2}^2 \\ S_{\hat{D}}^2 = 16\left(\frac{2S_{\mathrm{F}_2}^4}{n_{\mathrm{F}_2}-1}\right) + 4\left(\frac{2S_{\mathrm{B}_1}^4}{n_{\mathrm{B}_1}-1}\right) + 4\left(\frac{2S_{\mathrm{B}_2}^4}{n_{\mathrm{B}_2}-1}\right) \end{cases} \tag{2.4.33}$$

$$\begin{cases} \hat{H} = 4S_{\mathrm{B}_1}^2 + 4S_{\mathrm{B}_2}^2 - 4S_{\mathrm{F}_2}^2 - 4\hat{E} \\ S_{\hat{H}}^2 = 16\left(\frac{2S_{\mathrm{B}_1}^4}{n_{\mathrm{B}_1}-1} + \frac{2S_{\mathrm{B}_2}^4}{n_{\mathrm{B}_2}-1} + \frac{2S_{\mathrm{F}_2}^4}{n_{\mathrm{F}_2}-1}\right) + 16S_{\hat{E}}^2 \end{cases} \tag{2.4.34}$$

$$\begin{cases} \hat{F} = S_{\mathrm{B}_2}^2 - S_{\mathrm{B}_1}^2 \\ S_{\hat{F}}^2 = \frac{2S_{\mathrm{B}_1}^4}{n_{\mathrm{B}_1}-1} + \frac{2S_{\mathrm{B}_2}^4}{n_{\mathrm{B}_2}-1} \end{cases} \tag{2.4.35}$$

式(2.4.32)~式(2.4.35)中，可以从各估计中发现其方差的规律. 这种规律基于两点: ①6 个世代是相互独立的; ②方差的方差估计. 由统计学知，对于来自正态总体$N(\mu,\sigma^2)$的样本容量为 n 的样本，其方差 $S^2 = \sum(x-\bar{x})^2/(n-1) = \mathrm{SS}/(n-1)$，则$(n-1)S^2/\sigma^2 \sim \chi^2(n-1)$. $\chi^2(n-1)$的期望值和方差分别为$(n-1)$和$2(n-1)$，故$V(S^2) = 2\sigma^4/(n-1)$，其无偏估计为$V(S^2) = 2S^4/(n-1)$.

由上述可得F_2的加性方差$\sigma_d^2 = \frac{1}{2}D$和显性方差$\sigma_h^2 = \frac{1}{4}H$的估计

$$\hat{\sigma}_d^2 = \frac{1}{2}\hat{D} \qquad S_{\hat{\sigma}_d^2}^2 = \frac{1}{4}S_{\hat{D}}^2 \tag{2.4.36}$$

$$\hat{\sigma}_h^2 = \frac{1}{4}\hat{H} \qquad S_{\hat{\sigma}_h^2}^2 = \frac{1}{16}S_{\hat{H}}^2 \tag{2.4.37}$$

【例 2.4.1】　表 2.4.5 资料显示了方差组分和显性度估计.

表 2.4.5　方差组分估计

$\hat{D} \pm S_{\hat{D}} = 59.2026 \pm 4.9070$	$\sqrt{\hat{H}/\hat{D}} = 0.6831$
$\hat{H} \pm S_{\hat{H}} = 27.6304 \pm 7.8427$	
$\hat{F} \pm S_{\hat{F}} = 6.6459 \pm 1.4535$	$\hat{F}/\sqrt{\hat{D}\hat{H}} = 0.1643$
$\hat{E} \pm S_{\hat{E}} = 41.1426 \pm 0.8688$	

F_2的加性和显性方差的估计为

$$\hat{\sigma}_d^2 \pm S_{\hat{\sigma}_d^2} = 29.6031 \pm 2.4535 \qquad \hat{\sigma}_h^2 \pm S_{\hat{\sigma}_h^2} = 6.9076 \pm 1.9607$$

分析上述结论得到$\sqrt{\hat{H}/\hat{D}} = 0.6831$，表明有相当高的平均部分显性；$\hat{F}/\sqrt{\hat{D}\hat{H}} = 0.1643 > 0$，说明各位点的$h$正负不一致，即$h$的分布是分散的；$\hat{F} = 6.6459 > 0$，说明从大亲本$\mathrm{P}_1$遗传来的基因具有更多平均部分显性，在这种情况下，$S_{\mathrm{B}_1}^2 < S_{\mathrm{B}_2}^2$；在$\mathrm{F}_2$的表型方差$S_{\mathrm{F}_2}^2$中，能遗传且能固定的加性方差$\hat{\sigma}_d^2$占 38.1%，能遗传但不能固定的显性方差$\hat{\sigma}_h^2$占 8.9%，不能遗传的环境方差$\hat{\sigma}_e^2(\hat{E})$占 53%.

2.4.6　自交选择的最适世代及分离极限估计

在加性-显性模型下，表 2.4.3 给出了集团混种时F_n的遗传方差

$$\sigma_{\mathrm{F}_n g}^2 = \frac{(2^{n-1}-1)D}{2^{n-1}} + \frac{(2^{n-1}-1)H}{4^{n-1}} = \sigma_d^2 + \sigma_h^2 \tag{2.4.38}$$

加性方差$\sigma_d^2 = (2^{n-1}-1)D/2^{n-1}$是$\mathrm{F}_n$个体基因型值中能传给后代并能固定的育种值方差，因而育种值对基因型值的决定系数

$$R_{\mathrm{GA}}^2=\frac{\sigma_d^2}{\sigma_{\mathrm{F}_n g}^2} \tag{2.4.39}$$

是决定实施选择最适世代的重要指标. 如果要求选择世代的$R_{\mathrm{GA}}^2>\alpha$, 则由式(2.4.38)和式(2.4.39)有

$$n>1+\ln\frac{\alpha H}{(1-\alpha)D}/\ln 2 \tag{2.4.40}$$

对于表 2.4.6 的资料, 如果要求$\alpha=0.90$, 则n的估计为

$$\hat{n}>1+\ln\frac{0.9\times 27.6304}{0.1\times 59.2026}/\ln 2=3.07$$

结果表明, 表 2.4.6 所示遗传试验在F_3后的加性遗传方差已占总遗传方差的 90%以上, 实施选择的效果是可靠的.

表 2.4.6　两个烟草品种的平均高度

世代	样本容量	方差(S^2)	期望$E(S^2)$
P_1	20	20.6684	E
P_2	20	29.0500	E
F_1	60	57.4260	E
F_2	160	77.6533	$\frac{1}{2}D+\frac{1}{4}H+E$
B_1	120	59.5288	$\frac{1}{4}D+\frac{1}{4}H-\frac{1}{2}F+E$
B_2	120	66.1747	$\frac{1}{4}D+\frac{1}{4}H+\frac{1}{2}F+E$

由式(2.3.38)可知, 当$n\to\infty$时, $\sigma_{\mathrm{F}_n g}^2\to D$, 表明两个纯系杂交后代群体, 在连续自交分离下会产生一系列纯合的重组自交系(recombined inbreeding line, RIL). 整个群体服从$N(m,\sigma_d^2)$, m为两纯系杂交的中亲值, 即$\sigma_d^2=D$. 群体中基因型值的 95%和 99%的置信区间(分离极限估计)分别为

$$\left[\hat{m}-1.96\sqrt{\hat{D}},\ \hat{m}+1.96\sqrt{\hat{D}}\right] \text{ 和 } \left[\hat{m}-2.58\sqrt{\hat{D}},\hat{m}+2.58\sqrt{\hat{D}}\right] \tag{2.4.41}$$

2.5　连锁对世代均数和方差的影响

在独立遗传下, 2.3 节在加性-显性-上位模型下给出了两个纯合亲本杂交有关世代均数的期望组分表 2.3.2; 2.4 节在加性-显性模型下给出了两个纯合亲本杂交世代(集团混种)的方差组分表 2.4.1 和分支交配下自交各世代遗传方差的剖分和亲子协方差剖分的结果: 表 2.4.3、式(2.4.15)~式(2.4.17), 并给出了S_3和S_4的方差剖分结果.

连锁是普遍存在的遗传现象, 认识连锁在不同遗传模型下对各世代均数和方差的影响是很重要的, 它将使人们对数量性状的遗传分析有全面的理解, 对发现优良基因和数量性状遗传图谱有理论和实践意义.

2.5.1　加性-显性遗传模型下的两对与多对基因连锁的F_2代遗传分析

假设数量性状由两对等位基因(A,a)和(B,b)决定. 若它们位于不同的同源染色体上,

则独立遗传，杂合体$AaBb$的配子分离比为$AB:Ab:aB:ab=1:1:1:1$；若它们位于同一对同源染色体上，则连锁遗传．连锁遗传时，杂合体$AaBb$的配子分离因连锁而偏离独立遗传比例．连锁遗传在两对基因情况下根据在同源染色体上的位置不同分为相引相和相斥相两种，具体如图 2.5.1 所示．

图 2.5.1　$AaBb$的相引相和相斥相

下面用两个纯合亲本杂交说明连锁对F_2代遗传结构、均值和方差的影响．设A对a、B对b为显性，(A,a)和(B,b)连锁．遗传学中把$P_1\times P_2=AABB\times aabb$、$P_1\times P_2=AAbb\times aaBB$两种杂交分别称为相引相杂交和相斥相杂交．

1906 年，Bateson 做了两组香豌豆遗传试验，一组是相引相杂交，一组是相斥相杂交．其中(A,a)位点决定花的颜色，紫色(A)对红色(a)为显性；(B,b)决定花粉粒形状，长形(B)对圆形(b)为显性，按孟德尔独立遗传定律，9 种(不分正反交)基因型在表型上分为 4 种，其比例为$9:3:3:1$，这是由 4 种配子比例$1:1:1:1$和显隐性推导出来的理论比例．然而 Bateson 的试验结果偏离了独立遗传的孟德尔比例，并用符合性检验推断(A,a)和(B,b)有连锁存在．Bateson 的试验结果如表 2.5.1 所示．

表 2.5.1　香豌豆的相引相和相斥相杂交结果(F_2)

	表现型	紫长	紫圆	红长	红圆	总植株数
	基因型	$A\_B\_$	A_bb	$aaB\_$	$aabb$	
相引相杂交	亲本类型	亲	非	非	亲	
	实际株数(O_i)	4831	390	393	1338	6952
	孟德尔株数(E_i)	3910.5	1303.5	1303.5	434.5	6952
	χ^2值	3371.6		结论：连锁遗传		
相斥相杂交	亲本类型	非	亲	亲	非	
	实际株数(O_i)	226	95	97	1	419
	孟德尔株数(E_i)	235.8	78.5	78.5	26.2	419
	χ^2值	32.5		结论：连锁遗传		

符合性检验：H_0-独立遗传(符合 $9:3:3:1$)，H_A-连锁遗传．检验统计量为(O_i为实际株数，E_i为孟德尔比例株数)

$$\chi^2=\sum_{i=1}^{4}\frac{(O_i-E_i)^2}{E_i}\sim\chi^2(3) \tag{2.5.1}$$

若$\chi^2\leqslant\chi^2_{0.05}(3)=7.815$，则认为试验为独立遗传，相反则接受连锁遗传的结论．

由表 2.5.1 知，两对基因连锁时，F_2代中亲本型植株比非亲本型植株出现的比例大，即亲本型配子比非亲本型配子出现的频率大，从而偏离了孟德尔独立遗传定律的表型植株比例 9∶3∶3∶1 和配子分离比例$AB:Ab:aB:ab=1:1:1:1$，亲本型配子属于非交换产生的配子，非亲本型配子属于交换产生(重组)的配子，二者的比例为$(1-r):r$，其中r为重组率，$0<r<\frac{1}{2}$，为不完全连锁. 在重组率r之下，表 2.5.1 所示的两组试验的杂合体$AaBb$配子分离比分别为

$$\begin{cases}\text{相引相}\ AB:Ab:aB:ab=\frac{1-r}{2}:\frac{r}{2}:\frac{r}{2}:\frac{1-r}{2}\\ \text{相斥相}\ AB:Ab:aB:ab=\frac{r}{2}:\frac{1-r}{2}:\frac{1-r}{2}:\frac{r}{2}\end{cases} \tag{2.5.2}$$

由图 2.5.1 知，两对等位基因的连锁遗传并不影响一对纯合及两对纯合基因型的配子分离，仅影响双杂合体$AaBb(\mathrm{F_1})$的配子分离，其规律符合式(2.5.2). $\mathrm{F_1}$代自交产生$\mathrm{F_2}$代就等价于$\mathrm{F_1}$代配子的随机结合，即等价于配子多项式的平方. 对于相引相杂交，$\mathrm{F_2}$代基因型结构为

$$\left(\frac{1-r}{2}AB:\frac{r}{2}Ab:\frac{r}{2}aB:\frac{1-r}{2}ab\right)^2 \tag{2.5.3}$$

具体结果及在加性-显性遗传模型下的基因型值分解如表 2.5.2 所示.

表 2.5.2　相引连锁$\mathrm{F_2}$代基因型频率、单位点基因型频率和$\bar{\mathrm{F}}_2$

		BB	Bb	bb	单位点频率	$\bar{\mathrm{F}}_2$
AA	频率	$\frac{1}{4}(1-r)^2$	$\frac{1}{2}r(1-r)$	$\frac{1}{4}r^2$	$\frac{1}{4}$	
	型值	$m+d_A+d_B$	$m+d_A+h_B$	$m+d_A-d_B$		
Aa	频率	$\frac{1}{2}r(1-r)$	$\frac{1}{2}(2r^2-2r+1)$	$\frac{1}{2}r(1-r)$	$\frac{1}{2}$	$m+\frac{1}{2}(h_A+h_B)$ $=m+\frac{1}{2}[h]$
	型值	$m+h_A+d_B$	$m+h_A+h_B$	$m+h_A-d_B$		
aa	频率	$\frac{1}{4}r^2$	$\frac{1}{2}r(1-r)$	$\frac{1}{4}(1-r)^2$	$\frac{1}{4}$	
	型值	$m-d_A+d_B$	$m-d_A+h_B$	$m-d_A-d_B$		
单位点频率		$\frac{1}{4}$	$\frac{1}{2}$	$\frac{1}{4}$	1	

表 2.5.2 表明，两位点相引连锁的$\mathrm{F_2}$代有如下性质.

(1) 连锁使基因型频率与重组率r有关，但不影响单位点基因型及基因的频率，例如

$$(AA,Aa,aa)=\left(\frac{1}{4},\frac{1}{2},\frac{1}{4}\right)\qquad (A,a)=\left(\frac{1}{2},\frac{1}{2}\right)$$

(2) 在加性-显性遗传模型下，连锁不影响群体$\mathrm{F_2}$代均值，但影响单位点基因型值，例如

$$\bar{\mathrm{F}}_2=m+\frac{1}{2}[h]$$

$$\begin{aligned}\mathrm{G}(AA)&=\frac{1}{4}(1-r)^2(m+d_A+d_B)+\frac{1}{2}r(1-r)(m+d_A+h_B)+\frac{1}{4}r^2(m+d_A-d_B)\\&=\frac{1}{4}m+\frac{1}{4}d_A+\frac{1}{4}(1-2r)d_B+\frac{1}{2}r(1-r)h_B\end{aligned}$$

连锁使单位点基因型值发生了变化，为以后的数量性状位点定位提供了理论依据.

(3) 连锁使$\mathrm{F_2}$代遗传方差组分 D和 H变为与 r有关的D_1和H_1.

由表 2.5.2 可得相引相杂交$\mathrm{F_2}$的遗传方差

$$\sigma^2_{1\mathrm{F_2}g}=\frac{1}{4}(1-r)^2(d_A+d_B)^2+\cdots+\frac{1}{4}(1-r)^2(-d_A-d_B)^2-\left[\frac{1}{2}(h_A+h_B)\right]^2$$

$$
\begin{aligned}
&= \frac{1}{2}(d_A^2 + d_B^2) + \frac{1}{4}(h_A^2 + h_B^2) + (1-2r)d_A d_B + \frac{1}{2}(1-2r)^2 h_A h_B \\
&= \frac{1}{2}[d_A^2 + d_B^2 + 2(1-2r)d_A d_B] + \frac{1}{4}[h_A^2 + h_B^2 + 2(1-2r)^2 h_A h_B] \\
&= \frac{1}{2}D_1 + \frac{1}{4}H_1
\end{aligned} \tag{2.5.4}
$$

用同样的方法可得相斥相杂交F_2代遗传方差

$$
\begin{aligned}
\sigma_{1F_2g}^2 &= \frac{1}{2}[d_A^2 + d_B^2 - 2(1-2r)d_A d_B] + \frac{1}{4}[h_A^2 + h_B^2 + 2(1-2r)^2 h_A h_B] \\
&= \frac{1}{2}D_1 + \frac{1}{4}H_1
\end{aligned} \tag{2.5.5}
$$

比较式(2.5.4)和式(2.5.5)知，两位点连锁时有

$$
\begin{cases}
D_1 = d_A^2 + d_B^2 \pm 2(1-2r)d_A d_B \\
H_1 = h_A^2 + h_B^2 + 2(1-2r)^2 h_A h_B
\end{cases} \tag{2.5.6}
$$

其中，H 的变化中，相引相和相斥相是相同的；D 的变化中，相引相取“＋”号，相斥相取“－”号．显然，在独立遗传$\left(r = \frac{1}{2}\right)$时，$D_1 = D, H_1 = H$.

(4) 两对基因连锁对显性度的影响.

式(2.5.6)表明，重组率r因相引连锁和相斥连锁对D_1和H_1影响不同：当$r = 0$(完全连锁)时，相引相$D_{1\max} = (d_A + d_B)^2$，相斥相$D_{1\min} = (d_A - d_B)^2$；当$r = \frac{1}{2}$(独立遗传)时，相引相和相斥相的$D_1$均等于$d_A^2 + d_B^2$．说明当$r$在$\left[0, \frac{1}{2}\right]$中增加时，相引相的$D_1$在减小，而相斥相的$D_1$在增大．对于$H_1$，相引相和相斥相是相同的，即$r$由 0 增加到$\frac{1}{2}$时，$H_1$是减小的．重组率$r$对$D_1$的影响因相引相和相斥相而不同，导致对平均显性度$\sqrt{H_1/D_1}$影响的不同．1996 年，Kearsey 等考虑了这种情况.假定F_2代存在连锁，且$d_A = d_B = h_A = h_B$，则有

$$
\sqrt{H_1/D_1} = \begin{cases}
\sqrt{\dfrac{1+(1-2r)^2}{2(1-r)}}, & \text{相引相 } 0 \leqslant r < \frac{1}{2}; \\
1, & \text{独立遗传 } r = \frac{1}{2}; \\
\sqrt{\dfrac{1+(1-2r)^2}{2r}}, & \text{相斥相 } 0 < r < \frac{1}{2}.
\end{cases} \tag{2.5.7}
$$

其图像如图 2.5.2 所示.

图 2.5.2 表明，对于平均显性度$\sqrt{H_1/D_1}$，相斥遗传>独立遗传>相引遗传．这种由相斥连锁引起的平均显性度偏高会随着随机交配而下降.

在加性-显性模型下，两对基因连锁的F_2代分析公式可推广到k对基因连锁的情况，即式(2.5.6)变为

$$
\begin{cases}
D_1 = \sum\limits_{i=1}^{k} d_i^2 + 2\sum\limits_{i=1}^{k-1}\sum\limits_{j=i+1}^{k} \delta_{ij}(1-2r_{ij})d_i d_j \\
H_1 = \sum\limits_{i=1}^{k} h_i^2 + 2\sum\limits_{i=1}^{k-1}\sum\limits_{j=i+1}^{k} (1-2r_{ij})^2 h_i h_j
\end{cases} \tag{2.5.8}
$$

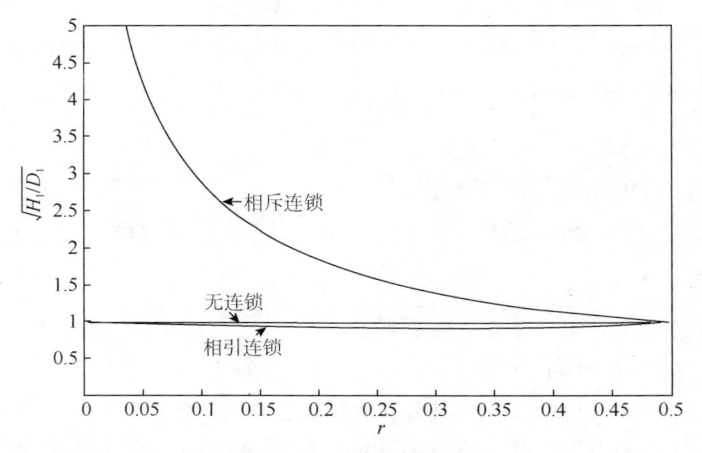

图 2.5.2 连锁对显性度的影响(独立遗传时$\sqrt{H_1/D_1}=1$)

则$\sigma^2_{1\mathrm{F}_2g}=\frac{1}{2}D_1+\frac{1}{4}H_1$.$r_{ij}$为第$i$个和第$j$个位点的重组率, 二者相引连锁时, $\delta_{ij}=1$; 相斥连锁时, $\delta_{ij}=-1$. r_{ij}共有C_k^2个.

式(2.5.8)表明, 在多位点情况下, 除了集中式杂交之外, 分散式杂交是多样的, 由于d_id_j和h_ih_j的正负情况复杂, 故连锁对$\sigma^2_{1\mathrm{F}_2g}$的加性方差和显性方差均有影响. Kearsey 等于 1996 年的研究认为: 连锁基因的分布情况对加性方差的影响永远大于对显性方差的影响, 连锁基因的分散排列会使显性势提高. 基因的完全分散导致最高的显性势, 会夸大显性度, 使育种者过分相信超显性.

2.5.2 连锁对$\mathbf{F_1}$代连续自交的分支交配系统方差的影响

在无突变、无迁移和无连锁的加性-显性模型下, 式(2.4.16)和式(2.4.17)给出了F_n代第j级遗传方差及第j级F_n与F_{n-1}亲子协方差的表达式. 在连锁的情况下变为

$$\begin{cases}\sigma^2_{j\mathrm{F}_ng}=\left(\frac{1}{2}\right)^jD_j+\left(\frac{1}{2}\right)^{2n-j-1}H_j, & j=1,2,\cdots,n-1\\ W_{j\mathrm{F}_{(n-1)n}}=\left(\frac{1}{2}\right)^jD_j+\left(\frac{1}{2}\right)^{2n-j-2}H_j, & j=1,2,\cdots,n-2\\ D_j=d_A^2+d_B^2\pm2(1-2r)^jd_Ad_B\\ H_j=h_A^2+h_B^2+2(1-2r)^2(2r^2-2r+1)^{j-1}h_Ah_B\end{cases}\tag{2.5.9}$$

其中, D_j的表达式中, 相引连锁时取"+"号, 相斥连锁时取"−"号. 这是两位点群体的结果, 该结果表明, 连锁对$\sigma^2_{j\mathrm{F}_ng}$的影响因连锁方式不同而不同, 其区别在于$D_j$. 在相引连锁下, $D_1>D_2>D_3\cdots$; 在相斥连锁下, 有$D_1<D_2<D_3\cdots$. 对于H_j, 相引连锁与相斥连锁是相同的, 均有$H_1>H_2>H_3\cdots$.

据式(2.5.8), 两位点式(2.5.9)中D_j和H_j可以推广到k对基因连锁的情况

$$\begin{cases} D_j = \sum_{i=1}^{k} d_i^2 + 2\sum_{i=1}^{k-1}\sum_{t=i+1}^{k} \delta_{it}(1-2r_{it})^j d_i d_t \\ H_j = \sum_{i=1}^{k} h_i^2 + 2\sum_{i=1}^{k-1}\sum_{t=i+1}^{k} (1-2r_{it})^2\left(1-2r_{it}+2r_{it}^2\right)^{j-1} h_i h_t \end{cases} \tag{2.5.10}$$

据式(2.5.10)中不同级别的D_j、H_j不同. 可设计一定的遗传试验用于检测连锁的存在与否. 若不同级别的 D 相同, H 也相同, 则可推断为无连锁$\left(r=\frac{1}{2}\right)$, 否则可推断为连锁存在.

【例 2.5.1】　Mather 等于 1977 年所著的《生统遗传学导论》介绍了大麦穗型的研究. 组合为 Spratt×Goldthorpe 两个纯合的大麦品种杂交, 然后种植其第二代、第三代材料. 供试的 F_3 家系有 100 个, 每个种植一小区. 由这些材料计算出 $\sigma_{1F_2}^2$、$W_{1F_{23}}$、$\sigma_{1F_3}^2$、$\sigma_{2F_3}^2$, 其中$\sigma_{1F_2}^2$是从试验 5 个区组中每一个区组所含 10 个小区内的 F_2个个体值计算出的方差. E_1是小区内 10 株间的环境方差, E_2是小区平均数间的非遗传部分的变异. 这 5 个区组合并方差及其期望值如表 2.5.3 所示. 其中D_1、H_1表示一级方差组分, D_2、H_2表示二级方差组分.

表 2.5.3　大麦穗型的分析(Mather, 1949)

世代方差	观察值	期望组分	遗传方差		
			观察值	期望值	离差
$\sigma_{1F_2}^2$	9713	$\frac{1}{2}D_1+\frac{1}{4}H_1+E_1$	8492	8488.5	3.5
$W_{1F_{23}}$	6833	$\frac{1}{2}D_1+\frac{1}{8}H_1$	6833	6843.5	-10.5
$\sigma_{1F_3}^2$	6247	$\frac{1}{2}D_1+\frac{1}{16}H_1+E_2$	6028	6021	7
$\sigma_{2F_3}^2$	4313	$\frac{1}{4}D_2+\frac{1}{8}H_2+E_1$	3092	4244.25	-1152.25
$\hat{E}_1$	1221				
$\hat{E}_2$	219				

分析计算如下.

(1) 用各世代方差的观察值减去它们的E_1或E_2得该世代遗传方差的观察值 8492、6833、6028 和 3092. 如对$\sigma_{1F_2}^2$有$9713-1221=8492$.

(2) $\sigma_{1F_2g}^2$、$W_{1F_{23}}$和$\sigma_{1F_3g}^2$中D_1和H_1是同质的, 它们的估计值等于遗传方差的观察值. 三世代联立解出

$$\hat{D}_1=\hat{W}_{1F_{23}}+2\hat{\sigma}_{1F_3g}^2-\hat{\sigma}_{1F_2g}^2=10397$$

$$\hat{H}_1=\frac{16}{7}\left(\hat{\sigma}_{1F_2g}^2+\hat{\sigma}_{1F_3g}^2+\hat{W}_{1F_{23}}-\frac{3}{2}\hat{D}_1\right)=13160$$

(3) 用估计的$\hat{D}_1$和$\hat{H}_1$估计$\hat{\sigma}_{1F_2}^2$、$\hat{W}_{1F_{23}}$和$\hat{\sigma}_{1F_3}^2$的遗传方差期望值分别为 8488.5、6843.5 和 6021.

(4) 若无连锁存在, 则$D_1=D_2$且$H_1=H_2$. 在这个前提下, 用$\hat{D}_1$和$\hat{H}_1$估计$\hat{\sigma}_{2F_3}^2$的遗传方差期望值为 4244.25.

(5) 用遗传方差中的观察值减去期望值得离差 3.5、−10.5、7和−1152.25.

由前述知，在相引连锁时，$D_1 > D_2 > D_3 \cdots$；在相斥连锁时，$D_1 < D_2 < D_3 \cdots$；而且两种连锁情况均有$H_1 > H_2 > H_3 \cdots$. 由于只有一组D_2和H_2，而且无法估计，所以不好分析，需进一步设计试验检验.

可近似地用符合性χ^2检验来进行无效假设$\mathrm{H}_0: D_1 = D_2$且$H_1 = H_2$

$$\begin{aligned}\chi^2 &= \sum_{i=1}^{4} \frac{(O_i - E_i)^2}{E_i} \\ &= \frac{3.5^2}{8488.5} + \frac{10.5^2}{6843.5} + \frac{7^2}{6021} + \frac{1152.25^2}{4244.25} \\ &= 312.8 > \chi^2_{0.01}(2) = 9.210\end{aligned}$$

其中，O_i为遗传方差观察值，E_i为在无效假设H_0下遗传方差的期望值. 参与的世代为 4 个，估计了两个参数$\hat{D}_1$和$\hat{H}_1$，因而χ^2的自由度为 2. 检验结果表明，表 2.5.3 所示大麦穗型遗传资料极显著地存在连锁.在加性-显性-上位模型下，连锁对双亲本杂交各世代P_1、P_2、F_1、F_2、F_3、B_1、B_2等均值和方差有何影响？Mather 和 Jinks 在 1982 年的研究中表明，连锁仅影响分离世代的基因型频率，不影响各位点基因型和基因的频率. 重要的是连锁影响了除加性效应$[d]$之外的所有效应，即影响了各分离世代均值和方差. 因而任何通过世代资料的连锁分析都是粗放的，不可能得到可靠的推断.

2.5.3 连锁不平衡群体

假设任意分离世代群体由两对基因$(A,a) = (p,q)$和$(B,b) = (u,v)$决定，而且连锁的重组率为r. 初始群体的基因型矩阵$\boldsymbol{G}_0$及其频率矩阵$\boldsymbol{Z}_0$、配子矩阵$\boldsymbol{Q}_0$及其频率矩阵$\boldsymbol{g}_0$分别为

$$\boldsymbol{G}_0 = \begin{bmatrix} AABB & AABb & AAbb \\ AaBB & AaBb & Aabb \\ aaBB & aaBb & aabb \end{bmatrix} \qquad \boldsymbol{Z}_0 = \begin{matrix} \begin{bmatrix} Z_{11} & Z_{12} & Z_{13} \\ Z_{21} & Z_{22} & Z_{23} \\ Z_{31} & Z_{32} & Z_{33} \end{bmatrix} \begin{matrix} Z_{1\cdot} \\ Z_{2\cdot} \\ Z_{3\cdot} \end{matrix} \\ \begin{matrix} Z_{\cdot 1} & Z_{\cdot 2} & Z_{\cdot 3} \end{matrix} \end{matrix}$$

$$\boldsymbol{Q}_0 = \begin{bmatrix} AB & Ab \\ aB & ab \end{bmatrix} \qquad \boldsymbol{g}_0 = \begin{matrix} \begin{bmatrix} g_{11}^{(0)} & g_{13}^{(0)} \\ g_{31}^{(0)} & g_{33}^{(0)} \end{bmatrix} \begin{matrix} g_{1\cdot} \\ g_{3\cdot} \end{matrix} \\ \begin{matrix} g_{\cdot 1} & g_{\cdot 3} \end{matrix} \end{matrix}$$

其中，$\sum\sum Z_{ij} = 1$，$Z_{1\cdot}$、$Z_{2\cdot}$和$Z_{3\cdot}$分别为AA、Aa和aa的频率，$Z_{\cdot 1}$、$Z_{\cdot 2}$、$Z_{\cdot 3}$分别为BB、Bb和bb的频率；$g_{1\cdot}$和$g_{3\cdot}$分别为A和a的频率，$g_{\cdot 1}$和$g_{\cdot 3}$分别为B和b的频率.

假设群体中无突变、无选择、无迁移、无近交，若在随机交配下，$\boldsymbol{Z}_0$世代不变，$\boldsymbol{g}_0$世代不变，则称该群体是平衡群体. 群体平衡的必要条件是$\boldsymbol{g}_0$的行列式$|\boldsymbol{g}_0| = 0$. 如果$|\boldsymbol{g}_0| = 0$而群体还未平衡，则再经一代随机交配群体就达到平衡. 如果$|\boldsymbol{g}_0| = d_0 \neq 0$，则称群体为连锁不平衡群体.

连锁不平衡群体$\boldsymbol{G}_0$随机交配n次，其配子频率阵$\boldsymbol{g}_n$的行列式为

$$d_n = |\boldsymbol{g}_n| = g_{11}^{(n)}g_{33}^{(n)} - g_{13}^{(n)}g_{31}^{(n)} = \begin{cases}(1-r)^n d_0, & \text{相引连锁}\\ r^n d_0, & \text{相斥连锁}\end{cases} \tag{2.5.11}$$

显然，当$n \to \infty$时，$d_n \to 0$，即群体平衡. 由上述知，$d_0, d_1, \cdots$均不等于 0 时，称为配子相不平衡系数或连锁不平衡系数. 关于连锁的检验，可根据连锁对群体均值、方差、表现型比例等的影响设计检验方法. 例如，对相引连锁的F_2代四种表型比例就偏离了孟德尔比例9∶3∶3∶1，可用实际次数分布与理论次数间作符合性χ^2检验等.

例如，Bateson 等于 1906 年在香豌豆的两对性状杂交试验中，首先发现连锁. 试验的亲本：一个是紫花、长花粉粒，另一个是红花、圆花粉粒. 紫花对红花为显性，长花粉粒对圆花粉粒为显性，杂交试验的结果如表 2.5.4 所示.

表 2.5.4　杂交试验结果

	紫长	紫圆	红长	红圆	总数
实际次数O_i	4831	390	393	1338	6952
理论次数E_i	3910.5	1303.5	1303.5	434.5	6952

注：理论次数E_i按9∶3∶3∶1计算

$$\chi^2 = \sum\frac{(O_i - E_i)^2}{E_i} = \frac{920.5^2}{3910.5} + \frac{(-913.5)^2}{1303.5} + \frac{(-910.5)^2}{1303.5} + \frac{903.5^2}{434.5}$$
$$= 3371.6 > \chi^2_{0.05}(3) = 7.815$$

结果表明，连锁是极显著存在的. 由于检验过程仅根据孟德尔比例而没有利用资料估计参数，故χ^2的自由度为组数减 1，即$f = 3$.

一般来讲，检测连锁方法均是在随机交配大群体进行的，其实质是检测配子间的独立性. 一般来讲，引起群体不平衡的原因除了连锁之外，还有选择、突变和迁移等，这些原因都会造成配子关联，说明群体不平衡未必是连锁造成的. 严格来讲，连锁检测应在人为控制的等概率交配方式下进行，如果失去了随机性，就会得到错误的结论.

2.6　随机交配群体中亲属间的相关与回归

2.3~2.5节讲述了两个纯合亲本杂交各世代的均值分析和方差分析，体现了伯明翰学派的遗传分析特点. 北美学派则从随机交配群体中亲属间遗传协方差的角度研究了亲属间的相似性，用以检测遗传模型中各种效应的相对重要性，体现了数量性状遗传信息在随机交配群体中得自亲属间相关与回归的理论特点，本节进行简述.

2.6.1　随机交配平衡群体中亲属遗传协方差及其相似性

群体遗传学指出，任何大孟德尔群体在无突变、无迁移和无选择的前提下，连续地随机交配都会使群体达到Hardy-Weinberg平衡. 对于多对基因群体，平衡意味着各位点及配子相的平衡，而且近交系数$F = 0$，还存在亲子、半同胞和全同胞亲属关系.下面简述几种常见的亲属间遗传协方差及其方差组分.

1. 加性-显性遗传模型下的亲属间遗传协方差

1) 子代平均与一亲(offspring and one parent)

令P表示一个亲本，O表示它的所有子代. 该亲本的基因型值为$G = A + D$, A为育种值，能传给后代$A/2$；D为显性偏差，不能传给后代. A与D相互独立，即$\mathrm{Cov}(A, D) = 0$. 显然，亲本P传给所有子代育种值的平均仍为$A/2$，故子代与亲代或子代与一亲的遗传协方差为

$$\mathrm{Cov}(\mathrm{O}, \mathrm{P}) = \mathrm{Cov}\left(\frac{1}{2}A, A + D\right) = \frac{1}{2}\mathrm{Cov}(A, A) = \frac{1}{2}\sigma_a^2 \tag{2.6.1}$$

即一个亲本与其一个子代或与其所有子代平均的遗传协方差是相等的，其值为加性方差σ_a^2的一半.

上述结论可用单位点平衡群体$(AA, Aa, aa) = (p^2, 2pq, q^2)$来验证. 具体计算如表 2.6.1 所示(亲代基因型效应参看表 2.2.1).

表 2.6.1　子代与一亲的协方差

一亲			子代或子代平均育种效应(y_i)	交叉积($p_i x_i y_i$)
基因型	频率(p_i)	基因型效应(x_i)		
AA	p^2	$2q(\alpha - qh)$	$q\alpha$	$2p^2q^2\alpha(\alpha - qh)$
Aa	$2pq$	$(q-p)\alpha + 2pqh$	$\frac{1}{2}(q-p)\alpha$	$pq(q-p)\alpha[(q-p)\alpha + 2pqh]$
aa	q^2	$-2p(\alpha + ph)$	$-p\alpha$	$2p^2q^2\alpha(\alpha + ph)$
和	1	0	0	$pq\alpha^2$

由于$\sum p_i x_i = \sum p_i y_i = 0$，所以均值$\mu_x = \mu_y = 0$，因而

$$\mathrm{Cov}(\mathrm{O}, \mathrm{P}) = \sum p_i x_i y_i - \mu_x \mu_y = pq\alpha^2 = \frac{1}{2}\sigma_a^2$$

2) 子代与中亲(offspring and mis-parent)

由以上分析知，对于子代的双亲P_1和P_2来讲，$\mathrm{Cov}(\mathrm{O}, \mathrm{P}_1) = \mathrm{Cov}(\mathrm{O}, \mathrm{P}_2) = \frac{1}{2}\sigma_a^2$，故子代与中亲或子代平均与中亲的遗传协方差为

$$\mathrm{Cov}(\mathrm{O}, \overline{\mathrm{P}}) = \mathrm{Cov}\left(\mathrm{O}, \frac{1}{2}(\mathrm{P}_1 + \mathrm{P}_2)\right) = \frac{1}{2}[\mathrm{Cov}(\mathrm{O}, \mathrm{P}_1) + \mathrm{Cov}(\mathrm{O}, \mathrm{P}_2)] = \frac{1}{2}\sigma_a^2 \tag{2.6.2}$$

子代与中亲的遗传协方差是加性方差的一半，这个结论可以通过单位点平衡群体$(AA, Aa, aa) = (p^2, 2pq, q^2)$的 6 种交配类型所产生的子代平均来验证. 因为只有交配类型才能产生中亲值，具体情况如表 2.6.2 所示.

由表 2.6.2 知，子代平均与中亲的遗传协方差为

$$\begin{aligned}
\mathrm{Cov}(\mathrm{O}, \overline{\mathrm{P}}) = \mathrm{Cov}(x, y) &= \sum p_i x_i y_i - \bar{x}\bar{y} \\
&= (p^3 + q^3)d^2 + 2pq(p-q)dh + pqh^2 - [(p-q)d + 2pqh]^2 \\
&= pqd^2 + pq[2(p-q)dh + (1 - 4pq)h^2] \\
&= pqd^2 + pq[2(p-q)dh + (p^2 + q^2 - 2pq)h^2] \\
&= pq[d^2 + 2(p-q)dh + (p^2 + q^2 - 2pq)h^2] \\
&= pq[d + (p-q)h]^2 \\
&= pq\alpha^2 = \frac{1}{2}\sigma_a^2
\end{aligned}$$

表 2.6.2　子代平均与中亲的遗传协方差

双亲基因型	交配频率(p_i)	中亲值(x_i)	子代 AA d	子代 Aa h	子代 aa $-d$	子代型值平均(y_i)	p_ix_i	p_iy_i	$p_ix_iy_i$
$AA\times AA$	p^4	d	1	0	0	d	p^4d	p^4d	p^4d^2
$AA\times Aa$	$4p^3q$	$\frac{1}{2}(d+h)$	$\frac{1}{2}$	$\frac{1}{2}$	0	$\frac{1}{2}(d+h)$	$2p^3q(d+h)$	$2p^3q(d+h)$	$p^3q(d+h)^2$
$AA\times aa$	$2p^2q^2$	0	0	1	0	h	0	$2p^2q^2h$	0
$Aa\times Aa$	$4p^2q^2$	h	$\frac{1}{4}$	$\frac{1}{2}$	$\frac{1}{4}$	$\frac{1}{2}h$	$4p^2q^2h$	$2p^2q^2h$	$2p^2q^2h^2$
$Aa\times aa$	$4pq^3$	$\frac{1}{2}(h-d)$	0	$\frac{1}{2}$	$\frac{1}{2}$	$\frac{1}{2}(h-d)$	$2pq^3(h-d)$	$2pq^3(h-d)$	$pq^3(h-d)^2$
$aa\times aa$	q^4	$-d$	0	0	1	$-d$	$-q^4d$	$-q^4d$	q^4d^2
和							$(p-q)d+2pqh$ $(\bar{x})$	$(p-q)d+2pqh$ $(\bar{y})$	$(p^3+q^3)d^2+2pq(p-q)dh+pqh^2$

3) 半同胞(half sib, HS)与全同胞(full sib, FS)

具有一个共同亲本的一组后代个体组成一个半同胞家系(half sib family)；具有共同双亲的一组后代个体组成一个全同胞家系(full sib family)，如图 2.6.1 所示.

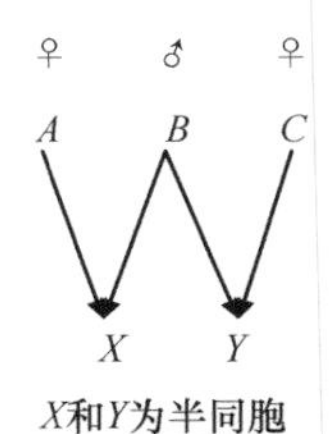

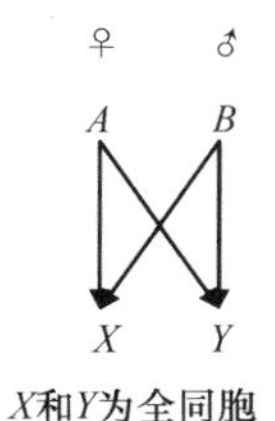

图 2.6.1　半同胞和全同胞图示

半同胞方差是半同胞家系成员间的方差，任两个半同胞成员x和y均领受了同一亲本育种值的一半，即$A/2$，故半同胞协方差为

$$\mathrm{Cov_{HS}}=\mathrm{Cov}(x,y)=\mathrm{Cov}\left(\frac{A}{2},\frac{A}{2}\right)=\frac{1}{4}\mathrm{Cov}(A,A)=\frac{1}{4}\sigma_d^2 \tag{2.6.3}$$

即半同胞协方差在平衡群体内等于加性方差的$1/4$. 这个结论可以从单位点平衡群体子代与一亲协方差表 2.6.1 得到验证，表中半同胞协方差就是一亲的子代平均的方差，即

$$\begin{aligned}\mathrm{Cov_{HS}}&=p^2(q\alpha)^2+2pq\left[\frac{1}{2}(q-p)\alpha\right]^2+q^2(-p\alpha)^2\\&=pq\alpha^2\left[pq+\frac{1}{2}(q-p)^2+pq\right]^2\\&=\frac{1}{2}pq\alpha^2=\frac{1}{4}\sigma_d^2\end{aligned}$$

全同胞协方差是全同胞家系平均数的方差，即表 2.6.2 中y_i的方差. 由表 2.6.2 可以看出，$\bar{x}=\bar{y}$；x_i和y_i的不同之处在于$AA\times aa$和$Aa\times Aa$两个家系上，因而全同胞的协方差为

$$
\begin{aligned}
\mathrm{Cov_{FS}} &= \sum p_i y_i^2 - \bar{y}^2 \\
&= \sum p_i x_i y_i - 2p^2q^2h^2 + 2p^2q^2h^2 + 4p^2q^2\left(\frac{h}{2}\right)^2 - \bar{x}\bar{y} \\
&= \sum p_i x_i y_i - \bar{x}\bar{y} + p^2q^2h^2 \\
&= \mathrm{Cov}(\mathrm{O}, \overline{\mathrm{P}}) + p^2q^2h^2 \\
&= \frac{1}{2}\sigma_d^2 + \frac{1}{4}\sigma_h^2
\end{aligned} \tag{2.6.4}
$$

下面从后裔同样的角度进行亲属间的协方差分析. 在随机交配下的群体, 会达到 Hardy-Weinberg 平衡, 近交系数F(配子相关系数$) = 0$. 平衡群体中两个亲属个体的相似性基于它们有后裔同样的两个基因, 即一个是另一个的复制品, 或它们是同一祖先的同一个基因的复制品. 考虑一对亲缘个体, 如父亲和子女或一对远亲, 则它们在一对常染色体座位上的有序基因型之间有 7 种可能的关系, 如图 2.6.2 所示. 图中后裔同样的基因用直线连接. 因为$F = 0$, 故不画水平线. 如果不管基因顺序, 则受 0 对、1 对或 2 对同样基因决定的就具有三种关系.

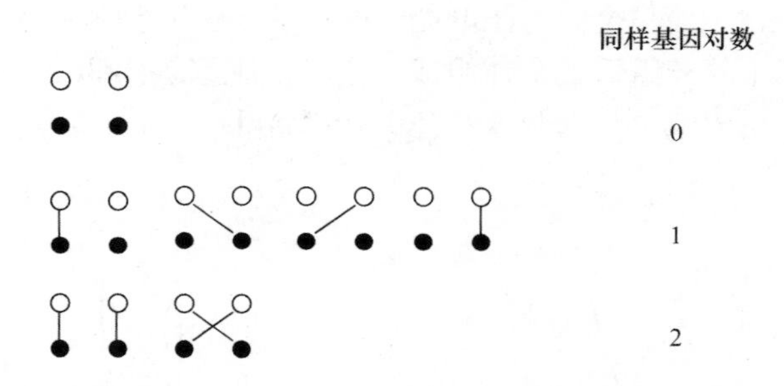

图 2.6.2　一个座位上两个非近交亲属的有序基因型间的关系
"○" 和 "●" 分别表示两个亲属的个别基因

通常要准确估计一对亲属个体间共有多少对同样的基因是不可能的, 只能尽可能地估计某一座位上有 0 对、1 对或 2 对同样基因的概率, 它们分别用p_0、p_1和p_2表示. 表 2.6.3 列出了一些常见亲属中同样基因的概率.

表 2.6.3　一些常见亲属中成对同样基因的概率

亲属关系	p_0	p_1	p_2
同卵双胞胎	0	0	1
亲子	0	1	0
全同胞	$\frac{1}{4}$	$\frac{1}{2}$	$\frac{1}{4}$
祖孙、半同胞、叔侄	$\frac{1}{2}$	$\frac{1}{2}$	0
曾祖曾孙、单重表亲	$\frac{3}{4}$	$\frac{1}{4}$	0

同卵双生的基因型由同卵受精产生, 肯定有两对同样的基因; 一亲把任一座位上的一个基因传给他的每个子女, 故他们必然有一对同样的基因; 子女会把一个母亲的基因或一个无亲缘的父本基因传给他的子女, 这样祖母和孙子间可能有 1 对或 0 对同样基因,

即$p_1=\frac{1}{2},p_0=\frac{1}{2}$；一对全同胞间可能具有同样或非同样的母本基因，也可能具有同样或非同样的父本基因，而这些事件是相互独立的(全同胞由父母配子的随机结合产生)，故两个同胞间具有 0 对、1 对和 2 对同样基因的概率服从$\left(\frac{1}{2}+\frac{1}{2}\right)^2$，即$p_0=p_2=\frac{1}{4},p_1=\frac{1}{2}$；半同胞和叔侄间只有一个共同亲本，因而具有 0 对和 1 对同样基因均有可能，故$p_0=p_1=\frac{1}{2}$；曾祖与曾孙间由两个相互独立的祖孙关系合成，故$p_1=p_{(祖孙)}p_{(祖孙)}=\frac{1}{4},p_0=\frac{3}{4}$.

有了上述平衡群体($F=0$)中亲属个体间相同基因对数的讨论，就可以按后裔同样的方法讨论无近交亲属个体间在加性-显性模型下的协方差.

设x和y两个亲属的基因型值分别为

$$G_x=m+(x_1+x_2)+h_x=m+d_x+h_x$$
$$G_y=m+(y_1+y_2)+h_y=m+d_y+h_y$$

其中，x_1和y_1为父本配子主效应，x_2和y_2为母本配子主效应，$x_1+x_2=d_x,y_1+y_2=d_y$；h_x和h_y为位点内的显性效应，d_x和d_y为加性效应；d_x和h_x、d_x和h_y、d_y和h_y及d_y和h_x相互独立. 按x和y具有同样基因对数有如下讨论.

(1) 如果x和y无同样基因，则$\text{Cov}(G_x,G_y)=0$.

(2) 如果x和y有两对同样基因，则二者基因型相同($G_x=G_y$)，有

$$\text{Cov}(G_x,G_y)=\sigma_g^2=\sigma_d^2+\sigma_h^2\qquad \text{Cov}(d_x,d_y)=\sigma_d^2,\ \text{Cov}(h_x,h_y)=\sigma_h^2$$

(3) 如果x和y有一对同样基因，设为父本基因，即$x_1=y_1$. 在这种情况下，$G_x=m+x_1+x_2+h_x$与$G_y=m+y_1+y_2+h_y$间除$x_1=y_1$外，其余均相互独立，因而有

$$\text{Cov}(G_x,G_y)=\text{Cov}(x_1+x_2+h_x,y_1+y_2+h_y)=\text{Cov}(x_1,y_1)=\frac{1}{2}\sigma_d^2$$
$$\text{Cov}(d_x,d_y)=\text{Cov}(x_1+x_2,y_1+y_2)=\text{Cov}(x_1,y_1)=\frac{1}{2}\sigma_d^2$$
$$\text{Cov}(h_x,h_y)=\text{Cov}(d_x,h_y)=\text{Cov}(h_x,d_y)=0$$

综合上述研究结果，列入表 2.6.4 中(加性-显性模型).

表 2.6.4　两个亲属个体具有同样基因对数及其遗传协方差

同样基因对数	频率	$\text{Cov}(G_x,G_y)$		$\text{Cov}(d_x,d_y)$	$\text{Cov}(h_x,h_y)$
		σ_d^2	σ_h^2	σ_d^2	σ_h^2
0	p_0	0	0	0	0
1	p_1	$\frac{1}{2}$	0	$\frac{1}{2}$	0
2	p_2	1	1	1	1
平均		$r\sigma_d^2+p_2\sigma_h^2$		$r\sigma_d^2$	$p_2\sigma_h^2$

表 2.6.4 中$r=\frac{1}{2}p_1+p_2$，为亲属间加性效应的相关值，通常称为亲属间的亲缘系数或理论相关系数. 每个座位上的平均同样基因对数为$2r=p_1+2p_2$.

据表 2.6.3、表 2.6.4 和前面研究的结果，将一些常见的亲属遗传协方差列于表 2.6.5 中.

表 2.6.5　平衡群体($F=0$)无上位时亲属遗传协方差

亲属关系	遗传协方差	组分		$r=\frac{1}{2}p_1+p_2$	$2r$
		σ_d^2	σ_h^2		
子代平均与一亲	Cov_{OP}	$\frac{1}{2}$	0	$\frac{1}{2}$	1
子代平均与中亲	$Cov_{O\bar{P}}$	$\frac{1}{2}$	0	$\frac{1}{2}<r<1$	$1<2r<2$
半同胞	Cov_{HS}	$\frac{1}{4}$	0	$\frac{1}{4}$	$\frac{1}{2}$
全同胞	Cov_{FS}	$\frac{1}{2}$	$\frac{1}{4}$	$\frac{1}{2}$	1
异卵双同胞	Cov_{DZ}	$\frac{1}{2}$	$\frac{1}{4}$	$\frac{1}{2}$	1
同卵双同胞	Cov_{MZ}	1	1	1	2

值得说明的有以下几点.

(1) 关于双胞胎, 双合子(异卵)双胞胎(dizygotic twins)是同父同母的全同胞, 而单合子(同卵)双胞胎(monozygotic twins)是全等基因型, 分别记为DZ 和 MZ.

(2) 祖孙和叔侄关系在表中与半同胞相同.

(3) 假定亲属间无环境相关, 表 2.6.5 结果也是表型协方差.

2. 加性-显性遗传模型下的亲属回归($F=0$)

亲属关系是一种血缘关系, 亲属个体间由于携带的共同基因不同而表现出不同的相似程度. 亲属间相似是一种普遍的遗传现象, 亲属的相似是动植物品种改良中的性状选择、品种鉴定的重要依据. 亲属间若为因果关系, 则其相似程度在统计上可用回归来量化描述.

亲代与子代为因果关系, 它们之间的量化关系在统计学上用回归来刻画它们的相似程度. 若Y为子代表型测定值, x为亲代表型测定值, 则其回归方程必然为直线回归(因为x与Y均服从正态分布, 其条件期望值是线性的)

$$y=E\left(Y|_{x处}\right)=\beta_0+\beta x \tag{2.6.5}$$

其中, y为子代表型观察值Y在亲代表型观察值x处的条件期望值(条件平均值), β为回归系数, β_0为回归截距($x=0$ 时, $y=\beta_0$).

实际中, 回归方程式(2.6.5)应注意下面几点.

(1) 假定无上位, 即在加性-显性模型下进行; 如果亲子间不存在环境相关, 则利用此回归方程可估计出σ_d^2与亲本表型方差σ_P^2的相对重要性(σ_d^2/σ_P^2为狭义遗传力h_N^2).

(2) 如果双亲已经测定, 而且其性状不受个体性别的影响, 则可进行子代值对中亲值的回归.

(3) 如果按一个性别测定性状, 或不同性别在遗传上有所不同(如泌乳量为限性性状, 只能测定母亲), 这时可考虑对一个亲本的回归, 如女儿对母亲的回归.

(4) 如果不同家系子女数不同, 则每个家庭的子女为全同胞, 并且不独立, 在回归中应用其平均值.

下面通过一个亲本的回归分析说明亲子回归的实现. 设观察资料为$(x_i,Y_i), i=1,2,\cdots,n$, 即对一个亲代$x$只能观察它的一个子代$Y$, 共观察$n$组. 在这种情况下, 回归方程式(2.6.5)的模型为

$$Y_i=y_i+\varepsilon_i=\beta_0+\beta x_i+\varepsilon_i \qquad i=1,2,\cdots,n \tag{2.6.6}$$

由式(2.6.5)知，回归方程$y=\beta_0+\beta x$描述了随x变化而引起的观察值Y的平均变化规律，即式(2.6.6)中的y_i是Y_i在x_i处的平均值.

回归分析的目的是通过式(2.6.6)实现对回归参数β_0和β的最小二乘估计。最小二乘估计要求ε_i间相互独立，且服从$N(0,\sigma^2)$，而且要求Y在各x_i处方差同质，即$Y\sim N(\beta_0+\beta x_i,\sigma^2)$. 只有这样才能保证最小二乘估计的无偏性和回归统计检验的有效性.

设β_0和β的最小二乘估计为b_0和b，则$\hat{y}_i=b_0+bx_i, \hat{\varepsilon}_i=Y_i-\hat{y}_i$. 这样的估计应满足

$$Q_e=\sum_{i=1}^{n}\hat{\varepsilon}_i^2=\sum_{i=1}^{n}(Y_i-\hat{y}_i)^2=\sum_{i=1}^{n}(Y_i-b_0-bx_i)^2=\min \tag{2.6.7}$$

即它应满足最小二乘估计正则方程组

$$\frac{\partial Q_e}{\partial b_0}=0 \qquad \frac{\partial Q_e}{\partial b}=0 \tag{2.6.8}$$

对样本作式(2.6.9)的计算，解正则方程组(2.6.8)，得到β_0和β的最小二乘估计、X与Y相关系数的最大似然估计$\hat{\rho}=r$、σ^2的无偏估计$\hat{\sigma}^2$及它们的统计性质(2.6.10). 其中$X\sim N(\mu_x,\sigma_x^2), Y\sim N(\mu_y,\sigma_y^2)$这种估计为最佳线性无偏估计

$$\begin{cases}\bar{x}=\frac{1}{n}\sum_i x_i\\ \bar{y}=\frac{1}{n}\sum_i Y_i\\ l_{xx}=\sum_i(x_i-\bar{x})^2=\sum_i x_i^2-(\sum_i x_i)^2/n\\ l_{yy}=\sum_i(Y_i-\bar{y})^2=\sum_i Y_i^2-(\sum_i Y_i)^2/n\\ l_{xy}=\sum_i(x_i-\bar{x})(Y_i-\bar{y})=\sum_i x_iY_i-(\sum_i x_i)(\sum_i Y_i)/n\end{cases} \tag{2.6.9}$$

$$\begin{cases}\hat{\beta}_0=b_0=\bar{y}-b\bar{x}\sim N\left(\beta_0,\left(\frac{1}{n}+\frac{\bar{x}^2}{l_{xx}}\right)\sigma^2\right)\\ \hat{\beta}=b=\frac{l_{xy}}{l_{xx}}\sim N\left(\beta,\frac{1}{l_{xx}}\sigma^2\right)\\ \hat{y}=b_0+bx=\bar{y}+b(x-\bar{x})\\ \hat{\rho}=r=\frac{l_{xy}}{l_{xx}l_{yy}}\\ \hat{\sigma}^2=\frac{l_{yy}(1-r^2)}{n-2}\end{cases} \tag{2.6.10}$$

式(2.6.10)具体到子代与一亲或子代与中亲的回归有以下结果.

(1) 子代与一亲的回归. 设亲代的表型方差$\sigma_P^2=\sigma_x^2$，而子代平均(O)与一亲(P)的遗传协方差为$\frac{1}{2}\sigma_d^2$，故子代与一亲的回归系数为

$$b_{\mathrm{OP}}=\frac{\mathrm{Cov_{OP}}}{\sigma_P^2}=\frac{1}{2}\frac{\sigma_d^2}{\sigma_P^2} \tag{2.6.11}$$

(2) 子代与中亲的回归. 在上述推导中，若x_i为一对双亲的平均值($\bar{\mathrm{P}}$)，则

$$\sigma_x^2=\sigma_{\bar{\mathrm{P}}}^2=\mathrm{Cov}\left(\frac{\mathrm{P_1+P_2}}{2},\frac{\mathrm{P_1+P_2}}{2}\right)=\frac{1}{2}\sigma_P^2$$

因而有

$$b_{\mathrm{O\bar{P}}}=\frac{\mathrm{Cov_{O\bar{P}}}}{\sigma_{\bar{\mathrm{P}}}^2}=\frac{\sigma_d^2/2}{\sigma_P^2/2}=\frac{\sigma_d^2}{\sigma_P^2} \tag{2.6.12}$$

对比式(2.6.11)和式(2.6.12)，有$b_{\mathrm{O\bar{P}}}>b_{\mathrm{OP}}$，说明子代与中亲比子代与一亲有更多的

相同基因，更为相似.

3. 加性-显性模型下的亲属相关($F = 0$)

半同胞和全同胞关系是有共同基因的平行关系，在统计学中用组内相关系数t表示其相似程度. 所谓组内相关系数，是指同一类个体不同次观察之间的相关系数. 设同一遗传背景下个体i的不同次性状独立观察值分别为

$$x_{ij} = G_i + \varepsilon_{ij} \qquad x_{ik} = G_i + \varepsilon_{ik} \tag{2.6.13}$$

显然，x_{ij}和$x_{ik}(j \neq k)$的方差均为$\sigma_g^2 + \sigma_e^2$. 由于ε_{ij}和ε_{ik}相互独立，故二者的协方差为

$$\mathrm{Cov}(x_{ij}, x_{ik}) = \mathrm{Cov}(G_i + \varepsilon_{ij}, G_i + \varepsilon_{ik}) = \sigma_g^2$$

因而x_{ij}和x_{ik}的相关系数t为

$$t = \frac{\mathrm{Cov}(x_{ij}, x_{ik})}{\sigma_{x_{ij}}\sigma_{x_{ik}}} = \frac{\sigma_g^2}{\sigma_g^2 + \sigma_e^2} \tag{2.6.14}$$

t称为组内相关系数，也可以理解为同一个体不同观察值之间的相关. 其中，σ_g^2是x_{ij}和x_{ik}间共同的G_i所决定的方差，称为组间方差；σ_e^2是x_{ij}和x_{ik}处于同一环境下的随机误差所决定的方差，称为组内方差. $\sigma_g^2 + \sigma_e^2$是x_{ij}或x_{ik}的总方差，t表示x_{ij}和x_{ik}的组间方差占总方差的比例. 显然，t越大，x_{ij}和x_{ik}越相似.

具体到半同胞和全同胞，据式(2.6.3)和式(2.6.4)有下述组内相关系数结果.

(1) 关于半同胞试验中的表型方差为σ_P^2，则半同胞的组内相关系数为

$$t_{\mathrm{HS}} = \frac{\mathrm{Cov_{HS}}}{\sigma_P^2} = \frac{1}{4}\frac{\sigma_d^2}{\sigma_P^2} \tag{2.6.15}$$

(2) 设全同胞试验中的表型方差为σ_P^2，则全同胞的组内相关系数为

$$t_{\mathrm{FS}} = \frac{\mathrm{Cov_{FS}}}{\sigma_P^2} = \frac{1}{2}\frac{\sigma_d^2}{\sigma_P^2} + \frac{1}{4}\frac{\sigma_h^2}{\sigma_P^2} \tag{2.6.16}$$

上述研究结果均假定环境对表型协方差无贡献. 亲属间的回归和相关结果列于表 2.6.6 中.

表 2.6.6 平衡群体($F = 0$)无上位时的亲属相似性

亲属关系	遗传协方差	回归(b)或相关(t)
子代与一亲	$\frac{\sigma_d^2}{2}$	$b = \frac{1}{2}\frac{\sigma_d^2}{\sigma_P^2}$
子代与中亲	$\frac{\sigma_d^2}{2}$	$b = \frac{\sigma_d^2}{\sigma_P^2}$
半同胞	$\frac{\sigma_d^2}{4}$	$t = \frac{1}{4}\frac{\sigma_d^2}{\sigma_P^2}$
全同胞	$\frac{\sigma_d^2}{2} + \frac{\sigma_h^2}{4}$	$t = \frac{1}{2}\frac{\sigma_d^2}{\sigma_P^2} + \frac{1}{4}\frac{\sigma_h^2}{\sigma_P^2}$

【例 2.6.1】 在假设亲代无近交($F = 0$)的情况下，研究群体中两个基因对鼠被毛色素沉积的影响，计算得到

$$\sigma_P^2 = \sigma_d^2 + \sigma_h^2 + \sigma_e^2 = 44.71 + 84.74 + 43.15 = 172.6$$

则有

$$b_{\mathrm{OP}} = \frac{1}{2} \times \frac{44.71}{172.6} = 0.1295 \qquad b_{\mathrm{O\overline{P}}} = \frac{44.71}{172.6} = 0.2590$$

$$t_{\mathrm{HS}} = \frac{1}{4} \times \frac{44.71}{172.6} = 0.0648 \qquad t_{\mathrm{FS}} = \frac{1}{2} \times \frac{44.71}{172.6} + \frac{1}{4} \times \frac{84.74}{172.6} = 0.2523$$

比较知，$b_{\mathrm{O\overline{P}}} > t_{\mathrm{FS}} > b_{\mathrm{OP}} > t_{\mathrm{HS}}$，说明亲属间具有同样基因的程度不同，子代与中亲的相似程度最高，半同胞相似性最小.

2.6.2　近亲交配群体的近交系数计算

对于育种来讲，不外乎改变群体的基因频率或某些基因组合的频率，改变基因组合的频率决定于不同的交配制度. 因而关于亲属间的相似性研究，除了$F = 0$的平衡群体外，还应研究近亲交配的情形.

1. 追溯个体共同祖先推算个体近交系数F

一个个体的近交系数(F)被定义为同一座位上两个基因是后裔同样的概率，即这两个基因是同一祖先的同一个基因的复制品的概率. 因此，个体X的近交系数F_X可以将系谱追溯到双亲的祖先按基因分离和概率计算原理计算.

下面按图 2.6.3 所示个体X的系谱说明F_X的计算方法.

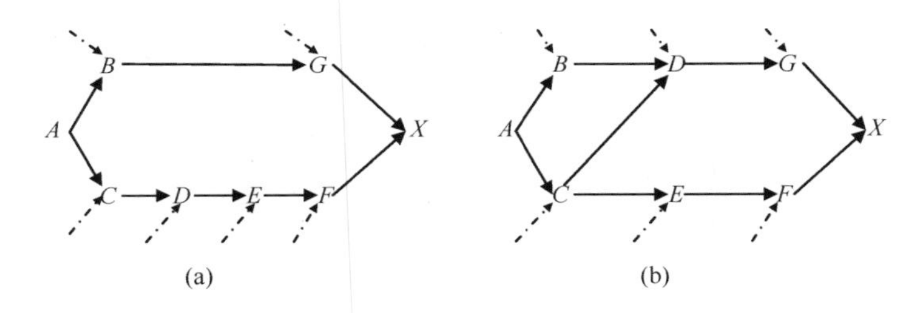

图 2.6.3　个体 X的两种系谱图

1) 图 2.6.3(a)中F_X的计算

要计算F_X，必须由X的双亲G和F追溯有亲缘的通径(单箭头路径)，一直追溯到双亲的共同祖先A. 对这种亲缘计算有贡献的用实线表示，否则用虚线表示(也可不要虚线).

在图 2.6.3(a)中，A为X双亲G和F的共同祖先，形成这种亲缘关系的通径图为$ABGX$-$ACDEFX$(实线通径)，形成有向连接的 8 段路. 在共同祖先A的任一特定位点(A_1, A_2)上，F_X是X的基因型由A_1复制成A_1A_1或由A_2复制成A_2A_2的概率. 因为A_1、A_2经过$ABGX$-$ACDEFX$传递均经过 8 段路，每段路的传递概率为$\frac{1}{2}$，各段路相互独立，故X的基因型为A_1A_1或A_2A_2的概率按概率乘法定理均为$\left(\frac{1}{2}\right)^8$，故按概率的加法定理可知，$X$的基因型为$A_1A_1$或$A_2A_2$的概率为$2 \times \left(\frac{1}{2}\right)^8 = \left(\frac{1}{2}\right)^7$，这是作为$X$双亲的共同祖先$A$所产生的新的近交. 如果共同祖先$A$也是近交形成的，即$A$的基因型是$A_1A_1$或$A_2A_2$，近交系数为$F_A$，这时$X$的基因型是$A$的基因型的复制品，经过 8 段路传给$X$的概率为$2 \times \left(\frac{1}{2}\right)^8 F_A =$

$\left(\frac{1}{2}\right)^7 F_A$. 因而$F_X=\left(\frac{1}{2}\right)^7(1+F_A)$. 令$n$为$X$的双亲及连接它的共同祖先通径上所有世代的成员数，则

$$F_X=\left(\frac{1}{2}\right)^n(1+F_A) \tag{2.6.17}$$

其中，n为从通径$ABGX\text{-}ACDEFX$中去掉X写成通径$GBACDEF$中的成员数.

2) 图2.6.3(b)中F_X的计算

利用式(2.6.17)可以计算复杂的系谱图中个体X的近交系数F_X. 在图2.6.3(b)中，X的双亲有两个共同祖先A和C, A又是D和C的祖先，分以下几步计算.

(1) 由共同祖先A计算. 世代成员通径为$GDBACEF$，世代成员数$n_1=7$, A的近交系数为F_A，对F_X的贡献为$\left(\frac{1}{2}\right)^7(1+F_A)$.

(2) 由共同祖先C计算. 世代成员通径为$GDCEF$，世代成员数$n_2=5$, C的近交系数为F_C，对F_X的贡献为$\left(\frac{1}{2}\right)^5(1+F_C)$.

(3) 把X双亲所有共同祖先对F_X的贡献加起来就等于F_X. 对于图2.6.3(b)来讲，$F_X=\left(\frac{1}{2}\right)^7(1+F_A)+\left(\frac{1}{2}\right)^5(1+F_C)$，若$F_A=\frac{1}{4}$, $F_C=0$，则

$$F_X=\left(\frac{1}{2}\right)^7\left(1+\frac{1}{4}\right)+\left(\frac{1}{2}\right)^5=0.041$$

2. Malecot(1948)计算个体近交系数的共祖率方法

为了说明这个方法, 假设个体X有图 2.6.4 所示的系谱.

1) 共祖率(coefficient of coacestry)

随机从两个个体中各抽取一个配子, 它们携带同一血统等位基因的概率称为两个个体的共祖率, 也称为两个个体的血缘系数(coefficient of consanguinity)或亲缘系数(coefficient of kinship). 共祖率也可定义为: 随机抽取两个个体的一对等位基因血统相同的概率. 共祖率常用f表示. 显然, 共祖率也是从一对等位基因后裔同样的概率角度来定义的.

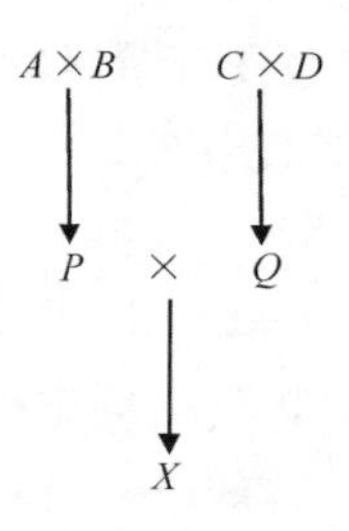

图 2.6.4 个体 X的系谱示意图

在图 2.6.4 中, X的双亲为P和Q, 四个祖亲为A、B、C和D. P和Q的共祖率记为f_{PQ}, 它完全由二者的亲本A、B、C和D决定. 由于X近交系数F_X的定义和其双亲共祖率定义相同, 故有

$$F_X = f_{PQ} \qquad F_P = f_{AB} \qquad F_Q = f_{CD} \tag{2.6.18}$$

共祖率有如下性质.

(1) 任一个体X的共祖率f_{XX}等于自交后代的近交系数，即

$$f_{XX} = \frac{1}{2}(1 + F_X) \tag{2.6.19}$$

这是因为：对于X的任一位点(A_1, A_2)，其后代的双亲均为X，故其后代基因型为A_1A_1或A_2A_2的概率为$\frac{1}{2}$；若X本身的近交系数为F_X，即X的基因型也为A_1A_1或A_2A_2的概率为$\frac{1}{2}$，故$f_{XX} = \frac{1}{2} + \frac{1}{2}F_X = \frac{1}{2}(1 + F_X)$．这是式(2.6.18)在自交上的应用.

(2) 两个同世代个体间的共祖率等于两个个体双亲间形成的 4 个共祖率的平均值，即在图 2.6.4 中有

$$f_{PQ} = \frac{1}{4}(f_{AC} + f_{AD} + f_{BC} + f_{BD}) \tag{2.6.20}$$

这是因为: 在任一位点上，P携带A和B中各一个基因的频率均为$1/2$，Q携带C和D中各一个基因的概率也均为$1/2$．因而，由P和Q配子随机结合的X中，将有$1/4$的概率来自A和C、A和D、B和C及B和D的一个基因，因而据式(2.6.18)有$F_X = f_{PQ}$，故式(2.6.20)成立.

(3) 两个不同世代个体间的共祖率等于一个个体和另一个个体双亲共祖率的平均.

图 2.6.4 中P和C、P和D、Q和A、Q和B属不同世代的个体，则据性质(3)可表示为

$$\begin{cases} f_{PC} = \frac{1}{2}(f_{AC} + f_{BC}) \\ f_{PD} = \frac{1}{2}(f_{AD} + f_{BD}) \end{cases} \qquad \begin{cases} f_{QA} = \frac{1}{2}(f_{AC} + f_{AD}) \\ f_{QB} = \frac{1}{2}(f_{BC} + f_{BD}) \end{cases} \tag{2.6.21}$$

f_{PC}成立的理由: 从P抽取一对等位基因，携带A、B中一个基因的概率为$\frac{1}{2}$；从 C 中随机抽取一对等位基因则必然来自C．故$f_{PC} = \frac{1}{2}(f_{AC} + f_{BC})$．其他各式成立的理由类同.

比较式(2.6.20)和式(2.6.21)得

$$F_X = f_{PQ} = \frac{1}{2}(f_{PC} + f_{PD}) = \frac{1}{2}(f_{QA} + f_{QB}) \tag{2.6.22}$$

2) 常见亲属关系间的共祖率

要求两个个体的共祖率，必须知道这两个个体双亲等有关成员的共祖率，为此，把亲本及有关成员所在群体称为参照群或基础群，并假定它是平衡的(F=0)．在此基础上，随机交配第一代可能的亲属关系为自己、亲子、全同胞和半同胞．下面通过图 2.6.5 给出这些亲属关系的共祖率.

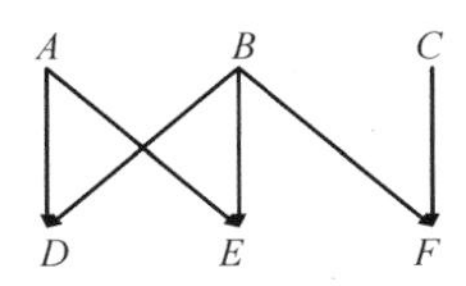

图 2.6.5　自己、亲子、全同胞和半同胞示意图

(1) 自己的共祖率．例如，A的共祖率f_{AA}是通过自交所产生后代的近交系数，即式(2.6.19)．如果$F_A = 0$，则A后代的近交系数为$f_{AA} = \frac{1}{2}$.

(2) 亲子的共祖率. 例如, 图 2.6.5 中D的双亲为A和B, 它们不在同一世代中, 据共祖率性质(3), A和D的共祖率等于A和D的双亲共祖率的平均, 即

$$f_{AD}=\frac{1}{2}(f_{AA}+f_{AB}) \tag{2.6.23}$$

如果A和B无亲缘关系($f_{AB}=0$)且$F_A=0$, 则$f_{AD}=\frac{1}{2}\left[\frac{1}{2}(1+F_A)+f_{AB}\right]=\frac{1}{4}$.

(3) 全同胞的共祖率. 例如, 图 2.6.5 中的D和E为全同胞, 它们处于同一世代, 其双亲均为A和B, 据共祖率性质(2), 其共祖率等于双亲间形成的 4 个共祖率的平均, 即

$$f_{DE}=\frac{1}{4}(f_{AA}+2f_{AB}+f_{BB}) \tag{2.6.24}$$

如果A、B和C均无近交或亲缘关系,则$f_{AA}=\frac{1}{2},f_{AB}=0,f_{BB}=\frac{1}{2}$, 故有$f_{DE}=\frac{1}{4}$.

(4) 半同胞的共祖率. 例如, 图 2.6.5 中的D和F、E和F均为半同胞, 它们处于同一世代中, 据共祖率性质(2)有

$$f_{DF}=\frac{1}{4}(f_{AB}+f_{AC}+f_{BB}+f_{BC}) \tag{2.6.25}$$

如果A、B和C均无近交或亲缘关系, 即$f_{AB}=f_{AC}=f_{BC}=0,f_{BB}=\frac{1}{2}$, 则$f_{DF}=\frac{1}{8}$.

值得强调的是, Wright 把配子作为变量, 运用通径分析方法研究了随机交配下配子至合子的通径及近亲交配下配子至合子的通径, 又研究了合子至配子的通径, 从而得到配子相关(近交系数)和配偶相关的关系, 这些规律是数量遗传学的基本规律. 利用这些规律可以分析出数量遗传学中所涉及的各种交配制度下的有关亲代、子代等各种亲属关系的相关, 成为数量遗传学的理论系统和计算方法. 后来, Cotterman(1940) 和 Malecot(1948)发展的后裔同样概率, 使近交系数由配子相关定义发展为后裔同样概率定义, 而 Malecot 提出的共祖率方法与后裔同样方法虽有异曲同工之妙, 但更为实用. 这是因为后裔同样方法必须追溯到共同祖先, 而共祖率方法只需追溯向前的世代系谱记录就能计算出现在交配所产生的近交程度.

3) 规则近交系统的近交系数(图 2.6.5)

(1) 自体受精. 自体受精相当于具有相同基因型的个体交配. 如果t世代的个体X是$t-1$世代A的后代, 则由式(2.6.19)有

$$F_X=f_{AA}=\frac{1}{2}(1+F_A)$$

由此可得世代的递推式

$$F_t=\frac{1}{2}(1+F_{t-1}) \tag{2.6.26}$$

(2) 全同胞交配. 假设X是A和B的后代,X处于t世代, A和B处于$t-1$代, 则据式(2.6.24)有

$$F_X=f_{DE}=\frac{1}{4}(f_{AA}+2f_{AB}+f_{BB})=F_t$$

$t-1$代的A和B具有近交系数$F_{t-1}=f_{AB}$; $f_{AA}=f_{BB}=\frac{1}{2}(1+F_A)$(因为同一世代的个体有共同的近交系数), $F_A=F_{t-2}$, 故近交系数的世代递推式为

$$F_t=\frac{1}{4}[(1+F_{t-2})+2F_{t-1}]=\frac{1}{4}+\frac{1}{2}F_{t-1}+\frac{1}{4}F_{t-2} \tag{2.6.27}$$

(3) 半同胞交配. 据式(2.6.25), t世代X的近交系数为

$$F_X=f_{DF}=\frac{1}{4}(f_{AB}+f_{AC}+f_{BB}+f_{BC})=F_t$$

而$f_{AB}=f_{AC}=f_{BC}=F_{t-1}, f_{BB}=\frac{1}{2}(1+F_B)=\frac{1}{2}(1+F_{t-2})$，故

$$F_t=\frac{1}{4}\left[3F_{t-1}+\frac{1}{2}(1+F_{t-2})\right]=\frac{1}{8}+\frac{6}{8}F_{t-1}+\frac{1}{8}F_{t-2} \tag{2.6.28}$$

(4) 亲子交配. 据式(2.6.23)，t世代X的近交系数为

$$F_X=f_{AD}=\frac{1}{2}(f_{AA}+f_{AB})=F_t$$

由于$f_{AB}=F_{t-1}, f_{AA}=\frac{1}{2}(1+F_A)=\frac{1}{2}(1+F_{t-2})$，故

$$F_t=\frac{1}{2}\left[F_{t-1}+\frac{1}{2}(1+F_{t-2})\right]=\frac{1}{4}+\frac{1}{2}F_{t-1}+\frac{1}{4}F_{t-2} \tag{2.6.29}$$

显然，全同胞交配和亲子交配的近交系数世代传递公式是一样的.

(5) 反复回交. 由于实践需要，经常进行一个个体A与它的女儿C、孙女D等交配，即反复回交，其中A为轮回亲本. $D\times A$的子女为X，故据式(2.6.23)有

$$F_X=f_{AD}=\frac{1}{2}(f_{AA}+f_{AC})=\frac{1}{2}\left[\frac{1}{2}(1+F_A)+F_D\right]=F_t$$

其中，$C\times A$的后代为D. F_A为轮回亲本A的近交系数，而$F_D=F_{t-1}$，故

$$F_t=\frac{1}{2}\left[\frac{1}{2}(1+F_A)+F_{t-1}\right]=\frac{1}{4}(1+F_A+2F_{t-1}) \tag{2.6.30}$$

若$F_A=0$，则

$$F_t=\frac{1}{4}(1+2F_{t-1}) \tag{2.6.31}$$

如果A为高度自交系中的一个个体，而且$F_A=1$，则

$$F_t=\frac{1}{2}(1+F_{t-1}) \tag{2.6.32}$$

这与自体受精完全相同. 在这种情况下，A可是近交系中的任一个体.

2.6.3　亲属协方差的一般形式

由表 2.6.4 和表 2.6.5 可以看出，平衡群体($F=0$)无上位时的亲属协方差在加性-显性模型下，可以表示成统一形式

$$\mathrm{Cov}=r\sigma_d^2+u\sigma_h^2 \qquad r=\frac{1}{2}p_1+p_2 \qquad u=p_2 \tag{2.6.33}$$

其中，p_0、p_1和p_2分别表示两个亲属个体分别具有 0 对、1 对和 2 对血统相同基因的概率；$r=\frac{1}{2}p_1+p_2$为亲属间加性效应(育种值)的理论相关系数；$u=p_2$为两个亲属个体具有相同基因型的概率；$2r=p_1+2p_2$为任一座位上平均同样基因的对数. 有了式(2.6.33)才能用回归和组内相关表达亲属间的相似性. 下面研究r、u和共祖率的关系.

单位点平衡群体中两个亲属个体x和y的基因型值配子效应式在加性-显性模型下分别为

$$G_x=\mu+(x_1+x_2)+h_x \qquad G_y=\mu+(y_1+y_2)+h_y$$

为了让它们的协方差和共祖率联系起来，仅研究配子效应对$\mathrm{Cov}(G_x,G_y)$的贡献

$$\begin{aligned}\mathrm{Cov}(G_x,G_y)&=\mathrm{Cov}(x_1+x_2+h_x, y_1+y_2+h_y)\\&=E(x_1y_1)+E(x_1y_2)+E(x_2y_1)+E(x_2y_2)+E(x_1h_y)+E(x_2h_y)\\&\quad+E(h_xy_1)+E(h_xy_2)+E(h_xh_y)\end{aligned}$$

由于基因型值为效应式，故

$$E(x_1)=E(x_2)=E(h_x)=E(y_1)=E(y_2)=E(h_y)=0$$

而且在加性-显性模型下x_1、x_2、h_x间，y_1、y_2、h_y间，x_1、x_2、h_y间，y_1、y_2、h_x间相互独立，故

$$E(x_1h_y)=E(x_2h_y)=E(h_xy_1)=E(h_xy_2)=0$$

由于x和y均为平衡群体$(F=0)$中的个体，但作为亲属个体，x和y有共同血统等位基因，因而存在共祖率f_{xy}. 所以各配子主效应间协方差有$E(x_i,y_j)=f_{xy}E(x_i^2), i,j=1,2, i\neq j$. 故有

$$E(x_1y_1)+E(x_1y_2)+E(x_2y_1)+E(x_2y_2)=4f_{xy}E(x_1^2)$$

由于x_1和x_2相互独立，有

$$\sigma_d^2=E[(x_1+x_2)^2]=E(x_1^2)+E(x_2^2)=2E(x_1^2)\qquad E(x_1^2)=\frac{1}{2}\sigma_d^2$$

由上述得

$$E(x_1y_1)+E(x_1y_2)+E(x_2y_1)+E(x_2y_2)=4f_{xy}E(x_1^2)=2f_{xy}\sigma_d^2=r\sigma_d^2\tag{2.6.34}$$

再考虑$\mathrm{Cov}(G_x,G_y)$中的组分$E(h_xh_y)$. 如果$E(h_xh_y)=0$，则说明h_x和h_y相互独立，而平衡群体$(F=0)$仅有亲子、全同胞、半同胞和自己4种关系，其共祖率均不等于0，只能推断遗传模型不是加性-显性模型，只可能是加性模型；如果是加性-显性模型，且$E(h_xh_y)\neq 0$，则说明有两对同样基因，即$x_1=y_1$且$x_2=y_2$或$x_1=y_2$且$x_2=y_1$. 在这种情况下有

$$\begin{aligned}E(h_xh_y)&=[P(x_1=y_1,x_2=y_2)+P(x_1=y_2,x_2=y_1)]E(h_x^2)\\&=(f_{x_1y_1}f_{x_2y_2}+f_{x_1y_2}f_{x_2y_1})\sigma_h^2\\&=p_2\sigma_h^2=u\sigma_h^2\end{aligned}\tag{2.6.35}$$

其中，u为x和y具有由血统相同基因组成的相同基因型的概率.

综合式(2.6.34)、式(2.6.35)有

$$\mathrm{Cov}(G_x,G_y)=r\sigma_d^2+u\sigma_h^2\qquad r=2f_{xy}\qquad p_2=f_{x_1y_1}f_{x_2y_2}+f_{x_1y_2}f_{x_2y_1}\tag{2.6.36}$$

其中，r为亲属x与y的加性效应相关值，p_2为x与y有相同基因的概率，所有f为共祖率.

由于上述分析方法是在x和y任一座位上分析的；又因为加性-显性-上位模型是多基因系统下基因型值的完全分解或正交分解，故亲属协方差在无环境互作下可以推广为

$$\mathrm{Cov}_g(x,y)=r\sigma_d^2+u\sigma_h^2+r^2\sigma_{dd}^2+ru\sigma_{dh}^2+u^2\sigma_{hh}^2+r^2u\sigma_{ddh}^2+\cdots\tag{2.6.37}$$

其中，系数r、u的幂次与方差中d、h的个数相同，例如，σ_{dddh}^2的系数为r^3u等. 式(2.6.37)表明，高级上位方差对$\mathrm{Cov}_g(x,y)$的贡献很小.

2.6.4 常见亲属协方差组分中u和r的计算

这种计算是在平衡群体$(F=0)$中进行的.

1. 子代与一亲

设x的双亲为A和B，仅讨论x与A的r、u的计算（x与B的情况类同）. 由式(2.6.23)及$f_{AB}=0$得

$$f_{xA}=\frac{1}{2}(f_{AA}+f_{AB})=\frac{1}{2}f_{AA}\qquad 2f_{xA}=f_{AA}$$

设x的配子型为A_1/B_1, A的配子型为A_1/A_2, B的配子型为B_1/B_2．由于$f_{AB}=0$，故x与A具有相同基因型的概率为

$$u=f_{x_1y_1}f_{x_2y_2}+f_{x_1y_2}f_{x_2y_1}=f_{A_1A_1}f_{B_1A_2}+f_{A_1A_2}f_{B_1A_1}=f_{AA}f_{AB}+f_{AA}f_{AB}=0$$

故有

$$\begin{cases}r=2f_{xA}=f_{AA}=\frac{1}{2}(1+F_A)=\begin{cases}\frac{1}{2}, F_A=0\\ 1, F_A=1\end{cases}\\ u=0\end{cases}\tag{2.6.38}$$

2．全同胞

设全同胞x和y的双亲为A和B．在$f_{AB}=0$之下有

$$f_{xy}=\frac{1}{4}(f_{AA}+2f_{AB}+f_{BB})=\frac{1}{4}(f_{AA}+f_{BB})$$

设A的配子型为A_1/A_2, B的配子型为B_1/B_2, x的配子型为A_1/B_2(其他类同)，y的配子型为A_2/B_1 (其他类同)，由于$f_{AB}=0$，故x与y有相同基因型的概率为

$$u=f_{A_1A_2}f_{B_1B_2}+f_{A_1B_1}f_{B_2A_2}=f_{AA}f_{BB}+f_{AB}f_{AB}=f_{AA}f_{BB}$$

则有

$$\begin{cases}r=2f_{xy}=\frac{1}{2}(f_{AA}+f_{BB})=\frac{1}{4}(2+F_A+F_B)=\begin{cases}\frac{1}{2}, & F_A=F_B=0\\ 1, & F_A=F_B=1\end{cases}\\ u=f_{AA}f_{BB}=\frac{1}{4}(1+F_A)(1+F_B)=\begin{cases}\frac{1}{4}, & F_A=F_B=0\\ 1, & F_A=F_B=1\end{cases}\end{cases}\tag{2.6.39}$$

3．半同胞

设x的双亲为A和B, y的双亲为B和C, x和y是半同胞．由式(2.6.25)及$f_{AB}=f_{AC}=f_{BC}=0$有

$$f_{xy}=\frac{1}{4}(f_{AB}+f_{AC}+f_{BB}+f_{BC})=\frac{1}{4}f_{BB}$$

设 A 的配子型为 A_1/A_2, B的配子型为B_1/B_2, C的配子型为C_1/C_2, x 的配子型为 A_1/B_2, y的配子型为B_1/C_2．由于$f_{AB}=f_{AC}=f_{BC}=0$, x和y有共同基因型的概率为

$$u=f_{A_1B_1}f_{B_2C_2}+f_{A_1C_2}f_{B_2B_1}=f_{AB}f_{BC}+f_{AC}f_{BB}=0$$

故

$$\begin{cases}r=2f_{xy}=\frac{1}{2}f_{BB}=\frac{1}{4}(1+\mathrm{F}_B)=\begin{cases}\frac{1}{4}, & F_B=0\\ \frac{1}{2}, & F_B=1\end{cases}\\ u=0\end{cases}\tag{2.6.40}$$

将上述结果列入表 2.6.7 中，得到常见亲属间遗传协方差的组分组成.

表 2.6.7　平衡群体中两个非近交亲属个体间遗传协方差的组分

亲属关系	遗传协方差	$F=0$					$F=1$				
		σ_d^2	σ_h^2	σ_{dd}^2	σ_{dh}^2	σ_{hh}^2	σ_d^2	σ_h^2	σ_{dd}^2	σ_{dh}^2	σ_{hh}^2
子代与一亲	$\mathrm{Cov_{OP}}$	$\frac{1}{2}$	0	$\frac{1}{4}$	0	0	1	0	1	0	0
子代与中亲	$\mathrm{Cov_{O\bar{P}}}$	$\frac{1}{2}$	0	$\frac{1}{4}$	0	0	1	0	1	0	0
半同胞	$\mathrm{Cov_{HS}}$	$\frac{1}{4}$	0	$\frac{1}{16}$	0	0	$\frac{1}{2}$	0	$\frac{1}{4}$	0	0
全同胞	$\mathrm{Cov_{FS}}$	$\frac{1}{2}$	$\frac{1}{4}$	$\frac{1}{4}$	$\frac{1}{8}$	$\frac{1}{16}$	1	1	1	1	1
一般	Cov	r	u	r^2	ru	u^2	r	u	r^2	ru	u^2

【例 2.6.2】　计算祖孙协方差中的r和u.

祖孙系谱如图 2.6.6 所示.

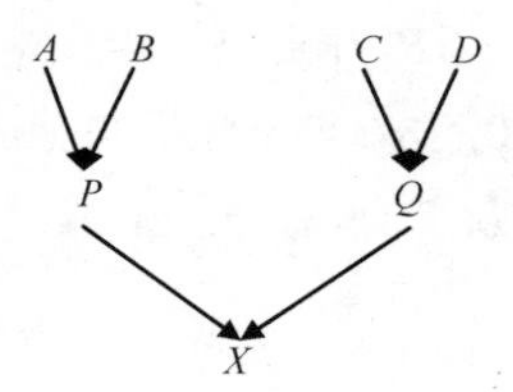

图 2.6.6　祖孙系谱

假设$f_{AB}=f_{AC}=f_{AD}=f_{BC}=f_{BD}=f_{CD}=0$. 据共祖率性质: 两个不同世代个体的共祖率等于一个个体和另一个个体双亲共祖率的平均, 即

$$\begin{aligned}f_{XA}&=\frac{1}{2}(f_{AP}+f_{AQ})\\&=\frac{1}{2}\left[\frac{1}{2}(f_{AA}+f_{AB})+\frac{1}{2}(f_{AC}+f_{AD})\right]\\&=\frac{1}{4}(f_{AA}+f_{AB}+f_{AC}+f_{AD})=\frac{1}{4}f_{AA}\end{aligned}$$

设P的配子型为P_1/P_2, Q的配子型为Q_1/Q_2, 则X的配子型为P_1/Q_1, 而A的配子型为A_1/A_2. 由于Q中有C和D的配子, 与A独立, $f_{QA}=0$. 故x和A(祖孙)有共同基因型的概率为

$$u=f_{P_1A_1}f_{Q_1A_2}+f_{P_1A_2}f_{Q_1A_1}=f_{PA}f_{QA}+f_{PA}f_{QA}=0$$

因而有

$$\begin{cases}r=2f_{XA}=\frac{1}{2}f_{AA}=\frac{1}{4}(1+F_A)=\begin{cases}\frac{1}{4}, & F_A=0\\ \frac{1}{2}, & F_A=1\end{cases}\\ u=0\end{cases}$$

经研究, 连锁对亲属间协方差的影响包括: ①亲子协方差不受连锁影响; ②连锁影响同胞协方差的上位组分, 不影响加性和显性方差组分; ③当数量性状受多个位点控制时, 受连锁影响的预期很小.

第 3 章　重复力、遗传力、相关及其估计

在动植物资源群体或育种的不同世代群体中，个体的所有数量性状表型值都是其基因型在一定环境中形成的，既有遗传形成的基因型值，又有环境作用的成分．表现型值和基因型值、环境离差间的关系是一种统计上的因果关系；一个个体的两个性状之间的关系是统计学中的相关关系，其中也有遗传相关和环境相关的成分．数量性状遗传分析在现实应用中的主要目的是通过直接观察到的性状表型值预测不能直接观察到的基因型值或育种值，用以估计动植物地方种质资源育种应用潜力或育种群体的选择潜力、育种方案的选用等．这种研究涉及多个存在一定相关的数量性状，一个性状的改变会影响到与它相关的性状．这种不同遗传组分和环境变异的相对重要性的表达需要一组数量遗传学参数，这就是重复力、遗传力和相关．本章讲述这些参数的概念、估计方法和应用．

3.1　重复力、遗传力和相关的概念

反映数量性状表型、遗传和环境关系的基础是它的遗传数学模型．最基本的模型是$P = G + E = \mu + g + e$，然后经过基因型值的分解变为$P = m + [d] + [h] + e$，$P = m + [d] + [h] + [i] + e$等，实现了基因型值$G$按基因的加性、显性和上位效应的表达，然后按基因在群体中的平均效应所建立的育种值概念又实现了数量性状遗传模型按育种值A、显性偏差D、上位偏差 I的表达，即$P = A + D + e$，$P = A + D + I + e$．由于A是G中能传给下一代的累加性基因效应，而D和I则不能，使数量性状遗传模型越来越适合育种家对数量性状改变的分析．本节在上述模型基础上介绍遗传力等概念．

3.1.1　遗传力(率)和重复力(率)

遗传力(heritability)是表示数量性状表型方差中由遗传所决定部分的比例，反映了数量性状中遗传和环境变异的相对重要性．由于基因型方差σ_g^2(遗传总方差)中包含加性方差、显性方差等成分，因而有不同的遗传力概念．

1. 广义遗传力(broad sense heritability) h_B^2

在模型$P = G + E$中，若G和E独立，则有

$$\sigma_P^2 = \sigma_g^2 + \sigma_e^2 \qquad 1 = \frac{\sigma_g^2}{\sigma_P^2} + \frac{\sigma_e^2}{\sigma_P^2} = h_B^2 + h_e^2 \tag{3.1.1}$$

1937 年，Lush 把$h_B^2 = \sigma_g^2/\sigma_P^2$定义为广义遗传力，即遗传总方差$\sigma_g^2$(基因型值方差)与表型方差$\sigma_P^2$的比值．相应地可把$h_e^2 = \sigma_e^2/\sigma_P^2$称为环境力．显然，$h_B^2$是$G$对$P$的决定系数($r_{PG}^2$)，也是$G$关于$P$的回归系数($b_{GP}$)，因为

$$\begin{cases} r_{PG} = \dfrac{\mathrm{Cov}(P,G)}{\sigma_P \sigma_g} = \dfrac{\sigma_g^2}{\sigma_P \sigma_g} = \dfrac{\sigma_g}{\sigma_P} = h_B \\ b_{GP} = \dfrac{\mathrm{Cov}(P,G)}{\sigma_P^2} = \dfrac{\sigma_g^2}{\sigma_P^2} = h_B^2 \end{cases} \tag{3.1.2}$$

式(3.1.1)表明，G和E完全决定了P的变异. 在这个意义下，h_B^2刻画了G对P变异决定的相对重要性. 例如，在黑白花牛中，乳脂率的大小有 60%决定于遗传，而第一次配种受胎率则 99%决定于环境，环境力h_e^2表示环境离差 E 对表型变异决定的相对重要性. $h_B^2 = b_{GP}$表达了直线回归方程式$G = b_0 + b_{GP}P$中由P预测G的回归系数，即表达了育种家期望用P预测G的近似程度. 显然h_B^2越大，表型选择越接近基因型选择.

2. 狭义遗传力(narrow sense heritability) h_N^2

育种值A作为基因型值G中的加性累加部分，不仅可以传给后代，而且可以固定下来. 这时，加性-显性遗传模型和加性-显性-上位遗传模型可以分别写成$P = A + D + e$，$P = A + D + I + e$. 由于D、I是个体基因型值中不能传给后代而且不能固定的部分，故可令$R = D + e$，$R = D + I + e$，则$P = A + R$，其中R称为G中除A外的剩余. 由于A、D、I、e之间相互独立，故A与R独立. 因而，在加性-显性遗传模型下有

$$\begin{cases} \sigma_P^2 = \sigma_A^2 + \sigma_D^2 + \sigma_e^2 = \sigma_d^2 + (\sigma_h^2 + \sigma_e^2) = \sigma_d^2 + \sigma_R^2 \\ 1 = \dfrac{\sigma_d^2}{\sigma_P^2} + \dfrac{\sigma_h^2}{\sigma_P^2} + \dfrac{\sigma_e^2}{\sigma_P^2} = h_N^2 + (h_D^2 + h_e^2) = h_N^2 + h_R^2 \end{cases} \tag{3.1.3}$$

在加性-显性-上位遗传模型下有

$$\begin{cases} \sigma_P^2 = \sigma_A^2 + (\sigma_D^2 + \sigma_I^2 + \sigma_e^2) = \sigma_d^2 + \sigma_R^2 \\ 1 = \dfrac{\sigma_A^2}{\sigma_P^2} + \dfrac{\sigma_D^2}{\sigma_P^2} + \dfrac{\sigma_I^2}{\sigma_P^2} + \dfrac{\sigma_e^2}{\sigma_P^2} = h_N^2 + (h_D^2 + h_I^2 + h_e^2) = h_N^2 + h_R^2 \end{cases} \tag{3.1.4}$$

式(3.1.3)和式(3.1.4)分别表示A、D和e及A、D、I和e完全决定了表型方差σ_P^2. 1937 年，Lush 把$h_N^2 = \sigma_d^2/\sigma_P^2$定义为狭义遗传力，是育种值方差($\sigma_A^2 = \sigma_d^2$)占表型方差($\sigma_P^2$)的比例. 相应地把$h_D^2(\sigma_h^2/\sigma_P^2)$、$h_I^2(\sigma_I^2/\sigma_P^2)$和$h_e^2(\sigma_e^2/\sigma_P^2)$称为显性遗传力、上位性遗传力和环境力. h_N^2表示育种值对表型值P的决定系数(r_{PA}^2)，也是A关于P的直线回归系数(b_{AP}). b_{AP}表示直线回归方程$A = b_0 + b_{AP}P$中通过P预测A的近似程度. 显然，h_N^2越大，表型值P越近似A. 其原因为

$$\begin{cases} r_{PA} = \dfrac{\mathrm{Cov}(P,A)}{\sigma_P \sigma_A} = \dfrac{\sigma_A^2}{\sigma_P \sigma_A} = \dfrac{\sigma_A}{\sigma_P} = h_N \\ b_{AP} = \dfrac{\mathrm{Cov}(P,A)}{\sigma_P^2} = \dfrac{\sigma_A^2}{\sigma_P^2} = h_N^2 \end{cases} \tag{3.1.5}$$

值得强调的是，$R = D + e$或$R = D + I + e$中，D和I在群体中能遗传，但在个体中不能遗传也不能固定，因而剩余值R是个体中不能遗传也不能固定的基因型值部分. 故在数量性状改良中可称h_R^2为剩余力，显然$h_R^2 = h_D^2 + h_I^2 + h_e^2$，它是$D$、$I$和$e$对$P$的决定系数.

3. 重复力(repeatability) t_I

Lush 于 1937 年在其著作《动物育种计划》中提出了重复力或重复率的概念. 所谓重复力是指某一性状不同次观察记录之间的相关系数，用t_I表示. 重复力t_I的重要性在

于：对于育种工作者来讲，若该性状的t_I大，就可对个体少观察几次；若t_I小，就对个体多观察几次．这样就可用t_I对该个体在这个性状上一生的生产力有比较正确的估计，从而对该个体的利用方式和利用程度有比较可靠的判断．例如，一头奶牛在第一个泌乳期产奶4000kg，在第二个泌乳期的产奶量是上升还是下降？又如，萌生蔬菜轮收产量是否稳定，结果实枝组产量是否稳定等．

重复力起源于对个体表型值$P = G + E$中E的剖分，即$E = E_g + E_s$. 其中，E_g为个体的永久性环境组分(如家畜在幼年因营养不良所造成的发育阻滞等会影响它的一生)；E_s是暂时的环境组分(如发育中较短期的营养不良，可经过营养改善恢复)．于是，该个体的表型可以剖分为$P = (G + E_g) + E_s$，前者决定个体的一生(永久性)，后者为环境离差．这样，个体的表型方差可以剖分为永久性的组间方差$\sigma_B^2 = \sigma_g^2 + \sigma_{eg}^2$和随机性的组内方差$\sigma_W^2 = \sigma_{es}^2$，即

$$\sigma_P^2 = (\sigma_g^2 + \sigma_{eg}^2) + \sigma_{es}^2 = \sigma_B^2 + \sigma_W^2 \tag{3.1.6}$$

设该个体两次不同的观察为

$$P_i = (G + E_g) + E_{si} \qquad P_j = (G + E_g) + E_{sj}$$

则二者的方差均等于$\sigma_P^2 = \sigma_B^2 + \sigma_W^2$，二者的协方差$\mathrm{Cov}(P_i, P_j) = \sigma_B^2$(因为$E_{si}$和$E_{sj}$独立)．故把$P_i$与$P_j$的相关系数(组内相关系数)定义为个体的重复力

$$t_I = r_{P_iP_j} = \frac{\sigma_B^2}{\sigma_B^2 + \sigma_W^2} = \frac{\sigma_B^2}{\sigma_P^2} \tag{3.1.7}$$

显然，t_I是广义遗传力h_B^2的上限．t_I和h_B^2比较可获得σ_{eg}^2的估计，可加深对个体性状成因的了解．

3.1.2　表型相关、遗传相关和环境相关

两个性状x和y在同一环境下会表现出不同程度的表型、遗传和环境相关．设x和y的表型值分别为

$$P_x = G_x + E_x \qquad P_y = G_y + E_y$$

其中，G_x与E_x、G_y与E_y、G_x与E_y、G_y与E_x独立．在这个假定下，协方差

$$\mathrm{Cov}(P_x, P_y) = \mathrm{Cov}_P(x, y) \qquad \mathrm{Cov}(G_x, G_y) = \mathrm{Cov}_g(x, y) \qquad \mathrm{Cov}(E_x, E_y) = \mathrm{Cov}_e(x, y)$$

分别称为x与y的表型、遗传和环境协方差，且有

$$\mathrm{Cov}_P(x, y) = \mathrm{Cov}_g(x, y) + \mathrm{Cov}_e(x, y) \tag{3.1.8}$$

若x和y的表型、遗传和环境方差分别为σ_{Px}^2、σ_{gx}^2、σ_{ex}^2、σ_{Py}^2、σ_{gy}^2、σ_{ey}^2，则有

$$\frac{\mathrm{Cov}_P(x, y)}{\sigma_{Px}\sigma_{Py}} = \frac{\sigma_{gx}}{\sigma_{Px}}\frac{\sigma_{gy}}{\sigma_{Py}}\frac{\mathrm{Cov}_g(x, y)}{\sigma_{gx}\sigma_{gy}} + \frac{\sigma_{ex}}{\sigma_{Px}}\frac{\sigma_{ey}}{\sigma_{Py}}\frac{\mathrm{Cov}_e(x, y)}{\sigma_{ex}\sigma_{ey}}$$

即

$$\begin{aligned} r_{Pxy} &= h_{Bx}h_{By}r_{gxy} + h_{ex}h_{ey}r_{exy} \\ &= h_{Bx}h_{By}r_{gxy} + \sqrt{(1 - h_{Bx}^2)(1 - h_{By}^2)}\,r_{exy} \end{aligned} \tag{3.1.9}$$

其中，h_{Bx}^2、h_{ex}^2和h_{By}^2、h_{ey}^2分别为x和y的广义遗传力和环境力，分别称

$$\begin{cases} r_{Pxy} = \dfrac{\mathrm{Cov}_P(x,y)}{\sigma_{Px}\sigma_{Py}} \\ r_{gxy} = \dfrac{\mathrm{Cov}_g(x,y)}{\sigma_{gx}\sigma_{gy}} \\ r_{exy} = \dfrac{\mathrm{Cov}_e(x,y)}{\sigma_{ex}\sigma_{ey}} \end{cases} \tag{3.1.10}$$

为x和y的表型相关系数、遗传相关系数和环境相关系数.

进一步假定$P_x = A_x + R_x, P_y = A_y + R_y, A_x$与$R_x$、$A_y$与$R_y$、$A_x$与$R_y$及$A_y$与$R_x$独立，则有

$$\begin{aligned} r_{Pxy} &= h_{Nx}h_{Ny}r_{Axy} + h_{Rx}h_{Ry}r_{Rxy} \\ &= h_{Nx}h_{Ny}r_{Axy} + \sqrt{(1-h_{Nx}^2)(1-h_{Ny}^2)}r_{Rxy} \end{aligned} \tag{3.1.11}$$

其中，h_{Nx}^2、h_{Ny}^2为x和y的狭义遗传力，r_{Pxy}、r_{Axy}、r_{Rxy}分别为x和y的表型相关系数、育种值相关系数和剩余相关系数.

1983 年，戴君惕等把式(3.1.9)中

$$h_{gxy} = \frac{\mathrm{Cov}_g(x,y)}{\sigma_{Px}\sigma_{Py}} = h_{Bx}h_{By}r_{gxy} \tag{3.1.12}$$

称为相关遗传力(correlated heritability)，即

$$\begin{aligned} \frac{\mathrm{Cov}_P(x,y)}{\sigma_{Px}\sigma_{Py}} &= \frac{\mathrm{Cov}_g(x,y)}{\sigma_{Px}\sigma_{Py}} + \frac{\mathrm{Cov}_e(x,y)}{\sigma_{Px}\sigma_{Py}} \\ &= h_{gxy} + h_{exy} \end{aligned} \tag{3.1.13}$$

其中，h_{gxy}和h_{exy}可分别称为广义相关遗传力和广义相关环境力.

作者认为，可以把

$$\begin{aligned} r_{Pxy} &= \frac{\mathrm{Cov}_A(x,y)}{\sigma_{Px}\sigma_{Py}} + \frac{\mathrm{Cov}_R(x,y)}{\sigma_{Px}\sigma_{Py}} = h_{Nx}h_{Ny}r_{Axy} + h_{Rx}h_{Ry}r_{Rxy} \\ &= h_{Axy} + h_{Rxy} \end{aligned} \tag{3.1.14}$$

中的$h_{Axy} = \mathrm{Cov}_A(x,y)/\sigma_{Px}\sigma_{Py}$和$h_{Rxy} = \mathrm{Cov}_R(x,y)/\sigma_{Px}\sigma_{Py}$分别称为狭义相关遗传力和剩余相关力.

同一个体两个性状的相关分解可以看成P_x、G_x、E_x和P_y、G_y、E_y两个二元标准化回归分析，也可以看成P_x、A_x、R_x和P_y、A_y、R_y两个二元标准化回归分析. 标准化线性回归分析称为通径分析. 据两个标准化线性回归分析的通径分析原理，有通径图 3.1.1.

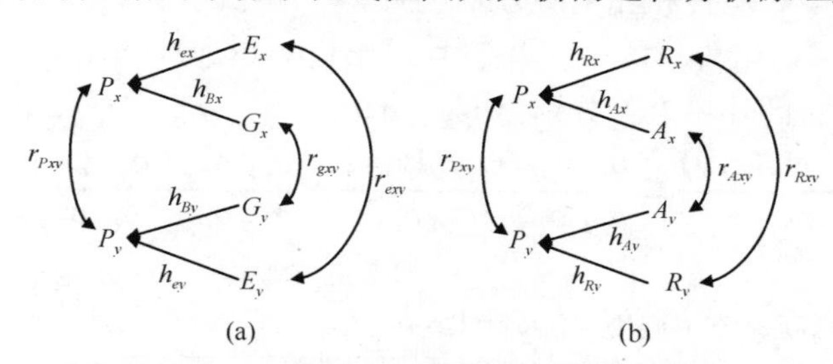

图 3.1.1　群体中个体两个性状间的通径图

图 3.1.1 所揭示的通径分析原理告诉人们P_x关于E_x、P_x关于G_x的标准化回归系数——通径系数分别为$r_{P_xE_x}$和$r_{P_xG_x}$，即分别为h_{ex}和h_{Bx}；同理，P_x关于R_x、P_x关于A_x的通径系数分

别为h_{Rx}和h_{Ax}. 对于y可作同样的分析.

P_x和P_y的相关路径系数为r_{Pxy}, 它由两条通径链组成

$$P_x \longleftarrow E_x \leftrightarrow E_y \longrightarrow P_y, \quad P_x \longleftarrow G_x \leftrightarrow G_y \longrightarrow P_y \text{（图3.1.1(a)）}$$
$$P_x \longleftarrow R_x \leftrightarrow R_y \longrightarrow P_y, \quad P_x \longleftarrow A_x \leftrightarrow A_y \longrightarrow P_y \text{（图3.1.2(b)）}$$

每条通径链中含有一条相关路径, 相关路径的路径系数为相关系数. 每条通径链的路径系数等于各路径系数的乘积, 而P_x与P_y的相关系数等于其两条通径链系数之和, 即

$$r_{Pxy} = h_{Bx}h_{By}r_{gxy} + h_{ex}h_{ey}r_{exy}$$
$$r_{Pxy} = h_{Ax}h_{Ay}r_{Axy} + h_{Rx}h_{Ry}r_{Rxy}$$

通径分析是由群体遗传学和数量遗传学家 Wright 于 1921 年提出的统计分析方法. 尽管广义遗传力h_B^2于 1937 年由 Lush 提出, 但 Wright 于 1921 年把$h_B(r_{PG})$作为P关于G的标准化回归系数(通径系数)h_B提出. 通径分析在血统分析、多性状选择分析中得到了广泛的应用和完善(关于多性状选择中的通径分析及由袁志发等(2000, 2001, 2013)提出的决策分析方法在选择模型分析中讲述).

3.1.3 亲属间的表型相似性

表 2.6.6 中列出了$F = 0$时亲属间的相似性, 其中忽略了表型协方差中的环境贡献. 事实上, 在亲子和半同胞关系中, 是可以忽略环境的影响, 但对于全同胞来讲, 母体效应E_g是不可忽略的. 表 3.3.1 列出了常见的无上位时的亲属间相似性.

表 3.1.1 无上位时亲属间的表型相似性($F = 1$, 参阅表 2.3.6)

亲属关系	$F=0$		$F=1$	
	协方差	回归或相关	协方差	回归或相关
子代与一亲	$\frac{1}{2}\sigma_d^2$	$b=\frac{1}{2}\frac{\sigma_d^2}{\sigma_P^2}=\frac{1}{2}h_N^2$	σ_d^2	$b=\frac{\sigma_d^2}{\sigma_P^2}=h_N^2$
子代与中亲	$\frac{1}{2}\sigma_d^2$	$b=\frac{\sigma_d^2}{\sigma_P^2}=h_N^2$	σ_d^2	$b=2\frac{\sigma_d^2}{\sigma_P^2}=2h_N^2$
半同胞	$\frac{1}{4}\sigma_d^2$	$t=\frac{1}{4}\frac{\sigma_d^2}{\sigma_P^2}=\frac{1}{4}h_N^2$	$\frac{1}{2}\sigma_d^2$	$b=\frac{1}{2}\frac{\sigma_d^2}{\sigma_P^2}=\frac{1}{2}h_N^2$
全同胞	$\frac{1}{2}\sigma_d^2+\frac{1}{4}\sigma_h^2+\sigma_{eg}^2$	$t=\frac{\left(\frac{1}{2}\sigma_d^2+\frac{1}{4}\sigma_h^2+\sigma_{eg}^2\right)}{\sigma_P^2}$	$\sigma_d^2+\sigma_h^2+\sigma_{eg}^2$	$t=\frac{(\sigma_d^2+\sigma_h^2+\sigma_{eg}^2)}{\sigma_P^2}$

由表 3.1.1 可知, 在估计h_N^2时的遗传设计中应有亲子关系、半同胞关系和全同胞关系. 在这种遗传设计的试验分析中, 可用亲子回归、半同胞或全同胞的组内相关系数分析(方差分析)来估计狭义遗传力或相关. 显然, 全同胞的组内相关系数含有显性方差和母体效应的影响, 因而在$F = 1$时, 有$t > h_B^2 > h_N^2$.

3.2 重复力、广义遗传力估计及重复力的应用

重复力和广义遗传力均可用单因素遗传设计试验数据的方差分析来估计, 这种估计方法又称为组内相关法. 本节讲述重复力、广义遗传力用单因素遗传设计试验数据的估计方法, 并探讨它的假设检验.

3.2.1 单因素遗传设计试验的组内相关估计方法

试验设计分为遗传设计和环境设计两部分.

单因素遗传设计是把供试群体中遗传型作为单一因素A进行处理设计, 即把遗传型A的一个随机样本$A_1, A_2, \cdots, A_n$作为处理来参试的. 例如, 一组地方品种; 自花授粉作物中两个纯合亲本杂交分离世代的一组家系; 异花授粉作物中一组亲本自交系或天然授粉品种, 或任何后代家系类型. 试验要求各遗传型A_i之间有差异并均区别于环境作用.

环境设计分为完全随机设计和完全随机区组设计. 如果所有供试单元间无系统性差异可采用完全随机设计, 否则用完全随机区组设计. 具体分析方法用例子说明.

表 3.2.1 沈阳农业大学白猪平均初生重资料

母猪号i	第j胎次平均初生重x_{ij}/kg								
	1	2	3	4	5	6	7	8	9
1	1.37	1.29	1.31	1.41	1.08	1.29	1.18	1.38	1.04
2	1.09	1.26	1.11	1.39	1.07	1.45	1.40		
3	1.44	1.38	1.31	1.36	1.04	1.21	1.59		
4	1.66	1.20	1.53	1.32	1.48	1.66			
5	0.94	1.16	1.03	0.95	1.00	1.44			
6	1.27	1.48	1.65	1.45	1.21	1.40			
7	0.97	1.08	1.13	0.98	0.94	1.44			
8	1.16	1.23	1.32	1.26	1.17				
9	1.12	0.87	1.01	1.25	1.16				
10	1.58	1.56	1.29	1.46	1.22				
11	1.04	1.15	1.17	1.10					
12	1.12	1.19	1.08	1.37					
13	1.40	1.56	1.19						
14	0.93	0.90							

【例 3.2.1】 表 3.2.1 资料为沈阳农业大学白猪每胎仔猪平均初生重(kg)的部分资料, 试估计平均初生重的重复力并进行显著性测验. 表中, x_{ij}表示第i头母猪的第j胎仔猪的平均初生重, 它们在同样的环境下生养和称重. 该试验为单因素遗传设计(每一头母猪为一个家系)完全随机试验(环境间无系统误差), 重复次数(胎次)r_i不等.

试验的方差分析模型为

$$x_{ij} = \mu + g_i + e_{g_i} + \varepsilon_{ij} \quad i = 1, 2, \cdots, n; \quad j = 1, 2, \cdots, r_i \tag{3.2.1}$$

其中,μ为群体平均, g_i和e_{g_i}为遗传效应和永久性的环境效应, ε_{ij}为瞬时性的环境效应. 它们之间相互独立, 而且

$$g_i + e_{g_i} \sim N(0, \sigma_g^2 + \sigma_{eg}^2) = N(0, \sigma_B^2) \qquad \varepsilon_{ij} \sim N(0, \sigma_{es}^2) = N(0, \sigma_W^2)$$

其中,σ_B^2和σ_W^2的意义参见重复力的概念.

表 3.2.2 试验模型

母猪号i	必要计算				
	$\sum_{j}^{r_i} x_{ij}$	$\sum_{j}^{r_i} x_{ij}^2$	r_i	r_i^2	$\frac{\left(\sum x_{ij}\right)^2}{r_i}$
1	11.35	14.4541	9	81	14.3136
2	8.77	11.1473	7	49	10.9876
3	9.33	12.6175	7	49	12.4354
4	9.85	13.2249	6	36	13.0538
5	6.52	7.2662	6	36	7.0851
6	8.46	12.0524	6	36	11.9286
7	6.54	7.3018	6	36	7.1286
8	6.14	7.5574	5	25	7.5399
9	5.41	5.9395	5	25	5.8536
10	7.11	10.2141	5	25	10.1104
11	4.46	4.9830	4	16	4.9729
12	4.76	5.7138	4	16	5.6644
13	4.15	5.8097	3	9	5.7408
14	1.83	1.6749	2	4	1.6745
列和	93.86(1)	119.9566(2)	75(3)	443(4)	118.4892(5)

表 3.2.2 的试验模型为随机性模型，方差分析模式如表 3.2.3 所示.

表 3.2.3 单因素完全随机不等重复试验的方差分析模式

变异来源	自由度	平方和	均方	期望均方
遗传型间	$n-1$	SS_A	MS_1	$\sigma_W^2 + r\sigma_B^2$
遗传型内	$\sum r_i - n$	SS_e	MS_2	σ_W^2
总变异	$\sum r_i - 1$	SS_T		

表中，r_i为第i个遗传型的重复次数，r为其调和平均数，且

$$r = \frac{1}{n-1}\left[\sum_{i=1}^{n} r_i - \sum_{i}^{n} r_i^2 \Big/ \sum_{i}^{n} r_i\right] = \frac{1}{n-1}\left[(3) - \frac{(4)}{(3)}\right] \tag{3.2.2}$$

显然，当$r_i \equiv r$时，其调和平均数也为r，且$\sum r_i - 1 = nr - 1, \sum r_i - n = n(r-1)$.

试验方差分析的无效假设为$H_0: \sigma_B^2 = 0$，备择假设为$H_A: \sigma_B^2 \neq 0$. F检验为

$$F = \frac{MS_1}{MS_2} \sim F\left(n-1, \sum r_i - n\right) \tag{3.2.3}$$

若$F \leqslant F_\alpha$，$(n-1, \sum r_i - n)$则接受H_0；若$F > F_\alpha(n-1, \sum r_i - n)$，则接受$H_A$.

当H_A被接受后，有

$$\begin{cases} \hat{\sigma}_W^2 = \mathrm{MS}_2 \\ \hat{\sigma}_B^2 = \frac{1}{r}(\mathrm{MS}_1 - \mathrm{MS}_2) \end{cases} \tag{3.2.4}$$

组内相关系数t_I的估计及标准差的估计分别为

$$\begin{cases} \hat{t}_I = \hat{\sigma}_B^2/(\hat{\sigma}_B^2 + \hat{\sigma}_W^2) = (\mathrm{MS}_1 - \mathrm{MS}_2)/[\mathrm{MS}_1 + (r-1)\mathrm{MS}_2] \\ S_{t_I} = (1-\hat{t}_I)[1+(r-1)\hat{t}_I]/\sqrt{\frac{1}{2}r(r-1)(n-1)} \end{cases} \tag{3.2.5}$$

$\hat{t}_I$假设检验的无效假设为$t_I = 0$，可进行近似t检验

$$t = \hat{t}_I/S_{t_I} \sim t\left[\frac{1}{2}r(r-1)(n-1)\right] \tag{3.2.6}$$

若$t > t_\alpha\left[\frac{1}{2}r(r-1)(n-1)\right]$，则在$\alpha$水平上认为$t_I \neq 0$是显著的.

S_{t_I}的估计涉及均方比的方差估计，后面(3.2 节和 3.3 节)关于重复力、遗传力的显著性测验都会遇到这种问题，其原理见 3.6 节.

对于例 3.2.1，遗传型间为家系间(母猪间)，$\sigma_B^2 = \sigma_g^2 + \sigma_{eg}^2, \sigma_W^2 = \sigma_{es}^2$. 由表 3.2.1 所示的必要计算栏可计算各平方和.方差分析如表 3.2.4 所示.

表 3.2.4　例 3.2.1 的方差分析表

变异来源	自由度	SS	MS	F	EMS
家系间	13	1.4766	0.1136	4.714**	$\hat{\sigma}_W^2 + 5.3149\hat{\sigma}_B^2$
家系内	61	1.4674	0.0241		$\hat{\sigma}_W^2$
总变异	74	2.9440			

$$\mathrm{SS}_T = (2) - \frac{(1)^2}{(3)} = 119.9566 - \frac{(93.68)^2}{75} = 2.9440 \qquad f_T = 75 - 1 = 74$$

$$\mathrm{SS}_A = (5) - \frac{(1)^2}{(3)} = 118.4892 - \frac{(93.68)^2}{75} = 1.4766 \qquad f_A = 14 - 1 = 13$$

$$\mathrm{SS}_e = (2) - (5) = 119.9566 - 118.4892 = 1.4674 \qquad f_e = 74 - 13 = 61$$

$$r = \frac{1}{n-1}\left[(3) - \frac{(4)}{(3)}\right] = \frac{1}{13}\left(75 - \frac{443}{75}\right) = 5.3149$$

其中,$F_{0.01}(13, 61) = 2.50$,F检验是极显著的. t_I和S_{t_I}的估计为

$$\hat{t}_I = \frac{\mathrm{MS}_1 - \mathrm{MS}_2}{\mathrm{MS}_1 + (r-1)\mathrm{MS}_2} = \frac{0.1136 - 0.0241}{0.1136 + 4.3194 \times 0.0241} = 0.4115$$

$$S_{t_I} = \frac{(1-\hat{t}_I)[1+(r-1)\hat{t}_I]}{\sqrt{\frac{1}{2}r(r-1)(n-1)}} = 0.1239$$

$$t = \frac{\hat{t}_I}{S_{t_I}} = \frac{0.4115}{0.1239} = 3.320 > t_{0.01}(\infty) = 2.576$$

t的自由度为$\frac{1}{2}r(r-1)(n-1) = 149$，因而可用$t_{0.01}(\infty)$. t检验结果表明$t_I = 0.4115$与零有极显著的差异，属中等重复率，其结果为0.4115 ± 0.1239.

【例 3.2.2】　1962 年 Swarwp 和 Changale 在粒用高粱的试验中，采用 70 个原始材料包括品种、品系，完全随机排列，重复 4 次，每穗粒重的方差分析结果如表 3.2.5 所示.

表 3.2.5 高粱每穗粒重的方差分析

变异原因	自由度	MS	EMS	F
品种间	69	380.0001	$\sigma_e^2+r\sigma_g^2$	11.485**
品种内(小区间)	210	33.0865	σ_e^2	
总变异	279			

该例的遗传型为品种，是$r=4$的单因素遗传设计的完全随机重复试验，表 3.2.5 中的遗传总方差为σ_g^2,σ_e^2为环境方差. 该试验的目的在于探讨地方高粱品种资源主要经济性状遗传变异和育种潜力. 据MS_1和MS_2的期望均方可以进行σ_e^2、σ_g^2和广义遗传力h_B^2的估计. 方差组分的估计为

$$\begin{cases}\text{环境方差估计 } \hat{\sigma}_e^2=\mathrm{MS}_2\\ \text{遗传总方差估计 } \hat{\sigma}_g^2=\frac{\mathrm{MS}_1-\mathrm{MS}_2}{r}\end{cases} \tag{3.2.7}$$

例 3.2.2 的方差分析模型为

$$x_{ij}=\mu+g_i+\varepsilon_{ij}\quad i=1,2,\cdots,n;\quad j=1,2,3,4$$

其中，$g_i\sim N(0,\sigma_g^2)$, ε_{ij}间相互独立且均服从$N(0,\sigma_e^2)$, σ_g^2和σ_e^2分别为遗传总方差和环境方差，x_{ij}的表型方差为σ_P^2, $\sigma_P^2=\sigma_g^2+\sigma_e^2$(假设$g$和$e$独立). 该试验中，任一品种的两次不同观察$x_{ij}$和$x_{ik}$的组内相关系数为广义遗传力(以小区为单元)

$$t_I=\sigma_g^2/(\sigma_g^2+\sigma_e^2)=\sigma_g^2/\sigma_P^2=h_B^2 \tag{3.2.8}$$

$t_I(h_B^2)$及其标准差、t检验为

$$\begin{cases}\hat{t}_I=(\mathrm{MS}_1-\mathrm{MS}_2)/[\mathrm{MS}_1+(r-1)\mathrm{MS}_2]=\hat{h}_B^2\\ S_{t_I}=S_{h_B^2}=(1-\hat{h}_B^2)[1+(r-1)\hat{h}_B^2]\Big/\sqrt{\frac{1}{2}r(r-1)(n-1)}\\ t=\hat{h}_B^2/S_{h_B^2}\sim t\left[\frac{1}{2}r(r-1)(n-1)\right]\end{cases} \tag{3.2.9}$$

小区平均组内相关系数$t_I(r)$或广义遗传力$h_B^2(r)$估计的有关情况为

$$\begin{cases}\hat{h}_B^2(r)=\hat{t}_I(r)=\frac{\hat{\sigma}_g^2}{\hat{\sigma}_g^2+\frac{1}{r}\hat{\sigma}_e^2}=1-\frac{\mathrm{MS}_2}{\mathrm{MS}_1}\\ \mathrm{S}_{h_B^2(r)}=\mathrm{S}_{t_I(r)}=\frac{(1-\hat{t}_I(r))}{\sqrt{\frac{1}{2r}(r-1)(n-1)}}=\frac{(1-\hat{h}_B^2)}{\sqrt{\frac{1}{2r}(r-1)(n-1)}}\\ t=\frac{\hat{t}_I(r)}{\mathrm{S}_{t_I(r)}}=\frac{\hat{h}_B^2(r)}{\mathrm{S}_{h_B^2(r)}}\sim t\left[\frac{1}{2r}(r-1)(n-1)\right]\end{cases} \tag{3.2.10}$$

对于例 3.2.1 来讲，也可求家系平均重复力$t_I(r)$，公式同式(3.2.10).

例 3.2.2 的分析结果为

$$\hat{\sigma}_e^2=33.0865\qquad \hat{\sigma}_g^2=\frac{1}{4}(380.0001-38.0865)=86.7284$$

$$\hat{h}_B^2=\hat{\sigma}_g^2/(\hat{\sigma}_g^2+\hat{\sigma}_e^2)=0.724\qquad S_{h_B^2}=0.0430\qquad t=16.84\,^{**}$$

其中,t的自由度为$\frac{1}{2}r(r-1)(n-1)=414$, $t_{0.01}(414)\approx t_{0.01}(\infty)=2.576$. 因而，估计结果为$\hat{h}_B^2\pm S_{h_B^2}=0.724\pm0.0430$.

小区平均广义遗传力估计的有关情况为

$$h_B^2(r)=\frac{\mathrm{MS}_1-\mathrm{MS}_2}{\mathrm{MS}_1}=0.913\qquad \mathrm{S}_{h_B^2(r)}=\frac{1-0.913}{\sqrt{\frac{1}{2\times 4}(4-1)(70-1)}}=0.0171$$

$$t=\frac{0.913}{0.0171}=53.39^{**}>t_{0.01}(26)=2.779$$

其中, t的自由度为$\frac{1}{2r}(r-1)(n-1)=26$. 估计结果为$\hat{h}_B^2(r)\pm \mathrm{S}_{h_B^2(r)}=0.913\pm 0.0171$.

【例 3.2.3】 王明庥等(1987)对 1-69×小叶杨的F_1代无性系进行了重复力测定, 随机区组设计, 重复次数$r=3$. 参试无性系个数$n=20$, 试分析.

单因素完全随机区组试验的方差分析模式如表 3.2.6 所示.

表 3.2.6　单因素完全随机区组的方差分析模式

变异来源	自由度	平方和	均方	期望均方
区组间	$r-1$	SS_R	MS_R	$\sigma_W^2+n\sigma_R^2$
遗传型间	$n-1$	SS_A	MS_1	$\sigma_W^2+r\sigma_B^2$
随机误差	$(n-1)(r-1)$	SS_e	MS_2	σ_W^2
总变异	$nr-1$	SS_T		

单因素遗传设计的完全随机区组试验, 单因素为遗传型A, 参试材料为遗传型群体A中的一个随机样本$A_1,A_2,\cdots,A_n$. 环境设计为完全随机区组设计, 有$R_1,R_2,\cdots,R_r$个区组(重复r次). 每个区组有n个环境一致的试验单元, 以随机安排n个遗传型. 不同区组间有系统误差. 这种区组环境设计的目的在于从试验数据分析中剔除系统误差(区组效应), 以提高数据分析的精确度. 在表 3.2.6 中, 若遗传型为家系(如例 3.2.3), 则σ_W^2为暂时性的环境效应方差, $t_I=\sigma_B^2/(\sigma_W^2+\sigma_B^2)$为同一遗传型不同次观察中的组内相关系数$t_I$, 为数量遗传中的重复力; 若遗传型为不同品种或品系, 则σ_W^2为环境方差σ_e^2, σ_B^2为遗传总方差σ_g^2, t_I为广义遗传力h_B^2. 单因素完全随机区组试验的方差分析模型为

$$x_{ij}=\mu+g_i+\theta_j+\varepsilon_{ij}\quad i=1,2,\cdots,n;\quad j=1,2,\cdots,r \tag{3.2.11}$$

其中, μ为群体均值, g_i为A_i的遗传主效应, θ_j为第j个区组的主效应, ε_{ij}为环境效应. ε_{ij}间相互独立且均服从$N(0,\sigma_W^2)$; θ_j间相互独立且均服从$N(0,\sigma_R^2)$; g_i间相互独立且均服从$N(0,\sigma_B^2)$.

该试验的资料如表 3.2.7 所示. 由表 3.2.7 的行和及列和可计算表 3.2.6 中的各平方和及其自由度.

表 3.2.7　单因素完全随机区组试验资料表

遗传型(A)	区组				行和$T_{i\cdot}$	行平方和$\sum_j x_{ij}^2$
	R_1	R_2	…	R_r		
A_1	x_{11}	x_{12}	…	x_{1r}	$T_{1\cdot}$	$\sum x_{1j}^2$
A_2	x_{21}	x_{22}	…	x_{2r}	$T_{2\cdot}$	$\sum x_{2j}^2$
⋮	⋮	⋮	…	⋮	⋮	⋮
A_n	x_{n1}	x_{n2}	…	x_{nr}	$T_{n\cdot}$	$\sum x_{nj}^2$
列和$T_{\cdot j}$	$\mathrm{T}_{\cdot 1}$	$\mathrm{T}_{\cdot 2}$	…	$T_{\cdot r}$	总和$T_{\cdot\cdot}$	总平方和$\sum_i\sum_j x_{ij}^2$

$$\begin{cases} \mathrm{SS}_T = \sum\sum x_{ij}^2 - \dfrac{T_{..}^2}{nr} & f_T = nr - 1 \\ \mathrm{SS}_A = \dfrac{1}{r}(T_{1.}^2 + T_{2.}^2 + \cdots + T_{n.}^2) - \dfrac{T_{..}^2}{nr} & f_A = n - 1 \\ \mathrm{SS}_R = \dfrac{1}{n}(T_{.1}^2 + T_{.2}^2 + \cdots + T_{.r}^2) - \dfrac{T_{..}^2}{nr} & f_R = r - 1 \\ \mathrm{SS}_e = \mathrm{SS}_T - \mathrm{SS}_A - \mathrm{SS}_R & f_e = (n-1)(r-1) \end{cases} \tag{3.2.12}$$

关于$\mathrm{H_0}: \sigma_R^2 = 0$和$\mathrm{H_0}: \sigma_B^2 = 0$的$F$检验分别为

$$\begin{cases} F_R = \dfrac{\mathrm{MS}_R}{\mathrm{MS}_2} \sim F[r-1, (n-1)(r-1)] \\ F_A = \dfrac{\mathrm{MS}_1}{\mathrm{MS}_2} \sim F[n-1, (n-1)(r-1)] \end{cases} \tag{3.2.13}$$

若F_R不显著，则SS_R和SS_e合并，f_R和f_e合并，得新的SS_e和MS_2，试验变成单因素随机试验(表 3.2.2)。若F_R显著，则可得到如下估计

$$\begin{cases} \hat{\sigma}_W^2 = \mathrm{MS}_2 \\ \hat{\sigma}_B^2 = (\mathrm{MS}_1 - \mathrm{MS}_2)/r \\ \hat{t}_I = \hat{\sigma}_B^2/(\hat{\sigma}_B^2 + \hat{\sigma}_W^2) = (\mathrm{MS}_1 - \mathrm{MS}_2)/[\mathrm{MS}_1 + (r-1)\mathrm{MS}_2] \\ S_{t_I} = (1 - \hat{t}_I)[1 + (r-1)\hat{t}_I]\Big/\sqrt{\frac{1}{2}r(r-1)(n-1)} \\ t = \hat{t}_I/S_{t_I} \sim t\left[\frac{1}{2}r(r-1)(n-1)\right] \end{cases} \tag{3.2.14}$$

其中，t检验的无效假设为$\mathrm{H_0}: t_I = 0$，自由度为$\frac{1}{2}r(r-1)(n-1)$。

小区(试验单元)平均组内相关系数$t_I(r)$有如下结果

$$\begin{cases} \hat{t}_I(r) = \hat{\sigma}_B^2\Big/\left(\hat{\sigma}_B^2 + \frac{1}{r}\hat{\sigma}_W^2\right) = 1 - \mathrm{MS}_2/\mathrm{MS}_1 \\ S_{t_I(r)} = \left(1 - \hat{t}_I(r)\right)\Big/\sqrt{\frac{1}{2r}(r-1)(n-1)} \\ t = \hat{t}_I(r)/S_{t_I(r)} \sim t\left[\frac{1}{2r}(r-1)(n-1)\right] \end{cases} \tag{3.2.15}$$

例 3.2.3 的方差分析结果如表 3.2.8 所示。

表 3.2.8　1-69×小叶杨的$\mathrm{F_1}$代苗高方差分析结果

变异来源	自由度	均方	F	期望均方
区组间	2	0.020027	0.1495	$\sigma_W^2 + 20\sigma_R^2$
无性系间	19	0.958353	7.1536**	$\sigma_W^2 + 3\sigma_B^2$
随机误差	38	0.133967		σ_W^2
总变异	59			

其中，$F_{0.01}(19, 38) = 2.4$，说明无性系间差异极显著。关于小区重复力有如下结果

$$\hat{\sigma}_W^2 = 0.133967 \qquad \hat{\sigma}_B^2 = (0.958353 - 0.133967)/3 = 0.2748$$

$$\hat{t}_I = \hat{\sigma}_B^2/(\hat{\sigma}_B^2 + \hat{\sigma}_W^2) = 0.2748/(0.2748 + 0.1340) = 0.6722$$

$$S_{t_I} = (1-0.6722)[1+2\times 0.6722]\Big/\sqrt{\frac{1}{2}\times 3\times 2\times 19} = 0.1018$$

$$t = 0.6722/0.1018 = 6.6038^{**}$$

其中，$t_{0.01}(57) = 2.7$，自由度为$\frac{1}{2}\times 3\times 2\times 19 = 57$，表明小区重复力为$0.6722 \pm 0.1018$. 关于小区平均重复力$t_I(r)$此处不再分析.

【例 3.2.4】 测定 8 个大麦品种每株穗数的遗传力. 单因素完全随机区组设计，重复 4 次，方差分析如表 3.2.9 所示.

表 3.2.9　8 个大麦品种的方差分析

变异原因	自由度	平方和	均方	F	期望均方
区组间	3	109.224	36.408	2.639	$\sigma_e^2 + 8\sigma_R^2$
品种间	7	1023.989	146.284	10.603**	$\sigma_e^2 + 4\sigma_g^2$
试验误差	21	289.746	13.797		σ_e^2
总计	31	1422.959			

其中，$F_{0.01}(7,21) = 3.64$. 关于关于遗传力h_B^2（组内相关系数t_I)有如下分析结果

$$\hat{\sigma}_e^2 = 13.797, \sigma_g^2 = \frac{1}{4}(146.284 - 13.797) = 33.122$$

$$h_B^2 = \hat{\sigma}_g^2/(\hat{\sigma}_g^2 + \hat{\sigma}_e^2) = 0.706(\hat{t}_I)$$

$$S_{h_B^2} = (1-\hat{t}_I)[1+(r-1)\hat{t}_I]\Big/\sqrt{\frac{1}{2}r(r-1)(n-1)} = 0.1414$$

$$t = 0.706/0.1414 = 4.99^{**}$$

其中，$t_{0.01}(42) = 2.70$，自由度为$\frac{1}{2}r(r-1)(n-1) = 42$，表明小区遗传力为$0.706 \pm 0.1414$.

小区平均广义遗传力的估计结果为

$$h_{B(r)}^2 = \hat{\sigma}_g^2\Big/\left(\hat{\sigma}_g^2 + \frac{1}{r}\hat{\sigma}_e^2\right) = 0.906$$

$$S_{h_{B(r)}^2} = \left(1 - h_{B(r)}^2\right)\Big/\sqrt{\frac{1}{2r}(r-1)(n-1)} = 0.058$$

$$t = 0.906/0.058 = 15.6^{**}$$

其中，自由度为$\frac{1}{2r}(r-1)(n-1) \approx 3, t_{0.01}(3) = 5.841$. 结果表明$h_{B(r)}^2$为$0.906 \pm 0.058$.

3.2.2 重复力的准确度及其应用

1. 重复力测定的准确度

个体数量性状的重复力是该个体不同次观测值间的组内相关系数 $t_I = \sigma_B^2/(\sigma_B^2 + \sigma_W^2)$. 其中$\sigma_B^2$是个体基因型和永久性环境效应的变异，决定该个体的一生，因而可用它对个体一生的生产力进行界定. 在现实中，界定个体一生的生产力是有时间性

的，不可能永远观察下去，关键在于短期的随机误差变异σ_W^2对个体的表型方差$\sigma_P^2=\sigma_B^2+\sigma_W^2$有多大的影响，这个影响由观察次数$r$决定，或者说$r$等于多少就可以对其生产力有所认定. 学者用重复力的准确度来衡量这个问题.

在个体观测中，σ_B^2是不变的，变化的仅有σ_W^2. 因而个体r次观测的平均表型方差$\sigma_P^2(r)$、单次表型方差σ_P^2和t_I的关系为

$$
\begin{aligned}
&t_I=\sigma_B^2/(\sigma_B^2+\sigma_W^2)=\sigma_B^2/\sigma_P^2\\
&t_I\sigma_P^2=\sigma_B^2,\sigma_W^2=(1-t_I)\sigma_P^2\\
&\sigma_P^2(r)=\sigma_B^2+\frac{1}{r}\sigma_W^2=\left[t_I+\frac{1}{r}(1-t_I)\right]\sigma_P^2=\frac{1+(r-1)t_I}{r}\sigma_P^2\\
&\sigma_P^2/\sigma_P^2(r)=r/[1+(r-1)t_I]
\end{aligned}
\tag{3.2.16}
$$

设$y=r/[1+(r-1)t_I]$，若个体的重复力t_I为常数，则

$$
y'=\frac{\mathrm{d}y}{\mathrm{d}r}=\frac{1-t_I}{[1+(r-1)t_I]^2} \tag{3.2.17}
$$

显然，当$t_I=0$时，$y'=1$；当$0<t_I<1$时，$0<y'<1$；当$t_I=1$时，$y'=0$. 这个结果表明，当观测次数r固定时，y'是t_I的减函数. 另外，当$0<t_I<1$且$r\geqslant 0$时，$y'>0$，表明y是r的单调递增函数. 综合两种情况知，y随着r的增大而递增时，会随着t_I的增大而递增变慢. 这个结果表明，$y=\sigma_P^2/\sigma_P^2(r)=r/[1+(r-1)t_I]$的曲线对$t_I$由小变大时，$y$会随着$r$的增大使曲线上升由快变慢. 因而，把

$$
\sqrt{y}=\sqrt{\sigma_P^2/\sigma_P^2(r)}=\sqrt{r/[1+(r-1)t_I]} \tag{3.2.18}
$$

称为重复力t_I准确度的增进函数，其曲线如图 3.2.1 所示.

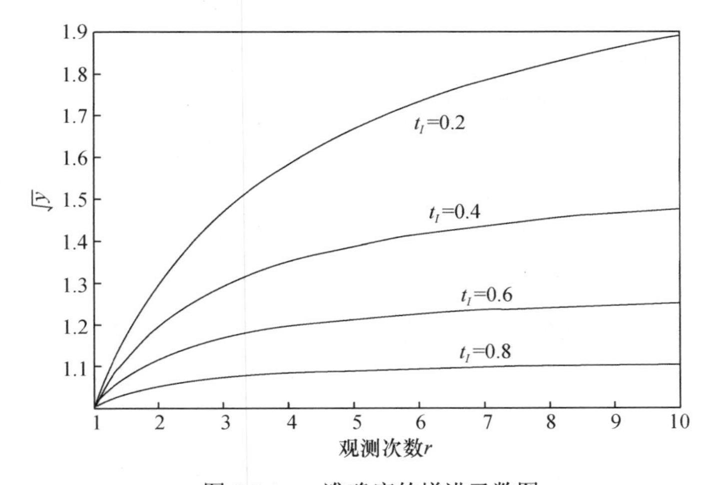

图 3.2.1　t_I准确度的增进函数图

上述研究表明：当$t_I=1$时，对任何观察次数$r>0$都有$\sqrt{y}\equiv 1$，这说明当观察次数$r=1$时就可以得到准确的$t_I=1$；如果$0<t_{I_1}<t_{I_2}<1$时，t_{I_1}只有比t_{I_2}多观察几次，才能得到相同t_I的准确度增进改变量$\Delta\sqrt{y}$；当$\sqrt{y}\equiv 0$时，观察次数r再大，都得不到$t_I=0$的估计.

对于不同的t_I大小，所需观测次数r可以据表 3.2.10 大致确定.

表 3.2.10　$r/[1+(r-1)t_I]$对不同t_I、r的数值

r \ t_I	0.1	0.2	0.3	0.4	0.5	0.6	0.7	0.8	0.9
1	1.00	1.00	1.00	1.00	1.00	1.00	1.00	1.00	1.00
2	1.82	1.67	1.54	1.43	1.33	1.25	1.18	1.11	1.05
3	2.50	2.14	1.88	1.67	1.50	1.36	1.25	1.15	1.07
4	3.08	2.50	2.11	1.82	1.60	1.43	1.29	1.18	1.08
5	3.57	2.78	2.27	1.92	1.67	1.47	1.32	1.19	1.09
6	4.00	3.00	2.40	2.00	1.71	1.50	1.33	1.20	1.09
7	4.38	3.18	2.50	2.06	1.75	1.52	1.35	1.21	1.09
8	4.71	3.33	2.58	2.11	1.78	1.54	1.36	1.21	1.10
∞	10.00	5.00	3.33	2.50	2.00	1.67	1.43	1.25	1.11

由表 3.2.10 可看出，当$t_I=0.9$和$r\geqslant 5$时，t_I的准确度再几乎没有增进，因而r取 2 或 3 即可；又如，当$t_I=0.3$时，r取到 8 时即可，r继续增大时t_I的增进值很小.

2. 用重复力估计个体最可能的生产力

个体在一个性状上的育种值和生产力都是一个群体概念，离开了群体就谈不上个体的育种值和生产力.

假设群体中个体i在性状x上观察了r_i次，第j次观测值为

$$x_{ij}=\mu+\left(g_i+e_{g_i}\right)+e_{s_{ij}}=\mu+s_i+e_{s_{ij}},\quad j=1,2,\cdots,r_i \tag{3.2.19}$$

其中，μ为群体均值(群体生产力水平)，s_i为第i个个体在性状x上基因和永久性环境效应的生产力效应$\left(g_i+e_{g_i}\right)$，$e_{s_{ij}}$是第i个个体在性状x上第j次观测中的暂时性环境效应，$\mu+s_i$是个体i在群体中关于性状x的生产力．设$s_i\sim N(0,\sigma_s^2),\sigma_s^2=\sigma_g^2+\sigma_{eg}^2=\sigma_B^2$；$e_{s_{ij}}\sim N(0,\sigma_W^2)$. x_{ij}的均值为

$$\bar{x}_i=\mu+s_i+\bar{e}_{s_i}\qquad \bar{e}_{s_i}\sim N\left(0,\frac{1}{r_i}\sigma_W^2\right) \tag{3.2.20}$$

如果用$(\bar{x}_i-\mu)$作为s_i的估计，进而用$\bar{x}_i$评价个体i在性状x上的生产力的优劣是不恰当的，因为它依赖于观察次数r_i. 如果用统计思想来描述这种不恰当性，则$(\bar{x}_i-\mu)$未必偏离s_i最小．按照统计上方差一致最小无偏估计的要求，$(\bar{x}_i-\mu)$应修正为$m_i(\bar{x}_i-\mu)$，而且应使期望值

$$y=E[m_i(\bar{x}_i-\mu)-s_i]^2=m_i^2E[(\bar{x}_i-\mu)^2]-2m_iE[(\bar{x}_i-\mu)s_i]+E\left(s_i^2\right)=\min$$

由于$E(s_i)=0$且s_i和$\bar{e}_{s_i}$相互独立，故有

$$E[(\bar{x}_i-\mu)^2]=E\left[\left(s_i+\bar{e}_{s_i}\right)^2\right]=\sigma_s^2+\frac{1}{r_i}\sigma_W^2$$

$$E[(\bar{x}_i-\mu)s_i]=E\left[\left(s_i+\bar{e}_{s_i}\right)s_i\right]=\sigma_s^2$$

$$E\left(s_i^2\right)=\sigma_s^2$$

故

$$y = m_i^2\left(\sigma_s^2 + \frac{1}{r_i}\sigma_W^2\right) - 2m_i\sigma_s^2 + \sigma_s^2$$

什么样的m_i会使y最小呢?m_i应使

$$\frac{\mathrm{d}y}{\mathrm{d}m_i} = 2m_i\left(\sigma_s^2 + \frac{1}{r_i}\sigma_W^2\right) - 2\sigma_s^2 = 0$$

$$m_i = \sigma_s^2\Big/\left(\sigma_s^2 + \frac{1}{r_i}\sigma_W^2\right) = t_{I(r_i)}$$

$t_{I(r_i)}$是个体i对性状x观测r_i次的平均重复力. 由于重复力

$$t_I = \sigma_s^2/(\sigma_s^2 + \sigma_W^2) = \sigma_s^2/\sigma_P^2$$

$$\sigma_s^2 = t_I\sigma_P^2$$

$$\sigma_W^2 = (1 - t_I)\sigma_P^2$$

故

$$m_i = \frac{r_i t_I}{1+(r_i-1)t_I} \tag{3.2.21}$$

因而, s_i的方差一致最小无偏估计为

$$\hat{s}_i = \frac{r_i t_I}{1+(r_i-1)t_I}(\bar{x}_i - \mu) \tag{3.2.22}$$

这就是说, 个体i在群体中真正生产力的最佳估计为

$$\begin{aligned}\hat{\mu} + \hat{s}_i &= \bar{P} + \frac{r_i t_I}{1+(r_i-1)t_I}(\bar{x}_i - \bar{P}) \\ &= \frac{1-t_I}{1+(r_i-1)t_I}\bar{P} + \frac{r_i t_I}{1+(r_i-1)t_I}\bar{x}_i \end{aligned} \tag{3.2.23}$$

其中, $\bar{P}$和$\bar{x}_i$分别为群体的平均记录和个体i的平均记录. 式(3.2.23)说明, 个体的真正生产力由个体和群体的平均记录组成, 如果个体无记录, 则个体的生产力只有群体平均水平一项.

3.3　狭义遗传力的估计

狭义遗传力h_N^2估计常用的遗传设计有 Mather 于 1949 年提出的双亲本杂交类型遗传设计、北卡罗莱纳州立大学的 Comstock 和 Robinson(1948, 1952)提出的三种双因素遗传交配设计(NCI、NCII 和 NCIII). 本节叙述用这些试验数据估计狭义遗传力h_N^2或广义遗传力h_B^2的方法.

3.3.1　用双亲本杂交类型遗传设计估计遗传力

1. F_2代广义遗传力h_B^2的估计

由数量性状基本数学模型$P = G + E$ (G、E相互独立)知

$$\sigma_P^2 = \sigma_g^2 + \sigma_e^2 \qquad h_B^2 = \frac{\sigma_g^2}{\sigma_P^2} = 1 - \frac{\sigma_e^2}{\sigma_P^2}$$

【例 3.3.1】 水稻莲塘早×矮脚南特组合的世代方差如表 3.3.1 所示, 估计F_2代生育期的广义遗传力h_B^2和狭义遗传力h_N^2.

表 3.3.1 水稻莲塘早×矮脚南特 6 个世代的生育期方差(申宗坦等, 1965)

世代	P_1	P_2	F_1	F_2	B_1	B_2
方差	4.6852	5.6836	4.8380	8.9652	9.1740	5.3804
理论组分	E	E	E	$\frac{1}{2}D+\frac{1}{4}H+E$	$\frac{1}{4}D+\frac{1}{4}H-\frac{1}{2}F+E$	$\frac{1}{4}D+\frac{1}{4}H+\frac{1}{2}F+E$
样本容量(n)	138	135	15	471	102	56

首先用双加权法估计环境方差σ_e^2

$$\hat{\sigma}_e^2=\frac{1}{4}S_{\mathrm{P}_1}^2+\frac{1}{2}S_{\mathrm{F}_1}^2+\frac{1}{4}S_{\mathrm{P}_2}^2=\frac{1}{4}\times 4.6852+\frac{1}{2}\times 4.8380+\frac{1}{4}\times 5.6836=5.0112 \tag{3.3.1}$$

则遗传方差的估计为

$$\hat{\sigma}_g^2=S_{\mathrm{F}_2}^2-\hat{\sigma}_e^2=8.9652-5.0112=3.9540 \tag{3.3.2}$$

h_B^2的估计为

$$\hat{h}_B^2=1-\hat{\sigma}_e^2/S_{\mathrm{F}_2}^2=0.4410 \tag{3.3.3}$$

$\hat{h}_B^2$的方差估计为$S_{h_B^2}^2$，它等于$\hat{\sigma}_e^2/S_{\mathrm{F}_2}^2$的方差. 关于方差比的方差有如下大样本理论结果：若方差x和y的自由度分别为f_x和f_y, x和y的方差估计分别为$S_x^2=2x^2/f_x$和$S_y^2=2y^2/f_y$，它们并不是无偏估计(偏大)，则x/y的估计为

$$S_{x/y}^2=\frac{1}{y^4}\left[y^2S_x^2-2xy\mathrm{Cov}(x,y)+x^2S_y^2\right] \tag{3.3.4}$$

由于例 3.3.1中各世代独立，故$x=\hat{\sigma}_e^2$和$y=S_{\mathrm{F}_2}^2$独立，即

$$S_{h_B^2}^2=\frac{1}{y^4}\left(y^2S_x^2+x^2S_y^2\right)=\frac{1}{y^4}\left(\frac{2x^2y^2}{f_x}+\frac{2x^2y^2}{f_y}\right)$$
$$=\frac{x^2}{y^2}\left(\frac{2}{f_x}+\frac{2}{f_y}\right)=\left(1-\hat{h}_B^2\right)^2\Big/\left[\frac{f_ef_{\mathrm{F}_2}}{2(f_e+f_{\mathrm{F}_2})}\right] \tag{3.3.5}$$

在例 3.3.1 中，$f_e=n_{\mathrm{P}_1}+n_{\mathrm{P}_2}+n_{\mathrm{F}_1}-3=285, f_{\mathrm{F}_2}=n_{\mathrm{F}_2}-1=470, \hat{h}_B^2=0.4410$，故$\hat{h}_B^2$的标准差估计为

$$S_{h_B^2}=\left(1-\hat{h}_B^2\right)\Big/\sqrt{\left[\frac{f_ef_{\mathrm{F}_2}}{2(f_e+f_{\mathrm{F}_2})}\right]}=0.0594 \tag{3.3.6}$$

$\hat{h}_B^2$的无效假设H_0: $h_B^2=0$的近似t检验为

$$t=\hat{h}_B^2/S_{h_B^2}\sim t\left(f_ef_{\mathrm{F}_2}/\left[2\left(f_e+f_{\mathrm{F}_2}\right)\right]\right) \tag{3.3.7}$$

其中，t分布的自由度为$f=f_ef_{\mathrm{F}_2}/\left[2\left(f_e+f_{\mathrm{F}_2}\right)\right]$. 对于例 3.3.1 来讲，$\mathrm{F}_2$代广义遗传力检验结果为

$$t=\frac{0.441}{0.0594}=7.424>t_{0.01}(89)=2.634$$

其中，t检验的自由度约为$f=89$，故$h_B^2=0.441$是极显著的. 估计结果$\hat{h}_B^2\pm S_{h_B^2}=0.4410\pm 0.0594$.

2. 用加性-显性模型的方差组分D估计F_2代狭义遗传力h_N^2

首先估计单次环境方差E、F_2代加性方差$\sigma_d^2=D/2$及显性方差$\sigma_h^2=H/4$（结合表 3.3.1 资料，世代方差S^2加上世代下标），公式及结果如下

$$\hat{E}=\frac{1}{4}S_{\mathrm{P}_1}^2+\frac{1}{2}S_{\mathrm{F}_1}^2+\frac{1}{4}S_{\mathrm{P}_2}^2=\frac{1}{4}\times 4.6852+\frac{1}{2}\times 4.8380+\frac{1}{4}\times 5.6836=5.0112$$

$$S_d^2=\frac{1}{2}\hat{D}=2S_{\mathrm{F}_2}^2-S_{\mathrm{B}_1}^2-S_{\mathrm{B}_2}^2=2\times 8.9652-9.1740-5.3804=3.3760 \tag{3.3.8}$$

$$S_h^2=\frac{1}{4}\hat{H}=S_{\mathrm{B}_1}^2+S_{\mathrm{B}_2}^2-S_{\mathrm{F}_2}^2-\hat{E}=9.1740+5.3804-8.9652-5.0112=0.5780$$

如果各世代的方差为S^2，自由度为f，则S^2的方差估计为$2S^4/f$，由表 3.3.1 可知，$\hat{E}$、S_d^2和S_h^2的方差估计有

$$\begin{cases}S_{\hat{E}}^2=\frac{1}{16}\left(\frac{2S_{\mathrm{P}_1}^4}{n_{\mathrm{P}_1}-1}\right)+\frac{1}{4}\left(\frac{2S_{\mathrm{F}_1}^4}{n_{\mathrm{F}_1}-1}\right)+\frac{1}{16}\left(\frac{2S_{\mathrm{P}_2}^4}{n_{\mathrm{P}_2}-1}\right)=0.8859\\ S_{S_d^2}^2=4\left(\frac{2S_{\mathrm{F}_2}^4}{n_{\mathrm{F}_2}-1}\right)+\frac{2S_{\mathrm{B}_1}^4}{n_{\mathrm{B}_1}-1}+\frac{2S_{\mathrm{B}_2}^4}{n_{\mathrm{B}_2}-1}=4.0873\\ S_{S_h^2}^2=\frac{2S_{\mathrm{B}_1}^4}{n_{\mathrm{B}_1}-1}+\frac{2S_{\mathrm{B}_2}^4}{n_{\mathrm{B}_2}-1}+\frac{2S_{\mathrm{F}_2}^4}{n_{\mathrm{F}_2}-1}+S_{\hat{E}}^2=3.9472\end{cases} \tag{3.3.9}$$

由上述结果知，$\hat{E}$、S_d^2和S_h^2的标准差分别为

$$S_{\hat{E}}=\sqrt{0.8859}=0.9412,\ S_{S_d^2}=\sqrt{4.0873}=2.0217,\ S_{S_h^2}=\sqrt{3.9472}=1.9868$$

因而，表 3.3.1 各方差估计结果为

$$\hat{E}\pm S_{\hat{E}}=5.0112\pm 0.9412$$
$$S_d^2\pm S_{S_d^2}=3.3760\pm 2.0217$$
$$S_h^2\pm S_{S_h^2}=0.5780\pm 1.9868$$

F_2代h_N^2估计的结果为

$$\hat{h}_N^2=S_d^2/S_{\mathrm{F}_2}^2=3.3760/8.9652=0.3766 \tag{3.3.10}$$

由于S_d^2和$S_{\mathrm{F}_2}^2$的自由度分别为$f_d=n_{\mathrm{F}_2}+n_{\mathrm{B}_1}+n_{\mathrm{B}_2}-3$和$f_{\mathrm{F}_2}=n_{\mathrm{F}_2}-1$. 据式(3.3.4)，$\hat{h}_N^2$的方差及标准差估计约为

$$S_{h_N^2}^2=\frac{1}{S_{\mathrm{F}_2}^8}\left(S_{\mathrm{F}_2}^4\frac{2S_d^4}{f_d}+S_d^4\frac{2S_{\mathrm{F}_2}^4}{f_{\mathrm{F}_2}}\right)=\hat{h}_N^4\left[\frac{2(f_d+f_{\mathrm{F}_2})}{f_d f_{\mathrm{F}_2}}\right]$$

$$S_{h_N^2}=\hat{h}_N^2\Big/\sqrt{\frac{f_d f_{\mathrm{F}_2}}{2(f_d+f_{\mathrm{F}_2})}} \tag{3.3.11}$$

$\hat{h}_N^2$的无效假设$(\mathrm{H}_0:\hat{h}_N^2=0)$的近似$t$检验为

$$t=\hat{h}_N^2/S_{h_N^2}\sim t\left[\frac{f_d f_{\mathrm{F}_2}}{2(f_d+f_{\mathrm{F}_2})}\right] \tag{3.3.12}$$

对于例 3.3.1 来讲，$\hat{h}_N^2=0.376, f_d=626, f_{\mathrm{F}_2}=470, S_{h_N^2}=0.0325, S_{h_N^2}$的自由度$f=f_d f_{\mathrm{F}_2}/[2(f_d+f_{\mathrm{F}_2})]=134.2, t=0.376/0.0325=11.6$，故$\hat{h}_N^2$是极显著的. 因而$h_N^2$的分析结果为$\hat{h}_N^2\pm S_{h_N^2}=0.376\pm 0.0325$.

【例 3.3.2】 测得冬小麦F_2代的 9 个单株的株高x和其相应的F_3家系平均株高y的数据如表 3.3.2 所示，试利用亲子回归方法估计$\hat{h}_N^2$.

表 3.3.2　冬小麦株高数据

x/cm	102	94	92	95	101	104	90	76	92
y/cm	88	74	79	80	89	91	81	70	80

y关于x的直线回归模型为

$$Y_i = y_i + \varepsilon_i = \beta_0 + \beta x_i + \varepsilon_i, \varepsilon_i \sim N(0, \sigma^2),\ i = 1, 2, \cdots, n$$

其中，ε_i相互独立. 回归方程$y = \beta_0 + \beta x$的最小二乘估计及计算过程为

$$\hat{y} = b_0 + bx$$

$$\bar{x} = \frac{1}{n}\sum_i x_i \qquad l_{xx} = \sum_i (x_i - \bar{x})^2 = \sum_i x_i^2 - \frac{1}{n}\left(\sum_i x_i\right)^2$$

$$\bar{y} = \frac{1}{n}\sum_i y_i \qquad l_{yy} = \sum_i (y_i - \bar{y})^2 = \sum_i y_i^2 - \frac{1}{n}\left(\sum_i y_i\right)^2$$

$$l_{xy} = \sum_i (x_i - \bar{x})(y_i - \bar{y}) = \sum_i x_i y_i - \frac{1}{n}\left(\sum_i x_i\right)\left(\sum_i y_i\right)$$

$$\begin{cases} b = \frac{l_{xy}}{l_{xx}} \qquad b_0 = \bar{y} - b\bar{x} \\ b \sim N\left(\beta, \frac{\sigma^2}{l_{xx}}\right) \qquad \hat{\sigma}^2 = \frac{(l_{yy} - b^2 l_{xx})}{(n-2)} \\ S_b = \sqrt{\frac{\hat{\sigma}^2}{l_{xx}}} = \sqrt{\frac{(l_{yy} - b^2 l_{xx})}{[(n-2) l_{xx}]}} \end{cases} \tag{3.3.13}$$

b的理论值$\beta = \text{Cov}(x, y)/\sigma_x^2$. 对于例 3.3.2，$\beta$为

$$\beta = \frac{W_{1\text{F}_{23}}}{\sigma_{1\text{F}_2}^2} = \frac{\frac{1}{2}D + \frac{1}{8}H}{\sigma_{1\text{F}_2}^2} \approx h_N^2 \tag{3.3.14}$$

显然h_N^2中多了$H/8$组分，h_N^2的估计为b，即$b = \hat{h}_N^2$, $\hat{h}_N^2$的标准差为S_b. b或$\hat{h}_N^2$的t检验(无效假设为H_0: $\beta = h_N^2 = 0$)为

$$t = b/S_b = \hat{h}_N^2 / S_{\hat{h}_N^2} \sim t(n-2) \tag{3.3.15}$$

具体结果为:

$$l_{xx} = 562 \qquad l_{xy} = 415 \qquad l_{yy} = 388 \qquad n = 9$$

$$\hat{h}_N^2 = b = l_{xy}/l_{xx} = 0.7384$$

$$S_{\hat{h}_N^2} = S_b = \sqrt{\frac{1}{(9-2)\times 562} \times [388 - 0.7384^2 \times 562]} = 0.1443$$

$$t = b/S_b = \hat{h}_N^2 / S_{\hat{h}_N^2} = 5.12 > t_{0.01}(9) = 3.499$$

结果表明，$\hat{h}_N^2$是极显著的，$\hat{h}_N^2 \pm S_{\hat{h}_N^2} = 0.7384 \pm 0.1443$.

由于F_2和其F_3家系在不同年份种植，会引起$\hat{h}_N^2$估计的偏差，甚至会使$\hat{h}_N^2 > 1$. Frey 和 Horner 于 1957 年提出用F_2和其F_3家系平均数的相关系数来矫正. 对于例 3.3.2，有

$$\hat{h}_N^2 = r_{\bar{\text{F}}_2\bar{\text{F}}_3} = \frac{l_{xy}}{\sqrt{l_{xx} l_{yy}}} = 0.889$$

$$S_{\hat{h}_N^2} = \sqrt{\frac{1 - r_{\bar{\text{F}}_2\bar{\text{F}}_3}^2}{n-2}} = 0.1733$$

$$t = \frac{0.889}{0.1733} = 5.17 > t_{0.01}(7) = 3.499$$

因而，$\hat{h}_N^2 \pm S_{\hat{h}_N^2} = 0.889 \pm 0.173$, $\hat{h}_N^2 = r_{\bar{\text{F}}_2\bar{\text{F}}_3}$称为标准单位遗传力.

对于异花授粉作物，亲代与子代回归系数b_{OP}的两倍为h_N^2，即$2b_{\text{OP}} = h_N^2$. 这是因为

在随机交配群体中，当近交系数$F=0$时，亲子协方差$\mathrm{Cov_{OP}}$仅有$1/2$的加性方差. 下面通过例 3.3.3来说明其估计方法.

【例 3.3.3】 设玉米F_3家系的平均数为y, F_2父本植株值为x，试验采取随机区组设计，亲子关系在区组内. 在这种情况下，y关于x的回归系数可通过区组内雄株来计算. 具体资料如表 3.3.3 所示，试用回归方法估计h_N^2.

表 3.3.3　用协方差分析通过回归系数估计h_N^2

(性状为产量，杂交组合为 C.I.21×NC7) (Robinson et al, 1949)

变异原因	自由度	$\Sigma(x_i-\bar{x})^2$	$\Sigma(x_i-\bar{x})(y_i-\bar{y})$	$\Sigma(y_i-\bar{y})^2$
区组间	14	0.5654	0.0316	0.0253
区组内雄株	52	1.5290	0.1005	0.1528
总计	66	2.0944	0.1321	0.1781

注：每区组内有k_i株雄株分配到k_i个小区，重复r次，区组内自由度为$\sum k_i-r$，总自由度为$\sum k_i-1$

通过区组内雄株，回归系数及其标准差的估计为

$$b=\frac{0.1005}{1.5290}=0.066$$

$$S_b=\sqrt{\frac{1}{52\times1.529}\times[0.1528-0.066^2\times1.5290]}=0.043$$

$$\hat{h}_N^2=2b=0.132$$

$$S_{\hat{h}_N^2}=2S_b=0.086$$

$$t=\hat{h}_N^2/S_{\hat{h}_N^2}=1.535$$

估计结果为$\hat{h}_N^2\pm S_{\hat{h}_N^2}=0.132\pm0.086$，但不显著. 要得到更有效的分析，必须增加区组内的自由度. 例如，当$\hat{h}_N^2=0.132$时，要使$t=2$，则$S_{\hat{h}_N^2}=\hat{h}_N^2/2=0.066, S_b=0.033, S_b^2=0.001089$. 设区组内雄株的自由度为$f$，则它满足

$$\frac{1}{1.529f}\times[0.1528-0.066^2\times1.5290]=0.001089, f=88$$

把f从 52 增加到 88，可通过增加区组内雄株数等措施实现.

3.3.2　用 NCI 遗传设计试验估计狭义遗传力

Comstock 和 Robinson(1948, 1952)提出 NCI、NCII 和 NCIII 三种遗传设计，它们分别是双因素巢式遗传设计、双亲本杂交交叉式遗传设计和回交系统类型设计. 这些设计提供了亲子关系、半同胞关系和全同胞关系. 在加性-显性模型下，提供了加性方差σ_a^2和显性方差σ_h^2的估计，实现了h_N^2的估计. 这些遗传设计已普遍应用于动植物育种. 在h_N^2估计中用到表 3.3.4 所示的用组内相关系数t和回归系数b表达的亲属间相似性(一般地，自花授粉作物近交系数$F=1$，异交生物$F=0$).

1. 双因素巢式遗传设计

NCI 设计采用双因素(父本和母本)巢式设计形成亲属关系作为供试材料的一种交配设计. 具体做法是：在要估计h_N^2的群体中，随机抽取$(m+mf)$个品系. 令m个为父本，

每个父本与不同的f个品系(母本)交配, 共形成mf个全同胞家系(FS)及m个一父多母的半同胞家系. 直观图示如图 3.3.1 所示(表 3.3.4 中, 全同胞协方差省去了母体效应方差σ_{eg}^2).

表 3.3.4 不同亲属关系中回归系数 b、组内相关系数t与h_N^2

亲属关系	近交系数$F=0$		近交系数$F=1$	
	b或t	h_N^2	b或t	h_N^2
子代与一亲	$b=\sigma_a^2/2\sigma_P^2$	$2b$	$b=\sigma_a^2/\sigma_P^2$	b
子代与中亲	$b=\sigma_a^2/\sigma_P^2$	b	$b=2\sigma_a^2/\sigma_P^2$	$b/2$
半同胞	$t=\sigma_a^2/4\sigma_P^2$	$4t$	$t=\sigma_a^2/2\sigma_P^2$	$2t$
全同胞	$t=\left(\frac{1}{2}\sigma_a^2+\frac{1}{4}\sigma_h^2\right)/\sigma_P^2$	$h_N^2<2t$	$t=(\sigma_a^2+\sigma_h^2)/\sigma_P^2$	$h_B^2=t$

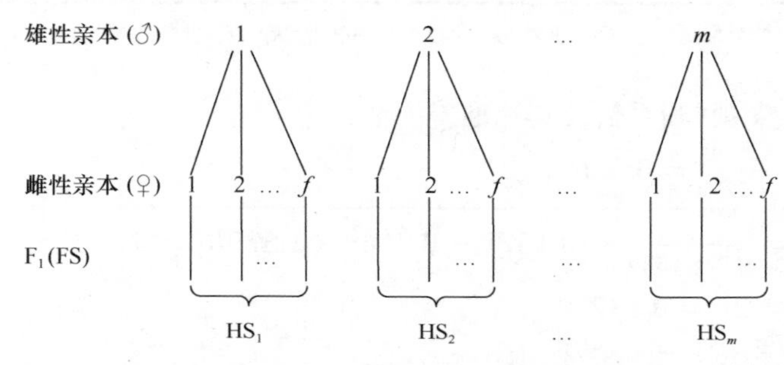

图 3.3.1 NCI 交配设计示意图(m个父本, f个母本, mf个FS家系, m个HS家系)

2. NCI 完全随机区组试验分析

将交配所产生的mf个全同胞随机安排在第k个区组(有mf个试验单元, 在作物中为小区). 方差分析模型为

$$x_{ijk}=\mu+\alpha_i+\left(\beta_{f/m}\right)_{ij}+\theta_k+\varepsilon_{ijk} \qquad i=1,2,\cdots,m;\ j=1,2,\cdots,f;\ k=1,2,\cdots,r \tag{3.3.16}$$

其中, μ为群体均值; x_{ijk}为第i个父本和第j个母本交配的后代在第k个区组的性状观测值; α_i为第 i个父本效应, 相互独立, 均服从$N(0,\sigma_m^2)$; $\left(\beta_{f/m}\right)_{ij}$为第$i$个父本内第$j$个母本效应, 相互独立, 均服从$N\left(0,\sigma_{f/m}^2\right)$; θ_k为第k个区组效应, 相互独立, 均服从$N(0,\sigma_R^2)$; ε_{ijk}为mf个全同胞家系与区组间的互作效应, 相互独立, 均服从$N(0,\sigma^2)$.

方差分析模式如表 3.3.5 所示.

表 3.3.5 NCI 完全随机区组试验方差分析模式

变异原因	自由度	平方和	均方	期望均方
区组间	$r-1$	SS_R	MS_R	$\sigma^2+mf\sigma_R^2$
父本间	$m-1$	SS_m	MS_m	$\sigma^2+r\sigma_{f/m}^2+rf\sigma_m^2$
父本内母本间	$m(f-1)$	$SS_{f/m}$	$MS_{f/m}$	$\sigma^2+r\sigma_{f/m}^2$
全同胞×区组	$(r-1)(mf-1)$	SS_e	MS_e	σ^2
总变异	$mfr-1$	SS_T		

一般来讲，由父本和母本形成的双因素交配设计中，会涉及母本半同胞协方差Cov1和父本半同胞协方差Cov2. 在 NCI 设计中，父本半同胞协方差$\mathrm{Cov2} = \sigma_m^2$和父本内母本间方差$\sigma_{f/m}^2$形成全同胞协方差CovFS，而总的表型方差$\sigma_P^2 = \mathrm{CovFS} + \sigma^2$，即全同胞×区组方差$\sigma^2 = \sigma_P^2 - \mathrm{CovFS}$. 关于半同胞协方差和全同胞协方差在$F = 0$ 和$F = 1$时的方差组分已在表 2.6.7 列出，由此可推导出$\sigma_{f/m}^2$和σ^2的方差组分. 具体结果列于表 3.3.6 中.

表 3.3.6　NCI 亲属方差的组分

	$F=0$					$F=1$				
	σ_d^2	σ_h^2	σ_{dd}^2	σ_{dh}^2	σ_{hh}^2	σ_d^2	σ_h^2	σ_{dd}^2	σ_{dh}^2	σ_{hh}^2
$\mathrm{CovFS} = \sigma_m^2 + \sigma_{f/m}^2$	$\frac{1}{2}$	$\frac{1}{4}$	$\frac{1}{4}$	$\frac{1}{8}$	$\frac{1}{16}$	1	1	1	1	1
$\mathrm{Cov2} = \sigma_m^2$	$\frac{1}{4}$	0	$\frac{1}{16}$	0	0	$\frac{1}{2}$	0	$\frac{1}{4}$	0	0
$\sigma_{f/m}^2 = \mathrm{CovFS} - \sigma_m^2$	$\frac{1}{4}$	$\frac{1}{4}$	$\frac{3}{16}$	$\frac{1}{8}$	$\frac{1}{16}$	$\frac{1}{2}$	1	$\frac{3}{4}$	1	1
$\sigma_P^2 = \mathrm{CovFS} + \sigma^2$	1	1	1	1	1	1	1	1	1	1
$\sigma^2 = \sigma_P^2 - \mathrm{CovFS}$	$\frac{1}{2}$	$\frac{3}{4}$	$\frac{3}{4}$	$\frac{7}{8}$	$\frac{15}{16}$	0	0	0	0	0

据表 3.3.5，可对区组间(无效假设$\mathrm{H_0}: \sigma_R^2 = 0$)、父本间(无效假设$\mathrm{H_0}: \sigma_m^2 = 0$)和父本内母本间(无效假设$\mathrm{H_0}: \sigma_{f/m}^2 = 0$)进行$F$检验

$$\begin{cases} F_R = \dfrac{\mathrm{MS}_R}{\mathrm{MS}_e} \sim F[r-1,(r-1)(mf-1)] \\ F_m = \dfrac{\mathrm{MS}_m}{\mathrm{MS}_{f/m}} \sim F[m-1,m(f-1)] \\ F_{f/m} = \dfrac{\mathrm{MS}_{f/m}}{\mathrm{MS}_e} \sim F[m(f-1),(r-1)(mf-1)] \end{cases} \tag{3.3.17}$$

如果F_m和$F_{f/m}$显著，则有如下方差估计

$$\begin{cases} \hat{\sigma}^2 = \mathrm{MS}_e \\ \hat{\sigma}_{f/m}^2 = \left(\mathrm{MS}_{f/m} - \mathrm{MS}_e\right)/r \\ \hat{\sigma}_m^2 = \left(\mathrm{MS}_m - \mathrm{MS}_{f/m}\right)/rf \\ \hat{\sigma}_P^2 = \hat{\sigma}^2 + \hat{\sigma}_{f/m}^2 + \hat{\sigma}_m^2 \end{cases} \tag{3.3.18}$$

在式(3.3.18)的基础上，可以估计父本半同胞组内相关系数t_{HS1}、母本半同胞组内相关系数t_{HS2}、全同胞组内相关系数t_{FS}以及各标准差S_t，并进行t检验. 这部分推导过程见式(3.6.34)~式(3.6.40). 具体结果如下.

父本组分

$$\begin{cases} \hat{t}_{HS1} = \hat{\sigma}_m^2/\hat{\sigma}_P^2 = \left(\mathrm{MS}_m - \mathrm{MS}_{f/m}\right)/(rf\hat{\sigma}_P^2) \\ S_{t_{HS1}} = (1-\hat{t}_{HS1})[1+(r-1)\hat{t}_{HS1}]/\sqrt{\frac{1}{2}r(r-1)(mf-1)} \\ t_1 = \hat{t}_{HS1}/S_{t_{HS1}} \sim t\left[\frac{1}{2}r(r-1)(mf-1)\right] \end{cases} \tag{3.3.19}$$

其中，$f_{t_{HS1}} = \frac{1}{2}r(r-1)(mf-1)$为标准差$S_{t_{HS1}}$的自由度.

母本组分

$$\begin{cases}\hat{t}_{HS2} = \hat{\sigma}^2_{f/m}/\hat{\sigma}^2_P = (\mathrm{MS}_{f/m} - \mathrm{MS}_e)/(r\hat{\sigma}^2_P) \\ S_{t_{HS2}} = \frac{\sqrt{2}}{r\hat{\sigma}^2_P}\sqrt{\frac{\mathrm{MS}^2_{f/m}}{m(f-1)} + \frac{\mathrm{MS}^2_e}{(r-1)(mf-1)}} \\ t_2 = \hat{t}_{HS2}/S_{t_{HS2}}\end{cases} \quad (3.3.20)$$

全同胞

$$\begin{cases}\hat{t}_{FS} = (\hat{\sigma}^2_m + \hat{\sigma}^2_{f/m})/\hat{\sigma}^2_P = [\mathrm{MS}_m + (f-1)\mathrm{MS}_{f/m} - f\mathrm{MS}_e]/(fr\hat{\sigma}^2_P) \\ S_{t_{FS}} = \frac{\sqrt{2}}{fr\hat{\sigma}^2_P}\sqrt{\frac{\mathrm{MS}^2_m}{m-1} + \frac{(f-1)\mathrm{MS}^2_{f/m}}{m} + \frac{f^2\mathrm{MS}^2_e}{(r-1)(mf-1)}} \\ t_3 = \hat{t}_{FS}/S_{t_{FS}}\end{cases} \quad (3.3.21)$$

据表 3.3.6 和$h^2_N = \sigma^2_d/\sigma^2_P$可知

$$h^2 = \begin{cases}4\hat{t}_{HS}\text{或 }2\hat{t}_{FS} & F = 0; \\ 2\hat{t}_{HS}\text{或}\hat{t}_{FS} & F = 1.\end{cases}$$

$$S_{h^2} = \begin{cases}4S_{t_{HS}}\text{或 }2S_{t_{FS}} & F = 0; \\ 2S_{t_{HS}}\text{或}S_{t_{FS}} & F = 1.\end{cases} \quad (3.3.22)$$

在遗传力h^2_N的估计中，只有t_{HS1}不受显性方差σ^2_h和母体效应的影响. 如果用$\hat{t}_{HS1}$、$\hat{t}_{HS2}$和$\hat{t}_{FS}$估计的h^2相吻合，则最佳估计应是综合估计.

【例 3.3.4】 罂粟开花期资料(6 月 13 日以后日数). 4 个品系为父本，各交配不同的 11 个母本，共产生 44 个全同胞家系. 完全随机区组设计，重复 2次($m = 4, f = 11, r = 2$). 资料如表 3.3.7 所示，估计h^2_N.

对表 3.3.7 中的数据进行了一级统计处理.

$T_{ij\cdot}$: 行和(全同胞和)$\sum_k x_{ijk}$, 其平均值$\bar{x}_{ij\cdot} = T_{ij\cdot}/r$.

$T_{i\cdot\cdot}$: 父本i的和$\sum_j\sum_k x_{ijk}$, 其平均值$\bar{x}_{i\cdot\cdot} = T_{i\cdot\cdot}/fr$.

$T_{\cdot\cdot k}$: 区组k的和$\sum_i\sum_j x_{ijk}$, 其平均值$\bar{x}_{\cdot\cdot k} = T_{\cdot\cdot k}/mf$.

$T_{\cdot\cdot\cdot}$: 总和$\sum_i\sum_j\sum_k x_{ijk}$, 其平均值$\bar{x}_{\cdot\cdot\cdot} = T_{\cdot\cdot\cdot}/mfr$.

$\sum_k x^2_{ijk}$: 行平方和.

$\sum_i\sum_j\sum_k x^2_{ijk}$: 总平方和.

式(3.3.16)中参数在总和约束之下的最小二乘估计为

$$\begin{cases}\hat{\mu} = \bar{x}_{\cdot\cdot\cdot}, \quad \hat{\alpha}_i = \bar{x}_{i\cdot\cdot} - \bar{x}_{\cdot\cdot\cdot} \quad \hat{\theta}_k = \bar{x}_{\cdot\cdot k} - \bar{x}_{\cdot\cdot\cdot} \\ (\hat{\beta}_{f/m})_{ij} = \bar{x}_{ij\cdot} - \bar{x}_{i\cdot\cdot} \quad \hat{\varepsilon}_{ijk} = \bar{x}_{ijk} - \bar{x}_{\cdot\cdot k} - \bar{x}_{ij\cdot} + \bar{x}_{\cdot\cdot\cdot}\end{cases} \quad (3.3.23)$$

由此可据表 3.3.7 的一级数据处理结果计算各变因的偏差平方和

表 3.3.7　NCI 罂粟试验开花期结果

父本i	母本j	区组k 1	区组k 2	行和$T_{ij\cdot}$	父本和$T_{i\cdot\cdot}$	行平方和$\sum_i \sum_j x_{ijk}^2$
1	1	21.6	23.2	44.8		1004.80
	2	30.8	19.0	49.8		1309.64
	3	27.8	31.0	58.8		1733.84
	4	28.8	24.4	53.2		1424.80
	5	27.8	30.4	58.2		1697.00
	6	23.6	25.4	49.0		1202.12
	7	30.2	31.8	62.0		1923.28
	8	28.8	21.2	50.0		1278.88
	9	32.7	31.8	64.5		2080.53
	10	17.6	21.0	38.6		750.76
	11	19.0	20.2	39.2	568.1($T_{1\cdot\cdot}$)	769.04
2	1	33.0	35.6	68.6		2356.36
	2	29.8	28.0	57.8		1672.04
	3	24.8	27.0	51.8		1344.04
	4	33.4	31.4	64.8		2101.52
	5	29.8	30.4	60.2		1812.20
	6	26.4	29.6	56.0		1573.12
	7	31.0	31.0	62.0		1922.00
	8	33.0	29.6	62.6		1965.16
	9	33.5	33.4	66.9		2237.81
	10	30.4	30.0	60.4		1824.16
	11	29.2	26.0	55.2	666.3($T_{2\cdot\cdot}$)	1528.64
3	1	18.4	26.4	44.8		1035.52
	2	19.8	23.8	43.6		958.48
	3	29.0	32.7	61.7		1910.29
	4	26.8	28.4	55.2		1524.80
	5	24.8	26.8	51.6		1333.28
	6	28.8	29.6	58.4		1705.60
	7	15.2	18.6	33.8		577.00
	8	29.0	32.6	61.6		1903.76
	9	33.4	31.2	64.6		2089.00
	10	28.3	25.4	53.7		1446.05
	11	13.2	21.0	44.2	573.2($T_{3\cdot\cdot}$)	979.24
4	1	33.6	33.8	67.4		2271.40
	2	36.0	31.0	67.0		2257.00
	3	32.0	31.0	63.0		1985.00
	4	31.0	31.4	62.4		1946.96
	5	28.4	29.2	57.6		1659.20
	6	33.7	28.6	62.3		1953.65
	7	23.2	25.2	48.4		1173.28
	8	29.6	34.0	63.6		2032.16
	9	27.0	30.0	57.0		1629.00
	10	34.6	27.6	62.2		1958.92
	11	32.5	31.6	64.1	675.0($T_{4\cdot\cdot}$)	2054.81
列和		1241.3 ($T_{\cdot\cdot1}$)	1241.3 ($T_{\cdot\cdot2}$)	2482.6 ($T_{\cdot\cdot\cdot}$)	2482.6($T_{\cdot\cdot\cdot}$)	$\sum_i \sum_j \sum_k x_{ijk}^2 = 71896.64$

$$\begin{cases}SS_T=\sum_i\sum_j\sum_k\left(x_{ijk}-\bar{x}_{\cdots}\right)^2=\sum_i\sum_j\sum_k x_{ijk}^2-C=1859.11\\ SS_R=\sum_i\sum_j\sum_k(\bar{x}_{\cdot\cdot k}-\bar{x}_{\cdots})^2=\frac{1}{mf}\sum_k T_{\cdot\cdot k}^2-C=0\\ SS_m=\sum_i\sum_j\sum_k(\bar{x}_{i\cdot\cdot}-\bar{x}_{\cdots})^2=\frac{1}{fr}\sum_i T_{i\cdot\cdot}^2-C=456.86\\ SS_{f/m}=\sum_i\sum_j\sum_k\left(\bar{x}_{ij\cdot}-\bar{x}_{i\cdot\cdot}\right)^2=\frac{1}{r}\sum_i\sum_j T_{ij\cdot}^2-\frac{1}{fr}\sum_i T_{i\cdot\cdot}^2=1109.02\\ SS_e=\sum_i\sum_j\sum_k\left(x_{ijk}-\bar{x}_{\cdot\cdot k}-\bar{x}_{ij\cdot}+\bar{x}_{\cdots}\right)^2=SS_T-SS_R-SS_m-SS_{f/m}=293.23\\ C=T_{\cdots}^2/mfr=2482.6^2/88=70037.53\end{cases}$$

方差分析如表 3.3.8 所示.

表 3.3.8　糜粟开花期方差分析表

变异原因	自由度	平方和	均方	期望均方
区组间	1	0	0	—
父本间	3	456.86	152.29	$\sigma^2+2\sigma_{f/m}^2+22\sigma_m^2$
父本内母本间	40	1109.02	27.73	$\sigma^2+2\sigma_{f/m}^2$
全同胞×区组	43	293.23	6.82	σ^2
总变异	87	1859.11		

F检验

$$F_m=\frac{MS_m}{MS_{f/m}}=\frac{152.29}{27.73}=5.49\ **\qquad F_{0.01}(3,40)=4.31$$

$$F_{f/m}=\frac{MS_{f/m}}{MS_e}=\frac{27.73}{6.82}=4.07\ **\qquad F_{0.01}(40,43)=2.08$$

方差组分估计结果为

$$\begin{cases}\hat{\sigma}^2=MS_e=6.82\\ \hat{\sigma}_{f/m}^2=\frac{MS_{f/m}-MS_e}{r}=\frac{27.73-6.82}{2}=10.46\\ \hat{\sigma}_m^2=\frac{MS_m-MS_{f/m}}{fr}=\frac{152.29-27.73}{22}=5.66\end{cases}$$

加性方差σ_d^2、显性方差σ_h^2和表型方差σ_P^2估计(应按$F=0$分析)，由表 3.3.6 有

$$\hat{\sigma}_d^2=4\hat{\sigma}_m^2=22.65$$

$$\hat{\sigma}_h^2=4\hat{\sigma}_{f/m}^2-\hat{\sigma}_d^2=19.20$$

$$\hat{\sigma}_P^2=\hat{\sigma}^2+\hat{\sigma}_m^2+\hat{\sigma}_{f/m}^2=22.94$$

因而按加性、显性方差估计得到h_N^2的估计为

$$\hat{h}_N^2=\hat{\sigma}_d^2/\hat{\sigma}_P^2=22.65/22.94=0.987$$

上述初步分析表明，父本间、父本内母本间均极显著，且h_N^2估计相当高(0.987)，然而并不能解释它的全部生物学原因和存在的问题．首先在双因素交配试验中，会涉及母

体效应e_g及其方差σ_{eg}^2，在表 3.3.4 中就忽略了这一点. 母体效应是一个常见的并会引起麻烦的环境相似性来源，尤其是母亲表型值可以影响后代同一性状的数值(子代与母亲的相似)，这时σ_{eg}^2应纳入全同胞遗传协方差中. 这时的全同胞组内相关系数为

$$t_{FS}=\begin{cases}\left(\frac{1}{2}\sigma_d^2+\frac{1}{4}\sigma_h^2+\sigma_{eg}^2\right)/\sigma_P^2, & F=0;\\ \left(\sigma_d^2+\sigma_h^2+\sigma_{eg}^2\right)/\sigma_P^2, & F=1.\end{cases} \tag{3.3.24}$$

用 NCI 估计h_N^2应综合分析，即对半同胞、全同胞组内相关系数估计及方差组分估计通过综合比较来判断结果的合理性，对全同胞分析中的母体效应应特别注意. 另外，$\hat{h}_N^2$的精确度问题应该考虑，即应估计$\hat{h}_N^2$的标准差$S_{h_N^2}$，对$\hat{h}_N^2$进行t检验($\mathrm{H}_0: h_N^2=0$). 如果($\mathrm{H}_A: h_N^2\neq 0$)是正确的，但$t$检验不显著，就说明$S_{h_N^2}$太大，应改进试验设计，如增加重复等. 下面对例 3.3.4 进行综合分析

$$\begin{cases}\hat{t}_{HS1}=\hat{\sigma}_m^2/\hat{\sigma}_\mathrm{P}^2=5.66/22.94=0.2468\\ S_{t_{HS1}}=(1-0.2468)[1+(2-1)\times 0.2468]\Big/\sqrt{\frac{1}{2}\times 2(2-1)\times(44-1)}=0.1432\\ t_1=0.2468/0.1432=1.723<t_{0.05}(\infty)=1.96\end{cases}$$

这是据式(3.3.19)的分析，t_1的自由度为$\frac{1}{2}r(r-1)(mf-1)=43$.

据式(3.3.20)有

$$\begin{cases}\hat{t}_{HS2}=\frac{10.46}{22.94}=0.4560\\ S_{t_{HS2}}=\frac{\sqrt{2}}{2\times 22.94}\sqrt{\frac{27.73^2}{4\times(11-1)}+\frac{6.82^2}{(2-1)\times(44-1)}}=0.1369\\ t=\frac{0.4560}{0.1369}=3.283>t_{0.05}(\infty)=1.96\end{cases}$$

据式(3.3.21)有

$$\begin{cases}\hat{t}_{FS}=\frac{5.66+10.46}{22.94}=0.703\\ S_{t_{FS}}=\frac{\sqrt{2}}{11\times 2\times 22.94}\sqrt{\frac{152.29^2}{4-1}+\frac{(11-1)\times 27.73^2}{4}+\frac{(11\times 6.82)^2}{(2-1)\times(44-1)}}=0.2772\\ t_3=\frac{0.703}{0.2772}=2.536>t_{0.05}(\infty)=1.96\end{cases}$$

据式(3.3.22)的$F=0$情况有

父本:　$\hat{h}_N^2=4\hat{t}_{HS1}=0.987$　　$S_{h_N^2}=4S_{t_{HS1}}=0.573$

母本:　$h^2=4\hat{t}_{HS2}=1.824$　　$S_{h^2}=4S_{t_{HS2}}=0.548$

全同胞:　$h^2=2\hat{t}_{FS}=1.406$　　$S_{h^2}=2S_{t_{FS}}=0.554$

综合上述分析，三种组内相关估计的遗传力中，父本内母本间和全同胞估计的h^2均超出取值范围很多. 究其原因，母本效应的影响可能性很大. 因此，能接受的估计可能是$\hat{h}_N^2\pm S_{h_N^2}=0.987\pm 0.573$.

3. NCI 完全随机试验设计分析

以家畜中常见交配资料表 3.3.9 为例说明.

表 3.3.9 NCI 在家畜中常见资料形式

公畜i	母畜j	仔畜k				行和$T_{ij\cdot}$	公畜和$T_{i\cdot\cdot}$	行平方和$\sum_k x_{ijk}^2$
1	1	x_{111}	x_{112}	…	$x_{11r_{11}}$	$T_{11\cdot}$	$T_{1\cdot\cdot}$	$\sum x_{11k}^2$
	2	x_{121}	x_{122}	…	$x_{12r_{12}}$	$T_{12\cdot}$		$\sum x_{12k}^2$
	⋮	⋮	⋮	⋮	⋮	⋮		⋮
	f_1	x_{1f_11}	x_{1f_12}	…	$x_{1f_1r_{1f_1}}$	$T_{1f_1\cdot}$		$\sum x_{1f_1k}^2$
2	1	x_{211}	x_{212}	…	$x_{21r_{21}}$	$T_{21\cdot}$	$T_{2\cdot\cdot}$	$\sum x_{21k}^2$
	2	x_{221}	x_{222}	…	$x_{22r_{22}}$	$T_{22\cdot}$		$\sum x_{22k}^2$
	⋮	⋮	⋮	⋮	⋮	⋮		⋮
	f_2	x_{2f_21}	x_{2f_22}	…	$x_{2f_2r_{2f_2}}$	$T_{2f_2\cdot}$		$\sum x_{2f_2k}^2$
⋮	⋮	⋮	⋮	…	⋮	⋮	⋮	⋮
m	1	x_{m11}	x_{m12}	…	$x_{m1r_{m1}}$	$T_{m1\cdot}$	$T_{m\cdot\cdot}$	$\sum x_{m1k}^2$
	2	x_{m21}	x_{m22}	…	$x_{m2r_{m2}}$	$T_{m2\cdot}$		$\sum x_{m2k}^2$
	⋮	⋮	⋮	⋮	⋮	⋮		⋮
	f_m	x_{mf_m1}	x_{mf_m2}	…	$x_{mf_mr_{mf_m}}$	$T_{mf_m\cdot}$		$\sum x_{mf_mk}^2$
		列和				$T_{\cdots}$	$T_{\cdots}$	$\sum_i\sum_j\sum_k x_{ijk}^2$

资料有如下总体情况：公畜总数为m，母畜总数$D=\sum f_i$；第i头公畜与f_i头母畜交配；组合$i\times j$产仔数为r_{ij}；公畜i总仔数$n_i=\sum_{j=1}^{f_i} r_{ij}$；总仔畜数$n=\sum_{i=1}^{m} n_i$。

由于各公畜交配的母畜不等，各对交配生的仔畜又不同，故用相应的调和平均数r_1、r_2和r_3分别表示所有母畜的平均仔数、所有交配组合的平均产仔数和m个公畜半同胞家系的平均产仔数

$$\begin{cases} r_1=\dfrac{1}{D-m}\left(n-\displaystyle\sum_i\sum_j\frac{r_{ij}^2}{n_i}\right) \\ r_2=\dfrac{1}{m-1}\left(\displaystyle\sum_i\sum_j\frac{r_{ij}^2}{n_i}-\frac{\sum_i\sum_j r_{ij}^2}{n}\right) \\ r_3=\dfrac{1}{m-1}\left(n-\dfrac{1}{n}\displaystyle\sum_i n_i^2\right) \end{cases} \tag{3.3.25}$$

表 3.3.9 数据的方差分析模型为

$$x_{ijk}=\mu+\alpha_i+\left(\beta_{f/m}\right)_{ij}+\varepsilon_{ijk}\quad i=1,2,\cdots,m;\ j=1,2,\cdots,f_i;\ k=1,2,\cdots,r_{ij} \tag{3.3.26}$$

其中，μ为群体平均数；α_i为公畜i的效应，α_i间相互独立且均服从$N(0,\sigma_m^2)$；$\left(\beta_{f/m}\right)_{ij}$为交配组合$i\times j$的公畜内母畜效应，它们相互独立且均服从$N\left(0,\sigma_{f/m}^2\right)$；$\varepsilon_{ijk}$为全同胞间效应，

它们相互独立且均服从$N(0,\sigma^2)$. 式(3.3.26)的方差分析模式如表 3.3.10 所示.

表 3.3.10　NCI 完全随机试验(母畜不等，仔畜不等)方差分析模式

变异原因	自由度	平方和	均方	期望均方
公畜间	$m-1$	SS_m	MS_m	$\sigma^2+r_2\sigma_{f/m}^2+r_3\sigma_m^2$
公畜内母畜间	$D-m$	$SS_{f/m}$	$MS_{f/m}$	$\sigma^2+r_1\sigma_{f/m}^2$
全同胞间	$n-D$	SS_e	MS_e	σ^2
总计	$n-1$	SS_T		

根据表 3.3.9 中数据的一级统计结果，表 3.3.10 中的偏差平方和SS_T、SS_m等的计算公式结合下面的例 3.3.5 予以叙述.

【例 3.3.5】　表 3.3.11 为沈阳农业大学白猪两个月断乳时平均每窝仔猪数x_{ijk}资料，试估计两个月断乳时平均每窝仔猪数的h_N^2.

表 3.3.11　沈阳农业大学白猪两个月断乳时平均每窝仔猪数

公猪号	母猪号	两个月断乳平均每窝仔数 $x_{ijk}(l_{ij})$				r_{ij}	n_i	母猪和$T_{ij\cdot}$	公猪和$T_{i\cdot\cdot}$	行平方和$\sum_k x_{ijk}^2$
1	1	10.2(5)	9.4(5)	9.5(2)	6.7(3)	4		35.8	181.1	327.54
	2	9.0(3)	9.0(4)	9.0(2)		3		27.0		243.00
	3	6.8(5)	9.3(3)	6.7(3)		3		22.8		177.62
	4	9.5(2)				1		9.5		90.25
	5	10.5(2)				1		10.5		110.25
	6	8.0(3)	6 (3)			2		14.0		100.00
	7	12.0(3)				1		12.0		144.00
	8	10.0(3)				1		10.0		100.00
	9	12.7(3)				1		12.7		161.29
	10	9.0(3)	8.3(3)			2		17.3		149.89
	11	9.5(2)				1	20	9.5		90.25
2	12	13.5(2)	8.5(2)			2		22.0	37.3	254.50
	13	6.0(4)	9.3(4)			2	4	15.3		122.49
3	14	8.0(4)				1		8.0	20.0	64.00
	15	12.0(4)				1	2	12.0		144.00
4	16	12.4(4)	8.8(5)	10.4(5)	11.7(3)	4		43.3	105.8	476.25
	17	9.8(4)				1		9.8		96.04
	18	10.7(4)	10.5(3)	9.8(2)		3		31.0		320.78
	19	12.0(2)				1		12.0		144.00
	20	9.7(6)				1	10	9.7		94.09
5	21	9.0(2)				1		9.0	77.1	81.00
	22	12.0(4)	10.3(3)	10.0(3)		3		32.3		350.09
	23	6.0(2)	8.5(2)	12.5(2)		3		27.0		264.50
	24	8.8(4)				1	8	8.8		77.44
6	25	7.5(2)				1		7.5	15.0	56.25
	26	7.5(2)				1	2	7.5		56.25
6 (m)	26 (D)	x_{ijk}为l_{ij}窝的平均数,$\sum\sum l_{ij}=145$				46 (n)		436.3($T_{\cdots}$)		4295.77($\sum\sum\sum x_{ijk}^2$)

由表 3.3.11 提供的一级统计结果可方便计算(据式(3.3.25))

$$\begin{cases} r_1 = \dfrac{1}{D-m}\left(n - \sum_i \sum_j \dfrac{r_{ij}^2}{n_i}\right) = 1.7125 \\ r_2 = \dfrac{1}{m-1}\left(\sum_i \sum_j \dfrac{r_{ij}^2}{n_i} - \dfrac{\sum_i \sum_j r_{ij}^2}{n}\right) = 1.8804 \\ r_3 = \dfrac{1}{m-1}\left(n - \dfrac{1}{n}\sum_i n_i^2\right) = 6.6435 \end{cases}$$

SS_T、SS_m等的计算公式及例 3.3.5 计算结果，令

$$C = T_{\cdot\cdot\cdot}^2/n = 436.3^2/46 = 4138.2107 \tag{3.3.27}$$

$$\begin{cases} SS_T = \sum_i \sum_j \sum_k x_{ijk}^2 - C = 4299.46 - 4138.2107 = 161.2493 \\ SS_m = \sum_i \dfrac{T_{i\cdot\cdot}^2}{n_i} - C = 4162.5983 - 4138.2107 = 24.3876 \\ SS_{f/m} = \sum_i \sum_j \dfrac{T_{ij\cdot}^2}{r_{ij}} - \sum_i \dfrac{T_{i\cdot\cdot}^2}{n_i} = 4232.3092 - 4162.5983 = 69.7109 \\ SS_e = \sum_i \sum_j \sum_k x_{ijk}^2 - \sum_i \sum_j \dfrac{T_{ij\cdot}^2}{r_{ij}} = 4299.46 - 4232.309 = 67.1508 \end{cases} \tag{3.3.28}$$

由表 3.3.10 得到期望均方中各方差组分的估计公式

$$\begin{cases} \hat{\sigma}^2 = MS_e \\ \hat{\sigma}_{f/m}^2 = (MS_{f/m} - MS_e)/r_1 \\ \hat{\sigma}_m^2 = \left[MS_m - \frac{r_2}{r_1}MS_{f/m} + \left(\frac{r_2-r_1}{r_1}\right)MS_e\right]/r_3 \\ \hat{\sigma}_P^2 = \hat{\sigma}^2 + \hat{\sigma}_{f/m}^2 + \hat{\sigma}_m^2 \end{cases} \tag{3.3.29}$$

例 3.3.5 的估计结果为

$$\hat{\sigma}^2 = 3.1730 \qquad \hat{\sigma}_{f/m}^2 = 0.1825 \qquad \hat{\sigma}_m^2 = 0.2049 \qquad \hat{\sigma}_P^2 = 3.5604$$

一般来讲，要进行式(3.3.29)的估计，应先对$MS_{f/m}$和MS_m进行F检验，无效假设分别为

$$H_{01}: \sigma_{f/m}^2 = 0 \qquad H_{02}: \sigma_m^2 = 0$$

在H_{01}成立时，$MS_{f/m}$和MS_e是方差同质的，可进行F检验；在H_{02}成立时，$E(MS_m) = \sigma^2 + r_2\sigma_{f/m}^2$, $E(MS_{f/m}) = \sigma^2 + r_1\sigma_{f/m}^2$，方差不同质，无法进行$F$检验. 因而，把统计检验重点转移到组内相关系数上.

方差分析如表 3.3.12 所示.

h^2的估计可直接通过半同胞组内相关系数t_{HS1}、t_{HS2}和全同胞组内相关系数t_{FS}来估计. 据式(3.6.26)~式(3.6.28)有

表 3.3.12　例 3.3.5 的方差分析表

变异原因	自由度	平方和	均方	期望均方
公猪间	5	24.3876	4.8775	$\sigma^2+1.8804\sigma_{f/m}^2+6.6435\sigma_m^2$
公猪内母猪间	20	69.7108	3.4855	$\sigma^2+1.7125\sigma_{f/m}^2$
全同胞间	20	63.4609	3.1730	σ^2
总变异	45	157.5593		

$$\text{公畜组分}\begin{cases}\hat{t}_{\mathrm{HS1}}=\hat{\sigma}_m^2/\hat{\sigma}_P^2=\left[\mathrm{MS}_m-\frac{r_2}{r_1}\mathrm{MS}_{f/m}+\left(\frac{r_2-r_1}{r_1}\right)\mathrm{MS}_e\right]/(r_3\hat{\sigma}_P^2)\\ S_{t_{\mathrm{HS1}}}=\frac{\sqrt{2}}{r_3\hat{\sigma}_P^2}\sqrt{\frac{\mathrm{MS}_m^2}{m-1}+\left(\frac{r_2}{r_1}\right)^2\frac{\mathrm{MS}_{f/m}^2}{D-m}+\left(\frac{r_2-r_1}{r_1}\right)^2\frac{\mathrm{MS}_e^2}{n-D}}\\ t_1=\hat{t}_{\mathrm{HS1}}/S_{t_{\mathrm{HS1}}}\end{cases}\tag{3.3.30}$$

$$\text{母本组分}\begin{cases}\hat{t}_{\mathrm{HS2}}=\hat{\sigma}_{f/m}^2/\hat{\sigma}_P^2=\left(\mathrm{MS}_{f/m}-\mathrm{MS}_e\right)/(r_1\hat{\sigma}_P^2)\\ S_{t_{\mathrm{HS2}}}=\frac{\sqrt{2}}{r_1\hat{\sigma}_P^2}\sqrt{\frac{\mathrm{MS}_{f/m}^2}{D-m}+\frac{\mathrm{MS}_e^2}{n-D}}\\ t_2=\hat{t}_{\mathrm{HS2}}/S_{t_{\mathrm{HS2}}}\end{cases}\tag{3.3.31}$$

全同胞

$$\begin{cases}\hat{t}_{\mathrm{FS}}=\left(\hat{\sigma}_m^2+\hat{\sigma}_{f/m}^2\right)/\hat{\sigma}_P^2=\left[r_1\mathrm{MS}_m+(r_3-r_2)\mathrm{MS}_{f/m}-(r_3+r_1-r_2)\mathrm{MS}_e\right]/(r_1r_3\hat{\sigma}_P^2)\\ S_{t_{\mathrm{FS}}}=\frac{\sqrt{2}}{r_1r_3\hat{\sigma}_P^2}\sqrt{\frac{r_1^2\mathrm{MS}_m^2}{m-1}+\frac{(r_3-r_2)^2\mathrm{MS}_{f/m}^2}{D-m}+\frac{(r_3+r_1-r_2)^2\mathrm{MS}_e^2}{n-D}}\\ t_3=\hat{t}_{\mathrm{FS}}/S_{t_{\mathrm{FS}}}\end{cases}\tag{3.3.32}$$

对于例 3.3.5 有

$$\begin{cases}\hat{t}_{\mathrm{HS1}}=0.2049/3.5004=0.0575\\ S_{t_{\mathrm{HS1}}}=\frac{\sqrt{2}}{6.6435\times3.5604}\sqrt{\frac{4.878^2}{5}+\left(\frac{1.8804}{1.7125}\right)^2\times\frac{3.486^2}{20}+\left(\frac{1.8804-1.7125}{1.7125}\right)^2\times\frac{3.17302^2}{20}}=0.1401\\ t_1=\hat{t}_{\mathrm{HS1}}/S_{t_{\mathrm{HS1}}}=0.410<t_{0.05}(\infty)=1.96\end{cases}$$

$$\begin{cases}\hat{t}_{\mathrm{HS2}}=\hat{\sigma}_{f/m}^2/\hat{\sigma}_P^2=0.1815/3.5604=0.0513\\ S_{t_{\mathrm{HS2}}}=\frac{\sqrt{2}}{1.7125\times3.5604}\sqrt{\frac{3.486^2}{20}+\frac{3.1730^2}{20}}=0.2445\\ t_2=\hat{t}_{\mathrm{HS2}}/S_{t_{\mathrm{HS2}}}=0.2098\end{cases}$$

$$\begin{cases}\hat{t}_{\mathrm{FS}}=(0.1825+0.2049)/3.5604=0.1088\\ S_{t_{\mathrm{FS}}}=\frac{\sqrt{2}}{1.7125\times6.6435\times3.5604}\sqrt{\frac{1.7125^2\times4.878^2}{5}+\frac{4.7651^2\times3.486^2}{20}+\frac{6.4756^2\times3.1730^2}{20}}=0.1529\\ t_3=\hat{t}_{\mathrm{FS}}/S_{t_{\mathrm{FS}}}=0.712\end{cases}$$

上述结果表明，三种组内相关系数在自由度等大时均不显著.NCI 完全随机试验满足组内相关系数和h^2的关系式(3.3.22). 在$F=0$的情况下有

$$\hat{h}_N^2 = 4\hat{t}_{\text{HS1}} = 4 \times 0.057 = 0.2300 \qquad S_{h_N^2} = 4S_{t_{\text{HS1}}} = 4 \times 0.1401 = 0.5604$$

$$h^2 = 4\hat{t}_{\text{HS2}} = 4 \times 0.0513 = 0.2052 \qquad S_{h^2} = 4S_{t_{\text{HS2}}} = 4 \times 0.2405 = 0.962$$

$$h^2 = 2\hat{t}_{\text{FS}} = 2 \times 0.1088 = 0.2176 \qquad S_{h^2} = 2S_{t_{\text{FS}}} = 2 \times 0.1529 = 0.3058$$

由于公、母畜组分的估计相当吻合，故合并为全同胞的$h^2 = 0.2176$为最佳估计.

表 3.3.11 中的数据形式为$x_{ijk}(l_{ij})$，表示x_{ijk}是组合$i \times j$的l_{ij}窝的平均断乳仔数，总窝数和总数据分别为

$$N = \sum_i \sum_j l_{ij} = 145 \qquad n = \sum_i \sum_j r_{ij} = 46$$

设l_{ij}的调和平均数为l_0，则计算公式及例 3.3.5 结果为

$$\begin{aligned} l_0 &= \frac{1}{n-1}\left(N - \frac{1}{n}\sum_i \sum_j l_{ij}^2\right) \\ &= \frac{1}{46-1} \times \left[145 - \frac{1}{145} \times (5^2 + 3^2 + 5^2 + \cdots + 3^2)\right] \\ &= \frac{1}{45} \times \left(145 - \frac{511}{145}\right) = 3.1439 \end{aligned} \tag{3.3.33}$$

因而上述估计结果应为l_0次测定平均数的遗传力$\hat{h}_{N(l_0)}^2 = 0.2176$. 为了得到一次测定的遗传力$h_N^2$（通常的遗传力），必须建立$h_N^2$和$h_{N(l_0)}^2$的关系. 1942 年, Lush 和 Strauss 给出了二者的关系式

$$h^2 = \left[\frac{1+(l_0-1)t}{l_0} + \frac{S_l^2(1-t)}{l_0^3}\right] h_{l_0}^2 \tag{3.3.34}$$

其中，t为该性状的重复力；S_l^2为l_{ij}（共n个数据)的样本方差，且

$$\begin{aligned} S_l^2 &= \frac{1}{n-1}\left(\sum\sum l_{ij}^2 - N^2/n\right) \\ &= \frac{1}{45}\left(511 - \frac{145^2}{46}\right) = 1.1987 \end{aligned} \tag{3.3.35}$$

t可用二月断乳仔数的重复力t. 由其他分析得知$t = 0.1$，故例 3.3.5 的二月断乳仔猪数的遗传力为

$$\hat{h}_N^2 = \left[\frac{1+(3.1439-1)\times 0.1}{3.1439} + \frac{1.1987 \times (1-0.1)}{3.1439^3}\right] \times 0.2176 = 0.0914$$

NCI设计中既含有半同胞和全同胞关系，又含有父母和子女的关系. 因而，利用这种资料至少可提供 4 种不同的估计遗传力的方法. 除了上面介绍的半同胞和全同胞组内相关法之外，还有母女回归或相关法及亲子回归或相关法. 对于限性性状(只能在一个性别中表现的性状)，如泌乳量，仅可以用母女回归来估计遗传力. 如果性状是两个性别都能表现的，如猪的体重或生长率，则要看两个性别间有无差异. 若有差异，则分别可用母子回归、母女回归、父子回归和父女回归估计遗传力；若无差异，则可将子女资料并在一起进行子女和中亲(父母平均)回归来估计遗传力.

【例 3.3.6】　用表 3.3.13 资料进行公畜内的母女回归估计遗传力.

表 3.3.13 中，P_{ij}为第i头公畜第j头母畜的测定值，O_{ij}为它们女儿的测定值. $T_{P_{i.}}$为第i头公畜内的母畜和，$T_{O_{i.}}$为相应的女儿和；$T_{P_{..}}$为所有公畜内母畜和，$T_{O_{..}}$为相应的女儿和；

$\sum_j P_{ij}O_{ij}$为第i头公畜内的母女交叉积和，$\sum_i\sum_j P_{ij}O_{ij}$为所有公畜内的母女交叉积和；$\sum_j P_{ij}^2$、$\sum_j O_{ij}^2$分别为第$i$头公畜内的母亲平方和、女儿平方和；$\sum_i\sum_j P_{ij}^2$、$\sum_i\sum_j O_{ij}^2$分别为所有公畜的母亲平方和、女儿平方和.

表 3.3.13　母犊 12 个月龄的体重　(单位：kg)

母女对子序号	公牛号									
	1053		1094		1052		1013		714	
	母(P)	女(O)	母(P)	女(O)	母(P)	女(O)	母(P)	女(O)	母(P)	女(O)
1	363.5	360.0	320.5	356.0	289.0	306.0	328.0	282.0	361.5	377.0
2	323.0	351.5	336.0	320.0	319.0	257.0	330.5	318.0	334.0	325.0
3	360.5	336.5	331.0	320.0	317.0	265.0	354.5	331.0	330.0	347.0
4	286.0	351.0	416.0	345.0	320.0	284.0	323.0	321.0	397.5	319.0
5	354.5	344.5	355.0	319.5	270.0	225.0	322.0	317.0	354.5	266.0
6	306.0	337.0	330.0	296.0	320.5	264.0	352.0	348.0	343.0	294.0
7	324.0	362.0	330.0	357.0	316.0	259.0	343.0	334.0		
8	289.0	277.0	257.0	359.0	331.0	268.0	298.5	328.0		
9	361.0	276.0	340.0	320.0	367.0	303.0				
10	330.5	311.0	269.0	357.0	317.0	267.0				
11	298.5	282.0	363.0	362.0	349.0	270.0				
12	354.5	329.0	294.0	328.0						
13	355.0	259.0	330.5	338.0						
14	393.0	300.0								
15	334.0	258.0								
16	330.0	294.0								
17	289.0	280.0								
18	336.0	289.0								
19	320.5	279.0								
20	364.0	326.0								
21	320.5	292.0								
$T_{P_{i.}}$	6993.5		4272.0		3515.5		2651.5		2120.5	
$T_{O_{i.}}$	6494.5		4377.5		2968.0		2579.0		1928.0	
$\sum_j P_{ij}O_{ij}$	2164774.50		1436613.50		951286.00		855657.50		681287.00	
$\sum_j P_{ij}^2$	2345628.0		1423503.5		1130187.25		881152.75		752463.75	
$\sum_j O_{ij}^2$	2031652.75		1479308.25		805790.0		833983.0		627116.0	

$T_{P..}=\sum_i\sum_j P_{ij}=19553.0$　$T_{O..}=\sum_i\sum_j O_{ij}=18347.0$　$\sum_i\sum_j P_{ij}O_{ij}=6089618.5$

$\sum_i\sum_j P_{ij}^2=6532935.25$　　$\sum_i\sum_j O_{ij}^2=5777850.0$

总母畜偏差平方和SS_{PT}、女儿偏差平方和SS_{OT}及母女偏差积和SP_T的计算公式和结果如下(公畜数为 5, 母女对的数目为$n = 59$)

$$SS_{PT} = \sum_i \sum_j \left(P_{ij} - \bar{P}_{..}\right)^2 = \sum_i \sum_j P_{ij}^2 - T_{P..}^2/n = 6532935.25 - \frac{19553^2}{59} = 52938.49$$

$$SS_{OT} = \sum_i \sum_j \left(O_{ij} - \bar{O}_{..}\right)^2 = \sum_i \sum_j O_{ij}^2 - T_{O..}^2/n = 5777850 - \frac{18347^2}{59} = 72554.93$$

$$SP_T = \sum_i \sum_j \left(P_{ij} - \bar{P}_{..}\right)\left(O_{ij} - \bar{O}_{..}\right)$$

$$= \sum_i \sum_j P_{ij} O_{ij} - T_{P..} T_{O..}/n = 6089618.5 - \frac{19553 \times 18347}{59} = 9298.31$$

公畜间的母亲偏差平方和SS_{Pm}、女儿偏差平方和SS_{Om}及偏差积和SP_m的计算方法及结果为

$$SS_{Pm} = \sum_i \sum_j (P_{i.} - \bar{P}_{..})^2 = \sum_i \frac{T_{P_{i.}}^2}{r_i} - T_{P..}^2/n$$

$$= \frac{6993.5^2}{21} + \frac{4272^2}{13} + \cdots + \frac{2120.5^2}{6} - \frac{19553^2}{59} = 4598.54$$

$$SS_{Om} = \sum_i \sum_j (O_{i.} - \bar{O}_{..})^2 = \sum_i \frac{T_{O_{i.}}^2}{r_i} - T_{O..}^2/n$$

$$= \frac{6494.5^2}{21} + \frac{4377.5^2}{13} + \cdots + \frac{1928^2}{6} - \frac{18347^2}{59} = 29001.47$$

$$SP_m = \sum_i \sum_j (P_{i.} - \bar{P}_{..})(O_{i.} - \bar{O}_{..}) = \sum_i \frac{T_{P_{i.}} T_{O_{i.}}}{r_i} - T_{P..} T_{O..}/n$$

$$= \frac{6993.5 \times 6494.5}{21} + \cdots + \frac{2120.5 \times 1928}{6} - \frac{19553 \times 18347}{59} = 5727.95$$

其中,r_i为公畜之中的母女对数.

公畜内母畜偏差平方和$SS_{Pf/m}$、女儿偏差平方和$SS_{Of/m}$及偏差积和$SP_{f/m}$的计算方法及结果为

$$SS_{Pf/m} = SS_{PT} - SS_{Pm} = 52938.49 - 4598.54 = 48339.9$$
$$SS_{Of/m} = SS_{OT} - SS_{Om} = 72554.93 - 29001.47 = 43553.46$$
$$SP_{f/m} = SP_T - SP_m = 9298.1 - 5727.95 = 3570.36$$

计算结果列成协方差分析表如表 3.3.14 所示.

表 3.3.14　例 3.3.6 的协方差分析表

变异原因	自由度	母亲	SP	女儿
公畜间	5-1	4598.54	5727.95	29001.47
公畜内母畜间	59-5	48339.95	3570.36	43553.46
总变异	59-1	52938.49	9298.31	72554.93

由表 3.3.4 知, 在近交系数$F = 0$时, 子代平均与一亲间的回归系数为b_{OP}. P为因, O

为果，b_{OP}在加性-显性模型之下的理论成分为$\sigma_d^2/2\sigma_P^2$，即$h_N^2=2b_{OP}$.b_{OP}在 NCI 设计中的估计是在公畜内母畜间进行的

$$b_{OP}=\frac{\mathrm{SP}_{f/m}}{\mathrm{SS}_{\mathrm{P}f/m}}=\frac{3570.36}{48339.95}=0.074 \tag{3.3.36}$$

回归中的剩余平方和$Q_e=\mathrm{SS}_{Of/m}-b_{OP}^2\mathrm{SS}_{\mathrm{P}f/m}$，误差$\sigma^2$的估计为$\hat{\sigma}^2=Q_e/(f_{f/m}-1)$，其中$f_{f/m}$为公畜内母畜间的自由度. $\hat{b}_{\mathrm{OP}}$的标准差估计和t检验$(\mathrm{H}_0: b_{OP}=0)$为

$$S_{b_{OP}}=\sqrt{\frac{\hat{\sigma}^2}{SS_{Pf/m}}}=\sqrt{\frac{1}{f_{f/m}-1}\left(\frac{SS_{Of/m}}{SS_{Pf/m}}-\hat{b}_{OP}^2\right)}$$

$$=\sqrt{\frac{1}{59-5-1}\times\left(\frac{43553.46}{48339.95}-0.074^2\right)}=0.130 \tag{3.3.37}$$

$$t=\hat{b}_{OP}/S_{b_{OP}}=\frac{0.074}{0.130}=0.57<t_{0.05}(53)=2.010$$

h_N^2的估计为$2\hat{b}_{OP}$，标准差为$2S_{b_{OP}}$，因而有

$$\hat{h}_N^2\pm S_{h_N^2}=2\hat{b}_{OP}\pm 2S_{b_{OP}}=0.148\pm 0.260$$

t检验和$\hat{b}_{OP}$的检验相同，结果不显著.

3.3.3　用 NCII 遗传设计试验估计狭义遗传力

NCII 遗传设计为双因素交叉遗传设计. 设待估h_N^2的群体为基本群体，从中随机抽取 m 个自交系作为雄性亲本，又从中随机抽取f个自交系作为雌性亲本，进行两组间所有亲本的交配，但同一组内不交配，这样的遗传设计称为 NCII 遗传设计. NCII 遗传设计产生mf个F_1（全同胞)家系，每一个父本产生f个半同胞家系，每一雌亲产生m个半同胞家系.

父本半同胞$\mathrm{Cov2}=\sigma_m^2$，母本半同胞$\mathrm{Cov1}=\sigma_f^2$，全同胞$\mathrm{CovFS}=\mathrm{Cov1}+\mathrm{Cov2}+\sigma_{mf}^2$.

下面以 NCII 完全随机区组试验为例予以分析.

方差分析模型. 设第i个父本与第j个母本的后代在第k个区组的小区观测值为

$$x_{ijk}=\mu+\alpha_i+\beta_j+(\alpha\beta)_{ij}+\theta_k+\varepsilon_{ijk},\quad i=1,2,\cdots,m;\ j=1,2,\cdots,f;\ k=1,2,\cdots,r \tag{3.3.38}$$

其中，μ为群体均值；α_i间相互独立且均服从$N(0,\sigma_m^2)$，为第i个父本的遗传主效应；β_j间相互独立且均服从$N(0,\sigma_f^2)$，为第j个母本的遗传主效应；$(\alpha\beta)_{ij}$为第i个父本和第j个母本的遗传交互效应，相互独立且均服从$N(0,\sigma_{mf}^2)$；θ_k为第k个区组的效应，相互独立且均服从$N(0,\sigma_R^2)$；ε_{ijk}为mf个全同胞(F_1)与区组的互作效应，相互独立且均服从$N(0,\sigma^2)$. 方差分析模式和期望均方中方差组分如表 3.3.15 和表 3.3.16 所示.

表 3.3.15　NCII 完全随机区组试验方差分析模式

变异原因	自由度	平方和	均方	期望均方
区组间	$r-1$	SS_R	MS_R	$\sigma^2+mf\sigma_R^2$
雄性亲本间	$m-1$	SS_m	MS_m	$\sigma^2+r\sigma_{mf}^2+rf\sigma_m^2$
雌性亲本间	$f-1$	SS_f	MS_f	$\sigma^2+r\sigma_{mf}^2+rm\sigma_f^2$
雄性×雌性互作	$(m-1)(f-1)$	SS_{mf}	MS_{mf}	$\sigma^2+r\sigma_{mf}^2$
试验误差	$(r-1)(mf-1)$	SS_e	MS_e	σ^2
总变异	$mfr-1$	SS_T		

表 3.3.16　双因素交叉式遗传设计各亲属关系的方差组分

	$F=0$					$F=1$				
	σ_d^2	σ_h^2	σ_{dd}^2	σ_{dh}^2	σ_{hh}^2	σ_d^2	σ_h^2	σ_{dd}^2	σ_{dh}^2	σ_{hh}^2
CovFS	$\frac{1}{2}$	$\frac{1}{4}$	$\frac{1}{4}$	$\frac{1}{8}$	$\frac{1}{16}$	1	1	1	1	1
σ_m^2(Cov2)	$\frac{1}{4}$	0	$\frac{1}{16}$	0	0	$\frac{1}{2}$	0	$\frac{1}{4}$	0	0
σ_f^2(Cov1)	$\frac{1}{4}$	0	$\frac{1}{16}$	0	0	$\frac{1}{2}$	1	$\frac{3}{4}$	1	1
σ_{mf}^2	0	$\frac{1}{4}$	$\frac{1}{8}$	$\frac{1}{8}$	$\frac{1}{16}$	0	1	$\frac{1}{2}$	1	1
$\sigma_P^2=\text{CovFS}+\sigma^2$	1	1	1	1	1	1	1	1	1	1
σ^2	$\frac{1}{2}$	$\frac{3}{4}$	$\frac{3}{4}$	$\frac{7}{8}$	$\frac{15}{16}$	0	0	0	0	0
h_N^2(加性-显性)	$2(\sigma_m^2+\sigma_f^2)/\sigma_P^2$					$(\sigma_m^2+\sigma_f^2)/\sigma_P^2$				

【例 3.3.7】 西方白松树试验(Hanover 和 Barnes, 1962)采用 4 个花粉亲本作为雄性与 7 个种子亲本树(作为雌性)进行杂交, 获得 2654 个后代树苗, 播种于小区, 每一重复有 28 个小区, 重复 4 次, 每一杂交组合在一个重复内仅占一个小区. 测定幼苗子叶上第一节间长度(单位: 厘米). 全试验有 4×28 个小区结果以及 2654 个个体数据.

该试验共有 4×28=112 个小区, 分种 2654 个个体, 每小区平均$2654/112=23.70$个. 因而试验中每小区株数不等. 这样方差分析得分两次进行. 第一个方差分析为以小区平均数为数据的方差分析. 28 个亲本组合后代的小区平均数如表 3.3.17 所示, 方差分析如表 3.3.18 所示.

表 3.3.17　白松树树苗第一节间长度的平均值

父本i	母本j							$T_{i\cdot\cdot}=\sum_j\sum_k x_{ijk}$
	*193	*195	*197	*201	*203	*204	*208	
*17	15.87	14.49	18.89	11.93	16.61	12.82	15.91	106.52
*19	12.49	10.95	10.39	11.02	15.90	9.94	10.78	81.47
*22	16.94	12.80	14.06	15.01	12.92	13.65	14.58	99.96
*58	14.52	14.28	13.94	12.41	11.63	11.78	14.07	92.63
$T_{\cdot j\cdot}=\sum_i\sum_k x_{ijk}$	59.82	52.52	57.28	50.37	57.06	48.19	55.34	$T_{\cdots}=380.58$

表 3.3.18　第一个方差分析表

变异原因	自由度	平方和	均方	期望均方	F值
区组间	3	$1.822(\text{SS}_R)$	0.607	$\sigma^2+28\sigma_R^2$	$\text{MS}_R/\text{MS}_e=3.035*$
父本间	3	$12.354(\text{SS}_m)$	4.118	$\sigma^2+4\sigma_{mf}^2+28\sigma_m^2$	$\text{MS}_m/\text{MS}_{mf}=5.51**$
母本间	6	$6.498(\text{SS}_f)$	1.083	$\sigma^2+4\sigma_{mf}^2+16\sigma_f^2$	$\text{MS}_f/\text{MS}_{mf}=1.45$
父×母	18	$13.461(\text{SS}_{mf})$	0.748	$\sigma^2+4\sigma_{mf}^2$	$\text{MS}_{mf}/\text{MS}_e=3.74**$
家系×区组	81	$16.234(\text{SS}_e)$	0.200	σ^2	
总变异	111	$50.369(\text{SS}_T)$			

四个区组的小区平均数和分别为

$$T_{..1}=100.33, T_{..2}=92.26, T_{..3}=96.56, T_{..4}=91.43$$

表 3.3.18 中偏差平方和计算如下.

$$C=T_{...}^2/mfr=380.58^2/112=1293.224 \text{ (校正值)}$$

$$\begin{cases} SS_T=\sum_i\sum_j\sum_k x_{ijk}^2-C=1343.593-1293.224=50.369 \\ SS_R=\dfrac{1}{mf}\sum_k T_{..k}^2-C=\dfrac{1}{28}(100.33^2+92.26^2+\cdots+91.43^2)-C=1.822 \\ SS_m=\dfrac{1}{fr}\sum_i T_{i..}^2-C=\dfrac{1}{28}(106.52^2+81.47^2+\cdots+92.63^2)-C=12.354 \\ SS_f=\dfrac{1}{rm}\sum_j T_{.j.}^2-C=\dfrac{1}{16}(59.82^2+52.52^2+\cdots+55.34^2)-C=6.498 \\ SS_{mf}=\dfrac{1}{r}\sum_i\sum_j T_{ij.}^2-C-SS_m-SS_f=\dfrac{1}{4}(15.87^2+14.49^2+\cdots+14.07^2)- \\ \qquad C-SS_m-SS_f=13.461 \\ SS_e=SS_T-SS_R-SS_m-SS_f-SS_{mf}=0.478 \end{cases} \tag{3.3.39}$$

据均方和期望均方的关系，期望均方中的方差组分估计如下

$$\begin{cases} \hat{\sigma}^2=MS_e=0.200 \\ \hat{\sigma}_{mf}^2=\frac{MS_{mf}-MS_e}{r}=\frac{0.748-0.200}{4}=0.137 \\ \hat{\sigma}_f^2=\frac{MS_f-MS_{mf}}{rm}=\frac{1.083-0.748}{16}=0.021 \\ \hat{\sigma}_m^2=\frac{MS_m-MS_{mf}}{fr}=\frac{4.118-0.748}{28}=0.120 \\ \hat{\sigma}_P^2=\hat{\sigma}^2+\hat{\sigma}_{mf}^2+\hat{\sigma}_f^2+\hat{\sigma}_m^2=0.478 \end{cases} \tag{3.3.40}$$

该试验中，近交系数$F=0$. 由表 3.3.16 可据式(3.3.40)结果估计加性方差σ_d^2和显性方差σ_h^2

$$\hat{\sigma}_d^2=4\hat{\sigma}_m^2=4\times0.120=0.480 \text{ (父本半同胞估计)}$$

$$\hat{\sigma}_d^2=4\hat{\sigma}_f^2=4\times0.021=0.084 \text{ (母本半同胞估计)}$$

$$\hat{\sigma}_d^2=2(\hat{\sigma}_m^2+\hat{\sigma}_f^2)=0.282 \text{ (父本、母本半同胞合并估计)}$$

$$\hat{\sigma}_h^2=4\hat{\sigma}_{mf}^2=4\times0.137=0.548$$

从σ_d^2的三种估计式看，$\hat{\sigma}_m^2$和$\hat{\sigma}_f^2$分别估计差距甚大，二者合并估计居中. 用这些可估计小区平均数的侠义遗传力h_N^2和广义遗传力h_B^2.

NCII 完全随机区组试验中，遗传型为杂交组合，个数$n=mf$，区组数为r，这时遗传型的组内相关系数为

$$\hat{t}_{(\mathrm{HS}_1+\mathrm{HS}_2)}=\frac{\hat{\sigma}_m^2+\hat{\sigma}_f^2}{\hat{\sigma}_P^2}=\frac{0.141}{0.478}=0.295 \tag{3.3.41}$$

据 3.6 节式(3.6.16), 其标准差、自由度和t检验分别为(组内相关系数简写为$\hat{t}_I$)

$$\begin{cases} S_{t_{(\mathrm{HS}_1+\mathrm{HS}_2)}}=(1-\hat{t}_I)[1+(r-1)\hat{t}_I]\Big/\sqrt{\frac{1}{2}r(r-1)(mf-1)} \\ f_{St_{(\mathrm{HS}_1+\mathrm{HS}_2)}}=\frac{1}{2}r(r-1)(mf-1) \\ t=\hat{t}_{(\mathrm{HS}_1+\mathrm{HS}_2)}/S_{t_{(\mathrm{HS}_1+\mathrm{HS}_2)}}\sim t\left[\frac{1}{2}r(r-1)(mf-1)\right] \end{cases} \tag{3.3.42}$$

例 3.3.7 的结果为

$$\hat{t}_{(\mathrm{HS}_1+\mathrm{HS}_2)}=0.295$$
$$S_{t_{(\mathrm{HS}_1+\mathrm{HS}_2)}}=0.104$$
$$f_{St_{(\mathrm{HS}_1+\mathrm{HS}_2)}}=163$$
$$t=\frac{0.295}{0.104}=2.837^{**}>t_{0.01}(\infty)=2.576$$

$\hat{t}_{(\mathrm{HS}_1+\mathrm{HS}_2)}$是极显著的($P<0.01$). 这时有

$$\begin{cases} \hat{h}_N^2=2\hat{t}_{(\mathrm{HS}_1+\mathrm{HS}_2)}=0.596 \\ S_{\hat{h}_N^2}=2S_{t_{(\mathrm{HS}_1+\mathrm{HS}_2)}}=0.208 \end{cases} \tag{3.3.43}$$

结果为$\hat{h}_N^2\pm S_{\hat{h}_N^2}=0.596\pm0.208$, 这是以小区平均为单位的分析.

如果以个体(单株)为单位分析, 则要进行第二个方差分析. 第二个方差分析的数学模型为

$$x_{ijkt}=\mu+\alpha_i+\beta_j+(\alpha\beta)_{ij}+\theta_k+\varepsilon_{ijkt},\quad i=1,2,\cdots,m;$$
$$j=1,2,\cdots,f;\quad k=1,2,\cdots,r;\quad t=1,2,\cdots,l_{ijk} \tag{3.3.44}$$

其中, l_{ijk}为$i\times j$在第k个区组中的后代数目, 其他参数与式(3.3.39)相同; ε_{ijkt}相互独立且均服从$N(0,\sigma_W^2)$. 令σ_b^2为区组内小区间的环境方差, l_t为l_{ijk}的权重, 且

$$l_t=\frac{1}{mfr}\sum_i\sum_j\sum_k\frac{1}{l_{ijk}} \tag{3.3.45}$$

则

$$\sigma_b^2=\sigma^2-l_t\sigma_W^2 \tag{3.3.46}$$

事实上, 若$l_{ijk}\equiv c$, 则$l_t=1/c$, $l_t\sigma_W^2$为ε_{ijkt}的平均方差.
第二个方差分析如表 3.3.19 所示.

表 3.3.19　第二个方差分析(以个体幼苗为单位的分析)

变异原因	自由度	平方和	均方	期望均方
小区间	$(rmf-1)(111)$	$\mathrm{SS}_R(1215.80)$	$\mathrm{MS}_R(10.953)$	—
小区内个体间	$[rmf(c-1)](2542)$	$\mathrm{SS}_W(2818.61)$	$\mathrm{MS}_W(1.109)$	σ_W^2
总变异	$(rmfc-1)(2653)$	$\mathrm{SS}_T(4034.41)$		

其中, c为每小区植株数. 如果小区中植株数不等, 则表 3.3.18 中$\sigma^2=l_t\sigma_W^2+\sigma_b^2$, σ_b^2为一个区组内小区间方差. 将表 3.3.18 和表 3.3.19 合并为每小区有c个植株的方差分析表. 由表 3.3.19 估计

$$\hat{\sigma}_W^2 = 1.109 \tag{3.3.47}$$

而

$$l_t = \frac{1}{112}\left(\frac{1}{27} + \cdots + \frac{1}{15}\right) = 0.0461 \tag{3.3.48}$$

故

$$\hat{\sigma}_b^2 = \hat{\sigma}^2 - l_t\hat{\sigma}_W^2 = 0.200 - 0.0461 \times 1.109 = 0.149 \tag{3.3.49}$$

结合式(3.3.40)和式(3.3.47)~式(3.3.49)得到以个体为单位的表型方差估计为

$$\hat{\sigma}_P^2 = \hat{\sigma}_W^2 + \hat{\sigma}_{mf}^2 + \hat{\sigma}_f^2 + \hat{\sigma}_m^2 = 1.109 + 0.137 + 0.021 + 0.120 = 1.387$$

因而，以个体为单位的h_N^2的估计为$(F = 0)$

$$\hat{h}_N^2 = 2\left(\hat{\sigma}_f^2 + \hat{\sigma}_m^2\right)/\hat{\sigma}_P^2 = \frac{2\times(0.120+0.021)}{1.387} = 0.203 \tag{3.3.50}$$

假定$\hat{\sigma}_P^2$为常量，而$\hat{\sigma}_f^2 + \hat{\sigma}_m^2$的估计由式(3.3.40)知

$$\begin{aligned}2\left(\hat{\sigma}_f^2 + \hat{\sigma}_m^2\right) &= 2\left(\mathrm{MS}_f - \mathrm{MS}_{mf}\right)/rm + 2\left(\mathrm{MS}_m - \mathrm{MS}_{mf}\right)/rf \\ &= \frac{2}{mfr}\left[m\mathrm{MS}_m + f\mathrm{MS}_f - (m+f)\mathrm{MS}_{mf}\right]\end{aligned}$$

则$\hat{h}_N^2$的标准差近似等于

$$\begin{aligned}S_{h_N^2} &= \frac{2\sqrt{2}}{mfr\hat{\sigma}_P^2} \times \sqrt{\frac{m^2\mathrm{MS}_m^2}{m-1} + \frac{f^2\mathrm{MS}_{f/m}^2}{f-1} + \frac{(m+f)^2\mathrm{MS}_{mf}^2}{(m-1)(f-1)}} \\ &= \frac{2\sqrt{2}}{112\times1.387} \times \sqrt{\frac{16\times4.118^2}{3} + \frac{49\times1.083^2}{6} + \frac{11^2\times0.748^2}{18}} = 0.186\end{aligned} \tag{3.3.51}$$

其自由度近似为

$$f_{h_N^2} = \left(1 - \hat{h}_N^2\right)^2/S_{h_N^2} = (1 - 0.203)^2/0.186^2 = 18.36 \tag{3.3.52}$$

t检验H_0: $h_N^2 = 0$为

$$t = \hat{h}_N^2/S_{h_N^2} = 1.091 < t_{0.05}(19) = 2.093 \tag{3.3.53}$$

估计结果：个体遗传力为$\hat{h}_N^2 \pm S_{h_N^2} = 0.203 \pm 0.186$，不显著．对于$F = 1$的情况，式(3.3.50)和式(3.3.51)中应去掉最前面的 2．一般来讲，小区内植株并不记录．因而，仅求到小区遗传力即可，不必进行第二个方差分析．

3.3.4　用 NCIII 遗传设计估计狭义遗传力

NCIII设计一般称为回交系统类型遗传设计．从自交系亲本甲和乙的杂交第二代(F_2)或其以后世代中，随机选出m个植株作为雄性亲本，回交于原有亲本自交系甲和乙(均作为母本)，结果得到两个回交系统，共有$2m$个回交结果．若按完全随机区组环境设计种植，重复r次，共有$2mr$个小区．资料表如表 3.3.20 所示．

方差分析模型为

$$x_{ijk} = \mu + \alpha_i + \beta_j + (\alpha\beta)_{ij} + \theta_k + \varepsilon_{ijk} \quad i = 1,2,\cdots,m;\ j = 1,2;\ k = 1,2,\cdots,r \tag{3.3.54}$$

其中，x_{ijk}为第i个父本和第j个母本自交系在第k个区组的观察值；μ为群体均值；α_i为第i个父本的遗传主效应，α_i间相互独立且均服从$N(0,\sigma_m^2)$；β_j为第j个母本的遗传主效应，β_j间相互独立且均服从$N\left(0,\sigma_f^2\right)$；$(\alpha\beta)_{ij}$为第$i$个父本和第$j$个母本的遗传交互效应，$(\alpha\beta)_{ij}$相互独立且均服从$N\left(0,\sigma_{mf}^2\right)$；$\theta_k$为第$k$个区组的效应，$\theta_k$相互独立且均服从

$N(0,\sigma_R^2)$; ε_{ijk}为 $2m$个回交结果与区组的互作效应, ε_{ijk}相互独立且均服从$N(0,\sigma^2)$.

表 3.3.20　NCIII 完全随机区组试验资料表

父本i	区组 1		区组 2		…	区组r		父本和$T_{i\cdot\cdot}$	自交系(♀)和	
	1(♀)	2(♀)	1(♀)	2(♀)	…	1(♀)	2(♀)		$T_{i1\cdot}$	$T_{i2\cdot}$
1	x_{111}	x_{121}	x_{112}	x_{122}		x_{11r}	x_{12r}	$T_{1\cdot\cdot}$	$T_{11\cdot}$	$T_{12\cdot}$
2	x_{211}	x_{221}	x_{212}	x_{222}	…	x_{21r}	x_{22r}	$T_{2\cdot\cdot}$	$T_{21\cdot}$	$T_{22\cdot}$
⋮	⋮	⋮	⋮	⋮		⋮	⋮	⋮	⋮	⋮
m	x_{m11}	x_{m21}	x_{m12}	x_{m22}		x_{m1r}	x_{m2r}	$T_{m\cdot\cdot}$	$T_{m1\cdot}$	$T_{m2\cdot}$
区组和$T_{\cdot\cdot k}$	$T_{\cdot\cdot 1}$		$T_{\cdot\cdot 2}$		…	$T_{\cdot\cdot r}$		$T_{\cdot\cdot\cdot}$	$T_{\cdot 1\cdot}$	$T_{\cdot 2\cdot}$

方差分析模式如表 3.3.21 所示. 表 3.3.21 中各偏差平方和SS的计算公式及例 3.3.8 结果如下

$$C = T_{\cdots}^2/2mr = 60.7^2/16 = 230.281\ (\text{校正值})$$

$$\begin{cases} \mathrm{SS}_T = \sum_i\sum_j\sum_k x_{ijk}^2 - C = 8.109 \\ \mathrm{SS}_R = \dfrac{1}{2m}\sum_k T_{\cdot\cdot k}^2 - C = \dfrac{1}{8}(32.3^2+28.4^2) - C = 0.950 \\ \mathrm{SS}_m = \dfrac{1}{2r}\sum_i T_{i\cdot\cdot}^2 - C = \dfrac{1}{4}(16.5^2+16.3^2+15.9^2+12.0^2) - C = 3.407 \\ \mathrm{SS}_f = \dfrac{1}{rm}\sum_j T_{\cdot j\cdot}^2 - C = \dfrac{1}{8}(30.9^2+29.8^2) - C = 0.075 \\ \mathrm{SS}_{mf} = \dfrac{1}{r}\sum_i\sum_j T_{ij\cdot}^2 - C - \mathrm{SS}_m - \mathrm{SS}_f \\ \qquad = \dfrac{1}{2}(8.8^2+7.7+\cdots+6.6^2) - C - \mathrm{SS}_m - \mathrm{SS}_f = 1.012 \\ \mathrm{SS}_e = \mathrm{SS}_T - \mathrm{SS}_R - \mathrm{SS}_m - \mathrm{SS}_f - \mathrm{SS}_{mf} = 2.665 \end{cases} \tag{3.3.55}$$

表 3.3.21　NCIII 设计完全随机区组试验方差分析模式表

变异原因	自由度	平方和	均方	期望均方
区组间	$r-1$	SS_R	MS_R	$\sigma^2+2m\sigma_R^2$
母本(自交系)间	1	SS_f	MS_f	$\sigma^2+mr\sigma_f^2$
父本(F_2)间	$m-1$	SS_m	MS_m	$\sigma^2+2r\sigma_m^2$
父×母	$m-1$	SS_{mf}	MS_{mf}	$\sigma^2+r\sigma_{mf}^2$
回交组合×区组	$(r-1)(2m-1)$	SS_e	MS_e	σ^2
总变异	$2mr-1$	SS_T		

【例 3.3.8】　NCIII 完全随机区组试验资料如表 3.3.22 所示, 其中父本数$m=4$, 区组数$r=2$, 估计h_N^2. 其方差分析表如表 3.3.23 所示.

表 3.3.22　NCIII 完全随机区组试验资料

父本 i	区组 I		区组 II		父本和	母本和	
	1(♀)	2(♀)	1(♀)	2(♀)	$T_{i\cdot\cdot}$	$T_{i1\cdot}$	$T_{i2\cdot}$
1	4.6(x_{111})	3.4(x_{121})	4.2(x_{112})	4.3(x_{122})	16.5	8.8	7.7
2	4.7(x_{211})	3.9(x_{221})	3.4(x_{212})	4.3(x_{222})	16.3	8.1	8.2
3	4.3(x_{311})	4.2(x_{321})	4.3(x_{312})	3.1(x_{322})	15.9	8.6	7.3
4	3.1(x_{411})	4.1(x_{421})	2.3(x_{412})	2.5(x_{422})	12.0	5.4	6.6
区组和$T_{\cdot\cdot k}$	$T_{\cdot\cdot 1}=32.3$		$T_{\cdot\cdot 2}=28.4$		$T_{\cdot\cdot\cdot}=60.7$	$T_{\cdot 1\cdot}=30.9$	$T_{\cdot 2\cdot}=29.8$

表 3.3.23　例 3.3.8 的方差分析表

变异原因	自由度	平方和	均方	期望均方
区组间	1	0.950	0.950	—
母本间	1	0.075	0.075	$\sigma^2+8\sigma_f^2$
父本间	3	3.407	1.136	$\sigma^2+4\sigma_m^2$
父×母	3	1.012	0.337	$\sigma^2+2\sigma_{mf}^2$
回交组合×区组	7	2.665	0.381	σ^2
总变异	15	8.109		

由表 3.3.22 和表 3.3.23 得期望均方中各方差组分的估计

$$\begin{cases}\hat{\sigma}^2=\mathrm{MS}_e=0.389\\ \hat{\sigma}_{mf}^2=\left(\mathrm{MS}_{mf}-\mathrm{MS}_e\right)/r=(0.337-0.381)/2=-0.022\\ \hat{\sigma}_f^2=\left(\mathrm{MS}_f-\mathrm{MS}_e\right)/rm=(0.075-0.381)/8=-0.038\\ \hat{\sigma}_m^2=(\mathrm{MS}_m-\mathrm{MS}_e)/2r=(1.136-0.381)/4=0.189\\ \hat{\sigma}_P^2=\hat{\sigma}^2+\hat{\sigma}_{mf}^2+\hat{\sigma}_f^2+\hat{\sigma}_m^2=0.518\end{cases}\tag{3.3.56}$$

下面分析σ_m^2、σ_{mf}^2等的遗传内涵. σ_m^2是(♂)亲本因遗传差异引起的遗传方差; σ_{mf}^2是两性自交系亲本互作引起的遗传方差. 值得注意的是, 在$2m$个回交家系中, 两个母本自交系是相同的, 因而, Comstock 和 Robinson(1948, 1952)指出

$$E(\mathrm{MS}_e)=\sigma^2\qquad E\left(\mathrm{MS}_{mf}\right)=\frac{1}{4}rH+\sigma^2\qquad E(\mathrm{MS}_m)=\frac{1}{4}rD+\sigma^2$$

对于F_2代, 有

$$\begin{cases}E\left(\hat{\sigma}_{mf}^2\right)=E\left(\mathrm{MS}_{mf}-\mathrm{MS}_e\right)/r=\frac{1}{4}H\\ E(\hat{\sigma}_m^2)=E(\mathrm{MS}_m-\mathrm{MS}_e)/2r=\frac{1}{8}D\end{cases}\tag{3.3.57}$$

而F_2代遗传总方差$\sigma_g^2=D/2+H/4$, $\sigma_d^2=D/2$, $\sigma_h^2=H/4$, 故

$$\hat{\sigma}_{mf}^2=\hat{\sigma}_h^2\qquad \hat{\sigma}_m^2=\frac{1}{4}\hat{\sigma}_d^2\tag{3.3.58}$$

因而, 表型方差的估计为

$$\hat{\sigma}_P^2=\hat{\sigma}_d^2+\hat{\sigma}_h^2+\hat{\sigma}_e^2=4\hat{\sigma}_m^2+\hat{\sigma}_f^2+\hat{\sigma}_{mf}^2+\hat{\sigma}^2=1.085\tag{3.3.59}$$

h_N^2的估计为

$$\hat{h}_N^2 = 4\hat{\sigma}_m^2/\hat{\sigma}_P^2 = \frac{4\times 0.189}{1.085} = 0.697 \tag{3.3.60}$$

在 NCIII 中, 母本×母本的个数为$2m$, 父本半同胞组内相关系数$\hat{t}_m$及其方差为

$$\begin{cases} \hat{t}_m = \hat{\sigma}_m^2/\hat{\sigma}_P^2 = 0.189/1.085 = 0.174 \\ S_{t_m} = (1-\hat{t}_m)[1+(r-1)\hat{t}_m]/\sqrt{\frac{1}{2}r(r-1)(2m-1)} = 0.367 \\ t = \hat{t}_m/S_{t_m} = 0.474 < t_{0.05}(7) = 2.365 \end{cases} \tag{3.3.61}$$

其中, t检验的自由度为$\frac{1}{2}r(r-1)(2m-1) = 7$, h_N^2的估计结果为

$$\hat{h}_N^2 \pm S_{h_N^2} = 4\hat{t}_m \pm 4S_{t_m} = 0.697 \pm 1.468$$

可见, t检验不显著.

Comstock 和 Robinson(1952)对 NCI、NCII 和 NCIII 进行了比较, 认为 NCIII 最有用且效率最好. 从所需试验单元(小区)数来看, NCI 是 NCIII 的 10~20 倍, NCII 为 NCIII 的 2~4 倍. 最重要的是, NCIII 不依赖于基因频率的任何假定, 且无母体效应, 并可用于连锁对平均显性度影响的研究等.

3.4 多个数量性状的遗传力和相关估计

在单因素遗传设计和双因素遗传设计(NCI、NCII 和 NCIII)之下, 3.3 节讲述了一个数量性状的重复力、遗传力的估计和假设检验. 本节讲述多个数量性状的遗传力和相关的估计和检验, 它涉及在一定的遗传设计下试验的多元方差分析方法. 这些分析方法是据多元正态分布提出的. 请参阅《多元统计分析》(袁志发和宋世德, 2009).

3.4.1 单因素遗传设计完全随机区组试验估计方法

参试遗传型为遗传型A(供试群体)的一个随机样本$A_1, A_2, \cdots, A_n$. 如一组地方品种、两个纯合亲本杂交后代的一组家系、异花授粉作物中一组亲本自交系或天然授粉品种等. 环境设计为完全随机区组, 重复r次. 观测性状为$\boldsymbol{X} = (X_1, X_2, \cdots, X_p)^{\mathrm{T}}$. 试验目的为估计各性状的广义遗传力、不同性状间的相关和相关遗传力等.

试验的多元方差分析模型为: 品种A_i在第j个区组的p个性状观察向量为

$$\boldsymbol{x}_{ij} = (x_{ij1}, x_{ij2}, \cdots, x_{ijp})^{\mathrm{T}} = \boldsymbol{\mu} + \boldsymbol{g}_i + \boldsymbol{\theta}_j + \boldsymbol{\varepsilon}_{ij}, \quad i = 1,2,\cdots,n; \quad j = 1,2,\cdots,r \tag{3.4.1}$$

其中, $\boldsymbol{\mu} = (\mu_1, \mu_2, \cdots, \mu_p)^{\mathrm{T}}$为群体平均向量; $\boldsymbol{g}_i = (g_{i1}, g_{i2}, \cdots, g_{ip})^{\mathrm{T}}$为$A_i$各性状的基因型效应向量, $\boldsymbol{g}_i$间相互独立且均服从$N_p(0, \boldsymbol{\Sigma}_g)$, $\boldsymbol{\Sigma}_g$为遗传型群体A的遗传协方差阵; $\theta_j = (\theta_{j1}, \theta_{j2}, \cdots, \theta_{jp})^{\mathrm{T}}$为区组$j$对$A_i$各性状的随机区组效应, $\boldsymbol{\theta}_j$间相互独立且均服从$N_p(0, \boldsymbol{\Sigma}_R)$, $\boldsymbol{\Sigma}_R$为区组协方差阵; $\boldsymbol{\varepsilon}_{ij} = (\varepsilon_{ij1}, \varepsilon_{ij2}, \cdots, \varepsilon_{ijp})^{\mathrm{T}}$为随机误差向量(区组×$A$), 相互独立且均服从$N_p(0, \boldsymbol{\Sigma}_e)$, $\boldsymbol{\Sigma}_e$为环境协方差阵.

$\boldsymbol{x}_{ij}$各分量(p个性状)的观测值如表 3.4.1 所示, 其中, $\boldsymbol{T}_{i\cdot} = (T_{i\cdot 1}, T_{i\cdot 2}, \cdots, T_{i\cdot p})^{\mathrm{T}}$为品种$A_i$的和向量; $\bar{x}_{i\cdot} = (\bar{\boldsymbol{x}}_{i\cdot 1}, \bar{x}_{i\cdot 2}, \cdots, \bar{x}_{i\cdot p})^{\mathrm{T}}$为品种$A_i$的平均值向量; $\boldsymbol{T}_{\cdot j} = (T_{\cdot j1}, T_{\cdot j2}, \cdots, T_{\cdot jp})^{\mathrm{T}}$为区组$j$的和向量; $\bar{x}_{\cdot j} = (\bar{\boldsymbol{x}}_{\cdot j1}, \bar{x}_{\cdot j2}, \cdots, \bar{x}_{\cdot jp})^{\mathrm{T}}$为区组$j$的平均值向量;

$\boldsymbol{T}_{\cdot\cdot}=\left(T_{\cdot\cdot 1},T_{\cdot\cdot 2},\cdots,T_{\cdot\cdot p}\right)^{\mathrm{T}}$为总和向量; $\overline{\boldsymbol{x}}_{\cdot\cdot}=\left(\bar{x}_{\cdot\cdot 1},\bar{x}_{\cdot\cdot 2},\cdots,\bar{x}_{\cdot\cdot p}\right)^{\mathrm{T}}$为总平均值向量.

式(3.4.1)中参数的最佳线性无偏估计为

$$\begin{cases}\boldsymbol{\mu}=\overline{\boldsymbol{x}}_{\cdot\cdot}\\ \boldsymbol{g}_i=\overline{\boldsymbol{x}}_{i\cdot}-\overline{\boldsymbol{x}}_{\cdot\cdot}\\ \boldsymbol{\theta}_j=\overline{\boldsymbol{x}}_{\cdot j}-\overline{\boldsymbol{x}}_{\cdot\cdot}\\ \boldsymbol{\varepsilon}_{ij}=\boldsymbol{x}_{ij}-\overline{\boldsymbol{x}}_{i\cdot}-\overline{\boldsymbol{x}}_{\cdot j}+\overline{\boldsymbol{x}}_{\cdot\cdot}\end{cases} \tag{3.4.2}$$

式(3.4.1)中, 品种 A 为随机, 区组为固定(为了剔除试验单元中区组间效应对遗传分析的影响). 要检验的无效假设为

$$\mathrm{H}_{01}:\boldsymbol{\Sigma}_g=0\qquad \mathrm{H}_{02}:\boldsymbol{\Sigma}_R=0 \tag{3.4.3}$$

表 3.4.1　单因素遗传设计完全随机区组试验观察值表

品种 A	区组 R				品种和$T_{i\cdot k}$	平均$\bar{x}_{i\cdot k}$
	1	2	⋯	r		
$A_1(x_{1j})$	x_{111}	x_{121}	⋯	x_{1r1}	$T_{1\cdot 1}$	$\bar{x}_{1\cdot 1}$
	x_{112}	x_{122}	⋯	x_{1r2}	$T_{1\cdot 2}$	$\bar{x}_{1\cdot 2}$
	⋮	⋮		⋮	⋮	⋮
	x_{11p}	x_{12p}	⋯	x_{1rp}	$T_{1\cdot p}$	$\bar{x}_{1\cdot p}$
$A_2(x_{2j})$	x_{211}	x_{221}	⋯	x_{2r1}	$T_{2\cdot 1}$	$\bar{x}_{2\cdot 1}$
	x_{212}	x_{222}	⋯	x_{2r2}	$T_{2\cdot 2}$	$\bar{x}_{2\cdot 2}$
	⋮	⋮		⋮	⋮	⋮
	x_{21p}	x_{22p}	⋯	x_{2rp}	$T_{2\cdot p}$	$\bar{x}_{2\cdot p}$
⋮	⋮	⋮	⋮	⋮	⋮	⋮
$A_n(x_{nj})$	x_{n11}	x_{n21}	⋯	x_{nr1}	$T_{n\cdot 1}$	$\bar{x}_{n\cdot 1}$
	x_{n12}	x_{n22}	⋯	x_{nr2}	$T_{n\cdot 2}$	$\bar{x}_{n\cdot 2}$
	⋮	⋮		⋮	⋮	⋮
	x_{n1p}	x_{n2p}	⋯	x_{nrp}	$T_{n\cdot p}$	$\bar{x}_{n\cdot p}$
区组和$T_{\cdot jk}$	$T_{\cdot 11}$	$T_{\cdot 21}$	⋯	$T_{\cdot r1}$	总和 $\boldsymbol{T}_{\cdot\cdot}$	$T_{\cdot\cdot 1}$
	$T_{\cdot 12}$	$T_{\cdot 22}$	⋯	$T_{\cdot r2}$		$T_{\cdot\cdot 2}$
	⋮	⋮		⋮		⋮
	$T_{\cdot 1p}$	$T_{\cdot 2p}$	⋯	$T_{\cdot rp}$		$T_{\cdot\cdot p}$
平均$(\bar{x}_{\cdot jk})$	$\bar{x}_{\cdot 11}$	$\bar{x}_{\cdot 21}$	⋯	$\bar{x}_{\cdot r1}$	总平均 $\overline{\boldsymbol{X}}_{\cdot\cdot}$	$\bar{x}_{\cdot\cdot 1}$
	$\bar{x}_{\cdot 12}$	$\bar{x}_{\cdot 22}$	⋯	$\bar{x}_{\cdot r2}$		$\bar{x}_{\cdot\cdot 2}$
	⋮	⋮		⋮		⋮
	$\bar{x}_{\cdot 1p}$	$\bar{x}_{\cdot 2p}$	⋯	$\bar{x}_{\cdot rp}$		$\bar{x}_{\cdot\cdot p}$

多元(多性状)方差分析式(3.4.1)的方差分析模式如表 3.4.2 所示.

3.4.2 单因素遗传设计完全随机区组试验方差分析模式表

变异原因	自由度	$\boldsymbol{L}$(离差阵)	$\boldsymbol{S}$(均方阵)	ES(期望均方阵)
区组间	$r-1$	$\boldsymbol{L}_R$	$\boldsymbol{S}_R$	$\boldsymbol{\Sigma}_e+n\boldsymbol{\Sigma}_R$
品种间	$n-1$	$\boldsymbol{L}_A$	$\boldsymbol{S}_A$	$\boldsymbol{\Sigma}_e+r\boldsymbol{\Sigma}_g$
品种×区组	$(n-1)(r-1)$	$\boldsymbol{L}_e$	$\boldsymbol{S}_e$	$\boldsymbol{\Sigma}_e$
总计	$nr-1$	$\boldsymbol{W}$		

检验H_{01}的 Wilks 检验量为(要求$f_e=(n-1)(r-1)>p$)

$$\Lambda_A=\frac{|\boldsymbol{L}_e|}{|\boldsymbol{L}_e+\boldsymbol{L}_A|}\sim\Lambda(p,f_e,f_A) \tag{3.4.4}$$

检验H_{02}的 Wilks 检验量为

$$\Lambda_R=\frac{|\boldsymbol{L}_e|}{|\boldsymbol{L}_e+\boldsymbol{L}_R|}\sim\Lambda(p,f_e,f_R) \tag{3.4.5}$$

Λ_A和Λ_R检验可近似用χ^2检验来代替

$$\begin{cases}\mathrm{V}_A=-\left(f_e+f_A-\frac{p+f_A-1}{2}\right)\ln\Lambda_A\sim\chi^2(pf_A)\\ \mathrm{V}_R=-\left(f_e+f_R-\frac{p+f_R-1}{2}\right)\ln\Lambda_R\sim\chi^2(pf_R)\end{cases} \tag{3.4.6}$$

下面讲述表 3.4.2 中有关离差阵的计算.

(1) 总离差阵$\boldsymbol{W}$用于刻画x_{ij}因遗传型不同、区组不同及随机误差引起的总变异. 据式(3.4.2)有

$$\begin{aligned}\boldsymbol{W}&=\sum_{i=1}^{n}\sum_{j=1}^{r}(\boldsymbol{x}_{ij}-\overline{\boldsymbol{x}}_{..})(\boldsymbol{x}_{ij}-\overline{\boldsymbol{x}}_{..})^{\mathrm{T}}=\sum_{i=1}^{n}\sum_{j=1}^{r}(\widehat{\boldsymbol{g}}_i+\widehat{\boldsymbol{\theta}}_j+\hat{\varepsilon}_{ij})(\widehat{\boldsymbol{g}}_i+\widehat{\boldsymbol{\theta}}_j+\hat{\boldsymbol{\varepsilon}}_{ij})^{\mathrm{T}}\\&=r\sum_{i=1}^{n}\widehat{\boldsymbol{g}}_i\widehat{\boldsymbol{g}}_i^{\mathrm{T}}+n\sum_{j=1}^{r}\widehat{\boldsymbol{\theta}}_j\widehat{\boldsymbol{\theta}}_j^{\mathrm{T}}+\sum_{i=1}^{n}\sum_{j=1}^{r}\hat{\boldsymbol{\varepsilon}}_{ij}\hat{\boldsymbol{\varepsilon}}_{ij}^{\mathrm{T}}\\&=\begin{bmatrix}l_{11}&l_{12}&\cdots&l_{1p}\\l_{21}&l_{22}&\cdots&l_{2p}\\\vdots&\vdots&&\vdots\\l_{p1}&l_{p2}&\cdots&l_{pp}\end{bmatrix}\end{aligned} \tag{3.4.7}$$

$$\begin{cases}l_{kk}=\sum_i\sum_j x_{ijk}^2-\frac{T_{..k}^2}{nr}\\ l_{kt}=l_{tk}=\sum_i\sum_j x_{ijk}\,x_{ijt}-\frac{T_{..k}T_{..t}}{nr}\quad k\neq t;\ k,t=1,2,\cdots,p\end{cases}$$

$\boldsymbol{W}$受$\boldsymbol{T}_{..}$约束, 自由度为$f_T=nr-1$.

(2) 遗传型离差阵$\boldsymbol{L}_A$刻画了遗传型间的变差

$$\boldsymbol{L}_A=\sum_{i=1}^{n}\sum_{j=1}^{r}(\overline{\boldsymbol{x}}_{i.}-\overline{\boldsymbol{x}}_{..})(\overline{\boldsymbol{x}}_{i.}-\overline{\boldsymbol{x}}_{..})^{\mathrm{T}}=r\sum_{i=1}^{n}\widehat{\boldsymbol{g}}_i\widehat{\boldsymbol{g}}_i^{\mathrm{T}}$$

$$= \begin{bmatrix} l_{g11} & l_{g12} & \cdots & l_{g1p} \\ l_{g21} & l_{g22} & \cdots & l_{g2p} \\ \vdots & \vdots & & \vdots \\ l_{gp1} & l_{gp2} & \cdots & l_{gpp} \end{bmatrix} \tag{3.4.8}$$

$$\begin{cases} l_{gkk} = \dfrac{1}{r}\displaystyle\sum_i T_{i\cdot k}^2 - \dfrac{T_{\cdot\cdot k}^2}{nr} \\ l_{gkt} = l_{gtk} = \dfrac{1}{r}\displaystyle\sum_i T_{i\cdot k}T_{i\cdot t} - \dfrac{T_{\cdot\cdot k}T_{\cdot\cdot t}}{nr}, \quad k \neq t; \quad k,t = 1,2,\cdots,p \end{cases}$$

(3) 区组离差阵$\boldsymbol{L}_R$刻画了区组间的变差

$$\boldsymbol{L}_R = \sum_{i=1}^{n}\sum_{j=1}^{r}(\bar{\boldsymbol{x}}_{\cdot j} - \bar{\boldsymbol{x}}_{\cdot\cdot})(\bar{\boldsymbol{x}}_{\cdot j} - \bar{\boldsymbol{x}}_{\cdot\cdot})^{\mathrm{T}} = n\sum_{j=1}^{r}\hat{\boldsymbol{\theta}}_j\hat{\boldsymbol{\theta}}_j^{\mathrm{T}}$$

$$= \begin{bmatrix} l_{R11} & l_{R12} & \cdots & l_{R1p} \\ l_{R21} & l_{R22} & \cdots & l_{R2p} \\ \vdots & \vdots & & \vdots \\ l_{Rp1} & l_{Rp2} & \cdots & l_{Rpp} \end{bmatrix} \tag{3.4.9}$$

$$\begin{cases} l_{Rkk} = \dfrac{1}{n}\displaystyle\sum_j T_{\cdot jk}^2 - \dfrac{T_{\cdot\cdot k}^2}{nr} \\ l_{Rkt} = l_{Rtk} = \dfrac{1}{n}\displaystyle\sum_j T_{\cdot jk}T_{\cdot jt} - \dfrac{T_{\cdot\cdot k}T_{\cdot\cdot t}}{nr}, \quad k \neq t;\ k,\ t = 1,2,\cdots,p \end{cases}$$

(4) 随机误差离差阵$\boldsymbol{L}_e$刻画了品种×区组间的变差

$$\boldsymbol{L}_e = \sum_{i=1}^{n}\sum_{j=1}^{r}(\boldsymbol{x}_{ij} - \bar{\boldsymbol{x}}_{i\cdot} - \bar{\boldsymbol{x}}_{\cdot j} + \bar{\boldsymbol{x}}_{\cdot\cdot})(\boldsymbol{x}_{ij} - \bar{\boldsymbol{x}}_{i\cdot} - \bar{\boldsymbol{x}}_{\cdot j} + \bar{\boldsymbol{x}}_{\cdot\cdot})^{\mathrm{T}} = \sum_{i=1}^{n}\sum_{j=1}^{r}\hat{\boldsymbol{\varepsilon}}_{ij}\hat{\boldsymbol{\varepsilon}}_{ij}^{\mathrm{T}}$$

$$= \begin{bmatrix} l_{e11} & l_{e12} & \cdots & l_{e1p} \\ l_{e21} & l_{e22} & \cdots & l_{e2p} \\ \vdots & \vdots & & \vdots \\ l_{ep1} & l_{ep2} & \cdots & l_{epp} \end{bmatrix} = \boldsymbol{W} - \boldsymbol{L}_A - \boldsymbol{L}_R \tag{3.4.10}$$

$$\begin{cases} l_{ekk} = \sum_i\sum_j x_{ijk}^2 - \frac{1}{r}\sum_i T_{i\cdot k}^2 - \frac{1}{n}\sum_j T_{\cdot jk}^2 + \frac{T_{\cdot\cdot k}^2}{nr} \\ l_{ekt} = l_{etk} = \sum_i\sum_j x_{ijk}x_{ijt} - \frac{1}{r}\sum_i T_{i\cdot k}T_{i\cdot t} - \frac{1}{n}\sum_j T_{\cdot jk}T_{\cdot jt} + \frac{T_{\cdot\cdot k}T_{\cdot\cdot t}}{nr}, \quad k \neq t; \quad k,t = 1,2,\cdots,p \end{cases}$$

$\boldsymbol{L}_A$受$\sum\bar{\boldsymbol{x}}_{i\cdot}/n = \bar{\boldsymbol{x}}_{\cdot\cdot}$约束，自由度$f_A = n-1$；$\boldsymbol{L}_R$受$\sum\bar{\boldsymbol{x}}_{\cdot j}/r = \bar{\boldsymbol{x}}_{\cdot\cdot}$约束，自由度$f_R = r-1$；$\boldsymbol{L}_e$为$A\times R$的离差阵，自由度$f_e = (n-1)(r-1)$。

综合上述计算有

$$\begin{cases} \boldsymbol{W} = \boldsymbol{L}_A + \boldsymbol{L}_R + \boldsymbol{L}_e \\ f_T = f_A + f_R + f_e \end{cases} \tag{3.4.11}$$

可证，在H_{01}和H_{02}成立时，$\boldsymbol{L}_A$、$\boldsymbol{L}_R$、$\boldsymbol{L}_e$间相互独立且分别服从$\boldsymbol{W}_p(n-1,\boldsymbol{\Sigma}_e)$、$\boldsymbol{W}_p(r-1,\boldsymbol{\Sigma}_e)$、$\boldsymbol{W}_p[(n-1)(r-1),\boldsymbol{\Sigma}_e]$，故有式(3.4.4)和式(3.4.5)所示的检验H_{01}和H_{02}的 Wilks 检验量Λ_A和Λ_R。

如果H_{02}显著或不显著，而H_{01}被拒绝，则据表 3.4.2 有

$$\begin{cases}\hat{\boldsymbol{\Sigma}}_e = \boldsymbol{S}_e(\text{环境协方差阵}) \\ \hat{\boldsymbol{\Sigma}}_g = (\boldsymbol{S}_A - \boldsymbol{S}_e)/r\,(\text{遗传协方差阵}) \\ \hat{\boldsymbol{\Sigma}}_P = \hat{\boldsymbol{\Sigma}}_g + \hat{\boldsymbol{\Sigma}}_e = [\boldsymbol{S}_A + (r-1)\boldsymbol{S}_e]/r(\text{表型协方差阵})\end{cases} \tag{3.4.12}$$

有了这些估计就能很方便地估计各性状的广义遗传力、广义相关遗传力、表型相关、遗传相关及环境相关.

【例 3.4.1】 1978~1979 年, 西北农学院作物育种组选用在陕西关中地区推广的综合性状较好而且稳定的 13 个品种和品系, 进行了三次重复的随机区组试验, 考察了 14 个性状. 袁志发等在《通径分析一例——关于陕西关中地区小麦品种产量构成因素的通径分析》中对单株产量x_1、每亩穗数x_2、每穗粒数x_3和千粒重x_4的表型、遗传和环境协方差(Σ_P、Σ_g和Σ_e)进行了估计, 结果为

$$\hat{\boldsymbol{\Sigma}}_P = \begin{matrix} x_1 \\ x_2 \\ x_3 \\ x_4 \end{matrix}\begin{bmatrix} 1.0963 & -0.0614 & -0.1702 & 3.5106 \\ -0.0614 & 41.0400 & -16.9668 & 0.9981 \\ -0.1702 & -16.9668 & 40.2700 & -14.6185 \\ 3.5106 & 0.998 & -14.6185 & 26.6900 \end{bmatrix}$$

$$\hat{\boldsymbol{\Sigma}}_g = \begin{matrix} x_1 \\ x_2 \\ x_3 \\ x_4 \end{matrix}\begin{bmatrix} 0.7997 & 0.1617 & -0.5410 & 3.5106 \\ 0.1617 & 25.6000 & -20.2592 & 3.9691 \\ -0.5410 & -20.2592 & 25.6500 & -14.7332 \\ 3.5106 & 3.9691 & -14.7332 & 23.5000 \end{bmatrix}$$

$$\hat{\boldsymbol{\Sigma}}_e = \begin{matrix} x_1 \\ x_2 \\ x_3 \\ x_4 \end{matrix}\begin{bmatrix} 0.2966 & -0.2231 & 0.3708 & 0.4294 \\ -0.2231 & 15.4400 & 3.2942 & -2.9710 \\ 0.3708 & 3.2942 & 14.6200 & 0.1147 \\ 0.4294 & -2.9710 & 0.1147 & 3.1900 \end{bmatrix}$$

如何估计有关遗传力和相关呢？令式(3.4.12)中$\hat{\Sigma}_e$、$\hat{\Sigma}_g$和$\hat{\Sigma}_P$的具体元素为

$$\hat{\boldsymbol{\Sigma}}_P = \begin{bmatrix} S_{P_1}^2 & S_{P_{12}}^2 & \cdots & S_{P_{1p}}^2 \\ S_{P_{21}}^2 & S_{P_2}^2 & \cdots & S_{P_{2p}}^2 \\ \vdots & \vdots & & \vdots \\ S_{P_{p1}}^2 & S_{P_{p2}}^2 & \cdots & S_{P_p}^2 \end{bmatrix}$$

$$\hat{\boldsymbol{\Sigma}}_g = \begin{bmatrix} S_{g_1}^2 & S_{g_{12}}^2 & \cdots & S_{g_{1p}}^2 \\ S_{g_{21}}^2 & S_{g_2}^2 & \cdots & S_{g_{2p}}^2 \\ \vdots & \vdots & & \vdots \\ S_{g_{p1}}^2 & S_{g_{p2}}^2 & \cdots & S_{g_p}^2 \end{bmatrix}$$

$$\hat{\boldsymbol{\Sigma}}_e = S_e = \begin{bmatrix} S_{e_1}^2 & S_{e_{12}}^2 & \cdots & S_{e_{1p}}^2 \\ S_{e_{21}}^2 & S_{e_2}^2 & \cdots & S_{e_{2p}}^2 \\ \vdots & \vdots & & \vdots \\ S_{e_{p1}}^2 & S_{e_{p2}}^2 & \cdots & S_{e_p}^2 \end{bmatrix}$$

并建立如下对角阵

$$\hat{\boldsymbol{\sigma}}_P = \begin{bmatrix} S_{P_1} & & & 0 \\ & S_{P_2} & & \\ & & \ddots & \\ 0 & & & S_{P_p} \end{bmatrix} \quad \hat{\boldsymbol{\sigma}}_g = \begin{bmatrix} S_{g_1} & & & 0 \\ & S_{g_2} & & \\ & & \ddots & \\ 0 & & & S_{g_p} \end{bmatrix} \quad \hat{\boldsymbol{\sigma}}_e = \begin{bmatrix} S_{e_1} & & & 0 \\ & S_{e_2} & & \\ & & \ddots & \\ 0 & & & S_{e_p} \end{bmatrix} \tag{3.4.13}$$

则有以下估计公式和例 3.4.1 结果($\alpha = 0.05$、0.01的显著分别用“*”和“**”表示)

例 3.4.1 中$\widehat{\boldsymbol{\sigma}}_P$、$\widehat{\boldsymbol{\sigma}}_g$和$\widehat{\boldsymbol{\sigma}}_e$分别为

$$\widehat{\boldsymbol{\sigma}}_P = \begin{bmatrix} 1.0470 & & & 0 \\ & 6.4062 & & \\ & & 6.3459 & \\ 0 & & & 5.1662 \end{bmatrix}$$

$$\widehat{\boldsymbol{\sigma}}_g = \begin{bmatrix} 0.8943 & & & 0 \\ & 5.0596 & & \\ & & 5.0646 & \\ 0 & & & 4.8477 \end{bmatrix}$$

$$\widehat{\boldsymbol{\sigma}}_e = \begin{bmatrix} 0.5446 & & & 0 \\ & 3.9294 & & \\ & & 3.8236 & \\ 0 & & & 1.7861 \end{bmatrix}$$

环境相关阵

$$\widehat{\boldsymbol{R}}_e = \widehat{\boldsymbol{\sigma}}_e^{-1}\widehat{\boldsymbol{\Sigma}}_e\widehat{\boldsymbol{\sigma}}_e^{-1} = \begin{bmatrix} 1 & r_{e12} & \cdots & r_{e1p} \\ r_{e21} & 1 & \cdots & r_{e2p} \\ \vdots & \vdots & & \vdots \\ r_{ep1} & r_{ep2} & \cdots & 1 \end{bmatrix}$$

$$= \begin{bmatrix} 1 & -0.1043 & 0.1781 & 0.4414* \\ -0.1043 & 1 & 0.2187 & -0.4233* \\ 0.1781 & 0.2187 & 1 & 0.0168 \\ 0.4414* & -0.4233* & 0.0168 & 1 \end{bmatrix} \tag{3.4.14}$$

遗传相关阵

$$\widehat{\boldsymbol{R}}_g = \widehat{\boldsymbol{\sigma}}_g^{-1}\widehat{\boldsymbol{\Sigma}}_g\widehat{\boldsymbol{\sigma}}_g^{-1} = \begin{bmatrix} 1 & r_{g12} & \cdots & r_{g1p} \\ r_{g21} & 1 & \cdots & r_{g2p} \\ \vdots & \vdots & & \vdots \\ r_{gp1} & r_{gp2} & \cdots & 1 \end{bmatrix}$$

$$= \begin{bmatrix} 1 & 0.0357 & -0.1195 & 0.7108** \\ 0.0357 & 1 & -0.7904** & 0.1618 \\ -0.1195 & -0.7904** & 1 & -0.6001* \\ 0.7108** & 0.1618 & -0.6001* & 1 \end{bmatrix} \tag{3.4.15}$$

表型相关阵

$$\widehat{\boldsymbol{R}}_P = \widehat{\boldsymbol{\sigma}}_P^{-1}\widehat{\boldsymbol{\Sigma}}_P\widehat{\boldsymbol{\sigma}}_P^{-1} = \begin{bmatrix} 1 & r_{P12} & \cdots & r_{P1p} \\ r_{P21} & 1 & \cdots & r_{P2p} \\ \vdots & \vdots & & \vdots \\ r_{Pp1} & r_{Pp2} & \cdots & 1 \end{bmatrix}$$

$$= \begin{bmatrix} 1 & -0.0092 & -0.0256 & 0.6490** \\ -0.0092 & 1 & -0.4174** & 0.0302 \\ -0.0256 & -0.4174** & 1 & -0.4459** \\ 0.6490** & -0.0302 & -0.4459** & 1 \end{bmatrix} \tag{3.4.16}$$

广义遗传力阵

$$\widehat{\boldsymbol{H}}_B = \widehat{\boldsymbol{\sigma}}_P^{-1}\widehat{\boldsymbol{\Sigma}}_g\widehat{\boldsymbol{\sigma}}_P^{-1} = \begin{bmatrix} h_{B1}^2 & h_{B12} & \cdots & h_{B1p} \\ h_{B21} & h_{B2}^2 & \cdots & h_{B2p} \\ \vdots & \vdots & & \vdots \\ h_{Bp1} & h_{Bp2} & \cdots & h_{Bp}^2 \end{bmatrix}$$

$$=\begin{bmatrix} 0.7295^{**} & 0.0241 & -0.0814 & 0.5696 \\ 0.0241 & 0.6238^{**} & -0.4983 & 0.1199 \\ -0.0814 & -0.4983 & 0.6370^{**} & 0.4494 \\ 0.5696 & 0.1199 & 0.4494 & 0.8805^{**} \end{bmatrix} \tag{3.4.17}$$

其中,h_{Bij}为$\boldsymbol{x}_i$和$\boldsymbol{x}_j$的广义相关遗传力.

广义环境力

$$\widehat{\boldsymbol{H}}_e=\widehat{\boldsymbol{\sigma}}_P^{-1}\widehat{\boldsymbol{\Sigma}}_e\widehat{\boldsymbol{\sigma}}_P^{-1}=\begin{bmatrix} h_{e1}^2 & h_{e12} & \cdots & h_{e1p} \\ h_{e21} & h_{e2}^2 & \cdots & h_{e2p} \\ \vdots & \vdots & & \vdots \\ h_{ep1} & h_{ep2} & \cdots & h_{ep}^2 \end{bmatrix}=\widehat{\boldsymbol{R}}_P-\widehat{\boldsymbol{H}}_B$$

$$=\begin{bmatrix} 0.2705 & -0.0333 & 0.0558 & 0.0794 \\ -0.0333 & 0.3762 & 0.0809 & -0.0897 \\ 0.0558 & 0.0809 & 0.3630 & -0.0035 \\ 0.0794 & -0.0897 & -0.0035 & 0.1195 \end{bmatrix} \tag{3.4.18}$$

其中,h_{eij}为$\boldsymbol{x}_i$和$\boldsymbol{x}_j$的广义相关环境力. 上述公式$\widehat{\boldsymbol{R}}_P=\widehat{\boldsymbol{H}}_B+\widehat{\boldsymbol{H}}_e$是式(3.1.14)推广到多个性状的结果.

上述估计是在$\mathrm{H}_{01}:\boldsymbol{\Sigma}_g=0$被拒绝的情况下进行的.

表型相关系数、遗传相关系数和环境相关系数估计值的显著性检验, 可按(f_T-1)、(f_A-1)和(f_e-1)等自由度下的相关系数显著临界值r_α进行近似检验. 对例 3.4.1 来讲, $f_T=38, f_A=12,\ f_e=24$. 其临界值分别为

$$r_{P0.05}(37)=0.317\qquad r_{P0.01}(37)=0.408\qquad r_{g0.05}(11)=0.553$$

$$r_{g0.01}(11)=0.684\qquad r_{e0.05}(23)=0.396\qquad r_{e0.01}(23)=0.505$$

具体各相关系数的显著性分别在$\hat{R}_P$、$\hat{R}_g$和$\hat{R}_e$中用“*”和“**”表示.

下面进一步强调遗传的相关概念. 从遗传理论上讲, 两个性状之间存在遗传相关由两个原因引起: 首先是基因可能有多个效应, 它在两个性状上的效应会导致遗传相关; 其次, 不同基因之间可能存在连锁, 连锁越紧密, 遗传相关越大, 当不同基因之间出现交换时, 相关就消失了. 由连锁引起的遗传相关存在的时间是短暂的. 当然, 不同基因间即使不存在连锁, 但同时影响它们的适应性提高也会形成部分遗传相关. 遗传相关非常重要, 它反映了两个性状可遗传和固定部分的相关, 即代表着表型相关中可遗传的部分, 因而用它可以说明相关的本质. 例如, 表型相关大, 但遗传相关小, 这时相关的部分主要由环境决定, 因而两个性状之间相互影响或改进的可能性不大. 又如, 表型相关是正的, 而遗传相关是负的, 这时两个性状值的表现相反, 即一个高而另一个低. 另外需要说明的是, 环境相关并不单单是环境离差的效应, 它还包括非累加性离差的相关部分.

从例 3.4.1 的相关估计结果来看, $\widehat{\boldsymbol{R}}_P$和$\widehat{\boldsymbol{R}}_g$的大小、方向基本相同. 例如, $\boldsymbol{x}_1$和$\boldsymbol{x}_4$, $r_{P14}=0.6490, r_{g14}=0.7180$; $\boldsymbol{x}_2$和$\boldsymbol{x}_3$, $r_{P23}=-0.4174, r_{g23}=-0.7904$; $\boldsymbol{x}_3$和$\boldsymbol{x}_4, r_{P34}=-0.4459, r_{g34}=-0.6001$等. 这个结果表明, 在性状改良方面, 千粒重受每穗粒数的制约, 每穗粒数又受每亩穗数的制约. 因而适当的每亩穗数可使产量提高. 如果每亩 40 万穗, 每穗 40 粒, 千粒重为 40g, 则陕西关中地区小麦亩产可望达到 600kg.

有关广义遗传力的检验, 可按 3.2 节式(3.2.9)进行. 由$n=13, r=3$及$\boldsymbol{H}_B$中各性状广义遗传力结果可得: 各h_B^2的标准差$S_{h_B^2}$的自由度均为$\frac{1}{2}\mathrm{r}(r-1)(n-1)=36$. 各性状$h_B^2$

的标准差为$(1-h_B^2)[1+(r-1)h_B^2]/\sqrt{36}$，即$S_{h_{B1}^2}=0.111$，$S_{h_{B2}^2}=0.141$，$S_{h_{B3}^2}=0.138$，$S_{h_{B4}^2}=0.055$.相应的$t=h_B^2/S_{h_B^2}$为$t_1=6.572, t_2=4.424, t_3=4.616, t_4=16.01$.

t检验的临界值$t_{0.05}(36)=2.029, t_{0.01}(36)=2.72$. 表明 4 个性状的广义遗传力均极显著. 这表明四个性状的基因型值对表型值的决定方面是极显著的，而环境离差对表型值的决定作用相对较小.

3.4.2　NCI 遗传设计完全随机试验的多性状遗传力和相关估计

试验的多元方差分析模型为：第i个父本与第j个母本的第k个后代的p个性状的观察向量为

$$\begin{aligned}\boldsymbol{x}_{ijk}&=\left(x_{ijk1},x_{ijk2},\cdots,x_{ijkp}\right)^{\mathrm{T}}\\&=\boldsymbol{\mu}+\boldsymbol{\alpha}_i+\left(\boldsymbol{\beta}_{f/m}\right)_{ij}+\boldsymbol{\varepsilon}_{ijk}\quad i=1,2,\cdots,m;\quad j=1,2,\cdots,f;\quad k=1,2,\cdots,r\end{aligned}\tag{3.4.19}$$

其中，$\boldsymbol{\mu}=\left(\mu_1,\mu_2,\cdots,\mu_p\right)^{\mathrm{T}}$为群体平均向量；$\boldsymbol{\alpha}_i=\left(\alpha_{i1},\alpha_{i2},\cdots,\alpha_{ip}\right)^{\mathrm{T}}$为第$i$个父本的遗传效应向量，$\alpha_i$间相互独立且均服从$N_p(0,\boldsymbol{\Sigma}_m)$；$\left(\boldsymbol{\beta}_{f/m}\right)_{ij}=\left(\left(\beta_{f/m}\right)_{ij1},\left(\beta_{f/m}\right)_{ij2},\cdots,\left(\beta_{f/m}\right)_{ijp}\right)^{\mathrm{T}}$为第$i$个父本内母本间的遗传效应向量，$\left(\boldsymbol{\beta}_{f/m}\right)_{ij}$间相互独立且均服从$N_p\left(0,\boldsymbol{\Sigma}_{f/m}\right)$；$\boldsymbol{\varepsilon}_{ijk}=\left(\varepsilon_{ijk1},\varepsilon_{ijk2},\cdots,\varepsilon_{ijkp}\right)^{\mathrm{T}}$为全同胞间的遗传效应、误差效应向量，$\varepsilon_{ijk}$间相互独立且均服从$N_p(0,\boldsymbol{\Sigma})$.

NCI 完全随机试验的资料符号及方差分析模式如表 3.4.3、表 3.4.4 所示.
表中$\boldsymbol{T}_{ij\cdot}=\left(T_{ij\cdot1},T_{ij\cdot2},\cdots,T_{ij\cdot p}\right)^{\mathrm{T}},\boldsymbol{T}_{i\cdot\cdot}=\left(T_{i\cdot\cdot1},T_{i\cdot\cdot2},\cdots,T_{i\cdot\cdot p}\right)^{\mathrm{T}},\boldsymbol{T}_{\cdots}=\left(T_{\cdots1},T_{\cdots2},\cdots,T_{\cdots p}\right)^{\mathrm{T}}$.

表 3.4.3　NCI 完全随机试验资料符号表

	父本												
	1				2				…	m			
	母本				母本					母本			
	1	2	…	f	1	2	…	f		1	2	…	f
	$\boldsymbol{x}_{111}$	$\boldsymbol{x}_{121}$	…	$\boldsymbol{x}_{1f1}$	$\boldsymbol{x}_{211}$	$\boldsymbol{x}_{221}$	…	$\boldsymbol{x}_{2f1}$	…	$\boldsymbol{x}_{m11}$	$\boldsymbol{x}_{m21}$	…	$\boldsymbol{x}_{mf1}$
子代$\boldsymbol{x}_{ijk}(\mathrm{F}_1)$	$\boldsymbol{x}_{112}$	$\boldsymbol{x}_{122}$	…	$\boldsymbol{x}_{1f2}$	$\boldsymbol{x}_{212}$	$\boldsymbol{x}_{222}$	…	$\boldsymbol{x}_{2f2}$	…	$\boldsymbol{x}_{m12}$	$\boldsymbol{x}_{m22}$	…	$\boldsymbol{x}_{mf2}$
	⋮	⋮		⋮	⋮	⋮		⋮		⋮	⋮		⋮
	$\boldsymbol{x}_{11r}$	$\boldsymbol{x}_{12r}$	…	$\boldsymbol{x}_{1fr}$	$\boldsymbol{x}_{21r}$	$\boldsymbol{x}_{22r}$	…	$\boldsymbol{x}_{2fr}$	…	$\boldsymbol{x}_{m1r}$	$\boldsymbol{x}_{m2r}$	…	$\boldsymbol{x}_{mfr}$
和$\boldsymbol{T}_{ij\cdot}$(FS)	$\boldsymbol{T}_{11\cdot}$	$\boldsymbol{T}_{12\cdot}$	…	$\boldsymbol{T}_{1f\cdot}$	$\boldsymbol{T}_{21\cdot}$	$\boldsymbol{T}_{22\cdot}$	…	$\boldsymbol{T}_{2f\cdot}$	…	$\boldsymbol{T}_{m1\cdot}$	$\boldsymbol{T}_{m2\cdot}$	…	$\boldsymbol{T}_{mf\cdot}$
和$\boldsymbol{T}_{i\cdot\cdot}$(HS)	$\boldsymbol{T}_{1\cdot\cdot}$				$\boldsymbol{T}_{2\cdot\cdot}$				…	$\boldsymbol{T}_{m\cdot\cdot}$			
总和$\boldsymbol{T}_{\cdots}$	$\boldsymbol{T}_{\cdots}$												

若所观测的p个性状的加性或育种值协方差和显性协方差分别为$\boldsymbol{\Sigma}_d$和$\boldsymbol{\Sigma}_h$等，则近交系数$F=0$和$F=1$时，NCI 中亲属协方差阵中的组分如表 3.4.5 所示.

表 3.4.4　NCI 完全随机试验方差分析模型

变异原因	自由度	离差阵	均方阵	期望均方
父本间	$m-1$	$\boldsymbol{L}_m$	$\boldsymbol{S}_m$	$\boldsymbol{\Sigma}+r\boldsymbol{\Sigma}_{f/m}+rf\boldsymbol{\Sigma}_m$
父本内母本间	$m(f-1)$	$\boldsymbol{L}_{f/m}$	$\boldsymbol{S}_{f/m}$	$\boldsymbol{\Sigma}+r\boldsymbol{\Sigma}_{f/m}$
全同胞间	$mf(r-1)$	$\boldsymbol{L}_e$	$\boldsymbol{S}_e$	$\boldsymbol{\Sigma}$
总变异	$mfr-1$	$\boldsymbol{W}$		

表 3.4.5　NCI 中亲属协方差阵中的组分

	$F=0$					$F=1$				
	$\boldsymbol{\Sigma}_d$	$\boldsymbol{\Sigma}_h$	$\boldsymbol{\Sigma}_{dd}$	$\boldsymbol{\Sigma}_{dh}$	$\boldsymbol{\Sigma}_{hh}$	$\boldsymbol{\Sigma}_d$	$\boldsymbol{\Sigma}_h$	$\boldsymbol{\Sigma}_{dd}$	$\boldsymbol{\Sigma}_{dh}$	$\boldsymbol{\Sigma}_{hh}$
$\boldsymbol{\Sigma}_{FS}=\boldsymbol{\Sigma}_m+\boldsymbol{\Sigma}_{f/m}$	$\frac{1}{2}$	$\frac{1}{4}$	$\frac{1}{4}$	$\frac{1}{8}$	$\frac{1}{16}$	1	1	1	1	1
$\boldsymbol{\Sigma}_2=\boldsymbol{\Sigma}_m$	$\frac{1}{4}$	0	$\frac{1}{16}$	0	0	$\frac{1}{2}$	0	$\frac{1}{4}$	0	0
$\boldsymbol{\Sigma}_{f/m}=\boldsymbol{\Sigma}_{FS}-\boldsymbol{\Sigma}_m$	$\frac{1}{4}$	$\frac{1}{4}$	$\frac{3}{16}$	$\frac{1}{8}$	$\frac{1}{16}$	$\frac{1}{2}$	1	$\frac{3}{4}$	1	1
$\boldsymbol{\Sigma}_P=\boldsymbol{\Sigma}_{FS}+\boldsymbol{\Sigma}$	1	1	1	1	1	1	1	1	1	1
$\boldsymbol{\Sigma}=\boldsymbol{\Sigma}_P-\boldsymbol{\Sigma}_{FS}$	$\frac{1}{2}$	$\frac{3}{4}$	$\frac{3}{4}$	$\frac{7}{8}$	$\frac{15}{16}$	0	0	0	0	0

表 3.4.4 中各离差阵的计算涉及模型中各参数向量的最小二乘估计，估计结果为

$$\begin{cases}\widehat{\boldsymbol{\mu}}=\overline{\boldsymbol{x}}_{\cdots}=\boldsymbol{T}_{\cdots}/mfr\\ \widehat{\boldsymbol{\alpha}}_i=\overline{\boldsymbol{x}}_{i\cdot\cdot}-\overline{\boldsymbol{x}}_{\cdots}=\boldsymbol{T}_{i\cdot\cdot}/fr-\overline{\boldsymbol{x}}_{\cdots}\\ (\widehat{\boldsymbol{\beta}}_{f/m})_{ij}=\overline{\boldsymbol{x}}_{ij\cdot}-\overline{\boldsymbol{x}}_{\cdots}=\boldsymbol{T}_{ij\cdot}/r-\overline{\boldsymbol{x}}_{i\cdot\cdot}\\ \widehat{\boldsymbol{\varepsilon}}_{ijk}=\boldsymbol{x}_{ijk}-\overline{\boldsymbol{x}}_{ij\cdot}\end{cases}\tag{3.4.20}$$

离差阵的计算过程如下.

(1) 总离差阵W刻画了父本间、父本内母本间和全同胞间在环境中的总变异，且

$$\begin{aligned}\boldsymbol{W}&=\sum_{i=1}^{m}\sum_{j=1}^{f}\sum_{k=1}^{r}(\boldsymbol{x}_{ijk}-\overline{\boldsymbol{x}}_{\cdots})(\boldsymbol{x}_{ijk}-\overline{\boldsymbol{x}}_{\cdots})^{\mathrm{T}}\\&=\sum_{i=1}^{m}\sum_{j=1}^{f}\sum_{k=1}^{r}\left(\widehat{\boldsymbol{\alpha}}_i+(\widehat{\boldsymbol{\beta}}_{f/m})_{ij}+\widehat{\boldsymbol{\varepsilon}}_{ijk}\right)\left(\widehat{\boldsymbol{\alpha}}_i+(\widehat{\boldsymbol{\beta}}_{f/m})_{ij}+\widehat{\boldsymbol{\varepsilon}}_{ijk}\right)^{\mathrm{T}}\\&=fr\sum_{i=1}^{m}\widehat{\boldsymbol{\alpha}}_i\widehat{\boldsymbol{\alpha}}_i^{\mathrm{T}}+r\sum_{i=1}^{m}\sum_{j=1}^{f}(\widehat{\boldsymbol{\beta}}_{f/m})_{ij}(\widehat{\boldsymbol{\beta}}_{f/m})_{ij}^{\mathrm{T}}+\sum_{i=1}^{m}\sum_{j=1}^{f}\sum_{k=1}^{r}\widehat{\boldsymbol{\varepsilon}}_{ijk}\widehat{\boldsymbol{\varepsilon}}_{ijk}^{\mathrm{T}}\\&=\boldsymbol{L}_m+\boldsymbol{L}_{f/m}+\boldsymbol{L}_e\\&=\begin{bmatrix}l_{11}&l_{12}&\cdots&l_{1p}\\l_{21}&l_{22}&\cdots&l_{2p}\\\vdots&\vdots&&\vdots\\l_{p1}&l_{p2}&\cdots&l_{pp}\end{bmatrix}\end{aligned}\tag{3.4.21}$$

$$\begin{cases} l_{tt} = \sum_{i=1}^{m}\sum_{j=1}^{f}\sum_{k=1}^{r} x_{ijkt}^2 - \dfrac{T_{\cdots t}^2}{mfr} \\ l_{t\theta} = l_{\theta t} = \sum_{i=1}^{m}\sum_{j=1}^{f}\sum_{k=1}^{r} x_{ijkt}x_{ijk\theta} - \dfrac{T_{\cdots t}T_{\cdots \theta}}{mfr}, \quad t \neq \theta \quad t,\theta = 1,2,\cdots,p \end{cases}$$

(2) 父本间离差阵$\boldsymbol{L}_m$刻画了父本不同所引起的变差，且

$$\boldsymbol{L}_m = fr\sum_{i=1}^{m}\widehat{\boldsymbol{\alpha}}_i\widehat{\boldsymbol{\alpha}}_i^{\mathrm{T}} = fr\sum_{i=1}^{m}(\boldsymbol{x}_{i\cdot\cdot} - \overline{\boldsymbol{x}}_{\cdots})(\boldsymbol{x}_{i\cdot\cdot} - \overline{\boldsymbol{x}}_{\cdots})^{\mathrm{T}} = \begin{bmatrix} l_{11m} & l_{12m} & \cdots & l_{1pm} \\ l_{21m} & l_{22m} & \cdots & l_{2pm} \\ \vdots & \vdots & & \vdots \\ l_{p1m} & l_{p2m} & \cdots & l_{ppm} \end{bmatrix} \tag{3.4.22}$$

其中

$$\begin{cases} l_{ttm} = \dfrac{1}{fr}\sum_{i=1}^{m} T_{i\cdot\cdot t}^2 - \dfrac{T_{\cdots t}^2}{mfr} \\ l_{t\theta m} = l_{\theta tm} = \dfrac{1}{fr}\sum_{i=1}^{m} T_{i\cdot\cdot t}T_{i\cdot\cdot\theta} - \dfrac{T_{\cdots t}T_{\cdots\theta}}{mfr} \quad t \neq \theta; \quad t,\theta = 1,2,\cdots,p \end{cases}$$

(3) 父本内母本间离差阵$\boldsymbol{L}_{f/m}$刻画了父本内母本间的差异，且

$$\boldsymbol{L}_{f/m} = r\sum_{i=1}^{m}\sum_{j=1}^{f}(\widehat{\boldsymbol{\beta}}_{f/m})_{ij}(\widehat{\boldsymbol{\beta}}_{f/m})_{ij}^{\mathrm{T}} = r\sum_{i=1}^{m}\sum_{j=1}^{f}(\boldsymbol{x}_{ij\cdot} - \overline{\boldsymbol{x}}_{i\cdot\cdot})(\boldsymbol{x}_{ij\cdot} - \overline{\boldsymbol{x}}_{i\cdot\cdot})^{\mathrm{T}} = \begin{bmatrix} l_{11f/m} & l_{12f/m} & \cdots & l_{1pf/m} \\ l_{21f/m} & l_{22f/m} & \cdots & l_{2pf/m} \\ \vdots & \vdots & & \vdots \\ l_{p1f/m} & l_{p2f/m} & \cdots & l_{ppf/m} \end{bmatrix} \tag{3.4.23}$$

其中

$$\begin{cases} l_{ttf/m} = \dfrac{1}{r}\sum_{i=1}^{m}\sum_{j=1}^{f} T_{ij\cdot t}^2 - \dfrac{1}{fr}\sum_{i=1}^{m} T_{i\cdot\cdot t}^2 \\ l_{t\theta f/m} = l_{\theta tf/m} = \dfrac{1}{r}\sum_{i=1}^{m}\sum_{j=1}^{f} T_{ij\cdot t}T_{ij\cdot\theta} - \dfrac{1}{fr}\sum_{i=1}^{m} T_{i\cdot\cdot t}T_{i\cdot\cdot\theta}, \quad t \neq \theta; \ t,\theta = 1,2,\cdots,p \end{cases}$$

(4) 全同胞离差阵$\boldsymbol{L}_e$刻画了全同胞间及环境的差异，且

$$\boldsymbol{L}_e = \sum_{i=1}^{m}\sum_{j=1}^{f}\sum_{k=1}^{r}\widehat{\boldsymbol{\varepsilon}}_{ijk}\widehat{\boldsymbol{\varepsilon}}_{ijk}^{\mathrm{T}} = \sum_{i=1}^{m}\sum_{j=1}^{f}\sum_{k=1}^{r}(\boldsymbol{x}_{ijk} - \overline{\boldsymbol{x}}_{ij\cdot})(\boldsymbol{x}_{ijk} - \overline{\boldsymbol{x}}_{ij\cdot})^{\mathrm{T}} = \begin{bmatrix} l_{11e} & l_{12e} & \cdots & l_{1pe} \\ l_{21e} & l_{22e} & \cdots & l_{2pe} \\ \vdots & \vdots & & \vdots \\ l_{p1e} & l_{p2e} & \cdots & l_{ppe} \end{bmatrix} \tag{3.4.24}$$

其中

$$\begin{cases} l_{tte} = \sum_{i=1}^{m}\sum_{j=1}^{f}\sum_{k=1}^{r} x_{ijkt}^2 - \frac{1}{r}\sum_{i=1}^{m}\sum_{j=1}^{f} T_{ij\cdot t}^2 \\ l_{t\theta e} = l_{\theta te} = \sum_{i=1}^{m}\sum_{j=1}^{f}\sum_{k=1}^{r} x_{ijkt}x_{ijk\theta} - \frac{1}{r}\sum_{i=1}^{m}\sum_{j=1}^{f} T_{ij\cdot t}T_{ij\cdot\theta}, \quad t \neq \theta;\ t,\theta = 1,2,\cdots,p \end{cases}$$

上述 $\boldsymbol{W}$、$\boldsymbol{L}_m$、$\boldsymbol{L}_{f/m}$和$\boldsymbol{L}_e$的自由度分别为

$$f_T = mfr - 1 \qquad f_m = m - 1 \qquad f_{f/m} = m(f-1) \qquad f_e = mf(r-1) \tag{3.4.25}$$

由式(3.4.21)~式(3.4.25)可知

$$\begin{cases} \boldsymbol{W} = \boldsymbol{L}_m + \boldsymbol{L}_{f/m} + \boldsymbol{L}_e \\ f_T = f_m + f_{f/m} + f_e \end{cases} \tag{3.4.26}$$

方差分析要检验的假设为

$$\mathrm{H}_{01}: \boldsymbol{\Sigma}_m = 0 \qquad \mathrm{H}_{02}: \boldsymbol{\Sigma}_{f/m} = 0 \tag{3.4.27}$$

在H_{01}和H_{02}成立时，$\boldsymbol{L}_m$、$\boldsymbol{L}_{f/m}$和$\boldsymbol{L}_e$相互独立，而且

$$\boldsymbol{L}_m \sim \boldsymbol{W}_p(m-1, \boldsymbol{\Sigma}) \qquad \boldsymbol{L}_{f/m} \sim \boldsymbol{W}_p[m(f-1), \boldsymbol{\Sigma}] \qquad \boldsymbol{L}_e \sim \boldsymbol{W}_p[mf(r-1), \boldsymbol{\Sigma}] \tag{3.4.28}$$

检验H_{01}和H_{02}的 Wilks 检验量(Λ_m和$\Lambda_{f/m}$)可近似用V_m和$V_{f/m}$检验

$$\begin{cases} \Lambda_m = \frac{|\boldsymbol{L}_{f/m}|}{|\boldsymbol{L}_{f/m} + \boldsymbol{L}_m|} \sim \Lambda(p, f_{f/m}, f_m) \qquad f_{f/m} > p \\ V_m = -\left(f_{f/m} + f_m - \frac{p + f_m + 1}{2}\right) \ln \Lambda_m \sim \chi^2(pf_m) \end{cases} \tag{3.4.29}$$

$$\begin{cases} \Lambda_{f/m} = \frac{|\boldsymbol{L}_e|}{|\boldsymbol{L}_e + \boldsymbol{L}_{f/m}|} \sim \Lambda(p, f_e, f_{f/m}) \qquad f_e > p \\ V_{f/m} = -\left(f_e + f_{f/m} - \frac{p + f_{f/m} + 1}{2}\right) \ln \Lambda_{f/m} \sim \chi^2(pf_{f/m}) \end{cases} \tag{3.4.30}$$

当H_{01}和H_{02}被拒绝之后，就可以给出估计$\hat{\boldsymbol{\Sigma}}_e$、$\hat{\boldsymbol{\Sigma}}_{f/m}$、$\hat{\boldsymbol{\Sigma}}_m$和$\hat{\boldsymbol{\Sigma}}_P$，然后根据表 3.4.5 可估计各性状的遗传力及它们间的各种相关，具体方法通过例 3.4.2 说明.

【例 3.4.2】 假定有 17 个雄性品系(父本)进行遗传交配设计试验，每一雄性品系与 4 个雌性品系(母本)杂交，每一杂交组合仅产生 3 株后代，共有 17×4×3=204 株后代. 种植后在成熟时测定其株高与地上部重两个性状，试估计遗传力和相关.

设x_1为株高，x_2为地上重，其二元方差分析表如表 3.4.6 所示.

表 3.4.6 例 3.4.2 的方差分析表($m = 17, f = 4, r = 3, p = 2$)

变异原因	自由度	L	S	ES
父本间	16	$\boldsymbol{L}_m$	$\boldsymbol{S}_m$	$\boldsymbol{\Sigma} + 3\boldsymbol{\Sigma}_{f/m} + 12\boldsymbol{\Sigma}_m$
父本内母本间	51	$\boldsymbol{L}_{f/m}$	$\boldsymbol{S}_{f/m}$	$\boldsymbol{\Sigma} + 3\boldsymbol{\Sigma}_{f/m}$
全同胞间	136	$\boldsymbol{L}_e$	$\boldsymbol{S}_e$	$\boldsymbol{\Sigma}$
总变异	203	$\boldsymbol{W}$		

据表 3.4.3 和式(3.4.21)~式(3.4.24),例 3.4.2 的离差阵计算结果为

$$\boldsymbol{L}_m=\begin{bmatrix}1380.8 & 82736.0\\ 82736.0 & 23298992.0\end{bmatrix}\qquad \boldsymbol{S}_m=\begin{bmatrix}86.3 & 5171.0\\ 5171.0 & 1456187.0\end{bmatrix}$$

$$\boldsymbol{L}_{f/m}=\begin{bmatrix}2321.0 & 186558.0\\ 186558.0 & 52702992.0\end{bmatrix}\qquad \boldsymbol{S}_{f/m}=\begin{bmatrix}45.51 & 3658.0\\ 3658.0 & 1033392.0\end{bmatrix}$$

$$\boldsymbol{L}_e=\begin{bmatrix}4959.9 & 422280.0\\ 422280.0 & 110234936.0\end{bmatrix}\qquad \boldsymbol{S}_e=\begin{bmatrix}36.47 & 3105.0\\ 3105.0 & 810551.0\end{bmatrix}$$

$$\boldsymbol{W}=\begin{bmatrix}8661.7 & 691574.0\\ 691574.0 & 186236920.0\end{bmatrix}$$

$\mathrm{H}_{01}:\boldsymbol{\Sigma}_m=0$ 和 $\mathrm{H}_{02}:\boldsymbol{\Sigma}_{f/m}=0$ 据式(3.4.29)和式(3.4.30)的检验计算结果为

$$|\boldsymbol{L}_e|=3.684338607\times 10^{11}$$
$$|\boldsymbol{L}_{f/m}|=8.751975707\times 10^{10}$$
$$|\boldsymbol{L}_e+\boldsymbol{L}_{f/m}|=8.156559379\times 10^{12}$$
$$|\boldsymbol{L}_{f/m}+\boldsymbol{L}_m|=2.088248859\times 10^{11}$$

$$\begin{cases}\Lambda_m=\dfrac{|\boldsymbol{L}_{f/m}|}{|\boldsymbol{L}_{f/m}+\boldsymbol{L}_m|}=\dfrac{8.7520}{20.8825}=0.4191\\ V_m=-\left(51+16-\dfrac{2+16+11}{2}\right)\ln\Lambda_m=66.528^{**}>\chi^2_{0.01}(2\times 16)=53.486\end{cases}$$

$$\begin{cases}\Lambda_{f/m}=\dfrac{|\boldsymbol{L}_e|}{|\boldsymbol{L}_e+\boldsymbol{L}_{f/m}|}=\dfrac{3.6843}{81.5656}=0.04517\\ V_{f/m}=-\left(136+51-\dfrac{2+51+1}{2}\right)\ln\Lambda_{f/m}=498.67^{**}>\chi^2_{0.01}(2\times 51)\approx 140\end{cases}$$

据表 3.4.4 和表 3.4.6($m=17,f=4,r=3$)有如下估计公式和例 3.4.2 估计结果

$$\begin{cases}\hat{\boldsymbol{\Sigma}}=\boldsymbol{S}_e=\begin{bmatrix}36.5 & 3105.0\\ 3105.5 & 810551.0\end{bmatrix}\\ \hat{\boldsymbol{\Sigma}}_{f/m}=\frac{1}{r}(\boldsymbol{S}_{f/m}-\boldsymbol{S}_e)=\frac{1}{3}(\boldsymbol{S}_{f/m}-\boldsymbol{S}_e)=\begin{bmatrix}3.01 & 184.33\\ 184.33 & 74280.33\end{bmatrix}\\ \hat{\boldsymbol{\Sigma}}_m=\frac{1}{rf}(\boldsymbol{S}_m-\boldsymbol{S}_{f/m})=\frac{1}{12}(\boldsymbol{S}_m-\boldsymbol{S}_{f/m})=\begin{bmatrix}3.40 & 128.08\\ 126.08 & 35232.92\end{bmatrix}\\ \hat{\boldsymbol{\Sigma}}_P=\hat{\boldsymbol{\Sigma}}+\hat{\boldsymbol{\Sigma}}_{f/m}+\hat{\boldsymbol{\Sigma}}_m=\begin{bmatrix}S^2_{P1} & S^2_{P12} & \cdots & S^2_{P1p}\\ S^2_{P21} & S^2_{P2} & \cdots & S^2_{P2p}\\ \vdots & \vdots & & \vdots\\ S^2_{Pp1} & S^2_{Pp2} & \cdots & S^2_{Pp}\end{bmatrix}=\begin{bmatrix}42.91 & 3415.41\\ 3415.41 & 920064.25\end{bmatrix}\end{cases}\tag{3.4.31}$$

由$\hat{\Sigma}_P$对角线元素建立各性状表型标准差对角矩阵$\hat{\sigma}_P$

$$\hat{\boldsymbol{\sigma}}_P=\begin{bmatrix}S_{P_1} & & 0\\ & S_{P_2} & \\ & & \ddots & \\ 0 & & & S_{P_p}\end{bmatrix}=\begin{bmatrix}\sqrt{42.91} & 0\\ 0 & \sqrt{92006425}\end{bmatrix}=\begin{bmatrix}6.55 & 0\\ 0 & 959.20\end{bmatrix}\tag{3.4.32}$$

可获得各性状在$F=0$时的三种(父本半同胞、母本半同胞和全同胞)估计遗传力矩阵$\boldsymbol{H}_{N(m)}$、$\boldsymbol{H}_{(f/m)}$和$\boldsymbol{H}_{BFS}$的公式并给出例 3.4.2 的估计结果

$$\hat{\boldsymbol{H}}_{N(m)} = 4\hat{\boldsymbol{\sigma}}_P^{-1}\hat{\boldsymbol{\Sigma}}_m\hat{\boldsymbol{\sigma}}_P^{-1} = \begin{bmatrix} h_{N1}^2 & h_{N12} & \cdots & h_{N1p} \\ h_{N21} & h_{N2}^2 & \cdots & h_{N2p} \\ \vdots & \vdots & & \vdots \\ h_{Np1} & h_{Np2} & \cdots & h_{Np}^2 \end{bmatrix} = \begin{bmatrix} 0.3171 & 0.0803 \\ 0.0803 & 0.1532 \end{bmatrix} \quad (3.4.33)$$

$H_{N(m)}$中为各性状的狭义遗传力及性状间的狭义相关遗传力. 例 3.4.2 中x_1和x_2的狭义遗传力分别为 0.3171 和 0.1532，它们的狭义相关遗传力为 0.0803

$$\hat{\boldsymbol{H}}_{f/m} = 4\hat{\boldsymbol{\sigma}}_P^{-1}\hat{\boldsymbol{\Sigma}}_{f/m}\hat{\boldsymbol{\sigma}}_P^{-1} = \begin{bmatrix} h_1^2 & h_{12} & \cdots & h_{1p} \\ h_{21} & h_2^2 & \cdots & h_{2p} \\ \vdots & \vdots & & \vdots \\ h_{p1} & h_{p2} & \cdots & h_p^2 \end{bmatrix} = \begin{bmatrix} 0.2811 & 0.1174 \\ 0.1174 & 0.3230 \end{bmatrix} \quad (3.4.34)$$

由表 3.4.5 知，这种估计为广义遗传力$\boldsymbol{H}_B$

$$\hat{\boldsymbol{H}}_{\mathrm{FS}} = 2\hat{\boldsymbol{\sigma}}_P^{-1}(\hat{\boldsymbol{\Sigma}}_m + \hat{\boldsymbol{\Sigma}}_{f/m})\hat{\boldsymbol{\sigma}}_P^{-1} = \begin{bmatrix} h_1^2 & h_{12} & \cdots & h_{1p} \\ h_{21} & h_2^2 & \cdots & h_{2p} \\ \vdots & \vdots & & \vdots \\ h_{p1} & h_{p2} & \cdots & h_p^2 \end{bmatrix} = \begin{bmatrix} 0.2991 & 0.0988 \\ 0.0988 & 0.2380 \end{bmatrix} \quad (3.4.35)$$

由表 3.4.5 知，从狭义遗传力来看，它有$\hat{\boldsymbol{\Sigma}}_h/2$影响，因而这种估计的遗传力介于狭义与广义之间.

利用$\hat{\boldsymbol{\sigma}}_P$和$\hat{\boldsymbol{\Sigma}}_P$可估计表型相关阵$\hat{\boldsymbol{R}}_P$

$$\hat{\boldsymbol{R}}_P = \hat{\boldsymbol{\sigma}}_P^{-1}\hat{\boldsymbol{\Sigma}}_P\hat{\boldsymbol{\sigma}}_P^{-1} = \begin{bmatrix} 1 & r_{P12} & \cdots & r_{P1p} \\ r_{P21} & 1 & \cdots & r_{P2p} \\ \vdots & \vdots & & \vdots \\ r_{Pp1} & r_{Pp2} & \cdots & 1 \end{bmatrix} = \begin{bmatrix} 1 & 0.5437 \\ 0.5437 & 1 \end{bmatrix} \quad (3.4.36)$$

关于遗传相关阵的估计，和遗传力一样可由$\hat{\boldsymbol{\Sigma}}_m$、$\hat{\boldsymbol{\Sigma}}_{f/m}$和$\hat{\boldsymbol{\Sigma}}_{\mathrm{FS}}$给出三种估计结果.

(1) 由父本半同胞$\hat{\boldsymbol{\Sigma}}_m$估计的遗传相关阵$\boldsymbol{R}_{g(m)}$

$$\begin{cases} \hat{\boldsymbol{\sigma}}_m = \begin{bmatrix} \sqrt{3.40} & 0 \\ 0 & \sqrt{35232.92} \end{bmatrix} = \begin{bmatrix} 1.8439 & 0 \\ 0 & 187.7043 \end{bmatrix} \\ \hat{\boldsymbol{R}}_{g(m)} = \hat{\boldsymbol{\sigma}}_m^{-1}\hat{\boldsymbol{\Sigma}}_m\hat{\boldsymbol{\sigma}}_m^{-1} = \begin{bmatrix} 1 & r_{g12} & \cdots & r_{g1p} \\ r_{g21} & 1 & \cdots & r_{g2p} \\ \vdots & \vdots & & \vdots \\ r_{gp1} & r_{gp2} & \cdots & 1 \end{bmatrix} = \begin{bmatrix} 1 & 0.3643 \\ 0.3643 & 1 \end{bmatrix} \end{cases} \quad (3.4.37)$$

其中，$\hat{\boldsymbol{\sigma}}_m$为由$\hat{\boldsymbol{\Sigma}}_m$中对角线元素构成的标准差对角阵.

(2) 由父本内母本间协方差$\hat{\boldsymbol{\Sigma}}_{f/m}$估计的遗传相关阵$\boldsymbol{R}_{g(f/m)}$

$$\begin{cases} \hat{\boldsymbol{\sigma}}_{f/m} = \begin{bmatrix} \sqrt{3.01} & 0 \\ 0 & \sqrt{74280.33} \end{bmatrix} = \begin{bmatrix} 1.7349 & 0 \\ 0 & 272.5442 \end{bmatrix} \\ \hat{\boldsymbol{R}}_{g(f/m)} = \hat{\boldsymbol{\sigma}}_{f/m}^{-1}\hat{\boldsymbol{\Sigma}}_{f/m}\hat{\boldsymbol{\sigma}}_{f/m}^{-1} = \begin{bmatrix} 1 & r_{g12} & \cdots & r_{g1p} \\ r_{g21} & 1 & \cdots & r_{g2p} \\ \vdots & \vdots & & \vdots \\ r_{gp1} & r_{gp2} & \cdots & 1 \end{bmatrix} = \begin{bmatrix} 1 & 0.3876 \\ 0.3876 & 1 \end{bmatrix} \end{cases} \quad (3.4.38)$$

其中，$\hat{\boldsymbol{\sigma}}_{f/m}$为由$\hat{\boldsymbol{\Sigma}}_{f/m}$中对角线元素构成各性状的遗传标准差对角阵.

(3) 由全同胞$\hat{\boldsymbol{\Sigma}}_{\mathrm{FS}} = \hat{\boldsymbol{\Sigma}}_m + \hat{\boldsymbol{\Sigma}}_{f/m}$估计的遗传相关阵$\boldsymbol{R}_{g\mathrm{FS}}$

$$\hat{\boldsymbol{\Sigma}}_{\mathrm{FS}} = \hat{\boldsymbol{\Sigma}}_m + \hat{\boldsymbol{\Sigma}}_{f/m} = \begin{bmatrix} 6.41 & 312.41 \\ 312.41 & 109513.25 \end{bmatrix}$$

$$\begin{cases}\widehat{\boldsymbol{\sigma}}_{\mathrm{FS}}=\begin{bmatrix}\sqrt{6.41} & 0\\ 0 & \sqrt{109513.25}\end{bmatrix}=\begin{bmatrix}2.5318 & 0\\ 0 & 330.9278\end{bmatrix}\\ \widehat{\boldsymbol{R}}_{g\mathrm{FS}}=\widehat{\boldsymbol{\sigma}}_{\mathrm{FS}}^{-1}\widehat{\boldsymbol{\Sigma}}_{\mathrm{FS}}\widehat{\boldsymbol{\sigma}}_{\mathrm{FS}}^{-1}=\begin{bmatrix}1 & r_{g12} & \cdots & r_{g1p}\\ r_{g21} & 1 & \cdots & r_{g2p}\\ \vdots & \vdots & & \vdots\\ r_{gp1} & r_{gp2} & \cdots & 1\end{bmatrix}=\begin{bmatrix}1 & 0.3704\\ 0.3704 & 1\end{bmatrix}\end{cases}\tag{3.4.39}$$

关于环境相关阵的估计要复杂一些. 由表 3.4.5 知, 当近交系数$F=0$时, $\boldsymbol{\Sigma}=\boldsymbol{\Sigma}_P-\boldsymbol{\Sigma}_{\mathrm{FS}}=\boldsymbol{\Sigma}_d/2+3\boldsymbol{\Sigma}_h/4+\cdots$, 其中有环境组分. 因而可由$\hat{\Sigma}$、$\hat{\Sigma}_{f/m}$和$\hat{\Sigma}_{\mathrm{FS}}$估计出三种近似的估计协方差组分, 相应地可估计出三种环境相关阵.

(1) 由$\widehat{\boldsymbol{\Sigma}}_{e1}=\widehat{\boldsymbol{\Sigma}}-2\widehat{\boldsymbol{\Sigma}}_m$估计的环境相关阵$\boldsymbol{R}_{e1}$

$$\begin{cases}\widehat{\boldsymbol{\Sigma}}_{e1}=\widehat{\boldsymbol{\Sigma}}-2\widehat{\boldsymbol{\Sigma}}_m=\begin{bmatrix}29.70 & 2848.84\\ 2848.84 & 740085.16\end{bmatrix}\\ \widehat{\boldsymbol{\sigma}}_{e1}=\begin{bmatrix}\sqrt{29.70} & 0\\ 0 & \sqrt{740085.16}\end{bmatrix}=\begin{bmatrix}5.4498 & 0\\ 0 & 860.2820\end{bmatrix}\\ \widehat{\boldsymbol{R}}_{e1}=\widehat{\boldsymbol{\sigma}}_{e1}^{-1}\widehat{\boldsymbol{\Sigma}}_{e1}\widehat{\boldsymbol{\sigma}}_{e1}^{-1}=\begin{bmatrix}1 & r_{e12} & \cdots & r_{e1p}\\ r_{e21} & 1 & \cdots & r_{e2p}\\ \vdots & \vdots & & \vdots\\ r_{ep1} & r_{ep2} & \cdots & 1\end{bmatrix}=\begin{bmatrix}1 & 0.6088\\ 0.6088 & 1\end{bmatrix}\end{cases}\tag{3.4.40}$$

(2) 由$\widehat{\boldsymbol{\Sigma}}_{e2}=\widehat{\boldsymbol{\Sigma}}-2\widehat{\boldsymbol{\Sigma}}_{f/m}$估计的环境相关阵$\boldsymbol{R}_{e2}$

$$\begin{cases}\widehat{\boldsymbol{\Sigma}}_{e2}=\widehat{\boldsymbol{\Sigma}}-2\widehat{\boldsymbol{\Sigma}}_{f/m}=\begin{bmatrix}30.48 & 2736.34\\ 2736.34 & 661990.34\end{bmatrix}\\ \widehat{\boldsymbol{\sigma}}_{e2}=\begin{bmatrix}\sqrt{30.48} & 0\\ 0 & \sqrt{661990.34}\end{bmatrix}=\begin{bmatrix}5.52 & 0\\ 0 & 813.63\end{bmatrix}\\ \widehat{\boldsymbol{R}}_{e2}=\widehat{\boldsymbol{\sigma}}_{e2}^{-1}\widehat{\boldsymbol{\Sigma}}_{e2}\widehat{\boldsymbol{\sigma}}_{e2}^{-1}=\begin{bmatrix}1 & r_{e12} & \cdots & r_{e1p}\\ r_{e21} & 1 & \cdots & r_{e2p}\\ \vdots & \vdots & & \vdots\\ r_{ep1} & r_{ep2} & \cdots & 1\end{bmatrix}=\begin{bmatrix}1 & 0.6095\\ 0.6095 & 1\end{bmatrix}\end{cases}\tag{3.4.41}$$

(3) 由$\widehat{\boldsymbol{\Sigma}}_{e3}=\widehat{\boldsymbol{\Sigma}}-\widehat{\boldsymbol{\Sigma}}_{\mathrm{FS}}$估计的环境相关阵$\boldsymbol{R}_{e3}$

$$\begin{cases}\widehat{\boldsymbol{\Sigma}}_{e3}=\widehat{\boldsymbol{\Sigma}}-2\widehat{\boldsymbol{\Sigma}}_{\mathrm{FS}}=\begin{bmatrix}30.09 & 2792.59\\ 2792.59 & 701037.75\end{bmatrix}\\ \widehat{\boldsymbol{\sigma}}_{e3}=\begin{bmatrix}\sqrt{30.09} & 0\\ 0 & \sqrt{701037.75}\end{bmatrix}=\begin{bmatrix}5.49 & 0\\ 0 & 837.28\end{bmatrix}\\ \widehat{\boldsymbol{R}}_{e3}=\widehat{\boldsymbol{\sigma}}_{e3}^{-1}\widehat{\boldsymbol{\Sigma}}_{e3}\widehat{\boldsymbol{\sigma}}_{e3}^{-1}=\begin{bmatrix}1 & r_{e12} & \cdots & r_{e1p}\\ r_{e21} & 1 & \cdots & r_{e2p}\\ \vdots & \vdots & & \vdots\\ r_{ep1} & r_{ep2} & \cdots & 1\end{bmatrix}=\begin{bmatrix}1 & 0.6085\\ 0.6085 & 1\end{bmatrix}\end{cases}\tag{3.4.42}$$

下面论述遗传力估计矩阵$\boldsymbol{H}_{N(m)}$、$\boldsymbol{H}_{(f/m)}$和$\boldsymbol{H}_{\mathrm{FS}}$中各遗传力显著性检验的问题.

1) $\boldsymbol{H}_{N(m)}$中各遗传力的显著性检验

$\boldsymbol{H}_{N(m)}$中各遗传力为狭义遗传力, $\hat{h}_{N1}^2,\hat{h}_{N2}^2,\cdots,\hat{h}_{Np}^2$都是用父本半同胞组内相关系数$\hat{t}_{\mathrm{HS1}}$估计的, 即近交系数$F=0$时为$\hat{h}_N^2=4\hat{t}_{\mathrm{HS1}}$, 标准差也有$S_{h_N^2}=4S_{t_{\mathrm{HS1}}}$的关系. 因而$H_{N(m)}$中各遗传力$\hat{h}_{Ni}^2(i=1,2,\cdots,p)$的检验方法可近似视为父本的等重复$fr$试验, 即

$$\begin{cases} S_{h_{Ni}^2} = 4\left(1-\frac{h_{Ni}^2}{4}\right)\left[1+(fr-1)\frac{h_{Ni}^2}{4}\right]\Big/\sqrt{\frac{1}{2}fr(fr-1)(m-1)} \\ t_i = \hat{h}_{Ni}^2/S_{h_{Ni}^2} \sim t\left[\frac{1}{2}fr(fr-1)(m-1)\right] \end{cases} \tag{3.4.43}$$

对于例 3.4.2, t检验的自由度均为$fr(fr-1)(m-1)/2 = 1056$, $\hat{h}_{Ni}^2 = 4\hat{t}_{(\text{HS})1i}$.

$$\hat{h}_{N1}^2 \pm S_{h_{N1}^2} = 0.3171 \pm 0.2122 \qquad t_1 = 1.4943$$

$$\hat{h}_{N2}^2 \pm S_{h_{N2}^2} = 0.1532 \pm 0.1683 \qquad t_2 = 0.9103$$

t_1和t_2均小于$t_{0.05}(\infty) = 1.96$, 均不显著.

2) $H_{(f/m)}$中各遗传力的显著性检验

$H_{(f/m)}$中各遗传力是在$F = 0$时, 由母本半同胞组内相关系数$\hat{t}_{\text{HS2}}$估计的, $h_1^2, h_2^2, \cdots, h_p^2$均为广义遗传力$h_B^2$, 而且$\hat{h}_i^2 = 4\hat{t}_{(\text{HS})2i}, S_{h_i^2} = 4S_{t_{(\text{HS})2i}}, i = 1,2,\cdots,p$. 据式(3.3.20)提供的检验方法, $\hat{h}_i^2$的检验方法为

$$\begin{cases} S_{h_i^2} = \frac{4\sqrt{2}}{rS_{pi}^2}\sqrt{\frac{\text{MS}_{f/mi}^2}{m(f-1)} + \frac{\text{MS}_{ei}^2}{mf(r-1)}} \\ t_i = \hat{h}_i^2/S_{h_i^2} \sim t(f_i) \end{cases} \tag{3.4.44}$$

其中, S_{pi}^2、$\text{MS}_{f/mi}$和MS_{ei}的具体数据由式(3.4.31)中的$\hat{\boldsymbol{\Sigma}}_P$、$\hat{\boldsymbol{\Sigma}}_{f/m}$和$S_e$提供. 在例 3.4.2 中 $r = 3, f = 4, m = 17$. 式(3.4.44)中MS_e的自由度为完全随机试验的自由度$mf(r-1)$, 而不是式(3.3.20)中的完全随机区组的自由度$(r-1)(mf-1)$.例 3.4.2 的计算结果为

$$\hat{h}_1^2 \pm S_{h_1^2} = 0.2811 \pm 0.1388 \qquad t_1 = 2.0252$$

$$\hat{h}_2^2 \pm S_{h_2^2} = 0.3230 \pm 0.1440 \qquad t_2 = 2.2431$$

t_1和t_2均大于$t_{0.05}(\infty) = 1.96$, h_1^2和h_2^2均达到显著.

3) H_{FS}中各遗传力的显著性检验

H_{FS}中各遗传力$h_1^2, h_2^2, \cdots, h_p^2$是在近交系数$F = 0$时由全同胞组内相关系数$\hat{t}_{\text{FS}}$估计的, 有$\boldsymbol{\Sigma}_h/2$的组分, 因而它们介于狭义与广义之间. 由于这里讲述的是 NCI 完全随机试验, S_e的自由度$f_e = mf(r-1)$. 据式(3.3.20)提供的检验方法, 可修改为

$$\begin{cases} S_{h_i^2} = \frac{2\sqrt{2}}{frS_{pi}^2}\sqrt{\frac{\text{MS}_{mi}^2}{m-1} + \frac{(f-1)\text{MS}_{f/mi}^2}{m} + \frac{\text{MS}_{ei}^2}{mf(r-1)}} \\ t_i = h_i^2/S_{h_i^2} \sim t(f_i) \end{cases} \tag{3.4.45}$$

其中, S_{pi}^2、$\text{MS}_{f/mi}$和MS_{ei}的具体数据由式(3.4.31)中的$\hat{\boldsymbol{\Sigma}}_P$、$\hat{\boldsymbol{\Sigma}}_{f/m}$和$\boldsymbol{S}_e$提供. 按例 3.4.2 中 $r = 3, f = 4, m = 17$, 有如下计算结果

$$\hat{h}_1^2 \pm S_{h_1^2} = 0.2991 \pm 0.0191 \qquad t_1 = 15.66$$

$$\hat{h}_2^2 \pm S_{h_2^2} = 0.2380 \pm 0.0196 \qquad t_2 = 12.14$$

由于$t_{0.01}(\infty) = 2.576$, 故h_1^2和h_2^2都是极显著的.

综合上述, 在 NCI 完全随机试验资料的基础上, 通过父本半同胞、母本半同胞和全同胞分析, 估计了三种遗传力、三种遗传相关和三种环境相关. 例 3.4.2 的结果相当一致, 如遗传相关在 0.3643~0.3876, 环境相关在 0.6085~0.6095.

如果把重点放在h_N^2的估计上, 那么上述试验可以有另一种估计方法, 即把父本内母本间和全同胞合并, 形成表 3.4.7 的方差分析模式.

表 3.4.7　NCI 的父本半同胞方差分析模式

变异原因	自由度	离差阵	均方阵	期望均方
父本间	$m-1$	$\boldsymbol{L}_m$	$\boldsymbol{S}_m$	$\boldsymbol{\Sigma}_W+n_0\boldsymbol{\Sigma}_m$
父本内	$n-m$	$\boldsymbol{L}_e$	$\boldsymbol{S}_e$	$\boldsymbol{\Sigma}_W$
总变异	$n-1$	$\boldsymbol{W}$		

这种分析模式有以下优点：适合于每胎只产一个仔的大家畜，可收集m个公畜的后代(非限性性状)或其女儿(限性性状，如产乳量等). 各头公畜的后代数分别为$n_1,n_2,\cdots,n_m$.n_0是其调和平均数

$$n_0=\frac{1}{m-1}\left[\sum_{i=1}^{m}n_i-\sum_{i=1}^{m}n_i^2\Big/\sum_{i=1}^{m}n_i\right] \tag{3.4.46}$$

参数估计为

$$\widehat{\boldsymbol{\Sigma}}_W=S_e\qquad \widehat{\boldsymbol{\Sigma}}_m=\frac{1}{n_0}(S_m-S_e)\qquad \widehat{\boldsymbol{\Sigma}}_P=\widehat{\boldsymbol{\Sigma}}_W+\widehat{\boldsymbol{\Sigma}}_m \tag{3.4.47}$$

和式(3.4.31)~式(3.4.33)类同，表型相关系数R_P和$H_{N(m)}$等的估计式为($F=0$)

$$\widehat{\boldsymbol{H}}_{N(m)}=4\widehat{\boldsymbol{\sigma}}_P^{-1}\widehat{\boldsymbol{\Sigma}}_m\widehat{\boldsymbol{\sigma}}_P^{-1}=\begin{bmatrix}h_{N1}^2 & h_{N12} & \cdots & h_{N1p}\\ h_{N21} & h_{N2}^2 & \cdots & h_{N2p}\\ \vdots & \vdots & & \vdots\\ h_{Np1} & h_{Np2} & \cdots & h_{Np}^2\end{bmatrix} \tag{3.4.48}$$

$$\widehat{\boldsymbol{R}}_P=\widehat{\boldsymbol{\sigma}}_P^{-1}\widehat{\boldsymbol{\Sigma}}_P\widehat{\boldsymbol{\sigma}}_P^{-1}=\begin{bmatrix}1 & r_{P12} & \cdots & r_{P1p}\\ r_{P21} & 1 & \cdots & r_{P2p}\\ \vdots & \vdots & & \vdots\\ r_{Pp1} & r_{Pp2} & \cdots & 1\end{bmatrix} \tag{3.4.49}$$

$$\widehat{\boldsymbol{R}}_{g(m)}=\widehat{\boldsymbol{\sigma}}_m^{-1}\widehat{\boldsymbol{\Sigma}}_m\widehat{\boldsymbol{\sigma}}_m^{-1}=\begin{bmatrix}1 & r_{g12} & \cdots & r_{g1p}\\ r_{g21} & 1 & \cdots & r_{g2p}\\ \vdots & \vdots & & \vdots\\ r_{gp1} & r_{gp2} & \cdots & 1\end{bmatrix} \tag{3.4.50}$$

$$\widehat{\boldsymbol{R}}_e=\widehat{\boldsymbol{\sigma}}_e^{-1}\widehat{\boldsymbol{\Sigma}}_e\widehat{\boldsymbol{\sigma}}_e^{-1}=\begin{bmatrix}1 & r_{e12} & \cdots & r_{e1p}\\ r_{e21} & 1 & \cdots & r_{e2p}\\ \vdots & \vdots & & \vdots\\ r_{ep1} & r_{ep2} & \cdots & 1\end{bmatrix} \tag{3.4.51}$$

表 3.4.7 的分析模式可用于表 3.4.4. 这时$n_0\equiv fr,n=mfr$. 对于例 3.4.2, $m=17,f=4,r=3,p=2$. 只要把例 3.4.2 中的$\boldsymbol{L}_{f/m}$和$\boldsymbol{L}_e$合并为新的$\boldsymbol{L}_e$就行，$\boldsymbol{L}_m$和$\boldsymbol{W}$不变. 具体有如下结果

$$\boldsymbol{L}_m=\begin{bmatrix}1380.8 & 82736.0\\ 82736.0 & 23298992.0\end{bmatrix}\qquad \boldsymbol{S}_m=\begin{bmatrix}86.3 & 5171.0\\ 5171.0 & 1456187.0\end{bmatrix}\qquad f_m=16$$

$$\boldsymbol{L}_e=\begin{bmatrix}7280.9 & 608838.0\\ 608838.0 & 162937928.0\end{bmatrix}\qquad \boldsymbol{S}_e=\begin{bmatrix}38.9 & 3255.8\\ 3255.8 & 871325.8\end{bmatrix}\qquad f_e=m(fr-1)=187$$

$$\widehat{\boldsymbol{\Sigma}}_W = \boldsymbol{S}_e = \begin{bmatrix} 38.9 & 3255.8 \\ 3255.8 & 871325.8 \end{bmatrix}$$

$$\widehat{\boldsymbol{\Sigma}}_m = \frac{1}{fr}(\boldsymbol{S}_m - \boldsymbol{S}'_e) = \frac{1}{12}(\boldsymbol{S}_m - \boldsymbol{S}'_e) = \begin{bmatrix} 3.95 & 159.6 \\ 159.6 & 48738.4 \end{bmatrix}$$

$$\widehat{\boldsymbol{\Sigma}}_P = \widehat{\boldsymbol{\Sigma}}_W + \widehat{\boldsymbol{\Sigma}}_m = \begin{bmatrix} 42.9 & 3415.4 \\ 3415.4 & 920064.2 \end{bmatrix}$$

$$\widehat{\boldsymbol{\sigma}}_P = \begin{bmatrix} \sqrt{42.9} & 0 \\ 0 & \sqrt{920064.2} \end{bmatrix} = \begin{bmatrix} 6.5498 & 0 \\ 0 & 959.1998 \end{bmatrix}$$

$$\widehat{\boldsymbol{\sigma}}_W = \begin{bmatrix} \sqrt{38.9} & 0 \\ 0 & \sqrt{871325.8} \end{bmatrix} = \begin{bmatrix} 6.2370 & 0 \\ 0 & 933.4483 \end{bmatrix}$$

$$\widehat{\boldsymbol{\sigma}}_m = \begin{bmatrix} \sqrt{3.95} & 0 \\ 0 & \sqrt{48738.4} \end{bmatrix} = \begin{bmatrix} 1.9875 & 0 \\ 0 & 220.7678 \end{bmatrix}$$

由此得到表型相关阵$\boldsymbol{R}_P$、遗传相关阵$\boldsymbol{R}_g$、环境相关阵$\boldsymbol{R}_e$和由父本半同胞估计的狭义遗传力阵$\boldsymbol{H}_{N(m)}$的估计

$$\widehat{\boldsymbol{R}}_P = \widehat{\boldsymbol{\sigma}}_P^{-1}\widehat{\boldsymbol{\Sigma}}_P\widehat{\boldsymbol{\sigma}}_P^{-1} = \begin{bmatrix} 1 & 0.5436 \\ 0.5436 & 1 \end{bmatrix}$$

$$\widehat{\boldsymbol{R}}_g = \widehat{\boldsymbol{\sigma}}_m^{-1}\widehat{\boldsymbol{\Sigma}}_m\widehat{\boldsymbol{\sigma}}_m^{-1} = \begin{bmatrix} 1 & 0.3637 \\ 0.3637 & 1 \end{bmatrix}$$

$$\widehat{\boldsymbol{R}}_e = \widehat{\boldsymbol{\sigma}}_W^{-1}\widehat{\boldsymbol{\Sigma}}_W\widehat{\boldsymbol{\sigma}}_W^{-1} = \begin{bmatrix} 1 & 0.5592 \\ 0.5592 & 1 \end{bmatrix}$$

$$\widehat{\boldsymbol{H}}_{N(m)} = 4\widehat{\boldsymbol{\sigma}}_P^{-1}\widehat{\boldsymbol{\Sigma}}_m\widehat{\boldsymbol{\sigma}}_P^{-1} = \begin{bmatrix} 0.3683 & 0.1016 \\ 0.1016 & 0.2119 \end{bmatrix}$$

表 3.4.7 把 NCI 完全随机试验变为 NCI 父本半同胞完全随机试验，处理(父本)数为m，重复为fr. 因而$\widehat{H}_{N(m)}$中各遗传力$h_{Ni}^2(i = 1, 2, \cdots, p)$的标准差$S_{h_{Ni}^2}$和$t$检验仍为式(3.4.43)，例 3.4.2 的结果为

$$\hat{h}_{N1}^2 \pm S_{h_{N1}^2} = 0.3683 \pm 0.2249 \qquad t_1 = h_{N1}^2/S_{h_{N1}^2} = 1.6376 < t_{0.05}(\infty) = 1.96$$

$$\hat{h}_{N2}^2 \pm S_{h_{N2}^2} = 0.2119 \pm 0.1845 \qquad t_2 = h_{N2}^2/S_{h_{N2}^2} = 1.1485 < t_{0.05}(\infty) = 1.96$$

t检验的自由度均为$fr(fr-1)(m-1)/2 = 1056$，因而两个遗传力均不显著.

从以往的研究看，需要大量的观察数r_g的估计才有意义. 有关研究指出，为了得到标准差为 0.05 的r_g估计，至少需要 600 头公畜和 6000 个后代.

3.5 阈性状及其重复力、遗传力的估计

阈性状(threshold trait)是一类介于质量性状和数量性状之间的特殊性状，在表型上与质量性状类似，呈非连续变异，但又不服从孟德尔分离、自由组合定律，如生物在某些疾病上的抗力(发病或健康、死亡或存活等)；单胎生物的产仔数，单胎、双胎或多胎等. 阈性状的概念是由 Wright 于 1934 年在研究豚鼠的趾数遗传时提出的，并用一个“阈模型”(threshold model)来解释这一类遗传规律(盛志廉和陈瑶生, 1999).

阈性状的数学模型具有两个分布，一个是表型具有有限的$1, 2, \cdots, k$个状态的P分布(离散)，相应的发生概率为$p_1, p_2, \cdots, p_k(\sum p_i = 1)$. 对应于$k$取 2, 3, ⋯分别称为单阈、二阈，⋯，$k$个状态有$k-1$个阈值. 对于一个个体而言，只能取$k$个状态中的一个. 阈性状的另一个分布是潜在的连续分布X，它表示造成这个性状表现的某种物质的浓度或发育

过程的速度等，一般服从正态分布或经过数据变换后成为正态分布. X的取值决定了k个状态的$k-1$个阈值(threshold value) $t_1,t_2,\cdots,t_{k-1}$. 对群体中一个个体而言，若 X 取t_1，则表现为单阈；当$t_1<x=t_2$，个体表现为二阈……

对一个群体而言，只含有一个阈的性状称为二者居其一性状或全有全无性状. 图 3.5.1 表示一个发生率为 20%的单阈性状的两个分布.

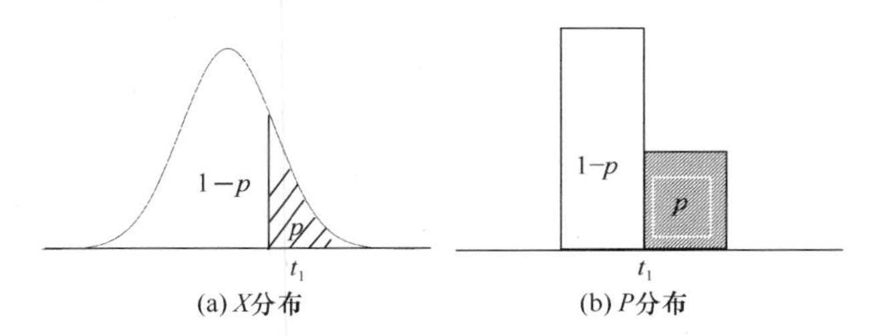

图 3.5.1　发生率为 20%的单阈性状的两个分布

一般来讲，状态过多的性状是不宜作为阈性状来处理的，可近似地作为连续分布来分析，如鸡的产蛋数、小麦的每穗粒数等. 阈性状的分析较复杂，一般较少考虑两个阈以上的阈性状分析.

3.5.1　阈性状的重复力估计

3.2 节以家系为遗传型的单因素遗传设计的完全随机试验估计重复力，对于阈性状也可这样估计，但还有更直接的方法.

1. 回归方法

1956 年, Lush 对母羊产羔数的重复力用回归法进行了估计. Lush 指出，平均产羔数y对于第一胎或任一胎产羔数x_0的回归就是重复力. 其模型为：第i个母羊的第j胎次的产羔数为

$$x_{ij}=\mu+s_i+\varepsilon_{ij}\quad i=1,2,\cdots,n;\quad j=1,2,\cdots,k \tag{3.5.1}$$

其中，μ为全群母羊产羔的平均数，s_i为第i头母羊的产羔生产力，ε_{ij}为第i头母羊第j胎产羔的随机偏差. y为第一胎或任一胎产羔数x_0后的将来产羔平均数. 其中，ε_{ij}间相互独立，其方差为σ_e^2，故重复力为

$$t=\sigma_s^2/(\sigma_s^2+\sigma_e^2) \tag{3.5.2}$$

假设在x_0之后，x_{ij}观察了k次，则在理论上y关于x_0的回归系数$b_{y(x)}=t$. 事实上

$$b_{y(x_0)}=\frac{\mathrm{Cov}(x_0,y)}{V(x_0)}=\frac{\mathrm{Cov}\left[s_i+\varepsilon_{i0},\frac{1}{k}\sum_{j=1}^{k}(s_i+\varepsilon_{ij})\right]}{(\sigma_s^2+\sigma_e^2)}=\frac{k\sigma_s^2}{k(\sigma_s^2+\sigma_e^2)}=t \tag{3.5.3}$$

据上述，如何根据实际资料来估计阈性状的重复力t呢？问题的关键是要在实际资料中找对随机变量x_0和y的分布. 具体做法将通过表 3.5.1 所示资料作为实例来说明.

【例 3.5.1】　收集某羊场历年资料，选取其中 10 头母羊 9 个胎次的产羔记录列入表 3.5.1 中，将第一胎作为x_0，其余 8 胎次作为未来平均产羔数y. 试用回归法估计每胎产羔数的重复力.

表 3.5.1　母羊产羔数记录

母羊号i	胎次									2~9 胎平均数
	1(x_0)	2	3	4	5	6	7	8	9	
1	1	2	2	1	0	1	1	1	2	1.25
2	1	1	2	1	1	2	2	0	2	1.375
3	2	1	2	2	1	1	2	2	1	1.5
4	0	1	1	1	2	1	1	2	1	1.25
5	1	2	1	2	0	2	1	1	1	1.25
6	2	2	1	2	2	2	0	1	2	1.5
7	1	1	1	0	2	1	1	2	2	1.25
8	0	1	1	2	1	1	0	2	1	1.125
9	1	1	2	2	2	1	2	2	1	1.625
10	2	1	1	2	1	2	2	2	2	1.625

1) y关于x_0的一般回归法

x_0	1	1	2	0	1	2	1	0	1	2
y	1.25	1.375	1.5	1.25	1.25	1.5	1.25	1.125	1.625	1.625

回归方程为$\hat{y} = \bar{y} + b_{y(x_0)}(x_0 - \bar{x}_0)$，统计计算结果为

$$\sum_i x_{0i} = 11 \qquad \bar{x}_0 = 1.1 \qquad l_{x_0x_0} = \sum_i x_{i0}^2 - \frac{1}{10}\left(\sum_i x_{0i}\right)^2 = 4.9$$

$$\sum_i y_i = 13.75 \qquad \bar{y} = 1.375 \qquad l_{yy} = \sum_i y_i^2 - \frac{1}{10}\left(\sum_i y_i\right)^2 = 0.2815$$

$$\sum_i x_{0i}y_i = 16 \qquad l_{x_0y} = \sum_i x_{0i}y_i - \frac{1}{10}\sum_i x_{0i}\sum_i y_i = 0.875$$

最小二乘估计$b_{y(x_0)}$为

$$b_{y(x_0)} = l_{x_0y}/l_{x_0x_0} = 0.875/4.9 = 0.1786$$

x_0和y的相关系数为

$$r_{x_0y} = l_{x_0y}/\sqrt{l_{x_0x_0}l_{yy}} = 0.875/\sqrt{4.9 \times 0.28125} = 0.7454$$

剩余平方和Q_e(自由度为$n-2=10-2=8$)和σ^2的估计为

$$Q_e = l_{yy} - b^2 l_{x_0x_0} = 0.1249 \qquad \hat{\sigma}^2 = \frac{1}{8}Q_e = 0.0156$$

$b_{y(x_0)}$的标准差为

$$S_b = \sqrt{\hat{\sigma}^2/l_{x_0x_0}} = 0.0564$$

重复力$t = b_{y(x_0)}$的估计结果为$t \pm S_t = 0.1786 \pm 0.0564$.$b_{y(x_0)}$的显著性检验可以用相关系数显著临界值替代，$r_{0.05}(8) = 0.632, r_{0.01}(8) = 0.765$，故$r_{y(x_0)} = 0.7454$达到$\alpha = 0.05$的显著.

2) y关于x_0取值逐次相邻估计t的加权平均法

以第一胎次产羔数x_0为自变量，以其余$k-1$胎次产羔数的平均数y作为因变量的回归法估计阈性状的重复力是方便的，但深入考虑是有问题的．设x_0取值为 0，1，…，m，这种取值对n头母羊是不等权的．如果按x_0取值将n头母羊分为$m+1$类，每类母羊数分别为$n_0, n_1, \cdots, n_m$，进而得到按$n_0, n_1, \cdots, n_m$对应的母羊的y值求出其平均值$\bar{y}_0, \bar{y}_1, \cdots, \bar{y}_m$．令$\hat{t}_{\cdot j}=\bar{y}_j-\bar{y}_{j-1}$为$x_0=j-1$到$x_0=j$的平均成绩，$w_j$为其权重，由此得到估计重复力$t$及其标准差$S_t$的加权平均法

$$\begin{cases}\hat{t}_{\cdot j}=\bar{y}_j-\bar{y}_{j-1}, \quad j=1,2,\cdots,m \\ w_j=(k-1)\Big/\left(\dfrac{1}{n_j}+\dfrac{1}{n_{j-1}}\right)=\dfrac{(k-1)n_{j-1}n_j}{n_{j-1}+n_j}\text{(调和平均)} \\ \hat{t}=\sum\limits_{j}^{m} w_j\hat{t}_{\cdot j}\Big/\sum\limits_{j}^{m} w_j \\ S_t=\sqrt{\sum\limits_{j}^{m} w_j\left(\hat{t}_{\cdot j}-\hat{t}\right)^2\Big/\sum\limits_{j}^{m} w_j}\end{cases} \tag{3.5.4}$$

用加权平均法对例 3.5.1 的分析过程和结果如下．

据表 3.5.1，第一胎x_0取值为 0、1、2．按其将 10 个母羊分为 3 类，$n_0=2, n_1=5, n_2=3$．n_0中的母羊号为 4 和 8;n_1中的母羊号为 1、2、5、7、9；n_2中的母羊号为 3、6 和 8．因而

$$\bar{y}_0=\frac{1}{2}(y_4+y_8)=\frac{1}{2}\times(1.25+1.125)=1.1875$$

$$\bar{y}_1=\frac{1}{5}(y_1+y_2+y_5+y_7+y_9)=\frac{1}{5}\times(1.25+1.375+1.25+1.25+1.625)=1.35$$

$$\bar{y}_2=\frac{1}{2}(y_3+y_6+y_{10})=\frac{1}{2}\times(1.5+1.5+1.625)=1.5417$$

$$\hat{t}_{\cdot 1}=\bar{y}_1-\bar{y}_0=1.35-1.1875=0.1625$$

$$w_1=(9-1)n_0n_1/(n_0+n_1)=8\times2\times5\div(2+5)=11.4286$$

$$\hat{t}_{\cdot 2}=\bar{y}_2-\bar{y}_1=1.5417-1.35=0.1917$$

$$w_2=(9-1)n_1n_2/(n_1+n_2)=8\times5\times3\div(5+3)=15.0$$

$$\hat{t}=\sum_j^m w_j\hat{t}_{\cdot j}/\sum_j^m w_j=\frac{11.4286\times0.1625+15\times0.1917}{11.4286+15}=0.1791$$

$$S_t=\sqrt{\frac{11.4286\times(0.1625-0.1791)^2+15\times(0.1917-0.1791)^2}{11.4286+15}}=0.0145$$

估计结果为$\hat{t}\pm S_t=0.1791\pm0.0145$．$t$检验$t=0.1791/0.0145=12.352>t_{0.01}(\infty)=2.576$，表明$\hat{t}$是极显著的．

这个结果表明，加权平均法优于一般回归法，其原因是在一般回归中各数据是等权的，而实际上母羊产羔数不是等权的．

Young 等(1963)用此方法估计产羊羔数的重复力时认为，从预测将来产羔性能的角度来看，双羔和单羔的初始差异约为单羔和不产羔的初始差异重要两倍，而且第二胎比第一胎记录的预测能力好．

2. 列联表法

在统计上，把来自某一总体的容量为n的一个样本按照两个离散的定性变量P_1和P_2进行分类．按P_1可分为r类，按P_2可分为c类，P_1的第i类和P_2的第j类的频数为n_{ij}, $\sum\sum n_{ij}=n$．这就形成了$r\times c$列联表．列联表分析的目的是判断P_1和P_2是否独立(H_0: P_1和P_2相互独立；H_A: P_1和P_2相互关联).

当观察值只分为两组时，Plackett 于 1965 年提出了一个较简单的方法，如表 3.5.2 所示，其中n_{ij}为对应分类组的次数.

表 3.5.2　阈性状重复力估计的 2×2 列联表

第二年记录	第一年记录	
	组 0	组 1
组 0	n_{00}	n_{01}
组 1	n_{10}	n_{11}

如果没有理由认为拒绝n_{00}/n_{01}和n_{10}/n_{11}有一定的关联，则组 0 与组 1 的关联系数为

$$\psi=(n_{00}n_{11})/(n_{01}n_{10}) \tag{3.5.5}$$

则组 0 的重复力t_I的估计值及其标准差为

$$\begin{cases} t_I=-\cos\left(\dfrac{\psi\times 180^\circ}{1+\sqrt{\psi}}\right) \\ S_{\hat{t}_I}=\dfrac{\pi\sqrt{\psi}\sin\left(\dfrac{\psi\times 180^\circ}{1+\sqrt{\psi}}\right)}{2\left(1+\sqrt{\psi}\right)^2}\sqrt{\dfrac{1}{n_{00}}+\dfrac{1}{n_{01}}+\dfrac{1}{n_{10}}+\dfrac{1}{n_{11}}} \end{cases} \tag{3.5.6}$$

其中，π为圆周率，即$\pi=3.1416$.

【例 3.5.2】　某奶牛场统计了母牛产犊情况，两年的记录如表 3.5.3 所示，估计奶牛难产的重复力t_I.

表 3.5.3　奶牛产犊情况统计表

第二年记录	第一年记录	
	难产	顺产
难产	3(n_{00})	5(n_{01})
顺产	10(n_{10})	28(n_{11})

据式(3.5.5)和式(3.5.6)有

$$\psi=(n_{00}n_{11})/(n_{01}n_{10})=\frac{3\times 28}{5\times 10}=1.68$$

$$\hat{t}_I=-\cos\left(\frac{\psi\times 180^\circ}{1+\sqrt{\psi}}\right)=-\cos 101.61^\circ=\sin 11.61^\circ=0.2012$$

$$S_{\hat{t}_I}=\frac{3.1416\times\sqrt{1.68}\times\sin 101.61^\circ}{2\times\left(1+\sqrt{1.68}\right)^2}\times\sqrt{\frac{1}{3}+\frac{1}{5}+\frac{1}{10}+\frac{1}{28}}=0.3094$$

$$t=0.2012/0.3094=0.6503<t_{0.05}(\infty)=1.96$$

综上，奶牛难产的重复力估计结果为$\hat{t}_I\pm S_{\hat{t}_I}=0.2012\pm 0.3094$，不显著.

3.5.2　阈性状的遗传力估计

阈性状有一个潜在的由多基因系统控制的但一般不能观察到的连续性分布(X)，只有当 X 取值超过某一阈值时才发生表型改变而呈离散性分布(P)。阈性状表现的特殊性和复杂性，使阈性状遗传参数的估计方法不同于一般数量性状。一般数量性状参数估计的方差分析法(组内相关法)只能近似用于阈性状，其近似程度随着阈数的增加而增大。人们在探讨阈性状遗传力估计方法时，注意到阈性状潜在分布X和表现型分布的相关性，又考虑到用性状实际遗传变化估计现实遗传力的估计方法，便产生了阈性状遗传力估计的不同的统计方法。对于两种状态的单阈性状，在双正态分布的假定下，可采用类似于方差分析的估计阈性状遗传力的方法；Robertson 和 Lerner 于 1949 年利用在选择情况下性状的实际遗传变化来估计阈性状遗传力；Falconer 于 1965 年考虑到潜在分布X不能度量而提出了一种阈性状遗传力估计方法。这些方法类似于现实遗传力估计方法，下面介绍单阈性状的遗传力估计方法。

设性状为个体对某种疾病的抵抗力，在这种情况下，若个体死亡就自然不能繁殖，因而用死亡和存活作为判断标准，即个体对某种疾病的抵抗力为死亡或存活的二者必居其一性状(单阈性状)。对这种单阈性状的遗传力估计，可取父本半同胞资料进行分析。

设有m头公畜，第i头公畜的子女数为n_i，相应的发病数为a_i，发病率为$p_i, i = 1, 2, \cdots, m$。估计发病率的遗传力。

【例 3.5.3】　调查某鸡群的马立克病发病情况，得到表 3.5.4 所示资料，估计马立克病发病率的遗传力。

表 3.5.4　马立克病发病率统计表

种公鸡i	后代数n_i	发病数a_i	发病率p_i	a_i^2/n_i
1	98	35	0.3571	12.5000
2	75	11	0.1467	1.6133
3	117	38	0.3248	12.3419
4	46	10	0.2174	2.1739
5	66	10	0.1515	1.5152
6	85	21	0.2471	5.1882
7	93	24	0.2581	6.1935
8	105	15	0.1429	2.1429
9	73	31	0.4247	13.1644
10	58	9	0.1552	1.3966
列和	816	204	2.4255	58.2299

1. 近似父本半同胞方差分析法

设$x_{ij} = \mu + \alpha_i + \varepsilon_{ij}$为第$i$头公畜的第$j$个后代的表型值，其中$\mu$为群体均值，$\alpha_i$为第$i$头公畜的主效应，$\varepsilon_{ij}$为随机误差。作为方差分析模型，$x_{ij}$并不服从正态分布，它为二者居其一资料，因而只能假定ε_{ij}相互独立，即$E(\varepsilon_{ij}) = 0$。对于表 3.5.5 的资料，估计对象为发病率, 因而对于n_i个后代, 有α_i个取 1, 有$(n_i-\alpha_i)$个取 0. 因而有

$$T_{i\cdot}=\sum_{j=1}^{n_i}x_{ij}=\alpha_i \qquad T_{\cdot\cdot}=\sum_{i=1}^{m}\sum_{j=1}^{n_i}x_{ij}=\sum_{i=1}^{m}\alpha_i=204 \qquad \sum_{i=1}^{m}n_i=n=816 \tag{3.5.7}$$

表 3.5.5 的资料为不等重复的单因素完全随机试验资料, 按近似的方差分析有如下平方和计算$(m=10)$

$$\begin{cases}\mathrm{SS}_m=\sum_{i=1}^{m}\frac{T_{i\cdot}^2}{n_i}-\frac{T_{\cdot\cdot}^2}{n}=\sum_{i=1}^{m}\frac{\alpha_i^2}{n_i}-\left(\sum_{i=1}^{m}\alpha_i\right)^2\Big/n=58.2299-\frac{204^2}{816}=7.2299\\ \mathrm{SS}_e=\sum_{i=1}^{m}\sum_{j=1}^{n_i}x_{ij}^2-\sum_{i=1}^{m}\frac{T_{i\cdot}^2}{n_i}=\sum_{i=1}^{m}\alpha_i-\sum_{i=1}^{m}\frac{\alpha_i^2}{n_i}=204-58.2299=145.7701\end{cases} \tag{3.5.8}$$

相应的自由度为

$$\begin{cases}f_m=m-1=10-1=9\\ f_e=\sum_{i=1}^{m}n_i-m=n-m=816-10=806\end{cases} \tag{3.5.9}$$

每个公畜的后代调和平均数为

$$\begin{aligned}n_0&=\frac{1}{m-1}\left[\sum_{i=1}^{m}n_i-\sum_{i=1}^{m}n_i^2\Big/\sum_{i=1}^{m}n_i\right]\\&=\frac{1}{10-1}\times\left[816-\frac{1}{816}\times(98^2+75^2+\cdots+58^2)\right]=81.0014\end{aligned} \tag{3.5.10}$$

则相应均方的期望值为

$$\begin{cases}E(\mathrm{MS}_m)=E\left(\frac{\mathrm{SS}_m}{m-1}\right)=\sigma^2+n_0\sigma_m^2\\ E(\mathrm{MS}_e)=E\left(\frac{\mathrm{SS}_e}{n-m}\right)=\sigma^2\end{cases} \tag{3.5.11}$$

因而, 对于例 3.5.3 有

$$\begin{cases}\hat{\sigma}^2=\mathrm{MS}_e=\frac{145.7701}{806}=0.18086\\ \hat{\sigma}_m^2=\frac{1}{n_0}(\mathrm{MS}_m-\mathrm{MS}_e)=\frac{1}{81.0014}\times\left(\frac{7.2299}{9}-0.18086\right)=0.00768\end{cases} \tag{3.5.12}$$

父本半同胞组内相关系数的估计为

$$\hat{t}_{\mathrm{HS1}}=\frac{\hat{\sigma}_m^2}{\hat{\sigma}_m^2+\hat{\sigma}^2}=0.0407 \tag{3.5.13}$$

在近交系数$F=0$ 的情况下, 遗传力估计为

$$\hat{h}^2=4\hat{t}_{\mathrm{HS1}}=0.1629 \tag{3.5.14}$$

$\hat{t}_{\mathrm{HS1}}$和$\hat{h}^2$的标准差分别为

$$S_{t_{\mathrm{HS1}}}=\frac{[1-\hat{t}_{\mathrm{HS1}}][1+(n_0-1)\hat{t}_{\mathrm{HS1}}]}{\sqrt{\frac{1}{2}n_0(n_0-1)(m-1)}}=0.02391 \tag{3.5.15}$$

$$S_{h^2}=4S_{t_{\mathrm{HS1}}}=0.0956$$

$$t=\hat{h}^2/S_{h^2}=0.1629/0.0956=1.7040<t_{0.05}(\infty)=1.96$$

综上, t分布的自由度为$n_0(n_0-1)(m-1)/2=29161$. 估计结果为$\hat{h}^2\pm S_{h^2}=$

0.1629 ± 0.0956，不显著.

2. 类似现实遗传力的估计方法(运用选择反应的估计方法)

Robertson 和 Lerner(1949)认为，公畜后代存活率的累加基因型值可以用存活率P_i表示. 第i头公畜的存活率阈模型为

$$y_i = P_i + e_i \qquad E(P_i) = \bar{p} \quad i = 1, 2, \cdots, m, \tag{3.5.16}$$

其中，e_i包括除P_i以外的所有因素的效应，并假定e_i的期望值$E(e_i) = 0$，而且P_i和e_i不相关，即$\mathrm{Cov}(P_i, e_i) = 0$. 如果将现有公畜世代作为0世代，则其子代群体样本平均或加性基因型值平均值为

$$\bar{y}_0 = \sum_{i=1}^{m} P_i(P_i + e_i) \Big/ \sum_{i=1}^{m} P_i = \sum_{i=1}^{m} P_i^2 \Big/ \sum_{i=1}^{m} P_i \tag{3.5.17}$$

由于加性基因型值(育种值)P_i的方差$V(P_i) = E(P_i^2) - [E(P_i)]^2$，故子代的期望群体平均为

$$E(\bar{y}_0) = E\left(\sum_{i=1}^{m} P_i^2\right) \Big/ E\left(\sum_{i=1}^{m} P_i\right) = \sum_{i=1}^{m} E(P_i^2) \Big/ \sum_{i=1}^{m} E(P_i) = m\,(\sigma_d^2 + \bar{p}^2)/m\bar{p}$$
$$= (\sigma_d^2 + \bar{p}^2)/\bar{p}$$

于是子代超出公畜世代的遗传进展为

$$\Delta G = E(\bar{y}_0) - \bar{p} = (\sigma_d^2 + \bar{p}^2)/\bar{p} - \bar{p} = \sigma_d^2/\bar{p} \tag{3.5.18}$$

其中，$\bar{p}$为亲本(公畜)群体的总均值. 由于性状为单阈性状，用于繁殖后代者的中选群体为存活者，故中选群体的平均值为1，因而亲代的选择差为$1 - \bar{p}$. 数量遗传的选择理论推导的结果是：ΔG等于选择差乘以遗传力. 因而，由式(3.5.18)有

$$\hat{h}^2 = \Delta G/(1 - \bar{p}) = \sigma_d^2/\bar{p}(1 - \bar{p}) \tag{3.5.19}$$

事实上，$\bar{p}(1 - \bar{p})$为$\bar{p}$的方差. 显然，这是通过ΔG和选择差估计现实遗传力的方法.

对于近交系数$F = 0$的情况，$\sigma_d^2 = 4\sigma_m^2$，即公畜只决定后代育种值的一半. 将其代入式(3.5.19)，并利用σ_m^2的估计式(3.5.10)进行整理得到式(3.5.19)的近似表达式

$$h^2 = \frac{4}{(m-1)n_0}\left[\frac{SS_m}{\bar{p}(1-\bar{p})} - \frac{(m-1)SS_e}{(n-m)\bar{p}(1-\bar{p})}\right] \tag{3.5.20}$$

由表 3.5.4 得到例 3.5.3 的结果

$$\bar{y}_0 = \sum_{i=1}^{m} P_i^2 \Big/ \sum_{i=1}^{m} P_i = \frac{0.6773}{2.4255} = 0.2792 \qquad \bar{p} = \frac{204}{816} = 0.25$$

又$n_0 = 81.0014, SS_m = 7.2299, SS_e = 145.7701, n = 816, m = 10$，得

$$h^2 = \frac{4}{9\times 81.0014} \times \left[\frac{7.2299}{0.25\times(1-0.25)} - \frac{9\times 145.7701}{806\times 0.25\times(1-0.25)}\right] = 0.1639$$

它和方差分析法估计结果$h^2 = 0.1629$较接近.

一般来讲，对于全同胞资料也可以用类似方法估计阈性状的遗传力，但需要很大的样本量. 例 3.5.3 的样本量已相当大($n = 816$)，但仍不显著.

据半同胞资料进行近似方差分析估计阈性状遗传力是以潜在的多基因系统 X 的分布为基础进行的，它与表型的离散型分布P是天然相关的. Robertson 和 Lerner(1949)指出两者的关系为

$$h_P^2 = r_{xp}^2 h_x^2 = \frac{Z^2}{\bar{p}(1-\bar{p})} h_x^2 \tag{3.5.21}$$

其中，h_P^2为表型分布上求出的遗传力；h_x^2为潜在分布的遗传力，即按一般连续性分布的方法求出的遗传力，$r_{xp} = Z/\sqrt{\bar{p}(1-\bar{p})}$为两个分布的相关系数．从式(3.5.21)看，当$\bar{p}$接近 0 或 1 时，$\bar{p}(1-\bar{p})$的值很小；当$\bar{p} = 0.5$时，$\bar{p}(1-\bar{p})$最大．因而，当发生率很大或很小时，由阈性状表型分布估计的遗传力有偏高的趋势，这种趋势会随着h_x^2的增加而更大．关于这一点，Dempster 和 Lerner(1950)首次通过鸡年产蛋量试验进行了验证：将鸡产蛋量按连续性实际估计的遗传力$h_x^2 = 0.362$；又将鸡产蛋量从高到低选取 10%、20%、…、90%作为一系列阈值点，并将母鸡群分为两类取值，高于阈值的取 1，否则取 0．将产蛋量作为阈性状处理，对于不同发生率$\bar{p}$而直接估计的h_P^2和由h_x^2经r_{xp}转换的h_P^2列于表 3.5.5 中．

表 3.5.5　h_x^2和h_P^2的关系($h_P^2 = 0.362$)

发生率$\bar{p}$	0.1	0.2	0.3	0.4	0.5	0.6	0.7	0.8	0.9
r_{xp}^2	0.342	0.490	0.576	0.622	0.637	0.622	0.576	0.490	0.342
$h_P^2 = r_{xp}^2 h_x^2$	0.12	0.18	0.21	0.22	0.23	0.22	0.21	0.18	0.12
直接估计h_P^2	0.10	0.19	0.29	0.31	0.23	0.23	0.24	0.26	0.20

下面讲述式(3.5.21)的证明．

对于图 3.5.1 所示单阈性状，设$A_P \geqslant t_1$为P分布上的表型值，G_X为 X分布上对应于A_P的基因型值，$X = G_X + E_X, \sigma_{P_X}^2 = \sigma_{G_X}^2 + \sigma_{e_X}^2$．假设分布 P 和 X 已标准化($\sigma_{G_X}^2 + \sigma_{e_X}^2 = 1$, P分布的方差为$\bar{p}(1-\bar{p}), E(p) = \bar{p}$)，且存在标准化回归关系$A_P = \beta G_X + \varepsilon, G_P = \beta G_X$为$G_x$处$A_P$的平均值，即$A_P$的基因型值．这时有

$$\mathrm{Cov}(A_P, G_X) = \mathrm{Cov}(G_P, G_X) = \beta\sigma_{G_X}^2$$

即β的最小二乘估计为$b = \mathrm{Cov}(G_P, G_X)/\sigma_{G_X}^2$，而且回归方差$\sigma_{G_P}^2$与$G_X$的方差满足$\sigma_{G_P}^2 = b^2\sigma_{G_X}^2$，因而有

$$\sigma_{G_P}^2 = \left[\frac{\mathrm{Cov}(G_P, G_X)}{\sigma_{G_X}^2}\right]^2 \qquad \sigma_{G_x}^2 = \left[\frac{\mathrm{Cov}(G_P, G_X)}{\sigma_{G_X}}\right]^2 \tag{3.5.22}$$

一般来讲，$G_P = bG_X, G_P$在$t_1 - G_X$中随机波动，故对于单阈性状有

$$G_P = \frac{1}{\sqrt{2\pi}\sigma_{ex}} \int_{t_1 - G_X}^{+\infty} \mathrm{e}^{-\frac{x^2}{2\sigma_{ex}^2}} \mathrm{d}x \tag{3.5.23}$$

其中，t_1为性状的阈值，而G_X的概率密度函数为

$$f(G_X) = \frac{1}{\sqrt{2\pi}\sigma_{G_X}} \mathrm{e}^{-\frac{G_X^2}{2\sigma_{G_X}^2}} \tag{3.5.24}$$

于是G_X和G_P的协方差为

$$\mathrm{Cov}(G_P, G_X) = \frac{\int_{-\infty}^{+\infty} f(G_X) G_X G_P \mathrm{d}G_X}{\int_{-\infty}^{+\infty} f(G_X) \mathrm{d}G_X} = \int_{-\infty}^{+\infty} f(G_X) G_X G_P \mathrm{d}G_X$$

令$G_P = u, f(G_X)G_X\mathrm{d}G_X = \mathrm{d}v$，则

$$v=\int f(G_X)G_X\mathrm{d}G_X=\int\frac{G_X}{\sqrt{2\pi}\sigma_{G_X}}\mathrm{e}^{-\frac{G_X^2}{2\sigma_{G_X}^2}}\mathrm{d}G_X=-\sigma_{G_X}^2 f(G_X)$$

$$\mathrm{d}u=\mathrm{d}G_P=\frac{1}{\sqrt{2\pi}\sigma_{ex}}\mathrm{e}^{-\frac{(t_1-G_X)^2}{2\sigma_{ex}^2}}\mathrm{d}G_X$$

则由分部积分法得

$$\mathrm{Cov}(G_P,G_X)=(uv)_{-\infty}^{+\infty}-\int_{-\infty}^{+\infty}v\mathrm{d}u=-\left[G_P\sigma_{G_X}^2 f(G_X)\right]_{-\infty}^{+\infty}-\int_{-\infty}^{+\infty}\frac{-\sigma_{G_X}^2 f(G_X)}{\sqrt{2\pi}\sigma_{ex}}\mathrm{e}^{-\frac{(t_1-G_X)^2}{2\sigma_{ex}^2}}\mathrm{d}G_X$$

将式(3.5.24)代入得

$$\mathrm{Cov}(G_P,G_X)=\frac{\sigma_{G_X}}{2\pi\sigma_{ex}}\int_{-\infty}^{+\infty}\mathrm{e}^{-\frac{1}{2}\left[\frac{G_X^2}{\sigma_{G_X}^2}+\frac{(t_1-G_X)^2}{\sigma_{ex}^2}\right]}\mathrm{d}G_X=\frac{\sigma_{G_X}}{2\pi\sigma_{ex}}\int_{-\infty}^{+\infty}\mathrm{e}^{-\frac{k}{2}}\mathrm{d}x \qquad (3.5.25)$$

其中

$$k=\frac{G_X^2}{\sigma_{G_X}^2}+\frac{(t_1-G_X)^2}{\sigma_{ex}^2}=\frac{G_X^2}{\sigma_{G_X}^2}+\frac{t_1^2-2t_1G_X+G_X^2}{\sigma_{ex}^2}=\frac{1}{\sigma_{ex}^2}\left[\frac{\left(\sigma_{G_X}^2+\sigma_{ex}^2\right)G_X^2}{\sigma_{G_X}^2}-2t_1G_X+t_1^2\right]$$

由于 X 分布已标准化，则$\sigma_{G_X}^2+\sigma_{ex}^2=1$，所以有

$$k=\frac{1}{\sigma_{G_X}^2\sigma_{ex}^2}\left(G_X-t_1\sigma_{G_X}^2\right)^2+t_1^2$$

代入式(3.5.25)得

$$\begin{aligned}\mathrm{Cov}(G_P,G_X)&=\frac{\sigma_{G_X}}{2\pi\sigma_{ex}^2}\mathrm{e}^{-\frac{t_1^2}{2}}\int_{-\infty}^{+\infty}\mathrm{e}^{-\frac{\left(G_X-t_1\sigma_{G_X}^2\right)^2}{2\sigma_{G_X}^2\sigma_{ex}^2}}\mathrm{d}G_X\\&=\frac{\sigma_{G_X}}{2\pi\sigma_{ex}}\mathrm{e}^{-\frac{t_1^2}{2}}\sqrt{2\pi}\sigma_{G_X}\sigma_{ex}=\frac{1}{\sqrt{2\pi}}\mathrm{e}^{-\frac{t_1^2}{2}}\sigma_{G_X}^2=Z\sigma_{G_X}^2\end{aligned} \qquad (3.5.26)$$

代入式(3.5.22)有

$$\sigma_{G_P}^2=\left(Z\sigma_{G_X}^2/\sigma_{G_X}\right)^2=Z^2\sigma_{G_X}^2 \qquad (3.5.27)$$

由于在 X 分布上，基因效应是完全累加的，$\sigma_{G_X}^2$和σ_d^2是同义的，用总变异量$\bar{p}(1-\bar{p})$除上式两边即得

$$h_{\mathrm{P}}^2=\frac{Z^2}{\bar{p}(1-\bar{p})}h_x^2$$

这就证明了式(3.5.21)。一般来讲，标准化回归中，有$\sigma_{G_P}^2=r_{xp}^2\sigma_{G_X}^2$.

在式(3.5.26)中，t_1作为发生率$\bar{p}$的门阈值，Z 为标准正态分布密度函数的值$Z=\frac{1}{\sqrt{2\pi}}\mathrm{e}^{-\frac{t_1^2}{2}}$. 因而只要知道$\bar{p}$，就可以由正态分布表查出 Z. 例如，当$\bar{p}=0.1$或0.9时，$t_1=1.281552$，则$Z=0.1755$. 则$r_{xp}^2=\frac{Z^2}{\bar{p}(1-\bar{p})}=0.342$；又如，当$\bar{p}=0.2$或$0.8$时，$t_1=0.841621$，则$Z=0.2780$，$r_{xp}^2=\frac{Z^2}{\bar{p}(1-\bar{p})}=0.490$. 这些结果列在表 3.5.6 中.

3. Falconer 的阈模型遗传力估计方法

鉴于阈性状的潜在分布X是不能度量的，Falconer 于 1965 年提出了类似估计实现遗传力的方法，用于估计阈模型的遗传力、重复力等. 他用“易感性”表示各种内外环境

对阈性状的影响，并假定阈值在各种情况下保持恒定，而且表型方差在全群和感染个体亲属间(如子代群)中相同. 其估计方法通过例 3.5.4 说明.

【例 3.5.4】 Mikami 和 Fredeen 于 1979 年对公猪隐睾症(先天性缺陷)进行了调查，调查结果如表 3.5.6 所示.

表 3.5.6 猪群中隐睾症发生率的调查

群体	总个体数	隐睾个体数	发生率
全群	1129	$44(\alpha_P)$	$3.9\%(P_P)$
全同胞	215	$25(\alpha_R)$	$11.6\%(P_R)$

上述资料来自公猪及其全同胞群，隐睾症为二者居其一的单阈性状，调查结果用发生率表示. 这样处理的结果表明，阈性状的潜在分布$X{\sim}N(0,1)$，因而分析变化的单位为表型标准差.

Falconer 假定，全群和全同胞群的表型方差相同，而且阈值相同. 因而全群和全同胞群具有相同的$X{\sim}N(0,1)$和表型标准差单位. 参照图 3.5.1 的 X分布，全群的$P_P = 3.9\%$. 其截点值$t_P = 1.762$；全同胞群的$P_R = 11.6\%$，其截点值$t_R = 1.193$. 两个截点值对应的选择强度(单位标准差上的选择差)分别为$k_P = 2.165, k_R = 1.715$. 对于发生率p，截点值为t, k值为

$$k = \frac{1}{p}\int_t^{+\infty} \frac{x}{\sqrt{2\pi}} \mathrm{e}^{-\frac{x^2}{2}} \mathrm{d}x$$

在这种情况下，对感染个体进行选择的反应$R = t_P - t_R$，R 除以全群的选择强度k_P便得到选择反应 R 关于选择强度的回归系数b

$$b = \frac{t_P - t_R}{k_P} = \frac{1.762 - 1.193}{2.165} = 0.263 \tag{3.5.28}$$

即$t_R = t_P - bk_P$，表明对感染个体进行选择，选择强度k_P每增加 1，t_R就减少$b = 0.263$个表型标准差.

设感染群体的累加性基因型值为A_R，表型值$P = A_P + e_P$(A_P为加性基因型值，e_P包括环境及各种因素的效应)，则回归系数在理论上为(表型方差为$V(P)$)

$$b = \frac{\mathrm{Cov}(A_R,P)}{V(P)} = \frac{\mathrm{Cov}(A_R,A_P)}{V(P)} = r_A \frac{V(A)}{V(P)} = r_A h^2 \tag{3.5.29}$$

故

$$\hat{h}^2 = \frac{b}{r_A} = \frac{t_P - t_R}{r_A k_P} = 2b = 0.526 \tag{3.5.30}$$

其中，在全同胞情况下，亲属间加性效应的相关值或亲缘系数$r_A = 0.5$.

Falconer 给出的$\hat{h}^2$的标准差为

$$S_{h^2} = \sqrt{\frac{1}{r_A^2}\left\{\left[\frac{1}{k_P} - b(k_P - t_P)\right]^2 \frac{(1-P_P)}{k_P^2 \alpha_P} + \frac{(1-P_R)}{\sqrt{2} k_R^2 \alpha_R}\right\}} = 0.1908 \tag{3.5.31}$$

$$t = \hat{h}^2/S_{h^2} = 0.526/0.1908 = 2.7569 > t_{0.01}(\infty) = 2.576$$

h^2的估计结果为$\hat{h}^2 \pm S_{h^2} = 0.526 \pm 0.1908$，极显著.

3.6 遗传力、重复力显著性测验原理

在数量遗传学中，描述数量性状遗传与环境相对重要性的指标是遗传力和重复力．估计遗传力和重复力是在一定的遗传设计试验中实现的．遗传力和重复力可通过单因素遗传设计、双因素巢式遗传设计等试验的方差分析方法估计，它往往是这些试验数据的组内相关系数t_I或其倍数，这种估计方法称为组内相关法．遗传力也可以用亲属间的回归系数b来估计．遗传力和重复力的显著性检验需要估计t_I或b的标准差．下面介绍遗传力和重复力的显著性测验原理．

3.6.1 均方的方差估计

设简单随机样本$x_1, x_2, \cdots, x_n$来自总体$X \sim N(\mu, \sigma^2)$．样本的均值$\bar{x}$、偏差平方和SS、均方MS分别为

$$\bar{x} = \frac{1}{n}\sum_{i=1}^{n} x_i \qquad \mathrm{SS} = \sum_{i=1}^{n}(x_i - \bar{x})^2 \qquad \mathrm{MS} = \frac{1}{n-1}SS \tag{3.6.1}$$

有如下定理：$\bar{x}$和SS相互独立，且

$$\bar{x} \sim N\left(\mu, \frac{1}{n}\sigma^2\right) \qquad \frac{\mathrm{SS}}{\sigma^2} \sim \chi^2(n-1) \tag{3.6.2}$$

由于χ^2分布的期望和方差分别为

$$E[\chi^2(f)] = f \qquad V[\chi^2(f)] = 2f \tag{3.6.3}$$

其中，$f = n - 1$为SS的自由度．故MS的方差为

$$V(\mathrm{MS}) = V(\mathrm{SS}/f) = V\left(\frac{\sigma^2}{f} \cdot \frac{\mathrm{SS}}{\sigma^2}\right) = \frac{\sigma^4}{f^2} \cdot 2f = \frac{2\sigma^4}{f}$$

而σ^2的无偏估计为MS，故MS的方差$V(\mathrm{MS})$估计为

$$S_{\mathrm{MS}}^2 = 2\mathrm{MS}^2/f \tag{3.6.4}$$

但它不是$V(\mathrm{MS})$的无偏估计，因为

$$V(\mathrm{MS}) = E[(\mathrm{MS} - \sigma^2)^2] = E(\mathrm{MS}^2) - \sigma^4$$

$$E(\mathrm{MS}^2) = V(\mathrm{MS}) + \sigma^4 = \frac{2\sigma^4}{f} + \sigma^4 = (f+2)\frac{\sigma^4}{f}$$

$$E(S_{\mathrm{MS}}^2) = 2\frac{E(\mathrm{MS}^2)}{f} = 2(f+2)\frac{\sigma^4}{f^2} \neq \frac{2\sigma^4}{f}$$

即S_{MS}^2是$V(\mathrm{MS})$的偏大估计，倍数为$(f+2)/f$．

由上述知，$V(\mathrm{MS})$的无偏估计为

$$S_{\mathrm{MS}}^2 = 2\mathrm{MS}^2/(f+2) \tag{3.6.5}$$

3.6.2 均方比的方差估计

Kempthorne 为了测验由同胞分析(组内相关系数法)得到的遗传力，在其 1957 年出

版的著作 *An Introduction to Genetic Statistics* 中提出了基于大样本理论的估计均方比方差的方法：设$\mathrm{MS}_1, \mathrm{MS}_2, \cdots, \mathrm{MS}_k$分别为相互独立的均方，其自由度分别为$f_1, f_2, \cdots, f_k$. 令

$$x = \sum_{i=1}^{k} a_i \mathrm{MS}_i \qquad y = \sum_{i=1}^{k} b_i \mathrm{MS}_i$$

其中，a_i和b_i为常数，$i = 1, 2, \cdots, k$. 则x/y方差$V(x/y)$的估计为

$$S_{x/y}^2 = \frac{1}{y^4}\left[y^2 S_{\mathrm{x}}^2 - 2xy\mathrm{Cov}(x,y) + x^2 S_{\mathrm{y}}^2\right] \tag{3.6.6}$$

其中

$$S_x^2 = \sum_{i=1}^{k} a_i^2 S_{\mathrm{MS}i}^2 \qquad S_y^2 = \sum_{i=1}^{k} b_i^2 S_{\mathrm{MS}i}^2$$

$$\mathrm{Cov}(x,y) = \sum_{i=1}^{k} a_i b_i S_{\mathrm{MS}i}^2$$

如果x和y相互独立，则

$$S_{x/y}^2 = \frac{1}{y^4}\left[y^2 S_x^2 + x^2 S_y^2\right] \tag{3.6.7}$$

3.6.3　常用遗传设计试验中组内相关系数的假设检验

1. 单因素遗传设计完全随机试验中组内相关系数的估计和假设检验

单因素遗传型为品种或品系，则其组内相关系数为广义遗传力h_B^2;若遗传型为品种内家系，则组内相关系数为重复力. 这种试验中参试的遗传型有n个，每个遗传型观测r次，其方差分析模式如表 3.6.1 所示.

表 3.6.1　单因素遗传设计完全随机试验的方差分析模式

变异来源	自由度	平方和	均方	期望均方
遗传型间	$n-1$	SS_A	MS_1	$\sigma_e^2 + r\sigma_A^2$
重复间	$n(r-1)$	SS_e	MS_2	σ_e^2
总变异	$nr-1$	SS_T		

若各遗传型重复次数分别为$r_1, r_2, \cdots, r_n$，且不等，这时r为它们的调和平均数

$$r = \left[\left(\sum_i r_i\right)^2 - \sum_i r_i^2\right] \Big/ (n-1)\sum_i r_i \tag{3.6.8}$$

表 3.6.1 中σ_e^2、σ_A^2和组内相关系数t_I的估计分别为

$$\begin{cases} \hat{\sigma}_e^2 = \mathrm{MS}_2 \\ \hat{\sigma}_A^2 = \dfrac{\mathrm{MS}_1 - \mathrm{MS}_2}{r} \\ \hat{\mathrm{t}}_I = \dfrac{\hat{\sigma}_A^2}{\hat{\sigma}_A^2 + \hat{\sigma}_e^2} = \dfrac{\mathrm{MS}_1 - \mathrm{MS}_2}{\mathrm{MS}_1 + (r-1)\mathrm{MS}_2} = \dfrac{x}{y} \end{cases} \tag{3.6.9}$$

据式(3.6.6)有

$$S_x^2 = S_{\mathrm{MS1}}^2 + S_{\mathrm{MS2}}^2$$

$$S_y^2 = S_{\mathrm{MS1}}^2 + (r-1)^2 S_{\mathrm{MS2}}^2$$

$$\mathrm{Cov}(x,y) = S_{\mathrm{MS1}}^2 - (r-1) S_{\mathrm{MS2}}^2$$

$$\begin{aligned} S_{t_I}^2 = S_{x/y}^2 &= \frac{1}{y^4}\{y^2(S_{\mathrm{MS1}}^2 + S_{\mathrm{MS2}}^2) - 2xy[S_{\mathrm{MS1}}^2 - (r-1)S_{\mathrm{MS2}}^2] + x^2[S_{\mathrm{MS1}}^2 + (r-1)^2 S_{\mathrm{MS2}}^2]\} \\ &= \frac{1}{y^4}\{(y-x)^2 S_{\mathrm{MS1}}^2 + [y + (r-1)x]^2 S_{\mathrm{MS2}}^2\} \\ &= \frac{1}{y^4}(r^2 \mathrm{MS}_2^2 S_{\mathrm{MS1}}^2 + r^2 \mathrm{MS}_1^2 S_{\mathrm{MS2}}^2) \end{aligned}$$

而

$$(1-\hat{t}_I)^2 = \left(\frac{y-x}{y}\right)^2 = \frac{r^2 \mathrm{MS}_2^2}{y^2}$$

$$[1+(r-1)\hat{t}_I]^2 = \frac{r^2 \mathrm{MS}_1^2}{y^2}$$

故

$$\begin{aligned} S_{t_I}^2 &= \frac{1}{y^2}\{(1-\hat{t}_I)^2 S_{\mathrm{MS1}}^2 + [1+(r-1)\hat{t}_I]^2 S_{\mathrm{MS2}}^2\} \\ &= \frac{1}{y^2}\left\{\frac{2(1-\hat{t}_I)^2 \mathrm{MS}_1^2}{n-1} + \frac{2[1+(r-1)\hat{t}_I]^2 \mathrm{MS}_2^2}{n(r-1)}\right\} \\ &= \frac{2(1-\hat{t}_I)^2[1+(r-1)\hat{t}_I]^2}{(n-1)r^2} + \frac{2(1-\hat{t}_I)^2[1+(r-1)\hat{t}_I]^2}{n(r-1)r^2} \\ &= 2(1-\hat{t}_I)^2[1+(r-1)\hat{t}_I]^2\left[\frac{1}{(n-1)r^2} + \frac{1}{n(r-1)r^2}\right] \\ &= 2(1-\hat{t}_I)^2[1+(r-1)\hat{t}_I]^2 \frac{nr-1}{n(n-1)(r-1)r^2} \\ &\approx \frac{2(1-\hat{t}_I)^2[1+(r-1)\hat{t}_I]^2}{r(r-1)(n-1)} \end{aligned}$$

$\hat{t}_I$的标准差为

$$S_{t_I} = (1-\hat{t}_I)[1+(r-1)\hat{t}_I]\Big/\sqrt{\frac{1}{2}r(r-1)(n-1)} \tag{3.6.10}$$

$\hat{t}_I$的无效假设$\mathrm{H}_0: t_I = 0$的t检验近似为

$$t = \hat{t}_I / S_{t_I} \sim t\left[\frac{1}{2}r(r-1)(n-1)\right] \tag{3.6.11}$$

上述组内相关系数t_I为单次观察组内相关系数. 下面讲述小区平均组内相关系数$t_{I(r)}$的估计与检验. 小区平均组内相关系数的估计为

$$\hat{t}_{I(r)} = \frac{\hat{\sigma}_A^2}{\hat{\sigma}_A^2 + \dfrac{1}{r}\hat{\sigma}_e^2} = \frac{\mathrm{MS}_1 - \mathrm{MS}_2}{\mathrm{MS}_1} = 1 - \frac{\mathrm{MS}_2}{\mathrm{MS}_1} \tag{3.6.12}$$

$$\left(1-\hat{t}_{I(r)}\right)^2 = \frac{\mathrm{MS}_2^2}{\mathrm{MS}_1^2}$$

$\hat{t}_{I(r)}$的方差估计为

$$\begin{aligned} S_{t_{I(r)}}^2 &= \frac{1}{\mathrm{MS}_1^4}\left[\frac{2\mathrm{MS}_1^2 \mathrm{MS}_2^2}{n(r-1)} + \frac{2\mathrm{MS}_1^2 \mathrm{MS}_2^2}{n-1}\right] = \frac{2\mathrm{MS}_2^2}{\mathrm{MS}_1^2}\left[\frac{1}{n(r-1)} + \frac{1}{n-1}\right] \\ &= \frac{2(nr-1)\mathrm{MS}_2^2}{n(n-1)(r-1)\mathrm{MS}_1^2} \approx \left(1-\hat{t}_{I(r)}\right)^2 \Big/ \frac{(n-1)(r-1)}{2r} \end{aligned}$$

$\hat{t}_{I(r)}$的标准差为

$$S_{t_{I(r)}} = \left(1 - \hat{t}_{I(r)}\right) \Big/ \sqrt{\frac{1}{2r}(r-1)(n-1)} \tag{3.6.13}$$

$\hat{t}_{I(r)}$的无效假设$\mathrm{H}_0: t_{I(r)} = 0$的$t$检验近似为

$$t = \hat{t}_{I(r)} / S_{t_{I(r)}} \sim t\left[\frac{1}{2r}(r-1)(n-1)\right] \tag{3.6.14}$$

上述结果在遗传力、重复力的估计和显著性假设检验上的应用见 3.2 节的例 3.2.1 和例 3.2.2.

2. 单因素遗传设计完全随机区组试验中组内相关系数的估计和假设检验

这种试验的方差分析模式如表 3.6.2 所示.

表 3.6.2　单因素遗传设计完全随机区组试验的方差分析模式

变异来源	自由度	平方和	均方	期望均方
区组间	$r-1$	SS_R	MS_r	$\sigma_e^2 + n\sigma_R^2$
遗传型间	$n-1$	SS_A	MS_1	$\sigma_e^2 + r\sigma_A^2$
随机误差	$(n-1)(r-1)$	SS_e	MS_2	σ_e^2
总变异	$nr-1$	SS_T		

表中σ_e^2、σ_A^2和小区组内相关系数t_I的估计分别为

$$\begin{cases} \hat{\sigma}_e^2 = \mathrm{MS}_2 \\ \hat{\sigma}_A^2 = \dfrac{\mathrm{MS}_1 - \mathrm{MS}_2}{r} \\ \hat{t}_I = \dfrac{\hat{\sigma}_A^2}{\hat{\sigma}_A^2 + \hat{\sigma}_e^2} = \dfrac{\mathrm{MS}_1 - \mathrm{MS}_2}{\mathrm{MS}_1 + (r-1)\mathrm{MS}_2} = \dfrac{x}{y} \end{cases} \tag{3.6.15}$$

比较式(3.6.9)和式(3.6.15), 估计的形式是完全相同的, 区别在于MS_2的自由度. 因而$S_{t_I}^2$的推导可直接采用上述结果, 只要更换有关自由度即可. 具体结果为

$$\begin{aligned} S_{t_I}^2 &= 2(1-\hat{t}_I)^2[1+(r-1)\hat{t}_I]^2\left[\frac{1}{(n-1)r^2} + \frac{1}{(n-1)(r-1)r^2}\right] \\ &= 2(1-\hat{t}_I)^2[1+(r-1)\hat{t}_I]^2/[r(r-1)(n-1)] \end{aligned}$$

$\hat{t}_I$的标准差为

$$S_{t_I} = (1-\hat{t}_I)[1+(r-1)\hat{t}_I] \Big/ \sqrt{\frac{1}{2}r(r-1)(n-1)} \tag{3.6.16}$$

$\hat{t}_I$的无效假设$\mathrm{H}_0: t_I = 0$的t检验近似为

$$t = \hat{t}_I / S_{t_I} \sim t\left[\frac{1}{2}r(r-1)(n-1)\right] \tag{3.6.17}$$

小区平均组内相关系数$t_{I(r)}$的估计为

$$\hat{t}_{I(r)} = \frac{\hat{\sigma}_A^2}{\hat{\sigma}_A^2 + \dfrac{1}{r}\hat{\sigma}_e^2} = 1 - \frac{\mathrm{MS}_2}{\mathrm{MS}_1} \tag{3.6.18}$$

而

$$\begin{aligned} S_{t_{I(r)}}^2 &= 2\left(1-\hat{t}_{I(r)}\right)^2\left[\frac{1}{n-1} + \frac{1}{(n-1)(r-1)}\right] \\ &= 2r\left(1-\hat{t}_{I(r)}\right)^2/(n-1)(r-1) \end{aligned}$$

$\hat{t}_{I(r)}$的标准差为

$$S_{t_{I(r)}} = \left(1 - \hat{t}_{I(r)}\right) \Big/ \sqrt{\frac{1}{2r}(r-1)(n-1)} \tag{3.6.19}$$

$\hat{t}_{I(r)}$的无效假设$H_0: t_{I(r)} = 0$的近似t检验为

$$t = \hat{t}_{I(r)} / S_{t_{I(r)}} \sim t\left[\frac{1}{2r}(r-1)(n-1)\right] \tag{3.6.20}$$

具体应用见 3.2 节的例 3.2.3 和例 3.2.4.

3. 双因素巢式遗传设计试验中组内相关系数的估计和假设检验

1) 双因素巢式遗传设计完全随机试验

以家畜中常见的资料为例说明. 公畜、母畜和仔畜情况如下: 共有m头公畜, 第i头公畜与f_i头母畜交配, 生的仔畜为$r_{ij}, i = 1,2,\cdots,m, j = 1,2,\cdots,f_i$. 参与交配的母畜头数$D = \sum_{i=1}^{m} f_i$, 第$i$头公畜的仔畜数为$n_i = \sum_{j=1}^{f_i} r_{ij}$, 所有仔畜数为$n = \sum_{i=1}^{m} n_i$. 其方差分析模式如表 3.6.3 所示.

表 3.6.3 NCI 完全随机后代数不等时的方差分析模式

变异原因	自由度	平方和	均方	期望均方
公畜间	$m-1$	SS_m	MS_m	$\sigma^2 + r_2\sigma_{f/m}^2 + r_3\sigma_m^2$
公畜内母畜间	$D-m$	$SS_{f/m}$	$MS_{f/m}$	$\sigma^2 + r_1\sigma_{f/m}^2$
全同胞间	$n-D$	SS_e	MS_e	σ^2
总变异	$n-1$	SS_T		

表中r_1、r_2和r_3分别为如下调和平均数

$$\begin{cases} r_1 = \dfrac{1}{D-m}\left(n - \sum_i \sum_j \dfrac{r_{ij}^2}{n_i}\right) \\ r_2 = \dfrac{1}{m-1}\left(\sum_i \sum_j \dfrac{r_{ij}^2}{n_i} - \sum_i \sum_j \dfrac{r_{ij}^2}{n}\right) \\ r_3 = \dfrac{1}{m-1}\left(n - \sum_i \dfrac{n_i^2}{n}\right) \end{cases} \tag{3.6.21}$$

其中, r_1为所有公畜内母畜的平均仔数, r_2为所有交配组合(全同胞)的平均产仔数, r_3为m个公畜家系(半同胞)的平均产仔数.

令均方与期望均方相等, 得各方差组分的估计为

$$\begin{cases} \hat{\sigma}^2 = MS_e \\ \hat{\sigma}_{f/m}^2 = \left(MS_{f/m} - MS_e\right)/r_1 \\ \hat{\sigma}_m^2 = \left(MS_m - \frac{r_2}{r_1}MS_{f/m} + \frac{r_2 - r_1}{r_1}MS_e\right)/r_3 \\ \hat{\sigma}_P^2 = \hat{\sigma}^2 + \hat{\sigma}_{f/m}^2 + \hat{\sigma}_m^2 \end{cases} \tag{3.6.22}$$

若每头公畜交配的母畜数相等($f_i \equiv f$), 每个母畜生的仔畜相等$\left(r_{ij} \equiv r\right)$, 则$D = mf, n_i = fr, n = mfr, D - m = m(f-1), n - D = mf(r-1), r_1 = r_2 = r, r_3 = fr$.

这时方差分析模式如表 3.6.4 所示.

表 3.6.4 NCI 中每头公畜内等母畜数、产仔数相同的方差分析模式

变异原因	自由度	平方和	均方	期望均方
公畜间	$m-1$	SS_m	MS_m	$\sigma^2+r\sigma_{f/m}^2+fr\sigma_m^2$
公畜内母畜间	$m(f-1)$	$SS_{f/m}$	$MS_{f/m}$	$\sigma^2+r\sigma_{f/m}^2$
全同胞间	$mf(r-1)$	SS_e	MS_e	σ^2
总变异	$mfr-1$	SS_T		

各方差组分估计为

$$\begin{cases}\hat{\sigma}^2=\mathrm{MS}_e\\ \hat{\sigma}_{f/m}^2=\left(\mathrm{MS}_{f/m}-\mathrm{MS}_e\right)/r\\ \hat{\sigma}_m^2=\left(\mathrm{MS}_m-\mathrm{MS}_{f/m}\right)/fr\\ \hat{\sigma}_P^2=\hat{\sigma}^2+\hat{\sigma}_{f/m}^2+\hat{\sigma}_m^2\end{cases}\tag{3.6.23}$$

下面叙述半同胞(HS)和全同胞(FS)的组内相关系数t_{HS}和t_{FS}的估计和假设检验.

(1) f_i和r_{ij}不等的半同胞和全同胞分析.

由式(3.6.22)可得如下估计

$$\begin{cases}\text{公畜 } \hat{t}_{\mathrm{HS1}}=\hat{\sigma}_m^2/\hat{\sigma}_P^2=\left(\mathrm{MS}_m-\frac{r_2}{r_1}\mathrm{MS}_{f/m}+\frac{r_2-r_1}{r_1}\mathrm{MS}_e\right)/(r_3\hat{\sigma}_P^2)\\ \text{母畜 } \hat{t}_{\mathrm{HS2}}=\hat{\sigma}_{f/m}^2/\hat{\sigma}_P^2=\left(\mathrm{MS}_{f/m}-\mathrm{MS}_e\right)/(r_1\hat{\sigma}_P^2)\\ \text{全同胞 } \hat{t}_{\mathrm{FS}}=\left[r_1\mathrm{MS}_m+(r_3-r_2)\mathrm{MS}_{f/m}-(r_3+r_1-r_2)\mathrm{MS}_e\right]/(r_1r_3\hat{\sigma}_P^2)\end{cases}\tag{3.6.24}$$

关于$\hat{t}_{\mathrm{HS}}$等的标准差$S_{t_{\mathrm{HS}}}$估计可按式(3.6.6)进行计算, 但由于$\hat{\sigma}_P^2$中组分多, 推导太烦琐, 可按如下思想估计: 假定$\hat{\sigma}_P^2$保持常量, 并把式(3.6.6)简化为

$$S_{x/y}^2=\frac{1}{y^2}S_x^2\tag{3.6.25}$$

这样可近似地获得自由度中等大的x/y的标准差.

按式(3.6.25)、式(3.6.24)和下面式(3.6.29)中各组内相关系数的标准差及 t 检验为式(3.6.26)~式(3.6.32)

$$\begin{cases}\hat{t}_{\mathrm{HS1}}=\hat{\sigma}_m^2/\hat{\sigma}_P^2\\ S_{t_{\mathrm{HS1}}}=\frac{\sqrt{2}}{r_3\hat{\sigma}_P^2}\sqrt{\frac{\mathrm{MS}_m^2}{m-1}+\left(\frac{r_2}{r_1}\right)^2\frac{\mathrm{MS}_{f/m}^2}{D-m}+\left(\frac{r_2-r_1}{r_1}\right)^2\frac{\mathrm{MS}_e^2}{n-D}}\\ t_1=\hat{t}_{\mathrm{HS1}}/S_{t_{\mathrm{HS1}}}\end{cases}\tag{3.6.26}$$

$$\begin{cases}\hat{t}_{\mathrm{HS2}}=\hat{\sigma}_{f/m}^2/\hat{\sigma}_P^2\\ S_{t_{\mathrm{HS2}}}=\frac{\sqrt{2}}{r_1\hat{\sigma}_P^2}\sqrt{\frac{\mathrm{MS}_{f/m}^2}{D-m}+\frac{\mathrm{MS}_e^2}{n-D}}\\ t_2=\hat{t}_{\mathrm{HS2}}/S_{t_{\mathrm{HS2}}}\end{cases}\tag{3.6.27}$$

$$\begin{cases}\hat{t}_{\mathrm{FS}}=\left(\hat{\sigma}_m^2+\hat{\sigma}_{f/m}^2\right)/\hat{\sigma}_P^2\\ S_{t_{\mathrm{FS}}}=\frac{\sqrt{2}}{r_1r_3\hat{\sigma}_P^2}\sqrt{\frac{r_1^2\mathrm{MS}_m^2}{m-1}+\frac{(r_3-r_2)^2\mathrm{MS}_{f/m}^2}{D-m}+\frac{(r_3+r_1-r_2)^2\mathrm{MS}_e^2}{n-D}}\\ t_3=\hat{t}_{\mathrm{FS}}/S_{t_{\mathrm{FS}}}\end{cases}\tag{3.6.28}$$

(2)f_i全等于f, r_{ij}全等于r的半同胞分析和全同胞分析.

据式(3.6.20), t_{HS1}、t_{HS2}和t_{FS}的估计为

$$\begin{cases}\text{公畜}\hat{t}_{\text{HS1}}=\hat{\sigma}_m^2/\hat{\sigma}_P^2=\left(\text{MS}_m-\text{MS}_{f/m}\right)/(fr\hat{\sigma}_P^2)\\ \text{母畜}\hat{t}_{\text{HS2}}=\hat{\sigma}_{f/m}^2/\hat{\sigma}_P^2=\left(\text{MS}_{f/m}-\text{MS}_e\right)/(r\hat{\sigma}_P^2)\\ \text{全同胞}\hat{t}_{FS}=\left(\hat{\sigma}_m^2+\hat{\sigma}_{f/m}^2\right)/\hat{\sigma}_P^2=\left[\text{MS}_m+(f-1)\text{MS}_{f/m}-f\text{MS}_e\right]/(fr\hat{\sigma}_P^2)\end{cases} \tag{3.6.29}$$

其标准差、t检验分别为

$$\begin{cases}\hat{t}_{\text{HS1}}=\hat{\sigma}_m^2/\hat{\sigma}_P^2\\ S_{t_{\text{HS1}}}=\dfrac{\sqrt{2}}{fr\hat{\sigma}_P^2}\sqrt{\dfrac{\text{MS}_m^2}{m-1}+\dfrac{\text{MS}_{f/m}^2}{m(f-1)}}\\ t_1=\hat{t}_{\text{HS1}}/S_{t_{\text{HS1}}}\end{cases} \tag{3.6.30}$$

$$\begin{cases}\hat{t}_{\text{HS2}}=\hat{\sigma}_{f/m}^2/\hat{\sigma}_P^2\\ S_{t_{\text{HS2}}}=\dfrac{\sqrt{2}}{r\hat{\sigma}_P^2}\sqrt{\dfrac{\text{MS}_{f/m}^2}{m(f-1)}+\dfrac{\text{MS}_e^2}{mf(r-1)}}\\ t_2=\hat{t}_{\text{HS2}}/S_{t_{\text{HS2}}}\end{cases} \tag{3.6.31}$$

$$\begin{cases}\hat{t}_{\text{FS}}=\left(\hat{\sigma}_m^2+\hat{\sigma}_{f/m}^2\right)/\hat{\sigma}_P^2\\ S_{t_{\text{FS}}}=\dfrac{\sqrt{2}}{fr\hat{\sigma}_P^2}\sqrt{\dfrac{\text{MS}_m^2}{m-1}+\dfrac{(f-1)^2\text{MS}_{f/m}^2}{m(f-1)}+\dfrac{f^2\text{MS}_e^2}{mf(r-1)}}\\ t_3=\hat{t}_{\text{FS}}/S_{t_{\text{FS}}}\end{cases} \tag{3.6.32}$$

一般来讲, 用母本$\hat{t}_{\text{HS2}}$和$\hat{t}_{\text{FS}}$估计h^2, 有σ_h^2和母体效应的影响.

2)双因素巢式遗传设计完全随机区组试验

其方差分析模式如表3.6.5所示. 据表3.6.5, 有如下方差组分估计

$$\begin{cases}\hat{\sigma}^2=\text{MS}_e\\ \hat{\sigma}_{f/m}^2=\left(\text{MS}_{f/m}-\text{MS}_e\right)/r\\ \hat{\sigma}_m^2=\left(\text{MS}_m-\text{MS}_{f/m}\right)/fr\\ \hat{\sigma}_P^2=\hat{\sigma}^2+\hat{\sigma}_{f/m}^2+\hat{\sigma}_m^2\end{cases} \tag{3.6.33}$$

它与NCI完全随机试验中f_i全等、r_{ij}全等的估计式(3.6.23)完全一样, 但二者还是有区别的. 前者MS_e的自由度为$mf(r-1)$, 后者为$(mf-1)(r-1)$. 这个区别会影响到$\hat{\sigma}_{f/m}^2$等的方差估计.

表3.6.5　NCI完全随机区组方差分析模式

变异原因	自由度	平方和	均方	期望均方
区组间	$r-1$	SS_R	MS_R	$\sigma^2+mf\sigma_R^2$
父本间	$m-1$	SS_m	MS_m	$\sigma^2+r\sigma_{f/m}^2+rf\sigma_m^2$
父本内母本间	$m(f-1)$	$\text{SS}_{f/m}$	$\text{MS}_{f/m}$	$\sigma^2+r\sigma_{f/m}^2$
全同胞×区组	$(r-1)(mf-1)$	SS_e	MS_e	σ^2
总变异	$mfr-1$	SS_T		

通过试验, 估计的t_{HS1}、t_{HS2}、t_{FS}及其t检验有如下近似结果

$$
\text{父本}\begin{cases}\hat{t}_{\mathrm{HS1}}=\hat{\sigma}_m^2/\hat{\sigma}_P^2=\left(\mathrm{MS}_m-\mathrm{MS}_{f/m}\right)/(fr\hat{\sigma}_P^2)\\ S_{t_{\mathrm{HS1}}}=\frac{\sqrt{2}}{fr\hat{\sigma}_P^2}\sqrt{\frac{\mathrm{MS}_m^2}{m-1}+\frac{\mathrm{MS}_{f/m}^2}{m(f-1)}}\\ t_1=\hat{t}_{\mathrm{HS1}}/S_{t_{\mathrm{HS1}}}\end{cases}\tag{3.6.34}
$$

$$
\text{母本}\begin{cases}\hat{t}_{\mathrm{HS2}}=\hat{\sigma}_{f/m}^2/\hat{\sigma}_P^2=\left(\mathrm{MS}_{f/m}-\mathrm{MS}_e\right)/(r\hat{\sigma}_P^2)\\ S_{t_{\mathrm{HS2}}}=\frac{\sqrt{2}}{r\hat{\sigma}_P^2}\sqrt{\frac{\mathrm{MS}_{f/m}^2}{m(f-1)}+\frac{\mathrm{MS}_e^2}{(r-1)(mf-1)}}\\ t_2=\hat{t}_{\mathrm{HS2}}/S_{t_{\mathrm{HS2}}}\end{cases}\tag{3.6.35}
$$

$$
\text{全同胞}\begin{cases}\hat{t}_{\mathrm{FS}}=\frac{\hat{\sigma}_m^2+\hat{\sigma}_{f/m}^2}{\hat{\sigma}_P^2}=\frac{\mathrm{MS}_m+(f-1)\mathrm{MS}_{f/m}-f\mathrm{MS}_e}{(fr\hat{\sigma}_P^2)}\\ S_{t_{\mathrm{FS}}}=\frac{\sqrt{2}}{fr\hat{\sigma}_P^2}\sqrt{\frac{\mathrm{MS}_m^2}{m-1}+\frac{(f-1)\mathrm{MS}_{f/m}^2}{m(f-1)}+\frac{f^2\mathrm{MS}_e^2}{(r-1)(mf-1)}}\\ t_3=\hat{t}_{\mathrm{FS}}/S_{t_{\mathrm{FS}}}\end{cases}\tag{3.6.36}
$$

3) NCI 试验中$S_{t_{\mathrm{HS1}}}$的另一种估计

在单因素遗传设计的完全随机试验和完全随机区组试验中，组内相关系数t_I和小区平均组内相关系数$t_{I(r)}$有相同的标准差

$$
S_{t_I}=\frac{(1-\hat{t}_I)[1+(r-1)\hat{t}_I]}{\sqrt{\frac{1}{2}r(r-1)(n-1)}}\qquad S_{t_{I(r)}}=\frac{1-\hat{t}_{I(r)}}{\sqrt{\frac{1}{2r}(r-1)(n-1)}}
$$

其中，r为遗传型的重复数，n为遗传型的个数.

在 NCI 完全随机试验中，父本有m个，若f_i全等于f，r_{ij}全等于r，则公畜的重复数为fr. 因而近似有

$$
S_{t_{\mathrm{HS1}}}=(1-\hat{t}_{\mathrm{HS1}})[1+(fr-1)\hat{t}_{\mathrm{HS1}}]/\sqrt{\frac{1}{2}fr(fr-1)(m-1)}\tag{3.6.37}
$$

t检验为

$$
t_1=\hat{t}_{\mathrm{HS1}}/S_{t_{\mathrm{HS1}}}\sim t\left[\frac{1}{2}fr(fr-1)(m-1)\right]\tag{3.6.38}
$$

在 NCI 完全随机区组试验中，r为区组数，n为遗传型数，即为 NCI 中的组合数mf. 因而近似有

$$
S_{t_{\mathrm{HS1}}}=(1-\hat{t}_{\mathrm{HS1}})[1+(r-1)\hat{t}_{\mathrm{HS1}}]/\sqrt{\frac{1}{2}r(r-1)(mf-1)}\tag{3.6.39}
$$

这时

$$
t_1=\hat{t}_{\mathrm{HS1}}/S_{t_{\mathrm{HS1}}}\sim t\left[\frac{1}{2}r(r-1)(mf-1)\right]\tag{3.6.40}
$$

这种方法可以推广到小区平均组内相关系数$t_{I(r)}$中.

第 4 章　选择原理、方法和模型

自然选择是达尔文生物进化论的核心. 在一个生物群落中, 不同类型个体在环境中的繁殖能力和生活能力不同, 就会发生自然选择, 使优势类型个体有更多的繁殖机会和更大的生存空间. 在动植物育种中, 人工选择理论和方法是数量遗传学研究的核心内容. 所谓人工选择, 是人们通过理论或实践经验从候选群体中挑选出符合育种目标预期的个体, 用它们繁殖后代, 来提高群体的生产性能和品质. 自然选择和人工选择的共同点是: 下一世代的亲本均属于整个群体中的一个经过选择的亚群. 选择的本质在于选择的亲本对于它的子代及将来世代特性的影响. 高效的动植物育种是离不开先进的选择理论和方法的. 数量遗传的选择理论和方法是人们借鉴众多动植物优良品种选育经验在数量性状遗传机理的基础上形成的, 是与时俱进的. 传统的数量遗传选择理论的主要弱点是通过表型对基因型的间接选择. 当现有的生物技术还不能对基因型直接选择时, 人们运用先进的统计学方法来估计个体的育种值, 期望提高选择的效率, 把表型选择向基因型选择推进了一步. 如今分子标记技术的出现和发展为实现对基因型的直接选择提供了可能, 因为分子标记是可以识别的. 尽管如此, 对于多基因系统控制的数量性状, 仍然有许多难题需要解决. 人们的这些努力都期望提高对数量性状的遗传操纵能力, 期望提供动植物育种中对数量性状优良基因型选择的准确性和预见性. 本章主要讲述数量遗传学的选择理论、方法及其模型.

4.1　选择的基本原理

数量遗传学主要研究的是人工选择(artificial selection), 简称选择或选种. 1937 年, Lush 给出的人工选择的定义为: 允许某些个体比其他个体繁殖更多的后代. 也就是说, 选择就是从候选群体中选出优秀的个体作为种用来繁殖后代. 通过多世代的选择使群体的生产性能和品质不断提高.

一般来讲, 自然选择和人工选择的目标未必一致. 自然选择在于提高群体中个体的生活力和适应性, 而人工选择在于提高群体中个体的生产性能和品质. 生活力、适应性好的个体未必生产性能和品质好. 然而, 人工选择应考虑自然选择效应, 因为培育的品种必须具有一定的对环境的适应性.

值得注意的是, 对质量性状的选择比较容易, 因为可以直接或间接地判断出基因型. 对数量性状的选择是不易的, 因为数量性状受环境影响, 个体的育种值虽有高低之分, 但是直接或间接地识别基因型全貌概率很小, 只能间接地由表型值来估计它的育种值. 因而, 选择的效果不会很明显和准确, 甚至被管理等生产条件的改变所掩盖. 在社会经济的发展中, 动植物育种是人们长久健康生活的基本保证.鉴于此, 数量遗传学选择理论的发展和完善更需要人们进行长久的研究和探讨.

4.1.1　选择及其预期选择反应

假设选种候选群体中一个数量性状X服从群体均值为μ，表型方差为σ_P^2的正态分布$N(\mu,\sigma_P^2)$，如何通过个体的表型值选择基因型值呢？数量性状的遗传模型为

$$P=G+E=\mu+g+e=m+[d]+[h]+[i]+e=A+R \tag{4.1.1}$$

其中，P为个体的表型值；基因型值$G=\mu+g$；$[d]$、$[h]$和$[i]$分别为G中的加性效应、显性效应和上位效应，在世代传递中，$[h]$和$[i]$是不能由亲本传给子代的；育种值A是可以传代的：$E=e$为环境效应，是不能遗传的．$R=[h]+[i]+e$是不能通过个体传代的，因而成为基因型值G中除A之外的剩余效应．假定$P\sim N(\mu,\sigma_P^2),G\sim N\left(\mu,\sigma_g^2\right)$，$g\sim N\left(0,\sigma_g^2\right),A\sim N(\mu,\sigma_d^2),R\sim N(0,\sigma_R^2),\sigma_g^2$为遗传总方差，$\sigma_d^2=\sigma_A^2$为加性方差或育种值方差，$\sigma_R^2$是显性方差$\sigma_h^2$、上位方差$\sigma_i^2$和环境方差$\sigma_e^2$之和．$\sigma_d^2$是$\sigma_g^2$中能够遗传且固定的方差，$\sigma_e^2$是不能遗传也不能固定的方差，$\sigma_h^2$和$\sigma_i^2$是在群体中能遗传但不能固定的方差．假定$P$和$G$有线性回归关系$G=\mu+b(P-\mu)$，则由第 3 章关于广义遗传力$h_B^2$和狭义遗传力$h_N^2$的概念知

$$\begin{cases}b_{GP}=\dfrac{\mathrm{Cov}(G,P)}{\mathrm{V}(P)}=\dfrac{\sigma_g^2}{\sigma_P^2}=h_B^2\\ b_{AP}=\dfrac{\mathrm{Cov}(A,P)}{\mathrm{V}(P)}=\dfrac{\sigma_d^2}{\sigma_P^2}=\dfrac{\sigma_A^2}{\sigma_P^2}=h_N^2\end{cases} \tag{4.1.2}$$

其中，b_{GP}是基因型值G关于表型值P的直线回归系数；b_{AP}是育种值A关于表型值P的直线回归系数．这样就得到了由表型值P预测候选群体中个体基因型值或育种值的中心化回归方程

$$\begin{cases}G-\mu=h_B^2(P-\mu)\\ A-\mu=h_N^2(P-\mu)\end{cases} \tag{4.1.3}$$

在传统育种中，通常采用定向选择或截点选择(truncation selection)来改良数量性状$X\sim N(\mu,\sigma_P^2)$，就是在每一代都朝同一方向(性状增大或减少的方向)按留种率p(或选择率)选留表现型个体，中选个体形成候选群体的一个亚群，用它们作为亲本繁殖后代．中选个体亚群的平均值为μ_s，其后代群体的群体平均值为μ_0，这个过程如图 4.1.1 所示．

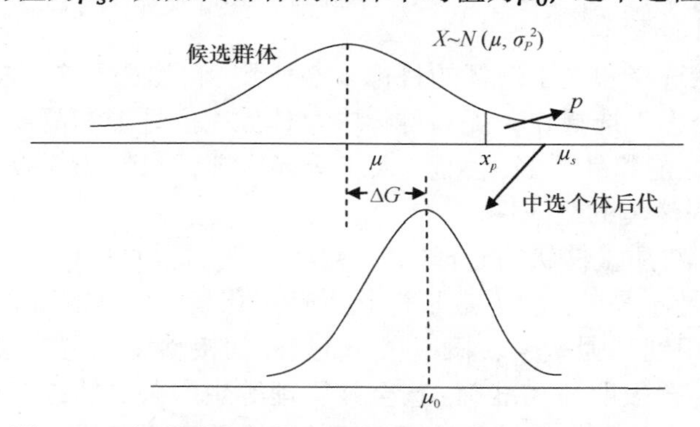

图 4.1.1　候选群体和中选个体子代性状分布及选择反应ΔG

在图 4.1.1 中，p为留种率，x_p为截点，中选个体的平均值为

$$\mu_s = \frac{1}{p}\int_{x_p}^{+\infty}\frac{x}{\sqrt{2\pi}\sigma_P}\mathrm{e}^{-\frac{(x-\mu)^2}{2\sigma_P^2}}\mathrm{d}x$$

用μ_0表示中选个体后代的群体平均值. 将μ_s代入式(4.1.3)得

$$\begin{cases}\Delta G = \mu_0 - \mu = h_B^2(\mu_s - \mu) = ih_B^2 \\ \Delta A = \mu_0 - \mu = h_N^2(\mu_s - \mu) = ih_N^2\end{cases} \tag{4.1.4}$$

其中，$i = \mu_s - \mu$称为选择差(selection differential)，ΔG称为性状x预期遗传进展，简称遗传进展或选择反应(selection response)，记为GS_x.

在式(4.1.4)中，选择差$i = \mu_s - \mu$与留种率和σ_P^2有关. 当p固定时，σ_P^2越大，$N(\mu,\sigma_P^2)$的概率密度曲线越平坦，$i = \mu_s - \mu$越大；当σ_P^2固定时，p越小，$i = \mu_s - \mu$越大. 数量性状很多，它们可有不同的μ和σ_P^2，因而选择差i使式(4.1.4)在应用中很不方便. 为了克服这一点，将$N(\mu,\sigma_P^2)$标准化，即令$u = (x-\mu)/\sigma_P$，则$u\sim N(0,1)$. 在标准化的前提下，选择差$i = \mu_s - \mu$变为K_p

$$K_p = \frac{\mu_s - \mu}{\sigma_P} = \frac{i}{\sigma_P} \qquad i = K_p\sigma_P \tag{4.1.5}$$

其中，K_p称为选择强度，它是单位标准差上的选择差. 在这种情况下，式(4.1.4)变为

$$\begin{cases}\mathrm{GS}_x = \Delta G = ih_B^2 = K_p\sigma_P h_B^2 \\ \mathrm{GS}_x = \Delta A = ih_N^2 = K_p\sigma_P h_N^2\end{cases} \tag{4.1.6}$$

它适用于h_B^2或h_N^2预测候选群体基因型值或育种值的遗传进展.

$N(0,1)$的概率密度函数为$\varphi(u) = \frac{1}{\sqrt{2\pi}}\mathrm{e}^{-\frac{u^2}{2}}, -\infty < u < +\infty$. 当留种率为$p$时，可查出$\varphi(x)$所对应的截点$u = t_p$. 这时原分布$N(\mu,\sigma_\mathrm{P}^2)$的$\mu$对应$N(0,1)$中的均值 0，则$K_p$等于$u \geqslant t$的平均值，即

$$K_p = \frac{1}{p}\int_{t_p}^{+\infty}\frac{u}{\sqrt{2\pi}}\mathrm{e}^{-\frac{u^2}{2}}\mathrm{d}u = \frac{1}{p}\frac{1}{\sqrt{2\pi}}\mathrm{e}^{-\frac{t_p^2}{2}} = \frac{1}{p}\varphi(t_p) \tag{4.1.7}$$

可见，只要知道留种率p，就可以求出K_p. 具体数值结果如表 4.1.1 所示.

表 4.1.1　留种率p所对应的选择强度K_p

留种率p/%	1	2	3	4	5	10	20	30	40	50	60	70	80	90	100
选择强度K_p	2.67	2.42	2.27	2.15	2.06	1.75	1.40	1.16	0.97	0.80	0.64	0.50	0.35	0.19	0.00

表 4.1.1 所列的K_p值是针对候选群体个体数目很大的情况. 一般来讲，家畜候选群体不会很大，因而用表 4.1.1 估计选择强度K_p往往偏高. 表 4.1.2 是 Fisher 和 Yates 于 1943 年制的小样本选择强度.

为了比较同一候选群体不同性状、不同群体或不同世代的遗传进展，可采用相对遗传进展来度量，其定义为

$$\begin{cases}\dfrac{\mathrm{GS}_x}{\mu} = \dfrac{K_p\sigma_P h_B^2}{\mu} = K_p\dfrac{\sigma_g}{\mu}\dfrac{\sigma_g}{\sigma_\mathrm{P}} = K_p(\mathrm{GCV})_g h_B \\ \dfrac{\mathrm{GS}_x}{\mu} = \dfrac{K_p\sigma_P h_N^2}{\mu} = K_p\dfrac{\sigma_d}{\mu}\dfrac{\sigma_d}{\sigma_\mathrm{P}} = K_p(\mathrm{GCV})_d h_N\end{cases} \tag{4.1.8}$$

表 4.1.2 小样本的选择强度

留种牲畜数	候选群个体数							
	9	8	7	6	5	4	3	2
1	1.49	1.42	1.35	1.27	1.16	1.03	0.85	0.56
2	1.21	1.14	1.06	0.96	0.83	0.67	0.42	
3	1.00	0.91	0.82	0.70	0.55	0.34		
4	0.82	0.72	0.62	0.48	0.29			
5	0.66	0.55	0.42	0.25				
6	0.50	0.38	0.23					
7	0.35	0.20						
8	0.19							

其中，候选群体性状$x \sim N(\mu, \sigma_P^2)$，因而相对遗传进展为遗传进展比其亲代群体平均值增加了百分之几，即GS_x/μ可表示为$\mathrm{GS}_x\%$. 式(4.1.8)表明，$\mathrm{GS}_x\%$为K_p、GCV和遗传力根值等三要素的乘积. $K_p\mathrm{GCV}$是性状x的最大可能的亲子代间的遗传进展估计，而h_B或h_N是最大进展的达到程度，当$h_B = 1$或$h_N = 1$时，这个遗传进展才可能全部实现. 因此，在育种实践中,必须首先研究群体性状的遗传方差(σ_g^2和σ_d^2)和遗传变异系数$\mathrm{GCV} = \sigma_g/\mu$或$\sigma_d/\mu$. GCV为单位平均值上遗传标准差，用百分数表示. 候选群体在各性状上有多大的期望遗传进展，或者说其遗传潜力有多大，要看GCV的大小. 各性状在GCV上从大到小的排序就是各性状在遗传潜力上的排序，这个排序和按$\mathrm{GS}_x\%$的排序是一致的.

为了说明候选群体在各性状上的GS估计，用如下例子说明.

【例 4.1.1】 江淮下游地区大豆地方品种 7 种性状的遗传进展估计结果(马育华和盖钧镒, 1979)如表 4.1.3 所示.

表 4.1.3 江淮下游地区大豆地方品种 7 种性状的遗传进展

性状	平均数$\bar{\mu} \pm \hat{\sigma}_{\bar{P}}$	变幅	GCV/%	h^2/%	GS%($p = 0.05$)
x_1:开花期	48.5±0.41	25.0~63.0	10.87	99.4	22.32
x_2:倒伏性	1.82±0.19	1.00~4.00	12.58	60.2	20.11
x_3:小区产量	228.0±66.51	116.0~318.8	14.46	82.9	27.12
x_4:主茎节数	16.7±0.43	10.58~22.90	13.37	96.2	27.02
x_5:每节荚数	3.66±0.24	1.75~7.28	28.39	94.7	56.92
x_6:每荚粒数	2.15±0.04	1.88~2.51	6.92	94.8	13.88
x_7:百粒重	12.5±0.19	7.10~19.78	25.09	99.7	51.60

表中，留种率$p = 0.05$，选择强度$K = 2.06$. 表中结果表明，各性状的遗传潜力或经过一代选择的预期遗传进展大小顺序为:

GCV 排序: $x_5 > x_7 > x_3 > x_4 > x_2 > x_1 > x_6$

GS%排序: $x_5 > x_7 > x_3 > x_4 > x_2 > x_1 > x_6$

表中所列性状主要是产量和产量因素、开花期、倒伏性. 该地方品种群体在$p = 5\%$的定向选择中，预期超过目前群体平均产量的 27.12%，每节荚数(x_5)和百粒重(x_7)的预期遗传进展将分别超过目前群体平均的56.92%和51.60%，说明江淮下游地区大豆地方品种的遗传资源是非常丰富的.

前面谈到K_p是$GS_x\%$的三要素之一，而且它是性状x的最大可能的亲子代间的相对遗传进展. 进一步思考，K_p同时是制约性因素，因为K_p与留种率p有直接的一对一关系. 当$p=0.05$时，$K_p=2.06$; 当$p=0.01$时，当$K_p=2.67$等，呈p越小K_p越大的关系. 事实上，K_p制约于候选群体的大小、繁殖速度、近交程度、世代间隔长短和育种成本等. 繁殖速度快，易获得大的候选群体，如小麦、大豆等. 这时p可以降低到5%、1%等，可以取到大的K_p值；如果繁殖速度慢，其候选群体就会小，留种率p就会大一些，例如，一些家畜的候选群体就不大. 如果留种率p很小，交配中近交系数增长快，会带来近交衰退等. 一般地，应对育种规划考虑得周密一些.

在家畜育种中会遇到这样一个问题：种公畜比种母畜少得多，公畜留种率远低于母畜，使公畜选择强度高于母畜. 在这样的情况下，公畜和母畜的选择差要分别计算，平均得到一个共同的选择差，然后求遗传进展. 设公畜和母畜的留种率分别为p_m和p_f，对应的选择强度分别为K_m和K_f，取$K=\frac{1}{2}(K_m+K_f)$，则下一代的预期遗传进展$GS_x=K\sigma_P h^2$.

4.1.2 选择极限与世代选择效率指数

图4.1.1所示的选择及其选择反应是基于单个世代的选择理论. 中选个体所形成的原候选群体亚群作为亲本繁衍子代. 在这种情况下，中选个体亚群的表型方差σ_{PS}^2已不是原群体的σ_P^2. σ_{PS}^2计算如下

$$\begin{aligned}
\sigma_{PS}^2 &= \frac{1}{p}\int_{x_p}^{+\infty}\frac{(x-\mu_s)^2}{\sqrt{2\pi}\sigma_P}\mathrm{e}^{-\frac{(x-\mu)^2}{2\sigma_P^2}}\mathrm{d}x \\
&= \frac{1}{p}\int_{t_p}^{+\infty}\frac{(u\sigma_P+\mu-\mu_s)^2}{\sqrt{2\pi}}\mathrm{e}^{-\frac{u^2}{2}}\mathrm{d}u \\
&= \frac{\sigma_P^2}{p}\int_{t_p}^{+\infty}\frac{(u-k)^2}{\sqrt{2\pi}}\mathrm{e}^{-\frac{u^2}{2}}\mathrm{d}u\ (\mu_s-\mu=K\sigma_P) \\
&= \frac{\sigma_P^2}{p}\int_{t_p}^{+\infty}\frac{u^2}{\sqrt{2\pi}}\mathrm{e}^{-\frac{u^2}{2}}\mathrm{d}u-\frac{2k\sigma_P^2}{p}\int_{t_p}^{+\infty}\frac{u}{\sqrt{2\pi}}\mathrm{e}^{-\frac{u^2}{2}}\mathrm{d}u+\frac{k^2\sigma_P^2}{p}\int_{t_p}^{+\infty}\frac{1}{\sqrt{2\pi}}\mathrm{e}^{-\frac{u^2}{2}}\mathrm{d}u
\end{aligned}$$

标准化

$$u=\frac{x-\mu}{\sigma_P}\qquad t_p=\frac{x_p-\mu}{\sigma_P}$$

而

$$\begin{aligned}
\int_{t_p}^{+\infty}\frac{u^2}{\sqrt{2\pi}}\mathrm{e}^{-\frac{u^2}{2}}\mathrm{d}u &= \int_{t_p}^{+\infty}\frac{-u}{\sqrt{2\pi}}\mathrm{e}^{-\frac{u^2}{2}}d\left(-\frac{u^2}{2}\right) \\
&= \left.\frac{-u}{\sqrt{2\pi}}\mathrm{e}^{-\frac{u^2}{2}}\right|_{t_p}^{+\infty}-\int_{t_p}^{+\infty}\frac{-1}{\sqrt{2\pi}}\mathrm{e}^{-\frac{u^2}{2}}\mathrm{d}u \\
&= t_p\varphi(t_p)+p
\end{aligned}$$

$$p=\int_{t_p}^{+\infty}\varphi(u)\mathrm{d}u\qquad \varphi(u)=\frac{1}{\sqrt{2\pi}}\mathrm{e}^{-\frac{u^2}{2}}$$

$$\frac{1}{p}\int_{t_p}^{+\infty}\frac{u}{\sqrt{2\pi}}\mathrm{e}^{-\frac{u^2}{2}}\mathrm{d}u=K_p=\frac{1}{p}\varphi(t_p)$$

故

$$\begin{aligned}\sigma_{PS}^2&=\frac{\sigma_P^2}{p}\left[t_p\varphi(t_p)+p\right]-2k_p^2\sigma_P^2+k_p^2\sigma_P^2\\&=\sigma_P^2(t_p\mathrm{K}_p+1-k_p^2)=\sigma_P^2\left[1-\mathrm{K}_p(\mathrm{K}_p-t_p)\right]=\sigma_P^2(1-\alpha_p)\end{aligned}\tag{4.1.9}$$

由式(4.1.9)推导过程知

$$1-\alpha_p=\frac{1}{p}\int_{t_p}^{+\infty}(u-k)^2\mathrm{e}^{-\frac{u^2}{2}}\mathrm{d}u$$

$$\alpha_p=1-\frac{1}{p}\int_{t_p}^{+\infty}(u-k)^2\mathrm{e}^{-\frac{u^2}{2}}\mathrm{d}u=\frac{\sigma_P^2-\sigma_{PS}^2}{\sigma_P^2}=\frac{\Delta\sigma_P^2}{\sigma_P^2}\geqslant 0\tag{4.1.10}$$

即α_p为留种率为p时σ_{PS}^2相对于σ_P^2的减少率. 随着p的变化, σ_{PS}^2的减小情况如表 4.1.4 所示.

表 4.1.4　不同留种率p对应的标准化选择的t_p、K_p、α_p

留种率p	截点t_p	选择强度K_p	α_p	$\sigma_{PS}^2=(1-\alpha_p)\sigma_P^2$
1%	2.3263	2.665	0.9026	$0.09736\sigma_P^2$
2%	2.0537	2.421	0.8892	$0.1108\sigma_P^2$
3%	1.8808	2.268	0.8782	$0.1218\sigma_P^2$
4%	1.7507	2.154	0.8687	$0.1313\sigma_P^2$
5%	1.6649	2.063	0.8625	$0.1375\sigma_P^2$
10%	1.2816	1.755	0.8308	$0.1692\sigma_P^2$
20%	0.8416	1.400	0.7818	$0.2182\sigma_P^2$
30%	0.5244	1.159	0.7355	$0.2645\sigma_P^2$
50%	0	0.789	0.6368	$0.3632\sigma_P^2$
100%	$-\infty$	0	0	σ_P^2

表 4.1.4 表明, 留种率p越小, 中选个体亚群的表型方差σ_{PS}^2越小, 相对于σ_P^2的损失α_p越大.

如果在候选群体中进行封闭的长期的连续世代的选择, 其遗传进展将随着世代增加而变化, 其选择反应是否有极限, 尚有许多不同的观点, 这里不进行讨论. 选择极限的含义是: 当选择达到极限时, 所有基因都已经固定. 没有遗传方差保留下来.

育种中, 选择极限不是不会出现, 特别是一些长期选育形成的优良品种. 如 Cuningham(1975)发现传统的英国赛马品种在过去的约 7 个世代的 70 年中没有什么进展. 若存在选择极限, 则会因基因突变和迁徙等因素产生新的变异, 从而打破极限状态.

Bulmer(1971)认为, 没有突变且环境不变的闭锁情况下, 选择效果会逐代减小而且存在极限. 对应于图 4.1.1 的选择, 中选个体是在候选群体(亲本)亲本间选择的亚群, 这种选择打破了候选群体个体间的随机交配. 中选个体亚群的基因库或配子库分布已经不是候选群体的基因库分布, 导致子代育种值方差的减少. 若候选群体的育种值方差为σ_A^2, 中选个体亚群的育种值方差为σ_{AS}^2, 则有

$$\sigma_{AS}^2=\sigma_A^2(1-\alpha_p h_N^2)\tag{4.1.11}$$

减少份额为$\alpha_p h_N^2$，这是因表型选择导致的中选亚群表型方差σ_{PS}^2的减少而减少的. 表型σ_{PS}^2相对于σ_P^2的减少率为α_p, σ_P^2中σ_A^2的份额应等于r_{PA}^2(A对P的决定系数) $= h_N^2$，故有式(4.1.11). Bulmer 进一步认为，子代育种值方差可以分为两部分：在亲本间无亲缘关系且本身是非近交的全同胞家系内，其育种值变异完全因基因自由分离重组造成，即为$\frac{1}{2}\sigma_A^2$，而且这种变异无论在任一亲代还是子代都一样；在不同亲本的全同胞家系间，育种值的变异就是它们亲本间育种值方差σ_{AS}^2的一半. 因而，子代总育种值方差为

$$\sigma_A^2=\frac{1}{2}\sigma_A^2+\frac{1}{2}\sigma_A^2\left(1-\alpha_p h^2\right)=\left(1-\frac{1}{2}\alpha_p h^2\right)\sigma_A^2 \tag{4.1.12}$$

假设在候选群体中没有突变，环境保持恒定的封闭情况下，数量性状遗传模型为$P=A+R$, A为育种值，R为剩余因素，$\sigma_P^2=\sigma_A^2+\sigma_R^2$，则在对候选群体进行连续选择中，$\sigma_R^2$不变. 相邻两个世代间$\sigma_A^2$、$\sigma_P^2$、$h^2$和GS的变化为

$$\begin{cases}\sigma_{Pt}^2=\sigma_{At}^2+\sigma_R^2=\sigma_{P(t-1)}^2\left(1-\alpha_p\right)\\ \sigma_{At}^2=\frac{1}{2}\sigma_A^2+\frac{1}{2}\left(1-\alpha_p h_{t-1}^2\right)\sigma_{A(t-1)}^2\\ h_t^2=\frac{\sigma_{At}^2}{\sigma_{At}^2+\sigma_R^2}\\ \mathrm{GS}_t=K_p\sigma_{Pt}h_t^2\end{cases},\quad t=1,2,\cdots \tag{4.1.13}$$

2009 年郭满才和袁志发在指导研究生曹钻关于《选择极限的动力学及选择效率世代指数研究》时，得到如下结果：若候选群体的表型、育种值和剩余方差分别为σ_A^2、σ_P^2和σ_R^2时，则由式(4.1.13)有

$$\begin{cases}\lim\limits_{t\to+\infty}\sigma_{At}^2=\frac{\sigma_A^2-\sigma_R^2+\sqrt{\left(\sigma_A^2-\sigma_R^2\right)^2+4\left(1+\alpha_p\right)\sigma_A^2\sigma_R^2}}{2\left(1+\alpha_p\right)}=\theta_1\\ \lim\limits_{t\to+\infty}\sigma_{Pt}^2=\theta_1+\sigma_R^2\\ \lim\limits_{t\to+\infty}h_t^2=\frac{\theta_1}{\theta_1+\sigma_R^2}\\ \lim\limits_{t\to+\infty}\mathrm{GS}_t=K_p\frac{\theta_1}{\sqrt{\theta_1+\sigma_R^2}}\end{cases} \tag{4.1.14}$$

其中，p为留种率，K_p为相应的选择强度. t_p为标准化选择时对应留种率p的截断点，$\alpha_p=K_p\left(K_p-t_p\right)$. 式(4.1.14)就是候选群体在无突变、环境保持不变、世代留种率均为p时的选择极限结果.

【例4.1.2】　假定一个数量性状，$h^2=0.5$, $\sigma_P^2=100$, $\sigma_A^2=50$，留种率$p=0.2$, $K=1.4$，在环境不变的闭锁情况下进行连续世代的长期选择. 据式(4.1.13)有表4.1.5的结果(由表4.1.4得，$p=0.2$时，$t_p=0.8416$, $\alpha_p=0.7818$).

表 4.1.5　连续选择($p=0.2$)时σ_A^2、σ_P^2、h^2和GS的变化

世代	0	1	2	3	⋯	+∞
σ_{At}^2	50	40.2	38.08	37.59	⋯	37.46
σ_{Pt}^2	100	90.2	88.08	87.59	⋯	87.46
h_t^2	0.5	0.4457	0.4324	0.4291	⋯	0.4283
GS_t	0	7.0	5.93	5.68	⋯	5.6678

由表 4.1.5 可见，在选择的前两代σ_A^2、σ_P^2、h^2和GS下降都较快，第 3 代渐趋于稳定，变化很慢.

在环境恒定且无突变的情况下，得到对候选群体进行长期封闭选择反应的结果为式(4.1.13)和式(4.1.14)，使人们对候选群体的选择潜力有了更加清晰的认识. 把候选群体作为初始世代 t=0，其各种方差和遗传力为

$$\sigma_{P0}^2=\sigma_P^2 \qquad \sigma_{A0}^2=\sigma_A^2 \qquad \sigma_{R0}^2=\sigma_R^2 \qquad h_0^2=\sigma_A^2/\sigma_P^2=h^2$$

则留种率为p的定向选择的预期遗传进展为$\mathrm{GS}_1=K_p\sigma_P h^2=K_p\sigma_{P0}h_0^2$. 因而继续选择的绝对遗传潜力为

$$\mathrm{GS}_1-\mathrm{GS}_\infty=K_p\left(\sigma_{P0}h_0^2-\theta_1/\sqrt{\theta_1+\sigma_R^2}\right) \tag{4.1.15}$$

GS_1的相对遗传潜力为

$$\frac{\mathrm{GS}_1-\mathrm{GS}_\infty}{\mathrm{GS}_1}=1-\frac{\theta_1}{\sigma_{P0}h_0^2\sqrt{\theta_1+\sigma_R^2}}=1-\frac{\theta_1}{\sigma_P h^2\sqrt{\theta_1+\sigma_R^2}} \tag{4.1.16}$$

对$(t-1)$世代进行留种率为p的选择，预期遗传进展为$\mathrm{GS}_t=K_p\sigma_{P(t-1)}h_{t-1}^2$，作者提出了(曹钻等(2009)所提出的选择效率世代指数)有所改进的相对于GS_1的世代选择效率指数

$$\eta_t=\frac{\mathrm{GS}_t-\mathrm{GS}_\infty}{\mathrm{GS}_1}=\frac{\mathrm{GS}_t-k\theta_1/\sqrt{\theta_1+\sigma_R^2}}{\mathrm{GS}_1},\quad t=1,2,\cdots \tag{4.1.17}$$

由式(4.1.17)知，只要知道候选群体的σ_A^2、σ_P^2、σ_R^2和h^2，便可由式(4.1.13)和式(4.1.14)求出 GS_t 和 θ_1，进而可以求出η_t. 例如，由例 4.1.2 及表 4.1.5 结果知，$\mathrm{GS}_\infty=5.6078, \mathrm{GS}_1=7.0$，则

$$\eta_1=\frac{7.0-5.6078}{7}=19.9\% \qquad \eta_2=\frac{5.93-5.6078}{7}=4.6\% \qquad \eta_3=\frac{5.68-5.6078}{7}=1\%,\cdots$$

这就是说，在$t=1$时，只能在绝对单位上有7个单位上的进展，而GS_1的绝对单位的选择潜力为$7-5.6078=1.3922$个单位；GS_2的绝对选择潜力为$5.93-5.6078=0.32$个绝对单位. 因而继GS_3之后的选择很难再取得可察觉的进展.

4.1.3 世代间隔、单位时间遗传进展与现实遗传力

上述选择效果都是以相继世代为基础度量的. 然而在动植物育种中，不同品种、不同的育种措施，其世代间隔是不一样的. 这就导致同一时期不同育种制度会因世代间隔不同而总的选择进展不同.

在畜群中，Lush(1945)将世代间隔(generation interval)定义为群体中种用后代出生时父母的平均年龄L

$$L=\frac{\sum_{i=1}^n N_i a_i}{\sum_{i=1}^n N_i} \tag{4.1.18}$$

其中，a_i为种用后代出生时父母的平均年龄，N_i为同窝留种子女数，n为窝数. 所以单位时间的遗传进展(改良速度)为

$$R_T=\Delta G_T=\frac{\Delta G}{L}=\frac{1}{L}K_p\sigma_P h^2 \tag{4.1.19}$$

【例 4.1.3】 今有猪 5 窝，其父母的月龄如表 4.1.6 所示.

$$L=\frac{1}{11}\left[\frac{3\times(24+12)}{2}+\frac{2\times(19+12)}{2}+\frac{3\times(21+12)}{2}+\frac{1\times(13+12)}{2}+\frac{2\times(36+12)}{2}\right]=17.7(\text{月})$$

表 4.1.6 父母月龄及成活仔猪数

窝别	母亲月龄	父亲月龄	成活仔猪数 a_i
1	24	12	3
2	19	12	2
3	21	12	3
4	13	12	1
5	36	12	2

改用年为单位

$$L=\frac{17.7}{12}=1.48(\text{年})$$

常见畜禽的世代间隔范围：肉牛, 4.5~5 年；绵羊, 3~5 年；原种猪, 15~19 个月；繁殖猪群, 2~3 年；肉用仔鸡, 45 周~1 年；蛋鸡, 13~18 月等.

在实际中，单位时间的遗传进展应把公、母畜分开来算，即

$$R_T=\frac{\Delta G_m+\Delta G_f}{L_m+L_f} \tag{4.1.20}$$

其中，L_m和L_f分别表示公、母畜的世代间隔. 显然L越大，改良的速度越慢.

【例 4.1.4】 设某牛群的平均产乳量为每年3500kg，留种牛的平均产乳量为4500kg，其表型标准差$\sigma_P=700\text{kg}$. 若公牛的留种率$p=5\%$，其选择差$i_m=2.063\sigma_P=1444\text{kg}$. 母牛的留种率$p=50\%$，选择差$i_f=0.798\sigma_P=558\text{kg}$. 因而平均选择差和选择强度为

$$i=\frac{1}{2}\times(1444+558)\approx 1000(\text{kg})$$

$$K=\frac{1}{2}\times(2.063+0.789)=1.43$$

另外，公畜的世代间隔$L_m=3.3$年，母畜为$L_f=4.6$年，则平均世代间隔为$(3.3+4.6)/2=3.95$(年). 又知$h_N^2=0.25$，则每年的遗传进展(改良速度)为

$$R_T=\frac{\text{GS}}{L}=\frac{K\sigma_P h_N^2}{L}=\frac{1.43\times700\times0.25}{3.95}=63.35(\text{kg/年})$$

式(4.1.6)中，$\text{GS}_x=ih_N^2$是根据h_N^2预测理论上的遗传进展，而实际中的选择结果不能完全所愿. 理论上

$$\text{GS}=1.43\sigma_P h_N^2=ih_N^2=1000\times0.25\approx 250(\text{kg})$$

设下代家畜的实际平均产量为3720kg，上代平均产量为3500kg，故实现的遗传进展为

$$\Delta R_0=3720-3500=220(\text{kg})$$

Falconer 把ΔR_0与选择差$i=K\sigma_P$的比值称为现实遗传力h_R^2

$$h_R^2=\frac{\Delta R_0}{i}=\frac{\Delta R_0}{K\sigma_P}=\frac{220}{1000}=0.22$$

预期和实现间的相对误差为

$$\frac{|\Delta G-\Delta R_0|}{\Delta G}=\frac{|ih_N^2-\Delta R_0|}{ih_N^2}=\frac{|1000\times0.25-(3720-3500)|}{1000\times0.25}=12\%$$

如果误差太大，应进一步追究其原因，进行科学修正，以便得到更准确的估计.

由上述可以看出，有了遗传力这个参数，就可以估计选择反应和品种改良速度. 当然，遗传力还可以估计群体中现有个体的育种值，其方法类似于用重复力估计个体一生的生产力的方法.

4.2 单性状选择方法

数量性状选择的基本原理是依据个体的表型值估计$GS_x = K\sigma_P h_N^2$，其实质是表型值选择. 这是因为数量性状受控于多基因系统，致使不能观测到的基因型值G和能观测到的表型值P间只能是一种随机性的统计学关系$P = G + E$，只能认为P是G的一个近似. 准确地说，只有基因型值中的育种值A才能真正地遗传给下一代，因而只有对A的选择才能是有效的. 即表型值对A的近似程度越高，选择效率越高. 表型值P与育种值A的统计学关系为$P = A + R$, P对A的近似程度决定于$h_N^2 = r_{AP}^2$的大小，h_N^2越大，P与A的近似程度越高. 当$h_N^2 = 1$时，$P = A$，表型选择就变为育种值选择了. 因而，为了取得好的选择效果，人们运用各种与个体有关的亲属信息和统计学方法来提高估计育种值的准确度$r_{AP} = h_N$.

对于单性状的选择方法. Falconer 和 Mackay(1996)在其著作《数量遗传学导论》中认为“个体本身的表型值并不是其育种值的唯一来源，亲属的尤其是全同胞或半同胞的表型值也提供了附加信息”，并强调“在对动植物育种应用选择中利用亲属信息十分重要”.在单性状选择中，主要依据个体的表型值及个体所在群体中各家系的平均表型值进行选择. 对于这种有家系结构的群体，有哪些单性状选择方法？如何利用亲属信息来挑选单性状的最佳选择方法？本节将简述其原理.

群体中第i个家系的第j个个体的表型值P_{ij}可以剖分为两部分

$$P_{ij} - \bar{P} = (P_{ij} - \bar{P}_{i\cdot}) + (\bar{P}_{i\cdot} - \bar{P}) = P_w + P_f \tag{4.2.1}$$

其中，$\bar{P}_{i\cdot}$为第i个家系的平均值，$\bar{P}$为群体总平均值，$P_w = P_{ij} - \bar{P}_{i\cdot}$为家系内离差，$P_f = \bar{P}_{i\cdot} - \bar{P}$为家系平均值离差.用给$P_w$和$P_f$以不同的权重$b_w$、$b_f$构成的选择指数为

$$I = b_f P_f + b_w P_w \tag{4.2.2}$$

则可形成如下几种不同纯生物性的选择方法(估计第i个家系的育种值A_i).

(1) $b_w = b_f = 1$: 个体选择，用P_{ij}估计A_i.

(2) $b_w = 0, b_f = 1$: 家系选择，用P_f估计A_i.

(3) $b_w = 1, b_f = 0$: 家系内选择，用P_w估计A_i.

(4) $b_w \neq b_f \neq 0$: 合并选择，用$b_f P_f + b_w P_w$估计A_i.

下面讲述各种选择方法的选择效果、适用范围及优缺点.

4.2.1 个体选择

仅以个体表型值(P_{ij})为选择标准的选择方法称为个体选择(individual selection). 有时也称为大群选择(mass selection). 个体选择方法简单易行，而且在大多数情况下可以获得较大的遗传进展，因而动植物育种工作中常采用这一方法. 在这种情况下，群体均值$\bar{P}$为一个常量，用$P_{ij} - \bar{P}$估计第i个家系的育种值A_i，假定P_{ij}为效应,育种值效应为A_i，而且满足$\sigma_P^2 = \sigma_A^2 + \sigma_R^2$, σ_R^2为除A_i以外的剩余效应方差. A_i关于P_{ij}的回归系数为

$$b_{AP}=\frac{\text{Cov}(A_i,A_i+R_i)}{\sigma_P^2}=\frac{\sigma_A^2}{\sigma_P^2}=h_N^2=r_{AP}^2 \tag{4.2.3}$$

用P_{ij}估计的A_i为

$$I_P=\hat{A}_i=b_{AP}\bar{P}_{i\cdot}=h_N^2P_{ij} \tag{4.2.4}$$

选择进展为

$$\text{GS}_P=K\sigma_Ph_N^2 \tag{4.2.5}$$

式(4.2.5)表明, 个体选择的效果完全依赖于h_N^2的大小. 只要h_N^2不是很低, 选择就是有效的.

4.2.2　家系选择与同胞选择

用家系表型平均值离差P_f大小作为个体是否留种的选择方法, 分两种情况: 家系平均值离差P_f计算中包含候选个体的表型值P_{ij}; P_f计算中不包含P_{ij}. 前者称为家系选择(family selection), 后者称为同胞选择(sib selection). 两者的共同点均是用P_f估计候选个体的育种值A_i(后者P_f为P_s).

1. 家系选择

为了计算A_i关于P_f的直线回归系数, 首先计算二者的协方差和P_f的方差

$$\begin{aligned}\text{Cov}(A_i,P_f)&=\text{Cov}\left[A_i,\tfrac{1}{n}\textstyle\sum_{j=1}^n(A_j+R_j)\right]\\&=\tfrac{1}{n}\left[\text{Cov}(A_i,A_i)+(n-1)\text{Cov}(A_i,A_j)\right],\ j\neq i \qquad (4.2.6)\\&=\tfrac{1}{n}[1+(n-1)r_A]\sigma_A^2\end{aligned}$$

$$\begin{aligned}V(P_f)&=\text{Cov}\left(\tfrac{1}{n}\textstyle\sum_{j=1}^nP_{ij},\tfrac{1}{n}\sum_{j=1}^nP_{ij}\right)\\&=\tfrac{1}{n^2}\left[n\text{Cov}(P_{ij},P_{ij})+2\textstyle\sum_{j\neq k}\text{Cov}(P_{ij},P_{ik})\right] \qquad (4.2.7)\\&=\tfrac{1}{n}[\sigma_P^2+(n-1)t\sigma_P^2]=\tfrac{1}{n}[1+(n-1)t]\sigma_P^2=\sigma_{P_f}^2\end{aligned}$$

故A_i关于P_f的回归系数为

$$b_{AP_f}=\frac{\text{Cov}(A_i,P_f)}{\text{V}(P_f)}=\frac{[1+(n-1)r_A]\sigma_A^2}{[1+(n-1)t]\sigma_P^2}=\frac{1+(n-1)r_A}{1+(n-1)t}h_N^2=h_{P_f}^2 \tag{4.2.8}$$

即b_{AP_f}为家系平均数离差P_f的遗传力$h_{P_f}^2$. 用P_f估计个体i的育种值A_i为

$$I_{P_f}=\hat{A}_i=b_{AP_f}P_f=\frac{1+(n-1)r_A}{1+(n-1)t}h_N^2P_f \tag{4.2.9}$$

由此得到的遗传进展为

$$\text{GS}_{P_f}=K\sigma_{P_f}h_{P_f}^2=K\sigma_Ph_N^2\frac{1+(n-1)r_A}{\sqrt{n[1+(n-1)t]}} \tag{4.2.10}$$

其中, $r_A=\text{Cov}(A_i,A_j)/\sigma_A^2\ (i\neq j)$为家系内个体间的育种值相关, 即亲缘系数. 在随机交配群体(近交系数$F=0$)中, 全同胞$r_A=0.5$, 半同胞$r_A=0.25$. t为家系内个体间的表型相关系数, 即家系内的组内相关系数.

2. 同胞选择

参与同胞均值P_s计算的是家系中不同的n个候选个体的P_{ij}, 选择的目的是用P_s估计

育种值A_i. 为了求A_i关于P_s的直线回归系数b_{AP_s}，先求$\mathrm{Cov}(A_i, P_s)$和$V(P_s)$

$$\begin{aligned}\mathrm{Cov}(A_i, P_s) &= \mathrm{Cov}\left[A_i, \tfrac{1}{n}\textstyle\sum_{j=1}^{n}\left(A_j + R_j\right)\right] \\ &= \tfrac{1}{n} n\mathrm{Cov}\left(A_i, A_j\right) = r_A\sigma_A^2\end{aligned} \tag{4.2.11}$$

P_s的方差(同P_f的方差)，即

$$V(P_s) = \sigma_{P_s}^2 = \tfrac{1}{n}[1 + (n-1)t]\sigma_P^2 \tag{4.2.12}$$

故A_i关于P_s的回归系数为

$$b_{AP_s} = \tfrac{\mathrm{Cov}(A_i, P_s)}{\mathrm{V}(P_s)} = \tfrac{nr_A}{1+(n-1)t} h_N^2 = h_{P_s}^2 \tag{4.2.13}$$

用P_s估计个体i的育种值A_i为

$$I_{P_s} = \hat{A}_i = b_{AP_s}P_s = \tfrac{nr_A}{1+(n-1)t} h_N^2 P_s \tag{4.2.14}$$

选择的遗传进展为

$$\mathrm{GS}_{P_s} = K\sigma_{P_s}h_{P_s}^2 = K\sigma_P h_N^2 \tfrac{r_A}{\sqrt{[1+(n-1)t]/n}} \tag{4.2.15}$$

比较式(4.2.8)和式(4.2.13)，当n很大时，$b_{AP_f} \approx b_{AP_s}$，即同胞选择与家系选择效果一致. 因而，同胞选择是家系选择衍生出来的一个选择方法.

4.2.3　家系内选择

把家系中超过家系平均数P_f最多的个体留种的选择方法称为家系内选择(selection within family). 这时用P_w估计A_i. A_i与P_w的协方差和P_w的方差分别为

$$\begin{aligned}\mathrm{Cov}(A_i, P_w) &= \mathrm{Cov}\left(A_i, P_{ij} - \bar{P}_{i\cdot}\right) = \mathrm{Cov}\left[A_i, A_i + R_i - \tfrac{1}{n}\textstyle\sum_{j=1}^{n}\left(A_j + \mathrm{R}_j\right)\right] \\ &= \sigma_A^2 - \frac{1}{n}\left[\sigma_A^2 + (n-1)\mathrm{Cov}\left(A_i, A_j\right)\right], i \neq j \\ &= \sigma_A^2 - \frac{1}{n}[\sigma_A^2 + (n-1)r_A\sigma_A^2] \\ &= \tfrac{1}{n}(n-1)(1-r_A)\sigma_A^2\end{aligned} \tag{4.2.16}$$

$$\begin{aligned}V(P_w) &= V\left(P_{ij} - \bar{P}_{i\cdot}\right) = V\left(P_{ij}\right) + V(\bar{P}_{i\cdot}) - 2\mathrm{Cov}\left(P_i, P_f\right) \\ &= \sigma_P^2 + \frac{1}{n}[1 + (n-1)t]\sigma_P^2 - 2 \times \frac{1 + (n-1)t}{n}\sigma_P^2 \\ &= \tfrac{1}{n}(n-1)(1-t)\sigma_P^2 = \sigma_{P_w}^2\end{aligned} \tag{4.2.17}$$

A_i关于P_{wi}的回归系数为

$$b_{AP_w} = \tfrac{\mathrm{Cov}(A_i, P_w)}{V(P_w)} = \tfrac{1-r_A}{1-t} h_N^2 = h_{P_w}^2 \tag{4.2.18}$$

用P_w估计个体i的育种值A_i为

$$I_{P_w} = \hat{A}_i = b_{AP_w}P_w = \tfrac{1-r_A}{1-t} h_N^2 P_w \tag{4.2.19}$$

选择的遗传进展为

$$\mathrm{GS}_{P_w} = K\sigma_{P_w}h_{P_w}^2 = K\sigma_P h_N^2 \sqrt{\tfrac{(n-1)(1-t)}{n}} \tfrac{1-r_A}{1-t} \tag{4.2.20}$$

上述$b_{AP_w} = h_{P_w}^2$称为家系内偏差遗传力，是对选择遗传力h_N^2的校正. $h_{P_w}^2 = \tfrac{1-r_A}{1-t} h_N^2$表明，

当$t > r_A$时，$h_{P_w}^2 > h_N^2$，表明家系内成员间具有较大的共同环境方差，这时利用家系内选择是有利的．由I_{P_w}的表达式知，它几乎与家系中个体数n无关．由式(4.2.20)知，当n相当大时，n对GS_{P_w}影响不大．另外，这个性状与家系平均数P_f的大小无关，只要每个家系中有成员的P_w最大，就能留种．因而群体中被选的有效含量大于其他选择方法，而且有利于保持最低限度近交，防止近交衰退和基因丢失．

4.2.4　合并选择

由式(4.2.1)知，家系中任一个体的表型值均可表示为$P_i = P_f + P_{wi}$，用P_f和P_{wi}两种信息针对不同性状的不同遗传力和不同家系内表型相关，通过这两种信息的不同加权形成一个合并选择指数(combinedselection index)

$$I = b_{AP_f}P_f + b_{AP_w}P_w = h_{P_f}^2 P_f + h_{P_w}^2 P_w \tag{4.2.21}$$

用合并选择指数进行选择的方法称为合并选择(combined selection)．其中，$b_{AP_f} = h_{P_f}^2$，$b_{AP_w} = h_{P_w}^2$，按式(4.2.8)和式(4.2.18)定义计算．合并选择是用I估计育种值A_i．A_i和I的协方差为

$$\begin{aligned}\mathrm{Cov}(A_i, I) &= \mathrm{Cov}\left(A_i, h_{P_f}^2 P_f + h_{P_w}^2 P_w\right)\\ &= h_{P_f}^2 \mathrm{Cov}(A_i, P_f) + h_{P_w}^2 \mathrm{Cov}(A_i, P_w)\end{aligned}$$

由前述可知

$$\mathrm{Cov}(A_i, P_f) = \frac{1}{n}[1 + (n-1)r_A]\sigma_A^2 \qquad h_{P_f}^2 = \frac{1+(n-1)r_A}{1+(n-1)t}h_N^2$$

$$\mathrm{Cov}(A_i, P_w) = \frac{1}{n}(n-1)(1-r_A)\sigma_A^2 \qquad h_{P_w}^2 = \frac{1-r_A}{1-t}h_N^2$$

故有

$$\begin{aligned}\mathrm{Cov}(A_i, I) &= \frac{1+(n-1)r_A}{n}\sigma_A^2 h_{P_f}^2 + \frac{(n-1)(1-r_A)}{n}\sigma_A^2 h_{P_w}^2\\ &= \frac{\sigma_A^2 h_N^2}{n}\left[\frac{[1+(n-1)r_A]^2}{1+(n-1)t} + \frac{(n-1)\left(1-r_A^2\right)^2}{1-t}\right]\end{aligned} \tag{4.2.22}$$

而

$$V(I) = V\left(h_{P_f}^2 P_f + h_{P_w}^2 P_w\right) = h_{P_f}^4 V(\mathrm{P}_f) + h_{P_w}^4 \mathrm{V}(P_w) \qquad \mathrm{Cov}(P_f, P_{wi}) = 0$$

由前述可知

$$V(P_f) = \frac{1}{n}[1 + (n-1)r_A]\sigma_P^2 \qquad V(P_w) = \frac{1}{n}(n-1)(1-r_A)\sigma_P^2$$

故经过整理得

$$V(I) = \mathrm{Cov}(A_i, I) \tag{4.2.23}$$

由此得A_i关于I的直线回归系数为

$$b_{AI} = \frac{\mathrm{Cov}(A_i, I)}{V(I)} = 1 = h_I^2 \tag{4.2.24}$$

由I估计的A_i为

$$\begin{aligned}I_I &= \hat{A} = b_{AI}I = I = h_{P_f}^2 P_f + h_{P_w}^2 P_w\\ &= \frac{1+(n-1)r_A}{1+(n-1)t}h_N^2 P_f + \frac{1-r_A}{1-t}h_N^2 P_w\end{aligned} \tag{4.2.25}$$

选择的目的是将家系内个体的 I 值从小到大排序，决定各个体是否留种. 因而为简化计算，两边同除以$\frac{1-r_A}{1-t}h_N^2$，且将$P_w = P_{ij} - \bar{P}_{i\cdot}$代入得到一个新的选择指数

$$\begin{aligned} I' &= \left[\frac{1+(n-1)r_A}{1+(n-1)t}\frac{1-t}{1-r_A} - 1\right]P_f + P_{ij} \\ &= \frac{n(r_A-t)}{[1+(n-1)t](1-r_A)}P_f + P_{ij} \end{aligned} \tag{4.2.26}$$

显然，用个体的I值排序和I'值排序是一致的.

合并选择的遗传进展为

$$\begin{aligned} \mathrm{GS}_I &= K\sigma_I h_I^2 = K\sigma_I = K\sqrt{\mathrm{Cov}(A_i, I)} \\ &= K\sigma_P h_N^2\sqrt{1+\frac{(n-1)(t-r_A)^2}{[1+(n-1)t](1-t)}} \end{aligned} \tag{4.2.27}$$

4.2.5 几种选择方法相对效率比较

选择方法的相对效率比较，可从各种方法对个体之间的育种值A_i的决定系数开始比较. 个体选择、家系选择、同胞选择、家系内选择和合并选择对A_i的决定系数分别为r_{AP}^2、$r_{AP_f}^2$、$r_{AP_s}^2$、$r_{AP_w}^2$和r_{AI}^2. 它们分别表示P、P_f、P_s、P_w和I对A_i的方差σ_A^2决定的百分比. 因而，在遗传分析中把r_{AP}、r_{AP_f}、r_{AP_s}、r_{AP_w}和r_{AI}称为各种选择方法对A_i估计的准确度. 选择方法相对效率的比较，就是上述各种相关系数间的比较. 由上述计算知

$$\begin{cases} r_{AP} = \dfrac{\mathrm{Cov}(A_i, A_i+R_i)}{\sigma_A\sigma_P} = \dfrac{\sigma_A}{\sigma_P} = h_N \\ r_{AP_f} = \dfrac{\mathrm{Cov}(A_i, P_f)}{\sigma_A\sigma_{P_f}} = \dfrac{1+(n-1)r_A}{\sqrt{[1+(n-1)t]n}}h_N \\ r_{AP_s} = \dfrac{\mathrm{Cov}(A_i, P_s)}{\sigma_A\sigma_{P_s}} = \dfrac{r_A}{\sqrt{[1+(n-1)t]/n}}h_N \\ r_{AP_w} = \dfrac{\mathrm{Cov}(A_i, P_w)}{\sigma_A\sigma_{\mathrm{P_W}}} = (1-r_A)\sqrt{\dfrac{n-1}{n(1-t)}}h_N \\ r_{AI} = \dfrac{\mathrm{Cov}(A_i, I)}{\sigma_A\sigma_{\mathrm{I}}} = \sqrt{1+\dfrac{(n-1)(t-r_A)^2}{[1+(n-1)t](1-t)}}h_N \end{cases} \tag{4.2.28}$$

(1) 个体选择与家系、家系内选择比的相对效率

$$\begin{cases} \eta_{P/P_f} = \dfrac{r_{AP}}{r_{AP_f}} = \dfrac{\sqrt{[1+(n-1)t]n}}{1+(n-1)r_A} \approx \dfrac{\sqrt{t}}{r_A} \quad n\to\infty \\ \eta_{P/P_s} = \dfrac{r_{AP}}{r_{AP_s}} = \dfrac{1}{r_{\mathrm{A}}}\sqrt{\dfrac{n}{1+(n-1)t}} \approx \dfrac{\sqrt{t}}{r_A} \quad n\to\infty \\ \eta_{P/P_w} = \dfrac{r_{AP}}{r_{AP_w}} = \dfrac{1}{1-r_A}\sqrt{\dfrac{n(1-t)}{n-1}} \approx \dfrac{\sqrt{1-t}}{1-r_A} \quad n\to\infty \\ \eta_{P/I} = \dfrac{r_{AP}}{r_{AI}} = 1\Big/\sqrt{1+\dfrac{(n-1)(t-r_A)^2}{(1-t)[1+(n-1)t]}} \approx 1\Big/\sqrt{\dfrac{(t-r_A)^2}{t(1-t)}} \leqslant 1 \quad n\to\infty \end{cases} \tag{4.2.29}$$

(2) 家系选择与家系内选择比较的相对效率

$$\eta_{P_f/P_w} = \frac{r_{AP_f}}{r_{AP_w}} = \frac{1+(n-1)r_A}{1-r_A}\sqrt{\frac{1-t}{[1+(n-1)t](n-1)}} \approx \frac{r_A}{1-r_A}\sqrt{\frac{1-t}{t}} \quad n\to\infty \tag{4.2.30}$$

(3) 合并选择与家系选择、家系内选择和个体选择的相对效率

$$\begin{cases}\eta_{I/P_f}=\frac{r_{AI}}{r_{AP_f}}=\sqrt{1+\frac{(n-1)[1+(n-1)t](1-r_A)^2}{(1-t)[1+(n-1)r_A]^2}}\approx\sqrt{1+\frac{t(1-r_A)^2}{(1-t)r_A^2}}\geqslant 1 \quad n\to\infty \\ \eta_{I/P_s}=\frac{r_{AI}}{r_{AP_s}}=\sqrt{\frac{(1-t)[1+(n-1)t]+(n-1)(t-r_A)^2}{n(1-t)r_A^2}}\approx\sqrt{1+\frac{t(1-r_A)^2}{(1-t)r_A^2}}\geqslant 1 \quad n\to\infty \\ \eta_{I/P_w}=\frac{r_{AI}}{r_{AP_w}}=\sqrt{1+\frac{(1-t)[1+(n-1)r_A]^2}{(n-1)[1+(n-1)t](1-r_A)^2}}\approx\sqrt{1+\frac{(1-t)r_A^2}{t(1-r_A)^2}}\geqslant 1 \quad n\to\infty \\ \eta_{I/P}=\frac{r_{AI}}{r_{AP}}=\sqrt{1+\frac{(n-1)(t-r_A)^2}{(1-t)[1+(n-1)t]}}\approx\sqrt{1+\frac{(t-r_A)^2}{t(1-t)}}\geqslant 1 \quad n\to\infty\end{cases} \tag{4.2.31}$$

上述比较均与n(计算家系均数所用个体数)、t(家系内组内相关系数)、r_A(家系内育种值相关系数, 即亲缘系数. 全同胞家系$r_A=0.5$, 半同胞家系$r_A=0.25$)有关. 分两种情况叙述比较结果.

1. $n\to\infty$情况的比较结果

(1) 适宜个体选择情况. 由个体表型值P估计其育种值的准确度为$r_{AP}=h_N$, 因而它适合h_N^2高的性状.

当式(4.2.29)各相对效率$\eta\geqslant 1$时, 宜用个体选择. 具体到全同胞、半同胞、P_w和I有: 当家系为全同胞时, 当$t\geqslant r_A^2=0.25$时, $\eta_{P/P_s}\geqslant 1$; 当$1-t\geqslant(1-r_A)^2=0.25$时, $\eta_{P/P_w}\geqslant 1$. 当家系为半同胞时, $t\geqslant r_A^2=0.0625$时, $\eta_{P/P_f}\geqslant 1$且$\eta_{P/P_s}\geqslant 1$; 当$1-t\geqslant(1-r_A)^2=0.5625$时, $\eta_{P/P_w}\geqslant 1$. 当$t=r_A$时, $\eta_{P/I}=1$, 此时, $h_{P_f}^2=h_{P_w}^2=h_N^2$.

(2) 适宜家系选择或家系内选择情况. 由于在h_N^2高且$t\geqslant r_A^2$时, 个体选择优于家系选择. 因而仅考虑$t<r_A$且h_N^2低情况下的家系选择. 在这种情况下, $\eta_{P/P_f}<1$时, 家系选择优于个体选择. 具体为: 在全同胞家系时, $t<0.25$, 或在半同胞家系时, $t<0.0625$, 相对于个体选择而言, 家系选择效果好; 与家系内选择比, 对于$r_A=0.5$(全同胞家系), 若$t=0.5, \eta_{P_f/P_w}=1$, 则二者选择效果相同; 若$t<0.5, \eta_{P_f/P_w}>1$, 宜用家系内选择; 对于$r_A=0.25$(半同胞家系), 若$t=0.1, \eta_{P_f/P_w}=1$, 二者性状效果相同; 当$t<0.1, \eta_{P_f/P_w}>1$, 宜用家系选择; 若$t>0.1$, 则$\eta_{P_f/P_w}<1$, 宜用家系内选择; 与合并选择比, 由式(4.2.31)知, 只有当$t=0$时, $\eta_{I/P_f}=1$, 二者性状效果相同, 否则$\eta_{I/P_f}>1$, 即合并选择优于家系选择.

(3) 合并选择. 在$n\to\infty$时, 若$t=r_A$, 合并选择与个体性状效率相同; 若$t=0$, 家系选择与合并选择效率相同; 在全同胞家系中, 若$t=r_A=0.5$, 则同胞选择与合并选择效果相同; 在半同胞家系中, 若$r_A=0.25, t=0.1$, 则同胞选择与合并选择同效.在其他情况下, 合并选择均优于其他选择方法.

2. 合并选择与其他选择方法比较的函数图像法

当$n\to\infty$或$n=2$时, 式(4.2.31)表明合并选择相对于任一选择方法 M 的相对效率$\eta_{I/M}$是r_A和t的函数. 对于固定的r_A(FS 家系$r_A=0.5$, HS 家系$r_A=0.25$)用$0<t<1$作为自变量绘出$\eta_{I/M}$的曲线, 可直观展现$\eta_{I/M}$. 在n很大且$r_A=0.5$的情况下, 若$0<t<0.25$, 适合于家系选择; 当$0.25<t<0.75$时, 较适于个体选择; 当$0.75<t<1$时, 适合于家

系内选择等. 当$n = 2, 0.15 < t < 0.9$时, 适于个体选择等.

上述关于单性状五种选择方法的比较和实施, 还需作进一步考虑. 因为在育种实践中不仅要考虑选择方法的效果和改良速度(世代间隔), 还要考虑记录资料的获得和成本等. 例如, 在植物育种中, 家系差异较易区分而单株的记录是费时费工的, 但家系收获时考种等工作量大于单株, 因而在植物选种中常采用优良家系中选优株.对动物育种来讲, 个体记录容易取得而谱系资料成本很高, 因而究竟采用个体选择还是合并选择, 取决于选择效益和系谱记载花费的比较.

选择方法 M的效率取决于它对家系中候选个体i的育种值A_i的估计准确度r_{AM}, 其预期遗传进展与r_{AM}的关系为

$$b_{AM} = \frac{\text{Cov}(A_i, M)}{\sigma_{PM}^2} = \frac{\sigma_A r_{AM}}{\sigma_{PM}} = h_M^2 \qquad \text{GS}_M = K\sigma_{PM} h_M^2 = K\sigma_{PM} b_{AM} = K\sigma_A r_{AM} \quad (4.2.32)$$

这个公式和式(4.2.5)、式(4.2.10)、式(4.2.15)、式(4.2.20)、式(4.2.27)是一致的. 用式(4.2.32)比较选择进展可以$K\sigma_A$为单位, 只需计算r_{AM}; 用式(4.2.5)～式(4.2.27)进行选择进展比较, 可以$K\sigma_P h_N^2$为单位, 只需计算各进展式中的系数. 下面将各选择方法估计A_i的结果I_M和选择进展公式GS_M(乘号"×"前的系数)列于表 4.2.1 中.

表 4.2.1　不同选择方法对A_i的估计及预期遗传进展

方法 M	$I_M = \hat{A}_i(\times h_N^2)$	$\text{GS}_M = r_{AM}(\times K\sigma_A)$	$\text{GS}_M = \frac{r_{AM}}{h_N}(\times K\sigma_P h_N^2)$
个体 P	P_{ij}	h_N	1
家系P_f	$\frac{1+(n-1)r_A}{1+(n-1)t} P_f$	$\frac{1+(n-1)r_A}{\sqrt{[1+(n-1)t]n}} h_N$	$\frac{1+(n-1)r_A}{\sqrt{[1+(n-1)t]n}}$
同胞P_s	$\frac{nr_A}{1+(n-1)t} P_s$	$\frac{r_A}{\sqrt{[1+(n-1)t]/n}} h_N$	$\frac{r_A}{\sqrt{[1+(n-1)t]/n}}$
家系内P_w	$\frac{1-r_A}{1-t} P_w$	$(1-r_A)\sqrt{\frac{n-1}{n(1-t)}} h_N$	$(1-r_A)\sqrt{\frac{n-1}{n(1-t)}}$
合并I	$\frac{n(r_A-t)}{(1-r_A)[1+(n-1)t]} P_f + P_{ij}$	$\sqrt{1+\frac{(n-1)(t-r_A)^2}{[1+(n-1)t](1-t)}} h_N$	$\sqrt{1+\frac{(n-1)(t-r_A)^2}{[1+(n-1)t](1-t)}}$

下面通过例子说明各种选择方法的比较.

【例 4.2.1】　Falconer 的《数量遗传学导论》给出了表 4.2.2 所示的小鼠窝产仔数资料. 其中有4个全同胞家系, 每个家系含4个个体. 这时$r_A = 0.5, n = 4$: ①分别用$t = 0.1$、0.4 进行合并选择; ②比较各选择方法的效果.

表 4.2.2　候选个体表型值、家系平均值和家系内离差

家系		A	B	C	D	
个体	1	13	11	7	9	
	2	10	9	7	5	
	3	8	6	6	3	
	4	5	6	4	3	
家系平均值$\bar{P}_{i.}$		9	8	6	5	总平均$\bar{P} = 7$
家系平均离差P_f		2	1	−1	−2	

① 合并选择指数.

$t=0.1$的合并选择指数为

$$I_{0.1}=\frac{4\times(0.5-0.1)}{(1-0.5)\times[1+(4-1)\times 0.1]}P_f+P_{ij}=2.46P_f+P_{ij}$$

$t=0.4$的合并选择指数为

$$I_{0.4}=\frac{4\times(0.5-0.4)}{(1-0.5)\times[1+(4-1)\times 0.4]}P_f+P_{ij}=0.364P_f+P_{ij}$$

用选择指数$I_{0.1}$和$I_{0.4}$表示 4.2.2 中各个体，得表 4.2.3 结果.

表 4.2.3 16 个个体的选择指数值

t	0.1				0.4			
	A	B	C	D	A	B	C	D
指数值	17.92	13.46	4.54	4.08	13.73	11.36	6.64	8.27
	14.92	11.46	4.54	0.08	10.73	9.36	6.64	4.27
	12.92	8.46	3.54	−1.92	8.73	6.36	5.64	2.27
	9.92	8.46	1.54	−1.92	5.73	6.36	3.64	2.27

例如，A_1和A_2的表型值分别为 13 和 10，其P_f均为 2，故

$$I_{0.1}(A_1)=13+2.46\times 2=17.92 \qquad I_{0.1}(A_2)=10+2.46\times 2=14.92$$

又如，A_1和A_2的$I_{0.4}$值(P_f均为 2)分别为

$$I_{0.4}(A_1)=13+0.364\times 2=13.728 \qquad I_{0.4}(A_2)=10+0.364\times 2=10.728$$

用合并选择的结果为：当$t=0.1$时，A_1、A_2、B_1和A_3留种；当$t=0.4$时，A_1、A_2、B_1和B_2留种. 显然t值不同，选择结果可能不同.

② $t=0.1, r_A=0.5, n=4$ 时，各选择方法的遗传进展为

$$\mathrm{GS}_P=K\sigma_P h_N^2$$

$$\mathrm{GS}_{P_f}=\frac{1+(4-1)\times 0.5}{\sqrt{[1+(4-1)\times 0.1]\times 4}}K\sigma_P h_N^2=1.096K\sigma_P h_N^2$$

$$\mathrm{GS}_{P_s}=\frac{0.5}{\sqrt{[1+(4-1)\times 0.1]/4}}K\sigma_P h_N^2=0.877K\sigma_P h_N^2$$

$$\mathrm{GS}_{P_w}=(1-0.5)\times\sqrt{\frac{4-1}{4\times(1-0.1)}}K\sigma_P h_N^2=0.456K\sigma_P h_N^2$$

$$\mathrm{GS}_I=\sqrt{1+\frac{(4-1)\times(0.1-0.5)^2}{[1+(4-1)\times 0.1]\times(1-0.1)}}K\sigma_P h_N^2=1.188K\sigma_P h_N^2$$

比较结果为 $\mathrm{GS}_I>\mathrm{GS}_{P_f}>\mathrm{GS}_P>\mathrm{GS}_{P_s}>\mathrm{GS}_{P_w}$.

4.3 间接选择和综合选择指数

4.3.1 间接选择

选择原理中讲述的是对性状x直接进行选择及其预期遗传进展，称为直接选择(direct selection). 间接选择(indirect selection)的含义是：期望改进的目标性状(objective trait)是y，但由于y不能直接观测或观测的周期长、遗传力低、不易选择或选

择效果差时，借助与之遗传相关的辅助性状(assistant trait) x的直接选择来达到对y改良的选择方法. 一般来讲，若辅助性状x有易于观察、观测周期短、非限性性状、遗传力高而且与目标性状y有强的遗传相关时，可采用间接选择方法.

假设在一定的留种率之下，对辅助性状x直接选择，其预期遗传进展为GS_x. 辅助性状x和目标性状存在强的遗传相关，因为x的选择改变而得到的y的选择反应称为y的相关遗传进展(correlation response of seletion)，记为$\mathrm{CGS}_{y(x)}$. y关于x的线性遗传回归系数$b_{gy(x)}$和育种值回归系数$b_{Ay(x)}$分别为

$$b_{gy(x)} = \mathrm{Cov}(g_x, g_y)/\sigma_{gx}^2 \qquad b_{Ay(x)} = \mathrm{Cov}(A_x, A_y)/\sigma_{Ax}^2 \tag{4.3.1}$$

x和y的总遗传相关系数和育种值相关系数分别为

$$r_{gxy} = \mathrm{Cov}(g_x, g_y)/\sigma_{gx}\sigma_{gy} \qquad r_{Axy} = \mathrm{Cov}(A_x, A_y)/\sigma_{Ax}\sigma_{Ay} \tag{4.3.2}$$

则有

$$\begin{cases} \mathrm{CGS}_{y(x)} = b_{gy(x)}\mathrm{GS}_x = \dfrac{\mathrm{Cov}(g_x,g_y)}{\sigma_{gx}^2} K_x\sigma_{Px}h_{Bx}^2 \\ \qquad\qquad = K_x\sigma_{Py}h_{Bx}r_{gxy}h_{By} = K_x\sigma_{Py}h_{Bxy} \\ \mathrm{CGS}_{y(x)} = b_{Ay(x)}\mathrm{GS}_x = \dfrac{\mathrm{Cov}(A_x,A_y)}{\sigma_{Ax}^2} K_x\sigma_{Px}h_{Nx}^2 \\ \qquad\qquad = K_x\sigma_{Py}h_{Nx}r_{Axy}h_{Ny} = K_x\sigma_{Py}h_{Nxy} \end{cases} \tag{4.3.3}$$

其中，h_{Bxy}和h_{Nxy}分别为x和y的相关遗传力(correlated heritability)，前者为广义的，后者为狭义的. 从育种的角度讲，$\mathrm{CGS}_{y(x)}$的准确度为h_{Nxy}，即相关选择的效率决定于h_{Nxy}. 第 3 章讲述了x和y的表型相关r_{Pxy}的分解，$r_{Pxy} = h_{Bxy} + h_{exy} = h_{Nxy} + h_{Rxy}$.

间接选择的效率η通常用$\mathrm{CGS}_{y(x)}$与y的直接选择进展GS_y之比来度量

$$\eta = \frac{\mathrm{CGS}_{y(x)}}{\mathrm{GS}_y} = \frac{K_x\sigma_{Py}h_x r_g h_y}{K_y\sigma_{Py}h_y^2} = \left(\frac{K_x}{K_y}\right)\left(\frac{h_x}{h_y}\right)r_g \tag{4.3.4}$$

若两个性状的留种率相同，即$K_x = K_y$，则

$$\eta = \frac{h_x}{h_y}r_g \tag{4.3.5}$$

显然，若$h_x/h_y > 1$且遗传相关r_g大，则间接选择的效果好. 其中，若h_x和h_y为广义遗传力，则r_g为总遗传相关；若h_x和h_y为狭义遗传力，则r_g为育种值相关.

【例 4.3.1】 马育华和盖钧镒(1979)关于江淮下游地区大豆地方品种产量(目标性状y)与各经济性状(辅助选择x)的相关遗传进展进行了研究，其结果如表 4.3.1 所示.

表 4.3.1　江淮下游地区大豆地方品种产量(y)与各经济性状(x)的相关遗传进展

相关的性状	开花期	结荚期	成熟期	单株产量	每株荚数	每株粒数	每荚粒数	瘪粒率
5%GS_x	20.7	3.6	14.1	26.5	5.1	12.9	1.6	0.6
1%GS_x	26.8	4.7	18.2	34.3	8.9	16.8	2.1	0.8
$\frac{\mathrm{CGS}_{y(x)}}{\mathrm{GS}_y}$/%	33.5	5.9	22.7	42.8	11.2	20.9	2.6	0.9
相关的性状	百粒重	主茎分枝数	主茎节数	每节荚数	株高	茎粗	倒伏性	结荚高度
5%GS_x	29.8	14.4	3.5	7.9	3.6	14.5	48.7	32.1
1%GS_x	38.7	18.7	4.5	10.2	4.7	18.9	63.3	41.6
$\frac{\mathrm{CGS}_{y(x)}}{\mathrm{GS}_y}$/%	48.3	23.4	5.7	12.8	11.0	23.8	79.3	51.6

从表4.3.1可以看出，通过单一性状的相关选择，可期望得产量的相关遗传进展与产量的直接选择进展具有相对的效果，优劣次序为：倒伏性(79.3%)、结荚高度(51.6%)、百粒重(48.3%)、单株产量(42.8%)、开花期(33.5%)、茎粗(23.8%)、主茎分枝数(23.4%)、成熟期(22.7%)、每株粒数(20.9%).

间接选择可以用于同一性状在不同环境下表现出的遗传相关估计. 也就是说，可以把同一性状在不同环境下的表现作为不同的性状看待. 这是Falconer(1952)研究遗传与环境互作时提出的. Falconer 的这个理论，为把在好的环境下育成的品种推广到条件不同的地方，是否还能保持其优良特性提供了理论依据. 若两地表现的遗传相关高，则可看作同一性状；若两地表现的遗传相关低，则可视为不同的性状，即一种环境下的优良特性，不能表示为另一种环境下的优良特性.

4.3.2　多性状的选择-综合选择指数

前面讲述了单性状的选择，然而在动植物育种中，很少根据一项要求来改良品种，特别是从经济的观点来看，生产总是和许多性状息息相关，不能只考虑一个性状所提供的利益. 例如，绵羊的改良除剪毛量外还需注意毛的细度、毛长等. 又如，选择作物时，固然要考虑产量，但也必须考虑产量的结构性状，如多粒、千粒重等. 这说明，育种目标是多性状综合的，而且是和经济效益联系在一起的. 不仅如此，在追求综合效益的同时，还要考虑品种的适应性，即要接受自然选择的考验，如家畜的生活力等.

当选择两个或两个以上性状的时候，可以有三种选择方法：①单项选择法，即一个性状达到水平后再选下一个性状；②独立水平法，即同时考虑各性状的选择，但对每一个性状要制定一个独立的淘汰水平，即达到这个水平就留种，否则就淘汰；③综合指数法，即把要改良的所有性状按其遗传能力和经济价值合并成一个总的指数，然后把这个总的指数当成一个综合性状来进行选择，指数高的就留种，低的就淘汰. 关于三种选择方法的效率，经Hazel和Lush(1942)及杨格(Young, 1961)的研究，结论是$\Delta G_3 \geqslant \Delta G_2 \geqslant \Delta G_1$，即指数法的效率不低于独立水平法，独立水平法的效率不低于单项选择法.

育种工作者在以往的实践中，对各经济性状的选择也往往采取加权的方法，但这种凭经验加权的方法缺乏科学性，是一种经验的综合指数法. Hazel 于 1943 年提出了综合选择指数的遗传理论，用综合指数的遗传进展分析了综合指数中各性状的不同程度、不同方向的进展以及多性状经济复合值的进展，然而综合选择指数不能控制这些进展的大小和方向，难以满足一些特殊需要. 为此，Kempthorne 和 Nordskog 于 1959 年提出了约束选择指数，旨在使经济复合基因型值最大的同时，保持一些性状的进展为 0，并应用于鸡的选择. 进一步，Tallis 于 1962 年提出了最宜选择指数，能够使几个性状以一定方向的量得到进展.显然，综合指数法把经济价值引入了育种选择.

综合指数法被提出以后，广泛地应用于动植物育种实践. 一般地，将 Hazel 的选择指数称为综合选择指数(selection index).

1. 综合选择指数原理

假设需要选择改良的性状有m个，即$x_1, x_2, \cdots, x_m$，记为$\boldsymbol{X} = (x_1, x_2, \cdots, x_m)^{\mathrm{T}}$，各

性状对应的育种值为$\boldsymbol{A}=(a_1,a_2,\cdots,a_m)^{\mathrm{T}}$，各性状的剩余效应为$\boldsymbol{e}=(e_1,e_2,\cdots,e_m)^{\mathrm{T}}$. $\boldsymbol{e}$与$\boldsymbol{A}$独立，$\boldsymbol{X}$为目标性状向量，$\boldsymbol{X}\sim N_m(\boldsymbol{\mu},\boldsymbol{\Sigma}_P),\boldsymbol{A}\sim N_m(\boldsymbol{\mu},\boldsymbol{\Sigma}_A),\boldsymbol{e}\sim N_m(0,\boldsymbol{\Sigma}_e),\boldsymbol{\Sigma}_P=\boldsymbol{\Sigma}_A+\boldsymbol{\Sigma}_e$. 各$\boldsymbol{\Sigma}$为相应的表型、育种值和剩余效应的协方差阵，反映了相应的相关变异. 给各性状的育种值以相应的经济权重(economical weight)，形成了经济权重向量$\boldsymbol{W}=(w_1,w_2,\cdots,w_m)^{\mathrm{T}}$.

Hazel 给各性状赋以表型权重$b_j,\boldsymbol{b}=(b_1,b_2,\cdots,b_m)^{\mathrm{T}}$，构成了综合选择指数$I=\sum b_jx_j$，各个体的综合经济育种值(aggregate breeding value)为$H=\sum w_ja_j$. Hazel 确定b的方法是I和H的相关系数$r_{IH}=\max$.

由统计学知，$I=\boldsymbol{b}^{\mathrm{T}}\boldsymbol{X},H=\boldsymbol{w}^{\mathrm{T}}\boldsymbol{A}$, I、H的方差及二者的协方差、相关系数分别为

$$\begin{cases}\sigma_I^2=\boldsymbol{b}^{\mathrm{T}}\boldsymbol{\Sigma}_{\mathrm{P}}\boldsymbol{b}\\ \sigma_H^2=\boldsymbol{W}^{\mathrm{T}}\boldsymbol{\Sigma}_A\boldsymbol{W}\\ \mathrm{Cov}(I,H)=\boldsymbol{b}^{\mathrm{T}}\boldsymbol{\Sigma}_A\boldsymbol{W}=\boldsymbol{W}^{\mathrm{T}}\boldsymbol{\Sigma}_A\boldsymbol{b}\\ r_{IH}=\boldsymbol{b}^{\mathrm{T}}\boldsymbol{\Sigma}_A\boldsymbol{W}/\sigma_I\sigma_H\end{cases}\tag{4.3.6}$$

这样, Hazel 的综合选择指数遗传理论变为如下条件极值问题

$$\begin{cases}\boldsymbol{b}^{\mathrm{T}}\boldsymbol{\Sigma}_P\boldsymbol{b}=1\\ r_{IH}=\boldsymbol{b}^{\mathrm{T}}\boldsymbol{\Sigma}_A\boldsymbol{W}=\max\end{cases}\tag{4.3.7}$$

其中，因为$\boldsymbol{\Sigma}_A$已知，$\boldsymbol{W}$为常数向量，故$\sigma_H r_{IH}$最大和r_{IH}最大等价.

Kempthorne 和 Nordskog 的约束选择指数是指在 Hazel 综合选择指数(无约束)的前提下，让$x_1,x_2,\cdots,x_m$中前r个性状经I的选择使它们的间接选择进展$L_1,L_2,\cdots,L_r$均为 0; Tallis 的最宜选择指数则要求按预先给定的$L_1,L_2,\cdots,L_r$进展，因而约束选择指数是最宜选择指数的一个特例. 令矩阵$\boldsymbol{C}_{m\times r}=\begin{bmatrix}\boldsymbol{I}_r\\0\end{bmatrix}$, $\boldsymbol{I}_r$为r阶单位矩阵，则最宜选择指数的约束为$\boldsymbol{b}^{\mathrm{T}}\boldsymbol{\Sigma}_A\boldsymbol{C}=\boldsymbol{L}^{\mathrm{T}}=(L_1,L_2,\cdots,L_r)$.

由上述可知，综合选择指数、约束选择指数和最宜选择指数的遗传理论归结为如下极值问题

$$\begin{cases}\boldsymbol{b}^{\mathrm{T}}\boldsymbol{\Sigma}_P\boldsymbol{b}=1\\ \boldsymbol{b}^{\mathrm{T}}\boldsymbol{\Sigma}_A\boldsymbol{C}=\boldsymbol{L}^{\mathrm{T}}\\ \boldsymbol{b}^{\mathrm{T}}\boldsymbol{\Sigma}_A\boldsymbol{W}=\max\end{cases}\tag{4.3.8}$$

应用拉格朗日(Lagrange)乘数法构造拉格朗日函数

$$f(b)=\boldsymbol{b}^{\mathrm{T}}\boldsymbol{\Sigma}_A\boldsymbol{W}-\frac{\lambda_1}{2}(\boldsymbol{b}^{\mathrm{T}}\boldsymbol{\Sigma}_P\boldsymbol{b}-1)-(\boldsymbol{b}^{\mathrm{T}}\boldsymbol{\Sigma}_A\boldsymbol{C}-\boldsymbol{L}^{\mathrm{T}})\boldsymbol{\lambda}_2\tag{4.3.9}$$

其中，λ_1为常数，$\boldsymbol{\lambda}_2$为$r\times1$的常数列向量. λ_1和$\boldsymbol{\lambda}_2$为拉格朗日乘数. 则满足式(4.3.8)的必要条件是满足如下正则方程组

$$\frac{\mathrm{d}f(b)}{\mathrm{d}b}=\boldsymbol{\Sigma}_A\boldsymbol{W}-\lambda_1\boldsymbol{\Sigma}_P\boldsymbol{b}-\boldsymbol{\Sigma}_A\boldsymbol{C}\boldsymbol{\lambda}_2=0\tag{4.3.10}$$

考虑到待估参数向量$\boldsymbol{b}$，只要不影响$\boldsymbol{b}$所代表的比例方向，则据式(4.3.10)有

$$\boldsymbol{b}=\boldsymbol{\Sigma}_P^{-1}(\boldsymbol{\Sigma}_A\boldsymbol{W}-\boldsymbol{\Sigma}_A\boldsymbol{C}\boldsymbol{\lambda}_2)\tag{4.3.11}$$

两边左乘$\boldsymbol{C}^{\mathrm{T}}\Sigma_A$并由式(4.3.8)得

$$\boldsymbol{C}^{\mathrm{T}}\boldsymbol{\Sigma}_A\boldsymbol{b}=\boldsymbol{C}^{\mathrm{T}}\boldsymbol{\Sigma}_A\boldsymbol{\Sigma}_P^{-1}\boldsymbol{\Sigma}_A\boldsymbol{W}-\boldsymbol{C}^{\mathrm{T}}\boldsymbol{\Sigma}_A\boldsymbol{\Sigma}_P^{-1}\boldsymbol{\Sigma}_A\boldsymbol{C}\boldsymbol{\lambda}_2=\boldsymbol{L}$$

$$\boldsymbol{\lambda}_2=(\boldsymbol{C}^{\mathrm{T}}\boldsymbol{\Sigma}_A\boldsymbol{\Sigma}_P^{-1}\boldsymbol{\Sigma}_A\boldsymbol{C})^{-1}(\boldsymbol{C}^{\mathrm{T}}\boldsymbol{\Sigma}_A\boldsymbol{\Sigma}_P^{-1}\boldsymbol{\Sigma}_A\boldsymbol{W}-\boldsymbol{L}) \tag{4.3.12}$$

因而由式(4.3.11)得

$$\begin{aligned}\boldsymbol{b}&=\boldsymbol{\Sigma}_P^{-1}\boldsymbol{\Sigma}_A\boldsymbol{W}-\boldsymbol{\Sigma}_P^{-1}\boldsymbol{\Sigma}_A\boldsymbol{C}(\boldsymbol{C}^{\mathrm{T}}\boldsymbol{\Sigma}_A\boldsymbol{\Sigma}_P^{-1}\boldsymbol{\Sigma}_A\boldsymbol{C})^{-1}(\boldsymbol{C}^{\mathrm{T}}\boldsymbol{\Sigma}_A\boldsymbol{\Sigma}_P^{-1}\boldsymbol{\Sigma}_A\boldsymbol{W}-\boldsymbol{L})\\&=[\boldsymbol{I}_m-\boldsymbol{\Sigma}_P^{-1}\boldsymbol{\Sigma}_A\boldsymbol{C}(\boldsymbol{C}^{\mathrm{T}}\boldsymbol{\Sigma}_A\boldsymbol{\Sigma}_P^{-1}\boldsymbol{\Sigma}_A\boldsymbol{C})^{-1}\boldsymbol{C}^{\mathrm{T}}\boldsymbol{\Sigma}_A]\boldsymbol{\Sigma}_P^{-1}\boldsymbol{\Sigma}_A\boldsymbol{W}-\boldsymbol{\Sigma}_P^{-1}\boldsymbol{\Sigma}_A\boldsymbol{C}(\boldsymbol{C}^{\mathrm{T}}\boldsymbol{\Sigma}_A\boldsymbol{\Sigma}_P^{-1}\boldsymbol{\Sigma}_A\boldsymbol{C})^{-1}\boldsymbol{L}\end{aligned} \tag{4.3.13}$$

则选择指数为

$$I=b_1x_1+b_2x_2+\cdots+b_mx_m$$
$$=\begin{cases}\text{无约束综合选择指数,}\quad r=0\\ \text{约束选择指数,}\quad r\neq 0, L=0\\ \text{最宜选择指数,}\quad r\neq 0, L\neq 0\end{cases} \tag{4.3.14}$$

选择指数的遗传理论式(4.3.8)的实质是：H为因变量、$x_1,x_2,\cdots,x_m$为自变量的中心化回归方程

$$H=\bar{H}+b_1(x_1-\bar{x}_1)+b_2(x_2-\bar{x}_2)+\cdots+b_m(x_m-\bar{x}_m) \tag{4.3.15}$$

其正则方程组为

$$\boldsymbol{\Sigma}_P\boldsymbol{b}=\mathrm{Cov}(X,H)=\boldsymbol{\Sigma}_A\boldsymbol{W} \tag{4.3.16}$$

事实上，在无约束情况下，$\boldsymbol{b}=\boldsymbol{\Sigma}_P^{-1}\boldsymbol{\Sigma}_A\boldsymbol{W}$，即$\boldsymbol{\Sigma}_P\boldsymbol{b}=\boldsymbol{\Sigma}_A\boldsymbol{W}=\mathrm{Cov}(X,H)$；在有约束的情况下，由式(4.3.11)知，经济权重由$\boldsymbol{W}$变为

$$\boldsymbol{W}_{(1)}=\boldsymbol{W}-\boldsymbol{C}\boldsymbol{\lambda}_2=(w_1',w_2',\cdots,w_m')^{\mathrm{T}} \tag{4.3.17}$$

这时变为以$\boldsymbol{W}_{(1)}$为权重的无约束形式，各个体的综合经济值变为

$$\boldsymbol{H}_{(1)}=\boldsymbol{W}_{(1)}^{\mathrm{T}}\boldsymbol{A}=w_1'A_1+w_2'A_2+\cdots+w_m'A_m \tag{4.3.18}$$

其中心化的多元线性回归方程正则方程组为

$$\boldsymbol{\Sigma}_P\boldsymbol{b}=\mathrm{Cov}\left(X,\boldsymbol{H}_{(1)}\right)=\boldsymbol{\Sigma}_A\boldsymbol{W}_{(1)} \tag{4.3.19}$$

2. 选择指数的制定过程

(1) 估计候选群体的表型协方差阵$\widehat{\boldsymbol{\Sigma}}_P$、遗传协方差阵$\widehat{\boldsymbol{\Sigma}}_A$.

(2) 确定要改良的性状$\boldsymbol{X}=(x_1,x_2,\cdots,x_m)^{\mathrm{T}}$及约束条件$\boldsymbol{L}=(L_1,L_2,\cdots,L_r)^{\mathrm{T}}$.

(3) 求出$\boldsymbol{\lambda}_2$及$\boldsymbol{W}_{(1)}$和$\boldsymbol{H}_{(1)}$

$$\boldsymbol{\lambda}_2=(\boldsymbol{C}^{\mathrm{T}}\boldsymbol{\Sigma}_A\boldsymbol{\Sigma}_P^{-1}\boldsymbol{\Sigma}_A\boldsymbol{C})^{-1}(\boldsymbol{C}^{\mathrm{T}}\boldsymbol{\Sigma}_A\boldsymbol{\Sigma}_P^{-1}\boldsymbol{\Sigma}_A\boldsymbol{W}-\boldsymbol{L})$$

$$\boldsymbol{W}_{(1)}=\boldsymbol{W}-\boldsymbol{C}\boldsymbol{\lambda}_2=(w_1',w_2',\cdots,w_m')^{\mathrm{T}}$$

$$\boldsymbol{H}_{(1)}=\boldsymbol{W}_{(1)}^{\mathrm{T}}\boldsymbol{A}=w_1'A_1+w_2'A_2+\cdots+w_m'A_m$$

(4) 用$\boldsymbol{b}=\widehat{\boldsymbol{\Sigma}}_P^{-1}\widehat{\boldsymbol{\Sigma}}_A\boldsymbol{W}=(b_1,b_2,\cdots,b_m)^{\mathrm{T}}$建立无约束选择指数

$$I=b_1x_1+b_2x_2+\cdots+b_mx_m$$

(5) 用$\boldsymbol{b}_{(1)}=\widehat{\boldsymbol{\Sigma}}_P^{-1}\widehat{\boldsymbol{\Sigma}}_A\boldsymbol{W}_{(1)}=(b_1',b_2',\cdots,b_m')^{\mathrm{T}}$建立有约束的选择指数

$$I_{(1)}=b_1'x_1+b_2'x_2+\cdots+b_m'x_m$$

3. 选择指数的遗传分析(I和$I_{(1)}$的分析公式一样，区别在于b和$b_{(1)}$)

(1) 选择指数I的表型方差、遗传方差和遗传力为

$$\sigma_I^2=\boldsymbol{b}^{\mathrm{T}}\boldsymbol{\Sigma}_P\boldsymbol{b}\qquad\sigma_{Ig}^2=\boldsymbol{b}^{\mathrm{T}}\boldsymbol{\Sigma}_A\boldsymbol{b}\qquad h_I^2=\boldsymbol{b}^{\mathrm{T}}\boldsymbol{\Sigma}_A\boldsymbol{b}/\boldsymbol{b}^{\mathrm{T}}\boldsymbol{\Sigma}_P\boldsymbol{b} \tag{4.3.20}$$

(2) 选择性状$\boldsymbol{X}$对H的决定系数为

$$R_{H(X)}^2 = r_{IH}^2 = \left(\frac{\boldsymbol{b}^{\mathrm{T}}\boldsymbol{\Sigma}_A\boldsymbol{W}}{\sigma_I\sigma_H}\right)^2 = \left(\frac{\boldsymbol{b}^{\mathrm{T}}\boldsymbol{\Sigma}_P\boldsymbol{b}}{\sigma_I\sigma_H}\right)^2 = \frac{\sigma_I^2}{\sigma_H^2} \tag{4.3.21}$$

(3) 计算候选群体中各个体的选择指数值$I_1, I_2, \cdots$，按留种率p进行定向选择，选择强度为K，则对I的直接选择遗传进展为

$$\mathrm{GS}_I = K\sigma_{\mathrm{I}}h_I^2 \tag{4.3.22}$$

(4) 通过I的选择使H的相对遗传进展为

$$\mathrm{CGS}_{H(I)} = \frac{\mathrm{Cov}(H,I)}{\sigma_{Ig}^2}K\sigma_I h_I^2 = \frac{K\boldsymbol{b}^{\mathrm{T}}\boldsymbol{\Sigma}_A\boldsymbol{W}}{\sigma_I} = K\sigma_I \tag{4.3.23}$$

(5) 通过I的选择使$x_1, x_2, \cdots, x_m$的相关遗传进展为

$$\mathrm{CGS}_{X(I)} = \frac{\mathrm{Cov}(\boldsymbol{A},I)}{\sigma_{Ig}^2}K\sigma_I h_I^2 = \frac{K\boldsymbol{\Sigma}_A\boldsymbol{b}}{\sigma_I} \tag{4.3.24}$$

(6) 各x_i对H的贡献率为

$$\eta_i = w_i\,\mathrm{CGS}_{i(I)}/\mathrm{CGS}_{H(I)} \qquad i = 1, 2, \cdots, m \tag{4.3.25}$$

【例 4.3.2】 在鸡的选择中, Kompthorne 和 Nordskog(1959)用五个性状制定了鸡的约束选择指数，其中四个是：x_1（成年体重）、x_2(初产日龄)、x_3(卵重)、x_4(至 72 周产卵数的1/3). 其表型协方差阵和遗传协方差阵分别为

$$\boldsymbol{\Sigma}_P = \begin{bmatrix} 34 & 0 & 6.775 & -2.1988 \\ 0 & 13 & 0 & -10.8771 \\ 6.775 & 0 & 21.6 & -1.7526 \\ -2.1988 & -10.8771 & -1.7526 & 56.88 \end{bmatrix}$$

$$\boldsymbol{\Sigma}_A = \begin{bmatrix} 15.3 & 0 & 3.855 & 1.9783 \\ 0 & 5.2 & 0 & -3.8457 \\ 3.855 & 0 & 10.8 & 1.6626 \\ 1.9783 & -3.8457 & 1.6626 & 11.376 \end{bmatrix}$$

各性状的经济权重为 $\boldsymbol{W} = (-2.5, 0, 7.2, 10.80)^{\mathrm{T}}$(单位：分).

根据情况作三种选择指数分析.

(1) 无约束的选择指数分析.

(2) 对x_1和x_2进行约束，即$\boldsymbol{C} = \begin{bmatrix} 1 & 0 \\ 0 & 1 \\ 0 & 0 \\ 0 & 0 \end{bmatrix}$, $\boldsymbol{L} = (0, 0)^{\mathrm{T}}$.

(3) 对x_3进行约束，即经过I的选择使x_3的相关遗传进展为 0.

分析结果如表 4.3.2 所示.

表 4.3.2 表明，无约束选择指数在经济上的进展为 26.45K分，主要是x_3和x_4进展较大，对经济进展贡献率分别为 49.7%和 55.6%. 对x_1和x_2约束的选择指数在经济上的进展为 23.5K 分，各性状上的经济权重变化大，主要贡献在x_3和x_4，经济贡献率分别为 56.9%和 43.1%. 对x_3约束的选择指数，经济总贡献为 16.7202K分，主要原因是w_3从无约束的 7.2 降到−1.5073，经济进展主要靠x_4，贡献率为 95.24%.

表 4.3.2　三种选择指数、经济权重及选择结果

参数	无约束	对x_1和x_2约束	对x_3约束
$\boldsymbol{\lambda}_2^{\mathrm{T}}$		(2.0968, −7.4829)	8.7037
$\boldsymbol{W}^{\mathrm{T}}$	(−2.5, 0, 7.2, 10.8)	(−4.5968, 7.4829, 7.2, 10.8)	(−2.5, 0, −1.5037, 10.8)
$\boldsymbol{b}^{\mathrm{T}}$	(−0.408, −1.456, 4.415, 2.196)	(−1.269, 1.509, 4.017, 1.988)	(−0.628, 1.313, −0.084, 2.003)
$R_{H(I)}^2$	0.3506	0.3276	0.2126
$\mathrm{CGS}_{H(I)}$	26.4504K	23.5076K	16.7202K
$\mathrm{CGS}_{X(I)}$	(0.5545, −0.5874, 1.8246, 1.361)K	(0, 0, 1.8568, 0.9387)K	(−0.3186, −0.9434, 0, 1.4744)K
η_i/%	−5.24, 0, 49.67, 55.57	0, 0, 56.87, 43.13	4.76, 0, 0, 95.24

4.3.3　选择指数的通径分析和决策分析

袁志发和常智杰(1988)提出了选择指数与相关遗传进展的分解原理. 在此基础上, 孙世铎等(1993, 1995)提出了综合选择指数的通径分析化方法. 王丽波等(2005, 2006)进行了综合选择指数的决策分析. 事实上, 式(4.3.15)~式(4.3.19)表明, 无论无约束还是约束选择指数均是H关于$x_1, x_2, \cdots, x_m$的多元线性回归模型. 在无约束情况下, 估计$\boldsymbol{b}$的正则方程组为式(4.3.16), 即$\boldsymbol{\Sigma}_P\boldsymbol{b} = \boldsymbol{\Sigma}_A\boldsymbol{W}$, 它由$m$个以$b_1, b_2, \cdots, b_m$为待定参数的线性方程组组成. 对第$j$个方程用$\sigma_{P_j}\sigma_H$除两边, 并令

$$b_j^* = \frac{\sigma_{P_j}}{\sigma_H} b_j, \quad j = 1, 2, \cdots, m \tag{4.3.26}$$

易证

$$\frac{1}{\sigma_{P_j}\sigma_H}(\sigma_{Aj1}w_1 + \sigma_{Aj2}w_2 + \cdots + \sigma_{Ajm}w_m) = r_{jH}$$

其中, r_{jH}为x_j和H的相关系数. 方程组$\boldsymbol{\Sigma}_P\boldsymbol{b} = \boldsymbol{\Sigma}_A\boldsymbol{W}$变为标准化回归正则方程组

$$\begin{cases} b_1^* + r_{P12}b_2^* + \cdots + r_{P1m}b_m^* = r_{1H} \\ r_{P21}b_1^* + b_2^* + \cdots + r_{P2m}b_m^* = r_{2H} \\ \qquad \vdots \\ r_{Pm1}b_1^* + r_{Pm2}b_2^* + \cdots + b_m^* = r_{mH} \end{cases} \tag{4.3.27}$$

令$\boldsymbol{b}^* = (b_1^*, b_2^*, \cdots, b_m^*)^{\mathrm{T}}, \boldsymbol{R}_{XH} = (r_{1H}, r_{2H}, \cdots, r_{mH})^{\mathrm{T}}$, 则上式的矩阵式为

$$\boldsymbol{R}_P\boldsymbol{b}^* = \boldsymbol{R}_{XH} \qquad \boldsymbol{b}^* = \boldsymbol{R}_P^{-1}\boldsymbol{R}_{XH} \tag{4.3.28}$$

其中, $\boldsymbol{R}_P$为$x_1, x_2, \cdots, x_m$的表型相关阵. 在数理统计中, 标准化多元线性回归分析称为通径分析. 在本书 1.3 节讲述了通径分析的三个目的, 下面叙述选择指数通径分析的三个目的.

(1) x_j对H的直接作用及x_j通过其他x对H的间接作用由式(4.3.27)的第j个方程

$$r_{Pj1}b_1^* + r_{Pj2}b_2^* + \cdots + b_j^* + \cdots + r_{Pjm}b_m^* = r_{jH}, \quad j = 1, 2, \cdots, m$$

描述. x_j对H的总作用为r_{jH} (x_j与H的相关系数), 它可以分解为一个直接作用和$(m-1)$个间接作用.

① x_j对H的直接作用大小为b_j^*, 是通过通径$x_j \to H$实现的, b_j^*为通径系数.

② x_j通过$x_k (k \neq j)$对H的间接作用为$r_{Pjk}b_k^*$, 是通过通径链(链中仅能有一条相关路)

$$x_j \overset{r_{Pjk}}{\longleftrightarrow} x_k \overset{b_k^*}{\to} H, k \neq j$$

实现的, 其中$x_j \overset{r_{Pjk}}{\longleftrightarrow} x_k$为相关路, 路径系数为$r_{Pjk}$; $x_k \overset{b_k^*}{\to} H$为通径, 通径系数为$b_k^*$. 两个

路径系数之积为$r_{Pjk}b_k^*$.

(2) $x_1, x_2, \cdots, x_m$对H的决定系数为

$$R^2 = \sum_{j=1}^m b_j^* r_{jH} = \sum_{j=1}^m b_j^{*2} + 2\sum_{\substack{j=1\\k\neq j}} b_j^* r_{Pjk} b_k^* = \sum_{j=1}^m R_j^2 + 2\sum_{\substack{j=1\\k\neq j}} R_{jk} \quad (4.3.29)$$

其中，$R_j^2 = b_j^{*2}$为x_j对H的直接决定作用系数；R_{jk}为相关链$H \overset{b_j^*}{\leftarrow} x_j \overset{r_{Pjk}}{\longleftrightarrow} x_k \overset{b_k^*}{\rightarrow} H$的相关决定系数. R_j^2有m个，R_{jk}有$\frac{m(m-1)}{2}$个，$R_{jk} = R_{kj}$.

(3) 各x对H的综合决定能力分析-决策分析.

x_j对H的综合决定能力为

$$R_{(j)} = R_j^2 + \sum_{k\neq j} R_{jk} = 2b_j^* r_{jH} - b_j^{*2}, \quad j = 1, 2, \cdots, m \quad (4.3.30)$$

由袁志发等(2000, 2001, 2013)提出，称为通径分析的决策系数. 将$R_{(j)}$从大到小排序，反映了x_j对H综合决定作用大小的顺序. $R_{(j)}$中最大者未必b_j^{*2}最大，因为x间的相关在起作用.$R_{(j)} > 0$且最大的x_j为H的主要决策性状；$R_{(j)} < 0$且最小者(b_j^{*2}未必最小)的x_j为限制性状. 这种决策分析有助于对选择的深入认识和决策. 好的选择效果应使$CGS_{H(I)}$最大，就应注意谁在选择中是决策性状(依靠性状)，谁是影响$CGS_{H(I)}$最大的限制性状.

假设式(4.3.28)中$\boldsymbol{R}_P^{-1} = (c_{ij})_{m\times n}$，据本书 1.3 节所提出的方法对$R_{(j)}$进行$t$检验

$$t_j = \frac{|R_{(j)}|}{2\left|r_{jH} - b_j^*\right|\sqrt{c_{jj}^*(1-R^2)/f_e}} \sim t(f_e), \quad j = 1, 2, \cdots, m \quad (4.3.31)$$

其中，若估计$\boldsymbol{\Sigma}_P$、$\boldsymbol{\Sigma}_A$的资料是从候选群体中随机抽取的n个个体形成的样本，则$f_e = n - m - 1$；若$\boldsymbol{\Sigma}_P$、$\boldsymbol{\Sigma}_A$的估计是通过一定的遗传设计试验采用方差分析估计的，则f_e为误差均方的自由度.$R_{(j)}$的标准差为$S_{R_{(j)}} = 2\left|r_{jH} - b_j^*\right|\sqrt{c_{jj}^*(1-R^2)/f_e}$.

例 4.3.2 的通径分析和决策分析.

据例 4.3.2 给出的$\boldsymbol{\Sigma}_P$和$\boldsymbol{\Sigma}_A$，则由$\boldsymbol{W}$可求出

$$\sigma_H^2 = \boldsymbol{W}^{\mathrm{T}}\boldsymbol{\Sigma}_A\boldsymbol{W} = 2121.7317 \qquad \sigma_H = 46.0622$$

由$\boldsymbol{\Sigma}_P$和σ_H据式(4.3.26)，有$b_j^* = \frac{\sigma_{P_j}}{\sigma_H} b_j$，其结果为

$$\boldsymbol{b}^* = (b_1^*, b_2^*, b_3^*, b_4^*)^{\mathrm{T}} = (-0.0517, -0.1140, 0.4455, 0.3596)^{\mathrm{T}}$$

$\boldsymbol{\Sigma}_A\boldsymbol{W}$各分量除以$\sigma_{P_j}\sigma_H$得

$$\boldsymbol{R}_{XH} = (0.0417, -0.2578, 0.4147, 0.3855)$$

由式(4.3.30)知$R_{(j)} = 2b_j^* r_{jH} - b_j^{*2}$，计算结果为

$$R_{(1)} = -0.00698 \qquad R_{(2)} = 0.04568$$
$$R_{(3)} = 0.17094 \qquad R_{(4)} = 0.1480$$

由Σ_P得表型相关阵$\boldsymbol{R}_P$

$$\boldsymbol{R}_P = \begin{bmatrix} 1 & 0 & 0.25 & -0.05 \\ 0 & 1 & 0 & -0.40 \\ 0.25 & 0 & 1 & -0.05 \\ -0.05 & -0.40 & -0.05 & 1 \end{bmatrix} \qquad \boldsymbol{R}_P^{-1} = \begin{bmatrix} 1.0686 & 0.0191 & -0.2648 & 0.0478 \\ 0.0191 & 1.1914 & 0.0191 & 0.4785 \\ -0.2648 & 0.0191 & 1.0686 & 0.0478 \\ 0.0478 & 0.4785 & 0.0478 & 1.196 \end{bmatrix}$$

以上由$\boldsymbol{W}$经$\boldsymbol{\Sigma}_P$、$\boldsymbol{\Sigma}_A$计算b_j^*, $\boldsymbol{R}_{XH}$和$R_{(j)}$是无约束选择指数通径分析和决策分析的需

要. 用$\boldsymbol{W}_{(1)}$和H_1等可计算约束选择指数通径分析和决策分析所需要的σ_{H1}、$\boldsymbol{R}_{XH1}$等.

据以上关于无约束选择指数(综合选择指数)的计算, 对例 4.3.2 综合选择指数的通径分析和决策分析如表 4.3.3 所示.

表 4.3.3　例 4.3.2 综合选择指数的通径分析和决策分析

通径	直接作用b_j^*	间接作用$r_{Pjk}b_k^*$	总作用r_{jH}	$R_{(j)}$
x_1对H	−0.0517	0 0.1114 −0.0180	0.0417	−0.00698
x_2对H	−0.1140	0 0 −0.1438	−0.2578	0.0457
x_3对H	0.4455	−0.0129 0 −0.0180	0.4147	0.1710
x_4对H	0.3596	0.0026 0.0456 −0.0223	0.3855	0.1480

假设估计$\boldsymbol{\Sigma}_P$、$\boldsymbol{\Sigma}_A$时误差自由度$f_e = 30$, 又由$\boldsymbol{R}_P^{-1}$中知

$$c_{11}^* = 1.0686 \qquad c_{22}^* = 1.1910 \qquad c_{33}^* = 1.0686 \qquad c_{44}^* = 1.1962$$

则$R_{(j)}$的标准差$S_{R_{(j)}} = 2\left|r_{jH} - b_j^*\right|\sqrt{c_{jj}^*(1 - R^2)/f_e}$, 分别为

$$S_{R_{(1)}} = 0.0043 \qquad S_{R_{(2)}} = 0.0462 \qquad S_{R_{(3)}} = 0.0093 \qquad S_{R_{(4)}} = 0.0083$$

t检验结果(式(4.3.31))为

$$t_1 = \frac{|R_{(1)}|}{S_{R_{(1)}}} = \frac{0.00698}{0.0043} = 1.623 \qquad t_2 = \frac{|R_{(2)}|}{S_{R_{(2)}}} = \frac{0.0457}{0.0462} = 0.9892$$

$$t_3 = \frac{|R_{(3)}|}{S_{R_{(3)}}} = \frac{0.1710}{0.0093} = 18.387^{**} \qquad t_4 = \frac{|R_{(4)}|}{S_{R_{(4)}}} = \frac{0.1480}{0.0083} = 17.831^{**}$$

通径分析和决策分析表明, 在对鸡的综合选择指数选择中, 主要决策性状是卵重(x_3)和产卵数(x_4), 体重(x_1)对卵重有一定的限制作用, 但对产卵数无限制作用. 另外, 卵重和产卵数有一定相互限制作用. 因而, 当对x_1和x_2限制时(表 4.3.2), 卵重对H的贡献有所提高, 而产卵数对H的贡献则下降; 当对卵重约束时, 产卵数则为H的突出贡献性状. $R_{(3)}$和$R_{(4)}$$t$检验均为极显著, 说明了上述分析.

关于综合选择指数思想, 早在 1936 年 Fisher 研究分类学上鸢尾花的种属问题时, 利用判别函数来处理资料, 用四种花器性状来判别不同的种属. 同年, Smith 把这一方法应用于植物选择, 判别优劣遗传型, 并举例阐明在小麦选择上的应用.

4.3.4　相关遗传进展分解原理与决定系数遗传力

1. 相关决定遗传力的研究(袁志发等, 1995)

第 3 章在数量性状基本遗传模型$P = G + E$的基础上阐述了广义遗传力$h_B^2 = \sigma_g^2/\sigma_P^2$

的决定系数意义，即它是表型值P对基因型值G的决定系数r_{GP}^2. 因为在G、E独立的情况下有

$$r_{GP}^2=\left[\frac{\mathrm{Cov}(G,P)}{\sigma_g\sigma_P}\right]^2=\frac{\sigma_g^2}{\sigma_P^2}$$

在相同的假定下，又研究了对性状x的直接选择的遗传进展GS_x和由于x的选择导致性状y的相关遗传进展$\mathrm{CGS}_{y(x)}$

$$\mathrm{GS}_x=K\sigma_{Px}h_x^2\qquad \mathrm{CGS}_{y(x)}=K\sigma_{Py}r_{gxy}h_xh_y$$

其中，x和y选择强度均为K. 在研究表型相关r_{Pxy}、遗传相关r_{gxy}和环境相关r_{exy}的关系中，有

$$r_{Pxy}=h_xh_yr_{gxy}+\sqrt{(1-h_x^2)(1-h_y^2)}r_{exy}=h_xh_yr_{gxy}+h_{ex}h_{ey}r_{exy}$$

从而定义了x与y的相关遗传力h_{xy}

$$h_{xy}=\frac{\mathrm{Cov}_g(x,y)}{\sigma_{Px}\sigma_{Py}}=h_xh_yr_{gxy}$$

这样就有

$$\mathrm{CGS}_{y(x)}=K\sigma_{Py}h_{xy}$$

显然，当$x=y$时，$\mathrm{CGS}_{y(x)}=\mathrm{GS}_x=\mathrm{GS}_y$. 这样就把直接选择和间接选择(相关选择)统一在一个遗传进展式之中. 显然，当x与y独立时，x的选择不会引起y的进展. 在此基础上，定义了x对y的基因型值g_y的决定系数遗传力

$$h_{g_y(x)}^2=r_{g_yx}^2=\left[\frac{\mathrm{Cov}_g(x,y)}{\sigma_{Px}\sigma_{gy}}\right]^2=\frac{\mathrm{Cov}_g^2(x,y)}{\sigma_{Px}^2\sigma_{gy}^2}=h_x^2r_{gxy}^2 \tag{4.3.32}$$

显然，当$y=x$时，$h_{g_{y(x)}}^2=h_x^2=h_y^2$. 如果把

$$h_{e_y(x)}^2=r_{e_yx}^2=\left[\frac{\mathrm{Cov}_e(x,y)}{\sigma_{Px}\sigma_{ey}}\right]^2=h_{ex}^2r_{exy}^2 \tag{4.3.33}$$

定义为x对y的决定系数环境力，则x是因而y为果的通径如图 4.3.1 所示.

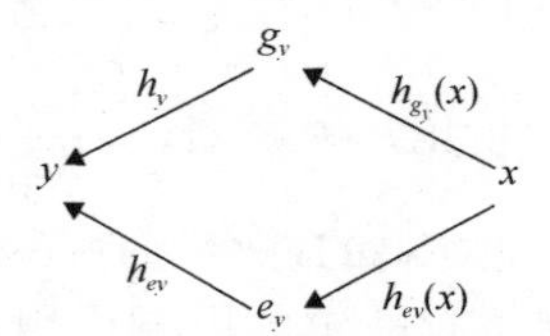

图 4.3.1　x对y的间接选择通径图

据通径分析原理有

$$r_{Pxy}=h_yh_{g_y(x)}+h_{ey}h_{e_y(x)}=h_xh_yr_{gxy}+h_{ex}h_{ey}r_{exy}=h_{xy}+h_{exy} \tag{4.3.34}$$

2. 相关遗传进展分解原理(袁志发和常智杰, 1988)

(1) 综合选择指数相关遗传进展分解.

据本节上述研究，综合选择指数I及其综合遗传型值H分别为

$$I=b_1x_1+b_2x_2+\cdots+b_mx_m=\boldsymbol{b}^{\mathrm{T}}\boldsymbol{x}$$

$$H=w_1g_1+w_2g_2+\cdots+w_mg_m=\boldsymbol{w}^{\mathrm{T}}\boldsymbol{g}$$

$\boldsymbol{x}=(x_1,x_2,\cdots,x_m)^{\mathrm{T}}$的表型协方差阵$\boldsymbol{\Sigma}_P=\left(\sigma_{P_{ij}}\right)_{m\times m}$，$\boldsymbol{x}$的遗传型值向量$\boldsymbol{g}$的协方差阵为

$\boldsymbol{\Sigma}_g=\left(\sigma_{g_{ij}}\right)_{m\times m}$, $\boldsymbol{w}=(w_1,w_2,\cdots,w_m)^{\mathrm{T}}$已知，$\boldsymbol{b}=(b_1,b_2,\cdots,b_m)^{\mathrm{T}}$为待估参数. $\boldsymbol{b}$的正则方程组为$\boldsymbol{\Sigma}_P\boldsymbol{b}=\boldsymbol{\Sigma}_g\boldsymbol{w}$. 在其第一个方程中，令$a_i=K\sigma_{P_i}b_i$, K为选择强度，σ_{P_i}为x_i的表型标准差，则其可改写成

$$a_1+r_{P12}a_2+\cdots+r_{P1m}a_m=K\mathrm{Cov}(H,g_1)/\sigma_{P_1}=\mathrm{CGS}_{H(x_1)}$$

其中，r_{Pij}为x_i与x_j的表型相关系数，$\mathrm{CGS}_{H(x_1)}$为对x_1进行直接选择而使H获得的相关遗传进展. 依此可对正则方程组各方程进行变换得综合选择指数的相关遗传进展分解原理

$$\begin{cases}a_1+r_{P12}a_2+\cdots+r_{P1m}a_m=\mathrm{CGS}_{H(x_1)}\\ r_{P21}a_1+a_2+\cdots+r_{P2m}a_m=\mathrm{CGS}_{H(x_2)}\\ \vdots\\ r_{Pm1}a_1+r_{Pm2}a_2+\cdots+a_m=\mathrm{CGS}_{H(x_m)}\end{cases}\tag{4.3.35}$$

即, $\boldsymbol{R}_P\boldsymbol{a}=\mathbf{CGS}_H$，其中，$\boldsymbol{a}=(a_1,a_2,\cdots,a_m)^{\mathrm{T}}$, $\mathbf{CGS}_H=\left(\mathrm{CGS}_{H(x_1)},\mathrm{CGS}_{H(x_2)},\cdots,\mathrm{CGS}_{H(x_m)}\right)^{\mathrm{T}}$. 值得强调的是，$H=\boldsymbol{w}^{\mathrm{T}}\boldsymbol{g}$是综合选择指数构建的目标函数. 然而$x_i$对$H$的决定系数遗传力为

$$h_{H(x_i)}^2=\left[\frac{\mathrm{Cov}(H,g_i)}{\sigma_{Px}\sigma_H}\right]^2=\left[\frac{\mathrm{CGS}_{H(x_i)}}{K\sigma_H}\right]^2\tag{4.3.36}$$

令$\boldsymbol{c}=\frac{1}{K\sigma_H}\boldsymbol{a}$，则式(4.3.35)可写成

$$\begin{cases}c_1+r_{P12}c_2+\cdots+r_{P1m}c_m=h_{H(x_1)}\\ r_{P21}c_1+c_2+\cdots+r_{P2m}c_m=h_{H(x_2)}\\ \vdots\\ r_{Pm1}c_1+r_{Pm2}c_2+\cdots+c_m=h_{H(x_m)}\end{cases}\tag{4.3.37}$$

式(4.3.37)实现了综合选择指数的$h_{H(x_i)}$的剖分.

(2) 如果仅把综合选择指数$I=b_1x_1+b_2x_2+\cdots+b_mx_m=\boldsymbol{b}^{\mathrm{T}}\boldsymbol{x}$作为选择性状，而目标性状为$y$，即$H=g_y$. 用$I$和$y$的遗传相关系数$r_{gIy}=max$作为估计$\boldsymbol{b}$的原则，则$\boldsymbol{b}$的正则方程组为

$$\begin{cases}\sigma_{P1}^2b_1+\sigma_{P12}b_2+\cdots+\sigma_{P1m}b_m=\sigma_{g1y}\\ \sigma_{P21}b_1+\sigma_{P2}^2b_2+\cdots+\sigma_{P2m}b_m=\sigma_{g2y}\\ \vdots\\ \sigma_{Pm1}b_1+\sigma_{Pm2}b_2+\cdots+\sigma_{Pm}^2b_m=\sigma_{gmy}\end{cases}\tag{4.3.38}$$

即, $\boldsymbol{\Sigma}_P\boldsymbol{b}=\mathrm{Cov}(g_y,g)$. 对其第$i$个方程两边同乘$K/\sigma_{Pi}$，令$a_i=K\sigma_{Pi}b_i$，则式(4.3.38)变为

$$\begin{cases}a_1+r_{P12}a_2+\cdots+r_{P1m}a_m=K\sigma_{g1y}/\sigma_{P1}=\mathrm{CGS}_{y(x_1)}\\ r_{P21}a_1+a_2+\cdots+r_{P2m}a_m=K\sigma_{g2y}/\sigma_{P2}=\mathrm{CGS}_{y(x_2)}\\ \vdots\\ r_{Pm1}a_1+r_{Pm2}a_2+\cdots+a_m=K\sigma_{gmy}/\sigma_{Pm}=\mathrm{CGS}_{y(x_m)}\end{cases}\tag{4.3.39}$$

实现了x_i对y的相关遗传进展的分解，由于x_i对g_y的决定系数遗传力为$h^2_{g_y(x_i)}=\left[\mathrm{Cov}_g(x_i,y)/(\sigma_{Pi}\sigma_{gy})\right]^2$(式(4.3.32))，令$\boldsymbol{c}=\frac{1}{K\sigma_{gy}}\boldsymbol{a}$，则式(4.3.39)可改写为

$$\begin{cases} c_1+r_{P12}c_2+\cdots+r_{P1m}c_m=h_{g_y(x_1)} \\ r_{P21}c_1+c_2+\cdots+r_{P2m}c_m=h_{g_y(x_2)} \\ \vdots \\ r_{Pm1}c_1+r_{Pm2}c_2+\cdots+c_m=h_{g_y(x_m)} \end{cases} \tag{4.3.40}$$

实现了$h_{g_y(x_i)}$的剖分.

上述相关遗传进展和目标性状关于各选择性状x_i的决定系数遗传力的剖分，为人们提供了构建选择指数的如下信息.

① 如果$h^2_{g_{y(x)}}<h^2_y$，则对y宜进行直接选择.

② 由于$\boldsymbol{\Sigma}_P$、$\boldsymbol{\Sigma}_g$、$\boldsymbol{w}$和K已知，因而

$$\mathrm{CGS}_{H(x_i)}=K\frac{\mathrm{Cov}(H,g_i)}{\sigma_{Pi}}=K\frac{\sum_{j=1}^{m}\sigma_{g_{ij}}w_j}{\sigma_{Pi}} \tag{4.3.41}$$

可以计算出，据$\mathrm{CGS}_{H(x_i)}$排序及正负可知各x_i在选择指数的作用：如果$\mathrm{CGS}_{H(x)}$为正，则x_i对总选择效果起正向增加作用；如果$\mathrm{CGS}_{H(x)}$为负值，则x_i对总选择效果起一定的限制作用.

上述信息可供育种者对选择群体的认识和选择目的进行斟酌和决断. 另外，式(4.3.35)、式(4.3.37)～式(4.3.39)中，关于通过表型相关对相关遗传进展及决定系数遗传力的分解，只能称为通径分析化分析，因为它并没有对H或y进行标准化.

【例 4.3.3】 孙世铎于 1994 年对选择指数通径分析化方法进行了研究，并应用于长白猪胴体品质的选择. 下面仅介绍他所构造的两种选择指数. 其中x_6为体高，x_7为管围，x_8为三点均膘厚，y_2为瘦肉率.

(1) $I_1=0.0449x_6-0.3653x_7-0.3722x_8, H=0.165g_6-0.133g_7-0.702g_8$. 据式(4.3.39)对$I_1$的通径分析化分析如表 4.3.4 所示.

之所以构造I_1，是因为分析了与y_2相关的体尺性状，分析结果为：x_6、x_7、x_8的直接选择，使y_2获得的相关遗传进展分别为$0.8977K$、$-2.8444K$和$-2.2931K$. 期望通过I_1的选择改变群体的体尺结构，有利于y_2的提高. 表 4.3.4 表明，选择中应限制x_8和x_7；I_1决定了H的 60.7%；通过I_1的选择使H获得了$0.2585K$.

(2) $I_2=0.1807x_6-6.1808x_7-4.1346x_8, H=g_{y_2}$，通径化分析如表 4.3.5.

表 4.3.5 表明，I_2和I_1的区别在于I_2的目标性状为y_2；应限制x_7和x_8；I_2决定了y基因型变异的 68.4%；I_2的选择使g_{y_2}获得的相关遗传进展为$3.2551K$.

比较I_1和I_2，除了上述各点之外，有两点值得重视：首先，按屠宰猪的瘦肉率排序，中选率高者为优，I_1的中选率为 87.5%，I_2的中选率为 75%；其次，I_1和I_2中都对x_7和x_8进行了负向选择，但I_2中的负向选择过分，与群体现状不适合，因而建议用I_1作为现畜群的选择指数.

表 4.3.4　I_1的通径化分析

通径组合	直接贡献	间接贡献	$CGS_{H(x_i)}$
$x_6 \to H$	$0.0941K$		
$x_6 \to x_7 \to H$		$-0.0050K$	
$x_6 \to x_8 \to H$		$0.0543K$	$0.1434K$
$x_7 \to H$	$-0.1447K$		
$x_7 \to x_6 \to H$		$0.0032K$	
$x_7 \to x_8 \to H$		$-0.0369K$	$-0.1784K$
$x_8 \to H$	$-0.1292K$		
$x_8 \to x_6 \to H$		$-0.0395K$	
$x_8 \to x_7 \to H$		$-0.0413K$	$-0.2100K$

表 4.3.5　I_2的通径化分析

通径组合	直接贡献	间接贡献	$CGS_{H(x_i)}$
$x_6 \to H$	$0.3786K$		
$x_6 \to x_7 \to H$		$0.0842K$	
$x_6 \to x_8 \to H$		$0.6026K$	$1.0654K$
$x_7 \to H$	$-2.4482K$		
$x_7 \to x_6 \to H$		$0.0130K$	
$x_7 \to x_8 \to H$		$-0.4099K$	$-2.8451K$
$x_8 \to H$	$-1.4347K$		
$x_8 \to x_6 \to H$		$-0.1590K$	
$x_8 \to x_7 \to H$		$-0.6995K$	$-2.2932K$

4.4　通用选择指数

4.3 节所述多个数量性状的综合选择指数、约束选择指数和最宜选择指数，其共同特点是：选择的性状

$$\boldsymbol{x} = (x_1, x_2, \cdots, x_m)^{\mathrm{T}} \sim N_m(\boldsymbol{\mu}, \boldsymbol{\Sigma}_P)$$

均为要改良的目标性状. 构建选择指数所需要的$\boldsymbol{\mu}$、$\boldsymbol{\Sigma}_P$、$\boldsymbol{\Sigma}_A$等信息，均来自候选群体中$\boldsymbol{x}$观察样本的估计，即目标和信息是一致的. 由生物科学知，生物的生长发育是全信息的，因而在候选群体中通过目标性状$\boldsymbol{x}$的选择来改变群体，同时也改变了其他性状，尤其是与$\boldsymbol{x}$密切相关的性状的改变，这些改变应慎加考虑. 因而自建立选择指数时，除目标性状$\boldsymbol{x}$外，还应把一些与$\boldsymbol{x}$有关的性状(辅助性状)纳入选择指数中，进行有控制的改变. 另外，在 4.2 节关于单性状选择方法的研究中，其原理和结论也适用于多性状的选择，即个体选择、家系选择和家系内选择在效率上均不如个体资料并利用家系信息的合并选择. 因而，在多性状的综合选择指数中，除了纳入辅助性状外，还应充分利用有关亲属信息，以提高其选择效率. 综合上述，未利用辅助性状和有关亲属信息就成为综合选择指数的不足或缺点. 为了提高选择指数的选择效率，陈瑶生和盛志廉(1988, 1989)提出了使用各种选择指数和育种值估计的统一的通用选择指数理论，本节进行介绍.

4.4.1 通用选择指数

设欲改良的目标性状向量$\boldsymbol{x}_{0t}$、相应的育种值向量$\boldsymbol{A}_{0t}$及其经济权重向量$\boldsymbol{w}$为

$$\begin{cases}\boldsymbol{x}_{0t}=(x_1,x_2,\cdots,x_m)^{\mathrm{T}}\sim N_m(\boldsymbol{\mu}_{0t},\boldsymbol{\Sigma}_{P0t})\\ \boldsymbol{A}_{0t}=(a_1,a_2,\cdots,a_m)^{\mathrm{T}}\sim N_m(\boldsymbol{\mu}_{0t},\boldsymbol{\Sigma}_{A0t})\\ \boldsymbol{w}=(w_1,w_2,\cdots,w_m)^{\mathrm{T}}\end{cases}\tag{4.4.1}$$

目标性状的综合经济值为

$$H=w_1a_1+w_2a_2+\cdots+w_ma_m=\boldsymbol{w}^{\mathrm{T}}\boldsymbol{A}_{0t}\tag{4.4.2}$$

通用选择指数从如下两方面完善了综合选择指数理论.

(1) 据育种目标的周密思考, 把目标性状之外的辅助选择$\boldsymbol{x}_{at}$纳入选择指数中

$$\begin{cases}\boldsymbol{x}_{at}=(x_{m+1},x_{m+2},\cdots,x_{m+k})^{\mathrm{T}}\sim N_k(\boldsymbol{\mu}_{at},\boldsymbol{\Sigma}_{Pat})\\ \boldsymbol{A}_{at}=(a_{m+1},a_{m+2},\cdots,a_{m+k})^{\mathrm{T}}\sim N_k(\boldsymbol{\mu}_{at},\boldsymbol{\Sigma}_{Aat})\end{cases}\tag{4.4.3}$$

(2) 利用与目标性状$\boldsymbol{x}_{0t}$和辅助性状$\boldsymbol{x}_{at}$有关的l类亲属信息. 第i类亲属信息涉及$\boldsymbol{x}_{0t}$和$\boldsymbol{x}_{at}$中有关性状θ_i个, 为θ_i维信息性状. l类亲属信息提供了$\theta=\sum\theta_i$维信息性状向量$\boldsymbol{x}$. 用信息性状构造的选择指数

$$I=\boldsymbol{b}^{\mathrm{T}}\boldsymbol{x}\tag{4.4.4}$$

称为通用选择指数(general selection index), 其中$\boldsymbol{b}$为θ维列向量, 且$\boldsymbol{b}=(b_1,b_2,\cdots,b_\theta)^{\mathrm{T}}$. 显然, $\boldsymbol{x}$中隐含了$\boldsymbol{x}_{0t}$和$\boldsymbol{x}_{at}$的样本已知, 由它们给出各性状均值及表型协方差阵的估计.

由上述知, 通用选择指数$I=\boldsymbol{b}^{\mathrm{T}}\boldsymbol{x}$和经典综合选择指数$I=\boldsymbol{b}^{\mathrm{T}}\boldsymbol{x}$形式是一样的, 但内涵不一样, 前者$\boldsymbol{x}$为信息性状, 隐含了目标性状$\boldsymbol{x}_{0t}$和辅助性状$\boldsymbol{x}_{at}$, 后者$\boldsymbol{x}$仅为目标性状. 因而在实现选择指数制定中, 通用选择指数会涉及信息性状的表型协方差阵Σ_P (θ阶方阵)和

$$\mathrm{Cov}(I,H)=\mathrm{Cov}(\boldsymbol{b}^{\mathrm{T}}\boldsymbol{x},\boldsymbol{w}^{\mathrm{T}}\boldsymbol{A}_{0t})=\boldsymbol{b}^{\mathrm{T}}\mathrm{Cov}(\boldsymbol{x},\boldsymbol{A}_{0t})\boldsymbol{w}\tag{4.4.5}$$

其中, $\mathrm{Cov}(\boldsymbol{x},\boldsymbol{A}_{0t})$($\theta\times m$阶矩阵)的计算.

在未解决Σ_P和$\mathrm{Cov}(\boldsymbol{x},\boldsymbol{A}_{0t})$计算之前, 先解决$\boldsymbol{b}$的估计问题. 估计$\boldsymbol{b}$的原理是: 在一定的对目标性状的约束之下, 使$I$与$H$的相关最大.

通用选择指数$I=\boldsymbol{b}^{\mathrm{T}}\boldsymbol{x}$和目标性状综合经济值$H$的方差、协方差和相关系数分别为

$$\begin{cases}\sigma_I^2=\boldsymbol{b}^{\mathrm{T}}\Sigma_P\boldsymbol{b},\sigma_H^2=\boldsymbol{w}^{\mathrm{T}}\Sigma_{A_{0t}}\boldsymbol{w}\\ \mathrm{Cov}(I,H)=\boldsymbol{b}^{\mathrm{T}}\mathrm{Cov}(\boldsymbol{x},\boldsymbol{A}_{0t})\boldsymbol{w}\qquad r_{IH}=\mathrm{Cov}(I,H)/(\sigma_I\sigma_H)\end{cases}\tag{4.4.6}$$

如果对目标性状$\boldsymbol{x}_{0t}=(x_1,x_2,\cdots,x_m)^{\mathrm{T}}$前$r$个性状加以约束$\boldsymbol{L}^{\mathrm{T}}=(L_1,L_2,\cdots,L_r)$, 即经过$I=\boldsymbol{b}^{\mathrm{T}}\boldsymbol{x}$的选择, $x_1,x_2,\cdots,x_r$的进展为$L_1,L_2,\cdots,L_r$, 其余选择的进展不加限制, 令$\boldsymbol{C}_{m\times r}=\begin{bmatrix}\boldsymbol{I}_r\\0\end{bmatrix}$, 为$r$阶单位阵, 则$\boldsymbol{b}$的估计变为

$$\begin{cases}\boldsymbol{b}^{\mathrm{T}}\boldsymbol{\Sigma}_P\boldsymbol{b}=1\\ \boldsymbol{b}^{\mathrm{T}}\mathrm{Cov}(\boldsymbol{x},\boldsymbol{A}_{0t})\boldsymbol{C}=\boldsymbol{L}^{\mathrm{T}}\\ \boldsymbol{b}^{\mathrm{T}}\mathrm{Cov}(\boldsymbol{x},\boldsymbol{A}_{0t})\boldsymbol{w}=\max\end{cases}\tag{4.4.7}$$

应用拉格朗日乘数法, 构造拉格朗日函数

$$f(\boldsymbol{b}) = \boldsymbol{b}^{\mathrm{T}}\mathrm{Cov}(\boldsymbol{x}, \boldsymbol{A}_{0t})\boldsymbol{w} - \frac{\lambda_1}{2}(\boldsymbol{b}^{\mathrm{T}}\boldsymbol{\Sigma}_P\boldsymbol{b} - 1) - [\boldsymbol{b}^{\mathrm{T}}\mathrm{Cov}(\boldsymbol{x}, \boldsymbol{A}_{0t})\boldsymbol{C} - \boldsymbol{L}^{\mathrm{T}}]\boldsymbol{\lambda}_2 \tag{4.4.8}$$

其中, λ_1为常数, $\boldsymbol{\lambda}_2$为$r \times 1$的常数列向量. 则$\boldsymbol{b}$应使

$$\frac{\mathrm{d}f(\boldsymbol{b})}{\mathrm{d}\boldsymbol{b}} = \mathrm{Cov}(\boldsymbol{x}, \boldsymbol{A}_{0t})\boldsymbol{w} - \lambda_1\boldsymbol{\Sigma}_P\boldsymbol{b} - \mathrm{Cov}(\boldsymbol{x}, \boldsymbol{A}_{0t})\boldsymbol{C}\boldsymbol{\lambda}_2 = 0 \tag{4.4.9}$$

由于待估参数$\boldsymbol{b}$为常数列向量, 所以只要不影响$\boldsymbol{b}$中各分量的比例, 则

$$\boldsymbol{b} = \boldsymbol{\Sigma}_P^{-1}\mathrm{Cov}(\boldsymbol{x}, \boldsymbol{A}_{0t})(\boldsymbol{w} - \boldsymbol{C}\boldsymbol{\lambda}_2) = \boldsymbol{\Sigma}_P^{-1}\mathrm{Cov}(\boldsymbol{x}, \boldsymbol{A}_{0t})\boldsymbol{w}_{(1)} \tag{4.4.10}$$

其中

$$\boldsymbol{w}_{(1)} = \boldsymbol{w} - \boldsymbol{C}\boldsymbol{\lambda}_2 \tag{4.4.11}$$

为由约束$\boldsymbol{b}^{\mathrm{T}}\mathrm{Cov}(\boldsymbol{x}, \boldsymbol{A}_{0t})\boldsymbol{C} = \boldsymbol{L}^{\mathrm{T}}$而改变了的经济权重向量. 这就是说, 约束(含约束、最宜等)会使经济权重改变, 或者说用$\boldsymbol{w}_{(1)}$建立的通用选择指数(无约束)就是约束式(4.4.7)下的通用选择指数. 由式(4.4.9)和式(4.4.10)可得

$$\boldsymbol{\lambda}_2 = [\boldsymbol{C}^{\mathrm{T}}\mathrm{Cov}(\boldsymbol{x}, \boldsymbol{A}_{0t})\boldsymbol{\Sigma}_P^{-1}\mathrm{Cov}(\boldsymbol{x}, \boldsymbol{A}_{0t})\boldsymbol{C}]^{-1}[\boldsymbol{C}^{\mathrm{T}}\mathrm{Cov}(\boldsymbol{x}, \boldsymbol{A}_{0t})\boldsymbol{\Sigma}_P^{-1}\mathrm{Cov}(\boldsymbol{x}, \boldsymbol{A}_{0t})\boldsymbol{w} - \boldsymbol{L}] \tag{4.4.12}$$

显然, 由式(4.4.10)~式(4.4.12)有

$$I = \boldsymbol{b}^{\mathrm{T}}\boldsymbol{x} = \begin{cases} \text{无约束通用选择指数}, & r = 0 \\ \text{约束通用选择指数}, & r \neq 0, \boldsymbol{L} = 0 \\ \text{最宜通用选择指数}, & r \neq 0, \boldsymbol{L} \neq 0 \end{cases} \tag{4.4.13}$$

比较式(4.3.8)~式(4.3.14)与式(4.4.7)~式(4.4.13)可知, 将经典综合选择指数、约束选择指数和最宜选择指数中的$\boldsymbol{\Sigma}_A$换成$\mathrm{Cov}(\boldsymbol{x}, \boldsymbol{A}_{0t})$就是相应的通用选择指数. 当不考虑辅助性状$\boldsymbol{x}_{at}$和亲属信息时, 通用选择指数就是综合选择指数.

关于通用选择指数的遗传分析可采用式(4.3.20)~式(4.3.25), 但要把公式中的Σ_A换成$\mathrm{Cov}(\boldsymbol{x}, \boldsymbol{A}_{0t}) = R_A\boldsymbol{\Sigma}_A$.

下面通过例 4.4.1 说明通用选择指数的制定过程, 并叙述信息性状表型协方差阵Σ_P和信息性状与目标性状育种值$\boldsymbol{A}_{0t}$间协方差$\mathrm{Cov}(\boldsymbol{x}, \boldsymbol{A}_{0t})$的计算方法.

【例 4.4.1】 根据某羊场历年资料计算得到净毛量(x_1)、产羔数(x_2)、体重(x_3)和毛长(x_4)的有关参数, 列入表 4.4.1 中. 现确定的育种目标是, 提高 3 个育种目标性状x_1、x_2和x_3的综合育种值, x_4作为辅助性状. 根据选育方案, 有下列 3 类信息来源可供选择种公羊用: ①公羊本身的$x_1(M_1)$、$x_3(M_3)$和$x_4(M_4)$的表型值; ②公羊的 20 个半同胞姐妹的x_1、x_2的平均表型值, 分别记为S_1和S_2; ③公羊的 20 个半同胞女儿的x_1、x_4的平均表型值, 分别记为D_1和D_4. 留种率为 20%, 选择强度$K = 1.40$. 试判定下列3种要求的公羊通用选择指数: ①使三个目标性状的综合育种值最大; ②保持体重(x_3)不变作为约束选择; ③使净毛量(x_1)每代遗传进展 0.4kg, 作最宜选择.

表 4.4.1　绵羊 4 个性状的参数表(右上角为表型相关, 左下角为遗传相关)

性状	$\bar{x}$	$\hat{\sigma}_P^2$	$\hat{h}^2$	w	x_1	x_2	x_3	x_4
x_1/kg	3.00	0.25	0.47	63.36	—	−0.06	0.46	0.37
x_2/只	1.195	0.1471	0.14	180	0.08	—	0.12	0.09
x_3/kg	38.90	20.5209	0.40	1.15	0.21	0.23	—	0.06
x_4/cm	10.10	0.8836	0.30	—	0.55	0.11	−0.26	—

由上述知，目标性状个数$m = 3$，辅助性状个数$k = 1$，亲属信息有$l = 3$类. 第①类中信息性状为$\theta_1 = 3$个(M_1、M_3和M_4)；第②类中信息性状为$\theta_2 = 2$个(S_1和S_2)；第③类中信息性状为$\theta_3 = 2$个(D_1和D_4). 信息性状$\boldsymbol{x} = (M_1, M_3, M_4, S_1, S_2, D_1, D_4)^{\mathrm{T}}$为$\theta = 7$维.

通用选择指数为

$$I = b_1M_1 + b_2M_3 + b_3M_4 + b_4S_1 + b_5S_2 + b_6D_1 + b_7D_4 = \boldsymbol{b}^{\mathrm{T}}\boldsymbol{x}$$

I中涉及的是目标性状$\boldsymbol{x}_{0t} = (x_1, x_2, x_3)^{\mathrm{T}}$和辅助性状$\boldsymbol{x}_{at} = x_4$.

由表4.4.1知，$\boldsymbol{x}_{0t}$和$\boldsymbol{x}_{at}$的表型相关阵(右上角)、遗传相关阵(左下角)、表型方差σ_P^2、遗传力h^2均已给出，由此可计算出目标性状x_1、x_2、x_3和辅助性状x_4的育种值协方差阵$\widehat{\boldsymbol{\Sigma}}_g$

$$\widehat{\boldsymbol{\Sigma}}_g = \begin{matrix} a_1 \\ a_2 \\ a_3 \\ a_4 \end{matrix}\begin{bmatrix} 0.12 & 0.00 & 0.21 & 0.10 \\ 0.00 & 0.02 & 0.10 & 0.01 \\ 0.21 & 0.10 & 8.21 & -0.38 \\ 0.10 & 0.01 & -0.38 & 0.27 \end{bmatrix} = \begin{bmatrix} \widehat{\boldsymbol{\Sigma}}_{A_{0t}} & \widehat{\boldsymbol{\Sigma}}_{A_{(0t)(at)}} \\ \widehat{\boldsymbol{\Sigma}}_{A_{(at)(0t)}} & \widehat{\boldsymbol{\Sigma}}_{A_{at}} \end{bmatrix}$$

进而可计算目标性状综合经济值$H = \boldsymbol{w}^{\mathrm{T}}\boldsymbol{A}_{0t}$的方差

$$\hat{\sigma}_H^2 = \boldsymbol{w}^{\mathrm{T}}\boldsymbol{\Sigma}_{A_{0t}}\boldsymbol{w} = (63.36, 180, 1.15)\begin{bmatrix} 0.12 & 0.00 & 0.21 \\ 0.00 & 0.02 & 0.10 \\ 0.21 & 0.10 & 8.21 \end{bmatrix}\begin{bmatrix} 63.36 \\ 180 \\ 1.15 \end{bmatrix} = 1401.0681$$

下面介绍信息性状$\boldsymbol{x} = (M_1, M_3, M_4, S_1, S_2, D_1, D_4)^{\mathrm{T}}$的表型协方差阵$\widehat{\boldsymbol{\Sigma}}_P$的计算方法. 计算结果为

$$\widehat{\boldsymbol{\Sigma}}_P = \begin{matrix} \\ M_1 \\ M_3 \\ M_4 \\ S_1 \\ S_2 \\ D_1 \\ D_4 \end{matrix}\begin{matrix} \begin{matrix} M_1 & M_3 & M_4 & S_1 & S_2 & D_1 & D_4 \end{matrix} \\ \begin{bmatrix} 0.25 & 1.04 & 0.17 & 0.03 & 0.00 & 0.06 & 0.05 \\ 1.04 & 20.52 & 0.26 & 0.05 & 0.03 & 0.10 & -0.19 \\ 0.17 & 0.26 & 0.88 & 0.02 & 0.00 & 0.05 & 0.13 \\ 0.03 & 0.05 & 0.02 & 0.04 & 0.00 & 0.01 & 0.01 \\ 0.00 & 0.03 & 0.00 & 0.00 & 0.01 & 0.00 & 0.00 \\ 0.06 & 0.10 & 0.05 & 0.01 & 0.00 & 0.04 & 0.03 \\ 0.05 & -0.19 & 0.13 & 0.01 & 0.00 & 0.03 & 0.11 \end{bmatrix} \end{matrix} = \left(\hat{\sigma}_{P_{ij}}\right)_{7\times 7}$$

其中，$\widehat{\boldsymbol{\Sigma}}_P$中$\hat{\sigma}_{P_{ij}}$计算与信息性状$i$、$j$间的相关性质有关. 对于同一类信息的某个信息性状，若来自同一个体的多次观察的平均值，则与重复力t_I有关；若来自多个个体观察的平均，则与这些个体的亲缘系数有关. 常见的亲缘相关系数如表4.4.2所示，其中HO为半同胞子女.

表4.4.2　随机交配群体中常用亲缘相关系数

r_A	S	D	SS	SD	DS	DD	FS	HS	FO	HO
个体I	0.5	0.5	0.25	0.25	0.25	0.25	0.5	0.25	0.5	0.5
父亲S		0	0.5	0.5	0	0	0.5	0.5	0.25	0.25
母亲D			0	0	0.5	0.5	0.5	0	0.25	0.25
祖父SS				0	0	0	0.25	0.25	0.125	0.125
祖母SD					0	0	0.25	0.25	0.125	0.125
外祖父DS						0	0.25	0	0.125	0.125
外祖母DD							0.25	0	0.125	0.125
全同胞FS								0.25	0.25	0.25
父系半同胞HS									0.125	0.125
全同胞子女FO										0.25

下面介绍$\hat{\sigma}_{P_{ij}}$的具体计算方法. 根据不同类信息性状可给出三类计算, 其计算公式如下所述.

第一类, 在一类信源M(公羊本身的性状表型值)中, 一个信息性状x的方差有如下 4 种情形.

(1) 一个个体x的单次观测, 则

$$\hat{\sigma}_M^2 = \hat{\sigma}_x^2 \tag{4.4.14}$$

其中, $\hat{\sigma}_x^2$为x的表型方差.

例 4.4.1 中$x_1(M_1)$、$x_3(M_3)$和$x_4(M_4)$属于这种情况, 因而可由表 4.4.1 直接给出它们的方差

$$\hat{\sigma}_{M_1}^2 = \hat{\sigma}_{P_{11}} = \hat{\sigma}_{P_{(1)}}^2 = 0.25$$

$$\hat{\sigma}_{M_3}^2 = \hat{\sigma}_{P_{22}} = \hat{\sigma}_{P_{(3)}}^2 = 20.52$$

$$\hat{\sigma}_{M_4}^2 = \hat{\sigma}_{P_{33}} = \hat{\sigma}_{P_{(4)}}^2 = 0.88$$

(2) 一个个体k次观察均值$\bar{M}_k$. 据 3.2 节式(3.2.16)知

$$\hat{\sigma}_{\bar{M}_k}^2 = \hat{\sigma}_x^2 \frac{1+(k-1)t_I}{k} \tag{4.4.15}$$

其中, t_I为重复力.

(3) n个个体单次观测均值$\bar{M}_n$. 在这种情况下, n个个体可能为半同胞(HS)、全同胞(FS)等, 则

$$\hat{\sigma}_{\bar{M}_n}^2 = \hat{\sigma}_x^2 \frac{1+(n-1)r_{A(M)}h_x^2}{n} \tag{4.4.16}$$

其中, $r_{A(M)}$为个体间的亲缘相关系数.

例 4.4.1 中$S_1(x_1)$、$S_2(x_2)$、$D_1(x_1)$、$D_4(x_4)$均为$n = 20$的半同胞平均值, 故有(由表 4.4.2 知, $r_{A(M)} = 0.25$)

$$\hat{\sigma}_{S_1}^2 = \hat{\sigma}_{P_{44}}^2 = \hat{\sigma}_{x_1}^2 \frac{1+(20-1)\times 0.25h_1^2}{20} = \frac{0.25\times(1+19\times 0.25\times 0.47)}{20} = 0.04$$

$$\hat{\sigma}_{S_2}^2 = \hat{\sigma}_{P_{55}}^2 = \hat{\sigma}_{x_2}^2 \frac{1+(20-1)\times 0.25h_2^2}{20} = \frac{0.1471\times(1+19\times 0.25\times 0.14)}{20} = 0.01$$

$$\hat{\sigma}_{D_1}^2 = \hat{\sigma}_{P_{66}}^2 = \hat{\sigma}_{x_1}^2 \frac{1+(20-1)\times 0.25h_1^2}{20} = \frac{0.25\times(1+19\times 0.25\times 0.47)}{20} = 0.04$$

$$\hat{\sigma}_{D_4}^2 = \hat{\sigma}_{P_{77}}^2 = \hat{\sigma}_{x_4}^2 \frac{1+(20-1)\times 0.25h_4^2}{20} = \frac{0.8836\times(1+19\times 0.25\times 0.3)}{20} = 0.11$$

(4)n个个体各有k次观察的平均值$\bar{M}_{nk}$

$$\hat{\sigma}_{\bar{M}_{nk}}^2 = \hat{\sigma}_x^2 \frac{1+(n-1)r_{A(M)}z^2h_x^2}{n} \tag{4.4.17}$$

其中, $z^2 = \frac{1+(k-1)t_I}{k}$, t_I为重复力. 当n个个体分别观测$k_1, k_2, \cdots, k_n$次时(各个体观察次数不等), 可用观测次数的调和平均数k_0代替z中的k, 并对z作相应的校正

$$\begin{cases} z^2 = \frac{1+(k_0-1)t_I+\hat{\sigma}_k^2(1-t_I)/k_0^2}{k_0} \\ k_0 = \frac{1}{n-1}\left(\sum k_i - \sum k_i^2/\sum k_i\right) \\ \hat{\sigma}_k^2 = \frac{1}{n}\left[\sum k_i^2 - \frac{1}{n}(\sum k_i)^2\right] \end{cases} \tag{4.4.18}$$

结合$\widehat{\boldsymbol{\Sigma}}_P$中计算，第一类计算仅适用于$\widehat{\boldsymbol{\Sigma}}_P$中主对角线元素$\hat{\sigma}_{P_{ii}}$的计算.

第二类，在一类信息源 M 中，x性状和y性状的协方差计算也有 4 种情形.

1)一个个体的观测值M_x和M_y

$$\mathrm{Cov}(M_x,M_y)=\mathrm{Cov}(x,y)=\hat{\sigma}_{P_{xy}}=r_{P_{xy}}\hat{\sigma}_x\hat{\sigma}_y \tag{4.4.19}$$

其中，$r_{P_{xy}}$、σ_x和σ_y分别为x和y的表型相关系数、x的表型标准差和y的表型标准差.

在例 4.4.1 的$\widehat{\boldsymbol{\Sigma}}_P$的计算中，式(4.4.19)适用于$M_1$、$M_3$、$M_4$之间的协方差计算. 例如

$$\mathrm{Cov}(M_1,M_3)=\hat{\sigma}_{P_{12}}=r_{P_{13}}\hat{\sigma}_{x_1}\hat{\sigma}_{x_3}=0.46\times\sqrt{0.25}\times\sqrt{20.52}=1.04$$

$$\mathrm{Cov}(M_1,M_4)=\hat{\sigma}_{P_{13}}=r_{P_{14}}\hat{\sigma}_{x_1}\hat{\sigma}_{x_4}=0.37\times\sqrt{0.25}\times\sqrt{0.8836}=0.17$$

$$\mathrm{Cov}(M_3,M_4)=\hat{\sigma}_{P_{23}}=r_{P_{34}}\hat{\sigma}_{x_3}\hat{\sigma}_{x_4}=0.06\times\sqrt{20.52}\times\sqrt{0.8836}=0.26$$

2)一个个体的k次观测平均值$\bar{M}_{xk}$和$\bar{M}_{yk}$

$\bar{M}_{xk}$和$\bar{M}_{yk}$的协方差、M_x和M_y的协方差均用于x和y的表型相关描述，故有

$$\mathrm{Cov}(\bar{M}_{xk},\bar{M}_{yk})=\mathrm{Cov}(x,y)=\hat{\sigma}_{P_{xy}}=r_{P_{xy}}\hat{\sigma}_x\hat{\sigma}_y \tag{4.4.20}$$

它和式(4.4.19)是相同的.

3) n个个体单次观测均值$\bar{M}_{xn}$和$\bar{M}_{yn}$

$$\mathrm{Cov}(\bar{M}_{xn},\bar{M}_{yn})=\hat{\sigma}_{P_{xy}}=\frac{1}{n}\left[\mathrm{Cov}(x,y)+(n-1)r_{A(M)}\mathrm{Cov}(a_x,a_y)\right] \tag{4.4.21}$$

其中，$r_{A(M)}$为个体间的亲缘相关系数，$\mathrm{Cov}(a_x,a_y)$为遗传协方差.

在例 4.4.1 的$\widehat{\boldsymbol{\Sigma}}_P$中，它适用于$\mathrm{Cov}(S_1,S_2)$和$\mathrm{Cov}(D_1,D_4)$的计算

$$\begin{aligned}\mathrm{Cov}(S_1,S_2)=\hat{\sigma}_{P_{45}}&=\frac{1}{20}\left[\mathrm{Cov}(x_1,x_2)+(20-1)r_{A(\mathrm{HS})}\mathrm{Cov}(a_1,a_2)\right]\\&=\frac{1}{20}\left[r_{P_{12}}\hat{\sigma}_{x_1}\hat{\sigma}_{x_2}+19\times0.25\mathrm{Cov}(a_1,a_2)\right]\\&=\frac{1}{20}\times\left(-0.06\times\sqrt{0.25\times0.1471}+19\times0.25\times0.00\right)=0\end{aligned}$$

$$\begin{aligned}\mathrm{Cov}(D_1,D_4)=\hat{\sigma}_{P_{67}}&=\frac{1}{20}\left[\mathrm{Cov}(x_1,x_4)+(20-1)r_{A(\mathrm{HS})}\mathrm{Cov}(a_1,a_4)\right]\\&=\frac{1}{20}\left[r_{P_{14}}\hat{\sigma}_{x_1}\hat{\sigma}_{x_4}+19\times0.25\mathrm{Cov}(a_1,a_2)\right]\\&=\frac{1}{20}\times\left(0.37\times\sqrt{0.25\times0.8836}+19\times0.25\times0.10\right)=0.03\end{aligned}$$

其中，$\mathrm{Cov}(a_1,a_2)$和$\mathrm{Cov}(a_1,a_4)$在上述$\widehat{\boldsymbol{\Sigma}}_g$中已给出.

4)n个个体各有k次观测的平均值$\bar{M}_{xnk}$和$\bar{M}_{ynk}$

$\bar{M}_{xnk}$和$\bar{M}_{ynk}$的协方差是描述x和y相关的，故有

$$\mathrm{Cov}(\bar{M}_{xnk},\bar{M}_{ynk})=\hat{\sigma}_{P_{xy}}=\frac{1}{k}\left[\mathrm{Cov}(x,y)+(n-1)r_{A(M)}\mathrm{Cov}(a_x,a_y)\right] \tag{4.4.22}$$

其中，$r_{A(M)}$为个体间的亲缘相关系数.

第三类，在不同类信息源M与M'间，性状x的方差或性状x和y间的协方差，均可由 M 和M'间的亲缘相关系数$r_{A(MM')}$和性状间的遗传相关决定. 一般公式为

$$\mathrm{Cov}(M_x,M'_y)=r_{A(MM')}\mathrm{Cov}(a_x,a_y) \tag{4.4.23}$$

在例 4.4.1 中，例如

$$\hat{\sigma}_{P_{14}} = \mathrm{Cov}(M_1, S_1) = r_{A(M_1S_1)}\mathrm{Cov}(a_1, a_1) = r_{A(\mathrm{HS})}\mathrm{Cov}(a_1, a_1) = 0.25 \times 0.12 = 0.03$$

$$\hat{\sigma}_{P_{15}} = \mathrm{Cov}(M_1, S_2) = r_{A(M_1S_2)}\mathrm{Cov}(a_1, a_2) = r_{A(\mathrm{HS})}\mathrm{Cov}(a_1, a_2) = 0.25 \times 0.00 = 0$$

$$\hat{\sigma}_{P_{16}} = \mathrm{Cov}(M_1, D_1) = r_{A(M_1D_1)}\mathrm{Cov}(a_1, a_1) = 0.5 \times 0.12 = 0.06$$

$$\hat{\sigma}_{P_{47}} = \mathrm{Cov}(S_1, D_4) = r_{A(S_1D_4)}\mathrm{Cov}(a_1, a_4) = 0.5 \times 0.25 \times 0.10 = 0.01$$

下面介绍信息性状x和目标性状的育种值协方差阵$\hat{\boldsymbol{\Sigma}}_A$，它为$\theta \times m$矩阵，可由$\hat{\boldsymbol{\Sigma}}_g$中元素直接给出. 例 4.4.1 的结果为

$$\hat{\boldsymbol{\Sigma}}_A = \begin{array}{c} \\ M_1 \\ M_3 \\ M_4 \\ S_1 \\ S_2 \\ D_1 \\ D_4 \end{array} \begin{array}{c} \begin{array}{ccc} x_1 & x_2 & x_3 \end{array} \\ \begin{bmatrix} 0.12 & 0.00 & 0.21 \\ 0.21 & 0.10 & 8.21 \\ 0.10 & 0.01 & -0.38 \\ 0.12 & 0.00 & 0.21 \\ 0.00 & 0.02 & 0.10 \\ 0.12 & 0.00 & 0.21 \\ 0.10 & 0.01 & -0.38 \end{bmatrix} \end{array} = \left(\hat{\sigma}_{A_{ij}}\right)_{\theta \times m}$$

其中，$\hat{\sigma}_{A_{ij}} = \mathrm{Cov}\left(a_i, a_j\right)$为$\hat{\boldsymbol{\Sigma}}_g$中相应元素，如$\hat{\sigma}_{AM_4x_3} = \mathrm{Cov}(a_4, a_3) = -0.38$.

有了$\hat{\boldsymbol{\Sigma}}_A$就可以计算出$\mathrm{Cov}(I, H)$

$$\mathrm{Cov}(I, H) = \mathrm{Cov}\left(\boldsymbol{b}^{\mathrm{T}}\boldsymbol{x}, \boldsymbol{w}^{\mathrm{T}}\boldsymbol{\Sigma}_{A_{0t}}\right) = \boldsymbol{b}^{\mathrm{T}}\boldsymbol{R}_A\hat{\boldsymbol{\Sigma}}_A\boldsymbol{w} \tag{4.4.24}$$

其中，$\boldsymbol{R}_A$为信息性状与目标性状间的亲缘相关系数矩阵(θ阶矩阵)，对于例 4.4.1 为

$$\boldsymbol{R}_A = \begin{bmatrix} 1 & & & & & & \\ & 1 & & & & & \\ & & 1 & & 0 & & \\ & & & 0.25 & & & \\ & & 0 & & 0.25 & & \\ & & & & & 0.5 & \\ & & & & & & 0.5 \end{bmatrix}$$

综合上述关于通用选择指数的判定过程，由式(4.4.4)~式(4.4.13)可知上述式中$\hat{\boldsymbol{\Sigma}}_P$和$\mathrm{Cov}(I, H)$的计算，这就完成了通用选择指数的制定. 关于通用选择指数的遗传分析，只要在通用选择指数中$\hat{\boldsymbol{\Sigma}}_P$给出的基础上，把经典各选择指数遗传分析的$\hat{\boldsymbol{\Sigma}}_A$换成$\boldsymbol{R}_A\hat{\boldsymbol{\Sigma}}_A$就称为通用选择指数的遗传分析.

对于例 4.4.1，有如下结果.

1) 无约束通用选择指数

$$\boldsymbol{b}^{\mathrm{T}} = \left(\boldsymbol{\Sigma}_P^{-1}\boldsymbol{R}_A\hat{\boldsymbol{\Sigma}}_A\boldsymbol{w}\right)^{\mathrm{T}} = (6.25, 1.18, 0.76, 13.86, 75.92, 80.65, 6.03)^{\mathrm{T}}$$

$$I = \boldsymbol{b}^{\mathrm{T}}\boldsymbol{x}，\ \boldsymbol{x}\text{为 7 维信息性状}$$

目标性状对 H 的决定系数为

$$r_{IH}^2 = \frac{\left(\boldsymbol{b}^{\mathrm{T}}\boldsymbol{R}_A\boldsymbol{\Sigma}_A\boldsymbol{w}\right)^2}{\left(\boldsymbol{b}^{\mathrm{T}}\boldsymbol{\Sigma}_P\boldsymbol{b}\right)\left(\boldsymbol{w}^{\mathrm{T}}\boldsymbol{\Sigma}_{A_{0t}}\boldsymbol{w}\right)} = 42.25\%$$

在选择强度$K = 1.40$时，I的直接选择引起H的相关进展为

$$\mathrm{CGS}_{H(I)} = K\sqrt{\boldsymbol{b}^{\mathrm{T}}\boldsymbol{\Sigma}_P\boldsymbol{b}} = 33.94$$

I的直接选择使目标性状$\boldsymbol{x}_{0t} = (x_1, x_2, x_3)^{\mathrm{T}}$和辅助性状$\boldsymbol{x}_{at} = x_4$相关遗传进展为

$$[\mathrm{CGS}_{H(I)}]^{\mathrm{T}} = \frac{K\boldsymbol{b}^{\mathrm{T}}\boldsymbol{R}_A\boldsymbol{\Sigma}_A\boldsymbol{w}}{\sqrt{\boldsymbol{b}^{\mathrm{T}}\boldsymbol{\Sigma}_P\boldsymbol{b}}} = (0.38, 0.05, 1.18, 0.32)$$

从上式看，$\boldsymbol{b}$为$\theta \times 1$的列向量，故结果应为$1 \times \theta$的行向量，具体到例 4.4.1 应分别为M_1、M_3、M_4、S_1、S_2、D_1和D_4的相关进展, 0.38 应是M_1、S_1、D_1相关进展的和, 0.05 应是S_2的相关进展, 0.32 应是M_4和D_4相关进展的和.

2) 保持x_3(体重)不变的约束条件

$$\boldsymbol{b}^{\mathrm{T}} = (15.56, -0.98, 2.08, 10.38, 71.00, 55.21, 12.65)$$

$$\boldsymbol{C}^{\mathrm{T}} = (0, 0, 1)$$

$$r_{IH}^2 = 34.81\%$$

$$\mathrm{CGS}_{H(I)} = 30.96$$

$$[\mathrm{CGS}_{H(I)}]^{\mathrm{T}} \triangleq (0.38, 0.04, 0, 0.46)$$

3) 使x_1(净毛量)每代进展 0.4kg 的最宜选择

$$\boldsymbol{b}^{\mathrm{T}} = (11.05, 1.02, 0.86, 17.73, 76.48, 104.02, 5.83)$$

$$\boldsymbol{C}^{\mathrm{T}} = (1, 0, 0)$$

$$L_1 = 0.4\mathrm{kg}$$

$$r_{IH}^2 = 40.96\%$$

$$\mathrm{CGS}_{H(I)} = 33.68$$

$$[\mathrm{CGS}_{H(I)}]^{\mathrm{T}} \triangleq (0.40, 0.04, 1.06, 0.34)$$

通过例 4.4.1 三种指数分析，得到如下三个结论. ①$\mathrm{CGS}_{H(I)}$值随约束、最宜而下降; ②各性状的相关进展在三种指数中是相关的; ③从$\boldsymbol{b}$的各分量看，亲属信息是重要的，但公羊半同胞资料比半同胞姐妹资料更重要.

4.4.2 通用选择指数的通径分析和决策分析

宋世德等(1998)研究了通用选择指数的通径分析化模型. 由式(4.4.10)和式(4.4.24)知

$$\boldsymbol{\Sigma}_P\boldsymbol{b} = \mathrm{Cov}(\boldsymbol{x}, \boldsymbol{A}_{0t})\boldsymbol{w}_{(1)} = \boldsymbol{R}_A\boldsymbol{\Sigma}_A\boldsymbol{w}_{(1)} \tag{4.4.25}$$

其中，$\boldsymbol{w}_{(1)} = \boldsymbol{w} - \boldsymbol{C}\boldsymbol{\lambda}_2, \boldsymbol{\lambda}_2 = [\boldsymbol{C}^{\mathrm{T}}\boldsymbol{R}_A\boldsymbol{\Sigma}_A\boldsymbol{\Sigma}_P^{-1}\boldsymbol{R}_A\boldsymbol{\Sigma}_A\boldsymbol{C}]^{-1}[\boldsymbol{C}^{\mathrm{T}}\boldsymbol{R}_A\boldsymbol{\Sigma}_A\boldsymbol{\Sigma}_P^{-1}\boldsymbol{R}_A\boldsymbol{\Sigma}_A\boldsymbol{w} - \boldsymbol{L}]$. 该式表明通用选择指数是以信息性状为自变量、$H$为因变量的多元线性回归，式(4.4.25)为估计$\boldsymbol{b}$的正则方程组. 因而，参阅式(4.3.26)~式(4.3.31)，通用选择指数和综合选择指数一样，可以进行通径分析和决策分析.

如果例 4.4.1 的三种通用选择指数进行了通径分析和决策分析，就会像 4.3 节的例 4.3.2 一样，得到各信息性状对H的直接作用、间接作用和总作用，而且会明确知道各信息性状对 H 的综合决定作用. 这对认识各信息性状在选择中的作用是很重要的. 尽管通用选择指数继承了综合选择指数的思想，把经济思想引入了选择，又在利用亲属信息上进行了拓广，具有广泛的实用性，但在育种决策提供信息上再进行通径分析和决策分析会更好些. 另外，通用选择指数由于利用了可能的亲属信息，在计算上会积累更多的误差，会对选择效果产生负面影响，而且利用的信息越多，负面影响越大. 通用选择指数和经典选择指数一样, 是在数量性状多基因假说之上建立的, 在统计处理上并未充分利用候选群体样本的全部信息, 仅用了均值和方差特征, 而且不可能用统计方法对候选个体进行基因型的识别. 在这些方面, 第5章要讲述的主基因-多基因混合遗传体系分析不但会利用候选群体的全部信息, 而且在用统计方法识别候选群体样本个体基因型上进了一步.

4.5 组合性状与组合性状对分析

动植物品种的改良是离不开社会需求的, 因而在多性状选择中, 综合选择指数和通用选择指数的构建和经济权重结合起来是必要的. 进一步思考, 基于经济育种值极大化来完成这些指数构建时, 不得不考虑一些生物学情况. 例如, 用综合选择指数选择青年公牛时, 若考虑初生重和断奶重两个性状, 综合选择指数的选择可望使两个性状都得以提高, 但初生重的提高势必造成难产性的增加. 于是, 人们期望像初生重这样的选择在选择中保持不变或适当提高. 基于这方面的考虑, 有学者提出了约束选择指数和最宜选择指数的概念和方法. 可见在构建综合选择指数时, 经济权重和约束条件是必须予以慎重考虑的.

在前面关于综合选择指数的讲述中指出, 综合选择指数实质上是以经济综合育种值为因变量, 以选择的目标性状为自变量的多元线性回归. 20 世纪 70 年代以来, 随着多元统计分析和电子计算机的发展, 在人们探索如何把数量性状基因物化到 DNA 序列上(QTL 定位)的同时, 学者试图用多元统计分析等统计学方法来研究多个数量性状的选择, 1987 年 6 月召开的国际数量遗传学会议便反映了这种研究趋势. 1979 年, 刘来福提出了遗传方差最大主成分性状的概念和方法; Hayes 和 Hill (1980, 1981)利用类似的线性组合来研究选择指数问题; 1982 年, 刘垂玗提出了表型方差最大主成分选择的概念和方法; 1983 年, 杨德和戴君惕提出了典选性状和典范选择性状的概念和方法; 1985 年, 袁志发等进行了小麦品种生态类型及其演化的统计方法研究.

对于一个候选群体, 如何用多元统计分析来认识和挖掘它的育种和利用潜力呢? 在这个思考中, 必须从经济观点回归到生物学上, 即对候选群体的数量性状进行各种育种功能组合的研究, 揭示各数量性状间、数量性状组合间的内在相关结构及其选择效果. 在这种根据育种功能需要进行组合性状选择的思考中, 不是独立地考虑个别性状, 而是由若干性状组合成的功能团(如作物育种中的源、流、库等).基于这样的思考和前人的工作, 袁志发等(1988, 1989)提出了组合性状和组合性状对的概念和方法, 刘璐等(1999, 2005, 2006, 2009)对这些模型的通径分析和决策分析进行了研究.

4.5.1 约束组合性状分析

据育种需求和生物学思考, 拟对候选群体的数量性状向量$\boldsymbol{x}$进行遗传改良. $\boldsymbol{x}$的育种值向量$\boldsymbol{A}$及$\boldsymbol{x}$的剩余效应向量$\boldsymbol{e}$分别为$\boldsymbol{x}=(x_1,x_2,\cdots,x_m)^{\mathrm{T}}\sim N_m(\mu,\boldsymbol{\Sigma}_P)$; $\boldsymbol{A}=(A_1,A_2,\cdots,A_m)^{\mathrm{T}}\sim N_m(\mu,\boldsymbol{\Sigma}_A)$, $\boldsymbol{e}=(e_1,e_2,\cdots,e_m)^{\mathrm{T}}\sim N_m(0,\boldsymbol{\Sigma}_e)$. 若$\boldsymbol{A}$与$\boldsymbol{e}$独立, 则$\boldsymbol{\Sigma}_P=\boldsymbol{\Sigma}_A+\boldsymbol{\Sigma}_e$, 其中$\boldsymbol{\Sigma}_P$、$\boldsymbol{\Sigma}_A$和$\boldsymbol{\Sigma}_e$分别为$\boldsymbol{x}$的表型协方差阵、遗传协方差阵和剩余协方差阵, 它们可以从候选群体样本和不分离群体数据中估计.

定义：设$\boldsymbol{b}=(b_1,b_2,\cdots,b_m)^{\mathrm{T}}$为一个常数向量，则称

$$\boldsymbol{I}=b_1x_1+b_2x_2+\cdots+b_mx_m=\boldsymbol{b}^{\mathrm{T}}\boldsymbol{x} \tag{4.5.1}$$

为一组合性状，其综合育种值为

$$\boldsymbol{I}_A=b_1A_1+b_2A_2+\cdots+b_mA_m=\boldsymbol{b}^{\mathrm{T}}\mathbf{A} \tag{4.5.2}$$

对组合性状式(4.5.1)有如下遗传分析.

$\boldsymbol{I}$和$\boldsymbol{I}_A$的方差和协方差分别为

$$\sigma_I^2=\boldsymbol{b}^{\mathrm{T}}\boldsymbol{\Sigma}_P\boldsymbol{b} \qquad \sigma_{I_A}^2=\mathrm{Cov}(\boldsymbol{I},\boldsymbol{I}_A)=\boldsymbol{b}^{\mathrm{T}}\boldsymbol{\Sigma}_A\boldsymbol{b} \tag{4.5.3}$$

$\boldsymbol{I}$和$\boldsymbol{I}_A$的相关系数平方为$\boldsymbol{I}$对$\boldsymbol{I}_A$的决定系数或$\boldsymbol{I}$的遗传力

$$r_{II_A}^2=\frac{\mathrm{Cov}^2(I,I_A)}{\sigma_I^2\sigma_{I_A}^2}=\frac{\sigma_{I_A}^2}{\sigma_I^2}=h_I^2 \tag{4.5.4}$$

h_I^2为组合性状遗传力. 在选择强度 K之下，$\boldsymbol{I}$的直接遗传进展为

$$\mathrm{GS}_I=k\sigma_Ih_I^2=\frac{k\boldsymbol{b}^{\mathrm{T}}\boldsymbol{\Sigma}_A\boldsymbol{b}}{\sqrt{\boldsymbol{b}^{\mathrm{T}}\boldsymbol{\Sigma}_P\boldsymbol{b}}} \tag{4.5.5}$$

I的直接选择使$\boldsymbol{x}$各分性状的相关遗传进展为

$$\mathrm{CGS}_{\boldsymbol{x}(I)}=\frac{\mathrm{Cov}(\boldsymbol{A},\boldsymbol{I}_A)}{\sigma_{I_A}^2}\mathrm{GS}_I=\frac{\boldsymbol{\Sigma}_A\boldsymbol{b}}{\boldsymbol{b}^T\boldsymbol{\Sigma}_A\boldsymbol{b}}\frac{k\boldsymbol{b}^T\boldsymbol{\Sigma}_A\boldsymbol{b}}{\sqrt{\boldsymbol{b}^T\boldsymbol{\Sigma}_P\boldsymbol{b}}}=\frac{k\boldsymbol{\Sigma}_A\boldsymbol{b}}{\sqrt{\boldsymbol{b}^T\boldsymbol{\Sigma}_P\boldsymbol{b}}} \tag{4.5.6}$$

如何确定或估计$\boldsymbol{b}$，应考虑组合性状的育种功能和性状的约束. 如应使$\boldsymbol{x}=(x_1,x_2,\cdots,x_m)^{\mathrm{T}}$中前$r$个性状在$\boldsymbol{I}$的直接选择之下，按一定比例$\boldsymbol{L}^{\mathrm{T}}=(L_1,L_2,\cdots,L_r)$进展，并要求$\boldsymbol{b}$使$\boldsymbol{I}$的表型方差最大、遗传方差最大或遗传力最大等，以便从不同意义下的组合性状来认识候选群体的育种表现.

1. 约束表型方差最大主成分性状分析

袁志发等(1985)在研究小麦品种生态型及其演化的统计分析方法时认为，一个地区培育成的品种，是在本地区生态条件和栽培条件下经过自然选择和人工选择选育出来的. 作物品种生态型有两个特征，即基本特征和可变特征. 品种生态型的基本特征是指该地区长期的品种选育和品种不断更替过程中形成的全生育期中基本稳定的且在同时段内品种间差异不显著的一些性状，即基本特征是在品种选育中由自然选择和人工选择共同形成的，决定了品种的适应性；作物品种生态型的可变特征是指随着该地区重要栽培条件和环境条件的改变，品种的基本特征和其他特征将会向适应于现状而发生的各性状的不同程度的不同方向的变化，这种变化将受基本特征的约束、协调而达到新的统一. 显然可变特征是人工选择的空间，它决定了选育品种的新特点. 如何认识品种生态型的基本特征和可变特征，这是一种育种历史和现状相结合的研究，作物育种家有深刻的体会. 这种研究和对候选群体育种利用潜力研究有一个共同点，就是在表型变异和遗传变异的比较中寻求答案.

下面叙述表型方差最大主成分性状分析.

1) 模型

据育种需求和生物学要求，需对m个数量性状

$$\boldsymbol{x}=(x_1,x_2,\cdots,x_m)^{\mathrm{T}}\sim N_m(\mu,\boldsymbol{\Sigma}_P)$$

在组合性状$I=b_1x_1+b_2x_2+\cdots+b_mx_m=\boldsymbol{b}^{\mathrm{T}}\boldsymbol{x}$下进行遗传分析，并要求$\boldsymbol{x}$的前$r$个性状在$I$的直接选择下按一定比例$\boldsymbol{L}^{\mathrm{T}}=(L_1,L_2,\cdots,L_r)$进展，即要求$\boldsymbol{b}^{\mathrm{T}}\Sigma_A\boldsymbol{C}=\boldsymbol{L}^{\mathrm{T}}$，其中$\boldsymbol{C}_{m\times r}=$

$\begin{bmatrix}\boldsymbol{I}_r\\0\end{bmatrix}$，$\boldsymbol{I}_r$为$r$阶单位阵. 约束表型方差最大主成分性状的数学问题为如下条件极值问题

$$\begin{cases}\boldsymbol{b}^{\mathrm{T}}\boldsymbol{b}=1\\ \boldsymbol{b}^{\mathrm{T}}\boldsymbol{\Sigma}_A\boldsymbol{C}=\boldsymbol{L}^{\mathrm{T}}\\ \boldsymbol{b}^{\mathrm{T}}\boldsymbol{\Sigma}_P\boldsymbol{b}=\max\end{cases}\tag{4.5.7}$$

其拉格朗日函数为

$$f(\boldsymbol{b})=\boldsymbol{b}^{\mathrm{T}}\boldsymbol{\Sigma}_P\boldsymbol{b}-\lambda_1(\boldsymbol{b}^{\mathrm{T}}\boldsymbol{b}-1)-2(\boldsymbol{b}^{\mathrm{T}}\boldsymbol{\Sigma}_A\boldsymbol{C}-\boldsymbol{L}^{\mathrm{T}})\lambda_2\tag{4.5.8}$$

则$\boldsymbol{b}$应使

$$\frac{\mathrm{d}f(\boldsymbol{b})}{\mathrm{d}\boldsymbol{b}}=2\boldsymbol{\Sigma}_P\boldsymbol{b}-2\lambda_1\boldsymbol{b}-2\boldsymbol{\Sigma}_A\boldsymbol{C}\lambda_2=0$$

即

$$\boldsymbol{\Sigma}_P\boldsymbol{b}-\lambda_1\boldsymbol{b}-\boldsymbol{\Sigma}_A\boldsymbol{C}\lambda_2=0\tag{4.5.9}$$

$$\lambda_2=(\boldsymbol{C}^{\mathrm{T}}\boldsymbol{\Sigma}_A\boldsymbol{C})^{-1}\boldsymbol{C}^{\mathrm{T}}(\boldsymbol{\Sigma}_P-\lambda_1\boldsymbol{I}_m)\boldsymbol{b}\tag{4.5.10}$$

则式(4.5.9)变为

$$[\boldsymbol{I}_m-\boldsymbol{\Sigma}_A\boldsymbol{C}(\boldsymbol{C}^{\mathrm{T}}\boldsymbol{\Sigma}_A\boldsymbol{C})^{-1}\boldsymbol{C}^{\mathrm{T}}](\boldsymbol{\Sigma}_P-\lambda_1\boldsymbol{I}_m)\boldsymbol{b}=\boldsymbol{0}\tag{4.5.11}$$

令

$$\boldsymbol{D}=\boldsymbol{I}_m-\boldsymbol{\Sigma}_A\boldsymbol{C}(\boldsymbol{C}^{\mathrm{T}}\boldsymbol{\Sigma}_A\boldsymbol{C})^{-1}\boldsymbol{C}^{\mathrm{T}}\tag{4.5.12}$$

则$\boldsymbol{D}$的秩为$m-r$. 设

$$\begin{cases}\boldsymbol{A}=(A_1,A_2,\cdots,A_r)^{\mathrm{T}}\sim N_r\left(\mu_{(1)},\boldsymbol{\Sigma}_{A(r)}\right)\\ \boldsymbol{A}=(A_{r+1},A_{r+2},\cdots,A_m)^{\mathrm{T}}\sim N_{m-r}\left(\mu_{(2)},\boldsymbol{\Sigma}_{A(m-r)}\right)\end{cases}\tag{4.5.13}$$

则由$(A_1,A_2,\cdots,A_m)^{\mathrm{T}}\sim N_m(\mu,\boldsymbol{\Sigma}_A)$得

$$\boldsymbol{\Sigma}_A=\begin{bmatrix}\boldsymbol{\Sigma}_{A(r)} & \boldsymbol{\Sigma}_{A(r)(m-r)}\\ \boldsymbol{\Sigma}_{A(m-r)(r)} & \boldsymbol{\Sigma}_{A(m-r)}\end{bmatrix}\tag{4.5.14}$$

可得

$$\begin{aligned}\boldsymbol{D}&=\boldsymbol{I}_m-\boldsymbol{\Sigma}_A\boldsymbol{C}(\boldsymbol{C}^{\mathrm{T}}\boldsymbol{\Sigma}_A\boldsymbol{C})^{-1}\boldsymbol{C}^{\mathrm{T}}\\ &=\boldsymbol{I}_m-\begin{bmatrix}\boldsymbol{\Sigma}_{A(r)} & \boldsymbol{\Sigma}_{A(r)(m-r)}\\ \boldsymbol{\Sigma}_{A(m-r)(r)} & \boldsymbol{\Sigma}_{A(m-r)}\end{bmatrix}\begin{bmatrix}\boldsymbol{I}_r\\0\end{bmatrix}\left([\boldsymbol{I}_r\quad 0]\begin{bmatrix}\boldsymbol{\Sigma}_{A(r)} & \boldsymbol{\Sigma}_{A(r)(m-r)}\\ \boldsymbol{\Sigma}_{A(m-r)(r)} & \boldsymbol{\Sigma}_{A(m-r)}\end{bmatrix}\begin{bmatrix}\boldsymbol{I}_r\\0\end{bmatrix}\right)^{-1}[\boldsymbol{I}_r\quad 0]\\ &=\boldsymbol{I}_m-\begin{bmatrix}\boldsymbol{\Sigma}_{A(r)}\\ \boldsymbol{\Sigma}_{A(m-r)(r)}\end{bmatrix}[\boldsymbol{\Sigma}_{A(r)}]^{-1}[\boldsymbol{I}_r\quad 0]=\begin{bmatrix}0 & 0\\ -\boldsymbol{\Sigma}_{A(m-r)(r)}\boldsymbol{\Sigma}_{A(r)}^{-1} & \boldsymbol{I}_{m-r}\end{bmatrix}=\begin{bmatrix}0\\ \boldsymbol{B}^{\mathrm{T}}\end{bmatrix}\end{aligned}\tag{4.5.15}$$

其中，$\boldsymbol{B}^{\mathrm{T}}$为$(m-r)\times m$矩阵，而$\boldsymbol{B}$为$m\times(m-r)$矩阵

$$\boldsymbol{B}=\begin{bmatrix}-\boldsymbol{\Sigma}_{A(r)}^{-1}\boldsymbol{\Sigma}_{A(r)(m-r)}\\ \boldsymbol{I}_{m-r}\end{bmatrix}\tag{4.5.16}$$

令$\boldsymbol{b}=\begin{bmatrix}\boldsymbol{b}_{(1)}\\ \boldsymbol{b}_{(2)}\end{bmatrix}$，$\boldsymbol{b}_{(1)}=(b_1,b_2,\cdots,b_r)^{\mathrm{T}}$，$\boldsymbol{b}_{(2)}=(b_{r+1},b_{r+2},\cdots,b_m)^{\mathrm{T}}$，则式(4.5.11)为

$$\begin{bmatrix}0\\ \boldsymbol{B}^{\mathrm{T}}\end{bmatrix}(\boldsymbol{\Sigma}_P-\lambda_1\boldsymbol{I}_m)\boldsymbol{b}=0\tag{4.5.17}$$

2)约束表型方差最大主成分性状数学模型式(4.5.7)的解

(1) 非齐次约束$\boldsymbol{b}^{\mathrm{T}}\boldsymbol{\Sigma}_A\boldsymbol{C}=\boldsymbol{L}^{\mathrm{T}}(r\neq 0,\boldsymbol{L}\neq 0)$的特解$\boldsymbol{b}_L$.

令$\boldsymbol{b}=\begin{bmatrix}\boldsymbol{b}_{(1)}\\ \boldsymbol{b}_{(2)}\end{bmatrix}$，$\boldsymbol{b}_{(1)}=(b_1,b_2,\cdots,b_r)^{\mathrm{T}}$，$\boldsymbol{b}_{(2)}=(b_{r+1},b_{r+2},\cdots,b_m)^{\mathrm{T}}$，则由非齐次约束有

$$C^{\mathrm{T}}\boldsymbol{\Sigma}_A\boldsymbol{b}=\boldsymbol{L}=[\boldsymbol{I}_r\quad \boldsymbol{0}]\begin{bmatrix}\boldsymbol{\Sigma}_{A(r)} & \boldsymbol{\Sigma}_{A(r)(m-r)}\\ \boldsymbol{\Sigma}_{A(m-r)(r)} & \boldsymbol{\Sigma}_{A(m-r)}\end{bmatrix}\begin{bmatrix}\boldsymbol{b}_{(1)}\\ \boldsymbol{b}_{(2)}\end{bmatrix}$$

$$\boldsymbol{\Sigma}_{A(r)}\boldsymbol{b}_{(1)}+\boldsymbol{\Sigma}_{A(r)(m-r)}\boldsymbol{b}_{(2)}=\boldsymbol{L}$$

$$\boldsymbol{b}_{(1)}=\boldsymbol{\Sigma}_{A(r)}^{-1}\left[\boldsymbol{L}-\boldsymbol{\Sigma}_{A(r)(m-r)}\boldsymbol{b}_{(2)}\right]=\boldsymbol{\Sigma}_{A(r)}^{-1}\boldsymbol{L}-\boldsymbol{\Sigma}_{A(r)}^{-1}\boldsymbol{\Sigma}_{A(r)(m-r)}\boldsymbol{b}_{(2)} \tag{4.5.18}$$

则

$$\boldsymbol{b}_L=\begin{bmatrix}\boldsymbol{b}_{(1)L}\\ \\ \boldsymbol{b}_{(2)L}\end{bmatrix}=\begin{bmatrix}\boldsymbol{\Sigma}_{A(r)}^{-1}\boldsymbol{L}\\ \\ 0\end{bmatrix} \tag{4.5.19}$$

为非齐次约束下的一个特解，但它并未涉及$(x_{r+1},x_{r+2},\cdots,x_m)^{\mathrm{T}}$.

(2) 齐次约束$\boldsymbol{b}^{\mathrm{T}}\boldsymbol{\Sigma}_A\boldsymbol{C}=0(r\neq 0,\boldsymbol{L}\neq 0)$的解$\boldsymbol{b}_0$.

式(4.5.18)是在齐次和非齐次约束下对$\boldsymbol{b}_{(1)}$和$\boldsymbol{b}_{(2)}$的一般要求. 由于在齐次约束$\boldsymbol{b}^{\mathrm{T}}\boldsymbol{\Sigma}_A\boldsymbol{C}=0(r\neq 0,\boldsymbol{L}\neq 0)$下，直接约束的是$(x_1,x_2,\cdots,x_r)^{\mathrm{T}}$，这个约束会引起$(x_{r+1},x_{r+2},\cdots,x_m)^{\mathrm{T}}$系数$\boldsymbol{b}_{(2)}$的变化，因而可设齐次约束下的解为

$$\begin{aligned}\boldsymbol{b}_0-\boldsymbol{b}_L&=\begin{bmatrix}\boldsymbol{b}_{(1)0}\\ \\ \boldsymbol{b}_{(2)}\end{bmatrix}-\begin{bmatrix}\boldsymbol{b}_{(1)L}\\ \\ \boldsymbol{b}_{(2)L}\end{bmatrix}=\begin{bmatrix}\boldsymbol{b}_{(1)0}-\boldsymbol{\Sigma}_{A(r)}^{-1}L\\ \\ \boldsymbol{b}_{(2)}-0\end{bmatrix}\\&=\begin{bmatrix}-\boldsymbol{\Sigma}_{A(r)}^{-1}\boldsymbol{\Sigma}_{A(r)(m-r)}\boldsymbol{b}_{(2)}\\ \boldsymbol{b}_{(2)}\end{bmatrix}\\&=\begin{bmatrix}-\boldsymbol{\Sigma}_{A(r)}^{-1}\boldsymbol{\Sigma}_{A(r)(m-r)}\\ \boldsymbol{I}_{m-r}\end{bmatrix}\boldsymbol{b}_{(2)}=\boldsymbol{B}\boldsymbol{b}_{(2)}\end{aligned} \tag{4.5.20}$$

由上述可知，$\boldsymbol{b}_L$并未考虑$(x_{r+1},x_{r+2},\cdots,x_m)^{\mathrm{T}}$，而$\boldsymbol{b}_0$已涉及约束所引起的$(x_{r+1},x_{r+2},\cdots,x_m)^{\mathrm{T}}$各系数$\boldsymbol{b}_{(2)}$的变化，这种变化反映在$\lambda_2$和$\boldsymbol{D}$中.

(3) 约束表型方差最大主成分性状的一般解.

上述表明，约束使$(x_1,x_2,\cdots,x_r)^{\mathrm{T}}$和$(x_{r+1},x_{r+2},\cdots,x_m)^{\mathrm{T}}$的系数$\boldsymbol{b}_{(1)}$和$\boldsymbol{b}_{(2)}$间有了关系式(4.5.18)，只要求出$\boldsymbol{b}_{(2)}$就可以得到约束表型方差最大主成分性状的一般解

$$\boldsymbol{b}=\boldsymbol{b}_0-\boldsymbol{b}_L=\boldsymbol{B}\boldsymbol{b}_{(2)} \tag{4.5.21}$$

它应满足式(4.5.17)

$$\begin{bmatrix}\boldsymbol{0}\\ \boldsymbol{B}^{\mathrm{T}}\end{bmatrix}(\boldsymbol{\Sigma}_P-\lambda_1\boldsymbol{I}_m)\boldsymbol{b}=\begin{bmatrix}0\\ \boldsymbol{B}^{\mathrm{T}}\end{bmatrix}(\boldsymbol{\Sigma}_P-\lambda_1\boldsymbol{I}_m)\boldsymbol{B}\boldsymbol{b}_{(2)}=0$$

即

$$\boldsymbol{B}^{\mathrm{T}}(\boldsymbol{\Sigma}_P-\lambda_1\boldsymbol{I}_m)\boldsymbol{B}\boldsymbol{b}_{(2)}=(\boldsymbol{B}^{\mathrm{T}}\boldsymbol{\Sigma}_P\boldsymbol{B}-\lambda_1\boldsymbol{B}^{\mathrm{T}}\boldsymbol{B})\boldsymbol{b}_{(2)}=0 \tag{4.5.22}$$

由式(4.5.15)知，$\boldsymbol{B}^{\mathrm{T}}\boldsymbol{\Sigma}_P\boldsymbol{B}$和$\boldsymbol{B}^{\mathrm{T}}\boldsymbol{B}$的秩均为$m-r$.

综上所述，约束表型方差最大主成分性状的一般解为

$$\begin{cases}\boldsymbol{b}=\begin{bmatrix}\boldsymbol{b}_{(1)}\\ \boldsymbol{b}_{(2)}\end{bmatrix}=\boldsymbol{b}_0-\boldsymbol{b}_L=\begin{bmatrix}\boldsymbol{b}_{(1)0}-\boldsymbol{\Sigma}_{A(r)}^{-1}\boldsymbol{L}\\ \boldsymbol{b}_{(2)}-0\end{bmatrix}\\ \boldsymbol{b}_{(1)}=-\boldsymbol{\Sigma}_{A(r)}^{-1}\boldsymbol{\Sigma}_{A(r)(m-r)}\boldsymbol{b}_{(2)}\\ [(\boldsymbol{B}^{\mathrm{T}}\boldsymbol{B})^{-1}(\boldsymbol{B}^{\mathrm{T}}\boldsymbol{\Sigma}_P\boldsymbol{B})-\lambda\boldsymbol{I}_{m-r}]\boldsymbol{b}_{(2)}=0\end{cases} \tag{4.5.23}$$

式(4.5.23)包含如下三种情况.

① 当$r=0$时，$\boldsymbol{L}=0, \boldsymbol{B}=\boldsymbol{I}_m, \boldsymbol{b}=\boldsymbol{b}_0=\boldsymbol{b}_{(2)}$为无约束表型方差最大主成分性状，其解为：

$$(\boldsymbol{\Sigma}_P-\lambda \boldsymbol{I}_m)\boldsymbol{b}=0 \tag{4.5.24}$$

这是一个特征问题．若Σ_P的非零特征根为$\lambda_1 \geqslant \lambda_2 \geqslant \cdots \geqslant \lambda_m>0$，所对应的特征向量分别为$u_1, u_2, \cdots, u_m$，则

$$F_i=u_{i1}x_1+u_{i2}x_2+\cdots+u_{im}x_m=\boldsymbol{u}_i^{\mathrm{T}}\boldsymbol{x}, \quad i=1,2,\cdots,m \tag{4.5.25}$$

称为第i个无约束表型方差最大主成分性状，其方差为

$$\sigma_{F_i}^2=\boldsymbol{u}_i^{\mathrm{T}}\boldsymbol{\Sigma}_P\boldsymbol{u}_i=\lambda_i, \quad i=1,2,\cdots,m \tag{4.5.26}$$

特征式(4.5.24)具有迹不变的性质

$$\sum_{i=1}^{m}\lambda_i=t_r\boldsymbol{\Sigma}_P=\sigma_{1P}^2+\sigma_{2P}^2+\cdots+\sigma_{mP}^2 \tag{4.5.27}$$

其中，σ_{iP}^2为x_i的表型方差，还有一个总变异信息量不变的性质：设$\boldsymbol{\Sigma}_P$中元素为$\sigma_{P_{ij}}$，则

$$\sum_{i=1}^{m}\lambda_i^2=\sum_{i=1}^{m}\sum_{j=1}^{m}\sigma_{P_{ij}}^2 \tag{4.5.28}$$

这些性质对用遗传协方差阵Σ_A或相关阵作主成分分析都适用．

根据迹不变性质，定义

$$\eta_i=\frac{\lambda_i}{\sum_{j=1}^{m}\lambda_j} \tag{4.5.29}$$

为F_i的方差贡献率，并称

$$\eta_{(l)}=\sum_{i=1}^{l}\eta_i=\frac{\sum_{i=1}^{l}\lambda_i}{\sum_{j=1}^{m}\lambda_j} \tag{4.5.30}$$

为前l个主成分性状的累加方差贡献率．在实际应用中，$\eta_{(l)} \geqslant 85\%$就够了．

主成分分析的目的在于了解$\boldsymbol{x}=(x_1, x_2, \cdots, x_m)^{\mathrm{T}}$的相关结构，并进行降维．据式(4.5.30)知，当用前l个主成分代替$\boldsymbol{x}$时，可从m维降到l维，其变异损失小于 15%．

② 当$r \neq 0, \boldsymbol{L}=0$时，则$\boldsymbol{b}_L=0$，为约束表型方差最大主成分性状，其解为

$$\begin{cases}\boldsymbol{b}=\begin{bmatrix}\boldsymbol{b}_{(1)}\\ \boldsymbol{b}_{(2)}\end{bmatrix}=\boldsymbol{b}_0=\begin{bmatrix}\boldsymbol{b}_{(1)0}\\ \\ \boldsymbol{b}_{(2)}\end{bmatrix}\\ \boldsymbol{b}_{(1)}=-\Sigma_{A(r)}^{-1}\Sigma_{A(r)(m-r)}\boldsymbol{b}_{(2)}\\ [(\boldsymbol{B}^{\mathrm{T}}\boldsymbol{B})^{-1}(\boldsymbol{B}^{\mathrm{T}}\boldsymbol{\Sigma}_P\boldsymbol{B})-\lambda \boldsymbol{I}_{m-r}]\boldsymbol{b}_{(2)}=0\end{cases} \tag{4.5.31}$$

这是关于矩阵$(\boldsymbol{B}^{\mathrm{T}}\boldsymbol{B})^{-1}(\boldsymbol{B}^{\mathrm{T}}\boldsymbol{\Sigma}_P\boldsymbol{B})$的特征值和对应的特征向量$\boldsymbol{b}_{(2)}$的问题．

③ 当$r \neq 0, \boldsymbol{L} \neq 0$时，为最宜表型方差最大主成分性状，其解如式(4.5.23)所示．关于矩阵的特征值和特征向量问题，和上述$\boldsymbol{\Sigma}_P$的特征问题是一样的．

2. 约束遗传方差最大主成分性状分析

组合性状$\boldsymbol{I}=b_1x_1+b_2x_2+\cdots+b_mx_m=\boldsymbol{b}^{\mathrm{T}}\boldsymbol{x}$的约束遗传方差最大主成分性状的数学模型为

$$\begin{cases}\boldsymbol{b}^{\mathrm{T}}\boldsymbol{b}=1\\ \boldsymbol{b}^{\mathrm{T}}\boldsymbol{\Sigma}_A\boldsymbol{C}=\boldsymbol{L}^{\mathrm{T}}\\ \boldsymbol{b}^{\mathrm{T}}\boldsymbol{\Sigma}_A\boldsymbol{b}=\max\end{cases} \tag{4.5.32}$$

其中，$\boldsymbol{C}$和$\boldsymbol{L}$的意义同式(4.5.7). 其求解过程和约束表型方差最大主成分性状一样，其一般解为式(4.5.23)形式，只需把$\boldsymbol{\Sigma}_P$换成$\boldsymbol{\Sigma}_A$，即

$$\begin{cases}\boldsymbol{b}=\begin{bmatrix}\boldsymbol{b}_{(1)}\\ \boldsymbol{b}_{(2)}\end{bmatrix}=\boldsymbol{b}_0-\boldsymbol{b}_L=\begin{bmatrix}\boldsymbol{b}_{(1)0}-\boldsymbol{\Sigma}_{A(r)}^{-1}\boldsymbol{L}\\ \boldsymbol{b}_{(2)}-0\end{bmatrix}\\ \boldsymbol{b}_{(1)}=-\boldsymbol{\Sigma}_{A(r)}^{-1}\boldsymbol{\Sigma}_{A(r)(m-r)}\boldsymbol{b}_{(2)}\\ [(\boldsymbol{B}^{\mathrm{T}}\boldsymbol{B})^{-1}(\boldsymbol{B}^{\mathrm{T}}\boldsymbol{\Sigma}_A\boldsymbol{B})-\lambda\boldsymbol{I}_{m-r}]\boldsymbol{b}_{(2)}=0\end{cases} \tag{4.5.33}$$

式(4.5.33)也分为三种类型.

(1) 当$r=0$时，$\boldsymbol{L}=0,\boldsymbol{B}=\boldsymbol{I}_m,\boldsymbol{b}=\boldsymbol{b}_0=\boldsymbol{b}_{(2)}$，为无约束遗传方差最大主成分性状，其解为

$$(\boldsymbol{\Sigma}_A-\lambda\boldsymbol{I}_m)\boldsymbol{b}=0 \tag{4.5.34}$$

其解析过程如式(4.5.24)~式(4.5.30)所示.

(2) 当$r\neq 0,\boldsymbol{L}=0$时，则$\boldsymbol{b}_L=0$，为约束遗传方差最大主成分性状，其解为

$$\begin{cases}\boldsymbol{b}=\begin{bmatrix}\boldsymbol{b}_{(1)}\\ \boldsymbol{b}_{(2)}\end{bmatrix}=\boldsymbol{b}_0=\begin{bmatrix}\boldsymbol{b}_{(1)0}\\ \boldsymbol{b}_{(2)}\end{bmatrix}\\ \boldsymbol{b}_{(1)}=-\boldsymbol{\Sigma}_{A(r)}^{-1}\boldsymbol{\Sigma}_{A(r)(m-r)}\boldsymbol{b}_{(2)}\\ [(\boldsymbol{B}^{\mathrm{T}}\boldsymbol{B})^{-1}(\boldsymbol{B}^{\mathrm{T}}\boldsymbol{\Sigma}_A\boldsymbol{B})-\lambda\boldsymbol{I}_{m-r}]\boldsymbol{b}_{(2)}=0\end{cases} \tag{4.5.35}$$

(3) 当$r\neq 0,\boldsymbol{L}\neq 0$时，为最宜遗传方差最大主成分性状，其解如式(4.5.33)所示.

3. 约束典范性状分析

对于组合性状式(4.5.1)和其育种式(4.5.2)，即$\boldsymbol{I}=\boldsymbol{b}^{\mathrm{T}}\boldsymbol{x}$和$\boldsymbol{I}_A=\boldsymbol{b}^{\mathrm{T}}\boldsymbol{A},\boldsymbol{I}$对$\boldsymbol{I}_A$的决定系数等于$\boldsymbol{I}$的遗传力，它由式(4.5.4)表示：$r_{II_A}^2=\frac{\boldsymbol{b}^{\mathrm{T}}\boldsymbol{\Sigma}_A\boldsymbol{b}}{\boldsymbol{b}^{\mathrm{T}}\boldsymbol{\Sigma}_P\boldsymbol{b}}=h_I^2$. 则约束典范性状的数学模型为

$$\begin{cases}\boldsymbol{b}^{\mathrm{T}}\boldsymbol{\Sigma}_P\boldsymbol{b}=1\\ \boldsymbol{b}^{\mathrm{T}}\boldsymbol{\Sigma}_A\boldsymbol{C}=\boldsymbol{L}^{\mathrm{T}}\\ \boldsymbol{b}^{\mathrm{T}}\boldsymbol{\Sigma}_A\boldsymbol{b}=\max\end{cases} \tag{4.5.36}$$

其中，约束$\boldsymbol{b}^{\mathrm{T}}\boldsymbol{\Sigma}_A\boldsymbol{C}=\boldsymbol{L}^{\mathrm{T}}$中意义同式(4.5.7). 式(4.5.36)表明，约束典范组合性状为$\boldsymbol{I}_A$对$\boldsymbol{I}$的决定系数最大或$\boldsymbol{I}$的遗传力最大组合性状，或者是受环境影响最小的组合性状. 其一般解为

$$\begin{cases}\boldsymbol{b}=\begin{bmatrix}\boldsymbol{b}_{(1)}\\ \boldsymbol{b}_{(2)}\end{bmatrix}=\boldsymbol{b}_0-\boldsymbol{b}_L=\begin{bmatrix}\boldsymbol{b}_{(1)\mathbf{0}}-\boldsymbol{\Sigma}_{A(r)}^{-1}\boldsymbol{L}\\ \boldsymbol{b}_{(2)}\end{bmatrix}\\ \boldsymbol{b}_{(1)}=-\boldsymbol{\Sigma}_{A(r)}^{-1}\boldsymbol{\Sigma}_{A(r)(m-r)}\boldsymbol{b}_{(2)}\\ [(\boldsymbol{B}^{\mathrm{T}}\boldsymbol{\Sigma}_P\boldsymbol{B})^{-1}(\boldsymbol{B}^{\mathrm{T}}\boldsymbol{\Sigma}_A\boldsymbol{B})-\lambda\boldsymbol{I}_{m-r}]\boldsymbol{b}_{(2)}=0\end{cases} \tag{4.5.37}$$

约束典范性状也有三种类型, 式(4.5.37)为最宜约束典范性状($r \neq 0, \boldsymbol{L} \neq 0$), 其余两种情况如下.

(1) 当$r = 0$时, $\boldsymbol{L} = 0, \boldsymbol{B} = \boldsymbol{I}_m, \boldsymbol{b} = \boldsymbol{b}_0 = \boldsymbol{b}_{(2)}$为无约束典范组合性状, 其解为

$$(\boldsymbol{\Sigma}_P^{-1}\boldsymbol{\Sigma}_A - \lambda \boldsymbol{I}_m)\boldsymbol{b} = 0 \tag{4.5.38}$$

即$\boldsymbol{b}$为$\boldsymbol{\Sigma}_P^{-1}\boldsymbol{\Sigma}_A$的特征向量.

(2) 当$r \neq 0, \boldsymbol{L} = 0$时, $\boldsymbol{b}_L = 0$, 为约束典范组合性状, 其解为

$$\begin{cases} \boldsymbol{b} = \begin{bmatrix} \boldsymbol{b}_{(1)} \\ \boldsymbol{b}_{(2)} \end{bmatrix} \\ \boldsymbol{b}_{(1)} = -\boldsymbol{\Sigma}_{A(r)}^{-1}\boldsymbol{\Sigma}_{A(r)(m-r)}\boldsymbol{b}_{(2)} \\ [(\boldsymbol{B}^{\mathrm{T}}\boldsymbol{\Sigma}_P\boldsymbol{B})^{-1}(\boldsymbol{B}^{\mathrm{T}}\boldsymbol{\Sigma}_A\boldsymbol{B}) - \lambda \boldsymbol{I}_{m-r}]\boldsymbol{b}_{(2)} = 0 \end{cases} \tag{4.5.39}$$

其中, $\boldsymbol{B}$为式(4.5.16), $\boldsymbol{b}_L$为式(4.5.19).

上面系统地推导了三类组合性状, 每一类均给出了无约束($r = 0$)、约束($r \neq 0, \boldsymbol{L} = 0$)和最宜($r \neq 0, \boldsymbol{L} \neq 0$)三种意义下的组合性状. 这些性状均可按式(4.5.3)~式(4.5.6)进行遗传分析, 即对同一候选群体, 可给出九种情况选择的结果.

上述分析中, 涉及的统计学问题为多元统计分析中的主成分分析, 后面的分析还会涉及多元线性回归分析中的通径分析及其决策分析, 也会用到聚类分析等. 关于这方面的知识请参阅袁志发和宋世德(2009)编著的《多元统计分析》.

【例 4.5.1】 对表 4.5.1 所示资料(样本容量为$n = 27$, 西北农业大学育种组, 1981)进行无约束表型方差最大主成分性状分析, 分析参试品种的个性、共性和这些品种的育种特点.

表 4.5.1　旱肥组品种各性状观察值(平均)

性状 \ 品种	7014-R0	7576/3 矮 7	68G 1278	70190 -1	9615 -11	9615 -13	73 (36)	丰 3	矮 3
冬季分蘖(x_1)	11.5	9.0	7.5	9.1	11.6	13.0	11.6	10.7	11.1
株高(x_2)	95.3	97.7	110.7	89.0	88.0	87.7	79.7	119.3	87.7
每穗粒数(x_3)	26.4	30.8	39.7	35.4	29.3	24.6	25.6	29.9	32.2
千粒重(x_4)	39.2	46.8	39.1	35.3	37.0	44.8	43.7	38.8	35.6
抽穗期/(月/日)(x_5)	4/9	4/17	4/17	4/18	4/20	4/19	4/19	4/19	4/18
成熟期/(月/日)(x_6)	6/2	6/6	6/3	6/2	6/7	6/7	6/5	6/5	6/3

$\boldsymbol{x} = (x_1, x_2, \cdots, x_6)^{\mathrm{T}}$的表型相关阵为

$$\boldsymbol{R}_P = \begin{matrix} x_1 \\ x_2 \\ x_3 \\ x_4 \\ x_5 \\ x_6 \end{matrix} \begin{bmatrix} 1.0000 & & & & & \\ -0.4813 & 1.0000 & & & & \\ -0.8875 & 0.4369 & 1.0000 & & & \\ 0.1456 & -0.0853 & -0.4709 & 1.0000 & & \\ 0.8123 & -0.2979 & -0.6883 & -0.1653 & 1.0000 & \\ 0.4044 & -0.0518 & -0.4320 & 0.5148 & 0.3493 & 1.0000 \end{bmatrix}$$

表 4.5.1 所列为 1981 年区试的九个品种. 作者曾通过它们研究小麦品种生态型的基本特征和可变特征, 采用的是主成分分析法.

$\boldsymbol{R}_P$的特征值及相应的单位化特征向量组成矩阵为 $\boldsymbol{U}$.

特征值λ_i: 3.2439　1.3916　0.8156　0.4359　0.0974　0.0156

$$\boldsymbol{U}=\begin{bmatrix} 0.5182 & -0.2096 & 0.0516 & -0.2003 & 0.6815 & -0.4246 \\ -0.3021 & 0.2102 & 0.8437 & -0.3720 & 0.1193 & -0.0031 \\ -0.5239 & -0.0442 & 0.0178 & 0.4746 & 0.0867 & -0.7004 \\ 0.2145 & 0.7443 & -0.1986 & -0.2903 & -0.2811 & -0.4440 \\ 0.4343 & -0.3962 & 0.3899 & 0.1066 & -0.6349 & -0.2964 \\ 0.3619 & 0.4460 & 0.3061 & 0.7075 & 0.1779 & 0.2103 \end{bmatrix}$$

由于前三个主成分的累积方差贡献率为

$$\eta_{(3)}=\frac{3.2439+1.3916+0.8156}{6}=90.85\%>85\%$$

故取前三个主成分

$$F_1=0.5182x_1'-0.3021x_2'-0.5239x_3'+0.2145x_4'+0.4343x_5'+0.3619x_6'$$

$$F_2=-0.2096x_1'+0.2102x_2'-0.0442x_3'+0.7443x_4'-0.3962x_5'+0.4460x_6'$$

$$F_3=0.0516x_1'+0.8437x_2'+0.0178x_3'-0.1986x_4'+0.3889x_5'+0.3061x_6'$$

其中，各x'均为标准化性状值. 一般的分析可按主成分中x_i'的系数(代表它对应主成分作用的权重)来看待各主成分中所反映的各性状的信息. 例如，可认为F_1主要综合了x_1' (冬季分蘖)、x_3'(每穗粒数)和x_5'(抽穗期)的信息. 又如F_3主要反映了x_2'(株高)的信息等.

$\boldsymbol{R}_P$表达了性状间的表型相关结构. 按最大树的系统聚类图如图 4.5.1 所示. 聚类图反映了由相关引起的动态聚类过程, 也表现了相关性状团的动态变化过程, 这种相关性状团同时反映在各主成分的变化上.

下面是按x_1、x_5、x_6等的聚类变化顺序重新写出的三个表型方差最大主成分性状

$$F_1=0.5182x_1'+0.4343x_5'+0.3619x_6'+0.2145x_4'-0.3021x_2'-0.5239x_3'$$

$$F_2=-0.2096x_1'-0.3962x_5'+0.4460x_6'+0.7443x_4'+0.2102x_2'-0.0442x_3'$$

$$F_3=0.0516x_1'+0.3889x_5'+0.3061x_6'-0.1986x_4'+0.8437x_2'+0.0178x_3'$$

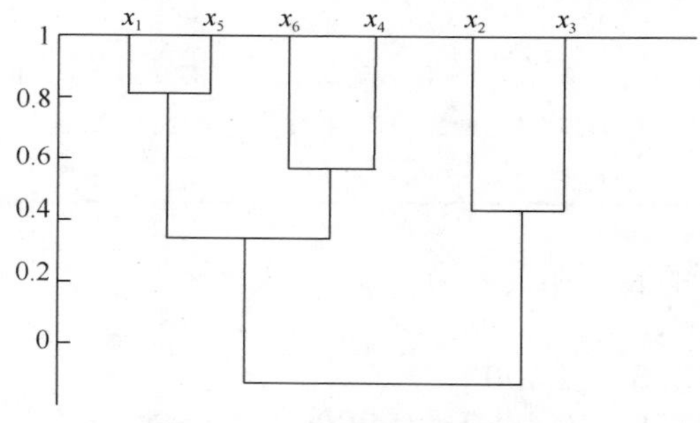

图 4.5.1　性状相关系统聚类图

比较F_1、F_2和F_3，可看出相关性状团在占方差贡献率 90.9%的三个主成分上有规律地升和降，这是性状相关团控制下的主成分关于各x的梯度变化的表现，如表 4.5.2 所示.

表 4.5.2　性状团的比较

性状团	$(x_1,x_5)^{\mathrm{T}}$	$(x_4,x_6)^{\mathrm{T}}$	$(x_2,x_3)^{\mathrm{T}}$
F_1与F_2比较	降	升	升
F_2与F_3比较	升	降	升

这就加深了对参试品种 6 个性状的相关结构的认识，或者说对参试品种的育种思想有了进一步的认识. 具体来讲，有以下几点.

(1) F_1的方差贡献率为$3.2439/6=54.1\%$. 反映了参试品种在 6 个性状上的共同变异规律，即这些品种在x_1、x_5和x_6上的正向稳定及x_2和x_3上的适度下降. 这种认识清楚地反映在图 4.5.2 中的性状团的相关上.

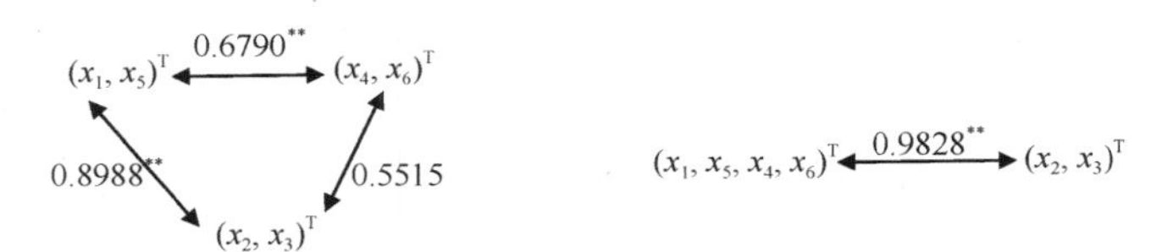

图 4.5.2　性状团间的相关

关于多个性状与多个性状间相关系数的计算方法及假设检验可参阅《多元统计分析》(袁志发和宋世德, 2009)的 43~47 页和 217~218 页. 图 4.5.2 关于群体性状团的作图方法具有一般性，例如，小麦品种从器官上可分为根、茎、叶、花、穗等，每一种器官可由若干个性状表示，而器官又可分为源、流、库等. 因而可以按图 4.5.2 的方法画出各功能性状团的相关图，不同品种的这种图的差异有助于对品种表现差异的认识.

(2) F_2的方差贡献率为$1.3916/6=23.2\%$，反映了参试品种在选育上的个性. F_2的主要成分为x_4，表示选育的目标之一是千粒重的增加.

(3) F_3的方差贡献率为$0.8156/6=13.6\%$，反映了参试品种在选育上的个性. F_3的主要组分是x_2. 由于株高除了和每穗粒数存在正相关外，和其他性状均为负相关. 因而适度地降低株高是这些参试品种选择措施之一.

4. 主成分性状的通径分析和决策分析

表型方差最大、遗传方差最大主成分性状均属主成分分析的内容. 对正态总体的协方差或相关阵所作的主成分都可化为正态总体的标准化多元线性回归分析，即通径分析，进而可进行决策分析. 这些分析对有无约束都是一样的. 下面以无约束表型方差最大主成分的通径分析和决策分析为例说明.

对于式(4.5.25)所表示的第i个主成分性状为

$$F_i=u_{i1}x_1+u_{i2}x_2+\cdots+u_{im}x_m=\boldsymbol{u}_i^{\mathrm{T}}\boldsymbol{x} \tag{4.5.40}$$

其中，$\boldsymbol{u}_i^{\mathrm{T}}=(u_{i1},u_{i2},\cdots,u_{im})$，它对应的$\boldsymbol{\Sigma}_P$的特征值为$\lambda_i=\sigma_{F_i}^2$($F_i$的方差). 它应满足式(4.5.24)，即

$$(\boldsymbol{\Sigma}_P-\lambda_i\boldsymbol{I}_m)\boldsymbol{u}_i=0 \qquad \boldsymbol{\Sigma}_P\boldsymbol{u}_i=\lambda_i\boldsymbol{u}_i,\quad i=1,2,\cdots,m$$

即

$$\begin{bmatrix}\sigma_{P1}^2 & \sigma_{P12} & \cdots & \sigma_{P1m}\\ \sigma_{P21} & \sigma_{P2}^2 & \cdots & \sigma_{P2m}\\ \vdots & \vdots & & \vdots\\ \sigma_{Pm1} & \sigma_{Pm2} & \cdots & \sigma_{Pm}^2\end{bmatrix}\begin{bmatrix}u_{i1}\\ u_{i2}\\ \vdots\\ u_{im}\end{bmatrix}=\begin{bmatrix}\lambda_i u_{i1}\\ \lambda_i u_{i2}\\ \vdots\\ \lambda_i u_{im}\end{bmatrix} \tag{4.5.41}$$

其中，第j个方程为

$$\sigma_{Pj1}u_{i1}+\sigma_{Pj2}u_{i2}+\cdots+\sigma_{Pjm}u_{im}=\lambda_i u_{ij} \tag{4.5.42}$$

两边同除以$\sigma_{Pj}\sqrt{\lambda_i}$，令$b_{ik}^*=\sigma_{Pk}u_{ik}/\sqrt{\lambda_i}$，则变为

$$r_{Pj1}b_{i1}^*+r_{Pj2}b_{i2}^*+\cdots+r_{Pjm}b_{im}^*=\frac{\sqrt{\lambda_i}u_{ij}}{\sigma_{Pj}} \tag{4.5.43}$$

令$\lambda_1 \geqslant \lambda_2 \geqslant \cdots \geqslant \lambda_m > 0$对应的特征向量为$\boldsymbol{u}_1,\boldsymbol{u}_2,\cdots,\boldsymbol{u}_m$，则由式(4.5.40)和式(4.5.41)有

$$\boldsymbol{x}=(x_1,x_2,\cdots,x_m)^{\mathrm{T}}=\boldsymbol{UF}$$

其中，$\boldsymbol{U}=(\boldsymbol{u}_1,\boldsymbol{u}_2,\cdots,\boldsymbol{u}_m),\boldsymbol{F}=(F_1,F_2,\cdots,F_m)^{\mathrm{T}}$. 因而有

$$x_j=u_{1j}F_1+u_{2j}F_2+\cdots+u_{mj}F_m$$

由于$\mathrm{Cov}(F_i,F_i)=\lambda_i,\mathrm{Cov}(F_i,F_j)=0(i\neq j)$，故

$$\mathrm{Cov}(x_j,F_i)=\mathrm{Cov}(u_{ij}F_i,F_i)=u_{ij}\lambda_i \tag{4.5.44}$$

因而式(4.5.43)变为

$$r_{Pj1}b_{i1}^*+r_{Pj2}b_{i2}^*+\cdots+r_{Pjm}b_{im}^*=\frac{\sqrt{\lambda_i}u_{ij}}{\sigma_{Pj}}=\frac{\mathrm{Cov}(x_j,F_i)}{\sigma_{Pj}\sqrt{\lambda_i}}=r_{x_jF_i} \tag{4.5.45}$$

则式(4.5.41)变为

$$\begin{bmatrix}1 & r_{P12} & \cdots & r_{P1m}\\ r_{P21} & 1 & \cdots & r_{P2m}\\ \vdots & \vdots & & \vdots\\ r_{Pm1} & r_{Pm2} & \cdots & 1\end{bmatrix}\begin{bmatrix}b_{i1}^*\\ b_{i2}^*\\ \vdots\\ b_{im}^*\end{bmatrix}=\begin{bmatrix}r_{x_1\mathrm{F}_i}\\ r_{x_2\mathrm{F}_i}\\ \vdots\\ r_{x_m\mathrm{F}_i}\end{bmatrix} \text{或} \boldsymbol{R}_x\boldsymbol{b}^*=\boldsymbol{R}_{xF_i} \tag{4.5.46}$$

它是以F_i为因变量的关于$x_1,x_2,\cdots,x_m$的标准化线性回归的最小二乘正则方程组，即F_i是关于$x_1,x_2,\cdots,x_m$的标准化多元线性回归通径分析，通径分析有两个结论.

(1) 任一x_j对F_i的总影响为$r_{x_jF_i}$，可分解为x_j对F_i的直接影响为b_{ij}^*及x_j通过各x_k对F_i的间接影响为$r_{Pj\mathrm{k}}b_{ik}^*(k\neq j)$之和，即式(4.5.45).

(2) x_j对F_i的直接决定系数为$R_{ji}^2={b_{ij}^*}^2$，相关路$x_j\leftrightarrow x_k$对F_i的相关决定系数为$R_{jki}=2b_{ij}^*r_{Pj\mathrm{k}}b_{ik}^*$. 显然$x_j$对$F_i$的决定是完全的. 因为

$$\begin{aligned}R_{xF_i}^2&=\sum_{j=1}^{m}{b_{ij}^*}^2+2\sum_{j\neq k}b_{ij}^*r_{Pj\mathrm{k}}b_{ik}^*\\&=\sum_{j=1}^m b_{ij}^*r_{x_j\mathrm{F}_i}=\sum_{j=1}^m\frac{\sigma_{Pj}u_{ij}}{\sqrt{\lambda_i}}\frac{\sqrt{\lambda_i}u_{ij}}{\sigma_{Pj}}=\sum_{j=1}^m u_{ij}^2=1\end{aligned} \tag{4.5.47}$$

根据袁志发等(2000, 2001, 2013)提出的通径分析中决策系数及显著性检验，各x_j对F_i决策系数（x_j对F_i的综合决定能力）为

$$R_{(j)}=R_{ji}^2+\sum_{j\neq k}R_{jki}=2b_{ij}^*r_{x_j\mathrm{F}_i}-{b_{ij}^*}^2=u_{ij}^2\left(2-\frac{\sigma_{Pj}^2}{\lambda_i}\right) \tag{4.5.48}$$

式(4.5.47)表明，x_j完全决定了F_i，误差为零. 故$R_{(j)}$均极显著且不需检验. 据$R_{(j)}(j=1,2,\cdots,m)$排序，可以确定x_j对F_i的综合决定能力大小及方向，明确x_j对F_i的决

定方式和机理.

【例 4.5.2】　关于例 4.5.1 中第一主成分F_1的通径分析和决策分析.

例 4.5.1 中第一主成分(反映参试品种共性的主成分)为

$$F_1 = u_{11}x_1' + u_{12}x_2' + u_{13}x_3' + u_{14}x_4' + u_{15}x_5' + u_{16}x_6'$$
$$= 0.5182x_1' - 0.3021x_2' - 0.5239x_3' + 0.2145x_4' + 0.4343x_5' + 0.3619x_6'$$

是由相关阵求出的, 因而各x'的方差均为 1, 其第一特征根为$\lambda_1 = 3.2439$, 方差贡献率为$3.2439/6 = 54.1\%$, 由$b_{ij}^* = \sigma_{Pj}u_{ij}/\sqrt{\lambda_i}$ (λ_i为F_i的方差)有

$$b_{11}^* = 0.2877 \qquad b_{12}^* = -0.1677$$
$$b_{13}^* = -0.2909 \qquad b_{14}^* = 0.1191$$
$$b_{15}^* = 0.2411 \qquad b_{16}^* = 0.2009$$

据式(4.5.45)有

$$r_{x_1\mathrm{F}_1} = 0.9333 \qquad r_{x_2\mathrm{F}_1} = -0.5441$$
$$r_{x_3\mathrm{F}_1} = -0.9436 \qquad r_{x_4\mathrm{F}_1} = 0.3863$$
$$r_{x_5\mathrm{F}_1} = 0.7822 \qquad r_{x_6\mathrm{F}_1} = 0.6518$$

其通径分析结果为

$$\begin{cases} b_{11}^* + r_{12}b_{12}^* + r_{13}b_{13}^* + r_{14}b_{14}^* + r_{15}b_{15}^* + r_{16}b_{16}^* = 0.9333 \\ r_{21}b_{11}^* + b_{12}^* + r_{23}b_{13}^* + r_{24}b_{14}^* + r_{25}b_{15}^* + r_{26}b_{16}^* = -0.5441 \\ r_{31}b_{11}^* + r_{32}b_{12}^* + b_{13}^* + r_{34}b_{14}^* + r_{35}b_{15}^* + r_{36}b_{16}^* = -0.9436 \\ r_{41}b_{11}^* + r_{42}b_{12}^* + r_{43}b_{13}^* + b_{14}^* + r_{45}b_{15}^* + r_{46}b_{16}^* = 0.3863 \\ r_{51}b_{11}^* + r_{52}b_{12}^* + r_{53}b_{13}^* + r_{54}b_{14}^* + b_{15}^* + r_{56}b_{16}^* = 0.7822 \\ r_{61}b_{11}^* + r_{62}b_{12}^* + r_{63}b_{13}^* + r_{64}b_{14}^* + r_{65}b_{15}^* + b_{16}^* = 0.6518 \end{cases}$$

上述结果中, 第j个方程中的直接影响为b_{1j}^*, 总影响为$r_{x_jF_1}$, 其余为x_j通过其他x_k对F_1的间接影响$r_{Pjk}b_{1k}^*$.

据式(4.5.48)计算出x_j对F_i的决策系数($\sigma_{Pj} = 1$)为

$$R_{(1)} = 0.4543 \qquad R_{(2)} = 0.1544$$
$$R_{(3)} = 0.4643 \qquad R_{(4)} = 0.0778$$
$$R_{(5)} = 0.3191 \qquad R_{(6)} = 0.2216$$

各x对F_1的综合决定能力顺序为

$$R_{(3)} > R_{(1)} > R_{(5)} > R_{(6)} > R_{(2)} > R_{(4)}$$

即每穗粒数>冬季分蘖>抽穗期>成熟期>株高>千粒重. 由于F_1反映的是参试 9 个品种的公共属性, 所以上述各性状的综合决定能力反映了这些品种在育种过程中的育种思想和选择思想, 即注重协调x_3与x_1的矛盾, 使x_3成为所有参试品种的第一正向决策性状; 关注x_5和x_6的协调; x_4选择力度大(据第二主成分分析), 挖掘潜力小; x_2已限制了x_4、x_5和x_6.

5. 典范性状的通径分析和决策分析

约束典范性状分析实质上是以$x_1, x_2, \cdots, x_m$为自变量, 以其育种值为因变量的多元线性回归模型. 下面以无约束典范性状为例说明.

无约束典范性状$\boldsymbol{I} = b_1x_1 + b_2x_2 + \cdots + b_mx_m = \boldsymbol{b}^{\mathrm{T}}\boldsymbol{x}$满足式(4.5.38), 即$\boldsymbol{b}$为$\boldsymbol{\Sigma}_P^{-1}\boldsymbol{\Sigma}_A$的特征向量

$$(\boldsymbol{\Sigma}_P^{-1}\boldsymbol{\Sigma}_A - \lambda\boldsymbol{I}_m)\boldsymbol{b} = 0 \text{ 或 } \lambda\boldsymbol{\Sigma}_P\boldsymbol{b} = \boldsymbol{\Sigma}_A\boldsymbol{b} \tag{4.5.49}$$

设$\boldsymbol{\Sigma}_P^{-1}\boldsymbol{\Sigma}_A$的特征值为$\lambda_1 \geqslant \lambda_2 \geqslant \cdots \geqslant \lambda_m > 0, \lambda_i$对应的第$i$个(满足$\boldsymbol{u}_i^{\mathrm{T}}\boldsymbol{\Sigma}_P\boldsymbol{u}_i = 1$)特征向量为$\boldsymbol{u}_i = (u_{i1}, u_{i2}, \cdots, u_{im})^{\mathrm{T}}$，第$i$个典范性状为

$$F_i = u_{i1}x_1 + u_{i2}x_2 + \cdots + u_{im}x_m = \boldsymbol{u}_i^{\mathrm{T}}\boldsymbol{x} \tag{4.5.50}$$

则$\boldsymbol{u}_i$满足

$$\lambda_i\boldsymbol{\Sigma}_P\boldsymbol{u}_i = \boldsymbol{\Sigma}_A\boldsymbol{u}_i \tag{4.5.51}$$

$x_1, x_2, \cdots, x_m$的表型标准差分别为$\sigma_{P1}, \sigma_{P2}, \cdots, \sigma_{Pm}$. 令

$$\begin{cases} b_{ij}^* = \sqrt{\lambda_i}\sigma_{Pj}u_{ij} \qquad j = 1, 2, \cdots, m \\ \boldsymbol{\sigma}_P = \begin{bmatrix} \sigma_{P1} & & & \\ & \sigma_{P2} & & 0 \\ & 0 & \ddots & \\ & & & \sigma_{Pm} \end{bmatrix} \end{cases} \tag{4.5.52}$$

则

$$\begin{aligned} \boldsymbol{\sigma}_P\boldsymbol{u}_i &= (\sigma_{P1}u_{i1}, \sigma_{P2}u_{i2}, \cdots, \sigma_{Pm}u_{im})^{\mathrm{T}} \\ &= \frac{1}{\sqrt{\lambda_i}}\left(\sqrt{\lambda_i}\sigma_{P1}u_{i1}, \sqrt{\lambda_i}\sigma_{P2}u_{i2}, \cdots, \sqrt{\lambda_i}\sigma_{Pm}u_{im}\right)^{\mathrm{T}} \\ &= \frac{1}{\sqrt{\lambda_i}}(b_{i1}^*, b_{i2}^*, \cdots, b_{im}^*)^{\mathrm{T}} = \frac{1}{\sqrt{\lambda_i}}\boldsymbol{b}_i^* \end{aligned}$$

$$\boldsymbol{u}_i = \frac{1}{\sqrt{\lambda_i\sigma_{Pj}}}\sigma_P^{-1}b_i^* \tag{4.5.53}$$

而F_i的育种值$F_{iA} = \boldsymbol{u}_i^{\mathrm{T}}\boldsymbol{A}(\boldsymbol{A} = (A_1, A_2, \cdots, A_m)^{\mathrm{T}})$，这样，$\boldsymbol{x}$与$F_{iA}$的协方差阵为

$$\mathrm{Cov}(\boldsymbol{x}, F_{iA}) = \mathrm{Cov}\left(\boldsymbol{x}, \boldsymbol{u}_i^{\mathrm{T}}\boldsymbol{A}\right) = \boldsymbol{\Sigma}_A\boldsymbol{u}_i \tag{4.5.54}$$

由于$\sigma_P^{-1}\boldsymbol{\Sigma}_P\sigma_P^{-1} = \boldsymbol{R}_P$($\boldsymbol{x}$的表型相关阵)，故由式(4.5.53)和式(4.5.54)可将式(4.5.51)改写为

$$\boldsymbol{R}_P b_i^* = \frac{1}{\sqrt{\lambda_i}}\sigma_P^{-1}\mathrm{Cov}(\boldsymbol{x}, F_{iA}) = \boldsymbol{R}_{xF_{iA}} \tag{4.5.55}$$

其中，$\boldsymbol{R}_{xF_{iA}}$是$\boldsymbol{x}$与F_{iA}的相关阵，即

$$\begin{cases} \boldsymbol{R}_{xF_{iA}} = \left(r_{x_1F_{iA}}, r_{x_2F_{iA}}, \cdots, r_{x_mF_{iA}}\right)^{\mathrm{T}} \\ r_{x_jF_{iA}} = \frac{1}{\sqrt{\lambda_i}}\left(\sigma_{Aj1}u_{i1} + \sigma_{Aj2}u_{i2} + \cdots + \sigma_{Ajm}u_{im}\right) \end{cases} \tag{4.5.56}$$

其中，$\left(\sigma_{Aj1}, \sigma_{Aj2}, \cdots, \sigma_{Ajm}\right)$为$\boldsymbol{\Sigma}_A$的第$j$行. 式(4.5.55)是$F_{iA}$为因变量，$x_1, x_2, \cdots, x_m$为自变量的标准化多元线性回归的最小二乘正则方程组，即无约束典范性状的通径分析及其决策分析模型.

通径分析中各x_j对F_{iA}的直接作用b_{ij}^*通过x_k对F_{iA}的间接作用$r_{Pjk}b_{ik}^*$及总作用$r_{x_jF_{iA}}$由式(4.5.55)表示，具体为

$$\begin{cases} b_{i1}^* + r_{P12}b_{i2}^* + \cdots + r_{P1m}b_{im}^* = r_{x_1F_{iA}}, & x_1\text{对}F_{iA} \\ r_{P21}b_{i1}^* + b_{i2}^* + \cdots + r_{P2m}b_{im}^* = r_{x_2F_{iA}}, & x_2\text{对}F_{iA} \\ \qquad\qquad\vdots & \\ r_{Pm1}b_{i1}^* + r_{Pm2}b_{i2}^* + \cdots + b_{im}^* = r_{x_2F_{iA}}, & x_m\text{对}F_{iA} \end{cases} \tag{4.5.57}$$

在分析中，由式(4.5.49)首先得到特征值λ_i及其特征向量$\boldsymbol{u}_i$，由此才有了无约束的第i个典范性状$F_i = \boldsymbol{u}_i^{\mathrm{T}}\boldsymbol{x}$. 由于知道了$\boldsymbol{\Sigma}_P$、$\boldsymbol{\Sigma}_A$、$\lambda_i$和$\boldsymbol{u}_i$，故由式(4.5.53)和式(4.5.54)得到

$$\boldsymbol{b}_i^* = \sqrt{\lambda_i}\sigma_P\boldsymbol{u}_i \qquad R_{xF_{iA}} = \frac{1}{\sqrt{\lambda_i}}\sigma_P^{-1}\boldsymbol{\Sigma}_A\boldsymbol{u}_i \tag{4.5.58}$$

通径分析中，$\boldsymbol{x}$对F_{iA}的决定系数为

$$R_{xF_{iA}}^2 = \sum_{j=1}^m b_{ij}^{*\,2} + 2\sum_{k\neq j} b_{ij}^* r_{Pjk} b_{ik}^* = \sum_{j=1}^m R_j^2 + \sum_{k\neq j} R_{jk} \tag{4.5.59}$$

其中，R_j^2是x_j对F_{iA}的直接决定系数，R_{jk}为$x_j \leftrightarrow x_k$相关对F_{iA}的相关决定系数($R_{jk} = R_{kj}$).

$\boldsymbol{x}$对F_{iA}的决策分析中，x_j对F_{iA}的综合决定能力的决策系数为

$$R_{(j)i} = R_{ji}^2 + \sum_{j\neq k} R_{jki} = 2b_{ij}^* r_{x_j F_{iA}} - b_{ij}^{*\,2} \tag{4.5.60}$$

$R_{(j)i}$关于$\mathrm{H}_0: R_{(j)i} = 0$的$t$检验为

$$t_j = \frac{|R_{(j)i}|}{2\left|r_{x_jF_{iA}} - b_{ij}^*\right|\sqrt{c_{jj}\frac{1-R_{xF_{iA}}^2}{f_e}}} \tag{4.5.61}$$

其中，c_{jj}为$\boldsymbol{R}_P^{-1} = (c_{jj})_{m\times m}$主对角线上第$j$个元素；$f_e$为自由度，当$\boldsymbol{\Sigma}_P$、$\boldsymbol{\Sigma}_A$和$\boldsymbol{\Sigma}_e$由一定的交配设计试验估计时，$f_e$由误差自由度给出.

对$R_{(j)i}(j = 1, 2, \cdots, m)$从大到小排序，就可以看出在典范性状$F_i = \boldsymbol{u}_i^{\mathrm{T}}\boldsymbol{x}$中各性状$x_i$对$F_{iA}$的综合决定大小和方向. 如果$R_{(j)i} > 0$且最大，则$x_j$对$F_{iA}$起正向决定作用；若$R_{(j)i} < 0$且最小，则$x_j$对$F_{iA}$起限制性的负向作用.

上述推导可用另一种方式给出. 由式(4.5.51)~式(4.5.55)得

$$\boldsymbol{R}_P\boldsymbol{b}_i^* = \frac{1}{\sqrt{\lambda_i}}\sigma_P^{-1}\boldsymbol{\Sigma}_A\boldsymbol{u}_i = \frac{1}{\lambda_i}\sigma_P^{-1}\boldsymbol{\Sigma}_A\sigma_P^{-1}\boldsymbol{b}_i^* = \frac{1}{\lambda_i}\boldsymbol{H}\boldsymbol{b}_i^*$$

即

$$(\boldsymbol{R}_P^{-1}\boldsymbol{H} - \lambda_i\boldsymbol{I}_m)\boldsymbol{b}_i^* = 0 \tag{4.5.62}$$

其中，$\boldsymbol{H} = \sigma_P^{-1}\boldsymbol{\Sigma}_A\sigma_P^{-1}$为$x_1, x_2, \cdots, x_m$的遗传力阵(主对角线上为各性状的遗传力，其他为$x_j$和$x_k(j\neq k)$的相关遗传力). λ_i和$\boldsymbol{u}_i$为$\boldsymbol{R}_P^{-1}\boldsymbol{H}$的第$i$个特征值和特征向量，其通径分析和决策分析模型为

$$\begin{cases} \boldsymbol{R}_P\boldsymbol{b}_i^* = \boldsymbol{R}_{xF_{iA}} \\ \boldsymbol{b}_i^* = \sqrt{\lambda_i}\sigma_P\boldsymbol{u}_i \\ \boldsymbol{R}_{xF_{iA}} = \frac{1}{\lambda_i}\boldsymbol{H}\boldsymbol{b}_i^* \end{cases} \tag{4.5.63}$$

【例 4.5.3】 邢世岩等(2000)对银杏叶产量性状进行了相关分析和多性状选择研究. 下面对小区叶产量(x_1, kg)、叶面积系数(x_2)、每株叶数(x_3)、短枝上叶宽(x_4, cm)、短枝上叶干重(x_5, g)、长枝上叶宽(x_6, cm)和长枝上叶干重(x_7, g)7 个性状的典范性状进行通径分析和决策分析.

资料中 7 个性状的表型相关阵$\boldsymbol{R}_P$和遗传力阵$\boldsymbol{H}$分别为

$$\boldsymbol{R}_P = \begin{matrix} x_1 \\ x_2 \\ x_3 \\ x_4 \\ x_5 \\ x_6 \\ x_7 \end{matrix}\begin{bmatrix} 1.0000 & 0.3970 & 0.6325 & 0.3422 & 0.2615 & 0.4851 & 0.4386 \\ 0.3970 & 1.0000 & 0.2870 & 0.2950 & 0.3354 & 0.3746 & 0.2948 \\ 0.6325 & 0.2870 & 1.0000 & -0.0167 & -0.0747 & 0.0043 & 0.0149 \\ 0.3422 & 0.2950 & -0.0167 & 1.0000 & 0.6710 & 0.4859 & 0.3446 \\ 0.2615 & 0.3354 & -0.0747 & 0.6710 & 1.0000 & 0.2609 & 0.2731 \\ 0.4851 & 0.3746 & 0.0043 & 0.4859 & 0.2609 & 1.0000 & 0.7961 \\ 0.4386 & 0.2948 & 0.0149 & 0.3446 & 0.2731 & 0.7961 & 1.0000 \end{bmatrix}$$

$$\boldsymbol{H}=\begin{matrix} x_1 \\ x_2 \\ x_3 \\ x_4 \\ x_5 \\ x_6 \\ x_7 \end{matrix}\begin{bmatrix} 0.4474 & 0.2535 & 0.2506 & 0.1688 & 0.1205 & 0.2563 & 0.2340 \\ 0.2535 & 0.7345 & 0.1587 & 0.1937 & 0.2181 & 0.2457 & 0.1736 \\ 0.2506 & 0.1587 & 0.3790 & -0.0444 & -0.0639 & 0.0013 & 0.0095 \\ 0.1688 & 0.1937 & -0.0444 & 0.3509 & 0.1966 & 0.2239 & 0.1310 \\ 0.1209 & 0.2181 & -0.0639 & 0.1966 & 0.2869 & 0.1022 & 0.0968 \\ 0.2563 & 0.2457 & 0.0013 & 0.2239 & 0.1022 & 0.4672 & 0.3669 \\ 0.2347 & 0.1736 & 0.0095 & 0.1310 & 0.0968 & 0.3669 & 0.3854 \end{bmatrix}$$

式(4.5.62)的广义特征值依次为

$$\lambda_1(0.7507)>\lambda_2(0.5089)>\lambda_3(0.4212)>\lambda_4(0.3669)>\lambda_5(0.1935)>\lambda_6(0.1461)$$

最大特征根$\lambda_1=0.7507$对应的单位特征向量为

$$\boldsymbol{u}_1=(-0.0436,-1.0000,0.1802,-0.0395,0.0683,0.0579,0.0981)^{\mathrm{T}}$$

遗传力最大第一典范性状为

$$\begin{aligned} F_1&=\boldsymbol{u}_1^{\mathrm{T}}\boldsymbol{x} \\ &=-0.0436x_1-1.0000x_2+0.1802x_3-0.0395x_4+0.0683x_5+0.0579x_6+0.0981x_7 \end{aligned}$$

其遗传力为$\lambda_1=0.7507$，它大于各性状的遗传力($\boldsymbol{H}$中主对角线元素).

下面对原研究的相关分析、多性状选择分析和上述F_1典范性状分析进行比较.

(1) 从表型相关阵$\boldsymbol{R}_P$看，选择的目标性状主要是x_1，而x_1和x_3相关最大；x_3与x_4、x_5均为负相关，与x_6、x_7几乎不相关；x_6和x_7有很强的正相关；x_4与x_5有较强正相关，它们与x_6、x_7均有一定程度的正相关. 因而从提高x_1的角度来看，应限制x_3. 这些相关结构如图 4.5.3 所示.

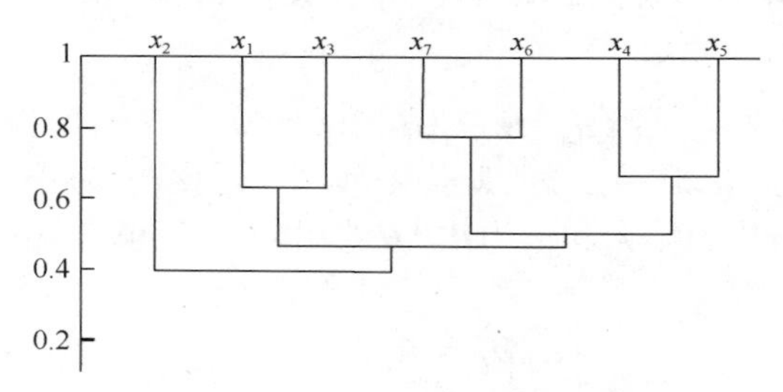

图 4.5.3　性状相关系统聚类图

(2) 原研究的多性状选择结论是：选择大叶高产，并负向选择每株叶数.

(3) 第一最大遗传力典范性状F_1的通径分析和决策分析如下.

第一典范性状$F_1=\boldsymbol{u}_1^{\mathrm{T}}\boldsymbol{x}$的遗传力最大(0.7507)，作为不考虑经济权重的选择指数，是受环境影响最小的组合性状. 据式(4.5.1)~式(4.5.6)可对它进行选择分析.

下面讲述F_1的通径分析和决策分析. 据式(4.5.63)有

$$\begin{aligned} \boldsymbol{b}_1^*&=\sqrt{\lambda_1}\sigma_P\boldsymbol{u}_1=(b_{11}^*,b_{12}^*,\cdots,b_{17}^*)^{\mathrm{T}} \\ &=(-0.0378,-0.8664,0.1561,-0.0342,0.0592,0.0502,0.0850)^{\mathrm{T}} \end{aligned}$$

$$\begin{aligned} \boldsymbol{R}_{xF_{1A}}&=\frac{1}{\lambda_1}\boldsymbol{H}\boldsymbol{b}_1^*=\left(r_{x_1F_{1A}},r_{x_2F_{2A}},\cdots,r_{x_7F_{7A}}\right)^{\mathrm{T}} \\ &=(-0.2190,-0.7830,-0.1888,-0.2120,-0.2396,-0.2256,-0.0404)^{\mathrm{T}} \end{aligned}$$

各x_j对F_{1A}的直接作用、间接作用和总作用为$\boldsymbol{R}_P b_1^*=\boldsymbol{R}_{xF_{1A}}$

$$\begin{bmatrix} 1.0000 & 0.3970 & 0.6325 & 0.3422 & 0.2615 & 0.4851 & 0.4386 \\ & 1.0000 & 0.2870 & 0.2950 & 0.3354 & 0.3746 & 0.2948 \\ & & 1.0000 & -0.0167 & -0.0747 & 0.0043 & 0.0149 \\ & & & 1.0000 & 0.6710 & 0.4859 & 0.3446 \\ & & & & 1.0000 & 0.2609 & 0.2731 \\ & & & & & 1.0000 & 0.7961 \\ & & & & & & 1.0000 \end{bmatrix} \begin{bmatrix} -0.0378 \\ -0.8664 \\ 0.1561 \\ -0.0342 \\ 0.0592 \\ 0.0502 \\ 0.0850 \end{bmatrix} = \begin{bmatrix} -0.2190 \\ -0.7830 \\ -0.1888 \\ -0.2120 \\ -0.2396 \\ -0.2256 \\ -0.0404 \end{bmatrix}$$

各x_j对组合性状F_1的育种值F_{1A}的综合决策系数为

$$R_{(1)1} = 2b_{11}^* r_{x_1 F_{1A}} - {b_{11}^*}^2 = 0.0151 \qquad R_{(2)1} = 2b_{12}^* r_{x_2 F_{1A}} - {b_{12}^*}^2 = 0.6061$$

$$R_{(3)1} = -0.0614 \qquad R_{(4)1} = 0.0133 \qquad R_{(5)1} = -0.0249$$

$$R_{(6)1} = -0.0251 \qquad R_{(7)1} = -0.0141$$

总决定系数按式(4.5.59)计算，其结果为

$$R_{xF_{1A}}^2 = {\boldsymbol{b}_1^*}^{\mathrm{T}} \boldsymbol{R}_{xF_{1A}} = 63.6\%$$

即x_1、x_2、x_3、x_4、x_5、x_6和x_7共同决定了F_{1A}总变异的63.6%. 复相关系数$R_{xF_{1A}} = 0.7972$是极显著的(这里自由度f_e定为 25).

由式(4.5.61)知，决策系数$R_{(j)i}$的标准差$S_{R_{(j)1}} = 2\left|r_{x_j F_{1A}} - b_{1j}^*\right| \sqrt{c_{jj} \frac{1-R_{xF_{1A}}^2}{25}}$，其中$c_{jj}$为$\boldsymbol{R}_P^{-1}$中对角线的第$j$个元素. $\boldsymbol{R}_P^{-1}$为

$$\boldsymbol{R}_P^{-1} = \begin{bmatrix} 3.0549 & 0.0517 & -0.19792 & -0.1269 & -0.5216 & -1.0592 & -0.2962 \\ & 1.4289 & -0.4769 & 0.1291 & -0.4948 & -0.5908 & 0.1241 \\ & & 2.4290 & -0.0274 & 0.6155 & 0.9097 & 0.0896 \\ & & & 2.3574 & -1.4319 & -1.1946 & 0.5477 \\ & & & & 2.1966 & 0.9617 & -0.5066 \\ & & & & & 3.9441 & -2.3657 \\ & & & & & & 2.9249 \end{bmatrix}$$

各$R_{(j)1}$的标准差分别为

$$S_{R_{(1)1}} = 2 \times |-0.2190 + 0.0378| \times \sqrt{3.0549 \times \frac{1-0.636}{25}} = 0.0764$$

$$S_{R_{(2)1}} = 2 \times |-0.7830 + 0.8664| \times \sqrt{1.4289 \times \frac{1-0.636}{25}} = 0.0241$$

$$S_{R_{(3)1}} = 0.1297, S_{R_{(4)1}} = 0.0659 \qquad S_{R_{(5)1}} = 0.1069$$

$$S_{R_{(6)1}} = 0.1322, S_{R_{(7)1}} = 0.0518$$

各$R_{(j)1}$的t检验值分别为

$$t_1 = \frac{R_{(1)1}}{S_{R_{(1)1}}} = 0.1976 \qquad t_2 = \frac{R_{(2)1}}{S_{R_{(2)1}}} = 25.149 \qquad t_3 = 0.1264$$

$$t_4 = 0.2018 \qquad t_5 = 0.2329 \qquad t_6 = 0.1899 \qquad t_7 = 0.2722$$

$t_{0.05}(25)=2.060, t_{0.01}(25)=2.787$. 检验表明，只有$R_{(2)1}$极显著. 各$R_{(j)1}$的排序为

$$R_{(2)1}>R_{(1)1}>R_{(4)1}>R_{(7)1}>R_{(5)1}>R_{(6)1}>R_{(3)1}$$

上述决策分析表明，在对于银杏叶产量的选择上，主要决定于x_1和x_2，即大叶(x_2)和高产(x_1)，而x_2起决定作用，x_3必须负向限制. 有了x_3的降低，才有x_4和x_5的适当上升及x_6和x_7的适当稳定. x_4的$R_{(4)1}=0.0133$，可作为辅助选择性状.

4.5.2 约束组合性状对分析及其通径分析、决策分析

据育种要求和对各性状的生物学考虑，拟对育种候选群体中的目标数量性状向量$\boldsymbol{y}=(y_1,y_2,\cdots,y_k)^{\mathrm{T}}\sim N_k(\boldsymbol{\mu}_y,\boldsymbol{\Sigma}_{Py})$进行改良，其育种值向量$\boldsymbol{A}_y=(A_{y1},A_{y2},\cdots,A_{yk})^{\mathrm{T}}\sim N_k(\boldsymbol{\mu}_y,\boldsymbol{\Sigma}_{Ay})$，其剩余效应向量

$$\boldsymbol{e}_{\boldsymbol{y}}=(e_{y1},e_{y2},\cdots,e_{yk})^{\mathrm{T}}\sim N_k(0,\boldsymbol{\Sigma}_{\mathrm{ey}}).$$

$\boldsymbol{y}=\boldsymbol{A}_y+\boldsymbol{e}_y$，若$\boldsymbol{A}_y$与$\boldsymbol{e}_{\boldsymbol{y}}$相互独立，则$\boldsymbol{\Sigma}_{Py}=\boldsymbol{\Sigma}_{Ay}+\boldsymbol{\Sigma}_{ey}$. 其中$\boldsymbol{\Sigma}_{Py}$、$\boldsymbol{\Sigma}_{Ay}$和$\boldsymbol{\Sigma}_{ey}$分别为$\boldsymbol{y}$的表型协方差阵、育种值协方差阵和剩余协方差阵.

目标组合性状H及其育种值H_A的定义为

$$\begin{cases}H=a_1y_1+a_2y_2+\cdots+a_ky_k=\boldsymbol{a}^{\mathrm{T}}\boldsymbol{y}\\ H_A=a_1A_{y1}+a_2A_{y2}+\cdots+a_kA_{yk}=\boldsymbol{a}^{\mathrm{T}}\boldsymbol{A}_{\boldsymbol{y}}\end{cases}\tag{4.5.64}$$

其中，$\boldsymbol{a}$是$\boldsymbol{y}$的权重向量. H的表型方差σ_H^2、遗传方差$\sigma_{H_A}^2$、直接选择进展GS_H及其因H的直接选择使$\boldsymbol{y}$的相关进展$\mathrm{CGS}_{\boldsymbol{y}(H)}$分别为

$$\begin{cases}\sigma_H^2=\boldsymbol{a}^{\mathrm{T}}\boldsymbol{\Sigma}_{Py}\boldsymbol{a}\\ \sigma_{H_A}^2=\boldsymbol{a}^{\mathrm{T}}\boldsymbol{\Sigma}_{Ay}\boldsymbol{a}\\ h_H^2=\boldsymbol{a}^{\mathrm{T}}\boldsymbol{\Sigma}_{Ay}\boldsymbol{a}/\boldsymbol{a}^{\mathrm{T}}\boldsymbol{\Sigma}_{Py}\boldsymbol{a}\\ \mathrm{GS}_H=k_H\sigma_Hh_H^2=k\boldsymbol{a}^{\mathrm{T}}\boldsymbol{\Sigma}_{Ay}\boldsymbol{a}/\sqrt{\boldsymbol{a}^{\mathrm{T}}\boldsymbol{\Sigma}_{Py}\boldsymbol{a}}\\ \mathrm{CGS}_{\boldsymbol{y}(H)}=\frac{\mathrm{Cov}(\boldsymbol{A}_y,\boldsymbol{a}^{\mathrm{T}}\boldsymbol{A}_y)}{\boldsymbol{a}^{\mathrm{T}}\boldsymbol{\Sigma}_{Ay}\boldsymbol{a}}\mathrm{GS}_H=k\boldsymbol{\Sigma}_{Ay}\boldsymbol{a}/\sqrt{\boldsymbol{a}^{\mathrm{T}}\boldsymbol{\Sigma}_{Py}\boldsymbol{a}}\end{cases}\tag{4.5.65}$$

据目标性状向量$\boldsymbol{y}$的生物学功能，可考虑与它有密切关系的辅助数量性状向量$\boldsymbol{x}=(x_1,x_2,\cdots,x_m)^{\mathrm{T}}\sim N_m(\boldsymbol{\mu}_x,\boldsymbol{\Sigma}_{Px})$，其育种值向量$\boldsymbol{A}_x=(A_{x1},A_{x2},\cdots,A_{xm})^{\mathrm{T}}\sim N_m(\boldsymbol{\mu}_x,\boldsymbol{\Sigma}_{Ax})$，剩余效应向量$\boldsymbol{e}_x=(e_{x1},e_{x2},\cdots,e_{xm})^{\mathrm{T}}\sim N_m(0,\boldsymbol{\Sigma}_{ex})$. $\boldsymbol{x}=\mathbf{A}_x+\boldsymbol{e}_x$, $\mathbf{A}_x$和$\boldsymbol{e}_x$独立，则$\boldsymbol{\Sigma}_{Px}=\boldsymbol{\Sigma}_{Ax}+\boldsymbol{\Sigma}_{ex}$. $\boldsymbol{x}$的表型协方差阵、育种值协方差阵和剩余效应协方差阵分别为$\boldsymbol{\Sigma}_{Px}$、$\boldsymbol{\Sigma}_{Ax}$和$\boldsymbol{\Sigma}_{ex}$.

辅助组合性状I及其育种值的定义为

$$\begin{cases}I=b_1x_1+b_2x_2+\cdots+b_mx_m=\boldsymbol{b}^{\mathrm{T}}\boldsymbol{x}\\ I_A=b_1A_{x1}+b_2A_{x2}+\cdots+b_mA_{xm}=\boldsymbol{b}^{\mathrm{T}}\boldsymbol{A}_{\boldsymbol{x}}\end{cases}\tag{4.5.66}$$

其中，$\boldsymbol{b}=(b_1,b_2,\cdots,b_m)^{\mathrm{T}}$是$\boldsymbol{x}$各分量的权重向量. 辅助组合性状$I$的表型方差$\sigma_I^2$、遗传方差$\sigma_{I_A}^2$、遗传力$h_I^2$、直接选择进展$\mathrm{GS}_I$及其因$I$的直接选择使$\boldsymbol{x}$的相关进展$\mathrm{CGS}_{\boldsymbol{x}(I)}$分别为

$$\begin{cases}\sigma_I^2 = \boldsymbol{b}^{\mathrm{T}}\boldsymbol{\Sigma}_{Px}\boldsymbol{b} \\ \sigma_{I_A}^2 = \boldsymbol{b}^{\mathrm{T}}\boldsymbol{\Sigma}_{Ax}\boldsymbol{b} \\ h_I^2 = \boldsymbol{b}^{\mathrm{T}}\boldsymbol{\Sigma}_{Ax}\boldsymbol{b}/\boldsymbol{b}^{\mathrm{T}}\boldsymbol{\Sigma}_{Px}\boldsymbol{b} \\ \mathrm{GS}_I = k_I\sigma_I h_I^2 = k\boldsymbol{b}^{\mathrm{T}}\boldsymbol{\Sigma}_{Ax}\boldsymbol{b}/\sqrt{\boldsymbol{b}^{\mathrm{T}}\boldsymbol{\Sigma}_{Px}\boldsymbol{b}} \\ \mathrm{CGS}_{\boldsymbol{x}(I)} = k\boldsymbol{\Sigma}_{Ax}\boldsymbol{b}/\sqrt{\boldsymbol{b}^{\mathrm{T}}\boldsymbol{\Sigma}_{Px}\boldsymbol{b}}\end{cases} \tag{4.5.67}$$

目标性状向量$\boldsymbol{y}$和辅助选择向量$\boldsymbol{x}$的联合分布为

$$\begin{cases}\boldsymbol{z} = \begin{bmatrix}\boldsymbol{y} \\ \boldsymbol{x}\end{bmatrix} \sim N_{k+m}\left(\begin{bmatrix}\boldsymbol{\mu}_y \\ \boldsymbol{\mu}_x\end{bmatrix}, \begin{bmatrix}\boldsymbol{\Sigma}_{Py} & \boldsymbol{\Sigma}_{Pyx} \\ \boldsymbol{\Sigma}_{Pxy} & \boldsymbol{\Sigma}_{Px}\end{bmatrix}\right) = N_{k+m}(\boldsymbol{\mu}, \boldsymbol{\Sigma}_P) \\ \boldsymbol{A} = \begin{bmatrix}\boldsymbol{A}_y \\ \boldsymbol{A}_x\end{bmatrix} \sim N_{k+m}\left(\begin{bmatrix}\boldsymbol{\mu}_y \\ \boldsymbol{\mu}_x\end{bmatrix}, \begin{bmatrix}\boldsymbol{\Sigma}_{Ay} & \boldsymbol{\Sigma}_{Ayx} \\ \boldsymbol{\Sigma}_{Axy} & \boldsymbol{\Sigma}_{Ax}\end{bmatrix}\right) = N_{k+m}(\boldsymbol{\mu}, \boldsymbol{\Sigma}_A) \\ \boldsymbol{e} = \begin{bmatrix}\boldsymbol{e}_y \\ \boldsymbol{e}_x\end{bmatrix} \sim N_{k+m}\left(0, \begin{bmatrix}\boldsymbol{\Sigma}_{ey} & \boldsymbol{\Sigma}_{eyx} \\ \boldsymbol{\Sigma}_{exy} & \boldsymbol{\Sigma}_{ex}\end{bmatrix}\right) = N_{k+m}(0, \boldsymbol{\Sigma}_e) \\ \boldsymbol{\Sigma}_P = \boldsymbol{\Sigma}_A + \boldsymbol{\Sigma}_e,\ \boldsymbol{A}、\boldsymbol{e}\text{相互独立}\end{cases} \tag{4.5.68}$$

把目标组合性状H和辅助组合性状I定义为组合性状对，它们之间的协方差与相关系数分别为

$$\begin{cases}\text{表型协方差}, \mathrm{Cov}_P(H,I) = \boldsymbol{a}^{\mathrm{T}}\boldsymbol{\Sigma}_{Pyx}\boldsymbol{b} = \boldsymbol{b}^{\mathrm{T}}\boldsymbol{\Sigma}_{Pxy}\boldsymbol{a} \\ \text{表型相关系数}, r_{PHI} = \boldsymbol{a}^{\mathrm{T}}\boldsymbol{\Sigma}_{Pyx}\boldsymbol{b}/\sigma_I\sigma_H = \boldsymbol{b}^{\mathrm{T}}\boldsymbol{\Sigma}_{Pxy}\boldsymbol{a}/\sigma_I\sigma_H\end{cases} \tag{4.5.69}$$

$$\begin{cases}\text{遗传协方差}, \mathrm{Cov}_A(H,I) = \boldsymbol{a}^{\mathrm{T}}\boldsymbol{\Sigma}_{Ayx}\boldsymbol{b} = \boldsymbol{b}^{\mathrm{T}}\boldsymbol{\Sigma}_{Axy}\boldsymbol{a} \\ \text{遗传相关系数}, r_{AHI} = \boldsymbol{a}^{\mathrm{T}}\boldsymbol{\Sigma}_{yAx}\boldsymbol{b}/\sigma_{I_A}\sigma_{H_A} = \boldsymbol{b}^{\mathrm{T}}\boldsymbol{\Sigma}_{Axy}\boldsymbol{a}/\sigma_{I_A}\sigma_{H_A}\end{cases} \tag{4.5.70}$$

$$\begin{cases}\text{剩余效应协方差}, \mathrm{Cov}_e(H,I) = \boldsymbol{a}^{\mathrm{T}}\boldsymbol{\Sigma}_{eyx}\boldsymbol{b} = \boldsymbol{b}^{\mathrm{T}}\boldsymbol{\Sigma}_{exy}\boldsymbol{a} \\ \text{剩余相关系数}, r_{eHI} = \boldsymbol{a}^{\mathrm{T}}\boldsymbol{\Sigma}_{eyx}\boldsymbol{b}/\sigma_{I_e}\sigma_{H_e} = \boldsymbol{b}^{\mathrm{T}}\boldsymbol{\Sigma}_{exy}\boldsymbol{a}/\sigma_{I_e}\sigma_{H_e}\end{cases} \tag{4.5.71}$$

其中，$\sigma_{I_e}^2 = \boldsymbol{b}^{\mathrm{T}}\boldsymbol{\Sigma}_{ex}\boldsymbol{b}$和$\sigma_{H_e}^2 = \boldsymbol{a}^{\mathrm{T}}\boldsymbol{\Sigma}_{ey}\boldsymbol{a}$分别为$I$和$H$的剩余效应方差.

通过辅助组合性状$I = \boldsymbol{b}^{\mathrm{T}}\boldsymbol{x}$的直接选择使目标组合性状$H = \boldsymbol{a}^{\mathrm{T}}\boldsymbol{y}$的相关遗传进展为

$$\mathrm{CGS}_{\boldsymbol{H}(I)} = \frac{\mathrm{Cov}(H_A,I_A)}{\sigma_{I_A}^2}k_I\sigma_I h_I^2 = k_I\boldsymbol{a}^{\mathrm{T}}\boldsymbol{\Sigma}_{Ayx}\boldsymbol{b}/\sigma_I = k_I\sigma_H h_H r_{AHI} h_{\mathrm{I}} \tag{4.5.72}$$

通过目标组合性状$H = \boldsymbol{a}^{\mathrm{T}}\boldsymbol{y}$的直接选择使辅助组合性状$I = \boldsymbol{b}^{\mathrm{T}}\boldsymbol{x}$的相关进展为

$$\mathrm{CGS}_{\boldsymbol{I}(H)} = \frac{\mathrm{Cov}(H_A,I_A)}{\sigma_{H_A}^2}k_H\sigma_H h_H^2 = k_H\boldsymbol{a}^{\mathrm{T}}\boldsymbol{\Sigma}_{Ayx}\boldsymbol{b}/\sigma_H = k_H\sigma_I h_I r_{AHI} h_H \tag{4.5.73}$$

其中，k_I和k_H分别为I和H的选择强度.

下面要讨论的问题是：把辅助组合性状$I = \boldsymbol{b}^{\mathrm{T}}\boldsymbol{x}$作为直接选择对象，如何使$\mathrm{CGS}_{\boldsymbol{H}(I)}$最优？如果$k_H = k_I$，则可用

$$\eta = \frac{\mathrm{CGS}_{H(I)}}{\mathrm{GS}_H} = \frac{h_I r_{AHI}}{h_H} \tag{4.5.74}$$

作为效率来衡量.

(1) 若$\eta > 1$，即$h_I r_{AHI} > h_H$时，可采用I的直接选择使H得到相关遗传进展，其效果

大于H的直接选择.

(2) 若$\eta=1$, 即$h_I r_{AHI}=h_H$时, 对目标组合性状来讲, 可采用I的间接选择或H的直接选择, 二者之间决定于选择的方便与否.

(3) 若$\eta<1$, 把目标性状$\boldsymbol{y}$和辅助性状$\boldsymbol{x}$组成一个组合性状$I=a_1y_1+a_2y_2+\cdots+a_ky_k+a_{k+1}x_1+a_{k+2}x_2+\cdots+a_{k+m}x_m$, 对候选群体进行选择. 如4.5.1节所讲述的各种组合性状分析.

1. 约束组合性状对的数学模型与解

在$k\leqslant m$的情况下, 设通过辅助组合性状$I=\boldsymbol{b}^{\mathrm{T}}\boldsymbol{x}$的直接选择, 使$\boldsymbol{x}$的前$r(r\leqslant m)$个性状按一定比例相关进展, 即施加约束条件$\boldsymbol{b}^{\mathrm{T}}\boldsymbol{\Sigma}_{Ax}\boldsymbol{C}=\boldsymbol{L}^{\mathrm{T}},\boldsymbol{C}=\begin{bmatrix}\boldsymbol{I}_r\\0\end{bmatrix}_{m\times r}$, $\boldsymbol{I}_r$为r阶单位阵, $\boldsymbol{L}^{\mathrm{T}}=(L_1,L_2,\cdots,L_r)$; 并通过$I=\boldsymbol{b}^{\mathrm{T}}\boldsymbol{x}$的直接选择, 使目标性状$\boldsymbol{y}$的前$t(t\leqslant k)$个性状按一定比例相关进展, 即施加约束条件$\boldsymbol{a}^{\mathrm{T}}\boldsymbol{\Sigma}_{Ay}\boldsymbol{D}=\boldsymbol{d}^{\mathrm{T}},\boldsymbol{D}=\begin{bmatrix}\boldsymbol{I}_t\\0\end{bmatrix}_{k\times t}$, $\boldsymbol{I}_t$为t阶单位阵, $\boldsymbol{d}^{\mathrm{T}}=(d_1,d_2,\cdots,d_t)$.

H_{A}和I的相关系数为

$$r_{H_AI}=\frac{\mathrm{Cov}(H_A,I_A)}{\sigma_{H_A}\sigma_I}=\frac{\boldsymbol{a}^{\mathrm{T}}\boldsymbol{\Sigma}_{Ayx}\boldsymbol{b}}{\sqrt{\boldsymbol{a}^{\mathrm{T}}\boldsymbol{\Sigma}_{Ay}\boldsymbol{a}\boldsymbol{b}^{\mathrm{T}}\boldsymbol{\Sigma}_{Py}\boldsymbol{b}}}\tag{4.5.75}$$

所谓r_{H_AI}最大约束组合性状对, 即$\boldsymbol{a}$与$\boldsymbol{b}$的确定应使$r_{H_AI}=\max$, 其数学模型为

$$\begin{cases}\boldsymbol{a}^{\mathrm{T}}\boldsymbol{\Sigma}_{Ay}\boldsymbol{a}=1\\ \boldsymbol{b}^{\mathrm{T}}\boldsymbol{\Sigma}_{Px}\boldsymbol{b}=1\\ \boldsymbol{a}^{\mathrm{T}}\boldsymbol{\Sigma}_{Ay}\boldsymbol{D}=\boldsymbol{d}^{\mathrm{T}}\\ \boldsymbol{b}^{\mathrm{T}}\boldsymbol{\Sigma}_{Ax}\boldsymbol{C}=\boldsymbol{L}^{\mathrm{T}}\\ r_{H_AI}=\boldsymbol{a}^{\mathrm{T}}\boldsymbol{\Sigma}_{Ayx}\boldsymbol{b}=\boldsymbol{b}^{\mathrm{T}}\boldsymbol{\Sigma}_{Axy}\boldsymbol{a}=\max\end{cases}\tag{4.5.76}$$

r_{H_AI}是$H_A=\boldsymbol{a}^{\mathrm{T}}\boldsymbol{A}_y$和$I=\boldsymbol{b}^{\mathrm{T}}\boldsymbol{x}$的典范相关系数, 式(4.5.76)所表示的双边约束组合性状对, 实质上是$\boldsymbol{x}$和$\boldsymbol{y}$在一定约束下的典范相关性状对, 它具有典范相关性状对的所有统计性质.

条件极值式(4.5.76)的拉格朗日函数为

$$\begin{aligned}f(\boldsymbol{a},\boldsymbol{b})=&\boldsymbol{a}^{\mathrm{T}}\boldsymbol{\Sigma}_{Ayx}\boldsymbol{b}-\frac{\theta_1}{2}\left(\boldsymbol{a}^{\mathrm{T}}\boldsymbol{\Sigma}_{Ay}\boldsymbol{a}-1\right)-\frac{\theta_2}{2}(\boldsymbol{b}^{\mathrm{T}}\boldsymbol{\Sigma}_{Px}\boldsymbol{b}-1)\\&-\left(\boldsymbol{a}^{\mathrm{T}}\boldsymbol{\Sigma}_{Ay}\boldsymbol{D}-\boldsymbol{d}^{\mathrm{T}}\right)\theta_3-(\boldsymbol{b}^{\mathrm{T}}\boldsymbol{\Sigma}_{Ax}\boldsymbol{C}-\boldsymbol{L}^{\mathrm{T}})\theta_4\end{aligned}\tag{4.5.77}$$

则$\boldsymbol{a}$和$\boldsymbol{b}$应满足的正则方程组为

$$\begin{cases}\boldsymbol{\Sigma}_{Ayx}\boldsymbol{b}-\theta_1\boldsymbol{\Sigma}_{Ay}\boldsymbol{a}-\boldsymbol{\Sigma}_{Ay}\boldsymbol{D}\theta_3=0 & \dfrac{\partial f}{\partial \boldsymbol{a}}=0\\ \boldsymbol{\Sigma}_{Axy}\boldsymbol{a}-\theta_2\boldsymbol{\Sigma}_{Px}\boldsymbol{b}-\boldsymbol{\Sigma}_{Ax}\boldsymbol{C}\theta_4=0 & \dfrac{\partial f}{\partial \boldsymbol{b}}=0\end{cases}\tag{4.5.78}$$

下面叙述条件极值式(4.5.76)的正则方程式(4.5.78)的解.

1) 拉格朗日因数θ_1、θ_2、θ_3和θ_4的生物学意义

对式(4.5.78)第一式和第二式分别左乘$\boldsymbol{a}^{\mathrm{T}}$和$\boldsymbol{b}^{\mathrm{T}}$, 结合式(4.5.76)有

$$\lambda = \theta_1 + \boldsymbol{d}^{\mathrm{T}}\theta_3 = \theta_2 + \boldsymbol{L}^{\mathrm{T}}\theta_4 = \boldsymbol{a}^{\mathrm{T}}\boldsymbol{\Sigma}_{Ayx}\boldsymbol{b} = \boldsymbol{b}^{\mathrm{T}}\boldsymbol{\Sigma}_{Axy}\boldsymbol{a} = r_{H_AI} \tag{4.5.79}$$

即λ为$H_A = \boldsymbol{a}^{\mathrm{T}}\mathbf{A}_y$和$I = \boldsymbol{b}^{\mathrm{T}}\boldsymbol{x}$的典范相关系数.

2) 双边约束组合性状对式(4.5.76)的解

由式(4.5.78)第二式得

$$\theta_2\boldsymbol{b} = \boldsymbol{\Sigma}_{Px}^{-1}\left(\boldsymbol{\Sigma}_{Axy}\boldsymbol{a} - \boldsymbol{\Sigma}_{\mathrm{A}x}\boldsymbol{C}\theta_4\right) = \boldsymbol{\Sigma}_{Px}^{-1}\boldsymbol{\Sigma}_{Axy}\boldsymbol{a} - \boldsymbol{\Sigma}_{Px}^{-1}\boldsymbol{\Sigma}_{Ax}\boldsymbol{C}\theta_4$$

利用约束$\boldsymbol{C}^{\mathrm{T}}\boldsymbol{\Sigma}_{Ax}\boldsymbol{b} = \boldsymbol{L}$有

$$\theta_4 = (\boldsymbol{C}^{\mathrm{T}}\boldsymbol{\Sigma}_{Ax}\boldsymbol{\Sigma}_{Px}^{-1}\boldsymbol{\Sigma}_{Ax}\boldsymbol{C})^{-1}\left(\boldsymbol{C}^{\mathrm{T}}\boldsymbol{\Sigma}_{Ax}\boldsymbol{\Sigma}_{Px}^{-1}\boldsymbol{\Sigma}_{Axy}\boldsymbol{a} - \theta_2\boldsymbol{L}\right)$$

$$\begin{aligned}\theta_2\boldsymbol{b} = {} & \boldsymbol{\Sigma}_{Px}^{-1}\boldsymbol{\Sigma}_{Axy}\boldsymbol{a} - \boldsymbol{\Sigma}_{Px}^{-1}\boldsymbol{\Sigma}_{Ax}\boldsymbol{C}(\boldsymbol{C}^{\mathrm{T}}\boldsymbol{\Sigma}_{Ax}\boldsymbol{\Sigma}_{Px}^{-1}\boldsymbol{\Sigma}_{Ax}\boldsymbol{C})^{-1}\boldsymbol{C}^{\mathrm{T}}\boldsymbol{\Sigma}_{Ax}\boldsymbol{\Sigma}_{Px}^{-1}\boldsymbol{\Sigma}_{Axy}\boldsymbol{a} \\ & + \boldsymbol{\Sigma}_{Px}^{-1}\boldsymbol{\Sigma}_{Ax}\boldsymbol{C}(\boldsymbol{C}^{\mathrm{T}}\boldsymbol{\Sigma}_{Ax}\boldsymbol{\Sigma}_{Px}^{-1}\boldsymbol{\Sigma}_{Ax}\boldsymbol{C})^{-1}\theta_2\boldsymbol{L}\end{aligned}$$

由于

$$\boldsymbol{b}_L = \boldsymbol{\Sigma}_{Px}^{-1}\boldsymbol{\Sigma}_{\mathrm{A}x}\boldsymbol{C}(\boldsymbol{C}^{\mathrm{T}}\boldsymbol{\Sigma}_{Ax}\boldsymbol{\Sigma}_{Px}^{-1}\boldsymbol{\Sigma}_{Ax}\boldsymbol{C})^{-1}\boldsymbol{L} \tag{4.5.80}$$

为满足$\boldsymbol{C}^{\mathrm{T}}\boldsymbol{\Sigma}_{Ax}\boldsymbol{b} = \boldsymbol{L}$的解，且

$$\theta_2(\boldsymbol{b} - \boldsymbol{b}_L) = [\boldsymbol{I}_m - \boldsymbol{\Sigma}_{Px}^{-1}\boldsymbol{\Sigma}_{Ax}\boldsymbol{C}(\boldsymbol{C}^{\mathrm{T}}\boldsymbol{\Sigma}_{Ax}\boldsymbol{\Sigma}_{Px}^{-1}\boldsymbol{\Sigma}_{Ax}\boldsymbol{C})^{-1}\boldsymbol{C}^{\mathrm{T}}\boldsymbol{\Sigma}_{Ax}]\boldsymbol{\Sigma}_{Px}^{-1}\boldsymbol{\Sigma}_{Axy}\boldsymbol{a} \tag{4.5.81}$$

满足$\boldsymbol{C}^{\mathrm{T}}\boldsymbol{\Sigma}_{Ax}(\boldsymbol{b} - \boldsymbol{b}_L) = 0$，即

$$\boldsymbol{b}_0 = \boldsymbol{b} - \boldsymbol{b}_L \tag{4.5.82}$$

为满足$\boldsymbol{C}^{\mathrm{T}}\boldsymbol{\Sigma}_{Ax}\boldsymbol{b} = \boldsymbol{L} = 0$的解.

由式(4.5.78)第一式有

$$\theta_1\boldsymbol{a} = \boldsymbol{\Sigma}_{Ay}^{-1}\boldsymbol{\Sigma}_{Ayx}\boldsymbol{b} - \boldsymbol{D}\theta_3$$

由约束$\boldsymbol{D}^{\mathrm{T}}\boldsymbol{\Sigma}_{Ay}\boldsymbol{a} = \boldsymbol{d}$有

$$\theta_3 = \left(\boldsymbol{D}^{\mathrm{T}}\boldsymbol{\Sigma}_{Ay}\boldsymbol{D}\right)^{-1}\left(\boldsymbol{D}^{\mathrm{T}}\boldsymbol{\Sigma}_{Ayx}\boldsymbol{b} - \theta_1\boldsymbol{d}\right)$$

$$\theta_1\boldsymbol{a} = \boldsymbol{\Sigma}_{Ay}^{-1}\boldsymbol{\Sigma}_{Ayx}\boldsymbol{b} - \boldsymbol{D}\left(\boldsymbol{D}^{\mathrm{T}}\boldsymbol{\Sigma}_{Ay}\boldsymbol{D}\right)^{-1}\boldsymbol{D}^{\mathrm{T}}\boldsymbol{\Sigma}_{Ayx}\boldsymbol{b} + \boldsymbol{D}\left(\boldsymbol{D}^{\mathrm{T}}\boldsymbol{\Sigma}_{Ay}\boldsymbol{D}\right)^{-1}\theta_1\boldsymbol{d}$$

由于

$$\boldsymbol{a}_d = \boldsymbol{D}\left(\boldsymbol{D}^{\mathrm{T}}\boldsymbol{\Sigma}_{Ay}\boldsymbol{D}\right)^{-1}\boldsymbol{d} \tag{4.5.83}$$

为满足$\boldsymbol{D}^{\mathrm{T}}\boldsymbol{\Sigma}_{Ay}\boldsymbol{a} = \boldsymbol{d}$的解，且

$$\theta_1(\boldsymbol{a} - \boldsymbol{a}_d) = \left[\mathbf{I}_k - \boldsymbol{D}\left(\boldsymbol{D}^{\mathrm{T}}\boldsymbol{\Sigma}_{Ay}\boldsymbol{D}\right)^{-1}\boldsymbol{D}^{\mathrm{T}}\boldsymbol{\Sigma}_{Ay}\right]\boldsymbol{\Sigma}_{Ay}^{-1}\boldsymbol{\Sigma}_{Ayx}\boldsymbol{b} \tag{4.5.84}$$

满足$\boldsymbol{D}^{\mathrm{T}}\boldsymbol{\Sigma}_{Ay}(\boldsymbol{a} - \boldsymbol{a}_d) = 0$，即

$$\boldsymbol{a}_0 = \boldsymbol{a} - \boldsymbol{a}_d \tag{4.5.85}$$

为满足$\boldsymbol{D}^{\mathrm{T}}\boldsymbol{\Sigma}_{Ay}\boldsymbol{a} = \boldsymbol{d} = 0$的解.

对于满足式(4.5.78)的任一解$\boldsymbol{a}$和$\boldsymbol{b}$，注意到$\boldsymbol{b}^{\mathrm{T}}\boldsymbol{\Sigma}_{Px}\boldsymbol{b} = 1$和$\boldsymbol{a}^{\mathrm{T}}\boldsymbol{\Sigma}_{Ay}\boldsymbol{a} = 1$和式(4.5.79)，有

$$\lambda\boldsymbol{\Sigma}_{Px}\boldsymbol{b} = \boldsymbol{\Sigma}_{Axy}\boldsymbol{a},\ \lambda\boldsymbol{\Sigma}_{Ay}\boldsymbol{a} = \boldsymbol{\Sigma}_{Ayx}\boldsymbol{b},\ \boldsymbol{b} = \frac{1}{\lambda}\boldsymbol{\Sigma}_{Px}^{-1}\boldsymbol{\Sigma}_{Axy}\boldsymbol{a} \tag{4.5.86}$$

由式(4.5.81)~式(4.5.85)有

$$\theta_2\boldsymbol{b}_0 = [\boldsymbol{I}_m - \boldsymbol{\Sigma}_{Px}^{-1}\boldsymbol{\Sigma}_{Ax}\boldsymbol{C}(\boldsymbol{C}^{\mathrm{T}}\boldsymbol{\Sigma}_{Ax}\boldsymbol{\Sigma}_{Px}^{-1}\boldsymbol{\Sigma}_{Ax}\boldsymbol{C})^{-1}\boldsymbol{C}^{\mathrm{T}}\boldsymbol{\Sigma}_{Ax}]\boldsymbol{\Sigma}_{Px}^{-1}\boldsymbol{\Sigma}_{Axy}\boldsymbol{a}$$

$$\theta_1\boldsymbol{a}_0 = \left[\boldsymbol{I}_k - \boldsymbol{D}\left(\boldsymbol{D}^{\mathrm{T}}\boldsymbol{\Sigma}_{Ay}\boldsymbol{D}\right)^{-1}\boldsymbol{D}^{\mathrm{T}}\boldsymbol{\Sigma}_{Ay}\right]\boldsymbol{\Sigma}_{Ay}^{-1}\boldsymbol{\Sigma}_{Ayx}\boldsymbol{b}$$

若$\boldsymbol{a}_0$和$\boldsymbol{b}_0$满足式(4.5.86)，并不影响$\boldsymbol{a}$和$\boldsymbol{b}$所表示的方向($\boldsymbol{a}$和$\boldsymbol{b}$中各分量的比例). 令$\theta_1\theta_2 = \theta^2$且

$$\begin{cases}\boldsymbol{M}=\boldsymbol{I}_k-\boldsymbol{D}\left(\boldsymbol{D}^{\mathrm{T}}\boldsymbol{\Sigma}_{Ay}\boldsymbol{D}\right)^{-1}\boldsymbol{D}^{\mathrm{T}}\boldsymbol{\Sigma}_{Ay}\\ \boldsymbol{W}=\boldsymbol{I}_m-\boldsymbol{\Sigma}_{Px}^{-1}\boldsymbol{\Sigma}_{Ax}\boldsymbol{C}(\boldsymbol{C}^{\mathrm{T}}\boldsymbol{\Sigma}_{Ax}\boldsymbol{\Sigma}_{Px}^{-1}\boldsymbol{\Sigma}_{Ax}\boldsymbol{C})^{-1}\boldsymbol{C}^{\mathrm{T}}\boldsymbol{\Sigma}_{Ax}\end{cases} \tag{4.5.87}$$

则有

$$\theta^2\boldsymbol{a}_0=\boldsymbol{M}\boldsymbol{\Sigma}_{Ay}^{-1}\boldsymbol{\Sigma}_{Ayx}\boldsymbol{W}\boldsymbol{\Sigma}_{Px}^{-1}\boldsymbol{\Sigma}_{Axy}\boldsymbol{a}_0$$

$$\left(\boldsymbol{M}\boldsymbol{\Sigma}_{Ay}^{-1}\boldsymbol{\Sigma}_{Ayx}\boldsymbol{W}\boldsymbol{\Sigma}_{Px}^{-1}\boldsymbol{\Sigma}_{Axy}-\theta^2\boldsymbol{I}_k\right)\boldsymbol{a}_0=0 \tag{4.5.88}$$

$\boldsymbol{a}_0$和$\boldsymbol{b}_0$的关系可修改为

$$\boldsymbol{b}_0=\frac{1}{\theta}\boldsymbol{\Sigma}_{Px}^{-1}\boldsymbol{\Sigma}_{Axy}\boldsymbol{a}_0 \tag{4.5.89}$$

设$\boldsymbol{y}_{(1)}^{\mathrm{T}}=(y_1,y_2,\cdots,y_t),\boldsymbol{y}_{(2)}^{\mathrm{T}}=(y_{t+1},y_{t+2},\cdots,y_k),\boldsymbol{y}=\begin{bmatrix}\boldsymbol{y}_{(1)}\\ \boldsymbol{y}_{(2)}\end{bmatrix}$，则

$$\boldsymbol{\Sigma}_{Ay}=\begin{bmatrix}\boldsymbol{\Sigma}_{A\boldsymbol{y}_{(1)}} & \boldsymbol{\Sigma}_{A\boldsymbol{y}_{(1)}\boldsymbol{y}_{(2)}}\\ \boldsymbol{\Sigma}_{A\boldsymbol{y}_{(2)}\boldsymbol{y}_{(1)}} & \boldsymbol{\Sigma}_{A\boldsymbol{y}_{(2)}}\end{bmatrix} \tag{4.5.90}$$

则式(4.5.83)中$\boldsymbol{a}_d$为

$$\boldsymbol{a}_d=\boldsymbol{D}\left(\boldsymbol{D}^{\mathrm{T}}\boldsymbol{\Sigma}_{Ay}\boldsymbol{D}\right)^{-1}\boldsymbol{d}=\begin{bmatrix}\boldsymbol{\Sigma}_{A\boldsymbol{y}_{(1)}}^{-1}\boldsymbol{d}\\ 0\end{bmatrix} \tag{4.5.91}$$

综上所述，双边约束典范相关组合性状对(4.5.76)的解为

$$\begin{cases}\boldsymbol{a}=\boldsymbol{a}_d+\boldsymbol{a}_0\\ \boldsymbol{a}_d=\begin{bmatrix}\boldsymbol{\Sigma}_{A\boldsymbol{y}_{(1)}}^{-1}\boldsymbol{d}\\ 0\end{bmatrix}\\ \boldsymbol{D}=\begin{bmatrix}\boldsymbol{I}_t\\ 0\end{bmatrix}_{k\times t},\ t\leqslant k\\ \boldsymbol{C}=\begin{bmatrix}\boldsymbol{I}_r\\ 0\end{bmatrix}_{m\times r},\ r\leqslant m\\ \boldsymbol{M}=\boldsymbol{I}_k-\boldsymbol{D}\left(\boldsymbol{D}^{\mathrm{T}}\boldsymbol{\Sigma}_{Ay}\boldsymbol{D}\right)^{-1}\boldsymbol{D}^{\mathrm{T}}\boldsymbol{\Sigma}_{Ay}\\ \boldsymbol{W}=\boldsymbol{I}_m-\boldsymbol{\Sigma}_{Px}^{-1}\boldsymbol{\Sigma}_{Ax}\boldsymbol{C}(\boldsymbol{C}^{\mathrm{T}}\boldsymbol{\Sigma}_{Ax}\boldsymbol{\Sigma}_{Px}^{-1}\boldsymbol{\Sigma}_{Ax}\boldsymbol{C})^{-1}\boldsymbol{C}^{\mathrm{T}}\boldsymbol{\Sigma}_{Ax}\\ \left(\boldsymbol{M}\boldsymbol{\Sigma}_{Ay}^{-1}\boldsymbol{\Sigma}_{Ayx}\boldsymbol{W}\boldsymbol{\Sigma}_{Px}^{-1}\boldsymbol{\Sigma}_{Axy}-\theta^2\boldsymbol{I}_k\right)\boldsymbol{a}_0=0\end{cases} \tag{4.5.92}$$

其中，矩阵$\boldsymbol{B}=\boldsymbol{M}\boldsymbol{\Sigma}_{Ay}^{-1}\boldsymbol{\Sigma}_{Ayx}\boldsymbol{W}\boldsymbol{\Sigma}_{Px}^{-1}\boldsymbol{\Sigma}_{Axy}$为满足约束$\boldsymbol{D}^{\mathrm{T}}\boldsymbol{\Sigma}_{Ay}\boldsymbol{a}=\boldsymbol{0}$的$\boldsymbol{x}$和$\boldsymbol{y}$的线性关联阵，其秩为$k-t=l(\leqslant k)$，特征根为$\theta_1^2\geqslant\theta_2^2\geqslant\cdots\geqslant\theta_l^2$，对应的特征向量为$\boldsymbol{u}_1,\boldsymbol{u}_2,\cdots,\boldsymbol{u}_l$，则$H_{i0}=\boldsymbol{u}_i^{\mathrm{T}}\boldsymbol{y}$; $\boldsymbol{v}_i=\boldsymbol{\Sigma}_{Px}^{-1}\boldsymbol{\Sigma}_{Axy}\boldsymbol{u}_i,I_{i0}=\boldsymbol{v}_i^{\mathrm{T}}\boldsymbol{x}$. I_{i0}和H_{i0}称为满足$\boldsymbol{D}^{\mathrm{T}}\boldsymbol{\Sigma}_{Ay}\boldsymbol{a}=\boldsymbol{0}$的第$i$对双边约束典范相关组合性状对，而称$H_i=H_{i0}+\boldsymbol{a}_d$和$I_i=I_{i0}+\boldsymbol{b}_L$为满足式(4.5.76)的第$i$对双边约束典范相关组合性状对，二者的典范相关系数为θ_i. 当$t=0$和$r=0$时，自然有$\boldsymbol{D}=0,\boldsymbol{C}=0,d=0,L=0$. 因而$\boldsymbol{a}_d=0,\boldsymbol{b}_L=0,\boldsymbol{M}=\boldsymbol{I}_k,\boldsymbol{W}=\boldsymbol{I}_m,\boldsymbol{B}=\boldsymbol{\Sigma}_{Ay}^{-1}\boldsymbol{\Sigma}_{Ayx}\boldsymbol{\Sigma}_{Px}^{-1}\boldsymbol{\Sigma}_{Axy}$, $\boldsymbol{a}=\boldsymbol{a}_0,\lambda=\theta_1=\theta_2,\theta^2=\theta_1\theta_2=\lambda^2$，这便是双边无约束的典范相关组合性状对，其模型为特征问题$(\boldsymbol{B}-\lambda^2\boldsymbol{I}_k)\boldsymbol{a}=0$的解.

在数量遗传学上，多性状选择的典型模型为综合选择指数(无约束)、约束选择指数(使多个性状的前r个性状的进展为 0)和最宜选择指数(使多个性状的前r个性状按一定比例进展). 在这种意义上，双边约束组合性状对的内容很丰富，有如下几种.

(1) 当$r = t = 0$时，为无约束的目标性状、辅助性状的典范相关组合性状对.

(2) $r = 0, t \neq 0$时，为对供选择的辅助性状无约束而对目标性状施加间接约束的典范相关组合性状对. 当$\boldsymbol{a}^{\mathrm{T}}\boldsymbol{\Sigma}_{Ay}\boldsymbol{D} = 0$时，称为约束目标性状与无约束辅助性状的典范相关组合性状对；当$\boldsymbol{a}^{\mathrm{T}}\boldsymbol{\Sigma}_{Ay}\boldsymbol{D} = \boldsymbol{d}(\neq 0)$，称为最宜目标性状与无约束辅助性状的典范相关组合性状对.

(3) $r \neq 0, t = 0$时，为无约束目标性状与约束辅助性状的典范相关组合性状对. 在$\boldsymbol{C}^{\mathrm{T}}\boldsymbol{\Sigma}_{Ax}\boldsymbol{b} = \boldsymbol{L}$情况下，若$\boldsymbol{L} = 0$，则称为无约束目标性状与约束辅助性状的典范相关组合性状对；若$\boldsymbol{L} \neq 0$，则称为无约束目标性状与最宜辅助性状的典范相关组合性状对.

(4) $r \neq 0$且$t \neq 0$时，在约束$\boldsymbol{C}^{\mathrm{T}}\boldsymbol{\Sigma}_{Ax}\boldsymbol{b} = \boldsymbol{L}$、$\boldsymbol{D}^{\mathrm{T}}\boldsymbol{\Sigma}_{Ay}\boldsymbol{a} = \boldsymbol{d}$的情况下，$\boldsymbol{L} = 0$且$\boldsymbol{d} = 0$，称为约束目标性状、辅助性状的典范相关组合性状对；$\boldsymbol{L} = 0$而$\boldsymbol{d} \neq 0$时，称为最宜目标性状与约束辅助性状典范相关组合性状对；$\boldsymbol{L} \neq 0$且$\boldsymbol{d} = 0$时，称为约束目标性状与最宜辅助性状典范相关组合性状对；$\boldsymbol{L} \neq 0$且$\boldsymbol{d} \neq 0$时，称为最宜目标性状、辅助性状典范相关组合性状对.

2. 约束组合性状对的通径分析和决策分析

约束组合性状对的解为$\boldsymbol{a} = \boldsymbol{a_0} + \boldsymbol{a}_d$和$\boldsymbol{b} = \boldsymbol{b}_0 + \boldsymbol{b}_L$. 这个结果表明，$\boldsymbol{y}^{\mathrm{T}} = (y_1, y_2, \cdots, y_k)$的前$t$个性状$y_1, y_2, \cdots, y_t$已达到最宜，$\boldsymbol{x}^{\mathrm{T}} = (x_1, x_2, \cdots, x_m)$中前$r$个性状$x_1, x_2, \cdots, x_r$已最宜，即从育种选择角度上讲，最宜结果已形成固定要求水平. 因而对约束组合性状对的通径分析和决策分析只能在$\mathrm{H}_{i0} = \boldsymbol{u}_i^{\mathrm{T}}\boldsymbol{y}$和$I_{i0} = \boldsymbol{v}_i^{\mathrm{T}}\boldsymbol{x}$的基础上进行(此时，$\boldsymbol{a}_d = 0$且$\boldsymbol{b}_L = 0$，并且$\boldsymbol{a} = \boldsymbol{a}_0$).

由式(4.5.89)和式(4.5.92)知，$\boldsymbol{a}_0$和$\boldsymbol{b}_0$满足

$$\begin{cases} \boldsymbol{b}_0 = \frac{1}{\theta}\boldsymbol{\Sigma}_{Px}^{-1}\boldsymbol{\Sigma}_{Axy}\boldsymbol{a}_0 \\ (\boldsymbol{B} - \theta^2\boldsymbol{I}_k)\boldsymbol{a}_0 = 0 \end{cases}$$

设$\boldsymbol{B}$的第i个特征根及其对应的特征向量为θ_i和$\boldsymbol{u}_i$，则有

$$\theta_i\boldsymbol{\Sigma}_{Px}\boldsymbol{v}_i = \boldsymbol{\Sigma}_{Axy}\boldsymbol{u}_i, \quad i = 1, 2, \cdots, l \tag{4.5.93}$$

其中，$\boldsymbol{v}_i^{\mathrm{T}} = (v_{i1}, v_{i2}, \cdots, v_{im}), \boldsymbol{u}_i^{\mathrm{T}} = (u_{i1}, u_{i2}, \cdots, u_{ik})$. $\boldsymbol{\Sigma}_{Px}$和$\boldsymbol{\Sigma}_{Axy}$为

$$\boldsymbol{\Sigma}_{Px} = \begin{bmatrix} \sigma_{Px_1}^2 & \sigma_{Px_{12}} & \cdots & \sigma_{Px_{1m}} \\ \sigma_{Px_{21}} & \sigma_{Px_2}^2 & \cdots & \sigma_{Px_{2m}} \\ \vdots & \vdots & & \vdots \\ \sigma_{Px_{m1}} & \sigma_{Px_{m2}} & \cdots & \sigma_{Px_m}^2 \end{bmatrix} \quad \boldsymbol{\Sigma}_{Axy} = \begin{bmatrix} \sigma_{Ax_1y_1} & \sigma_{Ax_1y_2} & \cdots & \sigma_{Ax_1y_k} \\ \sigma_{Ax_2y_1} & \sigma_{Ax_2y_2} & \cdots & \sigma_{Ax_2y_k} \\ \vdots & \vdots & & \vdots \\ \sigma_{Ax_my_1} & \sigma_{Ax_my_2} & \cdots & \sigma_{Ax_my_k} \end{bmatrix} \tag{4.5.94}$$

令 $\boldsymbol{\beta}_i^{\mathrm{T}} = (\beta_{i1}, \beta_{i2}, \cdots, \beta_{im}), \beta_{ij} = \sigma_{Px_j}\theta_i v_{ij}(j = 1, 2, \cdots, m)$. 由于 $H_{i0A} = \boldsymbol{u}_i^{\mathrm{T}}\boldsymbol{A}_{\boldsymbol{y}}$，则$\sigma_{H_{i0A}}^2 = \boldsymbol{u}_i^{\mathrm{T}}\boldsymbol{\Sigma}_{Ay}\boldsymbol{u}_i = 1$

$$\mathrm{Cov}(H_{i0A}, x_j) = \mathrm{Cov}(\boldsymbol{u}_i^{\mathrm{T}}\boldsymbol{A}_y, x_j) = \boldsymbol{u}_i^{\mathrm{T}}\left(\sigma_{Ax_jy_1}, \sigma_{Ax_jy_2}, \cdots, \sigma_{Ax_jy_k}\right)$$

将式(4.5.93)第j个方程两边同除以σ_{Px_j}，则式(4.5.93)变为

$$\boldsymbol{R}_{Pxx}\boldsymbol{\beta} = \boldsymbol{R}_{xH_{i0A}}$$

即

$$\begin{bmatrix} 1 & r_{Px_{12}} & \cdots & r_{Px_{1m}} \\ r_{Px_{21}} & 1 & \cdots & r_{Px_{2m}} \\ \vdots & \vdots & & \vdots \\ r_{Px_{m1}} & r_{Px_{m2}} & \cdots & 1 \end{bmatrix} \begin{bmatrix} \beta_{i1} \\ \beta_{i2} \\ \vdots \\ \beta_{im} \end{bmatrix} = \begin{bmatrix} r_{x_1 H_{i0A}} \\ r_{x_2 H_{i0A}} \\ \vdots \\ r_{x_m H_{i0A}} \end{bmatrix} \tag{4.5.95}$$

即从线性回归看，任一约束组合性状对是以目标组合性状育种值为因变量(H_A)，以辅助性状$\boldsymbol{x}$为自变量的多元线性回归，式(4.5.95)为其标准化多元线性回归的正则方程组，由它出发可进行通径分析和决策分析(有关通径分析、决策分析及决策系统检验见第 1 章).

【例 4.5.4】 刘璐等(2009)用大豆的 9 个性状进行了无约束典范相关组合性状的通径分析和决策分析.

目标性状$\boldsymbol{y}^{\mathrm{T}} = (y_1, y_2, y_3)$, y_1表示鲜荚重(g)，y_2表示单株鲜粒数，y_3表示单株鲜粒重(g).

辅助性状(选择性状)$\boldsymbol{x}^{\mathrm{T}} = (x_1, x_2, x_3, x_4, x_5, x_6)$, x_1表示株高(cm)，x_2表示结荚高度(cm)，x_3表示茎粗(cm)，x_4表示荚宽(cm)，x_5表示粒长(cm)，x_6表示粒宽(cm)

$$\boldsymbol{\Sigma}_{P_X} = \begin{bmatrix} -0.7825 & -0.4742 & 0.6607 & 0.0948 & 0.3641 & 0.5074 \\ -0.4742 & 1.0981 & -0.3636 & 0.3616 & 0.1266 & 0.0293 \\ 0.6607 & -0.3636 & 1.1452 & 0.1209 & 0.5770 & 0.4914 \\ 0.0948 & 0.3616 & 0.1209 & 1.1066 & 0.6448 & 0.7521 \\ 0.3641 & 0.1266 & 0.5770 & 0.6448 & 0.9629 & 0.7041 \\ 0.5074 & 0.0293 & 0.4914 & 0.7521 & 0.7041 & 1.1471 \end{bmatrix}$$

$$\boldsymbol{\Sigma}_{A_X} = \begin{bmatrix} 0.0270 & 0.2983 & 0.0803 \\ 0.2400 & 0.2795 & 0.2563 \\ 0.1596 & 0.3547 & 0.3033 \\ 0.2620 & 0.5146 & 0.3639 \\ 0.2930 & 0.6444 & 0.3571 \\ 0.3719 & 0.8427 & 0.5139 \end{bmatrix} \qquad \boldsymbol{\Sigma}_{A_Y} = \begin{bmatrix} 0.3051 & 0.3567 & 0.6001 \\ 0.3567 & 0.7707 & 0.5252 \\ 0.6001 & 0.5252 & 0.5480 \end{bmatrix}$$

$\boldsymbol{x}$与$\boldsymbol{y}$的线性关联阵$\boldsymbol{B} = \boldsymbol{\Sigma}_{Ay}^{-1}\boldsymbol{\Sigma}_{Ayx}\boldsymbol{\Sigma}_{Px}^{-1}\boldsymbol{\Sigma}_{Axy}$，特征方程为

$$(\boldsymbol{B} - \theta^2 \boldsymbol{I}_3)\boldsymbol{a} = 0$$

最大特征根$\theta_1^2 = 0.9381$，对应的特征向量$\boldsymbol{u}_1$及辅助性状特征向量$\boldsymbol{v}_1$($\boldsymbol{u}_1$和$\boldsymbol{v}_i$的关系见式(4.5.86))．第一对典范相关组合性状对为$I_1 = \boldsymbol{v}_1^{\mathrm{T}}\boldsymbol{x}, H_1 = \boldsymbol{u}_1^{\mathrm{T}}\boldsymbol{y}$. H_1的育种值$H_{1A} = \boldsymbol{u}_1^{\mathrm{T}}\boldsymbol{A}_y$. $\boldsymbol{u}_1$和$\boldsymbol{v}_1$分别为

$$\boldsymbol{u}_1 = \begin{bmatrix} -0.2098 \\ 1 \\ 0.1156 \end{bmatrix} \qquad \boldsymbol{v}_1 = \begin{bmatrix} 0.0053 \\ 0.2698 \\ -0.0290 \\ -0.2611 \\ 0.2799 \\ 0.7442 \end{bmatrix}$$

θ_1、$\boldsymbol{u}_1$和$\boldsymbol{v}_1$满足$\theta_1 \Sigma_{Px}\boldsymbol{v}_i = \Sigma_{Axy}\boldsymbol{u}_i$，对应的通径分析正则方程组为$\boldsymbol{R}_{Px}\hat{\boldsymbol{\beta}} = \boldsymbol{R}_{xH_{1A}}$，即

$$\begin{bmatrix} 1 & r_{Px_{12}} & \cdots & r_{Px_{16}} \\ r_{Px_{21}} & 1 & \cdots & r_{Px_{26}} \\ \vdots & \vdots & & \vdots \\ r_{Px_{61}} & r_{Px_{62}} & \cdots & 1 \end{bmatrix} \begin{bmatrix} \hat{\beta}_1 \\ \hat{\beta}_2 \\ \vdots \\ \hat{\beta}_6 \end{bmatrix} = \begin{bmatrix} r_{x_1 H_{1A}} \\ r_{x_2 H_{1A}} \\ \vdots \\ r_{x_6 H_{1A}} \end{bmatrix}$$

具体为

$$\begin{bmatrix} 1.0000 & -0.5116 & 0.6979 & 0.1018 & 0.4195 & 0.5355 \\ -0.5116 & 1.0000 & -0.3242 & 0.3248 & 0.1231 & 0.0261 \\ 0.6979 & -0.3242 & 1.0000 & 0.1074 & 0.5495 & 0.4287 \\ 0.1018 & 0.3248 & 0.1074 & 1.0000 & 0.6247 & 0.6676 \\ 0.4195 & 0.1231 & 0.5495 & 0.6247 & 1.0000 & 0.6699 \\ 0.5355 & 0.0261 & 0.4287 & 0.6676 & 0.6699 & 1.0000 \end{bmatrix}\begin{bmatrix} 0.004541 \\ 0.273819 \\ -0.03006 \\ -0.26601 \\ 0.266013 \\ 0.772052 \end{bmatrix}=\begin{bmatrix} 0.341391 \\ 0.246875 \\ 0.332853 \\ 0.502597 \\ 0.6361 \\ 0.769351 \end{bmatrix}$$

它描述了x_j对H_{1A}的直接作用$\hat{\beta}_j$、总作用$r_{x_jH_{1A}}$及x_j通过与x_k的表型相关对H_{1A}的间接作用$r_{Pjk}\hat{\beta}_k(k \neq j)$. 这些作用大小列在上面第$j$行中，如第一行中，$x_1$对$H_{1A}$的直接作用为$\hat{\beta}_1 = 0.004541, x_1$对$H_{1A}$的总作用为$r_{x_1H_{1A}} = 0.341391, x_1$通过$x_3$的相关对$H_{1A}$的间接作用为$r_{Px_{13}}\hat{\beta}_3 = 0.69790 \times (-0.03006) = -0.02098$. 总作用等于直接作用与 5 个间接作用之和. 从各x对H_{1A}的直接作用和总作用排序上看，有

$$\hat{\beta}_6 > \hat{\beta}_2 > \hat{\beta}_5 > \hat{\beta}_1 > \hat{\beta}_3 > \hat{\beta}_4, r_{x_6H_{1A}} > r_{x_5H_{1A}} > r_{x_4H_{1A}} > r_{x_1H_{1A}} > r_{x_3H_{1A}} > r_{x_2H_{1A}}$$

很不一致，例如，$\hat{\beta}_2$排在第二位，而$r_{x_2H_{1A}}$排在最后一位.

袁志发等(2000，2001，2013)等提出了各x_j的决策系数$R_{(j)}$，它反映了x_j对H_{1A}的综合决定能力. 具体计算公式为

$$R_{(j)} = 2\hat{\beta}_j r_{x_jH_{1A}} - \hat{\beta}_j^2$$

计算结果为

$$R_{(1)} = 0.00308 \qquad R_{(2)} = 0.06022 \qquad R_{(3)} = -0.0209$$

$$R_{(4)} = -0.33815 \qquad R_{(5)} = 0.26766 \qquad R_{(6)} = 0.59189$$

在通径分析中，$\hat{\beta}_j$与$r_{x_jH_{1A}}$排序不一定一致. 在各x间有相关时，用决策系数$R_{(j)}$排序是有效的，因为它既考虑了x_j的直接作用，又考虑了相关作用. 本例的决策系数排序为

$$R_{(6)} > R_{(5)} > R_{(2)} > R_{(1)} > R_{(3)} > R_{(4)}$$

这个结果表明：①第一对典范相关组合性状$I_1 = \boldsymbol{v}_1^{\mathrm{T}}\boldsymbol{x}$和$H_1 = \boldsymbol{u}_1^{\mathrm{T}}\boldsymbol{y}, \boldsymbol{x}^{\mathrm{T}} = (x_1, x_2, x_3, x_4, x_5, x_6)$对$H_1 = \boldsymbol{u}_1^{\mathrm{T}}\boldsymbol{y}$育种值$H_{1A}$的决定系数为$r_{xH_{1A}}^2 = \theta_1^2 = 93.81\%, r_{xH_{1A}}$高达$\theta_1 = 0.9686$，说明$\boldsymbol{x}^{\mathrm{T}}$对由产量性状$\boldsymbol{y}^{\mathrm{T}} = (y_1, y_2, y_3)$构成的组合性状$H_1 = \boldsymbol{u}_1^{\mathrm{T}}\boldsymbol{y}$的遗传决定是非常显著的；②用$H_1 = \boldsymbol{u}_1^{\mathrm{T}}\boldsymbol{y}$进行选择时，应以$x_6$和$x_5$为正向选择性状，应保持$x_2$和$x_1$，应反向限制$x_4$和$x_3$.

$R_{(j)}$的标准差为

$$S_{R_{(j)}} = 2\left|r_{x_jH_{1A}} - \beta_j\right|\sqrt{c_{jj}\frac{1-r_{xH_{1A}}^2}{n-p-1}}$$

其中，$r_{xH_{1A}}^2 = \theta_1^2 = 93.81\%, c_{jj}$为$\boldsymbol{R}_{Px}^{-1}$主对角线上第$j$个元素. $\boldsymbol{R}_{Px}^{-1}$为

$$\boldsymbol{R}_{Px}^{-1} = \begin{bmatrix} 3.26272 & 1.16114 & -0.23318 & 0.506775 & -0.158022 & -1.48141 \\ 1.16114 & 1.79918 & 0.161812 & -0.272607 & -0.461824 & -0.246827 \\ -0.23318 & 0.161812 & 2.53776 & 0.570971 & -1.28653 & 0.0489381 \\ 0.506775 & -0.272607 & 0.570971 & 2.74529 & -1.15896 & -1.56525 \\ -0.158022 & -0.461824 & -1.28653 & -1.15896 & 2.90544 & -0.524575 \\ -1.48141 & -0.246827 & 0.0489381 & -1.56525 & -0.524575 & 3.17515 \end{bmatrix}$$

$$S_{R_{(1)}} = 0.0462, S_{R_{(2)}} = 0.00274, S_{R_{(3)}} = 0.04456$$

$$S_{R_{(4)}} = 0.09665, S_{R_{(5)}} = 0.04778, S_{R_{(6)}} = 0.000365$$

t检验结果为

$$t_1 = \frac{R_{(1)}}{S_{R_{(1)}}} = \frac{0.00308}{0.0462} < 1 \qquad t_2 = \frac{R_{(2)}}{S_{R_{(2)}}} = \frac{0.06022}{0.00274} = 21.998 **$$

$$t_3 = \frac{|R_{(3)}|}{S_{R_{(3)}}} = \frac{0.0209}{0.04456} < 1 \qquad t_4 = \frac{|R_{(4)}|}{S_{R_{(4)}}} = \frac{0.33815}{0.09665} = 3.4987 *$$

$$t_5 = \frac{R_{(5)}}{S_{R_{(5)}}} = \frac{0.26766}{0.04788} = 5.5902 ** \qquad t_6 = \frac{R_{(6)}}{S_{R_{(6)}}} = \frac{0.59189}{0.000365} = 1621.6 **$$

$t_{0.01}(n-p-1) = t_{0.01}(43) = 3.564$. 检验结果表明，上述据$R_{(j)}$所作选择决策是符合候选群体实际的.

如何挖掘候选群体的育种潜力和利用价值，是很有意义的一项研究内容. 本节讲述了关于作物生态型及其演化的多元分析方法，讲述了候选群体进行最宜、约束和无约束的组合性状及组合性状对分析方法，并讲述了关于这些分析的通径分析和决策分析. 这些方法有助于从生物学角度加深对候选群体性状结构、育种潜力的认识和利用.

第5章　主基因-多基因遗传体系分析

第1章关于生物性状遗传与遗传学发展一节叙述了关于数量性状的多基因遗传体系假说和主基因-多基因混合遗传体系假说. 关于主基因-多基因遗传体系分离分析的遗传学基础及数学处理方法, 盖钧镒等(2003)在《植物数量性状遗传体系》专著中作了明确的定义和深入的应用研究. 关于建立在多基因假说基础上的经典数量遗传分析方法和建立在主基因-多基因混合遗传体系上的数量性状分离分析的比较, 盖钧镒等认为, 经典数量遗传学的伯明翰学派和北美学派"都只利用了分离群体的部分特征数, 未利用整个分离群体的原始数据, 丢失了大量信息. 与之相反, 数量性状分离分析法是利用了整个分离群体的原始数据, 充分利用了资料信息. 经典数量遗传学只能把控制数量性状的基因都作为多基因, 在整体上推断其效应大小和作用方式; 数量性状分离分析法则是将控制数量性状效应大的基因作为主基因单独进行研究, 以揭示其效应大小和作用方式, 同时把效应小的多基因作为一个整体进行研究, 以便能够进行数学处理, 并在整体上推断其效应大小和作用方式, 这是主基因-多基因混合遗传分析的特点". 主基因-多基因遗传的分离分析方法应用于 QTL 作图数据, 是否会获得两者相近的结果? 盖钧镒等认为, "从理论上说, 分离分析方法是在孟德尔遗传试验方法上发展起来的试验和数据分析方法, 这套数据分析方法的要点是将实验数据与一套可能的遗传模型配合, 从中挑选出一个最适最佳遗传模型, 分子标记法以美国北卡罗莱纳州立大学的 QTL Cartographer Version 1.13 软件为例, 采用复合区间作图法(composite interval mapping), 其要点是将实验数据与一张遗传图谱上各分子标记区间的可能位置进行配合, 从中筛选出一个最适最佳的 QTL 位置方案. 这两种方法的遗传假定是相似的; 所用试验数据可以是相同的一套; 但前者将 QTL 基因座分为主基因和多基因两类进入模型, 后者不加区分一起进入模型; 前者考虑了主基因的加性、显性、上位效应, 后者只考虑了加性与显性效应; 前者不需要预定的遗传图谱而不能定位, 后者需要有事先作好的遗传图谱, 能对 QTL 定位, 但自然受图谱准确性的限制; 前者采用极大似然法、IECM 算法、AIC 准则及一组适合性检验配合并优选遗传模型, 后者采用极大似然法、EM 算法配合遗传模型. 从以上理论分析, 分离分析法和 QTL 分子标记法在原理上虽有所不同, 但优选遗传模型都着眼于将效应最大、最显著的若干基因座挑选出来, 因而对效应最大最显著的主基因鉴定结果应是相近的, 其他基因的结果可能差异较大. 但是从育种的角度出发, 首先要抓住的基因是具有大效应的, 这种基因更便于通过育种手段进行遗传操作".

在主基因-多基因混合遗传假说下, 盖钧镒等为F_2、$F_{2:3}$家系群体、B_1+B_2、回交衍生家系群体$B_{1:2}+B_{2:2}$、DH(加倍单倍型)、RIL(重组自交系)等分离群体均建立了多个分离分析模型. 这些模型考虑了数量性状受一对主基因(加性-显性)、两对主基因(加性-显性-上位)的作用; 同时考虑到无多基因作用、有多基因作用的整体作用、受加性-显性的多基因作用, 内容十分丰富. 本章仅简单介绍一些建模方法和例题, 并介绍其在综合选择指数上的应用.

5.1　单个分离世代数量性状的分离分析

孟德尔在其豌豆相对性状杂交试验中采用世代表型及基因型次数分布的分离分析法(segregation analysis), 发现了孟德尔的两个遗传定律. 例如, 相对性状杂交$AA \times aa$的F_2代, 若A对a为显性, 则F_2代表型次数分布为 3∶1; 基因型次数分布为1∶2∶1. 盖钧镒等发展了孟德尔遗传分析的分离分析方法, 提出了主基因-多基因混合遗传分析的分离分析方法. 例如, 当数量性状受控于一对主基因(A, a)时, 可能有三个主基因型或两个主基因型, 它们在多基因的修饰下, 形成了由三个或两个成分正态分布的混合正态分布模型. 如果数量性状受控于多对主基因, 就会形成本书 1.3 节所介绍的由k个成分正态分布所形成的有限混合正态遗传模型及其估计分布参数的极大似然的 EM 算法.

5.1.1　单个分离世代表型分布的主要特征

数量性状的主基因-多基因混合遗传体系的遗传模型为

$$P = m + t + c + e \tag{5.1.1}$$

其中, $P \sim N(\mu, \sigma_P^2)$为表型值. 在经典数量遗传中, $P = \mu + g + \mathrm{e}$, 这里将$\mu + g$分解为$m + t + c$, m为中亲值, t为相对于m的主基因效应, 为多个峰值间的固定效应, 其方差为σ_{mg}^2; c为多基因效应, 服从$N(\mu, \sigma_{pg}^2)$, $e \sim N(0, \sigma_e^2)$为环境离差. t、c、e间相互独立, 故

$$\sigma_P^2 = \sigma_{mg}^2 + \sigma_{pg}^2 + \sigma_e^2 \tag{5.1.2}$$

并且

$$1 = \frac{\sigma_{mg}^2}{\sigma_P^2} + \frac{\sigma_{pg}^2}{\sigma_P^2} + \frac{\sigma_e^2}{\sigma_P^2} = h_{mg}^2 + h_{pg}^2 + h_e^2 \tag{5.1.3}$$

其中, h_{mg}^2、h_{pg}^2和h_e^2分别为主基因效应t、多基因效应c和环境效应e对表型值 P 的决定系数. h_{mg}^2和h_{pg}^2分别称为主基因遗传力(major gene heritability)和多基因遗传力(polygene heritability).

单个分离世代观测样本中, 在没有重复的情况下, 无法区分c和e, 只能假定$c + e \sim N(\mu, \sigma^2)$, $\sigma^2 = \sigma_{pg}^2 + \sigma_e^2$. 因而在无重复观测时的单个分离世代的主基因-多基因混合遗传的分离分析表型分布密度函数模型为

$$f(x) = \sum_{j=1}^k a_j f_j(x; \mu_j, \sigma^2) \tag{5.1.4}$$

其中, $\mu_j (j = 1, 2, \cdots, k)$和$\sigma^2$分别称为一阶分布参数和二阶分布参数; $f_j(x; \mu_j, \sigma^2)$为第j个主基因型在多基因修饰下的表型分布$N(\mu_j, \sigma^2)$的概率密度函数.

下面讲述F_2分离世代在主基因-多基因混合遗传下的分离分析遗传模型的表型分布特征.

假设F_2代受一对主基因(A, a)控制, 符合加性-显性模型, 如图 5.1.1 所示.

图 5.1.1 中, $d(>0)$和h分别表示主基因的加性效应和显性效应, $r = h/d$为显性度. d和h为主基因一阶遗传参数. 表型P的主基因-多基因混合遗传的表型分布模型为

$$f(x) = \frac{1}{4} f_1(x; \mu_1, \sigma^2) + \frac{1}{2} f_2(x; \mu_2, \sigma^2) + \frac{1}{4} f_3(x; \mu_3, \sigma^2) \tag{5.1.5}$$

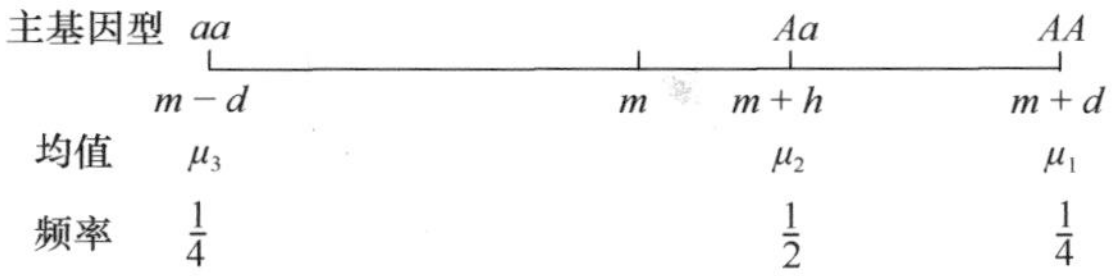

主基因型	aa			Aa	AA
	$m-d$		m	$m+h$	$m+d$
均值	μ_3			μ_2	μ_1
频率	$\frac{1}{4}$			$\frac{1}{2}$	$\frac{1}{4}$

图 5.1.1 一对主基因F_2代的主基因型分布图

其中，$f(x)$有分别表示主基因型AA、Aa和aa在多基因修饰下的三个成分分布$N(\mu_1,\sigma^2)$、$N(\mu_2,\sigma^2)$和$N(\mu_3,\sigma^2)$，μ_1、μ_2、μ_3和σ^2为分布参数. 这时，对于F_2代有

$$\begin{cases}\sigma_{mg}^2=\frac{1}{2}d^2+\frac{1}{4}h^2 \qquad h^2=r^2d^2\\ \sigma_P^2=\sigma_{mg}^2+\sigma^2 \qquad \sigma_P^2=\sigma^2/(1-h_{mg}^2)\\ h_{mg}^2=\frac{\sigma_{mg}^2}{\sigma_{mg}^2+\sigma^2}\\ d^2=\frac{4h_{mg}^2\sigma^2}{[(2+r^2)(1-h_{mg}^2)]}\end{cases} \tag{5.1.6}$$

直观上讲，$f(x)$有三个峰，但峰的个数及形态会随着显性度r和主基因遗传力h_{mg}^2的取值不同而变化. 研究表明，F_2代表型分布$f(x)$会随着r和h_{mg}^2取值不同而表现出多峰或偏态，是其主要特征. 峰的个数和偏度会随着h_{mg}^2的减小而下降，当$h_{mg}^2<0.4$时，F_2代表型分布已非常接近单一正态分布，已无法用表型分布峰的个数或偏度来发现主基因的存在；峰的个数与显性度r的关系能反映主基因型Aa与AA靠近的趋势，当$r\geqslant0.5, h_{mg}^2\geqslant0.7$时，$F_2$代表型分布均为两个峰. 因此，根据$F_2$样本作出的次数分布图来判断主基因是否存在或确定成分分布的个数($k=？$)是不可靠的. 一般来讲，根据单个分离世代的表型特征来判断数量性状是否按主基因-多基因混合遗传是直观的，也是不可靠的. 只有根据单个分离世代数量性状中主基因的对数及多基因作用方式从理论上建立若干模型，然后用分离世代的大样本拟合这些模型，通过比较才能得到没有理由否定的数量性状遗传体系的结论.

下面以F_2和B_1、B_2世代为例，说明建模思想和建模过程.

5.1.2 F₂代数量性状分离分析模型

如图 5.1.1 所示，据没有主基因、有主基因及基因作用方式可建立如下多种模型.

1. A-0 模型

A-0 模型为无主基因作用，仅有多基因作用的模型，此时$f(x)=f(x;\mu,\sigma^2)$，服从正态分布$N(\mu,\sigma^2)$，σ^2为F_2代的表型方差σ_P^2，$\sigma_P^2=\sigma_{pg}^2+\sigma_e^2$.$\sigma_{pg}^2$的存在需由不分离世代估计的环境方差$\sigma_e^2$来检验.

2. 一对主基因(A,a)+多基因模型

(1) A-1 模型. 亲本主基因型分别为AA和aa. 若主基因表现为加性、部分显性或加性、超显性，则F_2代表现为主基因型$AA:Aa:aa=1:2:1$并在多基因修饰下的混合，这时

的模型记为 A-1 模型，其表型分布概率密度函数为

$$f(x)=\frac{1}{4}f_1(x;\mu_1,\sigma^2)+\frac{1}{2}f_2(x;\mu_2,\sigma^2)+\frac{1}{4}f_3(x;\mu_3,\sigma^2) \tag{5.1.7}$$

其中，$\sigma^2=\sigma_{pg}^2+\sigma_e^2$，一阶分布参数为$\mu_1$、$\mu_2$、$\mu_3$和一阶遗传参数$m$、$d$、$h$的关系为

$$\mu_1=m+d \qquad \mu_2=m+h \qquad \mu_3=m-d \tag{5.1.8}$$

一阶遗传参数的估计为

$$m=\frac{1}{2}(\mu_1+\mu_3) \qquad d=\frac{1}{2}(\mu_1-\mu_3) \qquad h=\frac{1}{2}(2\mu_2-\mu_1-\mu_3) \tag{5.1.9}$$

主基因遗传方差和主基因遗传力分别为

$$\sigma_{mg(\mathrm{F_2})}^2=\frac{1}{2}d^2+\frac{1}{4}h^2 \qquad h_{mg(\mathrm{F_2})}^2=\left(\frac{1}{2}d^2+\frac{1}{4}h^2\right)/\sigma_{P(\mathrm{F_2})}^2 \tag{5.1.10}$$

其中，$\sigma_{P(\mathrm{F_2})}^2$为$\mathrm{F_2}$代表型方差.

(2) A-2 模型. 若 A-1 模型中，主基因表现为加性($h=0$)，则为 A-2 模型.这时分离分析模型仍表现为三个主基因型$AA:Aa:aa=1:2:1$的混合，表型分布概率密度函数仍为式(5.1.7). 一阶分布参数μ_1、μ_2、μ_3和一阶遗传参数m、d、h的关系为

$$\mu_1=m+d \qquad \mu_2=m \qquad \mu_3=m-d \tag{5.1.11}$$

但满足一个约束条件

$$g_1=2\mu_2-\mu_1-\mu_3=0 \tag{5.1.12}$$

m和d的最小二乘估计为

$$m=\frac{1}{3}(\mu_1+\mu_2+\mu_3) \qquad d=\frac{1}{2}(\mu_1-\mu_3) \tag{5.1.13}$$

主基因的遗传方差、遗传力分别为

$$\sigma_{mg(\mathrm{F_2})}^2=\frac{1}{2}d^2 \qquad h_{mg(\mathrm{F_2})}^2=\frac{1}{2}d^2/\sigma_{P(\mathrm{F_2})}^2 \tag{5.1.14}$$

(3) A-3 模型. 在 A-1 模型中，若主基因表现为完全显性，即$\mathrm{F_2}$代表现为主基因型$(AA+Aa):aa=3:1$的混合，表型分布概率密度函数为

$$f(x)=\frac{3}{4}f_1(x;\mu_1,\sigma^2)+\frac{1}{4}f_2(x;\mu_2,\sigma^2) \tag{5.1.15}$$

这时，一阶分布参数μ_1、μ_2和一阶遗传参数m、d的关系为

$$\mu_1=m+d \qquad \mu_2=m-d \tag{5.1.16}$$

m和d的最小二乘估计为

$$m=\frac{1}{2}(\mu_1+\mu_2) \qquad d=\frac{1}{2}(\mu_1-\mu_2) \tag{5.1.17}$$

主基因的遗传方差、遗传力分别为

$$\sigma_{mg(\mathrm{F_2})}^2=\frac{3}{4}d^2 \qquad h_{mg(\mathrm{F_2})}^2=\frac{3}{4}d^2/\sigma_{P(\mathrm{F_2})}^2 \tag{5.1.18}$$

(4) A-4 模型. 在 A-1 模型中，若主基因表现为负向完全显性，即$\mathrm{F_2}$代表现为主基因型$AA:(Aa+aa)=3:1$的混合，表型分布概率密度函数为

$$f(x)=\frac{1}{4}f_1(x;\mu_1,\sigma^2)+\frac{3}{4}f_2(x;\mu_2,\sigma^2) \tag{5.1.19}$$

一阶分布参数μ_1、μ_2和一阶遗传参数m、d的关系为

$$\mu_1=m+d \qquad \mu_2=m-d \tag{5.1.20}$$

m和d的最小二乘估计为

$$m=\frac{1}{2}(\mu_1+\mu_2) \qquad d=\frac{1}{2}(\mu_1-\mu_2) \tag{5.1.21}$$

主基因的遗传方差、遗传力分别为

$$\sigma_{mg(\mathrm{F_2})}^2 = \frac{3}{4}d^2 \qquad h_{mg(\mathrm{F_2})}^2 = \frac{3}{4}d^2/\sigma_{P(\mathrm{F_2})}^2 \tag{5.1.22}$$

3. 两对主基因(A,a)、(B,b) +多基因

(1) B-1 模型. 亲本主基因型分别为$AABB$和$aabb$.在加性-显性-上位效应之下, 9 种主基因型的效应参数(一阶遗传参数)及均值如表 5.1.1 所示.

表 5.1.1　9 种主基因型的加性-显性-上位效应

	AA	Aa	aa
BB	$m+d_a+d_b+i=\mu_1$	$m+h_a+d_b+j_{ba}=\mu_4$	$m-d_a+d_b-i=\mu_7$
Bb	$m+d_a+h_b+j_{ab}=\mu_2$	$m+h_a+h_b+l=\mu_5$	$m-d_a+h_b-j_{ab}=\mu_8$
bb	$m+d_a-d_b-i=\mu_3$	$m+h_a-d_b-j_{ba}=\mu_6$	$m-d_a-d_b+i=\mu_9$

9 种主基因型的比例为

$$AABB:AABb:AAbb:AaBB:AaBb:Aabb:aaBB:aaBb:aabb$$
$$=1:2:1:2:4:2:1:2:1$$

据主基因-多基因混合遗传分离分析的基本假设, B–1模型为在多基因修饰下的 9 个均值不等而方差相同的混合正态模型, 其概率密度函数为

$$\begin{aligned} f(x) = &\frac{1}{16}f_1(x;\mu_1,\sigma^2) + \frac{2}{16}f_2(x;\mu_2,\sigma^2) + \frac{1}{16}f_3(x;\mu_3,\sigma^2) \\ &+ \frac{2}{16}f_4(x;\mu_4,\sigma^2) + \frac{4}{16}f_5(x;\mu_5,\sigma^2) + \frac{2}{16}f_6(x;\mu_6,\sigma^2) \\ &+ \frac{1}{16}f_7(x;\mu_7,\sigma^2) + \frac{2}{16}f_8(x;\mu_8,\sigma^2) + \frac{1}{16}f_9(x;\mu_9,\sigma^2) \end{aligned} \tag{5.1.23}$$

一阶分布参数$\mu_i (i=1,2,\cdots,9)$与一阶遗传参数m、d_a等的关系见表 5.1.1. 9 个一阶遗传参数的最小二乘估计为

$$\begin{cases} m = \frac{1}{4}(\mu_1+\mu_3+\mu_7+\mu_9) \\ d_a = \frac{1}{4}(\mu_1+\mu_3-\mu_7-\mu_9) \\ d_b = \frac{1}{4}(\mu_1-\mu_3+\mu_7-\mu_9) \\ h_a = \frac{1}{4}(-\mu_1-\mu_3+2\mu_4+2\mu_6-\mu_7-\mu_9) \\ h_b = \frac{1}{4}(-\mu_1+2\mu_2-\mu_3-\mu_7+2\mu_8-\mu_9) \\ i = \frac{1}{4}(\mu_1-\mu_3-\mu_7+\mu_9) \\ j_{ab} = \frac{1}{4}(-\mu_1+2\mu_2-\mu_3+\mu_7-2\mu_8+\mu_9) \\ j_{ba} = \frac{1}{4}(-\mu_1+\mu_3+2\mu_4-2\mu_6-\mu_7+\mu_9) \\ l = \frac{1}{4}(\mu_1-2\mu_2+\mu_3-2\mu_4+4\mu_5-2\mu_6+\mu_7-2\mu_8+\mu_9) \end{cases} \tag{5.1.24}$$

主基因的遗传方差为

$$\begin{aligned} \sigma_{mg(\mathrm{F_2})}^2 = &\frac{1}{4}[d_a^2+d_b^2+i^2+(d_a+j_{ab})^2 \\ &+(d_b+j_{ba})^2+\left(h_a+\frac{1}{2}l\right)^2+\left(h_b+\frac{1}{2}l\right)^2+\frac{1}{4}l^2] \end{aligned} \tag{5.1.25}$$

(2) B-2 模型. 若 B-1 模型中主基因表现为加性-显性模型, 即上位效应$i = j_{ab} = j_{ba} = l = 0$, 则记为B–2模型. 该模型表现出 9 种不同的主基因型, 因此该群体为 9 个正态分布的混合分布, 其分布密度函数同B–1模型(式(5.1.23)), 这时待估的 9 个均值满足 4 个约束条件

$$\begin{cases} g_1 = \mu_1 - \mu_3 - \mu_4 + \mu_6 = 0 \\ g_2 = \mu_2 - \mu_3 - \mu_8 + \mu_9 = 0 \\ g_3 = \mu_1 - \mu_3 - \mu_7 + \mu_9 = 0 \\ g_4 = \mu_2 + \mu_4 + \mu_6 + \mu_8 - \mu_1 - 2\mu_5 - \mu_9 = 0 \end{cases} \tag{5.1.26}$$

其余 5 个一阶遗传参数的最小二乘估计为

$$\begin{cases} m = \frac{1}{18}(4\mu_1 + \mu_2 + 4\mu_3 + \mu_4 - 2\mu_5 + \mu_6 + 4\mu_7 + \mu_8 + 4\mu_9) \\ d_a = \frac{1}{6}(\mu_1 + \mu_2 + \mu_3 - \mu_7 - \mu_8 - \mu_9) \\ d_b = \frac{1}{6}(\mu_1 - \mu_3 + \mu_4 - \mu_6 + \mu_7 - \mu_9) \\ h_a = \frac{1}{6}(-\mu_1 - \mu_2 - \mu_3 + 2\mu_4 + 2\mu_5 + 2\mu_6 - \mu_7 - \mu_8 - \mu_9) \\ h_b = \frac{1}{6}(-\mu_1 + 2\mu_2 - \mu_3 - \mu_4 + 2\mu_5 - \mu_6 - \mu_7 + 2\mu_8 - \mu_9) \end{cases} \tag{5.1.27}$$

主基因的遗传方差为

$$\sigma^2_{mg(\mathrm{F_2})} = \frac{1}{2}(d_a^2 + d_b^2) + \frac{1}{4}(h_a^2 + h_b^2) \tag{5.1.28}$$

(3) B-3 模型. 若 B-1 模型中主基因表现为加性模型, 即显性效应$h_a = h_b = 0$和上位效应$i = j_{ab} = j_{ba} = l = 0$, 则记为 B-3 模型. 该群体仍表现为 9 个不同正态分布的混合, 其分布密度函数同B–1模型. 这时待估的 9 个均值满足 6 个约束条件

$$\begin{cases} g_1 = \mu_1 - 2\mu_2 + \mu_3 = 0 \\ g_2 = \mu_1 - 2\mu_5 + \mu_9 = 0 \\ g_3 = \mu_2 - \mu_3 - \mu_8 + \mu_9 = 0 \\ g_4 = \mu_3 - 2\mu_5 + \mu_7 = 0 \\ g_5 = \mu_4 - 2\mu_5 + \mu_6 = 0 \\ g_6 = \mu_4 - \mu_6 - 2\mu_8 + 2\mu_9 = 0 \end{cases} \tag{5.1.29}$$

其余 3 个一阶遗传参数的最小二乘估计为

$$\begin{cases} m = \frac{1}{9}(\mu_1 + \mu_2 + \mu_3 + \mu_4 + \mu_5 + \mu_6 + \mu_7 + \mu_8 + \mu_9) \\ d_a = \frac{1}{6}(\mu_1 + \mu_2 + \mu_3 - \mu_7 - \mu_8 - \mu_9) \\ d_b = \frac{1}{6}(\mu_1 - \mu_3 + \mu_4 - \mu_6 + \mu_7 - \mu_9) \end{cases} \tag{5.1.30}$$

主基因的遗传方差为

$$\sigma^2_{mg(\mathrm{F_2})} = \frac{1}{2}(d_a^2 + d_b^2) \tag{5.1.31}$$

(4) B-4 模型. 若 B-1 模型中主基因表现为等加性模型, 即AA和BB的加性效应相等, 记为d, 且显性效应$h_a = h_b = 0$和上位效应$i = j_{ab} = j_{ba} = l = 0$, 则记为 B-4 模型. 在这种情况下, 9 种基因型值的比例为

$$AABB:(AABb+AaBB):(AAbb+AaBb+aaBB):(Aabb+aaBb):aabb=1:4:6:4:1$$

其表型分布密度函数为

$$\begin{aligned}f(x)=&\frac{1}{16}f_1(x;\mu_1,\sigma^2)+\frac{4}{16}f_2(x;\mu_2,\sigma^2)+\frac{6}{16}f_3(x;\mu_3,\sigma^2)\\&+\frac{4}{16}f_4(x;\mu_4,\sigma^2)+\frac{1}{16}f_5(x;\mu_5,\sigma^2)\end{aligned}\tag{5.1.32}$$

这时待估的 5 个均值间满足 3 个约束条件

$$\begin{cases}g_1=\mu_1-2\mu_2+\mu_3=0\\g_2=\mu_2-\mu_3-\mu_4+\mu_5=0\\g_3=\mu_3-3\mu_4+2\mu_5=0\end{cases}\tag{5.1.33}$$

其余两个一阶遗传参数的最小二乘估计为

$$\begin{cases}m=\frac{1}{5}(\mu_1+\mu_2+\mu_3+\mu_4+\mu_5)\\d=\frac{1}{10}(2\mu_1+\mu_2-\mu_4-2\mu_5)\end{cases}\tag{5.1.34}$$

主基因的遗传方差为

$$\sigma^2_{mg(\mathrm{F}_2)}=d^2\tag{5.1.35}$$

(5) B-5 模型. 若 B-1 模型中主基因表现为完全显性模型, 即显性效应等于相应的加性效应$h_a=d_a$和$h_b=d_b$, 且上位效应$i=j_{ab}=j_{ba}=l=0$, 则记为 B-5 模型. 在这种情况下, 9 种基因型值的比例为

$$(AABB+AABb+AaBB+AaBb):(AAbb+Aabb):(aaBB+aaBb):aabb=9:3:3:1$$

其表型分布密度函数为

$$f(x)=\frac{9}{16}f_1(x;\mu_1,\sigma^2)+\frac{3}{16}f_2(x;\mu_2,\sigma^2)+\frac{3}{16}f_3(x;\mu_3,\sigma^2)+\frac{1}{16}f_4(x;\mu_4,\sigma^2)\tag{5.1.36}$$

这时待估的 4 个均值间满足 1 个约束条件

$$g_1=\mu_1-\mu_2-\mu_3+\mu_4=0\tag{5.1.37}$$

其余 3 个一阶遗传参数的最小二乘估计为

$$\begin{cases}m=\frac{1}{4}(\mu_1+\mu_2+\mu_3+\mu_4)\\d_a=\frac{1}{4}(\mu_1+\mu_2-\mu_3-\mu_4)\\d_b=\frac{1}{4}(\mu_1-\mu_2+\mu_3-\mu_4)\end{cases}\tag{5.1.38}$$

主基因的遗传方差为

$$\sigma^2_{mg(\mathrm{F}_2)}=\frac{3}{4}(d_a^2+d_b^2)\tag{5.1.39}$$

(6) B-6 模型.若 B-1 模型中主基因表现为等显性模型, 即两个主基因的显性效应相等并与相应的加性效应也相等, $h_a=d_a=h_b=d_b=d$, 且上位效应$i=j_{ab}=j_{ba}=l=0$, 则记为 B-6 模型. 在这种情况下, 9 种基因型值的比例为

$$(AABB+AABb+AaBB+AaBb):(AAbb+Aabb+aaBB+aaBb):aabb=9:6:1$$

其表型分布密度函数为

$$f(x)=\frac{9}{16}f_1(x;\mu_1,\sigma^2)+\frac{6}{16}f_2(x;\mu_2,\sigma^2)+\frac{1}{16}f_3(x;\mu_3,\sigma^2)\tag{5.1.40}$$

这时待估的 3 个均值间满足 1 个约束条件

$$g_1 = \mu_1 - 2\mu_2 - \mu_3 = 0 \tag{5.1.41}$$

m和d的最小二乘估计为

$$\begin{cases} m = \frac{1}{3}(\mu_1 + \mu_2 + \mu_3) \\ d = \frac{1}{4}(\mu_1 - \mu_3) \end{cases} \tag{5.1.42}$$

主基因的遗传方差为

$$\sigma^2_{mg(\mathrm{F_2})} = \frac{3}{2}d^2 \tag{5.1.43}$$

上述F_2代数量性状主基因-多基因混合遗传分离分析模型归总于表 5.1.2. 表中模型 A-1~B-6 把多基因作为整体处理, D-1~E-6 是在 A-1~B-6 模型的基础上把多基因按加性-显性纳入模型中.

表 5.1.2　F_2代群体的数量性状遗传模型

主基因对数	成分分布个数及主基因遗传模型	模型代号		可估的遗传参数	
		多基因不存在	多基因存在	主基因	多基因
0	单个成分分布	A-0	C	—	—
1	3 个, 1∶2∶1, 加性-显性	A-1	D-1	m, h, d	$[d], [h]$
	3 个, 1∶2∶1, 加性	A-2	D-2	m, d	$[d], [h]$
	2 个, 3∶1, 完全显性	A-3	D-3	m, d	$[d], [h]$
	2 个, 1∶3, 负向显性	A-4	D-4	m, d	$[d], [h]$
2	9 个, 加性-显性-上位	B-1	E-1	$m, d_a, d_b, h_a, h_b, i, j_{ab}, j_{ba}, l$	$[d], [h]$
	9 个, 加性-显性	B-2	E-2	m, d_a, d_b, h_a, h_b	$[d], [h]$
	9 个, 加性	B-3	E-3	m, d_a, d_b	$[d], [h]$
	6 个, 等加性	B-4	E-4	$m, d = d_a = d_b$	$[d], [h]$
	9 个, 完全显性	B-5	E-5	$m, d_a = h_a, d_b = h_b$	$[d], [h]$
	6 个, 等显性	B-6	E-6	$m, d = d_a = h_a = d_b = h_b$	$[d], [h]$

以上各遗传模型在仅有F_2代观察样本的情况下无法鉴定多基因是否存在. 如果有其不分离世代P_1、F_1和P_2的观察样本, 则可通过似然比检验鉴定多基因是否存在. 具体做法是: 设P_1、F_1和P_2的样本容量分别为n_1、n_2和n_3, F_2的样本容量为n_4, 则在表 5.1.2 中某 A-1~B-6 模型下, 可建立联合似然函数鉴别多基因存在与否. 如 A-1 模型(F_2)下的联合似然函数在H_A: $\sigma^2 > \sigma_e^2$(多基因存在)之下为

$$L_A = \prod_{i=1}^{n_1} f_1(x_{1i}, \mu_1, \sigma_e^2) \prod_{i=1}^{n_2} f_2(x_{2i}, \mu_2, \sigma_e^2) \prod_{i=1}^{n_3} f_3(x_{3i}, \mu_3, \sigma_e^2) \prod_{i=1}^{n_4} \sum_{j=1}^{3} \mathrm{a}_j \mathrm{f}_{4j}(x_{4i}, \mu_j, \sigma^2)$$

又在H_0: $\sigma^2 = \sigma_e^2$(多基因不存在)之下的联合似然函数为L_0(将L_A中所有σ_e^2变为σ^2), 则在求得L_0和L_A后, 可用似然比统计量

$$\lambda = 2(\ln L_A - \ln L_0) \sim \chi^2(1) \tag{5.1.44}$$

检验多基因是否存在. 据检验结果确定F_2分析中是选用主基因模型, 还是选用主基因-多基因模型.

5.1.3　回交世代的主基因-多基因混合遗传分离分析模型

B_1和B_2群体的数量性状遗传模型见表 5.13.

表 5.1.3　B_1和B_2群体的数量性状遗传模型

主基因对数	B_1和B_2群体成分分布个数及主基因遗传模型	模型代码		可估的遗传参数	
		多基因不存在	多基因存在	主基因	多基因
0	1 和 1 个	A-0	C	—	—
1	2 和 2 个, 1∶1, 加性-显性	A-1	D-1	m_1, m_2, h, d	$[d], [h]$
	2 和 2 个, 1∶1, 加性	A-2	D-2	m_1, m_2, d	$[d], [h]$
	2 和 2 个, 1∶1, 完全显性	A-3	D-3	m_1, m_2, d	$[d], [h]$
	2 和 2 个, 1∶1, 负向显性	A-4	D-4	m_1, m_2, d	$[d], [h]$
2	4 和 4 个, 等比例, 加性-显性-上位	B-1	E-1	无法估计主、多基因的遗传参数	
	4 和 4 个, 等比例, 加性-显性	B-2	E-2	$m_1, m_2, d_a, d_b, h_a, h_b$	$[d], [h]$
	4 和 4 个, 等比例, 加性	B-3	E-3	m_1, m_2, d_a, d_b	$[d], [h]$
	3 和 3 个, 1∶2∶1, 等加性	B-4	E-4	m_1, m_2, d	$[d], [h]$
	1 和 4 个, 完全显性	B-5	E-5	m_1, m_2, d_a, d_b	$[d], [h]$
	1 和 3(1∶2∶1)个, 负向完全显性	B-6	E-6	m_1, m_2, d	$[d], [h]$

由遗传学知道, 若数量性状由一对主基因和多基因决定, 其主基因位点为(A, a). 在两个纯合亲本杂交中, 亲本P_1的主基因型为AA, 亲本P_2的主基因型为aa, F_1代的主基因型为Aa. 回交B_1代$(P_1 \times F_1)$和B_2代$(P_2 \times F_1)$的主基因型分别为

$$B_1 = \frac{1}{2}AA + \frac{1}{2}Aa \qquad B_2 = \frac{1}{2}Aa + \frac{1}{2}aa$$

如果数量性状由两对主基因(A, a)和(B, b)决定, 亲本分别为$P_1 = AABB$, $P_2 = aabb$, 则B_1和B_2的主基因型分别为

$$B_1 = \frac{1}{4}AABB + \frac{1}{4}AABb + \frac{1}{4}AaBB + \frac{1}{4}AaBb$$

$$B_2 = \frac{1}{4}AaBb + \frac{1}{4}Aabb + \frac{1}{4}aaBb + \frac{1}{4}aabb$$

这时, 据主基因-多基因混合遗传分离分析建模原理, 对单个B_1或B_2世代来讲, 两对主基因的表型分布概率密度函数$f(x) = \sum_{j=1}^{k} a_j f_j(x; \mu_j, \sigma^2)$中, $k \leqslant 4$. 这就是说, 一阶分布参数最多有 4 个, 而对于加性-显性-上位的两对主基因来讲, 仅主基因的一

阶遗传参数个数就有 9 个(参看表 5.1.2 中的 B-1 模型)，因而无法估计这些一阶遗传参数. 另外，在表 5.1.2 中 D-1~D-4、E-1~E-6 模型中考虑了加性-显性的多基因，增加了遗传参数$[d]$和$[h]$，更增加了对单个B_1或B_2世代建模的困难. 为此，研究者将B_1和B_2进行了联合分析，建立了如表 5.1.3 所示的能有效估计主基因、多基因遗传参数的模型.

如果有不分离世代P_1、F_1和P_2资料，可用式(5.1.44)所示似然比检验是否存在多基因. 下面分述各模型的建立.

1. 无主基因

无主基因存在时，B_1和B_2群体均表现为单一正态分布，其分布密度函数分别为

$$f(x_1)=f(x;\mu_1,\sigma_1^2)\qquad f(x_2)=f(x;\mu_2,\sigma_2^2)$$

2. 一对主基因

(1) A-1 模型. 在加性-显性模型之下，B_1群体的主基因型为$\frac{1}{2}AA+\frac{1}{2}Aa$, B_2群体的主基因型为$\frac{1}{2}Aa+\frac{1}{2}aa$，对应的混合正态分布分别为

$$\begin{cases}f(x_{1i})=\frac{1}{2}f_{11}(x_{1i};\mu_{11},\sigma_1^2)+\frac{1}{2}f_{12}(x_{1i};\mu_{12},\sigma_1^2)\\ f(x_{2i})=\frac{1}{2}f_{21}(x_{2i};\mu_{21},\sigma_2^2)+\frac{1}{2}f_{22}(x_{2i};\mu_{22},\sigma_2^2)\end{cases}\tag{5.1.45}$$

其中，σ_1^2为B_1世代环境方差和多基因方差之和，σ_2^2为B_2世代环境方差和多基因方差之和. 相同群体的成分分布方差相同，此模型为 A-1 模型.一阶分布参数与B_1和B_2群体的一阶遗传参数m_1和m_2、主基因加性效应d、显性效应h之间的关系为

$$\mu_{11}=m_1+d\qquad \mu_{12}=m_1+h\qquad \mu_{21}=m_2+h\qquad \mu_{22}=m_2-d\tag{5.1.46}$$

因而，m_1、m_2、d和h的最小二乘估计为

$$\begin{cases}m_1=\frac{1}{2}(\mu_{11}+\mu_{12}-\mu_{21}+\mu_{22})\\ m_2=\frac{1}{2}(\mu_{11}-\mu_{12}+\mu_{21}+\mu_{22})\\ d=\frac{1}{2}(\mu_{11}-\mu_{12}+\mu_{21}-\mu_{22})\\ h=\frac{1}{2}(-\mu_{11}+\mu_{12}+\mu_{21}-\mu_{22})\end{cases}\tag{5.1.47}$$

B_1和B_2群体的主基因遗传方差$\sigma_{mg(B_1)}^2$和$\sigma_{mg(B_2)}^2$分别为$\frac{1}{4}(d-h)^2$和$\frac{1}{4}(d+h)^2$，由此计算主基因遗传率为

$$h_{mg(B_1)}^2=\frac{\sigma_{mg(B_1)}^2}{\sigma_{P(B_1)}^2}\qquad h_{mg(B_2)}^2=\frac{\sigma_{mg(B_2)}^2}{\sigma_{P(B_2)}^2}\tag{5.1.48}$$

其中，$\sigma_{P(B_1)}^2$和$\sigma_{P(B_2)}^2$分别为B_1和B_2群体的表型方差，由B_1和B_2群体观察值估计.

(2) A-2 模型. 若主基因表现为只有加性效应，即显性效应为0，则记为A–2模型，B_1和B_2群体均为等比例的两个正态分布的混合. 其分布密度函数同 A-1 模型. 此时用 4 个一阶分布参数估计 3 个一阶遗传参数，分布平均数间有 1 个约束条件

$$g_1=\mu_{11}-\mu_{12}-\mu_{21}+\mu_{22}=0\tag{5.1.49}$$

三个一阶遗传参数的最小二乘估计为

$$\begin{cases} m_1 = \frac{1}{2}(\mu_{11} + \mu_{12} - \mu_{21} + \mu_{22}) \\ m_2 = \frac{1}{2}(\mu_{11} - \mu_{12} + \mu_{21} + \mu_{22}) \\ d = \frac{1}{2}(\mu_{11} - \mu_{12} + \mu_{21} - \mu_{22}) \end{cases} \tag{5.1.50}$$

B_1和B_2群体的主基因遗传方差相等，即

$$\sigma^2_{mg(B_1)} = \sigma^2_{mg(B_2)} = \frac{1}{4}d^2 \tag{5.1.51}$$

(3) A-3 模型. 若主基因表现为完全显性，即显性效应等于加性效应，则记为 A-3 模型. 此时，B_1群体的主基因型Aa表现为$AA(d = h)$，故B_1群体表现为单一正态分布，B_2群体表现为两个正态分布按等比例的混合.其分布密度函数分别为

$$\begin{cases} f(x_{1i}) = f(x_{1i}; \mu_{11}, \sigma_1^2) \\ f(x_{2i}) = \frac{1}{2}f_{21}(x_{2i}; \mu_{21}, \sigma_2^2) + \frac{1}{2}f_{22}(x_{2i}; \mu_{22}, \sigma_2^2) \end{cases} \tag{5.1.52}$$

μ_{11}、μ_{21}、μ_{22}与m_1、m_2、d的关系为

$$\mu_{11} = m_1 + d \qquad \mu_{21} = m_2 + d \qquad \mu_{22} = m_2 - d \tag{5.1.53}$$

m_1、m_2、d的最小二乘估计为

$$\begin{cases} m_1 = \frac{1}{2}(2\mu_{11} - \mu_{21} + \mu_{22}) \\ m_2 = \frac{1}{2}(\mu_{21} + \mu_{22}) \\ d = \frac{1}{2}(\mu_{21} - \mu_{22}) \end{cases} \tag{5.1.54}$$

B_1和B_2世代的主基因遗传方差估计分别为

$$\sigma^2_{mg(B_1)} = 0 \qquad \sigma^2_{mg(B_2)} = d^2 \tag{5.1.55}$$

(4) A-4 模型. 若主基因表现为负向完全显性，即显性效应等于负的加性效应，则记为 A-4 模型. 此时，B_1群体的主基因型为$\frac{1}{2}AA + \frac{1}{2}Aa$，而$B_2$群体中$Aa$表现为$aa$. 因而$B_1$群体表现为两个正态分布按等比例的混合，$B_2$群体表现为单一正态分布，其分布密度函数分别为

$$\begin{cases} f(x_{1i}) = \frac{1}{2}f_{11}(x_{1i}; \mu_{11}, \sigma_1^2) + \frac{1}{2}f_{12}(x_{1i}; \mu_{12}, \sigma_1^2) \\ f(x_{2i}) = f(x_{2i}; \mu_{21}, \sigma_2^2) \end{cases} \tag{5.1.56}$$

μ_{11}、μ_{12}、μ_{21}与m_1、m_2、d的关系为

$$\mu_{11} = m_1 + d \qquad \mu_{12} = m_1 - d \qquad \mu_{21} = m_2 - d \tag{5.1.57}$$

m_1、m_2、d的最小二乘估计为

$$\begin{cases} m_1 = \frac{1}{2}(\mu_{11} + \mu_{12}) \\ m_2 = \frac{1}{2}(\mu_{11} - \mu_{12} + 2\mu_{21}) \\ d = \frac{1}{2}(\mu_{11} - \mu_{12}) \end{cases} \tag{5.1.58}$$

B_1和B_2世代的主基因遗传方差估计分别为

$$\sigma^2_{mg(\mathrm{B_1})} = d^2 \qquad \sigma^2_{mg(\mathrm{B_2})} = 0 \tag{5.1.59}$$

3. 两对主基因

(1) B-1 模型. 若主基因表现为加性-显性-上位模型(记为 B-1 模型), $\mathrm{B_1}$群体的主基因型为$\frac{1}{4}AABB + \frac{1}{4}AABb + \frac{1}{4}AaBB + \frac{1}{4}AaBb$, 表现为 4 个正态分布$N(\mu_{1t}, \sigma_1^2)$按等比例的混合; $\mathrm{B_2}$群体的主基因型为$\frac{1}{4}AaBb + \frac{1}{4}Aabb + \frac{1}{4}aaBb + \frac{1}{4}aabb$, 表现为 4 个正态分布$N(\mu_{2t}, \sigma_2^2)$按等比例的混合. 其分布密度函数分别为

$$\begin{cases} f(x_{1i}) = \frac{1}{4}f(x_{1i}; \mu_{11}, \sigma_1^2) + \frac{1}{4}f(x_{1i}; \mu_{12}, \sigma_1^2) + \frac{1}{4}f(x_{1i}; \mu_{13}, \sigma_1^2) + \frac{1}{4}f(x_{1i}; \mu_{14}, \sigma_1^2) \\ f(x_{2i}) = \frac{1}{4}f(x_{2i}; \mu_{21}, \sigma_2^2) + \frac{1}{4}f(x_{2i}; \mu_{22}, \sigma_2^2) + \frac{1}{4}f(x_{2i}; \mu_{23}, \sigma_2^2) + \frac{1}{4}f(x_{2i}; \mu_{24}, \sigma_2^2) \end{cases} \tag{5.1.60}$$

此时, 由 8 个一阶分布参数μ_{1t}、$\mu_{2t}(t = 1, 2, 3, 4)$估计的一阶遗传参数有 10 个, 即m_1、m_2、d_a、d_b、i、j_{ab}、j_{ba}、h_a、h_b和l, 显然解不是唯一的, 即无法估计主基因、多基因的遗传参数. 此时, 只能借助更多的分离世代进行鉴定.

(2) B-2 模型. 若主基因仅表现为部分显性, 即所有上位效应$i = j_{ab} = j_{ba} = l = 0$, 则记为 B-2 模型, 其混合分布的密度函数和 B-1 模型相同. 一阶分布参数与待估一阶遗传参数(6 个)的关系为

$$\begin{cases} \mu_{11} = m_1 + d_a + d_b \\ \mu_{12} = m_1 + d_a + h_b \\ \mu_{13} = m_1 + h_a + d_b \\ \mu_{14} = m_1 + h_a + h_b \\ \mu_{21} = m_2 + h_a + h_b \\ \mu_{22} = m_2 + h_a - d_b \\ \mu_{23} = m_2 - d_a + h_b \\ \mu_{24} = m_2 - d_a - d_b \end{cases} \tag{5.1.61}$$

8 个一阶分布参数间有两个约束条件

$$\begin{cases} g_1 = \mu_{11} - \mu_{12} - \mu_{13} + \mu_{14} = 0 \\ g_2 = \mu_{21} - \mu_{22} - \mu_{23} + \mu_{24} = 0 \end{cases} \tag{5.1.62}$$

一阶遗传参数的最小二乘估计为

$$\begin{cases} m_1 = \frac{1}{4}(\mu_{11} + \mu_{12} + \mu_{13} + \mu_{14} - 2\mu_{21} + 2\mu_{24}) \\ m_2 = \frac{1}{4}(\mu_{21} + \mu_{22} + \mu_{23} + \mu_{24} + 2\mu_{11} - 2\mu_{14}) \\ d_a = \frac{1}{4}(\mu_{11} + \mu_{12} - \mu_{13} - \mu_{14} + \mu_{21} + \mu_{22} - \mu_{23} - \mu_{24}) \\ d_b = \frac{1}{4}(\mu_{11} - \mu_{12} + \mu_{13} - \mu_{14} + \mu_{21} - \mu_{22} + \mu_{23} - \mu_{24}) \\ h_a = \frac{1}{4}(-\mu_{11} - \mu_{12} + \mu_{13} + \mu_{14} + \mu_{21} + \mu_{22} - \mu_{23} - \mu_{24}) \\ h_b = \frac{1}{4}(-\mu_{11} + \mu_{12} - \mu_{13} + \mu_{14} + \mu_{21} - \mu_{22} + \mu_{23} - \mu_{24}) \end{cases} \tag{5.1.63}$$

$\mathrm{B_1}$和$\mathrm{B_2}$世代的主基因遗传方差估计分别为

$$\begin{cases}\sigma_{mg(\mathrm{B}_1)}^2=\frac{1}{4}(d_a-h_a)^2+\frac{1}{4}(d_b-h_b)^2\\ \sigma_{mg(\mathrm{B}_2)}^2=\frac{1}{4}(d_a+h_a)^2+\frac{1}{4}(d_b+h_b)^2\end{cases}\tag{5.1.64}$$

(3) B-3 模型. 若主基因表现为加性, 即显性效应$h_a=h_b=0$, 且上位效应均为 0, 则记为B-3模型, 此时, B_1和B_2世代均为4个等比例的正态分布混合而成, 其分布密度函数同B-1模型. 此时, 用8个一阶分布参数估计4个一阶遗传参数, 因此一阶分布参数间有 4 个约束条件

$$\begin{cases}g_1=\mu_{11}-\mu_{12}-\mu_{13}+\mu_{14}=0\\ g_2=\mu_{21}-\mu_{22}-\mu_{23}+\mu_{24}=0\\ g_3=\mu_{11}-\mu_{14}-\mu_{21}+\mu_{24}=0\\ g_4=\mu_{12}-\mu_{13}-\mu_{22}+\mu_{23}=0\end{cases}\tag{5.1.65}$$

m_1、m_2、d_a和d_b的估计与B– 2模型估计式(5.1.63)一致.B_1和B_2世代的主基因遗传方差相等, 即

$$\sigma_{mg(\mathrm{B}_1)}^2=\sigma_{mg(\mathrm{B}_2)}^2=\frac{1}{4}(d_a^2+d_b^2)\tag{5.1.66}$$

(4) B-4 模型. 若主基因表现为等加性模型, 即两个主基因的加性效应相等(记为 d)且显性效应和上位效应均等于 0, 则记为 B-4, 此时

B_1:　　$AABB:(AABb+AaBB):AaBb=1:2:1$

B_2:　　$AaBb:(Aabb+aaBb):aabb=1:2:1$

即B_1和B_2群体均表现为1: 2: 1的 3 个正态分布的混合分布, 其分布密度函数分别为

$$\begin{cases}f(x_{1i})=\frac{1}{4}f(x_{1i};\mu_{11},\sigma_1^2)+\frac{1}{2}f(x_{1i};\mu_{12},\sigma_1^2)+\frac{1}{4}f(x_{1i};\mu_{13},\sigma_1^2)\\ f(x_{2i})=\frac{1}{4}f(x_{2i};\mu_{21},\sigma_2^2)+\frac{1}{2}f(x_{2i};\mu_{22},\sigma_2^2)+\frac{1}{4}f(x_{2i};\mu_{23},\sigma_2^2)\end{cases}\tag{5.1.67}$$

则一阶分布参数与一阶遗传参数的关系为

$$\begin{matrix}\mu_{11}=m_1+2d & \mu_{12}=m_1+d & \mu_{13}=m_1\\ \mu_{21}=m_2 & \mu_{22}=m_2-d & \mu_{23}=m_2-2d\end{matrix}\tag{5.1.68}$$

即由 6 个一阶分布参数估计 3 个一阶遗传参数. 因此, 一阶分布参数间有 3 个约束条件

$$\begin{cases}g_1=\mu_{11}-2\mu_{12}+\mu_{13}=0\\ g_2=\mu_{21}-2\mu_{22}+\mu_{23}=0\\ g_3=\mu_{11}-\mu_{13}-\mu_{21}+\mu_{23}=0\end{cases}\tag{5.1.69}$$

一阶遗传参数的最小二乘估计为

$$\begin{cases}m_1=\frac{1}{12}(\mu_{11}+4\mu_{12}+7\mu_{13}-3\mu_{21}+3\mu_{23})\\ m_2=\frac{1}{12}(3\mu_{11}-3\mu_{13}+7\mu_{21}+4\mu_{22}+\mu_{23})\\ d=\frac{1}{4}(\mu_{11}-\mu_{13}+\mu_{21}-\mu_{23})\end{cases}\tag{5.1.70}$$

B_1和B_2世代的主基因遗传方差相等, 即

$$\sigma_{mg(\mathrm{B}_1)}^2=\sigma_{mg(\mathrm{B}_2)}^2=\frac{1}{2}d^2\tag{5.1.71}$$

(5) B-5 模型. 若主基因表现为完全显性, 即两个主基因的显性效应分别等于相应的

加性效应($h_a = d_a$和$h_b = d_b$)，且上位效应$i_{ab} = j_{ab} = j_{ba} = l_{ab} = 0$，记为 B-5 模型. 则$B_1$群体表现为单一正态分布，$B_2$群体表现为 4 个正态分布按等比例的混合. 其分布密度函数分别为

$$\begin{cases} f(x_1) = f(x_{1i}; \mu_{11}, \sigma_1^2) \\ f(x_2) = \frac{1}{4}f(x_{2i}; \mu_{21}, \sigma_2^2) + \frac{1}{4}f(x_{2i}; \mu_{22}, \sigma_2^2) + \frac{1}{4}f(x_{2i}; \mu_{23}, \sigma_2^2) + \frac{1}{4}f(x_{2i}; \mu_{24}, \sigma_2^2) \end{cases} \tag{5.1.72}$$

则一阶分布参数与一阶遗传参数的关系为

$$\begin{cases} \mu_{11} = m_1 + d_a + d_b \\ \mu_{21} = m_2 + d_a + d_b \\ \mu_{22} = m_2 + d_a - d_b \\ \mu_{23} = m_2 - d_a + d_b \\ \mu_{24} = m_2 - d_a - d_b \end{cases} \tag{5.1.73}$$

即由 5 个一阶分布参数估计 4 个一阶遗传参数. 因此，一阶分布参数间有 1 个约束条件

$$g_1 = \mu_{21} - \mu_{22} - \mu_{23} + \mu_{24} = 0 \tag{5.1.74}$$

m_1、m_2、d_a和d_b的最小二乘估计为

$$\begin{cases} m_1 = \frac{1}{2}(2\mu_{11} - \mu_{21} + \mu_{24}) \\ m_2 = \frac{1}{4}(\mu_{21} + \mu_{22} + \mu_{23} + \mu_{24}) \\ d_a = \frac{1}{4}(\mu_{21} + \mu_{22} - \mu_{23} - \mu_{24}) \\ d_b = \frac{1}{4}(\mu_{21} - \mu_{22} + \mu_{23} - \mu_{24}) \end{cases} \tag{5.1.75}$$

B_1和B_2世代的主基因遗传方差估计分别为

$$\begin{cases} \sigma^2_{mg(B_1)} = 0 \\ \sigma^2_{mg(B_2)} = d_a^2 + d_b^2 \end{cases} \tag{5.1.76}$$

(6) B-6 模型. 若主基因表现为等显性，即两个主基因的显性效应相等且与相应的加性效应相等($h_a = d_a = h_b = d_b = d$)，而且上位效应$i_{ab} = j_{ab} = j_{ba} = l_{ab} = 0$，记为 B-6 模型，则$B_1$群体表现为单一正态分布，$B_2$群体表现为 3 个正态分布按 1∶2∶1 比例的混合. 其分布密度函数分别为

$$\begin{cases} f(x_{1i}) = f(x_{1i}; \mu_{11}, \sigma_1^2) \\ f(x_{2i}) = \frac{1}{4}f(x_{2i}; \mu_{21}, \sigma_2^2) + \frac{1}{2}f(x_{2i}; \mu_{22}, \sigma_2^2) + \frac{1}{4}f(x_{2i}; \mu_{23}, \sigma_2^2) \end{cases} \tag{5.1.77}$$

则一阶分布参数与一阶遗传参数的关系为

$$\begin{cases} \mu_{11} = m_1 + 2d \\ \mu_{21} = m_2 + 2d \\ \mu_{22} = m_2 \\ \mu_{23} = m_2 - 2d \end{cases} \tag{5.1.78}$$

即由 4 个一阶分布参数估计 3 个一阶遗传参数，因此，一阶分布参数间有 1 个约束条件

$$g_1 = \mu_{21} - 2\mu_{22} + \mu_{23} = 0 \tag{5.1.79}$$

m_1、m_2、$d(d_a = d_b = h_a = h_b = d)$的最小二乘估计为

$$\begin{cases} m_1 = \frac{1}{2}(2\mu_{11} - \mu_{21} + \mu_{23}) \\ m_2 = \frac{1}{3}(\mu_{21} + \mu_{22} + \mu_{23}) \\ d = \frac{1}{4}(\mu_{21} - \mu_{23}) \end{cases} \tag{5.1.80}$$

B_1和B_2世代的主基因遗传方差估计分别为

$$\begin{cases} \sigma^2_{mg(B_1)} = 0 \\ \sigma^2_{mg(B_2)} = 2d^2 \end{cases} \tag{5.1.81}$$

其他分离群体的主基因-多基因混合遗传分离分析模型的建立，都可按F_2和回交群体的建模方法和思想进行，这里不再赘述.

5.1.4　单个分离世代数量性状分离分析的一步法和两步法

盖钧镒等的研究对单个分离世代F_2、$F_{2:3}$、$B_1 + B_2$、$B_{1:2} + B_{2:2}$等建立了0~2对主基因和多基因(多基因整体、加性-显性多基因)多种可能的数量性状分离分析模型，对DH 群体(加倍单倍型)和 RIL 群体(重组自交系)建立了0~3对主基因+多基因的多种可能的模型.

对于单个分离群体的样本$x_1, x_2, \cdots, x_n$，如何实现分离分析呢？盖钧镒等提出了一步法和两步法两种方法.

1. 单个分离世代数量性状分离分析的一步法

对单个分离世代的数量性状分离分析的模型很多，例如，F_2代就有表 5.1.2 所示的各种模型. 所谓分离分析的一步法，就是从所有可能的模型分析中挑选出最佳的一个或两个模型，不需要预先确定表型分布$f(x)$中成分分布的个数. 单个分离世代的分析中，如果没有不分离世代参与或不进行重复观测，就无法将多基因和环境效应分开，只能分析出主基因的作用. 例如，F_2代中 A-1~A-4、B-1~B-6 模型所述的结果，仅能估计出主基因的一阶遗传参数及主基因的遗传方差和遗传力，而不能分析出环境方差σ_e^2、多基因遗传方差σ_{pg}^2和多基因遗传力h_{pg}^2. 通过不分离群体或重复观测才能检验出多基因的存在，才能最终确定数量性状的遗传模型(主基因、多基因和主基因+多基因).

一步法的步骤如下.

(1) 根据各模型的要求由样本$x_1, x_2, \cdots, x_n$建立对数似然函数，其一般形式(k个成分分布)为

$$\ln L = \sum_{i=1}^{n} \ln\left[\sum_{j=1}^{k} a_j f_j(x_i; \mu_i, \sigma^2)\right]$$

其中，$f_j(x_i; \mu_j, \sigma^2)$为第$j$个成分分布$N(\mu_j, \sigma^2)$的概率密度函数.

(2) 分布参数$\mu_1, \mu_2, \cdots, \mu_k, \sigma^2$和$a_j$的估计($\sum a_j = 1$). 单世代分离分析中, 分布参数的最大似然估计可采用 1.3 节所介绍的 EM 算法按$k = 1, 2, \cdots$进行 EM 迭代估计, 按各自的 AIC 值中最小者选择较合适的k值.

(3) 用似然比检验, 确定最终的k, k确定后, 各分布参数就确定了. 由此各遗传参数及遗传分析结果也就确定了. 步骤(1)~步骤(3)在 1.3 节的例 1.3.2 中已讲述过.

(4) 适合性检验. 用 AIC 值和似然比检验选择模型后, 仍有必要检验理论值(中选模型)和实际值(样本值)间的适合性. 这种适合性检验是必要的(尤其是主基因多于两对时), 因为育种工作者关心的是所选模型中能否有合适的遗传学解释. 盖钧镒等用三个检验量进行了均匀性的适合性检验, 选择了两个检验量(${}_nW^2$和D_n)检验样本分布$F_n(x)$和理论分布$F_0(x)$(入选模型)间的适合性. 即通过这些检验进一步评判各模型的优劣, 从中挑选出最佳者, 并能够获得好的遗传学解释.

①均匀性检验.

设$X \sim N(\mu, \sigma_x^2)$, 则其密度函数$f(x)$和分布函数$F_0(x)$分别为

$$\begin{cases} f(x) = \frac{1}{\sqrt{2\pi}\sigma_x} \mathrm{e}^{-\frac{(x-\mu)^2}{2\sigma_x^2}} \\ F_0(x) = \int_{-\infty}^{x} f(t)\mathrm{d}t \end{cases} \tag{5.1.82}$$

如果这个$f(x)$就是所选模型的$f(x) = \sum_{j=1}^{k} a_j f_j(x_i; \mu_i, \sigma^2)$, 则分离分析的实质就是用分离世代样本$x_1, x_2, \cdots, x_n$拟合$f(x)$或$F_0(x)$. 如何更细致地判断拟合的好坏呢? 若所选模型的分布函数为$F_0(x)$, 则它在[0, 1]上服从均匀分布. 具体来讲, $F_0(x)$的平均数为$\frac{1}{2}$, $F_0(x)$的二阶原点矩等于$\frac{1}{3}$, $F_0(x)$的二阶中心距等于$\frac{1}{12}$. 根据这个原理, 用分离世代样本$x_1, x_2, \cdots, x_n$拟合$F_0(x)$可以用如下三个检验量进行检验

$$\begin{cases} U_1^2 = \frac{12\left[\sum F_0(x_i) - \frac{n}{2}\right]^2}{n} \sim \chi^2(1) \\ U_2^2 = \frac{45}{4} \frac{\left[\sum F_0^2(x_i) - \frac{n}{3}\right]^2}{n} \sim \chi^2(1) \\ U_3^2 = \frac{180\left\{\sum\left[F_0(x_i) - \frac{1}{2}\right]^2 - \frac{n}{12}\right\}^2}{n} \sim \chi^2(1) \end{cases} \tag{5.1.83}$$

这个检验之所以重要, 是因为$F_0(x)$反映的是$X < x$的频率, 是数量性状x受控主基因累加频率的表现, 关乎分离群体样本中个体的归属和分类.

② 样本经验分布$F_n(x)$与理论分布$F_0(x)$(所选模型分布)间的适合性检验.

对分离群体样本$x_1, x_2, \cdots, x_n$重新按从小到大的顺序排列成顺序统计量形式$x_{(1)}, x_{(2)}, \cdots, x_{(n)}$, 这样就得到了经验分布$F_n\left(x_{(r)}\right), r = 1, 2, \cdots, n$. $F_n\left(x_{(r)}\right)$和$F_0\left(x_{(r)}\right)$间的整体适合性检验有如下两种.

a. ${}_nW^2$检验. 1938 年, Smirnov 提出利用检验量

$$ {}_nW^2 = n\int_{-\infty}^{+\infty} [F_n(x) - F_0(x)]^2 \mathrm{d}F_0(x) = \frac{1}{12n} + \sum_{r=1}^{n} \left[F_0\left(x_{(r)}\right) - \frac{r-0.5}{n}\right]^2 \tag{5.1.84}$$

进行$F_n(x)$与$F_0(x)$的适合性检验, 并证明了${}_nW^2$的极限分布. 1958 年, Marshall 证明了${}_nW^2$达到其极限分布的速度很快, 当$n = 3$时, 已接近极限分布. ${}_nW^2$一些α水平的显著性临界值列入表 5.1.4.

表 5.1.4 $_nW^2$ 检验临界值表

α	0.10	0.05	0.01	0.001
临界值	0.347	0.461	0.743	1.168

b. D_n检验. Kolmogorov 于 1933 年提出了适合性检验的D_n统计量

$$D_n = \max_{1\leqslant r\leqslant n}\left|F_n\left(x_{(r)}\right) - F_0\left(x_{(r)}\right)\right| \tag{5.1.85}$$

其中，$F_n\left(x_{(r)}\right) = r/n$. 当$n$较大时，$D_n$的临界值如表 5.1.5 所示. 当$n > 10$时，$D_{n,0.05} \approx 1.358/\sqrt{n}$，$D_{n,0.01} \approx 1.628/\sqrt{n}$.

表 5.1.5 D_n统计量的临界值$D_{n,\alpha}$

α	0.90	0.75	0.50	0.25	0.10	0.05	0.01
$D_{n,\alpha}$	0.575	0.678	0.830	1.02	1.23	1.36	1.63

(5) 以入选模型估计相应遗传参数：利用一阶分布参数$\boldsymbol{\theta}$与一阶遗传参数$\boldsymbol{G}$间的关系$\boldsymbol{\theta} = \boldsymbol{AG}$，得到一阶遗传参数的最小二乘估计

$$\widehat{\boldsymbol{G}} = (\boldsymbol{A}^{\mathrm{T}}\boldsymbol{A})^{-1}\boldsymbol{A}^{\mathrm{T}}\hat{\theta} \tag{5.1.86}$$

二阶遗传参数的估计已在模型中叙述.

(6) 利用贝叶斯后验概率对分离群体的主基因型进行归类.

2. 单个分离世代数量性状分离分析的两步法

所谓单个分离世代数量性状分离分析的两步法，并不是像一步法那样对所建立的分离群体的所有模型进行比较选优，而是先确定分离群体数量性状中成分分布的个数及其比例来确定主基因对数及作用方式(分离分析遗传模型)，然后进行有关遗传参数估计、适合性检验和对分离群体个体进行主基因型的贝叶斯归类. 这种分离分析方法称为确定最适成分分布个数的主基因-多基因混合遗传分析方法，或简称两步法(double-step method). 这种分析方法在一些情况下能很好地确定模型，但在一些情况所估计的成分分布间的比例$a_1 : a_2 : \cdots : a_k$并不符合所假定主基因型在该世代的比例，使遗传模型的确定陷入困难. 因此，盖钧镒等的研究侧重用一步法来直接挑选最适遗传模型.

一步法中各成分分布的比例按$a_1 : a_2 : \cdots : a_k$分析，不需要按主基因型的比例来进行适合性检验，但两步法必须进行分离比例的符合性检验.

【例 5.1.1】 两步法应用举例. 为研究大豆不同生育期现在的温光反映特性，南京农业大学大豆研究所将不同生育期品种杂交，观察杂交后代生育期性状在不同季节的表现(杨永华等, 1994). 通过杂交组合宜兴骨绿豆×上海红芒早研究在夏播条件下生育期(出苗到开花天数)的遗传规律. 为此，测定了F_2代 158 个个体的生育期. 在 1.3 节例 1.3.2 中，根据资料的柱形图初步判断F_2代群体生育期不服从单一正态分布，而表现为由一对主基因确定的两个或多个成分分布的混合，即

$$f(x) = a_1 f_1(x;\mu_1,\sigma^2) + a_2 f_2(x;\mu_2,\sigma^2) + \cdots + a_k f_k(x;\mu_k,\sigma^2)$$

运用极大似然估计的 EM 算法对资料进行拟合，根据 AIC 值确定$k = 2$，并进行了似

然比检验. 分析结果如图 5.1.2 和表 5.1.6 所示.

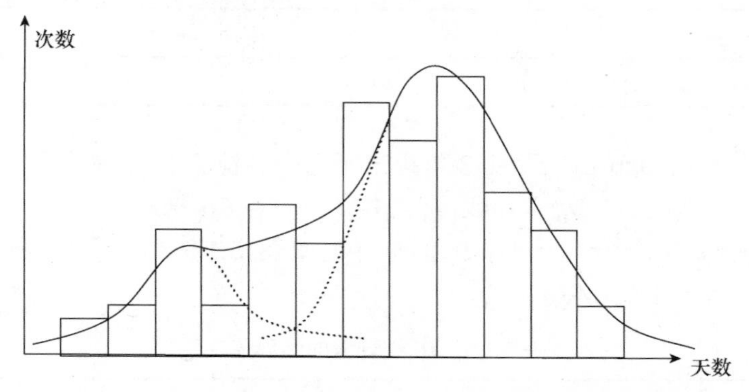

图 5.1.2　骨绿豆×上海红芒早F_2群体生育期的分离分析图

表 5.1.6　分布参数的极大似然估计

成分分布	$\hat{a}_j \pm S_{a_j}$	$\hat{\mu}_j \pm S_{\mu_j}$	$\hat{\sigma}_j \pm S_{\sigma_j}$
1	0.74 ± 0.04	39.87 ± 0.24	5.35 ± 0.69
2	0.26 ± 0.04	31.80 ± 0.44	5.35 ± 0.69

为了进一步确定混合模型, 对$a_1 : a_2$进行了 3∶1 的符合性检验

$$\chi^2 = \frac{(|158\times0.26-158\times0.25|-0.5)^2}{158\times0.25} + \frac{(|158\times0.74-158\times0.75|-0.5)^2}{158\times0.75} = 0.0394 < \chi^2_{0.05}(1) = 3.841$$

表明$a_1 : a_2$符合 3∶1, 即符合一对主基因且表现为完全显性的F_2代A- 3模型. 据式(5.1.17), 一阶遗传参数的最小二乘估计为

$$\hat{m} = \frac{1}{2}(\hat{\mu}_1 + \hat{\mu}_2) = \frac{1}{2}(39.87 + 31.80) = 35.84(\text{天})$$

$$\hat{d} = \frac{1}{2}(\hat{\mu}_1 - \hat{\mu}_2) = \frac{1}{2}(39.87 - 31.80) = 4.04(\text{天})$$

据式(5.1.18), 生育期的主基因方差和主基因遗传力的估计分别为

$$\hat{\sigma}^2_{mg(\mathrm{F}_2)} = \frac{3}{4}d^2 = 12.24$$

$$\hat{\sigma}^2_{P(\mathrm{F}_2)} = \hat{\sigma}^2_{mg(\mathrm{F}_2)} + \hat{\sigma}^2 = 12.24 + 5.35 = 17.59$$

$$\hat{h}^2_{mg(\mathrm{F}_2)} = \frac{\hat{\sigma}^2_{mg(\mathrm{F}_2)}}{\hat{\sigma}^2_{P(\mathrm{F}_2)}} = 69.6\%$$

由F_2样本直接计算的表型方差$\hat{\sigma}^2_{P(\mathrm{F}_2)} = 17.90$, 由此得到的主基因遗传力$h^2_{mg(\mathrm{F}_2)} = 12.24/17.90 = 0.684$. 如果用$\hat{\sigma}^2_{P(\mathrm{F}_2)} - \hat{\sigma}^2 = 12.55$作为$\hat{\sigma}^2_{mg(\mathrm{F}_2)}$的估计, 则$h^2_{mg(\mathrm{F}_2)} = 12.55/17.90 = 0.701$. 可见上述估计的三种主基因遗传力是接近的.

由于没有环境方差σ_e^2的估计, 故模型中的多基因是否存在无法判断.

根据$a_1 = \frac{3}{4}, a_2 = \frac{1}{4}, \mu_1 = 39.87, \mu_2 = 31.80$, $\sigma^2 = 5.35$. 可据

$$w_{ij} = \frac{a_j f_j(x_i;\mu_j,\sigma^2)}{\sum_{t=1}^{2} a_t f_t(x_i;\mu_t,\sigma^2)}$$

计算样本$x_1, x_2, \cdots, x_n$中x_i属于第j个$(j = 1, 2)$成分的后验概率, 按后验概率进行贝叶斯分类. 具体结果如表 5.1.7 所示.

表 5.1.7　骨绿豆×上海红芒早F_2代不同个体的主基因型分类

个体序号	开花期/d	归属不同主基因型(成分分布)的后验概率		估计的主基因型
		aa	$Aa+AA$	
1~9	26~30	1.00	0.00	aa
10~19	31	0.99	0.01	aa
20~23	32	0.99	0.01	aa
24~33	33	0.96	0.04	aa
34~38	34	0.85	0.15	$aa, Aa+AA$
39~41	35	0.55	0.45	$aa, Aa+AA$
42~48	36	0.21	0.79	$Aa+AA, aa$
49~54	37	0.06	0.94	$Aa+AA, aa$
55~74	38	0.02	0.98	$Aa+AA$
75~96	39	0.01	0.99	$Aa+AA$
97~158	40~47	0.00	1.00	$Aa+AA$

表 5.1.7 表明，按从小到大排序的 158 个F_2代个体中，两极个体的归类aa或$Aa+AA$主基因型的情况要明确一些，如样本 1~33，归属主基因型aa的概率为 0.96~1，55~158 个体归属主基因型$(Aa+AA)$的概率为 0.98~1. 但是，对 34~54 号个体，在归属上就模糊了，有较大的重叠性，属于aa的概率为 0.85~0.06，属于$(Aa+AA)$的概率为 0.15~0.94. 因而用w_{ij}判断x_i对第j个成分分布的归属有误判的可能. 当数量性状由两对主基因控制时，用w_{ij}判断归属就更模糊了.

上述$\hat{\boldsymbol{m}}$和$\hat{\boldsymbol{d}}$的估计，是根据$\boldsymbol{\theta}=(\boldsymbol{\mu}_1,\boldsymbol{\mu}_2)^{\mathrm{T}}$和$\boldsymbol{G}=(\boldsymbol{m},\boldsymbol{d})^{\mathrm{T}}$的关系式(5.1.16)

$$\boldsymbol{\theta}=\begin{bmatrix}1 & 1\\1 & -1\end{bmatrix}\begin{bmatrix}m\\d\end{bmatrix}=\boldsymbol{AG}$$

进行的，即$\hat{\boldsymbol{G}}=(\boldsymbol{A}^{\mathrm{T}}\boldsymbol{A})^{-1}\boldsymbol{A}^{\mathrm{T}}\hat{\boldsymbol{\theta}}$，估计的误差方差为

$$\begin{aligned}S_e^2&=\left(\hat{\mu}_1-\hat{m}-\hat{d}\right)^2+\left(\hat{\mu}_2-\hat{m}+\hat{d}\right)^2\\&=(39.87-35.84-4.04)^2+(31.80-35.84+4.04)^2=0.0001\end{aligned}$$

$\hat{\boldsymbol{G}}$的协方差阵为

$$\mathrm{Cov}\left(\hat{\boldsymbol{G}},\hat{\boldsymbol{G}}\right)=S_e^2(\boldsymbol{A}^{\mathrm{T}}\boldsymbol{A})^{-1}=S_e^2\begin{bmatrix}\frac{1}{2} & 0\\0 & \frac{1}{2}\end{bmatrix}=\begin{bmatrix}0.00005 & 0\\0 & 0.00005\end{bmatrix}$$

因而$\hat{m}\pm S_m=35.84\pm0.0071, \hat{d}\pm S_d=4.04\pm0.0071$.

【例 5.1.2】　一步法应用举例. 通过邳县天鹅蛋(P_1，感)×1138-2(P_2，抗)组合研究大豆对豆秆黑潜蝇的抗性遗传研究. 调查性状为主茎虫量(F_2)，F_1代平均值与亲本P_2接近，F_2代表现为偏正态分布，峰不明显，试按一步法进行混合遗传分离分析，鉴定主基因的存在、主基因的对数和作用方式. F_2代的调查资料如表 5.1.8 所示，样本容量$n=200$.

表 5.1.8 F_2代调查资料

主茎虫量	0	1	2	3	4	5	6	7	8
次数	24	36	39	37	20	20	12	9	3

对表 5.1.2 所示F_2代有关主基因存在、主基因对数、主基因作用方式的A-0~B-6共 11 个模型进行了极大似然估计(用 IECM 算法), 估计的极大对数似然值和 AIC 值如表 5.1.9 所示.

表 5.1.9 估计的极大对数似然值和 AIC 值

模型	A-0	A-1	A-2	A-3	A-4	B-1	B-2	B-3	B-4	B-5	B-6
$\ln L$ 值	−424.83	−413.13	−424.82	−424.83	−413.13	−412.14	−413.13	−422.93	−424.82	−424.83	−424.83
AIC 值	853.66	834.26	855.65	857.66	834.26	844.28	838.26	853.85	855.65	857.06	855.66

由AIC值最小判断, 应选择A-1 (一对主基因的加性-显性模型)和A-4 (一对主基因的负向完全显性模型). 两个模型的适合性检验如表 5.1.10 所示.

表 5.1.10 A-4和A-1模型的适合性检验

模型	U_1^2	U_2^2	U_3^2	${}_nW^2$	D_n
A-4	0.02(0.90)	0.00(0.97)	0.42(0.52)	0.44(>0.05)	0.12(<0.05)
A-1	0.02(0.89)	0.00(0.97)	0.42(0.52)	0.44(>0.05)	0.12(<0.05)

从适合性检验来看, A-4 和 A-1 模型均通过U_1^2、U_2^2、U_3^2和D_n, 是合适的模型. 这里应该指出的是, 模型中成分分布的权重a_i并不需要进行符合性检验. 从理论上讲, A-1 中是AA、Aa和aa按$1:2:1$的混合, 实际结果$a_1:a_2:a_3 = 0.2590:0.4940:0.2470$, 是接近理论比例的. A-4 是$(aA+AA):aa = 3:1$的混合, 拟合结果$a_1:a_2 = 0.7410:0.2590$是接近的. 拟合结果的分布参数如表 5.1.11 所示.

表 5.1.11 分布参数估计结果(F_2代)

模型	μ_1	μ_2	μ_3	σ^2
A-4	5.4714	1.8934		1.1470
A-1	5.4714	1.9068	1.8661	1.6400

对于 A-4 模型, 有

$$\hat{m} = \frac{1}{2}(\hat{\mu}_1 + \hat{\mu}_2) = \frac{1}{2} \times (5.4714 + 1.8934) = 3.6824$$

$$\hat{d} = \frac{1}{2}(\hat{\mu}_1 - \hat{\mu}_2) = \frac{1}{2} \times (5.4714 - 1.8934) = 1.7890$$

$$\hat{\sigma}_{mg}^2 = \frac{3}{4}\hat{d}^2 = 0.75 \times 1.7890^2 = 2.4004$$

$$\hat{\sigma}_P^2 = 4.1182(\text{由表型值样本计算})$$

$$\hat{h}_{mg}^2 = \frac{\hat{\sigma}_{mg}^2}{\hat{\sigma}_P^2} = \frac{2.4004}{4.1182} = 58.29\%$$

对于 A-1 模型，有

$$\hat{m}=\frac{1}{2}(\hat{\mu}_1+\hat{\mu}_3)=\frac{1}{2}\times(5.4714+1.8661)=3.6688$$

$$\hat{d}=\frac{1}{2}(\hat{\mu}_1-\hat{\mu}_3)=\frac{1}{2}\times(5.4714-1.8661)=1.8027$$

$$\hat{h}=\frac{1}{2}(2\hat{\mu}_2-\hat{\mu}_1-\hat{\mu}_3)=\frac{1}{2}\times(2\times1.9068-5.4714-1.8661)=-1.7620$$

$$\hat{\sigma}_{mg}^2=\frac{1}{2}\hat{d}^2+\frac{1}{4}\hat{h}^2=0.5\times1.8027^2+0.25\times(-1.7620)^2=2.4010$$

$$\hat{h}_{mg}^2=\frac{\hat{\sigma}_{mg}^2}{\hat{\sigma}_p^2}=\frac{2.4010}{4.1182}=58.30\%$$

从遗传参数估计来看，两个模型 A-1 和 A-4 是一致的．由于没有环境方差估计，故多基因遗传方差$\hat{\sigma}_{pg}^2$无法估计，h_{pg}^2也无法估计．要进一步确定遗传模型，需要其他世代和不分离世代的信息．如果用 A-1 或 A-4 模型参数建立后验概率，对F_2代个体进行主基因型归类，其方法和例 5.1.1 相同，这里不再介绍．

5.2 数量性状的多世代联合分离分析简介

在数量遗传学发展的过程中，以 Mather 等为代表的伯明翰学派侧重研究的纯系亲本间杂交后代的遗传变异，以世代平均数的分析来检验多基因遗传体系的遗传模型和基因效应．对于主基因-多基因混合遗传体系的分离分析模型亦应如此，这就是主基因-多基因体系下的数量性状的多世代联合分离分析(joint segregation of multiple generation)，即多个分离世代和不分离世代的联合分析．数量性状的多世代联合分析不仅是对经典数量遗传学世代均数分析的拓广和发展，而且完善了数量性状遗传体系的多世代联合分析方法．这个分析不但能够解决环境方差(σ_e^2)的估计和多基因是否存在($H_0\colon\sigma_{pg}^2=0$)检验(有不分离世代参与分析)的问题，而且能够提供数量性状多种多样的遗传信息，但同时也带来了数学分析的复杂性．盖钧镒等在其专著中针对植物数量性状容易取得杂交种子的特点，给出了三种多世代联合分离分析的理论和方法，即P_1、F_1、P_2、F_2和$F_{2:3}$的联合分析，P_1、F_1、P_2、B_1、B_2和F_2的联合分析及P_1、F_1、P_2、$B_{1:2}$、$B_{2:2}$和$F_{2:3}$的联合分析，并附有实例，这三种联合分析法的基本做法是用一对主基因、两对主基因、多基因的不同情况建立 5 类 24 种遗传模型，然后用极大似然估计的 IECM 算法估计联合分布参数，用一步法的步骤完成对最佳模型的选择和分析．本节仅就P_1、F_1、P_2、F_2的数量性状联合分离分析，讲述其建模思想和分析方法．

这是不分离世代(P_1、F_1和P_2)和单一分离世代的联合分离分析．单一分离世代的分离分析，在没有不分离世代或重复观察的情况下，无法估计环境方差σ_e^2，因而不能完成该分离世代的遗传分析(多基因存在与否?)．鉴于此，实现P_1、F_1、P_2和F_2的联合分离分析有两种方法：①用不分离世代单独估计环境方差σ_e^2，完成对F_2的遗传分析；②对P_1、F_1、P_2和F_2建立统一的似然函数，估计σ_e^2和F_2中的多基因方差σ_{pg}^2，完成对F_2的遗传分析．

1. 用不分离世代估计环境方差σ_e^2，完成对分离世代的遗传分析

【例 5.2.1】 5.1 节的例 5.1.2 中对邳县天鹅蛋(P_1，感)×1138-2(P_2，抗)组合的F_2代

(样本容量为 200), 进行了 A-0~B-6 共 11 个模型的一步法分析, 期望通过主茎虫量性状的研究获得豆秆黑潜蝇的抗性遗传规律. 结果表明, A-1 模型和 A-4 模型最优. 在 A-1 模型中, 估计的独立分布参数有a_1、a_2、μ_1、μ_2、μ_3和σ^2共 6 个, 估计的$\hat{\sigma}^2 = 1.6400$(自由度为 193). 在 A-4 模型中, 估计的独立分布参数有a_1、μ_1、μ_2和σ^2共 4 个, 估计的$\hat{\sigma}^2 = 1.1470$(自由度为 195). 现通过P_1、F_1和P_2各容量为 20 的样本, 合并估计的环境方差$\hat{\sigma}_e^2 = 3.0439$(自由度为 57). 由$\mathrm{F}_2$代样本估计的表型方差为$\hat{\sigma}_{P(\mathrm{F}_2)}^2 = 4.1128$.

一般来讲, 若$\hat{\sigma}_1^2$和$\hat{\sigma}_2^2$分别为两个正态分布总体的方差, 其估计分别为S_1^2(自由度为f_1)和S_2^2(自由度为f_2), 则无效假设$\mathrm{H}_0: \sigma_1^2 = \sigma_2^2$在显著水平$\alpha$时的接受域为

$$\frac{1}{F_{\frac{\alpha}{2}}(f_1, f_2)} \leqslant F_0 = \frac{S_1^2}{S_2^2} \leqslant F_{\frac{\alpha}{2}}(f_1, f_2)$$

将它应用于$\mathrm{H}_0: \sigma^2 = \sigma_e^2$的检验, 则在$\alpha = 0.05$时, 有

$$F_{0.025}(195, 57) \approx F_{0.025}(193, 57) \approx F_{0.025}(\infty, 60) = 1.48$$

$$F_{0.025}(57, 195) \approx F_{0.025}(57, 193) \approx F_{0.025}(60, \infty) = 1.39$$

$$0.72 = \frac{1}{1.39} \leqslant F_0 \leqslant 1.48$$

对于 A-1 模型, $F_0 = \frac{1.6400}{3.0439} = 0.539$; 对于 A-4 模型, $F_0 = \frac{1.1470}{3.0439} = 0.377$, 故在$\alpha = 0.05$水平上, $\mathrm{H}_0: \sigma^2 = \sigma_e^2$成立, 即多基因是不存在的. 因而, 可认为豆秆黑潜蝇的抗性由一对主基因(A, a)决定, 要么为$AA : Aa : aa = 1 : 2 : 1$, 要么为$(AA + Aa) : aa = 3 : 1$.

2. P_1、F_1、P_2和F_2的联合分离分析

据表 5.1.2, F_2代在具有一对或两对主基因的主基因-多基因混合遗传分离分析模型有 20 多种, P_1、F_1、P_2和F_2样本$x_{ij}(i = 1, 2, 3, 4;\ j = 1, 2, \cdots, n_i)$的一般分布形式为

$$\begin{cases} \mathrm{P}_1: x_{1i} \sim N(\mu_1, \sigma_e^2), & i = 1, 2, \cdots, n_1 \\ \mathrm{F}_1: x_{2i} \sim N(\mu_2, \sigma_e^2), & i = 1, 2, \cdots, n_2 \\ \mathrm{P}_2: x_{3i} \sim N(\mu_3, \sigma_e^2), & i = 1, 2, \cdots, n_3 \\ \mathrm{F}_2: x_{4i} \sim \sum_{t=1}^{k} a_{4t} N(\mu_{4t}, \sigma_4^2), & i = 1, 2, \cdots, n_4 \end{cases} \tag{5.2.1}$$

其中, F_2代的成分分布个数$k = 0, 1, 2, 3, 6, 9$. 每一种F_2代的模型都会产生一个联合分离分析, 通过这些联合分离分析的比较可选出最优模型.

据式(5.2.1), P_1、F_1、P_2和F_2的联合似然函数为

$$L(\boldsymbol{\theta}|x) = \prod_{i=1}^{n_1} f_1(x_{1i}; \mu_1, \sigma_e^2) \prod_{i=1}^{n_2} f_2(x_{2i}; \mu_2, \sigma_e^2) \prod_{i=1}^{n_3} f_3(x_{3i}; \mu_3, \sigma_e^2) \prod_{i=1}^{n_4} f_4(x_{4i})$$

其中, $f_j(x_i; \mu_j, \sigma_e^2)$为$N(\mu_j, \sigma_e^2)(j = 1, 2, 3)$的概率密度函数, $f_4(x)$为F_2代的有限混合正态分布的概率密度函数. 对数似然函数为

$$L_c(\boldsymbol{\theta}|x)=\sum_{j=1}^{3}\sum_{i=1}^{n_i}\ln f_j\left(x_{ji};\mu_j,\sigma_e^2\right)+\sum_{i=1}^{n_4}\ln\left[\sum_{t=1}^{k}a_{4t}f_{4t}(x_{4i};\mu_{4t},\sigma_4^2)\right] \tag{5.2.2}$$

联合似然函数和单个分离世代似然函数不同的点是，二阶分布参数未必全相等(如式(5.2.2)中的σ_e^2和σ_4^2不等)．另外，F_2代的 20 多种分离分析模型中，基于一阶遗传参数和一阶分布参数个数的不同及它们之间的关系，可得出一阶分布参数的约束条件．例如，F_2代的 A-2 模型有一个约束条件$g_1=2\mu_2-\mu_1-\mu_3=0$；又如，F_2代 B-3 模型有 6 个约束条件等.因而，在不分离世代和分离世代中$L_c(\theta|x)$的极大化可能是一种条件极值问题，需用拉格朗日乘数法求分布参数的极大似然估计．另外，二阶分布参数不全等会导致极大化方程组不是线性的，影响极大化的实现.

下面通过选用F_2代具体模型说明联合分离分析中采用极大似然估计的 IECM 算法，以克服上述极大化所遇到的困难.

(1) 选用F_2代的 A-1 模型(一阶分布参数无约束条件)．$L_c(\theta|x)$在 A-1 模型下的对数似然函数为

$$L_c(\boldsymbol{\theta}|x)=\sum_{j=1}^{3}\sum_{i=1}^{n_i}\ln f_j\left(x_{ji};\mu_j,\sigma_e^2\right)+\sum_{i=1}^{n_4}\ln\left[\sum_{t=1}^{k}a_{4t}f_{4t}(x_{4i};\mu_{4t},\sigma_4^2)\right] \tag{5.2.3}$$

而且有

$$\mu_1=\mu_{41}=m+d\qquad \mu_2=\mu_{42}=m+h\qquad \mu_3=\mu_{43}=m-d$$

设$\boldsymbol{\theta}=(\mu_1,\mu_2,\mu_3)^{\mathrm{T}},\boldsymbol{G}=(m,d,h)^{\mathrm{T}}$，则上面的关系可以写成

$$\boldsymbol{\theta}=\begin{bmatrix}1&1&0\\1&0&1\\1&-1&0\end{bmatrix}\begin{bmatrix}m\\d\\h\end{bmatrix}=\boldsymbol{AG} \tag{5.2.4}$$

如果采用恰当的算法，$\boldsymbol{\theta}$的极大似然函数估计为$\widehat{\boldsymbol{\theta}}=(\hat{\mu}_1,\hat{\mu}_2,\hat{\mu}_3)^{\mathrm{T}}$，则一阶遗传参数的最小二乘估计为

$$\widehat{\boldsymbol{G}}=\left(\widehat{m},\hat{d},\hat{h}\right)^{\mathrm{T}}=(\boldsymbol{A}^{\mathrm{T}}\boldsymbol{A})^{-1}\boldsymbol{A}^{\mathrm{T}}\widehat{\boldsymbol{\theta}} \tag{5.2.5}$$

其误差方差为

$$S_e^2=\left(\hat{\mu}_1-\widehat{m}-\hat{d}\right)^2+\left(\hat{\mu}_2-\widehat{m}-\hat{h}\right)^2+\left(\hat{\mu}_3-\widehat{m}+\hat{d}\right)^2 \tag{5.2.6}$$

最小二乘估计$\widehat{\boldsymbol{G}}$的正则方程组为$\boldsymbol{A}^{\mathrm{T}}\boldsymbol{A}\widehat{\boldsymbol{G}}=\boldsymbol{A}^{\mathrm{T}}\widehat{\boldsymbol{\theta}}$.$\widehat{\boldsymbol{G}}$的协方差阵为

$$\mathrm{Cov}\left(\widehat{\boldsymbol{G}},\widehat{\boldsymbol{G}}\right)=S_e^2(\boldsymbol{A}^{\mathrm{T}}\boldsymbol{A})^{-1}=\begin{bmatrix}S_m^2&S_{md}&S_{mh}\\S_{dm}&S_d^2&S_{dh}\\S_{hm}&S_{hd}&S_h^2\end{bmatrix} \tag{5.2.7}$$

即一阶遗传参数的估计结果可表示为

$$\widehat{m}\pm S_m\qquad \hat{h}\pm S_h\qquad \hat{d}\pm S_d \tag{5.2.8}$$

这样，可用$t_m=\widehat{m}/S_m$等t检验来检验各一阶遗传参数与零的差异显著性.

实现数量性状分离分析，必须把各分离世代样本个体用后验概率分配或分离到该分离群体的成分分布中．令F_2代中样本个体x_{4i}属于成分分布$N(\mu_{4t},\sigma_4^2)$的后验概率为

$$w_{4it}=\frac{a_{4t}f_{4t}(x_{4i};\mu_{4t},\sigma_4^2)}{\sum_{k=1}^{3}a_{4k}f_{4k}(x_{4i};\mu_{4k},\sigma_4^2)} \tag{5.2.9}$$

则F_2代为$A-1$模型下的联合对数似然函数式(5.2.3)变为

$$L_c(\boldsymbol{\theta}|x)=\sum_{j=1}^{3}\sum_{i=1}^{n_i}\ln f_j\left(x_{ji};\mu_j,\sigma_e^2\right)+\sum_{i=1}^{n_4}\sum_{t=1}^{3}w_{4it}\ln f_{4t}(x_{4i};\mu_{4t},\sigma_4^2) \tag{5.2.10}$$

将$\mu_1=\mu_{41}$、$\mu_2=\mu_{42}$和$\mu_3=\mu_{43}$代入式(5.2.10)，则有

$$L_c(\boldsymbol{\theta}|x)=\sum_{j=1}^{3}\sum_{i=1}^{n_i}\ln f_j\left(x_{ji};\mu_j,\sigma_e^2\right)+\sum_{i=1}^{n_4}\sum_{t=1}^{3}w_{4it}\ln f_{4t}(x_{4i};\mu_t,\sigma_4^2) \tag{5.2.11}$$

这是为实现对$\boldsymbol{\theta}$最大似然估计算法研究的共同点，即 E(期望)步骤，其目的是把分离世代样本按后验概率分离到各成分分布中，得到式(5.2.11)的$L_c(\theta|x)$，其中$a_{41}+a_{42}+a_{43}=1$.

据上述，当F_2代选用$A-1$模型时，一阶分布参数没有约束条件，因而下一步应直接对式(5.2.11)中的$L_c(\theta|x)$实现极大化以估计$\boldsymbol{\theta}$，但因其中σ_e^2和σ_4^2不等而遇到了困难，即通过$\frac{\partial L_c}{\partial \mu_j}=0$，$\frac{\partial L_c}{\partial \sigma_e^2}=0$和$\frac{\partial L_c}{\partial \sigma_4^2}=0$得到的极大似然正则方程组

$$\begin{cases}\sum_{i=1}^{n_1}\frac{x_{1i}-\mu_1}{\sigma_e^2}+\sum_{i=1}^{n_4}w_{4i1}\frac{x_{4i}-\mu_1}{\sigma_4^2}=0\\ \sum_{i=1}^{n_2}\frac{x_{2i}-\mu_2}{\sigma_e^2}+\sum_{i=1}^{n_4}w_{4i2}\frac{x_{4i}-\mu_2}{\sigma_4^2}=0\\ \sum_{i=1}^{n_3}\frac{x_{3i}-\mu_3}{\sigma_e^2}+\sum_{i=1}^{n_4}w_{4i3}\frac{x_{4i}-\mu_3}{\sigma_4^2}=0\\ \sum_{j=1}^{3}\sum_{i=1}^{n_j}\frac{\left(x_{ji}-\mu_j\right)^2}{\sigma_e^2}=n_1+n_2+n_3\\ \sum_{i=1}^{n_4}\sum_{t=1}^{3}w_{4it}\frac{(x_{4i}-\mu_t)^2}{\sigma_4^2}=n_4\end{cases} \tag{5.2.12}$$

不是待估分布参数μ_1、μ_2、μ_3、σ_e^2和σ_4^2的线性方程组. 这就是说，不分离世代和分离世代的联合分析中，关于分布参数极大似然估计的 EM 算法一般是不可行的.

Meng 和 Rubin(1993)提出了一种广义 EM 算法，称为 ECM (expectation and conditional maximization) 算法. ECM 算法比 EM 算法收敛速度慢，但总计算时间比 EM 算法少. ECM 算法是 EM 算法的拓展，也分 E(期望)步和 CM(条件极大化)步两个步骤. 两个算法的 E 步骤是一致的，即在初始条件下$\boldsymbol{\theta}^{(0)}$下估计$w_{ij}^{(0)}$，求$L_c\left(x|\boldsymbol{\theta}^{(0)}\right)$关于待估分布参数$\boldsymbol{\theta}$的期望值. CM 步是分步骤地进行条件极大化，即如果把待估分布参数$\boldsymbol{\theta}$分为 s 组，则条件极大化 CM 步骤可分为$\mathrm{CM}_i(i=1,2,\cdots,s)$，每一步都是事先固定$(s-1)$组而用极大化估计剩下的一组参数.

盖钧镒等将 ECM 算法引入数量性状分离分析中.为了克服似然函数中各成分分布方差不全等对分析带来的困难，将成分分布中的方差分解为主基因方差(由一阶遗传参数表示)、多基因方差和环境方差等组分，推导出估计一阶分布参数、多基因方差和环境方差的各 CM 步迭代公式，在每一个CM_i中按迭代方法进行估计，这种迭代 ECM(iterated ECM)算法称为 IECM 算法，是对 ECM 算法的扩展.

由于 IECM 算法和 EM 算法的 E 步骤相同，下面仅列出 CM 的各步骤.

CM_1：在固定多基因方差和环境方差组分的条件下，求分布平均数的条件极大似然估计.

CM_2：在固定环境方差和CM_1中所获得的分布平均数的条件下，用迭代法求多基因

方差组分的条件极大似然估计.

CM_3: 在固定CM_1和CM_2中所得到的分布平均数和多基因方差的条件下, 用迭代法求环境方差的条件极大似然估计.

具体到式(5.2.11)的 IECM 算法, 下面简述 CM 各步骤.

CM_1: 令式(5.2.11)中的$\sigma_e^2=\sigma_4^2=\sigma^2$, 便得到式(5.2.13)的$L_c(\boldsymbol{\theta}|x)$, 实现了式(5.2.15)对$\mu_1$、$\mu_2$、$\mu_3$和$\sigma^2$ 估计的 EM 算法

$$L_c(\boldsymbol{\theta}|x)=\sum_{j=1}^{3}\sum_{i=1}^{n_i}\ln f_j\left(x_{ji};\mu_j,\sigma^2\right)+\sum_{i=1}^{n_4}\sum_{t=1}^{3}w_{4it}\ln f_{4t}(x_{4i};\mu_t,\sigma^2) \tag{5.2.13}$$

对式(5.2.13)中关于μ_1、μ_2、μ_3和σ^2求偏导并等于零, 便得到CM_1的最大似然正则方程组

$$\begin{cases}\mu_1=\mu_{41}=\frac{\sum_{i=1}^{n_1}x_{1i}+\sum_{i=1}^{n_4}w_{4i1}x_{4i}}{n_1+\sum_{i=1}^{n_4}w_{4i1}}\\ \mu_2=\mu_{42}=\frac{\sum_{i=1}^{n_2}x_{2i}+\sum_{i=1}^{n_4}w_{4i2}x_{4i}}{n_2+\sum_{i=1}^{n_4}w_{4i2}}\\ \mu_3=\mu_{43}=\frac{\sum_{i=1}^{n_3}x_{3i}+\sum_{i=1}^{n_4}w_{4i3}x_{4i}}{n_3+\sum_{i=1}^{n_4}w_{4i3}}\\ \sigma^2=\frac{\sum_{j=1}^{3}\sum_{i=1}^{n_j}(x_{ji}-\mu_j)^2+\sum_{i=1}^{n_4}\sum_{t=1}^{3}w_{4it}(x_{4i}-\mu_t)^2}{n_1+n_2+n_3+n_4}\end{cases} \tag{5.2.14}$$

具体来讲, 给定初值$\boldsymbol{\theta}^{(0)}=\left(a_{41}^{(0)},a_{42}^{(0)},a_{43}^{(0)},\mu_1^{(0)},\mu_2^{(0)},\mu_3^{(0)},\sigma^{2(0)}\right)^{\mathrm{T}}$, 则$x_{4i}$属于其第$t$个成分分布的后验概率为

$$w_{4it}^{(0)}=\frac{a_{4t}^{(0)}f_{4t}\left(x_{4i};\mu_t^{(0)},\sigma^{2(0)}\right)}{\sum_{k=1}^{3}a_{4k}^{(0)}f_{4k}\left(x_{4i};\mu_k^{(0)},\sigma^{2(0)}\right)},\quad t=1,2,3$$

这样便可得到 IECM 算法的CM_1步骤.

CM_1: 计算过程如下

$$\begin{cases}\sigma^{2(m+1)}=\frac{\sum_{j=1}^{3}\sum_{i=1}^{n_j}\left(x_{ji}-\mu_j^{(m)}\right)^2+\sum_{i=1}^{n_4}\sum_{t=1}^{3}w_{4it}^{(m)}\left(x_{4i}-\mu_t^{(m)}\right)^2}{n_1+n_2+n_3+n_4}\\ a_{4t}^{(m+1)}=\frac{\sum_{i=1}^{n_4}w_{4it}^{(m)}}{n_4},\quad t=1,2,3\\ \mu_1^{(m+1)}=\mu_{41}^{(m+1)}=\frac{\sum_{i=1}^{n_1}x_{1i}+\sum_{i=1}^{n_4}w_{4i1}^{(m)}x_{4i}}{n_1+\sum_{i=1}^{n_4}w_{4i1}^{(m)}}\\ \mu_2^{(m+1)}=\mu_{42}^{(m+1)}=\frac{\sum_{i=1}^{n_2}x_{2i}+\sum_{i=1}^{n_4}w_{4i2}^{(m)}x_{4i}}{n_2+\sum_{i=1}^{n_4}w_{4i2}^{(m)}}\\ \mu_3^{(m+1)}=\mu_{43}^{(m+1)}=\frac{\sum_{i=1}^{n_3}x_{3i}+\sum_{i=1}^{n_4}w_{4i3}^{(m)}x_{4i}}{n_3+\sum_{i=1}^{n_4}w_{4i3}^{(m)}}\end{cases} \tag{5.2.15}$$

其中, $m=0,1,2,\cdots$为迭代次数. 直到迭代使$\mu_j^{(m)}$间、$\sigma^{2(m)}$间达到给定的精度, 就得到了a_{41}、a_{42}、a_{43}、μ_1、μ_2、μ_3和σ^2的估计. 显然$\sigma^{2(m+1)}$由m步得到, 且$a_{41}+a_{42}+a_{43}=1$.

CM_2: 在式(5.2.11)中, 令$\mu_j=\hat{\mu}_j$(CM_1步骤的结果), 又令$\sigma_4^2=\sigma^2$, 然后固定σ_e^2, 便得到CM_2的似然函数. 然后对该函数求导并等于零便得到了F_2代中σ^2的迭代式

$$\sigma^{2(m+1)}=\frac{1}{n_4}\sum_{i=1}^{n_4}\sum_{t=1}^{3}w_{4it}^{(m)}\left(x_{4i}-\hat{\mu}_t\right)^2 \tag{5.2.16}$$

其中迭代结果便得到了σ^2的最大似然估计$\hat{\sigma}^2$.

$$w_{4it}^{(m)}=\frac{a_{4t}^{(m)}f_{4t}(x_{4i},\hat{\mu}_t,\sigma^{2(m)})}{\sum_{i=1}^{3}a_{4k}^{(m)}f_{4k}(x_{4i},\hat{\mu}_k,\sigma^{2(m)})},\quad m=0,1,2,\cdots$$

$\mathrm{CM_3}$:在$\mathrm{CM_1}$和$\mathrm{CM_2}$的前提下，可得到σ_e^2的估计

$$\hat{\sigma}_e^2=\frac{\sum_{j=1}^{3}\sum_{i=1}^{n_j}(x_{ji}-\hat{\mu}_j)^2}{n_1+n_2+n_3}\tag{5.2.17}$$

利用$\mathrm{CM_1}$中的估计结果$\hat{\mu}_1$、$\hat{\mu}_2$和$\hat{\mu}_3$，可进行式(5.2.5)~式(5.2.8)的分析. 利用$\mathrm{CM_2}$和$\mathrm{CM_3}$中的分析结果，可进行$\mathrm{F_2}$代的二阶遗传参数的估计和分析

$$\begin{cases}\hat{\sigma}_{mg(\mathrm{F_2})}^2=\frac{1}{2}\hat{d}^2+\frac{1}{4}\hat{h}^2\\ \hat{h}_{mg(\mathrm{F_2})}^2=\frac{\hat{\sigma}_{mg(\mathrm{F_2})}^2}{\hat{\sigma}_{P(\mathrm{F_2})}^2}\\ \hat{\sigma}_{pg(\mathrm{F_2})}^2=\hat{\sigma}_{P(\mathrm{F_2})}^2-\hat{\sigma}_{mg(\mathrm{F_2})}^2-\hat{\sigma}_e^2\\ \hat{h}_{pg(\mathrm{F_2})}^2=\frac{\hat{\sigma}_{pg(\mathrm{F_2})}^2}{\hat{\sigma}_{P(\mathrm{F_2})}^2}\end{cases}\tag{5.2.18}$$

其中，$\mathrm{F_2}$代的表型方差$\hat{\sigma}_{P(\mathrm{F_2})}^2$由$\mathrm{F_2}$代样本计算.

(2) 选用$\mathrm{F_2}$代的 A-2 模型(式(5.1.11)~式(5.1.14)).

其$\mathrm{P_1}$、$\mathrm{F_1}$、$\mathrm{P_2}$和$\mathrm{F_2}$的对数似然函数仍为式(5.2.10)和式(5.2.11), E 步的对数似然函数为式(5.2.13). $\mathrm{F_2}$代的A−2模型有一个约束条件

$$g_1=\mu_1-2\mu_2+\mu_3=0$$

在这种情况下的拉格朗日函数为

$$l(\boldsymbol{\theta})=L_c(\boldsymbol{\theta}|x)-\lambda_1(\mu_1-2\mu_2-\mu_3)\tag{5.2.19}$$

对$l(\boldsymbol{\theta})$关于μ_1、μ_2、μ_3和σ^2求偏导并等于零，便得到估计的正则方程组

$$\begin{cases}\mu_1=\mu_{41}=\frac{\sum_{i=1}^{n_1}x_{1i}+\sum_{i=1}^{n_4}w_{4i1}x_{4i}-\lambda_1\sigma^2}{n_1+\sum_{i=1}^{n_4}w_{4i1}}=\frac{S_1-\lambda_1\sigma^2}{N_1}\\ \mu_2=\mu_{42}=\frac{\sum_{i=1}^{n_2}x_{2i}+\sum_{i=1}^{n_4}w_{4i2}x_{4i}-2\lambda_1\sigma^2}{n_2+\sum_{i=1}^{n_4}w_{4i2}}=\frac{S_2-2\lambda_1\sigma^2}{N_2}\\ \mu_3=\mu_{43}=\frac{\sum_{i=1}^{n_3}x_{3i}+\sum_{i=1}^{n_4}w_{4i3}x_{4i}-\lambda_1\sigma^2}{n_3+\sum_{i=1}^{n_4}w_{4i3}}=\frac{S_3-\lambda_1\sigma^2}{N_3}\\ \sigma^2=\frac{\sum_{j=1}^{3}\sum_{i=1}^{n_j}(x_{ji}-\mu_j)^2+\sum_{i=1}^{n_4}\sum_{t=1}^{3}w_{4it}(x_{4i}-\mu_t)^2}{n_1+n_2+n_3+n_4}\end{cases}\tag{5.2.20}$$

将μ_1、μ_2、μ_3代入约束$g_1=\mu_1-2\mu_2+\mu_3=0$，得

$$\lambda_1=\left(\frac{S_1}{N_1}+\frac{2S_2}{N_2}+\frac{S_3}{N_3}\right)\Big/\left(\frac{\sigma^2}{N_1}+\frac{4\sigma^2}{N_2}+\frac{\sigma^2}{N_3}\right)\tag{5.2.21}$$

具体来讲，给定初值$\boldsymbol{\theta}^{(0)}=\left(a_{41}^{(0)},a_{42}^{(0)},a_{43}^{(0)},\mu_1^{(0)},\mu_2^{(0)},\mu_3^{(0)},\sigma^{2(0)}\right)^{\mathrm{T}}$，则

$$w_{4it}^{(0)}=\frac{a_{4t}^{(0)}f_{4t}\left(x_{4i};\mu_t^{(0)},\sigma^{2(0)}\right)}{\sum_{k=1}^{3}a_{4k}^{(0)}f_{4k}\left(x_{4i};\mu_k^{(0)},\sigma^{2(0)}\right)}$$

$\mathrm{CM_1}$：计算方法如下

$$\begin{cases}\sigma^{2(m+1)}=\frac{\sum_{j=1}^{3}\sum_{i=1}^{n_j}\left(x_{ji}-\mu_j^{(m)}\right)^2+\sum_{i=1}^{n_4}\sum_{t=1}^{3}w_{4it}^{(m)}\left(x_{4i}-\mu_t^{(m)}\right)^2}{n_1+n_2+n_3+n_4}\\ a_{4t}^{(m+1)}=\frac{\sum_{i=1}^{n_4}w_{4it}^{(m)}}{n_4},\quad t=1,2,3\\ N_t^{(m+1)}=n_t+\sum_{i=1}^{n_4}w_{4it}^{(m)},\quad t=1,2,3\\ S_t^{(m+1)}=\sum_{i=1}^{n_t}x_{ti}+\sum_{i=1}^{n_4}w_{4it}^{(m)}x_{4i},\quad t=1,2,3\\ \lambda_1^{(m+1)}=\left(\frac{S_1^{(m)}}{N_1^{(m)}}+\frac{2S_2^{(m)}}{N_2^{(m)}}+\frac{S_3^{(m)}}{N_3^{(m)}}\right)\Big/\sigma^{2(m)}\left(\frac{1}{N_1^{(m)}}+\frac{4}{N_2^{(m)}}+\frac{1}{N_3^{(m)}}\right)\\ \mu_1^{(m+1)}=\frac{S_1^{(m)}-\lambda_1^{(m)}\sigma^{2(m)}}{N_1^{(m)}}\\ \mu_2^{(m+1)}=\frac{S_2^{(m)}-2\lambda_1^{(m)}\sigma^{2(m)}}{N_2^{(m)}}\\ \mu_3^{(m+1)}=\frac{S_3^{(m)}-\lambda_1^{(m)}\sigma^{2(m)}}{N_3^{(m)}}\end{cases}\tag{5.2.22}$$

其中，$m=0,1,2,\cdots$，直到$\mu_j^{(m)}$间、$\sigma^{2(m)}$间达到给定的精度，便得到a_{41}、a_{42}、a_{43}、μ_1、μ_2、μ_3和σ^2的估计.

CM_2、CM_3与式(5.2.16)和式(5.2.17)的做法类同.

据式(5.1.11)～式(5.1.14)所得模型(A-2)有关主基因的一阶遗传参数估计$\hat{\boldsymbol{G}}=(\hat{m},\hat{d})^{\mathrm{T}}$及二阶遗传参数$\sigma_{mg(\mathrm{F}_2)}^2$等的估计

$$\boldsymbol{\theta}=\begin{bmatrix}\mu_1\\ \mu_2\\ \mu_3\end{bmatrix}=\begin{bmatrix}1&1\\ 1&0\\ 1&-1\end{bmatrix}\begin{bmatrix}m\\ d\end{bmatrix}=\boldsymbol{AG}\qquad \hat{\boldsymbol{G}}=(\boldsymbol{A}^{\mathrm{T}}\boldsymbol{A})^{-1}\boldsymbol{A}^{\mathrm{T}}\hat{\boldsymbol{\theta}}=\begin{bmatrix}\hat{m}\\ \hat{d}\end{bmatrix}$$

误差方差为

$$S_e^2=\left(\hat{\mu}_1-\hat{m}-\hat{d}\right)^2+(\hat{\mu}_2-\hat{m})^2+\left(\hat{\mu}_3-\hat{m}+\hat{d}\right)^2$$

则$\hat{\boldsymbol{G}}$的协方差为

$$\mathrm{Cov}(\hat{\boldsymbol{G}},\hat{\boldsymbol{G}})=S_e^2(\boldsymbol{A}^{\mathrm{T}}\boldsymbol{A})^{-1}=\begin{bmatrix}S_m^2&S_{md}\\ S_{dm}&S_d^2\end{bmatrix}$$

F_2的表型方差$\hat{\sigma}_{P(\mathrm{F}_2)}^2$由观察资料直接计算，主基因遗传方差及其遗传力的估计为

$$\hat{\sigma}_{mg(\mathrm{F}_2)}^2=\frac{1}{2}\hat{d}^2\qquad \hat{h}_{mg(\mathrm{F}_2)}^2=\frac{1}{2}\hat{d}^2/\hat{\sigma}_{P(\mathrm{F}_2)}^2$$

多基因方差及其遗传力的估计为

$$\hat{\sigma}_{pg(\mathrm{F}_2)}^2=\hat{\sigma}_{P(\mathrm{F}_2)}^2-\hat{\sigma}_{mg(\mathrm{F}_2)}^2-\hat{\sigma}_e^2\qquad \hat{h}_{pg(\mathrm{F}_2)}^2=\frac{\hat{\sigma}_{pg(\mathrm{F}_2)}^2}{\hat{\sigma}_{P(\mathrm{F}_2)}^2}$$

多基因是否存在，可用似然比检验或F检验H_0: $\sigma_e^2=\sigma^2$.

【例 5.2.2】 采用两个纯系亲本P_1(E-31)和P_2(中 19)的单交组合研究棉花品质性状的遗传规律. 其中纤维长度(mm)的P_1、F_1、P_2和F_2代的样本资料如表 5.2.1 所示.

由F_2代的次数分布及其峰态看，不易看出主基因的存在情况，下面通过F_2代的单世代分离分析和P_1、F_1、P_2和F_2代的联合分离分析予以鉴别，因为主基因-多基因混合遗传分析可以充分利用样本所有个体的信息.

对于F_2代的单世代分离分析用了表 5.1.2 所示的 A-0～B-6 等共 11 个模型，对P_1、F_1、

表 5.2.1　棉花“E-31×中 19”杂交组合P_1、F_1、P_2和F_2资料表

性状	世代	27.9~28.5~29.1~29.7~30.3~30.9~31.5~32.1~32.7~33.3~33.9~34.5~35.1~35.5	n	$\bar{x}$	s^2
纤维长度/mm	P_2	7　11　16　13　2	49	29.25	0.40
	P_1	6　7　15　14　2	44	34.09	0.38
	F_1	3　2　12　15　11　2　0　1	46	32.90	0.55
	F_2	1　7　5　17　32　40　35　28　18　5　2　2	192	31.99	1.46

P_2和F_2的联合分离分析应用了表 5.1.2 的所有模型. 参数的最大似然估计运用 IECM 算法. 具体分析步骤和结果如下.

(1) 据 AIC 最小准则选择较优模型.

关于 AIC 准则见式(1.3.26), 结果如下.

F_2代的单世代分离分析以 A-0 (无主基因)和 B-6 (两对主基因等显性+多基因)的 AIC 值最小, 分别为 620.36 和 622.35.

P_1、F_1、P_2和F_2代联合分析以 C-0 (多基因)和 E-4 (两对主基因等加性+加性-显性多基因)的 AIC 值最小, 分别为 906.16 和 905.74.

(2) 对初选模型进行适合性检验. 检验结果如表 5.2.2 所示. 结果表明, 初选模型 A-0、B-6、C-0、E-4 均通过了 5 项适合性检验.

(3) 适合性检验分不清模型差异的情况下, 可用两个模型的似然比检验进一步判断. 似然比检验参阅式(1.3.27), 式中模型H_1是H_2的特例,θ_1和θ_2分别是H_1和H_2的待估参数, 则二者的似然比检验为

表 5.2.2　纤维长度在 4 个世代 AIC 值较小模型的适合性检验

性状	世代	模型	模型适合性统计量				
			U_1^2	U_2^2	U_3^2	${}_nW^2$	D_n
纤维长度	F_2	A-0	0.003(0.9565)	0.000(0.9929)	0.061(0.8049)	0.04070	0.0430
		B-6	0.002(0.9654)	0.000(0.9848)	0.060(0.8068)	0.04070	0.0429
	4 个世代	C-0	0.001(0.9765)	0.000(0.9895)	0.028(0.8678)	0.0408	0.0814
			0.003(0.9583)	0.000(0.9935)	0.029(0.8652)	0.0346	0.0822
			0.049(0.8245)	0.032(0.8576)	0.020(0.8876)	0.0685	0.0979
			0.003(0.9537)	0.000(0.9963)	0.059(0.8075)	0.0407	0.0431
		E-4	0.318(0.5730)	0.326(0.5682)	0.010(0.9202)	0.0673	0.0868
			1.339(0.2472)	1.382(0.2398)	0.049(0.8254)	0.1629	0.1336
			0.727(0.3940)	0.664(0.4150)	0.002(0.9672)	0.1465	0.1300
			3.369(0.0665)	3.463(0.0628)	0.112(0.7375)	0.3647	0.0903

$$\lambda = 2\left[l\left(\hat{\theta}_2\right) - l\left(\hat{\theta}_1\right)\right] \sim \chi^2(f)$$

其中, $l\left(\hat{\theta}\right)$为最大对数似然值; 自由度$f$为两个模型待估参数个数之差或约束条件个数之差.

对F_2代的单独分析中, A-0(H_1)是 B-6(H_2)的特例. 二者待估独立参数个数之差为 1, 即$f = 1$. 似然比检验的结果为

$$\lambda = 0.0157 < \chi^2_{0.05}(1) = 3.841$$

不显著.

对于P_1、F_1、P_2和F_2代的联合分析, C-0(H_1)是 E-4 (H_2)的特例, 待估独立参数个数之差为 1, 即$f = 1$. 似然比检验的结果为

$$\lambda = 7.579 > \chi^2_{0.05}(1) = 3.841$$

而$\chi^2_{0.01}(1) = 6.635$, 故二者差异是极显著的. 由于E-4模型的 AIC 值小于 C-0 模型, 故 E-4 模型可能更适合纤维长度的遗传.

(4) 一阶遗传参数的估计(E-4 模型).

在 E-4 模型下, P_1、F_1、P_2和F_2代的联合分析中, 不分离世代和F_2代各成分分布对应的主基因型、分布参数(均值、方差)及估计如表 5.2.3 所示.

表 5.2.3 P_1、F_1、P_2和F_2代在E-4模型下的分布参数估计结果

世代	P_1	F_1	P_2	F_2				
主基因型	$AABB$	$AaBb$	$aabb$	$AABB$	$AABb+AaBB$	$AAbb+AaBb+aaBB$	$Aabb+aaBb$	$Aabb$
均值	μ_1	μ_2	μ_3	μ_{41}	μ_{42}	μ_{43}	μ_{44}	μ_{45}
估计	29.1894	32.7775	34.0246	31.2395	31.7159	32.1923	32.6687	33.1451
方差	$\hat{\sigma}_1^2=\hat{\sigma}_2^2=\hat{\sigma}_3^2=0.4395$					$\hat{\sigma}_4^2=1.2639$		

一阶分布参数和一阶遗传参数的关系为

$$\mu_1 = m + 2d + [d] \qquad \mu_2 = m + [h] \qquad \mu_3 = m - 2d - [d]$$

$$\mu_{41} = m + 2d + \frac{1}{2}[h] \qquad \mu_{42} = m + d + \frac{1}{2}[h] \qquad \mu_{43} = m + \frac{1}{2}[h]$$

$$\mu_{44} = m - d + \frac{1}{2}[h] \qquad \mu_{45} = m - 2d + \frac{1}{2}[h]$$

据表 5.1.2 所示模型E-4中参数及式(5.2.4)~式(5.2.7), 令

$$\boldsymbol{G} = \begin{bmatrix} m \\ d \\ [d] \\ [h] \end{bmatrix} \qquad \boldsymbol{\theta} = \begin{bmatrix} \mu_1 \\ \mu_2 \\ \mu_3 \\ \mu_{41} \\ \mu_{42} \\ \mu_{43} \\ \mu_{44} \\ \mu_{45} \end{bmatrix} \qquad \boldsymbol{A} = \begin{bmatrix} 1 & 2 & 1 & 0 \\ 1 & 0 & 0 & 1 \\ 1 & -2 & -1 & 0 \\ 1 & 2 & 0 & \frac{1}{2} \\ 1 & 1 & 0 & \frac{1}{2} \\ 1 & 0 & 0 & \frac{1}{2} \\ 1 & -1 & 0 & \frac{1}{2} \\ 1 & -2 & 0 & \frac{1}{2} \end{bmatrix}$$

则$\boldsymbol{\theta} = \boldsymbol{AG}$. 如今, 已由 4 个世代联合分析得到$\boldsymbol{\theta}$的估计$\widehat{\boldsymbol{\theta}}$

$$\widehat{\boldsymbol{\theta}} = (29.1894, 32.7775, 34.0246, 31.2395, 31.7159, 32.1923, 32.6687, 33.1451)^{\mathrm{T}}$$

则在模型$\widehat{\boldsymbol{\theta}} = \boldsymbol{AG} + \boldsymbol{\varepsilon}$之下, $\boldsymbol{G}$的最小二乘估计为

$$\widehat{\boldsymbol{G}} = \left(\widehat{m}, \hat{d}, [\hat{d}], [\hat{h}]\right)^{\mathrm{T}} = (\boldsymbol{A}^{\mathrm{T}}\boldsymbol{A})^{-1}\mathbf{A}^{\mathrm{T}}\widehat{\boldsymbol{\theta}} = (31.6070, -0.4764, -1.4648, 1.1705)^{\mathrm{T}}$$

估计的误差方差为

$$S_e^2 = \left(\widehat{\boldsymbol{\theta}} - \boldsymbol{A}\widehat{\mathbf{G}}\right)^{\mathrm{T}}\left(\widehat{\boldsymbol{\theta}} - \boldsymbol{A}\widehat{\boldsymbol{G}}\right) = (3.2974 \times 10^{-5})^2$$

则$\widehat{\boldsymbol{G}}$的协方差阵为

$$S_e^2(\boldsymbol{A}^{\mathrm{T}}\boldsymbol{A})^{-1}=(3.2974\times10^{-5})^2\begin{bmatrix}0.3913 & 0 & 0 & -0.6087\\0 & 0.1 & -0.2 & 0\\0 & -0.2 & 0.9 & 0\\-0.6087 & 0 & 0 & 1.3913\end{bmatrix}$$

综上所述, 四个一阶遗传参数的估计结果为

$$\widehat{m}\pm S_m=31.6070\pm\sqrt{0.3913}\times S_e=31.6070\pm2.0627\times10^{-5}$$

$$\hat{d}\pm S_d=-0.4764\pm\sqrt{0.1}\times S_e=-0.4764\pm1.0427\times10^{-5}$$

$$[\hat{d}]\pm S_{[d]}=-1.4648\pm\sqrt{0.9}\times S_e=-1.4648\pm3.1282\times10^{-5}$$

$$[\widehat{h}]\pm S_{[h]}=1.1705\pm\sqrt{1.3913}\times S_e=1.1705\pm3.8894\times10^{-5}$$

显然, 用$t_m=\widehat{m}/S_m$等进行t检验, 都是极显著的.

(5) 二阶遗传参数的估计. 据F_2的 E-4 模型有

$$\hat{\sigma}^2_{mg(\mathrm{F}_2)}=\hat{d}^2=0.4764^2=0.2270$$

$$\hat{\sigma}^2_{pg(\mathrm{F}_2)}=\hat{\sigma}^2_{\mathrm{P}(\mathrm{F}_2)}-\hat{\sigma}^2_{mg(\mathrm{F}_2)}-\hat{\sigma}^2_e(=\hat{\sigma}^2_1=\hat{\sigma}^2_2=\hat{\sigma}^2_3)$$

$$=1.46-0.2270-0.4395=0.7935$$

$$\widehat{h}^2_{mg(\mathrm{F}_2)}=\frac{\hat{\sigma}^2_{mg(\mathrm{F}_2)}}{\hat{\sigma}^2_{P(\mathrm{F}_2)}}=\frac{0.2270}{1.46}=15.55\%$$

$$\widehat{h}^2_{pg(\mathrm{F}_2)}=\frac{\hat{\sigma}^2_{pg(\mathrm{F}_2)}}{\hat{\sigma}^2_{P(\mathrm{F}_2)}}=\frac{0.7935}{1.46}=54.35\%$$

在遗传方差中, 主基因方差所占比例为

$$\frac{\hat{\sigma}^2_{mg}}{\hat{\sigma}^2_{mg}+\hat{\sigma}^2_{pg(\mathrm{F}_2)}}=\frac{0.2270}{0.2270+0.7935}=22.24\%$$

(6) 选用F_2代的E- 4模型进行P_1、F_1、P_2和F_2代的联合分析, F_2有 5 个成分分布, 其均值分别为μ_{41}、μ_{42}、μ_{43}、μ_{44}和μ_{45}, 相应的频率分别为a_{41}、a_{42}、a_{43}、a_{44}和a_{45}. 利用 IECM 算法可估计出这些频率、均值和分布方差σ^2. 有了这些估计, 就可求出F_2代个体$x_{4i}(i=1,2,\cdots,n_4)$的后验概率w_{4it}, 由它可对x_{4i}的F_2代中五个主基因型进行判别. 一般来讲, 对于两对主基因型的判别就比较模糊, 但仍然对性状遗传的特点及主基因型的重要性的认识有所帮助.

关于数量性状主基因-多基因混合遗传的多世代联合分离分析, 针对植物数量性状在实际中的特点, 盖钧镒等进行了详细研究, 并且有专门的算法程序, 这里不再赘述.

5.3 主基因-多基因数量性状的综合选择指数

高效率的动植物育种是和先进的选择理论和方法分不开的. 数量性状的选择理论是依据表现型而非基因型, 因为人们通过数量性状的遗传模型无法知道个体的基因型, 只能从表现型加以判断, 因而效率不高. 在单性状选择和多性状选择中, 影响选择效果的因素是多方面的, 但最能发挥人们主观能动性的是尽量设法提高育种值的估计准确度,

这种思想体现在经典数量遗传学的选择原理和方法中. 例如, 在单性状选择的个体选择、家系选择、家系内选择与合并选择等方法的比较研究中, 以合并选择最优, 因为在育种值估计上既利用了个体信息又利用了家系信息. 又如, 在多个数量性状的综合选择指数研究中, 人们又提出了通用指数, 这是因为经典综合选择指数仅能利用候选群体中的信息, 而通用选择指数既利用了候选群体的信息, 又利用了相关的亲属信息. 然而, 利用附加信息也存在一些问题, 因为它在利用各种亲属信息中, 选择效果必然受到估计误差的影响, 用的亲属信息越多, 受估计误差的影响越严重.

从数量性状的遗传体系上看, 经典数量遗传学的选择分析中, 仅把候选群体的个体信息作为一个多基因的正态总体来对待, 简单地利用了它的均值和方差. 如果把候选群体的数量性状按主基因-多基因混合遗传体系进行分离分析, 不但可以充分利用候选群体中的个体信息判断主基因和多基因是否存在, 而且可以进一步明析分离世代表型方差中的主基因方差、多基因方差和环境方差的组成情况. 由于候选群体在同一环境下形成, 所以对它进行的主基因-多基因混合遗传分离分析, 不但能提高育种值的准确度, 而且不会受到利用亲属信息的估计误差的影响. 也就是说, 把主基因-多基因分离分析用到数量性状的选择, 会提高经典选择模型的选择效率, 甚至可以利用个体的后验概率对候选群体个体进行判别. 罗凤娟等(2008)对主基因-多基因混合遗传数量性状的单性状选择进行的研究表明, 在同一选择强度下, 其选择效果比经典单性状选择效果提高了 10.376%. 另外, 陈小蕾等(2011)对主基因-多基因混合遗传数量性状与微效多基因选择的综合选择指数进行了初步研究, 下面予以介绍.

5.3.1　综合选择指数原理

假设候选群体为某一分离世代 (如F_2代等), 选择数量性状向量为$\boldsymbol{x}=(x_1,x_2,\cdots,x_m)^{\mathrm{T}}$, 相应的育种值向量为$\boldsymbol{A}=(a_1,a_2,\cdots,a_m)^{\mathrm{T}}$, 剩余向量为$\boldsymbol{e}=(e_1,e_2,\cdots,e_m)^{\mathrm{T}}$, 则有$\boldsymbol{x}=\boldsymbol{\mu}+\boldsymbol{A}+\boldsymbol{e}$. 若$\boldsymbol{A}$、$\boldsymbol{e}$独立, 则$\boldsymbol{\Sigma}_P=\boldsymbol{\Sigma}_A+\boldsymbol{\Sigma}_e$, 其中$\boldsymbol{\Sigma}_P$、$\boldsymbol{\Sigma}_A$和$\boldsymbol{\Sigma}_e$分别为$\boldsymbol{x}$的表型协方差阵、育种值协方差阵和剩余协方差阵.

在经典数量遗传学中, 各选择性状x_i为微效多基因数量性状的表型, $\boldsymbol{x}\sim N_m(\boldsymbol{\mu},\boldsymbol{\Sigma}_P)$, 而$\boldsymbol{A}\sim N_m(\boldsymbol{\mu},\boldsymbol{\Sigma}_A)$, $\boldsymbol{e}\sim N_m(\boldsymbol{0},\boldsymbol{\Sigma}_e)$.

在主基因-多基因混合遗传假设下, 数量性状的分离分析基础是有限混合正态分布, 即是k个正态分布的线性组合, 在数理统计理论之下它仍然是一维正态分布, 因而选择性状 X、育种值向量$\boldsymbol{A}$和剩余效应向量$\boldsymbol{e}$间的关系和分布形式仍如前所述, 但内涵已发展了, 即$\boldsymbol{A}$中不但有多基因的累加效应, 而且有主基因的累加效应. 这就是说, 经典数量遗传中的多性状选择的综合选择指数理论仍然适合于主基因-多基因混合遗传体系的多性状选择, 而且其选择效率高于(如果一些选择性状的主基因存在)经典综合选择指数. 其原因是, 数量性状分离分析法充分利用了候选群体中个体的信息, 对主基因进行挖掘, 提高了育种值的精确度.

5.3.2　应用举例

《分子数量遗传学》(徐云碧和朱立煌, 1994)中提供了籼型水稻窄叶青 8(ZYQ)和粳型水稻京系 17(JX)杂交组合的F_2代的资料. 选用x_1(颖花数)和x_2(结实率)两个性状, 进行了主基因-多基因数量性状的选择指数初步研究.

1. 经典数量遗传学(多基因假说)的综合选择指数分析

设两个亲本在两个性状上服从$N_2\left(\boldsymbol{\mu}_{(\mathrm{P})},\boldsymbol{\Sigma}_e\right)$，两个性状在$\mathrm{F}_2$代上服从$N_2\left(\boldsymbol{\mu}_{(\mathrm{F}_2)},\boldsymbol{\Sigma}_P\right)$. $\boldsymbol{\Sigma}_e$和Σ_P分别为两个性状的环境协方差阵和表型协方差阵. 由P_1、P_2和F_2代样本($n=76$)估计的各分布参数为

$$\widehat{\boldsymbol{\mu}}_{(P)}=(174.8,68.51)^{\mathrm{T}}\qquad \widehat{\boldsymbol{\mu}}_{(\mathrm{F}_2)}=(222.9,49.4)^{\mathrm{T}}$$

$$\widehat{\boldsymbol{\Sigma}}_e=\begin{bmatrix}75.848 & 6.017\\ 6.017 & 3.445\end{bmatrix}\qquad \widehat{\boldsymbol{\Sigma}}_P=\begin{bmatrix}4124.6 & 1130.2\\ 1130.2 & 393.5\end{bmatrix}$$

在遗传模型$P=\mu+g+e$下，若g和相互独立，则遗传协方差阵$\boldsymbol{\Sigma}_g=\boldsymbol{\Sigma}_P-\boldsymbol{\Sigma}_e$的估计为

$$\widehat{\boldsymbol{\Sigma}}_g=\begin{bmatrix}4048.8 & 1124.2\\ 1124.2 & 390.1\end{bmatrix}$$

假设x_1和x_2的经济权重为$\boldsymbol{W}=(0.5,0.5)^{\mathrm{T}}$，其选择指数$I$和综合育种值$H$分别为

$$I=b_1x_1+b_2x_2\qquad H=w_1g_1+w_2g_2$$

则据式(4.3.13)所得的$b=(b_1,b_2)^{\mathrm{T}}$的估计及选择指数为

$$\boldsymbol{b}=\boldsymbol{\Sigma}_P^{-1}\widehat{\boldsymbol{\Sigma}}_g\boldsymbol{W}=(0.469,0.577)^{\mathrm{T}}$$

$$I=0.469x_1+0.577x_2$$

据式(4.3.20)~式(4.3.24)，有如下分析结果.

H的方差为

$$\hat{\sigma}_H^2=\widehat{\boldsymbol{W}}^{\mathrm{T}}\widehat{\boldsymbol{\Sigma}}_g\widehat{\boldsymbol{W}}=1671.83$$

I的表型方差为

$$\hat{\sigma}_I^2=\boldsymbol{b}^{\mathrm{T}}\boldsymbol{\Sigma}_P\boldsymbol{b}=1649.9$$

I的遗传方差为

$$\hat{\sigma}_{Ig}^2=\boldsymbol{b}^{\mathrm{T}}\boldsymbol{\Sigma}_g\boldsymbol{b}=1628.8$$

I的遗传力为

$$h_I^2=\frac{\hat{\sigma}_{Ig}^2}{\hat{\sigma}_I^2}=0.987$$

I的直接选择进展为

$$\mathrm{GS}_I=K\hat{\sigma}_Ih_I^2=40.101K\quad (K\text{为选择强度})$$

H的相关进展为

$$C\mathrm{GS}_{H(I)}=K\hat{\sigma}_I=40.62K$$

选择性状对H的决定系数为

$$R_{H(x)}^2=\frac{\hat{\sigma}_I^2}{\hat{\sigma}_H^2}=0.987$$

2. 主基因-多基因混合遗传假设下的综合选择指数分析

在主基因-多基因混合遗传假设之下的数量性状分离分析，基于有限混合正态分布所建立的综合选择指数和多基因假说相同，但它可以带来如下两方面信息.

1)$\boldsymbol{\Sigma}_g$中主基因和多基因的信息

对选择性状$\boldsymbol{x}=(x_1,x_2)^{\mathrm{T}}$中各性状进行主基因-多基因混合遗传分离分析，了解其受控主基因和多基因的情况，可加深对遗传机理的理解，进而采取相应的育种措施.

(1) F_2代的x_1的分离分析算法. x_1的频率分布图如图 5.3.1 所示，分离分析不同成分分布的 AIC 值及参数估计结果如表 5.3.1、表 5.3.2 所示.

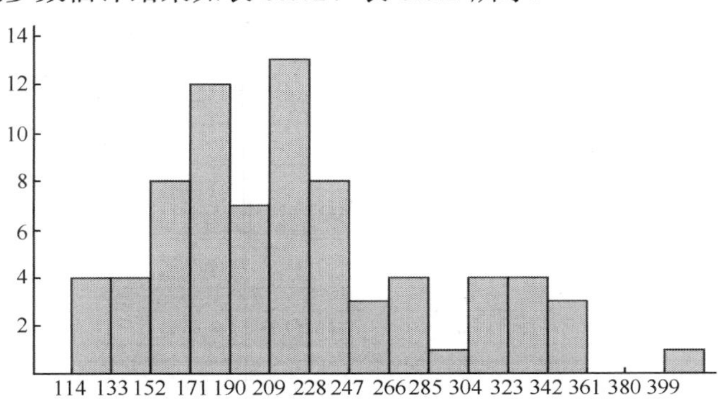

图 5.3.1　ZYQ8 和 JX17 杂交F_2代颖花数x_1的频率分布

表 5.3.1　x_1不同成分分布个数对应的 AIC 值

成分分布数	独立参数个数	对数似然函数极大值	AIC 值
1	1	−423.676	849.351
2	4	−423.683	855.368
3	6	−417.025	846.049
4	8	−423.684	863.368
5	10	−424.904	869.808

表 5.3.2　$k=3$时x_1的参数估计值

成分分布数j	系数a_j	均值μ_j	方差σ^2
1	0.210	318.620	
2	0.538	198.740	4821.300
3	0.251	180.340	

表 5.3.1 表明，$k=3$时, AIC=846.049 最小，x_1的主基因-多基因混合遗传模型应为一对主基因的A−1模型，其分布函数为

$$f(x)=\frac{1}{4}f_1(x;\mu_1,\sigma^2)+\frac{1}{2}f_2(x;\mu_2,\sigma^2)+\frac{1}{4}f_3(x;\mu_3,\sigma^2)$$

$f_j(j=1,2,3)$分布表示主基因型AA、Aa、aa的成分分布. 模型存在的似然比检验为

$$\lambda=2[\ln L(k=3)-\ln L(k=1)]=2(423.676-417.025)=13.302>\chi^2_{0.01}(2)=9.210$$

$a_1:a_2:a_3=1:2:1$的符合性检验为$(n=76)$

$$\begin{aligned}\chi_0^2 &= \sum_{j=1}^{3}\frac{(O_j-E_j)^2}{E_j}\\ &= \frac{(0.538\times76-0.5\times76)^2}{0.5\times76}+\frac{(0.251\times76-0.25\times76)^2}{0.25\times76}+\frac{(0.21\times76-0.52\times76)^2}{0.25\times76}\\ &= 0.706 < \chi_{0.01}^2(2) = 5.991\end{aligned}$$

对于A–1模型，据式(5.1.9)和式(5.1.10)，一阶遗传参数的估计为

$$\hat{m} = \frac{1}{2}(\hat{\mu}_1 + \hat{\mu}_3) = 249.840$$

$$\hat{d} = \frac{1}{2}(\hat{\mu}_1 - \hat{\mu}_3) = 69.140$$

$$\hat{h} = \frac{1}{2}(2\hat{\mu}_2 - \hat{\mu}_1 - \hat{\mu}_3) = -50.74$$

主基因方差为

$$\hat{\sigma}_{mg\mathrm{F}_2}^2 = \frac{1}{2}\hat{d}^2 + \frac{1}{4}\hat{h}^2 = 3033.8$$

多基因方差为

$$\hat{\sigma}_{pg\mathrm{F}_2}^2 = \hat{\sigma}_{P\mathrm{F}_2}^2 - \hat{\sigma}_{mg\mathrm{F}_2}^2 - \hat{\sigma}_e^2 = 4124.6 - 3033.8 - 75.85 = 1014.9$$

主基因占总遗传方差的比例为

$$\frac{\hat{\sigma}_{mg}^2}{\hat{\sigma}_{mg}^2+\hat{\sigma}_{pg\mathrm{F}_2}^2} = \frac{3033.8}{3033.8+1014.9} = 75\%$$

说明主基因效应很大，应考虑对主基因型进行 QTL 定位，谋求通过分子标记的检测，实现对目标性状基因型进行选择，即分子辅助选择(MAS)．事实上，对x_1进行直接选择比GS_I要高：$\mathrm{GS}_{x_1}=K\sigma_{P_1}h_{x_1}^2 = 63.1K$.

对候选群体F_2代样本个体进行贝叶斯后验概率分类

由于

$$x_1 \sim \frac{1}{4}N(\mu_1,\sigma^2) + \frac{1}{2}N(\mu_2,\sigma^2) + \frac{1}{4}N(\mu_3,\sigma^2)$$

由表 5.3.2 知，$\hat{\mu}_1 = 318.620, \hat{\mu}_2 = 198.740, \hat{\mu}_3 = 180.340, \sigma^2 = 4821.300$．由此可对$\mathrm{F}_2$代样本个体计算$w_{ij}$，进而计算其后验概率．这种分类是用统计方法对个体主基因型的识别．具体做法见本章 5.1 节例 5.1.1 的表 5.1.7．显然，这种识别在经典数量遗传学选择中是无法做到的．

(2) F_2代的x_2(结实率)的分离分析．x_2的频率分布图和分离分析的 AIC 值分别如图 5.3.2 和表 5.3.3 所示．

表 5.3.3 表明，当$k = 1$时x_2的 AIC=570.775 最小，应初步判断为多基因控制．

综合以上分析，x_1为主基因-多基因，主基因方差占总遗传方差的 75%，遗传力为 0.982，直接选择进展$\mathrm{GS}_{x_1} = 63.1K$；$x_2$为多基因，遗传力为 0.99，表型标准差为 19.4，直接遗传进展$\mathrm{GS}_{x_2} = 19.2K$．在二者等经济权重的情况下，综合选择指数 $I=0.469x_1 + 0.577x_2, \mathrm{GS}_I = 40.1K$．比较得$\mathrm{GS}_{x_1} > \mathrm{GS}_I > \mathrm{GS}_{x_2}$．这个事实说明以下几点．

① 应充分利用主基因-多基因混合遗传体系理论，发现更多的有主基因座位的经济性状，对其进行 QTL 定位，进而进行分子标记辅助选择．

② 应用多个有主基因座位的经济性状构建综合选择指数，以提高表型选择效率．

③ 如果构建的选择指数中既有主基因性状，又有多基因性状，在等权情况下，会降低综合选择效果．

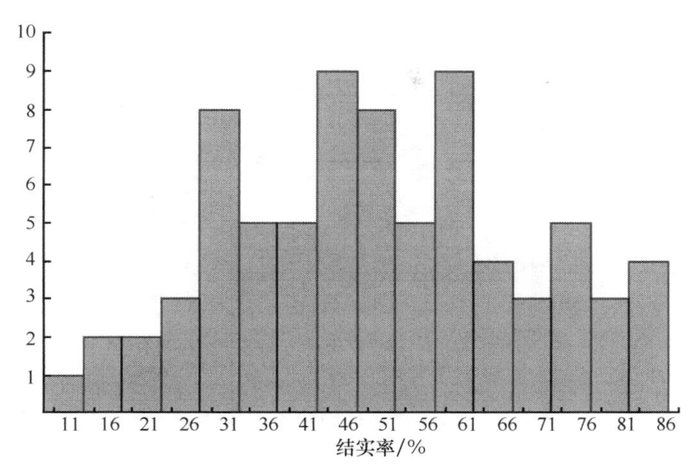

图 5.3.2　ZYQ8 和 JX17 杂交F_2代结实率x_2的频数分布

表 5.3.3　x_2不同分布个数对应的 AIC 值

成分分布数	独立参数个数	对数似然函数极大值	AIC 值
1	1	−334.388	670.775
2	4	−333.693	675.386
3	6	−333.785	679.572
4	8	−333.315	682.630
5	10	−334.357	688.713

第 6 章　交配效应与配合力分析

动植物品种的人工改良和物种在自然界中的进化的共同点是群体遗传结构上的变化，即增加符合育种目标或进化的有利基因，减少与之相对应的不利基因.

第 1 章介绍了交配系统、选择、迁移(育种中的引种)等改变群体基因频率的群体遗传学机理. 在此基础上，育种者为了达到育种目标，基本上只有两种途径: ①育种者能决定让哪个个体产生后代，并能在一定范围内控制它繁殖更多或更少的后代，这就是人工选择; ②育种者能控制亲本的交配方式，即近交或杂交(袁志发(2011)指出，从配子相关系数 F 来讲，对于近交(除回交外)，$0<F\leqslant1$，杂交则有 $-1\leqslant F<0$).

人工选择的中选个体和对其施行交配方式的选择是至关重要的. 若用适当的交配方式繁殖中选亲本的后代，就能发挥选择的优势，达到选育品种的目的; 若用不适当的交配方式繁殖中选亲本的后代，就会使选择的优势减弱或消失. 因而，必须研究近交和杂交的交配效应. 在育种过程中，遗传非同型交配称为远交(out breeding)，它和不同品种或品系之间的杂交(cross breeding)的效应类似，并不明确区分.

6.1　交配效应分析

6.1.1　近交衰退

杂交在动植物品种改良中起着极为重要的作用，然而在实践过程中是离不开近交的. 例如，在以杂交优势利用为目的的繁殖体系建立中，其基础是以近交为手段的亲本纯繁选育等. 下面讲述近交对数量性状均值的影响——近交衰退.

近交会引起与适应度、繁殖能力、生理效率等相关联的数量性状均值变劣的现象，称为近交衰退(inbreeding depression).

近交衰退是异性生物交配中普遍存在的现象. 表 6.1.1 列举了近交衰退的一些实例，其中近交衰退结果是每增加 10%的近交系数所引起的变化量. 这些量用以下三种方式表示.

(1)绝对单位$(\mu_0-\mu_F)$.

(2)$(\mu_0-\mu_F)$相当于非近交群体μ_0的百分数.

(3)$(\mu_0-\mu_F)$相当于非近交群体表型标准差σ_P的百分数.

为了正确理解表 6.1.1 所列有关数量性状的近交衰退变化量，作以下两点说明.

(1)所谓非近交群体指基础群，它是处于 Hardy-Weinberg 平衡(F=0)的大孟德尔群体，所测数量性状服从 $N\left(\mu_0,\sigma_P^2\right)$.

(2)通过设计可使基础群由若干相互封闭的理想小群体(亚群)组成，各亚群的后代由各亚群产生，均保留N个有效的繁殖个体. 各亚群的传代过程是一个抽样过程，也是一个近交过程. 在这个过程中，各亚群的基因频率发生了随机漂变，使各亚群的数量

性状均值有所不同. 对于单位点$(A, a)=(p, q)$的基础群而言, 各亚群在t世代的基因型频率为

$$(AA, Aa, aa)=(p_t^2, 2p_tq_t, q_t^2)$$

所以亚群基因型频率的期望值(平均值)为

$$\begin{cases} E(p_t^2)=p^2+pq\left[1-\left(1-\frac{1}{2N}\right)^t\right]=p^2+pqF_t\approx p^2+pq\left(1-\mathrm{e}^{-\frac{t}{2N}}\right) \\ E(q_t^2)=q^2+pq\left[1-\left(1-\frac{1}{2N}\right)^t\right]=q^2+pqF_t\approx q^2+pq\left(1-\mathrm{e}^{-\frac{t}{2N}}\right) \\ E(2p_tq_t)=2pq\left(1-\frac{1}{2N}\right)^t=2pq(1-F_t)\approx 2pq\mathrm{e}^{-\frac{t}{2N}} \end{cases} \quad (6.1.1)$$

其中, F_t为t世代的近交系数, 显然F_t的大小可用N控制. 由式(6.1.1)可知, 当$N\to\infty$时, 不会出现各亚群的分化, 只会达到平衡, 即$(AA, Aa, aa)=(p^2, 2pq, q^2)$, 这时数量性状仍服从$N(\mu_0, \sigma_P^2)$; 当$N$和$t$有限时, 各亚群的平均值会因基因频率的随机漂变而有所变化, 所有亚群数量性状平均值的平均为μ_F, 这就产生了变化$\mu_0-\mu_F$; 当N有限而$t\to\infty$时, 各亚群会因基因频率的随机漂变而趋于固定, 或为AA, 或为aa, 即基础群会固定为$(AA, Aa, aa)=(p, 0, q)$.

由上述可知, 近交衰退是各亚群因近交所产生的平均值的平均变化而使μ_F比μ_0变劣. 由群体遗传学知, Hardy-Weinberg 平衡群体的香农信息熵最大(参阅《群体遗传学、进化与熵》(袁志发, 2011), 具有最好的适应性, 因而μ_0是该数量性状适应度的最佳指标, 即近交使群体均值μ_F偏离μ_0而导致衰退.

表 6.1.1　近交衰退的例子(Falconer, 1996)

			绝对单位	μ_0的百分数	σ_P的百分数/%
人	10 岁时的身高/cm		2.0	1.6	37
	智力测验得分/%		4.4	4.4	29
牛	产奶量/kg		13.5	3.2	17
绵羊	剪毛量/kg		0.29	5.5	51
	1 岁体重/kg		1.32	3.7	36
猪	窝产仔数(出生存活数)(母本近交)		0.24	3.1	9
	154 日龄体重/kg		2.6	4.3	15
小鼠	窝产仔数		0.56	7.7	23
	6 周龄体重/kg		0.19	0.6	7
玉米	株高/cm	全同胞交配(FS)	5.20	2.1	4
		自体受精(s)	5.65	2.3	5
	种子产量/(g/单株)	全同胞交配(FS)	7.92	5.6	25
		自体受精(s)	9.65	6.8	30

从表 6.1.1 可看出, 什么样类型的性状易于衰退, 并可看出效应的相对大小. 这些例子及有关研究表明, 近交倾向于降低与适应度有关的性状, 如窝产仔数、哺乳动物的泌乳、植物的籽粒产量等; 反之, 与适应度不密切相关的性状则很少变化或没有变化, 如果蝇的刚毛数和体重不发生变化.

近交衰退的机理如何？人们还在继续探索中. 下面仅通过数量性状遗传的数学模型予以研究.

1. 单位点(加性-显性模型)的近交衰退量

由式(6.1.1)知，在单位点的加性-显性模型下，基础群及各亚群(期望频率)的基因型频率及基因型值如表 6.1.2 所示.

表 6.1.2　基础群、亚群的基因型频率及基因型值

基因型	AA	Aa	aa
基因型值	d	h	$-d$
基础群频率	p^2	$2pq$	q^2
亚群子代期望频率	p^2+pqF	$2pq(1-F)$	q^2+pqF

基础群的均值μ_0和亚群平均值的平均值μ_F分别为

$$\begin{cases}\mu_0=p^2d+2pqh-q^2d=(p-q)d+2pqh\\ \mu_F=(p^2+pqF)d+2pq(1-F)h-(q^2+pqF)d=\mu_0-2pqFh\end{cases}\tag{6.1.2}$$

由此式得近交引起的近交衰退量(inbreeding depression)为

$$\Delta\mu_F=\mu_F-\mu_0=-2pqFh\tag{6.1.3}$$

$\Delta\mu_F$有如下性质.

(1)若$h=0$，即在加性模型下无近交衰退($\Delta\mu_F=0$)，因而$h\neq 0$是发生近交衰退的必要条件.

(2)若$h>0$，则$\Delta\mu_F<0$；若$h<0$，则$\Delta\mu_F>0$. 表明近交衰退与显性方向相反. 说明 近交是对μ_0的偏离.

(3)p、q一定时，当$h>0$时，μ_F随$F\big(0<F\leqslant 1\big)$的增大而线性下降；当$h<0$时，$\mu_F$随$F$增大而线性上升. μ_{F}、μ_0和F的关系为$\mu_{\mathrm{F}}=\mu_0-2pqFh$.

(4)$\Delta\mu_{\mathrm{F}}$的绝对值为$|\Delta\mu_{\mathrm{F}}|=2pqF|h|$. 当$p=q=\frac{1}{2}$时，$|\Delta\mu_{\mathrm{F}}|_{\max}=\frac{1}{2}F|h|$.

2.多位点(加性-显性-上位模型)的近交衰退量

用两位点$(A,a)=(p,q),(B,b)=(r,s)$说明. 基础群处于 Hardy-Weinberg 平衡中，均值为μ_0，各亚群具有近交系数F. 各亚群基因型的期望频率及基因型值如表 6.1.3 所示.

表 6.1.3　9 种基因型在近交下的期望频率和基因型值

	$AA(p^2+pqF)$	$Aa[2pq(1-F)]$	$aa(q^2+pqF)$
$BB(r^2+rsF)$	$d_a+d_b+d_ad_b$	$h_a+d_b+h_ad_b$	$-d_a+d_b-d_ad_b$
$Bb[2rs(1-F)]$	$d_a+h_b+d_ah_b$	$h_a+h_b+h_ah_b$	$-d_a+h_b-d_ah_b$
$bb(s^2+rsF)$	$d_a-d_b-d_ad_b$	$h_a-d_b-h_ad_b$	$-d_a-d_b+d_ad_b$

由表 6.1.3 可计算出μ_0及各亚群平均值的平均值μ_F，二者的关系为

$$\mu_F=\mu_0-HF+MF^2\tag{6.1.4}$$

其中

$$\begin{cases}\mu_0 = (p-q)d_a + (r-s)d_b + 2pqh_a + 2rsh_b + (p-q)(r-s)d_a d_b \\ \qquad +2rs(p-q)d_a h_b + 2pq(r-s)d_b h_a + 4pqrsh_a h_b \\ H = 2[pqh_a + rsh_b + pq(r-s)d_b h_a + rs(p-q)d_a h_b + 4pqrsh_a h_b] \\ M = 4pqrsh_a h_b\end{cases} \tag{6.1.5}$$

近交衰退量为

$$\Delta\mu_F = \mu_F - \mu_0 = -HF + MF^2 \tag{6.1.6}$$

$\Delta\mu_F$有如下性质.

(1)两种情况下$\Delta\mu_F = 0$, 即不发生近交衰退.

①在加性模型(显性和上位效应均不存在)时, $H = M = 0, \Delta\mu_F = 0(\mu_F = \mu_0)$.

②显性及含有显性的上位效应均不存在(加性-加性×加性模型)时, $H = M = \Delta\mu_F = 0$.

(2)在加性-显性模型(无上位)时, $M = 0$, 则

$$\begin{cases}\mu_0 = (p-q)d_a + (r-s)d_b + 2pqh_a + 2rsh_b \\ \mu_F = \mu_0 - HF = \mu_0 - (2pqh_a + 2rsh_b)F \\ \Delta\mu_F = \mu_F - \mu_0 = \begin{cases}-2(pqh_a + rsh_b)F & (\text{两位点}) \\ -2F\sum_i p_i q_i h_i & (\text{多位点})\end{cases}\end{cases} \tag{6.1.7}$$

此时, $\mu_F = \mu_0 - 2F\sum p_i q_i h_i$, 即$\mu_F$和$F$呈线性关系. μ_F的大小决定于定向显性$\sum p_i q_i h_i$(各位点显性方向一致的程度)的大小. 定向显性的存在是发生近交衰退的必要条件. 当$\sum h_i$一定时, 若$p_i = q_i = \frac{1}{2}$, 则$|\Delta\mu_F|$最大.

(3)在加性-显性-上位模型下, 对近交衰退仅作如下三点分析.

① 若 $h_a h_b = 0$, 则 $M = 0$. 此时, 式(6.1.6)变为 $\Delta\mu_F = \mu_F - \mu_0 = -HF$, 即$\mu_F$和$F$呈线性关系, 这种情况称为无显性×显性的近交衰退. 具体计算方法为

$$\begin{cases}\mu_0 = (p-q)d_a + (r-s)d_b + 2pqh_a + 2rsh_b + (p-q)(r-s)d_a d_b \\ \qquad +2rs(p-q)d_a h_b + 2pq(r-s)d_b h_a \\ H = 2[pqh_a + rsh_b + pq(r-s)d_b h_a + rs(p-q)d_a h_b] \\ \mu_F = \mu_0 - HF \\ \Delta\mu_F = \mu_F - \mu_0 = -HF\end{cases} \tag{6.1.8}$$

式(6.1.8)表明, 当$H(h_a h_b = 0) > 0$时, μ_F随F增加而线性下降; 当$H(h_a h_b = 0) < 0$时, μ_F随F增加而线性上升. 显然, 当$p \geqslant q$且$r \geqslant s > 0$时, 若A对a为显性$(h_a > 0)$且B对b为显性$(h_b > 0)$的情况下, $H(h_a h_b = 0) > 0$.

② 在$h_a h_b \neq 0$时, $M \neq 0$, 则$\mu_F = \mu_0 - HF + MF^2$, 即$\mu_F$为$F$的二次抛物线. 若$h_a h_b > 0, M > 0$, 这个抛物线开口朝上(凹); 若$h_a h_b < 0$, 有$M < 0$, 这个抛物线开口朝下(凸).

③在$H(h_a h_b = 0) > 0$的情况下, 对(2)的情况的具体分析.

(i) 由式(6.1.8)知, 对于无显性×显性的近交衰退, μ_F随F增加而线性下降.

(ii) 在$H(h_a h_b = 0) > 0$情况下, 若$h_a h_b > 0$, 则$M > 0, \mu_F = \mu_0 - HF + MF^2$

为开口朝上的关于F的二次抛物线, 具体情况为

$$\begin{cases}\mu_F(h_ah_b>0)=\mu_0(h_ah_b>0)-H(h_ah_b>0)F+M(h_ah_b>0)F^2\\ \mu_0(h_ah_b>0)=\mu_0(h_ah_b=0)+4pqrsh_ah_b>\mu_0,h_ah_b=0\\ H(h_ah_b>0)=H(h_ah_b=0)+8pqrsh_ah_b>Hh_ah_b=0\\ \mu_F(h_ah_b>0)=\mu_F(h_ah_b=0)+4pqrsh_ah_b(1-F)^2\end{cases}\tag{6.1.9}$$

式(6.1.9)说明, 当$H(h_ah_b=0)>0$且$h_ah_b>0$时, $\mu_F(h_ah_b>0)>\mu_F(h_ah_b=0)$.

(iii) 在$H(h_ah_b=0)>0$的情况下, 若$h_ah_b<0$, 则$M<0,\mu_F=\mu_0-HF+MF^2$为开口朝下的关于 F的二次抛物线, 具体情况为

$$\begin{cases}\mu_F(h_ah_b<0)=\mu_0(h_ah_b<0)-H(h_ah_b<0)F-4pqrs|h_ah_b|F^2\\ \mu_0(h_ah_b<0)=\mu_0(h_ah_b=0)-4pqrs|h_ah_b|<\mu_0,\ h_ah_b=0\\ H(h_ah_b<0)=H(h_ah_b=0)-8pqrs|h_ah_b|<H,\ h_ah_b=0\\ \mu_F(h_ah_b<0)=\mu_F(h_ah_b=0)-4pqrs|h_ah_b|(1-F)^2\end{cases}\tag{6.1.10}$$

式(6.1.10)说明, 在$H(h_ah_b=0)>0$且$h_ah_b<0$时, $\mu_F(h_ah_b<0)<\mu_F(h_ah_b=0)$.

综合来讲,(ii)相对于(i)的情况, $\mu_F(h_ah_b>0)$的减小小于$\mu_F(h_ah_b=0)$的减小, 说明在这种情况下产生了递减上位性(diminishing epistasis); (iii)相对于(i)的情况, $\mu_F(h_ah_b>0)$的减小大于$\mu_F(h_ah_b=0)$的减小, 说明在这种情况下产生了增强上位性(reinforcing epistasis). 其直观意义为: (ii)相对于(i)减弱了近交衰退; (iii)相对于(i)增强了近交衰退. 或者说, 前者为有利的上位性, 而后者为不利的上位性. 这些讨论是在显性不等于零的前提下进行的. 图 6.1.1 描述了(i)、(ii)和(iii)的情况, 这是 Crow 和 Kimkra 于 1970 年给出的.

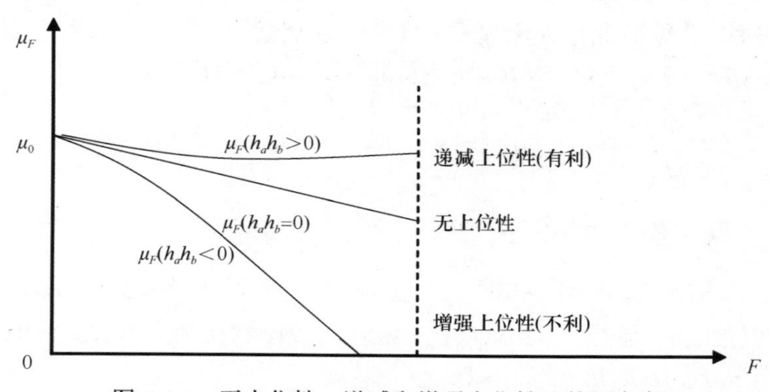

图 6.1.1　无上位性、递减和增强上位性下的近交衰退

图 6.1.2 是在不进行任何选择的情况下观测到的近交衰退例子(Falconer, 1996), 该图表明, 近交衰退大体上与 F呈线性关系, 位点间的互作并不十分重要.

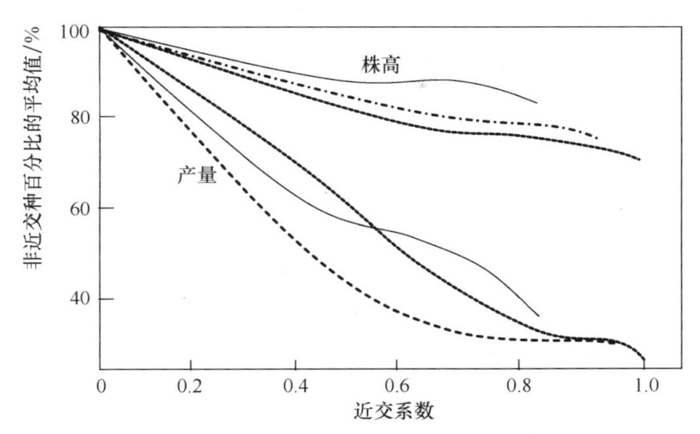

图 6.1.2　近交对玉米株高和种子产量的影响
点线和短线指连续近交；连续直线指连续同胞交配

一般来讲，在连续近交下期望观测到衰退的精确形式是不可能的，或者说不可能得到可靠的结论. 所遇到的困难主要有两个：①随着近交的连续进行和繁育效率的下降，会导致一些个体和系统丢失，存活者群体已变成经过选择的群体，原群体的理论期望值不再适用于它们，因此，近交衰退率的测定要在近交系数达到高水平之前的早期进行；②母体效应(尤其在哺乳动物研究中)对近交衰退测定的影响是不能忽视的. 因为在连续近交的早期世代中，母本和后代有不同的近交系数，用同一个近交系数是不恰当的.

在近交衰退测定中，忽略选择是不可取的. 首先，近交过程不可能完全避免自然选择. 若选择发生在系统内，由于杂合体的适应度往往高于纯合体，选择延缓了纯合过程，从而推迟了近交衰退；若选择发生在系统间，则系统间有了适应度的差异，也会减缓近交衰退. 其次，在人们根据需要而设计的近交试验中，往往对易于近交衰退的性状(如生活力、可育性等)进行一定的人工选择. 若在系统内和系统间进行的人工选择和自然选择方向一致，也会导致推迟或延缓近交衰退. 育种中的自交系培育过程是人工选择减缓近交衰退的最好实践和应用.

6.1.2　近交导致的群体遗传方差再分配

一般来讲，遗传同型交配和同胞交配称为快速近交，其他近交称为缓慢近交. 本书 1.2 节表 1.2.10 列出了遗传同型交配(快速交配)中方差随世代变化的再分配规律，即各世代的遗传总方差σ_g^2再分配为家系间方差σ_{gB}^2和家系内方差σ_{gW}^2. 设t世代的近交系数为F_t，初始群体的遗传方差为$\sigma_0^2=2pq$，则

$$\sigma_g^2=\sigma_{gB}^2+\sigma_{gW}^2=(1+F_t)\sigma_{g0}^2=(1+F_t)\sigma_0^2$$
$$\sigma_{gB}^2=2F_t\sigma_0^2 \qquad \sigma_{gW}^2=(1-F_t)\sigma_0^2$$

当$t\to\infty$时，$F_t\to 1, \sigma_{gW}^2\to 0, \sigma_g^2=\sigma_{gB}^2\to 2\sigma_0^2$.

对于基础群中分为若干封闭的理想小群体(亚群)的随机交配，发生的基因频率随机漂变的缓慢近交过程也有遗传总方差的再分配，但机理与快速近交不同，下面进行介绍.

据式(6.1.1)，缓慢近交时基础群、亚群的基因型频率及基因型值如表 6.1.4 所示. 对

于加性模型，表 6.1.4 中的$h=0$.据表 6.1.4 分述加性模型和加性-显性模型下的遗传方差的重新分配规律.

表 6.1.4 基础群、亚群的基因型频率与基因型值(世代t)

基因型	AA	Aa	aa
基因型值	d	h	$-d$
基础群频率	p^2	$2pq$	q^2
亚群子代期望频率	p^2+pqF_t	$2pq(1-F_t)$	q^2+pqF_t

1. 加性模型下数量性状遗传总方差的重新分配

1) 单位点分析

(1) 基础群($t=0, F_0=0$)的均值μ_0和遗传总方差σ_{g0}^2为

$$\begin{cases}\mu_0=p^2d-q^2d=(p-q)d\\ \sigma_{g0}^2=p^2d^2+q^2d^2-\mu_0^2=2pqd^2\end{cases} \tag{6.1.11}$$

(2)亚群期望频率下的均值μ_{F_t}和总遗传方差$\sigma_{gF_t}^2$为

$$\begin{cases}\mu_{F_t}=(p^2+pqF_t)d-(q^2+pqF_t)d=(p-q)d=\mu_0\\ \sigma_{gF_t}^2=(p^2+pqF_t)d^2-(q^2+pqF_t)d^2-\mu_{F_t}^2=(1+F_t)\sigma_{g0}^2\end{cases} \tag{6.1.12}$$

当各亚群完全固定时，$F_t=1$，其均值μ_1和固定群体遗传方差σ_{g1}^2为

$$\begin{cases}\mu_1=pd-qd=(p-q)d=\mu_0\\ \sigma_{g1}^2=pd^2+qd^2-\mu_1^2=4pqd^2=2\sigma_{g0}^2\end{cases} \tag{6.1.13}$$

其中，固定群体为$(AA,Aa,aa)=(p,0,q)$. 综合式(6.1.11)~式(6.1.13)有

$$\begin{cases}\sigma_{gF_t}^2=(1-F_t)\sigma_{g0}^2+F_t\sigma_{g1}^2=\sigma_{gW}^2+\sigma_{gB}^2\ (\text{总遗传方差})\\ \sigma_{gW}^2=(1-F_t)\sigma_{g0}^2\ (\text{亚群内遗传方差})\\ \sigma_{gB}^2=F_t\sigma_{g1}^2=2F_t\sigma_{g0}^2\ (\text{亚群间遗传方差})\end{cases} \tag{6.1.14}$$

式(6.1.14)表明：$\sigma_{gF_t}^2$与F_t呈线性关系，可重新分配为σ_{gW}^2和σ_{gB}^2；σ_{gW}^2和σ_{gB}^2仅与$E(p_t^2)$、$E(q_t^2)$、$E(2p_tq_t)$和d有关，而与基础群基因频率无关；在群体$(AA,Aa,aa)=[E(p_t^2),E(2p_tq_t),E(q_t^2)]=(p^2+pqF_t,2pq(1-F_t),q^2+pqF_t)$中，$F_t$表示群体的固定比例，$(1-F_t)$表示其随机交配比例. $\sigma_{gB}^2=F_t\sigma_{g1}^2$与固定方差$\sigma_{g1}^2$成比例，比例系数$F_t$为固定指数，故称为亚群间遗传方差；$\sigma_{gW}^2=(1-F_t)\sigma_{g0}^2$反映了$t$世代因随机交配的平均遗传方差，称为亚群内遗传方差. 事实上，当$t\to\infty$时，群体固定为$(AA,Aa,aa)=(p,0,q)$，$\sigma_{gB}^2\to2\sigma_{g0}^2$，为亚群间的极限方差.

综上所述，快速近交中，对AA、Aa和aa分别赋值 2、1 和 0 的做法本质上是加性模型；快速近交中σ_{gW}^2和σ_{gB}^2决定于初始群体$(AA,Aa,aa)=(p^2,2pq,q^2)$中基因的频率，而缓慢近交中决定于$E(p_t^2)$、$E(q_t^2)$和$E(2p_tq_t)$，与基础群中基因频率无关. 可见二者的区

别在于后者是由基因频率的随机漂变缓慢近交过程引起的，而快速近交是由配子随机结合中配子相关(近交)增加引起的.

2)多位点分析

各单位点中的结果累加起来就是多位点的结果，即在式(6.1.11)~式(6.1.14)中，令 $\mu_0=\sum(p_i-q_i)d_i$，$\sigma_{g0}^2=2\sum p_iq_id_i^2$ 即可.

值得注意的是，缓慢近交导致遗传总方差重新分配，必然对数量性状的遗传力带来影响. 由上述结果可知t代亚群内遗传力的期望值为

$$h_t^2=\frac{\sigma_{gW}^2}{\sigma_{gW}^2+\sigma_e^2}=\frac{(1-F_t)\sigma_{g0}^2}{(1-F_t)\sigma_{g0}^2+\sigma_e^2}=\frac{(1-F_t)h_0^2}{1-F_th_0^2} \tag{6.1.15}$$

其中，$h_0^2=\sigma_{g0}^2/(\sigma_{g0}^2+\sigma_e^2)$为基础群的遗传力. 式(6.1.15)表明，随着世代t的增加，F_t也在增加，导致h_t^2单调下降. 当$F=0$时，亚群内遗传力的期望值就是基础群的遗传力h_0^2；当$F=1$时，则$h_t^2\to 0$.

2. 加性-显性模型下数量性状总遗传方差的重新分配

1)单位点分析

基因型值在基础群的分布和在亚群中的期望分布为

$$\begin{cases}(d,h,-d)=(p^2,2pq,q^2)\\(d,h,-d)=[p^2+pqF_t,2pq(1-F_t),q^2+pqF_t]\end{cases} \tag{6.1.16}$$

基础群的均值μ_0和遗传总方差σ_{g0}^2、亚群的期望均值μ_{F_t}和方差$\sigma_{gF_t}^2$分别为

$$\begin{cases}\mu_0=(p-q)d+2pqh\\\sigma_{g0}^2=(p^2+q^2)d^2+2pqh^2-\mu_0^2=\sigma_d^2+\sigma_h^2\\\sigma_d^2=2pq\alpha^2\\\sigma_h^2=(2pqh)^2\end{cases} \tag{6.1.17}$$

其中，$\alpha=d+(p-q)h$为基因A的替代平均效应，σ_d^2为加性方差，σ_h^2为显性方差

$$\begin{cases}\mu_{F_t}=(p^2+pqF_t)d+2pq(1-F_t)h-(q^2+pqF_t)d=\mu_0-2pqF_th\\\sigma_{g\mathrm{F}_t}^2=(p^2+pqF_t)d^2+2pq(1-F_t)h^2+(q^2+pqF_t)(-d)^2-\mu_{F_t}^2\end{cases} \tag{6.1.18}$$

$E(p_t^2)=p^2+pqF_t,E(q_t^2)=q^2+pqF_t,E(2p_tq_t)=2pq(1-F_t)$. 当$F_t=1$时，群体固定，均值$\mu_1$和遗传方差$\sigma_{g1}^2$为

$$\begin{cases}\mu_1=(p-q)d=\mu_0-2pqh\\\sigma_{g1}^2=(p+q)d^2-\mu_1^2=4pqd^2\end{cases} \tag{6.1.19}$$

由式(6.1.17)~式(6.1.19)得

$$\begin{cases}\mu_{F_t}=(1-F_t)\mu_0+F_t\mu_1\\ \sigma_{gF_t}^2=(1-F_t)\sigma_{g0}^2+F_t\sigma_{g1}^2+F_t(1-F_t)(\mu_0-\mu_1)^2\\ \quad=(1-F_t)(\sigma_d^2+\sigma_h^2)+F_t\sigma_{g1}^2+F_t(1-F_t)\sigma_h^2\\ \quad=(1-F_t)[\sigma_d^2+(1+\mathrm{F}_t)\sigma_h^2]+F_t\sigma_{g1}^2=\sigma_{gW}^2+\sigma_{gB}^2\\ \sigma_{gW}^2=(1-F_t)[\sigma_d^2+(1+F_t)\sigma_h^2](\text{亚群内期望遗传方差})\\ \sigma_{gB}^2=F_t\sigma_{g1}^2(\text{亚群间期望遗传方差})\end{cases}\tag{6.1.20}$$

比较式(6.1.20)和式(6.1.14)可知，缓慢近交在单位点的加性模型和加性-显性模型下遗传总方差$\sigma_{g\mathrm{F}_t}^2$重新分配的异同：相同之处是$\sigma_{gF_t}^2$均可重新分配为亚群内方差σ_{gW}^2和亚群间方差σ_{gB}^2，而两种模型下$\sigma_{gF_t}^2$的重新分配有质的差异.

(1)在加性模型下，σ_{gB}^2和σ_{gW}^2均可由σ_{g0}^2和F_t完全决定，但σ_{gB}^2和σ_{gW}^2仅与$E(p_t^2)$、$E(q_t^2)$和$E(2p_tq_t)$有关，而与基础群的基因频率无关.

(2)在加性-显性模型下，σ_{gB}^2和σ_{gW}^2均不能由σ_{g0}^2和F_t完全决定：σ_{gB}^2由F_t和σ_{g1}^2决定；σ_{gW}^2可以分解为亚群内加性方差σ_{gWd}^2和亚群内显性方差σ_{gWh}^2，且有

$$\sigma_{gWd}^2=(1-F_t)\sigma_d^2=E(2p_tq_t)\alpha^2$$

$$\sigma_{gWh}^2=(1-F_t)(1+F_t)\sigma_h^2=(1-F_t)\sigma_h^2+F_t(1-F_t)(\mu_0-\mu_1)^2$$

其中，因子$(1-F_t)$与$E(2p_tq_t)=2pq(1-F_t)$有关；因子F_t与$E(p_t^2)=p^2+pqF_t$和$E(q_t^2)=q^2+pqF_t$有关. 说明σ_{gWh}^2与基础群中各亚群基因频率随机漂变所导致的Aa的减少和各亚群的固定有关. 另外，$(1-F_t)\sigma_h^2$的σ_h^2为σ_{g0}^2中的显性方差，它和$(\mu_0-\mu_1)^2=(2pqh)^2=\sigma_h^2$均与基础群中的基因频率有关.

1952年，Robertson研究了存在显性和上位时的遗传方差在近交下的变化，基本趋势与无显性时类似. 但他在研究完全显性且隐性基因频率较低时发现，近交早期出现系内方差增加，当近交系数达到一定程度后系统内方差才逐渐下降. 具体情况如图6.1.3所示，图6.1.3(a)表示全同胞交配，图6.1.3(b)表示缓慢近交. 图6.1.3(a)中σ_{gW}^2并未分解出σ_{gWd}^2；而图6.1.3(b)和图6.1.3(a)不一样，其中$\sigma_{gW}^2=\sigma_{gWd}^2+\sigma_{gWh}^2$. 可以看出，随着近交系数$F_t$的增加，群体遗传总方差在增加，且总方差被分配于系统内和系统间. 系统间方差随F_t变大而增加，最终等于总遗传方差；系统内方差随F_t增加有一个上升时期，然后下降，造成这一结果的原因可能是存在显性方差.

2)多位点分析

在加性-显性模型下，各位点的累加就是多位点的结果.

综上所述，在加性-显性模型下，对于快速近交而言，基本效应为纯合体的增加和杂合体的减少，导致均值改变；其次，F的增大使系间方差增大和系内方差减小，即导致群体的分化. 对于缓慢近交而言，会导致基础群中各亚群均值的平均变化(近交衰退)；各亚群基因频率的随机漂变会导致亚群的分化和固定，使亚群间方差增大和亚群内方差减小. 虽然近交会导致近交衰退，但在育种中有重要作用：①近交会导致家系间分化，有利于家系选择；②通过系谱记录，可有效地建立近交系；③近交有利于检测隐性基因；④近

交可培养遗传上一致性较强的试验动物；⑤近交加选择可增加群体间基因频率的差异，有利于提高杂种优势.

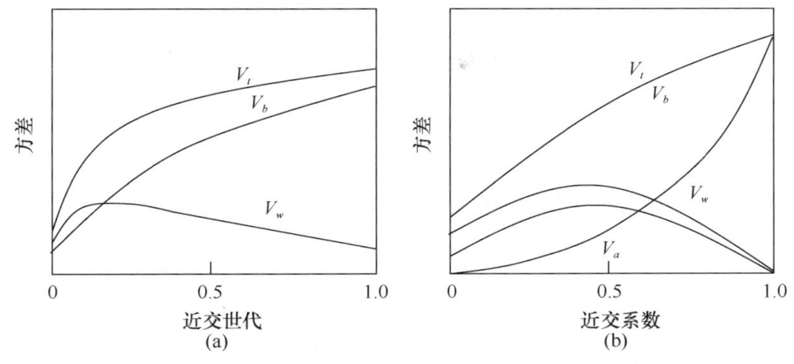

图 6.1.3 由起始频率$q_0 = 0.1$的单个完全隐性基因引起的方差再分配

$V_t = \sigma^2_{gF_t}$(总遗传方差)，$V_b = \sigma^2_{gB}$(系间遗传方差)

$V_w = \sigma^2_{gW}$(系内遗传方差)，$V_a = \sigma^2_{gWa}$(系内加性方差)

【例 6.1.1】 假设某玉米随机交配群体，穗位 3 片叶干物质重为 140g，有 4 个控制产量的数量性状位点处于分离状态，其基因型效应用与纯合子 AA 之差表示，如表 6.1.5 所示(q_i表示a的基因频率). 试在加性-显性模型下估计自交一代所引起的近交衰退量.

表 6.1.5 4 个 QTL 的基因效应值及中亲值(m)、显性效应(h)估计

位点i	Aa-AA	aa-AA	q_i	$\hat{m}$	$\hat{h}$
(1)	−10	−20	0.5	−10	0
(2)	5	−30	0.5	−15	20
(3)	−20	−10	0.2	−15	−5
(4)	0	−60	0.1	−30	30

解：(1)估计m和 h. 这是以 AA 为基因效应基点的加性-显性模型，故

$$\hat{m} = \frac{1}{2}(aa - AA) \qquad \hat{h} = (Aa - AA) - \hat{m}$$

具体估计列于表 6.1.5 中，对于位点(1)：$\hat{m} = \frac{-20}{2} = -10, \hat{h} = -10 - (-10) = 0$.

(2)据第 1 章表 1.2.10 知，自交一代的近交系数$F = 0.5$，据式(6.1.7)，4 个位点的近交衰退量为

$$\begin{aligned}\Delta\mu_F &= -2F\sum p_i q_i h_i \\ &= -2 \times 0.5 \times [0.5^2 \times 0 + 0.5^2 \times 20 + 0.2 \times 0.8 \times (-5) + 0.1 \times 0.9 \times 30] \\ &= -6.9(\text{g})\end{aligned}$$

即在加性-显性模型下，预期该群体的穗位 3 片叶的干物重经一代自交下降 6.9g.

【例 6.1.2】 经估计，开放授粉玉米群体穗行数的加性遗传总方差$\sigma^2_{g0} = 8.5$.为了使群内更多地分离出优良基因型，采用反复回交的缓慢近交方式进行群体改良. 试在加性模型下估计 3 代缓慢近交后的遗传总方差$\sigma^2_{gF_3}$及其系间方差σ^2_{gB}、系内方差σ^2_{gW}.

解: 据 2.6 节式(2.6.34)得, 反复回交的近交系数递推公式为$F_t=\frac{1}{4}(1+2F_{t-1})$, 由$F_0=0$得$F_1=\frac{1}{4}, F_2=\frac{3}{8}, F_3=\frac{7}{16}$. 故据式(6.1.14)有

$$\sigma_{gW}^2=(1-F_3)\sigma_{g0}^2=\left(1-\frac{7}{16}\right)\times 8.5=4.78$$

$$\sigma_{gB}^2=2F_3\sigma_{g0}^2=2\times\frac{7}{16}\times 8.5=7.44$$

$$\sigma_{g\mathrm{F}_3}^2=\left(1+\frac{7}{16}\right)\times 8.5=12.22$$

$$\sigma_{g\mathrm{F}_3}^2/\sigma_{g0}^2=1.438$$

$$\sigma_{gB}^2/\sigma_{g\mathrm{F}_3}^2=0.609$$

即经过 3 代反复回交, 群体总加性方差增加了 43.8%, 而且系间方差占总方差的 60.9%, 有利于优良基因型的产生与选择.

6.1.3 杂种优势

杂种优势是杂交对数量性状均值的影响. 如果说近交可使群体中的纯合体增加, 杂合体减少, 从而导致近交衰退, 那么远交或一般的杂交会使群体中纯合体减少, 杂合体增加, 从而会产生近交衰退的反面-杂种优势. 换一种说法, 近交导致的适应度损失会因杂交而得到恢复, 这种现象称为杂种优势(heterosis).

在实践中, 人们对两个系统间的一个特定组合的杂种优势感兴趣, 或者更想知道两个无亲缘关系群体间杂种优势的机理和应用, 下面进行叙述.

1. 单交F_1优势

1)单位点在加性-显性模型下的杂种优势H_{F_1}

设两个无亲缘关系的随机交配平衡群体分别为

$$\begin{cases}(AA,Aa,aa)=(p^2,2pq,q^2),(A,a)=(p,q)\\ (AA,Aa,aa)=(p'^2,2p'q',q'^2),(A,a)=(p',q')\end{cases}\tag{6.1.21}$$

前者作为亲本P_1, 后者作为亲本P_2, 则二者基因频率之差为

$$y=p-p'=q'-q\qquad p=1-q\tag{6.1.22}$$

则在加性-显性模型($P=m+d+h+e$)之下, 两个亲本均值及中亲均值分别为

$$\begin{cases}\mu_{\mathrm{P}_1}=m+(p-q)d+2pqh\\ \mu_{\mathrm{P}_2}=m+(p'-q')d+2p'q'h=(p-q-2y)d+2(p-y)(q+y)h\\ \mu_{\overline{\mathrm{P}}}=\frac{1}{2}(\mu_{\mathrm{P}_1}+\mu_{\mathrm{P}_2})=m+(p-q-y)d+[2pq+(p-q)y-y^2]h\end{cases}\tag{6.1.23}$$

单交F_1指双亲配子库随机结合而得[即$(pA+qa)\times(p'A+q'a)$], 其基因型分布和均值为

$$\begin{cases}(AA,Aa,aa)=(pp',pq'+qp',qq') \\ \qquad =[p(p-y),2pq+(p-q)y,q(q+y)] \\ \mu_{\mathrm{F}_1}=m+(p-q-y)d+[2pq+(p-q)y]h\end{cases} \tag{6.1.24}$$

则F_1的杂种优势定义为

$$H_{\mathrm{F}_1}=\mu_{\mathrm{F}_1}-\mu_{\overline{\mathrm{P}}}=y^2h \text{ 或 } H_{\mathrm{F}_1}\%=H_{\mathrm{F}_1}/\mu_{\overline{\mathrm{P}}}\times 100\% \tag{6.1.25}$$

式(6.1.25)表明，杂种优势H_{F_1}取决于等位基因间显性效应h和$y^2=(p-p')^2$, y和 h之一为零就不会产生杂种优势. 当$y=p-p'\neq 0$时，h越大，则H_{F_1}越大，h的取值范围为负向超显性到正向超显性；当$h\neq 0$时，H_{F_1}的大小取决于y^2的大小. 当双亲分别为AA($p=1$)和aa($q'=1$)时，$y=1, H_F=h$最大. 这正是在实践中先培育自交系再进行杂种优势利用的原因.

2)多位点的杂种优势

(1) 加性-显性模型(无上位)下的多位点H_{F_1}为

$$H_{\mathrm{F}_1}=\sum_j h_j y_j^2 \tag{6.1.26}$$

即等于各位点杂种优势之和，其大小取决于定向显性(h_j方向一致的程度)的大小. 在高度自交系或纯系杂交时，双亲基因频率之差y_j等于 0 或 1，从而使$H_{\mathrm{F}_1}=0(y_j=0)$或$H_{\mathrm{F}_1}=\sum h_j$在$H_{\mathrm{F}_1}=\sum h_j$中，若$h_j$方向一致，则$H_{\mathrm{F}_1}$最大；若$H_{\mathrm{F}_1}=\sum h_j=0$，并不能说明各位点不存在显性.

(2) 加性-显性-上位模型下的多位点H_{F_1}为

$$H_{\mathrm{F}_1}\neq\sum_j h_j y_j^2 \tag{6.1.27}$$

视上位效应的正或负，H_{F_1}可以大于$\sum h_j y_j^2$或小于$\sum h_j y_j^2$.

3)杂种优势H_{F_1}和近交衰退的互补性

杂种优势的定义认为近交导致的近交衰退会因杂交而得到恢复. 下面在加性-显性模型下予以分析证明.

假设式(6.1.21)所示无亲缘关系的亲本群均含有相同个数繁育个体的小理想群体(亚群)，这样的亚群有若干个，每个亚群的繁殖个体均由基因库为$(A,a)=(p,q)$的随机交配基础群中随机抽取的配子随机结合而成. 这个过程是一个抽样过程，也是一个近交过程. 第一代的基因频率随机漂变的方差$\sigma_p^2=\sigma_q^2=pqF$, F为近交系数. 让这些亚群相互交配，产生了N个F_1代. 按加性-显性模型计算所有F_1代的杂种优势H_{F_1}，则有

$$\overline{H}_{\mathrm{F}_1}=\sum_j h_j\overline{y}_j^2=2pqF\sum_j h_j \tag{6.1.28}$$

其中，$y_j=p_j-p_j'=q_j'-q_j$为两个单交亲本的基因频率之差，$\overline{y}_j^2$为$\frac{1}{N}\sum y_j^2$的期望值$E\left(\frac{1}{N}\sum y_j^2\right)$；$\overline{H}_{\mathrm{F}_1}$为所有$H_{\mathrm{F}_1}$的期望值. 式(6.1.28)从平均意义的角度给出了近交衰退由杂交所恢复的表达式.

证明：由抽样过程可知$E(p_j)=E(p_j')=p, E(q_j)=E(q_j')=q$，因而有

$$E(y_j) = E(p_j - p'_j) = E(q'_j - q_j) = 0$$

$$E(\bar{y}) = E\left(\frac{1}{N}\sum_j y_j\right) = \frac{1}{N}\sum_j E(y_j) = 0$$

y的方差为

$$\sigma_y^2 = E\left(\frac{1}{N}\sum_j y_j^2 - \bar{y}^2\right) = E\left(\frac{1}{N}\sum_j y_j^2\right) = \bar{y}_j^2$$

而

$$\sigma_y^2 = V(y_j) = V(p_j - p'_j) = V(q'_j - q_j) = 2\sigma_p^2 = 2\sigma_q^2 = 2pqF$$

故

$$\bar{H}_{\mathrm{F}_1} = \sum_j h_j \bar{y}_j^2 = 2pqF\sum_j h_j$$

2. 单交F_2优势

1)单位点在加性-显性模型下的单交F_2优势H_{F_2}

F_1的基因型分布见式(6.1.24). 单交F_2并不是式(6.1.24)的遗传同型交配, 而是F_1个体间的随机交配而得, 即单交F_2由F_1基因库$(A, a) = \left(p - \frac{1}{2}y, q + \frac{1}{2}y\right)$平方而得. 其基因型分布和均值为

$$\begin{cases}(AA, Aa, aa) = \left[\left(p - \frac{1}{2}y\right)^2, 2\left(p - \frac{1}{2}y\right)\left(q + \frac{1}{2}y\right), \left(q + \frac{1}{2}y\right)^2\right] \\ \mu_{\mathrm{F}_2} = m + \left[\left(p - \frac{1}{2}y\right) - \left(q + \frac{1}{2}y\right)\right]d + 2\left(p - \frac{1}{2}y\right)\left(q + \frac{1}{2}y\right)h \\ \quad = m + (p - q - y)d + \left[2pq + (p - q)y - \frac{1}{2}y^2\right]h\end{cases} \tag{6.1.29}$$

F_2的杂种优势定义为F_2的中亲优势, 即由式(6.1.23)得

$$H_{\mathrm{F}_2} = \mu_{\mathrm{F}_2} - \mu_{\bar{\mathrm{P}}} = \frac{1}{2}y^2 h \quad 或 \quad H_{\mathrm{F}_2}\% = H_{\mathrm{F}_2}/\mu_{\bar{\mathrm{P}}} \times 100\% \tag{6.1.30}$$

与式(6.1.25)比较, μ_{F_2}在μ_{F_1}和$\mu_{\bar{\mathrm{P}}}$的中点, 且$H_{\mathrm{F}_2} = \frac{1}{2}H_{\mathrm{F}_1}$. 为什么$H_{\mathrm{F}_2}$是$H_{\mathrm{F}_1}$的一半呢? 其原因是: F_2由从F_1中随机抽取一对$(N = 1)$配子随机结合而成. 由式(6.1.1)知, 近交系数$F_t = 1 - \left(1 - \frac{1}{2N}\right)^t$. 当$t = 1$和$N = 1$时, $F_1 = \frac{1}{2}$. 故$H_{\mathrm{F}_2} = F_1 y^2 h = \frac{1}{2}y^2 h$, 即$H_{\mathrm{F}_2}$是$H_{\mathrm{F}_1}$近交衰退的结果.

2)多位点单交F_n的优势

(1) 在加性-显性模型下, 单交F_n的杂种优势(中亲优势)为

$$\begin{cases}H_{\mathrm{F}_1} = \sum_j h_j y_j^2 \\ H_{\mathrm{F}_n} = \left(\frac{1}{2}\right)^{n-1} H_{\mathrm{F}_1}, \quad n = 2, 3, \cdots\end{cases} \tag{6.1.31}$$

显然, H_{F_n}是以H_{F_1}为首项, 以$\frac{1}{2}$为公比在下降, 因而在生产实践中多用H_{F_1}. 据单交F_n的含义, 近交系数当恒等于$\frac{1}{2}$$n \geqslant 2)$, 理由为$H_{\mathrm{F}_2}$中的解释.

(2) 在加性-显性-上位模型下单交F_2的优势.

在加性-显性模型下, 单交F_2是由F_1个体间随机交配而得到的, 实质上单交F_2应是式(6.1.24)所示F_1基因频率的 Hardy-Weinberg 平衡群体. 在加性-显性-上位模型下, 多位点的F_1个体间随机交配得到单交F_2的 Hardy-Weinberg 平衡群体, 在一般情况下, 不是一

代随机交配能达到的，而是随机交配世代增加而逐渐达到平衡的极限过程. 因而，它不像式(6.1.31)所示$H_{F_n}=\left(\frac{1}{2}\right)^{n-1}H_{F_1}$随近交次数而下降，因为上位性互作的存在，$\mu_{F_2}$可能在$\mu_{F_1}$和$\mu_{\bar{P}}$之间，也可能小于$\mu_{\bar{P}}$，甚至大于$\mu_{F_1}$(图 6.1.4). 因而，$H_{F_2}$的大小会因上位互作的正负和大小而变化.

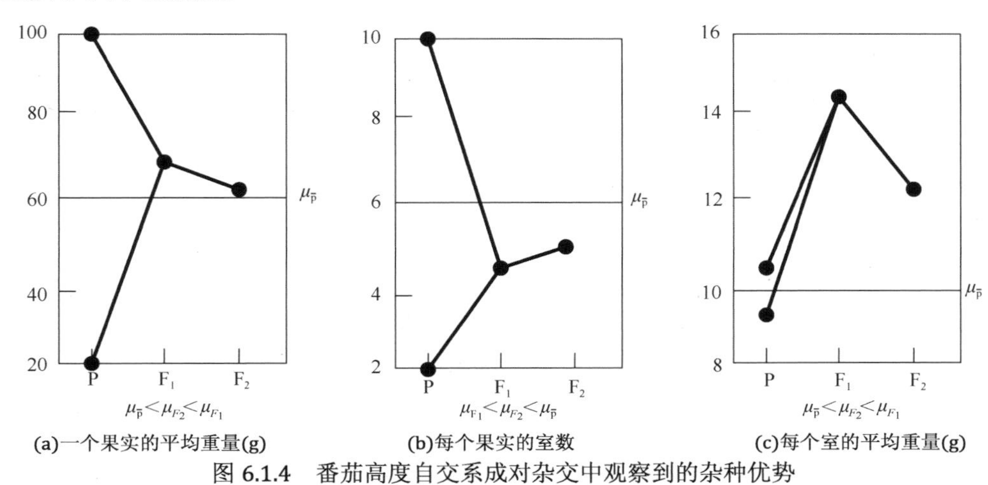

图 6.1.4 番茄高度自交系成对杂交中观察到的杂种优势

上位性效应与尺度效应(scale effects)有关. 经典数量遗传学中，假定数量性状均服从$N(\mu,\sigma_P^2)$. 在实际中，所得数量性状样本可能偏离正态分布，如偏态、多峰等. 这时μ与σ_P^2不独立，会产生尺度效应. 如何克服尺度效应呢？本书第 2 章 2.2 节的[例 2]中，用原始数据分析，并不符合加性-显性模型，说明有上位效应. 但对原始数据进行对数转换后，就符合加性-显性模型. 这个例子说明，上位效应在有些情况下可通过数据的尺度转换而消除.

3. 母体效应对杂种优势的影响

产仔数等数量性状的杂种优势受到母体效应(maternal effect)的影响，即杂种优势总量由自身基因型优势和母体效应两部分组成，但母体效应比自身基因型优势的表达要晚一代. 按加性-显性模型分两种情况予以叙述和图解(图 6.1.5，引自 Falconer, 1996).

(1)机交配群体杂种优势受母体效应的影响. 图 6.1.5(a)为单交$F_1,F_2,\cdots$杂种优势受母体效应的影响. F_1代的近交系数$F=0,F_1$中个体随机交配产生F_2,F_2中个体随机交配产生$F_3\cdots\cdots F_2,F_3\cdots\cdots$各代的近交系数均为$\frac{1}{2}$. 图中假定各代基因型自身优势和母体效应相等，且不存在环境效应. 图 6.1.5(a)中，H_{F_1}为F_1基因型自身优势，母体效应停留在近交水平上而未表现；F_2的近交系数为$\frac{1}{2}$,F_2自身优势为H_{F_1}的一半，但母体效应得以完全表现，故$H_{F_2}=\frac{1}{2}H_{F_1}+$母体效应$=\frac{3}{2}H_{F_1}$为最大；$F_3,F_4,\cdots$的近交系数均为$\frac{1}{2}$，它们的自身优势均为$F_1$的一半，母体效应均为$F_2$的一半，故$H_{F_3}=H_{F_4}=\cdots=\frac{1}{2}H_{F_1}+\frac{1}{2}H_{F_2}=H_{F_1}$.

(2)对于自花授粉或自体受精物种，自交会引起衰退. 有母体效应的近交衰退如图 6.1.5(b)所示，作图假定和图 6.1.5(a)相同. 在这种情况下，图 6.1.5(b)和图 6.1.5(a)中的F_1和F_2一样，但图 6.1.5(b)中$F_3, F_4, \cdots$的表型值均由于上代减半的自身基因型效应和上代减半的母体效应组成而减小.

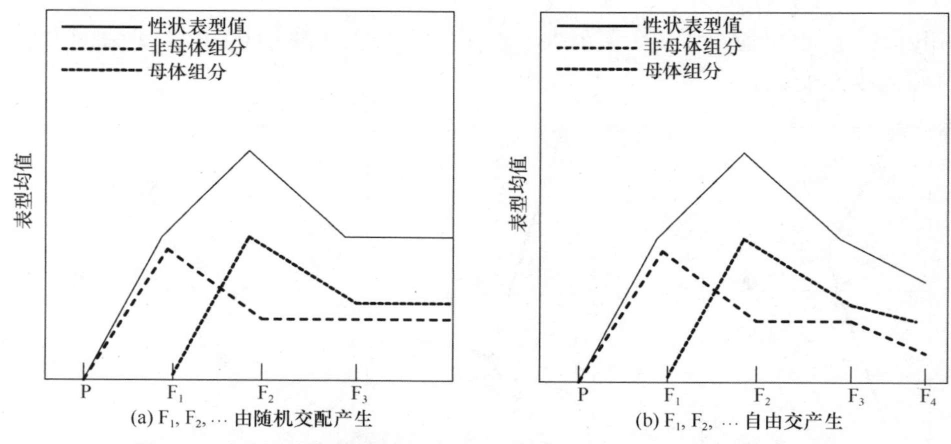

图 6.1.5 受母体效应影响性状杂种优势总量的分解(加性-显性模型)

4.广距杂交与杂种优势

在讨论单交F_1的杂种优势时，若不存在上位性互作，则$H_{F_1} = \sum h_j y_j^2$. 这个结果似乎表明两个杂交群体间的基因频率之差y_j越大越好，仅受制于种间不育的障碍，然而事实并非如此.

1965 年，Moll 等进行了广距杂交试验. 试验采用适应于 4 个不同地域的玉米品种，每地各选两个品种，进行所有可能的 28 个杂交组合，通过F_1个体间随机交配得到F_2，并将这些品种和组合种于 4 个地区：美国东南部、美国中西部、波多利各和墨西哥. 根据品种的亲缘关系和地区条件将杂交亲本的差异程度分为 7 级：1 级为同一地区的品种间杂交；$2 = A \times B$; $3 = A \times C$; $4 = B \times C$; $5 = A \times D$; $6 = B \times D$; $7 = C \times D$. 图 6.1.6 中用占中亲值的百分比表示F_1、F_2的杂种优势的相对差异程度. 由图中看出，中等距离的杂交表现出较大的优势，而相距最远的亲本间杂交表现的杂种优势低很多，且F_2杂种优势除 1 级外多于F_1的一半. 具体情况如图 6.1.6 所示.

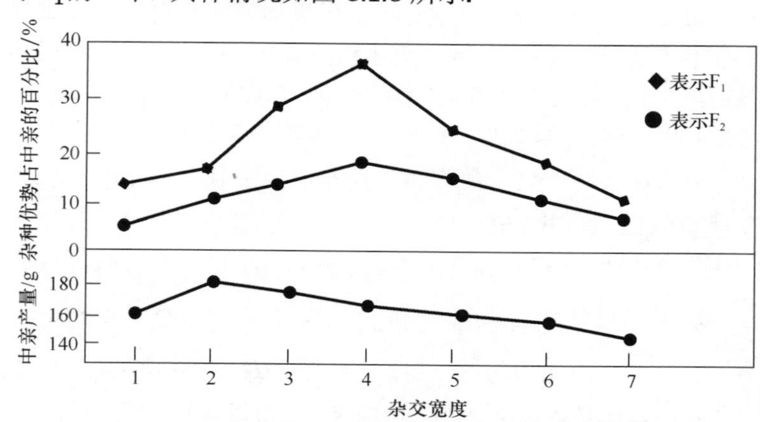

图 6.1.6 玉米杂种优势与杂交宽度间的关系(Falconer,1996)

如何解释广距杂交与不存在上位性互作时单交杂种优势$H_{F_1}=\sum h_j y_j^2$规律相悖的结果呢？只能认为杂种优势可能来自上位性互作(而往往假定它不存在). 对于不同地区条件的适应涉及许多不同的性状，这是因为适应度取决于所有功能的协调性. 鉴于此，许多位点上的基因可能由于对适应度的联合效应而被选择. 以这种方式选择的基因组合叫做互适应(coadapted)组合，或者说有些适应来自上位性互作. 当适应于不同条件的群体杂交时，有利的上位基因组合在F_2代会因分离而流失，导致杂种的适应度降低.

5.三交、四交和回交的杂种优势

若有自交系 A、B、C 和 D，可组配成单交种、三交种和四交种(双交种)，具体情况如下.

(1)单交种有$A\times B$、$A\times C$、$A\times D$、$B\times C$、$B\times D$和$C\times D$共 6 个(若有n个自交系，则共有$C_n^2=\frac{n!}{2!(n-2)!}=\frac{1}{2}n(n-1)$个单交种).

(2)三交种有$(A\times B)\times C$、$(A\times B)\times D$、$(A\times C)\times D$和$(B\times C)\times D$共 4 个(具体算法为$C_n^3=\frac{1}{6}n(n-1)(n-2)$).

三交种$(A\times B)\times C$的遗传组成为$\frac{1}{2}AC+\frac{1}{2}BC$，在无上位效应的前提下，可用单交种$A\times C$和$B\times C$的平均表现来预测三交种$(A\times B)\times C$的优势表现.

(3)四交种$(A\times B)\times(C\times D)$的遗传组成为$\frac{1}{4}(AC+AD+BC+BD)$，在无上位性效应的前提下，可用$A\times C$、$A\times D$、$B\times C$和$B\times D$四个单交种的平均来预测四交种$(A\times B)\times(C\times D)$的表现.

如果单交种的优势与上位性效应有关，则三交种、四交种的优势不能准确预测.

如果单交种的任何优势来自上位性互作效应，则这种优势会在三交或四交中丢失. 另外，三交种和四交种均为异质群体，其表现不如单交种整齐.

(4)回交$(A\times B)\times B$的遗传组成为$\frac{1}{2}AB+\frac{1}{2}BB$，在没有上位性互作时，回交的均值等于$F_1(A\times B)$与轮回亲本B的平均，其优势低于三交和双交.

6.1.4　杂交引起的群体遗传方差再分配

首先考虑单交F_1对群体遗传方差的影响，然后讨论在加性-显性-上位模型下组合间与组合内方差再分配的规律.

1. 单交F_1和单交F_2的遗传方差再分配

单交F_1、单交F_2及其无亲缘亲本等的基因型分布、平衡情况和基因型值列于表 6.1.6 中，其中P_3为亲本混合群体($P_3=P_1+P_2$)

$$(AA,Aa,aa)=[(p^2+p'^2)/2,2(pq+p'q')/2,(q^2+q'^2)/2]=(\overline{p^2},2\overline{pq},\overline{q^2})$$

基因库为$(A,a)=[(p+p')/2,(q+q')/2]=(\bar{p},\bar{q})$. $y=p-p'=q'-q$. 易知，F_1随机交配得F_2, F_2随机交配得F_3…… $F_2,F_3,\cdots$的基因型结构均为$(AA,Aa,aa)=$

$(\bar{p}^2, 2\bar{p}\bar{q}, \bar{q}^2)$.

表 6.1.6　杂交下的基因型频率和基因型值

基因型	AA	Aa	aa	状态
基因型值	d	h	$-d$	
P_1	p^2	$2pq$	q^2	Hardy-Weinbery 平衡
P_2	p'^2	$2p'q'$	q'^2	Hardy-Weinbery 平衡
P_3	$\overline{p^2}$	$2\overline{pq}$	$\overline{q^2}$	非 Hardy-Weinbery 平衡
F_1	pp'	$pq'+qp'$	qq'	
$F_2(F_3, F_4, \cdots)$	$\bar{p}^2$	$2\bar{p}\bar{q}$	$\bar{q}^2$	Hardy-Weinbery 平衡

亲本混合群体P_3并不处于 Hardy-Weinberg 平衡之中，而且杂合体频率$2\overline{pq} < 2\bar{p}\bar{q}$

$$2\bar{p}\bar{q} - 2\overline{pq} = \left[2pq + (p-q)y - \frac{1}{2}y^2\right] - [2pq + (p-q)y - y^2] = \frac{1}{2}y^2$$

这是由于双亲P_1和P_2基因型比例不同而引起的一定比例的遗传同型交配引起的，因而有一定的近交程度F，即

$$2\overline{pq} = 2\bar{p}\bar{q}(1-F),\ F = (2\bar{p}\bar{q} - 2\overline{pq})/2\bar{p}\bar{q} = y^2/4\bar{p}\bar{q} \tag{6.1.32}$$

即亲本混合群体P_3是近交系数为F的 Wright 群体

$$P_3: \begin{cases} (A, a) = (\bar{p}, \bar{q}) \\ (AA, Aa, aa) = (\bar{p}^2 + \bar{p}\bar{q}F, 2\bar{p}\bar{q}(1-F), \bar{q}^2 + \bar{p}\bar{q}F) \end{cases} \tag{6.1.33}$$

双亲P_1和P_2的信息综合在P_3中，因而F_1应与P_3有关. 事实上，F_1的基因型分布与F有如下关系

$$\begin{aligned} F_1: (AA, Aa, aa) &= (pp', pq' + qp', qq') \\ &= (\bar{p}^2 - \bar{p}\bar{q}F, 2\bar{p}\bar{q}(1+F), \bar{q}^2 - \bar{p}\bar{q}F) \end{aligned} \tag{6.1.34}$$

这是因为

$$\begin{aligned} 4\bar{p}\bar{q} &= (p+p')(q+q') = (pq + p'q') + (pq' + qp') \\ &= 2\overline{pq} + (pq' + qp') = 2\bar{p}\bar{q}(1-F) + (pq' + qp') \end{aligned}$$

$$pq' + qp' = 2\bar{p}\bar{q}(1+F)$$

即杂交使Aa增加而产生了负的配子相关系数$F = -y^2/4\bar{p}\bar{q}$.

综合上述有

$$\begin{cases} P_3: (AA, Aa, aa) = (\bar{p}^2 + \bar{p}\bar{q}F, 2\bar{p}\bar{q}(1-F), \bar{q}^2 + \bar{p}\bar{q}F) \\ F_1: (AA, Aa, aa) = (\bar{p}^2 - \bar{p}\bar{q}F, 2\bar{p}\bar{q}(1+F), \bar{q}^2 - \bar{p}\bar{q}F) \\ F_n: (AA, Aa, aa) = (\bar{p}^2, 2\bar{p}\bar{q}, \bar{q}^2),\ n \geqslant 2 \end{cases} \tag{6.1.35}$$

由此可用$\bar{p}$、$\bar{q}$和F写出在加性-显性模型下群体P_3、F_1和F_2等的均值和方差，并可发现它们之间的关系和规律.

(1) $F = 0$. 在这种情况下，P_3、F_1和F_2等均为$(AA, Aa, aa) = (\bar{p}^2, 2\bar{p}\bar{q}, \bar{q}^2)$，其均值和方差为

$$\begin{cases}\mu_0 = (\bar{p}-\bar{q})d + 2\bar{p}\bar{q}h \\ \sigma_{g0}^2 = (\bar{p}^2+\bar{q}^2)d^2 + 2\bar{p}\bar{q}h^2 - \mu_0^2 = \sigma_d^2 + \sigma_h^2 \\ \sigma_d^2 = 2\bar{p}\bar{q}\alpha^2 = 2\bar{p}\bar{q}[d+(\bar{p}-\bar{q})h]^2 \\ \sigma_h^2 = (2\bar{p}\bar{q}h)^2 = 4\bar{p}^2\bar{q}^2h^2 \end{cases} \tag{6.1.36}$$

其中，$\alpha = d + (\bar{p}-\bar{q})h$为群体中基因$A$替代的平均效应，$\sigma_d^2$为加性方差，$\sigma_h^2$为显性方差.

(2) P_3在$F=1$时的均值和方差. 在这种情况下，群体固定为$(AA,Aa,aa)=(\bar{p},0,\bar{q})$

$$\begin{cases}\mu_1 = (\bar{p}-\bar{q})d = \mu_0 - 2\bar{p}\bar{q}h \\ \sigma_{g1}^2 = (\bar{p}+\bar{q})d^2 - \mu_1^2 = d^2 - (\bar{p}-\bar{q})^2d^2 = 4\bar{p}\bar{q}d^2 \end{cases} \tag{6.1.37}$$

(3) 一般情况下P_3的均值和方差为

$$\begin{cases}\mu_{P_3} = (\bar{p}-\bar{q})d + 2\bar{p}\bar{q}(1-F)h = (1-F)\mu_0 + F\mu_1 = \mu_0 + (\mu_1-\mu_0)F \\ \sigma_{gP_3}^2 = (\bar{p}^2 + 2\bar{p}\bar{q}F + \bar{q}^2)d^2 + 2\bar{p}\bar{q}(1-F)h^2 - \mu_{P}^2 \\ \qquad = (1-F)\sigma_{g0}^2 + F\sigma_{g1}^2 + F(1-F)(\mu_0-\mu_1)^2 \\ \qquad = (1-F)\sigma_{g0}^2 + F\sigma_{g1}^2 + F(1-F)(2\bar{p}\bar{q}h)^2 \\ \qquad = (1-F)\left(\sigma_{g0}^2 + F\sigma_h^2\right) + F\sigma_{g1}^2 \end{cases} \tag{6.1.38}$$

值得注意的是，这里μ_{P_3}与式(6.1.23)中的中亲均值$\mu_{\bar{P}}$不同.

(4) 一般情况下F_1代的均值和方差为

$$\begin{cases}\mu_{F_1} = (\bar{p}-\bar{q})d + 2\bar{p}\bar{q}(1+F)h = \mu_0 + 2\bar{p}\bar{q}Fh \\ \sigma_{gF_1}^2 = (\bar{p}^2 - 2\bar{p}\bar{q}F + \bar{q}^2)d^2 + 2\bar{p}\bar{q}(1+F)h^2 - \mu_{F_1}^2 \\ \qquad = (1+F)\sigma_{g0}^2 - F\sigma_{g1}^2 - F(1+F)(\mu_0-\mu_1)^2 \\ \qquad = (1+F)\left(\sigma_{g0}^2 - F\sigma_h^2\right) - F\sigma_{g1}^2 \end{cases} \tag{6.1.39}$$

(5) $F_2, F_3, \cdots$的均值和方差均为μ_0和σ_{g0}^2，即

$$\mu_{F_n} = \mu_0 \qquad \sigma_{gF_n}^2 = \sigma_{g0}^2,\ \ n \geqslant 2 \tag{6.1.40}$$

上述关于单交F_1和单交F_2等对群体遗传方差影响的讨论，可分为两点予以总结.

(1)关于基础群$(AA,Aa,aa)=(\bar{p}^2,2\bar{p}\bar{q},\bar{q}^2)$. 在两个单位点无亲缘关系亲本群$P_1$和$P_2$均为平衡群体的条件下，其亲本合并群体基因库为$(A,a)=(\bar{p},\bar{q})$，而把由此产生的 Hardy-Weinberg 群体$(AA,Aa,aa)=(\bar{p}^2,2\bar{p}\bar{q},\bar{q}^2)$(也是单交$F_2, F_3, \cdots$的基因型分布)作为基础群来讨论单交$F_1$等的方差再分配.

(2)在基础群之下，亲本合并群P_3成为具有近交系数$F = y^2/4\bar{p}\bar{q}$的 Wright 群体$(AA,Aa,aa)=(\bar{p}^2+\bar{p}\bar{q}F, 2\bar{p}\bar{q}(1-F), \bar{q}^2+\bar{p}\bar{q}F)$，而单交$F_1$可写成$(AA,Aa,aa)=(\bar{p}^2-\bar{p}\bar{q}F, 2\bar{p}\bar{q}(1+F), \bar{q}^2-\bar{p}\bar{q}F)$，因而有式(6.1.39)~式(6.1.40)的分析结果.

据上述两点可见，单交F_1的方差再分配是以基础群为基础的近交分析方法. 分析结

果表明，杂交对$\sigma_{gF_1}^2$的影响是复杂的，它不但与基础群(P_3在$F=0$时)的方差$\sigma_{g0}^2=\sigma_d^2+\sigma_h^2$有关，而且与固定群体方差$\sigma_{g1}^2$($\sigma_{gP_3}^2$在$F=1$时)有关,但$\sigma_{gF_1}^2$与$F$呈非线性关系.

为了得到简单的结论，令$h=0$，即在加性模型之下有

$$\begin{cases}\mu_0=\mu_1=\mu_{F_1}=\mu_{F_2}=(\bar{p}-\bar{q})d\\ \sigma_{g0}^2=2\bar{p}\bar{q}d^2\\ \sigma_{g1}^2=4\bar{p}\bar{q}d^2=2\sigma_{g0}^2\\ \sigma_{gP_3}^2=(1-F)\sigma_{g0}^2+F\sigma_{g1}^2=(1+F)\sigma_{g0}^2\\ \sigma_{gF_1}^2=(1+F)\sigma_{g0}^2-F\sigma_{g1}^2=(1-F)\sigma_{g0}^2\\ \sigma_{gF_n}^2=\sigma_{g0}^2,\quad n\geqslant 2\end{cases} \tag{6.1.41}$$

式(6.1.41)表明，在加性模型下，与单交F_1、单交F_2有关亲本合并群P_3、基础群、固定群间的方差有以下几个性质.

① 合并群P_3较基础群的加性方差有所增加

$$\sigma_{gP_3}^2-\sigma_{g0}^2=F\sigma_{g0}^2 \tag{6.1.42}$$

② $\sigma_{gF_1}^2$与F呈线性关系，但加性方差$\sigma_{gF_1}^2$较基础群有所减少

$$\sigma_{gF_1}^2-\sigma_{g0}^2=-F\sigma_{g0}^2 \tag{6.1.43}$$

③ $\sigma_{gF_1}^2$较$\sigma_{gP_3}^2$缩小

$$\sigma_{gF_1}^2-\sigma_{gP_3}^2=-2F\sigma_{g0}^2 \tag{6.1.44}$$

④ $\sigma_{gF_n}^2=\sigma_{g0}^2(n\geqslant 2)$ (6.1.45)

即恢复了$\sigma_{gF_1}^2$较$\sigma_{gP_3}^2$在$F=1$时减少量的一半.

⑤ $F=y^2/4\bar{p}\bar{q}$,$\bar{p}=\frac{1}{2}(p+p')$,$\bar{q}=\frac{1}{2}(q+q')$. 当两个亲本基因频率$p=1,q'=1$时，则$\bar{p}=\bar{q}=0.5,F=1$. 这时$\sigma_{gP_3}^2=2\sigma_{g0}^2,\sigma_{gF_1}^2=0$.表明两个纯系杂交时，子一代的遗传基础完全一致，不存在遗传方差. 对于$F_n(n\geqslant 2)$，随机交配所引起的基因分离又恢复到基础群的σ_{g0}^2.

综合上述，杂交的最基本效应是使基因型杂合(产生负的配子相关系数 F)，使杂种群体均值增加，遗传方差减小，杂种表型趋于一致. 但杂交所提高的群体均值在以后世代只能维持一半，遗传方差在以后世代也恢复到基础群的σ_{g0}^2.

2. 加性-显性-上位模型下杂交的组合间和组合内方差

假设基础群为 Hardy-Weinberg 平衡群体，经近交产生了许多系统，所有系统均处于近交系数为F的近交水平，各系统间的个体间无亲缘关系，然后在系统间进行随机杂交. 下面分析在基础群内所有处于近交水平 F 的系统间随机杂交的总遗传方差的重新分配规律.

首先，基础群虽然经近交产生了若干近交系数为 F 且系统间独立的系统，但并未进行基因频率的选择，因而众多近交系统产生的配子与非近交群体产生的配子是相同的. 这意味着经系统间杂交产生的任何F_1代个体的基因型都在基础群出现，反之，基础群内

任一基因型个体也能在杂交组合间出现. 因而杂交后的总遗传方差等于基础群的遗传总方差σ_{g0}^2. 在这种情况下的杂交遗传总方差重新分配是指σ_{g0}^2可以分配为组合间方差σ_{gB}^2和组合内方差σ_{gW}^2, 即$\sigma_{g0}^2=\sigma_{gB}^2+\sigma_{gW}^2$.

假设同一组合的F_1个体可以看作具有近交系数 F 的"家系"(family), 这些家系成员间的协方差就是组合间方差σ_{gB}^2. 另外, 由于组合的两个系统亲本个体间无亲缘关系, 它们又是基础群中的两个非近交个体x和y, 因而σ_{gB}^2等于x和y的遗传协方差$\mathrm{Cov}_g(x,y)$. 据 2.6 节式(2.6.40)有

$$\sigma_{gB}^2=\mathrm{Cov}_g(x,y)=r\sigma_d^2+u\sigma_h^2+r^2\sigma_{dd}^2+ru\sigma_{dh}^2+u^2\sigma_{hh}^2+\cdots \qquad (6.1.46)$$

图 6.1.7 给出了从所有系统中随机抽取的两个独立系统 1 和系统 2, 二者杂交给出了同一组合的两个F_1个体P 和 Q , P为$A\times B$的子代, Q为$C\times D$的子代. 用共祖率方法(见 2.6 节)可计算r和u.

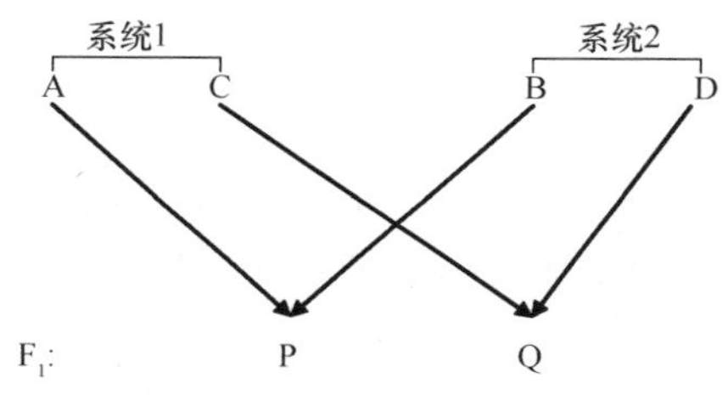

图 6.1.7 组合内F_1个体间的关系系统 1 和系统 2 独立, 近交系数均为 F

由个体间共祖率的定义和图中假设有

$$f_{\mathrm{AC}}=f_{\mathrm{BD}}=F \qquad f_{\mathrm{AB}}=f_{\mathrm{AD}}=f_{\mathrm{BC}}=f_{\mathrm{CD}}=0$$

由式 (2.6.23)及式(2.6.37)有

$$f_{\mathrm{PQ}}=\frac{1}{4}(f_{\mathrm{AC}}+f_{\mathrm{AD}}+f_{\mathrm{BC}}+f_{\mathrm{BD}})=\frac{1}{2}F \qquad r=2f_{\mathrm{PQ}}=F$$

据式(2.6.38)有

$$u=f_{\mathrm{AC}}f_{\mathrm{BD}}+f_{\mathrm{AD}}f_{\mathrm{BC}}=F^2$$

因而组合间遗传方差为

$$\sigma_{gB}^2=F\sigma_d^2+F^2\sigma_h^2+F^2\sigma_{dd}^2+F^3\sigma_{dh}^2+F^4\sigma_{hh}^2+\cdots \qquad (6.1.47)$$

组合内遗传方差为

$$\begin{aligned}\sigma_{gW}^2&=\sigma_{g0}^2-\sigma_{gB}^2=\sigma_d^2+\sigma_h^2+\sigma_{dd}^2+\sigma_{dh}^2+\sigma_{hh}^2+\cdots-\sigma_{gB}^2\\&=(1-F)\sigma_d^2+(1-F^2)\sigma_h^2+(1-F^2)\sigma_{dd}^2+(1-F^3)\sigma_{dh}^2+(1-F^4)\sigma_{hh}^2+\cdots \quad (6.1.48)\end{aligned}$$

组合间方差是组合平均数的方差, 杂交组合间无环境差异时, 它才与试验估计值一样. 组合间方差在预测近交和杂交的改良效果方面是十分重要的. 由于杂种优势与双亲基因差异的平方成正比, 故要求组合间的分化要大. 式(6.1.47)和式(6.1.48)表明, σ_{gB}^2和σ_{gW}^2的σ_d^2均与F呈线性比例, 而显性和上位方差的比例均与F^2或F的高次方有关; σ_{gB}^2随F的增加而增加, σ_{gW}^2随F的增加而减小. 例如, 当$F=0$时, $\sigma_{gB}^2=0,\sigma_{gW}^2=\sigma_{g0}^2$; 当$F=0.5$时, $\sigma_{gB}^2=\frac{1}{2}\sigma_d^2+\frac{1}{4}\sigma_h^2+\cdots,\sigma_{gW}^2=\frac{1}{2}\sigma_d^2+\frac{3}{4}\sigma_h^2+\cdots$. σ_{g0}^2相当于全同胞家系; 当$F=1$时, $\sigma_{gB}^2=\sigma_{g0}^2,\sigma_{gW}^2=0$. 因而用高代近交系做亲本, 杂交组合间分化的程度比早代近交

系间杂交大得多.

具体来讲, σ_{gB}^2中σ_d^2和σ_h^2的分化均是高代近交系间大于早代近交系间, 而且σ_h^2比σ_d^2的分化大, 有利于优良组合的选育和获得. 下面作一些数量分析, 令

$$M = F\sigma_d^2/\sigma_{gB}^2 \qquad N = F^2\sigma_h^2/\sigma_{gB}^2$$

则M和N关于F的相对速率为

$$R_M = \frac{1}{M}\frac{\mathrm{d}M}{\mathrm{d}F} = \frac{1}{F} \qquad R_N = \frac{1}{N}\frac{\mathrm{d}N}{\mathrm{d}F} = \frac{2}{F}$$

故N的相对速率是M相对速率的 2 倍, 即

$$R_N = 2R_M \tag{6.1.49}$$

如果F在区间$[F_1, F_2]$中变化, 则R_M和R_N在区间上的平均相对速度分别为:

$$\begin{cases}\bar{R}_M = \frac{1}{F_2-F_1}\int_{F_1}^{F_2}\frac{1}{M}\frac{\mathrm{d}M}{\mathrm{d}F}\mathrm{d}F = \frac{1}{F_2-F_1}\int_{F_1}^{F_2}\frac{1}{F}\mathrm{d}F = \frac{\ln F_2 - \ln F_1}{F_2-F_1} \\ \bar{R}_N = 2\bar{R}_M\end{cases} \tag{6.1.50}$$

当$0.1 \leqslant F \leqslant 0.5$时,$\bar{R}_M = (\ln 0.5 - \ln 0.1)/(0.5-0.1) = 4.02, \bar{R}_N = 8.04$; 当$0.5 \leqslant F \leqslant 1$时, $\bar{R}_M = -\ln 0.5/0.5 = 1.386, \bar{R}_N = 2.773$.

组合间方差σ_{gB}^2是组合理论平均值间的方差, σ_{gW}^2是理论上的组合内遗传方差. 当杂交组合间无环境差异时, 利用实测数据估计实测平均数间的方差$\hat{\sigma}_\mu^2$时, 还应加上抽样方差$\frac{1}{n}\hat{\sigma}_{PW}^2$

$$\sigma_\mu^2 = \hat{\sigma}_{gB}^2 + \frac{1}{n}\hat{\sigma}_{PW}^2 = \hat{\sigma}_{gB}^2 + \frac{1}{n}\left(\hat{\sigma}_P^2 - \hat{\sigma}_{gB}^2\right) \tag{6.1.51}$$

其中, $\hat{\sigma}_P^2$为表型方差; $\hat{\sigma}_{PW}^2$为表型组合内方差, $\hat{\sigma}_{PW}^2 = \hat{\sigma}_{gW}^2 + \hat{\sigma}_e^2 = \hat{\sigma}_P^2 - \hat{\sigma}_{gB}^2$, 组合内实测$n$个个体, 则组合均值间方差的抽样方差为$\frac{1}{n}\hat{\sigma}_{PW}^2$.

【例 6.1.3】 某玉米随机交配的单株产量有如下参数估计: 每组合测 20 株, 均值为 380g, $\hat{\sigma}_P^2 = 5798, \hat{\sigma}_d^2 = 864, \hat{\sigma}_h^2 = 188$. 试验中已消除了组合间的环境差异, 且无上位性互作. 试估计$F = 0.5$时, $\sigma_{gB}^2, \sigma_{gW}^2$和实测组合均值间的方差$\hat{\sigma}_\mu^2$.

解: 由于无上位性互作, 故在加性-显性模型下分析

$$\sigma_{gB}^2 = F\sigma_d^2 + F^2\sigma_h^2 \qquad \sigma_{gW}^2 = (1-F)\sigma_d^2 + (1-F^2)\sigma_h^2$$

则有

$$\hat{\sigma}_{gB}^2 = 0.5 \times 864 + 0.5^2 \times 188 = 479$$
$$\hat{\sigma}_{gW}^2 = (1-0.5) \times 864 + (1-0.5^2) \times 188 = 573$$
$$\hat{\sigma}_{PW}^2 = \hat{\sigma}_{\mathrm{P}}^2 - \hat{\sigma}_{gB}^2 = 5798 - 479 = 5319$$
$$\hat{\sigma}_\mu^2 = \hat{\sigma}_{gB}^2 + \frac{1}{n}\hat{\sigma}_{PW}^2 = 479 + 5319/20 = 744.95$$

6.1.5　近交、杂交与环境方差

近交衰退和杂种优势的数量表达公式中, 关键是有关群体的表型均值能否反映群体的遗传基础. 如果有关群体处于相同的环境变异之下, 那么这些公式所反映的差异是有关群体间的遗传差异; 如果这些群体的环境变异不同, 则这些公式不能反映有关群体的遗传差异.

从数量遗传学上讲，高度自交系、纯系亲本和杂种F_1均为基因型同一群体，其表型方差均为环境方差. 然而在相当多的与适应性和生理效率有关的性状上，观察到的近交系的环境方差比杂种F_1的大，如表 6.1.7 所示.

表 6.1.7 近交系表型方差大于杂种表型方差的例子

		近交系	杂种
果蝇	翅长(6 个近交系，6 个F_1)	2.35	1.24
家鼠	出生重(2 个近交系，1 个F_1)$(CV)^2$	119	59
	21 天重	98	47
	60 天重	24	19
老鼠	90 天重(3 个近交系，2 个F_1)$(CV)^2$	522	170
玉米	株高(30 个近交系，5 个F_1)$(CV)^2$	44	30
	穗重$(CV)^2$	412	198

注：表中未注明者为表型方差，注明者为变异系数平方$(CV)^2$

关于近交系的环境方差比杂种F_1大的原因，人们有以下几种主要看法.

1. 尺度效应

经典数量遗传学认为，对于不分离群，其表型方差服从正态分布$N(\mu,\sigma_e^2)$，σ_e^2为环境方差，μ与σ_e^2独立. 从这个角度上讲，近交系和杂种的观测样本可能偏离正态分布，使均值和方差不独立，方差上的差异可能是由均值间差异引起的. 在这种情况下，可用尺度变换(如对数变换等)使样本变成正态分布来证实. 这仅是统计上的一个技术问题，不能成为近交系和杂种F_1环境方差不同的原因. 如果近交系和杂种的观察样本服从正态分布并且近交系的环境方差比杂种F_1大，则利用$(CV)^2=\frac{s^2}{\bar{x}^2}$更放大了这一结果，由于近交衰退和杂种优势的存在，前者均值小于后者.

2. 环境变异的内在原因不同所致

(1) 体内平衡说. 体内平衡(homeostasis)是指有机体通过调节自身体内生理生化过程而使某些性状保持表型相对稳定的现象，如哺乳动物的体温等. 显然，这类性状属于自适应的. 这个假说认为，存在一些能提高体内平衡的定向显性基因，其作用独立于这些基因对该性状平均值的效应. 由于近交削弱了体内平衡的自适应能力，从而导致了近交系环境方差的增加；而杂种F_1比自交系的适应性强，所以环境方差相应较小.

(2) 适应性响应说. 适应性响应(adaptive response)是指性状在不同环境下有不同的最佳状态，如排汗与周围温度变化的关系等. 这类性状与适应性的关系表现有一定程度的相反性，具有这种变化能力的个体比不具这种能力的个体更能适应环境. 从生化过程上讲，不同等位基因控制的酶往往在不同环境下具有各自的最佳活性. 因而该假说认为，杂种具有两种形式的酶，而近交系仅有一种，因而杂种能在更多样的环境下保持较高水平的酶活性和适应性，使环境变异较小；而近交系则对多样性环境敏感，使环境方差增加.

(3) 遗传物质异质结合说. 近交系和杂种在遗传物质组成上是不同的, 自交系仅有一份DNA, 而杂种有来自双亲的两份DNA, 因而杂种具有双亲DNA间互补性所产生的较近交系更强的适应性. 杂种表型表现趋同, 使环境方差小; 而自交系表型对环境敏感, 环境方差大.

6.1.6　杂种优势的机理

杂种优势利用虽然已经成为动植物育种中普遍采用而且有效的手段, 但对其机理的探讨经百年至今仍各有长短, 这是很正常的, 因为杂种优势是一种复杂的生命现象.

杂种优势的表现是双亲遗传基因或基因组相互结合并在一定环境下相互作用的结果. 在这个不争事实基础之上的杂种优势机理的探讨, 是随着遗传学、生物技术及相应的观察分析技术而不断深入的. 下面简述之.

1. 基于经典遗传学的两种杂种优势假说

1) 显性假说(有利显性基因说)

等位基因间的显隐性是孟德尔首先提出的, 其结果于1865年宣读而于1866年发表, 并于1900年被重新发现. 1909年, 尼尔森-埃尔提出了数量性状是由多对彼此独立且效应甚微的基因共同作用并累加的结果. 在这个背景下, Davenport于1908年首先提出了杂种优势的显性假说, 其主要论点为: 决定数量性状的多对等位基因中, 有显隐性之分, 对生活力和适应性有利的基因是显性基因, 相对于显性基因的隐性基因则是有害的; 同一对等位基因间只有简单的加性效应, 不存在显性效应(1948 年 Fisher 才提出了加性-显性遗传模型).

1910年, Keeble和Pellew利用两个豌豆品种进行杂交, 一个亲本节数少而节间较长, 另一个亲本节数较多而节间短, 杂种F_1不但节数多而且节间长. 这个结果认为, 造成F_1株高的原因是两对独立基因互补, 节数多相对于节数少是显性, 节间长相对于节间短是显性, 支持了显性假说.

Jones(1917)和 Collins(1921)发展了显性学说, 主要论点为: 有机体具有的显性基因越多, 对其生活力等方面越有利, 杂交后一些隐性基因被掩盖, 从而表现出杂交优势.

显性假说在解释杂种优势上遇到了一些不可克服的困难.

(1) 据显性学说, 杂种优势的大小取决于亲本中纯合隐性基因数目, 这些位点在杂交时可能成为杂合状态而表现出杂种优势, 因此每个基因座至少有一个显性基因的个体才可能具有最高的杂种优势, 否则小于该值. 然而, 在亲本群体中维持许多隐性有害基因纯合子的可能性不大. 因此, 用显性假说可能获得的杂种优势不大. Crow(1948, 1952)指出, 根据显性假说预测的杂种优势最大不超过5%, 而在玉米的杂种优势利用中, 表现出的杂种优势通常超过亲本的20%以上, 有的超过50%.

(2) 群体遗传学研究表明, 隐性基因只有在纯合状态下才是不利的, 在自然界中处于杂合状态下具有最好的适应性. 因而并不是所有隐性基因都是不利基因. 试验表明, 消除部分隐性基因并未给群体带来多大改变. 从生物进化的角度讲, 基因连锁强度受到自然选择的控制, 从而使一些有利的显性基因和有害的隐性基因紧密连锁的多态性保存下来，表明隐性基因对一个基因整体来讲有重要的适应性意义.

(3) 对于多类数量性状而言，不仅有加性效应、显性效应，还有上位效应等，显性假说仅从显性对隐性基因的抑制作用和等位基因累加效应来解释杂种优势，与数量性状的多基因遗传模型相违背.

2) 超显性假说

超显性假说是用等位基因间存在互作性效应来解释杂种优势的. 由于具有不同作用的一对等位基因在生理上相互作用，使杂合体比任何一个纯合体在生活力和适应性上更优越而产生了杂种优势. 杂种优势来源于异质相互间生理刺激的观点，首先是达尔文提出的. 达尔文认为，双亲配子间存在差异，对生物的生活力和适应性是有利的，所谓“杂交有利，自交有害”就是在这一原则下提出的. Shull(1908, 1911)和 East(1908)首先分别用基因提出了上述观点，用来解释杂种优势. 1936 年，East 用基因理论形式将等位基因异质结合具体化：设一对等位基因A和a，则有$Aa > AA$和$Aa > aa$. 即等位基因间的相互作用使杂合体比任何一个纯合体更优越. East 后来还提出，每一基因座上有一系列等位基因，而每一等位基因又具有独特的作用，因此杂合体比纯合体具有更强的生活力. 此后，人们还认为基因处于杂合状态时，可提供更多的发育途径和更多的生理生化多样性，因此它们的发育即使不比纯合体更好，也会更稳定一些. Hull(1945)将杂合体比任一纯合体优越的现象称为超显性现象，因而用等位基因间的互作来解释杂种优势的等位基因异质结合说称为超显性假说.

超显性假说用等位基因间的互作来解释杂种优势，但它不受显性基因和基因对数多少的限制，因而更符合一般意义下的“杂合性”观点. 超显性假说虽然很早就被提出了，但因长期缺乏直接的试验证据而不被重视，直到 Stadle 等通过诱发大麦、玉米等作物纯系的突变，发现了单基因杂种表型有比任一亲本更优越的杂种优势后，支持它的人才多起来. 超显性假说在解释玉米表现的高度杂种优势这一事实上比显性假说更合理. 尽管如此，超显性假说仍存在一些难以解决的问题.

(1) “杂交有利，自交有害”并不具有一般性. 杂交有利在异质(尤其在远缘杂交)物种中是合理的，但在经常进行近亲繁殖的物种中就不明确了. 因为在近亲繁殖的物种中，杂种并不一定比它们的纯合亲本生活力强.

(2) 超显性假说排斥了客观存在的基因显隐性关系是不合理的，因为杂种优势并不是在任何情况下与“杂种有利”相一致.

从经典遗传学上来评论杂种优势的显性假说和超显性假说，完全否定任一假说都是不合理的，因为它们都有一定的试验依据，都能说明杂种优势的一部分原因. 至于解释杂种优势的全部原因，还应与杂种基因型与环境的关系联系起来.

2.其他杂种优势假说

1) 基于“杂合性”的假说

(1) 基因网络系统说. 1990 年，鲍文奎认为，各生物基因组都存在一套保证个体正常生长与发育的遗传信息基因网络系统. F_1是两个不同基因组一起形成的一个新的网络系统，在这个新建的网络系统内，等位基因成员处在最好的工作状态，从而实现杂种优势.

(2) 核质互作说. 核质互作说认为, 除了双亲细胞核之间的抑制外, F_1的核质之间也可能存在一定的相互作用, 从而引起杂种优势. 利用两个杂交亲本间的线粒体、叶绿体互作作用可以预测杂种优势.

(3) 基因表达调控说. 该假说认为, 杂种并没有超越其双亲的新基因引入, 杂种优势的产生应当与相关基因表达调控有关. 有关杂交种和亲本之间基因差异表达的分子生物学研究结果表明, 杂种的基因表达发生了数量和质量上的变化, 这种差异只能归因于杂种与亲本个体基因表达调控上的差异.

2) 基因外改变说

基因外改变(epigenetic change)是指遗传信息未变化而引起的遗传性质的改变, 即只影响表型而不影响基因型的改变. DNA 甲基化(DNA methylation)、组氨酸乙酰化(histone acetylation)和 RNA 干扰(RNA interference)以及染色质重排(chromatin remodulation)等都会引起基因外改变. 例如, Tsaftaris 等(1995, 1998)对一个玉米杂交种及其双亲 DNA 甲基化胞嘧啶(5–mc)占总胞嘧啶(5–mc+c)的比例进行了研究, 发现 2 个亲本胞嘧啶甲基化比例分别为 31.4%和 28.3%, 而杂交种为 27.4%, 基因组表达活性与 DNA 甲基化存在显著负相关($r = -0.739$). 说明杂交种 DNA 甲基化与基因表达增强有关, 从而导致杂种优势的可能产生.

上述其他杂种优势假说是在分子遗传学发展之下提出的异质结合说, 即基于“杂合性”的假说, 它们均涉及分子调控机理. 基因外改变涉及杂合性与环境的互作, 其实质是探讨基因型与环境互作在基因型不变情况下而使表型变化的分子机理.

近年来, 人们在蛋白质、氨基酸序列、DNA 多肽等各种不同水平上均发现有大量的多态现象. 这种多态现象是维持群体杂种优势的一个重要因素, 它可以增强群体的适应能力, 保持群体的生活力旺盛. 1953 年, Dobzhansky 认为, 自然界普遍存在的杂种优势是孟德尔群体建立平衡多态现象的基本条件; 1970 年, Dobzhansky 又提出了平衡选择假说, 认为维持自然界广泛存在的多态性是建立在杂种有选择优势的稳定平衡选择上的, 即超显性假说.

目前借助分子标记研究杂种优势的文章不少, 在这些研究中, 主要检测 QTL 中杂合子与纯合子的差异、位点表现的显性、两位点间的互作等, 是用分子手段来研究杂种优势的遗传基础. 人们期望在分子水平上对研究复杂的杂种优势机理有进一步的突破. 值得注意的是, 不应忽略经典遗传学或分子遗传学上的基因型与环境的互作.

6.2　配合力分析

杂种优势利用是动植物品种改良的一个重要途径, 但实践表明, 亲本的表现与其杂种的表现往往不一致, 优良品种不一定是好的亲本, 亲本表现不好未必其杂种不好. 因此, 为了获得高的杂种优势, 必须选择适宜的亲本群体. 衡量亲本间组配能力的指标主要有一般配合力(general combing ability, GCA)和特殊配合力(special combing ability, SCA), 这两个概念是 Sprague 和 Tatum 于 1942 年在玉米育种的研究中提出的.

6.2.1　配合力概念及其方差

在杂交育种中，配合力是衡量纯系亲本或自交系间组配能力的指标. 杂交育种的目标是：要么创造具有杂种优势的杂合体，要么分离出超亲的优异纯合体品种. 为了达到这些目的，选育和鉴定具有高配合力的亲本品系或自交系是一个关键性的课题，这种选育和鉴定过程一般称为配合力育种.

假定要测定若干纯合亲本或自交系的配合力，通过试验获得了这些亲本、亲本间杂交组合和后代个体观测值样本，所有杂交组合后代的平均值为$\bar{x}_{..}$，其期望值为$E(\bar{x}_{..}) = \mu$；亲本i与其他亲本杂交的F_1代的样本平均值为$\bar{x}_{i\cdot}$，其期望值为$E(\bar{x}_{i\cdot}) = \mu_{i\cdot}$. 则一般配合力$g_i$的定义及其估计$\hat{g}_i$分别为

$$g_i = \mu_{i\cdot} - \mu \qquad \hat{g}_i = \bar{x}_{i\cdot} - \bar{x}_{..} \tag{6.2.1}$$

可见，一般配合力是指一个纯合亲本或自交系在一系列杂交组合中的平均表现，用$\mu_{i\cdot} - \mu$的离差形式表示它的大小. 对于亲本i和j间的杂交组合观察值x_{ij}来讲，按线性可加模型的期望值为

$$E(x_{ij}) = \mu + g_i + g_j \text{ 或 } E(x_{ij} - \mu) = g_i + g_j \tag{6.2.2}$$

它表明，$x_{ij} - \mu$的期望值为两个亲本的一般配合力g_i、g_j之和，而把x_{ij}与$E(x_{ij})$之差定义为组合双亲i和j的特殊配合力s_{ij}

$$s_{ij} = x_{ij} - E(x_{ij}) \text{ 或 } x_{ij} - \mu = g_i + g_j + s_{ij} = v_{ij} \tag{6.2.3}$$

按统计学术语来讲，一般配合力g_i和g_j分别为双亲在组合中的主效应，而特殊配合力s_{ij}为组合中双亲间的互作效应，v_{ij}为亲本i和j在组合中的遗传型效应(不包括反交效应). 式(6.2.1)~式(6.2.3)所述仅就交配设计而言的，如果作为一个真实试验来讲，还应加上环境设计. 在真实试验中，x_{ij}应为组合的平均值，即式(6.2.3)应表示为$\bar{x}_{ij\cdot} = \mu + g_i + g_j + s_{ij} + \bar{e}_{ij\cdot}$.

式(6.2.3)作为亲本i和j杂交组合的基因型效应，是按两个因素处理的主效应和交互效应来分解的，是完全的或正交性的分解，即$x_{ij} = \mu + g_i + g_j + s_{ij}$中的$g_i$、$g_j$、$s_{ij}$间是相互独立的. 因而，在不包括环境效应、母体效应和连锁之下的组合间总遗传方差为

$$\sigma_{gB}^2 = V(x_{ij}) = \sigma_{g(m)}^2 + \sigma_{g(f)}^2 + \sigma_s^2 \tag{6.2.4}$$

其中，$\sigma_{g(m)}^2$、$\sigma_{g(f)}^2$分别为雄雌亲本的一般配合力方差，而σ_s^2为双亲组合的特殊配合力方差. 如果亲本系统不以性别或其他方式区别，则$\sigma_{g(m)}^2 = \sigma_{g(f)}^2 = \sigma_g^2$成立，$\sigma_g^2$仅表示一般配合力方差. 则式(6.2.4)可写成

$$\sigma_{gB}^2 = 2\sigma_g^2 + \sigma_s^2 \tag{6.2.5}$$

按加性-显性-上位模型来分析式(6.2.5)，可判断出一般配合力和特殊配合力的遗传组成. 可以证明，一般配合力由数量性状的加性效应及位点间的加性互作效应组成的，而特殊配合力是由位点内互作和位点间非加性互作组成的. 下面通过σ_g^2和σ_s^2的内含来证明.

假定由大量的纯系品种或自交系组成一个孟德尔群体，在无突变、无选择和无迁移

的条件下进行随机交配，则会达到 Hardy-Weinberg 平衡，其中个体间有亲子、半同胞和全同胞等亲属关系. 据 2.6 节知，在加性-显性-上位模型和无环境互作之下的随机交配平衡群体中，亲属遗传协方差的一般公式为

$$\mathrm{Cov}_g(x,y) = r\sigma_d^2 + u\sigma_h^2 + r^2\sigma_{dd}^2 + ru\sigma_{dh}^2 + u^2\sigma_{hh}^2 + \cdots$$

图 6.2.1 所示为具有共同父本的一套半同胞组合的系谱关系，其中A 和 C为共同雄亲，B 和 D为两个不同的母本；A × B产生P, C × D产生Q; P 和 Q为同父异母半同胞.

上述 Hardy-Weinberg 平衡群体中存在大量父本半同胞组群，组群内成员间的协方差就是父本系统的一般配合力方差$\sigma_{g(m)}^2$，而图 6.2.1 所示为父本半同胞的两个成员 P 和 Q, , 故

$$\sigma_{g(m)}^2 = \mathrm{Cov}_g(\mathrm{P},\mathrm{Q}) = r\sigma_d^2 + u\sigma_h^2 + r^2\sigma_{dd}^2 + ru\sigma_{dh}^2 + u^2\sigma_{hh}^2 + \cdots \tag{6.2.6}$$

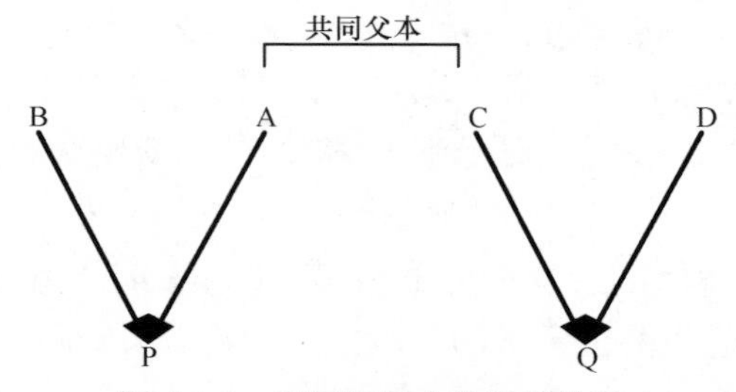

图 6.2.1 半同胞组合的系谱关系

这个公式对没有母性效应和连锁效应之下的$\sigma_{g(f)}^2$也成立，即在这种情况下有$\sigma_{g(m)}^2 = \sigma_{g(f)}^2$. 据 2.6 节的研究，并据关于共祖率$f$的定义和性质知，图 6.2.1 中B和C、B 和 D、A 和 D均非近交个体，故有$f_{\mathrm{BC}} = f_{\mathrm{BD}} = f_{\mathrm{AD}} = 0$; A 和 C相同，$f_{\mathrm{AC}} = F$，因而有

$$r = 2f_{\mathrm{PQ}} = 2 \times \frac{1}{4}(f_{\mathrm{BC}} + f_{\mathrm{BD}} + f_{\mathrm{AC}} + f_{\mathrm{AD}}) = \frac{1}{2}F$$

$$u = f_{\mathrm{AC}}f_{\mathrm{BD}} + f_{\mathrm{AD}}f_{\mathrm{BC}} = 0$$

故一般配合力为(在加性模型下$\sigma_{g(m)}^2$和$\sigma_{g(f)}^2$与F呈线性关系)

$$\begin{cases} \sigma_{g(m)}^2 = \frac{1}{2}F\sigma_d^2 + \frac{1}{4}F^2\sigma_{dd}^2 + \frac{1}{8}F^3\sigma_{ddd}^2 + \cdots = \sigma_g^2 \text{ (父本)} \\ \sigma_{g(f)}^2 = \frac{1}{2}F\sigma_d^2 + \frac{1}{4}F^2\sigma_{dd}^2 + \frac{1}{8}F^3\sigma_{ddd}^2 + \cdots = \sigma_g^2 \text{ (母本)} \end{cases} \tag{6.2.7}$$

由式(6.1.47)知，组合间遗传方差σ_{gB}^2为

$$\sigma_{gB}^2 = F\sigma_d^2 + F^2\sigma_h^2 + F^2\sigma_{dd}^2 + F^3\sigma_{dh}^2 + F^4\sigma_{hh}^2 + \cdots \tag{6.2.8}$$

据式(6.2.5)知，特殊配合力方差为

$$\sigma_s^2 = \sigma_{gB}^2 - 2\sigma_g^2 = F^2\sigma_h^2 + \frac{1}{2}F^2\sigma_{dd}^2 + F^3\sigma_{dh}^2 + F^4\sigma_{hh}^2 + \cdots \tag{6.2.9}$$

式(6.2.7)和式(6.2.9)表明了以下结论.

(1) 一般配合力方差由亲本系统的加性效应和部分加性×加性效应的变异所致. 因而，一般配合力可由组合的表型平均值及基础群(由大量纯合亲本组成的孟德尔平衡群体)的均值表达.

(2) 特殊配合力方差属于非加性遗传变异，且随着F的增大而增加. 因而，高代近交系杂交比早代近交系杂交的σ_s^2大；特殊配合力s_{ij}由杂交组合的显性和上位性偏差所决定.

6.2.2　配合力估计的试验设计方法

为了估计自交系的配合力，需将待估自交系与测试种进行杂交. 一般配合力和特殊配合力在遗传效应上的不同，使二者在估计的试验设计方法上有所不同.

如果待估的是自交系的一般配合力，最好采用具有广泛遗传基础的测试种群体，因为一般配合力刻画的是待估自交系和测试种群体杂交的所有杂交组合的平均表型性能. 例如，在植物中可以选用天然授粉品种或双交种等作为测试种群体. 如果待估的是自交系的特殊配合力，则测试种群体的选择决定于待估自交系的用途. 如果待估自交系是用来代替现存杂交组合的一些系，则杂交种的亲本单交种之一或组成这一单交种的自交系，将是最合适的测试种群，因为特殊配合力刻画的是特定杂交组合性能与它们的一般配合力之和的差.

估计自交系或纯合亲本配合力的试验方法一般有下面几种.

1. 顶交(top crossing)

将供试自交系或纯合亲本与一个基本测验种群体杂交，用其平均值与基本测试种群体平均值之差作为待估自交系或纯合亲本的一般配合力估计，这种估计方法称为顶交法.

2. 多重杂交法(polycross)

多重杂交或多系杂交是 Tysclal 等于 1942 年提出的. 具体做法是：用待估自交系或纯合亲本所繁殖的种子和其他选出的所有测试种天然杂交，用其平均值和所有测试种平均值之差来估计自交系或纯合亲本的一般配合力. 这种方法适用于异花授粉作物.

3. 双列杂交法(diallel cross)

这是一种单交测验方法. 设有p个自交系或纯合亲本，期望通过试验估计它们的一般配合力、特殊配合力及其有关方差，可采用双列杂交法. 这个方法首先是 Schmiolt 于 1919 年提出的，为 Griffing 于 1956 年所完善，并按试验的目的分别用固定模型和随机模型予以分析. Griffing 将p个自交系或纯合亲本间进行所有可能的杂交，并将其分为四种交配方法的结果作为处理在试验中参试.

方法 1：参试材料有p个亲本、$p(p-1)/2$个正交组合F_1和$p(p-1)/2$个反交组合F_1，即参试的遗传型材料共有$a=p^2$个.

方法 2：参试材料有p个亲本和$p(p-1)/2$个F_1代的材料，即参试的遗传型材料共有$a=p+p(p-1)/2=p(p+1)/2$个.

方法 3：参试材料有$p(p-1)/2$个正交组合F_1和$p(p-1)/2$个反交组合F_1，即参试的遗传型材料共有$a=p(p-1)$个.

方法 4: 仅有参试遗传型材料$a=p(p-1)/2$个组合F_1.

其中方法 1 的交配设计称为完全双列杂交(complete diallel cross), 其余三种称为不完全双列杂交(incomplete diallel cross).

上述四种双列杂交交配在一定环境设计(如完全随机设计和完全随机区组设计等)之下进行试验, 就可用方差分析模型实现对配合力的估计和配合力方差分析.

下面介绍四种交配设计在完全随机区组环境设计下的统计分析及其在育种上的应用.

6.2.3 双列杂交完全随机区组试验的配合力分析

1. 双列杂交完全随机区组试验的方差分析

双列杂交的四种交配设计方法按完全随机区组试验进行方差分析, 重复b次. 每个区组有a个试验单元(田间试验中的小区), 用于随机安排a个参试材料, 共有ab个试验单元组成试验空间, 用以观察a个参试材料的实际表现. 每个试验单元(小区)测定c个个体的性状值. 方差分析的模型为

$$x_{ijkl}=\mu+v_{ij}+\beta_k+(v\beta)_{ijk}+e_{ijkl} \tag{6.2.10}$$

其中, x_{ijkl}为亲本i和亲本j组合F_1在第k个区组的第l个个体的观测值, $(i,j)=1,2,\cdots,a$; $k=1,2,\cdots,b; l=1,2,\cdots,c$; μ为群体平均值; v_{ij}为第i个亲本与第j个亲本的杂交组合F_1代的遗传型效应; β_k为第k个区组的区组效应; e_{ijkl}为亲本i和亲本j组合F_1代在第k个区组中的第l个个体的环境效应, 这些效应间相互独立且均服从$N(0,\sigma_e^2)$.

v_{ij}用双下标表示. 在配合力中, 如果没有反交, 则它可以分解为第i个亲本的一般配合力g_i、第j个亲本的一般配合力g_j和两个亲本的特殊配合力s_{ij}, 即

$$v_{ij}=g_i+g_j+s_{ij} \tag{6.2.11}$$

如果还有反交, 则应加上反交效应r_{ij}, 即

$$v_{ij}=g_i+g_j+s_{ij}+r_{ij} \tag{6.2.12}$$

式(6.2.10)为遗传型(A)和区组(B)两个因素且在试验单元中有c次观测的方差分析模型. 该模型对因素A和因素B均有随机效应和固定效应的抽样假设.

(1) A为随机因素, 即参试的a个遗传型是遗传型(A)的一个随机样本, 表明a个v_{ij}均为随机变量, 它们相互独立, 且均服从$N(0,\sigma_A^2)$; A为固定因素, 表明a个v_{ij}组成了总体A, 即它们均为常数, 且

$$\sum_i v_{ij}=\sum_j v_{ij}=\sum_i\sum_j v_{ij}=0$$

(2) B 为随机因素, 即β_k间相互独立且均服从$N(0,\sigma_B^2)$; B为固定因素, 即β_k均为常数, 且$\sum\beta_k=0$.

按照对A 和 B的抽样假设, 式(6.2.10)所表示的方差分析有以下四种分析模式.

模型Ⅰ: A 固定,B也固定, 称为固定模型. 其方差分析模型应在式(6.2.10)的基础上再加上A、B均固定的约束, 即

$$
\begin{cases}
x_{ijkl} = \mu + v_{ij} + \beta_k + (v\beta)_{ijk} + e_{ijkl} \\
\sum_i v_{ij} = \sum_j v_{ij} = \sum_i \sum_j v_{ij} = 0 \\
\sum_k \beta_k = 0 \\
\sum_i \sum_j (v\beta)_{ijk} = \sum_k (v\beta)_{ijk} = 0 \\
e_{ijkl}\text{相互独立且均服从}N(0, \sigma_e^2)
\end{cases}
\tag{6.2.13}
$$

固定效应v_{ij}的方差为$k_{\mathrm{A}}^2 = \sum\sum v_{ij}^2/(a-1)$，固定效应$\beta_k$的方差为$k_{\mathrm{B}}^2 = \sum \beta_k^2/(b-1)$，固定效应$(v\beta)_{ijk}$的方差为$k_{\mathrm{A\times B}}^2 = \sum\sum\sum (v\beta)_{ijk}^2/(a-1)(b-1)$.

模型Ⅱ：A、B均为随机因素，称为随机模型. 其方差分析模型应在式(6.2.10)的基础上再加上A、B均随机的约束，即

$$
\begin{cases}
x_{ijkl} = \mu + v_{ij} + \beta_k + (v\beta)_{ijk} + e_{ijkl} \\
v_{ij}\text{相互独立且均服从}N(0, \sigma_{\mathrm{A}}^2) \\
\beta_k\text{相互独立且均服从}N(0, \sigma_{\mathrm{B}}^2) \\
(v\beta)_{ijk}\text{相互独立且均服从}N(0, \sigma_{\mathrm{A\times B}}^2) \\
e_{ijkl}\text{相互独立且均服从}N(0, \sigma_e^2)
\end{cases}
\tag{6.2.14}
$$

模型Ⅲ：A 随机, B固定，为混合模型.

模型Ⅳ：A 固定, B随机，为混合模型.

在配合力分析中，模型Ⅲ和模型Ⅳ很少应用，仅列出模型Ⅰ和模型Ⅱ的方差分析模式表 6.2.1.

表 6.2.1　双列杂交完全随机区组试验的期望均方分析($c\geqslant 2$)

变异来源	自由度	平方和	均方	期望均方	
				模型Ⅰ	模型Ⅱ
遗传型(A)	$a-1$	$\mathrm{SS_A}$	$\mathrm{MS_A}$	$\sigma_e^2 + bck_{\mathrm{A}}^2$	$\sigma_e^2 + c\sigma_{\mathrm{A\times B}}^2 + bc\sigma_{\mathrm{A}}^2$
区组(B)	$b-1$	$\mathrm{SS_B}$	$\mathrm{MS_B}$	$\sigma_e^2 + ack_{\mathrm{B}}^2$	$\sigma_e^2 + c\sigma_{\mathrm{A\times B}}^2 + ac\sigma_{\mathrm{B}}^2$
A×B	$(a-1)(b-1)$	$\mathrm{SS_{A\times B}}$	$\mathrm{MS_{A\times B}}$	$\sigma_e^2 + \mathrm{c}k_{\mathrm{A\times B}}^2$	$\sigma_e^2 + c\sigma_{\mathrm{A\times B}}^2$
随机误差	$ab(c-1)$	$\mathrm{SS_e}$	$\mathrm{MS_e}$	σ_e^2	σ_e^2
总变异	$abc-1$	$\mathrm{SS_T}$			

关于以配合力分析为目的的方差分析表 6.2.1，有以下几点说明.

① 参试遗传型满足如下条件：正常二倍体分离；无母体效应(无正反交效应)；非等位基因间相互独立；无复等位基因；纯合亲本；基因在亲本间独立分布.

②关于配合力分析的应用单元问题. 在表 6.2.1 中，如果$c\geqslant 2$，则配合力是以个体(植株)为单位的；若$c=1$，则配合力是以小区为单位的. 在$c=1$时，式(6.2.10)变为

$$
x_{ijk} = \mu + v_{ij} + \beta_k + (v\beta)_{ijk} = \mu + v_{ij} + \beta_k + e_{ijk} \tag{6.2.15}
$$

其中，$i,j=1,2,\cdots,a$；$k=1,2,\cdots,b$. e_{ijk}相互独立且均服从$N(0,\sigma_e^2)$. 其完全随机区组试验的方差分析表为表 6.2.2.

表 6.2.2 双列杂交完全随机区组试验的期望均方分析($c=1$)

变异来源	自由度	平方和	均方	期望均方	
				模型 I	模型 II
遗传型(A)	$a-1$	$\mathrm{SS_A}$	$\mathrm{MS_A}$	$\sigma_e^2+bk_{\mathrm{A}}^2$	$\sigma_e^2+b\sigma_{\mathrm{A}}^2$
区组(B)	$b-1$	$\mathrm{SS_B}$	$\mathrm{MS_B}$	$\sigma_e^2+ak_{\mathrm{B}}^2$	$\sigma_e^2+a\sigma_{\mathrm{B}}^2$
随机误差	$(a-1)(b-1)$	SS_e	MS_e	σ_e^2	σ_e^2
总变异	$ab-1$	SS_T			

相应于表 6.2.2 中的模型 I 和模型 II，可在式(6.2.13)和式(6.2.14)中去掉e_{ijkl}，而把$(\upsilon\beta)_{ijk}$换为e_{ijk}即可. 这一点由式(6.2.10)和式(6.2.15)的比较可明显知晓其道理.

③表 6.2.1($c\geqslant 2$)中平方和的计算涉及观察值x_{ijkl}的总和$T_{\cdots\cdot}$、遗传型和$T_{ij\cdot\cdot}$、区组和$T_{\cdot\cdot k\cdot}$、小区和$T_{\cdots l}$及其相应的平均值，具体公式为

$$\begin{cases} T_{\cdots\cdot}=\sum_{ij}\sum_k\sum_l x_{ijkl} & \bar{x}_{\cdots\cdot}=\frac{1}{abc}T_{\cdots\cdot} \\ T_{ij\cdot\cdot}=\sum_k\sum_l x_{ijkl} & \bar{x}_{ij\cdot\cdot}=\frac{1}{bc}T_{ij\cdot\cdot} \\ T_{\cdot\cdot k\cdot}=\sum_{ij}\sum_l x_{ijkl} & \bar{x}_{\cdot\cdot k\cdot}=\frac{1}{ac}T_{\cdot\cdot k\cdot} \\ T_{\cdots l}=\sum_{ij}\sum_k x_{ijkl} & \bar{x}_{\cdots l}=\frac{1}{ab}T_{\cdots l} \end{cases} \tag{6.2.16}$$

平方和计算公式为

$$\begin{cases} \mathrm{SS}_T=\sum_{ij}\sum_k\sum_l\left(x_{ijkl}-\bar{x}_{\cdots\cdot}\right)^2=\sum_{ij}\sum_k\sum_l x_{ijkl}^2-\frac{T_{\cdots\cdot}^2}{abc} \\ \mathrm{SS_A}=\sum_{ij}\sum_k\sum_l\left(\bar{x}_{ij\cdot\cdot}-\bar{x}_{\cdots\cdot}\right)^2=\frac{1}{bc}\sum_{ij}T_{ij\cdot\cdot}^2-\frac{T_{\cdots\cdot}^2}{abc} \\ \mathrm{SS_B}=\sum_{ij}\sum_k\sum_l(\bar{x}_{\cdot\cdot k\cdot}-\bar{x}_{\cdots\cdot})^2=\frac{1}{ac}\sum_k T_{\cdot\cdot k\cdot}^2-\frac{T_{\cdots\cdot}^2}{abc} \\ \mathrm{SS_{A\times B}}=\sum_{ij}\sum_k\sum_l\left(\bar{x}_{\cdots l}-\bar{x}_{ij\cdot\cdot}-\bar{x}_{\cdot\cdot k\cdot}+\bar{x}_{\cdots\cdot}\right)^2 \\ \qquad=\frac{1}{ab}\sum_l T_{\cdots l}^2-\frac{1}{bc}\sum_{ij}T_{ij\cdot\cdot}^2-\frac{1}{ac}\sum_k T_{\cdot\cdot k\cdot}^2+\frac{T_{\cdots\cdot}^2}{abc} \\ \mathrm{SS}_e=\sum_{ij}\sum_k\sum_l\left(x_{ijkl}-\bar{x}_{\cdots l}\right)^2=\sum_{ij}\sum_k\sum_l x_{ijkl}^2-\frac{1}{ab}\sum_l T_{\cdots l}^2 \end{cases} \tag{6.2.17}$$

其自由度分别为

$$f_T=abc-1 \quad f_{\mathrm{A}}=a-1 \quad f_{\mathrm{B}}=b-1 \quad f_{\mathrm{A\times B}}=(a-1)(b-1) \quad f_e=ab(c-1)$$

平方和及其自由度满足如下分解式

$$\mathrm{SS}_T=\mathrm{SS_A}+\mathrm{SS_B}+\mathrm{SS_{A\times B}}+\mathrm{SS}_e \qquad f_T=f_{\mathrm{A}}+f_{\mathrm{B}}+f_{\mathrm{A\times B}}+f_e \tag{6.2.18}$$

④据表 6.2.1 或表 6.2.2 对参试遗传型进行无差异存在的 F检验.

试验的目的在于估计各亲本的配合力及有关亲本群体的变异情况，因而必须先对参试遗传型进行无差异存在的 F检验. 如果各参试遗传型间无差异存在，则表明参试亲本及其有关组合是同质的，因而就失去了亲本间组配能力估计的意义. 参试遗传型无差异的假

设分别为: $\mathrm{H}_{01}: v_{ij}$全等于 0(等价于$\mathrm{H}_{01}: k_{\mathrm{A}}^2 = 0$, 模型 Ⅰ), $\mathrm{H}_{02}: \sigma_{\mathrm{A}}^2 = 0$(模型Ⅱ). 由表 6.2.1 或表 6.2.2 中期望均方栏可知, 上述无效假设的 F 检验为式(6.2.19)和式(6.2.20).

模型 Ⅰ

$$F_1 = \frac{\mathrm{MS}_A}{\mathrm{MS}_e} \sim \begin{cases} F[a-1, ab(c-1)], & c \geqslant 2; \\ F[a-1, (a-1)(b-1)], & c = 1. \end{cases} \tag{6.2.19}$$

模型Ⅱ

$$F_2 = \begin{cases} \dfrac{\mathrm{MS}_{\mathrm{A}}}{\mathrm{MS}_{\mathrm{A\times B}}} \sim F[a-1, (a-1)(b-1)], & c \geqslant 2; \\ \dfrac{\mathrm{MS}_{\mathrm{A}}}{\mathrm{MS}_e} \sim F[a-1, (a-1)(b-1)], & c = 1. \end{cases} \tag{6.2.20}$$

比较式(6.2.19)和式(6.2.20)知, 当$c = 1$时, F 检验的F_1和F_2是相同的. 显然, F_1和F_2的显著是配合力分析的前提.

2. 配合力分析

在参试遗传型无差异存在被拒绝后, 进入配合力分析. 配合力估计及其方差分析是建立在遗传型平均数x_{ij}基础之上的, x_{ij}为

$$x_{ij} = \begin{cases} \dfrac{1}{bc}\sum_k \sum_l x_{ijkl}, & c \geqslant 2 \\ \dfrac{1}{b}\sum_k x_{ijk}, & c = 1 \end{cases} \tag{6.2.21}$$

据x_{ij}建立配合力方差分析模型同样有固定模型(模型 Ⅰ)和随机模型(模型Ⅱ)之分.

配合力方差分析模型 Ⅰ

$$\begin{cases} x_{ij} = \mu + g_i + g_j + s_{ij} + r_{ij} + e_{ij} \\ \sum_i g_i = \sum_j g_j = 0 \\ \sum_i s_{ij} = \sum_j s_{ij} = 0 \qquad s_{ij} = s_{ji} \\ \sum_i \sum_j r_{ij} = 0 \qquad r_{ij} = -r_{ji} \\ e_{ij} = \dfrac{1}{bc}\sum_k \sum_l e_{ijkl} \text{ 相互独立且均服从} N(0, \sigma^2) \end{cases} \tag{6.2.22}$$

当 $c \geqslant 2$ 时, $\sigma^2 = \frac{1}{bc}E(\mathrm{MS}_e) = \frac{1}{bc}\sigma_e^2$, MS_e为表 6.2.1 中的 MS_e; 当 $c = 1$ 时, $\sigma^2 = \frac{1}{b}E(\mathrm{MS}_e) = \frac{1}{b}\sigma_e^2$, MS_e为表6.2.2 中的MS_e.

配合力方差分析模型Ⅱ

$$
\begin{cases}
x_{ij} = \mu + g_i + g_j + s_{ij} + r_{ij} + \dfrac{1}{b}\sum_k \beta_k + \dfrac{1}{b}\sum_k (\upsilon\beta)_{ijk} + \dfrac{1}{bc}\sum_k\sum_l e_{ijkl} \\
\quad = \mu + g_i + g_j + s_{ij} + r_{ij} + \dfrac{1}{b}\sum_k \beta_k + e_{ij} \\
g_i\text{间(或}g_j\text{)相互独立且均服从}N(0,\sigma_g^2) \\
s_{ij}\text{间相互独立且均服从}N(0,\sigma_s^2) \\
r_{ij}\text{间相互独立且均服从}N(0,\sigma_r^2) \\
\beta_k\text{间相互独立且均服从}N(0,\sigma_B^2) \\
e_{ij} = \dfrac{1}{b}\sum_k (\upsilon\beta)_{ijk} + \dfrac{1}{bc}\sum_k\sum_l e_{ijkl} \sim N(0,\sigma^2)
\end{cases}
\tag{6.2.23}
$$

当$c \geqslant 2$时，$V(e_{ij}) = \frac{1}{b}\sigma_{\mathrm{A\times B}}^2 + \frac{1}{bc}\sigma_e^2 = \frac{1}{bc}(\sigma_e^2 + c\sigma_{\mathrm{A\times B}}^2)$，即$\hat{\sigma}^2 = \frac{1}{bc}\mathrm{MS_{A\times B}}$(表 6.2.1 中的$\mathrm{MS_{A\times B}}$)；当$c = 1$时，$e_{ijkl}$无观察值，$x_{ij} = \mu + g_i + g_j + s_{ij} + r_{ij} + \frac{1}{b}\sum\beta_k + e_{ij}, \hat{\sigma}^2 = \frac{1}{b}\mathrm{MS}_e$(表 6.2.2 中的$\mathrm{MS}_e$).

配合力方差分析模型Ⅰ和模型Ⅱ适用于交配方法 2 和方法 4，这时假定$r_{ij} = 0$.

在配合力方差分析模型Ⅰ之下，对具体的交配设计方法有三种重要分析.

(1) 求模型参数μ、g_i、s_{ij}和r_{ij}的最小二乘估计.

(2) 建立模型Ⅰ的方差分析模型，提出检验所有g_i无差异、所有s_{ij}无差异、所有r_{ij}无差异的F检验方法. 如果上述F检验显著，提出g_i间、s_{ij}间和r_{ij}间的多重比较检验方法.

(3) 对各亲本在交配组合中的传递整齐性及应用价值作出评价.

在配合力方差分析模型Ⅱ的分析中，在提出g_i间无差异、s_{ij}间无差异、r_{ij}间无差异的F检验外，还需提出σ_g^2、σ_s^2和σ_r^2的估计方法，以便进行遗传型群体的遗传力估计等.

下面叙述四种交配方法的配合力分析.

3. 方法 1(亲本+正交$\mathrm{F_1}$+反交$\mathrm{F_1}$, $a = p^2$)的配合力分析

【例 6.2.1】 表 6.2.3 给出了$p(=8)$个亲本的一套完全双列杂交的小区籽粒产量($c = 1$)数据，田间设计为完全随机区组，重复 4($b = 4$)次，试进行配合力分析.

1) 完全双列杂交随机区组试验中参试遗传型的方差分析

该分析属表 6.2.2 所示的方差分析. 据表 6.2.3 所列总和为$T_{\cdots}$，组合和为$T_{ij\cdot}$，区组和为$T_{\cdot\cdot k}$，平方和计算的校正值C及自由度f为

$$C = T_{\cdots}^2/ab = T_{\cdots}^2/64 \times 4 = 23231.82^2/64 \times 4 = 2108271.3301$$

各平方和SS计算如下

$$\mathrm{SS}_T = \sum_i\sum_j\sum_k (x_{ijk} - \bar{x}_{\cdots})^2 = \sum_i\sum_j\sum_k x_{ijk}^2 - C$$
$$= 104.86^2 + 88.66^2 + \cdots + 81.48^2 - C = 127719.6623$$
$$f_T = ab - 1 = p^2 b - 1 = 64 \times 4 - 1 = 255$$

表 6.2.3　8 × 8完全双列杂交籽粒产量的原始数据($c = 1$)

亲本	重复	P_1	P_2	P_3	P_4	P_5	P_6	P_7	P_8	$T_{\cdot\cdot k}, T_{\cdot\cdot\cdot}$
	1	104.86	88.66	109.76	128.10	128.36	74.40	91.82	48.08	
	2	84.32	105.04	78.22	123.84	119.84	70.86	99.18	62.10	
P_1	3	76.92	80.80	74.52	92.56	103.24	60.94	118.88	58.54	
	4	76.48	73.54	99.52	115.28	129.72	68.00	120.68	41.84	
	$T_{1j\cdot}$	342.58	348.04	362.02	459.78	481.16	274.20	430.56	210.56	
	1	88.70	88.02	110.16	101.26	91.52	59.06	84.16	96.92	
	2	69.10	106.52	116.26	80.22	113.96	65.62	109.74	91.44	
P_2	3	76.80	89.82	99.76	82.84	87.26	81.62	102.14	79.86	
	4	88.16	108.68	120.12	88.36	106.98	86.76	94.52	74.38	
	$T_{2j\cdot}$	322.76	393.04	446.30	352.68	399.72	293.06	390.56	342.60	
	1	75.28	112.48	77.94	111.44	96.88	109.86	117.20	109.68	
	2	124.74	92.76	71.34	119.96	100.86	98.16	100.28	116.48	
P_3	3	94.56	90.62	77.52	84.76	86.88	93.26	116.16	123.92	
	4	114.34	112.36	69.48	86.42	92.52	102.26	112.52	120.86	
	$T_{3j\cdot}$	408.92	418.22	296.28	402.58	377.14	403.54	446.16	470.94	
	1	124.26	92.18	98.08	80.82	86.20	103.14	53.40	53.86	
	2	132.48	82.16	90.94	106.54	76.36	109.66	60.86	48.30	
P_4	3	114.38	81.66	96.20	83.28	79.06	90.98	74.46	40.64	
	4	105.34	101.24	125.48	95.92	99.52	119.40	69.08	44.62	
	$T_{4j\cdot}$	476.46	357.24	410.70	366.56	341.14	423.18	257.80	187.42	
	1	109.74	109.94	89.56	80.96	59.96	98.46	81.36	86.62	
	2	99.56	117.52	94.56	71.98	52.48	73.10	72.82	94.18	
P_5	3	110.18	95.56	83.66	91.34	52.98	89.18	89.82	90.32	
	4	125.68	88.54	85.28	89.28	50.98	75.86	83.74	108.16	
	$T_{5j\cdot}$	445.16	411.56	353.06	333.56	216.40	336.60	327.74	379.28	
	1	72.92	58.56	104.18	109.44	81.58	96.44	140.50	55.08	
	2	76.28	86.72	100.24	97.74	95.52	98.82	125.96	52.88	
P_6	3	61.66	65.26	85.12	121.10	84.48	99.14	113.02	42.92	
	4	64.48	74.64	108.76	106.38	90.28	107.16	106.96	64.08	
	$T_{6j\cdot}$	275.34	285.18	398.30	434.66	351.86	401.56	486.44	214.96	
	1	119.56	106.52	98.54	58.92	70.28	109.84	91.44	116.28	
	2	90.22	84.38	103.38	54.78	79.84	137.92	99.66	129.50	
P_7	3	113.92	83.92	119.48	63.92	80.42	94.08	89.46	142.84	
	4	113.36	76.46	112.38	52.98	84.46	120.84	83.28	112.46	
	$T_{7j\cdot}$	437.06	351.28	433.78	230.60	315.00	462.68	363.84	501.08	
	1	47.46	85.82	105.26	56.20	80.52	45.72	105.50	91.78	5811.48($T_{\cdot\cdot 1}$)
	2	43.26	80.22	102.38	41.82	98.56	58.62	120.94	84.82	5866.80($T_{\cdot\cdot 2}$)
P_8	3	45.72	76.30	112.26	52.66	90.84	70.82	114.06	69.92	5602.20($T_{\cdot\cdot 3}$)
	4	47.44	90.24	123.80	46.28	103.36	65.80	132.18	81.48	5951.34($T_{\cdot\cdot 4}$)
	$T_{8j\cdot}$	194.88	332.58	461.60	486.96	373.28	240.96	472.68	328.00	23231.82($T_{\cdot\cdot\cdot}$)

$$SS_A = \sum_i\sum_j\sum_k(\bar{x}_{ij\cdot} - \bar{x}_{\dots})^2 = \frac{1}{b}\sum_i\sum_j T_{ij\cdot}^2 - C$$
$$= \frac{1}{4}(342.58^2 + 348.04^2 + \cdots + 328.00^2) - C = 104924.1604$$
$$f_A = a - 1 = p^2 - 1 = 64 - 1 = 63$$
$$SS_B = \sum_i\sum_j\sum_k(\bar{x}_{\cdot\cdot k} - \bar{x}_{\dots})^2 = \frac{1}{a}\sum_k T_{\cdot\cdot k}^2 - C$$
$$= \frac{1}{64}(5811.48^2 + \cdots + 5951.34^2) - C = 1037.0241$$
$$f_B = b - 1 = 4 - 1 = 3$$
$$SS_e = SS_{A\times B} = \sum_i\sum_j\sum_k\left(x_{ijk} - \bar{x}_{ij\cdot} - \bar{x}_{\cdot\cdot k} + \bar{x}_{\dots}\right)^2$$
$$= \sum_i\sum_j\sum_k x_{ijk}^2 - \frac{1}{b}\sum_i\sum_j T_{ij\cdot}^2 - \frac{1}{a}\sum_k T_{\cdot\cdot k}^2 + C$$
$$= SS_T - SS_A - SS_B = 21758.4778$$
$$f_e = (a-1)(b-1) = 63 \times 3 = 189$$

据前述知，当$c = 1$时，模型Ⅰ和模型Ⅱ关于参试遗传型无差异的无效假设$H_{01}: k_A^2 = 0$和$H_{02}: \sigma_A^2 = 0$的F检验是相同的(式(6.2.19)和式(6.2.20))

$$F_1 = F_2 = \frac{MS_A}{MS_e} = \frac{1665.463}{115.124} = 14.47^{**}$$

方差分析结果如表 6.2.4 所示，结果表明可进行配合力分析.

表 6.2.4　例 6.2.1 的完全随机区组试验方差分析

变异来源	自由度	SS	MS	F
遗传型(A)	63	104927.1604	1665.463	14.47**
区组(B)	3	1037.0241	345.675	3.00*
机误(e)	189	21758.4778	115.124	
总变异	255	127719.6623		

2) 配合力分析

(1) 列参试遗传型平均数表(据式(6.2.21)). 一般的参试遗传型平均数表如表 6.2.5 所示, 其中

$$T_{i\cdot} = \sum_j x_{ij} \qquad T_{\cdot j} = \sum_i x_{ij} \qquad T_{\cdot\cdot} = \sum_i\sum_j x_{ij}$$

(2) 配合力参数的最小二乘估计(模型Ⅰ). 据式(6.2.22), 若μ、g_i、g_j、s_{ij}和r_{ij}的最小二乘估计为$\hat{\mu}$、$\hat{g}_i$、$\hat{g}_j$、$\hat{s}_{ij}$和$\hat{r}_{ij}$, 则它们应满足

$$Q_e = \textstyle\sum_i^p\sum_j^p \hat{e}_{ij}^2 = \sum_i^p\sum_j^p\left(x_{ij} - \hat{\mu} - \hat{g}_i - \hat{g}_j - \hat{s}_{ij} - \hat{r}_{ij}\right)^2 = \min \qquad (6.2.24)$$

及式(6.2.22)中的约束条件. 令Q_e关于各参数的偏导数等于零, 得参数估计的正则方程组为

$$\textstyle\sum_i^p\sum_j^p\left(x_{ij} - \hat{\mu} - \hat{g}_i - \hat{g}_j - \hat{s}_{ij} - \hat{r}_{ij}\right) = 0 \qquad (6.2.25)$$

表 6.2.5　方法 1 的遗传型平均数表

亲本P_i	亲本P_j				行和$T_{i\cdot}$
	P_1	P_2	…	P_p	
P_1	x_{11}	x_{12}	…	x_{1p}	$T_{1\cdot}$
P_2	x_{21}	x_{22}	…	x_{2p}	$T_{2\cdot}$
⋮	⋮	⋮		⋮	⋮
P_p	x_{p1}	x_{p2}	…	x_{pp}	$T_{p\cdot}$
列和$T_{\cdot j}$	$T_{\cdot 1}$	$T_{\cdot 2}$	…	$T_{\cdot p}$	$T_{\cdot\cdot}$
$T_{i\cdot}+T_{\cdot j}$	$T_{1\cdot}+T_{\cdot 1}$	$T_{2\cdot}+T_{\cdot 2}$	…	$T_{p\cdot}+T_{\cdot p}$	$2T_{\cdot\cdot}$

估计结果为

$$\begin{cases}\hat{\mu}=\dfrac{1}{p^2}T_{\cdot\cdot}\\ \hat{g}_i=\dfrac{1}{2p}(T_{i\cdot}+T_{\cdot i})-\dfrac{1}{p^2}T_{\cdot\cdot}\\ \hat{s}_{ij}=\dfrac{1}{2}(x_{ij}+x_{ji})-\dfrac{1}{2p}\left[(T_{i\cdot}+T_{\cdot i})+(T_{j\cdot}+T_{\cdot j})\right]+\dfrac{1}{p^2}T_{\cdot\cdot}\\ \hat{r}_{ij}=\dfrac{1}{2}(x_{ij}-x_{ji})\end{cases}\tag{6.2.26}$$

在式 (6.2.22)的约束条件之下，式(6.2.25)具体求解过程如下.

① 对式(6.2.25)求和得$p^2\mu=T_{\cdot\cdot}$，故$\hat{\mu}=T_{\cdot\cdot}/p^2$.

② 对于式(6.2.25)，固定i对j求和、固定j对i求和，可得$\hat{g}_i=\frac{1}{p}T_{i\cdot}-\hat{\mu}$和$\hat{g}_j=\frac{1}{p}T_{\cdot j}-\hat{\mu}$.
令$i=j$，则有式(6.2.26)中$\hat{g}_i$的结果.

③ 由$s_{ij}=s_{ji},r_{ij}=-r_{ji}$，则在模型 I 约束之下有

$$\begin{cases}x_{ij}=\hat{\mu}+\hat{g}_i+\hat{g}_j+\hat{s}_{ij}+\hat{r}_{ij}\\ x_{ji}=\hat{\mu}+\hat{g}_i+\hat{g}_j+\hat{s}_{ji}+\hat{r}_{ji}\end{cases}$$

二式相加得$\hat{s}_{ij}$，二式相减得$\hat{r}_{ij}$.

(3) 配合力方差分析(模型 I 和模型 II). 在式(6.2.22)和式(6.2.23)所示模型之下，所有g_i间、s_{ij}间若无差异，则配合力方差分析就失去意义. 因而必须给出其方差分析模式，即必须对总平方和$SS_T=\sum\sum(x_{ij}-\hat{\mu})^2$进行关于变因一般配合力、特殊配合力和$r_{ij}$分解

$$\begin{aligned}SS_T&=\sum_i\sum_j(x_{ij}-\hat{\mu})^2=\sum_i\sum_j\left[(\hat{g}_i+\hat{g}_j)+\hat{s}_{ij}+\hat{r}_{ij}\right]^2\\&=2p\sum_i g_i^2+\sum_i\sum_j\hat{s}_{ij}^2+\sum_i\sum_j\hat{r}_{ij}^2\\&\quad+2\sum_i\sum_j(\hat{g}_i\hat{g}_j+\hat{g}_i\hat{s}_{ij}+\hat{g}_i\hat{r}_{ij}+\hat{g}_j\hat{s}_{ij}+\hat{g}_j\hat{r}_{ij}+\hat{s}_{ij}\hat{r}_{ij})\end{aligned}$$

$$= 2p\sum_i g_i^2 + \sum_i\sum_j \hat{s}_{ij}^2 + \sum_i\sum_j \hat{r}_{ij}^2$$
$$= SS_g + SS_s + SS_r \tag{6.2.27}$$

SS_T的自由度$f_T = a - 1$. 式(6.2.27)的6个交叉项均等于0. SS_g、SS_s和SS_r分别称为一般配合力、特殊配合力和反交效应r_{ij}的平方和. 具体计算公式如下

$$\begin{cases} SS_g = 2p\sum_i \hat{g}_i^2 = \frac{1}{2p}\sum_i (T_{i\cdot} + T_{\cdot i})^2 - \frac{2}{p^2}T_{\cdot\cdot}^2 \\ SS_s = \sum_i\sum_j \hat{s}_{ij}^2 = \frac{1}{2}\sum_i\sum_j x_{ij}(x_{ij} + x_{ji}) - \frac{1}{2p}\sum_i (T_{i\cdot} + T_{\cdot i})^2 + \frac{1}{p^2}T_{\cdot\cdot}^2 \\ SS_r = \frac{1}{2}\sum_i\sum_{j>i}(x_{ij} - x_{ji})^2 \end{cases} \tag{6.2.28}$$

式(6.2.28)中各平方和计算公式推导过程如下

$$SS_T = \sum_i\sum_j (x_{ij} - \hat{\mu})^2 = \sum_i\sum_j x_{ij}^2 - \frac{1}{p^2}T_{\cdot\cdot}^2$$

$$SS_g = 2p\sum_i \hat{g}_i^2 = 2p\sum_i \left[\frac{1}{2p}(T_{i\cdot} + T_{\cdot i}) - \frac{1}{p^2}T_{\cdot\cdot}\right]^2$$
$$= \frac{1}{2p}\sum_i (T_{i\cdot} + T_{\cdot i})^2 - \frac{2}{p^2}T_{\cdot\cdot}\sum_i (T_{i\cdot} + T_{\cdot i}) + \frac{2}{p^2}T_{\cdot\cdot}^2$$
$$= \frac{1}{2p}\sum_i (T_{i\cdot} + T_{\cdot i})^2 - \frac{2}{p^2}T_{\cdot\cdot}^2$$

$$SS_r = \sum_i\sum_j \hat{r}_{ij}^2 = \frac{1}{4}\sum_i\sum_j (x_{ij} - x_{ji})^2$$
$$= \frac{1}{4}\left[\sum_i\sum_{j>i}(x_{ij} - x_{ji})^2 + \sum_i\sum_{j<i}(x_{ij} - x_{ji})^2\right]$$
$$= \frac{1}{2}\sum_i\sum_{j>i}(x_{ij} - x_{ji})^2, r_{ii} = 0, r_{ij} = -r_{ji}$$

$$SS_s = SS_T - SS_g - SS_r$$
$$= \sum_i\sum_j x_{ij}^2 - \frac{1}{4}\sum_i\sum_j (x_{ij} - x_{ji})^2 - \frac{1}{2p}\sum_i (T_{i\cdot} + T_{\cdot i})^2 + \frac{1}{p^2}T_{\cdot\cdot}^2$$
$$= \frac{1}{2}\sum_i\sum_j (x_{ij}^2 + x_{ij}x_{ji}) - \frac{1}{2p}\sum_i (T_{i\cdot} + T_{\cdot i})^2 + \frac{1}{p^2}T_{\cdot\cdot}^2$$
$$= \frac{1}{2}\sum_i\sum_j x_{ij}(x_{ij} + x_{ji}) - \frac{1}{2p}\sum_i (T_{i\cdot} + T_{\cdot i})^2 + \frac{1}{p^2}T_{\cdot\cdot}^2$$

SS_g、SS_s和SS_r 的 自 由 度 分 别 这 为 $f_g = p - 1, f_s = \frac{1}{2}p(p-1)$(因为$s_{ij} = s_{ji}$), $f_r = \frac{1}{2}p(p-1)$, 因为$r_{ij} = -r_{ji}$. 由上述知, 有如下平方和与自由度的分解式及表 6.2.6 所示的方差分析模式

$$\begin{cases} SS_T = SS_g + SS_s + SS_r \\ f_T = f_g + f_s + f_r \end{cases} \tag{6.2.29}$$

表 6.2.6　第一种双列杂交交配设计配合力方差分析模式

变异来源		自由度	平方和	均方	期望均方	
					模型 I	模型 II
一般配合力		$p-1$	SS_g	MS_g	$\sigma^2+2pk_g^2$	$\sigma^2+\frac{2(p-1)}{p}\sigma_s^2+2p\sigma_g^2$
特殊配合力		$\frac{1}{2}p(p-1)$	SS_s	MS_s	$\sigma^2+k_s^2$	$\sigma^2+\frac{2(p^2-p+1)}{p^2}\sigma_s^2$
反交效应		$\frac{1}{2}p(p-1)$	SS_r	MS_r	$\sigma^2+2k_r^2$	$\sigma^2+2\sigma_r^2$
机误	模型 I	$ab(c-1)$		MS_{e_1}	σ^2	
	模型 II	$(a-1)(b-1)$		MS_{e_2}		σ^2

需要说明的是，表 6.2.6 中的变异原因一般配合力间、特殊配合力间和r_{ij}间反映的是式(6.2.29)及其均方MS_g、MS_s和MS_r，并给出了模型 I 和模型 II 的期望均方. 两个模型的随机误差均方MS_{e_1}和MS_{e_2}则与方差分析表 6.2.1 和表 6.2.2 有关，即为式(6.2.22)和式(6.2.23)中e_{ij}的均方，具体如下

$$MS_{e_1}=\begin{cases}\frac{1}{bc}MS_e, & c\geqslant 2,\\ \frac{1}{b}MS_e, & c=1.\end{cases}\qquad MS_{e_2}=\begin{cases}\frac{1}{bc}MS_{A\times B}, & c\geqslant 2;\\ \frac{1}{b}MS_e, & c=1.\end{cases} \tag{6.2.30}$$

其中，$c\geqslant 2$时，MS_e和$MS_{A\times B}$在表 6.2.1 中；$c=1$时，MS_e在表 6.2.2 中.

表 6.2.6 中的k_g^2、k_s^2和k_r^2分别表示式(6.2.22)所示模型 I 中固定效应g_i、s_{ij}和r_{ij}的方差，计算公式为

$$\begin{cases} k_g^2=\frac{1}{p-1}\sum_i g_i^2 \\ k_s^2=\frac{2}{p(p-1)}\sum_i\sum_j s_{ij}^2 \\ k_r^2=\frac{2}{p(p-1)}\sum_i\sum_{j>i} r_{ij}^2 \end{cases} \tag{6.2.31}$$

在表 6.2.6 中，模型 I 要检验的无效假设为

$$H_{01}: k_g^2=0 \qquad H_{02}: k_s^2=0 \qquad H_{03}: k_r^2=0$$

F检验分别为

$$\begin{cases} F_g=\frac{MS_g}{MS_{e_1}}\sim\begin{cases}F[p-1,p^2b(c-1)], & c\geqslant 2;\\ F[p-1,(p^2-1)(b-1)], & c=1.\end{cases} \\ F_s=\frac{MS_s}{MS_{e_1}}\sim\begin{cases}F\left[\frac{p(p-1)}{2},p^2b(c-1)\right], & c\geqslant 2;\\ F\left[\frac{p(p-1)}{2},(p^2-1)(b-1)\right], & c=1.\end{cases} \\ F_r=\frac{MS_r}{MS_{e_1}}\sim\begin{cases}F\left[\frac{p(p-1)}{2},p^2b(c-1)\right], & c\geqslant 2;\\ F\left[\frac{p(p-1)}{2},(p^2-1)(b-1)\right], & c=1.\end{cases} \end{cases} \tag{6.2.32}$$

在表 6.2.6 中，模型Ⅱ要检验的无效假设为

$$\mathrm{H}_{01}: \sigma_g^2 = 0 \qquad \mathrm{H}_{02}: \sigma_s^2 = 0 \qquad \mathrm{H}_{03}: \sigma_r^2 = 0$$

F检验分别为

$$\begin{cases} F_g = \dfrac{\mathrm{MS}_g}{\mathrm{MS}_s^*} \sim F(p-1, f^*) \\ F_s = \dfrac{\mathrm{MS}_s}{\mathrm{MS}_{e_2}} \sim \begin{cases} F\left[\dfrac{p(p-1)}{2}, (a-1)(b-1)\right], & c \geqslant 2; \\ F\left[\dfrac{p(p-1)}{2}, (a-1)(b-1)\right], & c = 1. \end{cases} \\ F_r = \dfrac{\mathrm{MS}_r}{\mathrm{MS}_{e_2}} \sim \begin{cases} F\left[\dfrac{p(p-1)}{2}, (a-1)(b-1)\right], & c \geqslant 2; \\ F\left[\dfrac{p(p-1)}{2}, (a-1)(b-1)\right], & c = 1. \end{cases} \end{cases} \tag{6.2.33}$$

在F_s和F_r中，$c \geqslant 2$和$c = 1$的MS_{e_2}不同(式(6.2.30))．F_g的F检验是近似的，原因是在表 6.2.6 模型Ⅱ中，$\mathrm{H}_{01}: \sigma_g^2 = 0$成立时，$E(\mathrm{MS}_g) = \sigma^2 + 2(p-1)\sigma_s^2/p$，$E(\mathrm{MS}_s) = \sigma^2 + 2(p^2-p+1)\sigma_s^2/p^2$，$E(\mathrm{MS}_g) \neq \mathrm{E}(\mathrm{MS}_s)$．为此，令 $\mathrm{MS}_s^* = (1-d)\mathrm{MS}_{e_2} + d\mathrm{MS}_s$，在$\mathrm{H}_{01}: \sigma_g^2 = 0$之下有

$$\begin{aligned} E(\mathrm{MS}_s^*) &= (1-d)\sigma^2 + d\left[\sigma^2 + \frac{2(p^2-p+1)\sigma_s^2}{p}\right] \\ &= \sigma^2 + \frac{2d(p^2-p+1)\sigma_s^2}{p^2} = E(\mathrm{MS}_g) = \sigma^2 + \frac{2(p-1)\sigma_s^2}{p} \end{aligned}$$

则待定结果d和MS_s^*分别为

$$d = \frac{p(p-1)}{p^2-p+1} \qquad \mathrm{MS}_s^* = \frac{1}{p^2-p+1}\left[\mathrm{MS}_{e_2} + p(p-1)\mathrm{MS}_s\right] \tag{6.2.34}$$

在这种情况下，自由度$f^* = [f] + 1$．f为

$$f = \frac{\mathrm{MS}_s^{*2}}{\dfrac{\left(\dfrac{\mathrm{MS}_{e_2}}{p^2-p+1}\right)^2}{(p^2-1)(b-1)} + \dfrac{2\left(\dfrac{p(p-1)}{p^2-p+1}\mathrm{MS}_s\right)^2}{p(p-1)}} \tag{6.2.35}$$

其中，$[f]$表示f的整数部分，如$[5.01] = [5.99] = 5$．MS_{e_2}见式(6.2.30)．

(4) 配合力估计及列表．在模型Ⅰ之下，式(6.2.32)中的F_g和F_s显著，则可据式(6.2.26)作出g_i、s_{ij}和r_{ij}的估计，并列出估计表 6.2.7；若F_r显著，则说明有母体效应，已证实植物的母体效应较小，动物则不可避免．

表 6.2.7　配合力估计表$\hat{g}_i$(第一列)、$\hat{s}_{ij}$(对角及上三角)和$\hat{r}_{ij}$(下三角)($p = 4$)

亲本	$\hat{g}_i$	$\hat{s}_{ij}$和$\hat{r}_{ij}$			
		P_1	P_2	P_3	P_4
P_1	$\hat{g}_1$	$\hat{s}_{11}$	$\hat{s}_{12}$	$\hat{s}_{13}$	$\hat{s}_{14}$
P_2	$\hat{g}_2$	$\hat{r}_{21}$	$\hat{s}_{22}$	$\hat{s}_{23}$	$\hat{s}_{24}$
P_3	$\hat{g}_3$	$\hat{r}_{31}$	$\hat{r}_{32}$	$\hat{s}_{33}$	$\hat{s}_{34}$
P_4	$\hat{g}_4$	$\hat{r}_{41}$	$\hat{r}_{42}$	$\hat{r}_{43}$	$\hat{s}_{44}$

(5) 配合力的多重比较．配合力各参数的多重比较，是检验如下两不同参数间的无效假设

$$\mathrm{H_0}: g_i = g_j \qquad \mathrm{H_0}: s_{ij} = s_{kl} \qquad \mathrm{H_0}: r_{ij} = r_{kl}$$

在固定模型 I (式(6.2.22))的表示式$x_{ij} = \mu + g_i + g_j + s_{ij} + r_{ij} + e_{ij}$中，只有$e_{ij}$是随机的，故任何亲本或组合$\mathrm{F_1}$平均值$x_{ij}$的方差估计为

$$V(x_{ij}) = \hat{\sigma}^2 = \mathrm{MS}_{e_1} = \begin{cases} \frac{1}{bc}\mathrm{MS}_e, & c \geqslant 2; \\ \frac{1}{b}\mathrm{MS}_e, & c = 1. \end{cases} \tag{6.2.36}$$

在这个基本估计之下，对表 6.2.5 中$T_{i\cdot}$、$T_{\cdot j}$和$T_{\cdot\cdot}$的方差估计为

$$\begin{cases} V(T_{i\cdot}) = V(T_{\cdot j}) = p\hat{\sigma}^2 \\ V(T_{\cdot\cdot}) = p^2\hat{\sigma}^2 \end{cases} \tag{6.2.37}$$

由此可据式(6.2.26)对$\hat{\mu}$、$\hat{g}_i$、$\hat{s}_{ij}$和$\hat{r}_{ij}$的方差作出估计，并对有关多重比较所涉及的两个参数间差数的方差作出估计，结果列入表 6.2.8.

表 6.2.8　效应及效应间参数估计的方差估计

效应及效应间差数	相应方差估计	备注
$\hat{\mu}$	$\frac{1}{p^2}\hat{\sigma}^2$	—
$\hat{g}_i$	$\frac{p-1}{2p^2}\hat{\sigma}^2$	—
$\hat{s}_{ii}$	$\left(\frac{p-1}{p}\right)^2\hat{\sigma}^2$	—
$\hat{s}_{ij}$	$\frac{1}{2p^2}(p^2-p+2)\hat{\sigma}^2$	$i \neq j$
$\hat{r}_{ij}$	$\frac{1}{2}\hat{\sigma}^2$	$i \neq j$
$\hat{g}_i - \hat{g}_j$	$\frac{1}{p^2}\hat{\sigma}^2$	$i \neq j$
$\hat{s}_{ii} - \hat{s}_{ij}$	$\frac{1}{2p}(3p-2)\hat{\sigma}^2$	$i \neq j$
$\hat{s}_{ii} - \hat{s}_{jj}$	$\frac{2}{p}(p-2)\hat{\sigma}^2$	$i \neq j$
$\hat{s}_{ij} - \hat{s}_{ik}$	$\frac{1}{p}(p-1)\hat{\sigma}^2$	$i \neq j,k;\ j \neq k$
$\hat{s}_{ii} - \hat{s}_{jk}$	$\frac{3}{2p}(p-2)\hat{\sigma}^2$	$i \neq j,k;\ j \neq k$
$\hat{s}_{ij} - \hat{s}_{kl}$	$\frac{1}{p}(p-2)\hat{\sigma}^2$	$i \neq j,k,l;\ j \neq k,l;\ k \neq l$
$\hat{r}_{ij} - \hat{r}_{kl}$	$\hat{\sigma}^2$	$i \neq j;\ k \neq l$

多重比较采用简单的最小显著差数(LSD)法. 表 6.2.8 中第二列的平方根为相应差数的标准差 SE, 例如, $\hat{g}_i - \hat{g}_j (i \neq j)$的标准差$\mathrm{SE} = \sqrt{\hat{\sigma}^2/p^2}$. 在显著水平$\alpha$之下, $|\hat{g}_i - \hat{g}_j|$的显著临界值为

$$\mathrm{LSD}_\alpha = \mathrm{SE} \times t_\alpha(\infty) \qquad \mathrm{LSD}_{0.05} = 1.96 \times \mathrm{SE} \qquad \mathrm{LSD}_{0.01} = 2.576 \times \mathrm{SE} \tag{6.2.38}$$

如果$|\hat{g}_i - \hat{g}_j| > \mathrm{LSD}_\alpha$, 则在$\alpha$水平上显著, 否则接受$\mathrm{H_0}: g_i = g_j$. 对于表中其他差数情况, 可仿照进行多重比较.

(6) 亲本传递能力整齐性分析与亲本评价. 配合力分析的目的是测定亲本间组配能力的大小. 对亲本$P_i(i=1,2,\cdots,p)$来讲, 除了一般配合力g_i的大小之外, 还有与其他亲本组配中的特殊配合力$S_{i1},S_{i2},\cdots,S_{ip}$, 这些特殊配合力的方差为$K_{si}^2$.$K_{si}^2$越小, 表明亲本$P_i$在组配中传递能力越整齐, 反之, 整齐性差. 亲本在组配中传递能力整齐性的分析在应用中很重要, 即K_{si}^2是评价P_i在实际应用中的一个重要指标.

对于第一种交配方法的模型 I 来讲, 如何估计K_{si}^2呢? 由表 6.2.6 知

$$\mathrm{MS}_s=\frac{2}{p(p-1)}\sum_i\sum_j\hat{S}_{ij}^2\qquad E(\mathrm{MS}_s)=\sigma^2+\frac{2}{p(p-1)}\sum_i\sum_j S_{ij}^2$$

即MS_s受随机误差σ^2的影响.

P_i的特殊配合力均方及特殊配合力方差K_{si}^2分别为

$$\mathrm{MS}_{si}=\frac{1}{p-1}\sum_j\hat{S}_{ij}^2\qquad K_{si}^2=\frac{1}{p-1}\sum_j S_{ij}^2$$

显然, MS_{si}是MS_s的一部分, 也受σ^2的影响, 记K_{si}^2的估计为$\hat{\sigma}_{si}^2$, 则有

$$\hat{\sigma}_{si}^2=\mathrm{MS}_{si}-\frac{p-3}{2(p-1)}\hat{\sigma}^2=\frac{1}{p-1}\sum_j\hat{S}_{ij}^2-\frac{p-3}{2(p-1)}\hat{\sigma}^2\tag{6.2.39}$$

对于亲本P_i的利用来讲, g_i和k_{si}^2均有大有小, 因而对亲本P_i来讲, 可据g_i和$\hat{\sigma}_{si}^2$的大小, 对其实际利用上的优劣作如下评价.

① $\hat{g}_i$大而$\hat{\sigma}_{si}^2$小, 说明亲本具有大的加性效应, 而且具有整齐的传递能力(或者说有广谱性的配合能力). 此类亲本既可用其一般配合力, 又能利用其特殊配合力, 为理想的亲本类型.

② $\hat{g}_i$大, $\hat{\sigma}_{si}^2$也大, 说明亲本具有大的加性效应, 但与其他亲本配组合中有大的波动性. 因而可利用它的一般配合力, 为较好的亲本类型. 该类型亲本在交配组合中可出很好的F_1代, 但无广谱性.

③ $\hat{g}_i$小且$\hat{\sigma}_{si}^2$小. 此类亲本与其他亲本配组合, 所得F_1代均为低反应量, 因而它缺乏应用价值.

④ $\hat{g}_i$小而$\hat{\sigma}_{si}^2$大. 此类亲本只能利用它的特殊配合力, 在个别组合中有较好的表现.

(7) 随机模型(模型 II)分析. 所谓随机模型, 是把所研究的自交系或纯合亲本作为一个群体的随机样本参试. 其分析分四步.

① 进行随机区组方差分析.

对于表 6.2.1 或表 6.2.2, 按式(6.2.20)的F_2进行 F检验. 如果显著, 则进入下一步的配合力分析.

② 配合力分析. 对于表 6.2.6, 按式(6.2.33)进行 F检验. 若显著则进入第三步分析.

③ 估计表 6.2.6 中模型 II 的σ^2、σ_g^2和σ_s^2及其方差

$$\begin{cases}\hat{\sigma}^2=\mathrm{MS}_{e_2}=\begin{cases}\frac{1}{bc}\mathrm{MS}_{\mathrm{A\times B}}, & c\geq 2;\\ \frac{1}{b}\mathrm{MS}_{\mathrm{e}}, & c=1.\end{cases}\\ \hat{\sigma}_s^2=\frac{p^2}{2(p^2-p+1)}\left(\mathrm{MS}_s-\mathrm{MS}_{e_2}\right)\\ \hat{\sigma}_g^2=\frac{1}{2p}\left(\mathrm{MS}_g-\mathrm{MS}_s^*\right)=\frac{1}{2p}\left[\mathrm{MS}_g-\frac{\mathrm{MS}_{e_2}+p(p-1)\mathrm{MS}_s}{p^2-p+1}\right]\\ \hat{\sigma}_r^2=\frac{1}{2}\left(\mathrm{MS}_r-\mathrm{MS}_{e_2}\right)\end{cases}\tag{6.2.40}$$

据 2.6 节知，若均方的自由度为f，则MS的方差估计$V(\mathrm{MS})=2\mathrm{MS}^2/f$. 因而式(6.2.40)中各方差估计的方差分别为

$$\begin{cases}V(\hat{\sigma}^2)=\frac{2\mathrm{MS}_{e_2}^2}{(b-1)(p^2-1)}\\ V(\hat{\sigma}_s^2)=\frac{p^3}{(p-1)(p^2-p+1)^2}\mathrm{MS}_s^2+\frac{1}{2(a-1)(b-1)(p^2-p+1)^2}\mathrm{MS}_{e_2}^2\\ V\left(\hat{\sigma}_g^2\right)=\frac{1}{2p^2(p-1)}\mathrm{MS}_g^2+\frac{p-1}{p(p^2-p+1)^2}\mathrm{MS}_s^2+\frac{1}{2p^2(a-1)(b-1)(p^2-p+1)^2}\mathrm{MS}_{e_2}^2\\ V(\hat{\sigma}_r^2)=\frac{1}{p(p-1)}\mathrm{MS}_r^2+\frac{1}{2(a-1)(b-1)}\mathrm{MS}_{e_2}^2\end{cases}\tag{6.2.41}$$

④ 群体加性方差σ_d^2、非加性方差σ_h^2和遗传力的估计. 据式(6.2.7)~式(6.2.9)，在无连锁和母体效应的条件下，父本和母本的一般配合力方差σ_g^2是相同的，并在近交系数$F=1$时有

$$\begin{cases}\hat{\sigma}_d^2=2\hat{\sigma}_g^2\pm S_{\sigma_d^2}\ (\text{加性方差})\\ \hat{\sigma}_h^2=\hat{\sigma}_s^2\pm S_{\sigma_h^2}\ \ (\text{非加性方差})\\ \hat{\sigma}_G^2=2\hat{\sigma}_g^2+\hat{\sigma}_s^2\pm S_{\sigma_G^2}\ (\text{遗传总方差})\end{cases}\tag{6.2.42}$$

各估计的方差分别为

$$\begin{cases}S_{\sigma_d^2}^2=V(\hat{\sigma}_d^2)=4V\left(\hat{\sigma}_g^2\right)\\ S_{\sigma_h^2}^2=V(\hat{\sigma}_s^2)\\ S_{\sigma_G^2}^2=V(\hat{\sigma}_G^2)=\frac{2}{p^2(p-1)}\mathrm{MS}_g^2+\frac{(p^2-2p+2)^2}{p(p-1)(p^2-p+1)^2}\mathrm{MS}_s^2\\ \qquad\qquad+\frac{(p^3+2)^2}{2p^2(a-1)(b-1)(p^2-p+1)^2}\mathrm{MS}_{e_2}^2\end{cases}\tag{6.2.43}$$

其中

$$\hat{\sigma}_G^2=\frac{1}{p}\mathrm{MS}_g+\frac{p^2-2p+2}{2(p^2-p+1)}\mathrm{MS}_s-\frac{p^3+2}{2\mathrm{p}(p^2-p+1)}\mathrm{MS}_{e_2}$$

环境方差σ_e^2的估计为

$$
\begin{cases}
\hat{\sigma}_e^2 = \mathrm{MS}_e \pm S_{\sigma_e^2} \\
S_{\sigma_e^2}^2 = V(\hat{\sigma}_e^2) = \begin{cases} 2\mathrm{MS}_e^2/ab(c-1), & c \geqslant 2; \\ 2\mathrm{MS}_e^2/(a-1)(b-1), & c = 1. \end{cases}
\end{cases} \tag{6.2.44}
$$

其中，当$c \geqslant 2$时，MS_e为表 6.2.1 中的MS_e，以单株为单位；当$c = 1$时，MS_e为表 6.2.2 中的MS_e，以小区数据为单位.

表型方差σ_P^2及其方差为

$$
\begin{cases}
\hat{\sigma}_P^2 = \hat{\sigma}_G^2 + \hat{\sigma}_e^2 \pm S_{\sigma_P^2} \\
S_{\sigma_P^2}^2 = V(\hat{\sigma}_P^2) = S_{\sigma_G^2}^2 + S_{\sigma_e^2}^2
\end{cases} \tag{6.2.45}
$$

广义遗传力h_B^2和狭义遗传力h_N^2的估计为

$$
\hat{h}_B^2 = \hat{\sigma}_G^2/\hat{\sigma}_P^2 \qquad \hat{h}_N^2 = \hat{\sigma}_a^2/\hat{\sigma}_P^2 \tag{6.2.46}
$$

遗传力有以单株为单位和以小区为单位之分.

例 6.2.1 的分析过程和结果如下所述.

表 6.2.4 的方差分析表明可进入配合力分析步骤，下面叙述配合力分析过程和结果.

(1) 例 6.2.1 的遗传型平均数据如表 6.2.9 所示.

(2) 例 6.2.1 的配合力方差分析如表 6.2.10 所示. 表中平方和SS的计算是据表 6.2.9 和式(6.2.28)进行的.

表 6.2.9　完全双列杂交籽粒产量的平均数据

亲本	1	2	3	4	5	6	7	8	行和$T_{i\cdot}$
1	85.645	87.010	90.505	114.945	120.290	68.550	107.640	52.640	727.225
2	80.690	98.260	11.575	88.170	99.930	73.265	97.640	85.650	735.180
3	102.230	104.55	74.070	100.645	94.285	100.885	111.540	117.735	805.945
4	119.115	89.310	102.675	91.640	85.285	105.795	64.450	46.855	705.125
5	111.290	102.890	88.265	83.390	54.100	84.150	81.935	94.820	700.840
6	68.835	71.295	99.575	108.665	87.965	100.390	121.610	53.740	712.075
7	109.265	87.820	108.445	57.650	78.750	115.670	90.960	125.270	773.830
8	48.720	83.145	115.400	46.740	93.320	60.240	118.170	82.000	647.735
列和	725.790	724.285	790.510	691.845	713.925	708.945	793.945	658.710	5807.955
$T_{i\cdot}+T_{\cdot j}$	1453.015	1459.465	1596.455	1396.970	1414.765	1421.020	1567.775	1306.445	11615.910

表 6.2.10　例 6.2.1 配合力方差分析表($c = 1$)

变异来源	自由度	SS	MS	期望均方	
				模型 I	模型 II
一般配合力	$7(p-1)$	3805.34	543.643	$\sigma^2 + 2pk_g^2$	$\sigma^2 + \frac{2(p-1)}{p}\sigma_s^2 + 2p\sigma_g^2$
特殊配合力	$28\left[\frac{1}{2}p(p-1)\right]$	22060.48	787.874	$\sigma^2 + k_s^2$	$\sigma^2 + \frac{2(p^2-p+1)}{p^2}\sigma_s^2$
反交	$28\left[\frac{1}{2}p(p-1)\right]$	364.97	13.075	$\sigma^2 + 2k_r^2$	$\sigma^2 + 2\sigma_r^2$
机误	$189[(p^2-1)(b-1)]$		28.781	σ^2	σ^2

据式(6.2.30)和表 6.2.4 有

$$\mathrm{MS}_{e_1}=\mathrm{MS}_{e_2}=\frac{1}{b}\mathrm{MS}_e=\frac{1}{4}\times 115.124=28.781$$

据式(6.2.32)对模型 I 进行配合力方差分析，结果为

$$F_g=\frac{543.643}{28.781}=18.889^{**}\qquad F_{0.01}(7,189)=2.64$$

$$F_s=\frac{787.874}{28.781}=27.375^{**}\qquad F_{0.05}(28,189)=1.745$$

$$F_r=\frac{13.075}{28.781}=0.454$$

结果表明，一般配合力间和特殊配合力间均极显著，可以进行配合力估计，F_r不显著，无母体效应.

据式(6.2.33)对模型 II 进行配合力方差分析. 由式(6.2.33)知，F_s和F_r的检验和模型 I 相同，F_g是不同的. 据式(6.2.34)有

$$\mathrm{MS}_s^*=\frac{1}{p^2-p+1}\left[\mathrm{MS}_{e_2}+p(p-1)\mathrm{MS}_s\right]=\frac{1}{57}\times[28.781+56\times 787.874]=774.560$$

MS_s^*的自由度为$f^*=[f]+1$. 由式(6.2.35)有

$$f=\frac{774.56^2}{\frac{\left(\frac{28.781}{57}\right)^2}{(64-1)\times(4-1)}+\frac{2\left(\frac{56}{57}\times 787.874\right)^2}{56}}=28.037$$

$f^*=[28.037]+1=29$. 因而由式(6.2.33)有

$$F_g=\frac{\mathrm{MS}_g}{\mathrm{MS}_s^*}=\frac{543.643}{774.560}=0.702$$

结果表明，无母体效应，加性效应是不显著的，应接受$\mathrm{H_A}:\sigma_s^2\neq 0$，说明参试遗传型来自加性方差贫乏而非加性方差丰富的总体.

(3) 配合力估计与多重比较. 据式(6.2.26)及表 6.2.9 估计$\hat{\mu}$、$\hat{g}_i$、$\hat{s}_{ij}$和$\hat{r}_{ij}$，结果如表 6.2.11 所示. 据式(6.2.37)知，例 6.2.1 的$\hat{\sigma}^2=\mathrm{MS_e}/b=115.124/4=28.781$. 据表 6.2.8 知，$\hat{g}_i-\hat{g}_j$的标准差$\mathrm{SE}=\sqrt{\hat{\sigma}^2/p^2}=\sqrt{28.781/64}=0.6706$.$\hat{g}_i-\hat{g}_j$的最小显著差数为

$$\mathrm{LSD}_{0.05}=1.96\times\mathrm{SE}=1.3413\qquad \mathrm{LSD}_{0.01}=2.576\times\mathrm{SE}=1.7275$$

$\hat{g}_i$间的多重比较结果如表 6.2.12 所示.

表 6.2.11　一般配合力效应、特殊配合力效应和反交效应估计

亲本	$\hat{g}_i$(序次)	$\hat{s}_{ij}$(对角线及上三角)和$\hat{r}_{ij}$(下三角)							
		P_1	P_2	P_3	P_4	P_5	P_6	P_7	P_8
P_1	0.064(4)	−5.232	−7.431	−3.475	29.655	27.303	−20.185	10.402	−31.037
P_2	0.467(3)	3.160	6.576	7.819	0.962	12.520	−17.001	−5.723	2.277
P_3	9.029(1)	−5.863	3.510	−34.738	5.320	−6.177	2.387	2.977	25.885
P_4	−3.438(7)	−2.085	−0.570	−1.015	7.768	−0.647	4.855	−33.497	−31.417
P_5	−2.349(6)	4.500	−1.480	3.010	0.948	−31.937	−0.430	−15.31	14.714
P_6	−1.936(5)	−0.143	0.985	−0.655	−1.435	−1.928	13.512	22.590	−22.727
P_7	7.237(2)	−0.813	4.910	1.548	3.400	1.593	2.970	−14.263	32.830
P_8	−9.097(8)	1.960	1.253	1.168	0.053	0.750	−3.250	3.550	9.443

表 6.2.12 一般配合力多重比较结果

$\hat{g}_i$	$\hat{g}_3-\hat{g}_i$	$\hat{g}_7-\hat{g}_i$	$\hat{g}_2-\hat{g}_i$	$\hat{g}_1-\hat{g}_i$	$\hat{g}_6-\hat{g}_i$	$\hat{g}_5-\hat{g}_i$	$\hat{g}_4-\hat{g}_i$
9.029($\hat{g}_3$)	0						
7.237($\hat{g}_7$)	1.762**	0					
0.467($\hat{g}_2$)	8.562**	6.770**	0				
0.064($\hat{g}_1$)	8.965**	7.173**	0.403	0			
–1.936($\hat{g}_6$)	10.965**	9.173**	2.403**	2.000**	0		
–2.346($\hat{g}_5$)	11.375**	9.583**	2.813**	2.410**	0.41	0	
–3.438($\hat{g}_4$)	12.467**	10.675**	3.905**	3.502**	1.502*	1.092	0
–9.097($\hat{g}_8$)	18.126**	16.334**	9.514**	9.161**	7.111**	6.701**	5.659**

关于特殊配合力间的多重比较, 表 6.2.8 中列出了五种情况, 下面举例说明.

① $H_0: s_{ii} = s_{jj} (i \neq j)$, 即各亲本间的非加性遗传效应的比较.

$$\text{SE} = \sqrt{\frac{2(p-2)}{p}\hat{\sigma}^2} = \sqrt{\frac{12}{8} \times 28.781} = 6.571$$

$$\text{LSD}_{0.05} = 1.96 \times \text{SE} = 12.878$$

$$\text{LSD}_{0.01} = 2.576 \times \text{SE} = 16.926$$

$\hat{s}_{ii}$的排序如表 6.2.13 所示.

表 6.2.13 $\hat{s}_{ii}$的排序

$\hat{s}_{ii}$	$\hat{s}_{66}$	$\hat{s}_{88}$	$\hat{s}_{44}$	$\hat{s}_{22}$	$\hat{s}_{11}$	$\hat{s}_{77}$	$\hat{s}_{55}$	$\hat{s}_{33}$
数值	13.512	9.443	7.768	6.576	–5.232	–14.263	–31.937	–34.738

据正负可分为两类: $\{\hat{s}_{66}, \hat{s}_{88}, \hat{s}_{44}, \hat{s}_{22}\}$、$\{\hat{s}_{11}, \hat{s}_{77}, \hat{s}_{55}, \hat{s}_{33}\}$. 第一类两两间均不显著, 但其任一个与第二类中每一个间(s_{22}与s_{11}除外)均达到显著或极显著; 第二类中除了s_{11}与s_{77}、s_{55}与s_{33}间不显著外, 其余两两间均达到极显著. 例如

$\hat{s}_{66} - \hat{s}_{22} = 6.936$, $\hat{s}_{22} - \hat{s}_{11} = 11.808$, $\hat{s}_{66} - \hat{s}_{11} = 18.744**$, $\hat{s}_{77} - \hat{s}_{55} = 17.674**$

② $H_0: s_{ii} \neq s_{ij} (i \neq j)$, 即亲本与其所有交配组合间的非加性遗传效应的比较

$$\text{SE} = \sqrt{\frac{(3p-2)}{2p}\hat{\sigma}^2} = \sqrt{\frac{22}{16} \times 28.781} = 6.291$$

$$\text{LSD}_{0.05} = 1.96 \times \text{SE} = 12.330$$

$$\text{LSD}_{0.01} = 2.576 \times \text{SE} = 16.206$$

$\hat{s}_{11}$与$\hat{s}_{1j}$的比较如表 6.2.14 所示.

表 6.2.14 $\hat{s}_{11}$与$\hat{s}_{1j}$比较

$\lvert\hat{s}_{11}-\hat{s}_{1j}\rvert$	$\lvert\hat{s}_{11}-\hat{s}_{12}\rvert$	$\lvert\hat{s}_{11}-\hat{s}_{13}\rvert$	$\lvert\hat{s}_{11}-\hat{s}_{14}\rvert$	$\lvert\hat{s}_{11}-\hat{s}_{15}\rvert$	$\lvert\hat{s}_{11}-\hat{s}_{16}\rvert$	$\lvert\hat{s}_{11}-\hat{s}_{17}\rvert$	$\lvert\hat{s}_{11}-\hat{s}_{18}\rvert$
差数	2.199	1.757	34.887**	32.535**	14.953*	15.634*	25.805**

③ $H_0: s_{ij} = s_{ik} (i \neq j, k;\ j \neq k)$, 即同一亲本的不同组合间非加性遗传效应的比较

$$\mathrm{SE}=\sqrt{\frac{(p-1)}{p}\hat{\sigma}^2}=\sqrt{\frac{7}{8}\times 28.781}=5.0183$$

$$\mathrm{LSD}_{0.05}=1.96\times\mathrm{SE}=9.836$$

$$\mathrm{LSD}_{0.01}=2.576\times\mathrm{SE}=12.927$$

例如，组合$\hat{s}_{12},\hat{s}_{13},\cdots,\hat{s}_{1p}$的比较，具体有

$$|\hat{s}_{12}-\hat{s}_{13}|=|7.431-3.475|=3.956$$
$$|\hat{s}_{12}-\hat{s}_{14}|=|7.431+29.655|=37.086^{**}$$

④ $\mathrm{H}_0: s_{ii}=s_{jk}(i\neq j,k;\ j\neq k)$，即亲本$i$与其他亲本组合间非加性遗传效应的比较

$$\mathrm{SE}=\sqrt{\frac{3(p-2)}{2p}\hat{\sigma}^2}=\sqrt{\frac{18}{16}\times 28.781}=5.690$$

$$\mathrm{LSD}_{0.05}=1.96\times\mathrm{SE}=11.153$$

$$\mathrm{LSD}_{0.01}=2.576\times\mathrm{SE}=14.658$$

例如，$\hat{s}_{11}$与$\hat{s}_{23}$、$\hat{s}_{11}$与$\hat{s}_{78}$的比较

$$|\hat{s}_{11}-\hat{s}_{23}|=|5.232+7.819|=13.051^{*}$$
$$|\hat{s}_{11}-\hat{s}_{78}|=|5.232+32.830|=38.062^{**}$$

⑤ $\mathrm{H}_0: s_{ij}=s_{kl}(i\neq j,k,l;\ j\neq k,l;\ k\neq l)$，即两个亲本不同的组合间的非加性遗传效应的比较

$$\mathrm{SE}=\sqrt{\frac{p-2}{p}\hat{\sigma}^2}=\sqrt{\frac{6}{8}\times 28.781}=4.646$$

$$\mathrm{LSD}_{0.05}=1.96\times\mathrm{SE}=9.106$$

$$\mathrm{LSD}_{0.01}=2.576\times\mathrm{SE}=11.968$$

例如，$\hat{s}_{12}$与$\hat{s}_{34}$、$\hat{s}_{12}$与$\hat{s}_{78}$的比较

$$|\hat{s}_{12}-\hat{s}_{34}|=|7.431+5.320|=12.751^{**}$$
$$|\hat{s}_{12}-\hat{s}_{78}|=|7.431+32.830|=40.261^{**}$$

(4) σ_{si}^2的估计与亲本组配传递能力整齐性分析.

据式中(6.2.39)有

$$\hat{\sigma}_{si}^2=\frac{1}{p-1}\sum_j \hat{S}_{ij}^2-\frac{p-3}{2(p-1)}\hat{\sigma}^2$$

而

$$\frac{p-3}{2(p-1)}\hat{\sigma}^2=\frac{5}{14}\times 28.781=10.279$$

由此可计算出$\hat{\sigma}_{si}^2$. 例如

$$\hat{\sigma}_{s1}^2=\frac{1}{7}\sum_{j=1}^{8}\hat{s}_{1j}^2-10.279=\frac{1}{7}\times 3198.473-10.279=446.646$$

$$\hat{\sigma}_{s2}^2=\frac{1}{7}\sum_{j=1}^{8}\hat{s}_{2j}^2-10.279=\frac{1}{7}\times 644.248-10.279=81.756$$

计算结果及由小到大排序如表 6.2.15 所示.

表 6.2.15　计算结果及排序

亲本	1	2	3	4	5	6	7	8
$\hat{\sigma}_{si}^2$	446.646	81.756	279.893	497.738	334.297	331.063	460.868	636.227
排序	5	1	2	7	4	3	6	8

(5) 模型Ⅱ分析. 据例 6.2.1 配合力方差分析知, 对于模型Ⅱ, F_g和F_r不显著, 而F_s是极显著的, 由此据式(6.2.40)~式(6.2.46)有如下估计.

① σ_g^2及其方差估计

$$\begin{cases}\hat{\sigma}_g^2=\frac{1}{2p}\left[\mathrm{MS}_g-\frac{\mathrm{MS}_{e_2}+p(p-1)\mathrm{MS}_s}{p^2-p+1}\right]\\ \quad=\frac{1}{16}\times[543.643-(28.781+56\times787.874)\div57]=-14.432\\ S_{\sigma_g^2}^2=V(\hat{\sigma}_g^2)=\frac{1}{2p^2(p-1)}\mathrm{MS}_g^2+\frac{p-1}{p(p^2-p+1)^2}\mathrm{MS}_s^2+\frac{1}{2p^2(p^2-1)(b-1)(p^2-p+1)^2}\mathrm{MS}_{e_2}^2\\ \quad=\frac{1}{896}\times543.643^2+\frac{7}{25992}\times787.874^2+\frac{1}{78599808}\times28.781^2=497.028\end{cases}$$

由此得

$$\hat{\sigma}_g^2\pm S_{\sigma_g^2}=-14.432\pm\sqrt{497.028}=-14.432\pm22.294$$

② σ_s^2及其方差估计

$$\begin{cases}\hat{\sigma}_s^2=\frac{p^2}{2(p^2-p+1)}\left(\mathrm{MS}_s-\mathrm{MS}_{e_2}\right)=\frac{64}{114}\times(787.874-28.781)=426.157\\ S_{\sigma_s^2}^2=V(\hat{\sigma}_s^2)=\frac{p^3}{(p-1)(p^2-p+1)^2}\mathrm{MS}_s^2+\frac{1}{2(p^2-1)(b-1)(p^2-p+1)^2}\mathrm{MS}_{e_2}^2\\ \quad=\frac{512}{22743}\times787.874^2+\frac{1}{1228122}\times28.781^2=13974.484\end{cases}$$

由此得

$$\sigma_s^2\pm S_{\sigma_s^2}=426.157\pm\sqrt{13974.484}=426.157\pm118.214$$

③ σ_d^2、σ_h^2、σ_G^2及其方差的估计

$$\begin{cases}\hat{\sigma}_d^2=2\hat{\sigma}_g^2\pm S_{\sigma_d^2}=2\hat{\sigma}_g^2\pm2S_{\sigma_g^2}=-28.864\pm44.588\\ \hat{\sigma}_h^2=\hat{\sigma}_s^2\pm S_{\sigma_h^2}=\hat{\sigma}_s^2\pm S_{\sigma_s^2}=426.157\pm118.214\\ \hat{\sigma}_G^2=\hat{\sigma}_d^2+\hat{\sigma}_h^2\pm S_{\sigma_G^2}\end{cases}$$

$$S_{\sigma_G^2}^2=\frac{2}{p^2(p-1)}\mathrm{MS}_g^2+\frac{(p^2-2p+2)^2}{p(p-1)(p^2-p+1)^2}\mathrm{MS}_s^2+\frac{(p^3+2)^2}{2p^2(a-1)(b-1)(p^2-p+1)^2}\mathrm{MS}_{e_2}^2$$

$$=\frac{2}{448}\times543.643^2+\frac{2500}{181944}\times787.874^2+\frac{264196}{78599808}\times28.781^2=9851.541$$

$$\hat{\sigma}_G^2\pm S_{\sigma_G^2}^2=(426.157-28.864)\pm\sqrt{9851.541}=397.293\pm99.255$$

④ 环境方差σ_e^2及其方差估计

对于例 6.2.1, 属小区数据($c=1$)情况. 据表 6.2.4 有$\mathrm{MS}_e=115.124$, 因而

$$\hat{\sigma}_e^2 \pm S_{\sigma_e^2} = \mathrm{MS}_e \pm \sqrt{2\mathrm{MS}_e^2/(a-1)(b-1)}$$
$$= 115.124 \pm \sqrt{2 \times 115.124^2 \div 189} = 115.124 \pm 11.843$$

⑤ 表型方差σ_{P}^2及其方差估计

$$\hat{\sigma}_P^2 \pm S_{\sigma_P^2} = (\hat{\sigma}_G^2 + \hat{\sigma}_e^2) \pm \sqrt{S_{\sigma_G^2}^2 + S_{\sigma_e^2}^2}$$
$$= 397.293 + 115.124 \pm \sqrt{9851.541 + 11.843^2}$$
$$= 512.417 \pm 99.959$$

⑥ h_B^2和h_N^2的估计

$$h_B^2 = 397.293/512.417 = 0.7753$$

$$h_N^2 = -28.864/512.417 = -0.0563$$

例 6.2.1 资料的配合力分析有以下几个结论.

(1)两步方差分析结果如下.

① 完全随机区组方差分析表 6.2.4 表明，亲本+正交F_1 + 反交F_1间有极显著差异，即拒绝了H_0: $\sigma_{\mathrm{A}}^2 = 0$ 或H_0: $k_{\mathrm{A}}^2 = 0$. 表明有一定的配合力分析必要.

② 配合力方差分析表 6.2.10 表明以下结果.

(i) 模型 I 方差分析结果为：一般配合力间、特殊配合力间有极显著差异，正反交间无显著差异. 说明亲本组配中无连锁引起的母性效应，可以进行配合力分析.

(ii) 模型 II 的分析结果为：参试材料作为群体的一个随机样本，一般配合力间无差异显著，特殊配合力间差异极显著，正反交间无显著差异. 这个结果表明，群体中一般配合力效应并不丰富多样，而特殊配合力效应是丰富多样的. 因而群体中加性效应的挖掘是极有限的.

(2)一般配合力估计、亲本传递能力分析及亲本评价.

①各亲本的一般配合力为−9.097~9.029，由大到小的亲本排序如表 6.2.16 所示.

表 6.2.16　各亲本一般配合力及其排序

亲本	1	2	3	4	5	6	7	8
一般配合力	0.064	0.467	9.029	−3.438	−2.346	−1.936	7.237	−9.097
排序	4	3	1	7	6	5	2	8

②各亲本组合的平均表现. 配合力分析是建立在各亲本在配组合的平均表现上. 群体平均数的估计为$\hat{\mu} = T_{..}/p^2 = 90.749$，因而各亲本组合平均数$T_{i\cdot}/p$能反映其综合水平，其排序如表 6.2.17 所示.

表 6.2.17　各亲本组合平均数及其排序

亲本	1	2	3	4	5	6	7	8
$T_{i\cdot}/p$	90.903	91.900	100.743	88.141	87.605	89.009	96.727	80.967
排序	4	3	1	6	7	5	2	8

从各亲本配组合的平均水平来看，只有P_3、P_7、P_2和P_1在$\hat{\mu}$之上，其中P_3表现最好.

③ 结合前面关于各亲本$\hat{\sigma}_{si}^2$排序情况，对各亲本有以下评价.

(i) 亲本P_3，一般配合力最大，$\hat{\sigma}_{s3}^2$为第二小，是所有参试亲本中具有广谱利用的亲本. 从所配组合平均数看，除了亲本自己表现差($X_{43} = 74.070$)外，其他组合平均均在94.285以上. 这些组合除了利用P_3的一般配合力外，还能较整齐地利用特殊配合力.

(ii) 亲本P_7，其一般配合力为第二大，$\hat{\sigma}_{s7}^2$为第六小，它的利用没有广谱性，但它可产生最好的组合，如$P_7 \times P_8$是参试组合表现最好的.

(iii) 亲本P_8，其一般配合力最小(-9.079)，$\hat{\sigma}_{s8}^2$最大(663.912)，在参试品种中是没有利用价值的.

(3) 模型Ⅱ分析.

参试亲本作为亲本群体的一个随机样本来讲，σ_g^2与零是无差异的，具体分析结果$\sigma_d^2 = -28.864 \pm 44.580$反映了这一事实. 因而$h_B^2 = 77.5\%$是非加性遗传效应决定的. 这个结果和上述对各亲本的利用价值评价是一致的，即除了利用有限的一般配合力外，主要利用特殊配合力.

4. 方法 2(亲本+F_1(一套)，$a = p(p+1)/2$)的配合力分析

【例 6.2.2】 取例 6.2.1 中$p = 8$个亲本和$p(p-1)/2\,(=28)$个正交F_1的小区籽粒产量$x_{ijk}(c = 1)$进行配合力分析. 显然这是双列杂交第二种交配设计的完全随机区组($b = 4$)试验的配合力分析. 各组合的观察值x_{ijk}如表 6.2.18 所示.

方法 2 的完全随机区组试验的方差分析模型、模型Ⅰ(固定模型)、模型Ⅱ(随机模型)如式(6.2.10)~式(6.2.19)所述. 方差分析表如表 6.2.1($c \geqslant 2$，以植株为单位的分析)和表 6.2.2($c = 1$，以小区数据为单位的分析)所示.

在方法 2 的模型中，附加如下假定：$r_{ij} \equiv 0$(无正反交效应)，$x_{ij} = x_{ji}$. 下面按步骤叙述.

1) 参试遗传型无差异的F检验

检验的无效假设分别为

$$H_0: k_A^2 = 0\ (\text{模型Ⅰ})$$

$$H_0: \sigma_A^2 = 0\ (\text{模型Ⅱ})$$

当$c \geqslant 2$时，方差分析表为表 6.2.1；若$c = 1$，方差分析表为表 6.2.2. F检验按式(6.2.19)和式(6.2.20)进行. 对于例 6.2.2 有表 6.2.19 的方差分析.

结果表明，应拒绝$H_0: k_A^2 = 0$和$H_0: \sigma_A^2 = 0$，可以进入配合力分析.

2) 遗传型平均数表及其配合力分析模型

据式(6.2.21)列出遗传型平均数x_{ij}表 6.2.20($p = 4$). 平均数x_{ij}在配合力分析中也有模型Ⅰ(固定模型)和模型Ⅱ(随机模型)之分，前者用于配合力的参数估计及其方差分析，后者用于方差组分、遗传力分析.

表 6.2.20 中，$T_{i.} = \sum_j x_{ij} = x_{i1} + x_{i2} + \cdots + x_{ip}, x_{ij} = x_{ji}$. $T_{..}$为遗传型平均值总和. 对于例 6.2.2，有表 6.2.21.

表 6.2.18　籽粒产量数据（小区, $c=1$）

组合	重复 1	重复 2	重复 3	重复 4	组合和$T_{ij\cdot}$
1×1	104.86	84.32	76.92	76.48	342.58
2	88.66	105.04	80.80	73.54	348.04
3	109.76	78.22	74.52	99.52	362.02
4	128.1	123.84	92.56	115.28	459.78
5	128.36	119.84	103.24	129.72	481.16
6	74.40	70.86	60.94	68.00	274.20
7	91.82	99.18	118.88	120.68	430.56
8	48.08	62.10	58.54	41.84	210.56
2×2	88.02	106.52	89.82	108.68	393.04
3	110.16	116.26	99.76	120.12	446.30
4	101.26	80.22	82.84	88.36	352.68
5	91.52	113.96	87.26	106.98	399.72
6	59.06	65.62	81.62	86.76	293.06
7	84.16	109.74	102.14	94.52	390.56
8	96.92	91.44	79.86	74.38	342.6
3×3	77.94	71.34	77.52	69.48	296.28
4	111.44	119.96	84.76	86.42	402.58
5	96.88	100.86	86.88	92.52	377.14
6	109.86	98.16	93.26	102.26	403.54
7	117.2	100.28	116.16	112.52	446.16
8	109.68	116.48	123.92	120.86	470.94
4×4	80.82	106.54	83.28	95.92	366.56
5	86.20	76.36	79.06	99.52	341.14
6	103.14	109.66	90.98	119.40	423.18
7	53.40	60.86	74.46	69.08	257.80
8	53.86	48.30	40.64	44.62	187.42
5×5	59.96	52.48	52.98	50.98	216.40
6	98.46	73.10	89.18	75.86	336.60
7	81.36	72.82	89.82	83.74	327.74
8	86.62	94.18	90.32	108.16	379.28
6×6	96.44	98.82	99.14	107.16	401.56
7	140.50	125.96	113.02	106.96	486.44
8	55.08	52.88	42.92	64.08	214.96
7×7	91.44	99.66	89.46	83.28	363.84
8	116.28	129.50	142.84	112.46	501.08
8×8	91.78	84.82	69.92	81.48	328.00
区组和$T_{\cdot\cdot k}$	3323.48	3320.18	3120.22	3291.26	13055.50($T_{\cdots}$)

表 6.2.19　例 6.2.2 的遗传型无差异方差分析

变异来源	自由度	SS	MS	F
遗传型(A)	$35(a-1)$	57520.32	1643.438	14.7**
区组(B)	$3(b-1)$	781.38	260.460	2.33
机误(e)	$105(a-1)(b-1)$	11730.17	111.716	

表 6.2.20　方法 2 遗传型平均数表($p=4$)

亲本	P_1	P_2	P_3	P_4	$T_{i\cdot}$	$T_{i\cdot}+x_{ii}$
P_1	x_{11}	x_{12}	x_{13}	x_{14}	$T_{1\cdot}$	$T_{1\cdot}+x_{11}$
P_2		x_{22}	x_{23}	x_{24}	$T_{2\cdot}$	$T_{2\cdot}+x_{22}$
P_3			x_{33}	x_{34}	$T_{3\cdot}$	$T_{3\cdot}+x_{33}$
P_4				x_{44}	$T_{4\cdot}$	$T_{4\cdot}+x_{44}$
总计	$\sum_i\sum_{j>i}x_{ij}=T_{\cdot\cdot}$					$2T_{\cdot\cdot}$

表 6.2.21　例 6.2.2 的遗传型平均数表

亲本	P_1	P_2	P_3	P_4	P_5	P_6	P_7	P_8	$T_{i\cdot}+x_{ii}$
P_1	85.645	87.010	90.505	114.945	120.290	68.550	107.640	52.640	812.870
P_2		98.260	111.575	88.170	99.930	73.265	97.640	85.650	839.760
P_3			74.070	100.645	94.285	100.885	111.540	117.735	875.310
P_4				91.640	35.285	105.795	64.450	46.855	789.425
P_5					54.100	84.150	81.935	94.820	768.895
P_6						100.390	121.610	53.740	808.775
P_7							90.960	125.270	892.005
P_8								82.000	740.710
总计					$T_{\cdot\cdot}=3263.875$				$2T_{\cdot\cdot}$

令式(6.2.22)中$r_{ij}=0$，得配合力方差分析模型 I (固定模型)：

$$\begin{cases} x_{ij}=\mu+g_i+g_j+s_{ij}+e_{ij} \\ \sum_i g_i=\sum_j g_j=0 \\ \sum_{j=1}^{p} s_{ij}+s_{ii}=0 \qquad s_{ij}=s_{ji}, i=1,2,\cdots,p \\ e_{ij}=\frac{1}{bc}\sum_k\sum_l e_{ijkl}\text{ 相互独立, 均服从}N(0,\sigma^2) \end{cases} \tag{6.2.47}$$

当$c\geqslant 2$(以植株为单位)时，$\sigma^2=\frac{1}{bc}E(\mathrm{MS}_e)$，$\mathrm{MS}_e$为表6.2.1 中的$\mathrm{MS}_e$；当$c=1$(以小区数据为单位)时，$\sigma^2=\frac{1}{b}E(\mathrm{MS}_e)$，$\mathrm{MS}_e$为表6.2.2 中的$\mathrm{MS}_e$.

同样可得配合力方差分析模型Ⅱ(随机模型)

$$\begin{cases} x_{ij}=\mu+g_i+g_j+s_{ij}+\frac{1}{b}\sum_k\beta_k+e_{ij} \\ g_i\text{间(或}g_j\text{)相互独立且均服从}N(0,\sigma_g^2) \\ s_{ij}\text{间相互独立且均服从}N(0,\sigma_s^2) \\ e_{ij}\text{间相互独立且均服从}N(0,\sigma^2) \end{cases} \tag{6.2.48}$$

其中，e_{ij}与式(6.2.23)中相同. 当$c\geqslant 2$时，$\hat{\sigma}^2=\frac{1}{bc}\mathrm{MS}_{\mathrm{A\times B}}$(表 6.2.1)；当$c=1$时，$\hat{\sigma}^2=\frac{1}{b}\mathrm{MS}_e$(表 6.2.2).

在上述配合力方差分析模型下，有以下分析.

(1) 模型Ⅰ下的参数μ、g_i和s_{ij}的最小二乘估计.

设估计为$\hat{\mu}$、$\hat{g}_i$和$\hat{s}_{ij}$，则应满足如下正则方程组

$$\sum_i\sum_{j\geqslant i}\left(x_{ij}-\hat{\mu}-\hat{g}_i-\hat{g}_j-\hat{s}_{ij}\right)=0 \tag{6.2.49}$$

注意到表 6.2.20 中总和$T_{\cdot\cdot}$和$2T_{\cdot\cdot}$的形式及模型Ⅰ中的约束，则式(6.2.49)可变为

$$\sum_i\sum_j\left(x_{ij}-\hat{\mu}-\hat{g}_i-\hat{g}_j-\hat{s}_{ij}\right)+\sum_i\left(x_{ii}-\hat{\mu}-2\hat{g}_i-\hat{s}_{ii}\right)=0$$

$$\sum_i\sum_j x_{ij}+\sum_i x_{ii}=(p^2+p)\hat{\mu}+(p+2)\sum_j\hat{g}_i+p\sum_i\hat{g}_j+\sum_i\sum_j\hat{s}_{ij}+\sum_i\hat{s}_{ii}$$

$$2T_{\cdot\cdot}=p(p+1)\hat{\mu}$$

即得到了$\hat{\mu}=\frac{2}{p(p+1)}T_{\cdot\cdot}$. 同理可得$\hat{g}_i$和$\hat{s}_{ij}$的估计式. 估计结果一并表示为

$$\begin{cases} \hat{\mu}=\frac{2}{p(p+1)}T_{\cdot\cdot} \\ \hat{g}_i=\frac{1}{p+2}\left(T_{i\cdot}+x_{ii}-\frac{2}{p}T_{\cdot\cdot}\right) \\ \hat{s}_{ij}=x_{ij}-\frac{1}{p+2}\left[(T_{i\cdot}+x_{ii})+(T_{j\cdot}+x_{jj})\right]+\frac{2}{(p+1)(p+2)}T_{\cdot\cdot} \end{cases} \tag{6.2.50}$$

估计易从表 6.2.20 中所提供的x_{ij}、$T_{i\cdot}$和$T_{i\cdot}+x_{ii}$中求出.

(2) 配合力的方差分析. 所有g_i是否相等、所有s_{ij}是否相等，还必须经过表 6.2.22 所示的方差分析检验.

表 6.2.22　方法 2 的配合力方差分析表

变异来源		自由度	平方和	均方	期望均方	
					模型Ⅰ	模型Ⅱ
一般配合力		$p-1$	SS_g	MS_g	$\sigma^2+(p+2)k_g^2$	$\sigma^2+\sigma_s^2+(p+2)\sigma_g^2$
特殊配合力		$\frac{1}{2}p(p-1)$	SS_s	MS_s	$\sigma^2+k_s^2$	$\sigma^2+\sigma_s^2$
机误	模型Ⅰ	$ab(c-1)$		MS_{e_1}	σ^2	
	模型Ⅱ	$(a-1)(b-1)$		MS_{e_2}		σ^2

表中，$k_g^2=\frac{1}{p-1}\sum\hat{g}_i^2, k_s^2=\frac{2}{p(p-1)}\sum_i\sum_{j\geqslant i}s_{ij}^2$；$\mathrm{MS}_{e_1}$和$\mathrm{MS}_{e_2}$按式(6.2.30)取值；表中各平方和SS的计算按下式推导

$$\begin{aligned}2\mathrm{SS}_T &= \sum_i\sum_j\left(x_{ij}-\hat{\mu}\right)^2+\sum_i(x_{ii}-\hat{\mu})^2\\&=\sum_i\sum_j\left(\hat{g}_i+\hat{g}_j+\hat{s}_{ij}\right)^2+\sum_i(2\hat{g}_i+\hat{s}_{ii})^2\\&=\sum_i\sum_j\left(\hat{g}_i^2+\hat{g}_j^2+\hat{s}_{ij}^2\right)+4\sum_i\hat{g}_i^2+\sum_i\hat{s}_{ii}^2\,(\text{展开式交叉项均等于 }0)\\&=2(p+2)\sum_i\hat{g}_i^2+\left(\sum_i\sum_j\hat{s}_{ij}^2+\sum_i\hat{s}_{ii}^2\right)\\&=2\mathrm{SS}_g+2\mathrm{SS}_s\end{aligned}$$

由此结合式(6.2.50)有

$$\begin{cases}\mathrm{SS}_g=(p+2)\sum_i\hat{g}_i^2=\dfrac{1}{p+2}\left[\sum_{i=1}^{p}(T_{i\cdot}+x_{ii})^2-\dfrac{4}{p}T_{\cdot\cdot}^2\right]\\\mathrm{SS}_s=\dfrac{1}{2}\left(\sum_i\sum_j\hat{s}_{ij}^2+\sum_i\hat{s}_{ii}^2\right)=\sum_i\sum_{j\geqslant i}\hat{s}_{ij}^2\\\qquad=\sum_i\sum_{j\geqslant i}x_{ij}^2-\dfrac{1}{p+2}\sum_i(T_{i\cdot}+x_{ii})^2+\dfrac{2}{(p+1)(p+2)}T_{\cdot\cdot}^2\end{cases}\tag{6.2.51}$$

其中，SS_T、SS_g和SS_s的自由度分别为

$$f_T=\frac{1}{2}p(p+1)-1\qquad f_g=p-1\qquad f_s=\frac{1}{2}p(p-1)\tag{6.2.52}$$

即有如下平方和及其自由度的分解式

$$\begin{cases}\mathrm{SS}_T=\mathrm{SS}_g+\mathrm{SS}_s\\f_T=f_g+f_s\end{cases}\tag{6.2.53}$$

由表 6.2.22 的期望均方列知，模型 I 的无效假设为$\mathrm{H}_0{:}\,k_g^2=0$和$\mathrm{H}_0{:}\,k_s^2=0$，其 F检验为

$$\begin{cases}F_g=\dfrac{\mathrm{MS}_g}{\mathrm{MS}_{e_1}}\sim\begin{cases}F[p-1,p^2b(c-1)], & c\geqslant 2\\F[p-1,(p^2-1)(b-1)], & c=1\end{cases}\\F_s=\dfrac{\mathrm{MS}_s}{\mathrm{MS}_{e_1}}\sim\begin{cases}F[p(p-1)/2,p^2b(c-1)], & c\geqslant 2\\F[p(p-1)/2,(p^2-1)(b-1)], & c=1\end{cases}\end{cases}\tag{6.2.54}$$

模型 II 的无效假设为$\mathrm{H}_0{:}\,\sigma_g^2=0$和$\mathrm{H}_0{:}\,\sigma_s^2=0$，其 F检验为

$$\begin{cases}F_g=\dfrac{\mathrm{MS}_g}{\mathrm{MS}_s}\sim F(p-1,p(p-1)/2)\\F_s=\dfrac{\mathrm{MS}_s}{\mathrm{MS}_{e_2}}\sim\begin{cases}F[p(p-1)/2,(a-1)(b-1)], & c\geqslant 2\\F[p(p-1)/2,(a-1)(b-1)], & c=1\end{cases}\end{cases}\tag{6.2.55}$$

当上述 F检验显著时，说明配合力分析是有意义的. 由此可据式(6.2.50)估计$\hat{\mu}$、$\hat{g}_i$和$\hat{s}_{ij}$,

并列出估计表 6.2.23.

表 6.2.23　方法 2 配合力估计表($p=4$)

亲本	$\hat{g}_i$	$\hat{s}_{ij}$			
		P1	P2	P3	P4
P1	$\hat{g}_1$	$\hat{s}_{11}$	$\hat{s}_{12}$	$\hat{s}_{13}$	$\hat{s}_{14}$
P2	$\hat{g}_2$		$\hat{s}_{22}$	$\hat{s}_{23}$	$\hat{s}_{24}$
P3	$\hat{g}_3$			$\hat{s}_{33}$	$\hat{s}_{34}$
P4	$\hat{g}_4$				$\hat{s}_{44}$

对于例 6.2.2 来讲, 有方差分析表 6.2.24 及其 F 检验结果(表 6.2.19, $\hat{\sigma}^2=111.716/4$).

表 6.2.24　例 6.2.2 的配合力方差分析表($c=1$)

变异来源	自由度	平方和	均方	期望均方	
				模型 I	模型 II
一般配合力	7	1851.46	264.50	$\sigma^2+(p+2)k_g^2$	$\sigma^2+\sigma_s^2+(p+2)\sigma_g^2$
特殊配合力	28	12528.61	447.45	$\sigma^2+k_s^2$	$\sigma^2+\sigma_s^2$
机误	105		27.93	σ^2	σ^2

模型 I 的 F检验结果为

$$F_g=\frac{\mathrm{MS}_g}{\mathrm{MS}_e}=\frac{264.50}{27.93}=9.470^{**}\qquad F_s=\frac{447.45}{27.93}=16.02^{**}$$

其中, $F_{0.01}(7,105)=2.83, F_{0.05}(7,105)=1.90$. 模型 II 的 F 检验结果中, F_s和模型 I 相同, 而

$$F_g=\frac{\mathrm{MS}_g}{\mathrm{MS}_s}=\frac{264.50}{447.45}=0.591$$

模型 I 的 F检验结果表明, 可进行配合力估计、多重比较等; 模型 II 的 F检验结果表明, 参试遗传型所属群体的加性效应贫乏, 而非加性遗传效应是丰富的. 据式(6.2.50)所估计的配合力估计如表 6.2.25 所示.

表 6.2.25　例 6.2.2 的配合力估计表

亲本	$\hat{g}_i$	$\hat{s}_{ij}$							
		P1	P2	P3	P4	P5	P6	P7	P8
P1	−0.310	−4.398	−5.722	−5.782	27.246	34.644	−21.083	9.683	−30.187
P2	2.379		2.839	12.600	−2.218	11.596	−19.056	−3.066	0.133
P3	5.934			−28.461	6.702	2.395	5.007	7.339	28.663
P4	−2.655				6.286	1.983	18.505	−31.162	−33.627
P5	−4.707					−27.148	−1.086	−11.624	16.390
P6	−0.719						11.166	24.062	−28.677
P7	7.604							−14.810	34.529
P8	−7.526								6.389

(3) 配合力的多重比较(LSD 法). 在模型 I 中, $x_{ij}=\mu+g_i+g_j+s_{ij}+e_{ij}$, 只有$e_{ij}$是随机变量, 故任何参试亲本或组合$F_1$的平均值方差估计均为

$$V(x_{ij})=\hat{\sigma}^2=MS_{e_1}=\begin{cases}\frac{1}{bc}MS_e, & c\geqslant 2\\ \frac{1}{b}MS_e, & c=1\end{cases} \tag{6.2.56}$$

其中, $c\geqslant 2$时, MS_e在表 6.2.1 中; $c=1$时, MS_e在表 6.2.2 中. 模型 I 中有关参数及效应间差数的方差估计见表 6.2.26, 表中$(\hat{g}_i-\hat{g}_j)$等效应差数间的最小显著差数为

$$LSD_{0.05}=1.96SE, LSD_{0.01}=2.576SE \tag{6.2.57}$$

如$\hat{g}_i-\hat{g}_j$的标准差$SE=\sqrt{\frac{2}{(p+2)}\hat{\sigma}^2}$, $\hat{s}_{ii}-\hat{s}_{jj}$的标准差$SE=\sqrt{\frac{2(p-2)}{(p+2)}\hat{\sigma}^2}$等. 有了标准差 SE, 就可以进行效应间的多重比较了.

对于例 6.2.2, 一般配合力多重比较的LSD为

$$LSD_{0.05}=1.96SE=1.96\times\sqrt{\frac{2}{10}\times 27.93}=4.632$$

$$LSD_{0.01}=2.576SE=2.576\times\sqrt{\frac{2}{10}\times 27.93}=6.088$$

表 6.2.26　模型 I 中效应及效应间差数估计的方差

平均值、效应及其差数	相应方差估计	备注
x_{ij}	$\hat{\sigma}^2$	—
$x_{ij}-x_{kl}$	$2\hat{\sigma}^2$	—
$\hat{\mu}$	$\frac{2}{p(p+1)}\hat{\sigma}^2$	—
$\hat{g}_i$	$\frac{p-1}{p(p+2)}\hat{\sigma}^2$	—
$\hat{s}_{ii}$	$\frac{p(p-1)}{(p+1)(p+2)}\hat{\sigma}^2$	—
$\hat{s}_{ij}$	$\frac{p^2+p+2}{(p+1)(p+2)}\hat{\sigma}^2$	$i\neq j$
$\hat{g}_i-\hat{g}_j$	$\frac{2}{(p+2)}\hat{\sigma}^2$	$i\neq j$
$\hat{s}_{ii}-\hat{s}_{jj}$	$\frac{2(p-2)}{(p+2)}\hat{\sigma}^2$	$i\neq j$
$\hat{s}_{ij}-\hat{s}_{ik}$	$\frac{2(p+1)}{(p+2)}\hat{\sigma}^2$	$i\neq j,k;\ j\neq k$
$\hat{s}_{ij}-\hat{s}_{kl}$	$\frac{2p}{(p+2)}\hat{\sigma}^2$	$i\neq j,k,l;\ j\neq k,l;\ k\neq l$

例 6.2.2 的一般配合力多重比较结果如表 6.2.27 所示.

表 6.2.27　例 6.2.2 的一般配合力多重比较结果

$\hat{g}_i$	$\hat{g}_7-\hat{g}_i$	$\hat{g}_3-\hat{g}_i$	$\hat{g}_2-\hat{g}_i$	$\hat{g}_1-\hat{g}_i$	$\hat{g}_6-\hat{g}_i$	$\hat{g}_4-\hat{g}_i$	$\hat{g}_5-\hat{g}_i$
7.604($\hat{g}_7$)	0						
5.934($\hat{g}_3$)	1.67	0					
2.379($\hat{g}_2$)	5.225*	3.555	0				
−0.31($\hat{g}_1$)	7.914**	6.244**	2.689	0			
−0.719($\hat{g}_6$)	8.323**	6.653**	3.098	0.409	0		
−2.655($\hat{g}_4$)	16.259**	8.859**	5.034*	2.345	1.936	0	
−4.707($\hat{g}_5$)	12.311**	10.641**	7.086**	4.397	3.988	2.052	0
−7.526($\hat{g}_8$)	15.13**	13.460**	9.905**	7.216**	6.807**	4.871	2.819

关于特殊配合力间的多重比较不再具体介绍.

(4) 亲本传递能力的整齐性分析. 这是在模型 I 之下比较各亲本的特殊配合力的方差. 由表 6.2.22 知, $k_s^2=\frac{2}{p(p-1)}\sum_i\sum_{j\geqslant i}s_{ij}^2$, 而$\mathrm{MS}_s=\frac{2}{p(p-1)}\sum_i\sum_{j\geqslant i}\hat{s}_{ij}^2$, $E(\mathrm{MS}_s)=\sigma^2+k_s^2$.对亲本$\mathrm{P}_i$来讲, 其特殊配合力均方$\mathrm{MS}_{si}$及其特殊配合力方差$k_{si}^2$分别为

$$\mathrm{MS}_{si}=\frac{1}{p-1}\sum_j\hat{s}_{ij}^2\qquad k_{si}^2=\frac{1}{p-1}\sum_j s_{ij}^2$$

k_{si}^2的估计$\hat{\sigma}_{si}^2$为

$$\hat{\sigma}_{si}^2=\mathrm{MS}_{si}-\frac{p-3}{2(p-1)}\hat{\sigma}^2=\frac{1}{p-1}\sum_j\hat{s}_{ij}^2-\frac{p-3}{2(p-1)}\hat{\sigma}^2\tag{6.2.58}$$

对亲本的评价同方法 1.

对于例 6.2.2, $\hat{\sigma}^2=27.93,\frac{p-3}{2(p-1)}\hat{\sigma}=9.975,\hat{\sigma}_{si}^2$由小到大排序如表 6.2.28 所示.

表 6.2.28　$\hat{\sigma}_{si}^2$值及其排序

亲本	P_1	P_2	P_3	P_4	P_5	P_6	P_7	P_8
$\hat{\sigma}_{si}^2$	486.659	91.516	269.078	458.583	345.209	376.082	454.850	731.140
排序	7	1	2	6	3	4	5	8

(5) 模型 II 分析.

方法 2 的模型 II 分析和方法 1 一样, 分四步: ① 进行随机区组试验方差分析, 若显著进入下一步; ② 配合力方差分析, 若显著, 进入第三步; ③ 估计σ_g^2和σ_s^2; ④ 估计群体的遗传力.

由表 6.2.22 知, σ_g^2和σ_s^2的估计为

$$\begin{cases}\hat{\sigma}_g^2=\dfrac{\mathrm{MS}_g-\mathrm{MS}_s}{p+2}\\ S_{\sigma_g^2}^2=\dfrac{2}{(p+2)^2}\left[\dfrac{\mathrm{MS}_g^2}{\mathrm{p}-1}+\dfrac{2\mathrm{MS}_s^2}{p(p-1)}\right]\end{cases}\tag{6.2.59}$$

$$\begin{cases}\hat{\sigma}_s^2 = \mathrm{MS}_s - \mathrm{MS}_{e_2} \\ S_{\sigma_s^2}^2 = \dfrac{4\mathrm{MS}_s^2}{p(p-1)} + \dfrac{2\mathrm{MS}_{e_2}^2}{(a-1)(b-1)}\end{cases} \tag{6.2.60}$$

加性方差、非加性方差的估计为

$$\begin{cases}\hat{\sigma}_d^2 \pm S_{\sigma_d^2} = 2\hat{\sigma}_g^2 \pm 2S_{\sigma_g^2} \\ \hat{\sigma}_h^2 \pm S_{\sigma_h^2} = \hat{\sigma}_s^2 \pm S_{\sigma_s^2}\end{cases} \tag{6.2.61}$$

遗传总方差σ_G^2的估计为

$$\begin{cases}\hat{\sigma}_G^2 = 2\hat{\sigma}_g^2 + \hat{\sigma}_s^2 = \frac{2}{p+2}\mathrm{MS}_g + \frac{p}{p+2}\mathrm{MS}_s - \mathrm{MS}_{e_2} \\ S_{\sigma_G^2}^2 = \frac{8\mathrm{MS}_g^2}{(p+2)^2(p-1)} + \frac{4p}{(p+2)^2(p-1)}\mathrm{MS}_s^2 + \frac{2\mathrm{MS}_{e_2}^2}{(a-1)(b-1)}\end{cases} \tag{6.2.62}$$

其中，当$c \geqslant 2$时，MS_{e_2}为表 6.2.1 中的$\mathrm{MS}_{\mathrm{A}\times\mathrm{B}}$；当$c = 1$时，$\mathrm{MS}_{e_2}$为表 6.2.2 中的$\mathrm{MS}_e$. 对于方法 2，$a = p(p+1)/2$.

例 6.2.2 的模型Ⅱ分析.

例 6.2.2 的完全随机区组试验方差分析已拒绝了无效假设$\mathrm{H}_0\colon \sigma_A^2 = 0$；在配合力方差分析中$F_s$极显著，$F_g$不显著，表明参试材料所属群体的非加性方差是丰富的，而加性变异是贫乏的. 据表 6.2.24 和式(6.2.59)有

$$\hat{\sigma}_g^2 = \frac{264.50-447.45}{8+2} = -18.295$$

$$S_{\sigma_g^2}^2 = \frac{2}{(8+2)^2} \times \left[\frac{264.50^2}{8-1} + \frac{2\times 447.45^2}{8\times 7}\right] = 342.895$$

故$\hat{\sigma}_g^2 \pm S_{\sigma_g^2} = -18.295 \pm 18.517$. 据式(6.2.60)有

$$\hat{\sigma}_s^2 = 447.45 - 27.93 = 419.52$$

$$S_{\sigma_s^2}^2 = \frac{4\times 447.45^2}{8\times 7} + \frac{2\times 27.93^2}{105} = 14315.680$$

故$\hat{\sigma}_s^2 \pm S_{\sigma_s^2} = 419.52 \pm 119.648$. 据式(6.2.61)有

$$\hat{\sigma}_d^2 \pm S_{\sigma_d^2} = 2\hat{\sigma}_g^2 \pm 2S_{\sigma_g^2} = -36.590 \pm 37.034$$

$$\hat{\sigma}_h^2 \pm S_{\sigma_h^2} = \hat{\sigma}_s^2 \pm S_{\sigma_s^2} = 419.52 \pm 119.648$$

据式(6.2.62)有

$$\hat{\sigma}_G^2 = \hat{\sigma}_d^2 + \hat{\sigma}_h^2 = 382.930$$

$$S_{\sigma_G^2}^2 = \frac{8\times 264.50^2}{10^2\times 7} + \frac{4\times 8\times 447.45^2}{10^2\times 7} + \frac{2\times 27.93^2}{105} = 9966.930$$

故$\hat{\sigma}_G^2 \pm S_{\sigma_G^2} = 382.903 \pm 99.835$. 据式(6.2.44)有环境方差的估计

$$\begin{aligned}\hat{\sigma}_e^2 \pm S_{\sigma_e^2} &= \mathrm{MS}_e \pm \sqrt{2\mathrm{MS}_e^2/(a-1)(b-1)} = 27.93 \pm \sqrt{2\times 27.93^2/105} \\ &= 27.93 \pm 3.855\end{aligned}$$

据式(6.2.45)有表型方差的估计

$$\begin{aligned}\hat{\sigma}_P^2 \pm S_{\sigma_P^2} &= (\hat{\sigma}_G^2 + \hat{\sigma}_e^2) \pm \sqrt{S_{\sigma_G^2}^2 + S_{\sigma_e^2}^2} \\ &= (82.903 + 27.93) \pm \sqrt{9966.930 + 14.859} \\ &= 410.833 \pm 99.909\end{aligned}$$

据式(6.2.46)有遗传力的估计有

$$\hat{h}_B^2 = \hat{\sigma}_G^2/\hat{\sigma}_P^2 = 93.2\% \qquad \hat{h}_N^2 = \hat{\sigma}_d^2/\hat{\sigma}_P^2 = -9\%$$

综合上述对例 6.2.2 的分析，对参试遗传型有如下结论.

① 参试遗传型所属群体，$\sigma_g^2\left(\sigma_d^2 = 2\sigma_g^2\right)$与零无显著差异，$\sigma_d^2 = -36.591$反映了这一事实(在实际应用中可按$\sigma_d^2 = 0$对待)；$\sigma_s^2 = \sigma_h^2$是极显著的，因而，配合力应用上主要是特殊配合力.

② 有利用价值的亲本为P_2，其一般配合力为 2.379，σ_{s2}^2最小，具有广谱的组配能力，而P_3次之；亲本P_7的一般配合力为 7.604(最大)，但$\hat{\sigma}_s^2$为第五大，可利用其特殊配合力，获得最好组合，如$P_7 \times P_8$.

5.方法 3(一套F_1和一套反交组合，$a = p(p-1)$)的配合力分析

【例 6.2.3】　在例 6.2.1 表 6.2.3 中去掉$P_i \times P_i (i = 1, 2, \cdots, 8)$就得到方法 3 的完全随机区组数据. 下面叙述其配合力分析.

1) 按表 6.2.1($c \geqslant 2$)或表 6.2.2($c = 1$)进行完全随机区组试验中遗传型无差异的方差分析

例 6.2.3 属于$c = 1$的情况，其方差按表 6.2.2 分析，具体分析如表 6.2.29 所示，结果表明可进入配合力分析.

表 6.2.29　方差分析(方法3, $c = 1$)

变异来源	自由度	平方和	均方	F
重复	3	907.855	302.618	2.494
基因型	55	97256.492	1768.300	14.573**
误差	165	20020.601	121.337	
总数	223	118184.948		

2) 遗传型平均数表及其配合力分析

按式(6.2.21)列出遗传型平均数表 6.2.30.

方法 3 的配合力方差分析模型和方法 1 相同，即模型 I 为式(6.2.22)，模型 II 为式(6.2.23).

(1) 模型 I 下的参数μ、g_i、s_{ij}和r_{ij}的最小二乘估计.

模型 I 的约束为$\sum g_i = 0$，对每一个j有$\sum_{i \neq j} s_{ij} = 0$和$\sum_{i \neq j} r_{ij} = 0$，而且$s_{ij} = s_{ji}, r_{ij} = -r_{ji} (r_{ii} = 0)$. 若参数的最小二乘估计为$\hat{\mu}$、$\hat{g}_i$、$\hat{g}_j$、$\hat{s}_{ij}$和$\hat{r}_{ij}$，则它们应使

$$\sum_i \sum_{j \neq i} \left(x_{ij} - \hat{\mu} - \hat{g}_i - \hat{g}_j - \hat{s}_{ij} - \hat{r}_{ij}\right)^2 = \min$$

表 6.2.30 例 6.2.3 的遗传型平均数表($c=1$)

亲本	P_1	P_2	P_3	P_4	P_5	P_6	P_7	P_8	总数$T_{i\cdot}$
P_1		87.010	90.505	114.945	120.290	68.550	107.640	52.640	641.580
P_2	80.690		111.575	88.170	99.930	73.265	97.640	85.650	636.920
P_3	102.230	104.555		100.645	94.285	100.885	111.540	117.735	731.875
P_4	119.115	89.310	102.675		85.285	105.795	64.450	46.855	613.485
P_5	111.290	102.890	88.265	83.390		84.150	81.935	94.820	646.740
P_6	68.835	71.295	99.575	108.665	87.965		121.610	53.740	611.685
P_7	109.265	87.820	108.445	57.650	78.750	115.670		125.270	682.870
P_8	48.720	83.145	115.400	46.740	93.320	60.240	118.170		565.735
总数$T_{\cdot j}$	640.145	626.025	716.440	600.205	659.825	608.555	702.985	576.710	5130.890
$T_{i\cdot}+T_{\cdot j}$	1281.725	1262.945	1448.315	1213.690	1306.565	1220.240	1385.855	1142.445	10261.780

注: $T_{i\cdot}=\sum_{j\neq i}x_{ij}, T_{\cdot j}=\sum_{i\neq j}x_{ij}, T_{\cdot\cdot}=\sum_i\sum_{j\neq i}x_{ij}$

其正则方程组为

$$\sum_i\sum_{j\neq i}\left(x_{ij}-\hat{\mu}-\hat{g}_i-\hat{g}_j-\hat{s}_{ij}-\hat{r}_{ij}\right)=0 \tag{6.2.63}$$

其解为

$$\begin{cases}\hat{\mu}=\frac{1}{p(p-1)}T_{\cdot\cdot}\\ \hat{g}_i=\frac{1}{2(p-2)}(T_{i\cdot}+T_{\cdot i})-\frac{1}{p(p-2)}T_{\cdot\cdot}\\ \hat{s}_{ij}=\frac{1}{2}\left(x_{ij}+x_{ji}\right)-\frac{1}{2(p-2)}\left[(T_{i\cdot}+T_{\cdot i})+\left(T_{j\cdot}+T_{\cdot j}\right)\right]-\frac{1}{(p-1)(p-2)}T_{\cdot\cdot}\\ \hat{r}_{ij}=\frac{1}{2}\left(x_{ij}-x_{ji}\right)\end{cases} \tag{6.2.64}$$

具体推导如下.

① $\sum_i\sum_{j\neq i}x_{ij}=T_{\cdot\cdot}=p(p-1)\hat{\mu}, \hat{\mu}=\dfrac{1}{p(p-1)}T_{\cdot\cdot}$

② 对任一个i有

$$T_{i\cdot}=(p-1)\hat{\mu}+(p-1)\hat{g}_i+\sum_{j\neq i}\hat{g}_j=(p-1)\hat{\mu}+(p-2)\hat{g}_i$$

对任一个j有

$$T_{\cdot j}=(p-1)\hat{\mu}+(p-2)\hat{g}_j.\ 令i=j,\ T_{i\cdot}+T_{\cdot i}=2(p-1)\hat{\mu}+2(p-2)\hat{g}_i$$

故有

$$\hat{g}_i=\frac{1}{2(p-2)}(T_{i\cdot}+T_{\cdot i})-\frac{p-1}{p-2}\hat{\mu}=\frac{1}{2(p-2)}(T_{i\cdot}+T_{\cdot i})-\frac{1}{p(p-2)}T_{\cdot\cdot}$$

③ 由于$\hat{s}_{ij}=\hat{s}_{ji},\hat{r}_{ij}=-\hat{r}_{ji}$, 故有

$$x_{ij}=\hat{\mu}+\hat{g}_i+\hat{g}_j+\hat{s}_{ij}+\hat{r}_{ij},\ x_{ji}=\hat{\mu}+\hat{g}_i+\hat{g}_j+\hat{s}_{ij}-\hat{r}_{ij}$$

二式相加得$\hat{s}_{ij}$结果, 二式相减得$\hat{r}_{ij}$结果.

(2) 配合力的方差分析. 按式(6.2.64)的配合力参数估计, 还必须接受表 6.2.31 的方

差分析检验，表中，MS_{e_1}和MS_{e_2}按式(6.2.30)取值.

表 6.2.31　方法 3 的方差分析表

变异来源		自由度	SS	MS	期望均方	
					模型 I	模型 II
一般配合力		$p-1$	SS_g	MS_g	$\sigma^2+2(p-2)k_g^2$	$\sigma^2+2\sigma_s^2+2(p-2)\sigma_g^2$
特殊配合力		$\frac{1}{2}p(p-3)$	SS_s	MS_s	$\sigma^2+2k_s^2$	$\sigma^2+2\sigma_s^2$
反交效应		$\frac{1}{2}p(p-1)$	SS_r	MS_r	$\sigma^2+2k_r^2$	$\sigma^2+2\sigma_r^2$
机误	模型 I	$ab(c-1)$		MS_{e_1}	σ^2	
	模型 II	$(a-1)(b-1)$		MS_{e_2}		σ^2

表中，k_r^2、k_s^2和k_g^2为固定效应r_{ij}、s_{ij}和g_i的方差，具体为

$$\begin{cases} k_r^2=\dfrac{1}{p(p-1)}\sum_i\sum_{j\neq i}r_{ij}^2=\dfrac{2}{p(p-1)}\sum_i\sum_{j>i}r_{ij}^2 \\ k_s^2=\dfrac{1}{p(p-3)}\sum_i\sum_{j\neq i}s_{ij}^2=\dfrac{2}{p(p-3)}\sum_i\sum_{j>i}s_{ij}^2 \\ k_g^2=\dfrac{1}{p-1}\sum_i g_i^2 \end{cases} \tag{6.2.65}$$

表中的自由度$f_g=p-1$；$f_s=p(p-3)/2$，这是因为$s_{ij}=s_{ji}$，$s_{ii}=0$，故

$$f_s=\frac{p(p-1)}{2}-p=\frac{p(p-3)}{2}$$

反交效应的自由度为$p(p-1)/2$，这是因为$r_{ij}=-r_{ji}$. 关于机误中MS_{e_1}和MS_{e_2}按式(6.2.30)选取，表中平方和 SS 的计算公式为

$$\begin{cases} SS_g=\dfrac{1}{2(p-2)}\sum_i(T_{i\cdot}+T_{\cdot i})^2-\dfrac{2}{p(p-2)}T_{\cdot\cdot}^2 \\ SS_s=\dfrac{1}{2}\sum_i\sum_{j>i}\left(x_{ij}+x_{ji}\right)^2-\dfrac{1}{2(p-2)}\sum_i(T_{i\cdot}+T_{\cdot i})^2+\dfrac{1}{(p-1)(p-2)}T_{\cdot\cdot}^2 \\ SS_r=\dfrac{1}{2}\sum_i\sum_{j>i}\left(x_{ij}-x_{ji}\right)^2 \end{cases} \tag{6.2.66}$$

总平方和$SS_T=SS_g+SS_s+SS_r$的具体分解式为

$$\begin{aligned} SS_T&=\sum_i\sum_{j\neq i}\left(x_{ij}-\hat{\mu}\right)^2=\sum_i\sum_{j\neq i}\left(\hat{g}_i+\hat{g}_j+\hat{s}_{ij}+\hat{r}_{ij}\right)^2 \\ &=\sum_i\sum_{j\neq i}\left(\hat{g}_i^2+\hat{g}_j^2\right)+\sum_i\sum_{j\neq i}\hat{s}_{ij}^2+\sum_i\sum_{j\neq i}\hat{r}_{ij}^2\ (\text{交叉项按模型均为 0}) \\ &=SS_g+SS_s+SS_r \end{aligned}$$

SS_T的自由度$f_T=p(p-1)-1$，由表 6.2.31 显然有$f_T=f_g+f_s+f_r$. 各平方和具体计算推导过程如下，注意到$\sum_i\sum_{j\neq i}\left(\hat{g}_i^2+\hat{g}_j^2\right)$中$j\neq i$，故有

$$
\begin{aligned}
\mathrm{SS}_g &= \sum_i \sum_{j \neq i} \left(\hat{g}_i^2 + \hat{g}_j^2\right) = 2(p-2)\sum_i \hat{g}_i^2 \\
&= 2(p-2)\sum_i \left[\frac{1}{2(p-2)}(T_{i\cdot} + T_{\cdot i}) - \frac{1}{p(p-2)}T_{\cdot\cdot}\right]^2 \\
&= 2(p-2)\sum_i \left[\frac{1}{4(p-2)^2}(T_{i\cdot} + T_{\cdot i})^2 + \frac{1}{p^2(p-2)^2}T_{\cdot\cdot}^2 - \frac{1}{p(p-2)^2}T_{\cdot\cdot}(T_{i\cdot} + T_{\cdot i})\right] \\
&= \frac{1}{2(p-2)}\sum_i (T_{i\cdot} + T_{\cdot i})^2 - \frac{2}{p(p-2)}T_{\cdot\cdot}^2
\end{aligned}
$$

$$
\mathrm{SS}_r = \sum_i \sum_{j \neq i} \hat{r}_{ij}^2 = \frac{1}{4}\sum_i \sum_{j \neq i} \left(x_{ij} - x_{ji}\right)^2 = \frac{1}{2}\sum_i \sum_{j > i} \left(x_{ij} - x_{ji}\right)^2
$$

$$
\begin{aligned}
\mathrm{SS}_T &= \sum_i \sum_{j \neq i} \left(x_{ij} - \hat{\mu}\right)^2 = \sum_i \sum_{j \neq i} x_{ij}^2 - 2\hat{\mu}\sum_i \sum_{j \neq i} x_{ij} + p(p-1)\hat{\mu}^2 \\
&= \sum_i \sum_{j \neq i} x_{ij}^2 - \frac{1}{p(p-1)}T_{\cdot\cdot}^2
\end{aligned}
$$

$$
\begin{aligned}
\mathrm{SS}_s &= \mathrm{SS}_T - \mathrm{SS}_r - \mathrm{SS}_g \\
&= \sum_i \sum_{j \neq i} x_{ij}^2 - \frac{1}{p(p-1)}T_{\cdot\cdot}^2 - \sum_i \sum_{j \neq i} \hat{r}_{ij}^2 - \frac{1}{2(p-2)}\sum_i (T_{i\cdot} + T_{\cdot i})^2 + \frac{2}{p(p-2)}T_{\cdot\cdot}^2 \\
&= \sum_i \sum_{j \neq i} \left[x_{ij}^2 - \frac{\left(x_{ij} - x_{ji}\right)^2}{4}\right] - \frac{1}{2(p-2)}\sum_i (T_{i\cdot} + T_{\cdot i})^2 + \frac{1}{(p-1)(p-2)}T_{\cdot\cdot}^2 \\
&= \frac{1}{4}\sum_i \sum_{j \neq i} \left(x_{ij}^2 + x_{ji}^2 + 2x_{ij}x_{ji}\right) - \frac{1}{2(p-2)}\sum_i (T_{i\cdot} + T_{\cdot i})^2 + \frac{1}{(p-1)(p-2)}T_{\cdot\cdot}^2 \\
&= \frac{1}{4}\sum_i \sum_{j \neq i} \left(x_{ij} + x_{ji}\right)^2 - \frac{1}{2(p-2)}\sum_i (T_{i\cdot} + T_{\cdot i})^2 + \frac{1}{(p-1)(p-2)}T_{\cdot\cdot}^2
\end{aligned}
$$

由表 6.2.31 知，模型 I 的无效假设为$\mathrm{H}_0: k_g^2 = 0$、$\mathrm{H}_0: k_s^2 = 0$和$\mathrm{H}_0: k_r^2 = 0$，它们的 F 检验为

$$
\begin{cases}
F_g = \dfrac{\mathrm{MS}_g}{\mathrm{MS}_{e_1}} \sim \begin{cases} F[p-1, ab(c-1)], & c \geqslant 2; \\ F[p-1, (a-1)(b-1)], & c = 1. \end{cases} \\
F_s = \dfrac{\mathrm{MS}_s}{\mathrm{MS}_{e_1}} \sim \begin{cases} F\left[\frac{p(p-3)}{2}, ab(c-1)\right], & c \geqslant 2; \\ F\left[\frac{p(p-3)}{2}, (a-1)(b-1)\right], & c = 1. \end{cases} \\
F_r = \dfrac{\mathrm{MS}_r}{\mathrm{MS}_{e_1}} \sim \begin{cases} F\left[\frac{p(p-1)}{2}, ab(c-1)\right], & c \geqslant 2; \\ F\left[\frac{p(p-1)}{2}, (a-1)(b-1)\right], & c = 1. \end{cases}
\end{cases}
\tag{6.2.67}
$$

模型 II 的无效假设为$\mathrm{H}_0: \sigma_g^2 = 0$、$\mathrm{H}_0: \sigma_s^2 = 0$和$\mathrm{H}_0: \sigma_r^2 = 0$，其 F检验为

$$
\begin{cases}
F_g = \dfrac{\mathrm{MS}_g}{\mathrm{MS}_s} \sim F\left[p-1, \dfrac{p(p-3)}{2}\right] \\
F_s = \dfrac{\mathrm{MS}_s}{\mathrm{MS}_{e_2}} \sim \begin{cases} F\left[\dfrac{p(p-3)}{2}, (a-1)(b-1)\right], & c \geqslant 2; \\ F\left[\dfrac{p(p-3)}{2}, (a-1)(b-1)\right], & c = 1. \end{cases} \\
F_r = \dfrac{\mathrm{MS}_r}{\mathrm{MS}_{e_2}} \sim \begin{cases} F\left[\dfrac{p(p-1)}{2}, (a-1)(b-1)\right], & c \geqslant 2; \\ F\left[\dfrac{p(p-1)}{2}, (a-1)(b-1)\right], & c = 1. \end{cases}
\end{cases} \tag{6.2.68}
$$

当上述 F_g、F_s 显著时，说明配合力分析是有意义的，进而可据式(6.2.64)估计 $\hat{\mu}$、$\hat{g}_i$、$\hat{s}_{ij}$ 和 $\hat{r}_{ij}$，并列出估计表 6.2.32.

表 6.2.32　方法 3 的配合力估计表($p = 4$)

亲本	$\hat{s}_{ij}$(上三角)、$\hat{r}_{ij}$(下三角)、$\hat{g}_i$(对角线)			
	P_1	P_2	P_3	P_4
P_1	$\hat{g}_1$	$\hat{s}_{12}$	$\hat{s}_{13}$	$\hat{s}_{14}$
P_2	$\hat{r}_{21}$	$\hat{g}_2$	$\hat{s}_{23}$	$\hat{s}_{24}$
P_3	$\hat{r}_{31}$	$\hat{r}_{32}$	$\hat{g}_3$	$\hat{s}_{34}$
P_4	$\hat{r}_{41}$	$\hat{r}_{42}$	$\hat{r}_{43}$	$\hat{g}_4$

对于例 6.2.3, 配合力方差分析表如表 6.2.33 所示.

表 6.2.33　例 6.2.3 的配合力方差分析表($c = 1$)

变异来源	自由度	平方和	均方	期望均方	
				模型 I	模型 II
一般配合力	7	5613.760	801.966	$\sigma^2 + 12k_g^2$	$\sigma^2 + 2\sigma_s^2 + 12\sigma_g^2$
特殊配合力	20	18335.409	916.770	$\sigma^2 + 2k_s^2$	$\sigma^2 + 2\sigma_s^2$
反交	28	364.971	13.035	$\sigma^2 + 2k_r^2$	$\sigma^2 + 2\sigma_r^2$
机误	165	5005.150	30.323	σ^2	σ^2

模型 I 的 F 检验为

$$F_g = \frac{801.966}{30.323} = 26.447^{**} \qquad F_{0.01}(7,165) \approx 2.70$$

$$F_s = \frac{916.770}{30.323} = 30.233^{**} \qquad F_{0.01}(20,165) \approx 1.80$$

$$F_r = \frac{13.035}{30.323} = 0.43$$

模型 II 的 F 检验为

$$F_g = \frac{801.966}{916.770} = 0.875$$

$$F_s = \frac{916.770}{30.323} = 30.233^{**}$$

$$F_r = \frac{13.035}{30.323} = 0.43$$

配合力方差分析结果表明, 模型 I 中F_g和F_s是极显著的, 无反交效应, 配合力估计有一定的应用价值; 模型II中的F_g和F_r不显著, 但F_s是极显著的, 说明参试亲本作为亲本群体的一个随机样本来讲, 该群体的加性效应是贫乏的, 而非加性效应是丰富的.

据式(6.2.64)估计的配合力有关参数如表 6.2.34 所示.

表 6.2.34 例 6.2.3 的$\hat{s}_{ij}$(上三角)、$\hat{r}_{ij}$(下三角)和$\hat{g}_i$(对角线)

亲本	P_1	P_2	P_3	P_4	P_5	P_6	P_7	P_8
P_1	−0.083	−6.042	−8.972	31.243	22.263	−17.641	8.319	−29.170
P_2	3.160	−1.648	4.291	4.518	9.448	−12.488	−5.839	6.113
P_3	−5.863	3.511	13.799	1.990	−16.134	0.014	−4.024	22.835
P_4	−2.085	0.570	−1.015	−5.753	−3.520	26.567	−33.415	−27.383
P_5	4.500	−1.480	3.010	0.928	1.987	−2.345	−21.861	12.150
P_6	−0.143	0.985	0.655	−1.435	−1.908	−5.207	23.629	−17.736
P_7	−0.813	4.910	1.548	3.400	1.593	2.970	8.594	33.192
P_8	1.960	1.253	1.168	0.058	0.750	−3.250	3.550	−11.690

(3) 配合力的多重比较.

配合力的多重比较涉及在模型 I 之下各效应及效应间差数的方差估计. 设$\hat{\sigma}^2 = \mathrm{MS}_{e_1}$, 则有关均值$x_{ij}$、$\hat{\mu}$、$\hat{g}_i$、$\hat{s}_{ij}$和$\hat{r}_{ij}$等的方差估计如表 6.2.35 所示, 表中$\hat{g}_i - \hat{g}_j$等效应差异间的最小显著差数为

$$\mathrm{LSD}_{0.05} = 1.96 \times \mathrm{SE} \qquad \mathrm{LSD}_{0.01} = 2.576 \times \mathrm{SE} \tag{6.2.69}$$

其中, SE 为差数标准差, $\hat{g}_i - \hat{g}_j$的标准差$\mathrm{SE} = \sqrt{\hat{\sigma}^2/(p-2)}$, $\hat{s}_{ij} - \hat{s}_{ik}$的标准差为$\mathrm{SE} = \sqrt{(p-3)\hat{\sigma}^2/(p-2)}$等.

表 6.2.35 效应的方差及效应间差数的方差估计

效应或效应间差数	相应方差估计	备注
x_{ij}	$\hat{\sigma}^2$	$\hat{\sigma}^2 = \mathrm{MS}_{e_1}$
$x_{ij} - x_{kl}$	$2\hat{\sigma}^2$	—
$\hat{\mu}$	$\frac{1}{p(p-1)}\hat{\sigma}^2$	—
$\hat{g}_i$	$\frac{p-1}{2p(p-2)}\hat{\sigma}^2$	—
$\hat{s}_{ij}$	$\frac{p-3}{2(p-1)}\hat{\sigma}^2$	$i \neq j$
$\hat{r}_{ij}$	$\frac{1}{2}\hat{\sigma}^2$	$i \neq j$
$\hat{g}_i - \hat{g}_j$	$\frac{1}{(p-2)}\hat{\sigma}^2$	$i \neq j$
$\hat{s}_{ij} - \hat{s}_{ik}$	$\frac{p-3}{(p-2)}\hat{\sigma}^2$	$i \neq j,k;\ j \neq k$
$\hat{s}_{ij} - \hat{s}_{kl}$	$\frac{p-4}{(p-2)}\hat{\sigma}^2$	$i \neq j,k,l;\ j \neq k,l;\ k \neq l$

例 6.2.3 的一般配合力$\hat{g}_i$间的多重比较如表 6.2.36 所示.

由表 6.2.33 知, $\hat{\sigma}^2 = 30.323$.$\hat{g}_i - \hat{g}_j$的显著差数为

$$\mathrm{LSD}_{0.05} = 1.96 \times \sqrt{30.323/6} = 4.406 \qquad \mathrm{LSD}_{0.01} = 2.576 \times \mathrm{SE} = 5.791$$

表 6.2.36　例 6.2.3 的一般配合力多重比较结果

$\hat{g}_i$	$\hat{g}_3-\hat{g}_i$	$\hat{g}_7-\hat{g}_i$	$\hat{g}_5-\hat{g}_i$	$\hat{g}_1-\hat{g}_i$	$\hat{g}_2-\hat{g}_i$	$\hat{g}_6-\hat{g}_i$	$\hat{g}_4-\hat{g}_i$
13.799($\hat{g}_3$)	0						
8.594($\hat{g}_7$)	5.205*	0					
1.987($\hat{g}_5$)	11.812**	6.607**	0				
−0.083($\hat{g}_1$)	13.882**	8.677**	2.070	0			
−1.648($\hat{g}_2$)	15.447**	10.242**	3.635	1.565	0		
−5.207($\hat{g}_6$)	19.006**	13.801**	7.194**	5.124*	3.559	0	
−5.753($\hat{g}_4$)	19.552**	14.347**	7.740**	5.670*	4.105	0.546	0
−11.690($\hat{g}_8$)	25.489**	20.284**	13.677**	11.607**	10.042**	6.483**	5.937**

关于特殊配合力间的多重比较不再详细介绍.

(4) 亲本组配传递能力的整齐性分析.

这是在模型 I 之下的各亲本特殊配合力方差的大小比较, 越小者的组配传递能力越整齐.由表 6.2.31 知, $k_s^2=\frac{2}{p(p-3)}\sum_i\sum_{j>i}s_{ij}^2$　$\mathrm{MS}_s=\frac{4}{p(p-3)}\sum_i\sum_{j>i}\hat{s}_{ij}^2$, 而$E(\mathrm{MS}_s)=\sigma^2+2k_s^2$. 对于亲本$\mathrm{P}_i$, 其特殊配合力均方$\mathrm{MS}_{si}$和特殊配合力方差$k_{si}^2$分别为

$$\mathrm{MS}_{si}=\frac{1}{p-2}\sum_i\sum_{j\neq i}\hat{s}_{ij}^2,\ k_{si}^2=\frac{1}{p-2}\sum_i\sum_{j\neq i}s_{ij}^2$$

k_{si}^2的估计为

$$\sigma_{si}^2=\hat{k}_{si}^2=\frac{1}{p-2}\sum_i\sum_{j\neq i}s_{ij}^2-\frac{p-3}{p-2}\hat{\sigma}^2 \tag{6.2.70}$$

对于例 6.2.3 来讲, $\hat{\sigma}^2=30.323,(p-3)\hat{\sigma}^2/(p-2)=25.269$. 据式(6.2.70)计算结果及排序如表 6.3.37 所示.

表 6.2.37　计算结果及其排序

亲本	P_1	P_2	P_3	P_4	P_5	P_6	P_7	P_8
$\hat{\sigma}_{si}^2$	444.742	40.066	124.865	572.245	222.836	267.152	573.068	595.301
排序	5	1	2	7	3	4	6	8

(5) 模型 II 分析.

例 6.2.3 的随机区组试验方差分析和配合力方差分析见表 6.2.29 和表 6.2.33(F_s极显著, F_g不显著, F_r不显著).

据表 6.2.31 有

$$\begin{cases}\hat{\sigma}_g^2=\dfrac{\mathrm{MS}_g-\mathrm{MS}_s}{2(p-2)}\\ S_{\sigma_g^2}^2=\dfrac{1}{(p-2)^2}\left[\dfrac{\mathrm{MS}_g^2}{2(\mathrm{p}-1)}+\dfrac{\mathrm{MS}_s^2}{p(p-3)}\right]\end{cases} \tag{6.2.71}$$

$$\begin{cases}\hat{\sigma}_s^2 = \dfrac{1}{2}\left(\mathrm{MS}_s - \mathrm{MS}_{e_2}\right) \\ S_{\sigma_s^2}^2 = \dfrac{\mathrm{MS}_s^2}{p(p-3)} + \dfrac{\mathrm{MS}_{e_2}^2}{2(a-1)(b-1)}\end{cases} \tag{6.2.72}$$

其中，MS_{e_2}按式(6.2.30)取值. 同时有

$$\begin{cases}\hat{\sigma}_r^2 = \dfrac{1}{2}\left(\mathrm{MS}_r - \mathrm{MS}_{e_2}\right) \\ S_{\sigma_r^2}^2 = \dfrac{\mathrm{MS}_r^2}{p(p-1)} + \dfrac{\mathrm{MS}_{e_2}^2}{2(a-1)(b-1)}\end{cases} \tag{6.2.73}$$

$$\begin{cases}\hat{\sigma}^2 = \mathrm{MS}_{e_2} \\ S_{\sigma^2}^2 = \dfrac{2\mathrm{MS}_{e_2}^2}{(a-1)(b-1)}\end{cases} \tag{6.2.74}$$

据式(6.2.7)~式(6.2. 9)，在无母体效应下，当 $F=1$ 时，有加性方差σ_d^2和非加性方差σ_h^2的估计

$$\begin{cases}\hat{\sigma}_d^2 \pm S_{\sigma_d^2} = 2\hat{\sigma}_g^2 \pm 2S_{\sigma_g^2} \\ \hat{\sigma}_h^2 \pm S_{\sigma_h^2} = \hat{\sigma}_s^2 \pm S_{\sigma_s^2}\end{cases} \tag{6.2.75}$$

遗传总方差σ_G^2的估计为

$$\begin{cases}\hat{\sigma}_G^2 = \hat{\sigma}_d^2 + \hat{\sigma}_h^2 = 2\hat{\sigma}_g^2 + \hat{\sigma}_s^2 = \frac{1}{p-2}\mathrm{MS}_g + \frac{p}{2(p-2)}\mathrm{MS}_s - \frac{1}{2}\mathrm{MS}_{e_2} \\ S_{\sigma_G^2}^2 = \frac{2\mathrm{MS}_g^2}{(p-2)^2(p-1)} + \frac{p}{(p-2)^2(p-3)}\mathrm{MS}_s^2 + \frac{\mathrm{MS}_{e_2}^2}{2(a-1)(b-1)}\end{cases}$$

环境方差σ_e^2的估计见式(6.2.44)，表型方差σ_P^2、遗传力等的估计见式(6.2.45)和式(6.2.46).

对于例 6.2.3，模型Ⅱ的分析结果如下

$$\begin{cases}\hat{\sigma}_g^2 = \frac{801.966-916.770}{12} = -9.567 \\ S_{\sigma_g^2}^2 = \frac{801.966^2}{504} + \frac{916.770^2}{1440} = 1859.75\end{cases}$$

即$\hat{\sigma}_g^2 \pm S_{\sigma_g^2} = -9.567 \pm 43.125$.

$$\begin{cases}\hat{\sigma}_s^2 = \frac{916.770-30.323}{2} = 443.224 \\ S_{\sigma_s^2}^2 = \frac{916.770^2}{40} + \frac{30.323^2}{2\times165} = 21014.467\end{cases}$$

即$\hat{\sigma}_s^2 \pm S_{\sigma_s^2} = 443.224 \pm 144.964$.

$$\begin{cases}\hat{\sigma}_e^2 = \mathrm{MS}_{e_2} = 30.323, \quad c = 1 \\ S_{\sigma_e^2}^2 = \frac{2\mathrm{MS}_{e_2}^2}{(a-1)(b-1)} = \frac{2\times30.323^2}{165} = 11.145\end{cases}$$

即$\hat{\sigma}_e^2 \pm S_{\sigma_e^2} = 30.323 \pm 3.338$.

$$\begin{cases}\hat{\sigma}_d^2 \pm S_{\sigma_d^2} = 2\hat{\sigma}_g^2 \pm 2S_{\sigma_g^2} = -19.134 \pm 86.250 \\ \hat{\sigma}_h^2 \pm S_{\sigma_h^2} = \hat{\sigma}_s^2 \pm S_{\sigma_s^2} = 443.224 \pm 144.964\end{cases}$$

$$\begin{cases} \hat{\sigma}_G^2 = \hat{\sigma}_d^2 + \hat{\sigma}_h^2 = 424.090 \\ S_{\sigma_G^2}^2 = \frac{2\times 801.966^2}{252} + \frac{8\times 916.770^2}{180} + \frac{30.323^2}{2\times 165} = 42461.246 \end{cases}$$

即$\hat{\sigma}_G^2 \pm S_{\sigma_G^2} = 424.090 \pm 206.061$.

$$\begin{cases} \hat{\sigma}_P^2 = \hat{\sigma}_G^2 + \hat{\sigma}_e^2 = 424.090 + 30.323 = 454.413 \\ S_{\sigma_P^2}^2 = S_{\sigma_G^2}^2 + S_{\sigma_e^2}^2 = 42461.246 + 11.145 = 42472.391 \end{cases}$$

即$\hat{\sigma}_P^2 \pm S_{\sigma_P^2} = 454.413 \pm 206.088$.

$$\hat{h}_B^2 = \frac{424.090}{454.413} = 0.933 \qquad \hat{h}_N^2 = -\frac{19.134}{454.413} = -0.042$$

综合上述分析, 对例 6.2.3 有以下结论.

① 参试遗传型作为群体的一个随机样本, 分析表明该群体的σ_g^2或σ_d^2与零无差异, $\hat{\sigma}_d^2 = -19.134$反映了这一事实. 从统计处理上看, 对于例 6.2.1~例 6.2.3, 均应按$\sigma_d^2 = 0$来处理, 然而为了说明计算过程, 仍保留了$\hat{\sigma}_d^2$为负值这一事实. 从特殊配合力来讲, 该群体$\hat{\sigma}_s^2$是极显著的, 因而配合力主要决定于特殊配合力.

② 参试亲本的应用价值有如下评价: 一般配合力为−11.690~13.799, 前 3 名为P_3(13.799)、P_7(8.594)和P_5(1.987), 其余均为负值; 特殊配合力为−33.415~33.192, 前 4 名为P_8(33.192)、P_4(31.243)、P_6(26.567)和P_7(23.629); 从组配传递整齐性上看, 前 3 名为P_2(40.066)、P_3(124.865)和P_5(222.836). 综合这几方面, P_3为广谱的组配亲本, 平均表现最好; P_7的一般配合力第二大, 特殊配合力居第 4, 传递整齐性居第 6, 因而最好的组合应出现在P_7上, 即$P_7 \times P_8$.

6. 方法 4(一套$F_1, a = p(p-1)/2$)的配合力分析

一般来讲, 反交遗传效应在植物中并不存在. 下面引用 Griffing 于 1954 年和 1956 年研究的玉米9×9双列杂交试验为例说明方法 4 的配合力分析. 由于所用材料为自交系, 所以其分析方法同样可应用于自花授粉作物, 如小麦、水稻及豆类等.

1) 按表 6.2.1 进行完全随机区组方差分析

参试遗传型为$p = 9$个亲本的一套F_1, 共有$a = 9 \times (9-1)/2 = 36$个, 区组数$b = 6$. 每个小区播种$c = 13$株, 数据为每株产量(果穗重量), 以植株为单位分析. 由于缺株, 仅有 2774 株(应有$abc = 2808$株)的果穗重量(g), 因而总的自由度与试验误差自由度作了适当调整. 方差分析结果如表 6.2.38 所示, 结果表明可以进入配合力分析.

表 6.2.38　玉米随机区组试验的方差分析表(模型 I 分析)

变异来源	自由度	平方和	均方	期望均方	F
遗传型(A)	35	2166127.60	61889.36	$\sigma_e^2 + bck_A^2$	37.7**
区组(B)	5	1289717.65	257943.53	$\sigma_e^2 + ack_B^2$	
A × B	175	2065631.75	11803.61	$\sigma_e^2 + ck_{A\times B}^2$	
随机误差	2558	4201463.84	1642.84	σ_e^2	
总变异	2773	9722940.84			

2) 遗传型平均数表及其配合力分析

按式(6.2.21)列出遗传型平均数x_{ij}表 6.2.39.

表 6.2.39　玉米9 × 9双列杂交方法4的F_1代平均数x_{ij}表

亲本	P_1	P_2	P_3	P_4	P_5	P_6	P_7	P_8	P_9	$T_{i\cdot}$
P_1		240.0	260.0	230.4	257.0	241.5	266.9	240.1	300.4	2036.3
P_2			209.0	217.3	233.1	229.5	266.9	216.3	214.2	1826.3
P_3				183.7	253.7	250.1	268.8	222.3	252.1	1899.7
P_4					233.8	213.7	255.7	197.4	281.0	1813.0
P_5						206.8	272.2	242.9	260.8	1960.3
P_6							261.8	270.3	283.9	1957.6
P_7								273.2	302.2	2167.7
P_8									259.8	1922.3
P_9										2154.4
										17737.6($2T_{\cdot\cdot}$)

注: $x_{ij}=x_{ji}, T_{i\cdot}=\sum_{j\neq i}x_{ij}, T_{\cdot\cdot}=\sum_i\sum_{j>i}x_{ij}$

由x_{ij}建立配合力方差分析模型 I (固定模型)和模型 II (随机模型), 可参阅方法 1 的模型式(6.2.22)和式(6.2.23), 令$r_{ij}\equiv 0$, 即假设不存在反交效应. 另外, 模型 I 中的约束为$\sum_i g_i=0$; $s_{ij}=s_{ji}$,对每一个j有$\sum_{i\neq j}s_{ij}=0$; MS_{e_1}和MS_{e_2}见式(6.2.30).

(1) 模型 I 下参数μ、g_i和s_{ij}的最小二乘估计.

在模型 I 的参数约束下, 若参数的最小二乘估计为$\hat{\mu}$、$\hat{g}_i$和$\hat{s}_{ij}$, 则它们应满足

$$Q_e=\sum_i\sum_{j>i}\left(x_{ij}-\hat{\mu}-\hat{g}_i-\hat{g}_j-\hat{s}_{ij}\right)^2=\min$$

其正则方程组为

$$\sum_i\sum_{j>i}\left(x_{ij}-\hat{\mu}-\hat{g}_i-\hat{g}_j-\hat{s}_{ij}\right)=0 \tag{6.2.76}$$

其解为

$$\begin{cases}\hat{\mu}=\dfrac{2}{p(p-1)}T_{\cdot\cdot}\\ \hat{g}_i=\dfrac{1}{p-2}T_{i\cdot}-\dfrac{2}{p(p-2)}T_{\cdot\cdot}\\ \hat{s}_{ij}=x_{ij}-\dfrac{1}{p-2}\left[T_{i\cdot}+T_{\cdot j}\right]+\dfrac{2}{(p-1)(p-2)}T_{\cdot\cdot}\end{cases} \tag{6.2.77}$$

具体推导: 式(6.2.77)等价于

$$\sum_i\sum_{j\neq i}\left(x_{ij}-\hat{\mu}-\hat{g}_i-\hat{g}_j-\hat{s}_{ij}\right)=0 \tag{6.2.78}$$

模型 I 中参数的约束条件可等价地表示为

$$\sum_i\sum_j\hat{g}_i=0,\ \sum_i\sum_j\hat{g}_j=0,\ \sum_i\sum_{j\neq i}\hat{s}_{ij}=0 \tag{6.2.79}$$

由式(6.2.79)及式(6.2.80)可得

$$p(p-1)\hat{\mu}=2T_{..},\hat{\mu}=\frac{2T_{..}}{p(p-1)}$$

对于固定的i，由式(6.2.79)及式(6.2.80)得

$$T_{i\cdot}=\sum_{j\neq i}x_{ij}=(p-1)\hat{\mu}+(p-1)\hat{g}_i+\sum_{j\neq i}\hat{g}_j$$

$$T_{i\cdot}=(p-1)\hat{\mu}+(p-2)\hat{g}_i$$

$$\hat{g}_i=\frac{1}{p-2}T_{i\cdot}-\frac{p-1}{p-2}\hat{\mu}=\frac{1}{p-2}T_{i\cdot}-\frac{2}{p(p-2)}T_{..}$$

将$\hat{\mu}$、$\hat{g}_i$和$\hat{g}_j$代入$x_{ij}-\hat{\mu}-\hat{g}_i-\hat{g}_j-\hat{s}_{ij}=0$得$\hat{s}_{ij}$的估计式.

(2) 配合力方差分析.

式(6.2.78)的参数估计，需接受表 6.2.40 的方差分析检验.

表 6.2.40　方法 4 的方差分析表

变异来源		自由度	SS	MS	期望均方	
					模型 I	模型 II
一般配合力		$p-1$	SS_g	MS_g	$\sigma^2+(p-2)k_g^2$	$\sigma^2+\sigma_s^2+(p-2)\sigma_g^2$
特殊配合力		$\frac{1}{2}p(p-3)$	SS_s	MS_s	$\sigma^2+k_s^2$	$\sigma^2+\sigma_s^2$
机误	模型 I	$ab(c-1)$		MS_{e_1}	σ^2	
	模型 II	$(a-1)(b-1)$		MS_{e_2}		σ^2

表中k_s^2和k_g^2为固定效应s_{ij}和g_i的方差

$$k_g^2=\frac{1}{p-1}\sum_i g_i^2,k_s^2=\frac{2}{p(p-3)}\sum_i\sum_{j>i}s_{ij}^2 \tag{6.2.80}$$

表中平方和SS的计算公式为

$$\begin{cases}SS_g=\dfrac{1}{p-2}\sum_i T_{i\cdot}^2-\dfrac{4}{p(p-2)}T_{..}^2\\ SS_s=\sum_i\sum_{j>i}x_{ij}^2-\dfrac{1}{p-2}\sum_i T_{i\cdot}^2+\dfrac{2}{(p-1)(p-2)}T_{..}^2\end{cases} \tag{6.2.81}$$

平方和分解如下

$$\begin{aligned}SS_T&=\sum_i\sum_{j>i}(x_{ij}-\hat{\mu})^2\\&=\sum_i\sum_{j>i}(\hat{g}_i+\hat{g}_j+\hat{s}_{ij})^2\\&=\sum_i\sum_{j>i}\left[(\hat{g}_i+\hat{g}_j)^2+2(\hat{g}_i+\hat{g}_j)\hat{s}_{ij}+\hat{s}_{ij}^2\right]\\&=\sum_i\sum_{j>i}(\hat{g}_i+\hat{g}_j)^2+\sum_i\sum_{j>i}\hat{s}_{ij}^2\\&=SS_g+SS_s\end{aligned}$$

其中，SS_T的自由度$f_T=\frac{1}{2}p(p-1)-1, f_g=p-1, f_s=f_T-f_g=\frac{1}{2}p(p-3)$. 下面推导$SS_g$和$SS_s$的具体计算公式

$$\begin{aligned}
SS_T &= \sum_i\sum_{j>i}\left(x_{ij}-\hat{\mu}\right)^2=\sum_i\sum_{j>i}x_{ij}^2-2\hat{\mu}\sum_i\sum_{j>i}x_{ij}+\frac{p(p-1)}{2}\hat{\mu}^2\\
&=\sum_i\sum_{j>i}x_{ij}^2-\frac{4}{p(p-1)}T_{..}^2+\frac{2}{p(p-1)}T_{..}^2\\
&=\sum_i\sum_{j>i}x_{ij}^2-\frac{2}{p(p-1)}T_{..}^2
\end{aligned}$$

$$\begin{aligned}
SS_g &= \sum_i\sum_{j>i}\left(\hat{g}_i+\hat{g}_j\right)^2=\frac{1}{2}\sum_i\sum_{j\neq i}\left(\hat{g}_i+\hat{g}_j\right)^2=\frac{1}{2}\sum_i\sum_{j\neq i}\left(\hat{g}_i^2+\hat{g}_j^2+2\hat{g}_i\hat{g}_j\right)\\
&=\frac{1}{2}\sum_i\sum_{j\neq i}\hat{g}_i^2+\frac{1}{2}\sum_i\sum_{j\neq i}\hat{g}_j^2+\sum_i\sum_{j\neq i}\hat{g}_i\hat{g}_j\\
&=\frac{1}{2}\sum_j\left[\sum_{i\neq j}\left(\hat{g}_i^2+\hat{g}_j^2-\hat{g}_j^2\right)\right]+\frac{1}{2}\sum_i\left[\sum_{j\neq i}\left(\hat{g}_j^2+\hat{g}_i^2-\hat{g}_i^2\right)\right]\\
&\quad+\sum_i\left[\sum_{j\neq i}\left(\hat{g}_i\hat{g}_j+\hat{g}_i\hat{g}_i-\hat{g}_i\hat{g}_i\right)\right]\\
&=\frac{1}{2}\sum_j\sum_i\hat{g}_i^2-\frac{1}{2}\sum_j\hat{g}_j^2+\frac{1}{2}\sum_i\sum_j\hat{g}_j^2-\frac{1}{2}\sum_i\hat{g}_i^2\\
&\quad+\sum_i\sum_j\hat{g}_i\hat{g}_j-\sum_i\hat{g}_i^2\\
&=\frac{p}{2}\sum_i\hat{g}_i^2-\frac{1}{2}\sum_j\hat{g}_j^2+\frac{p}{2}\sum_j\hat{g}_j^2-\frac{1}{2}\sum_i\hat{g}_i^2+\left(\sum_i\hat{g}_i\right)\left(\sum_j\hat{g}_j\right)-\sum_i\hat{g}_i^2\\
&=p\sum_i\hat{g}_i^2-\sum_i\hat{g}_i^2-\sum_i\hat{g}_i^2=(p-2)\sum_i\hat{g}_i^2\\
&=(p-2)\sum_i\left(\frac{1}{p-2}T_{i\cdot}-\frac{2}{p(p-2)}T_{..}\right)^2\\
&=\frac{1}{p-2}\sum_i\left(T_{i\cdot}-\frac{2}{p}T_{..}\right)^2=\frac{1}{p-2}\sum_i\left(T_{i\cdot}^2-\frac{4}{p}T_{i\cdot}T_{..}+\frac{4}{p^2}T_{..}^2\right)\\
&=\frac{1}{p-2}\left(\sum_i T_{i\cdot}^2-\frac{8}{p}T_{..}^2+\frac{4}{p}T_{..}^2\right)\\
&=\frac{1}{p-2}\left(\sum_i T_{i\cdot}^2-\frac{4}{p}T_{..}^2\right)
\end{aligned}$$

$$
\begin{aligned}
SS_s &= SS_T - SS_g \\
&= \sum_i \sum_{j>i} x_{ij}^2 - \frac{2}{p(p-1)} T_{..}^2 - \frac{1}{p-2} \sum_i T_{i\cdot}^2 + \frac{4}{p(p-2)} T_{..}^2 \\
&= \sum_i \sum_{j>i} x_{ij}^2 - \frac{1}{p-2} \sum_i T_{i\cdot}^2 + \frac{2}{(p-1)(p-2)} T_{..}^2
\end{aligned}
$$

上述推导实现了平方和分解及其自由度分解，即$SS_T = SS_g + SS_s, f_T = f_g + f_s$.

由表 6.2.40 知，模型 I 的无效假设为$H_0: k_g^2 = 0$和$H_0: k_s^2 = 0$，它们的 F检验分别为

$$
\begin{cases}
F_g = \dfrac{MS_g}{MS_{e_1}} \sim \begin{cases} F[p-1, ab(c-1)], c \geqslant 2; \\ F[p-1, (a-1)(b-1)], c = 1. \end{cases} \\
F_s = \dfrac{MS_s}{MS_{e_1}} \sim \begin{cases} F\left[\frac{p(p-3)}{2}, ab(c-1)\right], c \geqslant 2; \\ F\left[\frac{p(p-3)}{2}, (a-1)(b-1)\right], \ c = 1. \end{cases}
\end{cases}
\tag{6.2.82}
$$

模型 II 的无效假设为$H_0: \sigma_g^2 = 0$和$H_0: \sigma_s^2 = 0$，其 F检验为

$$
\begin{cases}
F_g = \dfrac{MS_g}{MS_s} \sim F\left[p-1, \frac{p(p-3)}{2}\right] \\
F_s = \dfrac{MS_s}{MS_{e_2}} \sim \begin{cases} F\left[\frac{p(p-3)}{2}, (a-1)(b-1)\right], \ c \geqslant 2; \\ F\left[\frac{p(p-3)}{2}, (a-1)(b-1)\right], \ c = 1. \end{cases}
\end{cases}
\tag{6.2.83}
$$

其中，关于MS_{e_2}参阅式(6.2.30).

当上述有关配合力的 F 检验显著时，表明有关配合力的估计是有意义的. 通过式(6.2.78)估计$\hat{\mu}$、$\hat{g}_i$和$\hat{s}_{ij}$，并列出配合力估计表 6.2.41.

对于方法 4 的例题，配合力方差分析表如表 6.2.42 所示.

表 6.2.42 中，$p = 9, b = 6, c = 13$，属于$c \geqslant 2$的情形. 模型 I 中，MS_{e_1}为表 6.2.38 中的$\frac{1}{bc} MS_e = \frac{1}{6 \times 13} \times 1642.84 = 21.06$; $MS_{e_2} = \frac{1}{bc} MS_{A \times B} = \frac{1}{78} \times 11803.61 = 151.33$.

表 6.2.41　方法 4 的配合力估计表($p = 4$)

亲本	$\hat{s}_{ij}$(上三角)、$\hat{g}_i$(对角线)			
	P_1	P_2	P_3	P_4
P_1	$\hat{g}_1$	$\hat{s}_{12}$	$\hat{s}_{13}$	$\hat{s}_{14}$
P_2		$\hat{g}_2$	$\hat{s}_{23}$	$\hat{s}_{24}$
P_3			$\hat{g}_3$	$\hat{s}_{34}$
P_4				$\hat{g}_4$

表 6.2.42　方法 4 例题的配合力方差分析表

变异来源		自由度	平方和	均方	期望均方	
					模型 I	模型 II
一般配合力		8	18605.98	2325.75	$\sigma^2 + 7k_g^2$	$\sigma^2 + \sigma_s^2 + 7\sigma_g^2$
特殊配合力		27	9164.85	339.44	$\sigma^2 + k_s^2$	$\sigma^2 + \sigma_s^2$
机误	模型 I	2558		21.06	σ^2	
	模型 II	175		151.33		σ^2

模型Ⅰ的 F检验为

$$F_g=\frac{2325.75}{21.06}=110.43^{**}\qquad F_{0.01}(8,2558)\approx 2.51$$

$$F_s=\frac{339.44}{21.06}=16.12^{**}\qquad F_{0.01}(27,27)\approx 3.26$$

模型Ⅱ的 F检验为

$$F_g=\frac{\mathrm{MS}_g}{\mathrm{MS}_s}=\frac{2325.75}{339.44}=6.852^{**}\qquad F_{0.01}(8,27)=3.26$$

$$F_s=\frac{\mathrm{MS}_s}{\mathrm{MS}_{e_2}}=\frac{339.44}{151.33}=2.243^{**}\qquad F_{0.01}(27,175)\approx 1.7$$

配合力的两个模型方差分析表明, 加性方差σ_g^2和非加性方差σ_s^2与零均有极显著差异.

据式(6.2.78)的配合力估计如表 6.2.43 所示.

表 6.2.43　方法 4 例题的配合力估计

亲本	$\hat{s}_{ij}$(上三角)、$\hat{g}_i$(对角线)								
	P_1	P_2	P_3	P_4	P_5	P_6	P_7	P_8	P_9
P_1	9.35	4.94	14.45	−2.76	2.80	−12.31	−16.93	−8.67	18.47
P_2		-20.65	−6.45	14.14	8.90	5.68	13.07	−2.47	−37.73
P_3			−10.16	−29.94	19.01	15.80	4.48	−6.96	−10.31
P_4				−22.55	11.50	−8.21	3.77	−19.47	30.97
P_5					−1.51	−36.16	−0.77	4.99	−10.27
P_6						−1.89	−10.78	32.77	13.22
P_7							28.12	5.66	1.50
P_8								−6.93	−5.85
P_9									26.22

(3) 配合力的多重比较.

模型Ⅰ中$x_{ij}=\mu+g_i+g_j+s_{ij}+e_{ij}$, 只有$e_{ij}$为随机变量, 故任何组合$\mathrm{F}_1$的平均值方差估计为

$$V(x_{ij})=\hat{\sigma}^2=\mathrm{MS}_e=\begin{cases}\frac{1}{bc}\mathrm{MS}_{\mathrm{A\times B}}, & c\geqslant 2\\ \frac{1}{b}\mathrm{MS}_e, & c=1\end{cases}\tag{6.2.84}$$

当$c\geqslant 2$时, MS_e在表 6.2.1 中; 当$c=1$时, MS_e在表 6.2.2 中. 方法 4 中有关参数及效应间差数的方差估计见表 6.2.44.

表 6.2.44 中, 效应差数$\hat{g}_i-\hat{g}_j$等的标准差为SE, 其最小显著差数为

$$\mathrm{LSD}_{0.05}=1.96\times\mathrm{SE}\qquad \mathrm{LSD}_{0.01}=2.576\times\mathrm{SE}\tag{6.2.85}$$

$\hat{g}_i-\hat{g}_j$的$\mathrm{SE}=\sqrt{2\hat{\sigma}^2/(p-2)}$, $\hat{s}_{ij}-\hat{s}_{ik}$的$\mathrm{SE}=\sqrt{2(\mathrm{p}-3)\hat{\sigma}^2/(p-2)}$, 其他也是如此.

在方法 4 的玉米9×9双列杂交分析中, P_1为标准亲本. 由表 6.2.43 知, 在一般配合力中, 除了P_7和P_9以外均劣于P_1. 各亲本品系与P_1的比较如表 6.2.45 所示.

表 6.2.44　方法 4 中效应及效应间差异的方差估计

效应或效应间差数	相应方差估计	备注
x_{ij}	$\hat{\sigma}^2 = \text{MS}_{e_1}$	$i \neq j$
$x_{ij} - x_{kl}$	$2\hat{\sigma}^2$	—
$\hat{\mu}$	$\frac{2}{p(p-1)}\hat{\sigma}^2$	—
$\hat{g}_i$	$\frac{p-1}{p(p-2)}\hat{\sigma}^2$	—
$\hat{s}_{ij}$	$\frac{p-3}{p-2}\hat{\sigma}^2$	$i \neq j$
$\hat{g}_i - \hat{g}_j$	$\frac{2}{p-2}\hat{\sigma}^2$	$i \neq j$
$\hat{s}_{ij} - \hat{s}_{ik}$	$\frac{2(p-3)}{p-2}\hat{\sigma}^2$	$i \neq j, k;\ j \neq k$
$\hat{s}_{ij} - \hat{s}_{kl}$	$\frac{2(p-4)}{p-2}\hat{\sigma}^2$	$i \neq j, k, l;\ j \neq k, l;\ k \neq l$

表 6.2.45　各亲本品系与P_1比较

$\hat{g}_1 - \hat{g}_2$	$\hat{g}_1 - \hat{g}_3$	$\hat{g}_1 - \hat{g}_4$	$\hat{g}_1 - \hat{g}_5$	$\hat{g}_1 - \hat{g}_6$	$\hat{g}_7 - \hat{g}_1$	$\hat{g}_1 - \hat{g}_8$	$\hat{g}_9 - \hat{g}_1$
30.00**	19.51**	31.90**	10.86**	11.24**	18.77**	16.28**	16.37**

其中，$\hat{g}_i - \hat{g}_j$的$\text{SE} = \sqrt{2 \times 21.06 \div 7} = 2.453, \text{LSD}_{0.05} = 4.808, \text{LSD}_{0.01} = 6.319$. 上述结果表明，各亲本品系与标准品系($\text{P}_1$)间的一般配合力效应均呈高度显著差异. 两个不同的$\hat{s}_{ij}$的比较可仿此进行.

(4) 亲本组配传递能力的整齐性分析.

亲本组配传递能力的整齐性分析，主要是比较各亲本在模型 I 之下的特殊配合力方差$\hat{k}_{si}^2 = \hat{\sigma}_{si}^2$($\text{P}_i$的特殊配合力方差). 由表 6.2.40 知，$\text{SS}_s = \sum_i \sum_{j>i} \hat{s}_{ij}^2, \text{MS}_s = \frac{2}{p(p-3)}\text{SS}_s$，而

$$E(\text{MS}_s) = \sigma^2 + k_s^2 = \sigma^2 + \frac{2}{p(p-3)}\sum_i \sum_{j>i} \hat{s}_{ij}^2$$

对于方法 4 来讲，亲本P_i特殊配合力方差为$k_{si}^2 = \frac{1}{p-2}\sum_{j\neq i} s_{ij}^2$，其均方为$\text{MS}_s = \frac{1}{p-2}\sum_{j\neq i} \hat{s}_{ij}^2$.$\hat{k}_{si}^2$的估计为

$$\hat{\sigma}_{si}^2 = \hat{k}_{si}^2 = \frac{1}{p-2}\sum_{j\neq i} \hat{s}_{ij}^2 - \frac{p-3}{p-2}\hat{\sigma}^2 \tag{6.2.86}$$

对于方法 4 的例题$\hat{\sigma}_{si}^2$值及其排序如表 6.2.46 所示.

表 6.2.46　$\hat{\sigma}_{si}^2$值及其排序

亲本	P_1	P_2	P_3	P_4	P_5	P_6	P_7	P_8	P_9
$\hat{\sigma}_{si}^2$	139.60	264.69	258.26	361.40	270.42	435.28	73.80	221.08	431.51
排序	2	5	4	7	6	9	1	3	8

(5) 模型 II 分析(近交系数$F = 1$).

对方法 4 例题的F检验表明，$\text{H}_0: \sigma_g^2 = 0$和$\text{H}_0: \sigma_s^2 = 0$均极显著地被拒绝. 由表 6.2.40

和表 6.2.42 估计得

$$\begin{cases}\hat{\sigma}_g^2 = \dfrac{\text{MS}_g - \text{MS}_s}{p-2} = \dfrac{2325.75 - 339.44}{7} = 283.76 \\ S_{\sigma_g^2}^2 = \dfrac{2\text{MS}_g^2}{(\text{p}-1)(p-2)^2} + \dfrac{4\text{MS}_s^2}{p(p-2)^2(p-3)} \\ \quad = \dfrac{2\times 2325.75^2}{8\times 7^2} + \dfrac{4\times 339.44^2}{9\times 7^2\times 6} = 27771.695\end{cases} \tag{6.2.87}$$

即$\hat{\sigma}_g^2 \pm S_{\sigma_g^2} = 283.76 \pm 166.648$. 非加性方差$\sigma_h^2 = \sigma_s^2$的估计为

$$\begin{cases}\hat{\sigma}_h^2 = \hat{\sigma}_s^2 = \text{MS}_s - \text{MS}_{e_2} = 339.44 - 151.33 = 188.11 \\ S_{\sigma_h^2}^2 = S_{\sigma_s^2}^2 = \frac{4\text{MS}_s^2}{p(p-3)} + \frac{2\text{MS}_{e_2}^2}{(a-1)(b-1)} \\ \quad = \frac{4\times 339.44^2}{54} + \frac{2\times 151.33^2}{175} = 8796.502\end{cases} \tag{6.2.88}$$

即$\hat{\sigma}_h^2 \pm S_{\sigma_h^2} = 188.11 \pm 93.79$. 加性方差$\sigma_d^2$的估计为

$$\hat{\sigma}_d^2 \pm S_{\sigma_d^2} = 2\hat{\sigma}_g^2 \pm 2S_{\sigma_g^2} = 576.52 \pm 333.296$$

遗传总方差$\hat{\sigma}_G^2$的估计为

$$\begin{cases}\hat{\sigma}_G^2 = 2\hat{\sigma}_g^2 + \hat{\sigma}_s^2 = 2\hat{\sigma}_g^2 + \hat{\sigma}_d^2 = \frac{2}{p-2}\left(\text{MS}_g - \text{MS}_s\right) + \text{MS}_s - \text{MS}_{e_2} \\ \quad = \frac{2}{p-2}\text{MS}_g + \frac{p-4}{p-2}\text{MS}_s - \text{MS}_{e_2} = 755.63 \\ S_{\sigma_G^2}^2 = \frac{8\text{MS}_g^2}{(p-1)(p-2)^2} + \frac{4(p-4)^2}{p(p-3)(p-2)^2}\text{MS}_s^2 + \frac{2\text{MS}_{e_2}^2}{(a-1)(b-1)} \\ \quad = \frac{8\times 2325.75^2}{8\times 7^2} + \frac{4\times 5^2\times 339.44^2}{9\times 7^2\times 6} + \frac{2\times 151.33^2}{175} = 115006.265\end{cases} \tag{6.2.89}$$

即$\hat{\sigma}_G^2 \pm S_{\sigma_G^2} = 755.63 \pm 339.126$. 环境方差$\sigma_e^2$(以单株为单位)的估计为

$$\begin{cases}\hat{\sigma}_e^2 = \text{MS}_{e_2} = 1642.48 \\ S_{\sigma_e^2}^2 = \dfrac{2\text{MS}_{e_2}^2}{ab(c-1)} = \dfrac{2\times 1642.48^2}{2558} = 2109.258\end{cases} \tag{6.2.90}$$

即$\hat{\sigma}_e^2 \pm S_{\sigma_e^2} = 1642.48 \pm 45.93$. 表型方差$\sigma_P^2$的估计为

$$\begin{cases}\hat{\sigma}_P^2 = \hat{\sigma}_G^2 + \hat{\sigma}_e^2 = 755.63 + 1642.48 = 2398.11 \\ S_{\sigma_P^2}^2 = S_{\sigma_G^2}^2 + S_{\sigma_e^2}^2 = 115006.265 + 2109.258 = 117115.523\end{cases} \tag{6.2.91}$$

即$\hat{\sigma}_P^2 \pm S_{\sigma_P^2} = 2398.11 \pm 342.221$. 广义遗传力$\hat{h}_B^2$和狭义遗传力$\hat{h}_N^2$的估计为

$$\hat{h}_B^2 = \frac{\hat{\sigma}_G^2}{\hat{\sigma}_P^2} = \frac{755.63}{2398.11} = 31.5\% \qquad \hat{h}_N^2 = \frac{\hat{\sigma}_d^2}{\hat{\sigma}_P^2} = \frac{567.52}{2398.11} = 23.7\% \tag{6.2.92}$$

通过以上分析, 对于方法 4 的例题(玉米的9×9双列杂交)有以下结论.

① 从一般配合力看, 其估计值为−1.51~28.12. 若以$\text{P}_1(\hat{g}_1 = 9.35)$为标准品系, 则除$\text{P}_7(\hat{g}_7 = 28.12)$和$\text{P}_9(\hat{g}_9 = 26.22)$外, 其他均劣于$\text{P}_1$. 从$t$检验上看, 各亲本品系均与$\text{P}_1$在一般配合力上有极显著的差异.

② 从特殊配合力上看, 估计值为−36.16~32.77. 从$\hat{\sigma}_{si}^2$上看, $\hat{\sigma}_{s7}^2$最小, 说明P_7很整齐地传递其高产能力给其F_1代; $\hat{\sigma}_{s9}^2$较大(第 8 大), 说明这一品系和其他品系的特殊组合中, 可产生比一般预期高的F_1代, 也可能产生较低的F_1代. 因而, P_7在综合育种方案中用

作亲本会优于P_9，但在产生某些高产组合中，P_9优于P_7.

③ 作为参试亲本所属群体的配合力分析中，$\hat{h}_B^2 = 31.5\%, \hat{h}_N^2 = 23.7\%$.

通过上述关于双列杂交四种交配设计的配合力分析，可以简单总结如下：在育种试验中，双列杂交方法的合理应用，要根据试验材料和试验目的两方面来决定. 在绝大部分配合力分析中，供试亲本品系是指定的，研究重点是考察这些品系的F_1代表现，并需要知道这些品系的一般配合力和特殊配合力对F_1的贡献信息. 这种分析属固定模型(模型Ⅰ)，此时亲本品系不需要包括于试验之内，因而方法 3 和方法 4 最合适. 在另一种情况下，是以配合力分析来决定某些亲本品系是否进入一个综合品种为试验目的时，试验则需要包括亲本品系，这时应采用方法 1 和方法 2.

在配合力分析的试验材料和分析准确性方面，植物比动物更具优势. 植物较易获得遗传基础比较纯的品系，而且可得到较多的杂交组合，有较大的样本容量，因此在配合力测定上较动物有一定的优越性. 在动物育种中由于近交衰退而不易得到较纯的品系，而且受财力、物力限制，其杂交规模受限，导致杂交组合不全面，样本容量小，使配合力测定的准确度受到影响. 在植物和动物的配合力分析中，特别要注意的是反交效应. 由于动物在胚胎期、哺乳期及早期生长发育阶段都不可避免地受到母体的很大影响. 由于性连锁和母体效应导致杂种的各种效应会因母体不同而有所不同，如正交和反交不同. 一般来讲，植物的反交遗传效应很小或不存在.

在测定动物杂交配合力的试验中，杂交组合往往不全面，有的组合甚至缺失；组合中重复数较少且往往不等. 此外，组合不一定是同期、同地、同一条件下产生的. 因此，必然产生一些固定的系统误差. 这些因素使人们很难通过方差分析来实现配合力的测定，而往往用最小二乘法和最佳线性无偏预测(best linear unbiased prediction, BLUP)法等进行配合力测定的统计分析.

6.2.4　关于多元双列杂交的配合力分析

任何生物体都受多个性状支配，且各性状间均有一定程度的制约联系. 因此，仅对生物的某一个特定性状进行配合力分析，不可能把握该生物体的遗传机理全貌，是有局限性的. 鉴于此，下面根据多元方差分析原理，对多元双列杂交的方法 4(完全随机区组设计，以小区数据为单位，即$c = 1$的情况，A 为遗传型，B 为区组)为例简述之.

1. 双列杂交(方法 4)完全随机区组试验的多元方差分析

在小区数据为单位($c = 1$)情况下，方差分析模型为式(6.2.15)的推广

$$\boldsymbol{x}_{ijk} = \boldsymbol{\mu} + \boldsymbol{v}_{ij} + \boldsymbol{\beta}_k + (\boldsymbol{v\beta})_{ijk} = \boldsymbol{\mu} + \boldsymbol{v}_{ij} + \boldsymbol{\beta}_k + \boldsymbol{e}_{ijk} \tag{6.2.93}$$

其中，$\boldsymbol{x}_{ijk} = (x_{ij1k}, x_{ij2k}, \cdots, x_{ijmk})^{\mathrm{T}}$为第$i$个亲本与第$j$个亲本杂交$F_1$代的$m$个性状列向量在第$k$个区组中的观察向量，组合$P_i \times P_j$的数目为$a = p(p-1)/2$个；$i, j = 1, 2, \cdots, a$；$k = 1, 2, \cdots, b$；$\boldsymbol{x}_{ijk} \sim N_m(\boldsymbol{\mu}, \boldsymbol{\Sigma})$；$\boldsymbol{\mu} = (\mu_1, \mu_2, \cdots, \mu_m)^{\mathrm{T}}$为群体均值；$\boldsymbol{v}_{ij}$为组合$P_i \times P_j$的遗传型效应向量；$\boldsymbol{\beta}_k$为区组$k$的效应向量；$\boldsymbol{e}_{ijk}$为随机误差向量，它们相互独立且均服从$N_m(0, \boldsymbol{\Sigma}_e)$. 在上述情况下，如果$\boldsymbol{v}_{ij}$均为常向量，且满足$\sum_i \boldsymbol{v}_{ij} = \sum_j \boldsymbol{v}_{ij} =$

$\sum_i \sum_j v_{ij} = 0$，其方差阵为$\boldsymbol{K}_\mathrm{A} = \frac{1}{a-1}\sum_i \sum_j \boldsymbol{v}_{ij}\boldsymbol{v}_{ij}^\mathrm{T}$；$\boldsymbol{\beta}_k$均为常向量，且满足$\sum \boldsymbol{\beta}_k = 0$，其协方差阵为$\boldsymbol{K}_\mathrm{B} = \frac{1}{b-1}\sum \boldsymbol{\beta}_k \boldsymbol{\beta}_k^\mathrm{T}$，则称式(6.2.93)为固定模型(模型Ⅰ)．如果$\boldsymbol{v}_{ij}$间相互独立且均服从$N_m(0, \boldsymbol{\Sigma}_\mathrm{A})$，$\boldsymbol{\beta}_k$间相互独立且均服从$N_m(0, \boldsymbol{\Sigma}_\mathrm{B})$，则称式(6.2.93)为随机模型(模型Ⅱ)．相应的方差分析模型如表 6.2.47 所示，它是表 6.2.2 从一个性状到m个性状方差分析的推广．

表 6.2.47　双列杂交完全随机区组试验的多元方差分析模式($c = 1$)

变异来源	自由度	离差阵	均方阵	ES	
				模型Ⅰ	模型Ⅱ
遗传型(A)	$a-1$	$\boldsymbol{L}_\mathrm{A}$	$\boldsymbol{S}_\mathrm{A}$	$\boldsymbol{\Sigma}_e + bk_\mathrm{A}^2$	$\boldsymbol{\Sigma}_e + b\boldsymbol{\Sigma}_\mathrm{A}$
区组(B)	$b-1$	$\boldsymbol{L}_\mathrm{B}$	$\boldsymbol{S}_\mathrm{B}$	$\boldsymbol{\Sigma}_e + ak_\mathrm{B}^2$	$\boldsymbol{\Sigma}_e + a\boldsymbol{\Sigma}_\mathrm{B}$
机误(e)	$(a-1)(b-1)$	$\boldsymbol{L}_e$	$\boldsymbol{S}_e$	$\boldsymbol{\Sigma}_e$	$\boldsymbol{\Sigma}_e$
总变异	$ab-1$	$\boldsymbol{W}$			

具体分析例题可参考《多元统计分析》(袁志发等, 2002, 2009)．对基因型无差异的检验为

$$V_A = -\left(f_e + f_\mathrm{A} - \frac{m + f_\mathrm{A} + 1}{2}\right)\ln\frac{|L_e|}{|L_e + L_\mathrm{A}|} \sim \chi^2(mf_\mathrm{A}) \tag{6.2.94}$$

其中，$f_e = (a-1)(b-1), f_\mathrm{A} = a-1$；$m$为分析配合力性状的个数．在$V_\mathrm{A}$显著情况下，可进入配合力分析，近似服从$\chi^2(mf_\mathrm{A})$．

2. 遗传型平均数向量表及其配合力分析

在$c = 1$的情况下，遗传型$\mathrm{P}_i \times \mathrm{P}_j(\mathrm{F}_1)$的平均数向量为$\boldsymbol{x}_{ij} = \frac{1}{b}\sum_k \boldsymbol{x}_{ijk}$，为$m \times 1$向量．平均数向量表如表 6.2.48 所示．

表 6.2.48　4 × 4双列杂交方法 4 的F_1平均数向量表($c = 1$)

亲本	P_1	P_2	P_3	P_4	$\boldsymbol{T}_{i\cdot}$
P_1		$\boldsymbol{x}_{12}$	$\boldsymbol{x}_{13}$	$\boldsymbol{x}_{14}$	$\boldsymbol{T}_{1\cdot}$
P_2			$\boldsymbol{x}_{23}$	$\boldsymbol{x}_{24}$	$\boldsymbol{T}_{2\cdot}$
P_3				$\boldsymbol{x}_{34}$	$\boldsymbol{T}_{3\cdot}$
P_4					$\boldsymbol{T}_{4\cdot}$
					$2\boldsymbol{T}_{\cdot\cdot}$

表中$\boldsymbol{x}_{ij} = \boldsymbol{x}_{ji}$，$\boldsymbol{T}_{i\cdot} = \sum_{j \neq i}\boldsymbol{x}_{ij}$和$\boldsymbol{T}_{\cdot\cdot} = \sum_i \sum_{j>i}\boldsymbol{x}_{ij}$均为$m \times 1$向量．$\boldsymbol{x}_{ij} = \boldsymbol{\mu} + \boldsymbol{v}_{ij} + \boldsymbol{\beta}_k + \boldsymbol{e}_{ij} = \boldsymbol{\mu} + \boldsymbol{g}_i + \boldsymbol{g}_j + \boldsymbol{s}_{ij} + \boldsymbol{e}_{ij}$，假定没有反交效应．

据平均数向量$\boldsymbol{x}_{ij}(c = 1)$建立的$p \times p$双列杂交方法 4 的配合力方差分析常用模型有固定模型(模型Ⅰ)和随机模型(模型Ⅱ)之分．

配合力方差分析模型Ⅰ为

$$\begin{cases}\boldsymbol{x}_{ij}=\boldsymbol{\mu}+\boldsymbol{g}_i+\boldsymbol{g}_j+\boldsymbol{s}_{ij}+\boldsymbol{e}_{ij}\\ \sum_i\boldsymbol{g}_i=\sum_j\boldsymbol{g}_j=0\\ \sum_i\sum_{j\neq i}\boldsymbol{s}_{ij}=0,\boldsymbol{s}_{ij}=\boldsymbol{s}_{ji}\\ \boldsymbol{e}_{ij}=\frac{1}{b}\sum_k\boldsymbol{e}_{ijk}\text{相互独立且均服从}N_m(0,\boldsymbol{\Sigma}),\boldsymbol{\Sigma}=\frac{1}{b}\boldsymbol{\Sigma}_e\end{cases} \tag{6.2.95}$$

配合力方差分析模型Ⅱ为

$$\begin{cases}\boldsymbol{x}_{ij}=\boldsymbol{\mu}+\boldsymbol{g}_i+\boldsymbol{g}_j+\boldsymbol{s}_{ij}+\frac{1}{b}\sum_k\boldsymbol{\beta}_k+\boldsymbol{e}_{ij}\\ \boldsymbol{g}_i\text{间相互独立且均服从}N_m(0,\boldsymbol{\Sigma}_g)\\ \boldsymbol{s}_{ij}\text{间相互独立且均服从}N_m(0,\boldsymbol{\Sigma}_s)\\ \boldsymbol{e}_{ij}\sim N_m(0,\boldsymbol{\Sigma}),\boldsymbol{\Sigma}=\frac{1}{b}\boldsymbol{\Sigma}_e\end{cases} \tag{6.2.96}$$

式 (6.2.95)和式(6.2.96)中，$\boldsymbol{g}_i$(或$\boldsymbol{g}_j$)为一般配合力向量，$\boldsymbol{s}_{ij}$为特殊配合力向量.

1) 模型Ⅰ分析

$\boldsymbol{\mu}$、$\boldsymbol{g}_i$和$\boldsymbol{s}_{ij}$的无偏估计为

$$\begin{cases}\hat{\boldsymbol{\mu}}=\frac{2}{p(p-1)}\boldsymbol{T}_{..}\\ \hat{\boldsymbol{g}}_i=\frac{1}{p-2}\boldsymbol{T}_{i.}-\frac{2}{p(p-2)}\boldsymbol{T}_{..}\\ \hat{\boldsymbol{s}}_{ij}=\boldsymbol{x}_{ij}-\frac{1}{p-2}(\boldsymbol{T}_{i.}+\boldsymbol{T}_{j.})+\frac{2}{(p-1)(p-2)}\boldsymbol{T}_{..}\end{cases} \tag{6.2.97}$$

总离差阵$\boldsymbol{W}$的分解

$$\begin{aligned}\boldsymbol{W}&=\sum_i\sum_{j>i}(\boldsymbol{x}_{ij}-\hat{\boldsymbol{\mu}})(\boldsymbol{x}_{ij}-\hat{\boldsymbol{\mu}})^{\mathrm{T}}=\sum_i\sum_{j>i}(\hat{\boldsymbol{g}}_i+\hat{\boldsymbol{g}}_j+\hat{\boldsymbol{s}}_{ij})(\hat{\boldsymbol{g}}_i+\hat{\boldsymbol{g}}_j+\hat{\boldsymbol{s}}_{ij})^{\mathrm{T}}\\&=\sum_i\sum_{j>i}(\hat{\boldsymbol{g}}_i+\hat{\boldsymbol{g}}_j)(\hat{\boldsymbol{g}}_i+\hat{\boldsymbol{g}}_j)^{\mathrm{T}}+\sum_i\sum_{j>i}(\hat{\boldsymbol{g}}_i+\hat{\boldsymbol{g}}_j)\hat{\boldsymbol{s}}_{ij}^{\mathrm{T}}+\sum_i\sum_{j>i}\hat{\boldsymbol{s}}_{ij}(\hat{\boldsymbol{g}}_i+\hat{\boldsymbol{g}}_j)^{\mathrm{T}}\\&\quad+\sum_i\sum_{j>i}\hat{\boldsymbol{s}}_{ij}\hat{\boldsymbol{s}}_{ij}^{\mathrm{T}}=\sum_i\sum_{j>i}(\hat{\boldsymbol{g}}_i+\hat{\boldsymbol{g}}_j)(\hat{\boldsymbol{g}}_i+\hat{\boldsymbol{g}}_j)^{\mathrm{T}}+\sum_i\sum_{j>i}\hat{\boldsymbol{s}}_{ij}\hat{\boldsymbol{s}}_{ij}^{\mathrm{T}}\\&=\boldsymbol{L}_g+\boldsymbol{L}_s=\sum_i\sum_{j>i}\boldsymbol{x}_{ij}\boldsymbol{x}_{ij}^{\mathrm{T}}-\frac{2}{p(p-1)}\boldsymbol{T}_{..}\boldsymbol{T}_{..}^{\mathrm{T}}\end{aligned}$$

其中，$\boldsymbol{L}_g$、$\boldsymbol{L}_s$分别为一般配合力离差阵和特殊配合力离差阵，均为m阶方阵. 具体计算推导如下

$$
\begin{aligned}
\boldsymbol{L}_g &= \sum_i \sum_{j>i} (\widehat{\boldsymbol{g}}_i + \widehat{\boldsymbol{g}}_j)(\widehat{\boldsymbol{g}}_i + \widehat{\boldsymbol{g}}_j)^{\mathrm{T}} = \frac{1}{2} \sum_i \sum_{j\neq i} (\widehat{\boldsymbol{g}}_i + \widehat{\boldsymbol{g}}_j)(\widehat{\boldsymbol{g}}_i + \widehat{\boldsymbol{g}}_j)^{\mathrm{T}} \\
&= \frac{1}{2} \sum_i \sum_{j\neq i} \widehat{\boldsymbol{g}}_i \widehat{\boldsymbol{g}}_i^{\mathrm{T}} + \frac{1}{2} \sum_i \sum_{j\neq i} \widehat{\boldsymbol{g}}_j \widehat{\boldsymbol{g}}_j^{\mathrm{T}} + \sum_i \sum_{j\neq i} \widehat{\boldsymbol{g}}_i \widehat{\boldsymbol{g}}_j^{\mathrm{T}} \\
&= \frac{1}{2} \sum_j \left[\sum_{i\neq j} (\widehat{\boldsymbol{g}}_i \widehat{\boldsymbol{g}}_i^{\mathrm{T}} + \widehat{\boldsymbol{g}}_j \widehat{\boldsymbol{g}}_j^{\mathrm{T}} - \widehat{\boldsymbol{g}}_j \widehat{\boldsymbol{g}}_j^{\mathrm{T}}) \right] + \frac{1}{2} \sum_i \left[\sum_{j\neq i} (\widehat{\boldsymbol{g}}_j \widehat{\boldsymbol{g}}_j^{\mathrm{T}} + \widehat{\boldsymbol{g}}_i \widehat{\boldsymbol{g}}_i^{\mathrm{T}} - \widehat{\boldsymbol{g}}_i \widehat{\boldsymbol{g}}_i^{\mathrm{T}}) \right] \\
&\quad + \sum_i \left[\sum_{j\neq i} (\widehat{\boldsymbol{g}}_i \widehat{\boldsymbol{g}}_j^{\mathrm{T}} + \widehat{\boldsymbol{g}}_i \widehat{\boldsymbol{g}}_i^{\mathrm{T}} - \widehat{\boldsymbol{g}}_i \widehat{\boldsymbol{g}}_i^{\mathrm{T}}) \right] \\
&= \frac{1}{2} \sum_j \sum_i \widehat{\boldsymbol{g}}_i \widehat{\boldsymbol{g}}_i^{\mathrm{T}} - \frac{1}{2} \sum_j \widehat{\boldsymbol{g}}_j \widehat{\boldsymbol{g}}_j^{\mathrm{T}} + \frac{1}{2} \sum_i \sum_j \widehat{\boldsymbol{g}}_j \widehat{\boldsymbol{g}}_j^{\mathrm{T}} - \frac{1}{2} \sum_i \widehat{\boldsymbol{g}}_i \widehat{\boldsymbol{g}}_i^{\mathrm{T}} + \sum_i \sum_j \widehat{\boldsymbol{g}}_i \widehat{\boldsymbol{g}}_j^{\mathrm{T}} - \sum_i \widehat{\boldsymbol{g}}_i \widehat{\boldsymbol{g}}_i^{\mathrm{T}} \\
&= \frac{p}{2} \sum_i \widehat{\boldsymbol{g}}_i \widehat{\boldsymbol{g}}_i^{\mathrm{T}} - \frac{1}{2} \sum_j \widehat{\boldsymbol{g}}_j \widehat{\boldsymbol{g}}_j^{\mathrm{T}} + \frac{p}{2} \sum_j \widehat{\boldsymbol{g}}_j \widehat{\boldsymbol{g}}_j^{\mathrm{T}} - \frac{1}{2} \sum_i \widehat{\boldsymbol{g}}_i \widehat{\boldsymbol{g}}_i^{\mathrm{T}} + \left(\sum_i \widehat{g}_i \right) \left(\sum_j \widehat{g}_j^{\mathrm{T}} \right) - \sum_i \widehat{\boldsymbol{g}}_i \widehat{\boldsymbol{g}}_i^{\mathrm{T}} \\
&= (p-2) \sum_i \widehat{\boldsymbol{g}}_i \widehat{\boldsymbol{g}}_i^{\mathrm{T}} \\
&= (p-2) \sum_i \left[\frac{1}{p-2} \boldsymbol{T}_{i\cdot} - \frac{2}{p(p-2)} \boldsymbol{T}_{\cdot\cdot} \right] \left[\frac{1}{p-2} \boldsymbol{T}_{i\cdot} - \frac{2}{p(p-2)} \boldsymbol{T}_{\cdot\cdot} \right]^{\mathrm{T}} \\
&= \frac{1}{p-2} \left(\sum_i \boldsymbol{T}_{i\cdot} \boldsymbol{T}_{i\cdot}^{\mathrm{T}} - \frac{4}{p} \boldsymbol{T}_{\cdot\cdot} \boldsymbol{T}_{\cdot\cdot}^{\mathrm{T}} \right)
\end{aligned}
$$

即有

$$
\begin{cases}
\boldsymbol{L}_g = \dfrac{1}{p-2} \left(\displaystyle\sum_i \boldsymbol{T}_{i\cdot} \boldsymbol{T}_{i\cdot}^{\mathrm{T}} - \dfrac{4}{p} \boldsymbol{T}_{\cdot\cdot} \boldsymbol{T}_{\cdot\cdot}^{\mathrm{T}} \right) \\
\boldsymbol{L}_s = \boldsymbol{W} - \boldsymbol{L}_g = \displaystyle\sum_i \sum_{j>i} \boldsymbol{x}_{ij} \boldsymbol{x}_{ij}^{\mathrm{T}} - \dfrac{1}{p-2} \sum_i \boldsymbol{T}_{i\cdot} \boldsymbol{T}_{i\cdot}^{\mathrm{T}} + \dfrac{2}{(p-1)(p-2)} \boldsymbol{T}_{\cdot\cdot} \boldsymbol{T}_{\cdot\cdot}^{\mathrm{T}}
\end{cases}
\tag{6.2.98}
$$

由上述可得出双列杂交方法 4 的多元方差分析表 6.2.49.

表 6.2.49 方法 4 的配合力多元方差分析模式($c = 1$)

变异来源	自由度	离差阵	均方阵	ES	
				模型 I	模型 II
一般配合力	$p-1$	$\boldsymbol{L}_g$	$\boldsymbol{S}_g$	$\boldsymbol{\Sigma} + (p-2)k_g$	$\boldsymbol{\Sigma} + \boldsymbol{\Sigma}_s + (p-2)\boldsymbol{\Sigma}_g$
特殊配合力	$\frac{1}{2}p(p-3)$	$\boldsymbol{L}_s$	$\boldsymbol{S}_s$	$\boldsymbol{\Sigma} + k_s$	$\boldsymbol{\Sigma} + \boldsymbol{\Sigma}_s$
机误e	$(a-1)(b-1)$	$\boldsymbol{L}_e'$	$\boldsymbol{s}_e' = \frac{1}{b}\boldsymbol{S}_e$	$\boldsymbol{\Sigma}$	$\boldsymbol{\Sigma}$

上述推导和表 6.2.49, 有以下几点分析.

(1) $\boldsymbol{W} = \boldsymbol{L}_g + \boldsymbol{L}_s$; $f_{\mathrm{A}} = a - 1 = \frac{1}{2}p(p-1) - 1, f_g = p - 1, f_s = \frac{1}{2}p(p-3)$, 满足$f_{\mathrm{A}} = f_g + f_s$. 据多元统计分析理论和 Wishart 分布性质, $\boldsymbol{L}_g$和$\boldsymbol{L}_s$相互独立, 且$\boldsymbol{L}_g \sim \boldsymbol{W}_m(p -$

$1,\boldsymbol{\Sigma}),\boldsymbol{L}_s \sim \boldsymbol{W}_m[\frac{1}{2}p(p-3),\boldsymbol{\Sigma}]$.

(2) 据表 6.2.49 的期望均方阵ES知，对于模型Ⅰ，若$\mathrm{H_0}: k_g = 0$成立，$\mathrm{H_0}: k_s = 0$成立，则据 Wilks 分布有

$$\begin{cases}\Lambda_g = \dfrac{|\boldsymbol{L}_e'|}{|\boldsymbol{L}_g + \boldsymbol{L}_e'|} = \dfrac{|\boldsymbol{L}_e|}{|b\boldsymbol{L}_g + \boldsymbol{L}_e|} \sim \Lambda(m, f_e, f_g) \\ \mathrm{V}_g = -\left(f_e + f_g - \dfrac{m + f_g + 1}{2}\right)\ln \Lambda_g \ (\text{近似服从}\chi^2(mf_g))\end{cases} \tag{6.2.99}$$

$$\begin{cases}\Lambda_s = \dfrac{|\boldsymbol{L}_e'|}{|\boldsymbol{L}_s + \boldsymbol{L}_e'|} = \dfrac{|\boldsymbol{L}_e|}{|b\boldsymbol{L}_s + \boldsymbol{L}_e|} \sim \Lambda(m, f_e, f_s) \\ \mathrm{V}_s = -\left(f_e + f_s - \dfrac{m + f_s + 1}{2}\right)\ln \Lambda_s \ (\text{近似服从}\chi^2(mf_s))\end{cases} \tag{6.2.100}$$

式(6.2.99)和式(6.2.100)在$f_e = (a-1)(b-1) > m$且$\boldsymbol{\Sigma} > 0$时成立($\boldsymbol{L}_e$为表 6.2.47 中的$\boldsymbol{L}_e$).

(3) 在模型Ⅱ情况下，若$\mathrm{H_0}: \boldsymbol{\Sigma}_g = 0$，则有

$$\begin{cases}\Lambda_g = \dfrac{|\boldsymbol{L}_s|}{|\boldsymbol{L}_g + \boldsymbol{L}_s|} = \dfrac{|\boldsymbol{L}_s|}{|\boldsymbol{W}|} \sim \Lambda(m, f_s, f_g) \\ \mathrm{V}_g = -\left(f_s + f_g - \dfrac{m + f_g + 1}{2}\right)\ln \Lambda_g \ (\text{近似服从}\chi^2(mf_g))\end{cases} \tag{6.2.101}$$

对于$\mathrm{H_0}: \boldsymbol{\Sigma}_s = 0$，用式(6.2.100)进行检验. 式(6.2.101)在$f_s = \frac{1}{2}p(p-3) > m$且$\boldsymbol{\Sigma} > 0$时成立.

(4) 当式(6.2.99)和式(6.2.100)中χ^2检验显著时，可据式(6.2.97)估计$\hat{\boldsymbol{g}}_i(i = 1,2,\cdots,p)$和$\hat{\boldsymbol{s}}_{ij}(i<j)$

$$\hat{\boldsymbol{g}}_i = (\hat{g}_{i1}, \hat{g}_{i2}, \cdots, \hat{g}_{im})^{\mathrm{T}} \qquad \hat{\boldsymbol{s}}_{ij} = \hat{\boldsymbol{s}}_{ji} = (\hat{s}_{ij1}, \hat{s}_{ij2}, \cdots, \hat{s}_{ijm})^{\mathrm{T}} \tag{6.2.102}$$

(5) 对于模型Ⅰ，$\boldsymbol{x}_{ij} = \boldsymbol{\mu} + \boldsymbol{g}_i + \boldsymbol{g}_j + \boldsymbol{s}_{ij} + \boldsymbol{e}_{ij}$中只有$\boldsymbol{e}_{ij}$为随机变量，$\boldsymbol{e}_{ij} \sim N_m(0,\boldsymbol{\Sigma})$，而$\hat{\boldsymbol{\Sigma}} = \boldsymbol{S}_e' = \frac{1}{b}\boldsymbol{S}_e$(表 6.2.47 中的$\boldsymbol{S}_e$). 因而对任一$\boldsymbol{x}_{ij}$均有

$$V(\boldsymbol{x}_{ij}) = \hat{\boldsymbol{\Sigma}} = \frac{1}{b}\boldsymbol{S}_e \tag{6.2.103}$$

故有

$$\hat{\boldsymbol{\mu}} = \frac{2}{p(p-1)}\hat{\boldsymbol{\Sigma}} \tag{6.2.104}$$

和

$$\begin{cases}V(\hat{\boldsymbol{g}}_i - \hat{\boldsymbol{g}}_j) = \frac{2}{p-2}\hat{\boldsymbol{\Sigma}} \quad i \neq j \\ V(\hat{\boldsymbol{s}}_{ij} - \hat{\boldsymbol{s}}_{ik}) = \frac{2(p-3)}{p-2}\hat{\boldsymbol{\Sigma}} \quad i \neq j \quad k;\ j \neq k \\ V(\hat{\boldsymbol{s}}_{ij} - \hat{\boldsymbol{s}}_{kl}) = \frac{2(p-4)}{p-2}\hat{\boldsymbol{\Sigma}} \quad i \neq j,k,l \quad j \neq k,l \quad k \neq l\end{cases} \tag{6.2.105}$$

如何检验式(6.2.105)中各效应差向量的无差异假设呢？下面叙述之.

T^2分布定义：若$\boldsymbol{W} \sim \boldsymbol{W}_m(n,\boldsymbol{\Sigma}), \boldsymbol{X} \sim N_m(0, c\boldsymbol{\Sigma}), c > 0, n \geqslant m, \boldsymbol{\Sigma} > 0$，且$\boldsymbol{W}$与$\boldsymbol{X}$独立，则有第一自由度为$m$、第二自由度$n$的中心$T^2$分布

$$T^2=\frac{n}{c}\boldsymbol{X}^{\mathrm{T}}\boldsymbol{W}^{-1}\boldsymbol{X}\sim T^2(m,n) \tag{6.2.106}$$

T^2分布与 F分布有如下关系

$$\frac{n-m+1}{mn}T^2(m,n)=F(m,n-m+1) \tag{6.2.107}$$

T^2分布首先由 Hotelling 从t分布推广而来, 因而T^2分布又称为 Hotelling T^2分布. 用T^2分布可解决多元配合力的多重比较问题.

① $\mathrm{H_0}: \hat{\boldsymbol{g}}_i-\hat{\boldsymbol{g}}_j=0(i\neq j)$的$F$检验.

由式(6.2.106)知, 在$\mathrm{H_0}: \hat{\boldsymbol{g}}_i=\hat{\boldsymbol{g}}_j$成立时有

$$\left(\hat{\boldsymbol{g}}_i-\hat{\boldsymbol{g}}_j\right)\sim N_m\left(0,\frac{2}{p-2}\boldsymbol{\Sigma}\right)$$

且与 $\boldsymbol{L}_e'=\frac{1}{b}\boldsymbol{L}_e\sim \boldsymbol{W}_m[(a-1)(b-1),\boldsymbol{\Sigma}]$ 相互独立, 则在 $(a-1)(b-1)\geqslant m$ 和 $\boldsymbol{\Sigma}>0$, $\frac{2}{p-2}>0$时有

$$T^2=\frac{(p-2)(a-1)(b-1)}{2}\left(\hat{\boldsymbol{g}}_i-\hat{\boldsymbol{g}}_j\right)^{\mathrm{T}}{L_e'}^{-1}\left(\hat{\boldsymbol{g}}_i-\hat{\boldsymbol{g}}_j\right)\sim T^2[m,(a-1)(b-1)]$$

$$\begin{aligned}F&=\frac{(a-1)(b-1)-m+1}{m(a-1)(b-1)}T^2[m,(a-1)(b-1)]\\&=\frac{b(p-2)[(a-1)(b-1)-m+1]}{2m}\left(\hat{\boldsymbol{g}}_i-\hat{\boldsymbol{g}}_j\right)^{\mathrm{T}}\boldsymbol{L}_e^{-1}\left(\hat{\boldsymbol{g}}_i-\hat{\boldsymbol{g}}_j\right)\sim \mathbf{F}[m,(a-1)(b-1)-m+1]\end{aligned} \tag{6.2.108}$$

同理可推出如下的F检验

② $\mathrm{H_0}: \hat{\mathbf{s}}_{ij}=\hat{\mathbf{s}}_{ik}(i\neq j,k;\ j\neq k)$的$F$检验

$$F=\frac{b(p-2)[(a-1)(b-1)-m+1]}{2(p-3)m}\left(\hat{\mathbf{s}}_{ij}-\hat{\mathbf{s}}_{ik}\right)^{\mathrm{T}}L_e^{-1}\left(\hat{\mathbf{s}}_{ij}-\hat{\mathbf{s}}_{ik}\right)\sim F[m,(a-1)(b-1)-m+1] \tag{6.2.109}$$

③ $\mathrm{H_0}: \hat{\mathbf{s}}_{ij}=\hat{\mathbf{s}}_{kl}(i\neq j,k,l;\ j\neq k,l;\ k\neq l)$的$F$检验

$$F=\frac{bp(p-2)[(a-1)(b-1)-m+1]}{2(p-4)m}\left(\left(\hat{\mathbf{s}}_{ij}-\hat{\mathbf{s}}_{kl}\right)\right)^{\mathrm{T}}\boldsymbol{L}_e^{-1}\left(\left(\hat{\mathbf{s}}_{ij}-\hat{\mathbf{s}}_{kl}\right)\right)\sim F[m,(a-1)(b-1)-m+1] \tag{6.2.110}$$

上述各 F表示式中的$\boldsymbol{L}_e$为表 6.2.47 中的$\boldsymbol{L}_e$.

2) 模型Ⅱ分析

对于方法4, 如果式(6.2.101)所示χ^2检验显著, 可进行模型Ⅱ分析. 据表6.2.49可得

$$\begin{cases}\hat{\boldsymbol{\Sigma}}=\frac{1}{b}\boldsymbol{S}_e\\\hat{\boldsymbol{\Sigma}}_s=\boldsymbol{S}_s-\frac{1}{b}\mathrm{S}_e\\\hat{\boldsymbol{\Sigma}}_g=\frac{1}{p-2}\left(\boldsymbol{S}_g-\boldsymbol{S}_s\right)\end{cases} \tag{6.2.111}$$

总遗传协方差阵的估计为

$$\hat{\boldsymbol{\Sigma}}_G=2\hat{\boldsymbol{\Sigma}}_g+\hat{\boldsymbol{\Sigma}}_s \tag{6.2.112}$$

表型协方差阵的估计为

$$\hat{\boldsymbol{\Sigma}}_P=\hat{\boldsymbol{\Sigma}}_G+\hat{\boldsymbol{\Sigma}}_e=\hat{\boldsymbol{\Sigma}}_G+\boldsymbol{S}_e \tag{6.2.113}$$

其中, $\boldsymbol{S}_e$为表 6.2.47 中的$\boldsymbol{S}_e$. 加性遗传协方差阵$\hat{\boldsymbol{\Sigma}}_d$的估计为

$$\hat{\boldsymbol{\Sigma}}_d=2\hat{\boldsymbol{\Sigma}}_g \tag{6.2.114}$$

令σ_P为$\hat{\boldsymbol{\Sigma}}_P$中对角线元素平方根所组成的对角阵, 则参试亲本所属群体的广义遗传

力阵$\boldsymbol{H}_B$和狭义遗传力阵$\boldsymbol{H}_N$分别为

$$\boldsymbol{H}_B = \sigma_P^{-1}\widehat{\boldsymbol{\Sigma}}_g\sigma_P^{-1} \qquad \boldsymbol{H}_N = \sigma_P^{-1}\widehat{\boldsymbol{\Sigma}}_d\sigma_P^{-1} \tag{6.2.115}$$

关于多元方差分析可参阅《多元统计分析》(袁志发等, 2002, 2009). 这里给出了多元配合力分析(方法 4)的统计分析过程, 方法 1~方法 3 的多元配合力可进行类似分析.

从上述多元配合力分析过程中可看出, $\widehat{\boldsymbol{\Sigma}}_g$、$\widehat{\boldsymbol{\Sigma}}_s$、$\widehat{\boldsymbol{\Sigma}}_P$、$\widehat{\boldsymbol{\Sigma}}_e$、$\widehat{\boldsymbol{\Sigma}}_G$、$\widehat{\boldsymbol{\Sigma}}_d$、$\boldsymbol{H}_B$和$\boldsymbol{H}_N$等均涉及各种遗传、环境等效应的相关, 因而能反映出生物多个性状的遗传机理全貌. 这里仅提供了双列杂交方法 4 的多元配合力分析过程概况, 可作为多元配合力分析的参考.

第7章　数量性状与分子遗传学

7.1　数量性状与遗传学

7.1.1　数量性状与经典遗传学

1. 经典遗传学中的基因

对于生物属性性状的遗传研究，孟德尔的遗传试验和他创立的分离分析法为生物遗传体系的研究立下了范例. 孟德尔所创立的分离分析法就是: 两个具有相对性状的纯系亲本进行杂交, 通过 F_1 观察其显性方向, 由 F_2 观察表型分离的比例, 用 F_1 与隐性亲本回交(测交)或用 F_2 单株衍生的 F_3 家系观察其基因型的比例, 综合起来推断生物性状的遗传组成, 当然还辅以对孟德尔分离比例的统计学符合性 χ^2 检验来说明这种推断的可靠性, 孟德尔的遗传试验和他的分离分析法的科学性和实用性就是推断出控制相对性状的基因和个体的基因型, 并提出了他的两个遗传定律: 一对基因的分离定律和多对基因的独立分配定律.

摩尔根学派的研究完善了孟德尔的研究方法(世代分离法加上显微观察), 其贡献可归结为四条定律: 连锁定律、连锁群数目有限定律、交换定律和基因在染色体上直线排列定律. 孟德尔和摩尔根的遗传定律不可分割地联系在一起, 形成了经典遗传学理论体系, 并权威地反映在摩尔根于1926年出版并于1928年修订的《基因论》中.

经典遗传学中的基因有以下共性: ①基因具有染色体的主要特性, 即自我复制与相对稳定性, 在有丝分裂和减数分裂中有规律性地进行分配; ②在染色体上有一定的位置(位点), 是重组和突变的最小单位; ③基因是一个功能单位, 它控制着正在发育的有机体的一个或多个性状.

尽管摩尔根的《基因论》为质量性状的遗传描绘了一幅清晰而直观的图景, 但他清醒地认识到《基因论》虽然满足了遗传学科的必要条件, 但并不充分, 即还有许多遗传学问题不能用《基因论》中所用的研究方法来解决. 主要问题如下.

(1)什么是基因?

“我们仍然很难放弃这个可爱的假设: 就是基因之所以稳定, 是因为它代表着一个有机的化学实体.” (《基因论》第19章)

“如果基因是物质单位, 那么它就是染色体片段; 如果基因是虚构的单位, 那么它就被认为是染色体上特定的位置.” (摩尔根获诺贝尔生理或医学奖的获奖演说《遗传学与生理学和医学的关系》(《基因论》)

(2)基因对个体发育如何发生影响?

“这些性状为基因论提供了资料, 而性状本身又源于所假设的基因; 从基因到性状，则属于胚胎发育的全部范围，这里所表述的基因论并没有谈到基因同其最后产物即性状如何联系……明确基因对于发育的个体如何发生影响，毫无疑义地将会使人们对于遗传的认识进一步扩大，对于目前不了解的许多现象也多半会有所阐明.”(《基因论》第 2 章)

(3)基因在生物体内如何进行有序的重新分配？

“基因论由纯粹数据推演而来，并没有考虑在动物或植物体内是否有任何已知或假定的变化，能按照可拟定的方法来促成基因的分布，不论基因论在这方面如何满意，基因在生物体内究竟如何进行其有序的重新分配，仍会是生物学家力求发现的一个目标.”(《基因论》第 3 章)

2. 数量性状遗传与孟德尔式基因

质量性状主要表征的品种特征或外貌特征由少数孟德尔式主基因控制，对环境的作用不敏感或不受环境影响，因而世代中个体间的变异呈间断的离散分布，故可用孟德尔的世代分离法对个体的基因型进行推断．数量性状主要表征的是生产和生长性状，对环境的影响敏感，使世代中个体间的变异呈连续分布，无法用孟德尔的世代分离法来研究其遗传规律，因此，人们提出了数量性状的由孟德尔式基因控制的微效多基因假说，并进一步拓广为一般性状的主基因——多基因混合遗传体系假说，这是对生物性状在经典遗传学之下遗传体系的最完美的假说.

对于两个纯合亲本杂交所产生的任一世代的个体，由于其可观察的表现型值P是其不可观察的基因型值G和环境互作的结果，因而人们建立了P、G和环境离差E在微效多基因假说之下的最基本的遗传统计学模型$P = G + E$，其中 P和G是一种统计学关系，而不是明确的对应关系，即P仅是G的一个近似，这种近似除了E之外还有$G \times E$(基因型与环境的互作)．如何通过$P = G + E$进行遗传分析呢？由于$P = G + E$是在对多基因中各基因特性缺乏了解的情况下建立的，所以只能把多基因作为一个整体进行分析，而且是在一些不太实际的前提假设之下进行的．例如，假设多基因的所有基因频率相同、基因效应的大小相等，无显隐性关系，基因的数目无限多等．$P = G + E$，令$G = \mu + g$，则$P = \mu + g + e$，其统计学假设为$P \sim N\left(\mu, \sigma_p^2\right)$、$G \sim N(\mu, \sigma_g^2)$、$g \sim N(0, \sigma_g^2)$和$E = e \sim N(0, \sigma_e^2)$. 为了将遗传分析和多基因中的基因效应联系起来并便于遗传育种对多基因的宏观遗传操纵，人们对基因型值G进行了分解，提出了数量性状遗传的加性模型、加性–显性模型和加性–显性–上位模型，这是在多基因之下对数量性状遗传最完美的统计学描述．为了分析的简便，又假定G和E独立，使原本的$\sigma_p^2 = \sigma_g^2 + \sigma_e^2 + 2\mathrm{Cov}(g, e)$变为$\sigma_p^2 = \sigma_g^2 + \sigma_e^2$，并由此估计二阶遗传参数和遗传力，而把基因型与环境的互作$(G \times E)$另外分析．在上述各种假设前提下，提出了基因的平均效应和替代平均效应的理论育种值概念，建立了育种值和基因型值的关系；提出了重复力、遗传力、遗传相关等概念和估计方法；建立了单性状选择、多性状选择、近交衰退和杂种优势、配合力分析的原理和方法．形成了微效多基因假说之下的经典数量遗传学的理论体系.

主基因-多基因混合遗传体系及其建立在有限混合正态分布遗传模型下的遗传分离分析，不仅突破了多基因中各基因效应相等的限制，而且把经典遗传学中的世代分离研究方法推广到一般生物性状的遗传研究，是对经典数量遗传学的发展和丰富．其优点是:

克服了传统的把数量性状作为正态分布而仅注意其均值和方差的分析方法，很重视样本中关于个体的主基因和多基因信息，使育种者根据性状受主基因控制、受多基因控制和受主基因和多基因共同控制时采用不同的宏观遗传操纵方法．这是经典数量遗传学对动植物育种能做到的最好应用和指导，然而它仍然是把表型值作为基因型值近似的一种分析方法，无法做到对个体基因型进行直接分析．

用经典遗传学对数量性状进行研究，并未实现像经典遗传学对待质量性状一样对数量性状多基因中的基因座在染色体上定位，只停留在统计效应分析上，使数量性状基因在染色体上的物质性和位置成为空白．

7.1.2　数量性状与分子遗传学

1. 分子遗传学中的基因

广泛的试验证明，DNA 是主要的遗传物质，DNA 分子是由四种核苷酸(A、T、C 和 G)组成的多聚体，并推断出四种碱基与 20 种氨基酸之间的三联体密码字典，蛋白质由 20 种不同的氨基酸组成，每种蛋白质都有其特定的氨基酸序列，每种生物的 DNA 总量称为基因组，都有其特定的核苷酸序列或与其平行的氨基酸序列．1953 年，沃森和克里克根据DNA分子的双螺旋结构提出了DNA在活体内自我复制的假说，这种复制方式阐释了生物遗传信息可以保持稳定的机理，同时回答了基因在生物体内如何进行重新分配的问题，从而开创了分子遗传学．较经典遗传学的基因论，分子遗传学还有以下几方面的发展．

(1)使基因概念落实到具体的遗传物质 DNA 上，即从经典的未明确内含的“一个有机的化学实体”的“染色体片段”落实到有具体碱基内含的 DNA 片段上，基因在 DNA 分子上，它携带特殊的遗传信息，这类信息或者被转录为 RNA(包括 mRNA、tRNA 和 rRNA)，或者被翻译为多肽链(mRNA)，或者对其他基因的活动起调控作用(调节基因、启动基因、操纵基因等)．

(2)DNA 的碱基序列决定氨基酸的过程，表示了 DNA 控制蛋白质合成的过程，揭示了基因是如何通过一定的生物化学步骤来促成某些性状表现的，这对于只靠性状的最后表现来推断某些基因的存在，无疑是一个巨大的进步．

(3)与经典遗传学相比，分子遗传学仍然把基因作为一个功能单位；而孟德尔式基因再不是最小的突变子和重组子，它们可以小到只是一个核苷酸对．

2. 数量性状的分子遗传学研究

尽管分子遗传学认为 DNA 分子是所有生命有机体繁殖和发育的蓝本，使千姿百态的生命世界由 DNA 通过遗传密码而统一了起来，然而在尊重有机体的表现基础上，如何用 DNA 上的遗传信息来研究数量性状的遗传，仍然需要在基因概念内涵、研究方法、基因与环境互作等一些问题上进行艰苦的探索．

1)基因概念及其研究方法

分子遗传学认为，基因有其结构和功能，基因在 DNA 分子上所携带的遗传信息有转录、翻译和对其他基因的调控作用, 这说明基因是基因组 DNA 上占有一定空间并和其他基因相互影响的一个系统.

摩尔根的一些论述对理解基因概念、作用及其研究方法至今仍具有指导意义:

“从基因到性状, 属于胚胎发育的全部范围.”

“已有的实验事实证明, 每个基因产生的作用不是单一的, 有时候能对个体的性状发生多方面的影响.”

“根据迄今对基因突变效应的研究结果, 可以断定, 它们可引起的作用类型与它们在染色体上的位置无关. ”

综合前述, 对一个有一定功能的个体来讲, 基因不仅是结构的, 与其他基因相互影响的且在功能上是和其发育阶段相伴随的一个动态系统. 因而, 对基因功能的分析方法应是一个有系统结构的动态网络方法.

2)基因与环境的互作

生命世界与非生命的物理世界的不同在于, 生命体有世代的基因传承及与环境的互作和适应.

基因与环境的关系可以理解为不同位点的基因对环境都有一定的突变的可能性, 经典遗传学中, 某一位点内的两个等位基因可以突变为另一个(突变具有可逆性), 而且不影响其他位点(突变在位点间具有独立性). 试验表明, 性细胞的突变频率比体细胞高, 因为性细胞在减数分裂的末期对外界环境条件有较大的敏感性. 在分子遗传学中, 经典遗传学中一个位点可以分成许多基本单位, 称为座位, 一个座位一般指一个核苷酸对. 分子水平的突变是基因内不同座位的改变. 分子突变会由 DNA 分子内自发突变, 也会由外界环境诱导而发生. 一般来讲, 诱导突变较自发突变的机会多. 突变可以改变 DNA 分子的结构, 尤其是碱基缺失和插入等可导致移码, 而移码可引起蛋白质性质的改变, 从而引起性状的变异, 严重时可造成个体死亡. 环境引起的基因突变及其效果, 可认为是对基因的自然选择.

3)基因型与环境的互作

个体表现型是基因型和外界环境作用下的具体表现, 因而由表型推断基因型要看基因与环境的依赖关系, 若基因受环境影响很弱或不受影响, 则可由表型推断基因型, 如孟德尔所研究的质量性状; 对于受环境影响的数量性状来讲, 就无法由表型推断出其基因型.

如何用分子遗传学来研究数量性状的基因型与环境的互作效应呢?

近期, 人们运用分子遗传学方法研究所谓基因外改变(epigenetic change), 即只改变表型而不影响基因型改变的遗传问题, 或称为表观遗传学. 一些研究结果认为, 这是一种非遗传信息变化而导致的遗传性质的改变, 其作用机制有 DNA 甲基化、组氨酸乙酰化、RNA 干扰等影响了基因表达的调控. 这种在个体基因型不变前提下却能影响基因表达的原因只能归属于基因型与环境互作, 因而表观遗传学是在分子水平上研究个体基因型不变而受基因型与环境互作影响而改变了表现型的问题, 或称为分子水平下的基因型与环境互作研究.

数量性状都有特定的表现时期, 且对环境很敏感, 因而用分子遗传学来研究数量性状除了个体的基因型要识别外, 还必须考虑与环境的互作.

7.1.3　遗传标记与基因定位

在遗传学中，把可以明确反映遗传多态性的生物学特征称为遗传标记. 经典遗传学中的遗传多态性是指等位基因上的差异，分子遗传学的遗传多态性是指基因组中任何座位上的相对差异. 人们可以借助遗传标记更好地研究生物的遗传、变异规律. 在遗传学研究中，遗传标记主要用于连锁分析、基因定位、遗传作图及基因转移等. 在动植物育种中，通常将与育种目标性状紧密连锁的遗传标记用来对目标性状进行追踪选择. 在现代分子育种研究中，遗传标记的应用已成为基因定位和辅助选择的主要手段. 在遗传学的发展史中，每一种新型标记的发现都推进了遗传学的发展.

遗传标记有形态标记、细胞学标记、蛋白质标记和 DNA 标记，下面简述它们的应用及局限性.

1. 形态标记

形态标记是指能够明确显示遗传多态性的外观性状，如株高、穗形、粒色或芒毛等的相对差异. 典型的形态标记可以用眼睛识别和观察，广义的形态标记包括可借助简单测试可识别的生理特性、生殖特性、抗病虫性等性状. 通过自发突变或物理化学诱发突变均可获得具有特定形态特征的遗传材料. 形态标记材料多数仅带有一个标记基因，有的带有多个标记基因，后者用于基因连锁分析可同时分析几个标记性状. 形态标记材料在遗传研究和育种上都有重要的应用价值，因此，对它的收集、选育、保存和利用受到普遍的重视，如水稻、番茄中均已有 300 多个形态标记材料.

由于形态标记数量少，可鉴别的标记基因少，因而难以建立饱和的遗传图谱. 另外，许多形态标记受到环境、生育期等因素的影响，因而在育种中的应用受到一些限制.

2. 细胞学标记

细胞学标记是指能明确显示遗传多态性的细胞特征. 染色体的结构特征和数量特征是常见的细胞学标记，它反映了这两方面的遗传多样性. 染色体的结构特征包括染色体的核型和带型. 核型特征是指染色体的长度、着丝粒位置和随体有无等，由此可以反映染色体的缺失、重复倒位和易位等遗传变异；带型特征是指染色体经特殊染色显示出的带颜色的深浅、宽窄和位置顺序等，由此可反映出常染色质和异染色质的分布差异. 染色体的数量特征是指细胞中染色体数目的多少，它反映染色体数量上的遗传多态性，其中包括整倍性和非整倍性的变异，前者如多倍体，后者如缺体、单体、三体、端着丝点染色体等非整倍体. 用具有染色体数目和结构变异的材料与染色体正常的材料进行杂交，常导致特定染色体上的基因在减数分裂过程中的分离和重组发生偏离的后代，由此可测定基因所在的染色体及其位置. 因此，染色体结构和数目的特征可作为一种遗传标记，在玉米、水稻、小麦、大麦、棉花等作物中已利用它成功地将许多质量性状基因定位于染色体上，并建立了相应的连锁群. 另外，此类标记常具有其相应的形态学特征，在多倍体植物中广泛应用于基因定位. 例如，在小麦中，利用每条染色体的模式图、C-分带的带型、缺失断点的位置及分子标记在缺失间隔区的定位，构建了小麦基因组的物理图谱.

由于染色体结构和数量变异常具有相应的形态特征，所以培育这样的细胞学标记材料可在杂种后代中直接对相应的形态学标记进行选择，不必进行染色体鉴定就可确定细胞学特征，提高了细胞学标记的利用效率.

细胞学标记虽然克服了形态标记易受环境影响的缺点，但这种标记的培育选择需花费大量的人力和物力；有些物种对染色体结构和数目变异的耐受性差，难以获得相应的材料；另外，有些物种虽已有细胞学标记材料，但常伴有对生物有害的表型效应，或观察鉴定较难，从而限制了细胞学标记的应用.

3. 蛋白质标记

用作遗传标记的蛋白质通常可分为酶蛋白质和非酶蛋白质两种. 蛋白质的多态性可能是由于基因编码的氨基酸序列的差异引起的，也可能是由于蛋白质后加工的不同引起的，如糖基化能导致蛋白质分子量的变化.

酶蛋白质通常利用非变性淀粉凝胶或聚丙烯酰胺凝胶电泳及特异性染色来检测，根据电泳谱带的不同来显示酶蛋白质在遗传上的多态性. 酶作为遗传标记是 1959 年由 Markert 和 Moller 提出了同工酶概念后而迅速发展起来的. 同工酶是指相同催化功能而结构及理化性质不同的一类酶，其结构的差异来源于基因类型的差异，因此并不一定是同一基因的产物. 每一个酶的不同电泳酶谱表现型可能是由不同的基因座引起的，也可能是同一个基因座上不同等位基因引起的，为了易于区别，将后一类同工酶称为等位酶. 由于等位基因的差异，等位酶在氨基酸组成上或多或少也有差异. 同工酶不但已用来标记某些重要的质量性状，如番茄的幼虫病抗性，而且用于标记种子大小、产量等复杂的数量性状.

在非酶蛋白质中，用得较多的是种子储藏蛋白，这些蛋白质可以通过一维或二维聚丙烯酰胺凝胶电泳技术进行分析，根据电泳显示的蛋白质谱带或点来确定其分子结构和组成的差异. 例如，小麦种子储藏蛋白中醇溶蛋白和谷蛋白占蛋白质总量的 90%，分析表明它们是极为重要的生化遗传指标，并已广泛应用于小麦的遗传研究.

蛋白质是基因表达的产物，与形态性状和细胞特征比较，数量上更丰富一些，且受环境影响小，能更好地反映出遗传多态性，因此它是一种较好的遗传标记，被广泛应用于进化、种质鉴定、分类和抗病性等领域. 其不足之处较多，例如，每一种同工酶都需特殊的显色方法和技术；某些酶的活性具有发育和组织特异性；仅限于反映基因编码区的表达信息等. 从满足标记辅助育种的需要上讲，最重要的不足是标记的数量有限.

4. DNA 标记

DNA 标记是 DNA 上的遗传多态性，表现为核苷酸序列的任何差异，哪怕是单个核苷酸的变异. 因此，DNA 标记在数量上几乎是无限的. 与形态学标记、细胞学标记和蛋白质标记相比，DNA 标记还有许多特殊的优势，如无表型效应，不受环境限制和影响，对有机体无害等. 目前，DNA 标记已广泛应用于种质资源研究、遗传图谱构建、目的基因定位和分子标记辅助选择等方面.

对于数量性状来讲，DNA 标记为人们提供了把控制数量性状的多基因分解为多个基因座进行单基因座分析的手段. 这些基因座的每一个称为数量性状基因座(quantitative trait locus, QTL)，它是影响数量性状的一个染色体片断，可以通过数量性状与 DNA 标记的连锁分析把它的 QTL 定位在分子标记所在的染色体上，为把对数量性状的表型操纵转变为基因型操纵提供了可能.

基因定位(gene mapping)是将基因定位于某一染色体的特定区段，并测定基因在染色体上线性排列的顺序和相互间的距离. 利用基因重组率作为基因间距离得到的图谱称为连锁图谱(Linkage map)；而用其他一些方法确定基因在染色体上的实际位置而制定的图谱称为物理图谱(physical map). 数量性状基因定位中主要是建立连锁图谱.

理想的 DNA 标记应具有如下特点：①多态性高，以保证个体或在每一基因座上携带的等位基因不同；②丰富性强，以保证足够多的标记覆盖整个基因组，且均匀分布；③选择中性，保证对所研究的数量性状在适应性上是中性的；④共显性，以保证标记基因座上所有的基因型都可以区分；⑤稳定和重现性好；⑥检测手段简单快捷，易于实现自动化；⑦开发和实用的成本低. 目前，已发展出十几种 DNA 标记，各具特色，为不同研究目的提供了手段，但还没有一种 DNA 标记完全具备理想 DNA 标记的特点.

衡量一个 DNA 标记的多态性大小与它在群体中能检测出的类型多少有关，如果说群体是由标记所形成的一个由n个复等位基因为基因库的群，第 i 个等位基因的频率为P_i，则其多态性可用如下三个指标之一来表示，一是杂合度(或基因多样度)，用H表示

$$0 \leqslant H = 1 - \sum_{i=1}^{n} p_i^2 \leqslant 1 \tag{7.1.1}$$

其二是多态信息含量(polymorphism information, PIC)：

$$0 \leqslant \mathrm{PIC} = 1 - \sum_{i=1}^{n} p_i^2 - 2\sum_{i=1}^{n-1}\sum_{j=i+1}^{n} p_i^2 p_j^2 \leqslant \frac{(n-1)^2(n+1)}{n^3} \tag{7.1.2}$$

是在给定一个后代基因型时能够判断一个亲本将其哪一个等位基因传递给该后代的概率；其三是相对 Shannon 信息熵

$$0 \leqslant s'(A) = -\frac{\sum_{i=1}^{n} p_i \ln p_i}{\ln n} \leqslant 1 \tag{7.1.3}$$

它表示基因库的相对均匀性.

根据对 DNA 多态性的检测技术手段, DNA 标记可分为四大类.

第一类为基于 DNA-DNA 杂交的 DNA 标记，主要包括发现最早和应用广泛的限制性片段长度多态(RFLP)，另外还有可变数目序列重复(VNTR). RFLP 多态性主要是由 DNA 序列中单碱基的替换及 DNA 片断的插入、缺失、易位、倒位等引起的，而 VNTR 多态性是由重复序列数目的差异引起的.

第二类为基于 PCR 的 DNA 标记. 1958 年, DNA 聚合酶链式反应(PCR)技术的诞生，使直接体外扩增 DNA 以检测其多态性成为可能. 基于 PCR 的 DNA 标记因所用引物的类型不同可分为随机引物的 PCR 标记和特异引物的 PCR 标记. 特异引物 PCR 标记有简单序列重复多态(SSR)等；常用的随机引物 PCR 标记有随机扩增多态(PAPD)和简单序列重复间区多态(ISSR)等, ISSR 是两个 SSR 之间的一段短 DNA 序列上的多态性.

第三类为基于 PCR 与限制性酶切技术相结合的 DNA 标记，常用的有扩增片段长度

多态(AFLP)及扩增区段多态(CAPS).

第四类为基于单核苷酸多态性的DNA标记.研究DNA水平上多态性的方法很多，但最彻底最精确的方法就是直接测定某特定区域的核苷酸序列，并将其与相关基因组中对应区域的核苷酸的序列进行比对，由此可检测出单个核苷酸的差异，这种具有单核苷酸差异引起的遗传多态性特征的DNA区域，可以作为一种DNA标记，这就是近期发展起来的单核苷酸多态性(SNP)标记. SNP在大多数基因组中有较高的存在频率，例如，在人类基因组中平均每1.3kb就有一个SNP存在.

SNP多态性仅有两个等位基因的差异，其多态性指标中，$H=\frac{1}{2},\mathrm{PIC}=\frac{3}{8},S'(A)=1$. 尽管单一的SNP所提供的遗传信息量远小于现在常用的DNA标记，但SNP数量多，可进行自动化检测，因此它有广泛应用前景.

鉴定SNP标记最直接的方法是：设计特异的PCR引物扩增某个特定区域的DNA片断，通过测序和遗传特征的比较，以鉴定该DNA片段是否可以作为SNP标记. 大规模的SNP鉴定则要借助DNA芯片技术.

DNA芯片技术主要是分子生物学和微细加工技术相结合的产物，它实现了DNA分析的高通量、微型化和自动化. 一块很小的DNA芯片可固定几万，甚至几十万个不同的DNA探针，可快速、灵敏和平行地对大量(乃至全基因组)的基因进行同步检测.

几个常用DNA标记的技术特点如表7.1.1所示.

表7.1.1　主要类型的DNA分子标记的技术特点比较

比较项目	RFLP	VNTR	RAPD	ISSR	SSR	AFLP
基因组分布	低拷贝编码序列	整个基因组	整个基因组	整个基因组	整个基因组	整个基因组
遗传特点	共显性	共显性	多数共显性	显性/共显性	共显性	显性/共显性
多态性	中等	较高	较高	较高	高	较高
检测基因座位数	1~3	10~100	1~10	1~10	多数为1	20~200
探针/引物类型	gDNA或cDNA特异性低拷贝探针	DNA短片段	9~10bp随机引物	16~18bp特异引物	14~16特异引物	16~20bp特异引物
DNA质量	高	高	低	低	中等	高
DNA用量	2~10μgt	5~10μg	10~25ng	25~50ng	25~50ng	2~5μg
技术难度	高	中等	低	低	低	中等
同位素使用	通常用	通常用	不用	不用	可不用	通常用
可靠性	高	高	低/中等	高	高	高
耗时	多	多	少	少	少	中
成本	高	高	较低	较低	中等	较高

7.2　QTL的初级定位及其作图原理

QTL定位就是检测DNA标记与QTL的连锁关系，如果存在连锁，就将该QTL定位在连锁图上，同时估计它的遗传效应. 要构建DNA标记与QTL连锁图谱，必须具备两个重要条件，一是建立作图群体，二是已知的 DNA 标记图谱．QTL 与 DNA 标记连锁图的作图要点是：将作图群体观察到的数量性状、表型值(y)样本与检测到的对应 DNA 标记基因型值(x)样本进行连锁分析，从 DNA 标记图上选出一个最合适的 QTL 位置．本节先从宏观上简述其原理和方法.

7.2.1　作图群体的建立

QTL 定位常用的初级作图群体有 F_2、BC_1(回交一代)、重组近交系(recombinant inbred lines, RIL)和加倍单倍体或双单倍体(doubled haploid lines, DH)．用初级群体(primary population)进行 QTL 定位的精度不会很高，因此只是初级定位．建立作图群体需要考虑的因素主要有亲本的选配、分离群体的选择及群体的大小等，以保证群体遗传多态的丰富性及图谱的分辨率和精确度.

1. 亲本的选配

亲本的选择会影响到构建连锁图谱的难易及应用范围，一般从四方面对亲本进行选择：①亲本间有高的 DNA 多态性，这与它们的亲缘关系密切相关，这种亲缘关系与地理、形态等因素有关，一般而言，异交生物的多态性高，自交的低，例如，玉米的多态性很好，用其自交系间配制的群体就可成为理想的 RFLP 作图群体，番茄的多态性差，就只能用不同种间的后代构建作图群体；另外，地理差异大的亲本间多态性高，例如，水稻的多态性居中，人们曾用籼稻和爪哇稻之间的杂交组合为基础构建 RFLP 作图群体．亲缘关系较远的多态性高，例如，育种家常将野生种的优良性状转育到栽培种中，其 DNA 多态性会很丰富；②亲本应纯合度高，一般要进一步自交纯化；③要考虑杂交后代的可育性，若亲本间亲缘关系太远，可能影响杂种染色体配对，抑制重组，导致分离偏倚，重组率低，甚至不育，使作图目的很难达到；④对亲本和 F_1 要进行细胞鉴定，避免双亲间存在相互易位，或多倍体材料存在单体或部分染色体缺失等问题．如果存在这类问题，则后代不能作为作图群体.

一般来讲，仅用一对亲本的分离群体建立遗传图谱不能完全满足基因组研究或各种育种目标的要求，应选用几个不同的亲本组合，分别进行连锁作图，以达到相互补充的目的.

2. 作图分离群体类型的选择

初级作图群体是人为建立的分离群体，按其遗传稳定性可分为临时性和永久性两类.

1)临时性作图群体(tentative population)

例如，F_2、F_3、BC_1 和三交群体等，这类群体的分离单位是个体，一经自交或杂交就会使基因型发生变化，无法永久使用．这类群体有丰富的遗传变异信息，能同时估计加性和显性效应，早期 QTL 定位多用这类群体.

2)永久性作图群体(permanent population)

(1)重组近交系(RIL)．该作图群体是杂交后代经过多代自交而产生的一种作图群体，通常的建立方法是从 F_2 代开始，用单粒传的办法建立，RIL 中每个株系都是纯合的基因型，不同株系间是不同的纯合基因型，分离单位是株系，可用株系内自交繁殖后代，不会改变群体中各品系的遗传组成，因而 RIL 是一种可长期使用的作图群体．这类群体可进行重复试验，可从总效应中剔除环境效应和随机误差，提高 QTL 分析的精确性．RIL 中各株系均为纯合基因型，因而不能估计显性或与显性有关的上位效应，这是它的缺点．

(2)加倍单倍体或双单倍体．高等植物的单倍体(haploid)是含有配子染色体数的个体，单倍体经过染色体加倍形成的二倍体称为加倍单倍体或双单倍体．双单倍体产生的途径很多，因物种不同而异．最常见的方法是花药培养，即取 F_1 植株的花药进行离体培养，诱导产生单倍体植株，然后对染色体进行加倍产生双单倍体植株．双单倍体植株是纯合的，自交后产生纯合的株系，株系内自交不发生分离，可通过自交繁殖后代，因而双单倍体群体是一个永久性的作图群体．双单倍体和 RIL 一样，可进行重重试验，可以把环境效应和随机误差从总效应中剔除，提高 QTL 检测的精确性，其缺点是不能估计显性或与显性有关的上位效应．

在上述介绍的初级作图体中，BC_1 是一种常用的作图效率最高的群体，它只有两种基因型，直接反映了 F_1 代配子分离的比例．BC_1 还可用来检验雌雄配子在基因间的重组率上是否存在差异，其方法是正反回交中基因的重组率是否相同．例如，正回交群体为(A×B)×A，反回交群体为 A×(A×B)，前者反映的是雌性配子中的重组率，后者反映的是雄性配子中的重组率．

遗传图谱的分辨率和精度基本上决定于群体的大小，同时取决于作图群体的类型．一般来讲，群体越大，作图精度越高，但群体太大，不仅增大实验工作量，而且会增加费用．在实际工作中，可采用大小群体结合的方法：首先用 150 个单株或家系构建分子标记骨架连锁图，当需要精细地研究某连锁区域时，再有针对性地在骨架连锁图的基础上扩大群体．一般来讲，群体 F_2 比 BC_1 和 DH 的基因型多，故在一定作图精度要求下，群体大小的顺序为 F_2＞RIL＞BC_1 和 DH．

7.2.2　图谱构建的理论基础

实现作图群体数量性状的定位，必须选择合适的 DNA 标记进行与 QTL 的连锁分析，表 7.1.1 所示常用 DNA 标记的技术特点可供参考．要完成 QTL 定位，必须知道标记的遗传图谱，如果标记遗传图谱未知，则需从作图群体及相关材料中抽样，提取 DNA 进行标记位点间的检测分析，构建标记连锁遗传图谱．下面简述图谱构建的原理和方法．

1. 染色体遗传理论、基因重组和连锁理论

染色体理论认为，染色体是孟德尔基因的物理载体．

连锁图谱构建的理论基础是染色体上的基因交换和重组．同源染色体上两个基因重组率r的大小反映了基因位点在染色体上距离的远近．同源染色体上的基因间按$r(0\leqslant r<1/2)$的大小在染色体上呈线性排列，形成一个连锁群，所绘出的线性示意图即基因连锁图．两个基因在染色体上的距离称为图距，若$r=m\%$，称它们之间的图距为mcM，即将 1%的重组率定义为图距单位厘摩(centi-Morgan, cM)．连锁群的数目等于生

物体的单倍染色体数目n.位于非同源染色体上的基因间相互独立，这时$r = 1/2$.

2. 构建标记图谱的统计学方法与有关数据处理

1)分离数据的收集与编码

从分离群体中收集样本中各个体分子标记基因型的分离数据，获得 DNA 标记的多态性信息，是进行连锁分析的第一步.通常各种 DNA 标记基因型的表现形式是电泳带型，将其数量化为 x(编码)才能进行连锁分析.

下面以 RFLP 为例说明 DNA 标记带型的编码方法. 设有两个纯合亲本 P_1 和 P_2，$P_1 \times P_2$ 得 F_1，F_1 自交得 F_2；$P_1 \times F_1$ 得 BC_1；$P_2 \times F_1$ 得 BC_2. 假设某个 RFLP 座位(M, m)在 P_1 和 P_2 各显示一条带，由于 RFLP 为共显性，故 F_1 个体会出现两条带，这时标记基因型 MM、mm 和 Mm 分别成为 F_2 群体中 P_1、P_2 和 F_1 三种基因型的标记，且将 MM、Mm 和 mm 分别编码为 1、0 和−1；MM 和 Mm 为 BC_1 群体中 P_1 和 F_1 两种基因型的标记，将 MM 和 Mm 分别编码为 1 和 0；Mm 和 mm 为 BC_2 中 F_1 和 P_2 两种基因型的标记，并将 Mm 和 mm 分别编码为 0 和−1. 一般来讲，在分离群体中标记基因型可能有缺失的情况，要么删除，要么根据标记间的连锁把缺失的标记基因型估计出来，这样做的结果是，可获得 RFLP 不同座位$(\mathrm{M}_i, \mathrm{m}_i)(i = 1, 2, \cdots, t)$在不同分离群体中标记基因型的编码信息.

2)单标记位点$(\mathrm{M}_i, \mathrm{m}_i)$的偏分离检验

标记的连锁分析必须建立在等位基因正常分离的基础上，即符合分离群体在显性或共显性之下的孟德尔分离比例. 在标记为显性条件下，F_2 群体的分离比例为3：1，BC_1 和 BC_2 和 DH 群体的分离比例为1：1；在标记为共显性条件下，F_2 为1：2：1，BC_1、BC_2 和 DH 仍为1：1. 偏分离检验的无效假设为H_0：符合孟德尔分离比例，检验采用χ^2检验

$$\chi^2 = \sum_{t=1}^{k} \frac{(O_t - E_t)^2}{E_t} \sim \chi^2(f) \qquad f = k - 1 \tag{7.2.1}$$

其中，k为标记位点$(\mathrm{M}_i, \mathrm{m}_i)$上基因型的数目，$F_2$ 群体中，$k = 3$；BC_1、BC_2 和 DH 群体中，$k = 2$，O_t为该位点第t个基因型的观察数；E_t为理论数. 当k=2 或$f = 1$时，χ^2检验应进行校正

$$\chi^2 = \sum_{t=1}^{2} \frac{(|O_t - E_t| - 0.5)^2}{E_t} \sim \chi^2(1) \tag{7.2.2}$$

【例 7.2.1】 用两个纯合亲本 P_1 和 P_2 杂交得 F_1，用 F_1 自交产生 F_2 群体，设 RFLP 座位(M, m)的基因型 MM、Mm 和 mm 将 F_2 样本个体分为三个亚群，其个体数分别为 $n_{\mathrm{MM}} = 40$，$n_{\mathrm{MM}} = 74$，$n_{\mathrm{MM}} = 36$，F_2 样本容量$n = 150$，试检验单标记位点(M, m)有无偏分离.

MM、Mm 和 mm 理论次数分别为

$$E_{\mathrm{MM}} = 150 \times \frac{1}{4} = 37.5 \qquad E_{\mathrm{Mm}} = 150 \times \frac{1}{2} = 75 \qquad E_{\mathrm{mm}} = 150 \times \frac{1}{4} = 37.5$$

故

$$\chi^2 = \frac{(40-37.5)^2}{37.5} + \frac{(74-75)^2}{75} + \frac{(36-37.5)^2}{37.5} = 0.24 < \chi^2_{0.05}(2) = 5.991$$

结果表明单标记分离是正常的.

3)两点测验——重组率 r 的估计

所有单标记位点均符合孟德尔分离比例是进行两点测验的前提. 假设两个位点(M_1, m_1)和(M_2, m_2)位于同一条染色体上, 若二者相距较近, 则在分离世代中通常表现为连锁遗传. 对两个基因位点之间的连锁关系进行检测, 称为两点测验. 两个基因座位不同基因型出现的次数是估计重组率 r 的基础. 有了两个标记位点的各基因型的观察次数n_i, 可采用最大似然法估计两个标记位点重组率 r 及其标准差S_r.

【例 7.2.2】 表 7.2.1 给出了 BC_1 和 BC_2 群体中重组率 r 为的两个标记位点(M_1, m_1)和(M_2, m_2)的基因型观察次数及理论频率, 试估计 r 和S_r.

表 7.2.1　BC_1 和 BC_2 中基因型观察次数及理论频率

BC_1	BC_2	观察次数	理论频率
$M_1M_1M_2M_2$	$M_1m_1M_2M_2$	n_1	$\frac{1}{2}(1-r)$
$M_1M_1M_2m_2$	$M_1m_1m_2m_2$	n_2	$\frac{1}{2}r$
$M_1m_1M_2M_2$	$m_1m_1M_2M_2$	n_3	$\frac{1}{2}r$
$M_1m_1M_2m_2$	$m_1m_1m_2m_2$	n_4	$\frac{1}{2}(1-r)$

表 7.2.1 中, 理论基因型频率可参考表 7.3.3(将表中(M, m)变为(M_1, m_1), 将(Q, q)变为(M_2, m_2).

首先, 建立似然函数$L(r)$, 设$n_1+n_2+n_3+n_4=n$, 则各理论频率符合多项式分布, 因而似然函数$L(r)$为

$$
\begin{aligned}
L(r) &= \frac{n!}{n_1!\,n_2!\,n_3!\,n_4!}[\frac{1}{2}(1-r)]^{n_1}(\frac{1}{2}r)^{n_2}(\frac{1}{2}r)^{n_3}[\frac{1}{2}(1-r)]^{n_4} \\
&= \frac{n!}{n_1!n_2!n_3!n_4!}(\frac{1}{2})^n(1-r)^{n_1+n_4}r^{n_2+n_3}
\end{aligned} \tag{7.2.3}
$$

令$C=\frac{n!}{2^n n_1!n_2!n_3!n_4!}$, 则对数似然函数为

$$
l(r)=\ln C+(n_1+n_4)\ln(1-r)+(n_2+n_3)\ln r \tag{7.2.4}
$$

对$l(r)$关于 r 求导数并等于零, 得 r 的最大似然估计(MLE)为

$$
\frac{\mathrm{d}l}{\mathrm{d}r}=\frac{n_1+n_4}{1-r}+\frac{n_2+n_3}{r}=0 \qquad \hat{r}=\frac{n_2+n_3}{n} \tag{7.2.5}
$$

据最大似然估计的性质, 其信息量 I 的估计值为

$$
\hat{I}=-\left(\frac{d^2l}{dr^2}\right)_{r=\hat{r}}=\frac{n}{\hat{r}(1-\hat{r})}
$$

$\hat{r}$的标准估计为

$$
S_r=\sqrt{1/\hat{I}}=\frac{\hat{r}(1-\hat{r})}{n} \tag{7.2.6}
$$

例如, 若 BC_1 群体中的$n_1=162, n_2=40, n_3=41, n_4=158$, 则

$$
\hat{r}=\frac{40+41}{162+40+41+158}=\frac{81}{401}=20.20\% \qquad S_r=\sqrt{\frac{\hat{r}(1-\hat{r})}{401}}=0.02
$$

即 r 的估计为0.202 ± 0.02.

对 F_2 代进行两点测验, 两个标记位点(M_1, m_1)和(M_2, m_2)的基因型频率中出现了r^2,

可用多项式建立似然函数求出 r 的极大似然估计及其标准差 S_r, 也可用极大似然估计的 EM 算法进行迭代来估计.

利用两点测验估计重组率 $r(0\leqslant r<\frac{1}{2})$, 其结果采用似然比检验连锁的不存在, 即检验无效假设 $H_0: r=\frac{1}{2}$(独立遗传), 在连锁分析中, 其似然比检验为

$$\mathrm{LRT}=-2\ln\frac{L(r=\frac{1}{2})}{L(r)}\sim\chi^2(1) \tag{7.2.7}$$

一般来讲, 常用以 10 为底的常用对数表示的LOD来进行似然比检验

$$\mathrm{LOD}=\log_{10}\frac{L(r)}{L(\frac{1}{2})}\approx 0.217\mathrm{LRT}\sim 0.217\chi^2(1) \tag{7.2.8}$$

由于构建图谱过程中经过多次检验, 要确保两个位点间存在连锁, 要求 $\mathrm{LOD}>3$, 要否定连锁的存在, 要求 $\mathrm{LOD}<2$.

4)交叉干扰与作图函数

如果三个顺序标记位点为 M_1、M_2 和 M_3, M_1 与 M_2 重组率为 r_{12}, M_2 与 M_3 的重组率为 r_{23}, M_1 与 M_3 的重组率为 r_{13}. 如果区间 $[M_1, M_3]$ 内发生双交换, 双交换的理论值应为 $r_{12}r_{23}$, 但实际双交换频率小于它, 这是因为一个位置上发生交换会减少其周围另一个单交换的发生, 这种现象称为交叉干扰, 受到干扰的程度通常用符合系数 C 表示

$$C=\frac{\text{实际双交换频率}}{\text{理论双交换值}}=\frac{\text{实际双交换频率}}{r_{12}r_{23}} \tag{7.2.9}$$

其中, $0\leqslant C\leqslant 1$. 当 $C=0$ 时, 表示发生了完全干扰, 即一点发生单交换, 其邻近一点就不会发生单交换; 当 $C=1$ 时, 表示完全没有受干扰, 即 r_1 和 r_2 表明的两个单交换独立发生. 在式(7.2.9)的基础上, 有

$$r_{13}=r_{12}+r_{23}-2(1-C)r_{12}r_{23} \tag{7.2.10}$$

显然, 当 $C=0$(完全干扰)时, $r_{13}=r_{12}+r_{23}-2r_{12}r_{23}$; 当 $C=1$ 时(无干扰), $r_{13}=r_{12}+r_{23}$.

一般来讲, 两个单交换相距越远, 受干扰的程度越低, C 越大. 然而当计算两个相距较远的基因座的图距时, 如果中间无基因座可利用, 则它们之间实际发生的双交换不能被鉴定出来, 用重组率估计的图距会比真实的小. 因而, 干扰的存在会破坏相邻基因座间重组率的线性可加性. 但是从遗传图制作的角度上看, 却要求相邻几个基因座的重组率有线性加性. 为此, 人们采用一些数学方法对用 r 作为图距进行一些矫正. 设 x 为作图图距, 以 M 为单位(M 读作 Morgan(摩根), 1M = 100cM), 将重组率 r 转化为图距的函数. 常用的作图函数有 Haldane 图距函数和 Kosambi 作图函数.

在无干扰(C=1)且在不同区域出现交换的概率服从泊松分布的前提下, 得到 Haldane 作图函数

$$X=-\frac{1}{2}\ln(1-2r),\quad 0\leqslant r<\frac{1}{2} \tag{7.2.11}$$

为了克服 Haldane 作图函数的不合理前提, Kosambi 在符合系数与重组率之间存在线性关系($C=2r$)的前提下提出了 Kosambi 作图函数

$$x=-\frac{1}{4}\ln\frac{1+2r}{1-2r},\quad 0\leqslant r<\frac{1}{2} \tag{7.2.12}$$

$C=2r$ 表明, C 随 r 的增加而增加, 干扰相应减弱. 当 $r=0.5$(无连锁)时 $C=1$(无干

扰). 显然, 对于同一个$0 < r < \frac{1}{2}, H(r) > K(r)$

$$H(r) - K(r) = -\frac{1}{4}[\ln(1+2r) - \ln(1-2r)] > 0$$

由于 Kosambi 作图函数比 Haldane 作图函数更合理, 所以它在作图中得到了更广泛的应用.

5)多点测验

当一条染色体上有许多 DNA 标记位点时, 标记遗传图谱构建中必须解决多个标记位点的正确排序及相应图距问题. 如果有 N 个标记位点, 可能的顺序有$N!/2$种. 当 N=10 时, 就会有 1814400 种可能的顺序. 显然要一次解决一个连锁图中所有标记位点的正确排序及相应的图距估计是不可能的. 解决这个问题的方法就是进行多点测验, 即对多个标记位点进行联合分析, 利用多个位点的共分离信息来确定它们的顺序及图距.

两点测验估计的重组率有误差, 因此通过比较不同座位间重组率大小来确定各座位的排列顺序是不可靠的. 另外, 在进行多点测验之前, 还需对所有两点测验结果进行连锁群的初步划分. 若位点 i 和 j 间的重组率估计为r_{ij}, LOD值为LOD_{ij}, 识别那些位点在一个连锁群的方法应预先给定r_{ij}和LOD_{ij}的临界值r_c和z_c, 则可用三种识别方法: ①若$r_{ij} \leqslant r_c$, 可划分为一个连锁群; ②若$z_{ij} \geqslant z_c$, 可划分一个连锁群; ③若$r_{ij} \leqslant r_c$且$z_{ij} \geqslant z_c$, 可划分为一个连锁群. 这种划分可适当地调整r_c和z_c, 直到划分的结果使连锁群的个数和染色体的对数相等或接近.

在连锁群初步划分的基础上, 才能进行多点测验, 当然点数适当才行, 否则会因计算上的困难而无法完成多点测验. 下面叙述多点测验的最大似然方法.

设位点间不存在交叉干扰, k个标记可能的顺序有 $k!/2$ 个, 则多点测验要进行 $k!/2$ 次, 某顺序之下的 k−1 个重组率为$\boldsymbol{r} = (r_1, r_2, \cdots, r_{k-1})^{\mathrm{T}}$, 第$i$个基因型值、观察次数和频率分别为$x_i, n_i$和$f_i(x_i, \boldsymbol{r})$, i=1, 2, ⋯, m, $\sum_i n_i = n$, 则可据多项式分布建立似然函数

$$L(\boldsymbol{r}) = \frac{n!}{n_1!\,n_2!\ldots n_m!}\prod_{i=1}^{m}[f_i(x_i, \boldsymbol{r})]^{n_i} \tag{7.2.13}$$

其对数似然函数为

$$l(\boldsymbol{r}) = \ln L(\boldsymbol{r}) = C + \sum_{i=1}^{m} n_i \ln f_i(x_i, \boldsymbol{r}) \tag{7.2.14}$$

其中, $C = ln(n!/n_1!\,n_2!\ldots n_m!)$为常数, 估计 $\boldsymbol{r}$的似然方程组为

$$\frac{\partial l(r)}{\partial r_j} = \sum_{i=1}^{m}\frac{n_i}{f_i(x_i, \boldsymbol{r})}\frac{\partial f_i(x_i, \boldsymbol{r})}{\partial r_j} = 0, \quad j = 1, 2, \cdots, k-1 \tag{7.2.15}$$

解式(7.2.15)应注意到$\sum_{i=1}^{m} f_i(x_i, \boldsymbol{r}) = 1$.

另外, 从遗传学角度考虑, 作图群体是由两个纯合亲本杂交开始而产生的分离群体, 由一定顺序相连锁的 k 个标记位点可形成两个纯合亲本$\mathrm{M_1M_1M_2M_2 \cdots M_kM_k}$和$\mathrm{m_1m_1m_2m_2 \cdots m_km_k}$, 在 F_1 代为$\mathrm{M_1m_1M_2m_2 \cdots M_km_k}$, F_2 代的配子有亲本型和重组型之分, 亲本型配子出现的机会大于重组型(一般连锁). 因而 m 个基因型中, 只有两种基因型, 一种是由亲本型配子结合而成的亲本型基因型; 另一种是由一个重组型和亲本型配

子或由两个重组型配子随机结合的重组型基因型，在这种情况下可考虑用极大似然估计的 EM 算法估计重组率$r_1, r_2, \cdots, r_{k-1}$.

下面通过 F_2 代两个标记的重组率估计说明，表 7.2.2 所示为 $F_2(P_1: M_1M_1M_2M_2, P_2: m_1m_1m_2m_2, F_1: P_1 \times P_2)$群体有关基因型、频率及基因型属于重组基因型的条件概率$P_i(R/G)$的有关情况.

关于表 7.2.2 说明以下几点.

(1)共显性与显性标记中，(M_1, m_1)为共显性，(M_2, m_2)为显性.

(2)基因型频率均为r的多项式.

(3)$P(R/G)$表示基因型 G 属于重组型基因型的条件概率，据概率的乘法定理有

$$P(R/G)=P(GR)/P(G)$$

其中，$P(G)$为基因型 G 的频率，R 是重组型基因型，GR 为 G 中的重组基因型部分，由于(M_1, m_1)与(M_2, m_2)的重组率为r，故 $F_1(M_1m_1M_2m_2)$可分解为 4 种配子，亲本型配子频率为$(1-r)/2$，重组型配子频率为$r/2$.

表 7.2.2　F_2 群体基因型及其频率和$P(R/G)$

两个共显性标记(1∶2∶1)——(1∶2∶1)				共显性与显性标记			
基因型(G)	频率	次数	$p_i(R/G)$	基因型(G)	频率	次数	$p_i(R/G)$
$M_1M_1M_2M_2$	$\frac{1}{4}(1-r)^2$	n_1	0	$M_1M_1M_2$—	$\frac{1}{4}(1-r^2)$	n_1	$\frac{r}{1+r}$
$M_1M_1M_2m_2$	$\frac{1}{2}r(1-r)$	n_2	$\frac{1}{2}$				
$M_1M_1m_2m_2$	$\frac{1}{4}r^2$	n_3	1	$M_1M_1m_2m_2$	$\frac{1}{4}r^2$	n_2	1
$M_1m_1M_2M_2$	$\frac{1}{2}r(1-r)$	n_4	$\frac{1}{2}$	$M_1m_1M_2$	$\frac{1}{2}(1-r+r^2)$	n_3	$\frac{r^2}{1-r+r^2}$
$M_1m_1M_2m_2$	$\frac{1}{2}(1-2r+2r^2)$	n_5	$\frac{r^2}{1-2r+2r^2}$				
$M_1m_1m_2m_2$	$\frac{1}{2}r(1-r)$	n_6	$\frac{1}{2}$	$M_1m_1m_2m_2$	$\frac{1}{2}r(1-r)$	n_4	$\frac{1}{2}$
$m_1m_1M_2M_2$	$\frac{1}{4}r^2$	n_7	1	$m_1m_1M_2$	$\frac{1}{4}r(2-r)$	n_5	$\frac{1-r}{2-r}$
$m_1m_1M_2m_2$	$\frac{1}{2}r(1-r)$	n_8	$\frac{1}{2}$				
$m_1m_1m_2m_2$	$\frac{1}{4}(1-r)^2$	n_9	0	$m_1m_1m_2m_2$	$\frac{1}{4}(1-r)^2$	n_6	0
和	1	n			1	n	

$$M_1M_2: m_1m_2: M_1m_2: m_1M_2 = \frac{1-r}{2}:\frac{1-r}{2}:\frac{r}{2}:\frac{r}{2}$$

故 F_2 的基因型及其有重组型配子结合的部分(用“—”表示)的频率为

$$\begin{aligned}
F_2: \quad & \left(\tfrac{1-r}{2}M_1M_2+\tfrac{1-r}{2}m_1m_2+\tfrac{r}{2}M_1m_2+\tfrac{r}{2}m_1M_2\right)^2 \\
&=\frac{(1-r)^2}{4}M_1M_1M_2M_2+\frac{(1-r)^2}{4}m_1m_1m_2m_2+\frac{r^2}{4}\underline{M_1M_1m_2m_2} \\
&+\frac{r^2}{4}\underline{m_1m_1M_2M_2}+2\left(\tfrac{(1-r)^2}{4}M_1m_1M_2m_2+\tfrac{r^2}{4}M_1m_1M_2m_2\right) \\
&+2\frac{(1-r)r}{2\times 2}M_1\underline{M_1}M_2\underline{m_2}+2\frac{(1-r)r}{2\times 2}M_1\underline{m_1}M_2\underline{M_2}
\end{aligned}$$

$$+2\frac{r(1-r)}{2\times 2}\underline{M_1}m_1\underline{m_2}m_2+2\frac{r(1-r)}{2\times 2}\underline{m_1}m_1\underline{M_2}m_2$$

因而，当两个标记均为共显性时，凡是没有重组型配子的基因型，$P(R/G)=0$，如 $M_1M_1M_2M_2$ 和 $m_1m_1m_2m_2$；如果基因型全由重组型配子结合，$P(R/G)=1$，如 $M_1M_1m_2m_2$ 和 $m_1m_1M_2M_2$；基因型 $M_1m_1M_2m_2$ 中，全由重组型组成的部分为$\frac{1}{2}r^2$，故 $P(R/G)=\frac{1}{2}r^2/\frac{1}{2}(1-2r+2r^2)=\frac{r^2}{1-2r+2r^2}$；凡是只有一个重组配子的基因型均有 $P(R/G)=\frac{1}{2}$. 当(M_1m_1)为共显性，而(M_2m_2)为显性时，则 F_2 代基因型中凡有 M_2M_2 和 M_2m_2 者，则显隐性的表型是一样的，应合并，如 $M_1M_1M_2M_2$ 和 $M_1M_1M_2m_2$、$M_1m_1M_2M_2$ 和 $M_1m_1M_2m_2$ 等，以前者为例说明合并结果和$P(R/G)$的计算

$$\frac{1}{4}(1-r)^2+\frac{1}{2}r(1-r)[M_1M_1M_2M_2+M_1M_1M_2m_2]=\frac{1}{4}(1-r^2)M_1M_1M_2\text{—}$$

首先，按 M_2m_2 及其显隐性，F_2 表型分离比例为 3∶1，配子$P(M_2)=P(m_2)=\frac{1}{2}$；其次将两个基因型写成配子式 $M_1M_2(M_1M_2+M_1m_2)$，可见基因型 G 中重组型$M_1M_2\times M_1m_2$的频率为$\frac{1}{4}r(1-r)$，故

$$P(R/G)=\frac{\frac{1}{4}r(1-r)}{\frac{1}{4}(1-r^2)}=\frac{r}{1+r}$$

下面以表 7.2.2 中两个标记为共显性的 F_2 资料为例说明重组率r的最大似然估计.

E(期望)步：由于知道各基因型G_i的观察次数n_i和$P_i(R/G)$，故 F_2 代所有基因型为重组型基因型的平均(期望)为

$$\bar{P}=\sum_{i=1}^{9}\frac{n_i}{n}P_i(R/G)$$

由于$P_i(R/G)$为r的函数，n_i为观察次数，故它也是估计r的似然函数.

M(极大化)步

$$\frac{\mathrm{d}\bar{p}}{\mathrm{d}r}=\sum_{i=1}^{9}\frac{n_i}{n}\frac{\mathrm{d}P_i(R/G)}{\mathrm{d}r}=0\ (\text{注：仅}P_5(R/G)\text{为}r\text{的函数})$$

得正则方程组及r的估计

$$\sum_{i=1}^{9}n_i\,(r-p_i)=0\qquad \hat{r}=\frac{1}{n}\sum_{i=1}^{9}n_i\,P_i(R/G)$$

6)遗传图距与物理图距的对应关系

不同生物的 1cM 图距(遗传图距)所对应的物理图距(碱基对数，bp)存在很大差异. 一般来讲，越简单生物的每 1cM 对应的平均碱基对数有越少的趋势(表 7.2.3). 在一条染色体上，由于不同区域发生交换的频率存在差异，因而遗传图距与物理图距之间的对应关系在不同区域上并非均匀分布，实际估计的遗传图距多数小于平均对应的物理图距，也就是同一生物的两个位点的遗传图距会因遗传背景不同而不同，甚至同一对亲本所产生的不同群体间也存在大的差异.

表 7.2.3　不同生物中单位遗传图距对应的碱基对数

物种	基因组大小/bp	遗传图距/cM	bp/cM
嗜菌体 T_4	1.6×10^5	800	200
大肠杆菌	4.2×10^6	1750	2400
酵母	2.0×10^7	4200	5000
真菌	2.7×10^7	1000	27000
线虫	8.0×10^7	320	250000
果蝇	1.4×10^8	280	500000
水稻	4.5×10^8	1500	300000
小鼠	3.0×10^9	1700	1800000
人类	3.3×10^9	3300	10000000
玉米	2.5×10^9	2500	10000000

由上述可知，遗传图谱的构建需对大量标记之间的连锁关系进行统计分析，用手工计算是无法完成，必须借助学者为构建遗传图谱所设计的专用程序包，可通过 http://inkage.rockefeller.edu/soft/list.html 网站获得各种专用程序的信息.

7)DNA 标记遗传连锁图的饱和度

所谓图谱的饱和度，是指单位长度染色体上已经定位的标记数或密度. 一个基本的染色体连锁框架图大概要求在染色体上的标记平均间隔不大于 20cM. 在 QTL 定位研究中，因目的不同要求不同的饱和度. 若构建标记连锁图谱的目的在于主基因定位，其平均间隔为 10~20cM 或更小；若用于 QTL 定位的连锁图，其标记的平均间隔要求在 10cM 以下；如果建图的目的是进行数量性状基因的克隆，则要求目标区域的平均间隔在 1cM 以下.

根据对数量性状研究的目的，构建成相应群体的标记遗传图谱，则可根据群体数量性状表型值的观察值$y_1,y_2,\cdots,y_n$及其相应标记基因型值$x_1,x_2,\cdots,x_n$，通过对它们的连锁分析(用专门的程序包完成)，可实现 QTL 定位等研究目的.

经典遗传学分析基因连锁的基本方法是：按样本资料对个体表现进行分组，按各组比例检验非等位基因间是否存在连锁关系，并估计重组率. QTL 定位也可按个体分组，但因作图群体的(Q, q)是数量遗传座位 QTL，其分组不完全，若标记位点(M, m)是共显性，则其分组是完全的. 因此 QTL 定位方法可以分为两大类，一类是以标记基因型为依据进行分组的，称为基于标记的分析 (marker-based-analysis, MB)法；另一类是以数量性状表型进行分组的，称为基于性状的分析(trait-based analysis, TB)法.

本章只叙述 QTL 的初级定位，QTL 初级定位的灵敏度(目标 QTL 定位分析中存在其他标记的干扰)和精确度，主要是群体大小的影响，使 QTL 的置信区间一般都在 10cM 以上，不足以把数量性状确切地分解为一个一个的孟德尔基因. 从目前的技术水平和理论研究上看，如果对 QTL 进行高分辨率(亚厘摩水平，标记间隔小于 1cM)的精细定位还会有一定的困难.

分子标记技术的发展渴望分辨率高的QTL定位连锁图，使数量性状的分子标记辅助选择和数量性状基因克隆得以实现. 然而，数量性状基因座在基因组 DNA 上的存在形式及效应是复杂的(例如，遗传背景不同、环境不同等都会使性状表现不同)，致使从分子水平上完全操控数量性状基因还需一定时间的探索. 目前关于 QTL 的研究，从本质上讲是为了定位目标基因(基础研究)，很少涉及具体育种过程.

7.3　单标记分析法

假设一个共显性的分子标记位点为(M, m)，其基因型值为x. 作图群体中的某个体的数量性状表型值为y，其 QTL 位点为(Q, q). 单标记分析(single marker analysis)是通过对标记和作图群体性状的n个样本点(x_i, y_i)进行连锁分析，以判断标记附近是否存在 QTL，并估计其重组率和遗传效应.连锁分析的统计方法有多种，本节进行简述.

7.3.1　单标计分析样本资料表

假设两个亲本分别为MMQQ和mmqq, F_1代为MmQq，如果存在连锁，其重组率为$r(0\leqslant r<\frac{1}{2})$，则MmQq的配子分离比例为

$$\underbrace{\text{MQ:mq:}}_{\text{亲本型}}\ \underbrace{\text{Mq: mQ}}_{\text{重组型}}=\frac{1}{2}(1-r):\frac{1}{2}(1-r):\frac{r}{2}:\frac{r}{2} \tag{7.3.1}$$

如果观察作图群体的数量性状有k个, 即$y_1, y_2, \cdots, y_k$，样本容量为n，与它们有关联的分子标记有t个，则有表 7.3.1 所示的单标记分子分析资料表.

表 7.3.1　单标记分析样本资料表

样本个体号i	(Q, q)表型值				(M, m)基因型编码值x			
	y_{i1}	y_{i2}	$\cdots$	y_{ik}	x_{i1}	x_{i2}	$\cdots$	x_{ik}
1	y_{11}	y_{12}	$\cdots$	y_{1k}	$\vdots$	$\vdots$		$\vdots$
2	y_{21}	y_{22}	$\cdots$	y_{2k}	编码值	编码值	$\cdots$	编码值
$\vdots$	$\vdots$	$\vdots$		$\vdots$	$\vdots$	$\vdots$		$\vdots$
n	y_{n1}	y_{n2}	$\cdots$	y_{nk}				

7.3.2　用重组率r表示的标记和QTL基因型频率表

以作图群体F_2和BC_1为例，(M, m)和(Q, q)的基因型频率如表 7.3.2 和表 7.3.3 所示.

表 7.3.2　用r表示的 F_2 代标记与 QTL 的基因型频率表

	QQ	Qq	qq	
MM	$\frac{(1-r)^2}{4}$	$\frac{r(1-r)}{2}$	$\frac{r^2}{4}$	$\frac{1}{4}$
Mm	$\frac{r(1-r)}{2}$	$\frac{2r^2-2r+1}{2}$	$\frac{r(1-r)}{2}$	$\frac{1}{2}$
mm	$\frac{r^2}{4}$	$\frac{r(1-r)}{2}$	$\frac{r(1-r)}{4}$	$\frac{1}{4}$
	$\frac{1}{4}$	$\frac{1}{2}$	$\frac{1}{4}$	1

表 7.3.3　用r表示的 BC_1 与 QTL 的基因型频率表

	QQ	Qq	
MM	$\frac{1-r}{2}$	$\frac{r}{2}$	$\frac{1}{2}$
Mm	$\frac{r}{2}$	$\frac{1-r}{2}$	$\frac{1}{2}$
	$\frac{1}{2}$	$\frac{1}{2}$	1

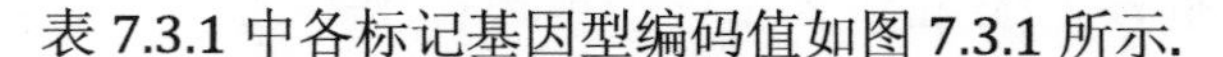

表 7.3.1 中各标记基因型编码值如图 7.3.1 所示.

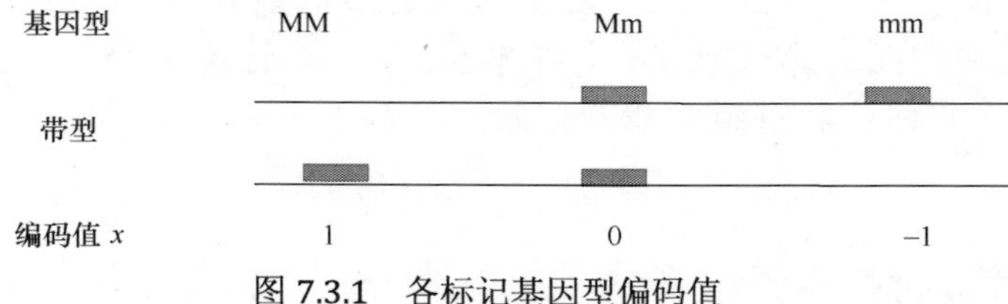

图 7.3.1　各标记基因型偏码值

若表 7.3.1 中的作图群为 F_2, 各标记基因型编码值样本是由 1、0 和–1 组成的n个数. 若为BC_1(MMQQ×MmQq), 表 7.3.1 中各标记基因型编码值样本是由 1 和 0 组成的n个数.

7.3.3　基于标记分组的标记和 QTL 的共分离信息

以 F_2 为例说明, 据表 7.3.2 及标记基因型 MM、Mm、和 mm 的编码, 对作图群体 F_2 的任一数量性状y, 按标记基因型分组可得到 QTL 和标记基因型的共分离信息表 7.3.4.

表 7.3.4　F_2 群体中基于标记分组的均值和方差

标记/x	QQ(d)	Qq(h)	qq($-d$)	期望值μ	方差 σ^2	样本y 各数	均值	方差
MM(1)	$(1-r)^2$	$2r(1-r)$	r^2	$(1-2r)d+2r(1-r)h$	σ^2_{MM}	n_1	$\bar{y}_1$	S^2_1
Mm(0)	$r(1-r)$	$2r^2-2r+1$	$r(1-r)$	$(2r^2-2r+1)h$	σ^2_{Mm}	n_2	$\bar{y}_2$	S^2_2
mm(−1)	r^2	$2r(1-r)$	$(1-r)^2$	$(2r-1)d+2r(1-r)h$	σ^2_{mm}	n_3	$\bar{y}_3$	S^2_3

表 7.3.4 提供了作图群体数量性状与标记基因型共分离的两方面信息: ①按标记基因型 MM、Mm 和 mm 把作图群体所观察的任一数量性状容量为 n 的样本分离为容量分别为n_1、n_2和n_3的三个样本, 其均值和方差分别为$\bar{y}_1$、$\bar{y}_2$、$\bar{y}_3$和S^2_1、S^2_2、S^2_3, $n_1+n_2+n_3=n$; ②按标记基因型将 QTL 基因型值(按加性-显性模型)分为三组, 形成三个标记基因型总体(每个总体的 QTL 基因型值的频率之和等于 1, 例如，MM 总体的频率和$(1-r)^2+2r(1-r)+r^2=1$), 各有各的均值μ和方差σ^2. 这些共分离信息为人们提供了标记与 QTL 连锁分析方法的依据和进行连锁分析的前提. 为了说明这些问题并和实际数据相结合, 先给出一个例子.

【例 7.3.1】　徐云碧等(1998)在《分子数量遗传学》提供了以籼型水稻窄叶青 8 和粳米型水稻京系 17 为亲本组合所产生的 F_2 的穗长表型值和 RELP 分子标记, 如表 7.3.5 所示.

表 7.3.5　水稻窄叶青 8×京系 17 的 F_2 代穗长和 RELP 标记基因型值

株号	1	2	3	4	5	6	7	8	9	10	11	12	13	14	15	
穗长 y	20.5	27.5	29.0	20.5	24.0	24.3	20.7	25.2	22.0	24.7	27.5	22.5	26	23.7	20.7	
RZ70(X)	−1	0	1	−1	1	1	0	0	−1	−1	−1	−1	0	0	−1	
株号	16	17	18	19	20	21	22	23	24	25	26	27	28	29	30	
穗长 y	24.9	22.0	28.8	25.7	23.0	24.8	19.5	28.3	22.8	23.4	26.5	29.9	27.5	24.0	26.5	
RZ70(X)	0	0	0	1	1	0	0	0	0	0	0	0	0	0	−1	
株号	31	32	33	34	35	36	37	38	39	40	41	42	43	44	45	
穗长 y	24.5	20.0	30.6	27.0	25.7	24.0	23.4	25.5	21.7	25.4	25.2	20.4	24.2	20.5	24.0	
RZ70(X)	0	0	0	0	−1	0	−1	−1	−1	−1	0	−1	0	0	0	
株号	46	47	48	49	50	51	52	53	54	55	56	57	58	59	60	
穗长 y	25.5	21.9	19.5	22.5	23.5	21.5	21.5	21.5	23.1	18.1	24.2	23.0	23.2	27.0	20.0	
RZ70(X)	0	0	0	0	−1	0	−1	−1	−1	−1	0	−1	0	0	0	
株号	61	62	63	64	65	66	67	68	69	70	71	72	73	74	75	76
穗长 y	22.7	25.0	22.2	25.5	24.5	21.5	22.1	22.5	20.5	23.5	25.5	28.7	22.3	25.9	19.8	26.5
RZ70(X)	1	−1	−1	−1	1	−1	0	0	−1	0	−1	1	−1	0	0	1

基于标记 RZ70 基因型 MM、Mm 和 mm 的取值x(1、0 和−1)，把 F_2 的穗长 y 样本分为三个：$n_1 = 9, \bar{y}_1 = 25.38, S_1^2 = 5.27$；$n_2 = 41, \bar{y}_2 = 24.30, S_2^2 = 8.03$；$n_3 = 26, \bar{y}_3 = 22.63, S_3^2 = 4.88$；$n = n_1 + n_2 + n_3 = 76, S_{F_2}^2 = 7.38$(式(7.3.3)中把$S_{F_2}^2$作为$S_4^2$)．

1. 单位点(M, m)的偏分离及其检验

表 7.3.2 表明，MM、Mm 和 mm 的分离比例为$\frac{1}{4}:\frac{1}{2}:\frac{1}{4}$，表 7.3.4 显示的比例$n_1: n_2: n_3$符合表 7.3.2 所给出的理论比例吗？如果符合，说明分离是正常的，可以进行后续的连锁分析，否则是偏分离，不能进行连锁分析．一般通过χ^2检验是否存在偏分离

$$\chi^2 = \sum_{i=1}^{k} \frac{(O_i - E_i)^2}{E_i} \sim \chi^2(k-1) \qquad (7.3.2)$$

其中，k为标记基因型个数；O_i为第i个标记基因型的实际个数；E_i为理论给出的正常分离数np_i，n为样本总容量$\sum_{i=1}^{k} n_i$，p_i为第 i 个标记基因型的理论频率．对于例 7.3.1 有 $p_1: p_2: p_3 = \frac{1}{4}:\frac{1}{2}:\frac{1}{4}$；$O_1 = n_1 = 9, O_2 = n_2 = 41, O_3 = n_3 = 26$；$E_1 = np_1 = \frac{1}{4} \times 76 = 19$，$E_2 = np_2 = \frac{1}{2} \times 76 = 38, E_3 = np_3 = \frac{1}{4} \times 76 = 19$；$k = 3$．于是有

$$\chi^2 = \frac{(9-19)^2}{19} + \frac{(41-38)^2}{38}\frac{(26-19)^2}{19} = 8.079 < \chi_{0.01}^2(2) = 9.210$$

但$\chi^2 = 8.079 > \chi_{0.05}^2(2) = 5.991$．说明在$\alpha = 0.05$水平上存在偏分离，而在$\alpha = 0.01$水平上不存在偏分离．尽管可能存在一定的偏分离，但作为示例可继续进行连锁分析．

2. 标记基因型内 F_2 样本方差的同质性检验

从大样本理论上讲，无论标记(M, m)和 QTL 位点(Q, q)是否连锁，标记基因型均把作图群体 F_2 的样本分离为容量分别为n_1、n_2和n_3的三个样本，它们的方差S_1^2、S_2^2、S_3^2都可能是 F_2 的表型方差的估计，且S_1^2、S_2^2、S_3^2和$S_{F_2}^2$都是同质的．由于它们均来自同一正态总体，可用所有两两方差均同质的 F检验$F_{ij} = S_i^2/S_j^2 \sim F(n_i - 1, n_j - 1)$，也可对$S_1^2$、$S_2^2$、$S_3^2$和$S_{F_2}^2$一起来用 Bartlett χ^2进行检验

$$\begin{cases} \chi^2 = \frac{1}{C}[f\ln S^2 - \sum_{i=1}^{k} f_i \ln S_i^2] \sim \chi^2(k-1) \\ C = 1 + \frac{1}{3(k-1)}[\sum_{i=1}^{k} \frac{1}{f_i} - \frac{1}{f}] \\ S^2 = \frac{1}{f}\sum_{i=1}^{k} f_i S_i^2 \qquad f = \sum_{i=1}^{k} f_i \end{cases} \qquad (7.3.3)$$

对于例 7.3.1，$S_1^2 = 5.27, f_1 = 8$；$S_2^2 = 8.03, f_2 = 40$；$S_3^2 = 4.88, f_3 = 25$；$S_4 = S_{F_2}^2 = 7.38, f_4 = 75$；$f = 148, S^2 = 7.019$；$C = 1.022, k = 4$．因而$\chi^2 = 2.24 < \chi_{0.05}^2(3) = 7.815$，表明$S_1^2$、$S_2^2$、$S_3^2$和$S_{F_2}^2$都是同质的．

3. 三个标记组的期望值μ和方差σ^2与r的关系

表 7.3.4 给出的上述关系为

$$\begin{cases}\mu_{\mathrm{MM}} = (1-2r)d + 2r(1-r)h \\ \mu_{\mathrm{Mm}} = (2r^2-2r+1)h \\ \mu_{\mathrm{mm}} = (2r-1)d + 2r(1-r)h \\ \sigma^2_{\mathrm{MM}} = 2r(1-r)d^2 + 2r(1-3r+4r^2-2r^3)h^2 - 4r(1-3r+2r^2)dh \\ \sigma^2_{\mathrm{Mm}} = 2r(1-r)d^2 + 2r(1-3r+4r^2-2r^3)h^2 \\ \sigma^2_{\mathrm{mm}} = 2r(1-r)d^2 + 2r(1-3r+4r^2-2r^3)h^2 + 4r(1-3r+2r^2)dh \end{cases} \tag{7.3.4}$$

式(7.3.4)表明，标记与 QTL 在完全连锁($r=0$)、独立遗传($r=\frac{1}{2}$)和一般连锁($0<r<\frac{1}{2}$)的情况下，μ和σ^2有不同的表现.

(1)若$r=0$(完全连锁)，则有

$$\begin{cases}\mu_{\mathrm{MM}} = d \qquad \mu_{\mathrm{Mm}} = h \qquad \mu_{\mathrm{mm}} = -d \\ \sigma^2_{\mathrm{MM}} = \sigma^2_{\mathrm{Mm}} = \sigma^2_{\mathrm{mm}} = 0\end{cases} \tag{7.3.5}$$

表明标记(M, m)完全控制着数量性状座位(Q, q).

(2)若$r=\frac{1}{2}$(独立遗传)，则有

$$\begin{cases}\mu_{\mathrm{MM}} = \mu_{\mathrm{Mm}} = \mu_{\mathrm{mm}} = \dfrac{1}{2}h \\ \sigma^2_{\mathrm{MM}} = \sigma^2_{\mathrm{Mm}} = \sigma^2_{\mathrm{mm}} = \dfrac{d^2}{2} + \dfrac{h^2}{4}\end{cases} \tag{7.3.6}$$

表明(M, m)和(Q, q)分别位于不同染色体上，为独立遗传.

(3)若$0<r<1/2$，则μ_{MM}、μ_{Mm}、μ_{mm}间均不相等；σ^2_{MM}、σ^2_{Mm}、σ^2_{mm}间均不相等，这时标记与 QTL 仅存在一般的连锁关系.

在基于标记分组可给出的标记与 QTL 共分离的信息(表 7.3.4)之下，若单标记基因型不存在偏分离，能形成若干基于标记的单标记分析法，下面分述之.

7.3.4　均值差-方差分析法及参数估计

均值差检验法的基本思想是：检验同一标记座位上不同基因型间数量性状均值的差异，若差异显著，则表明标记(M, m)和 QTL 连锁，检验的无效假设H_0: $r=\frac{1}{2}$(独立遗传). 式(7.3.6)表明，在H_0成立的条件下，Soller 等(1976)提出了标记间数量性状$\bar{y}_1$、$\bar{y}_2$、$\bar{y}_3$间的均值差检验，以标记基因型为单因素的完全随机试验的方差分析法和数量性状表型值y与标记编码值间的相关或回归法.

1. 标记间数量性状均值差检验法

若H_0: $r=\frac{1}{2}$成立，据式(7.3.6)有$\mu_{\mathrm{MM}}=\mu_{\mathrm{Mm}}=\mu_{\mathrm{mm}}$，则对应的标记内数量性状均值$\bar{y}_1$、$\bar{y}_2$、$\bar{y}_3$两两间差的期望为零，即

$$\begin{cases}E(\bar{y}_1-\bar{y}_3) = 2(1-2r)d = 0 \\ E(\bar{y}_1-\bar{y}_2) = (1-2r)d - (1-2r)^2h = 0 \\ E(\bar{y}_1-\bar{y}_3) = (1-2r)d + (1-2r)^2h = 0\end{cases} \tag{7.3.7}$$

因而可用均值差的检验进行H_0: $r=\frac{1}{2}$检验，分两种情况.

(1)S_1^2、S_2^2、S_3^2和$S_{F_2}^2$同质时，可由S_1^2、S_2^2、S_3^2估计一个共同的方差S^2

$$S^2=\frac{(n_1-1)S_1^2+(n_2-1)S_2^2+(n_3-1)S_3^2}{n_1+n_2+n_3-3} \tag{7.3.8}$$

或直接利用 n 个数据 F_2 方差，即$S^2=S_{F_2}^2$，在这种情况下，$\bar{y}_i$与$\bar{y}_j$间的均值差t_{ij}检验为

$$t_{ij}=\frac{|\bar{y}_i-\bar{y}_j|}{\sqrt{S^2(\frac{1}{n_i}+\frac{1}{n_j})}}\sim t(n_i+n_j-2) \tag{7.3.9}$$

(2)当S_1^2、S_2^2、S_3^2不同质时，$\bar{y}_i$与$\bar{y}_j$的均值差检验为

$$t_{ij}=\frac{|\bar{y}_i-\bar{y}_j|}{\sqrt{\frac{S_i^2}{n_i}+\frac{S_j^2}{n_j}}}\sim t([f_{ij}]) \tag{7.3.10}$$

其中，自由度修正为

$$f_{ij}=(\frac{S_i^2}{n_i}+\frac{S_j^2}{n_j})\Big/\left[\frac{(S_i^2/n_i)^2}{n_i-1}+\frac{(S_j^2/n_j)^2}{n_j-1}\right] \tag{7.3.11}$$

的整数部分$[f_{ij}]$，如$f_{ij}=9.02$，则$[9.02]=9$.

对于例 7.3.1，前面已检验S_1^2、S_2^2、S_3^2和$S_{F_2}^2$是同质的，用S_1^2、S_2^2、S_3^2估计的共同方差S^2为

$$S^2=\frac{8S_1^2+40S_2^2+25S_3^2}{73}=6.65$$

$\bar{y}_1$、$\bar{y}_2$、$\bar{y}_3$两两间无差异的检验结果为

$$t_{13}=\frac{2.75}{\sqrt{6.65\times(\frac{1}{9}+\frac{1}{26})}}=2.757>t_{0.01}(33)=2.736$$

$$t_{12}=\frac{1.08}{\sqrt{6.65\times(\frac{1}{9}+\frac{1}{41})}}=1.138<t_{0.01}(48)=2.012$$

$$t_{23}=\frac{1.67}{\sqrt{6.65\times(\frac{1}{41}+\frac{1}{26})}}=2.583>t_{0.01}(65)=2.05$$

表明标记与 QTL 间存在一定程度的连锁.

2. 以标记基因型为单因素的完全随机试验的方差分析法

如表 7.3.4 所示，如果标记基因型有 3 个，则将数量性状样本分为三组

$$\text{MM}(1):\ y_{11}\quad y_{12}\quad\cdots\quad y_{1n_1},\quad T_1=\sum_{j=1}^{n_1}y_{1j},\ \bar{y}_1, S_1^2$$

$$\text{Mm}(0):\ y_{01}\quad y_{02}\quad\cdots\quad y_{0n_2},\quad T_2=\sum_{j=1}^{n_2}y_{0j},\ \bar{y}_2,\ S_2^2$$

$$\text{mm}(-1):\ y_{-11}\quad y_{-12}\quad\cdots\quad y_{-1n_3},\quad T_3=\sum_{j=1}^{n_3}y_{-1j},\ \bar{y}_3, S_3^2$$

$$T=\sum_{i=-1}^{1}\sum_{j=1}^{n_i}y_{ij},\bar{y}$$

如果无效假设为$H_0: r=\frac{1}{2}$，则由式(7.3.6)知，H_0等价于$\mu_{MM}=\mu_{Mm}=\mu_{mm}$，而且$\sigma_{MM}^2=\sigma_{Mm}^2=\sigma_{mm}^2$．另外，如果标记基因型无偏分离，且$S_1^2$、$S_2^2$、$S_3^2$和$S_{F_2}^2$方差同质．因此，在$H_0$之下，可把数量性状$y$容量为 n 的样本看成以标记基因型为处理的分别重复n_1、n_2和n_3次的单因素完全随机试验的结果，其方差分析模型为

$$y_{ij}=\mu+\alpha_i+\varepsilon_{ij},\quad i=-1,0,1,\quad j=1,2,\cdots,n \tag{7.3.12}$$

其中，μ为群体平均；α_i为相应标记基因型的主效应，如$\alpha_{-1}=\mu_{MM}-\mu$等，α_i为固定效应，满足$\alpha_{-1}+\alpha_0+\alpha_1=0$，其方差为$k_M^2=\frac{1}{2}\sum_i\alpha_i^2$，在这种情况下，$H_0$等价于$k_M^2=0$. ε_{ij}间相互独立且均服从$N(0,\sigma^2)$，其方差分析模式如表 7.3.6 所示.

表 7.3.6　以标记基因型为单因素的完全随机试验方差分析

变异来源	自由度	平方和	均方	期望均方
标记基因型间	$k-1$	SS_M	MS_M	$\sigma^2+n_0k_M^2$
随机误差	$n-k$	SS_e	MS_e	σ^2
总变异	$n-1$	SS_T		

其中，n_0为标记内基因型次数n_i的调合平均数，$i=1,2,\cdots,k_j$；k为标记基因型个数

$$n_0=\frac{(\sum_i n_i)^2-\sum_i n_i^2}{(k-1)\sum_i n_i}=\frac{n^2-\sum_i n_i^2}{(k-1)n} \tag{7.3.13}$$

对于例 7.3.1，有

$$n_0=\frac{76^2-(9^2+26^2+41^2)}{(3-1)\times 76}=21.96$$

$$SS_T=\sum_i\sum_j y_{ij}^2-T^2/n=43804.7-(1813.03)^2/76=553.7$$

$$SS_M=\frac{1}{n_1}T_1^2+\frac{1}{n_2}T_2^2+\frac{1}{n_3}T_3^2-T^2/n$$

$$=\frac{1}{9}\times(228.4)^2+\frac{1}{41}\times(996.33)^2+\frac{1}{26}\times(588.3)^2-\frac{(1813.03)^2}{76}=68.2$$

$$SS_e=SS_T-SS_M=485.5$$

表 7.3.7 为例 7.3.1 的方差分析表，表明标记(M, m)与 QTL 间极显著的存在连锁.

表 7.3.7　例 7.3.1 标记基因型间的数量性状方差分析

变异原因	自由度	平方和	均方	F
标记基因型间	2	68.2	34.1	5.217**
随机误差	73	485.5	6.65	$F_{0.01}^{(2.73)}=4.90$
总变异	75	553.7		

3. 相关或直线回归法

由表 7.3.2 可得标记(M, m)和 QTL 基因型值的联合分布表 7.3.8．由此可推导出判断连锁存在的相关法或直线回归法.

表 7.3.8　标记和 QTL 基因型值联合分布表

M \ Q	QQ(d)	Qq (h)	Qq ($-d$)	
MM(1)	$\frac{1}{4}(1-r)^2$	$\frac{1}{2}r(1-r)$	$\frac{1}{4}r^2$	$\frac{1}{4}$
Mm(0)	$\frac{1}{2}r(1-r)$	$\frac{1}{2}(2r^2-2r+1)$	$\frac{1}{2}r(1-r)$	$\frac{1}{2}$
Mm(−1)	$\frac{1}{4}r^2$	$\frac{1}{2}r(1-r)$	$\frac{1}{4}(1-r)^2$	$\frac{1}{4}$
	$\frac{1}{4}$	$\frac{1}{2}$	$\frac{1}{4}$	

1)标记基因型值与性状表型值的相关检验法

由表 7.3.8 知，标记基因型值的均值μ_{M}和方差σ_{M}^2分别为

$$\mu_{\mathrm{M}} = \frac{1}{4}\times 1 + \frac{1}{2}\times 0 + \frac{1}{4}\times(-1) = 0$$

$$\sigma_{\mathrm{M}}^2 = \frac{1}{4}\times 1^2 + \frac{1}{2}\times 0^2 + \frac{1}{4}\times(-1)^2 - \mu_M^2 = \frac{1}{2}$$

QTL 基因型的均值μ_{Q}、遗传方差$\sigma_{\mathrm{Q}g}^2$和表型方差$\sigma_{\mathrm{Q}p}^2$分别为

$$\mu_{\mathrm{Q}} = \frac{1}{4}d + \frac{1}{2}h + \frac{1}{4}(-d) = \frac{1}{2}h$$

$$\sigma_{\mathrm{Q}g}^2 = \frac{1}{4}d^2 + \frac{1}{2}h^2 + \frac{1}{4}(-d)^2 - \mu_Q^2 = \frac{1}{2}d^2 + \frac{1}{4}h^2$$

$$\sigma_{\mathrm{Q}p}^2 = \sigma_{\mathrm{Q}g}^2 + \sigma_e^2$$

二者的遗传协方差为

$$\mathrm{Cov}(\mathrm{M},\mathrm{Q}) = \frac{1}{4}(1-r)^2 d + \frac{1}{2}r(1-r)h + \frac{1}{4}r^2(-d) + \frac{1}{4}r^2(-d) + \frac{1}{2}r(1-r)(-h) + \frac{1}{4}(1-r)^2 d - \mu_M\mu_Q = \frac{1}{2}(1-2r)d$$

标记基因型与 QTL 表型值的相关系数为

$$r_{MQP} = \frac{\mathrm{Cov}(M,Q)}{\sigma_M\sigma_{QP}} = \frac{1}{2}(1-2r)\,d\Big/\sqrt{\frac{\sigma_{QP}^2}{2}} = (1-2r)\sqrt{\frac{d^2}{2\sigma_{QP}^2}} \tag{7.3.14}$$

显然，标记与 QTL 连锁的无效假设$\mathrm{H}_0{:}\, r = \frac{1}{2}$等价于$\mathrm{H}_0{:}\, r_{MQP} = 0$.

相关系数r_{MQP}由如下样本计算$(x_i, y_i), i = 1, 2, \cdots, n$，其中$y_i$为数量性状观察值，$x_i$为对应个体的标记基因型值，计算公式为

$$r_{xy} = r_{MQP} = \frac{\sum_i (x_i-\bar{x})(y_i-\bar{y})}{\sqrt{\sum_i (x_i-\bar{x})^2 \sum_i (y_i-\bar{y})^2}} \tag{7.3.15}$$

检验$r_{MQP} = 0$的 t 检验为

$$t = \frac{r_{xy}}{\sqrt{(1-r_{xy}^2)/(n-2)}} \sim t(n-2) \tag{7.3.16}$$

对于例 7.3.1，$r_{xy} = -0.349, t = 3.2036^{**} > t_{0.01}(74) = 2.650$，表明标记与性状 QTL 有极显著的连锁存在.

2)性状表型值y关于标记基因型值x的直线回归法

如果n个样本点(x_i, y_i)中存在直线回归关系$y = \beta_0 + \beta x$，则由直线回归相关理论、上述$\mathrm{Cov}(\mathrm{M},\mathrm{Q})$公式及$r_{\mathrm{MQP}}$公式知

$$\beta = \frac{\mathrm{Cov(M,Q)}}{\sigma_{\mathrm{M}}^2} = (1-2r)d = \sqrt{2\sigma_{\mathrm{QP}}^2}r_{\mathrm{MQP}} \tag{7.3.17}$$

因而，标记与 QTL 连锁的无效假设$H_0: r=\frac{1}{2}$等价于直线回归的无效假设$\mathrm{H_0}: \beta=0$．因而上述直线回归法和相关法是等价的，一般只采用相关法．

4. 重组率及 QTL 参数的估计

估计重组率r、QTL 的参数d和h的原理如下．

QTL 三个基因型 QQ、Qq 和 qq 的基因型值估计为

$$\hat{G}(\mathrm{QQ}) = \bar{P}_1(\text{大亲}) = \hat{\mu}+\hat{d}$$

$$\hat{G}(\mathrm{Qq}) = \bar{F}_1 = \hat{\mu}+\hat{h}$$

$$\hat{G}(\mathrm{qq}) = \bar{P}_2(\text{小亲}) = \hat{\mu}-\hat{d}$$

结合表 7.3.4 有如下估计方程组

$$\begin{cases}\bar{P}_1-\bar{P}_2 = 2\hat{d}\\ \bar{y}_1-\bar{y}_3 = 2(1-2\hat{r})\hat{d}\\ \bar{y}_2-\frac{1}{2}(\bar{y}_1+\bar{y}_3) = (1-2\hat{r})^2\hat{h}\end{cases} \tag{7.3.18}$$

在例 7.3.1 中，并不知道$\bar{P}_1$和$\bar{P}_2$，但方程组中第二个、第三个方程中的$\bar{y}_1$、$\bar{y}_2$和$\bar{y}_3$在表 7.3.4 中已知．为了估计$\hat{r}$、$\hat{d}$和$\hat{h}$及其方差，令

$$L_1 = \frac{\bar{y}_1-\bar{y}_3}{\bar{p}_1-\bar{p}_2} = 1-2\hat{r} \tag{7.3.19}$$

则有

$$\begin{cases}\hat{r} = \frac{1}{2}(1-L_1)\\ \hat{d} = \frac{\bar{y}_1-\bar{y}_3}{2(1-2\hat{r})} = \frac{\bar{y}_1-\bar{y}_3}{2L_1}\\ \hat{h} = \frac{\bar{y}_2-\frac{1}{2}(\bar{y}_1+\bar{y}_3)}{(1-2\hat{r})^2} = \frac{1}{L_1^2}\left[\bar{y}_2-\frac{1}{2}(\bar{y}_1+\bar{y}_3)\right]\end{cases} \tag{7.3.20}$$

式(7.3.20)表明，S_r^2与L_1有关，L_1是$(\bar{y}_1-\bar{y}_3)$和$(\bar{P}_1-\bar{P}_2)$的函数，在它们的均值处对L_1进行泰勒展开，略去平方等高次项，求L_1的方差(FisherΔ技术)可得

$$\begin{cases}S_{L_1}^2 = \frac{1}{(\bar{P}_1-\bar{P}_2)^2}\left(\frac{S_1^2}{n_1-1}+\frac{S_3^2}{n_3-1}\right)+\frac{(\bar{y}_1-\bar{y}_3)^2}{(\bar{P}_1-\bar{P}_2)^4}(S_{\bar{P}_1}^2+S_{\bar{P}_1}^2)\\ S_r^2 = \frac{1}{4}S_{L_1}^2\end{cases} \tag{7.3.21}$$

把L_1视为常数可得

$$\begin{cases}S_{\hat{d}}^2 = \frac{1}{4L_1^2}\left(\frac{S_1^2}{n_1-1}+\frac{S_3^2}{n_3-1}\right)\\ S_{\hat{h}}^2 = \frac{1}{L_1^4}\left[\frac{S_2^2}{n_2-1}+\frac{1}{4}\left(\frac{S_1^2}{n_1-1}+\frac{S_3^2}{n_3-1}\right)\right]\end{cases} \tag{7.3.22}$$

对于例 7.3.1，为了得到估计值$\hat{r}$，必须知道两个亲本的均值$\bar{P}_1$和$\bar{P}_2$．为此，对 $\mathrm{F_2}$ 的样本从小到大排序，从两端各取 8~10 个数据的平均值，作为$\bar{P}_2$和$\bar{P}_1$．取前后各 8 个数据，得$\bar{P}_1 = 28.67, \bar{P}_2 = 20.03, S_{\bar{P}_1}^2 = 0.1978, S_{\bar{P}_2}^2 = 0.0213$，由此，按式(7.3.18)~式(7.3.22)有

$$L_1 = 0.32 \qquad S_{L_1}^2 = 0.0117$$

$$\hat{r}=\frac{1}{2}(1-L_1)=0.34 \qquad S_r^2=\frac{1}{4}S_{L_1}^2=0.0029 \qquad \hat{r}\pm S_r=0.34\pm 0.0541$$

$$\hat{d}=4.2969 \qquad S_d^2=\frac{1}{4L_1^2}\left(\frac{S_1^2}{n_1-1}-\frac{S_3^2}{n_3-1}\right)=2.0843 \qquad \hat{d}\pm S_d=4.2969\pm 1.4439$$

$$\hat{h}=2.8809 \qquad S_h^2=\frac{1}{L_1^4}\left[\frac{S_2^2}{n_2-1}+\frac{1}{4}\left(\frac{S_1^2}{n_1-1}+\frac{S_3^2}{n_3-1}\right)\right]=39.5048,$$

$\hat{h}\pm S_h=2.8809\pm 6.2853$

均值–方差分析法的优点是简单直观, 但由其判断连锁存在和估计分两步进行, 精度不会很高. 另外, 在一条染色体上, 标记与 QTL 越近, r越小, 判断连锁的t检验或F检值要求越大; 相反, r值越大, t值和F值越小. 因而, 据t值或F值大小仅能判断 QTL 相对位置, 不能给出具体位置. 若有两个 QTL, 则在相引连锁时会造成两个 QTL 效应叠加, 表现出大的t检验值或F检验值, 会造成两个 QTL 间还有一个 QTL 的虚假判断, 造成识别两个真正 QTL 的困难; 相反, 在相斥连锁时, 两个 QTL 的效应会抵消, 使t检验值或F检验值小, 也无法检测出两个 QTL. 因此, 单标记的均值–方差分析法一般不适用于存在两个 QTL 的情况, 仅适用于对数据的初步分析.

7.3.5 最大似然估计的 EM 算法

均值-方差分析法估计的 QTL 参数精确度低, 但 QTL 定位要求对重组率r的估计精确度高. 下面介绍r、d、h估计和统计检验成一体的极大似然方法(maximum likelihood). 其精确度比均值–方差分析法要好.该方法的前提假定是: 如果标记位点与 QTL 连锁, 则数量性状在标记基因型内服从有限混合正态分布, 仍以F_2为例说明.

在表 7.3.4 中, 假设 QQ、Qq 和 qq 表型值分别服从$N(\mu_j,\sigma_j^2)$(方差异质)或$N(\mu_j,\sigma^2)$(方差同质), 概率密度函数为

$$f_j(y)=\begin{cases}\frac{1}{\sqrt{2\pi}\sigma_j}\mathrm{e}^{-(y-\mu_j)^2/2\sigma_j^2} \text{ (方差异质)}\\ \frac{1}{\sqrt{2\pi}\sigma}\mathrm{e}^{-(y-\mu_j)^2/2\sigma^2} \text{ (方差异质)}\end{cases} \tag{7.3.23}$$

其中, $j=1,2,3$, 分别对应 QQ、Qq 和 qq. 表 7.3.4 表明, 每一标记基因型内均服从有限混合正态分布(三个正态分布的线性组合)

$$\begin{cases}f_{\mathrm{MM}}(y)=(1-r)^2f_1(y)+2r(1-r)f_2(y)+r^2f_3(y)\\ f_{\mathrm{Mm}}(y)=r(1-r)f_1(y)+(2r^2-2r+1)f_2(y)+r(1-r)f_3(y)\\ f_{\mathrm{mm}}(y)=r^2f_1(y)+2r(1-r)f_2(y)+(1-r)^2f_3(y)\end{cases} \tag{7.3.24}$$

简写为

$$f_{M_i}(y_{ik})=\sum_{j=1}^{3}p_{ij}(r)f_j(y),\quad i=1,2,3 \text{ (对应 MM、Mm 和 mm)} \tag{7.3.25}$$

其中, $f_j(y)$称为成分分布, 其权重p_{ij}为重组率r的函数, 即

$$\begin{cases}p_{11}=(1-r)^2 \quad p_{12}=2r(1-r) \quad p_{13}=r^2\\ p_{21}=r(1-r) \quad p_{22}=2r^2-2r+1 \quad p_{23}=r(1-r)\\ p_{31}=r^2 \quad p_{32}=2r(1-r) \quad p_{33}=(1-r)^2\end{cases} \tag{7.3.26}$$

令$f_j(y)$的待估参数向量为

$$\boldsymbol{\Phi}=(\mu_1,\mu_2,\mu_3,\sigma_1^2,\sigma_2^2,\sigma_3^2)^{\mathrm{T}} \tag{7.3.27}$$

对于表 7.3.4 中标记分离的三个样本数据

$$y_{ik}, i=1,2,3(\text{对应}\mathrm{M}_i),\quad k=1,2,\cdots,n_i \tag{7.3.28}$$

式(7.3.25)在重组率$r(0<r<\frac{1}{2})$处的似然函数为

$$L(\boldsymbol{\Phi}|r)=\prod_{i=1}^{3}\prod_{k=1}^{n_i}f_{M_i}(y_{ik}) \tag{7.3.29}$$

对数似然函数为

$$l(\boldsymbol{\Phi}|r)=\ln L(\boldsymbol{\Phi}|r)=\sum_{i=1}^{3}\sum_{k=1}^{n_i}\ln[\sum_{j=1}^{3}p_{ij}f_j(y_{ik})] \tag{7.3.30}$$

利用极大似然估计法如何通过$l(\boldsymbol{\Phi}|r)$估计参数向量$\boldsymbol{\Phi}$呢？下面叙述 EM 算法.

E(期望)步：令

$$a_{ij}(r)=p_{ij}(r)f_j(y_{ik};\mu_j,\sigma_j^2)/\sum_{t=1}^{3}p_{it}(r)f_t(y_{ik};\mu_t,\sigma_t^2) \tag{7.3.31}$$

为M_i中个体$y_{ik}(k=1,2,\cdots,n_i)$在r处属于 QTL 基因型j(对应 QQ、Qq 和 qq)的后验概率,则可通过对$l(\boldsymbol{\Phi}|r)$关于待估参数求偏导并等于零而进入 EM 算法的 M 步.

M(极大化)步

$$\begin{cases}\dfrac{\partial l(\boldsymbol{\Phi}|r)}{\partial\mu_j}=\sum\limits_{i=1}^{3}\sum\limits_{k=1}^{n_i}a_{ij}(r)\dfrac{\partial\ln f_i}{\partial\mu_j}=\sum\limits_{i=1}^{3}\sum\limits_{k=1}^{n_i}a_{ij}(r)\dfrac{y_{ik}-\mu_j}{\sigma_j^2}=0\\ \dfrac{\partial l(\boldsymbol{\Phi}|r)}{\partial\sigma_j^2}=\sum\limits_{i=1}^{3}\sum\limits_{k=1}^{n_i}a_{ij}(r)\dfrac{\partial\ln f_i}{\partial\sigma_j^2}=\sum\limits_{i=1}^{3}\sum\limits_{k=1}^{n_i}a_{ij}(r)-\dfrac{1}{2\sigma_j^2}+\dfrac{(y_{ik}-\mu_j)^2}{2\sigma_j^4}=0\end{cases} \tag{7.3.32}$$

即得到用$a_{ij}(r)$表示的极大似然估计的正则方程组，解之得r处的μ_j和σ_j^2的极大似然估计

$$\begin{cases}\hat{\mu}_j(r)=\dfrac{\sum_{i=1}^{3}\sum_{k=1}^{n_i}a_{ij}(r)y_{ik}}{\sum_{i=1}^{3}\sum_{k=1}^{n_i}a_{ij}(r)}\\ \hat{\sigma}_j^2(r)=\dfrac{\sum_{i=1}^{3}\sum_{k=1}^{n_i}a_{ij}(r)(y_{ik}-\mu_j)^2}{\sum_{i=1}^{3}\sum_{k=1}^{n_i}a_{ij}(r)}(\text{方差异质})\\ \hat{\sigma}^2(r)=\sum_{i=1}^{3}\sum_{j=1}^{3}\sum_{k=1}^{n_i}\dfrac{a_{ij}(r)(y_{ik}-\mu_j)^2}{n}(\text{方差同质})\end{cases} \tag{7.3.33}$$

其中，$\sum_{i=1}^{3}n_i=n$.

对于 F_2 群体，式(7.3.23)~式(7.3.33)给出了标记与 QTL 重组率r、QTL 遗传参数d、h的极大似然估计的 EM 算法，下面叙述它的具体过程.

对 QTL 成分分布给定初值$\boldsymbol{\Phi}^{(0)}=(\mu_1^{(0)},\mu_2^{(0)},\mu_3^{(0)},\sigma_1^{2(0)},\sigma_2^{2(0)},\sigma_3^{2(0)})^{\mathrm{T}}$，并对每一个确定的 QTL 与标记的重组率$r_l=0.01l(l=0,1,2,\cdots,50$,因为$r<\frac{1}{2})$，可得$M_i$中个体$y_{ik}(k=0,1,\cdots,n_i)$属于 QTL 基因型$j$的后验概率

$$a_{ij}^{(0)}=p_{ij}(r_l)f_j(y_{ik};\mu_j^{(0)},\sigma_j^{2(0)})/\sum_{t=1}^{3}p_{it}(r_l)f_t(y_{ik};\mu_t^{(0)},\sigma_t^{2(0)}) \tag{7.3.34}$$

则可获得重组率为r_ℓ时的极大化估计$\hat{\mu}_j^{(1)}$、$\hat{\sigma}_j^{2(1)}$和$\hat{\sigma}^{2(1)}$

$$\begin{cases}\hat{\mu}_j^{(1)}=\dfrac{\sum_{i=1}^{3}\sum_{k=1}^{n_i}a_{ij}^{(0)}y_{ik}}{\sum_{i=1}^{3}\sum_{k=1}^{n_i}a_{ij}^{(0)}}\\ \hat{\sigma}_j^{2(1)}=\dfrac{\sum_{i=1}^{3}\sum_{k=1}^{n_i}a_{ij}^{(0)}(y_{ik}-\mu_j^{(0)})^2}{\sum_{i=1}^{3}\sum_{k=1}^{n_i}a_{ij}^{(0)}}\text{(方差异质)}\\ \hat{\sigma}^{2(1)}=\dfrac{1}{n}\sum_{i=1}^{3}\sum_{j=1}^{3}\sum_{k=1}^{n_i}a_{ij}^{(0)}\,(y_{ik}-\mu_j^{(0)})^2\text{(方差同质)}\end{cases}\tag{7.3.35}$$

在r_l之下，可仿式(7.3.34)和式(7.3.35)给出$a_{ij}^{(1)}$及$\hat{\mu}_j^{(2)}$、$\hat{\sigma}_j^{2(2)}$或$\hat{\sigma}^{2(2)}$，一般的迭代过程为

$$\begin{cases}a_{ij}^{(t+1)}=p_{ij}(r_l)\dfrac{f_j(y_{ik};\hat{\mu}_j^{(t)},\hat{\sigma}_j^{2(j)})}{\sum_{\theta=1}^{3}p_{i\theta}(r_l)f_\theta(y_{ik};\hat{\mu}_\theta^{(t)},\hat{\sigma}_j^{2(j)})}\\ \hat{\mu}_j^{(t+1)}=\dfrac{\sum_{i=1}^{3}\sum_{k=1}^{n_i}a_{ij}^{(t)}y_{ik}}{\sum_{i=1}^{3}\sum_{k=1}^{n_i}a_{ij}^{(t)}}\\ \hat{\sigma}_j^{2(t+1)}=\dfrac{\sum_{i=1}^{3}\sum_{k=1}^{n_i}a_{ij}^{(t)}(y_{ik}-\hat{\mu}_j^{(t)})^2}{\sum_{i=1}^{3}\sum_{k=1}^{n_i}a_{ij}^{(t)}}\text{ (方差异质)}\\ \hat{\sigma}^{2(t+1)}=\dfrac{1}{n}\sum_{i=1}^{3}\sum_{j=1}^{3}\sum_{k=1}^{n_i}a_{ij}^{(t)}\,(y_{ik}-\mu_j^{(t)})^2\text{(方差同质)}\end{cases}\tag{7.3.36}$$

其中，$t=0,1,2,\cdots,l=0,1,2,\cdots,50,n=n_1+n_2+n_3$. 对于每一个固定的$r_l$，当对数似然函数值$\left|l\left(y_{ik}|r_l,\boldsymbol{\Phi}^{(t+1)}\right)-l\left(y_{ik}|r_l,\boldsymbol{\Phi}^{(t)}\right)\right|<\varepsilon$(预定精确度)时就得到在$r_l$之下的估计$\hat{\mu}_j$、$\hat{\sigma}_j^2$或$\hat{\sigma}^2$.

表 7.3.9　不同r值下 EM 迭代次数及对数似然函数值

r_l	迭代次数 t				
	1	2	3	4	5
0.00	−111.7828	−111.7828			
0.01	−111.7808	−111.7808			
0.02	−111.7791	−111.7792			
0.03	−111.7778	−111.7777			
0.04	−111.7767	−111.7767			
0.05	−111.7759	−111.7759			
0.06	−111.7756	−111.7755			
0.07	−111.7756	−111.7756			
0.08	−111.7761	−111.7761			
0.09	−111.7770	−111.7770			
0.10	−111.7784	111.7784			
0.15	−111.7935	−111.7934			
0.20	−111.8226	−111.8225	−111.8224		
0.25	−111.8647	−111.8646	−111.8645	−111.8644	
0.30	−111.9181	−111.9178	−111.9177	−111.9176	−111.9175
0.35	−111.9834	−111.9831	−111.9830	−111.9829	−111.9828
0.40	−112.0677	−112.0676	−112.0674	−112.0674	
0.45	−112.1820	−112.1819	−112.1818		
0.50	−112.3342	−112.3341	−112.3340		

【例 7.3.2】　以例 7.3.1 中关于标记 RG573与生育期的资料为例说明，基于标记分组的

结果为$n_1=17,\bar{y}_1=113.3333,S_1^2=45.0$; $n_2=37,\bar{y}_2=112.3171,S_2^2=40.3720$; $n_3=22,\bar{y}_3=110.8462,S_3^2=87.6554$. 用 $\bar{y}_1$ 、 $\bar{y}_2$ 、 $\bar{y}_3,S_1^2,S_2^2$ 和 S_3^2 分别作为 $\mu_1^{(0)},\mu_2^{(0)},\mu_3^{(0)},\sigma_1^{2(0)},\sigma_2^{2(0)},\sigma_3^{2(0)}$ 进行上述 EM 算法迭代, 预定精确度$\varepsilon=0.0001$, 其结果如表 7.3.9 所示.

表 7.3.9 中所列迭代结果表明: ①$0\leqslant r\leqslant0.15$时, 两次迭代已满足预定精度$\varepsilon=0.0001$; 当$0.20\leqslant r\leqslant0.5$时, 迭代次数为 3~5 次; ②在$r=0.06$时, 对数似然函数值最大(−111.7755), 因而$\hat{r}=0.06$; ③与$\hat{r}=0.06$相对应的迭代两次结果的 QTL 各基因型均值和方差分别为

$$\hat{\mu}_1=113.446\quad \hat{\sigma}_1^2=39.4855$$
$$\hat{\mu}_2=112.386\quad \hat{\sigma}_2^2=37.6834$$
$$\hat{\mu}_3=110.551\quad \hat{\sigma}_3^2=87.8789$$

由上述分布参数估计的遗传参数为

$$\hat{d}=\frac{1}{2}(\hat{\mu}_1-\hat{\mu}_3)=1.4475\qquad \hat{h}=\hat{\mu}_2-\frac{1}{2}(\hat{\mu}_1+\hat{\mu}_3)=0.3875$$

显性度及 QTL 的遗传方差分别为

$$\hat{h}/\hat{d}=0.2677$$
$$\hat{\sigma}_{QTLg}^2=\frac{1}{2}\hat{d}^2+\frac{1}{4}\hat{h}^2=1.0852$$

下面叙述极大似然估计重组率r的似然比检验. 表 7.3.1 及式(7.3.6)表明, 在$\mathrm{H}_0:r=\frac{1}{2}$时, S_1^2、S_2^2和S_3^2均为$\sigma_{P\mathrm{F}_2}^2$的估计, μ_{MM}、μ_{Mm}和μ_{mm}的无偏估计分别为$\bar{y}_1$、$\bar{y}_2$、$\bar{y}_3$, 它们均为μ_{F_2}的无偏估计, 极大似然估计的一大优点在于对参数模型给出一种统一的检验方法, 即似然比检验(likelihood ratio test, LRT). 假定某一模型H_1与它的特例模型H_2相差f个独立的限制条件(或相差f个可估参数), 则有如下似然比λ的结果

$$\mathrm{LRT}=\lambda=2\ln\frac{L_1}{L_2}=2(l_1-l_2)\sim\chi^2(f)\tag{7.3.37}$$

其中, L_1为模型H_1的似然函数, L_2为H_2的似然函数, 而l_1和l_2为相应的自然对数似然函数.

$\mathrm{LR}=\frac{L_1}{L_2}$称为似然比, 似然比的常用对数值称为LOD, 即$\mathrm{LOD}=\log_{10}\frac{L_1}{L_2}=\lg\frac{L_1}{L_2}$. LRT 和LOD是 DNA 标记连锁分析常用的两个检验统计量, 二者的关系为

$$\mathrm{LRT}=2\ln\frac{L_1}{L_2}=2\ln10^{\mathrm{LOD}}=4.6052\mathrm{LOD}\sim\chi^2(f)$$

故

$$\mathrm{LOD}\sim\frac{1}{4.6052}\chi^2(f)=0.217\chi^2(f)\tag{7.3.38}$$

在人类遗传学中检验连锁的似然比为$L_1/L_2=L(r)/L(\frac{1}{2}),0\leqslant r<\frac{1}{2}$, 其无效假设为$\mathrm{H}_0:r=\frac{1}{2}$. 一般要求$L(r)/L(\frac{1}{2})$大于 1000∶1, 即要求 LOD>3 作为连锁值显著的标准.

对于单标记基于标记的最大似然方法来讲, 检验标记与 QTL 连锁的无效假设为$\mathrm{H}_0:r=\frac{1}{2}$, 其LOD为

$$\text{LOD} = \lg\frac{L(r)}{L(\frac{1}{2})} = \lg\frac{L(\mu_j,\sigma_j^2)}{L(\mu_p,\sigma_p^2)} \sim 0.217\chi^2(f) \tag{7.3.39}$$

其中，$L(\mu_p,\sigma_p^2)$为无连锁时作图群体数量性状y的似然函数，$L(\mu_j,\sigma_j^2)$为按最大似然法估计重组率及QTL分布参数μ_j、σ_j^2的似然函数．由于$L(\mu_p,\sigma_p^2)$可直接由数量性状y的样本给出，故自由度仅决定$L(\mu_j,\sigma_j^2)$中要估计参数的个数．对于F_2，QTL的基因型有三个，要估计的分布参数有μ_1、μ_2、μ_3、σ_1^2、σ_2^2、σ_3^2和r(方差异质)，故$f = 7$，而对于方差同质情况，$f = 5$.对于BC_1群体，方差同质时，$f = 4$; 方差异质时，$f = 5$.

对于例 7.3.2，F_2 样本估计的$\hat{\mu}_p = 112.1138, \hat{\sigma}_p^2 = 55.5352$．由表 7.3.9 知，当$r = 0.06$时，$\ln L(r) = -111.7755$; 当$r = \frac{1}{2}$时，$\ln L\left(\frac{1}{2}\right) = -112.334$，故有

$$\ln\frac{L(r)}{L(\frac{1}{2})} = 112.3340 - 111.7755 = 0.5585 \qquad \text{LRT} = 2 \times 0.5585 = 1.1170$$

$$\text{LOD} = 0.217\text{LRT} = 0.2424 < 0.217\chi_{0.05}^2(7) = 0.217 \times 14.067 = 3.0525$$

表明 RG573 与生育期不存在连锁．

单标记分析每次只能分析一个标记与QTL的连锁及QTL遗传效应的估计，其缺点是显然的：①仅能确定 QTL 与单标记的连锁，无法确定 QTL 的位置；②不能判断与标记连锁的QTL数目；③由表 7.3.4 知，除了极大似然方法能独立估计r之外，其他方法均是r和QTL 效应混杂的方法．因而，单标记分析不如发展起来的双标记及多标记分析．

7.4 区间作图法和复合区间作图法

考虑到单标记分析法的缺点，人们提出了双标记分析法，即一次分析相邻的两个标记，以判断两个标记之间是否存在 QTL 并估计它的位置和基因效应．最具代表性的是 Lander 和 Botstein(1989)提出的区间定位或区间作图法(interval mapping, IM)和改进它缺点的复合区间作图法(composite interval mapping, CIM)(Jansen, 1993; Zeng, 1994).

7.4.1 区间作图法

区间作图法假定两个标间仅有一个 QTL，其位点为(Q, q)，左边标记位点为(M_1, m_1)，右边标记位点为(M_2, m_2)，分别简记为 Q、M_1 和 M_2. M_1 与 Q 的重组率为r_1, M_2 与 Q 的重组率为r_2, M_1 与 M_2 的重组率为r．示意图为图 7.4.1.

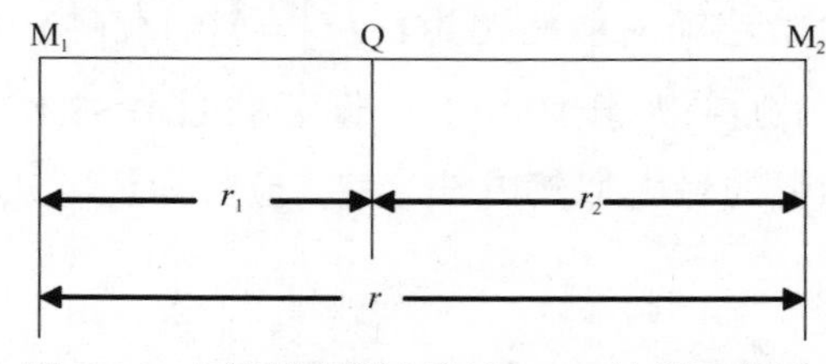

图 7.4.1 区间作图法标记与 QTL 连锁示意图

1. BC_1 群体的区间作图法

由上述假定可分别得到基于标记分组的 M_1 与 Q、M_2 与 Q 的基因型频率表 7.4.1.

表 7.4.1　M_1 与 Q 和 M_2 与 Q 的基因型频率表(BC_1)

	QQ	Qq			QQ	Qq	
$M_1 M_1$	$\frac{1-r_1}{2}$	$\frac{r_1}{2}$	$\frac{1}{2}$	M_2M_2	$\frac{1-r_2}{2}$	$\frac{r_2}{2}$	$\frac{1}{2}$
M_1m_1	$\frac{r_1}{2}$	$\frac{1-r_1}{2}$	$\frac{1}{2}$	M_2m_2	$\frac{r_2}{2}$	$\frac{1-r_2}{2}$	$\frac{1}{2}$
	$\frac{1}{2}$	$\frac{1}{2}$	1		$\frac{1}{2}$	$\frac{1}{2}$	1

利用表 7.4.1 所示的 M_1 对 Q 的分离和 M_2 对 Q 的分离，可以实现 M_1 和 M_2 对 Q 的二元分离及在二元分离下的 QTL 基因型 QQ 和 Qq 的条件概率$p_{ij}, i=0,1$(对应 Qq、QQ), $j=1,2,\cdots,n$(和数量性状观察$y_j(j=1,2,\cdots,n)$相对应). QQ 的指示变量 $x_j^*=1$, Qq 的指示变量 $x_j^*=0$. 二元分离将$y_1,y_2,\cdots,y_n$分为四个亚群，样本容量分别为n_1、n_2、n_3、n_4. 具体情况如表 7. 4. 2 所示.

表 7.4.2　BC_1 中 M_1 和 M_2 区间内 QQ 和 Qq 的条件概率及指示变量的期望值

标记编码		标记基因型	p_{ij}		样本容量	$E(x_i^*)$
M_1	M_2		$QQ(x_j^*=1)$	$Qq(x_j^*=0)$		
1	1	$M_1M_1M_2M_2$	$(s-t)/s$	t/s	n_1	$(s-t)/s$
1	0	$M_1M_1M_2m_2$	$(r_2-t)/r$	$(r_1-t)/r$	n_2	$(r_2-t)/r$
0	1	$M_1m_1M_2M_2$	$(r_1-t)/r$	$(r_2-t)/r$	n_3	$(r_1-t)/r$
0	0	$M_1m_1M_2m_2$	t/s	$(s-t)/s$	n_4	t/s

表 7.4.2 中，$s=1-r, C=$ 实际双交换律$/r_1 r_2, t=Cr_1r_2$，C 为符合系数，为什么有表 7.4.2 结果呢？首先，由于每个双交换都包括两个单交换，因而r_1和r_2在估计上均应加上实际双交换率t；其次，由表 7.4.1 知，$M_1M_1M_2M_2$ 在 QQ 和 Qq 上的频率应在$(1-r_1)(1-r_2)=1-r+r_1r_2$和$r_1r_2$上予以校正且二者之和等于 1，故前者为$(s-t)/s$，后者为$t/s$; $M_1M_1M_2m_2$ 在 QQ 和 Qq 上的频率应在$(1-r_1)r_2=r_2-r_1r_2$和$r_1(1-r_2)$上予以校正且二者之和等于 1，因而前者为$(r_2-t)/r$，后者为$(r_1-t)/r$，其他以此类推. 如果 M_1 和 M_2 间无双交换$(t=0)$且令$\theta=r_1/r$，则有表 7.4.3 所示结果.

表 7.4.3　BC_1 中和 M_2 内$(t=0)$QQ 和 Qq 的条件概率及x_j^*的期望值

标记编码		标记基因型	p_{ij}		样本容量	$E(x_i^*)$
M_1	M_2		$QQ(x_j^*=1)$	$Qq(x_j^*=0)$		1
1	1	$M_1M_1M_2M_2$	1	0	n_1	1
1	0	$M_1M_1M_2m_2$	$1-\theta$	θ	n_2	$1-\theta$
0	1	$M_1m_1M_2M_2$	θ	$1-\theta$	n_3	θ
0	0	$M_1m_1M_2m_2$	0	1	n_4	0

表 7.4.2 和表 7.4.3 中，把作图群体 BC_1 的数量性状观察$y_j(j=1,2,\cdots,n;\ n_1+n_2+$

$n_3+n_4=n$)和 QTL 基因型指示变量x_j^*及其在 M₁、M₂ 双分离条件下的条件概率p_{ij}联系在一起. 在此基础上, 提出了区间定位法的性状——QTL 回归模型

$$y_j=\mu+b^*x_j^*+\varepsilon_j,\ j=1,2,\cdots,n \tag{7.4.1}$$

其中, y_j为 BC_1 群体样本第j个个体的数量性状表型值; μ为群体均值; b 为 QTL 的效应; x_j为第j个 QTL 基因型的指示变量; ε_j为随机误差, 相互独立且均服从$N(0,\sigma^2)$. 在此模型之下有 QQ 和 Qq 的期望值

$$\mu_{\mathrm{QQ}}=\mu_1=\mu+b^* \qquad \mu_{\mathrm{Qq}}=\mu_0=\mu \tag{7.4.2}$$

$$b^*=\mu_1-\mu_0=E(\mathrm{QQ})-E(\mathrm{Qq})=d-h \qquad \frac{h}{d}=1-\frac{b^*}{d} \tag{7.4.3}$$

其中, d为基因型 QQ 的加性效应, h为 Qq 的显性效应, h/d为显性度.

由表 7.4.3 可看出, 在 M₁、M₂ 的二元分离下, 将样本$y_1,y_2,\cdots,y_n$分为四个亚群样本, 因而式(7.4.1)是一个含有待估参数θ的且有四个成分分布的混合正态分布模型. 将 QTL 基因型 QQ 和 Qq 按指示变量标准化

$$z_{1j}=(y_j-\mu-b^*)/\sigma \qquad z_{0j}=(y_j-\mu)/\sigma \tag{7.4.4}$$

它们均服从$N(0,1)$, 其密度函数均为$\varphi(z)=\mathrm{e}^{-z^2/2}/\sqrt{2\pi}$, 则混合正态分布模型的似然函数为

$$\begin{aligned}L(\mu,b^*,\sigma^2,\theta)=&\prod_{j=1}^{n}[p_{1j}\,\varphi\left(\frac{y_j-u-b^*}{\sigma}\right)+p_{0j}\varphi\left(\frac{y_j-u}{\sigma}\right)]\\=&\prod_{j=1}^{n_1}\varphi\left(\frac{y_j-u-b^*}{\sigma}\right)\prod_{j=1}^{n_2}[(1-\theta)\varphi\left(\frac{y_j-u-b^*}{\sigma}\right)\\&+\theta\varphi\left(\frac{y_j-u}{\sigma}\right)]\prod_{j=1}^{n_3}[\theta\varphi\left(\frac{y_j-u-b^*}{\sigma}\right)\\&+(1-\theta)\varphi\left(\frac{y_j-u}{\sigma}\right)]\prod_{j=1}^{n_4}\varphi\left(\frac{y_j-u}{\sigma}\right)\end{aligned} \tag{7.4.5}$$

对数似然函数为

$$\begin{aligned}l(\mu,b^*,\sigma^2,\theta)=\ln L=&\sum_{j=1}^{n}\ln[p_{1j}\varphi[\left(\frac{y_j-u-b^*}{\sigma}\right)+p_{0j}\varphi\left(\frac{y_j-u}{\sigma}\right)]\\=&\sum_{j=1}^{n_1}\ln\varphi\left(\frac{y_j-u-b^*}{\sigma}\right)+\sum_{j=1}^{n_2}\ln[(1-\theta)\varphi\left(\frac{y_j-u-b^*}{\sigma}\right)+\theta\,\varphi\left(\frac{y_j-u}{\sigma}\right)]\\&+\sum_{j=1}^{n_3}\ln[\theta\varphi\left(\frac{y_j-u-b^*}{\sigma}\right)+(1-\theta)\varphi\left(\frac{y_j-u}{\sigma}\right)]+\sum_{j=1}^{n_4}\ln\varphi\left(\frac{y_j-u}{\sigma}\right)\end{aligned} \tag{7.4.6}$$

表 7.4.3 和式(7.4.6)表明, 四个成分分布关于待估参数 b、μ、σ^2和θ并不独立, 因而极大似然估计的 EM 算法并不适用, 必须改用 ECM 算法. 据 BC_1 群体 QTL 只有两个基因型 QQ 和 Qq 的特点及式(7.4.4)~式(7.4.6), ECM 算法分两步: E(期望)步和 CM(条件极大化)步.

E步：给出待估参数初值$b^{(0)}$、$\mu^{(0)}$、$\sigma^{2(0)}$和$\theta^{(0)}$，则第j个个体y_j归属于QQ、Qq(对应$x_j=1$和$x_j=0$)的后验概率分别为${\omega_{1j}}^{(0)}$和${\omega_{0j}}^{(0)}$，且

$$\begin{cases}\omega_{1j}^{(0)}=p_{1j}^{(0)}\varphi(\frac{y_j-\mu^{(0)}-b^{*(0)}}{\sigma^{(0)}})\Big/[p_{1j}^{(0)}\varphi\left(\frac{y_j-\mu^{(0)}-b^{*(0)}}{\sigma\sigma^{(0)}}\right)+p_{0j}^{(0)}\varphi\left(\frac{y_j-\mu^{(0)}}{\sigma^{(0)}}\right)]\\ \omega_{0j}^{(0)}=1-\omega_{1j}^{(0)}\end{cases} \tag{7.4.7}$$

其中，$p_{1j}^{(0)}$和$p_{0j}^{(0)}$由$\theta^{(0)}$定(表7.4.3)。

由于x_j和y_j已知，可据最小二乘估计($\sum_j(y_j-\mu-b^*x_j)^2=min$)给出$\mu$、$b$和$\sigma^2$的初值，$\theta^{(0)}$取值范围为$0<\theta<1$。

CM步：对$l(\mu,b^*,\sigma^2,\theta)$关于$\mu$、$b^*$、$\sigma^2$和$\theta$求偏导数并等于零，得到估计

$$\begin{cases}b^*=\sum_{j=1}^{n}\omega_{1j}(y_j-\mu)/\sum_{j=1}^{n}\omega_{1j}\\ \mu=\sum_{j=1}^{n}(y_j-\omega_{1j}b^*)/n\\ \sigma^2=\frac{1}{n}\sum_{j=1}^{n}[(y_j-\mu)^2-\omega_{1j}b^{*2}]\\ \theta=[\sum_{j=1}^{n_2}(1-\omega_{1j})+\sum_{j=1}^{n_3}\omega_{1j}]/(n_2+n_3)\end{cases} \tag{7.4.8}$$

上述结果表明，只要知道ω_{1j}和μ就可求得b^*，知道b^*才能求得μ；知道μ和b^*能求出σ^2和θ，这个过程是一个条件极大化过程，即不能同时求得所有待估参数，具体来讲，CM可分为三个分步。

$\mathrm{M_1}$步：由式(7.4.8)知，知道$\omega_{1j}^{(0)}$和$\mu^{(0)}$可估计出$b^{*(1)}$

$$b^{*(1)}=\sum_{j=1}^{n}\omega_{1j}^{(0)}(y_j-\mu^{(0)})/\sum_{j=1}^{n}\omega_{1j}^{(0)} \tag{7.4.9}$$

$\mathrm{M_2}$步：由式(7.4.8)知，知道$\omega_{1j}^{(0)}$和$b^{*(1)}$可估计出$\mu^{(1)}$

$$\mu^{(1)}=\sum_{j=1}^{n}(y_j-\omega_{1j}^{(0)}b^{*(1)})/n \tag{7.4.10}$$

$\mathrm{M_3}$步：由式(7.4.8)知，已知$\omega_{1j}^{(0)}$、$b^{*(1)}$和$\mu^{(1)}$可估计$\sigma^{2(1)}$和$\theta^{(1)}$

$$\begin{cases}\sigma^{2(1)}=\frac{1}{n}\sum_{j=1}^{n}[(y_j-\mu^{(1)})^2-\omega_{1j}^{0}(b^{*(1)})^2]\\ \theta^{(1)}=[\sum_{j=1}^{n_2}\left(1-\omega_{1j}^{(0)}\right)+\sum_{j=1}^{n_3}\omega_{1j}^{(0)}]/(n_2+n_3)\end{cases} \tag{7.4.11}$$

上述为ECM算法在初值$\mu^{(0)}$、$b^{*(0)}$、$\sigma^{2(0)}$、$\theta^{(0)}$下的第一轮迭代结果$\mu^{(1)}$、$b^{*(1)}$、$\sigma^{2(1)}$、$\theta^{(1)}$，并得到在标记区间$[\mathrm{M_1},\mathrm{M_2}]$内存在QTL的第一个似然比统计量$\mathrm{LRT}^{(1)}$或$\mathrm{LOD}^{(1)}$

$$\mathrm{LRT}^{(1)}=2\ln\frac{L(\mu^{(1)},b^{*(1)},\sigma^{2(1)},\theta^{(1)})}{L(\hat{\mu},\hat{\sigma}^2)} \qquad \mathrm{LOD}^{(1)}=0.217\mathrm{LRT}^{(1)} \tag{7.4.12}$$

$[\mathrm{M_1},\mathrm{M_2}]$内存在QTL的无效假设为$\mathrm{H_0}: b^*=0, L(\hat{\mu},\hat{\sigma}^2)$为$[\mathrm{M_1},\mathrm{M_2}]$内不存在QTL的极大似函数值(在式(7.4.5)中令$b^*=0$)。

在第一轮迭代的基础上，由$\mu^{(1)}$、$b^{*(1)}$、$\sigma^{2(1)}$、$\theta^{(1)}$构造$\omega_{1j}^{(1)}$，进行第二轮迭代得μ^2、$b^{*(2)}$、$\sigma^{2(2)}$、$\theta^{(2)}$和$\mathrm{LOD}^{(2)}$……一般地，若第t轮的结果为$\mu^{(t)}$、$b^{*(t)}$、$\sigma^{2(t)}$、$\theta^{(t)}$和$\mathrm{LOD}^{(t)}$，则第$t+1$轮迭代结果为

$$\begin{cases}\omega_{1j}^{(t+1)}=p_{1j}^{(t)}\varphi\left(\frac{y_j-\mu^{(t)}-b^{*(t)}}{\sigma^{(t)}}\right)\Big/\left[p_{1j}^{(t)}\varphi\left(\frac{y_j-\mu^{(t)}-b^{*(t)}}{\sigma^{(t)}}\right)+p_{0j}^{(t)}\varphi\left(\frac{y_j-\mu^{(t)}}{\sigma^{(t)}}\right)\right]\\ b^{*(t+1)}=\sum_{j=1}^{n}\omega_{1j}^{(t)}(y_j-\mu^{(t)})/\sum_{j=1}^{n}\omega_{1j}^{(t)}\\ \mu^{(t+1)}=\sum_{j=1}^{n}(y_j-\omega_{1j}^{(t)}b^{*(t+1)})/n\\ \sigma^{2(t+1)}=\frac{1}{n}\sum_{j=1}^{n}[(y_j-\mu^{(t+1)})^2-\omega_{1j}^{(t)}(b^{*(t+1)})^2]\\ \theta^{(t+1)}=[\sum_{j=1}^{n_2}\left(1-\omega_{1j}^{(t)}\right)+\sum_{j=1}^{n_3}\omega_{1j}^{(t)}]/(n_2+n_3)\\ \mathrm{LOD}^{(t+1)}=0.217\mathrm{LRT}^{(t+1)}=0.217\times 2\ln\frac{L(\mu^{(t+1)},\sigma^{2(t+1)},b^{*(t+1)})}{L(\hat{\mu},\hat{\sigma}^2)}\end{cases}\tag{7.4.13}$$

其中，$t=0,1,2,\cdots$. 迭代到对数似然函数$l=\ln L$达到$\left|l^{(t+1)}-l^{(t)}\right|<\varepsilon$(预定精确度)为止，这时便得到参数的极大似然估计(MLE)$\hat{\mu}$、$\hat{\sigma}^2$、$\hat{b}^*$和$\hat{\theta}$. 由$\theta=r_1/r$(r已知)可得到估计$\hat{r}_1$和$\hat{r}_2=r-\hat{r}_1$. QTL 的效应可由式(7.4.2)和式(7.4.3)确定. 不过，$[\mathrm{M}_1,\mathrm{M}_2]$内是否存在QTL，必须经对$\mathrm{H}_0$: $b=0$的LOD检验$\mathrm{LOD}=0.217\mathrm{LRT}\sim 0.217\chi^2(f)$，$\mathrm{BC}_1$群体的$f=1$，$\mathrm{F}_2$群体的$f=2$. 实际上，由于在整个基因组上搜索 QTL 存在多次测验，使每一次的测验显著水平降低，因而人们建议判断存在 QTL 的LOD的阈值为 2~3.

上述极大似然估计的 ECM 算法提供了一种动态的搜索 QTL 的策略. 表 7.4.3 表明，x_j取值的概率与θ有关，即与 M_1、M_2 间的重组率或图距有关，因此可用θ的一定的步长沿整条染色体逐步改变 QTL 存在的位置，就能得到 LOD 值沿染色体变化的曲线，大于 LOD 显著临界值的 LOD 曲线高峰所对应的染色体位置就是 QTL 存在可能性最大的位置(图 7.4.2).

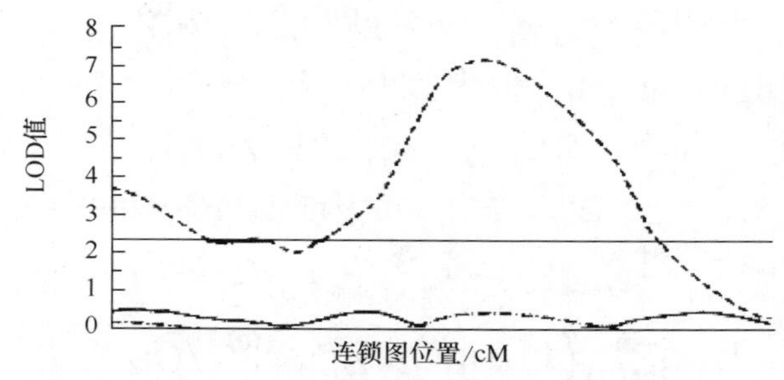

图 7.4.2　番茄第 10 号染色体上果实性状 QTL 区间定位的例子

LOD 曲线超过显著阈值(水平线)的峰顶为 QTL 的估计位置. 虚线为果实 pH 的 LOD 曲线，其高峰显示了在染色体端部和中部各存在一个 QTL. 下方两条线分别为果实重量和果实可溶固形物浓度的 LOD 曲线，均未显示 QTL 的存在(Lynch 和 Walsh, 1998).

7.4.2　复合区间作图法

区间作图法能对标记区间的$[\mathrm{M}_1,\mathrm{M}_2]$进行 QTL 定位，对 QTL 定位研究起到了重要的推动作用，然而它仍然存在明显的缺点. 首先，作图群体样本中某个体表型值y对应的 QTL 是数量性状的一个染色体片断，未必是一个单一的基因座；其次，一条染色体上存在多个标记位点，因而会发生如下问题：①单个标记可能与多个 QTL 存在连锁；②对标记区间$[M_1, M_2]$内的QTL定位时，区间外的标记可能与QTL发生连锁. 因而，区间作图法无法排除区间外标记对区间内 QTL 定位分析的影响.

复合区间作图法是为克服区间作图法的缺点而提出的，其基本思想是：在$[M_1, M_2]$内检测 QTL 时，把区间外与 QTL 连锁的多个标记位点$M_1, M_2, \cdots, M_m$作为余因子吸收到分析模型中，以消除它对区间内标记与 QTL 连锁分析的影响. 这个思想的实质是：假定区间$[M_1, M_2]$内 QTL 的基因型效应具有仅被$[M_1, M_2]$两侧相邻标记吸收的统计特性，复合区间定位法的示意图如图 7.4.3 所示.

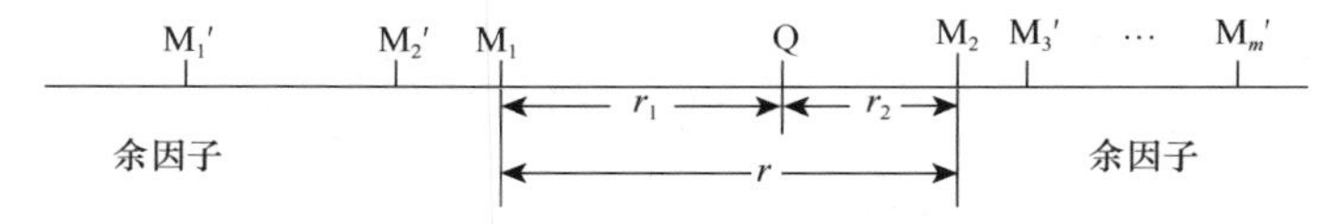

图 7.4.3　复合区间作图法示意图

复合区间定位法的模型为性状-QTL-标记回归模型

$$y_j = \mu + b^* x_j^* + \sum_{k=1}^{m} b_k\, x_{jk} + \varepsilon_j \tag{7.4.14}$$

其中，y_j为作图群体样本中第j个个体的数量性状表型值；$j = 1, 2, \cdots, n$；μ为群体均值；b^*为 QTL 基因型的效应；x_j^*为该基因型的指示变量；b_k和x_{jk}分别为余因子中第k个M_k的基因型效应及其指示变量，$k = 1, 2, \cdots, m$；ε_j为相互独立的误差，均服从$N(0, \sigma^2)$. 显然，模型中是把$\sum_{k=1}^{m} b_k\, x_{jk}$作为 Fisher 试验设计中的“区组”因素而加入的. 它可以在分析中分离出来，以克服它对$[M_1, M_2]$内 QTL 分析的影响.

下面仍以 BC_1 群体作图为例说明其分析方法.

复合区间定位法中，BC_1 中关于 QTL 基因型 QQ、Qq 在双标记 M_1、M_2 二元分离下的条件概率p_{ij}仍与表 7.4.3(假定标记区间内无双交换)相同. 令

$$\boldsymbol{B} = (\mu, b_1, b_2, \cdots, b_m)^{\mathrm{T}} \qquad \boldsymbol{X}_j = \left(1, x_{j1}, x_{j2}, \cdots, x_{jm}\right)^{\mathrm{T}} \tag{7.4.15}$$

则

$$\boldsymbol{B}^{\mathrm{T}}\boldsymbol{X}_j = \mu + b_1 x_{j1} + b_2 x_{j2} + \cdots + b_m x_{jm} \tag{7.4.16}$$

则似然函数L及其对数似然函数l在式(7.4.5)和式(7.4.6)的基础上变为

$$L(b^*, \boldsymbol{B}, \sigma^2, \theta) = \prod_{j=1}^{n} [p_{1j}\varphi\left(\frac{y_j - \boldsymbol{B}^T\boldsymbol{X}_j - b^*)}{\sigma}\right) + p_{0j}\varphi\left(\frac{y_j - \boldsymbol{B}^{\mathrm{T}}\boldsymbol{X}_j)}{\sigma}\right)] \tag{7.4.17}$$

$$\begin{aligned} l(b^*, \boldsymbol{B}, \sigma^2, \theta) = & \sum_{j=1}^{n_1} \ln\varphi\left(\frac{y_j - \boldsymbol{B}^{\mathrm{T}}\boldsymbol{X}_j - b^*)}{\sigma}\right) + \sum_{j=1}^{n_4} \ln\varphi\left(\frac{y_j - \boldsymbol{B}^{\mathrm{T}}\boldsymbol{X}_j)}{\sigma}\right) \\ & + \sum_{j=1}^{n_2} \ln[(1-\theta)\varphi\left(\frac{y_j - \boldsymbol{B}^{\mathrm{T}}\boldsymbol{X}_j - b^*]}{\sigma}\right) + \theta\,\varphi\left(\frac{y_j - \boldsymbol{B}^{\mathrm{T}}\boldsymbol{X}_j)}{\sigma}\right) \\ & + \sum_{j=1}^{n_3} \ln[\theta\varphi\left(\frac{y_j - \boldsymbol{B}^{\mathrm{T}}\boldsymbol{X}_j - b^*)}{\sigma}\right) + (1-\theta)\,\varphi\left(\frac{y_j - \boldsymbol{B}^{\mathrm{T}}\boldsymbol{X}_j)}{\sigma}\right) \end{aligned} \tag{7.4.18}$$

比较式(7.4.18)和式(7.4.6)知，区间定位法和复合区间定位法的不同仅在式(7.4.4)中：区

间定位法中，$z_{1j}=(y_j-\mu-b^*)/\sigma, z_{0j}=(y_j-\mu)/\sigma$；而复合区间定位法中，$z_{1j}=(y_j-\boldsymbol{B}^{\mathrm{T}}\boldsymbol{X}_j-b^*)/\sigma, z_{0j}=(y_j-\boldsymbol{B}^{\mathrm{T}}\boldsymbol{X}_j)/\sigma$. 因而，就得到与区间定位法类似的复合区间定位的极大似然估计的 ECM 算法.

E 步：给定初值$b^{*(0)}$、$\sigma^{2(0)}$、$\boldsymbol{B}^{(0)}=(\mu^{(0)},b_1^{(0)},b_2^{(0)},\cdots,b_m^{(0)})^{\mathrm{T}}$和$\theta^{(0)}$，则作图群体 $\mathrm{BC_1}$样本中第j个个体性状表型值y_j归属于 QTL 基因型 QQ、Qq(对应于$x_j^*=1,0$)的后验概率($p_{ij}^{(0)}$由$\theta^{(0)}$定)为

$$\begin{cases}\omega_{1j}^{(0)}=\dfrac{p_{1j}^{(0)}\varphi(\frac{y_j-\boldsymbol{B}^{(0)\mathrm{T}}\boldsymbol{X}_j-b^{*(0)}}{\sigma^{(0)}})}{[p_{1j}^{(0)}\varphi\left(\frac{y_j-\boldsymbol{B}^{(0)\mathrm{T}}\boldsymbol{X}_j-b^{*(0)}}{\sigma^{(0)}}\right)+p_{0j}^{(0)}\varphi\left(\frac{y_j-\boldsymbol{B}^{(0)\mathrm{T}}\boldsymbol{X}_j}{\sigma^{(0)}}\right)]}\\ \omega_{0j}^{(0)}=1-\omega_{1j}^{(0)}\end{cases} \tag{7.4.19}$$

CM 步：可分为 4 分步.

$\mathrm{M_1}$步：$l(b^*,\boldsymbol{B},\sigma^2,\theta)$对$b^*$极大化$\frac{\partial l}{\partial b^*}=0$得

$$b^*=\sum_{j=1}^n\omega_{1j}(y_j-\boldsymbol{B}^{\mathrm{T}}\boldsymbol{X}_j)/\sum_{j=1}^n\omega_{1j} \tag{7.4.20}$$

显然，已知$\omega_{1j}^{(0)}$和$\boldsymbol{B}^{(0)}$，则可得

$$b^{*(1)}=\sum_{j=1}^n\omega_{1j}^{(0)}(y_j-\boldsymbol{B}^{(0)\mathrm{T}}\boldsymbol{X}_j)/\sum_{j=1}^n\omega_{1j}^{(0)} \tag{7.4.21}$$

$\mathrm{M_2}$步：对$\boldsymbol{B}$极大化($\frac{\partial l}{\partial \boldsymbol{B}}=0$)可得

$$\boldsymbol{B}=(\boldsymbol{X}^{\mathrm{T}}\boldsymbol{X})^{-1}\boldsymbol{X}^{\mathrm{T}}(\boldsymbol{y}-\boldsymbol{\omega}_1)b^* \tag{7.4.22}$$

其中

$$\boldsymbol{X}=\begin{bmatrix}1 & x_{11} & x_{12} & \cdots & x_{1m}\\ 1 & x_{21} & x_{22} & \cdots & x_{2m}\\ \vdots & \vdots & \vdots & & \vdots\\ 1 & x_{n1} & x_{n2} & \cdots & x_{nm}\end{bmatrix}\quad \boldsymbol{y}=\begin{bmatrix}y_1\\ y_2\\ \vdots\\ y_n\end{bmatrix}\quad \boldsymbol{\omega_1}=\begin{bmatrix}\omega_1\\ \omega_2\\ \vdots\\ \omega_n\end{bmatrix} \tag{7.4.23}$$

显然，由于$\boldsymbol{X}$和$\boldsymbol{y}$已知，$\boldsymbol{\omega}_1^{(0)}=(\omega_{11}^{(0)},\omega_{12}^{(0)},\cdots,\omega_{1n}^{(0)})^{\mathrm{T}}$已知，$b^{*(1)}$已得出，故

$$\boldsymbol{B}^{(1)}=(\boldsymbol{X}^{\mathrm{T}}\boldsymbol{X})^{-1}\boldsymbol{X}^{\mathrm{T}}(\boldsymbol{y}-\boldsymbol{\omega}_1^{(0)})b^{*(1)} \tag{7.4.24}$$

$\mathrm{M_3}$步：$l(b^*,\boldsymbol{B},\sigma^2,\theta)$对$\sigma^2$极大化($\frac{\partial l}{\partial\sigma^2}=0$)得

$$\sigma^2=\frac{1}{n}\left[(\boldsymbol{y}-\boldsymbol{XB})^{\mathrm{T}}(\boldsymbol{y}-\boldsymbol{XB})-b^{*2}\sum_{j=1}^n\omega_{1j}\right] \tag{7.4.25}$$

显然，知道$\boldsymbol{B}^{(1)}$、$b^{*(1)}$和$\omega_{1j}^{(0)}$就可得

$$\sigma^{2(1)}=\frac{1}{n}\left[(\boldsymbol{y}-\boldsymbol{XB})^{\mathrm{T}}(\boldsymbol{y}-\boldsymbol{XB})-b^{*(1)2}\sum_{j=1}^n\omega_{1j}^{(0)}\right] \tag{7.4.26}$$

$\mathrm{M_4}$步：$l(b^*,\boldsymbol{B},\sigma^2,\theta)$对$\theta$极大化得

$$\theta=[\sum_{j=1}^{n_2}(1-\omega_{1j})+\sum_{j=1}^{n_3}\omega_{1j}]/(n_2+n_3) \tag{7.4.27}$$

即知道$\omega_{1j}^{(0)}$就可求得$\theta^{(1)}$为

$$\theta^{(1)}=[\sum_{j=1}^{n_2}\left(1-\omega_{1j}^{(t)}\right)+\sum_{j=1}^{n_3}\omega_{1j}^{(t)}]/(n_2+n_3) \tag{7.4.28}$$

一般地，从 t次到$t+1$次的 ECM 算法为：已知$b^{*(t)}$、$\boldsymbol{B}^{(t)}$、$\sigma^{2(t)}$和$\theta^{(t)}$，则有

$$\begin{cases}\omega_{1j}^{(t)}=\dfrac{p_{1j}^{(t)}\varphi(\dfrac{y_j-\boldsymbol{B}^{(t)\mathrm{T}}\boldsymbol{X}_j-b^{*(t)}}{\sigma^{(t)}})}{[p_{1j}^{(t)}\varphi\left(\dfrac{y_j-\boldsymbol{B}^{(t)\mathrm{T}}\boldsymbol{X}_j-b^{*(t)}}{\sigma^{(t)}}\right)+p_{0j}^{(t)}\varphi\left(\dfrac{y_j-\boldsymbol{B}^{(t)\mathrm{T}}\boldsymbol{X}_j}{\sigma^{(t)}}\right)]}\\ b^{*(t+1)}=\sum_{j=1}^{n}\omega_{1j}^{(t)}\left(y_j-\boldsymbol{B}^{(t)\mathrm{T}}\boldsymbol{X}_j\right)\Big/\sum_{j=1}^{n}\omega_{1j}^{(t)}\\ \boldsymbol{B}^{(t+1)}=(\boldsymbol{X}^{\mathrm{T}}\boldsymbol{X})^{-1}\boldsymbol{X}^{\mathrm{T}}(y-\omega_1^{(t)})b^{*(t+1)}\\ \sigma^{2(t+1)}=\dfrac{1}{n}[(y-\boldsymbol{X}\boldsymbol{B}^{(t+1)})^{\mathrm{T}}\left(y-\boldsymbol{X}\boldsymbol{B}^{(t+1)}\right)-b^{*(t+1)^2}\sum_{j=1}^{n}\omega_{1j}^{(t)}]\\ \theta^{(t+1)}=[\sum_{j=1}^{n_2}\left(1-\omega_{1j}^{(t)}\right)+\sum_{j=1}^{n_3}\omega_{1j}^{(t)}]/(n_2+n_3)\end{cases} \tag{7.4.29}$$

其中，$t=0,1,2,\cdots$. 在预定准确度ε之下，当迭代使对数似然函数满足$\left|l^{(t+1)}-l^{(t)}\right|<\varepsilon$时，便得到参数的极大似然估计 $\hat{b}^*$、$\widehat{\boldsymbol{B}}$、$\hat{\sigma}^2$和$\hat{\theta}$.

在标记区间$[\mathrm{M}_1,\mathrm{M}_2]$内存在 QTL 的无效假设为$\mathrm{H}_0$: $b^*=0$，备择假设为H_A: $b^*\neq 0$.

当H_0成立时，式(7.4.14)变为$y_j=\mu+\sum_{k=1}^{m}b_k\,x_{jk}+\varepsilon_j$，似然函数据式(7.4.17)和式(7.4.18)变为

$$L(b^*=0,\boldsymbol{B},\sigma^2)=\prod_{j=1}^{n}\varphi\left(\frac{y_j-\boldsymbol{B}^{\mathrm{T}}\boldsymbol{X}_j}{\sigma}\right)$$

$$l(b^*=0,\boldsymbol{B},\sigma^2)=\sum_{j=1}^{n}\ln\varphi\left(\frac{y_j-\boldsymbol{B}^{\mathrm{T}}\boldsymbol{X}_j}{\sigma}\right)$$

$\boldsymbol{B}$和σ^2的极大似然估计为

$$\widehat{\boldsymbol{B}}=(\boldsymbol{X}^{\mathrm{T}}\boldsymbol{X})^{-1}\boldsymbol{X}^{\mathrm{T}}\boldsymbol{y}\hat{\sigma}^2=\left(\boldsymbol{y}-\boldsymbol{X}\widehat{\boldsymbol{B}}\right)^{\mathrm{T}}\left(\boldsymbol{y}-\boldsymbol{X}\widehat{\boldsymbol{B}}\right) \tag{7.4.30}$$

检验H_0的统计量

$$\mathrm{LOD}=0.217\times 2\ln\frac{l(\hat{b}^*,\widehat{\boldsymbol{B}},\hat{\sigma}^2,\hat{\theta})}{l(b^*=0,\widehat{\boldsymbol{B}},\hat{\sigma}^2)}\sim 0.2170\chi^2(f) \tag{7.4.31}$$

对于BC_1群体，$f=1$；对于F_2群体$f=2$，实际中，判断QTL存在的LOD阈值为2~3.

复合区间作图法也可以和区间作图法一样作类似于图 7.4.2 的 LOD 曲线图，其最高峰处的位置为 QTL 的可能位置(LOD 值为 2~3).

复合区间作图法对于 BC_1 群体的 QTL 效应按式(7.4.3)估计.

复合区间定位可使 QTL 定位的精确度提高，但又使定位的灵敏度降低，因为“余因子”会部分吸收被检区间$[\mathrm{M}_1,\mathrm{M}_2]$内 QTL 的效应. 因此，距$[\mathrm{M}_1,\mathrm{M}_2]$太近的标记不宜作为余因子. 为了解决这个问题，可以在被检区间$[\mathrm{M}_1,\mathrm{M}_2]$两侧各开设一个“窗口”，只有在这个窗口之外的标记才能被选为余因子.

复合区间定位可以推广到多个性状，称为多性状复合区间定位法. 1998 年，基于混合线性模型的复合区间定位方法被提出，它可以估计 QTL 的上位效应和 QTL 与环境的互作效应，这里不再叙述.

7.5 数量性状的标记辅助选择

动植物育种的大多数目标性状都是数量性状，因而对数量性状的遗传操纵能力决定了育种的效率. 从经典数量遗传学上讲，数量性状的表现型值P、基因型值G和环境离差E之间的关系为统计学关系$P = G + E$，同一个基因型在同一环境或不同环境下的表型值都有变异. 因而总是把P的期望值定义为基因型值G, P和G的这种不确定的随机关系决定了经典数量遗传学的选择模型为表型值选择，传统育种也是这样操作的. 因而，要提高育种的效率，就必须对数量性状进行分子标记辅助选择(marker assisted selection, MAS)，即把依据表型值的选择变为依据识别个体基因型的选择.

经典数量遗传学定向选择的遗传进展公式为

$$\mathrm{GS} = \Delta G = k\sigma_p h^2$$

它是通过表型值和基因型值的关系推导出来的(式(4.1.6)). 关于它的选择效率有两点值得注意: ①如果h^2为广义遗传力h_B^2，则GS是把表型值作为基因型值的近似而得到的选择结果，这种近似程度越高，选择效率越高，只有当$h_B^2 = 1$时，表型值才等于基因型值，才能实现对基因型值的选择; ②从遗传的上下代来讲，只有基因型值中的加性效应才能传给下一代. 这时GS表达式中的h^2为狭义遗传力h_N^2，这是把表型值看作基因型值中的加性效应的近似而得到的选择结果(GS)，这种近似程度越高，选择效率越高. 只有当$h_N^2 = 1$时，表型值才等于其基因型值中的加性效应，才能实现对加性效应的完全选择.

目前，对数量性状的分子标记辅助选择的研究主要还局限在理论上，很少涉及在育种上的应用. 下面介绍的标记值选择及表型值与标记值组成的指数选择，仅是利用标记值信息对表型值选择的一种改进，并不是真正的分子标记辅助选择(基因型选择).

7.5.1 标记值选择

依据个体加性效应标记值的选择称为标记值选择. 如果利用完整的分子标记连锁图进行QTL分析，原则上可估计出个体的加性效应值. 初级的QTL定位不能检测出所有的QTL，不能准确地估计出已初级定位的QTL的加性效应. 要得到个体加性效应的精确估计，必须进行QTL的精细定位(具有亚厘摩水平的分辨率).

很多QTL定位方法都可用来估计个体的加性效应值. Lander 和 Thompson (1990)建议，既方便又不失有效的方法为个体数量性状表型值y_i与多个标记基因型指示变量x_{ij}的性状–标记回归法

$$y_i = \mu + \sum_{j=1}^{t} b_j x_{ij} + \varepsilon_i, \quad i = 1, 2, \cdots, n \tag{7.5.1}$$

其中，y_i为第i个个体的表型值; μ为群体均值; b_j为第j个标记的加性效应值; x_{ij}为第i个

体的第j个标记位点$(\mathrm{M}_j,\mathrm{m}_j)$的基因型指示变量，对应于基因型$\mathrm{M}_j\mathrm{M}_j$、$\mathrm{M}_j\mathrm{m}_j$和$\mathrm{m}_j\mathrm{m}_j$的$x_{ij}$分别为 1、0 和−1；$\varepsilon_i$为随机误差，它们相互独立且均服从$N(0,\sigma^2)$；$t$为标记数. 用逐步回归法可筛选出与目标QTL最可能在一定显著水平上连锁的t个标记位点，并得到$\hat{b}_j$的估计及第i个个体的加性标记值估计

$$\widehat{m}_i = \sum_{j=1}^{t} \hat{b}_j x_{ij}, \quad i = 1, 2, \cdots, n \tag{7.5.2}$$

$\widehat{m}_i$的近似程度取决于标记效应方差$\hat{\sigma}_M^2 = \sum_{i=1}^{n}(\widehat{M}_i - \overline{m})^2/(m-1)$占样本加性总遗传方差$\hat{\sigma}_d^2$的比例$p$，即$p = \hat{\sigma}_M^2/\hat{\sigma}_d^2$. p越大近似程度越高. 当$p = 1$时，$\widehat{m}$才等于性状y的加性效应值. 有了$\widehat{m}_i$，可按$\widehat{m}_i$大小对n个个体排序，实现标记值选择.

1990 年, Lander 和 Thompson 给出的标记值选择相对于定向选择的效率

$$RE_{MP} = \frac{\Delta G_M}{\Delta G_p} = \sqrt{\frac{p}{h_N^2}} \tag{7.5.3}$$

这是因为：①由式(7.5.1)所得回归方程为$\hat{y}_i = \hat{\mu} + \sum_{j=1}^{t} \hat{b}_j x_{ij}$，预测的个体值为$\hat{\mu} + \widehat{m}_1, \hat{\mu} + \widehat{m}_2, \cdots, \hat{\mu} + \widehat{m}_n$，其表型方差和加性方差相等，即$h_m^2 = 1$，故在一定留种率之下的遗传进展为$\Delta G_M = k\hat{\sigma}_M$；②经典数量遗传学中定向选择的遗传进展为$\Delta G_p = k\hat{\sigma}_p h_N^2$，因而有

$$\frac{\Delta G_M}{\Delta G_p} = \frac{\hat{\sigma}_M}{\hat{\sigma}_p h_N^2} = \sqrt{\frac{\hat{\sigma}_M^2}{\hat{\sigma}_d^4/\hat{\sigma}_p^2}} = \sqrt{\frac{p\hat{\sigma}_d^2}{\hat{\sigma}_d^4/\hat{\sigma}_p^2}} = \sqrt{\frac{p}{h_N^2}}$$

式(7.5.3)表明，标记值选择与表型值选择的相对效率取决于p和h_N^2的相对大小；标记值选择对h_N^2较低的性状有较高的相对效率，h_N^2越小，相对效率越高；对于h_N^2高的性状，表型选择的效率已经很高，没有必要再进行标记值选择，何况标记值本身就有误差，未必有表型选择好.

一般来讲，在环境稳定的情况下，选择具有极限的(式(4.1.14)). 如果遗传背景不变，选择潜力在 3~5 代就会消失. 对于标记值选择也是如此. 由于遗传重组会打破标记和QTL原有的连锁关系，较合理的标记值选择策略应每 2~3 代重新筛选一次分子标记.

7.5.2　指数选择

表型值y和标记值m都是加性效应的近似值，这些信息可能互补，但二者不完全重合. 如果将二者信息综合起来作为选择依据，则可望提高选择效率. 为此，Lander 和 Thompson 于 1990 年建议用表型值y和标记值m构建一个选择指数

$$I = a_y y + a_m m \tag{7.5.4}$$

对个体进行加性效应的综合选择，其中$a_y + a_m = 1$. 1998 年, Knapp 给出的结果为

$$\begin{cases} a_y = \frac{\sigma_d^2 - \sigma_M^2}{\sigma_p^2 - \sigma_M^2} = \frac{(1-p)h_N^2}{1-ph_N^2} \\ a_m = \frac{\sigma_p^2 - \sigma_d^2}{\sigma_p^2 - \sigma_M^2} = \frac{1-h_N^2}{1-ph_N^2} \end{cases} \tag{7.5.5}$$

原理是：由于$a_y + a_m = 1$，故选择指数为

$$I = a_y(y - m) + m \tag{7.5.6}$$

则可视I为关于$y - m$和m的中心化线性回归. 由于是针对加性效应(育种值)的选择, 故有

$$I = h_{N(y-m)}^2(y - m) + h_M^2 m = h_{N(y-m)}^2(y - m) + m$$

其中, 由式(7.5.3)知$h_M^2 = 1$; $h_{N(y-m)}^2$为$y - m$的狭义遗传力. 由于y和m都是育种值的近似值, 故据式(7.5.1)有$\sigma_M^2 = p\sigma_d^2$, 而σ_d^2是y中加性方差的全部, 故$y - m$中的加性方差为$\sigma_d^2 - \sigma_M^2 = (1 - p)\sigma_d^2$, 且$y - m$的表型方差为$\sigma_p^2 - \sigma_M^2$, 故有

$$a_y = \frac{\sigma_d^2 - \sigma_M^2}{\sigma_p^2 - \sigma_M^2} = \frac{\sigma_d^2 - p\sigma_d^2}{\sigma_p^2 - p\sigma_d^2} = \frac{(1-p)h_N^2}{1-ph_N^2}$$

其中, h_N^2为y的狭义遗传力. 显然$a_m = 1 - a_y = (1 - h_N^2)/(1 - ph_N^2)$.

选择指数I是对加性效应的近似, 其近似程度取决于其遗传力h_{IN}^2, 由式(7.5.1)及式(7.5.6)知, $y - m$和m是相互独立的. 故$(y - m, m)^{\mathrm{T}}$的表型协方差阵$\boldsymbol{\Sigma}_p$和加性遗传协方差阵$\boldsymbol{\Sigma}_d$均为对角阵, 式(7.5.6)所示选择指数的表型方差σ_{IP}^2和加性遗传方差σ_{Id}^2分别为

$$\sigma_{Ip}^2 = (a_y, 1)\boldsymbol{\Sigma}_p\begin{pmatrix} a_y \\ 1 \end{pmatrix} = (a_y, 1)\begin{bmatrix} \sigma_p^2 - \sigma_M^2 & 0 \\ 0 & \sigma_M^2 \end{bmatrix}\begin{pmatrix} a_y \\ 1 \end{pmatrix} = a_y^2(\sigma_p^2 - \sigma_M^2) + \sigma_M^2$$

$$\sigma_{Id}^2 = (a_y, 1)\boldsymbol{\Sigma}_d\begin{pmatrix} a_y \\ 1 \end{pmatrix} = (a_y, 1)\begin{bmatrix} \sigma_d^2 - \sigma_M^2 & 0 \\ 0 & \sigma_M^2 \end{bmatrix}\begin{pmatrix} a_y \\ 1 \end{pmatrix} = a_y^2(\sigma_d^2 - \sigma_M^2) + \sigma_M^2$$

由于$\sigma_M^2 = p\sigma_d^2, h_N^2 = \sigma_d^2/\sigma_p^2$, 故选择指数$I$的狭义遗传力$h_{IN}^2$为

$$h_{IN}^2 = \sigma_{Id}^2/\sigma_{Ip}^2 = \frac{a_y^2(1-p)h_N^2 + ph_N^2}{a_y^2(1-ph_N^2) + ph_N^2} = a_y + \frac{a_m ph_N^2}{a_y^2(1-p)h_N^2 + ph_N^2}$$

$$= \frac{(1-p)h_N^2}{1-ph_N^2} + \frac{p(1-h_N^2)}{h_N^2 - 2ph_N^2 + p} \tag{7.5.7}$$

式(7.5.7)表明, 指数选择的遗传进展为

$$\mathrm{GS}_I = \Delta G_I = k\sigma_{IP}h_{IN}^2 \tag{7.5.8}$$

指数选择相对于表型定向选择的效率为

$$\mathrm{RE}_{IP} = \frac{\Delta G_I}{\Delta G_p} = \frac{k\sigma_{IP}h_{IN}^2}{k\sigma_p h_N^2} = \sqrt{\frac{p}{h_N^2} + \frac{(1-p)^2}{1-ph_N^2}} \tag{7.5.9}$$

式(7.5.7)~式(7.5.9)表明, h_{IN}^2和RE_{IP}都是p和h_N^2的函数, h_{IN}^2和h_N^2分别表示个体指数值I和表型值y对个体基因型值中加性效应d的近似程度. ①当$h_{IN}^2 = h_N^2 = 1$时, I和y均等于$d, \sigma_M^2 = \sigma_d^2 (p = 1), \mathrm{RE}_{IP} = 1$, 表明表型选择已做到了完全的加性效应选择, 不需要标记的辅助选择作用, 即在RE_{IP}中标记值的辅助选择作用已消失; ②当$p = 0$时, 有$h_{IN}^2 = h_N^2, \mathrm{RE}_{IP} = 1$, 为单纯的表型选择, 无标记值选择; ③当$0 < p < 1$时, 对于定值$p$有$h_{IN}^2 > h_N^2$和$\mathrm{RE}_{IP} > 1$, 而且$\mathrm{RE}_{IP}$随$h_N^2$的减小而增加, 即标记值在指数选择中随$h_N^2$的减小而增大其辅助选择作用; ④当$0 < h_N^2 < 1$时, 对于定值$h_N^2$有$h_{IN}^2$和$\mathrm{RE}_{IP}$随$p$的增大而增大的性质. h_{IN}^2在h_N^2越小, 随p增加的速度越快, 特别是在$0 < p \leqslant 0.5$范围内增长最快. RE_{IP}在随p增大而增大的过程中, 其增长速度会随h_N^2的增大而变小. 当$h_N^2 = 0.5$时, 指数选择的优越性已不明显, 特别是在$h_N^2 = 1$时, $\mathrm{RE}_{IP} \equiv 1$(不随$p$变化), 表明标记值在指数选择中已无作用, 表型选择已完全决定了加性效应. 一般情况下, $\mathrm{RE}_{IP} \geqslant 1$, 表明指数选择比表型选择更有效.

【例 7.5.2】 Stuber 和 Edwards 于 1986 年用玉米自交系组合 CO159×$\mathrm{T_X}$303 的 $\mathrm{F_2}$ 大群体(约 1900 株)研究了产量等三个数量性状的标记值定向选择和表型定向选择, 比

较了二者的选择效率. 该研究共使用了 15 个同工酶标记, 标记区大约覆盖玉米基因组的 30%~40%. 在用式(7.5.2)计算标记值$\hat{m}_i$时, 不采用$\hat{b}_j$, 而是用标记纯合基因型M_jM_j和m_jm_j之间均值差的一半. 研究结果如表 7.5.1(Stuber, 1994)所示. 对标记座位上有利等位基因频率进行分析, 发现在标记值选择中, 正向选择和负向选择后代中的等位基因频率平均相差 0.38, 而在表型值选择中则为 0.13, 约为前者的1/3. 可见, 在标记的染色体区域中有强烈的标记值选择响应, 而未标记的区域基本上没有选择响应. 表型值选择的响应分布于全基因组. 在标记区表型选择不及标记选择, 在未标记区则相反. 二者在总遗传进展(GS 或ΔG)上相当, 然而引起遗传进展的原因不同. 这个例子说明, 标记值选择是有一定成效的, 何况标记仅覆盖基因组的 30%~40%.

表 7.5.1　率玉米 CO159×Tx303 F_2 群体不同方式定向选择的比较

选择方式	产量/(克/株)	ΔG	穗位高/cm	ΔG	穗数	ΔG
标记值正向	151.2	24.0	73.5	14.3	1.48	0.13
标记值负向	107.7	−19.5	47.1	−12.1	1.20	−0.15
表型值正向	151.7	24.5	68.5	9.3	1.43	0.08
表型值负向	122.4	−4.8	57.8	−1.4	1.28	−0.07
无选择对照	127.2		59.2		1.35	

7.5.3　数量性状的分子标记辅助选择

标记值选择和指数选择均是通过个体基因型值中加性效应对个体基因型的间接选择, 并不是分子标记辅助选择要求的个体基因型本身.

一般来讲, 基因型值是基因型表达的产物, 不同的基因型可能产生相同的基因型值, 即一种基因型值可能对应于多种基因型, 因而从基因型到基因型值存在遗传信息的简并或丢失. 这种简并和丢失会影响标记值选择和指数选择, 降低其选择效率, 并可能造成一部分效应小但有利的 QTL 等位基因在选择中丢失, 且这种丢失涉及的 QTL 越多, 丢失的机会越大. 因此, 有效的选择方法是直接依据个体的基因型进行选择, 即实现对数量性状的分子标记辅助选择.

数量性状的分子标记辅助选择是复杂而困难的, 有许多因素必须考虑. 首先, QTL 定位的基础研究还不能满足育种的需要, 还没有一个数量性状的全部 QTL 被精确地定位, 因而还无法对数量性状进行全面的标记辅助选择. 其次, 不同数量性状间还可能存在遗传相关, 因此对一个性状进行选择时, 还必须考虑对其他性状的影响. 另外, 上位效应也可能影响选择的效果, 使选育结果不符合预期的育种目标. 再者, 育种过程中同时要对多个目标基因(QTL)进行选择, 是一个复杂而困难的问题. 可见要实现对数量性状的分子标记辅助选择并在育种中实现, 在理论上还需要进一步探究. 然而, 对于实现数量性状的分子标记辅助选择的这种理论考虑, 对于育种实践未必是合理的. 首先, 除明显的质量性状之外, 育种上感兴趣的主要是在主基因–多基因混合遗传体下的数量性状中的主基因, 这类主基因尽管还受多基因的修饰, 但若是育种的目标基因, 则可通过杂交、回交转移主基因; 其次, 尽管主基因–多基因的分离分析法和 QTL 定位的原理上有所不同，但二者对效应最大最显著的主基因鉴定结果是相近的；再者，上述主基因在习惯上仍把它视为质量性状，而质量性状的标记辅助选择在理论上已趋于成熟，技术上已经达到可以应用的水平，因而可针对单个性状遗传改良的回交育种计划来实现标记辅助选择，即把 QTL 的有利等位基因从供体亲本(非轮回亲本)转移给受体亲本(欲改良的轮回亲本)，这是一个遗传物质的单向流动过程，在技术上比较简单，容易成功. 在育种过程中，可以在回交一代对目标性状进行 QTL 定位，然后以定位结果指导回交世代的个体选择(标记辅助选择). 显然，这个过程并不是单纯的 QTL 定位，而是把 QTL 定位和标记辅助选择有机结合起来的一个 QTL 回交转移育种计划.

【例 7.5.2】 美国科学家对分子标记在玉米杂种优势遗传改良上的应用进行了研究(Stuber 和 Sisco, 1991;Stuber et al., 1955). 该研究为了对控制玉米产量杂种优势的 QTL 定位鉴定，各用两个优良自交系作为亲本设计了两套杂交(图 7.5.1)，并各自建立了单粒传 F_3 株系(第一套 264 个，第二套 216 个)群体，然后将所有 F_3 株系分别与第一套亲本 B73 和 M_017 测交，建立了两个测交株系群体，进而把两套杂交建立的群体一起种在 6 个差异很大的环境中进行产量试验. 同时，用 76 个标记(67 个 RFLP 标记, 9 个同工酶标记，约覆盖玉米基因组的 90%~95%)对表型数据进行有关QTL定位.

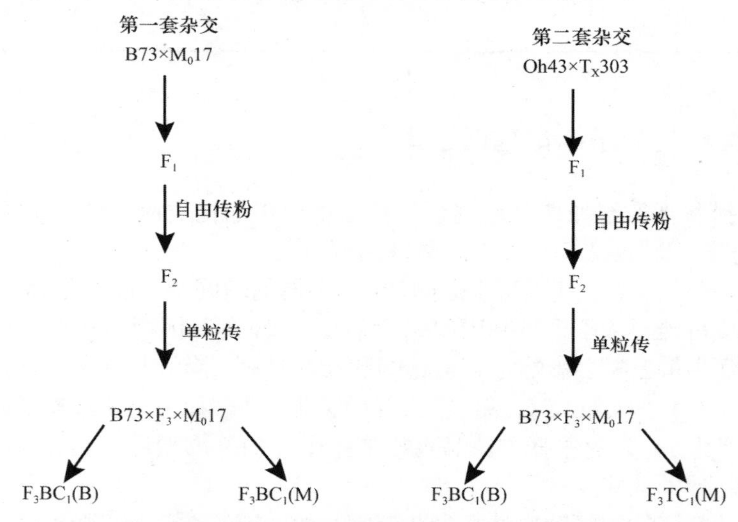

图 7.5.1 为分析控制玉米产量杂种优势的QTL而设计的两套杂交方案

研究结果显示：①在第一套杂交中定位的QTL，除了一个以外都表现出超显性，对 B73×M_017 的杂种优势有明显的贡献，表明超显性是产生杂种优势的主要原因；②尽管环境差异很大，环境效应明显，但未发现明显的基因型(QTL)与环境的互作；③在第二套杂交中发现, T_x303 和 Oh43 各在 6 个QTL上具有有利基因，分别转入 B73 和 M_017，均可提高它们的杂种优势.

这是一个改良 B73 和 M_017 的 QTL 回交转移育种设计，以提高产量杂种优势，目标基因来自供体亲本(T_x303 和 Oh43)，而遗传背景来自受体亲本(B73 和 M_017，轮回亲本). 上述关于两套杂交群的产量试验及定位结果表明：未改良的 B73×M_017 杂种优势的主要原因为超显性；在环境差异很大的情况下，基因表达未受到基因外作用的干扰；T_x303

和 Oh43 各在 6 个QTL上具有有利基因，这些有利QTL分别定位在各自的 2 n=20 条染色体上，所在的染色体区段(QTL)位置即标记，如果将 T_x303 中的有利基因型转入 B73、将 Oh43 的有利基因转入 $M_0$17，而且据各标记所在染色体上的区段位置可画出标明转入有利基因区段的各染色体图，这两个图便是改良了的 B73 和 $M_0$17 的预期遗传图. 据这两张图可预计会提高 B37×$M_0$17 的产量杂交优势，如何将供体中的有利基因转入受体中，其方法是下述的QTL的回交转移.

将 T_x303 的有利基因转移到 B73 的做法是：将 B73 和 T_x303 杂交，然后与 B73 回交 3 代(BC_1、BC_2 和 BC_3)，再自交两代(BC_3S_1 和 BC_3S_2). 从 BC_2 开始，每一代都进行按有利QTL区段位置(标记)进行标记辅助选择，包括前景选择(对目标基因的选择称为前景选择，在数量上为正向选择)和背景选择(目标基因之外的其他部分(遗传背景)的选择，在数量上为负向选择). 在背景选择中，每一条染色体臂至少使用一个标记，这样的标记辅助选择施于 BC_2、BC_3、BC_3S_1 和 BC_3S_2，最后从 BC_3S_2 中鉴定出 141 个改良的 B73 株系，并与原始的 $M_0$17 测交，Oh43 中的有利基因向 $M_0$17 的转移采取相同的技术路线，最后得到 116 个改良的 $M_0$17 株系，并与原始的 B73 测交，对这些测交后代进行产量测定，并以原始的 B73×$M_0$17 组合作对照，其结果为：在 141 个改良的 B72×$M_0$17 测交后代中，45 个(32%)比对照增产至少一个标准差，而比对照减产的仅有 15 个(11%)；在 116 个改良的 $M_0$17×B37 测交后代系中，51 个(44%)比对照至少增产一个标准差，而比对照减产的仅有 10 个(9%)，进一步，以改良的 B73 和改良的 $M_0$17 进行配组的试验得到了更为可喜的结果(Stuber，1999). 两年的试验结果显示，一些改良的 B73×改良的 $M_0$17 组合比原始的 B73×$M_0$17 组合及一个高产推广组合 Pioneer hybrid 3165 皆增产 10%以上.

例 7.5.2 的研究中，成功频率还不是很高的原因可能有以下几点：①回交群体不够大，致使不能将供体的所有有利QTL转入受体亲本，事实上，每个系最多只转入 4 个有利QTL等位基因；②用于背景选择的标记不够，有的染色体臂只用了一个标记，致使受体亲本的遗传背景没有完全得到恢复，使一些来自供体的不利基因留在回交后代的基因组中；③标记与QTL的连锁不够紧密，不但在回交中可能丢失目标基因，而且可能带入来自供体的不利基因. 但不管怎样，这项研究的结果都显示了标记辅助选择方法在回交转移、有利QTL等位基因的可行性，即使对于杂种优势这种复杂的性状也是有效的. 显然，传统回交育种方法要达到这种效果是非常困难的.

例 7.5.2 给人们的启示是：①为了使基因定位研究尽快服务于育种，应重视育种与标记辅助选择相结合，即所构建的作图群体应尽可能既是遗传研究群体，又是育种群体. 例如，在定位一个有用的主基因时，可用一个已推广的优良品种作为杂交亲本之一. 这样，可在定位目标主基因的同时，应用标记辅助选择改良原来的优良品种；②尽管例 7.5.2 所示QTL的回交转移方法容易成功，但回交育种每次只能改良一个品种，效率低. 因此，还应考虑将数量性状标记辅助选择应用于同时能改良多个品种的更复杂的育种计划. 例如，Ribaut 和 Hoisington(1998)提出了一个在对多个品种同时改良的育种计划中应用数量性状辅助选择的新策略，该策略将育种计划分为 3 个阶段：①针对育种目标，通过双列杂交或DNA指纹等方法，从优良品种中筛选出彼此间在目标性状上表现为最大程度的遗传互补亲本系($P_1, P_2, \cdots, P_n$)；②将中选亲本系与测验系杂交，建立作图群体

(F_2、F_3、RI等)和分子标记连锁图，并进行田间试验，定位目标QTL，同时将中选亲本彼此杂交，建立庞大的F_2育种群体，然后根据QTL定位结果，在F_2中进行大规模的分子标记辅助选择，筛选出目标染色体区段位置上彼此互补的有利等位基因固定(纯合)的个体，建立F_3株系；③在F_3株系的基础上应用常规育种方法培育出新的品种. 这个策略的主要特点表现在两方面：首先，目标性状的有利基因来源于多个遗传互补的优良材料亲本，无供体和受体之分；其次，对F_2代利用分子标记辅助选择方法进行在特定目标染色体区段上有利等位基因固定(纯合)个体的选择，而对非目标的基因组部分没有选择压力，保证了常规育种(第三阶段)在非目标区上有很好的遗传变异可利用.

由于标记的鉴定技术及其实用性还存在一些问题，受多基因控制的数量性状的标记辅助选择目前还难以做到. 近年来，分子生物学研究的新成果、新技术将为解决标记鉴定和标记辅助选择技术体系中存在的问题提供了可能，例如，对大量基因的功能及互作关系分析、基因组序列的测定分析结果、DNA芯片技术及相应的计算机分析模型软件等，都可望解决标记筛选鉴定和标记辅助选择的自动化和规模化，使分子标记辅助选择在品种改良上发挥巨大的作用.

7.6 KEGG 通路的通径分析及其决策分析

7.6.1 DIA 方法的 KEGG 通路

摩尔根在其《基因论》第 2 章指出：“这些性状为基因论提供了资料，而性状本身又源于所假设的基因；从基因到性状，属于胚胎发育的全部范围. 这里所表述的基因论并没有谈到基因同其最后产物即性状如何联系……明确基因对于发育个体如何发生影响，毫无疑义地将会使人们对于遗传的认识进一步拓展，对于目前不了解的许多现象，也多半会有所阐明.”这里，“基因同其最后产物即性状如何联系”就是今天人们所谈的基因组功能问题，而且功能的实现“属于胚胎发育的全部范围”的表现期时段. 分子生物学认为，各生物基因组都有一套保证个体正常生长与发育的遗传信息，控制着基因表达的调控并协调与之有关基因之间的相互作用，形成了与目标基因有关的通路网络系统. 简言之，细胞分化和特异细胞功能的实现，取决于决定功能的目标基因间与目标基因有关的基因表达的多层次动态调控网络系统的分析.

用什么方法来实现细胞功能系统转录组的动态调控并进而实现该细胞功能周期的整体功能分析呢？显然，经典遗传学是不可能完成这样的整体功能分析的. 分子生物学的发展为完成整个功能分析提供了可能，但仍然需要一些基础研究和有关生物技术. 数据分析技术的支持才可能实现这样的分析. 为此，功能基因组学应运而生. 高通量的基因组、蛋白质组和生物信息扫描等基因芯片技术的出现，使得综合研究全基因组基因成为可能. 基因芯片技术可通过海量数据的分析提供一个大的基因微阵列表，挖掘蕴涵在这些基因背后的生物学机制成为功能基因组学的基础. 生物信息的富集分析能够探究与某特定生物学功能有关的基因集合是否会在特定条件下被集中表达. 对于影响同一生物过程的一组基因间的相关性研究，可增加正确判断生物过程的可能性. 生物信息富集分析将生物学与数学分析整合在一起，形成了处理基因芯片海量数据的分析方法. 在这个探索过程中，集已有的研究成果, 形成了有关的数据库, 如 Goterm, 以基因-注释的格式提供了生物学知识; 又如, 京都基因和基因组百科全书数据库(Kyoto Encyclopedia of Genes and Genomes, KEGG)描述了代谢通路和基因信号网络等, 为生物信息富集分析奠定了生物学系统基础.

广为人们接受的对微阵列数据进行功能分析的方法为过表达分析(overrepresented analysis, ORA). 它以决定功能的特定基因为目标基因, 采用一定的过表达技术诱导目标基因过量表达, 分析它对其他目标基因及与之相关基因表达的调控关系(是正向增加的正调控作用, 还是反向的负调控作用, 前者称为上调基因, 后者称为下调基因), 并用一定的判错率(false discovery rate, FDR)发现显著的差异表达基因(differentially expressed gene, DEG). ORA 的计算方法是高效而稳健的, 但它无法对多个特定基因的时序试验或多个处理的结果进行比较, 为了克服这种局限, Massimo 等(2012a, 2012b)提出了动态影响方法(dynamic impact approach, DIA), 该方法对牛乳腺泌乳周期时间过程的基因组功能进行了分析, 并认为 DIA 方法是用以分析时序试验、符合生物学知识的一个可以替代过表达分析的功能分析方法.

DIA 方法如何对荷斯坦奶牛乳腺组织转录组从妊娠晚期及随后的整个泌乳周期进行整体功能分析呢？下面予以简介(详细情况可参考 DIA 文献).

该研究用伊利诺伊州立大学奶牛研究所 8 头荷斯坦奶牛经穿刺活检采得相对于分娩的−30、 − 15、1、15、30、60、120、240 和 300 天的样本, 经过一定的处理和分析得到以下主要结果.

1)用以活检的 8 头奶牛泌乳期 300 天的泌乳量曲线(图 7.6.1)

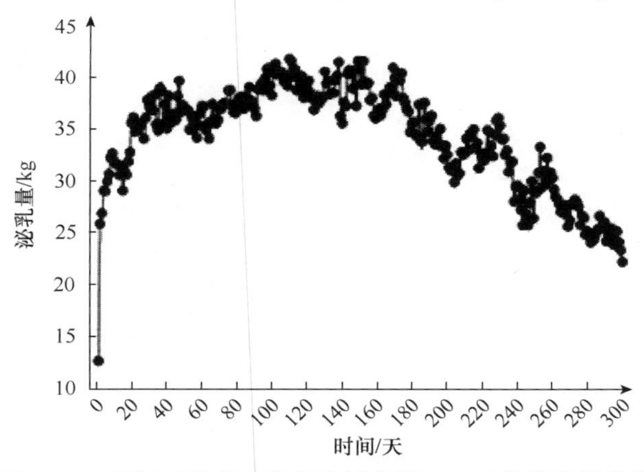

图 7.6.1　用以活检的 8 头奶牛泌乳期 300 天的泌乳量曲线

2)对 DEG 数量的倍改变分析

在相对于分娩的−30、 − 15、1、15、30、60、120、240 和 300 天的整个泌乳期进行了泌乳转录组分析, 以判错率 FDR $\leqslant$ 0.001 和因果分析(post-hoc) $P\leqslant 0.001$ 发现了 6382 个 DEG. 相比于−30 天, 在第一天出现了第一个高峰(发现了 3688 个 DEG); 随后在 60 天和 120 天又出现了峰值(分别发现 3980 个和 3821 个 DEG). 将所发现的 DEG 按上调基因和下调基因分开, 下调基因比上调基因略多一些, 尤其是在 60 天和 120 天之间(图 7.6.2(a), 其中, —◇— 表示上调基因, —◆— 表示下调基因, —◆— 表示 DEG 总数). 这个结果表明在泌乳周期中转录水平的两段总体模式，即相对于–30 天，第 1 天(出现峰值)及随后的 60~120 天(出现峰值).

相对于–30 天, DIA 方法对 DEG 数量以 2 倍改变为阈值，进行了倍改删除，结果改变最大的是上调基因，而大量下调基因的改变适中；大于 2 倍改变的基因超过 300 个或大于 DEG 数量的 13%，这和泌乳量的上升至峰值的稳定期一致(图 7.6.2(b)).

在连续时间点的 DEG 数量进行 2 倍阈值倍改删除，则–15~1 天的大多数 DEG 为上调，与临近分娩期一致; 120~240 天的大多数 DEG 为下调，与泌乳晚期(乳产量开始下降)相吻合(图 7.6.2(d)).

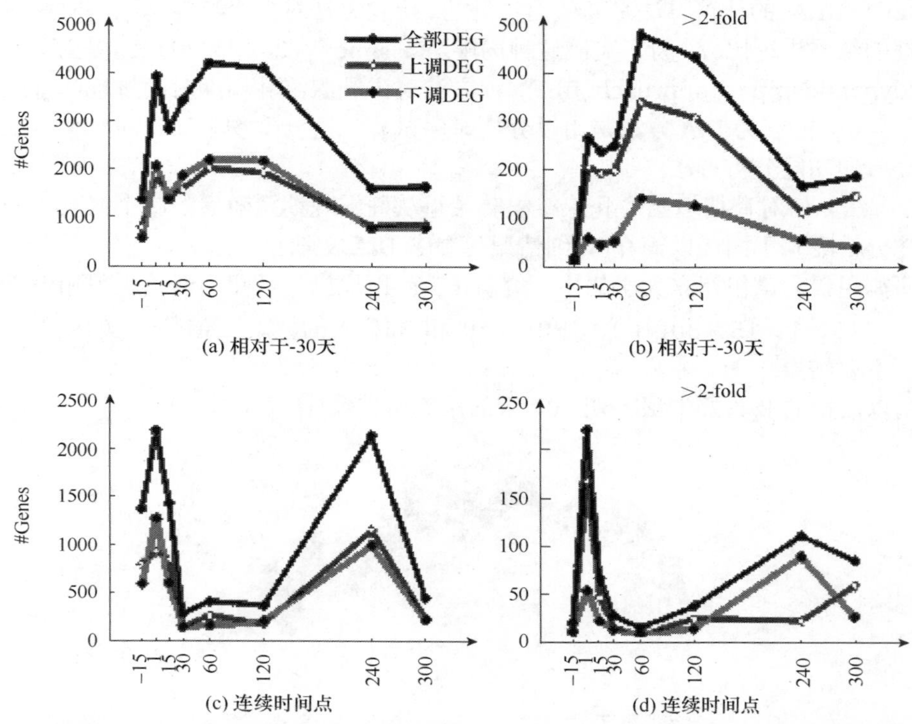

图 7.6.2　相对于–30天的时间点及连续时间段的 DEG 数量、上调基因数量、下调基因数量以及 2 倍改变阈值的倍改删除结果

总体上讲，上述结果表明，与怀孕相比，泌乳期乳腺中下调基因的数量略高于上调基因，极少下调基因超过 2 倍，因此，改变大于 2 倍的基因大多数为上调基因(70%~80%). 在一定程度上，从妊娠到120天暂时上调DEG基因的数量与泌乳曲线有相似的模式，表明乳腺组织合成和分泌大量牛奶依赖于基因的转录调控水平.

通过不同的截断阈值对 DEG 数量分析结果表明，几乎所有的DEG≥1. 3倍改变(30%上调或 30%下调)(图 7.6.3(a)和 7.6.3(c))，而 1.5 倍改变则不然. 事实上，该研究在一系列比较中约有 4000 个 DEG.

3)差异表达基因对 KEGG 通路的影响

DIA 方法认为，细胞内转录组的表达不是随机的，即牛乳腺转录组从妊娠晚期及随后的整个泌乳周期的整体泌乳功能，是由若干代谢或信号路，每条路的若干支路和每条

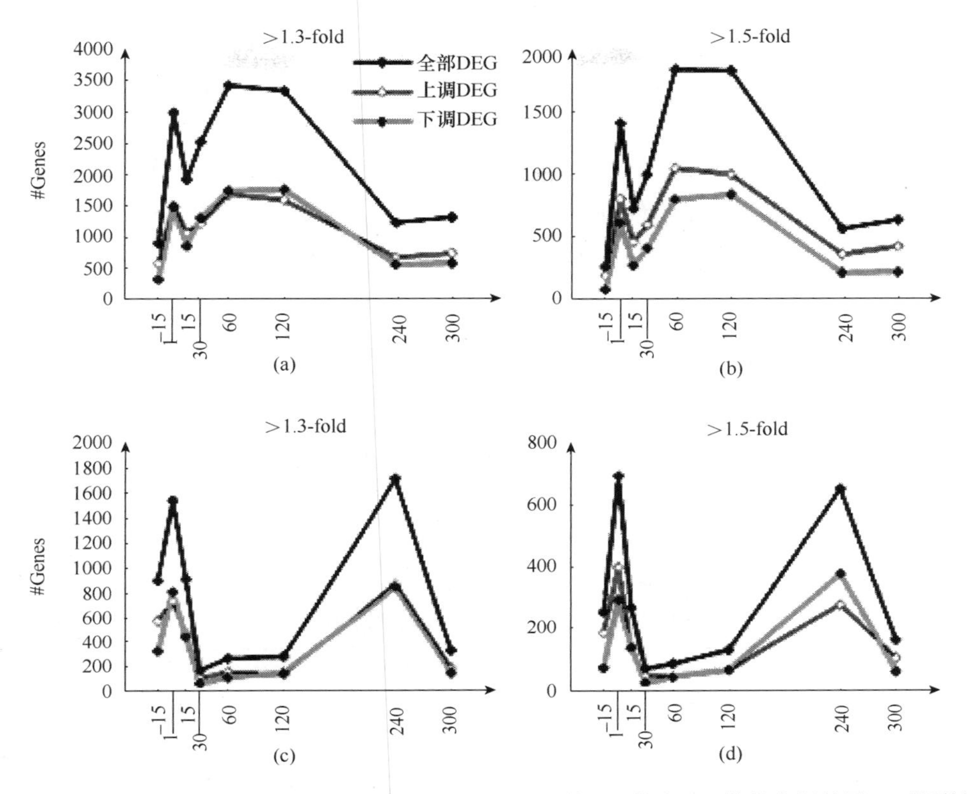

图 7.6.3　相对于−30 天((a)、(b))和连续时间点((c)、(d))的 1.3 倍和 1.5 倍的上调基因、下调基因改变删除结果

路的若干通路在相关的DEG表达调控作用下, 所引起的若干蛋白质的重大变化而实现的. DIA 方法的目的是给出这些路、支路、通路的影响值和影响方向.

牛奶的干物质主要由三部分组成: 乳糖、脂肪和蛋白质. 由 KEGG 数据库知, 与牛奶干物质组分形成的有关路为代谢路(有 11 条支路)、遗传信息路(有 4 条支路)、环境信息路(有 3 条支路)、细胞过程路(有 4 条支路)、有机系统路(有 9 条支路)和有关疾病系统等.

DIA 方法给出了有关 KEGG 路、支路和通路的影响值和影响方向. 下面以细胞过程(celluar process, CP)路为例给出 CP 路、CP 支路和支路的子类通路的 DIA 影响值.

CP 路相对于−30天, 各天的影响值为y_i. CP 含四条支路: 运输与代谢(transport and catabolism, TC)、细胞移动(cell motility, CM)、细胞生长与死亡(cell growth and death, CGD)、细胞交流(cell communication, CC). 它们相对于−30天各天的影响值分别为x_{1i}、x_{2i}、x_{3i}、x_{4i}, 各支路又分布着若干条通路. TC 含 5 条通路: 胞吞作用(endocytosis)、溶酶体(lysosome)、过氧化酶体(peroxisome)、吞噬体(phagosome)和自体吞噬(regulation of autophagy), 它们相对于−30 天各天的影响值分别为x_{11i}、x_{12i}、x_{13i}、x_{14i}、x_{15i}. CM 仅含一条通路, 即通路细胞骨架(regulation of actin cytosleleton), 相对于−30天各天的影响值为x_{21i}.

CGD 包含四条通路，即细胞程序性死亡(apoptosis)、细胞周期(cell cycle)、卵母细胞减数分裂(oocyte meiosis)和 P53 信号通路(P53 signaling pathway)，它们相对于−30天各天的影响值分别为x_{31i}、x_{32i}、x_{33i}、x_{34i}. CC 包含四条通路，即粘附连接(adherens junction)、黏着斑(focal adhesion)、间隙连接(gap junction)和紧密连接(tight junction)，它们相对于−30天各天的影响值分别为x_{41i}、x_{42i}、x_{43i}、x_{44i}，其中$i = 1,2,\cdots,8$，对应于相对于−30天的−15、1、15、30、60、120、240、300 天. 这些影响值形成了二级系统(图 7.6.4)具体影响值如表 7.6.1~表 7.6.4 所示.

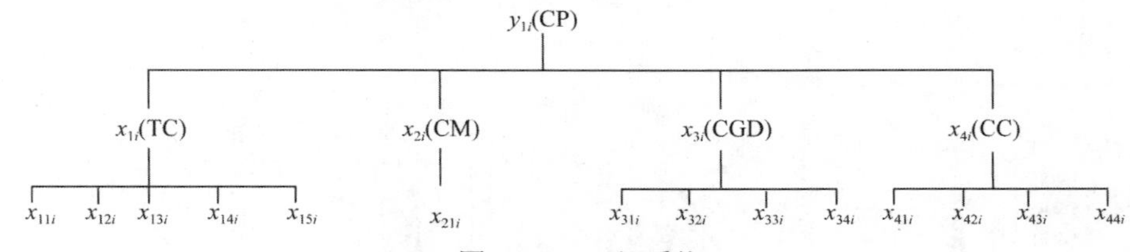

图 7.6.4 二级系统

表 7.6.1 细胞处理过程支路 DIA 影响值

	−15 vs −30	1 vs −30	15 vs −30	30 vs −30	60 vs −30	120 vs −30	240 vs −30	300 vs −30
Y(CP)	21.01	77.63	78.09	85.52	147.96	122.93	47.18	35.75
x_1(TC)	23.81	85.99	89.57	94.84	163.80	115.98	50.44	38.22
x_2(CM)	17.59	61.92	48.14	73.22	139.25	142.24	46.69	30.41
x_3(CGD)	21.29	73.15	81.78	81.42	135.37	127.22	40.27	37.31
x_4(CC)	18.79	75.59	67.53	81.04	142.91	122.50	50.14	32.45

表 7.6.2 x_1及其所含通路的 DIA 影响值

	−15 vs −30	1 vs −30	15 vs −30	30 vs −30	60 vs −30	120 vs −30	240 vs −30	300 vs −30
x_1	23.8113	85.9930	89.5668	94.8448	163.8031	115.9839	50.4407	38.2182
x_{11}	22.5098	49.7486	58.9954	59.1782	117.4333	88.5926	41.1411	29.0780
x_{12}	20.4253	59.3815	49.9510	66.8025	129.9858	97.3483	36.6775	37.1362
x_{13}	32.9660	108.6937	138.5018	135.2491	232.5274	170.5600	58.9020	46.8933
x_{14}	19.3441	107.6980	108.3229	131.0068	196.7680	184.5880	103.2921	72.5338
x_{15}	25.0000	104.4431	92.0629	81.9873	142.3012	38.8308	12.1907	5.4499

表 7.6.3 x_3及其所含通路的 DIA 影响值

	−15 vs −30	1 vs −30	15 vs −30	30 vs −30	60 vs −30	120 vs −30	240 vs −30	300 vs −30
x_3	21.2872	73.1462	81.7803	81.4157	135.3701	127.2243	40.2691	37.3084
x_{31}	24.7849	56.6593	55.8005	65.0791	125.9283	112.5840	41.4236	33.9571
x_{32}	13.5036	86.7704	88.6280	88.3041	135.0274	126.0310	36.8813	37.6037
x_{33}	15.6111	79.3127	68.9021	91.5868	140.6267	112.6886	26.0484	26.9444
x_{34}	31.2494	69.8421	113.7907	80.6926	139.8981	157.5936	56.7231	50.7283

表 7.6.4　x_4及其所含通路的 DIA 影响值

	−15vs−30	1vs−30	15vs−30	30vs−30	60vs−30	120vs−30	240vs−30	300vs−30
x_4	18.7854	75.5909	67.5291	81.0361	142.9142	122.5032	50.1449	32.4466
x_{41}	14.7221	51.1057	42.7151	57.5265	87.1063	81.5489	44.6887	23.2475
x_{42}	17.3666	61.2405	63.7557	77.7385	144.0062	121.1237	65.3078	37.0423
x_{43}	25.2270	94.8339	72.0472	93.0751	165.8898	144.0317	45.0338	22.5329
x_{44}	17.8257	95.1835	91.5983	95.8045	174.6544	143.3086	45.5495	46.9637

KEGG 所提供的代谢和信号通路系统提供了一个合适的理解生物功能过程的方法. DIA 方法所提供的各层次通路的影响值和影响方向符合现有的生物学知识, 得到了 Goterm、Uniprot 组织(Up-tisslle)等数据库的支持(在该研究的微阵列平台中, 有 35% 的基因出现在 KEGG 数据库中, 出现在 Goterm 数据库的注释基因大于 55%, 并有新的发现).

7.6.2　KEGG 通路 DIA 影响的通径分析及其决策分析

在牛乳腺泌乳周期的 KEGG 层次通路网络系统中, 因子间并不独立, 不同层次间有因果关系, 同一层次间有平行的相关关系. 因而因子间的相互调控作用是客观存在的, 它势必影响对因子作用大小和方向的判断. 因而, DIA 方法仅根据自变量 DIA 影响值的平均值决定重要性的主次和方向虽直观但有所偏差. 为此, 用自变量的主成分梯度方法判断它的影响方向(上调或下调); 用第 1 章所叙述的通径分析及决策分析给出因果关系中的直接作用、相互作用和因子主次分析, 这些分析是通过对表 7.6.1～表 7.6.4 所示影响值的相关阵完成的. 下面介绍有关统计分析模型.

1)主成分分析(梯度分析)——同层次通路影响方向的判别

设同一层次通路(K 个)的影响值$\boldsymbol{X}=(x_1,x_2,\cdots,x_k)^{\mathrm{T}}\sim N_k(0,\boldsymbol{R}_x)$, $\boldsymbol{R}_x$为其相关阵, $\widehat{\boldsymbol{R}}_x$为$\boldsymbol{R}_x$的最大似然估计. $\widehat{\boldsymbol{R}}_x$的特征根$\lambda_1>\lambda_2>\cdots\lambda_k>0$, λ_j对应的单位特征向量为$\boldsymbol{U}_j=(u_{j1},u_{j2},\cdots,u_{jk})^{\mathrm{T}}$, 称

$$\boldsymbol{F}_j=\boldsymbol{U}_j^{\mathrm{T}}\boldsymbol{X}=u_{j1}x_1+u_{j2}x_2+\cdots+u_{jk}x_k \tag{7.6.1}$$

为$\boldsymbol{X}$的第j个主成分. $\boldsymbol{F}_j$的方差$V(\boldsymbol{F}_j)=\lambda_j$, 满足$\sum_1^k\lambda_i=k$, 称

$$\eta_j=\frac{\lambda_j}{k}\ \eta_{(l)}=\sum_{i=1}^{l}\eta_i \tag{7.6.2}$$

分别为$\boldsymbol{F}_j$的方差贡献率($j=1,2,\cdots,k$)和前l个主成分$\boldsymbol{F}_1,\boldsymbol{F}_2,\cdots,\boldsymbol{F}_l$的累积方差贡献率. $\boldsymbol{F}_j$间相互独立, $\boldsymbol{U}=(U_1,U_2,\cdots,U_k)$为正交阵, $\boldsymbol{F}=(F_1,F_2,\cdots,F_k)^{\mathrm{T}}=\boldsymbol{U}^{\mathrm{T}}\boldsymbol{X}$.

由于$\frac{\partial F_j}{\partial x_i}=u_{ji}$, 故$u_j$为$F_j$的梯度

$$\left(\frac{\partial \boldsymbol{F}_j}{\partial x_1},\frac{\partial \boldsymbol{F}_j}{\partial x_2},\cdots,\frac{\partial \boldsymbol{F}_j}{\partial x_k}\right)=(u_{j1},u_{j2},\cdots,u_{jk}) \tag{7.6.3}$$

因而, 主成分分析是方差极大化的一种梯度分析(gradient analysis).

作为同层次通路$\boldsymbol{X}=(x_1,x_2,\cdots,x_k)^{\mathrm{T}}$, 梯度是$\boldsymbol{X}$随着相关 DEG 表达调控关系变化从一端到另一端各x_i方向速度上的变化, 是 DEG 间表达关系梯度的渐进移动变异. 每一个

$\boldsymbol{F}_j$均为一个梯度，其方差贡献为η_j. $\boldsymbol{F}_1, \boldsymbol{F}_2, \cdots, \boldsymbol{F}_k$的排序有两个客观效应：一是降维，即将 K 维降为q维$(q < K)$，有助于对通路结构的了解；二是滤去数据中的随机干扰，有助于$\boldsymbol{X}$与 DEG 间关系的表征. 另外，还可分析$\boldsymbol{X}$间相关性结构对各$\boldsymbol{F}_j$的调控. 如果$\frac{\partial F_j}{\partial x_i} > 0$，则$x_i$在$\boldsymbol{F}_j$中为上调；如果$\frac{\partial F_j}{\partial x_i} < 0$，则$x_i$在$\boldsymbol{F}_j$中为下调. 由此可看出各$x_i$对$\boldsymbol{F}_j$的调控方向.

2) Y关于$\boldsymbol{X} = (x_1, x_2, \cdots, x_k)^{\mathrm{T}}$的通径分析及其决策分析——不同$x$间如何影响对方对$Y$的影响及各$x$对$Y$影响的主次排序

Y关于$\boldsymbol{X}$ 的通径分析模型为

$$y_i' = \sum_{j=1}^{k} b_j^* x_{ji}' + \varepsilon_i \tag{7.6.4}$$

其中，y'和x'均已标准化，$y_i' \sim N(0,1)$, ε_i间相互独立且均服从$N(0, \sigma^2)$. 标准化偏回归系数$\boldsymbol{b}^* = (b_1^*, b_2^*, \cdots, b_k^*)^{\mathrm{T}}$. 其最小二乘估计的正则方程组为

$$\begin{bmatrix} 1 & r_{12} & \cdots & r_{1k} \\ r_{21} & 1 & \cdots & r_{2k} \\ \vdots & \vdots & & \vdots \\ r_{k1} & r_{k2} & \cdots & 1 \end{bmatrix} \begin{bmatrix} b_1^* \\ b_2^* \\ \vdots \\ b_k^* \end{bmatrix} = \begin{bmatrix} r_{1y} \\ r_{2y} \\ \vdots \\ r_{ky} \end{bmatrix} \text{或} \hat{\boldsymbol{R}}_X \boldsymbol{b}^* = \hat{\boldsymbol{R}}_{Xy} \tag{7.6.5}$$

其中，$\hat{\boldsymbol{R}}_X$ 为$\boldsymbol{X} = (x_1, x_2, \cdots, x_k)^T$的相关阵，$\hat{\boldsymbol{R}}_{Xy}$ 为$\boldsymbol{X}$与y的相关阵.

有关通径分析及其决策分析可参阅本书第 1 章. 式(7.6.5)的第 j 个方程为$r_{j1}b_1^* + r_{j2}b_2^* + \cdots + r_{jk}b_k^* = r_{jy}$，它给出了$x_j$的直接影响$b_j^*$，$x_j$通过$x_t$ $(t \neq j)$对y 的间接影响 $r_{jt}b_t^*$ $(k-1$个$)$和总影响r_{jy} $(j = 1, 2, \cdots, k)$，实现了r_{jy}的分解. 通径分析也给出了总决定系数R^2

$$R^2 = \sum_{j=1}^{k} R_j^2 + \sum_{\substack{j=1 \\ t>j}}^{k-1} R_{jt} \tag{7.6.6}$$

其中，$R_j^2 = b_j^{*2}, R_{jt} = 2b_j^* r_{jt} b_t^*$，前者为直接决定系数，后者为相关决定系数.

决策系数$R_{(j)}$描述x_j对y的综合决定作用，即$R_{(j)}$等于x_j对y的直接决定系数R_j^2与x_j有关的相关决定系数之和

$$R_{(j)} = R_j^2 + \sum_{t \neq j} R_{jt} = 2b_j^* r_{jy} - b_j^{*2} \tag{7.6.7}$$

$R_{(j)}$的标准差及其无效假设$H_0: E\left(R_{(j)}\right) = 0$的$t$检验为

$$t_j = \frac{|R_j|}{s_{R(j)}} = \frac{|R_j|}{2\left|r_{jy} - b_j^*\right| \sqrt{c_{jj} \frac{1-R^2}{n-k-1}}} \sim t(n-k-1) \tag{7.6.8}$$

其中，c_{jj}为 $\hat{\boldsymbol{R}}_X^{-1}$ 中主对角线的第j个元素，n为$(y, x_1, x_2, \cdots, x_k)$的样本容量. 利用通径分析及其决策分析可以对各$x$对$y$的重要性进行排序. 其排序方法有三种：按直接作用$b_j^*$由大到小排序；按总作用$r_{jy}$由大到小排序；按$R_{(j)}$由大到小排序. 其中按$R_{(j)}$排序最科学.

7.6.3　细胞过程路梯度分析、通径分析及其决策分析

1. 支路与其子类通路分析

1)运输与代谢支路分析

这是关于x_1和$(x_{11}, x_{12}, \cdots, x_{15})^{\mathrm{T}}$的分析. x_1及其所含通路的 DIA 影响值见表 7.6.2.

$(x_{11},x_{12},\cdots,x_{15})^{\mathrm{T}}$的相关阵见表 7.6.5, 相关阵决定的各通路的系统聚类(不同相似水平的相关通路团)如图 7.6.5 所示.

表 7.6.5　x_1中各通路间的相关系数

	x_{11}	x_{12}	x_{13}	x_{14}	x_{15}
x_{11}	1.0000	0.9814	0.9756	0.9424	0.6938
x_{12}		1.0000	0.9530	0.9388	0.6806
x_{13}			1.0000	0.9192	0.7923
x_{14}				1.0000	0.5688
x_{15}					1.0000

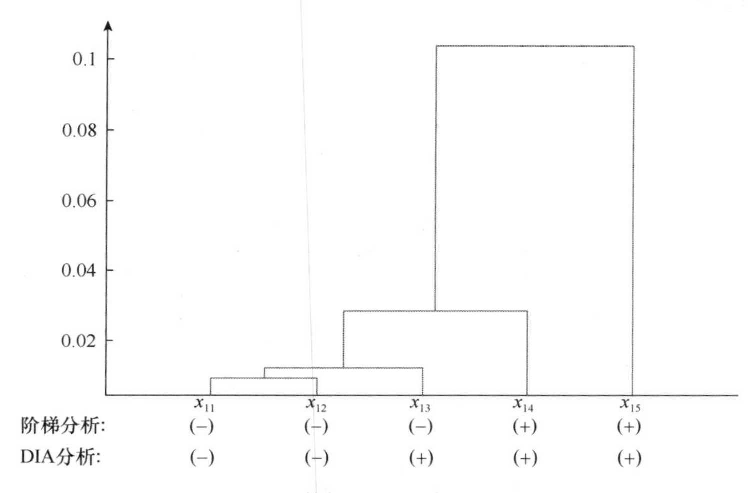

图 7.6.5　x_1中各通路的系统聚类图及影响方向

(1)$\boldsymbol{X}=(x_{11},x_{12},\cdots,x_{15})^{\mathrm{T}}$的主成分分析(梯度分析)如下.

①相关阵(表 7.6.5)的特征根λ_i及其特征向量$\boldsymbol{U}_j$为

$$\lambda_j:\ 4.4062\quad 0.4978\quad 0.0574\quad 0.0305\quad 0.0081$$

$$\boldsymbol{U}=\begin{bmatrix}-0.4693 & -0.1680 & -0.3705 & -0.3318 & -0.7100\\ -0.4654 & -0.1913 & -0.5143 & 0.6069 & 0.3376\\ -0.4724 & 0.0458 & 0.0292 & -0.6518 & 0.5908\\ -0.4479 & -0.4045 & 0.7554 & 0.2304 & -0.1100\\ -0.3733 & 0.8772 & 0.1637 & 0.2090 & -0.1439\end{bmatrix}=\left[\boldsymbol{U}_1\ \boldsymbol{U}_2\ \boldsymbol{U}_3\ \boldsymbol{U}_4\ \boldsymbol{U}_5\right]$$

其中, $\boldsymbol{F}_j=\boldsymbol{U}_j^{\mathrm{T}}\boldsymbol{X},(j=1,2,\cdots,5)$, $\boldsymbol{F}_j$的方差贡献率$\eta_j=\frac{\lambda_j}{5}$, 即$\eta_1=\frac{\lambda_1}{5}=88.1\%,\eta_2=\frac{\lambda_2}{5}=10\%,\eta_3=\frac{\lambda_3}{5}=1.1\%,\eta_4=\frac{\lambda_4}{5}=0.6\%,\eta_5=\frac{\lambda_5}{5}=0.2\%$. 前$l$个主成分的方差贡献分别为$\eta_{(2)}=\eta_1+\eta_2=98.1\%,\eta_{(3)}=99.2\%,\eta_{(4)}=99.8\%$. 如果将$\boldsymbol{F}_5$作为随机干扰, 则$x_{11},x_{12},\cdots,x_{15}$可降为$\boldsymbol{F}_1$、$\boldsymbol{F}_2$、$\boldsymbol{F}_3$和$\boldsymbol{F}_4$. 在这种情况下, 前 4 个主成分对$x_{11}$、$x_{12}$、$x_{13}$、$x_{14}$和$x_{15}$的决定系数分别为 99.6%、99.9%、99.7%、100%和 99.9%.

②x_{11}、x_{12}、x_{13}、x_{14}和x_{15}的影响方向判别.

判别方法：若$\sum_{j=1}^{4} u_{jt} > 0$, 则$x_{1t}$为上调，否则为下调. 用此方法有以下结果

$$\sum_{j=1}^{4} u_{j1} = -1.3396 \qquad \sum_{j=1}^{4} u_{j2} = -0.5641$$

$$\sum_{j=1}^{4} u_{j3} = -1.0492 \qquad \sum_{j=1}^{4} u_{j4} = 0.134 \qquad \sum_{j=1}^{4} u_{j5} = 0.8676$$

因而有以下判断结果：x_{11}(下调), x_{12}(下调), x_{13}(下调), x_{14}(上调), x_{15}(上调). 将此结果用“+”(上调)和“-”(下调)标注在图 7.6.5 中，可看出各x的调控关系，并和DIA方法的结果进行比较.

(2) $x_1 \leftarrow (x_{11}, x_{12}, \cdots, x_{15})^T$的通径分析及其决策分析如下.

其标准化多元线性回归方程为$x_1' = b_{11}^* x_{11}' + b_{12}^* x_{12}' + b_{13}^* x_{13}' + b_{14}^* x_{14}' + b_{15}^* x_{15}'$

决定系数$R_1^2 = 0.9997$，复相关系数$R_1 = 0.9999$. 方程是极显著的. 其通径分析及其决策分析如表 7.6.6 所示，决策系数经检验均极显著.

表 7.6.6 支路 x_1 的通径分析及决策分析表

通径分析	直接作用 b_{1i}^*	x_{1i}通过x_{1j}对 y 的间接作用	$r_{ij}b_{1j}^*$	总作用r_{ix_i}	决策系数$R_{(i)}$
x_{11}对x_1	0.1360	$x_{11} \leftrightarrow x_{12} \rightarrow x_1$	0.1546	0.9778	0.2475**
		$x_{11} \leftrightarrow x_{13} \rightarrow x_1$	0.2923		
		$x_{11} \leftrightarrow x_{14} \rightarrow x_1$	0.2428		
		$x_{11} \leftrightarrow x_{15} \rightarrow x_1$	0.1521		
x_{12}对x_1	0.1575	$x_{12} \leftrightarrow x_{11} \rightarrow x_1$	0.1335	0.9676	0.2801**
		$x_{12} \leftrightarrow x_{13} \rightarrow x_1$	0.2856		
		$x_{12} \leftrightarrow x_{14} \rightarrow x_1$	0.2419		
		$x_{12} \leftrightarrow x_{15} \rightarrow x_1$	0.1492		
x_{13}对x_1	0.2997	$x_{13} \leftrightarrow x_{11} \rightarrow x_1$	0.1327	0.9930	0.5053**
		$x_{13} \leftrightarrow x_{12} \rightarrow x_1$	0.1501		
		$x_{13} \leftrightarrow x_{14} \rightarrow x_1$	0.2368		
		$x_{13} \leftrightarrow x_{15} \rightarrow x_1$	0.1737		
x_{14}对x_1	0.2576	$x_{14} \leftrightarrow x_{11} \rightarrow x_1$	0.1282	0.9338	0.4148**
		$x_{14} \leftrightarrow x_{12} \rightarrow x_1$	0.1479		
		$x_{14} \leftrightarrow x_{13} \rightarrow x_1$	0.2754		
		$x_{14} \leftrightarrow x_{15} \rightarrow x_1$	0.1247		
x_{15}对x_1	0.2192	$x_{15} \leftrightarrow x_{11} \rightarrow x_1$	0.0943	0.8048	0.3048**
		$x_{15} \leftrightarrow x_{12} \rightarrow x_1$	0.1072		
		$x_{15} \leftrightarrow x_{13} \rightarrow x_1$	0.2374		
		$x_{15} \leftrightarrow x_{14} \rightarrow x_1$	0.1466		

表 7.6.6 中，据式(7.6.5)把x_{1i}对x_1的总作用r_{ix_1}分解为x_{1i}的直接作用b_{1i}^*和x_{1i}通过x_{1j}对x_1的间接作用$r_{ij}b_{1j}^*$，间接作用反映了x_{1j}对x_{1i}的调控；另外，据式(7.6.7)给出了x_{1i}对x_1的综合决策能力，即决策系数$R_{(i)}$. 如何合理判断x_{1i}对x_1的重要性排序呢？通径分析给出了用直接作用b_{1i}^*和总作用r_{ix_1}的两种排序方法；决策分析用决策系数$R_{(i)}$进行排序；DIA 用x_{1i}(影响值)的平均值进行排序. 其结果如表 7.6.7 所示.

表 7.6.7　支路 x_1 的直接作用、总作用、决策系数和 DIA 影响值的平均值排序

排序	x_{11}	x_{12}	x_{13}	x_{14}	x_{15}
b_{1i}^*排序	5	4	1	2	3
r_{ix_1}排序	2	3	1	4	5
$R_{(i)}$排序	5	4	1	2	3
DIA 排序	5	4	3	1	2

四种排序方法哪一种最合理呢？通径分析、决策分析和 DIA 方法的本质区别是：通径分析把x_{1i}的总作用分解为直接作用与间接作用；决策分析将$R_{(i)}$分解为直接决定作用和相关决定作用，根据式(1.3.67)也可分解为两个乘积之和，即 $b_{1i}^*r_{ix_1}$(直×总)+$b_{1i}^*\sum_{t\neq i}r_{it}\,b_{1t}^*$(直×间)；因而$R_{(i)}$排序最科学. 对于表 7.6.6，$R_{(i)}$的两种分解如表 7.6.8 所示.

表 7.6.8　$R_{(i)}$的两种分解

	直×总	直×间	直接决定	相关决定	$R_{(i)}$
x_{11}	0.1330	0.1145	0.0185	0.2290	0.2475
x_{12}	0.1524	0.1276	0.0248	0.2553	0.2801
x_{13}	0.2976	0.2078	0.0898	0.4156	0.5054
x_{14}	0.2405	0.1742	0.0664	0.3484	0.4148
x_{15}	0.1764	0.1284	0.0480	0.2568	0.3048

结果表明，x_{13}的$R_{(3)}$在两种分解中均优于其他因子. 因而，x_{13}对x_1的决策作用应居首位. 事实上，x_{13}不但b_{13}^*和r_{3x_1}最大，而且对其他因子的调控作用(其他因子通过x_{13}对x_1的间接作用)最大.

一般来讲，若$R_{(i)}$中既有正又有负，则正向最大的$R_{(i)}$的x_{1i}为x_1的首位正向控制因子，负向最小者为x_1的首要限制因子，其他因子为x_1可利用的正向因子或需适当限制的因子.

2)细胞生长与死亡支路分析

由于细胞移动支路仅含一条通路，故进入 CGD 支路的进一步分析，即x_3与$(x_{31},x_{32},x_{33},x_{34})^{\mathrm{T}}$的进一步分析.

(1)$\boldsymbol{X}=(x_{31},x_{32},x_{33},x_{34})^{\mathrm{T}}$的主成分分析(梯度分析)结果如下. $\boldsymbol{X}$的相关阵如表 7.6.9 所示.

表 7.6.9　x_3中各通路间的相关系数

	x_{31}	x_{32}	x_{33}	x_{34}
x_{31}	1.0000	0.9362	0.9472	0.9217
x_{32}		1.0000	0.9794	0.9308
x_{33}			1.0000	0.8733
x_{34}				1.0000

①相关阵的特征根λ_i、特征向量$\boldsymbol{U}_j$和$\boldsymbol{F}_j=\boldsymbol{U}_j^{\mathrm{T}}\boldsymbol{X}$为

$$\lambda_j: 3.7949 \quad 0.1332 \quad 0.0676 \quad 0.0043$$

$$\boldsymbol{U}=\left[\boldsymbol{U}_1\ \boldsymbol{U}_2\ \boldsymbol{U}_3\ \boldsymbol{U}_4\right]=\begin{bmatrix}0.5014 & -0.0108 & 0.8223 & -0.2690\\ 0.5069 & -0.1789 & -0.5268 & -0.6584\\ 0.5009 & -0.5839 & -0.1070 & 0.6299\\ 0.4907 & 0.7918 & -0.1867 & 0.3121\end{bmatrix}$$

$$\boldsymbol{F}_j=\boldsymbol{U}_j^{\mathrm{T}}\boldsymbol{X},\quad j=1,2,3,4,\quad \eta_1=94.9\%,\quad \eta_2=3.3\%,\quad \eta_3=1.7\%,\quad \eta_4=0.1\%$$

把$\boldsymbol{F}_4$作为随机干扰，则x_{31}、x_{32}、x_{33}、x_{34}可降维为$\boldsymbol{F}_1$、$\boldsymbol{F}_2$和$\boldsymbol{F}_3$. $\eta_{(3)}=99.9\%$，$\boldsymbol{F}_1$、$\boldsymbol{F}_2$和$\boldsymbol{F}_3$对x_{31}、x_{32}、x_{33}、x_{34}的决定系数分别为 99.9%、99.8%、99.8%和 99.96%.

② x_{31}、x_{32}、x_{33}、x_{34}的影响方向判别.

$\sum_{j=1}^{3}u_{j1}=1.3129>0, x_{31}$为上调; $\sum_{j=1}^{3}u_{j2}=-0.1988<0, x_{32}$为下调; $\sum_{j=1}^{3}u_{j3}=-0.1900<0, x_{33}$为下调; $\sum_{j=1}^{3}u_{j4}=1.0958>0, x_{34}$为上调.

x_{31}、x_{32}、x_{33}、x_{34}的系统聚类图及调控关系如图 7. 6. 6 所示.

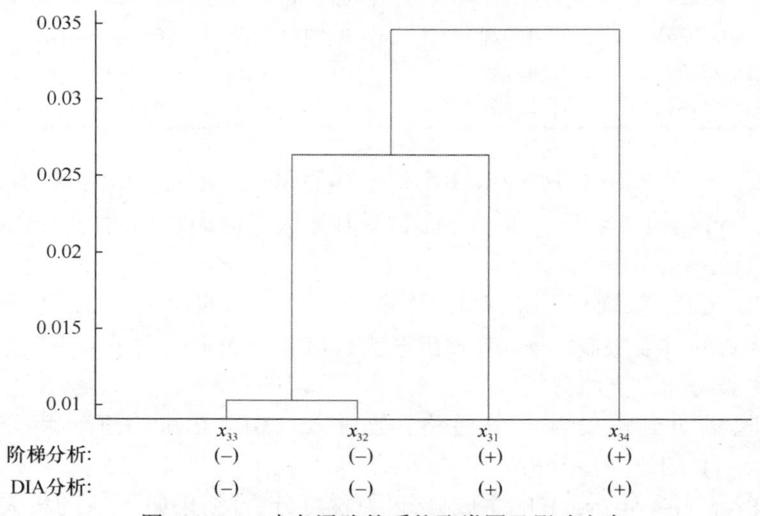

图 7.6.6　x_3中各通路的系统聚类图及影响方向

(2)$x_3 \leftarrow (x_{31},x_{32},x_{33},x_{34})^{\mathrm{T}}$的通径分析及其决策分析结果如下.

标准化多元线性回归方程为

$$x_3' = b_{31}^* x_{31}' + b_{32}^* x_{32}' + b_{33}^* x_{33}' + b_{34}^* x_{34}'$$

其通径分析与决策分析结果如表 7.6.10 所示.

表 7.6.10　支路 x_3 的通径分析及决策分析表

通径分析	直接作用b_{3i}^*	x_{3i}通过x_{3j}对y的间接作用$r_{ij}b_{3j}^*$		总作用r_{ix_3}	决策系数$R_{(i)}$
x_{31}对x_3	0.2190	$x_{31} \leftrightarrow x_{32} \rightarrow x_3$	0.2469	0.9745	0.3803**
		$x_{31} \leftrightarrow x_{33} \rightarrow x_3$	0.2570		
		$x_{31} \leftrightarrow x_{34} \rightarrow x_3$	0.2507		
x_{32}对x_3	0.2637	$x_{32} \leftrightarrow x_{31} \rightarrow x_3$	0.2059	0.9885	0.4518**
		$x_{32} \leftrightarrow x_{33} \rightarrow x_3$	0.2658		
		$x_{32} \leftrightarrow x_{34} \rightarrow x_3$	0.2531		
x_{33}对x_3	0.2714	$x_{33} \leftrightarrow x_{31} \rightarrow x_3$	0.2083	0.9754	0.4558**
		$x_{33} \leftrightarrow x_{32} \rightarrow x_3$	0.2583		
		$x_{33} \leftrightarrow x_{34} \rightarrow x_3$	0.2375		
x_{34}对x_3	0.2720	$x_{34} \leftrightarrow x_{31} \rightarrow x_3$	0.2027	0.9571	0.4466**
		$x_{34} \leftrightarrow x_{32} \rightarrow x_3$	0.2454		
		$x_{34} \leftrightarrow x_{33} \rightarrow x_3$	0.2370		

根据表 7.6.10, $x_{3i}(i=1, 2, 3, 4)$对x_3重要性的四种排序如表 7.6.11 所示.

表 7.6.11　$x_{3i}(i=1, 2, 3, 4)$对x_3重要性的四种排序

排序	x_{31}	x_{32}	x_{33}	x_{34}
b_{3i}^*排序	4	3	2	1
r_{ix_3}排序	3	1	2	4
$R_{(i)}$排序	4	2	1	3
DIA 排序	4	2	3	1

由于$R_{(i)} > 0$, $i=1, 2, 3, 4$, 故x_{3i}均为x_3的正向控制因子, $R_{(i)}$的两种分解情况如表 7.6.12 所示.

表 7.6.12　$R_{(i)}$的两种分解情况

	直×总	直×间	直接决定	相关决定	$R_{(i)}$
x_{31}	0.2134	0.1655	0.0480	0.3309	0.3789
x_{32}	0.2607	0.1911	0.0695	0.3823	0.4518
x_{33}	0.2647	0.1911	0.0737	0.3821	0.4558
x_{34}	0.2603	0.1863	0.0740	0.3726	0.4466

上述分析表明，$R_{(i)}$排序是合理的，理由如下：首先，从$R_{(i)}$的分解上来看，除了直接决定作用外，其余三项，x_{34}均不如x_{33}和x_{32}；其次，由表 7.6.12 可知，x_{31}、x_{32}、x_{33}和x_{34}分别对其他因子的间接作用之和按由大到小的顺序为x_{33}、x_{32}、x_{34}和x_{31}. 因而，从自身的直接作用和对其他因子的调控上看，$R_{(i)}$的排序是合理的.

3)细胞交流支路分析

该支路有 4 条子类通路$\boldsymbol{X}=(x_{41},x_{42},x_{43},x_{44})^{\mathrm{T}}$.

(1)$\boldsymbol{X}=(x_{41},x_{42},x_{43},x_{44})^{\mathrm{T}}$的主成分分析（梯度分析）结果如下．$\boldsymbol{X}$的相关阵如表 7.6.13 所示.

表 7.6.13　x_4中各通路间的相关系数

	x_{41}	x_{42}	x_{43}	x_{44}
x_{41}	1.0000	0.9820	0.9696	0.9521
x_{42}		1.0000	0.9495	0.9517
x_{43}			1.0000	0.9785
x_{44}				1.0000

① 相关阵的特征根λ_j、特征向量$\boldsymbol{U}_j$和 $\boldsymbol{F}_j=\boldsymbol{U}_j{}^{\mathrm{T}}\boldsymbol{X}$ 为

$$\lambda_j:3.8917\quad 0.0702\quad 0.0297\quad 0.0084$$

$$U=\left[U_1\ U_2\ U_3\ U_4\right]=\begin{bmatrix}-0.5015 & -0.4085 & -0.4565 & -0.6109\\ -0.4989 & -0.5802 & 0.4465 & 0.4639\\ -0.5008 & -0.4346 & -0.5368 & 0.5217\\ -0.4988 & 0.5547 & 0.5514 & -0.3735\end{bmatrix}$$

$$\boldsymbol{F}_j=\boldsymbol{U}_j^{\mathrm{T}}\boldsymbol{X},\quad j=1,2,3,4,\quad \eta_1=97.3\%,\quad \eta_2=1.76\%,\quad \eta_3=0.74\%,\quad \eta_4=0.20\%$$

$\boldsymbol{F}_1$、$\boldsymbol{F}_2$和$\boldsymbol{F}_3$的方差贡献率$\eta_{(3)}=99.8\%$. $\boldsymbol{F}_4$作为随机干扰，则x_{41}、x_{42}、x_{43}、x_{44}可降维为$\boldsymbol{F}_1$、$\boldsymbol{F}_2$和$\boldsymbol{F}_3$. $\boldsymbol{F}_1$、$\boldsymbol{F}_2$和$\boldsymbol{F}_3$对x_{41}、x_{42}、x_{43}、x_{44}的决定系数分别为 100%、99.81%、99.77%和 99.89%.

② x_{41}、x_{42}、x_{43}、x_{44}的影响方向判别.

$\sum_{j=1}^{3}u_{j1}=-1.3665<0,x_{41}$ 为下调；$\sum_{j=1}^{3}u_{j2}=-0.6326<0,x_{42}$ 为下调；$\sum_{j=1}^{3}u_{j3}=-1.4722<0,x_{43}$为下调；$\sum_{j=1}^{3}u_{j4}=0.6073>0,x_{44}$为上调.

x_{41}、x_{42}、x_{43}、x_{44}的系统聚类图及调控关系如图 7.6.7 所示.

(2)$x_4\leftarrow(x_{41},x_{42},x_{43},x_{44})^{\mathrm{T}}$的通径分析及其决策分析如下.

其标准化多元线性回归方程为

$$x_4'=b_{41}^*x_{41}'+b_{42}^*x_{42}'+b_{43}^*x_{43}'+b_{44}^*x_{44}'$$

其通径分析与决策分析结果如表 7.6.14 所示.

根据表 7.6.14，$x_{4i}(i=1,2,3,4)$对x_4重要性的四种排序如表 7.6.15 所示.

上述分析表明，x_{43}为对x_4的直接作用、间接作用以及总作用最大的一个正向调控因子，而且它对其他因子的间接调控作用最大(对x_{41}为 0.3014，对x_{42}为 0.2952，对x_{44}为 0.3042)，故$R_{(i)}$将x_{43}作为对x_4的作用排在首位是合理的.

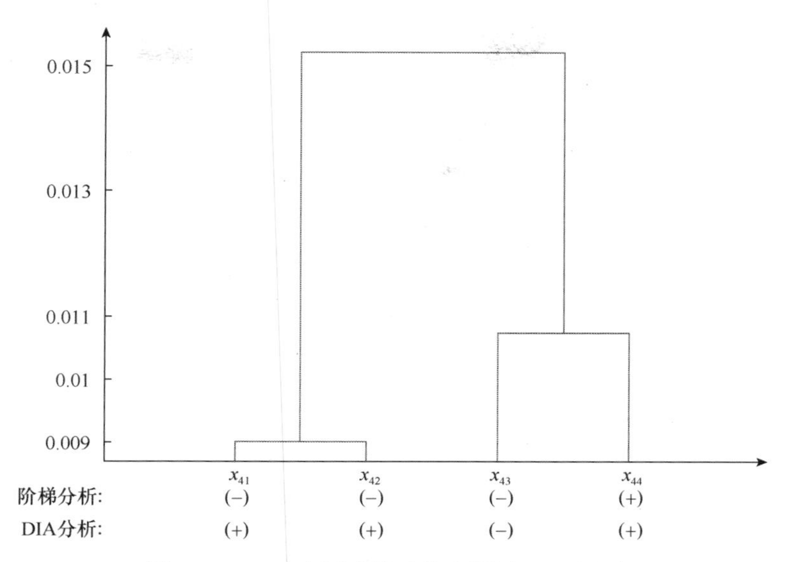

图 7.6.7　x_4中各通路的系统聚类图及影响方向

表 7.6.14　支路 x_4 的通径分析及决策分析表

通径分析	直接作用b_{4i}^*	x_{4i}通过x_{4j}对 y 的间接作用$r_{ij}b_{4j}^*$		总作用r_{ix_4}	决策系数$R_{(i)}$
x_{41}对x_4	0.1493	$x_{41} \leftrightarrow x_{42} \rightarrow x_4$	0.2407	0.9851	0.2718**
		$x_{41} \leftrightarrow x_{43} \rightarrow x_4$	0.3014		
		$x_{41} \leftrightarrow x_{44} \rightarrow x_4$	0.2937		
x_{42}对x_4	0.2451	$x_{42} \leftrightarrow x_{41} \rightarrow x_4$	0.1466	0.9804	0.4205**
		$x_{42} \leftrightarrow x_{43} \rightarrow x_4$	0.2952		
		$x_{42} \leftrightarrow x_{44} \rightarrow x_4$	0.2936		
x_{43}对x_4	0.3109	$x_{43} \leftrightarrow x_{41} \rightarrow x_4$	0.1448	0.9901	0.5190**
		$x_{43} \leftrightarrow x_{42} \rightarrow x_4$	0.2327		
		$x_{43} \leftrightarrow x_{44} \rightarrow x_4$	0.3019		
x_{44}对x_4	0.3085	$x_{44} \leftrightarrow x_{41} \rightarrow x_4$	0.1421	0.9881	0.5145**
		$x_{44} \leftrightarrow x_{42} \rightarrow x_4$	0.2333		
		$x_{44} \leftrightarrow x_{43} \rightarrow x_4$	0.3042		

表 7.6.15　$x_{4i}(i=1, 2, 3, 4)$对x_4重要性的四种排序

排序	x_{41}	x_{42}	x_{43}	x_{44}
b_{4i}^*排序	4	3	1	2
r_{ix_4}排序	3	4	1	2
$R_{(i)}$排序	4	3	1	2
DIA 排序	4	3	2	1

由于$R_{(i)}$均大于 0，故x_{4i}均为x_4的正向调控因子，$R_{(i)}$的两种分解情况如表 7.6.16 所示.

表 7.6.16 $\boldsymbol{R}_{(i)}$的两种分解情况

	$b_{4i}^{*}r_{ix_4}$	$b_{4i}^{*}(r_{ix_4}-b_{4i}^{*})$	b_{4i}^{*2}	$r_{ix_4}-b_{4i}^{*2}$	$R_{(i)}$
x_{41}	0.1914	0.1248	0.0223	0.2495	0.2718
x_{42}	0.2403	0.1802	0.0601	0.3604	0.4205
x_{43}	0.3078	0.2112	0.0967	0.4223	0.5190
x_{44}	0.3048	0.2097	0.0952	0.4193	0.5145

2. 细胞过程路与其支路分析

1)$\boldsymbol{X}=(x_1,x_2,x_3,x_4)^{\mathrm{T}}$的主成分分析(梯度分析)结果如下．$\boldsymbol{X}$的相关阵如表 7.6.17 所示.

表 7.6.17 $\boldsymbol{X}$的相关系数

	x_1	x_2	x_3	x_4
x_1	1.0000	0.9053	0.9689	0.9770
x_2		1.0000	0.9534	0.9723
x_3			1.0000	0.9835
x_4				1.0000

(1)相关阵的特征根λ_j、特征向量$\boldsymbol{U}_j$和主成分$\boldsymbol{F}_j=\boldsymbol{U}_j^{\mathrm{T}}\boldsymbol{X}$为

$$\lambda_j:\ 3.8807\quad 0.0957\quad 0.0218\quad 0.0018$$

$$\boldsymbol{U}=[\boldsymbol{U}_1\ \boldsymbol{U}_2\ \boldsymbol{U}_3\ \boldsymbol{U}_4]=\begin{bmatrix}-0.4963 & 0.6563 & -0.3486 & -0.4488\\ -0.4936 & -0.7480 & -0.1877 & -0.4021\\ -0.5033 & 0.0985 & 0.8578 & 0.0342\\ -0.5067 & -0.0120 & -0.3277 & 0.7973\end{bmatrix}$$

$$\boldsymbol{F}_j=\boldsymbol{U}_j^{\mathrm{T}}\boldsymbol{X},j=1,2,3,4,\eta_1=97.02\%,\eta_2=2.39\%,\eta_3=0.55\%,\eta_4=0.04\%$$

将$\boldsymbol{F}_3+\boldsymbol{F}_4$作为随机干扰，则$x_1$、$x_2$、$x_3$、$x_4$可降维为$\boldsymbol{F}_1$和$\boldsymbol{F}_2$,它们的方差贡献率$\eta_{(2)}=99.4\%$.

(2)x_1、x_2、x_3、x_4的影响方向判别.

$\sum_{j=1}^{3}u_{j1}=0.16>0,x_1$为上调；$\sum_{j=1}^{3}u_{j2}=-1.2416<0,x_2$为下调；$\sum_{j=1}^{3}u_{j3}=-0.4048<0,x_3$为下调；$\sum_{j=1}^{3}u_{j4}=-0.5187<0,x_4$为下调.

x_1、x_2、x_3、x_4的系统聚类图及影响方向如图 7.6.8 所示.

2)$y\leftarrow(x_1,x_2,x_3,x_4)^{\mathrm{T}}$的通径分析及其决策分析

其标准化多元线性回归方程为

$$y=b_1^{*}x_1'+b_2^{*}x_2'+b_3^{*}x_3'+b_4^{*}x_4'$$

其通径分析与决策分析结果如表 7.6.18 所示.

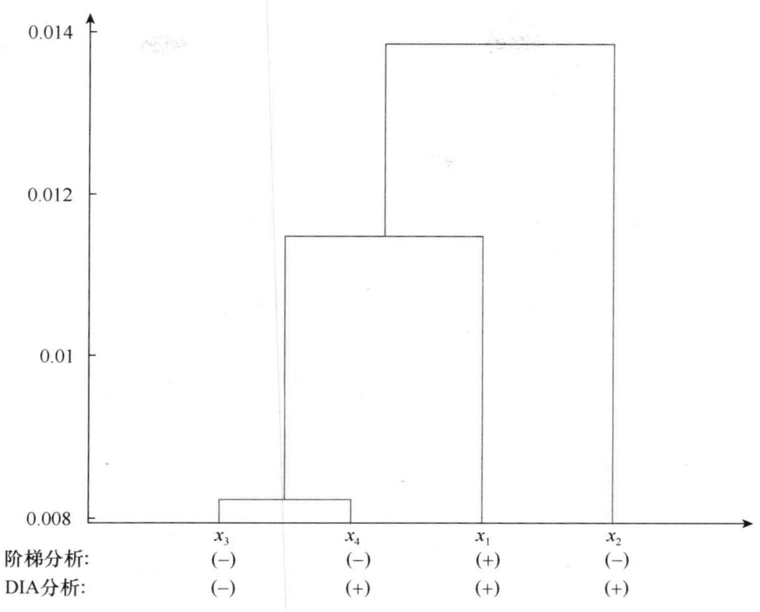

图 7.6.8　x_1、x_2、x_3、x_4的系统聚类图及影响方向

表 7.6.18　y的通径分析及决策分析表

通径分析	直接作用b_i^*	x_i通过x_j对y的间接作用$r_{ij}b_j^*$		总作用r_{iy}	决策系数$R_{(i)}$
		$x_1 \leftrightarrow x_2 \rightarrow y$	0.0633		
x_1对y	0.3687	$x_1 \leftrightarrow x_3 \rightarrow y$	0.2676	0.9889	0.5932**
		$x_1 \leftrightarrow x_4 \rightarrow y$	0.2892		
		$x_2 \leftrightarrow x_1 \rightarrow y$	0.3338		
x_2对y	0.0700	$x_2 \leftrightarrow x_3 \rightarrow y$	0.2634	0.9549	0.1287**
		$x_2 \leftrightarrow x_4 \rightarrow y$	0.2878		
		$x_3 \leftrightarrow x_1 \rightarrow y$	0.3572		
x_3对y	0.2762	$x_3 \leftrightarrow x_2 \rightarrow y$	0.0667	0.9913	0.4713**
		$x_3 \leftrightarrow x_4 \rightarrow y$	0.2912		
		$x_4 \leftrightarrow x_1 \rightarrow y$	0.3602		
x_4对y	0.2960	$x_4 \leftrightarrow x_2 \rightarrow y$	0.0680	0.9959	0.5020**
		$x_4 \leftrightarrow x_3 \rightarrow y$	0.2717		

表 7.6.18 表明，$x_i(i=1, 2, 3, 4)$对y重要性的四种排序结果如表 7.6.19 所示.

表 7.6.19　$x_i(i=1, 2, 3, 4)$对y重要性的四种排序结果

排序	x_1	x_2	x_3	x_4
b_i^*排序	1	4	3	2
r_{iy}排序	3	4	2	1
$R_{(i)}$排序	1	4	3	2
DIA 排序	1	4	2	3

由于$R_{(i)}$和 DIA 排序上的差异在x_3和x_4上，所以要说明$R_{(i)}$排序的合理性，必须说明x_4比x_3对y的调控性好：①$b_4^* > b_3^*$；②$r_{4y} > r_{3y}$；③x_4对x_1、x_2和x_3的间接作用之和及x_3对x_1、x_2和x_4的间接作用之和分别为

$$x_4: 0.2892 + 0.2878 + 0.2912 = 0.8682$$
$$x_3: 0.2676 + 0.2634 + 0.2717 = 0.8027$$

即x_4比x_3在调控其他因子上要强一些，综上所述，$R_{(i)}$排序是合理的.

7.6.4 梯度分析、通径分析及其决策分析与 DIA 方法的比较

上述关于细胞过程路(CP)，支路(TC、CM、CGD 和 CC)及其子类通路的有关分析结果分别列入表 7.6.20 和表 7.6.21 中，比较并予以讨论.

表 7.6.20 两种方法在通路方向及其对支路作用主次顺序上的比较

支路	通路	影响方向		对支路影响顺序	
		DIA 方向	梯度	DIA 均值	决策系数
X_1 (TC)	Endocytosis	−21.64(−)	(−)	601.14(5)	0.2475(5)
	Lysosome	−5.25(−)	(−)	654.45(4)	0.2801(4)
	Peroxisome	33.60(+)	(−)	1135.42(3)	0.5053(1)
	Phagosome	15.08(+)	(+)	1135.84(1)	0.4148(2)
	Regulation of autophagy	27.71(+)	(+)	692.01(2)	0.3048(3)
X_3 (CGD)	Apoptosis	8.34(+)	(+)	663.75(4)	0.3803(4)
	Cell cycle	−29.06(−)	(−)	776.13(2)	0.4518(2)
	Oocyte meiosis	−11.52(−)	(−)	695.89(3)	0.4558(1)
	p53 signaling pathway	9.26(+)	(+)	930.03(1)	0.4466(3)
X_4 (CC)	Adherens junction	7.92(+)	(−)	579.53(4)	0.2178(4)
	Focal adhesion	1.77(+)	(−)	762.42(3)	0.4205(3)
	Gap junction	−2.79(−)	(−)	776.77(2)	0.5190(1)
	Tight junction	19.96(+)	(+)	888.25(1)	0.5145(2)

表 7.6.21 两种方法在支路方向及其对总路作用主次顺序上的比较

路	支路	影响方向		对路影响顺序	
		DIA 方向	梯度	DIA 均值	决策系数
(y)细胞过程路(CP)	TC(X_1)	(+)	(+)	82.83(1)	0.5923(1)
	CM(X_2)	(+)	(−)	69.93(4)	0.1287(4)
	CGD(X_3)	(−)	(−)	74.73(2)	0.4713(3)
	CC(X_4)	(+)	(−)	73.87(3)	0.5020(2)

由表 7.6.20 和表 7.6.21 可看出以下几点.

（1）两种方法在判断路径上调或下调上的符合率大于 70%.

（2）两种方法在判断支路对路、通路对支路的影响主次顺序上符合率为 47%(不符

合者为相邻次序上的错位).

二者的差异原因是什么？其原因可能在于以下几点.

首先, DIA 影响值的给出方式为

影响值=通路中 DEG 的比例× $\log_2$(改变倍数)的平均值×[$-\log_{10}$(DEG 显著水平)]

其平均值仅是对该通路总体数量的确定, 并未考虑同一层次通路间的相关, 这就对路及其子类支路、支路对其子类通路的因果分析带来了偏差, 同时会对同层次通路的调控方向带来偏差; 其次, 用 DIA 影响值对 KEGG 多层次网络系统进行的主成分分析(梯度法)、通径分析及其决策分析中, 通过梯度法给出了同层次通路的影响方向, 用通路分析把支路对路、通路对支路的总作用分解为直接作用和间接作用, 并给出了支路对路、通路对支路的综合决定能力——决策系数, 从而找出支路或通路重要性排序的原因, 符合从基因调控转录而完成功能的多层次网络调控的生物过程. 因而, 上述分析可促进 DIA 方法的进一步细化和完善. 关于 KEGG 通路的通径分析等内容可参阅杜俊莉等于 2014 年发表的文献。

参 考 文 献

曹钻，张银霞，郭满才，等. 2009. 选择效率世代指数研究. 西北农林科技大学学报(自然科学版)，8: 217-220.

陈小蕾，袁志发，郭满才. 2011. 主基因-多基因与微效多基因性状的综合选择指数研究. 西北农林科技大学学报(自然科学版), 3: 125-129.

陈瑶生，盛志廉. 1988. 通用选择指数原理. 遗传学报, 15(3): 185-192.

陈瑶生，盛志廉. 1989. 通用选择指数应用研究. 遗传学报, 16(1): 27-33.

达尔文. 2007. 物种起源. 谢蕴贞，译. 北京：商务印书馆.

戴君惕，杨清，等. 1983. 相关遗传力及其在育种上的应用. 遗传学报, 10(5): 375-383.

董晓萌，曹彬婕，罗凤娟，等. 2008. 一种度量生物性状非线性相关的广义相关系数. 西北农林科技大学学报(自然科学版), 5: 191-195.

法尔康纳，麦凯. 2000. 数量遗传学导论. 储明星，译. 北京：中国农业出版社.

方宣钧，吴为人，唐纪良. 2002. 作物 DNA 标记辅助选择. 北京：科学出版社.

盖钧镒，章元明，王建康. 2003. 植物数量性状遗传体系. 北京：科学出版社.

高之仁. 1986. 数量遗传学. 成都：四川大学出版社.

郭平仲. 1983. 数量遗传分析. 北京：首都师范大学出版社.

郭平仲. 1993. 数量遗传分析(修订版). 北京：首都师范大学出版社.

姜长鉴，莫惠栋. 1995. 质量-数量性状的遗传分析——极大似然法的应用. 作物学报, 21(6): 641-648.

孔繁玲. 2006. 植物数量遗传学. 北京：中国农业出版社.

雷雪芹，魏伍川，陈宏，等. 2004. 6 个牛品种在 FSHR 基因位点的遗传关系及其多态对双胎性状的标记. 西北农林科技大学学报(自然科学版), 7: 1-6.

林作楫，章蜀贤，袁志发. 1983. 双列杂交分析简介. 麦类作物, 5: 4-7; 6: 4-8.

刘垂玗. 1982. 关于数量性状遗传相关的若干研究. 安徽农学院学报: 1.

刘来福，毛盛贤，黄远樟. 1984. 作物数量遗传. 北京：中国农业出版社.

刘来福. 1979. 作物数量性状的遗传距离及其测定. 遗传学报, 6(3): 349-355.

刘璐，郭满才，袁志发，等. 2009. 典范性状对的决策分析. 西北农林科技大学学报(自然科学版). 9: 182-186.

刘璐，王丽波，袁志发，等. 2006. 典范性状的决策分析. 西北农林科技大学学报(自然科学版). 5: 157-160.

刘璐，袁志发，等. 2005. 表型方差最大主成分的决策分析. 西北农林科技大学学报(自然科学版), 10: 97-99.

罗凤娟，董晓萌，袁志发，等. 2008. 主基因-多基因混合遗传数量性状的单性状选择模型. 西北农林科技大学学报(自然科学版). 9: 190-196.

马育华，盖钧镒. 1979. 江淮下游地区大豆地方品种的初步研究Ⅱ——数量性状的遗传变异. 遗传学报, 6(3): 331-338.

马育华. 1982. 植物育种的数量遗传学基础. 南京：江苏科学技术出版社.

摩尔根. 2007. 基因论(增订与修正版). 卢惠霖，译. 北京：北京大学出版社.

莫惠栋，徐辰武. 1994. 质量-数量性状的遗传分析Ⅲ——受三倍体遗传控制的胚乳性状. 作物学报, 20(5): 513-519.

莫惠栋. 1989. 胚乳性状的世代遗传方差. 遗传学报, 16(5): 335-341.

莫惠栋. 1989. 胚乳性状的遗传模型和世代平均数. 遗传学报, 16(2): 111-117.

莫惠栋. 1993. 质量-数量性状的遗传分析Ⅰ——遗传组成和主基固的鉴别. 作物学报, 19(1): 1-6.

莫惠栋. 1993. 质量-数量性状的遗传分析Ⅱ——世代平均数的遗传方差. 作物学报, 19(3): 193-200.

莫惠栋. 1995. 谷类作物胚乳性状遗传控制的鉴别. 遗传学报, 22(2): 126-132.
裴新澍. 1987. 数理遗传与育种. 上海: 上海科学技术出版社.
秦豪荣, 袁志发, 吉俊玲, 等. 1999. 多个典范性状的综合优化研究. 生物数学学报, 1: 90-94.
秦豪荣, 袁志发, 吉俊玲, 等. 2006. 长白猪典范选择指数的构建与通径分析化研究. 西北农业学报, 4: 63-66.
荣廷昭, 潘光堂, 黄玉壁. 2003. 数量遗传学. 北京: 中国科学技术出版社.
申宗坦, 吕子同, 李壬生. 1965. 选育早熟矮秆水稻类型中一些性状的遗传分析. 作物学报, 4(4): 391-402.
盛志廉, 陈瑶生. 1999. 数量遗传学. 北京: 科学出版社.
盛志廉, 吴常信. 1995. 数量遗传学. 北京: 中国农业出版社.
宋世德, 周静芋, 袁志发. 1998. 通用选择指数的通径分析模型. 西北农林科技大学学报(自然科学版), 3: 300-305.
孙世铎, 周静芋, 袁志发. 1993. 综合选择指数的通径分析化方法研究. 黄牛杂志, 4: 5-9.
王丽波, 刘璐, 郭满才, 等. 2005. 综合选择指数的决策分析. 西北农林科技大学学报(自然科学版), 10: 94-96.
王丽波, 刘璐, 郭满才, 等. 2006. 约束选择指数的决策分析. 西北农林科技大学学报(自然科学版), 3 : 33-36.
王明庥. 2001. 林木遗传育种学. 北京: 中国林业出版社.
吴仲贤. 1958. 生统遗传学. 北京: 科学出版社.
吴仲贤. 1979. 统计遗传学. 北京: 科学出版社.
吴仲贤, 1981. 群体遗传学. 北京: 中国农业出版社.
徐云碧, 朱丽煌. 1994. 分子数量遗传学. 北京: 中国农业出版社.
解小莉, 袁志发. 2013. 决策系数的检验及在育种分析中的应用. 西北农林科技大学学报(自然科学版), 3: 111-114.
颜万春. 2004. 统计遗传学. 北京: 科学出版社.
杨德, 戴君惕. 1983. 关于多个数量性状的典范相关研究 I——典范性状及其遗传力. 遗传学报, 9(3): 188-195.
袁志发, 常智杰, 等. 1988. 选择指数与相关遗传进展的分解原理. 西北农业大学学报, 4: 31-34.
袁志发, 常智杰. 1988. 约束组合性状. 中国黄牛, 3: 7-9.
袁志发, 常智杰. 1989. 约束组合性状对研究. 中国黄牛, 1: 1-4.
袁志发, 宋世德. 2009. 多元统计分析. 2 版. 北京: 科学出版社.
袁志发, 宋哲民, 刘光祖. 1985. 小麦品种生态类型及其演变的统计分析方法研究. 西北农林科技大学学报(自然科学版), 2: 40-61.
袁志发, 孙世铎, 等. 1995. 决定系数遗传力及在育种上的应用. 西北农业大学学报, 6: 6-11.
袁志发, 负海燕. 2007. 试验设计与分析. 2 版. 北京: 中国农业出版社.
袁志发, 周静芋, 郭满才, 等. 2001. 决策系数——通径分析中的决策指标. 西北农林科技大学学报(自然科学版), 5: 131-133.
袁志发, 周静芋. 2000. 试验设计与分析. 北京: 高等教育出版社.
袁志发. 1981. 通径分析方法简介. 国外农学——麦类作物学报, 3: 42-46, 48.
袁志发. 2011. 群体遗传学、进化与熵. 北京: 科学出版社.
翟虎渠. 2001. 应用数量遗传学. 北京: 中国农业出版社.
张恩平, 陈玉林, 袁志发, 等. 2005. 南江黄羊体重体尺性状的RAPD分析研究. 家畜生态学报, 2: 26-28.
周静芋, 孙世铎, 宋世德, 等. 1995. 约束选择指数的通径分析化研究. 西北农业大学学报, 5: 98-103.
朱军著. 1997. 遗传模型分析方法. 北京: 中国农业出版社.
Akaike, H. 1977. On entropy maximum principle// Krishnaiah P R. Applications of Statistics. Amsterdam: North-Holland Publishing Company, 27-41.

Bulmer. 1991. 数量遗传学的数学家理论. 兰斌, 袁志发, 译. 北京: 中国农业出版社.
Bulrner M G. 1971. Stable equlibria under the two island model. Heredity Lond, 27: 321-330.
Cavalli L L. 1952. An analysis of linkage in quantitative inheritance. Quantitative Inheritance: 135-144.
Comstock P E, Robinson H F. 1994. The components of genetic variance in populations. Biometric, 4: 254-266.
Comstock R E. Robinson H F. 1952. Estimation of average dominance of genes// Gowen J W. Heterosis. Ames: Iowa State College Press: 494-516.
Cotterman C W. 1940. A calculus for statistic genetics in genetics and social struciure. Benchmark Papers in Genetics, 1: 157-272.
Crow J F, Kimura M 1970. An introduction to population genetics theory. Harper and Row, New York.
Cuningham E P. 1975. Multi-stage index selection. Theor Genet, 46: 55-61.
Dempster A P, Laird N M, Robin D B. 1977. Maximum likelihood from incomplete data via the EM algorithm. J R Statist Soc B, 39: 1-38.
Dempster E R, Lerner I M. 1950. Heritability of threshold characters. Genetics, 35: 212-236.
Du J L, Yuan Z F, Ma Z W, et al., 2014. KEGG-path: Kyoto encyclopedia of genes and genomes-based pathway analysis using a path analysis model. Mol BioSyst, 10(9): 2441-2447.
East E M. 1916. Studies on size inheritance in Nicotiana. Genetics, Princeton, 1: 164-176.
Elstom R C, Stewart J. 1973. The analysis of quantitative traits for simple genetic models from parental, F_1 and backcross data. Genetics, 73: 695-711.
Elston R C. 1984. The genetic analysis of quantitative traits difference between two homogygouse line. Genetics, 108: 733-744.
Falconer D S. 1952. The problem of environment and selection. Amer Nat, 86: 293-298.
Falconer D S. 1965. The inheritance of liability to certain diseases, estimated from the incidence among relatives. Ann Hum Genet, 29: 51-76.
Fisher R A, Yates F. 1943. Statistical Tables. Edinb. Oliver and Boyd. 2nd ed.
Fisher R A. 1918. The correlations between relatives on the supposition of Mendelian inheritance. Trans Roy Soc Edinburgh, 52: 399-433.
Fisher R A. 1952. Statistical methods in genetics. Heredity Lond, 6: 1-12.
Frey K J, Horner T. 1957. Heritability in standard unita. Agron J, 49: 59-62.
Griffing. B. 1956. Concept of general and specific combing ability in relation to diallel crossing systems. Aust J biol sci, 9: 463-493.
Haldane J B S. 1942~1927. Mathematical theory of natural and artificial selection Ⅰ~Ⅴ. Trans Cambridge Philos Soc.
Hasselblad V. 1966. Estimation of parameters for a mixture of normal distributions. Technometrics, 8: 431-444.
Hasselblad V. 1969. Estimation of finite mixtures from the exponential family. J Amer Statist Assoc, 64: 1459-1471.
Hayes J F, Hill W G. 1980. A representation of a genetic selection index to locate its sampling properties. Biometrics, 36: 237-248.
Hayes J F, Hill W G. 1981. Modification of estimates of parameters in the construction of genetic selection indices (Bending). Biometrics, 37: 483-493.
Hazel L N, Lush J L. 1942. The efficiency of three methods of selection. J Hered, 33: 393-399.
Hazel L N. 1943. The genetic basis for constructing selection indexes. Genetics, 28: 476-490.
Jansen R C. 1993. Interval mapping of multiple quantitative trait loci. Genetics, 135: 205-211.
Johannsen. W. 1909. Elemente der exakten Erbcichkeit. Gustav Fisher. Jena.
Kearsey J K, Pooni H S. 1996. The Genetical Analysis of Quantitative Traits. London: Chapman and Hall.
Kempthorne O, Nordskog A W. 1959. Restricted selection indices. Biometrics, 15: 10-19.
Kempthorne O. 1957. An Introduction to Genetic Statistics. Wiley, New York: John Wiley & Sons.
Knott S A, Haley C S, Thanpson R. 1991. Methods of segregation analysis for animal breeding data: parameter estimates. Heredity, 68(3): 313-320.

Knott S A, Haley C S, Thanpson R T. 1991. Methods of segregation analysis for animal breeding data: a comparison of power. Heredity, 68(3): 299-311.

Lander E S, Botstein D. 1989. Mapping mendelian factors underlying quantitative traits using RFLP linkage maps. Genetics, 121: 185-199.

Lander R, Thompson K. 1990. Efficiency of marker-assisted selection in the improvement of quantitative traits. Genetics, 124: 743-756.

Lerner I M. 1950. Population Genetics and Animal Improvement.

Li. 1981. 群体遗传学. 吴仲贤, 译. 北京: 中国农业出版社.

Loisel P, Goffinet B, Monod, H, et al. 1994. Detecting a major gene in an F_2 population. Biometrics, 50: 512-516.

Lush J L. 1937. Animal Breeding Plan. Ames: Aowa State Uinv Press.

Lush J L. 1945. Animal Breeding Plans, 3rd ed. Ames:Iowa State College Press.

Lush J L. 1956. Biometrics, 12: 84-88.

Mackay T F C, 1989. Mutation and the origin of quantitative variation. Evolution and Animal Breeding: 113-119.

Malecot G. 1948. Les mathematiques de iheredite. Masson Paris.

Markert C L, Moller F. 1959. Multiple forms of enzymes: tissue, ontogenetic ontogenetic and species-specific patterns. Proc Natl Acad Sci USA, 45: 753-763.

Massimo B, Kathiravan P, Sandra L, et al. 2012b. Old and new stories: revelations from functional analysis of the bovine mammary thanscriptolne during the lactation cycle. PLOS one , 7(3): e33268.

Massimo B, Kathiravan P, Sandra, L, et al. 2012a. A novel dynamic impact approach(DIA) for tunctional analysis of time-course omics studies: validation using the bovine mammary transcriptome. PLOS one, 7(3): e32455.

Mather K, Jinks J L . 1982. Biometrical Genetics. 3rd ed. London: Chapman and Hall.

Mather K. 1949. Biometrical Geneties. London: Methuen & Co. Ltd.

Mei Y J, Guo W F, Fan S L, et al. 2014. Analysis of decision-making coefficients of the lint yield of upland cotton (Gossypium hirsutum L). Euphytica, 196: 95-104.

Mei Y J, Hu W M, Fan S L, et al. 2013. Analysis of decision-making coefficients of three main fiber quality traits for upland cotton (Gossypium hirsutum L). Euphytica, 194: 25-40.

Mikami H, Fredeen H T. 1979. A genetic study of cryptorchidism and scrotal hemia in pigs. Can J Genet, 21: 9-19.

Morton N E, Maclean C J. 1974. Analysis of family resemblance III——complex segregation of quantitative traits. Am J Hum Genet, 26: 489-503.

Paterson A H, Lander E S, Hewitt J D, et al. 1988. Resolution of quantitative traits mendelian factors by using a complete linkage map of restriction fragment length polymorphisms. Nature, 335: 721-726.

Plackett R L. 1965. J Am Statist Ass, 60: 516-522.

Ribaut J M, Hoisington D. 1998. Marker assisted selection: new tools and strategies. Trends Plant Sci, 3(6): 236-239.

Robertson A, Lerner I M. 1949. The heritability of all-or-none traits: viability in poultry. Genetics, 34: 395-411.

Sax K. 1923. The association of size differences wich seed-coat pattern and pigmentation in phaseolus. Genetics, 8: 522-560.

Smith H F. 1936. A discriminant function for plant selection. Ann Eugenics, 7: 240-250.

Soller M, Brody T, Genizi A. 1976. On the power of experimental designs for the detection of linkage between marker loci and quantitative loci in crosses between inbred lines. Theor Appl Genet, 47: 35-39.

Spraque G F, Tatum L. 1942. General vs specific combining ability in single cross of corn. J Am Soc Agron, 34: 923-932.

Stuber C W, Edwards M D. 1986. Genotype selection for improvement of quantitative traits in corn using molecular marker loci. Proc 41st Annual Corn and Sorghum Industry Research Conf, American Seed Trade Assoc, 41: 70-83.
Stuber C W, Sisco P H. 1991. Marker-facilitated transfer of QTL. Alleles between elite inbred lines and responses in hybrids. Proc 46th Annual Corn and Sorghum Industry Research Conf, American Seed Trade Assoc, 46: 104-113.
Stuber C W. 1995. Mapping and manipulating quantitative traits in maize. Trends Genet, 11: 477-481.
Tallis G M. 1962. A selection index for optimum genotype. Biometrics, 18: 18-20.
Watson J D, Crick F H C. 1953. A structure for deoxyribose nucleic acid. Nature, 171: 737-738.
Williams J, Kubelik A, Livak K, et al. 1990. DNA polymorphisms amplified by arbitrary primers are useful ad genetic markers. Nucl Acids Res, 18: 6531-6535.
Wright S. 1921. System of mating. Genetics, 6: 111-123, 144-161.
Young S S Y, Turner H N, Dolling C H S. 1963. Aust J Agric Res, 14: 460-482.
Young S S Y. 1961. Heredity, 16: 91-102.
Yuan Z F, Chang Z J. 1988. The development of selection with constraints. Mathematical Biology Proceedings of the International Conference on Biomathematics: 256-257.
Zeng Z B. 1994. Precision mapping of quantitative trait loci. Genetics, 136: 1457-1468.